国家能源集团
CHN ENERGY

技术技能培训系列教材

电力产业（火电）

U0662238

电气工程二次

（上册）

国家能源投资集团有限责任公司　组编

中国电力出版社
CHINA ELECTRIC POWER PRESS

内 容 提 要

本系列教材根据国家能源集团火电专业员工培训需求，结合集团各基层单位在役机组，按照人力资源和社会保障部颁发的国家职业技能标准的知识、技能要求，以及国家能源集团发电企业设备标准化管理基本规范及标准要求编写。本系列教材覆盖火电主专业员工培训需求，本系列教材的作者均为长期工作在生产第一线的专家、技术人员，具有较好的理论基础、丰富的实践经验。

本教材为《电气工程二次》分册，共十章，主要内容包括继电保护基础知识、发电机保护、变压器保护、升压站系统保护、厂用电系统保护、发电机励磁系统、发电厂安全自动装置、继电保护和自动装置运行技术、继电保护典型实例与分析、新技术及大机组若干问题，基本包含了火力发电厂电气保护、控制、稳定、测量、调节、预警等全部技术和原理，并进行详细阐述和分析。

本教材可以作为国家能源集团电气工程二次人员培训和自学教材，也可作为电气专业相关岗位技术、管理人员学习、技术比武等参考用书。

图书在版编目（CIP）数据

电气工程二次/国家能源投资集团有限责任公司编 . —北京：中国电力出版社，2024.11. —（技术技能培训系列教材）. —ISBN 978 - 7 - 5198 - 8647 - 9

Ⅰ. TM

中国国家版本馆 CIP 数据核字第 20241FP426 号

出版发行：中国电力出版社
地　　址：北京市东城区北京站西街 19 号（邮政编码 100005）
网　　址：http://www.cepp.sgcc.com.cn
责任编辑：畅　舒
责任校对：黄　蓓　李　楠　郝军燕　于　维　常燕昆
装帧设计：张俊霞
责任印制：吴　迪
印　　刷：三河市万龙印装有限公司
版　　次：2024 年 11 月第一版
印　　次：2024 年 11 月北京第一次印刷
开　　本：787 毫米×1092 毫米　16 开本
印　　张：63
字　　数：1220 千字
印　　数：0001—4300 册
定　　价：260.00 元（上、下册）

技术技能培训系列教材编委会

主　　任　王　敏
副 主 任　张世山　王进强　李新华　王建立　胡延波　赵宏兴

电力产业教材编写专业组

主　　编　张世山
副 主 编　李文学　梁志宏　张　翼　朱江涛　夏　晖　李攀光
　　　　　蔡元宗　韩　阳　李　飞　申艳杰　邱　华

《电气工程二次》编写组

编写人员　（按姓氏笔画排序）
　　　　　尹　羽　巨争号　李　玮　张　斌　姜伟民　郭环宇

序　言

习近平总书记在党的二十大报告中指出，教育、科技、人才是全面建设社会主义现代化国家的基础性、战略性支撑；强调了培养造就更多大师、战略科学家、一流科技领军人才和创新团队、青年科技人才、卓越工程师、大国工匠、高技能人才的重要性。党中央、国务院陆续出台《关于加强新时代高技能人才队伍建设的意见》等系列文件，从培养、使用、评价、激励等多方面部署高技能人才队伍建设，为技术技能人才的成长提供了广阔的舞台。

致天下之治者在人才，成天下之才者在教化。国家能源集团作为大型骨干能源企业，拥有近 25 万技术技能人才。这些人才是企业推进改革发展的重要基础力量，有力支撑和保障了集团公司在煤炭、电力、化工、运输等产业链业务中取得了全球领先的业绩。为进一步加强技术技能人才队伍建设，集团公司立足自主培养，着力构建技术技能人才培训工作体系，汇集系统内煤炭、电力、化工、运输等领域的专家人才队伍，围绕核心专业和主体工种，按照科学性、全面性、实用性、前沿性、理论性要求，全面开展培训教材的编写开发工作。这套技术技能培训系列教材的编撰和出版，是集团公司广大技术技能人才集体智慧的结晶，是集团公司全面系统进行培训教材开发的成果，将成为弘扬"实干、奉献、创新、争先"企业精神的重要载体和培养新型技术技能人才的重要工具，将全面推动集团公司向世界一流清洁低碳能源科技领军企业的建设。

功以才成，业由才广。在新一轮科技革命和产业变革的背景下，我们正步入一个超越传统工业革命时代的新纪元。集团公司教育培训不再仅仅是广大员工学习的过程，还成为推动创新链、产业链、人才链深度融合，加快培育新质生产力的过程，这将对集团创建世界一流清洁低碳能源科技领军企业和一流国有资本投资公司起到重要作用。谨以此序，向所有参与教材编写的专家和工作人员表示最诚挚的感谢，并向广大读者致以最美好的祝愿。

2024 年 11 月

前　　言

　　近年来，随着我国经济的发展，电力工业取得显著进步，截至 2023 年底，我国火力发电装机总规模已达 12.9 亿 kW，600MW、1000MW 燃煤发电机组已经成为主力机组。当前，我国火力发电技术正向着大机组、高参数、高度自动化方向迅猛发展，新技术、新设备、新工艺、新材料逐年更新，有关生产管理、质量监督和专业技术发展也是日新月异。现代火力发电厂对员工知识的深度与广度，对运用技能的熟练程度，对变革创新的能力，对掌握新技术、新设备、新工艺的能力，以及对多种岗位工作的适应能力、协作能力、综合能力等提出了更高、更新的要求。

　　我国是世界上少数几个以煤为主要能源的国家之一，在经济高速发展的同时，也承受着巨大的资源和环境压力。当前我国燃煤电厂烟气超低排放改造工作已全面开展并逐渐进入尾声，烟气污染物控制也已由粗放型的工程减排逐步过渡至精细化的管理减排。随着能源结构的不断调整和优化，火电厂作为我国能源供应的重要支柱，其运行的安全性、经济性和环保性越来越受到关注。为确保火电机组的安全、稳定、经济运行，提高生产运行人员技术素质和管理水平，适应员工培训工作的需要，特编写电力产业技术技能培训系列教材。本系列教材以国家和行业标准为依据，以岗位培养为中心，以能力提升为重点，突出生产岗位技术技能培养。本系列教材内容详实、通俗易懂、工艺规范、实用性强，可作为生产人员岗位培训、技能提升、技术培训的教材。

　　本教材为《电气工程二次》，内容包括继电保护基础知识、发电机保护新技术、网源协调技术、安装调试、事故分析、运行技术、二十五项反措等内容，涉及发电机、变压器、励磁系统、升压站、监控系统、厂用电系统、发电厂自动装置等发电厂主要电气工程二次设备，涵盖了发电厂继电保护和自动装置专业原理知识、整定计算及故障诊断方法、事故实例讲解等方面，做到了面广内容全。

本教材注重理论紧密联系实际，适用于员工培训和能力提高，适用于发电系统运行与维护人员、设计人员，以及电科院、大学院校专业人员学习、借鉴，可供从事设计、安装、调试、运行、检修、维护的工程技术人员和管理人员学习、参考。

编写组

2024 年 6 月

目　　录

（下册）

第一章　继电保护基础知识

第一节　概　　述

继电保护作为一门科学与技术，是随着电力系统的发展而发展起来的。19世纪初，继电器开始广泛用于电力系统继电保护，被认为是继电保护技术发展的开端。1901年出现了感应型过电流继电器。1908年提出了比较被保护元件两端电流的电流差动保护原理。1910年方向性电流保护开始应用，并出现了将电流与电压相比较的保护原理，导致了1920年后距离保护装置的出现。随着电力线载波技术的发展，在1927年前后，出现了利用高压输电线载波传送输电线路两端功率方向或电流相位的高频保护装置。在1950年后期，就提出了利用故障点产生的行波实现快速保护的设想，1975年前后诞生了行波保护装置，1980年前后反应工频故障分量（或称工频突变量）原理的保护被大量研究，1990年后该原理的保护装置被广泛应用。

与此同时，随着材料、元器件、制造技术等相关学科的发展，继电保护装置的结构、型式和制造工艺也发生着巨大的变化，经历了机电式保护装置、静态继电保护装置和数字式继电保护装置三个发展阶段。

20世纪90年代后期，在数字式继电保护技术和调度自动化技术的支撑下，变电站自动化技术和无人值守运行模式得到迅速发展，融测量、控制、保护和数据通信为一体的变电站综合自动化装备，已成为目前我国绝大部分新建变电站的二次装备，继电保护技术与其他学科的交叉、渗透日益深入。

一、继电保护基本概念

电力系统是电能生产、变换、输送、分配和使用的各种电气设备按照一定的技术与经济要求有机组成的一个联合系统。一般来说，电能通过的设备（即直接与生产和输配电能有关的设备）称为电力系统的一次设备，如发电机、变压器、断路器、母线、补偿电容器、避雷器、输配电线路、电动机及其他用电设备等。对一次设备的运行状态进行监视、测量、控制和保护的设备，即为电力系统的二次设备。当前电能一般还不能大容量的存储，生产、输送和消费是在同一时间完成的。因此，电能的生产量应每时每刻与电能的消费量保持平衡，并满足质量要求。由于一年内夏、冬季的负荷较春、秋季的大，一星期内工作日的负荷较休息日的大，一天内的负荷也有高峰与低谷之分，电力系统中的某些设备，随时都会因绝缘材料的老化、制造中的缺陷、自然灾害等原因出现故障而退出运行。为满足时刻变化的负荷用电需求和电力设备安全运行的要求，致使电力系统的运行状态随时都在变化。

电力系统运行控制与保护的目的，就是通过自动和人工控制，使电力系统尽快摆脱不正常状态和故障状态，能够长时间地稳定运行在正常状态下。

电力系统的所有一次设备在运行过程中由于外力、绝缘老化、过电压、误操作、设计制造缺陷等原因会发生如短路、断线等故障。最常见的同时也是最危险的故障就是发生各种类型的短路。在发生短路时可能产生以下后果：

（1）通过短路点的很大短路电流和所燃起的电弧，使故障元件损坏。

（2）短路电流通过非故障元件，由于发热和电动力的作用，会使其损坏或缩短其使用寿命。

（3）电力系统中部分地区的电压大大降低，使大量电力用户的正常工作遭到破坏或产生废品。

（4）破坏电力系统中各发电厂之间并列运行的稳定性，引起系统振荡，甚至造成系统瓦解。

各种类型的短路包括三相短路、两相短路、两相短路接地和单相接地短路。不同类型短路发生的概率不同，不同类型短路电流的大小也不相同，一般为额定电流的几倍到几十倍。大量的现场统计数据表明，在高压电网中，单相接地短路次数占所有短路次数的 85% 以上，其中绝大多数都是瞬时性故障。

故障和不正常运行状态都可能在电力系统中引起事故。事故的发生，除了由于自然的因素（如遭受雷击、架空线路倒杆等）以外，还可能是设备制造上的缺陷、设计和安装的错误、检修质量不高或运行维护不当而引起的，此外，由于故障切除迟缓或设备被错误地切除，也会导致故障发展成为事故甚至引起事故的扩大。为避免上述情况的发生或尽可能缩小受影响的范围，就需要继电保护和安全自动装置发挥作用。

1. 继电保护和安全自动装置

继电保护是当电力系统中的电力元件（如发电机、变压器、输电线路等）或电力系统本身发生了故障，危及电力系统安全运行时，需要向运行值班人员及时发出警告信号，并直接向所控制的断路器发出跳闸命令以终止这些事件发展的一种自动化措施和设备。实现这种自动化措施，用于保护电力元件的成套硬件设备，一般统称为继电保护装置，用于保护电力系统的，在电网发生故障或出现异常运行时，为确保电网安全与稳定运行起到控制作用的自动装置，统称为电力系统安全自动装置，如自动重合闸、备用电源或备用设备自动投入、自动切负荷、低频或低压自动减载、电厂事故减出力或切机等。

继电保护装置和安全自动装置均属于电气二次设备。

继电保护装置主要利用电力系统中元件发生短路或异常情况时的电气量（电流、电压、功率、频率等）的变化，构成继电保护动作原理，也有其他的物理量，如变压器油箱内故障时伴随产生的大量气体和油流速度的增大或油压强度的增高。大多数情况下，不论反映哪种物理量，继电保护装置都可分为测量部分（和定值调整部分）、逻辑部分、执行部分。

继电保护装置是保证电力元件安全运行的基本装备，任何电力元件不得在无继电保护的状态下运行。电力系统安全自动装置则用以快速恢复电力系统的完整性和稳定性，防止发生和中止已开始发生的、足以引起电力系统长期大面积停电的重大系统事故，如失去电力系统稳定、频率崩溃或电压崩溃等。

安全自动装置主要用于在电力系统事故状态下，提高电力系统稳定性，避免电力系统发生大面积停电事故，防止系统崩溃，使输电能力增强，保证向用户（包括发电厂的厂用电）不间断供电，使负荷损失尽可能减到最小，能在发生了严重的事故后使系统得以尽快恢复正常运行。常用的自动化措施有输电线路自动重合闸、备用电源自动投入、低电压切负荷、按频率自动减负荷、电气制动、振荡解列以及为维持系统的暂态稳定而配备的稳定性紧急控制系统。

电力系统继电保护及自动装置是在合理的电网结构下，保证电力系统和电力设备的安全运行。不合理的电网结构，为扩大事故提供了客观条件。性能不符合系统全局要求的继电保护装置，在某些系统事故或异常情况下，不但不能限制故障的波及范围，还会成为扩大事故的主要根源。每一次重大的电力系统崩溃事故，几乎都是由于不适合系统全局要求的继电保护装置拒动作、误动作所引起的，当然，也包括因此而引起的系统中其他设备不正常工作的作用。

2. 常用的一些术语概念

（1）电气主接线：主要是指在发电厂、变电站、电力系统中，为满足预定的功率传送方式和运行等要求而设计的，表明高压电气设备之间相互连接关系的传送电能的电路。

（2）母线：母线起着汇集和分配电能作用，又称汇流排。在原理上它是电路中的一个电气节点，它决定了配电装置设备的数量，并表明以什么方式来连接发电机、变压器和线路，以及怎样与系统连接来完成输配电任务。

（3）双母线接线：具有两组母线（或机组和变压器），每回线路都经一台断路器和两组隔离开关分别接至两组母线，母线之间通过母线联络断路器（简称母联）连接，称为双母线接线。

（4）3/2 断路器接线：每两个元件（出线或电源）与三台断路器构成一串接至两组母线，称为 3/2 接线方式（一个半断路器接线）。

（5）中性点位移：在三相电路中，电源电压三相负载对称的情况下，如果三相负荷也对称，那么不管有无中性点，中性点的电压均为零。但如果三相负载不对称，且无中性线或中性线阻抗较大，那么中性点就会出现电压，这种现象称为中性点位移现象。

（6）操作过电压：因断路器分合操作及短路或接地故障引起的暂态电压升高，称为操作过电压。

（7）谐振过电压：因断路器操作引起电网回路被分割或带铁芯元件趋于饱和，导致某回路感抗和容抗符合谐振条件，可能引起谐振而出现的电压升高，称为谐振过电压。

（8）厂用电：发电厂在启动、运转、停役、检修过程中，有大量以电动机拖动的机械设备，用以保证机组的主要设备和输煤、碎煤、除灰、除尘及水处理等辅助设备的正常运行。这些电动机以及全厂的运行、操作、试验、检修、照明等用电设备都属于厂用负荷，总的耗电量，统称为厂用电。

（9）厂用电率：厂用电耗电量占发电厂全部发电量的百分数，称为厂用电率。厂用电率是发电厂运行的主要经济指标之一。

（10）经常负荷：每天都要经常连续运行使用的电动机。

（11）不经常负荷：只在检修、事故或机炉启停期间使用的负荷。

（12）连续负荷：每次连续运转 2h 以上的负荷。

（13）短时负荷：每次仅运转 10～120min 的负荷。

（14）断续负荷：反复周期性地工作，其每一周期不超过 10min 的负荷。

（15）电动机的自启动：厂用系统中正常运行的电动机，当其供电母线电压突然消失或显著降低时，若经过短时间（一般在 0.5～1.5s）在其转速未下降很多或尚未停转以前，厂用母线电压又恢复正常（如电源故障排除或备用电源自动投入），电动机就会自行加速，恢复到正常运行，这一过程称为电动机的自启动。

（16）失磁：同步发电机突然（部分或全部的）失去励磁称为失磁。

（17）工作接地：是为了保证电力系统正常运行所需要的接地。例如中性点直接接地系统中的变压器中性点接地，其作用是稳定电网对地电位，从而可使设备制造绝缘相对降低。

（18）防雷接地：是针对防雷保护的需要而设置的接地。例如避雷针（线）、避雷器的接地，目的是使雷电流顺利导入大地，以利于降低雷过电压，故又称为过电压保护接地。

（19）保护接地：也称安全接地，是为了人身安全而设置的接地。将电气设备金属外壳（包括电缆屏蔽层）、框架等通过接地装置与大地可靠地连接；在电源中性点不接地系统中，它是保护人身安全的重要措施。

（20）仪控接地：发电厂的热力控制系统、数据采集系统、计算机监控系统、晶体管或微机型继电保护系统和远动通信系统等，为了稳定电位、防止干扰而设置的接地。仪控接地也称电子系统接地。

（21）接地电阻：是指电流经接地体进入大地并向周围扩散时所遇到的电阻。

（22）自动重合闸：当线路发生故障，断路器跳闸后，能够不用人工操作而进行自动重新合闸的装置。

（23）击穿电压：绝缘介质击穿时，施加在介质两端的电压称为击穿电压。

（24）直流设备：给继电保护和控制回路供给直流操作电源，以及供给事故照明等的直流电源装置。

（25）短路比：同步发电机在额定转速下，空载电压为额定值时的励磁电流与三相对称稳态短路电流为额定值时的励磁电流的比值。

（26）发电机效率：发电机输出的电功率与输入的机械功率以百分率表示的比值。不特别注明时是指额定工况时的数值。发电机在负荷不同的情况下效率也不同（因为铜损、铁损不同负荷时变化较小），所以发电机都有负荷效率曲线，常见的是取 4 个点（25％、50％、75％、100％），负荷越大效率越高，100％负荷时最低一般也要 96％（国际标准是 94％）。额定工况效率一般就是指 100％负荷时的效率。

3. 注意区别几个概念

（1）振荡与短路。

短路是指：三相电路中，相与相和相与地之间经小阻抗或直接连接，从而导致电路中的电流剧增，这种现象称为短路。

振荡是指：电力系统受到扰动后，发电机与系统电源之间或系统的两部分电源之间的功角 δ 发生周期性的摆动现象。

引起系统振荡的主要原因有：

1）由于发电厂引出线或线路开关故障、跳闸等原因，使电力系统动态稳定受到破坏。

2）输电线路输送功率超过极限值造成静稳定破坏。

3）电网发生短路故障，切除大容量的发电、输电或变电设备，负荷瞬间发生较大突变等造成电力系统暂态稳定破坏。

4）环状系统（或并列双回线）突然开环，使两部分系统联系阻抗突然增大，引起动稳定破坏而失去同步。

5）大容量机组跳闸或失磁，使系统联络线负荷增大，或使系统电压严重下降，造成联络线稳定极限降低，易引起稳定破坏。

6）电源间非同步合闸未能拖入同步（非同步并列）。

振荡分同步振荡和异步振荡：

1）同步振荡是指：当发电机输入或输出功率发生变化时，功角 δ 将随之变化，但由于机组转动部分的惯性，δ 不能立即达到新的稳定值，需要经过若干次在新的 δ 值附近振荡之后，才能稳定在新的 δ 之下。

同步振荡时，系统频率能保持相同，各电气量的波动范围不大，且振荡在有限的时间内衰减从而进入新的平衡运行状态，也称衰减振荡。

2）异步振荡是指：发电机因某种原因受到较大扰动，其功角 δ 在 $0°\sim360°$ 之间周期性的变化，发电机与电网失去同步运行的状态，也称不衰减振荡。

3）系统低频振荡是指：并列运行的发电机间在小干扰下发生的频率在 $0.2\sim2.5Hz$ 内的持续振荡现象。产生的原因是电力系统的负阻尼效应，常出现在弱联系、远距离、重负荷输电线路上，在采用快速、高放大倍数励磁系统的条件下更容易发生。

通常振荡初期时间较长，一般 $1\sim2s$；中期 $0.1\sim0.3s$；后期 $1s$ 左右。

振荡与短路的主要区别在于：

1）振荡时系统各点电压和电流值均作往复性摆动，而短路时电流、电压值是突变的；振荡时电流、电压值的变化速度较慢，而短路时电流、电压值突然变化量很大。

2）振荡时系统任何一点电流与电压之间的相位角都随功角 δ 的变化而变化；而短路时，电流与电压之间的角度由系统参数决定基本是不变的。

3）振荡时三相完全对称，电力系统中没有负序分量出现；而在短路时总要长期（不对称短路过程中）或短期（三相短路开始时）出现负序分量。

（2）断线与短路。虽然单相断线与两相短路接地、两相断线与单相短路的复合序网图及计算公式相似，然而断线与短路有着本质的区别，其不同点如下：

1）端口不同。短路是在短路点与地之间形成端口，而断线是在断线处形成端口。

2）正序电压源含义不同。短路时正序电压源是短路点在故障前的正常电压；断线时正序电压源表示在断线处三相都断开时的断口电压。

3）各序阻抗含义不同。短路时，端口两侧的阻抗是并联关系；断线时端口两侧的阻抗是串联关系。

（3）有功功率和无功功率。在交流电路中，由电源供给负载的电功率有两种：一种是有功功率，另一种是无功功率。电压、电流同相位，电源向负载供电，负载把电能转换成其他能量，称为有功功率；电压、电流不同相位部分，电源与负载之间交换电能，这部分（除线路损耗外）电能不转换成（电磁以外的）其他能量，称为无功功率。

1）有功功率：是保持用电设备正常运行所需的电功率，也就是将电能转换为其他形式能量（机械能、光能、热能）的电功率。比如：5.5kW 的电动机就是把 5.5kW 的电能转换为机械能，各种照明设备将电能转换为光能，供人们生活和工作照明。有功功率的符号用 P 表示，单位有瓦（W）、千瓦（kW）、兆瓦（MW）。在交流电路中，电源在一个周期内发出瞬时功率的平均值（或负载电阻所消耗的功率），称为有功功率。

有功功率过低将导致线损增加、设备容量下降、使用率下降，从而导致电能大量浪费。

2）无功功率：电网中的感性负载（如电动机、电抗器、变压器及电焊机等）都会产生不同程度的电滞，即所谓的电感。感性负载具有这样一种特性，即使所加电压改变方向，感性负载的这种滞后仍能将电流的方向（如正向）保持一段时间。一旦存在了这种电流与电压之间的相位差，就会产生负功率，并被反馈到电网中。电流、电压再次相位相同时，又需要相同大小的电能在感性负载中建立磁场，这种磁场反向电能就被称为无功功率。

故无功功率定义为：在具有电感或电容的电路中，在每半个周期内，把电源能量变成磁场（或电场）能量储存起来，然后再释放，又把储存的磁场（或电场）能量再返回给电源，只是进行这种能量的交换，并没有真正消耗能量，把这个交换的功率值，称为无功功率。

无功功率比较抽象，它是用于电路内电场与磁场的交换，并用来在电气设备中建立和维持磁场的电功率。它不对外做功，而是转变为其他形式的能量。凡是有电磁线圈的电气设备，要建立磁场，就要消耗无功功率。比如 40W 的日光灯，除需大于 40W 的有功功率（镇流器也需消耗一部分有功功率）来发光外，还需 80var 左右的无功功率供镇流器的线圈建立交变磁场用。由于它不对外作功，才被称为无功。无功功率的符号用 Q 表示，单位为乏（var）或千乏（kvar）。

无功功率过高的缺点：

a. 无功功率会导致电流增大和视在功率增加，导致系统容量下降。

b. 无功功率增加，会使总电流增加，从而使设备和线路的损耗增加。

c. 使线路的压降增大，冲击性无功负载还会使电压剧烈波动。

电网中的电感性电气设备如变压器、电动机、电焊机、空调器、洗衣机、电冰箱、钠灯、日光灯等投入运行后，不仅要从电力网中吸收有功功率用于做功，而且还要吸收无功功率建立磁场，这样就导致电力客户的自然功率因数一般都比较低。我国对电力客户的用电，规定了必须达到的功率因数标准。

有功功率可以直接测量；有功功率与无功功率混在一起，无法直接区分开来，可以通过功率因数表测量。

无功功率绝不是无用功率，它的用处很大。电动机需要建立和维持旋转磁场，使转子转动，从而带动机械运动，电动机的转子磁场就是靠从电源取得无功功率建立的。变压器也同样需要无功功率，才能使变压器的一次绕组产生磁场，在二次绕组感应出电压。因此，没有无功功率，电动机就不会转动，变压器也不能改变电压，交流接触器不会吸合。

在正常情况下，用电设备不但要从电源取得有功功率，同时还需要从电源取得无功功率。如果电网中的无功功率供不应求，用电设备就没有足够的无功功率来建立正常的电磁场，那么，这些用电设备就不能维持在额定情况下工作，用电设备的端电压就要下降，从而影响用电设备的正常运行。

无功功率对供用电产生一定的不良影响，主要表现在：

a. 降低发电机有功功率的输出。

b. 降低输、变电设备的供电能力。

c. 造成线路电压损失增大和电能损耗的增加。

d. 造成低功率因数运行和电压下降，使电气设备容量得不到充分发挥。

从发电机和高压输电线供给的无功功率，远远满足不了负荷的需要，所以在电网中要设置一些无功补偿装置来补充无功功率，以保证用户对无功功率的需要，这样用电设备才能在额定电压下工作。这就是电网需要装设无功补偿装置的道理。

4. 继电保护的作用

随着自动化技术的发展，电力系统在正常运行、故障期间以及故障后的恢复过程中，许多控制操作日趋高度自动化。这些控制操作的技术与装备大致可分为两大类：①为保证电力系统正常运行的经济性和电能质量的自动化技术与装备，主要进行电能生产过程的连续自动调节，动作速度相对迟缓，调节稳定性高，把整个电力系统或其中的一部分作为调节对象，这就是通常理解的电力系统自动化（控制）；②当电网或电气设备发生故障，或出现影响安全运行的异常情况时，自动切除故障设备和消除异常情况的技术与装备，其特点是动作速度快，其性质是非调节性的，这就是通常理解的电力系统继电保护与安全自动装置。

电力系统中的发电机、变压器、输电线路、母线以及用电设备，一旦发生故障，迅速而有选择性地切除故障设备，既能保护电气设备免遭损坏，又能提高电力系统运行的稳定性，是保证电力系统及其设备安全运行最有效的方法之一。切除故障的时间通常要求几十毫秒到几百毫秒，实践证明，只有装设在每个电力元件上的继电保护装置，才有可能完成这个任务。

电力系统继电保护泛指继电保护技术和由各种继电保护装置组成的继电保护系统，包括继电保护的原理设计、配置、整定、调试等技术，也包括由获取电量信息的电压、电流互感器二次回路，经过继电保护装置到断路器跳闸线圈的一整套具体设备，如果需要利用通信手段传送信息，还包括通信设备。

继电保护的基本任务：

（1）当被保护的设备发生故障时，应该由该元件的继电保护装置迅速、准确地给距离故障元件最近的断路器发出跳闸命令，使故障元件及时从电力系统中断开，以最大限度地减少对电力元件本身的损坏，将事故限制在最小范围内，降低对电力系统安全供电的影响，并满足电力系统的某些特定要求（如保持电力系统的暂态稳定性等）。

（2）反映电气设备的不正常运行状态或异常工况，并根据运行维护条件（例如有无经常值班人员等）发出信号，以便值班人员进行处理，或由装置自动地进行调整，或将那些继续运行会引起事故的电气设备予以切除。反映不正常工作情况的继电保护一般不要求保护迅速动作，而是根据对电力系统及其元件危害程度规定一定的延时，以避免不必要的动作。

（3）继电保护装置也是电力系统的监控装置，可以及时测量系统电流、电压，从而反映系统设备运行状态。

因此，继电保护主要实现的功能是：能区分正常运行和短路故障；能区分短路点的远近。

5. 继电保护的分类

电力系统中的电气设备和线路，应装设故障和异常运行的保护装置。应对各种故障的保护有主保护和后备保护，必要时可增设辅助保护。

主保护：是满足系统稳定和设备安全要求，能以最快速度有选择地切除被保护范围内设备和线路故障的保护。

后备保护：是主保护或断路器拒动时，用以切除故障的保护。后备保护可分为远后备和近后备两种方式。

远后备是当主保护或断路器拒动时，由相邻电力设备或线路的保护来实现的保护。

近后备是当主保护拒动时，由该电力设备或线路的另一套保护实现后备的保护；当断路器拒动时，由断路器失灵保护来实现的后备保护。

辅助保护：是为补充主保护和后备保护的性能或当主保护和后备保护退出运行时而增设的简单保护。如电压互感器回路可能断线，断路器可能失灵或发生闪络，发电机在启动、同步、停机过程可能发生意外事故等，对于这些意外事故主保护和后备保护不能检测，因此对大机组多增加一些辅助保护作为补充。

异常运行保护：是反映被保护电力设备或线路异常运行状态的保护。

二、继电保护的基本原理及构成

1. 继电保护的基本原理

要完成电力系统继电保护的基本任务，首先必须区分电力系统的正常、不正常工作和故障三种运行状态，甄别出发生故障和出现异常的元件。而要进行"区分"和"甄别"，必须寻找电力元件在这三种运行状态下的可测参量（继电保护主要测电气量）的差异，提取和利用这些可测参量的差异，实现对正常、不正常工作和故障元件的快速区分。依据可测电气量的不同差异，可以构成不同原理的继电保护。目前已经发现不同运行状态下具有明显差异的电气量有：流过电力元件的相电流、序电流、功率及其方向；元件的运行相电压幅值、序电压幅值；元件的电压与电流的比值（即测量阻抗）等。发现并正确利用能够可靠区分三种运行状态的可测参量或参量的新差异，就可以形成新的继电保护原理。

如图 1-1（a）所示为我国常用的 110kV 及以下单侧电源供电网络，在正常运行时，每条线路上都流过由它供电的负荷电流 $\dot{I}_\mathrm{L}$，越靠近电源端的线路，负荷电流越大。假定在线路B-C上发生三相短路［见图 1-1（b）］，从电源到短路点之间将流过很大的短路电流 $\dot{I}_\mathrm{k}$。利用流过被保护元件中电流幅值的增大，可以构成过电流保护。

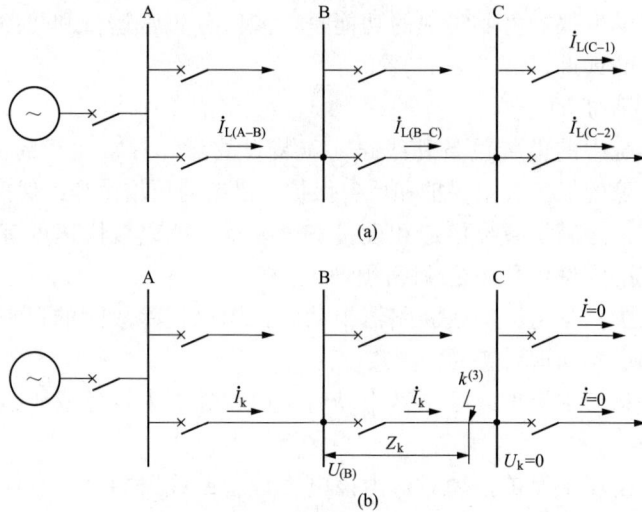

图 1-1　单侧电源供电网络接线
（a）正常运行情况；（b）三相短路情况

正常运行时，各母线上的电压一般都在额定电压的 ±5％～±10％ 变化，且靠近电源端母线上的电压略高。短路后，母线电压有不同程度的降低，离短路点越近，电压降得越低，短路点的相间或对地电压降到零。利用短路点电压幅值的降低，可以构成低电压保护。

同样，在正常运行时，线路始端的电压与电流之比反映的是该供电负荷的等值阻抗及负荷阻抗角（功率因数角），其数值一般较大，阻抗角较小。短路后，线路始端的电压与电流之比反映的是该测量点到短路点之间线路段的阻抗，其值较小，如不考虑分布电容时一般正比于该线路段的距离（长度），阻抗角为线路阻抗角，较大。利用测量阻抗幅值的降低和阻抗角的变大，可以构成距离（低阻抗）保护。

如果发生的不是三相对称短路，而是不对称短路，则在供电网络中会出现不对称分量，如负序或零序电流和电压等，并且其幅值较大。而在正常运行时系统对称，负序和零序分量不会出现。利用这些序分量构成的保护，一般都具有良好的选择性和灵敏性，获得了广泛的应用。

短路点到电源之间的所有元件中诸如以上的电气量，在正常运行与短路时都有相同规律的差异。利用这些差异构成的保护装置，短路时都有可能做出反应，但还需要甄别出哪一个是发生短路的元件。若是发生短路的元件，则保护动作跳开该元件，切除故障；若是短路点到电源之间的非故障元件，则保护可靠不动作。常用的方法是预先给定各电力元件保护的保护范围，求出保护范围末端发生短路时的电气量，考虑适当的可靠性裕度后，作为保护装置的动作整定值，短路时测得的电气量与之进行比较，作出是否为本元件短路的判别。但当故障发生在本线路末端与下级线路的首端出口处时，在本线路首端测得的电气量差别不大，为了保证本线路短路被快速切除而下级线路短路时不动作，快速动作的保护只能保护本线路的一部分。对末端部分的短路，则采用慢速的保护，当下级线路快速保护不动作时才切除本级线路。这种利用单端电气量的保护，需要上、下级保护（距离电源点的近、远）动作整定值和动作时间的配合，才能完成切除任意点短路的保护任务，被称为阶段式保护特性。

对于 220kV 及以上多侧电源的输电网络中的任一电力元件，如图 1-2 中的线路 A-B，在正常运行的任一瞬间，负荷电流总是从一侧流入而从另一侧流出，如图 1-2（a）所示。

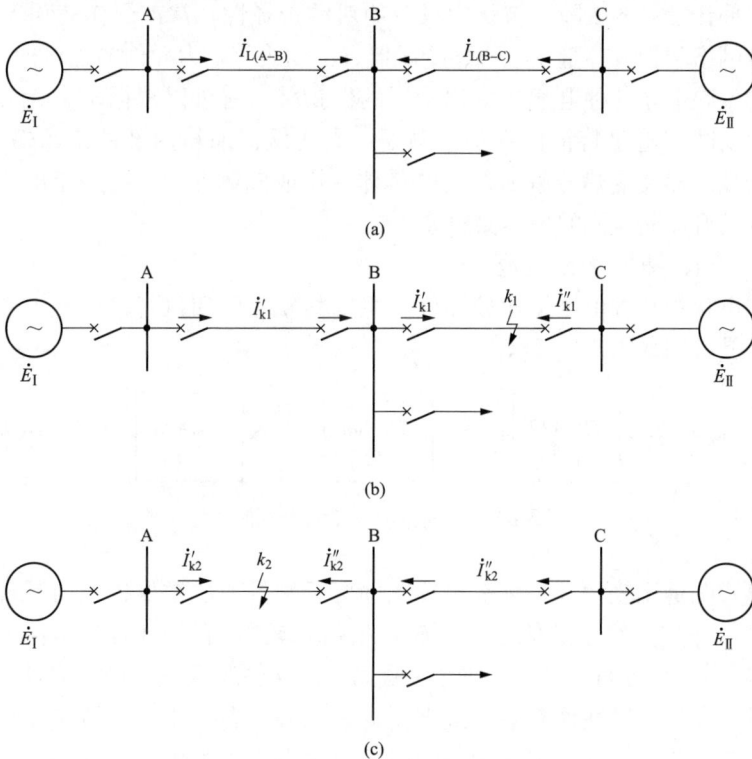

图 1-2 双侧电源网络接线

（a）正常运行；（b）k_1 点短路；（c）k_2 点短路

如果规定电流的正方向是从母线流向线路，那么，A-B 两侧电流的大小相等，相位相差 $180°$，两侧电流的相量和为零，并且只要被保护的线路 A-B 内部没有短路（电流没有其他的流通回路），即使发生被保护的线路 A-B 外部短路，如图 1-2（b）所示的 k_1 点短路情况下，这种关系始终保持成立。

但是，当发生被保护的线路 A-B 内部 k_2 点短路［如图 1-2（c）所示］时，两侧电源分别向短路点供给短路电流 $\dot{I}'_{k2}$ 和 $\dot{I}''_{k2}$，线路 A-B 两侧的电流都是由母线流向线路，此时两个电流一般不相等，在理想条件（两侧电动势同相位且全系统的阻抗角相等）下，两个电流同相位，两个电流的相量和等于短路点的总电流，其值较大。

利用每个电力元件在内部与外部短路时两侧电流相量的差别可以构成电流差动保护，利用两侧电流相位的差别可以构成电流相位差动保护，利用两侧功率方向的差别可以构成方向比较式纵联差动保护，利用两侧测量阻抗的大小和方向等特征量还可以构成其他原理的纵联保护。利用某种通信通道同时比较被保护元件两侧正常运行与故障时电气量差异的保护，称为纵联保护。它们只在被保护元件内部故障时动作，可以快速切除被保护元件内部任意点的故障，被认为具有绝对的选择性，常被用作 220kV 及以上输电网络和较大容量发电机、变压器、电动机等电力元件的主保护。

除反映上述各种电气量变化特征的保护外，还可以根据电力元件的特点实现反映非电量特征的保护。例如，当变压器油箱内部的绕组短路时，反应于变压器油受热分解所产生的气体，构成气体保护；反应于电动机绕组温度的升高而构成的过热保护等。

2. 继电保护装置的构成

继电保护装置由测量比较元件、逻辑判断元件和执行输出元件三部分组成，其框图如图 1-3 所示。

相应输入量 ——→ 测量比较元件 ——→ 逻辑判断元件 ——→ 执行输出元件 ——→ 跳闸或信号

图 1-3 继电保护装置的组成框图

（1）测量比较元件。测量比较元件用于测量通过被保护电力元件的物理参量，并与其给定的值进行比较，根据比较的结果，给出"是""非""1"或"0"性质的一组逻辑信号，从而判断保护装置是否应该启动。根据需要继电保护装置往往有一个或多个测量比较元件。常用的测量比较元件有：被测电气量超过给定值动作的过量继电器，如过电流继电器、过电压继电器等；被测电气量低于给定值动作的欠量继电器，如低电压继电器、阻抗继电器等；被测电压、电流之间相位角满足一定值而动作的功率方向继电器等。

（2）逻辑判断元件。逻辑判断元件根据测量比较元件输出逻辑信号的性质、先后顺序、持续时间等，使保护装置按一定的逻辑关系判定故障的类型和范围，最后确定是否应该使断路器跳闸、发出信号或不动作，并将对应的指令传给执行输出部分。

（3）执行输出元件。执行输出元件根据逻辑判断部分传来的指令，发出跳开断路器的跳闸脉冲及相应的动作信息。

3. 继电保护的工作回路

要完成继电保护的任务，除需要继电保护装置外，必须通过可靠的继电保护工作回路的正确工作，才能最后完成跳开故障元件的断路器、对系统或电力元件的不正常运行状态发出警报，正常运行时不动作。

继电保护的工作回路一般包括：将通过一次电力设备的电流、电压线性地转变为适合继电保护等二次设备使用的电流、电压，并使一次设备与二次设备隔离的设备，如电流互感器、电压互感器及其与保护装置连接的电缆等；断路器跳闸线圈及与保护装置出口间的连接电缆，指示保护装置动作情况的信号设备；保护装置及跳闸、信号回路设备的工作电源等。以如图1-4所示的过电流保护为例，展示了一个简单的保护工作回路的原理接线。

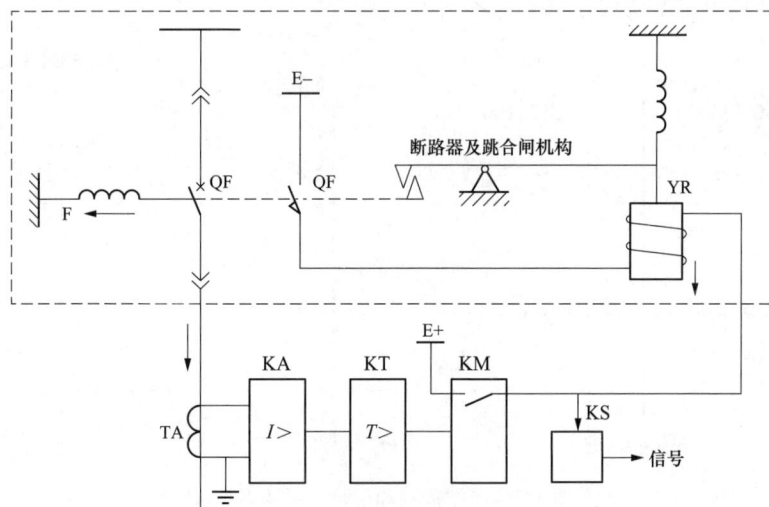

图1-4　过电流保护工作回路原理接线图

电流互感器 TA 将一次额定电流变换为二次额定电流 5A 或 1A，送入电流继电器 KA（测量比较元件），当流过电流继电器的电流大于其预定的动作值（整定值）时，其输出启动时间继电器 KT（逻辑部分），经预定（可调整）的延时（逻辑运算）后，时间继电器的输出启动中间继电器 KM（执行输出）并使其触点闭合，接通断路器的跳闸回路，同时使信号继电器 KS 发出动作信号。在正常运行时，由于负荷电流小于电流继电器的整定电流，电流继电器不动作，整套保护不动作。当被保护的线路发生短路后，线路中流过的短路电流一般是额定负荷电流的数倍至数十倍，电流互感器二次侧输出的电流线性增大，流过电流继电器的电流大于整定值电流而动作，启动时间继电器，经预定的延时后，时间继电器的触点闭合启动中间继电器，中间继电器的触点瞬时闭合，当断路器 QF 处于合闸位置时，其位置触点 QF 是闭合的，使断路器的跳闸线圈 YR 带电，在电磁力的作用下使脱扣机构释放，断路器在跳闸弹簧力 F 的作用下跳开，故障设备被切除，短路电流消失，电流继电器返回，整套保护装置复归，做好下次动作的准备。

可见，为安全可靠地完成继电保护的工作任务，继电保护回路中的任一个元件及其连线都必须时时刻刻正确工作。

4. 电力系统继电保护的工作配合

每一套保护都有预先严格划定的保护范围（也称保护区），只有在保护范围内发生故障，该保护才动作。保护范围划分的基本原则是任一个元件的故障都能可靠地被切除并且造成的停电范围最小，或对系统正常运行的影响最小，一般借助于断路器实现保护范围的划分。

如图 1-5 所示给出了一个简单电力系统部分电力元件保护的保护范围的划分，其中每个虚线框表示一个保护范围。

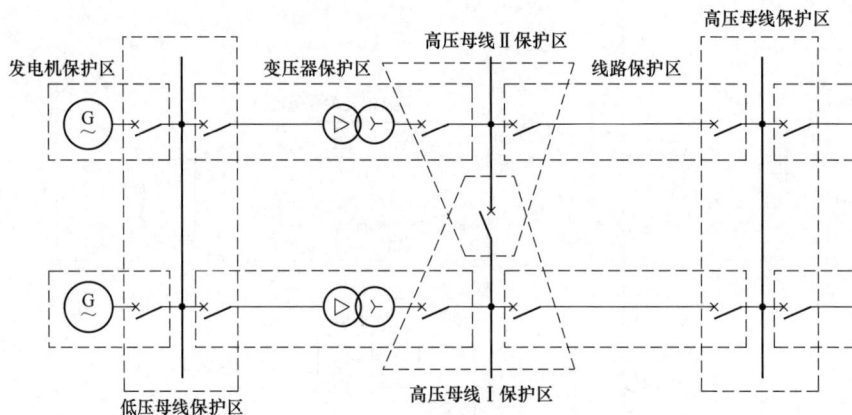

图 1-5 保护范围和配合关系示意图

由图 1-5 可见，发电机保护与低压母线保护、低压母线保护与变压器保护等上、下级电力元件的保护区间必须重叠，这是为了保证任意处的故障都置于保护区内。同时，重叠区越小越好，因为在重叠区内发生短路时，会造成两个保护区内所有的断路器跳闸，扩大停电范围。

为了确保故障元件能够从电力系统中被切除，一般每个重要的电力元件配备两套保护，一套称为主保护，另一套称为后备保护。图 1-5 示出的是各电力设备主保护的保护区。实践证明，保护装置拒动、保护回路中的其他环节损坏、断路器拒动、工作电源不正常乃至消失等时有发生，造成主保护不能快速切除故障，这时需要后备保护来切除故障。

一般下一级电力元件的后备保护安装在上一级（近电源侧）元件的断路器处，称为远后备保护。当多个电源向该电力元件供电时，需要在所有电源侧的上级元件处配置远后备保护。远后备保护动作将切除所有上级电源侧的断路器，造成事故扩大。同时，远后备保护的保护范围覆盖所有下级电力元件的主保护范围，它能解决远后备保护范围内所有故障元件由任何原因造成的不能切除问题。远后备保护的配置、配合需要一定的系统接线条件，在高压电网中往往不能满足灵敏度的要求，因而采用近后备附加断路器失灵保护的方案。近后备保护与主保护安装在同一断路器处，当主保护拒动时由后备保护启动断路器跳闸，当断路器失灵时，由失灵保护启动跳开所有与故障元件相连的电源侧断路器。

由后备保护动作切除故障，一般会扩大故障造成的影响。为了最大限度地缩小故障对电力系统正常运行产生的影响，应保证由主保护快速切除任何类型的故障，一般后备保护都延时动作，等待主保护不动作后才动作。因此，主保护与后备保护之间存在动作时间和动作灵敏度的配合问题。

由上述分析可见，电力系统中的每一个重要元件都必须配备至少两套保护，电力系统的每一处都在保护范围的覆盖下，系统任意点的故障都能被自动发现并切除。现代电力系统离开完善的继电保护系统是不能运行的，没有安装保护的电力元件，是不允许接入电力系统工作的。由成千上万个电力元件组成的现代电力系统，每一个电力元件如何配置保护？配备几套继电保护？各电力元件继电保护之间如何配合？需要视电力元件的重要程度、电力元件对电力系统影响的重要程度等因素决定，GB/T 14285—2023《继电保护和安全自动装置技术规程》中已给出明确规定。

三、继电保护性能的基本要求

电力系统继电保护基本性能的基本要求是可靠性、选择性、快速性、灵敏性。这四个基本要求之间紧密联系，既相辅相成又相互制约，必须根据具体电力系统运行的主要矛盾和矛盾的主要方面配置配合、整定每个电力元件的继电保护，充分发挥和利用继电保护的科学性、工程技术性，使继电保护为提高电力系统运行的安全性、稳定性和经济性发挥最大效能。

1. 可靠性

继电保护的可靠性是对电力系统继电保护的最基本的性能要求，是指保护该动作时应动作（即可信赖性，不发生拒动），不该动作时不动作（即安全性，不发生误动），包括可靠动作及可靠不动作。可靠性反映的是继电保护装置在保护范围内发生动作时的可靠程度。

可信赖性要求继电保护在设计要求它动作的异常或故障状态下，能够准确地完成动作；安全性要求继电保护在非设计要求它动作的其他所有情况下能够可靠地不动作。

为保证可靠性，宜选用性能满足要求、原理尽可能简单的保护方案，应采用由可靠的硬件和软件构成的装置，并应具有必要的自动检测、闭锁、告警等措施，便于整定、调试和运行维护。

可信赖性与安全性主要取决于保护装置本身的制造质量、保护回路的连接和运行维护水平。一般而言，保护装置的组成元件质量越高、回路接线越简单，保护的工作就越可靠。同时，正确的调试、整定，良好的运行维护以及丰富的运行经验，对于提高继电保护的可靠性具有重要作用。

可信赖性与安全性，都是继电保护必备的性能，继电保护的误动和拒动都会给电力系统造成严重危害。然而，提高不误动的安全性措施与提高不拒动的信赖性措施往往是矛盾的。由于不同的电力系统结构不同，电力元件在电力系统中的位置不同，误动和拒动的危害程度不同，因而提高保护安全性和信赖性的侧重点在不同情况下有所不同。简单地说，保护双重化可保证可靠性（特别是解决了一套保护装置检修或硬件有异常退出工作的问题），但增加了误动的概率。在设计与选用继电保护时，需要依据被保护对象的具体情况，对这两方面的性能要求适当地予以协调与取舍。例如：对于传送大功率的220kV及以上电压的超高压电网，由于电网联系比较紧密，联络线较多，系统备用容量较多，如果保护误动作，使某条线路、某台发电机或变压器误切除，给整个电力系统造成直接经济损失较小。但如果保护（装置）拒绝动作，将会造成电力元件的损坏或者引起系统稳定的破坏，造成大面积停电事故。在这种情况下一般应该更强调保护不拒动的信赖性，目前要求每回220kV及以上电压输电线路都装设两套工作原理不同、工作回路完全独立的快速保护，采取各自独立跳闸的方式，提高不拒动的信赖性。而对于母线保护，由于它的误动将会给电力系统带来严重后果，则更强调不误动的安全性。至于大型发电机组的继电保护，无论它的拒动或是误动，都会引起巨大的经济损失，需要通过精心设计和装置配置，兼顾这两方面的性能要求。

即使对于相同的电力元件，随着电网的发展，保护不误动和不拒动对系统的影响也会发生变化。例如，一个更高一级电压网络建设初期或大型电厂投产初期，由于联络线较少，输送容量较大，切除一个元件就会对系统产生很大影响，防止误动是最重要的；随着电网建设的发展，联络线越来越多，联系越来越紧密，防止拒动可能变成最重要的了。在说明防止误动更重要的时候，并不是说防止拒动就不重要，而是说，在保证防止误动的同时要充分防止拒动，反之亦然。

提高继电保护可靠性的办法主要是：采用经过全面分析论证，有实际运行经验或者经过试验确证为技术性能满足要求、元件工艺质量优良的装置。提高继电保护的可信赖性，除了选用高可靠性的装置外，还可以采用装置双重化等技术措施。

2. 选择性

选择性指保护装置动作时，仅将故障元件从电力系统中单独切除，使停电的范围尽量地缩小，保证系统中无故障的部分正常运行。

选择性要求首先由故障设备或线路本身的保护切除故障，当故障设备或线路本身的保护或断路器拒动时，才允许由相邻设备、线路的保护或断路器失灵保护切除故障。

为保证选择性，对相邻设备和线路有配合要求的保护以及同一保护内有配合要求的两元件（如启动与跳闸元件、闭锁与动作元件），其灵敏系数及动作时间应相互配合。

当重合于本线路故障，或在非全相运行期间健全相又发生故障时，相邻元件的保护应保证选择性。在重合闸后加速的时间内以及单相重合闸过程中发生区外故障时，允许被加速的线路保护无选择性。在某些条件下必须加速切除短路时，可使保护无选择动作，但必须采取补救措施，例如采用自动重合闸或备用电源自动投入来补救。

发电机、变压器保护与系统保护有配合要求时，也应满足选择性要求。

继电保护的选择性要求保护装置动作时，在可能最小的区间内将故障从电力系统中断开，最大限度地保证系统中无故障部分仍能继续安全运行（即在对系统影响可能最小的处所，实现断路器的控制操作，以终止故障或系统事故的发展），它包含两层含义：其一，只应由装置故障元件上的保护装置动作切除故障；其二，要力争相邻元件的保护装置对它起后备保护作用。也就是说，首先应由故障设备或线路本身的保护切除故障，当故障设备或线路本身的保护或断路器拒动时，才允许由相邻设备、线路的保护或断路器失灵保护切除故障。例如，对于电力元件的继电保护，当元件故障时，要求靠近故障点最近的断路器动作断开系统供电电源；而对于振荡解列装置，则要求当电力系统失去同步运行稳定性时，在解列后两侧系统可以各自安全、同步运行的地点动作于断路器，将系统一分为二，以终止振荡等。

在图 1-6 所示的网络中，当线路 A-B 上 k_1 点短路时，应由线路 A-B 的保护动作跳开断路器 QF1 和 QF2，故障被切除。而在线路 C-D 上 k_3 点短路时，由线路 C-D 的保护动作跳开断路器 QF6，只有 D 母线（或变电站）停电。故障元件上的保护装置如此有选择性地切除故障，可以使停电的范围最小，甚至不停电。如果 k_3 点故障时，由于种种原因造成断路器 QF6 跳不开，相邻线路 B-C 的保护动作跳开断路器 QF5，相对的停电范围也是较小的，相邻线路的保护对它起到了后备保护作用，这种保护的动作也是有选择性的。若线路 B-C 的保护本来能够动作跳开断路器 QF5，而线路 A-B 保护抢先跳开了 QF1 和 QF2 断路器，则该保护动作是无选择性的。

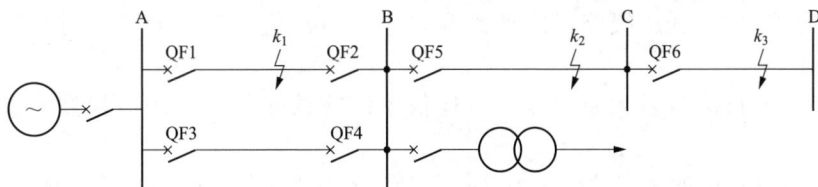

图 1-6 保护选择性说明图

这种选择性的保护，除利用一定的延时使本线路的后备保护与主保护正确配合外，还必须注意相邻元件后备保护之间的正确配合。其一，上级元件后备保护的灵敏度要低于下级元件后备保护的灵敏度；其二，上级元件后备保护的动作时间要大于下级元件后备保护的动作时间。在短路电流水平较低、保护处于动作边缘情况下，这两条件缺一不可。

电力元件继电保护的选择性，除了决定于继电保护装置本身的性能外，还要求满足：①对于辐射型供电网络，由电源算起，由于越靠近故障点的继电保护的故障启动值相对越小（阻抗较小），动作时间越短（选择性要求），应在上下级之间留有适当的裕度；②要具有后备保护作用，如果最靠近故障点的继电保护装置或断路器因故拒绝动作而不能断开故障时，能由紧邻的电源侧继电保护动作将故障断开。在 220kV 及以上电压的电网中，由于接线复杂所带来的具体困难，在继电保护技术上往往难以做到对紧邻下一级元件的完全后备保护作用，相应采用的通用对策是，每一电力元件都装设至少两套各自独立工作，可以分别对被保护元件实现充分保护作用的继电保护装置，即实现双重化配置；同时，设置一套断路器拒动的保护（断路器失灵保护），当断路器拒动时，使同一母线上的其他断路器跳闸，以隔离故障点。

3. 快速性（速动性）

继电保护的快速性是指继电保护应以允许的可能最快速度动作于断路器跳闸，以断开故障或中止异常状态的发展。其目的是提高系统稳定性，减轻故障元件的损坏程度，缩小故障波及范围，提高线路故障后自动重合闸的成功率，有利于故障后的电力系统同步运行的稳定性。快速切除线路与母线的短路故障，是提高电力系统暂态稳定的最重要手段。

继电保护的速动性是要求尽可能快地切除故障，减少设备及用户在大短路电流、低电压下运行的时间，降低设备的损坏程度，提高电力系统并列运行的稳定性。动作迅速而又能满足选择性要求的保护装置，一般结构都比较复杂，价格比较昂贵，对大量的中、低压电力元件，不一定都采用快速动作的保护。对保护速动性的要求应根据电力系统的接线和被保护元件的具体情况，经技术经济比较后确定。一些必须快速切除的故障有：

（1）使发电厂或重要用户的母线电压低于允许值（一般为 0.7 额定电压）。

（2）大容量的发电机、变压器和电动机内部发生的故障。

（3）中、低压线路导线截面积过小，为避免过热不允许延时切除的故障。

（4）可能危及人身安全、对通信系统或铁路信号系统有强烈干扰的故障。

在高压电网中，维持电力系统的暂态稳定性往往成为继电保护快速性要求的决定性因素，故障切除越快，暂态稳定极限（维持故障切除后系统的稳定性所允许的故障前输送功率）越高，越能发挥电网的输电效能。

如图 1-7 所示为某电网同一点发生不同类型短路时，暂态稳定极限随故障切除时间的变化曲线。

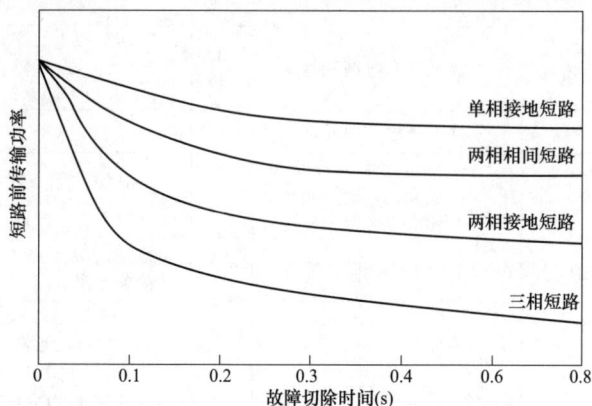

图 1-7 暂态稳定极限随故障切除时间的变化曲线

故障切除时间等于保护装置和断路器动作时间的总和，一般的快速保护的动作时间为 0.06～0.12s，最快的可达 0.01～0.04s，一般的断路器的动作时间为 0.06～0.15s，最快的可达 0.02～0.06s。

4. 灵敏性

继电保护的灵敏性是指继电保护对于其保护范围内发生故障或不正常运行状态的反应能力，是对其规定要求动作的故障及异常状态能够可靠动作能力的裕度，一般以灵敏系数来描述。满足灵敏性要求的保护装置应该是在规定的保护范围内部发生故障时，在系统任意的运行条件下，无论短路点的位置、短路的类型如何，以及短点是否有过渡电阻，当发生短路时都能敏锐感觉、正确反应。

灵敏性通常用灵敏系数或灵敏度来衡量，要求系统在最小运行方式下，在设备或线路的被保护范围内发生金属性短路时，保护装置应具有必要的灵敏系数。对于过量保护装置，故障时通入装置的故障量和给定的装置启动值之比，称为继电保护的灵敏系数，欠量保护反之。它是考核继电保护灵敏性的具体指标，在一般的继电保护设计与运行规程中，对它都有具体的规定要求。

灵敏系数应根据最不利正常（含正常检修）运行方式和最不利的故障类型（仅考虑金属性短路和接地故障）计算。

继电保护越灵敏，越能可靠地反映要求动作的故障或异常状态；但同时，也更易于在非要求动作的其他情况下产生误动作，即增大灵敏度，增加了保护动作的信赖性，但有时与可靠性相矛盾。在 GB/T 14285—2023《继电保护和安全自动装置技术规程》中，对各类保护的灵敏系数的要求都做了具体的规定，一般要求灵敏系数为 1.2～2。

各类短路保护的灵敏系数，不宜低于表 1-1 所列数值。

表 1-1 短路保护的最小灵敏系数

保护分类	保护类型	组成元件		灵敏系数	备注
主保护	带方向和不带方向的电流保护或电压保护	电流元件和电压元件		1.3～1.5	200km 以上线路，不小于 1.3；50～200km 线路，不小于 1.4；50km 以下线路，不小于 1.5
		零序或负序方向元件		1.5	
主保护	距离保护	启动元件	负序和零序增量或负序分量元件、相电流突变量元件	4	距离保护第三段动作区末端故障，大于 1.5
			电流和阻抗元件	1.5	线路末端短路电流应为阻抗元件精确工作电流 1.5 倍以上
		距离元件		1.3～1.5	200km 以上线路，不小于 1.3；50～200km 线路，不小于 1.4；50km 以下线路，不小于 1.5
	平行线路的横联差动方向保护和电流平衡保护	电流和电压启动元件		2.0	线路两侧均未断开前，其中一侧保护按线路中点短路计算
				1.5	线路一侧断开后，另一侧保护按对侧短路计算
		零序方向元件		2.0	线路两侧均未断开前，其中一侧保护按线路中点短路计算
				1.5	线路一侧断开后，另一侧保护按对侧短路计算
	线路纵联保护	跳闸元件		2.0	
		对高阻接地故障的测量元件		1.5	个别情况下，为 1.3
	发电机、变压器、电动机纵差保护	差电流元件的启动电流		1.5	
	母线的完全电流差动保护	差电流元件的启动电流		1.5	
	母线的不完全电流差动保护	差电流元件		1.5	
	发电机、变压器、线路和电动机的电流速断保护	电流元件		1.5	按保护安装处短路计算
后备保护	远后备保护	电流、电压和阻抗元件		1.2	按相邻电力设备和线路末端短路计算（短路电流应为阻抗元件精确工作电流 1.5 倍以上），可考虑相继动作
		零序或负序方向元件		1.5	
	近后备保护	电流、电压和阻抗元件		1.3	按线路末端短路计算
		负序或零序方向元件		2.0	
辅助保护	电流速断保护	跳闸元件		1.2	按正常运行方式保护安装处短路计算

注 1. 主保护的灵敏系数除表中注出者外，均按被保护线路（设备）末端短路计算。
   2. 保护装置如反应故障时增长的量，其灵敏系数为金属性短路计算值与保护整定值之比；如反应故障时减少的量，则为保护整定值与金属性短路计算值之比。
   3. 各种类型的保护中，基于全电流和全电压的方向元件的灵敏系数不作规定。
   4. 本表内未包括的其他类型的保护，其灵敏系数另作规定。

以上四项基本要求是评价和研究继电保护性能的基础，它们之间既有矛盾的一面，又要根据被保护元件在电力系统中的作用，使以上"四性"基本要求在所配置的保护中得到统一。继电保护的科学研究、设计、制造和运行的大部分工作也是围绕上述要求如何配置和配合展开的。

第二节　继电保护的配置与选择

一、继电保护配置的一般规定

电力系统中的电力设备和线路，应装设短路故障和异常运行的保护装置，任何电力设备不得无保护运行。电力设备和线路短路故障的保护应有主保护和后备保护，必要时可增设辅助保护。

（1）制订保护配置方案时，对两种故障同时出现的稀有情况可仅保证切除故障。

（2）在各类保护装置接于 TA 二次绕组时，应考虑既要消除保护死区，同时又要尽可能减轻 TA 本身故障时所产生的影响。

（3）当采用远后备方式时，在短路电流水平低且对电网不会造成影响的情况下（如变压器或电抗器后面发生短路，或电流助增作用很大的相邻线路上发生短路等），如果为了满足相邻线路保护区末端短路时的灵敏性要求，将使保护过分复杂或在技术上难以实现时，可以缩小后备保护作用的范围。必要时，可加设近后备保护（主要针对 110kV 及以下电压等级保护）。

（4）电力设备或线路的保护装置，除预先规定的情况外，都不应因系统振荡引起误动作。

（5）使用于 220～500kV 电网的线路保护，其振荡闭锁应满足以下要求：

1）系统发生全相或非全相振荡时，保护装置不应误动作跳闸。

2）系统在全相或非全相振荡过程中，被保护线路如发生各种类型的不对称故障时，保护装置应有选择性地动作跳闸，纵联保护仍应快速动作。

3）系统在全相振荡过程中发生三相故障时，故障线路的保护装置应可靠动作跳闸，并允许带短延时。

（6）有独立选相跳闸功能的线路保护装置发出的跳闸命令，应能直接传送至相关断路器的分相跳闸执行回路。

（7）使用于单相重合闸线路的保护装置，具有在单相跳闸后重合前的两相运行过程中，健全相再故障时快速动作三相跳闸的保护功能。

（8）技术上无特殊要求及无特殊情况时，保护装置中的零序电流方向元件应采用自产零序电压，不应接入 TV 的开口三角电压。

（9）保护装置在 TV 二次回路一相、两相或三相同时断线时，应发告警信号，除母线保护外，允许跳闸。

（10）用于 220kV 及以上电压等级的电力设备非电量保护应相对独立，并具有独立的跳闸出口回路。

（11）继电器及保护装置的直流工作电压，应保证在外部电源为 80％～115％额定电压条件下可靠工作。

（12）对 220～500kV 断路器三相不一致，应尽量采用断路器本体的三相不一致保护，而不再另外设置三相不一致保护；如断路器本体无三相不一致保护，则应为断路器配置三相不一致保护。采用断路器本体的三相不一致保护时，应注意检查、核对并断开保护装置（工控机）内的三相不一致保护及相关回路，避免同时投入两套三相不一致保护，更要注意不要因此造成二次回路的异常情况。

（13）跳闸出口应能自保持，直至断路器断开。自保持宜由断路器的操作回路来实现。

（14）数字式保护装置，应满足如下要求：

1）宜将被保护设备或线路的主保护及后备保护综合在一整套装置内（即主保护、后备保护一体化），共用直流电源输入回路及 TA、TV 二次回路。该装置应能反映被保护设备或线路的各种故障及异常状态，并动作于跳闸或给出信号。

2）保护装置应尽可能根据输入的电流、电压量，自行判别系统运行状态的变化，减少外接相关的输入信号来执行其应完成的功能。

3）用于 110kV 及以上电压等级线路的保护装置，应具有测量故障点距离的功能。故障测距的精度要求：对金属性短路误差不大于线路全长的 $\pm 3\%$。

4）保护装置应具有在线自动检测功能，包括保护硬件损坏、功能失效和二次回路异常运行状态的自动检测。自动检测必须是在线自动检测，不应由外部手段启动；并应实现完善的检测，做到只要不告警，装置就处于正常工作状态，但应防止误告警。

除出口继电器外，装置内的任一元件损坏时，装置不应误动作跳闸，自动检测回路应能发出告警或装置异常信号，并给出有关信息指明损坏元件的所在部位，在最不利情况下应能将故障定位至模块（插件）。

5）保护装置的定值应满足保护功能的要求，应尽可能做到简单、易整定。

6）保护装置必须具有故障记录功能，以记录保护的动作过程，为分析保护动作行为提供详细、全面的数据信息，但不要代替专用的故障录波器。保护装置故障记录的要求是：

a. 记录内容应为故障时的输入模拟量和开关量、输出开关量、动作元件、动作时间、返回时间、相别。

b. 应能保证发生故障时不丢失故障记录信息。

c. 应能保证在装置直流电源消失时，不丢失已记录的信息。

7）保护装置应以时间顺序记录的方式记录正常运行的操作信息，如开关变位、开入量输入变位、连接片切换、定值修改、定值区切换等，记录应保证充足的容量。

8）保护装置应能输出装置的自检信息及故障记录，后者应包括时间、动作事件报告、动作采样值数据报告、开入/开出和内部状态信息、定值报告等。装置应具有数字/图形输出功能及通用的输出接口。

9）时钟和时钟同步。保护装置应设硬件时钟电路，装置失去直流电源时，硬件时钟应能正常工作；同时，保护装置应配置与外部授时源的对时接口。

10）保护装置应配置能与自动化系统相连的通信接口，通信协议符合DL/T 667—1999《远动设备及系统　第 5 部分：传输规约　第 103 篇：继电保护设备信息接口配套标准》，并提供必要的功能软件，如通信及维护软件、定值整定辅助软件、故障记录分析软件、调试辅助软件等。

11）保护装置应具有独立的 DC/DC 变换器供内部回路使用的电源。拉、合装置直流电源或直流电压缓慢下降及上升时，装置不应误动作。直流消失时，应有输出触点以启动告警信号；直流电源恢复（包括缓慢恢复）时，变换器应能自启动。

12）保护装置不应要求其交、直流输入回路外接抗干扰元件来满足有关电磁兼容标准的要求。

13）保护装置的软件应设有安全防护措施，防止程序出现不符合要求的更改。

二、发电机-变压器组保护的配置和选择原则

1. 发电机-变压器组保护基本配置原则

《防止电力生产事故的二十五项重点要求（2023 版）》第 18.1.2 条规定：继电保护及安全自动装置的设计、配置和选型，必须满足有关规程规定的要求，并经相关继电保护管理部门同意。继电保护及安全自动装置选型应采用技术成熟、性能可靠、质量优良、经有资质的专业检测机构检测合格的产品。

GB/T 14285—2023《继电保护和安全自动装置技术规程》5.13.1c)⋯⋯重要的 110kV(66kV) 及以下电压等级电力设备的继电保护，可按双重化原则或者双套原则配置。

（1）保护采用微机型保护，按双重化配置，保护配置原则应是强化主保护、简化后备保护。

（2）每套保护装置均应含完整的主保护及后备保护，保护装置主、后一体化设计。

（3）双重化配置的两套电气量保护的直流电源、交流电流回路、交流

电压回路、开入量、跳闸回路等应相互独立，彼此之间不应有电气联系，并且安装在各自柜内。当运行中的一套保护因异常需退出或检修时，应不影响另一套保护的正常运行及保护的完整性（两套保护装置的交流电压、交流电流应分别取自 TV、TA 相互独立的绕组，其保护范围应交叉重叠，避免死区；两套保护装置的直流电源应取自不同的直流母线段）。

（4）双重化配置的两套电气量保护应分别动作于断路器的一组跳闸线圈（非电量保护动作时应同时动作于断路器的两个跳闸线圈）。

（5）两套保护装置与其他保护、设备配合的回路应遵循相互独立的原则。

（6）线路纵联保护的通道（含光纤、载波等通道及加工设备和供电电源等）、远方跳闸及就地判别装置应遵循相互独立的原则。

2. 继电保护双重化配置原则

对于继电保护双重化配置，《防止电力生产事故的二十五项重点要求（2023 版）》第 18.1.9 条规定：100MW 及以上容量及接入 220kV 及以上电压等级的发电机、启动备用变压器应按双重化原则配置微机保护（非电量保护除外）；重要发电厂的启动备用变压器保护宜采用双重化配置。

简而言之，继电保护双重化配置的基本要求如下：

（1）两套保护装置的交流电压、交流电流应分别取自 TV、TA 相互独立的绕组，其保护范围应交叉重叠，避免死区。

（2）两套保护装置的直流电源应取自不同的直流母线段。

（3）两套保护装置的跳闸回路应分别作用于断路器的两个跳闸线圈。

（4）两套保护装置与其他保护、设备配合的回路应遵循相互独立的原则。

（5）两套保护装置之间不应有任何电气联系。

（6）线路纵联保护的通道（含光纤、载波等通道及加工设备和供电电源等）、远方跳闸及就地判别装置应遵循相互独立的原则。

3. 双重化保护配置的基本要求及适用范围

双重化保护配置包括：两套主保护的电压回路分别接入不同 TV 二次绕组；电流回路应分别取自 TA 独立的绕组，合理分配 TA 二次绕组，避免保护出现死区；取自不同蓄电池组供电的直流母线段的直流电源；采用独立光缆芯的保护通道；两套保护的跳闸回路与断路器的两个跳闸线圈应分别对应；独立的保护跳闸用控制电缆；非扩展的两组断路器辅助触点等。同时要求两套主保护分别各自组屏，不得共用一面屏。

采用双重化保护配置后，当任意一套保护装置的元件或保护回路发生异常而退出时，另一套保护仍保持其功能完整性，能可靠切除任何故障的电气设备。

从概率上讲，双重化配置的保护装置将增加保护装置误动的可能性，但是随着微机型保护装置质量的提高和生产工艺的不断改进，因保护装置自身原因引起的保护误动情况已大大减少。对于单机容量在100MW及以上大型的发电机、主变压器和220kV以上电压线路的保护，必须采用双重化配置（非电量保护除外）。这样一方面可以在电气设备发生故障时迅速切除故障，防止故障进一步扩大；另一方面大型发电机、变压器和220kV以上电压线路等设备造价昂贵、结构复杂，一旦损坏难以修复，延缓了电气设备故障修复时间，影响电力系统的供电可靠性，所以，对重要电气设备的保护必须采用双重化配置。

4. 上、下级保护之间逐级配合关系

上、下级继电保护之间的整定，应遵循逐级配合的原则，并满足选择性的要求。即当任一级线路或元件故障时，故障线路或元件的继电保护整定值必须在灵敏度和动作时间上与上一级线路或元件的继电保护整定值相配合，以保证电网发生故障时有选择性地切除故障。

阶段式保护的整定要求具体包括以下几方面：

（1）相邻上下级保护之间的配合有三个要点：第一，在时间上应有配合，即上一级保护的整定时间应比与其相配合的下一级保护的整定时间大一个时间级差 Δt；第二，在保护范围上有配合，即对同一故障点而言，上一级保护的灵敏系数应低于下一级保护的灵敏系数；第三，上下级保护的配合一般是按保护正方向进行的，其方向性一般由保护的方向特性或方向元件来保证的。

（2）多段保护的整定应按保护段分段进行。第一段保护通常按保护范围不超出被保护对象的全部范围整定。其余的各段均应按上、下级保护的对应段进行配合。所谓对应段是指上一级保护的Ⅱ段与下一级保护的Ⅰ段相对应。当这样整定的结果不满足灵敏度要求时，可不按对应保护段整定配合，即上一级保护的Ⅱ段与下一级保护的Ⅱ段配合，或与Ⅲ段配合。

（3）一个保护与相邻的几个下一级保护整定配合或一种保护需按满足几个条件进行整定时，均应分别进行整定取得几个整定值，然后再从几个整定值中选取最严重的数值为选定的整定值。保护的动作时间总是选取各条件中最长的时间为整定值。

（4）多段式保护的整定应以改善提高主保护性能为主，兼顾后备性。当主保护段保护效果比较好时，可以尽量简化后备保护。

（5）具有相同功能的保护之间配合整定。例如相间后备保护与相间后备保护进行配合，接地保护与接地保护进行配合。在特殊情况下，若不同功能的保护同时反映了一种故障，应防止无选择性的越级动作。

三、继电保护配置方案的制订

对于继电保护配置方案，《防止电力生产事故的二十五项重点要求（2023版）》的第18.2条"继电保护配置的重点要求"对继电保护从设计、配置、选型到双重化配置的基本要求，均给出了明确说明。

制订保护配置方案时，对两种故障同时出现的稀有情况可仅保证切除故障。

对所采用的故障判别元件，必须进行彻底的性能分析。要研究分析它在规定要求动作的各种实际可能发生的系统故障情况下，以及在规定不允许误动作的各种实际可能的系统故障或系统异常情况下，还有当元件本身和二次回路故障时的动作行为；还要研究分析在各种实际系统情况下所采用的防止误动作或二次回路故障措施的有效性。长期的运行实践充分说明，对元件的性能分析，不能仅限于少量典型简单故障情况，而必须全面结合系统运行时实际可能出现的各种情况进行研究。这些情况当然来源于运行经验的总结，而非想象而为之。

故障判别元件客观上具有两重性能：一是它的系统性能；二是它的实际动作性能。

系统性能是指在规定的动作原理下，这种元件在各种故障或异常情况下的理想动作性能。由于测量误差和电磁暂态过程以及其他因素的影响，实际使用的故障判别元件的动作性能可能会偏离赋予它的系统性能，即故障判别元件的实际动作性能与它的系统性能不一致。一个性能良好的故障判别元件，它的实际动作性能，特别是在故障开始后的暂态过程中的动作性能，应当尽可能接近它的系统性能。

保护装置的逻辑回路设计，要求能准确适应故障判别元件的性能，协调各个故障判别元件的动作关系，以保证最终正确判断是否应当给出跳令。

无论在设计中如何细致，都必须以模拟试验做最后的验证，不经模拟试验的回路是不可靠的回路。

四、各系统保护配置概要

1. 发电机保护应反应的故障

包括：定子绕组相间短路；定子绕组接地；定子绕组匝间短路；发电机外部的相间短路；定子绕组过电压；定子绕组过负荷；转子表层（负序）过负荷；励磁绕组过负荷；励磁回路接地；励磁电流异常下降或消失；定子铁芯过励磁；发电机逆功率；频率异常；失步；发电机突然加电压；发电机启停；其他故障和异常运行。

2. 发电机保护配置

根据相关规程规定及 1000MW 机组运行要求，发电机应配置以下类型的保护：

（1）发电机差动保护。是发电机内部短路故障的主保护，根据发电机定子分支接线的不同，可以灵活配置不同原理的差动保护。其中包括：发电机完全纵差、发电机不完全纵差、发电机裂相横差保护等。

（2）发电机匝间保护。不仅作为发电机内部匝间短路的主保护，还可以作为发电机内部相间短路和定子绕组开焊的保护。

发电机定子绕组发生内部短路，三相机端对中性点的电压不平衡，因为机端电压互感器中性点与发电机中性点直接相连且不接地，所以互感器开口三角绕组输出纵向 $3U_0$。

发电机正常运行时，机端不平衡零序电压很小，但可能有较大的三次谐波电压，为降低保护定值和提高灵敏度，保护装置增设三次谐波阻波功能。

为了保证匝间保护的灵敏度，纵向零序电压定值一般整定较小，为防止外部短路时纵向零序不平衡电压过大造成保护误动，所以须增设故障分量负序方向元件作为选择元件，用于判别是发电机内部故障还是外部故障。

也可单独配置故障分量负序方向（元件）保护作为定子绕组的匝间短路主保护，可以取消机端专用电压互感器（TV）的纵向零序电压判据。

（3）定子接地保护。第一套为传统的 100% 定子接地保护，三次谐波定子接地保护动作于信号，基波定子接地保护动作于停机。

第二套为注入式定子接地保护原理，采用外加 $20\mathrm{Hz}$ 电源构成的定子绕组单相接地保护，在启、停机过程中仍有保护作用。

（4）失磁保护。失磁保护由静稳阻抗、异步阻抗、机端低电压、系统低电压、逆无功、转子低电压等判据组成。

（5）负序过负荷保护。针对发电机不对称过负荷，非全相运行以及外部不对称故障引起的负序过电流，装设负序过负荷保护，保护由定时限和反时限组成，定时限动作于信号，反时限动作于程序跳闸。

（6）发电机过励磁保护。主要用作发电机因频率降低或过电压引起的铁芯工作磁密过高的保护。

（7）过电压保护。用于防止由于机组转速升高（如突然甩负荷）而引起的过电压。

（8）逆功率保护。当汽轮机主汽门误关闭造成汽轮机逆功率异常运行状态时，汽轮机尾部叶片由于残留蒸汽产生摩擦而形成鼓风损耗，因过热而损坏。

（9）程跳逆功率保护。当过负荷保护、过励磁保护、低励失磁保护等动作后，先关主汽门，待出现逆功率状态时再由程跳逆功率保护动作跳闸（程序跳闸方式），可避免因主汽门未关闭而断路器先断开引起灾难性"飞车"事故。

（10）失步保护。本保护适用于大型发电机-变压器组，当系统发生非稳定振荡即失步并危及机组或系统安全时，动作于信号或跳闸。

失步保护采用三阻抗元件，能可靠区分稳定振荡与失步，能正确测量振荡中心位置，并且分别实时记录区内振荡和区外振荡滑极次数。

（11）频率异常保护。为了保障机组的安全，装设频率异常保护以监视频率状况和累计偏离额定值在给定频率下工作的累计时间，当达到规定值时，动作于信号或跳闸停机。频率异常保护由低频保护和过频保护组成。保护设有低电压闭锁及断路器辅助触点闭锁。

（12）误上电保护。作为发电机停机状态、盘车状态及并网前机组启动过程中误合断路器时的保护。保护装在机端或主变压器高压侧，快速动作于跳开断路器及发电机励磁开关。

（13）转子接地保护。主要反映转子回路一点故障，由转子接地高定值保护、转子接地低定值保护构成。可采用乒乓式开关切换原理或注入式原理的转子接地保护。转子接地保护也应按双套配置，宜采用不同原理。

（14）定子对称过负荷保护。对于发电机因过负荷或外部故障引起的定子绕组过电流，装设定子绕组过负荷保护，保护由定时限和反时限组成，定时限动作于减输出功率，反时限动作于程序跳闸。

（15）起停机保护。零序电压元件作为发电机升速升励磁尚未并网前的定子接地短路故障的保护；低频过电流元件作为绕组相间短路保护。

（16）发电机低压记忆过电流保护。作为自并励式发电机机端短路的后备保护，保护由低压元件和过电流元件组成，电流具有记忆功能。

3. 变压器保护应反应的故障

包括：绕组及其引出线的相间短路和中性点直接接地的单相接地短路；绕组的匝间短路；外部相间短路引起的过电流；中性点直接接地系统的高压侧零序过电流及中性点过电压；中性点非有效接地侧的单相接地故障；过负荷；过励磁。

4. 主变压器保护配置

根据规程规定及变压器运行要求，主变压器应配置以下类型的保护：

（1）主变压器差动保护。作为主变压器绕组及引线的相间、匝间短路和高压侧接地短路主保护，保护设有差流速断元件。

（2）主变压器零序差动保护。主要应用于自耦变压器或变压器发生单相接地故障时，在纵差保护灵敏度不够的情况下使用。

（3）主变压器复压过电流保护。作为主变压器的后备保护，保护由低压元件、负序电压元件和过电流元件构成。

（4）主变压器阻抗保护。用于变压器及相邻设备相间及接地短路的后备保护。

（5）主变压器过励磁保护。

（6）主变压器高压侧零序过电流，作为中性点直接接地系统的接地故障后备保护。

（7）主变压器高压侧间隙零序保护，主要作为中性点装设放电间隙的分级绝缘变压器经间隙接地运行时接地故障的后备保护。

（8）主变压器低压侧接地保护。针对发电机出口设有断路器的情况，可在主变压器低压侧配置一套零序过电压保护，作为发电机定子接地的后备保护、监视发电机出口至主变压器低压侧母线接地故障。

（9）非全相保护。作为发电机-变压器组的断路器非全相运行时的保护。装置通过断路器辅助触点位置判断断路器的非全相运行状态，启动跳闸延时后出口。

（10）失灵启动保护。分两段时限，第一时限采用负序过电流元件或零序过电流元件，配合断路器合闸位置触点，以及有跳该断路器的保护动作，去解除断路器失灵保护的复合电压闭锁；第二时限采用负序过电流元件或零序过电流元件或相电流过电流元件，配合断路器合闸位置触点，以及有跳该断路器的保护动作，去启动断路器失灵保护。只有电量保护启动失灵，非电量保护是不启动失灵的，但非全相保护比较特殊、要启动失灵保护。

（11）断口闪络保护。发电机组在进行并列过程中，当断路器两侧电压方向为 $180°$，断口易发生闪络。断路器断口闪络只考虑一相或两相，不考虑三相闪络。断路器闪络保护取主变压器高压侧开关 TA 电流。断口闪络保护主要针对发电机准备和高压系统并网期间，断路器断口上会承受较高的电压，可能造成断路器闪络事故。

5. 励磁变压器保护配置

（1）励磁变压器差动保护。作为励磁变压器绕组及引线的相间短路主保护。保护设有差流速断元件。

（2）励磁变压器速断保护。作为励磁变压器内部相间故障的主保护。

（3）励磁变压器过电流保护。作为励磁变压器故障的后备保护。

（4）励磁变压器过负荷保护。

（5）励磁绕组过负荷保护，定时限动作于减励磁，反时限动作于解列灭磁。主要是作为励磁系统故障或强励时间过长的励磁绕组过负荷的保护。

6. 高压厂用变压器保护配置

（1）高压厂用变压器（简称高压厂用变压器）差动保护。反映变压器内部相间故障及匝间短路故障的保护，设有差流速断元件。

（2）高压厂用变压器复压过电流保护。作为高压厂用变压器的后备保护，本保护由低压元件、负序电压元件和过电流元件构成。

（3）高压厂用变压器分支（低压侧）复压过电流保护。作为馈线过电流保护的相间短路的后备保护，保护由低电压元件、负序电压元件和过电流元件构成。

（4）高压厂用变压器低压分支零序过电流保护。作为变压器低压绕组及其分支引出线单相接地故障的保护，同时也可作为低压母线上各元件的接地故障后备保护。

（5）高压厂用变压器启动通风。

（6）高压厂用变压器分支限时速断保护。高压厂用变压器的低压侧所接的母线通常不设专用的母线保护，在厂用变压器低压侧装设带时限的电流速断保护作为母线故障和馈线故障的主保护。

7. 变压器非电量保护

变压器非电量保护主要包括重瓦斯、轻瓦斯、压力释放、油温、油位、绕组温度等非电量保护。

第三节 继电保护技术要求

一、继电保护的相关规定

1. 发电机相间短路保护相关规定

(1) 对发电机定子绕组及其引出线的相间短路故障，应按下列规定配置相应的保护作为发电机的主保护：

1) 对于 1MW 以上的发电机，应装设纵联差动保护。

2) 对 100MW 以下的发电机-变压器组，当发电机与变压器之间有断路器时，发电机与变压器宜分别装设单独的纵联差动保护功能。

3) 对 100MW 及以上发电机-变压器组，应装设双重主保护，每一套主保护宜具有发电机纵联差动保护和变压器纵联差动保护功能。

(2) 在穿越性短路、穿越性励磁涌流及自同步或非同步合闸过程中，纵联差动保护应采取措施，减轻 TA 饱和及剩磁的影响，提高保护动作可靠性。

(3) 纵联差动保护，应装设电流回路断线监视装置，断线后动作于信号。电流回路断线允许差动保护动作跳闸。

(4) 差动保护应动作于停机（全停）。

2. 发电机单相接地保护相关规定

(1) 发电机定子绕组的单相接地故障的保护应符合以下要求：

1) 发电机定子绕组单相接地故障电流允许值按制造厂的规定值，如无制造厂提供的规定值可参照表 1-2 所列数据。

表 1-2　发电机接地故障电流允许值

发电机额定电压（kV）	发电机额定容量（MW）	电流允许值（A）	发电机额定电压（kV）	发电机额定容量（MW）	电流允许值（A）
6.3	≤50	4	13.8～15.75	125～200	2
10.5	50～100	3	18～20	≥300	1

注　对额定电压为 13.8～15.75kV 的氢冷发电机为 2.5A。

2) 与母线直接连接的发电机：当单相接地故障电流（不考虑消弧线圈的补偿作用）大于允许值（见表 1-2）时，应装设有选择性的接地保护装置。保护装置由发电机定子接地保护或安装于机端的零序 TA 和电流继电器构成，对于后者，其动作电流按躲过不平衡电流和外部单相接地时发电机稳态电容电流整定；接地保护带时限动作于信号，但当消弧线圈退出运行或由于其他原因使残余电流大于接地电流允许值时，应动作于停机。

当未装设接地保护，或装有接地保护但由于运行方式改变及灵敏度不满足要求时，可由单相接地监视装置动作于信号。

为了在发电机与系统并列前检查有无接地故障，保护装置应能监视发电机端零序电压值。

3）发电机-变压器组：对100MW以下发电机，应装置保护区不小于90%的定子接地保护；对100MW及以上发电机，应装置保护区为100%的定子接地保护。保护带时限动作于跳闸。为检查发电机定子绕组和发电机回路的绝缘状况，保护装置应能监视发电机端零序电压值。

（2）对于发电机定子匝间短路，应按下列规定装设定子匝间保护：

1）对定子绕组为星形接线、每相有并联分支且中性点侧有分支引出端的发电机，应装设零序电流型横差保护或裂相横差保护、不完全纵差保护。

2）50MW及以上发电机，当定子绕组为星形接线，中性点只有三个引出端子时，根据用户和制造厂的要求，可装设专用的匝间短路保护。

3）对发电机外部相间短路故障和作为发电机主保护的后备保护，应按下列规定配置相应的保护，且保护宜设置在发电机的中性点侧：

a.10MW及以上的发电机，宜装设负序过电流保护和单元件低电压启动的过电流保护。

b.自并励（无串联变压器）发电机，宜采用带电流记忆（保持）的低电压过电流保护。

c.并列运行的发电机和发电机-变压器组的后备保护，对所连接母线的相间故障，应具有必要的灵敏系数。

以上各项保护，宜带有两段时限，以较短的时限动作于缩小故障影响范围或动作于解列，以较长时限动作于全停。

3. 发电机其他保护相关规定

（1）对于发电机定子绕组的异常过电压，装设过电压保护的规定：对于100MW及以上的汽轮发电机，宜装设过电压保护，其整定值根据定子绕组绝缘状况决定。过电压保护宜动作于解列灭磁或程序跳闸。

（2）对过负荷引起的发电机定子绕组过电流，应按下列规定装设定子绕组过负荷保护：

1）定子绕组非直接冷却的发电机，应装设定时限过负荷保护，保护接一相电流，带时限动作于信号。

2）定子绕组为直接冷却且过负荷能力较低（如低于1.5倍，60s）时，过负荷保护由定时限和反时限两部分组成。

定时限部分：动作电流按在发电机长期允许的负荷电流下能可靠返回的条件整定，带时限动作于信号。

反时限部分：动作特性按发电机定子绕组的过负荷能力确定，动作于停机。保护应能反应电流变化时发电机定子绕组的热积累过程。不考虑在灵敏系数与其他相间短路保护相配合。

（3）对于不对称负荷、非全相运行及外部不对称短路引起的负序电流，100MW 及以上 A 值小于 10 的发电机，应装设由定时限和反时限两部分组成的转子表层过负荷保护。

定时限部分：动作电流按发电机长期允许的负序电流值和躲过最大负荷下负序电流滤过器的不平衡电流值整定，带时限动作于信号。

反时限部分：动作特性按发电机承受短时负序电流的能力确定，动作于停机。保护应能反映电流变化时发电机转子的热积累过程。不考虑在灵敏系与其他相间短路保护相配合。

（4）对 1MW 及以上的发电机应装设专用的转子一点接地保护，灵敏段动作于发信号，高值段动作于程序跳闸。对于旋转励磁的发电机宜装设一点接地故障定期检测装置。

（5）对励磁电流异常下降或完全消失的失磁故障，应按下列规定装设发电机失磁保护：

1）不允许失磁运行的发电机及失磁对电力系统有重大影响的发电机应装设专用的失磁保护。

2）失磁保护宜瞬时或短延时动作于信号，有条件的机组可进行励磁切换。失磁后母线电压低于系统允许值时，带时限动作于解列。当发电机母线电压低于保证厂用电稳定运行要求的电压时，带时限动作于解列，并切换厂用电源。有条件的机组失磁保护也可动作于自动减出力。当减少输出功率至发电机失磁允许负荷以下时，其运行时间接近于失磁允许运行时限的限值时，应动作于程序跳闸。

3）300MW 及以上发电机，应装设励磁保护。保护由低定值和高定值两部分组成的定时限过励磁保护和反时限过励磁保护，有条件时应优先装设反时限过励磁保护。

定时限过励磁保护：低定值部分带时限动作于信号或降低励磁电流；高定值部分动作于解列或程序跳闸。

反时限过励磁保护：反时限特性曲线由上限定时限、反时限、下限定时限三部分组成。上限定时限、反时限动作于解列灭磁，下限定时限动作于信号。

反时限的保护特性曲线应与发电机的允许过励磁能力（由制造厂家提供）相配合，可取其 70%～80% 整定。

（6）对发电机变电动机运行的异常运行方式，200MW 及以上的汽轮发电机，宜装设逆功率保护。保护由灵敏的功率继电器构成，带短时限动作于信号，经汽轮机允许的逆功率时间延时动作于解列。

（7）对 300MW 及以上汽轮发电机励磁回路一点接地、发电机运行频率异常、励磁电流异常下降或消失等异常运行方式，宜采用程序跳闸方式。采用程序跳闸方式时，由逆功率继电器作为闭锁元件。

（8）对于发电机启停过程中发生的故障、断路器断口闪络及发电机轴电流过大等故障和异常运行方式，可根据机组特点和电力系统运行要求，采取措施或增设相应保护。对 300MW 及以上机组宜装设突加电压保护。

（9）对于 100MW 及以上容量的发电机-变压器组，除非电量保护外，应双重化配置。当断路器具有两组跳闸线圈时，两套保护宜分别动作于断路器的一组跳闸线圈。

（10）对于 600MW 级及以上发电机组应装设双重化的电气量保护，对非电量保护应根据主设备配套情况，有条件的也可以双重化配置。

（11）自并励发电机的励磁变压器宜采用电流速断保护作为主保护，过电流保护作为后备保护。

对交流励磁发电机的主励磁机的短路故障，宜在中性点侧的 TA 回路装设电流速断保护作为主保护，过电流保护作为后备保护。

4. 变压器保护的相关规定

（1）0.4MVA 及以上车间内油浸式变压器和 0.8MVA 及以上油浸式变压器，均应装设气体保护。当壳内故障产生轻微瓦斯或油面下降时，应瞬时动作于信号；当壳内故障产生大量瓦斯时，应瞬时动作于断开变压器各侧断路器。

带负荷调压变压器充油调压开关，也应装设气体保护。

气体保护应采取措施，防止因气体继电器的引线故障、振动等引起气体保护误动作。

（2）对变压器内部、套管及引出线的短路故障，按其容量及重要性的不同，应装设下列保护作为主保护，并瞬时动作于断开变压器各侧断路器。

1）电压在 10kV 及以下、容量在 10MVA 及以下的变压器，采用电流速断保护。

2）电压在 10kV 以上、容量在 10MVA 以上的变压器，采用纵差保护。对于电压为 10kV 的重要变压器，当电流速断保护灵敏度不符合要求时也可采用纵差保护。

3）电压为 220kV 及以上的变压器，除非电量保护外，应采用双重化保护配置。当断路器具有两组跳闸线圈时，两套保护宜分别动作于断路器的一组跳闸线圈。

（3）纵联差动保护应满足下列要求：

1）应能躲过励磁涌流和外部短路产生的不平衡电流。

2）在变压器过励磁时不应误动作。

3）在电流回路断线时应发出断线信号，电流回路断线允许差动保护动作跳闸。

4）在正常情况下，纵联差动保护的保护范围应包括变压器套管和引出线，如不能包括引出线时，应采取快速切除故障的辅助措施。在设备检修等特殊情况下，允许差动保护短时利用变压器套管 TA，此时套管和引线故障由后备保护动作切除；如电网安全稳定运行有要求时，应将纵联差动保护切至旁路断路器的 TA。

（4）对外部相间短路引起的变压器过电流，变压器应装设相间短路后备保护。保护带延时跳开相应的断路器。相间短路后备保护宜选用过电流保护、复压启动的过电流保护或复合电流（负序电流和单相式电压启动的过电流保护）。

（5）35～66kV 及以下中小容量的降压变压器，宜采用过电流保护。保护的整定值要考虑变压器可能出现的过负荷。

（6）110～500kV 降压变压器、升压变压器和联络变压器，相间短路后备保护用过电流保护不能满足灵敏性要求时，宜采用复压启动的过电流保护或复合电流保护。

（7）对降压变压器、升压变压器和联络变压器，根据各侧接线、连接的系统和电源情况的不同，应配置不同的相间短路后备保护，该保护宜考虑能反映 TA 与断路器之间的短路故障。

（8）与 110kV 及以上中性点直接接地电网连接的降压变压器、升压变压器和联络变压器，对外部单相接地短路引起的过电流，应装设接地短路后备保护，该保护宜考虑能反映 TA 与断路器之间的接地故障。

1）在中性点直接接地的电网中，如变压器中性点直接接地运行，对单相接地引起的变压器过电流，应装设零序过电流保护，保护可由两段组成，其动作电流与相关线路零序过电流保护相配合。每段保护可设两个时限，并以较短时限动作于缩小故障影响范围，或动作于本侧断路器，以较长时限动作于断开变压器各侧断路器。

2）对 330、500kV 变压器，为降低零序过电流保护的动作时间和简化保护，高压侧零序Ⅰ段只带一个时限，动作于断开变压器高压侧断路器；零序Ⅱ段也只带一个时限，动作于断开变压器各侧断路器。

3）对自耦变压器和高、中压侧均直接接地的三绕组变压器，为满足选择性要求，可增设零序方向元件，方向宜指向各侧母线。

4）普通变压器的零序过电流保护，宜接到变压器中性点引出线回路的 TA；零序方向过电流保护宜接到高、中压侧三相 TA 的零序回路；自耦变压器的零序过电流保护应接到高、中压侧三相 TA 的零序回路。

5）对自耦变压器，为增加切除单相接地短路的可靠性，可在变压器中性点回路增设零序过电流保护。

（9）在 110、220kV 中性点直接接地的电网中，当低压侧有电源的变压器中性点可能接地运行或不接地运行时，对外部单相接地短路引起的过电流，以及对因失去接地中性点引起的变压器中性点电压升高，应按下列规定装设后备保护：

1）全绝缘变压器。应按上述（8）1）条规定装设零序过电流保护，满足变压器中性点直接接地运行的要求。此外，应增设零序过电压保护，当变压器所连接的电网失去接地中性点时，零序过电压保护经 0.3～0.5s 时限动作断开变压器各侧断路器。

2）分级绝缘变压器。为限制此类变压器中性点不接地运行时可能出现的中性点过电压，在变压器中性点应装设放电间隙。此时应装设用于中性点直接接地和经放电间隙接地的两套零序过电流保护。此外，还应增设零序过电压保护。用于中性点直接接地运行的变压器按（8）1）条的规定装设保护。用于经间隙接地的变压器，装设反应间隙放电的零序电流保护和零序过电压保护。当变压器所接的电网失去接地中性点，又发生单相接地故障时，此电流、电压保护动作，经 0.3～0.5s 时限动作断开变压器各侧断路器。

（10）一次侧接入 10kV 及以下非有效接地系统，绕组为 Yy 接线，低压侧中性点直接接地的变压器，对低压侧单相接地短路应装设以下保护之一：

1）在低压侧中性点回路装设零序过电流保护。

2）灵敏度满足要求时，利用高压侧的相间过电流保护，此时该保护应采用三相式，保护带时限断开变压器各侧。

（11）0.4MVA 及以上数台并列运行的变压器和作为其他负荷备用电源的单台运行的变压器，根据实际可能出现过负荷情况，应装设过负荷保护。

（12）对于高压侧为 330kV 及以上的变压器，为防止由于频率降低或电压升高引起变压器磁密过高而损坏变压器，应装设过励磁保护。保护应具有定时限和反时限特性，并与变压器的过励磁特性（由制造厂家提供）相配合。定时限保护由两段组成，低定值动作于信号，高定值动作于跳闸；反时限保护动作于跳闸。

（13）对变压器油温、绕组温度及油箱内压力升高超过允许值以及冷却系统故障，应装设动作于跳闸或信号的保护。

（14）变压器非电量保护不启动失灵保护。

5. 断路器失灵保护的相关规定

（1）断路器失灵保护配置原则。在 220～500kV 电网中，以及 110kV 电网的个别重要部分，应按下列原则装设一套断路器失灵保护。

1）线路或电力设备的后备保护采用近后备方式。

2）如断路器与 TA 之间发生故障不能由该回路主保护切除形成保护死区，而其他线路或变压器后备保护切除又扩大停电范围，并引起严重后果时（必要时，可为该保护死区增设保护，以快速切除该故障）。

3）对 220～500kV 分相操作的断路器，可仅考虑断路器单相拒动的情况。

为提高失灵保护动作可靠性，必须同时具备下列条件，断路器失灵保护方可启动：

1）故障线路或电力设备能瞬时复归的出口继电器动作后不返回（故障切除后，启动失灵的保护出口返回时间应不大于 30ms）。

2）断路器未断开的判别元件动作后不返回。若主设备保护出口继电器返回时间不符合要求时，判别元件应双重化。

（2）失灵保护的判别。失灵保护的判别元件一般应为相电流元件；发电机-变压器组或变压器断路器失灵保护的判别元件已经采用零序电流元件或负序电流元件。判别元件的动作时间和返回时间均不应大于 20ms。

（3）失灵保护动作时间的整定原则。

1）3/2 接线的失灵保护应瞬时再次动作于本断路器的两组跳闸线圈跳闸，再经一时限动作于断开其他相邻断路器。

2）单、双母线的失灵保护，视系统保护配置的具体情况，可以较短时限动作于断开与拒动断路器相关的母联及分段断路器，再经一时限动作于断开与拒动断路器连接在同一母线上的所有有源支路的断路器；也可仅经一时限动作于断开与拒动断路器连接在同一母线上的所有有源支路的断路器。变压器断路器的失灵保护还应动作于断开变压器接有电源一侧的断路器。

（4）失灵保护闭锁元件的装设原则。

1）3/2 接线的失灵保护不装设闭锁元件。

2）有专用跳闸出口回路的单母线及双母线断路器失灵保护应装设闭锁元件。

3）与母差保护共用跳闸出口回路的失灵保护不装设独立的闭锁元件，应共用母差保护的闭锁元件，闭锁元件的灵敏度应按失灵保护的要求整定（闭锁元件的灵敏度宜按母线及线路的不同要求分别整定）。

4）发电机、变压器及高压电抗器断路器的失灵保护，为防止闭锁元件灵敏度不满足要求，应采取相应措施或不设闭锁回路。

（5）失灵保护动作跳闸应满足的要求如下：

1）对具有双跳闸线圈的相邻断路器，应同时动作于两组跳闸回路。

2）对远方跳对侧断路器的，宜利用两个传输通道传送跳闸命令。

3）失灵保护动作时应闭锁重合闸。

二、继电保护装置的一般功能及技术要求

DL/T 671—2010《发电机变压器组保护装置通用技术条件》，对保护装置的一般功能及其技术要求做出了明确说明：

（1）装置应符合 GB/T 14285—2006《继电保护和安全自动装置技术规程》中 4.1.2～4.1.16 的规定。应具有独立性、完整性，装置的功能和技术性能指标应符合相应的国家标准或行业标准的规定。

（2）装置应按 GB/T 14285—2006 中 6.5.3 的要求设置对电磁干扰的减缓措施。

（3）装置应具有自复位能力。

（4）装置的实时时钟信号、装置动作信号，在失去直流电源的情况下

不能丢失，在直流电源恢复正常后，应能重新显示。

（5）装置应具备以下接口：对时接口、通信接口、调试接口和打印机接口。

（6）装置的强电开入回路应与装置保护电源隔离；开入回路的启动电压值不大于 0.7 额定电压值，且不小于 0.55 额定电压值。

（7）装置中所有涉及直接跳闸的回路应采用启动电压值不大于 0.7 额定电压值，且不小于 0.55 额定电压值的中间继电器，并要求其启动功率不低于 5W。

（8）装置的记录功能应满足以下要求：

1）应能记录保护动作全过程的所有信息并具有存储 5 次以上的功能。

2）记录的所有数据应能转换为 GB/T 14598.24—2017《量度继电器和保护装置 第 24 部分：电力系统暂态数据交换（COMTRADE）通用格式》输出。

3）具有显示和打印记录信息的功能，提供了解情况和事故处理的保护动作信息；提供分析事故和保护动作行为的记录。

（9）应提供中文显示界面和中文菜单。

（10）应提供必要的辅助功能软件，如通信及维护软件、定值整定辅助软件、故障记录分析软件、调试辅助软件。

保护装置的安全性能应满足 DL/T 478—2013《继电保护和安全自动装置通用技术条件》对保护装置的安全性能做出的明确规定。

三、对继电保护的功能及技术要求

1. 发电机差动保护（包括裂相横差保护、不完全纵差动保护）

（1）差动保护应具有防止区外故障误动的制动特性。

（2）具有防止电流互感器（TA）暂态饱和过程中误动的措施。

（3）具有电流互感器（TA）断线判别功能，并能选择闭锁差动保护或报警，当电流大于额定电流的 1.2～1.5 倍时可自动解除闭锁（依据 GB/T 14285—2023《继电保护和安全自动装置技术规程》规定，TA 不论是一次断线还是二次断线，均属于故障，保护为正确动作。且 TA 二次回路断线后，产生严重的过电压，导致二次回路及其设备严重损坏，大电流也容易引起火灾。因此，目前大多项目 TA 断线不闭锁差动保护）。

（4）具有差流越限告警功能，发信。

（5）整定值的准确度：5% 或 $0.02I_N$。

（6）动作时间（2 倍整定电流时）不大于 30ms。

2. 励磁机差动保护

（1）差动保护应具有防止区外故障误动的制动特性。

（2）具有防止电流互感器（TA）暂态饱和过程中误动的措施。

（3）具有电流互感器（TA）断线判别功能，并能选择闭锁差动保护或报警，当电流大于额定电流的 1.2～1.5 倍时可自动解除闭锁（依据 GB/T 14285—2023《继电保护和安全自动装置技术规程》规定，TA 不论是一次断线还是二次断线，均属于故障，保护为正确动作。且 TA 二次回路断线后，产生严重的过电压，导致二次回路及其设备严重损坏，大电流也容易引起火灾。因此，整定为 TA 断线不闭锁差动保护是合理的）。

（4）具有差流越限告警功能，发信。

（5）整定值的准确度：5％或 $0.02I_N$。

（6）动作时间（2 倍整定电流时）不大于 60ms。

3．发电机单元件横差保护

（1）区外发生故障时不应误动作。

（2）三次谐波滤过比不低于 100。

（3）返回系数不小于 0.9。

（4）电流整定值的准确度：2.5％或 $0.02I_N$。

（5）时间整定值的准确度（1.5 倍整定值时）：1％或 70ms。

4．发电机定子匝间保护

（1）区外发生故障时不应误动作。

（2）电压互感器（TV）断线时不应误动作。

（3）整定值的准确度：5％或 1V。

（4）时间整定值的准确度（1.5 倍整定值时）：1％或 70ms。

5．发电机零序电压式定子接地保护

（1）具有三次谐波电压滤除功能，三次谐波滤过比不低于 100。

（2）作用于跳闸的零序电压一般取自发电机中性点，如取自发电机机端，应具有 TV 断线闭锁功能。

（3）主变压器高压侧单相接地时保护应不误动。

（4）多机一变的发电机，可配置选择性功能，应能区分发电机定子内部接地故障和外部接地故障。

（5）返回系数不小于 0.9。

（6）整定值的准确度：2.5％或 0.1V。

（7）时间整定值的准确度（1.5 倍整定值时）为 1％或 70ms。

6．发电机三次谐波电压式定子接地保护

（1）应能通过参数监视功能提供整定依据。

（2）可靠反映发电机中性点附近接地故障，与发电机零序电压式定子接地保护构成 100％定子接地保护。

（3）时间整定值的准确度（1.5 倍整定值时）为 1％或 70ms。

7．发电机注入式定子接地保护

（1）通常适用于经配电变压器接地的发电机定子接地保护。

（2）能独立实现 100％定子接地保护。

（3）注入源有电压消失和故障或过负荷保护报警功能。

（4）注入源功率不应过大，注入电压不超过 $2\%U_N$（发电机一次侧额定电压）。

（5）可靠反映的发电机中性点接地电阻值：汽轮发电机不低于 $10k\Omega$，水轮发电机不低于 $1k\Omega$。

（6）时间整定值的准确度（1.5 倍整定值时）为 1% 或 120ms。

8. 发电机转子一点接地保护

（1）应能适用于各种非旋转励磁方式的发电机励磁回路，不受转子回路对地分布电容及其他附加电容的影响。

（2）宜满足无励磁状态下的测量要求。

（3）在同一整定值下，转子绕组不同地点发生一点接地时，其动作值误差为：当整定值为 $1k\sim5k\Omega$ 时允差 $\pm0.5k\Omega$，当整定值大于 $5k\Omega$ 时允差 $\pm10\%$。

（4）最小整定范围：汽轮发电机为 $1k\sim20k\Omega$，水轮发电机为 $1k\sim10k\Omega$。

（5）返回系数不大于 1.3。

9. 发电机定时限过励磁保护

定时限过励磁保护至少分两段，以便和过励磁特性近似匹配。

（1）装置适用频率范围为 $25\sim65Hz$。

（2）返回系数不小于 0.96。

（3）整定值的准确度为 2.5%。

（4）时间整定值的准确度（1.5 倍整定值时）为 1% 或 70ms。

10. 发电机反时限过励磁保护

过励磁保护反时限特性应能整定，以便和发电机过励磁特性相匹配。整个特性应由长延时段、反时限段、速断段三部分组成。

（1）长延时可整定到 1000s。

（2）装置适用频率范围为 $25\sim65Hz$。

（3）整定值的准确度为 2.5%。

（4）长延时段和速断段时间整定值的准确度（1.5 倍整定值时）为 1% 或 70ms。

（5）反时限段延时允许误差由企业标准规定。

11. 发电机过电压保护

（1）返回系数不小于 0.95。

（2）整定值的准确度为 2.5% 或 $0.01U_N$。

（3）时间整定值的准确度（1.5 倍整定值时）为 1% 或 40ms。

12. 发电机失磁保护

（1）应能检测机组的静稳边界，或检测机组的稳态异步边界。

（2）应能检测系统侧电压、不同负荷下各种全失磁和部分失磁。

（3）具备防止机组正常进相运行时误动、系统振荡时误动以及系统故障、故障切除过程中的误动措施。

（4）具备防止电压互感器（TV）断线和电压切换时的误动措施。

（5）阻抗和功率整定值的准确度为 5%；其他整定值的准确度为 2.5%。

（6）时间整定值的准确度（1.5 倍整定值时）为 1%或 40ms。

13. 发电机失步保护

（1）应能检测加速和减速失步；能记录滑极次数；能区分短路和失步、机组稳定振荡和失步。

（2）应能区分振荡中心在发电机-变压器组内部或外部。

（3）当电流过大影响断路器跳闸安全时应闭锁出口。

（4）具备可选择失磁保护闭锁失步保护的功能。

（5）阻抗和功率整定值的准确度为 5%；其他整定值的准确度为 2.5%。

（6）时间整定值的准确度由企业标准规定。

14. 发电机定时限负序过电流保护

（1）定时限至少分两段，以便和转子表层过热特性近似匹配。

（2）返回系数不小于 0.95。

（3）整定值的准确度为 5%或 $0.02I_N$。

（4）时间整定值的准确度（1.5 倍整定值时）为 1%或 40ms。

15. 发电机负序反时限过电流保护

（1）能整定反时限特性，以便和发电机转子表层过热特性相匹配；整个特性应由长延时段、反时限段、速断段三部分组成。

（2）长延时可整定到 1000s。

（3）整定值的准确度为 5%或 $0.02I_N$。

（4）信号段、速断段时间整定值的准确度（1.5 倍整定值时）为 1%或 40ms。

（5）反时限段时间整定值的准确度由企业标准规定。

16. 发电机定时限过电流保护

（1）定时限至少分两段，以便和定子绕组的过热特性近似匹配。

（2）返回系数不小于 0.9。

（3）整定值的准确度为 2.5%或 $0.02I_N$。

（4）时间整定值的准确度（1.5 倍整定值时）为 1%或 40ms。

17. 发电机反时限过电流保护

（1）能整定反时限特性，以便和发电机定子绕组过热特性相匹配；整个特性应由长延时段、反时限段、速断段三部分组成。

（2）长延时可整定到 1000s。

（3）整定值的准确度：2.5%或 $0.02I_N$。

（4）长延时段、速断段时间整定值的准确度（1.5 倍整定值时）为 1%

或 40ms。

（5）反时限段时间整定值的准确度由企业标准规定。

18. 发电机逆功率保护

（1）有功测量原理与无功功率大小无关。

（2）具有电压互感器（TV）断线闭锁功能，可实现程序跳闸功能。

（3）有功最小整定值应不大于 10W（二次的三相功率，额定电流为 5A）。

（4）返回系数不小于 0.8。

（5）有功整定值的准确度为 10%或 $0.002P_N$。

（6）时间整定值的准确度（1.5 倍整定值时）为 1%或 40ms。

19. 低功率保护

（1）有功测量原理与无功功率大小无关。

（2）具有电压互感器（TV）断线闭锁功能。

（3）返回系数不小于 0.8。

（4）有功最小整定值应不大于 10W（二次的三相功率，额定电流为 5A）。

（5）有功整定值的准确度为 10%或 $0.002P_N$。

（6）时间整定值的准确度（1.5 倍整定值时）为 1%或 40ms。

20. 发电机频率异常保护

（1）应具有按频率分段时间积累功能，时间积累在装置掉电时也能保持。

（2）在发电机停机过程和停机期间应自动闭锁低频保护。

（3）宜有定时限段。

（4）频率测量范围为 40~65Hz，测量的准确度 0.05Hz。

（5）时间积累的准确度 2.5%。

21. 发电机励磁绕组定时限过负荷保护

（1）定时限至少分两段，以便与励磁绕组的过热特性近似匹配。

（2）具有可选的直流或交流测量功能。

（3）返回系数不小于 0.9。

（4）整定值的准确度为 2.5%或 5mV。

（5）时间整定值的准确度（1.5 倍整定值时）为 1%或 40ms。

22. 发电机励磁绕组反时限过负荷保护

（1）能整定反时限特性，以便和发电机励磁绕组过热特性相匹配；整个特性应由长延时段、反时限段、速断段三部分组成。

（2）长延时可整定到 1000s。

（3）整定值的准确度为 2.5%或 5mV。

（4）长延时段、速断段时间整定值的准确度（1.5 倍整定值时）为 1%或 40ms。

（5）反时限段时间整定值的准确度由企业标准规定。

（6）具有可选的直流或交流测量功能。

23. 发电机启停机保护

（1）装置测量原理应与频率无关。

（2）具有发电机无励磁状态下定子绕组绝缘能力降低检测功能。

（3）具有正常并网（解列）后自动退出（投入）运行的功能。

（4）工作频率范围为 $10\sim55\mathrm{Hz}$。

（5）整定值的准确度为 5％或 0.1V。

（6）时间整定值的准确度（1.5 倍整定值时）为 1％或 40ms。

24. 发电机低频过电流保护

（1）装置测量原理应与频率无关。

（2）具有发电机变频启动过程中定子绕组相间故障检测功能。

（3）具有正常并网（解列）后自动退出（投入）运行的功能。

（4）工作频率范围为 $5\sim55\mathrm{Hz}$。

（5）整定值的准确度为 5％或 $0.05I_\mathrm{N}$。

（6）时间整定值的准确度（1.5 倍整定值时）为 1％或 40ms。

25. 发电机突加电压保护

（1）具有鉴别同期并网和误合闸的功能。

（2）具有正常并网（解列）后自动退出（投入）运行的功能。

（3）整定值的准确度为 5％。

（4）时间整定值的准确度（1.5 倍整定值时）为 1％或 40ms。

26. 断路器断开闪络保护

（1）整定值的准确度为 2.5％或 $0.02I_\mathrm{N}$。

（2）时间整定值的准确度（1.5 倍整定值时）为 1％或 40ms。

27. 发电机断路器失灵保护

（1）整定值的准确度为 2.5％或 $0.02I_\mathrm{N}$。

（2）时间整定值的准确度（1.5 倍整定值时）为 1％或 40ms。

28. 发电机变压器组、主变压器的差动保护

（1）具有防止区外故障误动的制动特性。

（2）具有防止励磁涌流引起误动的功能。

（3）具有防止电流互感器（TA）暂态饱和过程中误动的措施。

（4）具有电流互感器（TA）断线判别功能，并能选择闭锁差动保护或报警，当电流大于额定电流的 $1.2\sim1.5$ 倍时可自动解除闭锁。

（5）具有差流越限告警功能，发信。

（6）整定值的准确度为 5％或 $0.02I_\mathrm{N}$。

（7）动作时间（2 倍整定电流时）不大于 35ms。

29. 高压启动备用变压器、高压厂用变压器的差动保护

（1）具有防止区外故障误动的制动特性。

（2）具有防止励磁涌流引起误动的功能。

（3）具有防止电流互感器（TA）暂态饱和过程中误动的措施。

（4）具有电流互感器（TA）断线判别功能，并能选择闭锁差动保护或报警，当电流大于额定电流的 1.2～1.5 倍时可自动解除闭锁。

（5）具有差流越限告警功能，发信。

（6）整定值的准确度为 5‰或 $0.02I_N$。

（7）动作时间（2 倍整定电流时）不大于 40ms。

30. 阻抗保护

（1）在电压互感器（TV）断线和电压切换时不应误动。

（2）宜具有电流或电流突变量启动功能。

（3）具有偏移特性，正反向阻抗均可分别整定。

（4）返回系数不大于 1.1。

（5）整定值的准确度为 5‰或 0.1Ω（$I_N=5A$）。

（6）时间整定值的准确度（0.8 整定值时）为 1‰或 40ms。

（7）精确工作电流不大于 0.1 额定电流。

31. 变压器零序保护

（1）返回系数不低于 0.9。

（2）整定值的准确度为 5‰或 $0.02I_N$。

（3）时间整定值的准确度（1.5 倍整定值时）为 1‰或 40ms。

32. 变压器间隙零序保护

（1）保护可以由接地开关辅助触点闭锁。

（2）零序电压应取自高压母线电压互感器（TV）开口三角电压，输入回路的额定电压为 300V。

（3）返回系数不低于 0.9。

（4）整定值的准确度为 5‰或 $0.02I_N$。

（5）时间整定值的准确度（1.5 倍整定值时）为 1‰或 40ms。

33. 变压器冷却器电流启动

（1）返回系数不小于 0.8。

（2）整定值的准确度为 2.5‰或 $0.02I_N$。

（3）时间整定值的准确度（1.5 倍整定值时）为 1‰或 40ms。

34. 励磁变压器差动保护

（1）具有防止区外故障误动的制动特性。

（2）具有防止励磁电流谐波分量大引起的暂态不平衡电流对保护影响的措施。

（3）具有防止电流互感器（TA）暂态饱和过程中误动的措施。

（4）具有电流互感器（TA）断线判别功能，并能选择闭锁差动保护或报警，当电流大于额定电流的 1.2～1.5 倍时可自动解除闭锁。

（5）具有差流越限告警功能，发信。

（6）整定值的准确度为 5‰或 $0.02I_N$。

（7）动作时间（2倍整定电流时）不大于70ms。

35. 断路器失灵启动

（1）整定值的准确度为2.5%或0.02I_N。

（2）时间整定值的准确度（1.5倍整定值时）为1%或40ms。

（3）断路器断开后，失灵启动的返回时间小于30ms。

36. 断路器非全相保护

（1）由断路器反映非全相运行的辅助触点组启动。

（2）返回系数不小于0.9。

（3）整定值的准确度为2.5%或0.02I_N。

（4）时间整定值的准确度（1.5倍整定值时）为1%或40ms。

37. 复压闭锁过电流保护

（1）返回系数：电流、负序电压元件均不小于0.9，低电压元件不大于1.1。

（2）电流整定值、电压整定值的准确度为2.5%或0.02I_N、0.01U_N。

（3）负序电压整定值的准确度为5%或0.1V。

（4）时间整定值的准确度（电流、负序电压1.5倍整定值，低电压0.8整定值时）为1%或40ms。

38. 过电流保护

（1）返回系数不小于0.9。

（2）整定值的准确度为2.5%或0.02I_N。

（3）时间整定值的准确度（1.5倍整定值时）为1%或40ms。

39. 低电压闭锁过电流保护

（1）自并励（无串联变压器）发电机宜采用带电流记忆（保持）的低压过电流保护。

（2）返回系数：电流元件不小于0.9，低电压元件不大于1.1。

（3）电流整定值、电压整定值的准确度为2.5%或0.02I_N、0.01U_N。

（4）时间整定值的准确度（电流1.5倍整定值，低电压0.8整定值时）为1%或40ms。

40. 功率方向（包括零序、负序功率方向）保护

（1）启动功率不大于5VA。

（2）零序电压输入回路额定电压为300V。

（3）动作范围边界的准确度为5°。

41. 非电量保护

（1）非电量保护可经装置触点转换出口或经装置延时后出口，装置应反映其信号。

（2）所有涉及直接跳闸的回路应采用启动电压值不大于0.7额定电压值，且不小于0.55额定电压值的中间继电器，并要求其启动功率不低于5W。

42. 特殊应用要求

抽水蓄能的发电机，装置应能满足抽水蓄能机组的保护要求，在变频启动过程中不应误动，在换相操作过程中不应误动。

燃气蒸汽发电机，装置应能满足燃气蒸汽联合发电机组的保护要求，在变频启动过程中不应误动。

采用电制动停机的水轮发电机，装置应能满足水轮机组的保护要求，在电制动停机过程中不应误动。

第四节　短路电流计算

一、短路的种类及危害

电力系统正常运行时，相与相之间和在中性点接地系统中相与地之间是通过负荷连接的。如图 1-8 所示为电力系统正常的负荷连接方式。

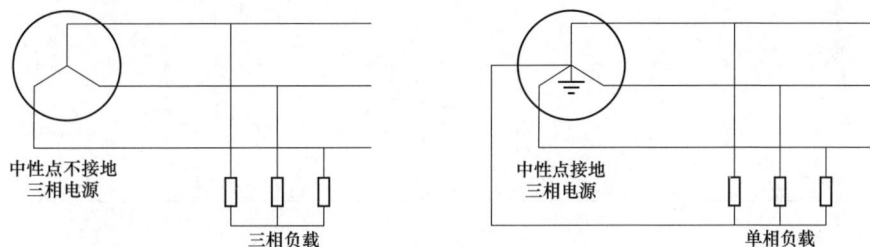

图 1-8　电力系统正常的负荷连接方式

短路是指电力系统发电机、变压器、母线、输电线路相间或相对地以外的构成通路的情况。也就是说，相与相之间和相与地之间不通过负荷而发生的直接连接的故障即为短路故障。电力系统运行的破坏，绝大多数是由短路故障引起的。

造成电力系统或电气设备短路的故障原因有：

（1）自然方面的原因。如雷击、雾闪、暴风雪、动物活动、大气污染、其他外力破坏等，造成单相接地短路和相间短路。

（2）人为原因。如误操作、运行方式不当、运行维护不良或安装调试错误，导致电气设备过负荷、过电压、设备损坏等造成单相接地短路和相间短路。

（3）设备本身原因。如设备制造质量、设备本身缺陷、绝缘老化等造成单相接地短路和相间短路。电力系统中电气设备载流部分绝缘的损坏是造成电气设备短路的主要原因，引起绝缘损坏的原因主要有：雷击过电压；绝缘材料自然老化；设计、安装、运行维护不良，如预防性绝缘试验没有按规律进行或不够仔细等；机械力引起的损伤；其他原因（如操作人员的误操作引起的操作过电压、相间电弧短路、鸟兽跨接裸露的载流导线等）。

短路的种类有：相间短路、接地短路。对于中性点不接地系统，主要是两相短路和三相短路（见图 1-9）；对于中性点接地系统，主要有单相接地短路、三相短路、两相短路、两相接地短路故障（见图 1-10），其中单相接地发生的概率最高，占 60%～70%。

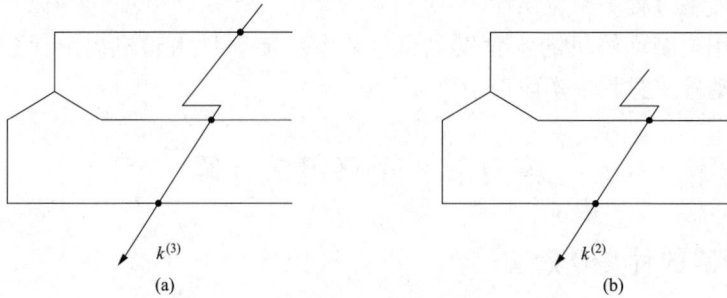

图 1-9　中性点不接地系统短路方式
(a) 三相短路；(b) 两相短路

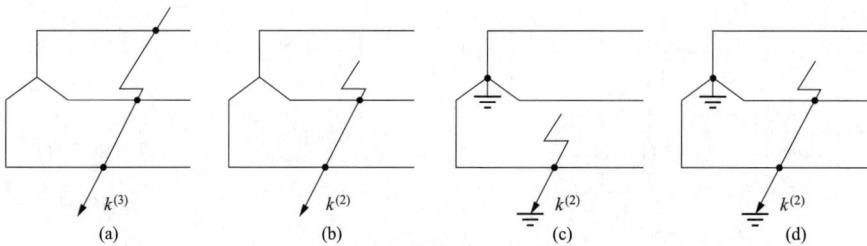

图 1-10　中性点接地系统短路方式
(a) 三相短路；(b) 两相短路；(c) 单相接地短路；(d) 两相接地短路

（1）单相接地短路。电力系统及电气设备最常见的短路是单相接地，约占全部短路的 85% 以上。对大电流接地系统，继电保护应尽快切断单相接地短路；对中性点经小电阻或中阻接地系统，继电保护应瞬时或延时切断单相接地短路；对中性点不接地系统，当单相接地电流超过允许值时，继电保护亦应有选择性地切断单相接地短路；对中性点经消弧线圈接地或不接地系统，单相接地电流不超过允许值时，允许短时间单相接地运行，但要求尽快消除单相接地短路点。

（2）两相接地短路。两相接地短路一般不超过全部短路的 10%。大电流接地系统中，两相接地短路大部分发生于同一地点，少数在不同地点发生两相接地短路。中性点非直接接地的系统中，常见是发生一点接地，而后其他两相对地电压升高，在绝缘薄弱处将绝缘击穿造成第二点接地，此两点多数不在同一点，但也有时在同一点，继电保护应尽快切断两相接地短路。

（3）两相及三相短路。两相及三相短路不超过全部短路的 10%。这种短路更为严重，继电保护应迅速切断两相及三相短路。

（4）断相或断相接地。线路断相一般伴随单相接地。而发电厂的断相，大都是断路器合闸或分闸时有一相拒动造成两相运行，或电机绕组一相开焊的断相，或三相熔断器熔断一相的两相运行，两相运行一般不允许长期存在，应由继电保护自动或运行人员手动断开健全相。

（5）绕组匝间短路。这种短路多发生在发电机、变压器、电动机、调相机等电机电器的绕组中，虽然占全部短路的概率很小，但对某一电机来说却不一定。例如，变压器绕组匝间短路占变压器全部短路的比例相当大，这种短路能严重损坏设备，要求继电保护迅速切除这种短路。

（6）转换性故障和重叠性故障。发生（1）～（5）五种故障之一，有时由于故障的演变和扩大，可能由一种故障转换为另一种故障，或发生两种及两种以上的故障（称为复故障），这种故障不超过全部故障的 5%。

电力系统发生故障时，系统的总阻抗减小，短路点及其附近各支路的电流较正常运行增大几十倍，系统各点的电压降低，离短路点越近电压降低越严重，可导致下列严重危害：

（1）元件发热：由于发热量与电流平方成正比，因此，强大的短路电流即使流过的时间很短也会使电机、电器等元件引起不能允许的过热、绝缘损坏。

（2）短路电流引起很大的机械应力（或称电动力）。机械应力与电流的平方成正比，这种机械力引起电气设备载流部件变形，甚至破坏（如果导体和它的固定支架不够坚韧，也将遭到损坏）。

（3）短路时电压降低，使受电设备的正常工作受到破坏。例如感应电动机，其转矩与外加电压平方成正比，当电压降低很多时，转矩可能不足以带动机械工作，而使电动机停转。

（4）严重的短路必将影响电力系统运行的稳定性，可使并列运行的发电机组失步，造成与系统解列。

（5）当发生单相对地短路时，不平衡电流产生较强的不平衡磁场，对附近的通信线路，计算机控制系统产生严重的电磁干扰。

基于短路带给系统和发电厂的危害，电力系统和发电厂除合理设计系统、配置科学合理的继电保护外，还需积极采取限流措施。

（1）电力系统可以采取的限流措施。包括：提高电力系统的电压等级；直流输电；在电力系统的主网加强联系后，将次级电网解环运行；在允许的范围内，增大系统的零序阻抗，例如采用不带第三绕组或第三绕组为 Y 接线的全星形自耦变压器，减少变压器的接地点等。

（2）发电厂和变电站可以采取的限流措施。包括：在发电机电压母线分段回路中安装电抗器；变压器分裂运行；变电站中，在变压器回路中装设分裂电抗器或电抗器；采用低压侧为分裂绕组的变压器；出线上装设电抗器。

二、短路电流计算

计算短路电流的目的在于：正确选择和校验电气设备（包括限流设备）、进行继电保护装置的整定计算；验证一次设备参数是否合理（每年要根据最新系统阻抗核对断路器遮断容量、流过断路器的电流）；保护灵敏度校验的需要。

在所有的短路情况中，以单相接地的短路电流最大，但在现代配供电系统中，往往采取措施减小单相短路的短路电流值（如中性点接地系统中加电抗器接地或部分接地等），所以单相接地短路电流最大值通常不超过三相短路，故在以下的短路电流计算时，均按三相短路来进行。

三相短路为对称短路，短路电流交流分量三相是对称的。在对称三相系统中，三相阻抗相同，三相电压和电流的有效值相等。因此，对于对称三相系统三相短路的分析与计算，可只分析和计算其中一相。

电力系统三相短路的实用计算，主要是计算非无限大容量电源供电时，电力系统三相短路电流周期分量的有效值，该有效值是衰减的。其计算分为两方面：①计算短路瞬间（$t=0$）短路电流周期分量的有效值，该电流一般称为起始次暂态电流，以 I'' 表示；②考虑周期分量的衰减时，在三相短路的暂态过程中不同时刻短路电流周期分量有效值的计算。其中第①种算法用于校验断路器的断开容量和继电保护整定计算，第②种算法用于电气设备的热稳定校验。

为简化计算工作，可作如下假设条件用以计算短路电流：

（1）正常工作时，三相系统对称运行；所有电源的电动势相位角相同；系统中三相除不对称短路故障外，都可当作是对称的，可用对称分量法分析计算。

（2）系统中的同步和异步电机均为理想电机，不考虑电机磁饱和、磁滞、涡流及导体集肤效应等影响；转子结构完全对称；定子三相绕组空间位置相差 120°电气角度。

（3）电力系统中各元件的磁路不饱和，即带铁芯的电气设备电抗值不随电流大小发生变化，不计磁路饱和和磁滞作用，可应用叠加原理。

（4）同步电机都具有自动调整励磁装置（包括强行励磁）。

（5）不计发电机、调相机、变压器、架空线路、电缆线路等阻抗参数中的电阻分量；可假设旋转发电机的负序阻抗与正序阻抗相等。各元件的电阻略去不计，可简化计算，这在工程上是允许的。

（6）发电机及调相机的正序阻抗可采用次暂态电抗 X_d'' 的饱和值（异常保护短路电流除外）。

（7）各发电机的等效电动势（标幺值）可假设为 1 且相位一致。仅在对失磁、失步、非全相等保护进行分析计算时，才考虑电动势之间的相角差问题。

（8）只计算短路暂态电流中的周期分量，但在纵联差动保护的整定计算中以非周期分量系数 K_{ap} 考虑非周期分量的影响。

（9）发电机电压应采用额定电压值，系统侧电压可采用额定电压值或平均额定电压值，不考虑变压器电压分接头实际位置的变动。

（10）不计故障点的相间和对地过渡电阻（仅在某些有要求的保护计算中考虑过渡电阻影响）。

（11）短路发生在短路电流为最大值的瞬间；不考虑短路点的电弧阻抗和变压器的励磁电流。

（12）除计算短路电流的衰减时间常数和低压网络的短路电流外，元件的电阻都略去不计。

（13）元件的计算参数均取其额定值，不考虑参数的误差和调整范围。

（14）输电线路的电容略去不计。

（15）用概率统计法制定短路电流运算曲线。

与电力系统运行方式有关的继电保护的整定计算，应以常见运行方式为计算用运行方式。常见运行方式是指正常运行方式和被保护设备相邻一回线或一个元件停运的正常检修方式。对于运行方式变化较大的系统，应由调度运行部门根据具体情况确定整定计算所依据的运行方式。

1. 三相对称短路过渡过程的分析

为了简化分析，假设短路发生在一个无限大容量电源供电系统。所谓无限大容量电源，是指它的端电压为恒定值，并且没有内部阻抗。

实际上，无论电力系统的容量多大，它的电源总是有一定确定的容量，并且有一定的阻抗。但当短路点距离电源的电气距离足够远时，虽然短路支路中电流很大，电压降低，而这些变化并不能显著引起电源电压的变化（供电电网的阻抗比电力系统的阻抗一般要大得多），因而可以认为电源电压为恒定值。

（1）突然短路情况下电力系统的过渡过程分析。如图 1-11 表示的三相电路，假设在 k 点发生三相短路。

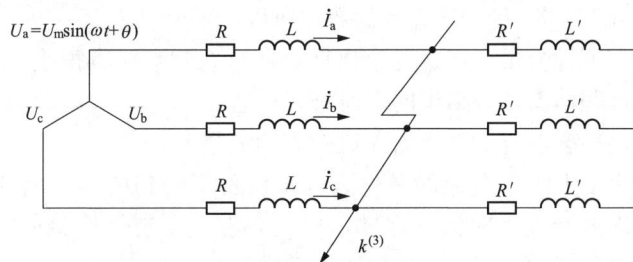

图 1-11 三相电路图

此时，电路被分成两个独立的回路，其中一个回路中的电流由原来的数值不断衰减，一直到磁场中的能量全部变为其中电阻所消耗的热能为止，这个过程很短暂。

由于三相短路电流是对称短路，可取一相进行深入的研究分析，以 A 相为例。设电源电压为

$$u = U_m \sin(wt + \theta)$$

式中：u 为瞬时值，V；U_m 为电压幅值，V；θ 为电压的初相角，(°)。

则

$$i = I_m \sin(\omega t + \theta - \varphi)$$

式中：I_m 为电流幅值，A。

此时的电流、电压相位关系如图 1-12 所示。

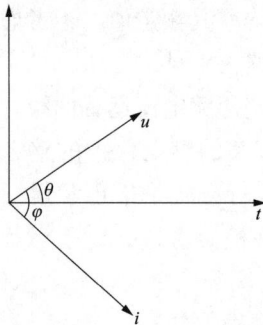

图 1-12 电流、电压的相位关系

对于所研究的电路，只含电阻、电抗，所以发生三相突然短路时，电流的变化应符合下列微分方程

$$u = i_k R + L \frac{di_k}{dt} = U_m \sin(\omega t + \theta)$$

式中：i_k 为相电流瞬时值，A；R 为由电源到短路点的电阻，Ω；L 为由电源到短路点的电感，H。

依据楞次（磁链）守恒定律，短路瞬间前、后的电流相等（是连续的）的原理，对上述方程进行分解（过程从略），短路电流包括以下两部分：

i_p：周期性分量，由于 U_m＝常数，所以周期分量 i_p 不变。

i_{ap}：非周期性分量，经过几个周期以后，它就衰减得很小，直至消失。此时，过渡过程结束，短路中的电流进入稳态。

因此说，稳态电流就是短路电流的周期分量。

（2）产生最大短路电流的条件。电气设备所受到的最大电动力与短路电流可能出现的最大瞬时值（即冲击电流）有关。它是校验电气设备和母线动稳定必须计算的数据。产生最大短路电流的条件为：

1）短路电流近似等于纯感性电路。

2）短路发生前，电路为空载。

3）在发生短路瞬间（t＝0），电压瞬时值恰好过零，即该相的"合闸

相角"等于零。

（3）短路电流计算中主要计算以下各量。

1）次暂态短路电流 I''。指短路瞬时，短路电流周期分量电流为最大幅值时所对应的有效值。亦即当 $t=0$ 时，短路电流周期分量的有效值，$I''=\dfrac{I''_{pm}}{\sqrt{2}}$（$I''_{pm}$ 为短路瞬间周期分量的幅值）。

次暂态短路电流 I'' 计算的目的在于：用于继电保护的整定计算和校验断路器的额定断流量。

2）短路冲击电流 i_{sh}。第一个周期全电流峰值。这里要用到一个新概念：短路电流冲击系数 K_{sh}。K_{sh} 与短路网络的 R、X 的大小有关，也就是说其值与短路发生在什么位置有关。假设短路点之前的网络为纯电感时（即 $R=0$），则 $K_{sh}=2$；如果短路发生在纯阻网络（即 $X=0$），则 $K_{sh}=1$，即 $1\leqslant K_{sh}\leqslant 2$。

在近似计算中，可直接使用下述经验数据：高压电网短路时，$K_{sh}=1.8$，$i_{sh}=2.55I''$。

1000kVA 变压器的后面发生短路时，$K_{sh}=1.3$，$i_{sh}=1.84I''$。

短路冲击电流 i_{sh} 计算的目的在于：用来校验电器、母线的动稳定。

3）短路冲击电流有效值 I_{sh}。指发生短路后的第一个周期，全短路电流（包括周期、非周期分量）的有效值。同样，介入短路电流冲击系数 K_{sh} 后，在近似计算中，可直接使用下述经验数据：在高压供电系统中，$K_{sh}=1.8$，$I_{sh}=1.51I''$；在低压供电系统中，$K_{sh}=1.3$，$I_{sh}=1.09I''$。短路冲击电流有效值 I_{sh} 计算的目的在于：用来校验电器、母线的动稳定以及断路器额定断流量。

4）短路电流稳态值 I_∞。指短路进入稳定状态后，短路电流的稳态有效值。

如前文所述，无限大容量电源供电系统发生三相短路时，短路电流周期分量的幅值始终不变，则有

$$I_\infty = I'' = I_{Pt}$$

式中：I_{Pt} 为短路电流周期分量在任意时刻 t 的有效值，A。

短路电流稳态值 I_∞ 计算的目的在于：用来检验电器和线路中载流部件的热稳定性。

2. 短路电流计算方法

有名值计算：用各个电压等级的"伏""安""欧""瓦"有名值计算。

标幺值计算：标幺值就是相对单位值，即把取作基准的值作为 1，同类值和它进行比较得出的比值就是标幺值。

标幺值（相对值）＝实际值（任意单位）/标准值（与实际值同单位）

各元件参数标幺值的计算：

电压：$U_* = U/U_j$；容量：$S_* = S/S_j$

电流：$I_* = \dfrac{I}{I_j} = I \cdot \dfrac{\sqrt{3}\,U_j}{S_j}$；电抗：$X_* = \dfrac{X}{X_j} = X \cdot \dfrac{\sqrt{3}\,S_j}{U_j^2}$

电力系统通常具有多个电压等级，用有名值计算短路电流时，必须将有关参数折算到同一电压等级才能进行计算，比较麻烦。在短路电流实用计算中采用标幺值，可减轻计算量并便于比较分析，更主要的是可以将不同电压等级设备放在一个网络进行计算。

电力系统计算通常采用标幺制，这是行业习惯，当然更主要的是因为采用标幺值带来的方便。

要采用标幺制，基准值的选取是关键。如前所述，基准值的选取本来没有任何限制的，换句话说，基准值是可以任意选的。但对于任意选取的基准值，电路基本定律的形式会发生变化。例如：在有名值系统（例如国际单位制）中，欧姆定律表示为

$$U = I \cdot R \tag{1-1}$$

但如果任意选取电流、电压和电阻的基准，则在标幺值系统中，欧姆定律将变成如下的一般形式

$$U = K \cdot I \cdot R \tag{1-2}$$

对比式（1-1）、式（1-2），可以看到两者的不同在于系数 K。只有选择合适的基准值，二者形式才会统一（即意味着 $K=1$）。

电力系统分析中，基准值的选取一般考虑以下两条原则：

标幺值系统下，电路定律的基本形式与有名值系统具有相同的形式。

保持互感可逆的特性。在有名值系统里，两个绕组之间的互感 M_{12} 和 M_{21} 是可逆的，即 $M_{12}=M_{21}$；但在标幺值系统里，如果基准值选取不当，会出现 $M_{12}=M_{21}$ 的情况。因此基准值的选择需要考虑这种因素。

正是在上述原则的指导下，电力系统计算标幺值系统的基准的选取采用如下规则：

（1）全系统采用统一的基准容量 S_B 作为容量基准。

（2）根据额定电压确定电压基准 U_B，这样做的好处是从电压的标幺值就可看出电压偏离额定电压的程度。

（3）对三相电路，由 $S_B = \sqrt{3}\,I_B U_B$ 确定电流基准值 I_B。

注意这里的"对三相电路"几个字很重要。如果是分析单相系统或者多相系统，则电流基准值 I_B 的确定不能采用（3）中公式。例如对于单相系统，电流基准值 I_B 应由 $S_B = I_B U_B$ 确定。

（4）对三相电路，阻抗基准值 Z_B 计算式为

$$Z_B = U_B^2/S_B = \frac{U_B/\sqrt{3}}{I_B}$$

取定基准值后，相应物理量的标幺值计算式为

标幺值＝物理量有名值／物理量对应的基准值

由计算式可以看出：标幺值的物理量都是无量纲的量。至于标幺值的

近似计算法和准确计算法的本质没有差别，都是首先将物理量的原始有名值归算成基准电压所对应电压等级电网下的有名值（过程完全类似于电路理论中的变压器等值电路归算过程），然后将归算后的有名值除以对应的基准值得到标幺值。不同之处只是在于变压器高、低压侧阻抗归算时，在变比选取上有所不同。准确计算法是采用变压器铭牌变比进行归算；近似计算法则采用变压器两侧额定电压比来代替变压器的铭牌变比进行归算，二者之间的误差很小，在工程上是可以接受的。

3. 系统元件阻抗归算（标幺值）

标幺值的优点：相电压和线电压的标幺值相同；单相功率和三相功率的标幺值相同；某些物理量标幺值可以互换，如 $I_* = S_*$。

应用标幺值计算时，首先需要确定基准值，然后将网络中电气元件的同一类参数都换算成所选定的基准值为基准的标幺值。那么，如何选择基准值呢？

对于三相供电系统，计算三相对称的短路电流时，可按一相进行，各部分的阻抗也按一相来确定。故当任意选定两个量的基准值之后，其余的两个量也就确定了。

工程计算中，习惯上取基准容量为 $S_j = S_B$（一般 $S_j = 100\text{MVA}$ 或 $S_j = 1000\text{MVA}$）、基准电压 $U_B = U_{av}$（各级平均额定电压），按平均额定电压之比计算各元件阻抗参数的标幺值。计算如下：

发电机：$X_* = X_d'' \cdot \dfrac{S_B}{S_N}$（$X_d''$ 为发电机额定容量额定电压下的标幺值；S_N 为发电机额定容量，VA）；

变压器：$X_{T*} = \dfrac{U_k\%}{100} \cdot \dfrac{S_B}{S_N}$（$U_k\%$ 为变压器的短路电压百分数；S_N 为变压器额定容量，VA）；

线路：$X_{L*} = X_{LN} \cdot \dfrac{S_B}{U_{av}^2}$（$X_{LN}$ 为线路电抗有名值，Ω；U_{av} 为线路侧的平均额定电压，V）；

综合负荷：$X_{LD*} = 0.35 \times \dfrac{S_B}{S_{LD}}$（$S_{LD}$ 为综合负荷的功率，VA）。

需要注意的是，三绕组变压器的容量组合有 100/100/100、100/100/50 及 100/50/100 三种方案，自耦变压器也有后两种组合方案。通常，制造厂提供的三绕组变压器的电抗已经归算到以额定容量为基准的数值。但对于自耦变压器有时却未归算，在使用时应予以注意。如果制造厂提供的是未经归算的数值，则其高低、中低绕组的电抗应乘以自耦变压器额定容量对低压绕组容量的比值。

电力系统中采用的分裂变压器，多为一个高压绕组、两个低压绕组，即两级电压、三个绕组，如图 1-13 所示。

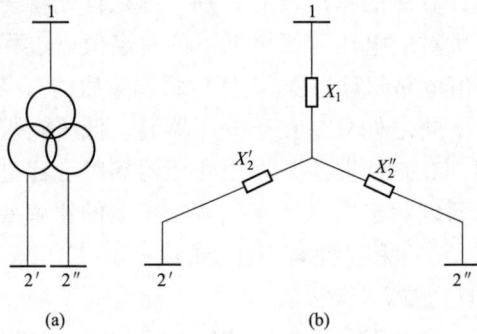

图 1-13　分裂变压器等值接线图

制造部门通常给出分裂变压器的穿越电抗 $X_{1\text{-}2}$、半穿越电抗 $X_{1\text{-}2'}$ 和分裂系数 K_f 的数值。而在短路电流计算中，需要知道高压绕组的电抗 X_1 和两个分裂绕组的电抗 $X_{2'}$ 和 $X_{2''}$，以便进行网络变换。

设两个分裂绕组的电抗 $X_{2'}$ 和 $X_{2''}$ 相等。它们之间的电抗称为分裂电抗 $X_{2'\text{-}2''}$，且有

$$X_{2'\text{-}2''} = X_{2'} + X_{2''} = 2X_{2'}$$

穿越电抗 $X_{1\text{-}2}$ 是高压绕组与总的低压绕组（两个分裂绕组并联）间的穿越电抗，即

$$X_{1\text{-}2} = X_1 \text{-} X_{2'} \mathbin{/\!/} X_{2''} = X_1 + \frac{1}{2}X_{2'}$$

半穿越电抗 $X_{1\text{-}2'}$ 是高压绕组与一个低压绕组间的穿越电抗，即

$$X_{1\text{-}2'} = X_1 + X_{2'}$$

分裂系数 K_f 是分裂绕组间的分裂电抗 $X_{2'\text{-}2''}$ 与穿越电抗 $X_{1\text{-}2}$ 的比值，即

$$K_f = \frac{X_{2'\text{-}2''}}{X_{1\text{-}2}} \text{ 或 } X_{2'\text{-}2''} = K_f X_{1\text{-}2}$$

根据以上定义，可以直接写出

$$X_{1\text{-}2} = X_1 + \frac{1}{2}\left(\frac{1}{2}X_{2'\text{-}2''}\right) = X_1 + \frac{1}{4}K_f X_{1\text{-}2}$$

或

$$X_1 = X_{1\text{-}2}\left(1 \text{-} \frac{1}{4}K_f\right)$$

$$X_{2'} = X_{2''} = \frac{1}{2}K_f X_{1\text{-}2}$$

在此还要重点讲一下电抗器的电抗基准标幺值的计算。

电抗器的主要作用是限制短路电流，所以它的电抗数值在线路中占的比重较大。厂家一般给出的参数是：电抗器的额定电压 U_N、额定电流 I_N、额定容量下的电抗百分数 $X_R\%$。

由于有些电抗器的额定电压与它们安装处的平均电压相差很大（如额定电压为 10kV 的电抗器，可以安装在 6.3kV 母线上），所以不能用 $X_{R*}=\dfrac{X_R\%}{100}\times\dfrac{S_B}{\sqrt{3}\,I_N U_N}$，必须用

$$X_{R*}=\frac{X_R\%}{100}\times\frac{S_B}{S_N}\times\frac{U_N^2}{U_{av}^2}\ \text{或}\ X_{R*}=\frac{X_R\%}{100}\times\frac{I_B}{I_N}\times\frac{U_N}{U_{av}}$$

普通电抗器的电抗由每相的自感决定，等值电路用自身的电抗表示。由于电抗器的绕组间的互感很小，可看作 $X_0=X_1=X_2$。分裂电抗器是在绕组中部有一个抽头，将绕组分成匝数相等的两部分。由于电磁交链，将使分裂电抗器在不同的工作状态下呈现不同的电抗值，计算时应根据运行方式和短路点的位置，来选择计算公式。

在采用标幺值进行计算时，无论在哪个电压级发生短路，只要用电抗所在电压级的平均电压作为基准电压求出的标幺值，就不必再折算了。这种等式关系对电压、电流也同样适用。任何一个以标幺值表示的量，经变压器变换后数值不变。但要指出，采用标幺值可使不同电压等级的值用等值电路联系起来，从而简化计算过程。

电力元件电抗标幺值和有名值的变换公式见表 1-3。

表 1-3　电抗标幺值和有名值的变换公式

序号	元件名称	标幺值	有名值	备　注
1	发电机 调相机 电动机	$X''_{d*}=\dfrac{X''_d\%}{100}\times\dfrac{S_j}{P_N/\cos\varphi}$	$X''_d=\dfrac{X''_d\%}{100}\times\dfrac{U_j^2}{P_N/\cos\varphi}$	X''_d——电机次暂态电抗百分值； P_N——电机额定容量，MW
2	变压器	$X_{T*}=\dfrac{U_k\%}{100}\times\dfrac{S_j}{S_N}$	$X_T=\dfrac{U_k\%}{100}\times\dfrac{U_j^2}{S_N}$	$U_k\%$——变压器短路电压的百分值； S_N——最大容量绕组的额定容量，MVA
3	电抗器	$X_{R*}=\dfrac{X_R\%}{100}\times\dfrac{U_N}{\sqrt{3}\,I_N}\times\dfrac{S_j}{U_j^2}$	$X_R=\dfrac{X_R\%}{100}\times\dfrac{U_N}{\sqrt{3}\,I_N}$	$X_R\%$——电抗器的百分电抗值，分裂电抗器的自感电抗与此相同； I_N——电抗器的额定电流，kA
4	线路	$X_{L*}=X_{LN}\times\dfrac{S_j}{U_j^2}$	$X_L=0.145\lg\dfrac{D}{0.789r}$ $D=\sqrt[3]{d_{ab}d_{bc}d_{ca}}$	r——导线半径，cm； D——导线相间的几何均距，cm； d_{ab}、d_{bc}、d_{ca}——相间距离，cm

注　U_j 和 U_N 分别为基准电压和设备的额定电压，kV。

4. 短路电流计算实例

某公司一期 2×350MW 工程，机端电压为 20kV，经主变压器升压至 220kV 母线，由两条输电线路送至对侧变电站，厂内高压厂用电系统为 6kV、低压厂用电系统为 0.4kV。厂内设有一台停机备用变压器，40MVA/ 25－25MVA。

短路计算取：基准容量取 $S_j=1000$MVA；基准电压 U_j 取各电压等级的平均额定电压 230、20、6.3kV。根据调度通知单，电厂最新的系统阻抗标幺值为：

最大运行方式下：$Z_{1min}=Z_{2min}=0.0796$，$Z_{0min}=0.1078$。

最小运行方式下：$Z_{1max}=Z_{2max}=0.1244$，$Z_{0min}=0.1607$。

（1）阻抗参数计算。

发电机：$X''_{d*}=17.51\%\times\dfrac{1000}{412}=0.425$（饱和值）

主变压器：$X_{T*}=14.5\%\times\dfrac{1000}{420}=0.345$

励磁变压器：$X_{LC*}=5.77\%\times\dfrac{1000}{3.4}=16.97$

高压厂用变压器：设高压侧电抗为 X_{T1}、低压分支电抗为 X_{T2}、X_{T3}（且 $X_{T2}=X_{T3}$），则：

$$X_{T1}+X_{T2}=X_{T1}+X_{T3}=14.5\%\times\frac{1000}{40}=3.625$$

停机备用变压器：

设高压侧电抗为 X_{T1}、低压分支电抗为 X_{T2}、X_{T3}（且 $X_{T2}=X_{T3}$），则：

正序阻抗：$X_{T1}+X_{T2}=X_{T1}+X_{T3}=15.5\%\times\dfrac{1000}{40}=3.875$

零序阻抗：$X_{T0}=131\times\dfrac{1000}{230^2}=2.476$

（2）短路电流计算。按照电压等级，系统短路点共设 5 个，分别为：220kV 侧的 k_1 点、20kV 侧的 k_2 点、厂用变压器 6.3kV 侧的 k_3 点、励磁变压器 0.88kV 侧的 k_4 点、启动备用变压器 6.3kV 侧的 k_5 点。基准值表见表 1-4 所示。

表 1-4　基准值表

$S_j=1000$MVA	220kV 系统	发电机端	6kV 系统	0.88kV 系统	380V 系统
基准电压 U_j(kV)	230	20	6.3	0.88	0.4
基准电流 I_j(A) $I_j=\dfrac{S_j}{\sqrt{3}U_j}$	2510	28 868	91 646	656 099	1 443 418
基准阻抗 Z_j(Ω) $Z_j=\dfrac{U_j^2}{S_j}$	52.9	0.4	0.039 69	0.000 774	0.000 16

1）k_1 点（220kV）发生三相金属性短路，短路电流计算。

a. 最大运行方式下 k_1 点三相金属性短路，如图 1-14 所示。

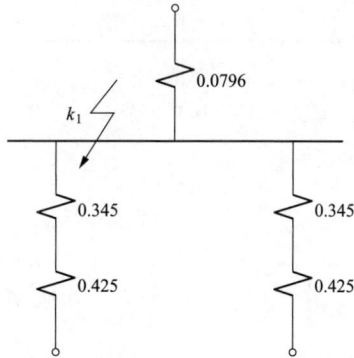

图 1-14　最大运行方式下 k_1 点三相金属性短路

综合正序、负序阻抗

$$X_{\Sigma *} = 0.0796 \ /\!/ \ \frac{0.345 + 0.425}{2} 0.066$$

k_1 点总的短路电流标幺值

$$I_{k1.\max *}^{(3)} = \frac{1}{X_{\Sigma *}} = \frac{1}{0.066} = 15.1515$$

k_1 点总的短路电流有名值

$$I_{k1.\max}^{(3)} = I_{k1.\max *}^{(3)} \cdot \frac{S_j}{\sqrt{3} U_j} = 15.1515 \times \frac{1000}{\sqrt{3} \times 230} = 38.0347 (\text{kA})$$

其中：系统侧提供的短路电流为

$$I_{k1.\max.S*}^{(3)} = \frac{X_{\Sigma *}}{X_{S*}} \times I_{k1.\max *}^{(3)} = \frac{0.066}{0.0796} \times 15.1515 = 12.5636$$

$$I_{k1.\max.S}^{(3)} = I_{k1.\max.S*}^{(3)} \cdot \frac{S_j}{\sqrt{3} U_j} = 12.5636 \times \frac{1000}{\sqrt{3} \times 230} = 31.5347 (\text{kA})$$

发电机侧提供的短路电流为

$$I_{k1.\max.G*}^{(3)} = \frac{X_{\Sigma *}}{X_{G*}} \times I_{k1.\max *}^{(3)} = \frac{0.066}{(0.345 + 0.425)/2} \times 15.1515 = 2.5985$$

$$I_{k1.\max.G}^{(3)} = I_{k1.\max.G*}^{(3)} \cdot \frac{S_j}{\sqrt{3} U_j} = 2.5985 \times \frac{1000}{\sqrt{3} \times 230} = 6.5223 (\text{kA})$$

b. 最小运行方式下 k_1 点发生三相金属性短路，如图 1-15 所示。

综合正序、负序阻抗

$$X_{\Sigma} = 0.1244 \ /\!/ \ (0.345 + 0.425) = 0.1071$$

k_1 点总的短路电流标幺值

$$I_{k1.\min *}^{(3)} = \frac{1}{X_{\Sigma *}} = \frac{1}{0.1071} = 9.3371$$

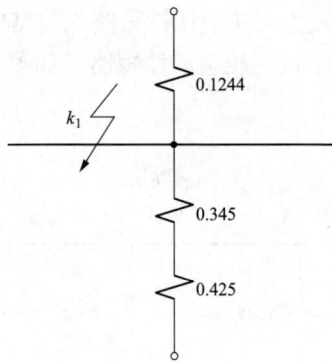

图 1-15 最小运行方式下 k_1 点三相金属性短路

k_1 点总的短路电流有名值

$$I_{k1.\,min}^{(3)} = I_{k1.\,min*}^{(3)} \cdot \frac{S_j}{\sqrt{3}\,U_j} = 9.\,3371 \times \frac{1000}{\sqrt{3} \times 230} = 23.\,4361(\text{kA})$$

其中：系统侧提供的短路电流为

$$I_{k1.\,min.\,S*}^{(3)} = \frac{X_{\Sigma *}}{X_{S*}} \times I_{k1.\,min.\,*}^{(3)} = \frac{0.\,1071}{0.\,1244} \times 9.\,3371 = 8.\,0387$$

$$I_{k1.\,min.\,S}^{(3)} = I_{k1.\,min.\,S*}^{(3)} \cdot \frac{S_j}{\sqrt{3}\,U_j} = 8.\,0387 \times \frac{1000}{\sqrt{3} \times 230} = 20.\,1772(\text{kA})$$

发电机侧提供的短路电流为

$$I_{k1.\,min.\,G*}^{(3)} = \frac{X_{\Sigma *}}{X_{G*}} \times I_{k1.\,min.\,*}^{(3)} = \frac{0.\,1071}{0.\,345 + 0.\,425} \times 9.\,3371 = 1.\,2987$$

$$I_{k1.\,min.\,G}^{(3)} = I_{k1.\,min.\,G*}^{(3)} \cdot \frac{S_j}{\sqrt{3}\,U_j} = 1.\,2987 \times \frac{1000}{\sqrt{3} \times 230} = 3.\,2598(\text{kA})$$

2）k_2 点（20kV）发生三相金属性短路，短路电流计算。

a. 最大运行方式下 k_2 点三相金属性短路，如图 1-16 所示。

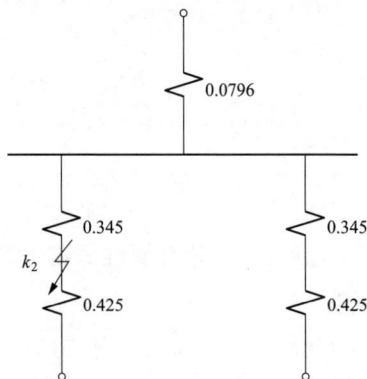

图 1-16 最大运行方式下 k_2 点三相金属性短路

综合正序、负序阻抗

$$X_{\Sigma*} = [0.0796 \mathbin{/\mkern-5mu/} (0.345 + 0.425) + 0.345] \mathbin{/\mkern-5mu/} 0.425 = 0.2105$$

k_2 点总的短路电流标幺值

$$I_{\text{k2.max}*}^{(3)} = \frac{1}{X_{\Sigma*}} = \frac{1}{0.2105} = 4.7506$$

k_2 点总的短路电流有名值

$$I_{\text{k2.max}}^{(3)} = I_{\text{k2.max}*}^{(3)} \cdot \frac{S_{\text{j}}}{\sqrt{3}U_{\text{j}}} = 4.7506 \times \frac{1000}{\sqrt{3} \times 20} = 137.1423 (\text{kA})$$

其中：系统侧提供的短路电流为

$$I_{\text{k2.max.S}*}^{(3)} = \frac{X_{\Sigma*}}{X_{\text{S}*}} \times I_{\text{k2.max}*}^{(3)}$$

$$= \frac{0.2105}{(0.345 + 0.425) \mathbin{/\mkern-5mu/} 0.0796 + 0.345} \times 4.7506 = 2.3972$$

$$I_{\text{k2.max.S}}^{(3)} = I_{\text{k2.max.S}*}^{(3)} \cdot \frac{S_{\text{j}}}{\sqrt{3}U_{\text{j}}} = 2.3972 \times \frac{1000}{\sqrt{3} \times 20} = 69.202 (\text{kA})$$

发电机侧提供的短路电流为

$$I_{\text{k2.max.G}*}^{(3)} = \frac{X_{\Sigma*}}{X_{\text{G}*}} \times I_{\text{k2.max}*}^{(3)} = \frac{0.2105}{0.425} \times 4.7506 = 2.353$$

$$I_{\text{k2.max.G}}^{(3)} = I_{\text{k2.max.G}*}^{(3)} \cdot \frac{S_{\text{j}}}{\sqrt{3}U_{\text{j}}} = 2.353 \times \frac{1000}{\sqrt{3} \times 20} = 67.9258 (\text{kA})$$

b. 最小运行方式下 k_2 点发生三相金属性短路，如图 1-17 所示。

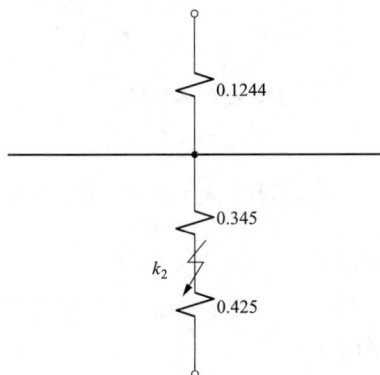

图 1-17　最小运行方式下 k_2 点三相金属性短路

综合正序、负序阻抗：$X_{\Sigma*} = 0.425 \mathbin{/\mkern-5mu/} (0.345 + 0.1244) = 0.2231$

k_2 点总的短路电流标幺值

$$I_{\text{k2.min}*}^{(3)} = \frac{1}{X_{\Sigma*}} = \frac{1}{0.2231} = 4.4823$$

k_2 点总的短路电流有名值

$$I_{k2.\min}^{(3)} = I_{k2.\min*}^{(3)} \cdot \frac{S_j}{\sqrt{3}U_j} = 4.4823 \times \frac{1000}{\sqrt{3} \times 20}$$

$$= 129.3967(\text{kA})$$

其中：系统侧提供的短路电流为

$$I_{k2.\min.S*}^{(3)} = \frac{X_{\Sigma*}}{X_{S*}} \times I_{k2.\min*}^{(3)} = \frac{0.2231}{0.1244 + 0.345} \times 4.4823 = 2.1304$$

$$I_{k2.\min.S}^{(3)} = I_{k2.\min.S*}^{(3)} \cdot \frac{S_j}{\sqrt{3}U_j} = 2.1304 \times \frac{1000}{\sqrt{3} \times 20} = 61.5007(\text{kA})$$

发电机侧提供的短路电流为

$$I_{k2.\min G*}^{(3)} = \frac{X_{\Sigma*}}{X_{G*}} \times I_{k2.\min*}^{(3)} = \frac{0.2231}{0.425} \times 4.4823 = 2.353$$

$$I_{k2.\min.G}^{(3)} = I_{k2.\min.G*}^{(3)} \cdot \frac{S_j}{\sqrt{3}U_j} = 2.353 \times \frac{1000}{\sqrt{3} \times 20} = 67.9258(\text{kA})$$

3）k_3 点（高压厂用变压器 6.3kV 侧）发生三相金属性短路，短路电流计算。

a. 最大运行方式下 k_3 点三相金属性短路，如图 1-18 所示。

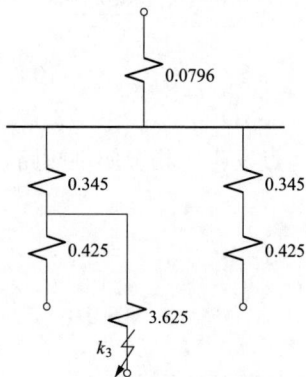

图 1-18　最大运行方式下 k_3 点三相金属性短路

综合正序、负序阻抗

$$X_{\Sigma*} = [0.0796 /\!/ (0.345 + 0.425) + 0.345] /\!/ 0.425 + 3.625 = 3.8355$$

k_3 点总的短路电流标幺值

$$I_{k3.\max*}^{(3)} = \frac{1}{X_{\Sigma*}} = \frac{1}{3.8355} = 0.2607$$

k_3 点总的短路电流有名值

$$I_{k3.\max}^{(3)} = I_{k3.\max*}^{(3)} \cdot \frac{S_j}{\sqrt{3}U_j} = 0.2607 \times \frac{1000}{\sqrt{3} \times 6.3} = 23.892(\text{kA})$$

b. 最小运行方式下 k_3 点发生三相金属性短路，如图 1-19 所示。

综合正序、负序阻抗

$$X_{\Sigma*} = (0.1244 + 0.345) /\!/ 0.425 + 3.625 = 3.8481$$

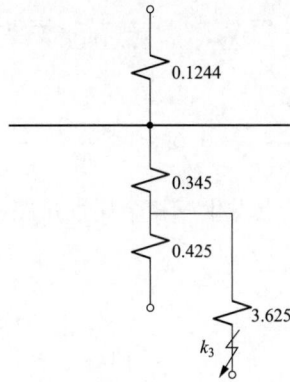

图 1-19 最小运行方式下 k_3 点三相金属性短路

k_3 点总的短路电流标幺值

$$I^{(3)}_{k3.\,min*} = \frac{1}{X_{\Sigma*}} = \frac{1}{3.8481} = 0.2599$$

k_3 点总的短路电流有名值

$$I^{(3)}_{k3.\,min} = I^{(3)}_{k3.\,min*} \cdot \frac{S_j}{\sqrt{3}\,U_j} = 0.2599 \times \frac{1000}{\sqrt{3} \times 6.3} = 23.817(kA)$$

4）k_4 点（励磁变压器 0.88kV 侧）发生三相金属性短路，短路电流计算。

a. 最大运行方式下 k_4 点三相金属性短路，如图 1-20 所示。

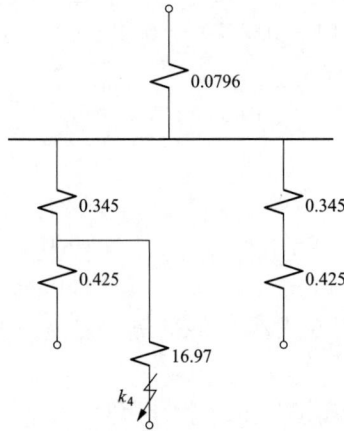

图 1-20 最大运行方式下 k_4 点三相金属性短路

综合正序、负序阻抗

$$X_{\Sigma*} = [0.0796 \,/\!/\, (0.345 + 0.425) + 0.345] \,/\!/$$
$$0.425 + 16.97 = 17.1805$$

k_4 点总的短路电流标幺值

$$I_{k4.\max*}^{(3)} = \frac{1}{X_{\Sigma*}} = \frac{1}{17.1805} = 0.0582$$

k_4 点总的短路电流有名值

$$I_{k4.\max}^{(3)} = I_{k4.\max*}^{(3)} \cdot \frac{S_j}{\sqrt{3}U_j} = 0.0582 \times \frac{1000}{\sqrt{3} \times 0.88} = 38.1886(\text{kA})$$

b. 最小运行方式下 k_4 点发生三相金属性短路，如图 1-21 所示。

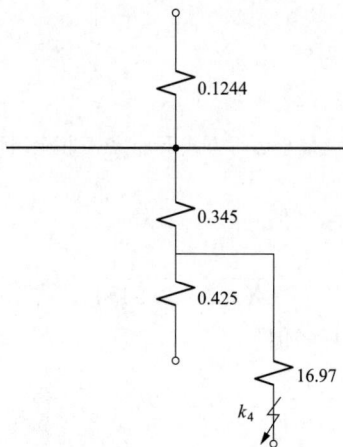

图 1-21　最小运行方式下 k_4 点三相金属性短路

综合正序、负序阻抗

$$X_{\Sigma*} = (0.1244 + 0.345) // 0.425 + 16.97 = 17.1931$$

k_4 点总的短路电流标幺值

$$I_{k4.\min*}^{(3)} = \frac{1}{X_{\Sigma*}} = \frac{1}{17.1931} = 0.0582$$

k_4 点总的短路电流有名值

$$I_{k4.\min}^{(3)} = I_{k4.\min*}^{(3)} \cdot \frac{S_j}{\sqrt{3}U_j} = 0.0582 \times \frac{1000}{\sqrt{3} \times 0.88} = 38.1606(\text{kA})$$

5）k_5 点（停机备用变压器 6.3kV 侧）发生三相金属性短路，短路电流计算。

a. 最大运行方式下 k_5 点三相金属性短路，如图 1-22 所示。

综合正序、负序阻抗

$$X_{\Sigma*} = 0.0796 // \frac{0.345 + 0.425}{2} + 3.875 = 3.941$$

k_5 点总的短路电流标幺值

$$I_{k5.\max*}^{(3)} = \frac{1}{X_{\Sigma*}} = \frac{1}{3.941} = 0.2538$$

k_5 点总的短路电流有名值

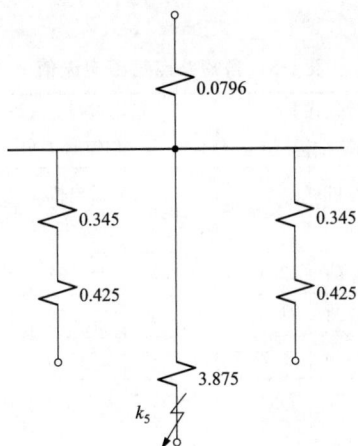

图 1-22 最大运行方式下 k_5 点三相金属性短路

$$I_{k5.\max}^{(3)} = I_{k5.\max*}^{(3)} \cdot \frac{S_j}{\sqrt{3}U_j} = 0.2538 \times \frac{1000}{\sqrt{3} \times 6.3}$$
$$= 23.2544(\text{kA})$$

b. 最小运行方式下 k_5 点发生三相金属性短路，如图 1-23 所示。

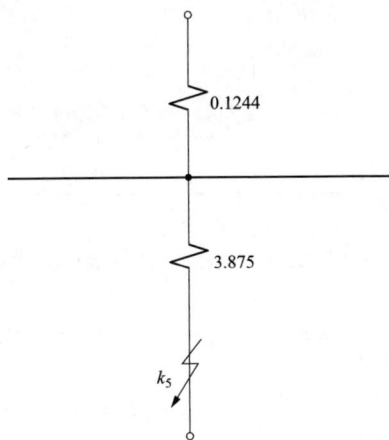

图 1-23 最小运行方式下 k_5 点三相金属性短路

综合正序、负序阻抗

$$X_{\Sigma*} = 0.1244 + 3.875 = 3.9994$$

k_5 点总的短路电流标幺值

$$I_{k5.\min*}^{(3)} = \frac{1}{X_{\Sigma*}} = \frac{1}{3.9994} = 0.2501$$

k_5 点总的短路电流有名值

$$I_{k5.\min}^{(3)} = I_{k5.\min*}^{(3)} \cdot \frac{S_j}{\sqrt{3}U_j} = 0.2501 \times \frac{1000}{\sqrt{3} \times 6.3} = 22.9148(\text{kA})$$

短路计算结果见表 1-5。

表 1-5　各短路点短路电流值

短路点 (有名值 单位 kA)		最大运行方式下 三相短路 $I_{k.max}^{(3)}$			最小运行方式下 三相短路 $I_{k.min}^{(3)}$			最小运行方式下 两相短路 $I_{k.min}^{(2)}$	
		总电流	发电机 提供	系统提供	总电流	发电机 提供	系统提供	总电流	发电机 提供
k_1 点	标幺值	15.1515	2.5985	12.5636	9.3371	1.2987	8.0387	8.086	1.1247
	有名值	38.0347	6.5223	31.5347	23.4361	3.2598	20.1772	20.2957	2.830
k_2 点	标幺值	4.7506	2.3530	2.3972	4.4823	2.3530	2.1304	3.8817	2.0377
	有名值	137.1423	67.9258	69.202	129.3967	67.9258	61.5007	112.0576	58.8238
k_3 点	标幺值	0.2607	—	—	0.2599	—	—		
	有名值	23.8920	—	—	23.8170	—	—	20.6255	—
k_4 点	标幺值	0.0582	—	—	0.0581	—	—		
	有名值	38.1886	—	—	38.1606	—	—	33.0417	—
k_5 点	标幺值	0.2538	—	—	0.2501	—	—		
	有名值	23.2544	—	—	22.9148	—	—	19.7805	—

系统短路阻抗如图 1-24 所示。

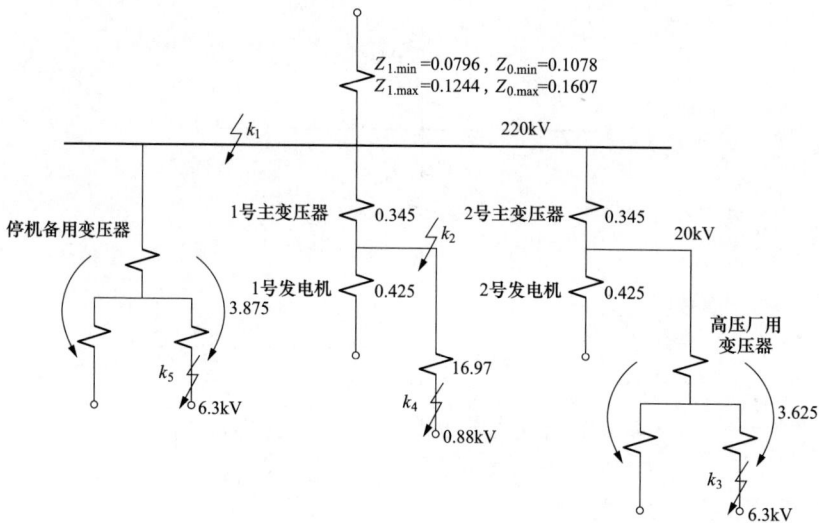

图 1-24　系统短路阻抗图

5. 短路电流计算小结

（1）采用标幺值计算方便、快捷。

（2）网络化简各个电压等级阻抗标幺值可直接运算化简。

（3）采用标幺值计算某一支路某一电压等级短路电流：标幺值乘以该电压等级电流基准值即得到其有名值。

（4）三相短路计算方法有计算和查表法。

（5）不对称短路计算采用对称分量，简便实用。

（6）不要把故障点的对称分量计算值当作保护的电流、电压计算值。

第五节　继电保护整定计算

发电厂继电保护整定计算属于整个电力系统继电保护整定计算的一部分，通常升压站高压母线及以外的继电保护整定计算属系统整定范畴，而升压站高压母线以内的继电保护整定计算属发电厂整定范畴。

（1）共同之处。都应严格遵循：①保护在安全可靠性、配合选择性、保护范围及灵敏性满足要求后，动作速度应越快越好（动作时间越短越好）；而为了能容易寻找故障点，有意识地增加动作延时的观点是值得商榷或不可取的。②保护在安全可靠性、配合选择性、快速性满足要求后，保护范围越大、灵敏度越高越好。③主系统和主设备保护的安全可靠性、配合选择性、灵敏性、快速性都必须满足要求。④某些三类负荷，特别是短时停电不危及人身和设备安全，不影响正常连续生产的负荷，必要时可以牺牲某些三类负荷保护的动作选择性，以保证主系统或主设备保护的安全可靠性、配合选择性，特别是快速性的要求。

（2）不同之处。由于被保护设备性能、运行状态、故障类型（后者有"严重"故障与"轻微"故障、正常运行和异常运行之分）两者有很大的不同，从而其保护方式、动作原理判据、整定计算要求、整定计算方法就有很大不同。两者之间更多的是要相互配合并构成统一的整体。

一、继电保护整定计算的目的和任务

继电保护装置与安全自动装置属于二次系统（以下简称继电保护），但它是电力系统中的一个重要组成部分。它对电力系统的安全稳定运行起着极为重要的作用，特别是在现代特高压、大容量的电力系统中，对电力系统继电保护提出了更高的要求，重点是提高其速动性。总之，电力系统一时一刻也不能离开继电保护，没有继电保护的电力系统是不能运行的。

继电保护工作类别多种多样，如设计、制造、调试、安装、运行等。继电保护整定计算是继电保护工作中的一项重要工作。在电力生产运行和电力工程设计工作中，继电保护整定计算是一项必不可少的内容。不同的部门其整定计算的目的不同。

电力系统的各级调度部门，其整定计算的目的是对电力系统中已配置安装好的各种继电保护，按照具体电力系统的参数和运行要求，通过计算分析给出所需各项整定值，使全系统各种继电保护有机协调地布置，正确地发挥作用。

电力工程的设计部门，其整定计算的目的是对电力系统进行计算分析、选择和论证继电保护配置及选型的正确性。

继电保护是建立在电力系统基础之上的，它的构成原则和作用必须符合电力系统的内在规律。继电保护自身在电力系统中也构成一个有严密配合关系的整体，从而形成了继电保护的系统性。

继电保护的整定计算，是继电保护运行技术的重要组成部分，也是继电保护装置在运行中保证其正确动作的重要环节，由于继电保护整定计算不当，造成继电保护拒动或误动而导致电气事故扩大，其后果是非常严重的，有可能造成电气设备的重大损坏，甚至引起电力系统瓦解，造成大面积停电事故。为此，在继电保护整定计算前，专业技术人员必须十分明确继电保护整定计算的目的和任务。

（1）通过整定计算，给出一套完整和合理的最佳整定方案和整定值。

（2）对所用的保护装置予以正确的评价。

（3）通过整定计算，应确定现有（或是原设计）的保护配置是否合理，确定现有（或是原设计）的保护方案能否满足一次系统（设备）的要求。经整定或校核发现有不合理或不符合要求时，及时提出可行的改进方案（保护系统配置方式、继电保护配置方案、运行方式），使保护装置能满足一次系统和设备的安全运行要求。

（4）为制订继电保护运行规程提供依据。

继电保护整定计算的基本任务，就是要对各种继电保护给出整定值；而对电力系统中的全部继电保护来说，则需编制出一个整定方案。整定计算方案通常可按电力系统的电压或设备来编制，还可按继电保护的功能划分方案分别进行。例如，一个500kV发电厂的发电机-变压器组继电保护整定方案，可分为差动保护方案、100％定子接地保护方案、失磁失步保护方案、接地零序电流保护方案等。这些方案既有相对的独立性，又有一定的配合关系。

各种继电保护适应电力系统运行变化的能力都是有限的，因而继电保护方案也不是一成不变的。随着电力系统运行情况的变化（包括建设发展和运行方式变化），当超出预定的适应范围时，就需要对全部或部分继电保护重新进行整定，以满足新的运行需要。

对继电保护整定方案的评价，是以整体保护效果的优劣来衡量的，并不着眼于某一套继电保护的保护效果。有时以降低某一个保护的保护效果来改善整体保护的保护效果，也是可取的。一个整定方案由于整定配合的方法不同，会有不同的效果。因此，如何获得一个最佳的整定方案，将是从事继电保护整定计算工作的工程技术人员的研究课题，这是个整定技巧问题。经过不断实践，若能比较熟练地运用各种整定原则和熟知所保护的电力系统运行特征时，就能做出比较满意的整定方案。

必须注意，任何一种保护装置的性能都是有限的，即任何一种保护装置对电力系统的适应能力都是有限的。当电力系统的要求超出该保护装置所能承担的最大变化限度时，该保护装置便不能完成保护任务。

例如，零序电流保护是一种原理简单、性能良好的接地故障保护，但当电网结构比较复杂（如环状网路多、双回线路多、短线路多、有零序互感的线路多等）、运行方式变化又很大时，零序电流保护的灵敏度将变得很低，动作时间将很长，保护效果大为降低。此时，即使选取最佳整定方案也难以改善保护效果。又如，距离保护装置较电流保护装置性能优异，适应运行方式变化的能力较强，但用于短距离（一般为 $5\sim10km$）或短路电流较小（二次值为 $8\sim10A$）的情况时，整流型的距离保护也难以使用，这时就需要重新进行继电保护的配置和选型，以满足电力系统对继电保护的要求。

进一步说，当继电保护的配置和选型均难以满足电力系统的特殊需要时，必须考虑暂时改变电力系统的需要或采取某些临时措施加以解决。

总之，继电保护整定计算既有自身的整定问题，又有继电保护的配置和选型问题，还有电力系统的结构和运行问题。因此，整定计算要综合、辩证、统一地应用。

整定计算的基本任务有以下几点：

（1）绘制电力系统接线图。

（2）建立电力系统设备参数表。

（3）绘制电力系统阻抗图。

（4）建立电流、电压互感器参数表。

（5）确定继电保护整定需要满足的电力系统规模及最大运行方式、最小运行方式。

（6）电力系统各点短路电流计算。

（7）建立各种继电保护整定计算表。

（8）按继电保护功能分类，分别计算出整定值，并绘制上下级配合关系网络图。

（9）编写整定计算书、定值清单，着重说明整定原则、结果评价（灵敏度）、存在的问题及采取的对策等。

二、继电保护整定计算前的准备工作

1. 掌握发电厂主电气系统、厂用系统及所有电气设备情况并建立技术资料档案

（1）绘制标有主要电气设备参数和 TA、TV 变比以及等级（5P、10P或是 TP）的主系统接线图。

（2）绘制标有主要电气设备参数和 TA、TV 变比的高、低压厂用系统接线图。

（3）收集全厂电气设备所有电气参数，按发电机、主变压器、高压厂用变压器、低压厂用变压器、电抗器、高压电动机、低压电动机等电气设备分门别类建立参数表。

（4）收集全厂电气设备继电保护用 TA、TV 的型号变比、容量、饱和倍数、准确等级、二次回路的最大负载，建立 TA、TV 参数表。

（5）掌握发电厂内所有高、低压电动机在生产过程中机械负荷的性质（过负荷可能性、重要性），并分类列表。

2. 收集并掌握全厂主设备及厂用设备继电保护及有关二次设备技术资料

（1）收集并掌握全厂主设备及厂用设备继电保护配置图。

（2）收集并掌握全厂主设备及厂用设备继电保护原理展开图与操作控制回路展开图、厂用系统程控联锁图等。

（3）收集并掌握全厂主设备及厂用设备与汽轮机、锅炉、电气保护有关的联锁图。

（4）收集并掌握全厂主设备及厂用设备继电保护、自动装置的技术说明书和使用说明书。

3. 绘制全厂电气设备等效阻抗图

（1）计算全厂所有主设备、厂用设备的等效标幺阻抗并建表。

（2）绘制标有标幺阻抗的等效电路图。

（3）绘制并归算至各级母线的电源等效综合阻抗图（图中标有等效综合阻抗值）。

（4）绘制并计算不对称短路电流用的正、负、零序阻抗及各序综合阻抗图。

4. 研究确定电力系统运行方式

研究确定电力系统运行方式是继电保护整定计算的先决条件，对于电力系统运行部门来说，是由继电保护专业会同电力系统调试专业共同研究确定。包括：

（1）正常运行方式。

（2）检修运行方式。

（3）事故运行方式。

（4）特殊运行方式。

5. 学习有关的规章制度

电力工业生产有其独特的规律性，在长期的生产实践中总结出符合客观规律的宝贵经验，以指导安全生产活动。同样，对于继电保护也不例外。在进行继电保护整定计算前，应收集和学习有关的最新规章制度，以促使整定计算工作顺利进行，例如《继电保护和安全自动装置技术规程》《继电保护反事故措施》《大型发电机变压器继电保护整定计算导则》《3kV～110kV 电网继电保护装置运行整定规程》《220kV～750kV 电网继电保护装置运行整定规程》等；了解同类型电厂的经验教训；学习有关反事故措施及有关的事故通报；根据本厂的实际情况，制订不违反规程制度而又符合具体方针政策的补充技术措施和整定计算原则。

6. 有关的短路电流计算

发电厂继电保护整定计算中所用的短路电流计算，比系统继电保护整定计算所用的短路电流计算要简单得多，其工作量最大和最复杂的是 YNd11 接线变压器两侧发生不对称短路时的电流和电压的计算。

（1）计算 YNd11 接线变压器两侧发生不对称短路时的电流和电压，并将计算结果列表。

（2）计算归算至高压厂用变压器母线的综合阻抗（高压母线三相短路时短路电流和短路容量）。

（3）简单短路电流计算只需在整定计算过程中用到时再计算，这样更为方便和灵活。

三、继电保护整定计算的技巧和应注意的几个问题

大型发电机-变压器组继电保护的整定计算本身并不是十分复杂的事情，然而要真正能得到一份非常合理和性能最佳的整定方案或一份最佳的整定值，却不是一件容易的事。单凭继电保护的一般知识，套用书本给定的计算公式，就能得到一套完整的继电保护整定值，这样的想法是不现实的。

继电保护整定计算是正确计算与合理选择相结合的结果，因而必须做到：

（1）非常熟知各电气设备（包括发电机、变压器、断路器、互感器等）的性能、参数、结构、特点等。

（2）熟练掌握电气设备的短路电流计算和各种故障分析。

（3）熟知一次系统的接线图和一次系统的运行方式。

（4）熟知继电保护配合和保护装置的动作判据（工作原理、逻辑关系）及各项保护的功能、作用等。

（5）尽可能多地了解电力系统中历年、历次典型事故的教训（原因、对策、措施等），将各方面的知识与经验教训有机结合，围绕继电保护的选择性、速动性、灵敏性、安全可靠性进行全面、系统、综合的考虑，通过反复计算、反复修正、权衡利弊，选择最佳整定值，从而收到保护装置功能的预期效果。所以，继电保护整定计算，不只是一项单纯的计算工作，实际上更是一项比较复杂的系统工程。

1. 收资工作应关注的问题

一次主设备（发电机、变压器等）资料包括：发电机参数（X_d、X_d'、X_d''、X_2、空载额定励磁电压、与保护配合特性、过励磁能力）；变压器参数（是否有特殊结构、过励磁能力）；一次主接线图（不同接线方式保护配置、出口等方式不尽相同、厂用分级、TA 的安装位置）、TA 和 TV 参数（实际变比、多变比、实际位置、有无专用 TV）等。

二次设备相关资料包括：保护配置图（配置是否合理、是否双重化、是否存在死区、出口方式）；保护厂家技术说明书（保护原理、保护逻辑、

保护控制字的含义、定值单格式，有无特殊要求）；二次接线图（模拟量的取法、有无联跳、其他装置或回路中的定值）。

2. 整定计算应关注的问题

整定计算书的内容应包括：系统参数表（发电机、变压器、TA/TV 等设备参数和系统参数）；短路电流计算（阻抗图、化简过程、完整的计算过程、短路电流表）；整定原则、计算公式含系数取值说明、必要的灵敏度校验、动作时间、出口控制字或出口方式。

（1）需特别关注以下几方面：

1）保护定值一般不是一个点，而是一个范围，只要在合理范围内都是正确的。

2）整定计算原则：强化主保护（灵敏、可靠）、简化后备保护（特别是远后备保护）防误动措施。

3）保护配合关系的核算，特别是针对整定原则有冲突、保护范围有重叠、动作顺序有要求的保护之间。

4）定值合理性检验：结合保护配置、保护对象的重要性分别对待。

5）灵敏度校验：结合一次接线图和保护配置图考虑必要的校验过程。

（2）整定计算的难点在于：

1）发电机-变压器组保护整定难点在于对保护与原理的理解。

2）厂用系统保护整定难点在于上下级互相配合上。

3. 生成保护整定定值单应关注的问题

定值单的内容应包括：系统参数（接线方式、定值分区、部分参数的正确性）；定值选项（必须与实际装置格式一致，不用的保护或选项的合理设定）；控制字的整定（了解保护原理和控制字含义，从合理性、可靠性方面考虑，直接影响保护动作逻辑）；出口方式和控制字（考虑安全性）。

正式定值单中管理常出现的问题有：

（1）审批、批准、修改、校核等流程未体现闭环管理（如某电厂大修后保护动作时间整定错误）。

（2）定值单上只有投入保护的定值，未按实际装置定值格式整定（厂用系统保护定值问题尤为突出）。

（3）仍有"现场整定或实测"等不规范定值（如三次谐波比等）。

（4）新旧定值未分开保管，旧定值无明显"作废"标识（问题很突出）。

（5）台账未记录定值修改、下发等过程。

4. 保护"四性"要求的问题

继电保护"四性"要求按重要程度不同排序分别是：可靠性、选择性、速动性及灵敏性。

整定保护定值时首先应满足可靠性要求，有不少现场计算人员不注意这些，比如在计算过电流保护定值时，有的直接按下级母线两相短路有一定灵敏度（比如 $K_{lm}=1.5$）来确定保护动作值，一般来说这是不合适的。

分析一下保护"四性"要求：

（1）保护定值应满足可靠性要求，宜按最大运行方式或正常运行时可能出现的最大电流或最低电压等电气量进行计算，并选用合理的可靠系数。

（2）保护定值应满足选择性要求，各级保护间应要求动作值和动作时间逐级可靠配合。因配合级数过多影响上级保护的快速性时，可缩短时间级差，时间级差 Δt 宜在 $0.3\sim0.5$s（微机保护 0.3s）。

（3）保护定值应满足快速性要求，保护动作值能小尽可能小，保护动作时间能短尽可能短，这些都是在满足可靠性和选择性要求的前提下。

（4）保护定值应满足灵敏性要求，在满足可靠性要求前提下，保护动作值宜取较小值。应按最小运行方式最小故障电流值验算保护的灵敏系数，并应确保灵敏系数满足本保护要求。在可靠性和灵敏性发生矛盾时，一般舍弃灵敏性，保可靠性，并做书面说明。

从以上分析可以看出，按灵敏度反算定值时：

1）这种计算满足了灵敏度的要求，却无从保证可靠性要求，不一定能可靠躲过在最大运行方式下可能出现的最大电流或其他设备故障引发的对本设备的较大电流。

2）即使能满足可靠性要求，也不一定过于逼近快速性要求。因为保护动作值应该在满足可靠性情况下能小尽可能小，动作时间在满足可靠性和选择性时能短尽可能短。

5. 反时限保护和定时限保护的配合问题

保护的选择性实际上就是保护的配合要求，当遇到定时限和反时限，反时限和定时限相互配合时，往往比较头痛，配合不好越级跳闸时有发生。故有如下建议：

（1）当定时限保护有各种情况下的主后备保护时，建议可以不投反时限保护，从源头上切除配合不当带来的隐患。

（2）当反时限与定时限配合时，动作值可以按躲过最大负荷整定，动作时间一定要以最大故障电流时，反时限的最短动作时间与定时限配合计算，即

$$t_{\mathrm{r.set}}=\frac{(t_{\mathrm{op.max}}+\Delta t)\times\left[\left(\dfrac{I_{\mathrm{k.max}}}{I_{\mathrm{r.set}}}\right)^{2}-1\right]}{T}$$

如果作为母线电源进线时，还要考虑母线整组自启动电流时的动作时间不短于自启动的启动时间！

（3）当定时限与反时限配合时，比较简单，就是定时限动作值下的反时限动作时间不长于上一级定时限保护的动作时间。

6. 保护配置及实现方式问题

（1）逆功率保护和热工保护。部分电厂不投逆功率保护或仍保留热工保护是否合理？（主汽门关闭联跳发电机组）

GB/T 14285—2023《继电保护和安全自动装置技术规程》第 5.2.1.14.1 条规定：对发电机变电动机运行的异常运行状态，汽轮发电机、燃气轮发电

机、贯流式和斜流式等低水头水轮发电机组，以及容量在 200MW 及以上的水轮发电机组，应配置逆功率保护。保护带时限动作于解列灭磁。《防止电力生产重大事故的二十五项重点要求（2023 版）》第 8.1.16 条规定：机组正常停机时，严禁带负荷解列。应先将发电机有功、无功功率减至零，检查确认有功功率到零，电能表停转或逆转以后，再将发电机与系统解列；或采用汽轮机手动打闸或锅炉手动主燃料跳闸联跳汽轮机，发电机逆功率保护动作解列。

水电标准：无泄水工况要求的低水头灯泡贯流式和 S 形流道贯流式及斜流式水轮发电机组应装设逆功率保护。

逆功率保护的意义：汽轮机、锅炉等故障时电气主系统无故障，无需立即跳发电机；监控或 DCS 逻辑中有并网后自动带 5%～10% 初负荷的逻辑，正常情况下不会出现逆功率；在主汽门关闭后还有余汽做功，迅速跳闸可能导致机组超速；特殊情况下（如主汽门关闭不严等），防超速更有必要。

DL/T 684—2012《大型发电机变压器继电保护整定计算导则》规定：逆功率保护动作值一般为 $(0.5\%～2\%)P_N$，推荐 $(0.5\%～0.8\%)P_N$（发现有个别保护装置在进相或无功较大时有功功率测量不准的情况）。程序逆功率延时 $(0.5～1s)$，发电机逆功率延时 1～3min（应在主汽门关闭时校核）。

（2）厂用母线快速保护。现状：新建机组中，考虑到 6kV（或 10kV）开关设备质量越来越好，6kV（或 10kV）母线的运行环境导致发生故障的概率大为减少，设计时一般不考虑配备快速保护，由高压厂用变压器的分支限时速断保护作为 6kV（或 10kV）母线相间短路时的主保护。部分电厂 6kV（或 10kV）进线速断保护动作时间过长，无法迅速切除 6kV 母线相间短路故障，导致对设备和人员伤害过大。

尽管 6kV（或 10kV）母线发生相间短路等故障的概率降低，但仍然有个别设备因运行时间过长、绝缘老化、人为操作等造成短路故障的可能性。

实现方式：加装母差保护和弧光保护，推荐采用弧光保护。

弧光传感器感应到弧光的时间在 10ms 以内，加上断路器跳闸时间等基本可以保证在 70～80ms 内切除母线故障。有电流闭锁防误动，取 1.3～1.5 倍额定负荷电流即可。

表 1-6 所示为电弧燃烧时间与设备损坏程度的经验值，可以证明弧光保护能够起到保护设备的作用。

表 1-6　电弧燃烧时间与设备损坏程度

电弧燃烧时间（ms）	设备损坏程度
35	没有显著损坏，一般可以在检验绝缘电阻后投入使用
100	设备损坏较小，在开关柜再次投入运行前仅需要进行清洁或可能的某些小的修理
500	设备损坏很严重，现场工作人员可能受到严重伤害，必须更换部分设备才可以再投入运行

注　弧光保护动作后应闭锁厂用电源切换或备用自动投入。

（3）断路器失灵保护。以双母线接线方式，发电机-变压器组出口断路器失灵保护为例。

要求是一种主要的近后备保护，比一些后备保护动作快（300MW 及以上机端有断路器的发电机组，应配置失灵保护）。

启动失灵的保护出口返回时间应不大于 30ms，判别元件的动作时间和返回时间均不应大于 20ms。

失灵判据一般为相电流元件，发电机-变压器组断路器失灵还应采用零序或负序电流。实现方式：

第一种方案：如图 1-25（a）所示，这种方案可能存在定值不对应，时间延长。

第二种方案：如图 1-25（b）所示，这种方案有利于失灵保护双重化（是一种发展趋势）。

两种方案的出口方式均为：第一时间跟跳（0.15s），第二时间跳母联（0.25s），第三时间跳相邻（0.5s）。

注：不能用变压器高压侧套管 TA；断路器辅助触点判据可不用；非电量不启动失灵保护。

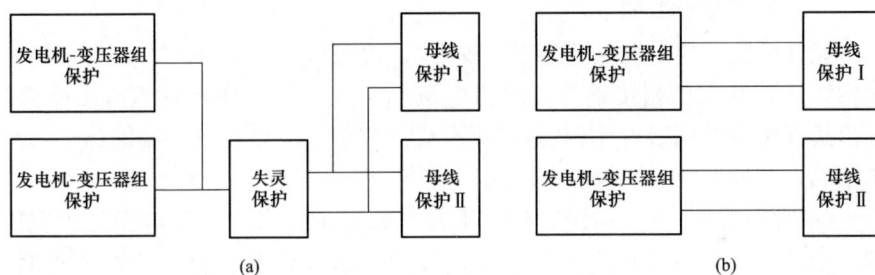

图 1-25　断路器失灵保护两种实现方案

（4）断路器三相不一致保护。目前，行业上对"非电量启失灵""非全相启失灵"的要求不统一，也不规范。如：《国家电网公司十八项反事故措施》（试行版）中 14.3.3 条规定："断路器三相位置不一致保护应采用断路器本体三相不一致保护"；14.2.6.2 条规定："发电机-变压器组的断路器三相不一致保护应启动失灵保护"。《防止电力生产事故的二十五项重点要求》规定："非电量保护及动作后不能随故障消失而立即返回的保护不应启动失灵保护"。《广东电力系统继电保护反事故措施释义版》3.3.18 条规定："220kV 及以上电压等级单元制接线的发电机-变压器组，应使用具有电气量判据的断路器三相不一致保护去启动发电机-变压器组的断路器失灵保护"；《华北电网继电保护标准化设计》第七章关于主变压器出口断路器的 7.3.2.4 条规定："非电量保护不允许启动失灵，断路器三相不一致保护不启动失灵"。

推荐实现的方法（也是部分电网公司的做法）：发电机-变压器组出口断

路器本体应配置三相不一致保护,以断路器本体三相不一致保护为主,主要负责发生非全相运行时迅速跳开本断路器,延时 0.3s。保留发电机-变压器组保护中三相不一致及失灵保护,本体三相不一致保护动作后无法跳开本断路器时,再由具有电气量判据的三相不一致保护启动断路器失灵保护,延时 0.5s。

对于非电量保护的动作时间,《华北电网继电保护标准化设计》规定:不带重合闸的断路器,取 0.5s;带重合闸的断路器和旁路断路器,220kV取 2s,500kV 取 2.5s。

(5) 变压器零差保护。变压器零差保护一般取变压器出线三相电流和与本侧中性点零序电流之间构成差动保护,可以高灵敏的反应区内接地及相间故障,目前大机组主变压器、启动备用变压器及高压厂用变压器低压侧分支都有设计。零差保护的整定不需考虑本侧穿越性的励磁涌流,而且正常运行时也没有零序电流,所以一般动作值取值非常小(0.05 额定电流),具有很高灵敏性。缺点是由于中性点 TA 易饱和,容易误动作。

2014 年 10 月,新疆某 750kV 超高压输电线路故障,让正在试运行的哈密某电厂 660MW 机组的启动备用变压器误跳,类似案例还有不少。

分析原因及对策如下:

设计中变压器中性点 TA 变比较小,一般为 300/1 或 600/1,当直接接地系统区外发生单相接地时,故障电流非常大,往往使中性点 TA 饱和,而出线 TA 一般选型为 TYP 型,暂态特性较好,从而造成一端饱和、一端不饱和,自然导致差动保护误动作。

如果现场确是这种情况,建议不投零差保护。当主变压器为分相变压器、中性点 TA 为分相配置而且变比较大、满足该系统暂态特性要求时,可以投零差或分侧差动保护。另外,不少核电机组的高压厂用变压器、启动备用变压器低压侧分支也设计有零差保护,当低压侧经限流电阻接地时,而且接地电流限制在中性点 TA 暂态特性要求范围内时,零差保护可以投入。

整定原则应按躲过外部短路故障切除时的零序不平衡电流,工程上一般选 $(0.2\sim0.3)I_N$。

(6) 启动备用变压器高压侧保护及 TA 选型问题。现在大机组启动备用变压器容量一般在 40~60MVA(与一台高压厂用变压器容量相同),接入 220kV 或 500kV 高压主网母线,高压侧额定电流在 70~140A。而因为母线保护需要,启动备用变压器高压侧 TA 一般选为 1200/1~4000/1,这就导致了保护装置采样到的启动备用变压器高压侧二次电流很小,有的甚至小到保护装置采样精度要求的最低值以下,很明显这不利于保护的安全可靠工作。

分析问题和解决对策如下:

1) 对二次电流很小但能满足保护装置采样精度要求的情况,建议保护定值计算时可靠系数适当取大,甚至大于导则建议值,并在计算书里做出原因说明。但要严格验算灵敏度。因为启动备用变压器紧邻高压主网接线，故障电流一般较大，最小运行方式下的灵敏系数一般能满足要求。

2）TA 选型可以兼顾母线保护和启动备用变压器保护。

3）对不满足保护采样要求的，建议进行修改设计方案，采用断路器与启动备用变压器套管间高压引线差动保护和启动备用变压器套管与低压间的启动备用变压器差动保护，与后备保护共同构成的配置方案。

7. 保护逻辑和控制字的问题

（1）建议 TA 断线时不闭锁比率差动保护。TA 不论是一次断线还是 TA 二次断线，均属于设备故障，保护为正确动作。且 TA 二次回路断线后，产生严重的过电压，导致二次回路及其设备严重损坏，大电流也容易引起火灾，故建议 TA 断线时不闭锁比率差动保护。

保护的整定应把握一个原则：主保护应以保护设备为主，尽快恢复运行为宜。

（2）失磁保护。常见问题：低电压保护取升压站母线电压还是取发电机电压？失磁保护如何分段？

《国家电网公司十八项反事故措施》（2012 版）15.2.13.7 条规定：发电机的失磁保护应使用能正确区分短路故障和失磁故障的、具备复合判据的二段式方案。优先采用定子阻抗判据与机端低电压的复合判据，与系统联系较紧密的机组（除水电机组）宜将定子阻抗判据整定为异步阻抗圆，经第一时限动作出口；为确保各种失磁故障均能够切除，宜使用不经低电压闭锁的、稍长延时的定子阻抗判据经第二时限出口。

注：阻抗判据是失磁保护的主判据，不能仅采用机端（或系统电压）加转子低电压判据就动作出口。

失磁保护动作时间问题：失磁短时对发电机影响有限，主要考虑的是系统因素。不能认为几段之间动作时间有顺序关系，具体要看逻辑后判断！不同厂家逻辑不同。

（3）带记忆复压闭锁过电流保护。该保护整定现状：有专家曾对 84 家电厂进行过调查，其中：对于"是否采用复压闭锁过电流保护作为相间后备保护"，共 14 家电厂的 43 台采用了阻抗保护或未配置相间后备保护；"自并励方式下是否投入电流记忆功能"，不同厂家保护投入方式不一样：有"电流记忆功能投退"控制字，如许继 WFB-800A 系列、南瑞继保 RCS-985 系列，有的厂家没有专门设置"电流记忆功能投退"控制字，但有"电流记忆延时"整定值，如南自凌伊 DGT801 系列，还有个别厂家设置了"电流记忆"整定值（实际整定为电压量），有 9 家电厂的 18 台机组（均为自并励方式）未投入电流记忆功能；对于"TV 断线时是否退出记忆功能或闭锁该保护"，有 13 家电厂的 29 台机组在 TV 断线时不退出该保护。"双母线接线方式时一时限跳母联是否合理"，有 11 家电厂的 23 台机组一时限跳母联。

可见对于"带记忆复压闭锁过电流保护"缺乏统一规范的情况。目前看，双母线接线方式时一时限跳母联是不合理的，电流量需投记忆，TV断线时应退出该保护，否则外部故障易误动。

如：某厂主变压器高压侧避雷器发生单相故障，主变压器差动保护动作后，带记忆复压闭锁过电流动作，一时限跳母联，造成事故扩大，按保护误动作被电网考核。故障系统示意图如图1-26所示。

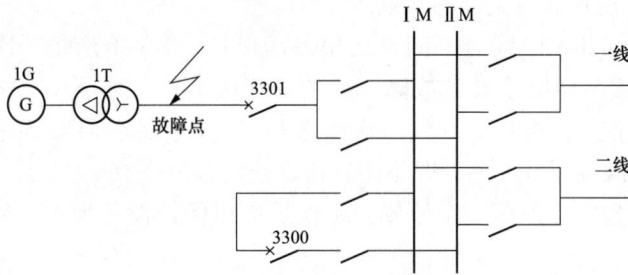

图1-26 故障系统示意图

事故提示：该保护不能跳母联、自并励方式下应投记忆功能、各段均应经复压闭锁、TV断线时应退出记忆或闭锁保护等经验。

8. 保护动作时间和出口方式问题

（1）发电机定子接地保护。造成发电机定子接地保护动作的原因：发电机定子线棒绝缘问题（很少）；发电机封闭母线问题（盘式绝缘子、密封、结冰等）；发电机机端TV匝间短路（较多）；发电机出口断路器内对地电容；系统接地传递至发电机侧零序电压的影响；氢冷器漏水；定冷水水质不合格（注：传统基波零序定子接地原理不适用）。

发电机定子接地保护逻辑和动作时间的整定，必须同时取机端和中性点零序电压，低定值经主变压器高压侧零序电压闭锁，高定值不经闭锁。

接地电流大小及对定子的危害，如表1-7、表1-8所示。

表1-7 机端金属性单相接地电流大小

机组容量（MW）	U_N(kV)	中性点接地方式	I_C(A)	I_n(A)	I_K(A)
900（核）	26	经接地变压器电阻接地	4.2	10	10.85
700（水）	20	经接地变压器电阻接地	24	20.7	31.7
600（汽）	22	经接地变压器电阻接地	2.4	≥2.4	≥3.4
300（汽）	18~20	经接地变压器电阻接地	1.97~2.57	2.0~3.0	2.8~3.95

表1-8 单相接地对定子的危害

试验电流（A）	燃弧时间	燃烧情况
2.8	2h	铁芯无烧痕，线棒绝缘烧损严重
5.3	1h	铁芯有轻微烧痕，线棒烧渣喷溅

续表

试验电流（A）	燃弧时间	燃　烧　情　况
31.5	0.92～1.2s	铁芯有深约 2mm 小坑，无熔渣溅出
31.5	1.66～1.68s	铁芯烧损深 5.2mm、直径 4.3mm 和深 3.1mm、直径 4.7mm 小坑，并有熔渣溅出

系统发生接地故障时，经耦合电容传递到发电机侧零序电压的计算值和实际值相差较大，且衰减较慢（一般为 0.3s 左右），故建议动作时间整定为：0.5～0.8s。

目前在整定计算方面存在的问题在于：因为单相接地故障概率非常高，定子接地保护应该视为大型发电机主保护，如果动作值不能躲过高压侧传递过电压，其动作时间要与主变压器高压侧零序保护时间配合，不利于保护迅速切除故障，之前发生过单相接地烧坏发电机的事故。

由于作为中性点附近接地保护的三次谐波保护不可靠，出现过不少误跳，现在普遍只投信号，也就是说目前的零序过电压加三次谐波比定子接地保护其实不能承担发电机定子绕组 100% 故障的保护。

【事例 1】　某发电机组正常运行中，突发定子接地保护动作后跳机，保护定值 15V/0.5s，实际动作值 16.1877V。检查一次系统均正常。后对发电机 TV 进行三倍频感应耐压试验，发现机端 TV 的 B 相耐压试验不合格，直阻有较大变化。更换此 TV 后投入运行正常。

DL/T 596—2021《电力设备预防性试验规程》规定：在常规检修项目中只要求进行直阻和绝缘电阻检查，但这两项试验均不能充分发现 TV 匝间短路问题，因此建议开展感应耐压试验。

【事例 2】　某发电机组配置有两套不同原理的定子接地保护，发电机-变压器组单元接线，发电机出口装设有断路器，通过主变压器接入 500kV 系统（3/2 接线）。

运行中发生传统原理定子接地保护报警，临时退出该保护，检查中注入式定子接地保护动作。基波零序定子接地保护定值 15V，故障时机端和中性点零序电压分别为 20.5V 和 23.6V，注入式定子接地定值为 0.1A，故障时零序电流 0.14A（一次电流 2.85A）。首先排除了 TV 故障，分段升压试验，单独发电机升压，零序电压正常；单独带封闭母线升压，零序电压和零序电流随电压上升而上升。后检查发电机出口断路器内每相对地有电容（尤其是进口断路器），测量电容值发现 C 相电容值变化较大，且有漏液。

经过分析得出故障原因：发电机 GCB 断路器三相电容不对称造成中性点电压偏移，电容的安装方式和安装位置易造成漏液等发生，应安排对电容的检查。

【事例 3】　某区域公司有两家电厂发生因系统故障导致发电机定子接地

保护误动作的事件，原因之一是当地电科院人员认为定子接地保护是主保护，动作时间应尽可能缩短，要求统一为 0.2s；二是系统侧发生接地故障时，经主变压器高、低压侧之间耦合电容传递到发电机侧的零序电压偏高，远超出计算值（甚至超过定子接地保护高定值），具体影响与主变压器接地方式及接地故障点的距离有关；三是系统接地故障切除时间和零序电压恢复时间偏长。

【事例 4】 某电厂两台机组（经消弧线圈接地）运行，经变压器接于 220kV 系统（双母线接线方式），1 号主变压器中性点接地，2 号主变压器中性点不接地。某送出线路侧穿墙套管 C 相接地故障，线路保护正确动作，重合闸动作后三跳。经过 1.2s 后，2 号机组定子接地保护动作，经耦合电容传递至机端的零序电压为 45～50V，且持续时间超过 0.2s（定子接地保护低定值为 12V/0.2s）。1 号机组保护未动作，与接地及系统接地故障点有关。

配置和整定建议：

1）发电机定子绕组单相接地保护基波零序过电压保护 $3U_{01}$ 或中性点 U_{01}，可设两段，一段高值直接按躲过主变压器高压侧单相接地，躲过主变压器高低压绕组耦合电容传递至机端零序电压和不平衡电压整定，时间可以取短，一般可取 $t_{0.op}=0.3～0.5s$；二段低值按躲不平衡零序整定动作值较灵敏，取较长时间跳闸或发信号。

2）由于基波零序过电压保护不能保护中性点附近接地故障，所以大型发电机最好同时配有 20Hz 低频外加信号源的注入式接地保护，以完成发电机定子单相接地故障全覆盖的保护模式，其动作时间按主保护整定。

注意：注入式接地保护出口不可启动失灵，故障切除保护不返回！

（2）转子接地保护。从现场运行经验看，造成发电机转子一点接地保护动作的原因包括：发电机转子绝缘问题；发电机励磁母线问题（与电刷下部连接处、母线固定用环氧树脂板）；励磁自带接地保护原理（ABB 自带 UN3020 型问题）；接地电刷和集电环的问题；其他原因（空调漏水、启励回路）。

《防止电力生产事故的二十五项重点要求（2023 版）》10.3.2.1 条规定：当转子励磁回路接地保护报警时，应先对转子外部励磁回路进行检查并尝试消缺，经分析确定为稳定性的金属接地且无法排除故障时，应立即停机处理。

GB/T 14285—2023《继电保护和安全自动装置技术规程》5.2.1.11 "励磁回路接地故障检测与保护"规定：

对励磁回路一点接地故障，应根据发电机容量，配置相应的接地故障保护功能或接地故障检测功能。容量在 1MW 及以下发电机，可配置励磁回路一点接地故障定期检测功能。容量在 1MW 以上，采用静止整流器励磁的发电机，应配置两段励磁回路一点接地故障保护，带时限动作于信号或停机，有条件时可动作于程序跳闸。容量在 1MW 以上，采用旋转整流器励磁的发电机，宜配置励磁回路一点接地故障定期检测功能，带时限动作于信号或跳闸。容量在100MW及以上的发电机，宜按双重化原则配置励磁回路一点接地故障保护，两套保护可采用不同原理。双重化配置的两套励磁回路一点接地故障保护，正常运行时应只投入其中一套，另一套作为备用。

根据现场运行经验建议整定方式为，转子一点接地保护设两段式定值，灵敏段可取30~50kΩ/s，延时1s，作用于报警；低定值段取2~5kΩ，延时5~10s，作用于跳闸。对于电厂发电机-变压器组保护中仅有转子一点接地保护（两段式）的，应将转子一点接地保护Ⅱ段投跳闸，杜绝转子两点接地的发生；对于有两点接地保护的，也可将转子一点接地保护投信号，两点接地动作于跳闸（目前这种方式在逐渐被第一种方式所取代）。

【事例5】 某电厂带负荷运行中发转子接地信号，机组跳闸。盘车时拆除电刷后单独测量励磁母线绝缘良好；测量发电机转子绝缘良好，怀疑是保护误动作，静态校验转子接地保护（国外励磁自带）正常。再次冲转至3000r/min，再发转子接地信号，实测对地电阻6Ω，再次拆除电刷后单独测母线绝缘仍低，打闸后却未发现故障点。后发现报警与转速有一定关系，2000r/min以上会发转子接地信号，2000r/min以下，报警会消失，遂将检查重点转移至励磁机小室。再次升速3000r/min后，拆除励磁机下部绝缘隔板，发现励磁机负极与励磁负母线的连线（连线由紫铜皮叠加整形制成）最上面一层的铜皮在靠母线侧接头处断裂，断裂的铜皮在转子集电环散热风扇作用下上下起伏，碰触到励磁机底座。

分析故障原因：转子转速升高，形成很大风压，进而产生风振，使铜皮在母线侧接头处机械疲劳、断裂。

（3）有动作顺序要求的保护出口。以高压厂用变压器低压侧两段式分支零序保护为例。分支零序Ⅰ、Ⅱ段从保护原理讲，应先跳分支，后跳机组。因此，Ⅰ、Ⅱ段保护动作电流定值应一致，从时间上配合；分支零序还应注意高压厂用变压器结构。

（4）厂用电动机零序保护。厂用电动机分启动阶段和正常运行阶段，判断启动是否结束一般有两种方式，一种是设定启动时间，在启动时间内定值加倍；另一种按实测电流接近电动机额定电流判别，个别厂家有单独计算公式，如东大金智WDZ300系列厂用保护。

为防止在电动机较大的启动电流下，由于零序不平衡电流引起保护误动作，部分保护采用了最大相电流I_{max}作制动量。$I_0>I_{0.dz}$（当$I_{max}\leqslant1.05I_N$时）或$I_0>[1+(I_{max}/I_N-1.05)/4]\times I_{0.dz}$（当$I_{max}>1.05I_N$时）且$t_0>t_{0.dz}$。举例：$I_{max}=8I_N$，则启动时动作值=2.74$I_{0.dz}$，明显偏大，有可能在启动中发生接地故障时保护拒动。

（5）电动机负序过电流保护。目前国内发电厂高压电动机采用不带负序功率方向闭锁负序过电流保护，动作电流整定值为$I_{2.op.set}=0.3~0.8~1I_{m.n}$，动作时间整定值$t_{op.set}=1~0.8~0.3~0s$是值得商榷的。作为电动机定子绕组两相短路保护，为考虑采用灵敏而较快速动作的负序过电流保护，同时防止相邻设备或高压线路不对称短路时，电动机负序过电流保护误动的矛盾，采用负序功率方向闭锁负序过电流保护，作为电动机定子绕组两相短路的辅助保护，同时采用不带负序功率方向闭锁负序过电流保护作为电动机两相运行保护，并根据不同保护功能、不动的动作判据、不同的原则进行不同的整定计算，可以达到满意的保护效果。

建议按下列原则整定：

1）无外部短路故障闭锁时，宜装设两段负序电流保护。其整定计算方法为：

a. 负序电流Ⅰ段的整定计算。负序电流Ⅰ段保护电流定值的整定计算：按躲过相邻设备两相短路时正常电动机负序电流计算。由于相邻设备两相短路时正常电动机负序电流可达 $(3\sim4)I_N$，则动作电流 $I_{2.op.I}$ 的计算式为

$$I_{2.op.I} = K_{rel} \times (3\sim4)I_{m.n}$$

动作时限的整定：按与速断保护最大动作时间配合整定，即

$$t_{2.op.I} = t_L + \Delta t$$

b. 负序过电流Ⅱ段保护动作电流的整定计算。按躲过正常运行时的不平衡电流整定：$I_{2.op.II} = (20\sim30)\% \cdot I_N$。

按低压厂用变压器正常最大负荷时 TA 断线不误动条件整定：$I_{2.op.II} = 33\% \cdot I_N$。

比较以上两条件取大值，故可取

$$I_{2.op.II} = (50\sim100)\% \cdot I_N$$

动作时限按与高压系统非全相运行及高压母线相邻设备非对称故障切除最长时间配合整定，即

$$t_{2.op.I} = t_{op.H} + \Delta t$$

2）有外部短路故障闭锁时，按下列原则进行整定。

a. 动作电流的整定（按以下两条选取）。按躲过正常运行时不平衡电压产生的负序电流整定，即 $I_{2.op.II} = (20\sim30)\% \cdot I_N$。

按低压厂用变压器正常最大负荷时 TA 断线不误动条件整定：$I_{2.op.II} = 33\% \cdot I_N$。

按以上两条原则计算，当负序电流保护为两段式时，动作电流分别为

$$I_{2.op.I} = (50\sim100)\% \cdot I_N$$
$$I_{2.op.II} = (35\sim40)\% \cdot I_N$$

b. 动作时限：Ⅰ段动作时间取 $(0.2\sim0.4)$s 动作于跳闸；Ⅱ段动作时间取 $(2\sim5)$s 动作于信号。

（6）低压厂用变压器负序保护。通常整定是设两段，分别作为严重不对称故障快速保护和不严重不对称故障或下级的后备保护。

1）负序过电流Ⅰ段。按低压母线两相短路有一定灵敏度计算动作值，即

$$I_{2.op.I} = \frac{I_k^{(2)}}{1.5}/n_{TA}$$

同时考虑高压侧非全相带来的负序电流；时限与下一级快速保护配合。这一计算动作值没有问题，但可能会人为降低了保护的灵敏度。

故建议：按相邻设备不对称故障时在低压厂用变压器上带来的最大负序电流来计算，即

$$I_{2.\text{op.set}} = K_{\text{sen}} \cdot \frac{U_2}{X_\text{t} + X_{2.\text{m}.\Sigma}} \times I_{\text{t.n}}$$

式中：U_2 为相邻设备两相短路，变压器负序电压标幺值 0.5；X_t 为变压器负序电抗，一般可取正序短路阻抗值，Ω；K_{sen} 为综合启动电流倍数取 6.5；$X_{2.\text{m}.\Sigma}$ 为综合启动电流倍数为 $K_{\text{st}.\Sigma}$ 时的等效负序电抗，Ω。

同时考虑高压系统非全相运行带来的负序电流值并考虑可靠系数，经验上取

$$I_{2.\text{op}} = (80 \sim 100)\% \cdot I_\text{N}$$

动作时间与相邻的下一级快速保护配合。

2）负序过电流 II 段。考虑躲过正常运行时的不平衡电流，按低压厂用变压器正常最大负荷时 TA 断线不误动条件，按以上两条原则计算，并取最大者，通常可取

$$I_{2.\text{op}.\text{II}} = (35 \sim 40)\% \cdot I_\text{N}$$

动作时限按与高压系统非全相运行及高压母线相邻设备非对称故障切除最长时间配合整定，即

$$t_{2.\text{op}.\text{I}} = t_{\text{op}.\text{H}} + \Delta t$$

（7）复杂的厂用电系统的逐级配合。1000MW 火电及 1250MW 核电机组的厂用电系统接线非常复杂，常配有同一电压下的多级母线，这就使得保护定值及动作时间上下级的配合级数特别多，常常在逐级配合后高压厂用变压器低压分支动作时间会很长，不能做到及时切除故障，不利于保护设备安全。因此，有如下建议：

1）包括保护动作时间及断路器动作时间在内，一般 0.2s 时间级差是可以可靠配合的，在配合级数特别多的情况下，建议配合级差时间取 0.2s，但在高压厂用变压器低压分支和母线下负荷间这一级的配合一定要取 0.3s。

2）馈线的两端断路器任一端跳闸不会引起扩大停电范围的情况发生，所以为减少配合级数，尽可能加快上一级保护动作时间，馈线两端保护动作值及动作时间无须进行配合。

（8）励磁变压器整定原则。当励磁变压器不用差动保护作为主保护，而是采用电流速断保护作为主保护时，速断电流应按励磁变压器低压侧两相短路时有一定灵敏度要求整定，一般灵敏度可取 1.2～1.5，动作时间按躲过快速熔断器熔断时间整定，建议取 0.3s；过电流保护作为励磁变压器后备保护，其整定值可按躲过强励时交流侧励磁电流整定，动作时间一般为 0.5s；过负荷保护如动作于停机，过负荷定值应按严重过负荷整定，一般按 1.2～1.5 倍额定励磁电流整定，延时应躲过强励时间。

(9) 变压器非电量保护出口方式。除变压器重气体保护外，温度超高保护不跳闸或经温度高报警触点闭锁后经延时动作于跳闸；冷却器全停由电厂决定是否跳闸，部分电网公司有特殊规定的，依照执行。

(10) 其他出口方式的问题。标准中的出口方式有：停机、解列灭磁、解列、减出力、减励磁、闭锁或启动厂用切换、程序跳闸。

对于解列和解列灭磁，原则是能保证机组安全停机。

9. 发电机励磁系统保护问题

发电机励磁相关的保护目前有失磁、过励磁、过电压、励磁过负荷定时限和反时限，另外就是励磁变压器相关的保护以及 AVR 相关的一些限制功能。纵观与励磁相关的保护，没有一个保护能在发电机转子及集电环引线发生严重故障时在 200ms 内快速切除故障的。近年来国内发生了不少因集电环短路时，未快速切除故障而烧坏转子及 AVR 整流柜的案例。

发电机过电压保护是按发电机定子绝缘水平整定的，没有考虑到因误强励导致的过电压会给励磁回路带来的压力，发电机生产时因为经济性考虑，一般工作在励磁曲线的拐点附近，当发电机电压到 $1.3U_N$ 时，励磁电流一般可达到 2.5 倍以上，过电压保护出口跳磁场断路器时，过大的励磁电流会烧坏磁场断路器甚至引起爆炸。

国内因为空载误强励导致励磁断路器烧坏的事故发生过多次，励磁方面的专家也多次提出这个问题，希望保护有所作为，不要把压力全都转嫁给励磁调节系统。

(1) 针对发电机过电压带来灭磁压力的问题。建议可以改进保护方案：发电机过电压可以分为空载过电压和负载过电压两种情况区别对待（以机组主断路器是否投运并辅以电流判据区分机组空载还是负载运行）。空载时因为机组没并网运行，可以把定值整定得较低，时间设得较短；而负载过电压还可以设两个时限，第一时限可以出口减励磁，第二时限出口跳机。

负载时过电压保护动作后，第一时限把励磁减到一定程度，此时如果保护返回，则继续维持发电机运行，如果保护没返回，到第二时限再跳机，这时励磁电流已减小，励磁断路器灭磁压力也大大降低。

建议整定值为：

空载过电压：$U_{op}=1.1\sim1.15U_N$，$t=0.1s$；出口方式：发电机全停。

负载过电压：第 1 时限 $U_{op}=1.3U_N$，$t=0.1s$；出口方式：减励磁。第 2 时限 $U_{op}=1.3U_N$，$t=0.3s$；出口方式：发电机全停。

(2) 针对磁场回路严重故障时快速切除故障保护的情况。建议在励磁系统加装转子电压闭锁励磁过电流保护，可作为励磁回路严重故障的保护，其定值可以按复压闭锁过电流的思路来考虑，动作时间可以设为 $0.1\sim0.2s$，出口发电机全停。

10. 发电机逆功率、程序逆功率及零功率保护问题

(1) 发电机逆功率、程序逆功率保护。逆功率保护定值通常的整定方

案是：$(0.5 \sim 2)\% P_N$，15s 发信号；$(0.5 \sim 2)\% P_N$，60s 跳闸，程跳经主汽门闭锁 $1 \sim 1.5$s 出口跳闸。

但现场经常会出现正常停机时有功功率已经负得很多了，发电机程跳逆功率保护仍不动作跳机的现象。

原因分析：大型发电机 TA 变比值很大，在低功率时，定子电流很小，在很小一次电流情况下保护 TA 测量精度无法满足要求，从而产生采样误差，这是根本原因所在。

解决办法：经验上，对 300MW 及以下机组动作值取 $(1 \sim 1.5)\%$，对 600MW 尤其是 1000MW 机组动作值一般宜小于 1%（但不能小于 0.5%）。

有条件情况下，逆功率保护宜选用发电机中性点测量级 TA 电流。

（2）发电机低功率（零功率）保护。发电机低功率运行保护又称零功率保护，当大型发电机组满载情况下突然发生甩负荷，比如发电机-变压器-线路组的线路跳闸，这里没有任何继电保护可以动作于发电机停机，这时机组电压、频率都会迅速升高，厂用功率大幅增大，锅炉水位也会发生较大波动，发电机会从超压、超频变为低频，这样往复变化，如果不及时停机将严重威胁机组安全。

零功率保护逻辑构成及定值计算将在本系列培训教材的第二章发电机保护中详解，这里不详细展开说明。

与发电机功率相关的还有一个问题，就是发电机有功功率自动调节 DEH 系统的功率采样的问题，这在以往的多次研讨会和专业工作年会上都有人提出过，随着 600、1000MW 大机组的运行，这一问题日益突显出来，全国范围内因为采样功率变送器问题带来有功误调节甚至跳机的事故频繁发生。

这个问题，从根本上说，是设备选型的问题。传统的功率变送器是属于测量设备，主要是针对稳态工况下的，对系统异常时的参数是否可靠工作不做要求。比如发电机额定负荷时测量电流为 I_N，而 $3.5 I_N$ 故障电流时测量值可能只有 $1.5 I_N$。然而，控制系统设备不仅要在稳态时正常工作，还要求系统异常时这些设备仍然要正确可靠地发挥作用。测量用功率变送器，在系统故障或异常时测量功率不准确，自然带来 DEH 系统不正常工作，也就是说，DEH 功率采样不能用传统测量用的功率变送器的采样结果，这不能满足控制系统必须在各种工况下都要可靠工作的要求。

DEH 功率采样设备在性能方面有哪些要求呢？

1）稳态时要有测量级的精度。

2）系统故障或异常时要有继续可靠工作的能力。

3）当 TA、TV 断线发生异常时切换采样通道，并发异常告警。

4）具备更快的响应时间、更高的抗干扰能力。

5）多路工作电源，不能因一路工作电源的消失而故障。

11. 小电阻接地系统零序保护计算问题

小电阻接地限流，既保证单相接地时最大程度保障设备安全，同时，较之不接地系统有较大的接地电流，大大提高了接地保护的灵敏度。以前定值整定计算一般有两种，一种是按躲过接地电容电流计算，因为接地电容无从获得准确数据，直接影响了保护定值的准确性；第二种是按躲过正常运行时的不平衡电流计算，这种计算一般取额定电流的一定百分比计算，对大功率电动机来说计算出来的零序保护定值非常大，几乎没有灵敏度，从而造成保护拒动作。

计算方案：中性点接地电阻确定后，可以计算出单相接地电流值

$$I_\mathrm{k}^{(1)} = \frac{U_\mathrm{B}}{\sqrt{3}R}$$

然后按保证一定灵敏系数来反推保护动作值

$$I_\mathrm{0.op.set} = \frac{I_\mathrm{k}^{(1)}}{n_\mathrm{TA}K_\mathrm{sen}} = \frac{1}{n_\mathrm{TA}K_\mathrm{sen}} \cdot \frac{U_\mathrm{B}}{\sqrt{3}R}$$

这其中主要看 K_sen 取值，按上下级配合的原则，负荷末端取较高灵敏度，依次向电源端配合取值。

12. 其他自动装置问题

（1）同期装置的定值整定应关注同期电压的取法：初始相角 $0°$、$30°$、$30°$，需注意待并侧和系统侧电压定值、导前时间、隔离变压器等问题。

（2）快切装置的定值整定应关注：分支电压的取法（初始相角）、备用电源的设计问题（一次系统）。

（3）故障录波器的定值整定应关注：启动不必过于灵敏（不用频繁启动），应按实际平均值整定，不宜按额定值整定。

四、整定计算步骤

（1）完成整定计算前的一切准备工作。

（2）按继电保护功能分类拟定短路计算的运行方式，选择短路类型，选择分支系统的计算条件。

（3）短路电流计算（拟制各短路点三相、二相短路）。

（4）整定计算顺序。计算时可先由 0.4kV 低压厂用电气设备的整定计算开始，然后逐级从低压厂用变压器、高压电动机、高压厂用变压器向电源侧计算，最后整定计算主设备中发电机-变压器组的保护。也可首先计算主设备中发电机、变压器的保护，然后计算厂用系统的继电保护，最后通过上下级配合整体效果修正主设备的后备保护整定值，并完善整套整定方案。

（5）每一被保护设备继电保护的整定计算顺序。一般先计算短路故障主保护，依次计算短路故障后备保护、异常运行保护，并在整定计算过程中随时调整计算定值，使其渐趋合理，最后得到一份合理的、完整的整定计算书，并绘制整定方案和整定值通知单。

（6）绘制继电保护一次定值配置图。

（7）编制整定方案说明书，应包括以下内容：

1）编制整定方案的依据（运行方式说明、运行限额、系统运行数据，如振荡周期、最低运行电压，制造厂提供的依据，如发电机、主变压器的过励磁能力曲线、发电机及变压器过负荷能力、暂态和稳态负序电流承受能力等）。

2）最大运行方式、最小运行方式选择。

3）主要的、特殊的整定原则。整定方案中对选择性、快速性及灵敏度等方面有特殊要求之处，应做出明确的说明。

4）整定方案中存在的问题及解决问题的措施应单独说明。

5）特殊运行方式和运行方式有关定值的更改也应单独说明。

6）继电保护的运行规定，如保护的停、投、改变定值、改变使用要求以及运行方式的限制要求等。

（8）整定的继电保护应作评价说明及改进方向。

（9）整定方案和整定值执行前的审批手续：最后的整定计算方案，先组织有关的技术人员讨论，再经主管领导审核、批准后才能生效执行，如在执行过程和调试过程中发现疑问，应及时通知继电保护整定计算人员，并与调试人员共同商定并修正，对修正部分应补办审核、批准手续。

五、整定计算的运行方式和选择原则

继电保护整定计算用的运行方式，是在电力系统确定好的运行方式的基础上，在不影响继电保护效果的前提下，为提高继电保护对运行方式变化的适应能力而进一步选择的，特别是有些问题主要由继电保护方面考虑决定的，如变压器中性点是否接地运行，变压器绝缘性能有否特殊规定。整定计算用的运行方式选择合理与否，不仅影响继电保护的效果，也会影响继电保护配置和选型的正确性。

确定运行方式的限度，就是确定最大和最小运行方式，它应以满足常见运行方式为基础，在不影响保护效果的前提下，适当加大变化范围。其一般原则为：

（1）必须考虑检修和故障两种状态重叠出现，但不考虑多种重叠。

（2）不考虑极少见的特殊方式，必要时，可采取特殊措施加以解决。

1. 发电机、变压器运行方式选择原则

（1）一个发电厂有两台机组时，一般应考虑全停方式，一台检修，另一台故障。当有三台以上机组时，则选择其中两台容量较大机组同时停用的方式。对水电厂，还应根据水库运行方式选择。

（2）一个厂站的母线上无论接几台变压器，一般应考虑其中容量最大的一台停用。

2. 变压器中性点接地选择原则

(1) 发电厂、变电站低压侧有电源的变压器，中性点均要接地。

(2) 自耦型和有绝缘要求的其他变压器，其中性点必须接地。

(3) T 接于线路上的变压器，以不接地运行方式为宜。

(4) 为防止操作过电压，在操作时应临时将变压器中性点接地，操作完毕后再断开，这种情况不按接地运行方式考虑。

3. 线路运行方式选择原则

一个发电厂、变电站母线上接有多条线路时，一般考虑选择一条线路检修、另一条线路有故障的方式；双回线一般不考虑同时停用。

4. 流过保护的最大、最小短路电流计算方式的选择

(1) 相间短路。对于单侧电源的辐射网络，流过保护的最大短路电流出现在最大运行方式，而最小短路电流，则出现在最小运行方式。

对于双电源的网络，一般（当取 $X_1 = X_2$ 时）与对侧电源的运行方式无关，可按单侧电源的运行方法选择。

对于环状网络中的线路，流过保护的最大短路电流应选开环运行方式，开环点应选在所整定保护线路的相邻下一级线路上；而对于最小短路电流，则应选闭环运行方式。同时，再合理地停用该保护背后的机组、变压器及线路。

(2) 零序电流保护。对于单侧电源的辐射网络，流过保护的最大零序短路电流与最小零序短路电流，其选择方法参考相间短路中所述，只需注意变压器接地点的变化。

对于双电源的网络，同样参考相间短路中所述，只需注意变压器接地点的变化。

5. 流过保护最大负荷电流的选择原则

(1) 备用电源自动投入引起的增加负荷。

(2) 并联运行线路的减少，负荷的转移。

(3) 环状网络的开环运行，负荷的转移。

(4) 对于双侧电源的线路，当一侧电源突然切除发电机，引起另一侧增加负荷。

六、时间级差的计算与选择

相邻的上、下两级保护间，为取得选择性，其条件之一是保证保护动作有时间级差，如图 1-27 所示。

时间级差计算式为

$$t_{bh1} = t_{bh2} + t_{s1} + t_{s2} + t_{dt2} + t_y = t_{bh2} + \Delta t$$
$$\Delta t = t_{bh1} - t_{bh2} = t_{s1} + t_{s2} + t_{dt2} + t_y$$

式中：t_{bh1}、t_{bh2} 为保护 1 及保护 2 的整组动作时间，指保护动作到出口发跳闸脉冲的时间，s；t_{s1}、t_{s2} 为保护 1 及保护 2 的时间继电器的正、负误差，s；t_{dt2} 为保护 2 断路器跳闸时间，s；t_y 为裕度时间，s。

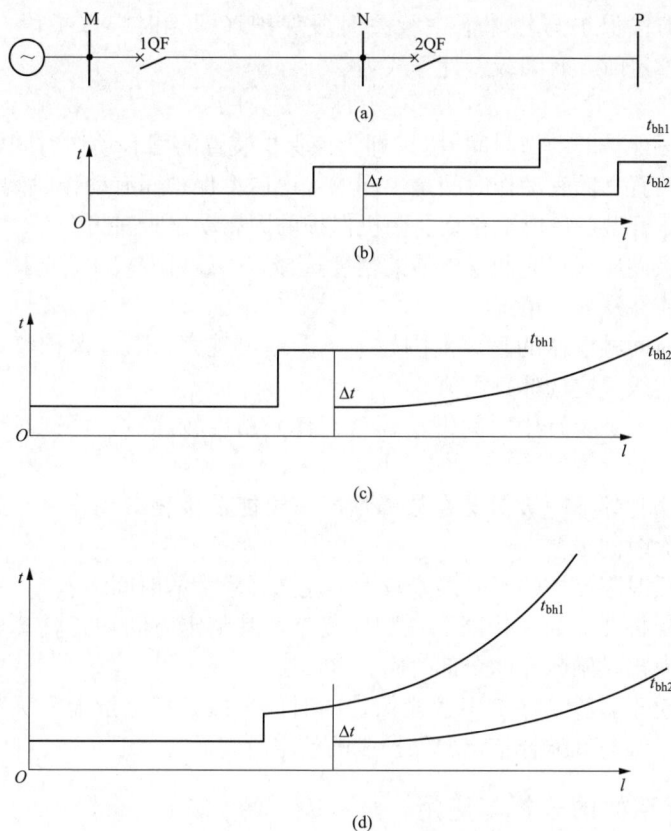

图 1-27 保护整定配合的时间级差
（a）原始系统图；（b）定时限保护时间级差；（c）定时限保护与反时限保护时间级差；
（d）反时限保护时限极差

保护整定配合的时间级差见表 1-9。

表 1-9 各种保护整定配合的时间级差

保护配合方式	相配合的保护类型	电磁型时间继电器 Δt（s）	晶体管时间继电器 Δt（s）	备注
延时段与瞬时段相配合	电流、电压保护	0.4～0.5	0.25～0.3	
	横差、平衡保护	0.3～0.4	0.25～0.35	考虑相继动作时间
	距离保护	0.4～0.5	0.3～0.4	距离保护一般不经过切换
延时段与延时段保护相配合		0.5～0.6	0.4～0.5	距离保护一段经过切换
	电流、电压保护或距离保护	0.35～0.5	0.2～0.3	
定时限与反时限保护相配合	过电流保护	0.7	0.6	时间级差是指在定时限保护范围末端处与反时限的 Δt

当延时段保护与相邻下一级瞬时段保护（即无时限保护段，标称 0s 段）配合整定时，时间级差计算式为

$$\Delta t = t_{bh2} + t_{s1} + t_{dl2} + t_y$$

瞬时段保护的动作时间 t_{bh2}，即为该保护装置的固有动作时间，不同原理的保护装置其固有动作时间是不同的：电磁型保护固有动作时间为 0.1～0.2s；晶体管型、集成电路型及微机保护的固有动作时间为 0.02～0.05s。

时间级差应根据时间继电器的精度选择，一般可按表 1-9 选择。选择时间级差时应注意如下情况：

（1）时间继电器的整定范围越大，误差也越大。随着保护整定时间的加长，时间级差应选择较大值。

（2）当保护装置中时间继电器（元件）精度较高时，可选择较小的时间级差。

（3）当相邻下一级保护在故障情况下可能产生相继动作时，到上一级保护应增大时间级差。

（4）反时限保护的延时误差较大，应选择较大的时间级差。

（5）保护装置的工作圈不论如何复杂，其整定时间均指整套保护从动作开始至发出跳闸脉冲的全部时间。

（6）对于多段式保护中各段保护的时间级差，都是指上一级某段保护相对于下一级与其配合整定的保护段的整定时间而言。

七、整定系数的分析与应用

继电保护的整定值一般通过计算公式计算得出，为使整定值符合电力系统正常运行及故障状态下的规律，达到正确整定的目的，在计算公式中需要引入整定系数。整定系数应根据保护装置的构成原理、检测精度、动作速度、整定条件以及电力系统运行特性等因素来选择。

1. 可靠系数

由于计算、测量、调试及继电器等各项误差的影响，使保护的整定值偏离预定数值可能引起误动作，为此，整定计算公式中需引入可靠系数。可靠系数用 K_k 表示。

整定配合中应用可靠系数最多，在计算公式中有两种表现形式，如图 1-2-29 中 1QF 和 2QF 均装设电流保护时，其整定配合公式为

$$I_{dz(1)} = K_k I_{dz(2)}$$

式中：$I_{dz(1)}$ 为所整定保护的动作电流，A；$I_{dz(2)}$ 为所整定保护下一级保护的动作电流，A；K_k 为可靠系数，按表 1-10 所列选择。

如果 1QF 和 2QF 均装置电压保护时，则整定配合公式为

$$U_{dz(1)} = \frac{U_{dz(2)}}{K_k}$$

式中：$U_{dz(1)}$ 为所整定保护的动作电压，V；$U_{dz(2)}$ 为所整定保护下一级保护的动作电压，V；K_k 为可靠系数，按表 1-10 所列选择。

表 1-10　各种保护整定配合可靠系数

保护类型	保护段	整定配合条件		可靠系数	
				定时限保护	感应型反时限保护
电流（电压）速动保护	瞬时段	按不超出变压器差动保护范围整定		1.3～1.4	1.8～2
		按躲过线路末端短路或躲过背后短路整定		1.25～1.3	1.5～1.6
		与相邻设备电流保护整定值配合（前加整）整定		1.1～1.15	1.2～1.3
		按躲过振荡电流或残差整定		1.1～1.2	
电流（电压）限时速动保护	延时段	按不超出变压器差动保护范围整定		1.2～1.3	
		与相邻同类型电流（电压）保护配合整定		1.1～1.15	
		与相邻不同类型电流（电压）保护配合整定		1.2～1.3	
		与相邻距离保护配合整定		1.2～1.3	
电流闭锁电压保护	瞬时段	按电流元件灵敏度整定，或按电流电压两元件灵敏度相等整定，均取同一系数		1.25～1.3	
	延时段	与相邻同类型电流（电压）保护配合整定，不论按电流元件或电压元件配合整定，均取同一系数		1.1～1.2	
		与相邻不同类型电流（电压）保护配合整定，不按电流元件或电压元件配合整定，均取同一系数		1.2～1.3	
过电流保护	延时段	带低电压（复合电压）闭锁，按额定（负荷电流整定）		I：1.15～1.25 U：1.1～1.15	
		不带低电压闭锁，按自启动电流整定		1.2～1.3	
		与相邻保护（同类或不同类）配合整定		1.1～1.2	
距离保护	1 段	按躲过线路末端故障整定	相间保护	0.8～0.85	
			接地保护	0.7	
		按不超出变压器差动保护范围整定	相间保护	0.7～0.75	
			接地保护	0.7	
	2 段	与相邻距离保护 1、2 段配合整定	本线路部分	0.85	
			相邻线路部分	0.8	
		与相邻电流（电压保护配合整定）	本线路部分	0.85	
			相邻线路部分	0.7～0.75	
		按不超出变压器差动保护范围整定	本线路部分	0.85	
			相邻线路部分	0.7～0.75	
	3 段	与相邻距离保护 2、3 段配合整定	本线路部分	0.85	
			相邻线路部分	0.8	
		与相邻电流（电压保护配合整定）	本线路部分	0.85	
			相邻线路部分	0.75～0.8	
		按躲过负荷阻抗整定		0.7～0.8	

续表

保护类型	保护段	整定配合条件		可靠系数	
				定时限保护	感应型反时限保护
元件（设备）差动保护	瞬时段	按躲过电流互感器二次断线时的额定电流整定		1.3	
		按躲过励磁涌流整定（对额定电流倍数）	躲过非周期分量特性	1.3	
			未躲过非周期分量特性	3～5	
		按躲过外部故障的不平衡电流整定		1.3	
母差保护	瞬时段	按躲过电流互感器二次断线时的额定电流整定		1.3～1.5	
		按躲过外部故障的不平衡电流整定		1.3～1.5	

注 1. 表中可靠系数除距离三段按负荷阻抗整定已包括返回系数外，其余均未计入其他任何系数（如返回系数、分支系数等），须在计算公式中另计。

2. 可靠系数按计算条件的准确程度使用上下限。距离保护用的可靠系数小于 1，与大于 1 的系数用法相反。

可靠系数的取值与各种因素有关，整定计算时参照表 1-10 所列选择，同时应考虑以下情况：

（1）按短路电流整定的无时限保护，应选用较大的系数。

（2）按与相邻保护的整定值配合整定的保护，应选用较小的系数。

（3）保护动作速度较快时，应选用较大的系数。

（4）不同原理或不同类型的保护之间整定配合时，应选用较大的系数。

（5）运行中设备参数有变化或计算条件难以准确时，应选用较大的系数，例如变压器参数及自启动计算。

（6）在短路计算中，当有零序互感时，因难以精确计算，故选用较大的系数。

（7）整定计算中有附加误差因素时，应选用较大的系数，例如用曲线法进行整定配合将增大误差。

（8）感应型反时限电流、电压保护，因惰性较大，应选用较大的系数。

2. 返回系数

按正常运行条件量值整定的保护，例如，最大负荷电流整定的过电流保护和最低运行电压整定的低电压保护，在受到故障量的作用动作时，当故障消失后保护不能返回到正常位置时将发生误动作。因此，整定公式中引入返回系数，返回系数用 K_f 表示，对于按故障量值和按自启动值整定的保护，则可不考虑返回系数。

返回系数的定义为返回量除以动作量，于是过量动作的继电器 $K_f < 1$，欠量动作的继电器 $K_f > 1$，它们的应用是不同的。

例如过电流保护整定公式为

$$I_{dz} = \frac{K_k}{K_f} \cdot I_{fh.max}$$

式中：K_k 为可靠系数；K_f 为返回系数；$I_{fh.max}$ 为最大负荷电流，A。

低电压保护整定公式为

$$U_{dz} = \frac{U_{min}}{K_k K_f}$$

式中：K_k 为可靠系数；K_f 为返回系数；U_{min} 为最低运行电压，V。

返回系数的高低与继电器类型有关。一般地，电磁型继电器的返回系数约为 0.85；晶体管型集成电路型以及数字微机型继电器（保护）的返回系数较高，为 0.85～0.95，最高的可达 0.99。带有助磁特性的继电器返回系数较低，为 0.5～0.65。

3. 分支系数

多电源系统中，相邻上、下两级保护间的配合，会受到中间分支电源的影响，将使上一级保护范围缩短或伸长，整定公式中需要引入分支系数，一般用 K_{fz} 表示。

对于不同类型的保护，分支系数定义不同。对电流保护，分支系数是指在相邻线短路时，流过本线路的短路电流占流过相邻线路短路电流的分数，在整定配合上应选取可能出现的最大分支系数；对电压保护，分支系数与电流保护类似，但整定配合时应选取可能出现的最小分支系数。

分支系数的变化范围随电网结构的不同而不同，其值一般为 0～2。例如，单回线对双回线的分支系数可能达到 2。在结构复杂的电网中也可能大于 2。在单电源的辐射形电网中，分支系数值与选取的短路点位置无关；但对于环状电网及双回线的情况，分支系数则随短路点的改变而变化。因此，分支系数计算选用的短路点，一般应选择不利的运行方式下在相邻线路保护配合段保护范围的末端。

应当指出，分支负荷电流产生的分支系数与短路电流的作用相反，在考虑应用时应予以注意。但是，因为负荷电流分量相对于短路电流分量来说比例较小，一般情况可以不考虑。

4. 灵敏系数

在继电保护的保护范围内发生故障，保护装置反应的灵敏程度称为灵敏度，灵敏度用灵敏系数 K_{lm} 表示。灵敏系数是指在被保护对象的某一指定点发生故障时，故障量与整定值之比（反映故障量增大动作的保护，如过电流保护），或整定值与故障量之比（反映故障量减小动作的保护，如低电压保护）。

灵敏系数一般分为主保护灵敏系数和后备保护灵敏系数两种。前者对被保护对象的全部范围而言；后者则对被保护对象的相邻保护的全部范围而言。

结合保护范围的概念来说，保护范围末端的灵敏系数等于 1。

灵敏系数在保护安全性的前提下，一般希望越大越好，但在保证可靠动作的基础上规定了下限值作为衡量的标准。不同类型保护的灵敏系数要求不同，其规定值见表 1-11。

表 1-11　短路保护的最小灵敏系数

保护分类	保护类型	组成元件		灵敏系数	备注
主保护	带方向和不带方向的电流保护或电压保护	电流元件和电压元件		1.3~1.5	200km 以上线路, 不小于 1.3; 50~200km 线路, 不小于 1.4; 50km 以下线路, 不小于 1.5
		零序或负序方向元件		1.5	
	距离保护	启动元件	负序和零序增量或负序分量元件、相电流突变量元件	4	距离保护第三段动作区末端故障, 大于 1.5
			电流和阻抗元件	1.5	线路末端短路电流应为阻抗元件精确工作电流 1.5 倍以上。200km 以上线路, 不小于 1.3; 50~200km 线路, 不小于 1.4; 50km 以下线路, 不小于 1.5
		距离元件		1.3~1.5	
	平行线路的横联差动方向保护和电流平衡保护	电流和电压启动元件		2.0	线路两侧均未断开前, 其中一侧保护按线路中点短路计算
				1.5	线路一侧断开后, 另一侧保护按对侧短路计算
		零序方向元件		2.0	线路两侧均未断开前, 其中一侧保护按线路中点短路计算
				1.5	线路一侧断开后, 另一侧保护按对侧短路计算
	线路纵联保护	跳闸元件		2.0	
		对高阻接地故障的测量元件		1.5	个别情况下, 为 1.3
	发电机、变压器、电动机纵差保护	差电流元件的启动电流		1.5	
	母线的完全电流差动保护	差电流元件的启动电流		1.5	
	母线的不完全电流差动保护	差电流元件		1.5	
	发电机、变压器、线路和电动机的电流速断保护	电流元件		1.5	按保护安装处短路计算
后备保护	远后备保护	电流、电压和阻抗元件		1.2	按相邻电力设备和线路末端短路计算 (短路电流应为阻抗元件精确工作电流 1.5 倍以上), 可考虑相继动作
		零序或负序方向元件		1.5	
	近后备保护	电流、电压和阻抗元件		1.3	按线路末端短路计算
		负序或零序方向元件		2.0	
辅助保护	电流速断保护	—		1.2	按正常运行方式保护安装处短路计算

注　1. 主保护的灵敏系数除表中注出者外, 均按被保护线路 (设备) 末端短路计算。
　　2. 保护装置如反应故障时增长的量, 其灵敏系数为金属性短路计算值与保护整定值之比; 如反应故障时减少的量, 则为保护整定值与金属性短路计算值之比。
　　3. 各种类型的保护中, 基于全电流和全电压的方向元件的灵敏系数不做规定。
　　4. 本表内未包括的其他类型的保护, 其灵敏系数另做规定。

闭锁元件的 K_{lm}＞启动元件的 K_{lm}＞测量元件的 K_{lm}。

例如，方向过电流保护，要求方向元件的 $K_{\mathrm{lm}} \geqslant m$，电流测量元件的 $K_{\mathrm{lm}} \geqslant 1.3$。对整套保护装置的灵敏系数，则应以各元件中最小的灵敏系数来代表。

选择计算灵敏系数的运行方式是至关重要的，选择恰当与否直接影响对保护效果的评价。因此，一般应以选择常见的不利运行方式为原则。

校验灵敏度应注意以下几个问题：

（1）计算灵敏系数，一般规定以金属性短路为计算条件，仅当特殊需要时，才考虑经过渡电阻短路进行计算。

（2）选取不利的短路类型。

（3）保护动作时间较长时，应计及短路电流的衰减。

（4）对于有两侧电源的线路保护，应考虑保护相继动作对灵敏系数的影响，可能提高或降低灵敏系数。

（5）经 Yd 接线变压器之后，不对称短路，各相中短路电流分布将发生变化，接于不同相别、不同相数的保护，其灵敏度也不相同。

（6）在保护动作的全过程中，灵敏系数均需满足规定的要求，如：发生故障时保护第一次动作跳闸，重合闸重合于故障上，或手动试送断路器时又合于故障上，单相重合闸过程中，非故障相再故障等。

八、整定配合的基本原则

电力系统及发电厂中继电保护是按照继路器配置装设的，因此，继电保护必须按断路器分级进行整定。继电保护的分级是按保护的正方向来划分的，要求按保护的正方向各相邻上、下级保护之间实现配合协调，以达到选择性的目的。这是继电保护整定配合的总体原则。

在继电保护整定计算时，应按保护在电力系统运行全过程中均能正确工作来设定整定计算的条件。例如，对于相电流过电流保护，其任务是切除短路故障，但它在电力系统运行中将会遇到各种运行状态（包括短路、振荡、负荷自启动、重合闸等），除了在其保护范围内发生短路故障时应该动作外，在其他任何运行状态下都不应动作。因此，在进行相电流过电流保护整定计算时，就必须考虑并满足可能遇到的各种运行状态。

当保护装置已经具有防止某种运行状态下误动作的功能时，则整定计算就不再考虑运行状态下的整定条件。

总之，归纳起来整定计算时应考虑的运行状态如下：

（1）短路（三相短路、两相短路、单相接地、两相接地短路）及复故障。

（2）断线及非全相运行。

（3）振荡。

（4）负荷电动机自启动。

（5）变压器励磁涌流。

（6）发电机失磁、进相运行。

（7）重合闸及手动合闸，备用电源（设备）自动投入。

（8）不对称、不平衡负荷。

（9）保护的正、反方向短路。

继电保护的整定计算方法按保护构成原理分为两种。第一种是以差动为基本原理的保护，包括发电机、变压器、母线等差动保护，各种纵联方式的线路保护，如高频保护。它们在原理上具备了区分内、外部故障的能力，保护范围固定不变，而且它们的整定值与相邻保护没有配合关系，具有独立性，整定计算也比较简单；第二种是阶段式保护，它们的整定值要求与相邻上、下级保护之间有严格的配合关系，有的保护范围又随电力系统运行方式的改变而变化，所以阶段式保护的整定计算比较复杂，整定结果的可选性也是比较多的。

1. 各种保护的通用整定方法

根据保护装置的构成原理和电力系统运行特点，确定其整定条件及整定公式中的有关系数。

按整定条件进行初选整定值，按电力系统可能出现的最小运行方式检验灵敏度，其灵敏度系数应满足要求，在满足要求后即可确定为选定的整定值。若不满足要求，就需要重新考虑整定条件和最小运行方式的选择是否恰当，再进一步还可考虑保护装置的配置和选型问题。然后，经过重新计算直到选出合适的整定值。

2. 各种差动及纵联原理保护的整定

这种保护（包括差动保护及各种纵联式保护，如导引线差动保护、高频保护等）的整定计算可以独立进行。它只要满足电力系统运行方式的变化限度就可确定其整定值。

3. 阶段式保护的整定

（1）相邻上、下级保护之间的配合有三个要点：第一，在时间上应有配合，即上一级保护的整定时间应比与其相配合的下一级保护整定时间大一个时间级差 Δt；第二，在保护范围上有配合，即对同一故障点而言，上一级保护的灵敏系数应低于下一级保护的灵敏系数；第三，上、下级保护的配合一般是按保护的正方向进行的，其方向性一般由保护的方向特性或方向元件来保证。对电流保护，为了提高保护的可靠性，对其中的某一段保护如果它的整定值已能与反方向相应保护段配合时，应取消方向元件对该段保护的控制。按保护的反方向进行配合而增大整定值的配合方法，一般是不可取的。

（2）多段保护的整定应按保护段分段进行。第一段（一般无时限保护段）保护通常按保护范围不超出被保护对象的全部范围整定，其余各段均应按上、下级的对应段进行配合。所谓对应段是指上一级保护的二段与下一级保护的一段相对应，同理类推其他保护段。当这样整定的结果不能满足灵敏度要求时，可不按对应保护段整定配合，即上一级保护的二段与下一级保护的二段配合，或与三段配合。同理，其他段保护也按此方法进行，直至各段保护均整定完毕。

应当提出，多段式保护的最后一段，还可以采用各级保护最后一段之间相配合的方法。这种方法的优点是提高了保护的远后备性能，缺点是整定时间过长，甚至达不到可接受的程度。特别是在环网中还有循环配合无终止的弊病，以致无法取得整定结果。实际上，为了取得较好的整定方案，以上几种整定配合方法总是交错使用的，经过分析比较后才能最后确定整定值。所以，这也是多段式保护整定比较复杂的原因之一。

（3）一个保护与相邻的几个下一级保护整定配合或一种保护需按满足几个条件进行整定时，均应分别进行整定取得几个整定值，并取最严重的数值为选定的整定值。具体来说，对反映故障量增大的保护，应选取其中的最大值；对反映故障量减小而动作的保护，应选取其中的最小值。保护的动作时间则总是选取各条件中最长的时间为整定值。

（4）多段式保护的整定，应以改善提高保护性能为主，兼顾后备。当主保护段保护效果比较好时，可以尽量提高后备保护的作用。

（5）整个电网中阶段式保护的整定方法。首先，对电网中所有线路的第一段保护进行整定计算，其次，再依次进行所有线路的第二段保护整定计算，直至电网各段保护全部整定完毕。

（6）具有相同功能的保护之间进行配合整定。例如，相间保护与相间保护进行配合、接地保护与接地保护进行配合。在特殊情况下，若不同功能的保护同时反映了一种故障，这种情况应防止无选择性的越级动作。例如，在线路上发生了相间短路，相邻上一级的零序电流保护某一段因不平衡电流过大而误动作，此时可通过提高该段保护的整定值来加以防止。

（7）判定电流保护是否使用方向元件的方法。

1）在一条线路的两侧，取具有相同整定时间的保护段，比较其动作电流。对于动作电流小者，应使用方向元件；动作电流大者，不使用方向元件；若相比的两个动作电流相等或接近（两个动作电流相差不大于 5％），则两侧均使用方向元件。

2）一条线路两侧的保护，若没有相同的整定时间段时，则改为与对侧中比本侧低一个时间级差（没有低一级时间级差的可选取低两个时间级差的，余之类推）的保护段相比，两者中动作电流较小都使用方向元件，动作电流大者可不用方向元件。

4. 反时限电流保护的整定

反时限电流保护的动作时间与其工作电流的倍数 K 值有关，两者呈反时限曲线关系。K 值等于流入继电器的电流与整定的动作电流之比为

$$K = \frac{I_{\mathrm{j}}}{I_{\mathrm{dz.j}}}$$

式中：I_{j} 为流入继电器的工作电流，A；$I_{\mathrm{dz.j}}$ 为继电器的动作电流，A。

反时限保护的整定值，除了应给出动作电流和时间之外，还必须给出在指定点的 K 值下的动作时间，也即在指定点取得 Δt 而实现时限配合的时间，这是与定时限保护不同的。

（1）反时限保护与反时限保护的配合整定。在图 1-27（a）中，当断路器 1QF 和 2QF 均装有反时限保护时，以整定 1QF 和保护 1 为例，整定方法如下：

1）保护 1 按有关整定条件进行整定，选定动作电流 $I_{\mathrm{dz.1}}$。

2）计算出在保护 2 出口短路时的短路电流 $I_{\mathrm{dz.2}}$。

3）求出保护 1 和保护 2 的电流倍数

$$K_1 = \frac{I_{\mathrm{d}}}{I_{\mathrm{dz.1}}}, K_2 = \frac{I_{\mathrm{d}}}{I_{\mathrm{dz.2}}}$$

根据保护 2 的反时限特性，查得保护 2 在 K_2 电流倍数下的动作时间 t_{bh2}，则保护 1 的动作时间定在 K_1 电流倍数下为

$$t_{\mathrm{bh1}} = t_{\mathrm{bh2}} + \Delta t$$

保护时间配合特性曲线如图 1-27（d）所示，Δt 的配合点在保护 2 的出口处。

（2）定时限保护与反时限保护的配合整定。在图 1-27（a）中，当断路器 1QF 装定时限保护，而 2QF 装反时限保护时，以整定保护 1 为例，整定方法如下：

1）保护 1 按有关整定条件进行整定，选定动作电流 I_{dz1}。

2）按保护 1 保护范围末端短路求取 I_{d}，也就是 $I_{\mathrm{d}} = I_{\mathrm{d1}}$。

3）求出保护 2 的电流倍数 K_2，即

$$K_2 = \frac{I_{\mathrm{d}}}{I_{\mathrm{dz.2}}} = \frac{I_{\mathrm{dz1}}}{I_{\mathrm{dz2}}}$$

4）根据保护 2 反时限特性，查得在 K_2 电流倍数下的动作时间 t_2，则保护 1 的动作时间为 $t_{\mathrm{bh1}} = t_{\mathrm{bh2}} + \Delta t$。

保护时间配合特性曲线如图 1-27（c）所示，Δt 的配合点在保护 1 的保护范围末端。

5. 继电保护的二次定值计算

继电保护整定计算一般是在同一电压等级上以一次值进行计算的。在整定方案选定后需要换算至二次值（经电流、电压互感器变比换算）。二次值的取值精度应根据仪器、仪表的精度来确定，一般可准确至 2～3 位数即可。

由一次定值折算至二次定值，需引入接线系数，应予以注意。

（1）电流保护的二次定值计算

$$I_{dz2} = \frac{I_{dz}K_{jx}}{n_{TA}}$$

式中：I_{dz} 为一次动作电流，A；I_{dz2} 为二次动作电流，A；n_{TA} 为电流互感器变比；K_{jx} 为接线系数，变流器接线为 D 时，取 $\sqrt{3}$；变流器接线为 Y 时，取 1；变流器接线为两相差接时，取 $\sqrt{3}$。

（2）电压保护的二次定值计算

$$U_{dz2} = \frac{U_{dz}}{K_{jx}n_{TV}}$$

式中：U_{dz} 为一次动作电压，V。U_{dz2} 为二次动作电压，V。n_{TV} 为电压互感器变比。K_{jx} 为接线系数，继电器接于相间电压时，取 1；继电器接于相电压时，取 $\sqrt{3}$。

（3）距离保护的二次定值计算

$$Z_{dz2} = Z_{dz}K_{jx}\frac{n_{TA}}{n_{TV}}$$

式中：Z_{dz} 为一次动作阻抗，Ω；Z_{dz2} 为二次动作阻抗，Ω；n_{TA} 为电流互感器变比；n_{TV} 为电压互感器变比；K_{jx} 为接线系数，方向阻抗继电器接入线电压、相电流时，取 3/2，其余情况一般取 1。

第二章 发电机保护

第一节 概述

一、发电机故障类型

大型发电机-变压器组单机容量大、造价昂贵，保护的拒动或误动将造成十分严重的后果，所以大型机组继电保护的技术指标要求更高。自并励励磁方式和发电机出口开关的应用，使保护的设置和出口方式上和常规发电机-变压器组相比发生了显著的变化。

发电机是电力系统中最主要的设备，大容量机组在系统中的地位举足轻重，如何保障发电机在电力系统中的安全运行，就显得非常重要。由于大容量机组一般采用直接冷却技术，体积和质量并不随容量成比例增大，从而使得大型发电机各参数与中小型发电机已大不相同，因此故障和不正常运行时的特性也与中小型机组有了较大差异，给保护带来复杂性。大型发电机组与中小型发电机组相比，主要不同点表现在：

(1) 短路比减小，电抗增大。大型发电机的短路比大约减小到 0.5，各种电抗都比中小型发电机大。因此大型发电机组的短路水平反而比中小型机组的短路水平低，这对继电保护是十分不利的。由于 x_d 的增大，使发电机的静稳储备系数 K_{ch} 减小，因此在系统受到扰动或发电机发生失磁故障时，很容易失去静态稳定。由于 x_d''、x_d'、x_d 等参数的变大，使发电机平均异步转矩大大降低，约从中小型发电机的 2～3 倍额定值减小至额定值左右。于是失磁后异步运行时滑差增大，允许异步运行的负载更小、时间更短，另外要从系统吸取更多的无功功率，对系统稳定运行不利。

(2) 时间常数增大。大型发电机组定子回路时间常数 T_a 和比值 T_a/T_d'' 显著增大，短路时定子非周期电流的衰减较慢，整个短路电流偏移在时间轴一侧若干工频周期，使电流互感器更容易饱和，影响大机组保护正确工作。

(3) 惯性时间常数降低。大容量机组的体积并不随容量成比例地增大，有效材料利用率提高，其直接后果是机组的惯性常数 H 明显降低，1000MW 发电机的惯性时间常数在 1.75 左右，在扰动下机组更易于发生振荡。

(4) 热容量降低。有效材料利用率提高的另一后果是发电机的热容量与铜损、铁损之比显著下降。例如 200MW 及更小的发电机的定子绕组对称过负荷能力为 1.5 倍额定电流，允许持续运行 120s，转子绕组过负荷能力为 2 倍额定励磁电流，允许持续运行 30s；对于 1000MW 汽轮发电机，定

子绕组过负荷能力规定为 1.5 倍额定电流，允许持续运行 30s，转子绕组过
负荷能力为 2 倍额定励磁电流，允许持续运行 10s。转子表层承受负序过负
荷的能力 I_2^2t，中小汽轮发电机组（间接冷却方式）为 30s，1000MW（直
接冷却方式）汽轮发电机减小到不足 10s。

在电力系统中运行的发电机，小型的有 6～12MW，大型的有 200～
1000MW 的。由于发电机容量相差悬殊，在设计、结构、工艺、励磁乃至
运行等方面都有很大的差异，这就使得发电机及其励磁回路可能发生的故
障、故障概率和不正常工作状态有所不同。

发电机发生故障主要是在发电机的定子绕组和转子绕组，如图 2-1
所示。

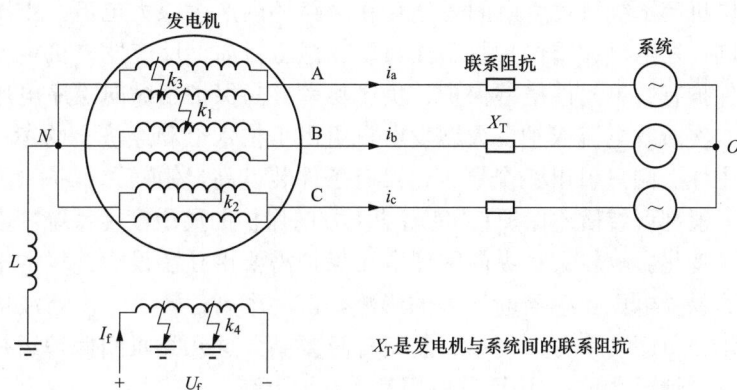

图 2-1　发电机故障类型示意图

发电机定子绕组的故障主要有：相间短路（包括二相短路、三相短
路），如图 2-1 中的 k_1 点故障，是发电机最常发生的故障；接地故障（包括
单相接地、两相接地短路故障）；匝间短路［包括同相同分支绕组匝间短
路（见图 2-1 中的 k_2 点故障）、同相不同分支绕组间的短路（见图 2-1 中的
k_3 点故障］。

发电机转子绕组的故障主要有：转子绕组一点接地及二点接地（见图
2-1 中的 k_4 点故障）；部分转子绕组匝间短路；低励、失磁故障等。

发电机不正常运行方式主要有：定子绕组过负荷；转子表层过热（由
于外部不对称短路或系统非全相运行出现负序电流引起）；定子绕组过电
压；励磁回路过负荷或过励磁；发电机逆功率运行（主汽门突然关闭，使
得发电机变电动机运行）；以及发电机误上电、频率异常、失磁、发电机与
系统之间失步、发电机断水及非全相运行等。

1. 定子绕组的相间短路

发电机定子绕组发生相间短路若不及时切除，将烧毁整个发电机组，
引起极为严重的后果，必须有两套或两套以上的快速保护反应此类故障。
对于相间短路，国内外继电保护均装设纵联差动保护装置，瞬时动作于

99

全停。

2. 定子绕组匝间短路

单机容量的增大，汽轮发电机轴向长度与直径之比明显加大，这将使机组运行中振动加剧，匝间绝缘磨损加快，有时还可能引起冷却系统的故障，因此希望装设灵敏的匝间短路保护。因为冲击电压波沿定子绕组的分布是不均匀的，波头越陡，分布越不均匀，一个波头为 3μs 的冲击波，在绕组的第一个匝间可能承受全部冲击电压的 25%，因此由机端进入发电机的冲击波，有可能首先在定子绕组的始端发生匝间短路，有鉴于此，大型机组均在机端装设三相对地的平波电容和氧化锌避雷器，即使这样也不能完全排除冲击过电压造成的匝间绝缘损坏，因此需要装设匝间短路保护。

发电机定子绕组发生匝间短路会在短路环内产生很大电流。由于工作原理不同，发电机纵差保护将不能反映。截至目前，反应发电机定子匝间短路的保护有：单元件横差保护、负序功率方向保护、纵向零序电压保护和转子二次谐波电流保护。大型发电机组由于技术上和经济上的考虑，三相绕组中性点侧只引出三个端子，没有条件装设高灵敏横差保护（大型水电机组一般都可装横差保护）。负序功率方向保护的灵敏度受系统和发电机负序电抗变化影响较大；纵向零序电压保护需要单独装设全绝缘的电压互感器，容易受电压互感器断线等的影响，误动率高；转子二次谐波电流保护必须增设负序功率方向闭锁，整定计算复杂。这几类匝间保护运行效果很差（误动情况严重），因而其应用都受到了限制。

3. 定子绕组单相接地

定子绕组的单相接地（定子绕组与铁芯间的绝缘破坏）是发电机最常见的一种故障，定子故障接地电流超过一定值就可能造成发电机定子铁芯烧坏，而且发电机单相接地故障往往是相间或匝间短路的前兆，大型发电机在系统中的地位重要，铁芯制造工艺复杂、造价昂贵、检修困难，所以对于大型发电机的定子接地电流大小和保护性能提出了严格的要求。

在我国，为了确保大型发电机的安全，不使单相接地故障发展成相间故障或匝间短路，使单相接地故障处不产生电弧或者使接地电弧瞬间熄灭，这个不产生电弧的最大接地电流被定义为发电机单相接地的安全电流。其值与发电机额定电压有关，18kV 及以上发电机接地电流允许值为 1A。

发电机的中性点接地方式与定子接地保护的构成密切相关，同时中性点接地方式与单相接地故障电流、定子绕组过电压等问题有关。大型发电机中性点接地方式和定子接地保护应该满足三个基本要求，即：

（1）故障点电流不应超过安全电流，否则保护应动作于跳闸。

（2）保护动作区覆盖整个定子绕组，有 100% 保护区，保护区内任一点接地故障均应有足够高的灵敏度。

（3）暂态过电压数值较小，不威胁发电机的安全运行。

大型发电机中性点采用何种接地方式，国内一直存在着是采用消弧线圈还是采用高阻接地的争议。建议采用消弧线圈接地者，认为可以将接地电流限制在安全接地电流以下，熄灭电弧防止故障发展，从而可以争取时间使发电机负荷平稳转移后停机，减小对电网的冲击。经消弧线圈（$R_L + j\omega L$）接地的发电机，当发生定子绕组单相接地故障时，用电感电流补偿电容电流，使单相接地电流限制在规定的允许值以内（发电机定子回路发生单相接地故障时，允许的接地电流值见表 2-1），对于 18kV 及以上的巨型发电机，单相接地电流应不大于 1A，这对避免烧伤定子铁芯和不向相间或匝间短路转化提供了十分有利的条件。经消弧线圈接地方式的发电机，对于采用基波零序电压原理的定子单相接地保护的灵敏度高于经接地变压器高阻接地的发电机，唯一令人担忧的是高阻接地方式的发电机，单相接地故障的动态过电压较小（2.6 倍额定相电压），而消弧线圈接地方式的动态过电压高达 3.8 倍额定相电压（经仿真试验的数据）。因此很多发电机厂家，宁可采用高阻接地方式，认为增大单相接地电流，单相接地保护可动作于跳闸停机，以免遭受 3.8 倍过电压而使发电机轻微的单相接地故障扩大为灾难性相间或匝间短路。而实际上我国就曾有过发电机接地电流虽小于安全电流，但长时间运行最终还是发展成相间短路的教训实例。

表 2-1　发电机定子回路发生单相接地故障电流允许值

发电机额定电压（kV）	发电机容量（MW）		接地电流允许值（A）
6.3 及以下	≤50		4
10.5	汽轮发电机	50～100	3
	水轮发电机	10～100	
13.8～15.75	汽轮发电机	125～200	2（氢冷发电机为 2.5）
	水轮发电机	40～225	
18～20	300～600		1

必须强调，消弧线圈包含线圈电阻，那种完全不计电阻的纯电感将与并联的电容产生严重的动态过电压，但串联电阻也不必过大。减小动态过电压与减小接地电流对串联电阻的要求是矛盾的。

中性点经配电变压器高阻接地方式是国际上与变压器接成单元的大中型发电机中性点最广泛采用的一种接地方式，设计发电机中性点经配电变压器接地，主要是为了降低发电机定子绕组的过电压（不超过 2.6 倍的额定相电压），极大地减少发生谐振的可能性，保护发电机的绝缘不受损。但是发电机单相容量的增大，会使三相定子绕组对地电容增加，相应的单相接地电容电流也增大，另外，发电机中性点经配电变压器高阻接地必然导致单相接地故障电流的增大，随之而来的是频率大幅度偏离额定值，可能产生严重动态过电压而引发相间或匝间短路，为保证大型发电机的安全，中性点经配电变压器高阻接地的 1000MW 机组必须使定子接地保护动作于发电机停机。

4. 失磁

发电机低励（表示发电机的励磁电流低于静稳极限所对应的励磁电流）或失磁，是常见的故障形式。发电机低励或失磁后，将过渡到异步发电机运行状态，转子出现转差，定子电流增大，定子电压下降，有功功率下降，无功功率反向并且增大；在转子回路中出现差频电流；电力系统的电压下降及某些电源支路过电流。所有这些电气量的变化，都伴有一定程度的摆动。

（1）对电力系统来说，发电机发生低励或失磁后所产生的危险，主要表现在以下几个方面：

1）低励或失磁的发电机，由发出无功功率转为从电力系统中吸收无功功率，从而使系统出现巨大的无功差额，发电机的容量越大，在低励和失磁时产生的无功缺额越大，如果系统中无功功率储备不足，将使电力系统中邻近的某些点的电压低于允许值，甚至使电力系统因电压崩溃而瓦解。

2）当一台发电机发生低励或失磁后，由于电压下降，电力系统的其他发电机在自动励磁调节器的作用下自动增大无功输出，从而使某些发电机、变压器或线路过电流，其后备保护可能因过电流而跳闸，使故障范围扩大。

3）一台发电机低励或失磁后，由于该发电机有功功率的摆动，以及系统电压的下降，可能导致相邻的正常运行发电机与系统之间，或电力系统的各部分之间失步，使系统产生振荡，甩掉大量负荷。

（2）对发电机本身来说，低励或失磁产生的不利影响，主要表现在以下几个方面：

1）由于出现转速差，在发电机转子回路中出现差频电流。对于直接冷却高利用率的大型机组，其热容量裕度相对降低，转子更容易过热。流过转子表层的差频电流，还可能使转子本体与槽楔、护环的接触面上发生严重的局部过热甚至灼伤。

2）低励或失磁的发电机进入异步运行之后，发电机的等效电抗降低，从电力系统中吸收的无功功率增加。低励或失磁前带的有功功率越大，转速差就越大，等效电抗就越小，所吸收的无功功率就越大。在重负荷下失磁后，由于过电流，将使定子过热。

3）对于直接冷却高利用率的大型汽轮发电机，其平均异步转矩的最大值较小，惯性常数也相对降低，转子在纵轴和横轴方面，都呈较明显的不对称。由于这些原因，在重负荷下失磁后，这种发电机的转矩、有功功率要发生剧烈的周期性摆动，将有很大甚至超过额定值的电磁转矩周期性地作用到发电机的轴系上，并通过定子传递到机座上。此时，转速差也作周期性变化，其最大值可能达到 $4\% \sim 5\%$，发电机周期性地严重超速，这些都直接威胁着机组的安全运行。

4）低励或失磁运行时，定子端部漏磁增强，将使端部的部件和边段铁芯过热。

　　由于发电机低励和失磁对电力系统和发电机本身的上述危害，为保证电力系统和发电机的安全，必须装设低励—失磁保护，以便及时发现低励和失磁故障并采取必要的措施。失磁保护检出失磁故障后，可采取的措施之一，就是迅速把失磁的发电机从电力系统中切除，这是最简单的办法。但是，失磁对电力系统和发电机本身的危害，并不像发电机内部短路那样迅速地表现出来。另外，大型汽轮发电机组，突然跳闸会给机组本身及其辅机造成很大的冲击，对电力系统也会加重扰动。

　　汽轮发电机组有一定的异步运行能力，1000MW 汽轮机组在失磁后允许 40% 负荷持续运行 15min。因此，对于汽轮发电机，失磁后还可以采取另一种措施，即监视母线电压，当电压低于允许值时，为防止电力系统发生振荡或造成电压崩溃，迅速将发电机切除；当电压高于允许值时，则不应当立即把发电机切除，而是首先采取降低原动机出力等措施，并随即检查造成失磁的原因，予以消除，使机组恢复正常运行，以避免不必要的事故停机。如果在发电机允许的时间内，不能消除造成失磁的原因，则再由保护装置或由操作人员手动停机。在我国电力系统中，就有过多次 10～300MW 机组失磁之后用上述方法避免事故停机的事例。通过大量研究并试验证明，容量不超过 1000MW 的汽轮发电机失磁时，若机组快速减载到允许水平，只要电网有相应无功储备，可确保电网电压，失磁机组的厂用电保持正常工作的情况，失磁机组可不跳闸，尽快恢复励磁。

　　需要强调说明的是，发电机低励产生的危害比完全失磁更严重，原因是低励时尚有一部分励磁电压，将继续产生剩余同步功率和转矩，在功角 $0°\sim360°$ 的整个变化周期中，该剩余功率和转矩时正时负地作用在转轴上，使机组产生强烈的振动，功率振荡幅度加大，对机组和电力系统的影响更严重。此情况下一般失步保护会动作，如果失步保护未动作，出于大机组的安全考虑，应迅速拉开灭磁开关。

　　5. 转子接地故障

　　转子绕组绝缘破坏常见的故障形式有两种：转子绕组匝间短路和励磁回路一点接地。

　　转子绕组匝间短路的情况有：发电机转子在运输或保存过程中，由于转子内部受潮、铁芯生锈，随后铁锈进入绕组，造成转子绕组主绝缘或匝间绝缘损坏；转子加工过程中的铁屑或其他金属物落入转子，也可能引起转子主绝缘或匝间绝缘的损坏；转子绕组下线时绝缘的损坏或槽内绕组发生位移，也将引发接地或匝间短路；氢内冷机组转子绕组的铜线匝上，带有开启式的进氢和出氢孔，在启动或停机时，由于转子绕组的活动，部分匝间绝缘垫片发生位移，引起氢气通风孔局部堵塞，使转子绕组局部过热和绝缘损坏；运行中转子集电环上的电流引线的导电螺栓未拧紧，造成螺栓绝缘损坏；电刷粉末沉积在集电环下面的绝缘突出部分，使励磁回路绝缘电阻严重下降。

转子绕组匝间短路多发生在沿槽高方向的上层线匝，对于气体冷却的转子，这种匝间短路不会直接引起严重后果，也无须立即消除缺陷，所以并不要求装设转子绕组匝间短路保护。转子绕组匝间短路的故障处理没有统一的标准，一旦发现这类故障，发电机是否继续运行应综合考虑现有的运行经验、故障的形式和特点、故障发生在机组运行期间或预防性试验中或机组安装时等诸多因素。我国某些电厂根据转子绕组的绝缘状况、机组的振动水平和输出无功功率的减少程度，决定机组是否停机检修。

转子一点接地对汽轮发电机组的影响不大，一般允许继续运行一段时间。发电机组发生一点接地后，转子各部分对地电位发生变化，比较容易诱发两点接地，汽轮发电机一旦发生两点接地，其后果相当严重，由于故障点流过相当大的故障电流而烧伤转子本体；由于部分绕组被短接，励磁绕组中电流增加，可能因过热而烧伤；由于部分绕组被短接，使气隙磁通失去平衡，从而引起机组振动。励磁回路两点接地，还可使轴系和汽轮机叶片磁化。

励磁回路两点接地，即使保护正确动作，从防止汽缸和大轴磁化方面来看，已为时晚矣。一台 30 万 kW 汽轮发电机，因励磁回路两点接地使大轴和汽缸磁化，为退磁需停机一个月以上时间，姑且不论检修费用和对国民经济造成的间接损失，仅电能损失就要几千万元。励磁回路发生两点接地故障引起的后果非常复杂，事故处理也很麻烦。

近年来，大型汽轮发电机励磁回路装设一点接地保护已属定论，国内外均无异议。但在一点接地保护动作于信号还是动作于跳闸的问题上，存在着不同的看法。主张动作于信号者，考虑装设两点接地保护；主张动作于停机者，则认为不必再装设两点接地保护。另外，由于目前尚缺少选择性好、灵敏度高、经常投运且运行经验成熟的励磁回路两点接地保护装置，所以也有不装设两点接地保护的意见，进口大型机组，很多不装两点接地保护。

ABB 公司的 UN5000 型励磁系统中带有电桥式转子接地保护装置，对转子接地保护的设计思想是：当励磁回路绝缘电阻下降到一定值时报警，当绝缘电阻继续下降至一定值时，保护即动作切除发电机组，以防止发生两点接地导致灾难性事故。笔者认为，这个设计思路为转子接地保护的改进提供了方向。

6. 定子对称过负荷

发电机对称过负荷通常是由于系统中切除电源、生产过程出现短时冲击性负荷、大型电动机自启动、发电机强行励磁、失磁运行；同期操作及振荡等原因引起的。对于大型发电机，定子和转子的材料利用率很高，发电机的热容量（WS/℃）与铜损、铁损之比显著下降，因而热时间常数也比较小。从限制定子绕组温升的角度，实际上就是要限制定子绕组电流，所以实际上对称过负荷保护，就是定子绕组对称过电流保护。

对于发电机过负荷，即要在电网事故情况下充分发挥发电机的过负荷能力，以对电网起到最大限度的支撑作用，又要在危及发电机安全的情况下及时将发电机解列，防止发电机的损坏。一般发电机都给出过负荷倍数和相应的持续时间。对于1000MW汽轮发电机，发电机具有一定的短时过负荷能力，从额定工况下的稳定温度起始，能承受1.3倍额定定子电流下运行至少1min。允许的电枢电流和持续时间（直到120s）见表2-2。

表2-2　发电机定子绕组过负荷能力

时间（s）	10	30	60	120
电枢电流（定子电流倍数）	226	154	130	116

大型发电机定子过负荷保护，根据发电机过负荷能力，一般由定时限和反时限两部分组成。

7. 定子不对称过负荷

电力系统中发生不对称短路，或三相负荷不对称（如有电气机车、电弧炉等单相负荷）时，将有负序电流流过发电机的定子绕组，并在发电机中产生对转子以两倍同步转速的磁场，从而在转子中产生倍频电流。

汽轮发电机转子由整块钢锻压而成，绕组置于槽中，倍频电流由于集肤效应的作用，主要在转子表面流通，并经转子本体槽楔和阻尼条，在转子的端部附近10%～30%的区域内沿周向构成闭合回路。这一周向电流，有很大的数值。例如，一台1000MW机组，可达250～300kA。这样大的频倍电流流过转子表层时，将在护环与转子本体之间和槽楔与槽壁之间等接触上形成热点，将转子烧伤。倍频电流还将使转子的平均温度升高，使转子挠性槽附近断面较小的部位和槽楔、阻尼环与阻尼条等分流较大的部位，形成局部高温，从而导致转子表层金属材料的强度下降，危及机组的安全。此外，转子本体与护环的温差超过允许限度，将导致护环松脱，造成严重的破坏。

为防止发电机的转子遭受负序电流的损伤，大型汽轮发电机都要求装设性能完善的负序电流保护，保护的对象是发电机转子，是转子表层负序发热的唯一主保护，因此，习惯上称它为发电机转子表层负序过负荷保护，它由定时限和反时限两部分组成。发电机转子长期承受负序电流的能力和短时承受负序电流发热的能力I_2^2t，是整定负序电流保护的依据。

8. 励磁回路过电流

和定子绕组相同，大型发电机励磁绕组的热容量和热时间常数也相对较小，对于1000MW汽轮发电机，在额定工况稳定温度下，发电机励磁绕组允许在励磁电压为125%额定值下运行1min，允许的励磁电压与持续时间（直到120s）见表2-3。

表 2-3　发电机励磁绕组过负荷能力

时间（s）	10	30	60	120
电枢电流（%）	226	154	130	116

在发电机过励限制器失灵或强励动作后返回失灵时，为了使发电机励磁绕组不致过热损坏，300MW 及以上发电机应装设定时限和反时限励磁绕组过负荷保护，后者作用解列灭磁。

应该指出，现代自动调整励磁装置，针对发电机的各种工况，都设有比较完善的励磁限制环节，为防止励磁绕组过电流，设有过励限制器，与励磁绕组过负荷保护有类似的功能，其可靠性由励磁调节器的性能来保证。

这三套过负荷保护，被看作是发电机安全运行的一道屏障，在灵敏度和延时方面，都不考虑与其他短路保护相配合，发电机的发热状况，是其整定的唯一根据，用于在各种异常运行情况下保障机组的安全。定子过负荷、转子表层负序过负荷、励磁回路过负荷三套反时限保护有各自明确的保护职责，特别是第二个反时限保护，它是转子表层负序发热的唯一主保护，完全由发电机的转子安全来决定它的动作延时大小。

经实例计算，利用上述反时限电流保护，外部远处短路时动作往往太慢，外部近处短路时动作又可能太快，不符合后备保护选择性要求。对于大机组已有双重主保护，两套主保护互为快速后备，并且配备专用的后备保护，利用此三套反时限保护来兼作后备保护的现实意义不大。

9. 过电压

运行实践中，大型汽轮发电机出现危及绝缘安全的过电压是比较常见的现象。当满负荷下突然甩去全部负荷，电枢反应突然消失，由于调速系统和自动调整励磁装置都是由惯性环节组成，转速仍将上涨，励磁电流不能突变，使得发电机电压在短时间内也要上升，例如，次瞬变电抗是 0.2p.u.，如果甩掉 0.5p.u. 无功电流，则立即产生 10% 的电压升高，任何调节作用都不能减小它。如果没有自动电压调节器，或励磁系统在手动方式运行，恒励磁电流调节，则电压继续上升一直到达由同步电抗所决定的最大值，其值可能达到 1.3～1.5 倍额定值，持续时间可能达到数秒，甩负荷将导致严重的发电机电压升高。

发电机主绝缘的工频耐压水平，一般为 1.5 倍额定电压持续 60s，而实际过电压的数值和持续时间可能超过试验电压和允许时间，因此，对发电机主绝缘构成了直接威胁。ABB 的 UN5000 型励磁调节器在发电机开关断开时，将励磁电流调节器的给定值复归到空载励磁电流值。尽管这样，还是不能完全避免发电机定子过电压的发生。

由于上述原因，对于 200MW 及以上的大型汽轮发电机，以往国内外都无例外地装设过电压保护，保持动作电压为 $1.3U_N$，经 0.5s 延时作用于解列灭磁。

10. 过励磁

由于发电机或变压器发生过励磁故障时并非每次都造成设备的明显破坏，往往容易被忽视，但是多次反复过励磁，将因过热而使绝缘老化，降低设备的使用寿命。

发电机和变压器都由铁芯绕组组成，设绕组外加电压为 U，匝数为 W，铁芯截面为 S，磁密为 B，则有 $U = 4.44fWBS$，因为 W、S 均为定数，故可写成 $B = K\dfrac{U}{f}$，式中 $K = 1/4.44WS$，对每一特定的发电机或变压器，K 为定数。由式 $B = K\dfrac{U}{f}$ 可知：电压的升高和频率的降低均可导致磁密 B 的增大。

对于发电机，当过励倍数 $n = B/B_N = \dfrac{U}{U_N} \bigg/ \dfrac{f}{f_N} = U_* / f_* > 1$ 时，要遭受过励磁的危害，主要表现在发电机定子铁芯背部漏磁场增强，在定子铁芯的定位筋中感应出电动势，并通过定子铁芯构成闭合回路，流过电流，不仅造成严重过热，还可能在定位筋和定子铁芯接触面造成火花放电，这对氢冷发电机组十分不利。发电机运行中，可能因以下原因造成过励磁：

（1）发电机与系统并列之前，由于操作错误，误加大励磁电流引起励磁，如由于发电机 TV 断线造成误判断。

（2）机组启动过程中，发电机随同汽轮机转子低速暖机，若误将电压升至额定值，则因发电机低频运行而导致过励磁。

（3）切除故障机组的过程中，主汽门关闭，出口断路器断开，而灭磁开关拒动，此时汽轮机惰走转速下降，自动励磁调节器力求保持机端电压等于额定值，使发电机遭受过励磁。

（4）发电机出口断路器跳闸后，若自动励磁调节装置手动运行或自动失灵，则电压与频率均会升高，但因频率升高较慢引起发电机过励磁。

发电机的允许过励磁倍数一般低于变压器过励磁倍数，更易遭受过励磁的危害，因此，大型发电机需装设性能完善的过励磁保护。对于发电机出口装设开关的发电机-变压器组，为了在各种运行方式下二者都不失去保护，发电机和变压器的过励磁保护应分开设置。

11. 频率异常

频率降低对发电机有以下几个方面的影响：

（1）频率降低引起转子的转速降低，使两端风扇鼓进的风量降低，其后果是使发电机的冷却条件变坏，各部分的温度升高。

（2）由于发电机的电动势和频率磁通成正比，若频率降低，必须增大磁通才能保持电动势不变。这就要增加励磁电流，致使发电机转子线圈的温度增加。

（3）频率降低时，为了使机端电压保持不变，就得增加磁通，这就容易使定子铁芯饱和，磁通逸出，造成机座的某些结构部件产生局部高温，有的部位甚至冒火星。

（4）低频工况严重威胁厂用系统机械设备的安全，低频导致厂用电动机的转速降低，这可能造成一系列的恶性循环，如给水泵的压力不足，致使锅炉的汽压不足、汽温波动，循环水泵、凝结水泵的出力不足，影响汽轮机真空等。这一切将影响发电机的出力并直接威胁着发电机甚至整个电厂和系统的安全运行。

一方面由于低频的同时存在系统无功缺额，另一方面由于发电机转速下降，同等励磁条件下机端电压下降，所以低频往往伴随着低电压，严重的低频降可能导致系统频率崩溃或电压崩溃。

当发电机频率低于额定值一定范围时，发电机的输出功率应降低，功率降低一般与频率降低成一定比例，在低频运行时发电机如果发生过负荷，如上所述会导致发电机的热损伤，但限制汽轮发电机组低频运行的决定性因素是汽轮机而不是发电机。

频率异常保护主要用于保护汽轮机，防止汽轮机叶片及其拉金的断裂事故。汽轮机的叶片，都有一自振频率 f_v，如果发电机运行频率升高或者降低，当 $|f_v - kn| \geqslant 7.5\text{Hz}$ 时叶片将发生谐振，其中 k 为谐振倍率（$k=1$，2，3，…），n 为转速（r/min）。叶片承受很大的谐振应力，使材料疲劳，达到材料所不允许的限度时，叶片或拉金就要断裂，造成严重事故。材料的疲劳是一个不可逆的积累过程，所以汽轮机都给出在规定的频率下允许的累计运行时间。

从对汽轮机叶片及其拉金影响的积累作用方面看，频率升高对汽轮机的安全也是有危险的，所以从这点出发，频率异常保护应当包括反应频率升高的部分。但是，一般汽轮机允许的超速范围比较小；在系统中有功功率过剩时，通过机组的调速系统作用、超速保护，以及必要切除部分机组等措施，可以迅速使频率恢复到额定值；而且频率升高大多数是在轻负荷或空载时发生，此时汽轮机叶片和拉金所承受的应力，要比低频满载时小得多，所以一般频率异常保护中，不设置反应频率升高的部分，而只包括反应频率下降的部分，并称为低频保护。

12. 发电机与系统之间失步

对于大机组和超高压电力系统，发电机装有快速响应的自动调整励磁装置，并与升变压器组成单元接线，送电网络不断扩大，使发电机与系统的阻抗比例发生了变化。发电机和变压器阻抗值增加了，而系统的等效阻抗值下降了。因此，振荡中心常落在发电机机端或升压变压器范围内。

由于振荡中心落在机端附近，使振荡过程对机组的影响加重了。机端电压周期性地严重下降，这点对大型汽轮发电机的安全运行特别不利。因为机炉的辅机都由接在机端的厂用变压器供电，电压周期性地严重下降，将使厂用机械设备的工作稳定性遭到破坏，甚至使一些重要电动机制动，导致停机、停炉或主辅设备的损坏。对于直吹式制粉系统的锅炉，由于一次风机转速周期性严重下降，可能导致一次粉管中大量煤粉沉积，锅炉也可能濒临灭火，电压回升后，转速又急剧增长，大量煤粉突然涌入炉膛，可能因此而引起炉膛爆炸。

汽轮机转速的暂态上升，随后失步，汽轮机超速保护将动作，将调速汽门关闭，直到又恢复同步速为止。这样，就使单元制机组的再热器蒸汽流量迅速改变，随之而来的是主汽压力和温度的瞬变，直流式锅炉的中间段的大幅改变，炉管承受剧烈的热应力。

发电机长时间失步运行，将造成电厂整个生产流程扰乱和破坏，可能造成一些无法预见的后果。失步振荡电流的幅值与三相短路电流可比拟，但振荡电流在较长时间内反复出现，使大型发电机组遭受冲击力和热损伤，在短路伴随振荡的情况下，定子绕组端部先遭受短路电流产生的应力，相继又承受振荡电流产生的应力，使定子绕组端部出现机械损伤的可能性增大。振荡过程中出现的扭转转矩，周期性作用于机组轴系，使大轴扭伤，缩短运行寿命。对于电力系统来说，大机组与系统之间失步，如不能及时和妥善处理，可能扩大到整个电力系统，导致电力系统的崩溃。

由于上述原因，对于大机组，特别是在单机容量所占比例较大的1000MW 汽轮发电机，需要装设失步保护，用以及时检出失步故障，迅速采取措施，以保障机组和电力系统的安全运行。为了防止发电机失步和电力系统的振荡，发电厂端往往采取一系列的安全稳定措施，如超高速继电保护、重合闸装置、高起始响应励磁调节器和 PSS 功率稳定器、高周联锁切机等。需要提到的是利用 DEH 的 ACC 加速度控制快关中压调节汽门功能，将可能避免由于短路故障诱发的失步，可能将不稳定振荡转化为稳定振荡，这对于在线稳定机组将大有好处。因此，对于稳定振荡，发电机也没有必要跳闸。当振荡中心落于机端附近时，对于从机端取用励磁电源的自并激励磁方式发电机组将非常不利，失步将导致发电机失磁，使事故来得更为复杂。因此，当检测到振荡中心落在发电机、变压器内部达到一定次数时，失步保护应动作于全停。

13. 误上电（盘车状态下误合闸）

发电机在盘车过程或停止状态，由于出口断路器误合闸，突然加上三相电压，而使发电机异步启动的情况，在国内外曾多次出现过，它能在几秒钟内给机组造成损伤。盘车中的发电机突然加电压后，电抗接近 x''_d，并在启动过程中基本上不变。计及升压变压器的电抗 x_t 和系统连接电抗 x_s，并且在 x_s 较小时，流过发电机定绕组的电流可达 3～4 倍额定值，定子电流所建立的旋转磁场，将在转子中产生差频电流，如果不及时切除电源，流过电流的持续时间过长，则在转子上产生的热效应 $I^2_2 t$ 将超过允许值，引起转子过热而遭到损坏。此外，突然加速，还可能因润滑油压低而使轴瓦遭受损坏。

因此，对这种突然加电压的异常运行状况，应当有相应的继电保护，以迅速切除电源。对于这种工况，逆功率保护、失磁保护、机端全阻抗保护也能反应，但由于需要设置无延时元件；盘车状态，电压互感器和电流互感器都已退出，限制了其兼作突加电压保护的作用。一般来说，设置专用的误合闸保护比较好，不易出现差错，维护方便。

14. 启动和停机时故障

有些情况下，由于操作上的失误或其他原因使发电机在启动或停机过程中有励磁电流，而此时发电机正好存在短路或其他故障，由于此时发电机的频率低，许多保护继电器的动作特性受频率影响较大，在低的频率下，不能正确工作，有的灵敏度大大降低，有的则根本不能动作。

鉴于上述情况，对于在低转速下可能突加励磁电压的发电机通常要装设反应定子接地故障和反应相间短路故障的保护装置。这种保护，一般称为启停机保护。微机保护装置都具有频率自适应（跟踪）功能，保证偏离工频时，特别是发电机在启停机过程（5～65Hz）中，不影响保护的灵敏度。

15. 逆功率

汽轮机在其主汽门关闭后，发电机变为同步电动机运行，从电机可逆的观点来看，逆功率运行对发电机毫无影响。但是对于汽轮机，其转子将被发电机拖动保持 3000r/min 高速旋转，叶片将和滞留在汽缸内的蒸汽产生鼓风摩擦，所产生的热量不能为蒸汽所带走，从而使汽轮机的叶片（主要是低压缸和中压缸末级叶片）和排汽端缸温急剧升高，使其过热而损坏，一般规定逆功率运行不得超过 3min。因此大型机组都要求装设逆功率保护，当发生逆功率时，以一定的延时将机组从电网解列。

主汽门关闭后，发电机有功功率下降并变到某一负值，几经摆动之后达到稳态值。发电机的有功损耗，一般约为额定值的 $1\% \sim 1.5\%$，而汽轮机的损耗与真空度及其他因素有关，一般约为额定值的 $3\% \sim 4\%$，有时还要稍大些。因此，发电机变电动机运行后，从电力系统中吸收的有功功率稳态值约为额定值的 $4\% \sim 5\%$，而最大暂态值可达到额定值的 10% 左右。当主汽门有一定的漏泄时，实际逆功率还要比上述数值小些。

现代大型机组一般设置两套逆功率保护，一套是常规的逆功率保护，另一套是程序跳闸专用的逆功率保护，用于防止汽轮机主汽门关闭不严而造成飞车危险，当主汽门关闭时用逆功率保护来将机组从电网安全解列。

二、发电机保护配置

大型发电机是一种结构非常复杂的电力主设备，造价高昂，一旦发生故障遭到破坏，其检修难度大、时间长，造成的经济损失巨大。其结构复杂，故障类型较多，针对发电机各种故障类型的保护也因此而名目繁多。在考虑大机组继电保护的总体配置时，比较强调最大限度地保证机组安全和最大限度地缩小故障破坏范围，尽可能避免不必要的突然停机，特别要避免保护装置的误动和拒动。为此，发电机保护配置的原则是在发电机故障时应能将损失减小到最小，在非正常状况时应在充分利用发电机自身能力的前提下确保机组本身的安全。

根据 DL/T 684—2012《大型发电机变压器继电保护整定计算导则》、GB/T 14285—2023《继电保护和安全自动装置技术规程》的规定，在容量为 1000kW 以上的发电机上，按不同容量和机组特点的要求，配置不同的保护功能。

（1）发电机定子故障的保护。

1）定子绕组故障的保护：相间短路保护；绕组匝间短路（包括同相不同分支间短路）的保护；多分支绕组中一分支开焊的保护；定子单相接地保护。

2）可能危及定子绕组的保护：定子过电流保护；定子过电压保护；定子铁芯过励磁、局部过热的保护等。

（2）发电机转子系统故障的保护。

1）转子回路故障的保护：转子一点接地保护、转子两点接地保护；转子表层过热保护；励磁系统故障保护等。

2）可能危及转子系统的保护：转子回路过电流保护；非全相运行保护；断路器断口闪络保护；转子匝间故障保护（监测）等。

（3）危及轴系系统及电力系统的保护。发电机失磁保护；发电机逆功率保护；发电机失步保护；频率异常保护；误合闸保护；轴系扭振保护等。

（4）危及锅炉等热力设备的保护。汽轮发电机功率突降切机保护。

（5）发电机异常运行保护。发电机过电压保护，发电机过励磁保护、逆功率保护，转子一点接地保护，定子过负荷保护，非全相运行保护，大型发电机失步保护、频率异常保护等。

（6）开关量保护。发电机断水保护、灭磁开关联跳保护等。

（7）临时性保护。发电机正常运行时应退出的保护，其中有发电机误上电保护及发电机启、停机保护等。

第二节 发电机保护原理

目前，大型发电机组继电保护整定计算主要参照标准有：DL/T 684—2012《大型发电机变压器继电保护整定计算导则》、Q/GDW 1773—2013《大型发电机组涉网保护技术管理规定》、DL/T 671—2010《发电机变压器组保护装置通用技术条件》等。在整定计算中，需考虑系统侧运行方式的变化，保证发电机组保护装置的适用范围。

一、发电机纵差动保护

当发电机内部发生定子绕组的各种相间短路故障时，在发电机被短接的绕组中将会出现很大的短路电流，严重影响发电机的正常运行，危害严重时甚至导致发电机整体报废。而发电机纵差保护反映的就是发电机定子绕组及引线的两相或三相短路情况，是发电机保护中最重要的保护之一。

发电机纵联差动保护，为发电机定子绕组及其引出线的相间短路的主保护。定子绕组相间短路会产生很大的短路电流，严重损坏发电机，因此，应装设发电机纵联差动保护。

发电机在正常运行和外部故障情况下，流入差动继电器的电流为 0；当发生内部故障时流入差动继电器的电流为故障电流。发电机差动保护原理示意图如图 2-2 所示。

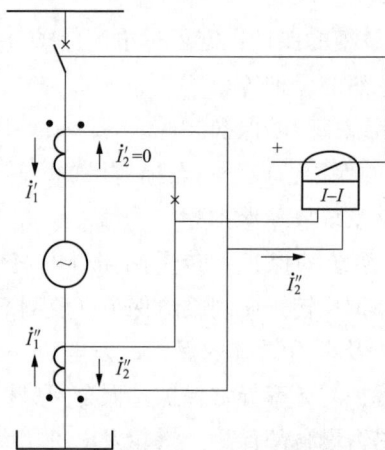

图 2-2 发电机差动保护原理示意图

1. 发电机纵差动保护动作特性

为提高区内故障时的动作灵敏度并确保区外故障时可靠不动作，国内广泛采用的是传统的两折线（或三折线）比率制动纵差动保护和变斜率比率制动纵差动保护。

两折线比率制动差动保护的动作方程为

$$\begin{cases} I_d \geqslant I_{cdqd} & (I_r \leqslant I_t \text{ 时}) \\ I_d \geqslant I_{cdqd} + K_{bl}(I_r - I_t) & (I_r > I_t \text{ 时}) \end{cases}$$

式中：I_d 为差动电流，完全纵差 $I_d = |\dot{I}_S + \dot{I}_N|$，不完全纵差 $I_d = |\dot{I}_S + K\dot{I}_N|$（$I_N$、$I_S$ 分别为中性点及机端差动 TA 的二次电流），A。I_r 为制动电流，完全纵差 $I_r = \dfrac{|\dot{I}_S - \dot{I}_N|}{2}$，不完全纵差 $I_r = \dfrac{|\dot{I}_S - K\dot{I}_N|}{2}$（$K$ 为由中性点流入差动 TA 的电流与中性点全电流的比值）；标积制动式完全纵差时

$I_r = \sqrt{I_N I_S \cos(180° - \phi)}$，标积制动式不完全纵差时 $I_r = \sqrt{I_N K I_S \cos(180° - \phi)}$（$\phi$ 为 $\dot{I}_N$ 与 $\dot{I}_S$ 之间的相位差），A。K_{bl} 为比率制动系数；I_t 为拐点电流，开始起制动作用时的最小制动电流，A。I_{cdqd} 为初始动作电流，A。

两折线式比率制动纵差保护的动作特性如图 2-3 所示。

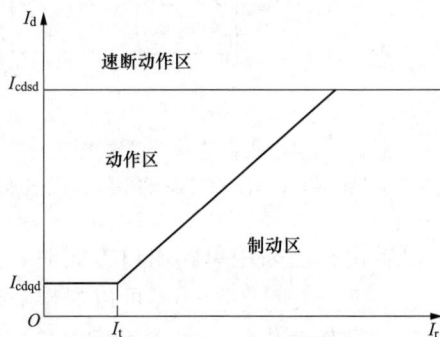

图 2-3 两折线式比率制动纵差保护动作特性

由图 2-3 可以看出：纵差保护的动作特性由两部分组成：即无制动部分和有制动部分。这种动作特性的优点是：在区内故障电流小时，它具有很高的动作灵敏度；在区外故障时，它具有较强的躲过暂态不平衡电流的能力。

某些厂家（如南瑞继保公司）生产的发电机差动保护的动作特性，采用变斜率（变制动系数）的动作特性，如图 2-4 所示。所谓变斜率比率制动纵差动保护，就是不设拐点，从一开始就带有制动特性。

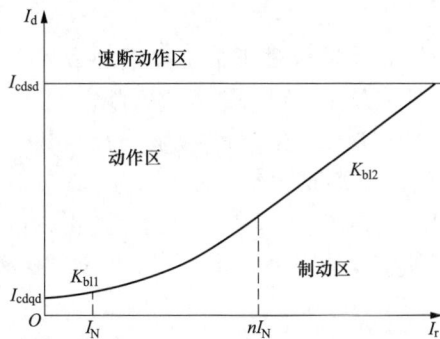

图 2-4 变斜率比率制动纵差保护动作特性

与传统两折线（或三折线）制动特性相比，变斜率比率制动特性能够更好地模拟差流不平衡电流曲线，差动保护的启动电流可以安全地降低，保护的灵敏度更高，抗 TA 饱和能力更强。

发电机纵差保护的出口方式：有单相出口方式及循环闭锁出口方式两

种，其逻辑框图分别如图 2-5 (a) 及图 2-5 (b) 所示。

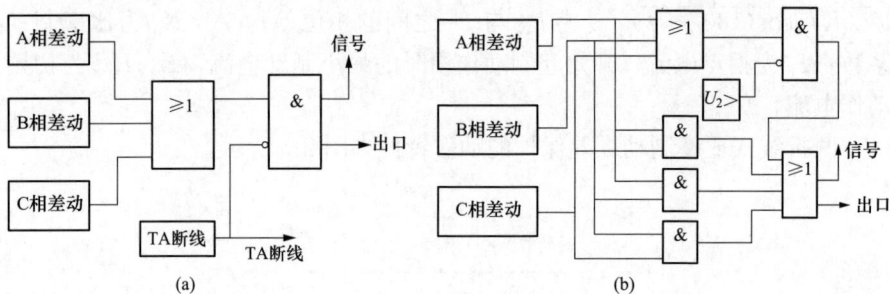

图 2-5　发电机纵差保护逻辑框图

(a) 单相出口方式的发电机纵差保护逻辑框图；(b) 循环闭锁出口方式发电机纵差保护逻辑框图

由图 2-5 (a) 可以看出：当采用单相出口方式时，只要有一相差动元件动作，保护即作用于出口。由图 2-5 (b) 可以看出：当采用循环闭锁出口方式时，只有二相差动元件动作后，才作用于出口。但是，当出现负序电压时，只要有一相差动元件动作，保护即作用于出口。

为避免区内严重故障时 TA 饱和等因素引起的比率差动延时动作，还设有一高比例和高启动值的比率差动保护，利用其比率制动特性抗区外故障时 TA 的暂态和稳态饱和，而在区内故障 TA 饱和时能可靠正确动作。

2. 发电机纵差保护整定原则及取值建议

由纵差保护的动作特性可以看出，对其定值的整定，主要是确定其构成三要素：即比率制动系数、最小动作电流和拐点电流。

(1) 最小动作电流 I_{cdqd}。最小动作电流也称为启动电流或初始动作电流。对于动作特性为两段或多段折线式纵差保护，最小动作电流实质是无制动时的动作电流。

对 I_{cdqd} 的整定原则是：按躲过正常工况下的最大不平衡电流、外部短路故障切除不误动条件来整定。可按下式进行整定

$$I_{cdqd} = K_{rel}(K_1 + K_2)I_N$$

式中：K_{rel} 为可靠系数，通常取 1.5～2；K_1 为 TA 变比误差，10P 级互感器误差为 0.03，故 K_1 可取 0.06 (考虑两侧 TA 正、负误差)；K_2 为保护装置通道传输变换及调整误差，可取 0.1；I_N 为发电机额定电流，TA 二次电流值，A。

代入计算可得 $I_{cdqd} = (0.24～0.32)I_N$，实际整定时一般取 $0.3I_N$。

对于正常运行工况下回路不平衡电流实测值较大的情况，应查明原因，当无法减小不平衡电流时，可适当提高 I_{cdqd} 值，如取 $0.4I_N$，以躲过不平衡电流的影响。

对于不完全纵差保护，整定计算时要考虑分支不平衡电流的影响，故还应适当提高整定值。

(2) 拐点电流 I_t。理论上分析，外部故障时短路电流总比发电机的额

定电流大，因此，纵差保护的拐点电流应大于等于其额定电流。但是，由于差动保护的初始动作电流是按照发电机正常工况的不平衡电流来整定的，未考虑暂态过程的影响，故在外部故障切除后的暂态过程中，若无制动作用，则差动保护有可能不正确动作。

在外部故障切除后的暂态过程中，由于差动两侧 TA 二次的暂态特性不能完全相同，致使差动两侧电流之间的相位发生变化，从而使不平衡电流增大。此外，若拐点电流 I_t 过大，由于无制作用可能导致差动保护误动。因此，I_t 可取（$0.5 \sim 0.8$）I_N，如取 $0.7 I_N$。

（3）比率制动系数 K_{bl}。比率制动系数的取值原则是：按躲过发电机外部三相短路时产生的最大不平衡电流来整定。

1）两折线比率制动式纵差保护的比率制动系数。区外三相短路时，差动元件可能产生的最大不平衡电流为

$$I_{bph.max} = (K_1 + K_2 + K_3) I_{kmax}$$

式中：$I_{bph.max}$ 为最大不平衡电流，A；I_{kmax} 为最大短路电流，A；K_1 为 TA 的 10% 误差；K_2 为通道的变换及传输误差，取 0.1；K_3 为两侧 TA 暂态特性不一致产生的误差，取 0.05。

代入方程式，计算得

$$I_{bph.max} = 0.25 I_{kmax}, \frac{I_{bph.max}}{I_{kmax}} = 0.25$$

当不计拐点电流时，差动元件的比率制动系数应为

$K_{bl} = K_{rel} \times 0.25 = (1.2 \sim 1.3) \times 0.25 = 0.3 \sim 0.325$，通常可取 $0.3 \sim 0.4$。

对于不完全纵差保护，当两侧差动 TA 型号不同时，可取 $K_z = 0.5$。

2）三折线比率制动式纵差保护的比率制动系数。三折线比率制动式纵差保护动作特性，如图 2-6 所示。

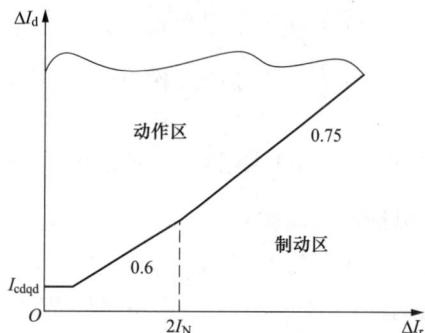

图 2-6　三折线比率制动式纵差保护的动作特性

一般取 $K_{z1} = 0.6$；$K_{z2} = 0.75$；$I_{t1} = 0.7 I_N$；$I_{f2} = 2 I_N$。

3）变斜率比率制动式纵差保护的比率制动系数。变斜率比率制动式纵

差保护动作特性，如图 2-4 所示。

变斜率比率制动纵差动保护不设拐点，一开始就带有制动特性。其动作方程为

$$
\begin{cases}
I_{\mathrm{d}} > K_{\mathrm{bl}} \times I_{\mathrm{r}} + I_{\mathrm{cdqd}} & (I_{\mathrm{r}} < nI_{\mathrm{N}}) \\
K_{\mathrm{bl}} = K_{\mathrm{bl1}} + K_{\mathrm{bl1}} \times (I_{\mathrm{r}}/I_{\mathrm{N}}) \\
I_{\mathrm{d}} > K_{\mathrm{bl2}} \times (I_{\mathrm{r}} - nI_{\mathrm{N}}) + b + I_{\mathrm{cdqd}} & (I_{\mathrm{r}} > nI_{\mathrm{N}}) \\
K_{\mathrm{blr}} = (K_{\mathrm{bl2}} - K_{\mathrm{bl1}})/(2 \times n) \\
b = (K_{\mathrm{bl1}} + K_{\mathrm{blr}} \times n) \times nI_{\mathrm{N}}
\end{cases}
$$

$$
\begin{cases}
I_{\mathrm{r}} = \dfrac{|\dot{I}_1 + \dot{I}_2|}{2} \\
I_{\mathrm{d}} = |\dot{I}_1 - \dot{I}_2|
\end{cases}
$$

式中：I_1、I_2 分别为机端、中性点侧电流（对于裂相横差，分别为中性点侧两分支电流），A；K_{bl} 为比率差动制动系数；K_{blr} 为比率差动制动系数增量；K_{bl1} 为起始比率差动制动斜率，定值范围为 $0.05 \sim 0.15$，一般取 0.05；K_{bl2} 为最大比率差动制动斜率，定值范围为 $0.30 \sim 0.70$，一般取 0.5；n 为最大比率制动系数时的制动电流倍数，装置内部固定取 4。

（4）解除循环闭锁的负序电压元件定值。一般按高压母线出线末端故障产生的负序电压来整定，通常取 $U_2 = 9 \sim 12V$。这种工作方式在电流互感器二次回路发生一相断线时，只发 TA 断线信号，差动保护不会动作。

（5）灵敏度（K_{lm}）校验。发电机与系统断开（取故障发电机单供故障点的 $I_{\mathrm{k}}^{(2)}$），当机端保护区内两相短路时，灵敏系数应不低于 2(1.5)。

流入差动回路的电流 I_{d}

$$
I_{\mathrm{d}} = \sqrt{3} \cdot \frac{1}{X_{\mathrm{d}}'' + X_2} \cdot \frac{S_{\mathrm{B}}}{\sqrt{3}U_{\mathrm{N}}} \cdot \frac{1}{n_{\mathrm{TA}}}
$$

式中：X_2 为折算到 S_{B} 基准容量的发电机饱和负序电抗标幺值。

此时的制动电流 $I_{\mathrm{r}} = \dfrac{1}{2} I_{\mathrm{d}}$，相应的动作电流 $I_{\mathrm{op}} = I_{\mathrm{cdqd}} + K_{\mathrm{z}}(I_{\mathrm{r}} - I_{\mathrm{t}})$，

灵敏系数 $K_{\mathrm{lm}} = \dfrac{I_{\mathrm{d}}}{I_{\mathrm{op}}} \geqslant 2(1.5)$。实际上，按上述计算的整定，灵敏系数总满足要求，可以不进行灵敏系数的校验。

（6）差动速断动作电流 I_{cdsd}。按躲过机组非同期合闸产生的最大不平衡电流整定。一般取 $I_{\mathrm{cdsd}} = (3 \sim 5)I_{\mathrm{N}}$。当系统处于最小运行方式时，机端保护区内两相短路时的灵敏度应不低于 1.2。

（7）整定计算注意事项。

1）电流互感器二次回路开路引起高电压危险，尤其是大型机组。因此，建议 TA 二次回路断线不闭锁差动保护，TA 不论是一次断线还是二次断线，均属于故障，保护为正确动作。且 TA 二次回路断线后，产生严重

的过电压，导致二次回路及其设备严重损坏，大电流也容易引起火灾）。

2）最小动作电流 I_{cdqd} 取值不宜过低。取值低虽提高了保护的灵敏度，但对于由于发电机内部故障以外的一次设备的异常（如 TA 的故障），却丧失了转移负荷，之后手动平稳停机的机会。所以，建议发电机差动保护最小动作电流取值不宜低于 $0.3I_N$。

3）机端与中性点电流互感器应选用同型号、同变比的，并注意两侧 TA 二次阻抗应尽量匹配。

4）由于变斜率制动特性的斜率与制动电流大小有关，因此，最好要校验机端区外两相短路故障时躲过不平衡电流的能力，应可靠躲过；同样由于变斜率关系，动作电流随制动电流的增大而增大，在计算灵敏系数时，建议再计算系统处于最大运行方式、机端保护区内三相短路时的灵敏系数，应满足同样要求。

3. 对各类发电机纵差保护的评价

各种类型的发电机纵差保护均有自己的特点。

（1）完全纵差保护。发电机完全纵差保护，是反映发电机及其引出线的相间短路故障的主保护。由于差动元件两侧 TA 的型号、变比完全相同，受其暂态特性的影响较小。其动作灵敏度也较高，但不能反映定子绕组一相中的匝间短路故障、定子绕组线棒开焊故障、定子绕组的接地故障以及转子回路的故障。

（2）不完全纵差保护。不完全纵差保护除保护定子绕组的相间短路之外，尚能反应定子绕组分支开焊及匝间短路故障。但是，由于在中性点侧只引入其中一分支的电流，故在整定计算时，尚应考虑各分支电流不平衡产生的差流。另外，当差动元件两侧 TA 型号不同及变比不同时，受系统暂态过程的影响较大。

（3）比率制动式与标积制动式。两者均能有效躲过区外故障，其动作特性也完全相同。当区外故障时，标积制动方式纵差保护与比率制动式纵差保护工况完全相同。不同的是标积制动式纵差保护的制动电流反映两侧电流之间的相位敏感，故内部故障时其灵敏度更高（因制动量为负值）。

4. 引起发电机差动 TA 饱和的原因

发电机纵差动保护应具有高性能 TA 饱和闭锁判据，防止在区外故障时 TA 暂态和稳态饱和引起的稳态比率差动保护误动作。

（1）引起发电机差动 TA 饱和的原因有：

1）发电机两侧 TA 是否同型；

2）发电机两侧 TA 的二次电缆长度相差较多；

3）两侧 TA 的剩磁差异；

4）区外故障短路电流倍数虽然小，但非周期分量衰减慢。

（2）TA 饱和的特征

1）发电机区外故障 TA 饱和的特征如图 2-7 所示。

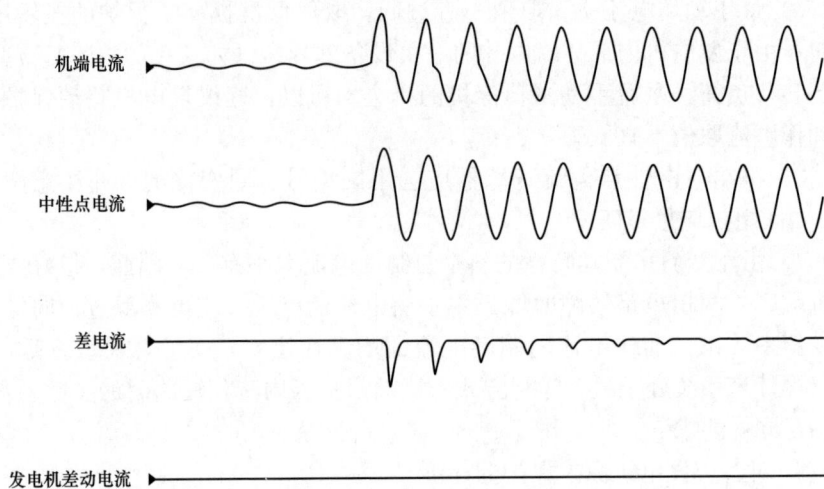

图 2-7　发电机区外故障 TA 饱和的特征

2）发电机区内故障 TA 饱和的特征如图 2-8 所示。

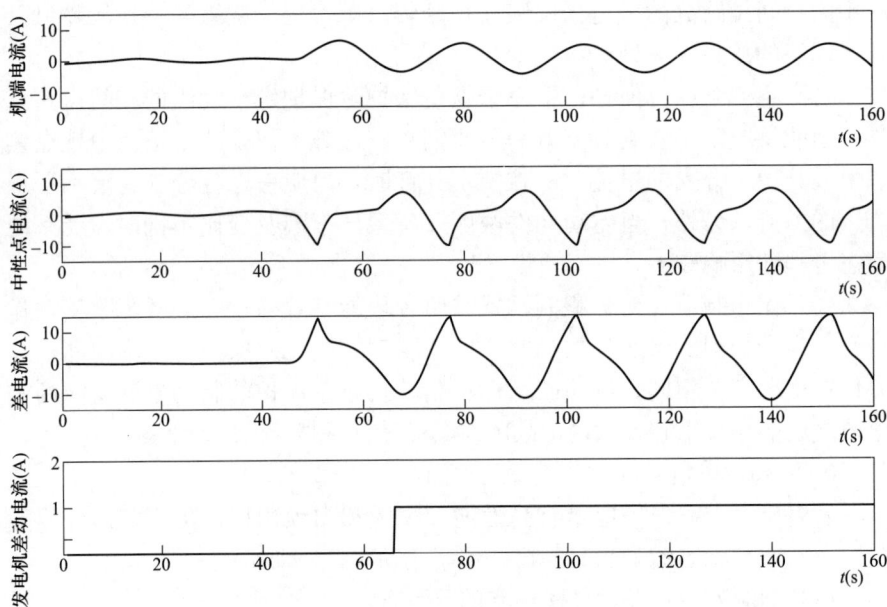

图 2-8　发电机区内故障 TA 饱和的特征

（3）TA 饱和判别一般采取"异步法"判据，区外故障时，差流滞后于制动电流突变增加；区内故障时，差流和制动电流同时突变增加。

异步法 TA 饱和判据允许最快饱和时间 5ms。

不同保护装置厂家有各不相同的抗 TA 饱和的措施，诸如：时差法、附加制动区法、拐点自动提前法等。

二、发电机定子绕组保护

（一）发电机横差保护

发电机横差保护为定子绕组同相匝间短路的主保护，适用于定子绕组有两个及以上并联分支而构成两个或三个中性点引出端的发电机。当某相中某一分支发生匝间短路或某相两分支之间在不同匝数处发生短路时，横差保护应立即动作切除发电机。

根据交流回路引入电流及保护中含差动元件的数量不同，发电机横差保护可分为单元件横差和三元件横差。三元件横差又称为裂相横差。

1. 单元件横差保护

单元件横差保护，适用于每相定子绕组具有多个分支，且有两个或两个以上中性点引出端子的发电机。单元件横差保护接线简单，不平衡电流小，灵敏度高，能够反应定子绕组匝间、相间以及分支开焊故障。

（1）交流接入回路及动作方程。单元件横差保护的输入电流，为发电机两个中性点连线上的 TA 二次电流。以定子绕组为每相两分支的发电机为例，其交流接入回路如图 2-9 所示。

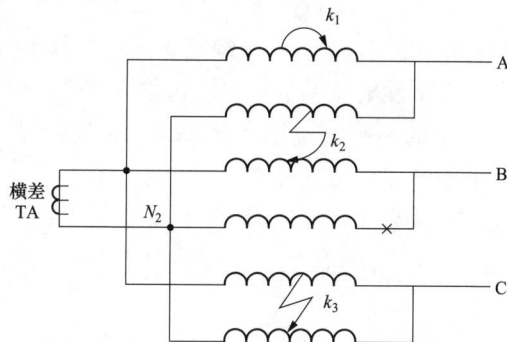

图 2-9　单元件横差保护的交流接入回路

一相分支绕组匝间短路（见图 2-9 中 k_1 点）、一相分支绕组间匝间短路（见图 2-9 中 k_3 点）、定子绕组相间短路（见图 2-9 中 k_2 点）、分支绕组开焊（见图 2-9 中"×"处），两中性点连线均有电流通过。正因如此，单元件横差保护不仅可反应定子绕组的匝间短路故障，而且也反映定子绕组的相间短路故障以及分支绕组的开焊故障，是发电机定子绕组所有内部故障的主保护（过去曾有过将其称为"匝间短路保护"的说法是不妥的）。

其动作方程为

$$I_{op} \geq I_{opo}$$

式中：I_{op} 为中性点 TA 二次电流，A；I_{opo} 为横差保护动作电流整定值，A。

（2）逻辑框图。横差保护是发电机内部短路的主保护，应无延时动作。

119

但考虑到转子两点接地短路时发电机气隙磁场畸变可能会导致保护误动，故在转子一点接地保护动作后，横差保护带一个小延时动作，以便与转子两点接地保护相配合。保护动作逻辑框图如图 2-10 所示。

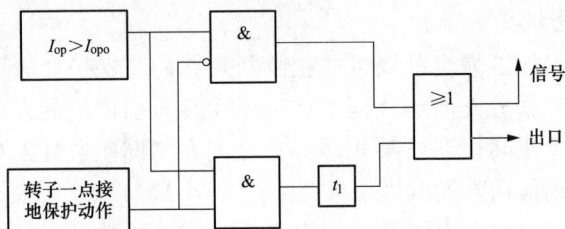

图 2-10 单元件横差保护逻辑框图

（3）定值的整定。对单元件横差保护的整定，主要是确定动作电流及动作延时。

1）动作电流 I_{op}。目前，在单元件横差保护中，设置有三次谐波滤过器。因此，其动作电流应按躲过系统发生不对称短路或发电机失磁失步运行时转子偏心产生的最大不平衡电流整定。

动作电流 I_{op} 动作方程为

$$I_{op} = K_{rel}(K_1 + K_2 + K_3)I_N$$

式中：K_{rel} 为可靠系数，取 1.5；K_1 为额定工况下，同相不同分支绕组由于参数的差异产生的不平衡电流系数，最大可取 $3 \times 2\% = 0.06$；K_2 为正常工况下气隙不均匀产生的不平衡电流系数，取 $0.05I_N$；K_3 为异常工况下转子偏心产生的不平衡电流系数，取 $0.1I_N$。

将各参数代入动作方程式，计算得

$$I_{op} = (0.25 \sim 0.35)I_N$$

可取 $0.3I_N$。

为解决内部短路故障灵敏度与外部故障不平衡电流较大之间的矛盾，可采用机端最大相电流制动的措施。这样，外部短路故障时动作电流随机端相电流增大而相应增大，保护不动作；内部短路故障时，制动量自动降低，保证动作灵敏度。采用相电流制动措施后，动作电流只需躲过发电机正常运行的最大不平衡电流，因此灵敏度得到了提高。而且，对于正常运行时不平衡电流的增大，装置动作电流具有浮动门槛值，因而保护不会误动作。

带相电流制动的单元件横差保护的动作方程为

$$I_{op} = I_{cdqd}(I_{ph.max} \leqslant I_N \text{ 时})$$

$$I_{op} = I_{cdqd} + K_z \frac{I_{ph.max} - I_N}{I_N} I_{cdqd}(I_{ph.max} > I_N \text{ 时})$$

式中：I_{cdqd} 为带有浮动门槛功能躲过正常运行时最大不平衡电流的最小动作电流，A；K_z 为制动系数；$I_{ph.max}$ 为机端最大相电流（二次值），A；I_N 为发电机额定相电流（二次值），A。

带相电流制动的单元件横差保护的动作特性，如图 2-11 所示。

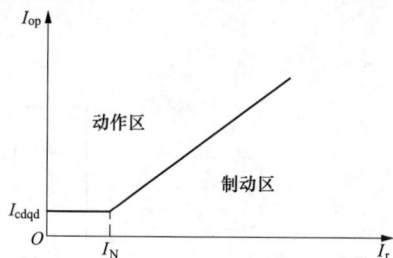

图 2-11 带相电流制动的单元件横差保护的动作特性

其动作值分高值段和灵敏段两部分：

高值段动作电流 $I_{op.H}$：无相电流制动措施，$I_{op}=0.3I_N$；

灵敏段动作电流 $I_{op.L}$：$I_{op.L}=K_{rel}I_{bph.max}$，如能实测不平衡电流 $I_{bph.max}$ 值，取 $K_{rel}=2.5$。如无实测不平衡电流 $I_{bph.max}$ 值，可取 $I_{op.L}=0.05I_N$。

为确保外部短路故障时保护可靠不误动，制动系数 K_z 宜取大些，但从保证内部短路故障保证灵敏度出发，K_z 也不宜过大（内部短路故障系统供给的故障电流同样起制动作用），取 $K_z=1$ 较为合理（有的保护装置内部固定 $K_z=1$）。

2）动作延时 t_1：转子一点接地后，保护切换为 $0.5\sim1s$。

（4）注意事项。

1）励磁绕组两点接地、发电机外部发生不对称短路故障、发电机失磁失步转子偏心等情况下，也会在中性点连线上产生不平衡电流。

2）保护装置应有良好的抑制三次谐波电流的能力，在频率跟踪范围内，保护对三次谐波电流的滤除比应在 100 以上，使保护只反应基波分量电流，滤除三次谐波电流引起的不平衡电流。

3）由于内部相间短路故障时，中性点连线上流过的电流相当大，TA 变比应按确保热稳定和动稳定来选择。

4）内部短路故障时，除二次回路应保证可靠工作外，保护装置内的小 TA 也要注意不应饱和，热稳定、动稳定也应符合要求。

2. 裂相横差保护

（1）交流输入回路。裂相横差保护又称分相横差保护、三元件横差保护，由三个横差元件构成，每个元件两侧的输入电流分别接在某相定子绕组两分支（或两分支组）上的 TA 二次。以 A 相横差元件为例，其交流接入回路如图 2-12 所示。

由图 2-12 可以看出：由于两组 TA 二次呈反极性连接，且在正常工况下一次电流 $\dot{I}_1=\dot{I}_2$，故流入差动元件的电流为零。当定子绕组的某一分支匝间短路或两分支不同匝间短路时，图中的一次电流 $\dot{I}_1\neq\dot{I}_2$，故在差回路

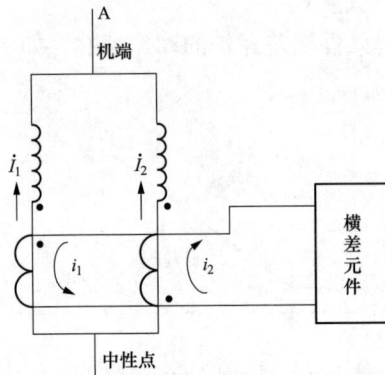

图 2-12 A 相裂相横差保护交流接入回路

中产生差流，保护动作。

（2）逻辑框图。在转子发生两点接地之后，为避免横差保护抢先动作，对于裂相横差保护应具有短动作延时。裂相横差保护的逻辑框图如图 2-13 所示。

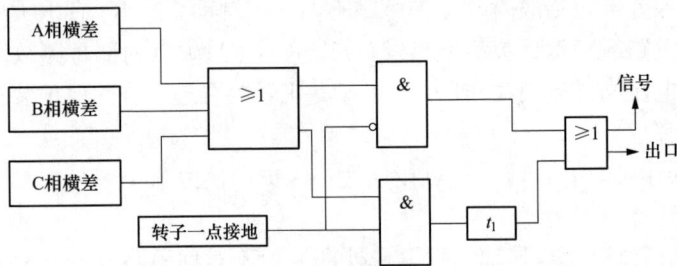

图 2-13 裂相横差保护逻辑框图

（3）动作方程及动作特性。横差元件可以采用具有比率制动特性的差动元件，也可以采用像单元件横差元件那样的过电流元件。

采用过电流元件时，其动作方程为

$$I_d \geqslant I_{op}$$

式中：I_d 为差回路中的差流，A；I_{op} 为差动元件动作电流整定值，A。

采用具有比率制动特性的差动元件时，其动作方程为

$$I_d = I_{cdqd}(I_r \leqslant I_t \text{ 时})$$
$$I_d = I_{cdqd} + K_z I_r (I_r > I_t \text{ 时})$$
$$I_d = |\dot{I}_1 + \dot{I}_2|$$
$$I_r = |\dot{I}_1 + \dot{I}_2|/2$$

式中：I_d 为差流，A；I_r 为制动电流，A；I_{cdqd} 为初始动作电流，A；K_z 为比率制动系数；I_t 为拐点电流，A；$\dot{I}_1$、$\dot{I}_2$ 分别为某相定子绕组分支（或分组）电流（TA 二次值），A。

根据其动作方程式，可以得出如图 2-14 所示的动作特性。

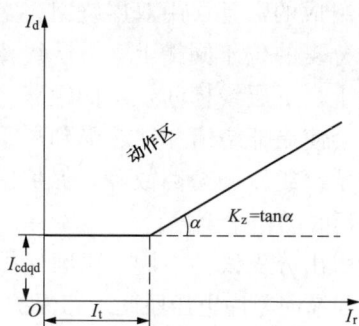

图 2-14 裂相横差保护的动作特性

（4）整定计算。

1）采用过电流元件时。动作电流应按躲过区外不对称短路时产生的最大不平衡差流来整定。

$$I_{op}=\frac{1}{2}K_{rel}(K_1+K_2+K_3)I_{kmax}^{(2)}$$

式中：K_{rel} 为可靠系数，取 $1.15\sim1.2$；K_1 为两侧 TA 的 10% 误差，取 0.1；K_2 为通道传输及调整误差，取 0.1；K_3 为不对称短路时，由于转子偏心造成的误差取 0.1。

将以上各数据代入动作方程，计算可得

$$I_{op}=\frac{1}{2}(0.345\sim0.36)I_{kmax}^{(2)}$$

实际可取 $I_{op}=0.2I_{kmax}^{(2)}$。

2）采用具有比率制动特性的差动元件时。对其定值的整定，主要是确定最小动作电流 I_{cdqd}，拐点电流 I_t 及比率制动系数 K_z。

a. 最小动作电流 I_{cdqd}。按躲过正常工况下产生的最大不平衡电流来整定，即

$$I_{cdqd}=\frac{1}{2}K_{rel}(K_1+K_2+K_3)I_N$$

式中：K_{rel} 为可靠系数，取 $1.5\sim2$；K_1 为两侧 TA 变比误差，取 0.06；K_2 为气隙磁场不均匀产生的误差，取 0.05；K_3 为保护装置通道传输及调整误差，取 0.1。

将以上各数据代入动作方程，计算可得

$$I_{cdqd}=(0.25\sim0.3)I_N$$

可取 $0.3I_N$。

b. 拐点电流 I_t。在额定工况下，保护的制动电流约为 $0.5I_N$，因此，拐点电流可取 $I_t=(0.3\sim0.4)I_N$。

c. 比率制动系数 K_z。建议取 $K_z=0.4$。

（二）发电机定子绕组匝间保护

在大容量发电机中，由于额定电流很大，其每相一般都是由两个或者

两个以上并联分支绕组组成的，且采用双层绕组。定子绕组的匝间短路故障主要是指同属于一个分支的位于同槽上、下层线棒发生的短路或者同相但不同分支的位于同槽上、下层线棒间发生的短路。匝间短路回路的阻抗较小，短路电流很大，会使局部绕组和铁芯受到严重损伤。装设发电机定子匝间保护就是反映定子绕组匝间短路故障，保护次灵敏段瞬时动作于全停，受制动的灵敏段经延时动作于全停。

根据发电机中性点引出分支线的不同，匝间保护的主要实现方式有两种：发电机横差动保护和纵向零序电压匝间短路保护。

发电机定子绕组发生匝间短路故障（包括一相分支绕组、同相分支绕组间的匝间短路故障）、定子绕组相间短路故障、（单星形绕组发电机）定子绕组开焊时，机端对中性点三相电压对称性被破坏，从而产生纵向零序（负序）电压。

发电机定子绕组发生匝间短路时，出现纵向不对称，从而产生纵向零序电压。纵向零序电压式匝间保护是以纵向零序电压为判据构成的发电机匝间短路故障保护。

1. 交流接入回路

纵向零序电压式匝间保护的接入电压，取自机端专用 TV 的开口三角形电压。通过装设专用电压互感器，互感器一次中性点与发电机中性点直接相连，而不允许再接地，在互感器开口三角形绕组取得纵向零序电压。对这组发电机专用 TV 的要求是：全绝缘式 TV，其一次中性点不能接地，而应通过高压电缆与发电机中性点连接起来。保护装置的交流接入回路如图 2-15 所示。

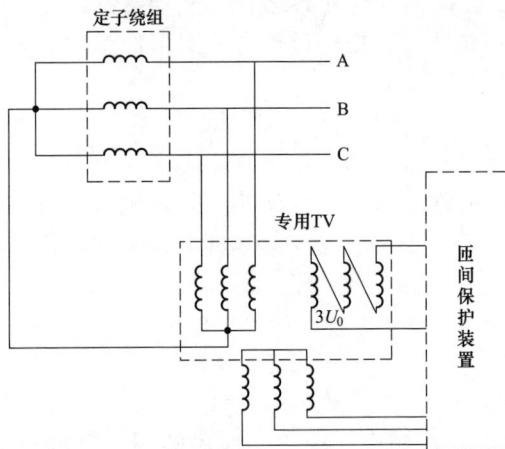

图 2-15　纵向零序电压式匝间保护交流接入回路

图 2-15 中：对保护要接入专用 TV 二次电压和保护 TV 二次电压，其目的是用于 TV 断线判据并闭锁保护。

2. 保护逻辑框图

为防止专用 TV 一次断线时匝间保护误动,引入 TV 断线闭锁;为防止区外故障或其他原因(例如专用 TV 回路出现问题)产生的纵向零序电压使保护误动,通常采用负序功率方向闭锁元件(也有采用负序功率增量方向元件闭锁的)。对于微机型保护装置,负序功率方向判据应采用允许式闭锁。该保护的逻辑框图如图 2-16 所示。

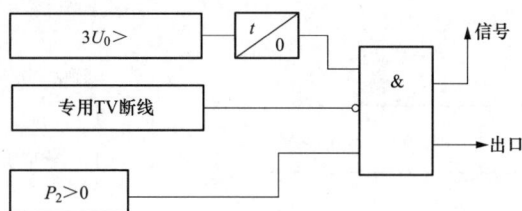

图 2-16 发电机纵向零序电压式匝间保护逻辑框图

$3U_0$—纵向零序电压元件;

P_2—负序功率方向元件;t—时间元件

对匝间保护引入一个短延时 t 的目的是:在专用 TV 一次断线或一次熔断器抖动时,确保可靠闭锁保护出口。

3. 专用 TV 断线闭锁

匝间保护及 $3U_0$ 式定子接地保护 TV 断线闭锁,在 TV 一次断线时应动作。为防止 TV 一次断线时保护误动,通常采用比较两组 TV 二次电压大小及相位差的原理。

国内已采用过的反应 TV 一次断线的 TV 断线闭锁装置,其构成原理有两种:一种是比较 TV 二次三相电压相量和原理,另一种是电压平衡原理。

(1)三相电压相量和比较式。反映 TV 二次三相电压相量和比较式 TV 断线闭锁装置,是按对专用 TV 及普通 TV 二次三相电压的相量和进行绝对值比较的原理构成。其动作方程为

$$|\dot{U}_A + \dot{U}_B + \dot{U}_C| > |\dot{U}_a + \dot{U}_b + \dot{U}_c| \qquad (2\text{-}1)$$

$$|\dot{U}_A + \dot{U}_B + \dot{U}_C| < |\dot{U}_a + \dot{U}_b + \dot{U}_c| \qquad (2\text{-}2)$$

式中:$\dot{U}_A$、$\dot{U}_B$、$\dot{U}_C$ 为专用 TV 二次三相电压,V;$\dot{U}_a$、$\dot{U}_b$、$\dot{U}_c$ 为普通 TV 二次三相电压,V。

式(2-1)表示专用 TV 一次断线;式(2-2)表示普通 TV 一次断线。

正常工况下,TV 二次三相平衡,其相量之和近似等于零。当专用 TV 一次某相断线时 $|\dot{U}_A + \dot{U}_B + \dot{U}_C| \approx 57V$,而普通 TV 二次 $|\dot{U}_a + \dot{U}_b + \dot{U}_c| \approx 0$。反之,当普通 TV 一次断线时,$|\dot{U}_A + \dot{U}_B + \dot{U}_C| \approx 0$,而 $|\dot{U}_a + \dot{U}_b + \dot{U}_c| \approx 57V$。

因此，式（2-1）及式（2-2）均能正确反应 TV 一次断线。

但是，由于专用 TV 一次中性点不接地，而普通 TV 一次中性点直接接地，当发电机定子绕组发生单相接地时，断线闭锁元件将误判普通 TV 断线。

（2）电压平衡式原理。电压平衡式 TV 断线闭锁元件，是按比较两组 TV 二次同名相间电压 $\dot{U}_{ab}$、$\dot{U}_{ab}$ 及 $\dot{U}_{bc}$ 的原理构成。其动作逻辑框图如图 2-17 所示。

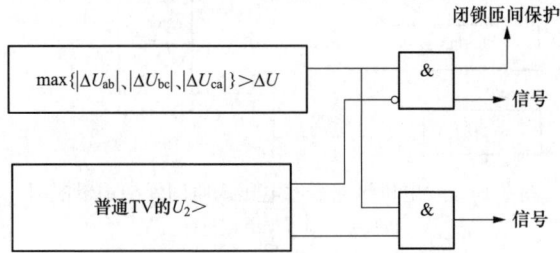

图 2-17　电压平衡式 TV 断线闭锁逻辑框图

ΔU—差压整定值；ΔU_{ab}、ΔU_{bc}、ΔU_{ca}—专用 TV 与普通 TV 二次同名相间电压之差；

$\max\{|\Delta U_{ab}|、|\Delta U_{bc}|、|\Delta U_{ca}|\}$—取 ΔU_{ab}、ΔU_{bc}、ΔU_{ca} 中的最大者；

U_2—普通 TV 二次的负序电压

由图 2-17 可以看出：若 ΔU_{ab}、ΔU_{bc} 及 ΔU_{ca} 三者中任一个大于 ΔU 时，判为 TV 一次断线；此时，如果普通 TV 二次无负序电压，则判为专用 TV 断线，若普通 TV 二次有负序电压，则被判为普通 TV 断线。

专用 TV 断线时，闭锁匝间保护；普通 TV 断线时，闭锁 $3U_0$ 定子接地保护。

分析表明：当发电机定子绕组一点接地时，断线闭锁装置不会误动。

4. 负序功率方向

负序功率方向元件的接入电压为机端普通 TV 二次三相电压，接入电流为机端 TA 二次三相电流。

负序功率方向元件的作用，是防止区外故障及因任何原因使专用 TV 三次回路异常时匝间保护误动。为此，其动作方向应指向发电机内，当发电机输出负序功率时，允许保护动作。

5. 定值整定原则及取值建议

对纵向零序电压式匝间保护的整定，主要是确定纵向零序电压元件的动作电压，断线闭锁元件的差压，负序电压元件的动作电压。

（1）动作电压 $3U_0$。动作电压 $3U_0$ 的整定原则是：能可靠躲过正常工况下由于发电机纵向不对称及 TV 一次或三次参数不一致产生的零序电压；另外，在定子绕组发生最少匝间短路时，保护也应可靠动作。

1）高值段动作电压 $3U_{0.H}$：高值段无电流制动，动作电压应躲过外部短路故障时基波最大不平衡电压。对于定子绕组为单星形连接的发电机（例如：上海电机厂生产的 125MW 双水内冷式汽轮发电机），其整定值可适当增大，$3U_0$ 宜取 8～12V；而对于容量为 200～300MW、定子绕组呈双星形连接的汽轮发电机，$3U_0$ 宜取 5～8V。

2）灵敏段动作电压 $3U_{0.L}$、制动系数 K_z：动作电压按躲过发电机正常运行时基波最大不平衡电压 $U_{bph.max}$ 整定，即：$3U_{0.L}=K_{rel} \cdot U_{bph.max}$，可靠系数 $K_{rel}=2.5$。

当无实测值时，对于双星形绕组发电机，可取 $3U_{0.L}=1.5～3V$；对单星形绕组发电机，可取 $3U_{0.L}=3～6V$。

为确保外部短路故障时保护可靠不误动，制动系数 K_z 宜取大些，但从保证内部短路故障保证灵敏度出发，K_z 也不宜过大，取 $K_z=1$ 较为合理（有的保护装置内部固定 $K_z=1$）。

（2）压差 ΔU。压差 ΔU 的整定值，应确保专用 TV 一次断线时，其二次相间电压与普通 TV 同名相相间电压之差等于其 2～3 倍，断线闭锁可靠动作。可取 $\Delta U=8V$。

（3）负序功率方向元件的动作方向。为防止因专用 TV 三次绕组回路异常或一次熔断器熔断不干脆使保护误动，负序功率方向元件的动作方向应指向发电机内。

（4）负序电压元件的动作电压。负序电压元件的动作电压，应保证正常工况不误动，通常取 6～8V。

6．提高定子绕组匝间保护动作可靠性措施

（1）为确保纵向零序电压式匝间保护动作可靠性，除增加一动作小延时及设置负序功率方向元件之外，尚应保证专用 TV 二次及三次回路满足反措要求。

（2）在 TV 三次回路不应设置熔断器或隔离开关的辅助触点；在 TV 端子箱 TV 二次和三次回路严格分开。另外，专用 TV 一次中性点对地绝缘应高（采用全绝缘式 TV，一次中性点通过高压电缆与发电机中性点连接起来），决不允许一次中性点接地。

（3）保护装置应具有良好的抑制三次谐波电压的能力，在频率跟踪范围内，保护对三次谐波电压的滤除比大于 100，使保护只反应基波分量电压。

（4）专用 TV 一次中性点通过高压电缆与发电机中性点可靠连接（高压电缆接地表现为发电机中性点接地）。

（5）为防止专用 TV 一次侧断线引起保护误动作，应有可靠的 TV 断线闭锁功能，并且 TV 断线闭锁装置应在保护误动前动作，确保闭锁可靠。

（6）开口三角形引出的纵向零序电压，其二次回路只能一点接地，不能有辅助触点及熔断器，且不能与 TV 二次的接地系统公用电缆芯连接。

（7）对于双星形（或多分支）绕组的发电机，分支绕组开焊时，由于分支绕组间零序（负序）漏抗很小，纵向零序电压实际上很小，接近于零（发电机机端负序电流也很小），故匝间保护不反应。

（8）在某些情况下，外部短路故障时，三次谐波电压增量很小甚至没有，因此，仍需要采用负序功率方向闭锁。

（9）负序功率方向元件不应影响纵向零序电压元件的灵敏度。为此，当采用机端负序电流时（机端 TA），外部不对称短路故障负序功率方向元件应处动作状态，闭锁保护；内部短路故障（匝间短路、相间短路、单星形定子绕组开焊）负序功率方向元件处于不动作状态，开放保护。这样，发电机并网前发生匝间短路故障时，保护可以反应。

（10）当负序功率方向元件采用中性点侧负序电流时（中性点侧 TA），外部不对称短路故障、定子绕组相间短路故障时，负序功率方向元件处动作状态，闭锁保护；匝间短路故障、单星形定子绕组开焊时，负序功率方向元件不动作，开放保护。同样，发电机并网前发生匝间短路故障时，保护可以反应。

（11）外部三相短路故障时，负序功率方向元件失去闭锁作用。

（12）建议负序功率方向元件采用机端的负序电流。

（三）发电机定子接地保护

发电机定子绕组单相接地故障电流和暂态过电压大小均与发电机中性点接地方式有关。

我国发电机中性点接地有以下三种方式，如图 2-18 所示。

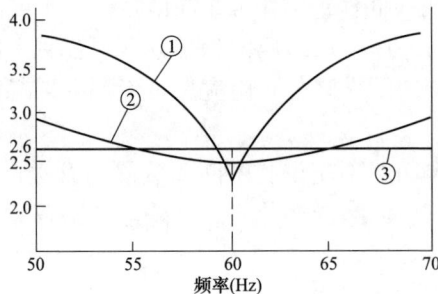

图 2-18 发电机中性点接地方式

（1）发电机中性点直接接地方式。单相接地故障电流非常大，会对发电机构成威胁。故这种接地方式不可取。

（2）发电机中性点不接地（含经单相电压互感器接地）方式。此时单相接地故障电流为发电机三相对地电容电流，其值相对较小。但随着单机容量的不断增大，三相对地电容也相应增大，使单相接地故障电流增大，威胁发电机安全。

（3）发电机中性点经配电变压器高阻接地方式。利用接地电阻达到抑制暂态过电压的作用。图 2-18 中曲线③为发电机中性点经高阻接地方式，当选择 $R_N \leqslant X_{C0}/3$（R_N 为接地电阻；X_{C0} 为零序阻抗）时，发电机发生单相接地故障的暂态过电压不会超过 2.6p.u.，可有效抑制暂态过电压，但会使接地故障电流增大（大于$\sqrt{2}\,I_C$）。

（4）发电机中性点经消弧线圈接地方式。利用消弧线圈提供的电感电流来补偿发电机的电容电流，达到抑制或减小单相接地故障电流的作用。为避免发生传递过电压，消弧线圈必须按欠补偿方式调整（欠补偿可防止系统接地故障时与耦合电容发生串联谐振，避免过电压）。

图 2-18 中曲线①为发电机中性点经消弧线圈接地方式，当选择 $X_N = X_{C0}/3$（X_N 为接地阻抗）时，发电机发生频率偏移的情况下，会产生较严重的暂态过电压。

图 2-18 中曲线②为发电机中性点经消弧线圈接地方式，且消弧线圈中串接了小电阻。这种方式既有效抑制了暂态过电压，同时也减小了单相接地时的故障电流，有利于发电机的安全运行。

因此，大型发电机组应该采用中性点经消弧线圈接地方式，使调整补偿后的接地残流小于允许值。发生单相接地故障后，接地保护动作于信号，发电机继续与系统并联运行，同时转移负荷，实现平稳停机检修。

发电机中性点经消弧线圈接地时，必须采用欠补偿方式，原因分析如下：

主变压器高压侧发生接地故障时，故障点零序电压 U_{0H} 经主变压器耦合电容 C_M 传递到发电机侧（见图 2-19 所示）。在发电机侧感应到的零序电压为

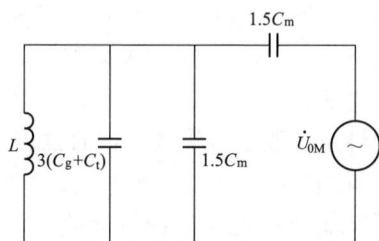

图 2-19　零序电压耦合回路示意图

$$U_{0g} = B U_{0H}$$

$$B = \frac{C_M'}{2C_M' + (C_g + C_t)\left(1 - \dfrac{1}{K}\right)}$$

式中：K 为补偿系数。

$$K = \frac{\omega L}{\dfrac{1}{3\omega(C_g + C_t)}}$$

$K > 1$ 为欠补偿；$K = 1$ 为全补偿；$K < 1$ 为过补偿。

如果采用 $K < 1$ 为过补偿，则 $1 - (1/K) < 0$，可能使 B 趋近于无穷大，

会产生传递过电压。

1. 发电机定子绕组单相接地的危害

定子绕组单相接地，是指定子绕组某处绝缘薄弱，铜导线和铁芯（或其他铁件）在电方面发生导通的现象。

设发电机定子绕组为每相单分支且中性点不接地。发电机定子绕组接线示意图及机端电压相量图如图 2-20 所示。

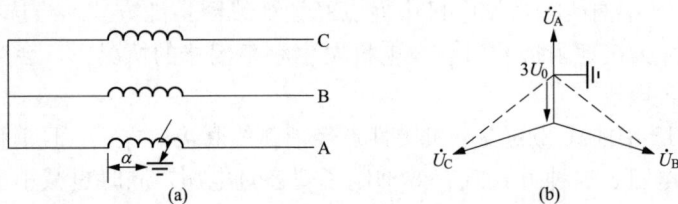

图 2-20　发电机定子绕组接线示意图及机端电压相量图
(a) 接线图；(b) 相量图

设 A 相定子绕组发生接地故障，接地点距中性点的电气距离为 α（机端接地时 $\alpha=1$）。此时，相当于在接地点出现一个零序电压。

由图 2-20（b）可以看出：A 相绕组接地时，使非故障相（B 相及 C 相）对地电压，由相电压升高到另一值，当机端 A 相完全金属性接地时，B、C 两相的对地电压由相电压升高到线电压（升高到 $\sqrt{3}$ 倍的相电压）。

另外，发电机定子绕组及机端连接元件（包括主变压器低压侧及厂用高压变压器高压侧）对地有分布电容。零序电压通过分布电容向故障点提供电流。此时，如果发电机中性点经某一电阻接地，则发电机零序电压通过电阻也为接地点提供电流。

发电机定子绕组中性点一般不直接接地，而是通过高阻（接地变压器）接地、消弧线圈接地或者不接地，因此发电机的定子绕组都设计为全绝缘。尽管如此，发电机定子绕组仍可能由于绝缘老化、过电压冲击或者机械振动等原因发生单相接地故障。当定子绕组发生单相接地时，因带电导体与处于地电位的铁芯或其他铁件间有电容存在，即发电机以及和发电机相连的出口断路器、变压器绕组、母线等对地都有电容，所以接地点会有电容电流流过。当机端处发生单相金属性短路时，接地电容电流最大，而当短路点越靠近中性点，相对接地电流越小。大型发电机定子绕组对地电容较大，容抗较小，定子绕组单相接地时故障点有较大电流流过，可能产生持续电弧，烧坏铁芯。

尽管发电机定子单相接地并不会引起大的短路电流，但若不能及时发现，接地点电弧将进一步破坏绕组绝缘，扩大故障范围。电弧还有可能烧伤定子铁芯，给修复带来很大困难。大型发电机定子绕组对地电容较大，当发电机机端附近发生接地故障时，故障点的电容电流比较大，影响发电机的安全运行；同时由于接地故障的存在，会引起接地弧光过电压，可能导致发电机其他部位的绝缘破坏,形成危害严重的相间或者匝间短路故障。

发电机定子绕组单相接地的危害是:非接地相对地电压的升高,将危及对地绝缘,如若原来绝缘较弱时,可能造成非接地相相继发生接地故障,从而造成相间接地短路,损害发电机;另外,流过接地点的电流具有电弧性质,可能烧伤定子铁芯。定子铁芯烧损的程度和电弧电流的大小有关,严重时会将铁芯烧出一个大缺口。

分析表明:接地点距发电机中性点越远,接地运行对发电机的危害越大;反之越小。接地点在中性点附近时,若不再出现其他部位接地故障,不会危害发电机。

2. 定子绕组单相接地故障点的起因

(1) 发电机内定子绕组绝缘被异物磨损或老化等造成绝缘水平下降,或发电机漏水及冷却水电导率严重超标等,都会引起定子接地报警。

(2) 当发电机出线采用封闭母线后,由出线因素引起接地的概率大大减少,但其他一些因素也会造成发电机定子接地、引起定子接地报警。如:与发电机定子绕组相连的一次部分发电机出口电压侧的设备(包括 TV、发电机出线封母导体或瓷绝缘子、出口断路器、主变压器低压绕组或套管等)上发生单相接地等。

(3) 如果发电机出口带开口三角形绕组的 TV 高压侧熔断器熔断,也会造成发电机定子接地报警,这种不是由于接地而报警的现象通常称为假接地。

(4) 监视和保护。最简单、可靠的定子绕组单相接地故障保护,是采用接在 TV 开口三角侧的电压继电器来实现。运行中,也可通过定期切换发电机的定子电压表来判断。如:当某相机端或机端之外某处发生金属性接地时,该相对地电压为零,则中性点电位升高为相电压,另两相对地电压升高为原来相电压的 $\sqrt{3}$ 倍,开口三角侧电压表的指示满刻度。如果某相对地电压降低,但不为零,则另两相对地电压升高,但不到 $\sqrt{3}$ 倍,就说明接地点可能是某相绕组、机端或机端之外与发电机直接相连的一次侧某处发生经过渡电阻接地。

对于大机组,机组对地电容较大,定子绕组单相接地故障时故障点有较大电流流过;有烧坏铁芯的危险,考虑到大机组铁芯修复的困难程度大、时间长、在电力系统中的地位重要等因素,定子绕组不允许带接地点运行。当采用接在 TV 开口三角侧的电压继电器来实现定子绕组单相接地故障保护时,由于其动作值需避开发电机最大不平衡电压等,故在靠近发电机中性点的某点发生接地故障时,这类保护将有动作死区。

3. 定子绕组单相接地时的零序电压及安全接地电流

设定子绕组 A 相单相接地,接地点距中性点的电气距离为 α,则机端对地电压为 $(1-\alpha)\dot{U}_A$。接地点的零序电压

$$3U_0 = \dot{U}_A(1-\alpha) + \dot{U}_B + \dot{U}_C = -2\dot{U}_A$$

可以看出，定子绕组单相接地时，发电机系统的零序电压与接地点的位置有关，如图 2-21 所示。

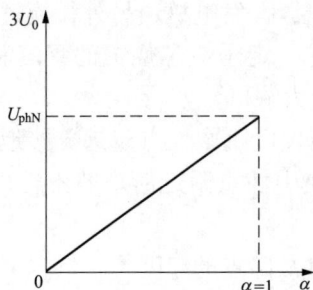

图 2-21　零序电压与接地点的位置关系

U_{phN}—发电机相电压额定值；$3U_0$—发电机系统的零序电压；

α—接地点距中性点的电气距离，机端接地时，$\alpha = 1$

可以看出：接地点距中性点越远，零序电压越高。机端接地时零序电压最大（等于发电机相电压）；中性点接地时，零序电压等于零。

接地时的最大电容电流为

$$I_{C\max} = \sqrt{3}\,U_N\omega C \times 10^{-3}$$

式中：$I_{C\max}$ 为机端接地时流过接地点的电容电流，A；U_N 为发电机电压，kV；ωC 为发电机对地容抗，Ω。

所谓发电机的安全接地电流，是指长期流过接地点，而不损坏发电机定子铁芯的最大电流。

对于不同电压等级、不同容量的发电机，发电机定子绕组单相接地时所允许的安全接地电流不同。发电机电压越高及容量越大，其安全接地电流越小。发电机定子回路发生单相接地故障时，允许的接地电流值见本系列培训教材第一章中的表 1-2。发电机定子接地保护的动作整定值按表 1-2 的要求确定，200MW 及以上容量的发电机的接地保护装置宜直接作用于跳闸。

当机端单相接地电流小于允许值时，发电机中性点应不接地，单相接地保护带时限动作于信号；当单相接地电流大于允许值时，宜经消弧线圈（欠补偿）接地，补偿后的容性残余电流小于允许值时，保护仍带时限动作于信号；但当消弧线圈退出运行或由于其他原因使残余电流大于允许值时，保护应动作于停机。

对于中性点经配电变压器高阻接地，接地故障电流大于 $\sqrt{2}\,I_C$（I_C 为机端单相金属性接地时的电容电流），一般大于接地允许电流，所以单相接地保护带时限动作于停机，时限应与系统接地保护配合。

4. 发电机三次谐波电动势及机端、中性点三次谐波电压

发电机运行时均会产生三次谐波电动势。在额定工况下，发电机的三

次谐波电压可能超过其额定电压的 5%。

发电机定子绕组对地有分布电容。因此,在发电机定子绕组及对地分布电容构成的回路中,将流过三次谐波电流,从而在发电机机端及中性点对地之间产生三次谐波电压。

(1) 发电机三次谐波电量的等值回路。发电机定子绕组对地分布电容沿发电机定子绕组均匀分布,设其总电容为 C_{G1};发电机出线及连接元件(厂用高压变压器高压侧,主变压器低压侧)对地总电容为 C_S;发电机的三次谐波电动势为 E_3。若将电容 C_G 分成两等分,其一置于机端,另一置于中性点,则发电机三次谐波电流流通的等值回路如图 2-22 所示。

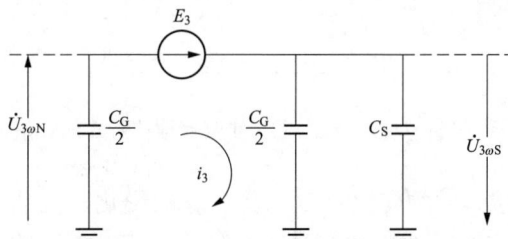

图 2-22 三次谐波电量的等值回路

E_3—发电机的三次谐波电动势;i_3—三次谐波电流;
C_G—发电机的对地总分布电容;C_S—发电机出线及所连元件对地总电容

由图 2-22 可以看出:

1) 三次谐波电动势通过对地电容产生三次谐波电流,三次谐波电流在机端及中性点对地容抗上产生压降,从而形成机端三次谐波电压 $\dot{U}_{3\omega S}$ 及中性点三次谐波电压 $\dot{U}_{3\omega N}$。

2) 由于机端对地电容 $\left(\dfrac{C_G}{2}+C_S\right)$ 比中性点对地电容 $\dfrac{C_G}{2}$ 大,故 $U_{3\omega S} < U_{3\omega N}$。$\dot{U}_{3\omega S}+\dot{U}_{3\omega N}\approx\dot{E}_3$。机端三次谐波电压的大小可在机端 TV 开口三角绕组两端测量;而中性点的三次谐波电压,可在中性点 TV(或消弧线圈或配电变压器)二次进行测量。

(2) $\dot{E}_3$、$\dot{U}_{3\omega S}$ 及 $\dot{U}_{3\omega N}$ 的变化规律。理论分析及测量表明,对于大多数发电机,其三次谐波电动势随基波电动势的增大而增大。在并网之前,机端及中性点的三次谐波电压随发电机电压升高而升高;在并网之后,对于汽轮发电机,机端及中性点三次谐波电压随有功的增大而增大;而对于水轮发电机则随着无功功率的增大而增大。

测量表明,在从发电机零起升压到带满负荷的全过程中,$\dot{U}_{3\omega S}$ 与 $\dot{U}_{3\omega N}$ 之间的相位变化不大。

(3) 定子接地时接地点位置对 $\dot{U}_{3\omega S}$ 及 $\dot{U}_{3\omega N}$ 的影响。分析表明,发电机定子绕组发生接地故障时,对 $\dot{U}_{3\omega S}$ 及 $\dot{U}_{3\omega N}$ 之间相对大小及相对相位均有影

响。接地点的位置不同，$\dot{U}_{3\omega S}$ 及 $\dot{U}_{3\omega N}$ 之比不同。

当机端接地时，$U_{3\omega S}=0$，而 $U_{3\omega N}$ 最大；而中性点接地时，$U_{3\omega N}=0$，而 $U_{3\omega S}$ 最大。

$U_{3\omega S}$ 及 $U_{3\omega N}$ 随接地点 α 的变化规律如图 2-23 所示。

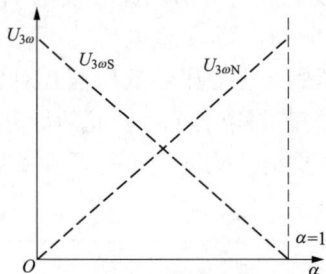

图 2-23　$U_{3\omega S}$ 及 $U_{3\omega N}$ 的大小与接地位置 α 的关系

（4）机端连接元件的变化对 $U_{3\omega S}$ 及 $U_{3\omega N}$ 的影响。机端连接元件对 $U_{3\omega S}$ 及 $U_{3\omega N}$ 的影响，主要是连接元件对地电容的影响。不同的连接元件，对地电容不同。连接元件对地电容越大，其影响越大。理论分析及测量结果表明：当发电机断路器两侧对地并有电容时，发电机并网后 $U_{3\omega N}$ 增大而 $U_{3\omega S}$ 减小。

5. 发电机基波零序电压式定子接地保护

虽然发电机定子绕组是全绝缘的（中性点和机端的绝缘水平相同），并且中性点的运行电压很低，接地故障一般不会首先发生在中性点附近。但是，如果是由于水内冷发电机的漏水、冷却风扇的叶片断裂飞出等原因造成的定子绕组绝缘破坏，就不能排除发电机中性点附近发生接地故障的可能性了。另外，如果中性点附近的绝缘水平已经下降，但尚未达到能被定子接地保护装置检测出来的程度时，一旦机端又发生另一点接地故障，使中性点电位骤增至相电压，则中性点附近绝缘水平已经下降的部位，有可能在这个电压下发生击穿，故障立即转为严重的相间或匝间短路，因此，这种情况的潜在危险性很大。

统计表明，在发电机的各种故障中，定子接地故障占的比例很大。为确保发电机的安全，当出现定子绕组接地故障时，应及时发现并作相应的处理。GB/T 14285—2023《继电保护和安全自动装置技术规程》规定，对容量为 100MW 及以上的发电机，应装设 100% 定子接地保护（即没有死区的接地保护）。

定子接地保护的种类很多，有零序电压式、零序电流式、三次谐波电压式、叠加直流式、叠加交流式、注入式等。

（1）零序电流式定子接地保护。目前，国内采用的零序电流式定子接地保护有两种。一种用于小机组，另一种用于大机组。

用于小机组零序电流式定子接地保护的原理构成接线图如图 2-24 所示。

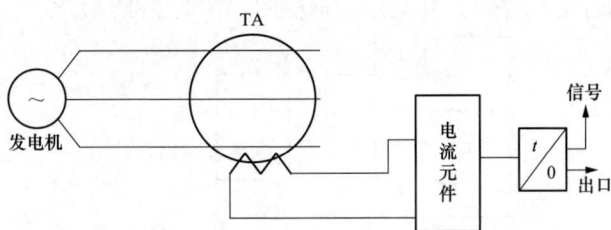

图 2-24 零序电流式定子接地保护构成示意图

TA—零序电流互感器，套在发电机三相出线上

由图 2-24 可以看出，接地保护实际上由一接在零序 TA 二次的电流元件及时间元件构成。

零序 TA 无变比，靠漏磁使一次零序电流（即电容电流）传递至二次的。

该保护的优点是：构成简单及选择性强，可以区分接地点在机内还是在机外；其缺点是：由于零序 TA 尺寸的限制，只能用于小机组。

用于大机组零序电流式定子接地保护的原理接线图如图 2-25 所示。

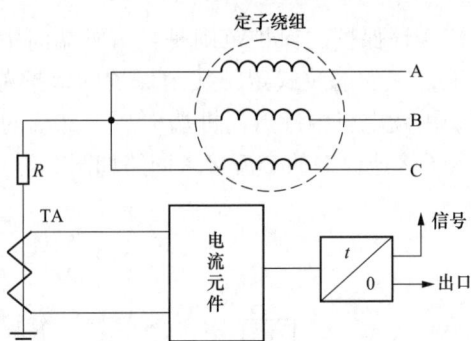

图 2-25 零序电流式定子接地保护构成示意图

R—发电机中性点对地附加电阻，通常为 1kΩ；TA—电流互感器

当定子绕组接地，有电流流过中性点，电流元件动作，经延时作用于出口。

该保护的优点是：构成简单。其缺点是：有死区，在中性点附近接地时不动作，不能满足大机组对接地保护的要求；另外，增加了流过接地点的电流，对发电机不利。

（2）叠加式定子接地保护。叠加式定子接地保护有两类，其一是叠加直流式，另一是叠加低频交流式（例如叠加一个 20Hz 的低频电压）。

叠加式定子接地保护的优点是：动作灵敏度高（特别是叠加直流式）及无死区（100％定子接地保护）。缺点是构成复杂，需要一套外加电源。

（3）零序电压式定子接地保护。零序电压式定子接地保护的零序电压，可取自机端 TV 三次开口电压，也可取自发电机中性点 TV 二次（或消弧线圈或配电变压器二次)。其动作逻辑框图如图 2-26 所示。

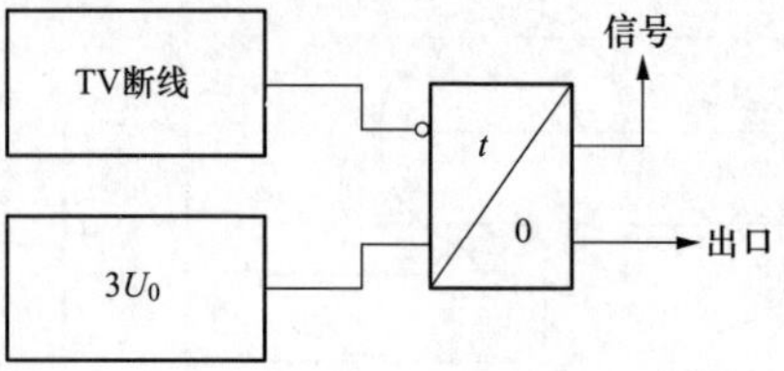

图 2-26　零序电压式定子接地保护逻辑框图

$3U_0$—零序电压元件

当零序电压元件 $3U_0$ 接至机端 TV 三次时,为防止 TV 一次断线保护误动,应设置 TV 断线闭锁。

该保护的优点是:构成简单,动作可靠;缺点是:有死区,从中性点向机端方向 10％~15％的定子绕组接地时,该保护不动作。

6. 双频式 100％定子接地保护

目前在常规机组上得到广泛应用的 100％定子接地保护方案由两部分组成,一部分是基波零序电压式接地保护,另一部分是三次谐波电压式定子接地保护。

基波零序电压式接地保护的保护范围是:由机端向中性点方向 85％~90％的定子绕组接地;三次谐波式定子接地保护的保护范围决定于其构成方式,主要用于保护由发电机中性点向机端 15％~20％的定子绕组接地。

双频式 100％定子接地保护的交流接入回路如图 2-27 所示。

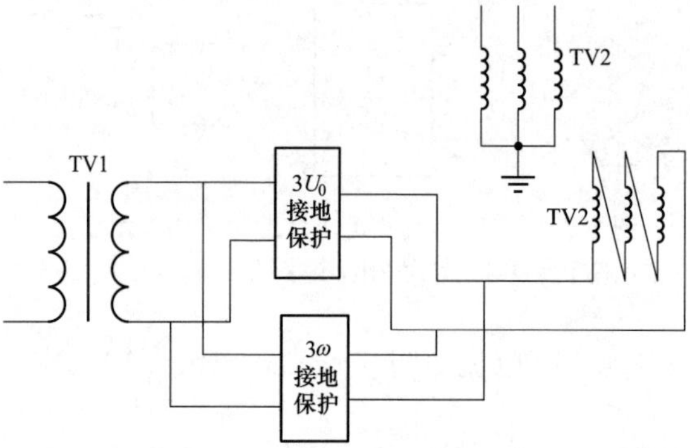

图 2-27　双频式 100％定子接地保护交流接入回路

TV1—中性点电压互感器(或消弧线圈或配电变压器);TV2—机端电压互感器

大部分继电保护装置的 $3U_0$ 定子接地保护都不引入中性点 TV 二次电压,因此,当机端 TV 一次断线时,保护要误动,故需设置专用的 TV 断线闭锁元件。

(1) $3U_0$ 基波零序电压定子接地保护。目前,国内应用的 $3U_0$ 定子接地保护,根据接入的零序电压的取用方式,其动作逻辑框图有三种形式。

第一种形式:图 2-26 所示的逻辑框图为零序电压取自机端 TV 三次绕

组的构成形式。

第二种形式：当零序电压取自中性点 TV（或消弧线圈或配电变压器）二次绕组时，不需设置 TV 一次断线闭锁，故其逻辑框图如图 2-28 所示。

图 2-28　零序电压式定子接地保护逻辑框图

注：$3U_0$ 电压取自中性点 TV 或消弧线圈二次。

第三种形式：保护的逻辑框图如图 2-29 所示。

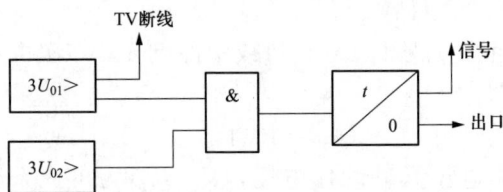

图 2-29　零序电压式定子接地保护逻辑框图

$3U_{01}>$—零序电压取自机端的电压元件；

$3U_{02}>$—零序电压取自发电机中性点的电压元件

图 2-29 所示的零序电压式定子接地保护，不需要设置 TV 断线闭锁，其动作可靠性高。

基波电压型定子接地保护简单可靠，但在发电机中性点附近存在死区，并且随着定子绕组对地电容的不对称度的增大，保护的死区也扩大。

（2）三次谐波电压型（3ω）定子接地保护。目前，国内广泛应用的 3ω 定子接地保护的构成方式有两种：其一是幅值比较式，另一是幅值相位比较式。

所谓幅值比较式，是比较中性点三次谐波电压 $U_{3\omega N}$ 与机端三次谐波电压 $U_{3\omega S}$ 的幅值。其动作方程为

$$|K_1 U_{3\omega S}| > K_3 U_{3\omega N} + \Delta U$$

式中：K_1 为调平衡系数；K_3 为制动系数；ΔU 为浮动门槛电压，V；$U_{3\omega S}$ 为机端三次谐波电压，V；$U_{3\omega N}$ 为中性点三次谐波电压，V。

幅值相位比较式，是同时比较中性点三次谐波电压 $U_{3\omega N}$ 与机端三次谐波电压 $U_{3\omega S}$ 的大小及相位。其动作方程为

$$|\dot{K}_1 \dot{U}_{3\omega N} + \dot{K}_2 \dot{U}_{3\omega S}| > K_3 U_{3\omega N}$$

式中：$\dot{K}_1$、$\dot{K}_2$ 为幅值、相位平衡系数；K_3 为制动系数。

三次谐波电压式定子接地保护的逻辑框图，如图 2-30 所示。

（3）基波零序电压保护的整定。基波零序电压保护的整定，需要确定

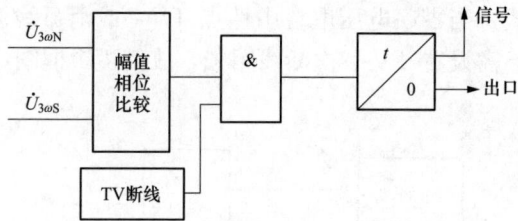

图 2-30　3ω 定子接地保护逻辑框图

$3U_0$ 电压元件的动作电压及时间元件的动作时间。

1）动作电压整定原则：当保护装置中具有性能良好的三次谐波滤过器时，应满足以下两个条件：

a. 可靠躲过正常工况下 TV 开口或中性点 TV 二次可能出现的最大基波不平衡电压，即

$$U_{opo} = K_{rel} U_{o.max}$$

式中：U_{opo} 为零序电压元件动作电压，V；K_{rel} 为可靠系数，取 $1.5 \sim 2$；$U_{o.max}$ 为正常运行发电机出现的最大基波不平衡电压，V。

影响 $U_{o.max}$ 的因素很多，主要有发电机三相电压系统对地不平衡，机端 TV 三相参数不一致，TV 三相负载不均等。

（a）发电机三相对地电容不对称，造成中性点产生位移电压。如图 2-31 所示。

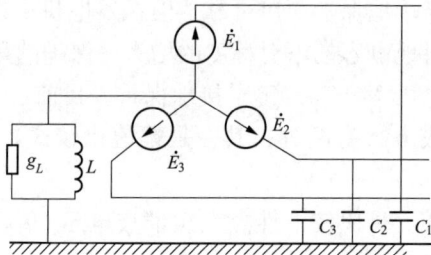

图 2-31　发电机中性点三相对地电容分布示意图

中性点不接地时，假设三相电动势 $\dot{E}_1$、$\dot{E}_2$、$\dot{E}_3$ 完全对称，而 $C_1 \neq C_2 \neq C_3$，则根据 KCL 定律，可有

$$\sum_{i=1}^{3} (\dot{U}_{on} + \dot{E}_i) j\omega C_i = 0$$

$$\dot{U}_{on} = -\frac{\dot{E}_1 C_1 + \dot{E}_2 C_2 + \dot{E}_3 C_3}{\sum\limits_{i=1}^{3} C_i} = -\frac{C_1 + \alpha C_2 + \alpha^2 C_3}{\sum\limits_{i=1}^{3}} \cdot \dot{E}_1$$

若中性点经消弧线圈接地，加入消弧线圈后，中性点电压为

$$\dot{U}_0 = -\frac{\dfrac{1}{g_L + \dfrac{1}{\mathrm{j}\omega L}}}{\dfrac{1}{\mathrm{j}3\omega C_0} + \dfrac{1}{g_L + \dfrac{1}{\mathrm{j}\omega L}}} \cdot \dot{U}_{on} = \frac{\dot{U}_{on}}{V_c - \mathrm{j}d}$$

所以，$U_0 = \dfrac{U_{on}}{\sqrt{V_c^2 + d^2}}$，其中，$\begin{cases} V_c = 1 - \dfrac{1}{3\omega^2 L C_0} & \text{脱谐度} \\[3mm] d = \dfrac{g_L}{3\omega C_0} & \text{阻尼率} \end{cases}$

若在谐振条件下且消弧线圈为纯电感，则 $V_c = 0$，$d = 0$。只要三相对地电容略有不同，产生 U_{on}，就会使 $U_0 \infty \infty$。

因此，消弧线圈中宜加入电阻 R，使 $g_L \neq 0$，$d \neq 0$，达到限制中性点电压 U_0 的作用。

（b）主变压器高压侧发生接地故障时，高压侧基波零序电压 U_{0H} 经耦合电容传递到发电机机端产生的 U_{0g}（故当基波零序电压保护灵敏度受到影响时，可考虑增设主变压器高压侧基波零序制动电压）。

（c）发电机自身三次谐波电压（具有零序电压性质）的影响，应装设三次谐波阻波环节（三次谐波过滤器）。

（d）发电机三相电动势的不对称或 TV 传变特性误差产生的零序基波不平衡电压。

b. 躲过发电机变压器组高压侧单相接地时耦合到发电机侧的最大零序电压。

通常条件②确定了基波零序动作电压值。为简化计算，通常建议整定为：

（a）发电机定子引出线不是封闭母线时，可取 10～13V；

（b）当发电机母线为封闭母线时，可取 8～10V。

如果保护装置配置有基波零序动作电压高值（有些保护装置中不投），则动作电压可取机端接地时零序电压的 20%～25%。

2）基波零序电压保护动作时限的整定。当机端定子绕组单相接地电流不超过允许值时，动作时限可按躲过系统接地保护最长时限整定，即：主变压器高压侧发生接地短路故障时，高压侧的零序电压可通过变压器两侧的耦合电容传递至发电机系统。当定子接地保护不引入高压侧零序电压作为制动量时，其动作延时 t，应按与主变压器高压侧接地故障保护的后备段相配合

$$t = t_{oH.max} + \Delta t$$

式中：t 为 $3U_0$ 定子接地保护动作延时，s；$t_{oH.max}$ 为主变压器高压侧零序保护后备段最长动作时间，s；Δt 为时间级差，一般取 0.3～0.5s。

当机端定子绕组单相接地电流超过或接近允许值时，为保证发电机安

全，动作时限不宜过长，考虑到大型发电机组高压配出线主保护双重化配置，并且系统按近后备配置保护，动作时限可取 0.5～1s。机组容量越大动作时限越短，如 600MW 机组动作时限可取 0.5s。

基波零序电压保护一般能够保护 85％以上的定子绕组接地故障，但靠近中性点部分有一定的保护死区。如图 2-32 所示。

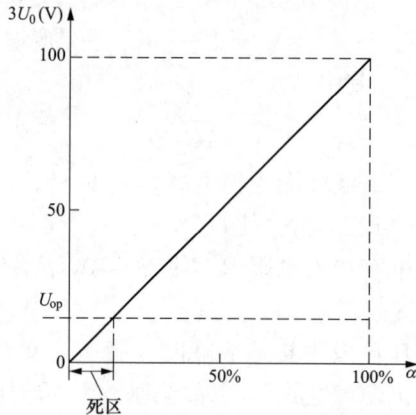

图 2-32　基波零序电压保护动作特性示意图

（4）3ω 三次谐波定子接地保护的整定。幅值、相位平衡系数 $\dot{K}_1$、$\dot{K}_2$ 应在发电机空载额定电压下或小负荷工况下调平衡整定。而制动系数 K_3 的确定应按下述原则进行：水轮发电机可取 0.2；汽轮发电机可取 0.6～0.8。

动作时限：与系统接地短路保护后备段动作时限配合，一般可取 3～6s。

（5）对双频 100％定子接地保护的评价。

1）基波零序电压保护的不足：有励磁电压后才能工作；需要考虑与主变压器高压侧接地后备保护的配合，对设备不利；保护的灵敏度受定子绕组单相接地位置的影响。

2）三次谐波电压保护的不足：有励磁电压后才能工作；灵敏度随着定子对地电容的增大而降低；少量汽轮发电机气隙磁场正弦度较好，定子绕组本体三次谐波极小。

3）基波零序电压保护和三次谐波电压保护的保护区都随接地过渡电阻的变化而变化，即保护区受过渡电阻的影响。

基波零序电压型定子接地保护简单可靠，但在发电机中性点附近存在死区，并且随着定子绕组对地电容的不对称度的增大，保护的死区也扩大；三次谐波电压型定子接地保护与机组的运行工况有关，且随着定子绕组对地电容的增大，灵敏度下降。

此外，据了解，少量超超临界汽轮发电机气隙磁场正弦度较好，定子绕组本体三次谐波极小，如河北某电厂 600MW 火电机组，正常运行时其机端电压互感器开口三角的三次谐波电压甚至小于 0.05V，严重影响三次谐波电压型定子接地保护的灵敏度和可靠性。

（6）提高双频式定子接地保护动作可靠性措施。

1）双频式定子接地保护，可以有效保护发电机定子绕组上任一点的接地故障，当发电机机端连接元件对地绝缘能力降低或接地时亦能反应。如果发电机引出线及所连元件露天安置时，雨天（特别是污尘严重地区）保护可能误动。此时，为提高保护的动作可靠性，在计算其整定值时，不宜整定得过于灵敏。

2）三次谐波电动势、中性点及机端三次谐波电压的大小和相位的关系，与发电机类型、结构、运行方式均有关。因此，应在发电机运行工况下对 3ω 定子接地保护进行调整及整定（最好在空载额定电压下或小负荷时进行整定及调整）。

3）保护的输入回路应满足反措要求：机端 TV 三次回路中不应设置熔断器或隔离开关的辅助触点；TV 三次回路与二次回路应在 TV 端子箱处分开，不应有公共回路；中性点 TV（消弧线圈或配电变压器）二次不应设置熔断器及其他辅助触点，其二次回路中只能有一个接地点，且接地点在保护盘上；中性点 TV 一次不应装熔断器；机端 TV 三次回路不允许有多点接地现象。

4）当 3ω 定子接地保护采用幅值相位比较式时，机端 TV 一次中性点及发电机中性点 TV（或消弧线圈或配电变压器）一次应可靠接地，机端 TV 一次中性点不允许经消谐器接地。

当发电机中性点经消弧线圈或单相 TV 接地时，如果其一、二次之间的变比等于 $U_N/\sqrt{3}/0.1\mathrm{kV}$ 时，整定的幅值、相位比较式 3ω 保护，其 K_1 在 $0.9\sim1.1$ 之间，K_2 一般小于 0.1，K_3 不应大于 1。

5）对于发电机出口断路器两侧并有接地电容，或发电机电压系统有电缆出线，或扩大单元接线（两台机共用一台变压器）时，宜设置两套 3ω 保护，分别在不同工况下投入运行。

为防止机端 TV 一次熔断器熔断特性不良致使 $3U_0$ 定子接地保护误动，保护的引入电压可取中性点 TV 或消弧线圈或配电变压器的二次，也可取机端 $3U_0$ 元件与中性点 $3U_0$ 元件组成的"与门"作为定子接地保护。

6）应当指出的是：基波电压取自发电机中性点 TV 二次（或消弧线圈或配电变压器二次）电压的 $3U_0$ 接地保护，有的保护装置仍然需要引用机端基波零序电压以增强保护动作的可靠性。这种情况下，在整定动作电压值时，应注意 TV 的变比，只有在其变比为 $U_N/\sqrt{3}/0.1\mathrm{kV}$ 时，其动作电压定值与接入机端 $3U_0$ 时相同。

7）当厂用高压变压器低压侧的中性点（低压绕组接成 Y 形）经小电阻接地时，发电机 $3U_0$ 接地保护定值的整定，尚应考虑与厂用高压变压器低压侧的接地保护相配合。

8）为确保定子接地保护回路正确、定值整定无误，在机组启动时应作机端及中性点的真机接地试验。

9）保护装置应具有良好的抑制三次谐波电压的能力，在频率跟踪范围内，保护对三次谐波电压的滤除比应在 100 以上，使保护只反应基波零序电压。

10）保护的灵敏度受接地点位置影响。机端单相接地时灵敏度最高，当接地点向中性点移近时，灵敏度逐渐降低。在距离中性点一定范围内发生单相接地时，保护没有灵敏度，即出现死区。

11）定子绕组单相接地时总会存在过渡电阻，保护区的大小将受过渡电阻大小的影响。

12）当发电机的过励磁保护采用相电压计算时，定子绕组单相接地因相电压升高，过励磁保护可能动作（此时，发电机实际上并未过励磁），动作时间由过励磁保护特性确定。

7. 注入式定子接地保护

如前文所述，双频式 100% 定子接地保护存在着不足之处：灵敏度受单相接地位置的影响；保护区受接地过渡电阻的影响；接地故障发生在中性点附近时，只能由三次谐波保护反应，动作于信号且动作时限较长；在只有一个中性点引出的大型汽轮发电机上发生分支绕组开焊故障时，多数情况下发展为接地故障由定子接地保护动作切除发电机，当这种开焊故障发生在中性点附近时，必然导致定子绕组的严重损坏。

超超临界机组单机容量增大，为了减小定子电流，提高了定子额定电压，一般可达 24～27kV，大多数 1000MW 超超临界机组，其定子额定电压均高达 27kV。且大型机组对定子绝缘检测的要求更高，通常要求要在未加励磁或静止状态下提供对定子绕组的绝缘监测，因此，为了更好地保障机组安全运行，需要配置更加完善的 100% 定子接地保护方案。

注入式（也称外加交流电源式）定子接地保护可以克服上述缺陷。

超超临界发电机组大多采用发电机中性点经变压器（高阻）接地方式，为应用注入式定子接地保护原理创造了条件。注入式定子接地保护通过辅助电源装置将 20Hz 低频电压加在负载电阻上，并通过接地变压器将低频电压信号注入发电机定子绕组对地的零序回路中。如图 2-33 所示，中性点经高阻接地的发电机注入式定子接地保护原理接线图，它由低频注入电源和保护装置两部分组成。

如图 2-34 所示，方波电源经带通滤波器后，形成 20Hz 的正弦波电压。该电压加于发电机中性点接地变压器二次绕组上，经配电变压器一次绕组注入发电机的定子绕组系统中，供测量定子绕组接地故障过渡电阻使用。需要指出，当发电机定子绕组系统发生接地故障时，接地变压器二次侧可能有较高的工频电压，带通滤波器可阻止该工频电压的侵入，保护低频注入电源工作的安全性。

发电机正常运行时，三相定子绕组对地绝缘完好，外加电源只在三相

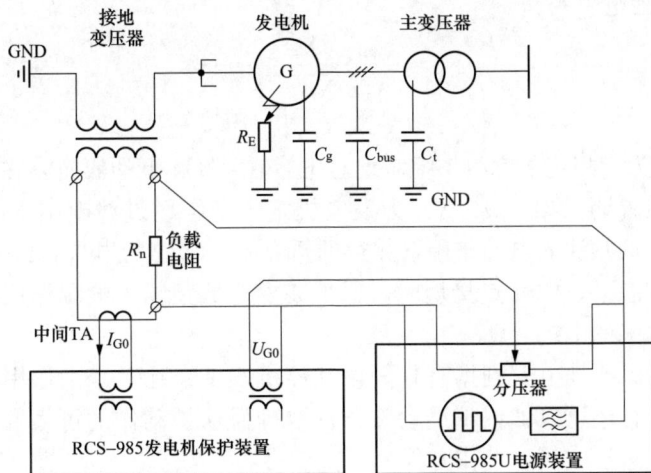

图 2-33 中性点经高阻接地的发电机注入式定子接地保护原理接线图

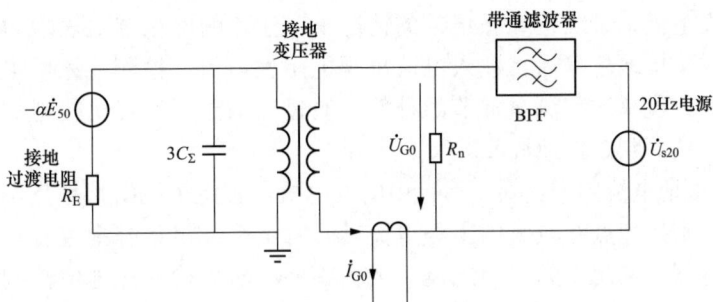

图 2-34 定子绕组单相接地时的等效回路

对地电容中产生很小的电流,当定子绕组发生单相接地故障时,外加电源将通过接地点产生较大的故障电流,使保护动作。

(1) 定子绕组接地判据。定子绕组接地判据由保护装置实现,主要由接地电阻判据和接地电流判据两部分组成。定子绕组单相接地时的等效回路,如图 2-35 所示。

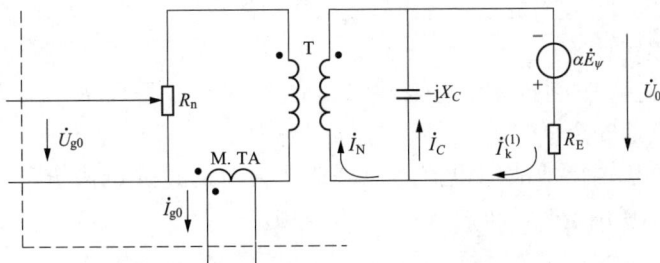

图 2-35 定子绕组单相接地时的等效回路

1) 接地电阻判据

$$R_\mathrm{E} = \frac{X_C}{\sqrt{\dfrac{X_C}{X_\mathrm{M}+X_L}-1}}$$

式中：X_C 为三相定子绕组系统对地总电容在 20Hz 下的容抗，在试验状态下由保护装置测量出，Ω；X_M 为发电机定子绕组经过渡电阻 R_E 接地时，保护装置在低频注入电源作用下测得的折算到一次侧的电抗，Ω；X_L 为发电机静止状态下，中性点接地时，保护装置在低频注入电源作用下测得的折算到一次侧的电抗，Ω。

实际上，接地电阻判据有告警段和停机段，经延时分别作用于告警和停机。同时，还可以加以辅助动作条件以确保保护动作的可靠性，即单相接地电流超过设定值，动作方程为

$$I_\mathrm{g0} > I_\mathrm{safe}$$

式中：I_g0 为保护装置检测到的工频电流有效值，A；I_safe 为对应于发电机定子接地安全电流的有效值（二次值），A。

在发电机定子绕组绝缘正常的情况下，注入的电流主要表现为电容电流；当发生接地故障后，注入电流出现电阻性电流。检测注入的电压、电流信号，经过滤波和测量环节的补偿，通过导纳法可计算出接地故障的过渡电阻，从而判定接地故障。

2) 接地电流判据：对于运行中的发电机，若定子绕组接地点不在中性点附近，则接地点有较大的工频电流，同时定子绕组系统中也有较大的工频零序电压。利用工频接地电流、工频零序电压可构成接地电流判据，动作方程可表示为

$$I_\mathrm{g0} > I_\mathrm{e.set}；U_0 > 5\mathrm{V}$$

式中：$I_\mathrm{e.set}$ 为设定的工频动作电流有效值（二次值），A；U_0 为机端电压互感器开口三角形上的电压，或自产零序电压，或中性点接地变压器二次抽取的电压，动作零序电压固定为开口三角电压 5V。

注入式定子接地保护采用的独立于电阻判据且与辅助电源无关的零序电流判据，直接反映流过中性点接地设备的零序电流，采用与频率无关的算法。这样，接地电流判据可反映发电机中性点附近（10%～20%定子绕组）以外的 80% 左右的定子绕组系统的接地故障。

（2）整定计算。

1) 接地电阻判据整定：需要整定的参数有告警段 $R_\mathrm{E.set.H}$ 和停机段 $R_\mathrm{E.set.L}$、接地安全电流 I_safe，以及有关动作时限。

先计算机端接地故障电流为允许值 I_PER 时的过渡电阻 R_E（用 R_G 表示），X_C 不易确定时，可设 $X_C = n_\mathrm{T}^2 R_\mathrm{n}$，则

$$R_\mathrm{G} = \sqrt{\left(\frac{U_\mathrm{N}}{\sqrt{3}\,I_\mathrm{PER}}\right)^2 - \frac{1}{4}(n_\mathrm{T}^2 R_\mathrm{n})^2} - \frac{n_\mathrm{T}^2 R_\mathrm{n}}{2}(\mathrm{k}\Omega)$$

式中：U_N 为发电机额定线电压，V；I_{PER} 为机端接地故障允许电流值，A；n_T 为接地变压器 T 变比；R_n 为发电机中性点接地变压器电阻值，Ω。

故可取：告警值 $R_{E.set.H} = (1 \sim 1.5)R_G$；$t_H = 1 \sim 5s$；告警。

停机段 $R_{E.set.L}(0.3 \sim 0.5)R_G$；$t_L$ 与高压送出线路接地保护动作时限配合，可取 $t_L = 0.5 \sim 1s$；动作于停机。

2）接地安全电流 I_{safe} 的整定。发电机机端定子绕组单相接地电流为允许值 I_{PER} 时，保护装置检测到的工频电流值即为接地安全电流。有两种方法确定：

a. 根据设备参数计算

$$I_{safe} = K_{rel} \cdot \frac{n_T}{n_{M.TA}} \cdot \frac{I_{PER}}{\sqrt{2}}$$

b. 由试验求取：发电机静止时，机端金属性接地串接一电流表，发电机零起升压，当电流表指示 I_{PER} 时，保护装置检测到的 I_{g0} 可作为接地安全电流整定依据。

说明：接地安全电流判据 $I_{g0} > I_{safe}$ 可作为停机段接地电阻判据的辅助判据。当该判据投入时，式 $R_E < R_{E.set.L}$ 与 $I_{g0} > I_{safe}$ 同时满足时，接地电阻判据动作于停机；当接地点向中性点移动时，有可能出现 $R_E < R_{E.set.L}$ 满足，而 $I_{g0} > I_{safe}$ 不满足的情况，接地电阻判据不动作，可避免不必要的停机。

另外，对于一个中性点引出的发电机，若靠近中性点附近发生分支绕组开焊，当接地辅助判据 $I_{g0} > I_{safe}$ 投入时，即使开焊故障发展为接地故障，也会因接地电流小保护不能动作，导致严重损坏定子绕组的情况。为此，在这种情况下，建议可靠系数 K_{rel} 取值宜低，相当于式 $I_{g0} > I_{safe}$ 退出，即设定 $I_{safe} = 0$，取消停机段接地电阻判据的辅助判据。这样定子绕组单相接地经短延时后停机，可避免单相接地发展成相间短路故障对定子绕组的危害。因此，取 $I_{safe} = 0$ 在一定程度上起到定子绕组开焊故障的保护作用（在这样的发电机上，分支开焊故障尚无保护），可有效防止中性点附近单相接地发展成相间短路故障，从而对定子绕组造成更为严重的损害。

3）接地电流判据整定。接地电流判据由 $I_{g0} > I_{safe}$ 和 $U_0 > 5V$ 构成。由于工频零序动作电压固定，因而需要整定的参数仅为工频电流 $I_{e.set}$ 和动作时限。

$$I_{e.set} = \alpha \cdot \frac{U_N}{\sqrt{3}\, n_T R_n} \cdot \frac{1}{n_{M.TA}}$$

式中：α 为接地故障位置至中性点的定子绕组匝数占一相串联总匝数的百分比，一般取 $\alpha = 10\% \sim 20\%$；$n_{M.TA}$ 为 M.TA 中间变流器的变比，如 300/1A。

动作时限：$t_L = 0.5 \sim 1s$。

低频注入电源的电流监视定值取发电机静止、无接地故障状态下低频输入电流的 50%；低频注入电源的电压监视定值取发电机中性点金属性接地时低频输入电压的 50%。阻抗补偿、相角补偿、并联电阻补偿由试验确定；阻抗折算系数可通过试验进行调整。

（3）注入式定子接地保护的特点。与传统的定子接地保护相比，注入式定子接地保护具有以下优点：

1）与发电机运行工况无关，在发电机静止、启停过程、空载运行、并网运行、甩负荷等各种工况的全过程中，都可以提供灵敏的定子接地保护。

2）真正实现100％定子绕组接地保护，包括发电机中性点，保护无死区。保护区还包括发电机封闭母线、主变压器低压绕组、高压厂用变压器和励磁变压器高压绕组的接地故障。对于发电机中性点附近（10％～20％定子绕组）以外的单相接地故障有双重保护作用。

3）为保证定子绕组单相接地时阻抗测量的正确性，低频注入电源应具有一定的输出功率（如不低于80VA）和一定的电压值。通常，注入定子绕组上的低频电压不超过1％～3％的发电机额定相电压，不会损坏定子绕组绝缘。

4）不受主变压器高压侧接地故障的影响，动作延时可以整定较短，对保护机组安全有利。

5）可根据定子接地电阻测量值求得定子接地故障位置，便于故障排查。

6）注入式定子接地保护的灵敏度与发电机中性点接地设备的参数密切相关，一次设备的参数若配置不当，甚至直接影响注入式定子接地保护功能的投入，两者存在配合问题。

7）负载电阻阻值若太小，注入电源输出端近似短路，注入信号测量也相应变得非常小，达不到保护测量精度的要求，影响注入式接地保护的实现。适当提高负载电阻值至 1Ω（以上，注入式定子接地保护可以达到比较好的效果。

8）保护灵敏度不受接地点位置影响，从发电机中性点到机端的整个定子绕组各处单相接地具有相同的灵敏度。

9）保护装置可监视定子绕组绝缘的缓慢变化。

10）对于大机组分支绕组开焊故障，多数情况下发展为定子绕组接地故障，即使开焊故障在中性点附近，保护装置也可起到有效的保护作用。这对一个中性点引出的汽轮发电机来说，这一作用不容忽视（目前对分支绕组开焊故障尚无有效的保护）。

11）低频注入电源频率与发电机分数次谐波频率不同，因此，发电机的分数次谐波不影响接地电阻测量的正确性。同时，接地电阻的测量不受发电机低频运行、发电机振荡、启停过程、空载运行、停运等的影响。

12）通常情况下，接地电流判据中的动作电流 $I_{e.set}$ 比定子绕组允许接地电流 I_{PER} 折算到中间变流器 M. TA 的二次电流要小得多。

（4）提高注入式定子接地保护动作可靠性措施。

1）外加电源频率的选择。正常运行时，外加电源只在三相对地电容中产生很小的电流，希望对地电流数值尽可能小，故宜选用直流电源。但采用直流外加电源，会使发电机定子绕组与保护设备在电气上直接相连，一次系统与二次系统之间没有电气隔离，不利于安全操作与安全运行。

运行经验表明：发电机系统可能发生谐振的频率主要集中在25、50、150Hz，因此25Hz外加电源方式一般不被采纳，所以外加低频交流电源方式一般采用12.5、20Hz。

2）为正确测量定子绕组接地电阻，应对低频注入电源进行监视。当低频注入电源电压、低频注入电流任一个低于各自的定值时，认为低频注入电源发生了故障，此时闭锁接地电阻判据，同时发出告警。

3）当发电机频率严重偏离额定值时，为防止发电机的低频信号影响低频注入电源所测阻抗的正确性，可采用频率闭锁，对接地电阻判据进行闭锁。实际上，发电机在启、停过程中的低频段信号不大，不会影响低频注入电源所测阻抗的正确性。对于抽水蓄能机组，应视实际情况决定是否投入频率闭锁。

4）保护装置应设有精确的低频注入回路阻抗补偿措施，无需测试中性点接地变压器的有关参数；对于发电机定子绕组系统对地电容的容抗，也可在运行中正确测量出。因此，保护装置具有使用方便、测量接地电阻正确的特点。

5）保护装置接地电阻停机段动作方程中，可引入单相接地电流限制判据，避免单相接地电流很小时的不必要停机。接地电流限制判据视具体情况投退。

6）低频注入电流会在电缆阻抗上形成电压降，为保证接地电阻测量的正确性，保护装置电压回路应使用单独的电缆，不能与低频注入电源共用电缆。

7）注意工频零序电压取自不同通道时有不同的电压变比。

8）中性点接地变压器一次绕组接地应可靠、良好。二次电阻 R_n 应满足 $R_n \leqslant \dfrac{1}{3\omega C_\Sigma n_T^2}$，在此条件下尽可能取较大值，避免低频注入电源在 R_n 上消耗过大的功率，影响保护的正确动作，尤其在特大型发电机上。

8. 大型机组最优定子接地保护配置方案

超超临界机组保护应按双重化配置定子接地保护，如果直接采用双套注入式定子接地保护，只能使用同一个注入低频电源，一旦电源失效，两套定子接地保护的保护范围均不再是100%。

为了构成可靠的双重化100%定子接地保护，最优定子接地保护配置方案宜设置为：一套采用"传统基波零序电压型＋三次谐波电压型100%定子接地保护"方案，另一套采用"注入式100%定子接地保护"原理。如图2-36所示。

采用该方案后，即使定子绕组对地电容较大或定子绕组本体三次谐波

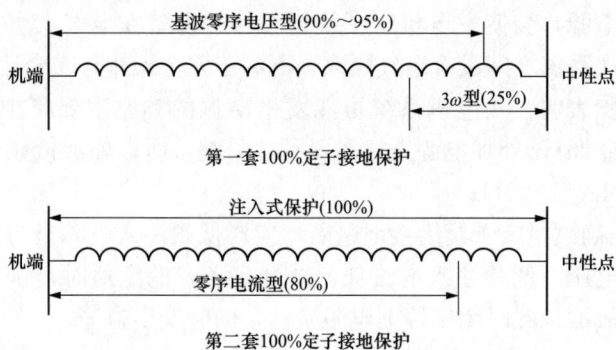

图 2-36 大型机组定子接地保护配置方案

电压极小，使三次谐波型保护灵敏度受到影响时，另一套注入式定子接地保护原理不受影响，仍能够可靠保障机组安全运行，消除了传统方案存在的隐患。同时，在定子绕组有 80% 左右的范围实现了三重化接地保护，即使在辅助电源出现异常退出运行的情况下，定子绕组仍然有 80% 左右的范围有双重接地保护。

9. 选择性定子绕组接地保护

图 2-37 所示为行波零序功率方向保护配置示意图。

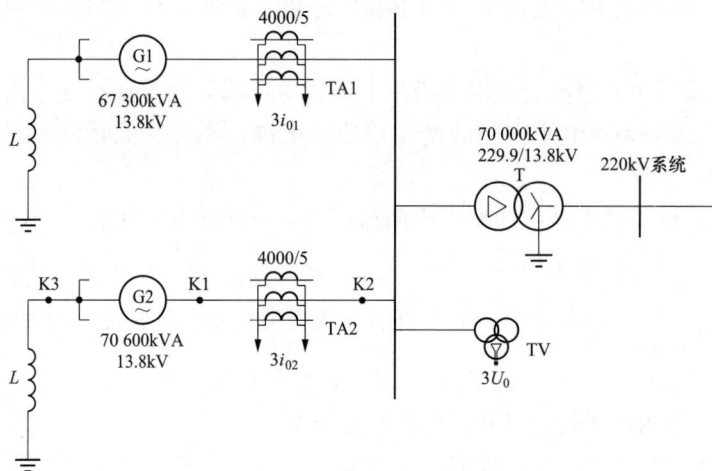

图 2-37 行波零序功率方向保护配置示意图

假设 K_1 点发生单相接地故障，相当于在故障点突然施加一个电压源，产生故障暂态行波。故障行波自左而右流过 TA2，一部分经变压器发生透射和反射，另一部分经母线流过 TA1，其方向是自右而左，与 TA2 相反。因此，可以利用零序电压行波 $3u_0$ 和零序电流行波 $3i_{01}$、$3i_{02}$，构成行波零序功率方向保护。

（四）发电机定子绕组反时限对称过负荷及过电流保护

发电机对称过负荷通常是由于系统中切除电源，生产过程出现短时冲击性负荷，大型电动机自启动，发电机强行励磁，失磁运行，同期操作及振荡等原因引起的。对于大型发电机，定子和转子的材料利用率很高，发电机的热容量与铜损、铁损之比显著下降，因而热时间常数也比较小。从限制定子绕组温升的角度看，就是要限制定子绕组电流，所以实际上对称过负荷保护就是定子绕组对称过电流保护。保护由定时限和反时限两部分组成，定时限部分在发电机长期允许的负荷电流下能可靠返回，经延时动作于信号；反时限部分动作特性按发电机定子绕组过负荷能力（K 值）整定，动作于全停。

发电机反时限对称过负荷及过电流保护是发电机定子绕组的过热保护，兼作发电机内部短路故障的后备保护。

1. 保护构成原理

保护反映发电机定子电流的大小。其输入电流为发电机中性点 TA 二次某一相或三相电流，一般由定时限过负荷及反时限过电流保护两部分构成。反时限过电流保护通常由下限启动元件、反时限元件及上限定时限元件构成，其逻辑框图如图 2-38 所示。

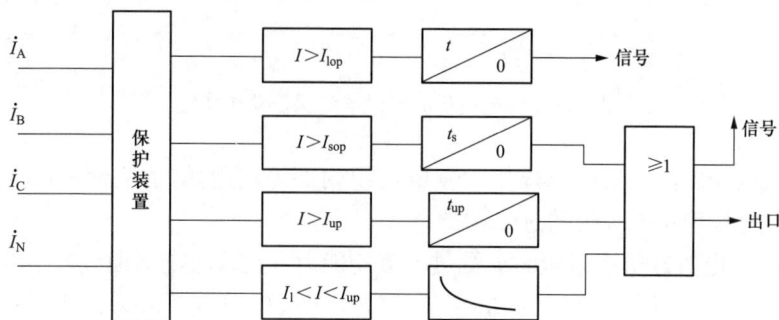

图 2-38　发电机反时限对称过负荷及过电流保护逻辑框图

I_{lop}—过负荷元件动作电流；I_{sop}—下限启动元件动作电流；I_{up}上限定时限元件动作电流；

t、t_{s}、t_{up}—分别为定时限过负荷元件、上限定时限元件及下限启动元件的动作延时

当发电机定子电流大于定时限过负荷元件的动作电流 I_1 时，经延时发信号，而电流大于反时限下限启动电流时，分别经定时限或反时限作用于出口跳闸。

2. 动作方程

（1）定时限过负荷元件

$$I \geqslant I_{\text{lop}}$$

（2）上限定时限及下限定时限过电流

$$I \geqslant I_{\text{op. max}}$$

$$I \geqslant I_{\text{op. min}}$$

（3）反时限过电流元件

$$t \leqslant \frac{K_{tc}}{I_{G*}^2 - K_{he}^2}$$

式中：I_{G*} 为以发电机定子额定电流为基准的定子电流标幺值；K_{tc} 为发电机定子绕组热容量系数，机组容量 $S_N \leqslant 1200\text{MVA}$ 时，取 37.5（当制造厂提供该参数时，以厂家提供的参数为准）；K_{he} 为发电机定子绕组散热系数，取 1.03~1.05。

3. 反时限过电流保护的动作特性

保护的动作特性曲线由三部分构成：上限定时限、反时限及下限定时限。根据动作方程式作出对称反时限特性曲线，如图 2-39 所示。

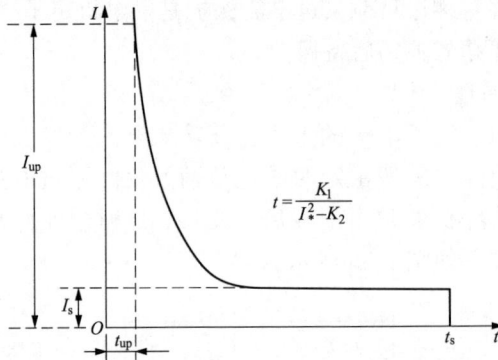

图 2-39　发电机反时限过电流保护动作特性

可以看出，上限定时限作为发电机组内部短路故障的后备保护，而反时限部分作为定子绕组的过热保护。

4. 发电机定子绕组短时承受过电流的能力（允许过电流曲线）

直接冷却方式、额定容量小于 1200MVA 的汽轮发电机，应能承受 $1.5I_N$、历时 30s 的过电流能力，但每年不超过 2 次。通用允许过电流曲线为

$$t = \frac{K_{tc}}{I_{G*}^2 - 1}$$

式中：K_{tc} 为热值（热容量）系数；I_{G*}^2 为发电机电流标幺值（以额定电流为基准值）。

当发电机容量不大于 1200MVA 时，可取 $K_{tc} = 37.5$。

5. 整定原则与取值建议

（1）定时限过负荷。保护的动作电流按躲过发电机的额定电流来整定，即

$$I_{op} = \frac{K_{rel}}{K_f} \cdot I_N$$

式中：I_{op} 为定时限过负荷保护的动作电流，A；K_{rel} 为可靠系数，取 1.05；

K_f 为返回系数，取 $0.9\sim0.95$；I_N 为发电机额定电流（TA 二次值），A。

该保护的动作时限按躲过发电机-变压器组后备保护最长动作时限整定，可取 $5\sim9s$。

（2）反时限过电流保护。

1）下限启动电流 $I_{op.min}$ 及对应的动作最大延时 $t_{op.max}$。下限启动电流 $I_{op.min}$ 按与定时限过负荷元件动作电流相配合整定，即

$$I_{op.min}=K_{co}\cdot\frac{K_{rel}}{K_f}\cdot I_N=K_{co}\cdot I_{op}$$

式中：I_{op} 为定时限过负荷保护的动作电流，A；K_{co} 为配合系数，取 1.05。

反时限下限动作延时，按照与发电机允许过负荷能力曲线上 $I_{op.min}$ 对应时间的 0.9 来整定，通常 $t_{op.max}$ 取 1000s（有些保护装置不需要设定 $t_{op.max}$ 值）。

2）上限动作电流 $I_{op.max}$ 及对应的动作最小延时 $t_{op.min}$。上限动作延时 $t_{op.min}$，应大于电厂高压母线出线的快速保护（纵联保护或距离Ⅰ段）的动作时限，同时保证发电机与系统振荡时在最大振荡电流作用下，保护不发生误动作来整定，可按 $0.4\sim0.5s$ 整定。

上限动作电流 $I_{op.max}$ 及 $t_{op.min}$ 应综合考虑发电机机端三相短路电流 $I_{k.max}^{(3)}$ 与系统振荡时通过发电机的最大振荡电流 $I_{SW.max}$。

发电机机端发生三相短路时发电机提供的短路电流

$$I_{k.max}^{(3)}=\frac{1}{X_d''}\cdot\frac{S_B}{\sqrt{3}U_N}$$

发电机与系统振荡时流经发电机的最大振荡电流

$$I_{SW.max}=\frac{2}{X_d''+X_T+X_{sl.max}}\cdot\frac{S_B}{\sqrt{3}U_N}$$

由 $I_{k.max}^{(3)}$ 和 $I_{SW.max}$ 分别得出 $t_{op.k}$ 和 $t_{op.SW}$，即

$$t_{op.k}=\frac{37}{I_{k.max*}^{(3)2}-1.03^2}$$

$$t_{op.SW}=\frac{37}{I_{SW.max}^2-1.03^2}$$

为防止最大振荡电流下反时限保护发生误动作，当 $I_{k.max}^{(3)}>I_{SW.max}$ 时，取 $t_{op.min}=t_{op.SW}$；当 $I_{SW.max}>I_{k.max}^{(3)}$，取 $t_{op.min}=t_{op.k}$。

3）热容量系数 K_{tc} 及散热系数 K_{he}。在发电机允许过电流能力曲线上的中间部位取两个点，将该两点对应的电流值及时间值分别代入式 $t=\frac{K_{tc}}{I_{G*}^2-K_{he}}$，便得出两个具有 K_{tc} 及 K_{he} 的二元一次方程组。解此方程组，便可求出 K_{tc} 及 K_{he}。考虑安全系数后，通常取 $K_{tc}=37.5(S_N\leqslant1200MVA)$；散热系数 K_{he} 通常在 $1\sim1.1$ 之间，一般取 $K_{he}=1.03$。

6. 提高保护动作可靠性措施

同不对称过负荷及反时限过电流保护。

三、发电机异常运行保护

（一）发电机失磁保护

1. 并网运行发电机的功角特性

设所研究的发电机通过主变压器及输电线路与无穷大系统连接，如图 2-40 所示。

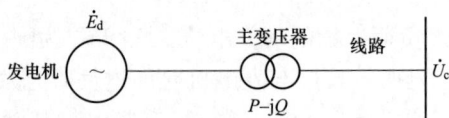

图 2-40　并网运行发电机系统图

正常运行时发电机向系统送出有功及无功。发电机的同步电抗为 X_d、变压器的电抗为 X_T，等值网络如图 2-41 所示。

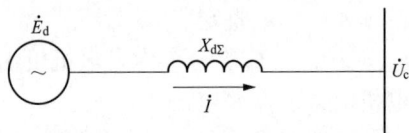

图 2-41　并网运行发电机的等值网络

图 2-40、图 2-41 中：$\dot{E}_d$—发电机电动势；$X_{d\Sigma}$—发电机与系统连接的等值阻抗，$X_{d\Sigma}=X_d+X_T+X_L$，其中 X_d 为发电机的同步电抗，X_T、X_L 分别为主变压器及线路的电抗值；P—发电机发出的有功功率；Q—发电机向系统送出的无功功率；$\dot{I}$—发电机电流；$\dot{U}_c$—无穷大系统的等效电压。

根据图 2-41 可以画出并网发电机电抗 $\dot{E}_d$ 与无穷大系统电压 $\dot{U}_c$ 的相量关系图，如图 2-42 所示。

由图 2-42 可得出

$$E_d\sin\delta = IX_{d\Sigma}\cos\varphi \tag{2-3}$$

将上式两边同乘一个 U_c，便得到

$$E_dU_c\sin\delta = U_cIX_{d\Sigma}\cos\varphi = PX_{d\Sigma} \tag{2-4}$$

$$P = \frac{U_cE_D}{X_{d\Sigma}}\sin\delta \tag{2-5}$$

式中：P 为发电机发出的有功功率，W；$P = \dfrac{U_cE_D}{X_{d\Sigma}}\sin\delta$ 为并网运行发电机的功角方程。

若忽略发电机的损耗，则根据式（2-5）画出并网运行发电机的功角特性，如图 2-43 所示。

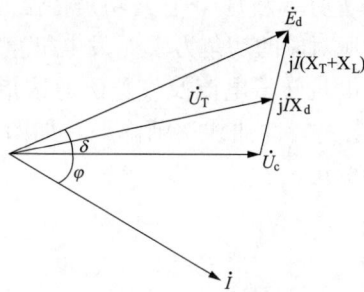

图 2-42 并网发电机电动势 $\dot{E}_d$ 与无穷大系统电压 $\dot{U}_c$ 相量关系图

$\dot{U}_T$—发电机机端电压；φ—功率因数角；δ—发电机电动势与无穷大系统
电压之间的夹角（即功角）

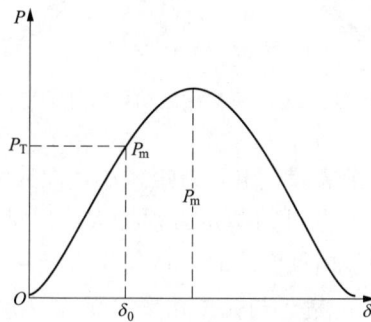

图 2-43 并网运行发电机的功角特性

P_m—功率极限，$P_m = \dfrac{E_d U_c}{X_{d\Sigma}}$；

P_T—原动机输出功率；P_m—发电机向系统送出的功率；δ_0—发电机运行功角

发电机的功角特性为半个周期的正弦曲线，当 $\delta=90°$ 时达到功率极限。

2. 并网运行发电机失磁后的物理过程

发电机在运行中励磁异常下降或完全失去励磁电流，使转子的磁场消失，称为发电机失磁。发电机完全失去励磁时，励磁电流将逐渐衰减至零，发电机感应电动势随之减小，其电磁转矩将小于原动机机械转矩，引起转子加速，使发电机功角 δ 增大，当其超过静态稳定极限角时，发电机与系统失去同步，进入异步运行。

（1）发电机失磁的原因。正常运行发电机发生失磁故障的原因很多，主要有：灭磁开关（MK 或 LMK）误跳，转子绕组或其励磁回路开路，转子绕组严重短路，励磁回路（包括励磁机、励磁变压器）故障及励磁调节系统发生故障、转子集电环电刷环火、烧断以及误操作等。

（2）从失磁到失步。发电机正常运行时，由励磁系统提供转子电流，产生直流磁场。发电机以同步速度旋转，直流磁场成为旋转磁场。旋转磁场切割定子绕组，在定子绕组中产生感应电动势，向系统送出电流。设原动机对发电机输入的有功功率为 P_T，它与功角特性的交点便是发电机向系统送出的电磁功率，其所对应的功角为 δ_0，发电机稳定运行。

发电机失磁后，发电机转子电流及气隙磁通按指数衰减，发电机电动势 E_d 也按指数减少，功角特性曲线逐渐降低，如图 2-44 所示，功角特性由曲线①向②、③、④变化。

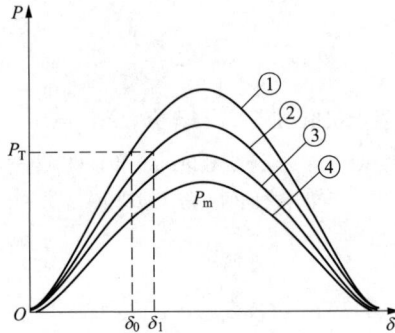

图 2-44 发电机失磁后功角特性的变化

此时，转子磁场逐渐衰减，电磁力矩减小，而原动机输入的功率未变，于是出现了过剩力矩，发电机的功角必须增大，以满足其输入－输出功率平衡。因此，当功角曲线向低变化时，功角 δ 必须逐步增大（由 δ_0 增大至 δ_1……），才能满足发电机输入与输出功率之间的平衡。

上述变化一直持续到 $\delta = 90°$。由图 2-44 可以看出，当功角增大到 $90°$ 之后，功角的增大反而使电磁功率减少，发电机输入功率大于输出功率，转子加速运行，很快使功角达到 $180°$，此后，发电机便转入失步运行。

总而言之，发电机失磁时，转子磁场逐渐衰减，电磁力矩减小，而原动机的主力矩没有变化，于是出现了过剩力矩，使发电机的转速升高，失去同步。当发电机失去同步，转子就和定子磁场有了相对速度，或者说它们之间就有了滑差。所谓滑差就是定子磁场速度和转子速度之差。定子磁场以转差速度扫过转子表面，就在转子绕组以及转子表面上的阻尼绕组中感应出交变电流。这个电流与定子旋转磁场作用产生一个力矩，称为异步力矩。这个异步力矩是个阻力矩，它起制动作用，发电机的转子在克服这个力矩的过程中作了功，把机械能转变成电能，可继续向系统送出有功。发电机的转速不会无限制地升高，因为转速越高这个异步力矩越大，当这台发电机的异步力矩等于原动机传过来的主力矩时就平衡了。因此，从理论上分析，同步发电机失磁之后，进入了异步运行状态，这时相当于一台异步发电机，仍然能向系统送出一部分有功功率。

（3）发电机失步运行。发电机失步之后，发电机转子的转速大于同步速，与定子旋转磁场之间形成滑差 S。定子旋转磁场将切割转子，在转子上产生涡流，涡流磁场产生异步转矩，发电机发出异步功率。

发电机失步运行时，输出的异步功率与转差的关系如图 2-45 所示。

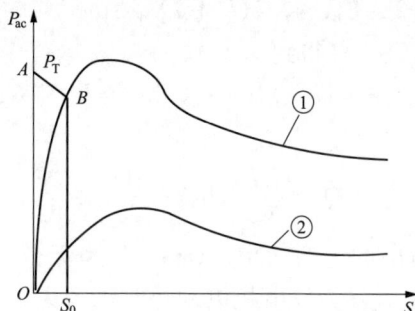

图 2-45 发电机异步功率随转差 S 的变化

P_{ac}—发电机的异步功率；P_T—发电机输入功率；S—发电机的转差；
曲线①—汽轮发电机 $P_{ac}=f(s)$ 曲线；曲线②—水轮发电机 $P_{ac}=f(s)$ 曲线

失磁失步之后，发电机将加速运行，转速升高。调速器开始作用，使原动机的输出功率降低（即由图 2-45 中的 A 点降到 B 点）；另外，由于发电机滑差的增大，其异步转矩急剧增大，当异步转矩达到 B 点之后，发电机的输入与输出达到了新的平衡，所对应的滑差为 S_0，发电机转入稳定异步运行状态。

但是，由于发电机有剩磁，剩磁产生同步转矩。又由于失步运行发电机的同步功率忽而为正、忽而为负，其平均值等于零，因此，同步功率的存在使发电机的所有电量（有功、无功、电压及电流）呈周期性的摆动，运行转差也忽大忽小。

（4）发电机失磁过程的特点。

1）发电机正常运行，向系统送出无功功率，失磁后将从系统吸取大量无功功率，使机端电压下降。当系统缺少无功功率时，严重情况下可能使电压降低到不允许的数值，以致破坏系统的稳定；

2）发电机电流增大，失磁前送有功功率愈多，失磁后电流增大愈多；

3）发电机有功功率方向不变，继续向系统送有功功率；

4）发电机机端测量阻抗，失磁前在阻抗平面 R-X 坐标第一象限，失磁后测量阻抗的轨迹沿着等有功阻抗圆进入第四象限。随着失磁的发展，机端测量阻抗的端点落在静稳极限阻抗圆内，发电机转入异步运行状态。

3. 并网运行汽轮发电机失磁后各电量的变化

并网运行的汽轮发电机，失磁失步运行时，定子电流、定子电压、有功、无功及转子电流均按一定的规律变化。

（1）有功功率。有功功率基本不变（略有减少）。发电机从失磁到功角为 90°时，靠功角的不断增大，使发电机的有功功率维持不变；发电机失步运行时，发出异步功率维持发电机输入、输出功率平衡。调速器的作用使有功略有减小。

（2）无功功率。由图 2-42 可得到

$$E_d\cos\delta = U_c + IX_{d\Sigma}\sin\varphi$$

将式两边同乘以 U_c，便得到

$$E_dU_c\cos\delta = U_c^2 + IU_cX_{d\Sigma}\sin\varphi = U_c^2 + QX_{d\Sigma}$$

得到

$$Q = \frac{U_cE_d}{X_{d\Sigma}}\cos\delta - \frac{U_c^2}{X_{d\Sigma}}$$

式中：Q 为发电机输出的无功功率，var；U_c 为无穷大母线电压，V；E_d 为发电机电动势，V；$X_{d\Sigma}$ 为发电机电动势与无穷大母线之间的联系电抗，Ω；δ 为功角，（°）。

由此绘得发电机输出无功随功角变化的曲线，如图 2-46 所示。

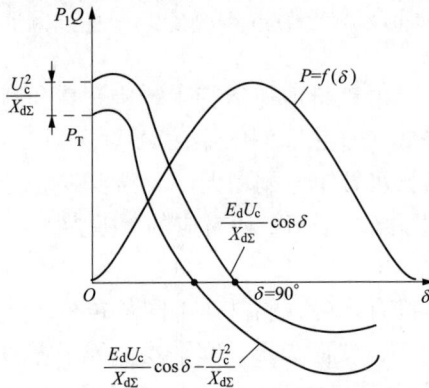

图 2-46 发电机无功随功角变化的曲线

由图 2-46 可以看出，发电机失磁后，无功很快（在 $\delta = 90°$ 之前）减小到零，然后向负变化到较大值，失步后，按照滑差周期有规律地摆动。理论分析表明：失磁发电机维持的有功越大及滑差越大，失磁后从系统吸收的无功越大。

（3）定子电流。定子电流 $I = \dfrac{W_e}{\sqrt{3}U}$。发电机失磁后，有功功率基本不变，而无功先减小到零，故定子电流先减少到某一值，此后，由于发电机吸无功增大及定子电压降低，定子电流增大。发电机失步后，定子电流作周期性地摆动。

发电机失磁失步运行时，维持的有功功率越大，定子电流越大；滑差越大，定子电流越大。失磁运行汽轮发电机定子电流与发电机维持的有功功率 P 及滑差 S 的关系曲线如图 2-47 所示。

由图 2-47 可以看出：发电机维持的有功越大，定子电流越大；失步后滑差越大，定子电流越大。当有功功率小于 $0.4P_N$ 时，发电机定子电流不会超过额定值，但当有功功率接近额定功率时，定子电流可达到 $2.6 \sim 2.8$ 倍的额定电流。

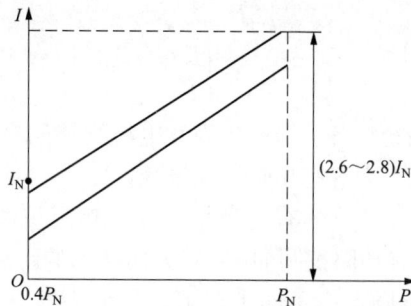

图 2-47　汽轮发电机无励磁运行定子电流
随有功及滑差 S 变化曲线

（4）定子电压。发电机失磁后，定子电压降低。原因是此时的机端电压等于系统电压减去系统联系电抗上的电压降。定子电压下降到某一值之后，按滑差周期有规律地摆动。发电机无励磁运行时维持的有功越大，定子电压降低得越多。

（5）机端测量阻抗。发电机在不同的工况下，其机端测量阻抗的轨迹不同。

1）等有功阻抗圆。正常运行时，若维持发电机的有功不变，无功变化时机端测量阻抗的轨迹为阻抗复平面上的一个圆。将该圆称为等有功阻抗圆，如图 2-48 上曲线①所示。

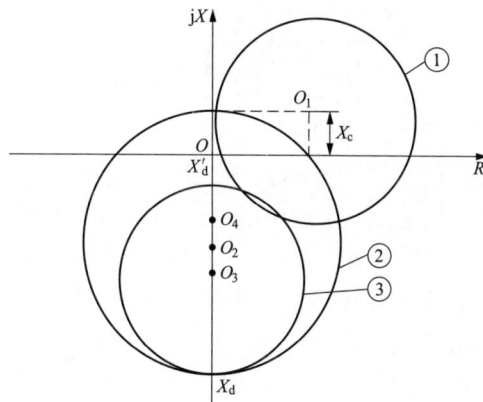

图 2-48　汽轮发电机机端阻抗测量轨迹
X_c—发电机与系统联系的等值电抗；X_d—发电机
同步电抗；X_d'—发电机暂态电抗

由图 2-48 可以看出，对于同步发电机，等有功阻抗圆位于阻抗复平面上的第 I 象限与第 IV 象限上，其圆心坐标及半径分别为

$$\begin{cases} \left[\dfrac{U_c^2}{2P} \cdot jX_c\right] \\ R_1 = \dfrac{U_c^2}{2P} \end{cases}$$

式中：U_c 为无穷大系统电压，V；P 为发电机维持的有功功率，W；X_c 为系统等值阻抗，Ω；R_1 为等有功阻抗圆半径，Ω。

由此可知：发电机维持的有功越大，等有功阻抗圆的半径越小，与系统联系电抗越大，等有功阻抗圆向 jX 正方向移动的距离越大。

2）静稳极限阻抗圆。在不同工况下，若维持发电机功角等于 90°，则机端测量阻抗的轨迹为阻抗复平面上的一个圆，如图 2-48 中的曲线②所示。将该阻抗圆称为静稳极限阻抗圆。可以看出静稳极限阻抗圆，通过阻抗复平面上的 $[0，X_c]$ 及$[0，X_d]$ 两点，其圆心坐标及半径分别为

$$\begin{cases} \left[0, j\dfrac{X_d - X_c}{2}\right] \\ R_2 = \dfrac{X_d + X_c}{2} \end{cases}$$

式中：R_2 为静稳极限阻抗圆的半径，Ω。

3）异步边界阻抗圆。发电机或同步调相机失磁失步后，机端测量阻抗的轨迹必然进入一个圆内，将该圆称为异步边界阻抗圆，如图 2-48 中的曲线③所示。

该圆通过阻抗复平面上的 $[0，-jX_d]$ 及$[0，-jX_d']$ 两点，其圆心坐标及半径分别为

$$\begin{cases} \left[0, -j\dfrac{X_d + X_d'}{2}\right] \\ R_3 = \dfrac{X_d - X_d'}{2} \end{cases}$$

式中：R_3 为异步边界阻抗圆的半径，Ω。

（6）发电机失磁后机端测量阻抗的轨迹。发电机失磁后，由于有功功率维持不变而无功功率由送出向吸收变化，故机端测量阻抗一定沿着等有功阻抗圆由第Ⅰ象限向第Ⅳ象限变化；发电机失步后便进入异步阻抗圆内。

另外，由于发电机有剩磁或发电机部分失磁时，在失磁失步运行时，发电机除发出异步功率之外，尚有正、负变化的同步功率，从而使机端的测量阻抗不断地变化（忽大，忽小）。在某些工况下可能忽而进入阻抗圆内，忽而又跑至圆外。

4. 发电机的进相运行

发电机正常运行时，向系统提供有功功率的同时还提供无功功率，定子电流滞后于端电压一个角度，此种状态即迟相运行。当逐渐减少励磁电流使发电机从向系统提供无功功率而变为从系统吸收无功功率、定子电流从滞后变为超前发电机端电压一个角度时，此种状态即为发电机的进相运

行工况。发电机进相运行时各电气参数是对称的,并且发电机仍保持同步转速,因而是属于发电机正常运行方式中功率因数变动时的一种运行工况,只是拓宽了发电机正常的运行范围。同样,在允许的进相运行限额范围内,只要电网需要是可以长期运行的。

(1) 发电机进相运行的限制因素:①发电机的静态稳定限制;②发电机出口电压的限制;③6kV(或10kV)厂用电压的限制;④发电机定子端部温度的限制;⑤发电机定子电流过负荷限制。

(2) 发电机进相运行的条件:①发电机进相应在系统低谷负荷时段,电压偏高时进行;②主要辅机运行正常,机组运行稳定;③发电机组完成进相试验,具备进相运行条件。

(3) 发电机进相运行的种类。发电机进相运行分两种,一种是调度要求的发电机正常进相运行;另一种是机组异常情况下的进相。

第一种进相的情况,由于系统无功功率过剩的原因,调度要求发电机进相运行,需要注意以下情况:

1) 厂用母线的电压不能低于额定电压的10%。如6.3kV母线电压不得降至5.7kV以下,380V母线电压不得降至361V;对于发电机出口电压一般不需考虑,因为此时发电机出口电压一般是比较高的。

2) 要加强对发电机各部分温度的监视。定子铁芯温度不高于120℃;定子线圈层间温度不高于120℃;定子线圈出水温度不高于75℃。

3) 要确保发电机冷却系统运行正常。

4) 进相运行时间要按各厂的规定及发电机各部温升情况决定。

第二种进相运行的情况,在发电机滞相运行时,如果是由于某种原因造成发电机低励失磁,但低励失磁保护又未动作,此时发电机由同步运行状态逐步进入异步运行。在一定条件下,异步运行将破坏电力系统的稳定,并威胁发电机本身的安全。其特点是失磁前有功越高,故障后吸收无功越多,最终造成发电机过电流。

(4) 发电机进相运行时的注意事项。

1) 发电机进相运行前,检查发电机励磁调节器应运行在自动方式,发电机励磁调节器的低励限制功能及发电机失磁保护投运正常。检查调速系统灵活、无卡涩。

2) 发电机进相运行时,应按值长命令调节发电机进相深度。若因网上电压高,发电机自动进相运行时,应对发电机各参数加强监视,同时要及时向上级汇报。

3) 发电机进相运行时,在增、减发电机励磁时,速度要缓慢,切忌快速大幅度调节,进相运行的限制值控制在规定范围之内,且始终保持小于低励限制动作值。

4) 发电机进相运行时,在降低发电机励磁时,若低励限制器动作,应立即停止降低发电机励磁,适当增加发电机励磁,保证发电机各参数在正常范围内。

5）发电机进相运行时，要注意监视发电机的静稳定情况，发电机各表计指示正常无摆动，且检查发电机声音正常，防止发电机失步或振荡发生。

6）发电机进相运行时，应严密监视发电机定子铁芯端部的温升，防止发电机过热的发生，铁芯端部的温度不超过 120℃，铜屏蔽温度不超过 120℃。

7）发电机进相运行时，如发现其他运行机组有功、无功有明显的摆动现象时，应即刻增加进相发电机励磁电流，同时汇报值长，恢复该发电机迟相运行。

8）发电机进相运行时，如果 6kV（或 10kV）厂用主要辅机发生故障或需要倒换时，应申请中调停止进相运行的发电机，恢复发电机迟相运行状态，防止由于启停过程中设备吸收无功负荷较大，造成 6kV（或 10kV）、400V 厂用电压过低，保护动作或 400V 部分设备跳闸。

9）发电机进相运行时，如果发生设备故障，需要降负荷消缺时，立即申请中调停止进相运行，待机组恢复正常运行后再申请进入进相运行。

5. 发电机失磁运行的危害

理论分析及运行实践证明，发电机失磁、失步运行，对电力系统、相邻机组、发电机组本身以及厂用电系统均可能造成危害。

（1）对电力系统的危害。发电机失磁之后，由向系统送出无功功率变成从系统吸收无功功率，因而使系统出现无功差额。这一无功差额，将引起失磁发电机附近的电力系统电压下降。有可能导致系统电压崩溃、系统瓦解、造成大面积停电。发电机维持的有功功率越大，失磁运行时从系统吸收的无功功率越多。大机组带大有功失磁运行时，将从系统吸收的无功功率很多。如果系统无功贮备不足，大机组的失磁运行造成系统电压下降，甚至可能破坏系统的稳定性。发电机失磁对系统的影响程度通常取决于失磁发电机与系统容量之比，其比值越大，影响就越严重。

（2）对相邻机组的危害。发电机失磁运行（特别是大机组失磁运行），从系统吸收无功功率，造成的无功缺额要由其他机组（特别是相邻机组）补充，可能使相邻发电机组过负荷或过电流。

（3）对厂用系统的影响。发电机失磁后，机端电压降低，厂用电压降低，电动机惰转，电动机电流增大，进而引起厂用系统电压更低，电动机电流更大……，如此恶性循环下去，可能使厂用电系统瓦解。

（4）对发电机组本身的影响。发电机失磁运行对机组本身的危害是：定子过电流，转子过热。

1）重负荷下发电机将因过电流使定子过热。

2）可能使失磁发电机的机端电压、升压变压器高压侧的母线电压或其他邻近的电压低于允许值，从而破坏了负荷与各电源之间的稳定运行，严重时可能导致电压崩溃而引起系统崩溃。

3）失磁后发电机转速超过同步转速，在转子和励磁回路中将产生差频电流，差频电流在转子回路中产生的损耗，如果超出允许值，将使转子过热。特别是直接冷却的大型机组其热容量的裕度相对降低，转子更易过热。还可能使转子本体与槽楔、护环的接触面上发生严重的局部过热。

4）对于直接冷却的大型汽轮发电机，其平均异步转矩的最大值较小，惯性常数也相对较低，转子在纵轴和横轴方向呈现较明显的不对称，使得在重负荷下失磁后，这种发电机的转矩、有功功率会发生周期性摆动。在这种情况下，将有很大的电磁转矩周期性地作用在发电机轴系上，并通过定子传到基座上引起机组振动，直接威胁机组的安全。

5）低励或失磁运行时，定子端部漏磁增加，将使端部和边缘铁芯过热，发生故障。

失磁发电机的过电流倍数，与发电机维持的有功功率有关，与失步后发电机的转差 S 有关。当发电机维持满载运行时，最大过电流倍数将达额定电流的 $2.6 \sim 2.8$。

发电机失磁失步运行时，转子过热值可按下式计算，即

$$K = S \cdot P$$

式中：K 为过热值，J/s^2；S 为滑差，Hz；P 为有功功率，W。

可以看出，失磁发电机维持的有功功率越大及滑差越大，转子过热程度越大，同时发电机受交变异步电磁力矩的冲击而发生的振荡也愈加厉害。

总之，发电机失磁运行的危害，主要由三个因素决定，即发电机有功功率、发电机的类型及系统中的无功储备。对于汽轮发电机，当失磁后维持的有功功率较小（小于额定功率的 40%），短时（例如 30min）失磁运行对发电机无危害，而且汽轮发电机其异步功率较大，调速器比较灵敏，因此允许在较小的转差下异步运行一段时间；当系统无功功率贮备很多时，发电机失磁运行对系统也并无多大的危害。

水轮发电机不允许失磁运行。主要原因有两点：一是其异步转矩小，失磁之后滑差很大，对发电机的危害很大；二是机组振动大，危及发电机组本体。

发电机部分失磁失步运行，对发电机本身及系统的影响比完全失磁失步运行要大。主要原因是：部分失磁失步运行时，正、负交变的同步功率很大，使发电机电流、电压及功率波动范围大，不利于重新拖入同步运行。

（5）汽轮发电机允许失磁运行的条件。

1）系统有足够供给发电机失磁运行的无功功率，以不致造成系统电压严重下降为限。

2）降低发电机有功功率的输出，使之能在很小的转差率下。在允许的一段时间内异步运行，即发电机应在较小的有功功率下失磁运行，使之不

致造成危害发电机转子的发热与振动。

GB/T 14285—2023《继电保护和安全自动装置技术规程》规定：对于不允许失磁运行的发电机及失磁对电力系统有重大影响的发电机，应装设专用的失磁保护。

6. 失磁保护判据的构成

（1）发电机失磁故障发生在转子回路中，可利用励磁电压明显降低这一特征构成判据，即

$$u_e < u_{e.op}$$

但这种判据存在的问题在于：超高压远距离输电线路的电容电流较大，轻载情况下，系统电压较高，发电机被迫减小励磁电压，甚至进相运行，容易造成该判据误动。

（2）利用机端测量阻抗的变化检测低励失磁故障。如前文对发电机失磁后的物理过程的分析，发电机在失磁过程中的机端测量阻抗的变化可分为以下几个过程：

1）失磁后到失步前。等有功阻抗圆在变化，其轨迹如图2-49所示。

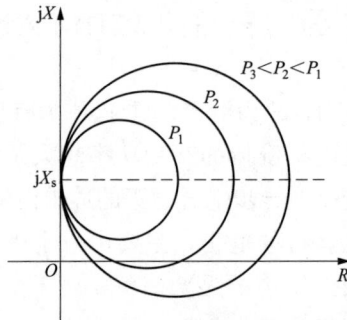

图 2-49   等有功阻抗圆变化轨迹

2）临界失步点（静稳极限阻抗圆，汽轮发电机组 $\delta = 90°$，发电机处于失去静态稳定的临界状态）。静稳极限阻抗圆的圆周为发电机以不同有功功率 P 临界失稳时，机端测量阻抗的轨迹，圆内为静稳破坏区，表示发电机已超过静稳极限，不能再保持同步运行。

$$\begin{cases} P = \dfrac{U_s E_q}{X_{d\Sigma}} \cdot \sin\delta \\ Q = \dfrac{U_s E_q}{X_{d\Sigma}} \cdot \cos\delta - \dfrac{U_s^2}{X_{d\Sigma}} \end{cases} \rightarrow Q = -\dfrac{U_s^2}{X_{d\Sigma}}$$

发电机从系统吸收无功功率。

3）发电机失磁后，测量阻抗沿等有功阻抗圆向第Ⅳ象限移动，当它与静稳极限阻抗圆相交时，表示机组运行状态处于静稳的极限，越过交点后，发电机转入异步运行状态。

图2-50所示为测量阻抗的移动过程。

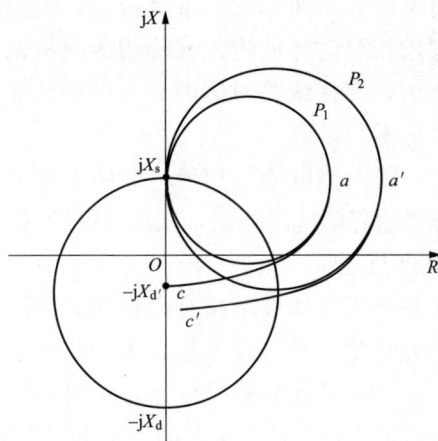

图 2-50 测量阻抗的移动轨迹

（3）逆无功失磁判据

$$\begin{cases} P = \dfrac{U_{\mathrm{s}} E_{\mathrm{q}}}{X_{\mathrm{d}\Sigma}} \cdot \sin\delta \\[2mm] Q = \dfrac{U_{\mathrm{s}} E_{\mathrm{q}}}{X_{\mathrm{d}\Sigma}} \cdot \cos\delta - \dfrac{U_{\mathrm{s}}^2}{X_{\mathrm{d}\Sigma}} \end{cases}$$

发电机正常运行时，向系统发出感性无功功率，发生失磁到失步前，无功功率随着 E_{q} 的减小和功角 δ 的增大而减小，Q 值由正变为负，发电机吸收感性无功功率。定子侧逆无功和过电流会同时出现，由此构成逆无功失磁保护判据。

（4）异步边界阻抗圆判据。如图 2-51 所示。

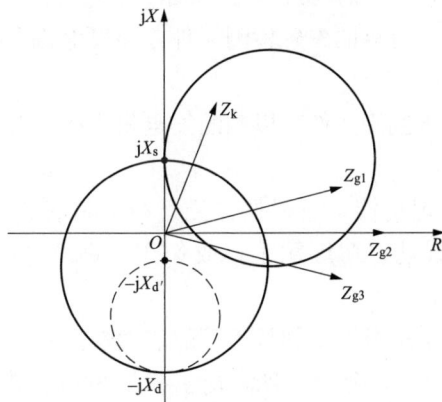

图 2-51 异步边界阻抗圆

发电机机端经过渡电阻短路时，测量阻抗可能进入第四象限，静稳极限阻抗圆可能误动，为避免这种情况的发生，可采用异步边界阻抗圆构成失磁保护判据。

若失磁发电机与系统联系薄弱，带重负荷时，失磁故障发生后，阻抗变化轨迹可能要经过较长延时才能进入异步边界阻抗圆内，可能造成该原理的失磁保护未动作前，邻接线路对侧的后备保护已经动作，造成事故的扩大，对系统运行带来不利影响。

系统发生振荡时，若两侧电动势相等，即使无穷大系统 $X_s=0$，振荡中阻抗变化轨迹与异步边界阻抗圆相切，该失磁保护判据也不会误动作。

7. 失磁保护的原理与逻辑

（1）失磁保护配置原则。如果系统有足够的无功储备，在发电机失磁后系统电压不会低于允许值，允许发电机在无励磁状态下异步运行，没有必要立即把失磁发电机切除，而只需发信号，这对系统是有好处的，可以避免在出现无功差额后又出现有功差额。因为发电机在无励磁异步运行时，有相当大的异步转矩，并能输出一定的甚至是接近额定值的有功功率。因此失步定子判据可以选择失磁异步阻抗圆与无功反方向判据相结合的方式，但是无励磁异步运行的条件和相应的允许时间，还决定于发电机的温升情况，如果系统和发电机不允许无励磁异步运行，则失磁保护装置应瞬时或经短延时动作于跳闸。如果允许无励磁异步运行，则失磁保护只发信号或自动减负荷，而以较长的延时切除失磁的发电机。

（2）对失磁保护的要求。前已述及，发电机失磁运行对机组本身及系统均有影响。因此，发电机失磁保护既是机组保护，又是系统保护。另外，在对发电机及系统无损害的情况，汽轮发电机可以维持一定功率（例如 0.4 的发电机额定功率）无励磁运行 30min 左右，这对发电厂及系统的经济运行很有利。

根据上述情况对失磁保护提出以下要求：

1）需要有快速、可靠的失磁检测元件，当发电机失磁后能快速检查出失磁；

2）具有失磁危害判别元件，以判断发电机失磁运行对系统、对机组的影响；

3）具有自动处理功能，能根据失磁运行的危害程度自动选择出口方式，例如作用于减有功、切厂用电，或作用于跳灭磁开关，或切除失磁机组；

4）躲系统不正常运行（例如故障）的能力强。

（3）失磁检测元件。分析表明，能够检测发电机失磁运行的元件有：转子欠电流元件、转子低电压元件、异步边界阻抗元件及逆无功＋过电流元件等。

1）转子欠电流元件。因灭磁开关误跳、励磁调节系统故障及转子回路开路等原因引起的发电机失磁的主要特征是：转子电流呈指数规律衰减。因此，用转子欠电流元件可以反映发电机失磁。但是，由于运行时转子电流变化范围很大（例如，由空载的 100A 到满载的 1500A），确定整定值极为困难，因此，在大机组失磁保护中不能采用。

2）转子低电压元件。用转子低电压元件可以反映发电机失磁，但是，当转子电压低时不一定是失磁故障。另外，与转子电流一样，发电机运行时，转子电压变化范围很大，无法确定合理的整定值。因此，不能单独由转子电压元件来检测发电机失磁。

3）异步边界阻抗元件。发电机失磁失步之后，机端测量阻抗的轨迹将位于异步边界阻抗圆内。因此，用异步边界阻抗元件可以检查发电机失磁运行。

4）逆无功＋过电流元件。发电机失磁及励磁降低到不允许程度的唯一标志是逆无功及过电流同时出现。并网运行发电机失磁之后，无功很快进相（功角在 90°之前便进相），此时，若发电机维持的有功较大，定子将过电流。因此，由无功方向元件与定子过负荷元件构成的检测元件，能较好地检测发电机不允许失磁运行。

（4）危害判别元件。

1）危害系统的判别元件。目前，国内外广泛采用的发电机失磁运行对系统危害的判别元件，是系统低电压元件。低电压元件的接入电压通常取发电厂高压母线电压。

2）危及厂用系统的判别元件。发电机正常运行时，该机组的厂用电源由发电机供给，因此，通常采用机端低电压元件，作为发电机失磁运行对厂用电危害的判别元件。

3）危害机组的判别元件。发电机失磁运行对机组的主要危害是转子过热及定子过电流。失磁运行发电机维持的有功功率越大，转子过热越严重，定子过电流倍数越大。因此，用功率元件可以间接判别失磁运行对机组本身的危害。

另外，失磁的发电机滑差越大，转子过热越严重，定子过电流倍数越大。因此，可以由滑差元件作为发电机失磁运行对机组危害的判别元件。

（5）躲系统异常运行元件。系统异常运行方式主要有：系统振荡、系统故障。在失磁保护中，采用一定的出口延时，可躲过系统振荡；采用负序电压元件可躲系统故障及故障切除后系统振荡对失磁保护的影响。

另外，对阻抗型失磁保护，还应有 TV 断线闭锁元件。

（6）阻抗型失磁保护。目前，在国内，由于设计规程的"帮助"（不适当的干涉），阻抗型失磁保护特别是由低阻抗元件及转子低电压元件构成的失磁保护应用较多。

1）构成框图。由低阻抗元件及转子低电压元件构成的失磁保护的逻辑框图如图 2-52 所示。

可以看出：当低阻抗元件及转子低电压元件同时动作时，即判断出发电机失磁。发电机失磁后，机端低电压元件 $U_G<$ 必定动作，经延时 t_2 作用

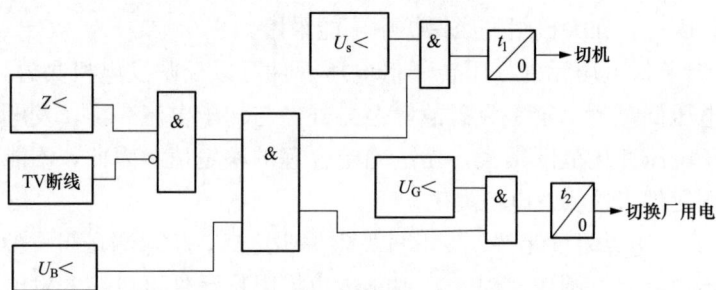

图 2-52　阻抗型失磁保护逻辑框图

$Z<$ —低阻抗元件；$U_s<$ —系统低电压元件；$U_B<$ —转子低电压元件；

$U_G<$ —发电机低电压元件；t_1、t_2 —时间元件

于切换厂用电。如果发电机失磁后系统低电压元件也动作，则经过延时 t_1 作用于切除发电机。

当机端 TV 断线时，将失磁保护闭锁。

2）低阻抗元件 $Z<$。低阻抗元件的动作特性，为阻抗复平面上的一个圆。根据现场要求，该圆可以整定成静稳边界圆、异步边界圆或过坐标原点的下抛圆。如图 2-53 所示。

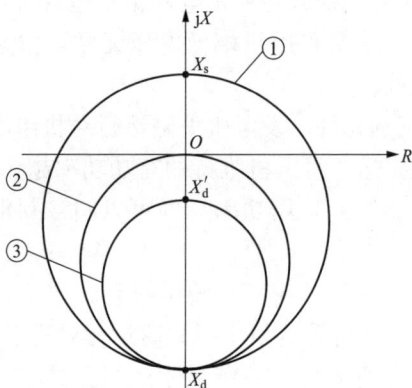

图 2-53　阻抗元件动作特性

曲线①—静稳边界阻抗圆；曲线②—过坐标原点下抛

阻抗圆；曲线③—异步边界阻抗圆；X_s —系统等值电抗；

X_d' —发电机的暂态电抗；X_d —发电机的同步电抗

圆内为低阻抗元件的动作区。

3）转子低电压元件。

a. 动作方程。目前，国内采用较多的转子低电压元件的动作特性，其动作判据是维持发电机功角 $\delta = 90°$ 时转子电压的变化曲线。通常该曲线取与发电机有功功率有关的Ⅰ段折线式或Ⅱ段折线式曲线。其动作方程为

$$\begin{cases} U_{\mathrm{fd}} \leqslant U_{\mathrm{fdo}} & (P \leqslant P_{\mathrm{t}}) \\ U_{\mathrm{fd}} = U_{\mathrm{fdo}} + K_{\mathrm{fd}}(P - P_{\mathrm{t}}) & (P > P_{\mathrm{t}}) \end{cases}$$

式中：U_{fd}为转子电压，V；U_{fdo}为转子低电压元件的最小动作电压，一般低于发电机空载时转子电压，V；P为发电机的有功功率，W；P_{t}为发电机的反应功率，又称为凸极功率，对于汽轮发电机，等于零，而对于水轮发电机，$P_{\mathrm{t}} = \dfrac{1}{2}\left(\dfrac{1}{X_{\mathrm{q}}} - \dfrac{1}{X_{\mathrm{d}}}\right)S_{\mathrm{e}}$（$X_{\mathrm{q}}$为交轴同步电抗，$S_{\mathrm{e}}$为发电机的视在功率），W；$K_{\mathrm{fd}}$为特性曲线斜率，$K_{\mathrm{fd}} = \dfrac{X_{\mathrm{d}\Sigma}U_{\mathrm{fx}}}{S_{\mathrm{e}}}$（$X_{\mathrm{d}\Sigma}$为含系统电抗的发电机同步电抗标幺值$U_{\mathrm{fx}}$为发电机空载转子电压）。

b. 动作特性。根据动作方程，绘制出的转子电压元件的动作特性如图2-54所示。

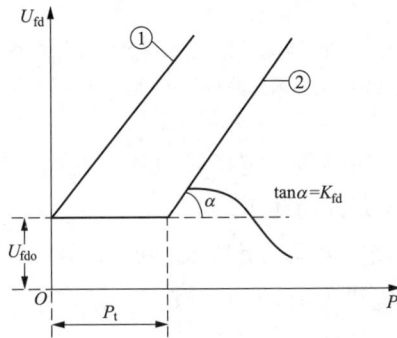

图2-54 转子电压元件的动作特性
曲线①—汽轮发电机转子电压元件的动作特性；
曲线②—水轮发电机转子电压元件的动作特性

应当指出，动作方程第二项中的$U_{\mathrm{fd}} = U_{\mathrm{fdo}} + K_{\mathrm{fd}}(P - P_{\mathrm{t}})$是按照并网运行发电机的功角等于90°（即静稳极限）的条件下导出的，故转子电压元件的动作电压随有功功率的增大而增大。

（7）逆无功＋过电流型失磁保护。

1）构成原理。在该型保护中检测发电机失磁运行的主判据为逆无功（$-Q$）和定子过电流（$I>$）。失磁运行的危害判据有系统低电压（$U_{\mathrm{s}}<$）和机端低电压（$U_{\mathrm{g}}<$），用于判断失磁对系统及厂用电的影响。另外，为衡量失磁运行对机组的危害程度，采用有功功率判据（$P>$）。

该型保护的输入量有：机端三相电压、发电机三相电流及主变压器高压侧三相电压（或某一相间电压）。通过负序电压元件来躲过系统故障及故障切除后系统振荡对保护的影响。

2）逻辑框图。在DGT801系列保护装置中，逆功率＋过电流型失磁保护的逻辑框图如图2-55所示。

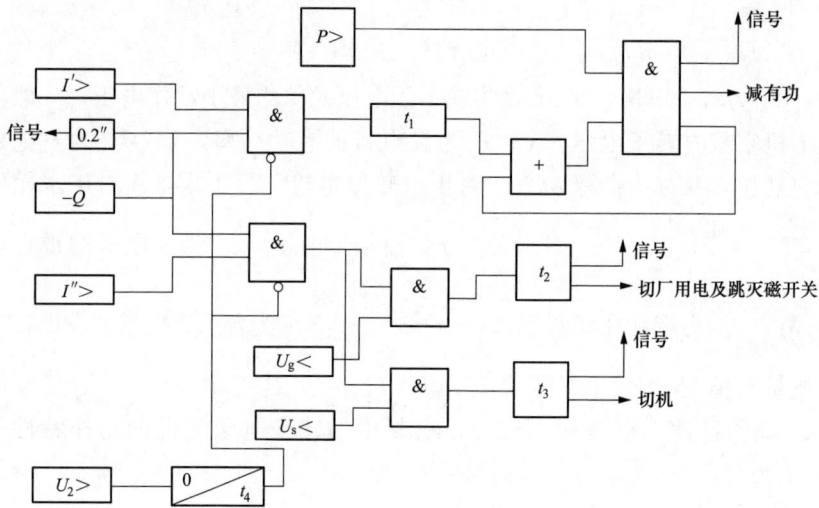

图 2-55 逆无功原理失磁保护逻辑框图

$I'>$、$I''>$—分别为定子过负荷元件和定子过电流元件；$U_2>$—负序电压元件

发电机失磁后，无功倒流，定子过电流。此时，逆无功元件、定子过负荷元件、定子过电流元件均动作。

由图 2-55 可以看出：逆无功元件及过负荷元件动作后，启动时间 t_1 开始计时。此时，若发电机的有功功率较大，保护将发出"减有功"指令，自动减小发电机有功功率。

发电机失磁后，若逆无功元件、过电流元件及机端低电压元件均动作，则经延时 t_2 发出切换厂用电及跳灭磁开关的命令。

若发电机失磁运行危及电力系统的稳定性，此时，逆无功元件、定子过电流元件及系统低电压元件同时动作，经延时 t_3 后发出切机命令。

当系统发生故障时，短时会出现负序电压，负序电压元件动作，闭锁失磁保护，且在故障切除后，失磁保护仍被闭锁 t_4 时间，以确保故障切除后系统短时振荡时保护不会误动。

在装置发出"减有功"命令的同时，对"或门"返送出一个信号，防止发电机失步后，由于电流波动幅度过大，致使减有功元件不断返回，影响减载速度及效果。

8. 整定原则与取值建议

（1）对阻抗型失磁保护的整定。对阻抗型失磁保护的整定，主要是确定低阻抗元件、系统低电压元件、机端低电压元件、转子低电压元件及时间元件的整定值。

1）低阻抗元件。当按静稳阻抗圆来整定时，其圆心坐标及圆半径，应按下式计算

$$\begin{cases} \left[0,\ \mathrm{j}\dfrac{X_\mathrm{d}-X_\mathrm{s}}{2}\right] \\ R_2=\dfrac{X_\mathrm{d}+X_\mathrm{s}}{2} \end{cases}$$

当按异步边界圆来整定时，其圆心坐标为

纵坐标：$-\mathrm{j}\left(\dfrac{1}{2}X_\mathrm{d}'+\dfrac{1}{4}X_\mathrm{d}'+0.6X_\mathrm{d}\right)=-\mathrm{j}\left(\dfrac{3}{4}X_\mathrm{d}'+0.6X_\mathrm{d}\right)$

横坐标：0

圆半径：$R=\left(1.2X_\mathrm{d}-\dfrac{1}{2}X_\mathrm{d}'\right)/2$

当按过圆点的下抛圆进行整定时，其圆心坐标为 $[0,\ -\mathrm{j}0.6X_\mathrm{d}]$，圆半径 $R=0.6X_\mathrm{d}$。

2）系统低电压元件 $U_\mathrm{s}<$。按发电机失磁运行不破坏系统稳定性整定取值，通常整定为：$U_\mathrm{s}<$ 为 $85\sim90\mathrm{V}$。

3）机端低电压元件 $U_\mathrm{g}<$。机端低电压元件的动作值，应按照以下条件来整定：躲过发电机强行励磁启动电压及不破坏厂用电系统的安全，一般取：$U_\mathrm{g}<$ 为 $80\mathrm{V}$。

4）动作延时。当低阻抗元件按静稳边界圆来整定时，保护出口动作延时可取 $1.5\mathrm{s}$；当低阻抗元件按下抛阻抗圆来整定时，各组动作延时，不应超过 $1\mathrm{s}$。

5）转子低电压元件 $U_\mathrm{fdo}=0.8U_\mathrm{fx}$；特性曲线斜率：$K_\mathrm{fd}=\dfrac{U_\mathrm{fx}X_{\mathrm{d}\Sigma}}{K_\mathrm{H}S_\mathrm{N}}$。

（2）对逆无功+过电流型失磁保护的整定。

1）系统低电压及机端低电压的整定原则及取值同阻抗型失磁保护。

2）逆无功元件：按发电机额定无功功率的 $5\%\sim10\%$ 来整定，即

$$Q_\mathrm{op}=(-5\%\sim-10\%)Q_\mathrm{N}$$

式中：Q_op 为逆无功元件的动作功率，var；Q_N 为发电机的额定无功功率，var。

3）过电流元件低定值（即过负荷元件）。过电流元件的低定值，可取

$$I_\mathrm{op1}=(1.05\sim1.1)I_\mathrm{N}$$

式中：I_op1 为过电流元件低定值，A；I_N 为发电机额定电流，A。

4）过电流元件高定值。过电流元件高定值，可取

$$I_\mathrm{op2}=(1.15\sim1.2)I_\mathrm{N}$$

式中：I_op2 为过电流元件高定值，A；I_N 为发电机额定电流，A。

5）有功元件。按照发电机允许无励磁运行条件来整定，可取

$$P_\mathrm{op}=0.4P_\mathrm{N}$$

式中：P_op 为功率元件的动作功率整定值，W；P_N 为发电机额定功率，W。

6）负序电压元件动作电压。为提高保护躲过不正常运行方式的能力，U_2 可按照发电厂高压母线出线末端两相短路时，机端出现的最小负序电压来整定。通常取

$$U_{2op} = (8 \sim 10)V$$

式中：U_{2op} 为负序电压元件动作电压整定值，V。

7）时间元件。

a. 动作延时 t_1、t_2、t_3。保护减载延时 t_1、切换厂用电延时 t_2 及切机延时 t_3 均取 $0.7 \sim 0.8s$。

b. 动作延时 t_4。为使保护能可靠躲过系统故障切除后的振荡过程，t_4 可取 $6 \sim 8s$。

9. 阻抗型失磁保护存在的问题

运行实践表明，阻抗型失磁保护存在一些问题：

（1）阻抗元件按静稳边界整定时。当阻抗元件按静稳边界的条件整定时，为防止误动，必须由转子低电压元件闭锁。但是，转子低电压元件的动作电压也是按静稳边界确定的，因此，当系统出现问题时，存在两个元件同时误动的可能性。

此外，在失磁保护中采用转子低电压元件存在以下问题：

1）无刷励磁的发电机无法取得转子电压。

2）现代的励磁系统中均采用晶闸管，励磁电流中的高次谐波分量很大，特别是大型发电机，励磁电压（转子电压）中的高次谐波分量很大，有的高达 $1 \sim 2kV$。这么高的电压引到保护装置中，必将对装置的安全运行产生很大威胁。

（2）阻抗元件按异步边界整定时。阻抗元件按异步边界整定，若失磁发电机维持的有功较大且与系统的联系电抗也较大时，则等有功阻抗圆距异步边界圆较远，可能两者无交点或相交部分很小。失磁发电机失步前，机端阻抗的测量轨迹不会进入异步阻抗圆内；而发电机失步之后，虽机端测量轨迹能进入圆内，但由于同步功率的存在，机端测量阻抗在不断地变化，特别是发电机维持有功很大及部分失磁或剩磁很大时，使机端测量阻抗变化很大，其忽而进入圆内，忽而又跑出圆外，又由于失磁保护动作有延时，故有拒动的可能性。

在发电机维持很小有功失磁运行时，由于等有功阻抗圆很大，失磁保护将很快动作。特别是发电机空载运行时失磁，机端测量阻抗轨迹将直接沿纵轴向下进入异步阻抗圆内，动作更快。

前已述及，发电机失磁运行时，维持的有功越大，对发电机及系统的危害越大；发电机维持较小的有功或空载失磁运行，则对机组及系统没有什么危害。可以看出，上述失磁保护难以满足保护发电机及系统的要求，同时，还可能造成不必要的切除发电机。

10. 提高保护动作可靠性措施

失磁保护既是发电机组的保护，又是系统保护，其构成方式及类别较多，受系统条件及其他不正常运行方式的影响较大。运行实践表明，该保护的"合理"正确动作率较低。

运行实践及分析表明，根据系统及机组运行的实际情况，正确选择失磁保护的构成逻辑，并根据失磁危害程度选择适宜的出口方式，是提高失磁保护"合理"正确动作率及确保机组安全经济运行的条件。另外，尚应合理地选择保护的动作时间。

（1）不宜采用只由系统低电压及转子低电压两个元件构成的失磁保护。某些电厂，为简化失磁保护的构成，采用只由系统低电压及转子低电压两个元件构成的失磁保护。保护的逻辑框图如图 2-56 所示。

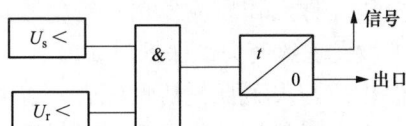

图 2-56　失磁保护逻辑框图

U_s＜—系统低电压元件；U_r＜—转子低电压元件

随着电力系统的发展，超高压输电线越来越多，发电机组数量越来越多，系统的容量及无功贮备越来越大。对某个发电厂的计算及真机失磁测试表明，一台 300MW 发电机失磁运行其高压母线电压降低不多，系统低电压元件不会动作，按图 2-56 构成的失磁保护将拒绝动作。

转子低电压元件的动作电压是按静稳极限整定的，系统静稳破坏时容易误动。此时，若系统再受冲击使高压母线电压降低时，由于 U_s＜元件动作致使保护误动。

此外，转子电压回路容易出问题。运行实践表明，由于转子低电压元件误动，致使失磁保护误动的次数也不少。

（2）大型汽轮发电机失磁保护应有多路出口。对于大型汽轮发电机，维持较小的有功、无励运行一定时间是允许的。这样可以减少因失磁造成的切机概率，对发电厂的经济运行及系统的安全是有利的。

为使发电机失磁运行的危害很小或者无危害，在系统允许的情况下发电机失磁后应首先作用于减有功及切换厂用电。在很短时间内将发电机的有功功率减少到 40％的额定有功功率之下，并保证厂用系统的安全。

为使失磁运行的发电机各电量的摆幅不大、有利于重新拖入同步，发电机失磁运行时，应跳开灭磁开关。另外，跳开发电机的灭磁开关的好处还在于：当因转子或励磁系统短路造成发电机失磁时，也有利于保护励磁设备及发电机转子的安全。

（3）慎重采用系统低电压元件闭锁失磁保护出口的方式。当失磁保护没有设置减小发电机有功的出口方式，或发电机组无法实现保护减有功时，在采用系统低电压元件来闭锁失磁保护切机出口时应慎重。在采用之前，应计算并验证电厂在最大运行方式下，一台发电机失磁运行时，能否将高压母线电压拉下来。若一台发电机失磁对高压母线电压影响不大，应采用机端低电压元件取代系统低电压元件闭锁保护出口。

（4）保护的动作延时不应大于1s。维持较大有功失磁运行的发电机，定子电压、定子电流及机端测量阻抗摆动很大，影响失磁保护各元件的正确测量及失磁保护的正确动作。为确保失磁保护动作的可靠性，应适当减少该保护的出口延时。前苏联对失磁保护进行的动模试验结果表明，为保证发电机失磁后失磁保护能可靠动作，该保护的动作时间应小于1s。这对动作特性为异步边界圆的阻抗型失磁保护，是非常必要的。

（5）应设置转子低电压元件动作告警信号。采用转子低电压元件闭锁的失磁保护，当转子电压元件动作后应发出告警信号，以防止由于转子电压元件输入回路异常未被发现致使失磁保护误动。

（6）低励限制与保护应与失磁保护协调配合，遵循低励限制先于低励保护动作、低励保护先于失磁保护动作的原则，低励限制线应与静稳极限边界配合，且留有一定裕度。

失磁保护应具备不同测量原理复合判据的多段式方案。与系统联系紧密的发电厂或采用自并励励磁方式的发电机组宜将阻抗判据作为失磁保护的复合判据之一，优先采用定子阻抗判据与机端三相同时低电压的复合判据。发电机失磁保护的系统低电压和机端低电压判据，应能避免失磁保护拒动。发电机失磁保护阻抗圆元件宜按异步边界阻抗圆整定，带电压闭锁动作解列延时应不大于0.5s。

（二）发电机负序过负荷及过电流保护

1. 负序电流对发电机的危害及保护的意义

发电机正常运行时发出的是三相对称的正序电流。发电机转子的旋转方向和旋转速度与三相正序对称电流所形成的正向旋转磁场的转向和转速一致，即转子的转动与正序旋转磁场之间无相对运行，即为"同步"运行。当电力系统中发生不对称短路或三相负荷不对称（例如电气化机车、冶炼电炉等单相负荷）时，将有负序电流流过发电机的定子绕组，负序电流产生负序（反向）旋转磁场与转子运动方向相反，它相对于转子来说是2倍的同步转速切割转子，在转子中就会感应出100Hz的电流，即所谓的倍频电流，引起转子发热。

对于汽轮发电机，该倍频电流由于集肤效应的作用，主要在转子表面流通，并经转子本体、槽楔、阻尼环和阻尼条，在转子的端部附近10%～30%的区域内沿周向形成闭合回路，这一周向电流有很大的数值（例如一台600MW机组，可达250～300kA），使转子表层（特别是端部、护环内表面、槽楔与小齿接触面等部位）过热灼伤，严重时可能烧伤及损坏转子。倍频电流还将使转子的平均温度升高，使转子挠性槽附近断面较小的部位和槽楔、阻尼环及阻尼条等分流较大的部位，形成局部高温，从而导致转子表层金属材料的强度下降，给发电机造成灾难性的破坏，即负序电流烧机。此外，若转子本体与护环的温差超过允许限度，将导致护环松脱，造成严重的破坏。

另外，定子负序电流与气隙旋转磁场（由转子电流产生）之间、负序旋转磁场与转子电流之间产生 100Hz 的交变电磁力矩，将同时作用于转子大轴和定子机座上，引起机组振动，造成发电机的严重损坏。

因此，为防止发电机的转子遭受负序电流的损伤，大型汽轮发电机都要求装设负序电流保护。装设发电机负序过电流保护的主要目的，是保护发电机转子，是转子表层负序发热的唯一主保护，因此习惯上称它为发电机转子表层负序过负荷保护。同时，还可以作为发电机变压器组内部不对称短路故障的后备保护。

发电机具有一定的承受负序电流的能力，流过发电机定子绕组的负序电流，只要不超过规定的限度，转子就不会遭受损伤。发电机承受负序电流的能力，主要取决于转子的负序电流发热条件，而不是振动，大型发电机组要求转子表层过热保护与发电机承受负序电流的能力相适应。发热有一个积累过程，因此，汽轮发电机的负序过电流保护应具有反时限动作特性。

对于水轮发电机，转子各级都由叠片构成，在相同的负序电流作用下，其附加损耗要比汽轮发电机小得多，因此转子过热程度比汽轮机小得多，约为汽轮发电机的 1/10。但是，由于水轮发电机的直径较大，焊接件较多，X_d 与 X_q 的差值较大，其承受负序电流的能力应由 100Hz 的振动条件限制。因此，水轮发电机的负序过电流保护可不具有反时限特性，其动作应较快。

2. 负序电流保护的构成

负序电流保护由负序过负荷及负序过电流两部分构成。过负荷保护作用于信号，过电流保护作用于切机。

大型汽轮发电机的负序过电流保护，应由两部分组成，即反时限部分及上限定时限部分。反时限部分用以防止由于过热而损伤发电机转子，上限定时限主要作为发电机-变压器组内部短路的后备保护。

在有些保护装置中，对负序过电流保护尚设置下限定时限部分，并作为该保护的启动元件。

保护引入的电流，为发电机 TA 二次三相电流。

大型汽轮发电机负序过负荷及负序过电流保护的逻辑框图如图 2-57 所示。

大型发电机组承受负序电流的能力，分为长期和短期。

（1）发电机长期允许的负序电流 $I_{2\infty}$，是由转子的材料和结构决定的，通常稳态负序试验可以测定其大小。通常规定在额定负荷下，汽轮发电机的 $I_{2\infty}$ 为 6%～8%，水轮发电机不超过 12%。

（2）发电机短时承受负序电流的能力，与负序电流 I_2 的大小及其持续时间 t 的长短有关，负序电流在转子中所产生的发热量，正比于负序电流的平方与所持续时间的乘积，假定发电机转子为绝热体，发电机短时负序

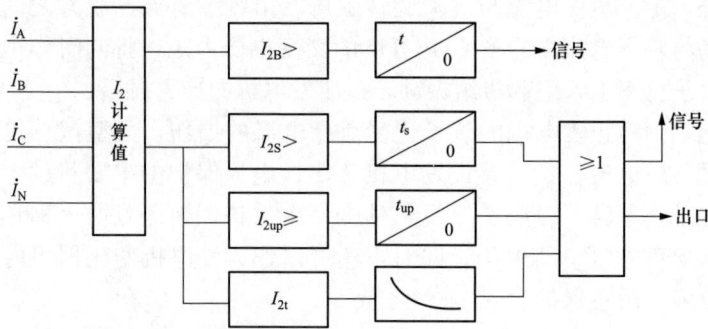

图 2-57 汽轮发电机过负荷及过电流保护的逻辑框图

i_A、i_B、i_C、i_N—发电机 TA 二次三相电流；I_{2B}—负序过负荷元件；
$I_{2S}>$—负序过电流下限定时限元件；$I_{2up}\geqslant$—负序过电流上限定时限元件；
I_{2t}—负序过电流反时限元件；t、t_s、t_{up}—动作延时

转子过热常数为 A，则不使转子过热所允许的负序电流和时间的关系为

$$I_{2*}^2 \cdot t \leqslant A$$

转子表层过负荷保护主要适用于 100MW 及以上 A 值小于 10 的发电机，保护通常由定时限过负荷和反时限过电流两部分组成。

(1) 定时限过负荷保护：动作电流按发电机长期允许的负序电流 $I_{2\infty}$ 下能可靠返回的条件整定。

(2) 负序反时限过电流保护：反时限动作特性由上限定时限、反时限和下限定时限三部分组成。

当发电机负序电流大于上限电流定值 $I_{op.max}$ 时按上限动作时间动作，如果负序电流低于下限反时限启动电流值 $I_{op.min}$ 时，按下限动作时间动作，如果负序电流在上、下限定值之间时，按反时限部分启动，并进行热积累。

负序反时限特性能够真实模拟转子的热积累过程，并能模拟散热过程。

3. 动作方程及动作特性

(1) 动作方程。负序电流保护的动作方程为

$$\int (I_{2*}^2 - I_{2\infty}^2)\mathrm{d}t > A$$

1) 负序过负荷元件

$$I_2 \geqslant I_{op1}$$

2) 负序过电流元件

$$\begin{cases} I_2 = I_{op2} \\ I_2 \geqslant I_{op3} \\ t = \dfrac{A}{I_{2*}^2 - \alpha} \end{cases}$$

式中：I_2 为负序电流计算值，A；I_{op1} 为负序过负荷定值，A；I_{op2}、I_{op3} 分别为负序过电流下限及上限整定值，A；α 为与发电机转子冷却方式有关的

常数；A 为热值常数；I_{2*} 为负序电流标幺值（以发电机额定电流为基准，TA 二次值）。

（2）动作特性。负序过负荷保护的动作特性为定时限特性。负序过电流保护的动作特性为如图 2-58 所示的反时限特性。

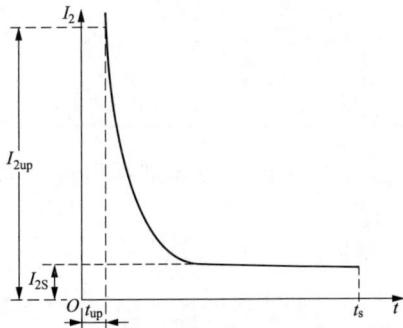

图 2-58　负序反时限过电流保护动作特性

I_{2up}—上限动作负序电流；I_{2S}—下限动作负序电流；

t_{up}—上限动作时间；t_s—下限动作时间

4. 整定原则及取值建议

（1）定时限过负荷保护。对负序过负荷保护的整定，就是要确定过负荷元件的动作电流及动作延时。

1）动作电流 I_{2op1}：按发电机长期允许的负序电流 $I_{2\infty}$ 来整定，即

$$I_{2op1} = K_{rel} \cdot \frac{I_{2\infty}}{K_f}$$

式中：K_{rel} 为可靠系数，取 1.1。K_f 为返回系数，取 0.95。$I_{2\infty}$ 为发电机长期允许负序电流（发电机厂家提供），对转子直接冷却的汽轮发电机，当 $S_N \leq 350MVA$ 时，$I_{2\infty} = 8\%$；当 $350MVA < S_N \leq 1250MVA$ 时，$I_{2\infty} = 8\% - \frac{S_N - 350}{3 \times 10^4}$；当 $1250MVA < S_N \leq 1600MVA$ 时，$I_{2\infty} = 5\%$；当制造厂提供 $I_{2\infty}$ 时，以制造厂提供的数值为准。

2）发电机长期允许的 $I_{2\infty}$。各国大型发电机长期允许的负序电流 $I_{2\infty}$（标幺值）值如表 2-4 所示。

表 2-4　各国大型发电机长期允许的负序电流值

国家	发电机容量（MW）	长期允许的负序电流 $I_{2\infty}$（%）
中国	300~600	5~8
日本、瑞典		8
法国	≥500	6~8
德国	300~400	6~8
	≥400	4~6

国家	发电机容量（MW）	长期允许的负序电流 $I_{2\infty}$（%）
意大利	320	6
英国		10～15
俄国		5～6
美国	960～1500	5～8
	≤900	10

3）动作延时 t_1：按躲过发电机-变压器组后备保护最长动作时限整定，可取 5～9s。动作于发信号。

（2）反时限过电流保护。

1）下限动作电流 I_{2op2} 及动作延时 $t_{op.max}$。下限动作电流 I_{2op2}、下限延时 $t_{op.max}$ 确定后，下限负序动作电流动作方程为

$$I_{2op2}=\sqrt{\frac{A}{t_{op.max}}+K_{saf}I_{2\infty}^2}\,I_N$$

式中：A 为转子表层承受负序电流能力常数，通常由制造厂提供该数据。若制造厂未提供该参数，则当 $S_N \leqslant 350$MVA 时，取 $A=8$；当 $350\text{MVA}<S_N \leqslant 900$MVA 时，取 $A=8-0.005\,45(S_N-350)$；当 $900\text{MVA}<S_N\leqslant 1600$MVA 时，取 $A=5$。这适用于转子直接冷却的大型汽轮发电机。K_{saf} 为安全系数，取 0.8。

简化计算：可按定时限过负荷保护动作电流的 1.1～1.15 倍来整定，即

$$I_{2op2}=(1.1～1.15)I_{2op1}$$

动作时间 $t_{op.max}$ 可取 1000s。

2）上限动作电流 I_{2op3} 及动作延时 $t_{op.min}$。上限动作电流 I_{2op3} 应按发电厂高压母线（主变压器高压侧）发生两相短路时发电机所提供负序电流的 1.05～1.1 倍来整定。

上限动作时间应与高压母线出线纵联保护或距离保护 I 段（快速保护）的动作时间配合整定，通常取动作时间 $t_{op.min}=0.5$s。

说明：如此整定下，当发电机机端两相短路时，流经发电机的负序电流为

$$I_{G2}=\frac{1}{X_d''+X_2}\approx\frac{1}{2X_d''}$$

如 $X_d''=20\%$，则 $I_{G2}=2.5$，所以 $I_{G2}^2 \cdot t_{op.min}=2.5^2\times 0.5=3.125<A$。取 $t_{op.min}=0.5$s，不仅机端两相短路时不会危及发电机的安全，而且高压母线以下发生相间故障时，可加快反时限负序电流保护的动作。

3）反时限动作特性。对反时限动作特性的整定，实际上是确定 A 值及 α 值。发电机的结构不同及冷却方式不同，对 A 的取值亦不同。间接冷却

方式的汽轮发电机，A 值可取 30，间接冷却式水轮发电机，A 值更大。直接冷却式发电机的 A 值小得多。

5. 提高保护的动作可靠性措施

运行实践表明：由于定值的计算及输入有误，造成负序反时限过电流保护不正确动作的事例较多。因此，为提高该类保护的动作可靠性，对定值的正确整定及正确输入固化要引起高度重视。

（1）关于上限定值的整定。整定原则：当发电厂高压母线及其出线上发生故障时，应确保母线保护或线路的纵联保护（包括距离保护Ⅰ段）首先动作。为此，反时限上限的动作电流应略大于高压母线上相间短路时发电机供给的最大负序电流，此外，动作还应带延时。

当母线保护或线路保护拒动时，为能尽快切除故障，上限动作延时不宜过长（若按反时限特性延伸，动作时间可能很长），取 $t_{op.min}=0.5s$ 是适宜的。

应当指出，负序电流保护的反时限特性，其上限动作电流（与下限动作时间相对应）和下限动作电流（与上限动作时间相对应）的整定原则，并没有统一的规定、规则。对于大型机组，短路电流中的非周期分量所产生的影响比较显著，以 $I_2^2 t \geqslant A$ 为判据的负序电流保护，在电流大、时间短的情况下，并不能可靠地保障机组的安全，因此大型机组应有完善的相间短路保护。另外，考虑到反时限负序电流保护继电器的 I_2 范围过大时制造有困难，因此割除反时限特性中 I_2 较大部分，保留 I_2 较小部分的反时限特性是比较合理的。按照这一原则，反时限特性的上限电流，可按小于变压器高压侧两相短路流过保护装置的负序电流整定，而下限电流则可按接近信号段动作电流的条件整定。

（2）关于定值的输入回路。该保护需整定的参数较多，在输入及固化整定值时应特别注意，不可将各参数之值输错或项目输错。某电厂就曾经将负序过负荷的动作延时（5～9s），按反时限下限定值输入到装置，导致远方故障时发电机越级跳闸。

（三）发电机失步保护

1. 系统发生振荡或失步的原因

系统发生严重故障，如系统发生突然短路；大机组或大容量线路突然断开等造成系统暂态稳定破坏；系统受端失去大电源或系统送端甩去大负荷，引起线路输送功率超过静态稳定极限等，均可能造成系统静态稳定破坏。

电力系统稳定破坏是运行中不可避免的，我国电力系统的电源备用容量一般不大，按照安全稳定标准规定，在多重性故障情况下，系统可能发生振荡。为防止发生全网性大面积停电事故，保持电网的完整性，迅速恢复全网的正常运行是极为重要的。

大容量机组失磁时，若失磁保护拒动，且稳定措施失灵而使电压严重下降，导致系统失去稳定；在系统运行方式薄弱的情况下，发生大容量机组跳闸，使系统等值阻抗增加，造成线路稳定极限下降，引起振荡。发电机的原动机（如汽轮机）输入力矩突然变化，如汽轮机调速汽门卡涩又恢复动作，也可能引起振荡。

通常，短路故障是系统原因引起系统振荡及破坏稳定运行的主要起因，而大容量机组失磁是发电机原因引起系统振荡及破坏稳定运行的主要起因。

2. 振荡中心在大型汽轮发电机机端或发电机-变压器组内部的危害

发电机失步运行是由于发电机输出功率的较大变化，或系统中出现大扰动引起发电机与系统间发生振荡，当系统扰动或励磁调节不当致使发电机与系统间的功角 δ 大于静稳极限时，将因静稳破坏而使发电机与系统失去同步。

对于大机组和超高压电力系统，发电机装有快速响应的自动调整励磁装置，并与升压变压器组成单元接线。由于输电网的扩大，系统的等效阻抗值下降，发电机和变压器的阻抗值相对增加，因此振荡中心常常落在发电机机端或者升压变压器的范围以内，一旦振荡中心落在机端附近，使振荡过程对机组的危害加重。

发电机失步运行时，将发生不稳定振荡，称为发电机失步。失步运行时，发电机仍然加有全部励磁，所以电压、电流、有功功率、无功功率均出现大幅度波动，大型发电机-变压器组的阻抗相对增加，特别是振荡中心处于发电机-变压器组内部（发电机附近或升压变压器范围内）时，振荡中机端电压周期性下降，严重影响厂用电及厂用机械设备的稳定运行；发电机的机械量和电气量与系统之间的持续振荡尤为明显，这种持续的振荡将对发电机组和电力系统产生有破坏力的影响。机炉系统的辅机都由接在机端的高压厂用变压器供电，机端电压周期性的严重下降，将使厂用机械负荷工作的稳定性遭到破坏，甚至使一些重要的电动机制动，导致停机、停炉。

（1）可能引起锅炉灭火及炉膛爆炸。单元接线的大型发电机-变压器组电抗较大，而系统规模的增大使系统等效阻抗减小，因此振荡中心往往落在发电机机端附近，造成机端电压、厂用电系统电压周期性的严重降低，从而导致锅炉辅机的转速大幅度摆动，使给粉系统工作不正常，可能造成锅炉灭火及炉膛爆炸。

（2）可能造成锅炉爆管。在振荡过程中，由于汽轮机转速波动，调速器作用使进汽量波动，使锅炉的水位波动，压力及温度大幅度变化，可能致使锅炉爆管。

（3）损坏发电机。振荡过程中，当发电机的电动势与系统等效电动势的夹角为 180°时，振荡电流很大（幅值接近甚至大于机端三相短路时流过的短路电流值），对于三相短路故障，发电机有快速保护切除，而振荡电流要在较长时间内反复出现，使发电机定子绕组过热及遭受机械损伤。

由于大机组热容量相对下降，对振荡电流引起的热效应的持续时间也有限制，因为时间过长有可能导致发电机定子绕组过热而损坏。

在短路伴随振荡的情况下，定子绕组端部先遭受短路电流产生的应力，相继又承受振荡电流产生的应力，使定子绕组端部出现机械损伤的可能性增加。发电机定子端部绕组所承受的电动力与冲击电流的平方成比例，如果失步振荡电流不超过三相短路电流的70%，则其电动力不超过三相短路的1/2，这种情况下的机械应力应该是可以允许的。同时，振荡过程中周期性的转差变化在转子绕组中引起感应电流，造成转子绕组发热。

（4）对汽轮机轴系疲劳损耗的影响。分析表明，简单的失步振荡尚不会对机组轴系疲劳呈现特别严重的影响，大型汽轮发电机组的设计可以承受一定数量的带励磁失步振荡周期。

但振荡过程常伴随短路故障出现。发生短路故障和切除故障时，汽轮发电机轴系都将受到周期性的脉振转矩。当故障切除后，若随即发生电气参数的振荡过程，则加到轴上的制动转矩是一脉振转矩，可能累加而形成比失步本身高得多的轴系扭应力，从而加剧轴系的转矩振荡，使大轴遭受机械损伤，甚至造成严重事故。最严重的是，在发电机机端附近发生三相短路延时切除故障导致失步的情况。

所以，探讨失步振荡对汽轮发电机组轴系疲劳的影响时，还需要考虑同时发生的相关扰动。CIGRE 和 IEEE 等国际学术组织从 20 世纪 70 年代末起就一直致力于调查分析各国有关的研究成果和运行实践，并力图制定有关的国际标准。各国关于汽轮发电机组扭振损伤风险的研究结果指出：汽轮发电机组在系统三相短路后失步（这也是要求三相故障快速切除的重要原因），最不利的情况可能使机组轴系寿命损耗达 20%，但出现这种扰动的概率很低，因而总的损坏风险不大。正因如此，稳定导则要求：尽可能延缓跳闸时间，争取将机组重新拉入系统同步。

（5）可能破坏系统的稳定性。对于电力系统来讲，一台发电机与系统之间失步，如不能及时和妥善处理，可能扩大到整个电力系统，可能导致电力系统解列甚至崩溃事故。

鉴于上述原因，对于大型机组，特别是单机容量所占比例较大的1000MW 汽轮发电机，必须装设失步保护，用以及时检测出失步故障，迅速采取措施，以保障机组和电力系统的安全运行，通常要求发电机失步保护在振荡的第一、第二个振荡周期内能够可靠动作。

发电机失步保护作为发电机失步运行异常状态保护。保护在短路故障、失磁、系统稳定振荡、电压回路断线等情况下无误动。保护能区分振荡中心在发电机-变压器组范围内还是发电机-变压器组范围外当振荡中心在发电机-变压器组范围外时，经预定的滑极次数后动作于信号，当振荡中心在发电机-变压器组范围内时，经预定的滑极次数后动作于全停。动作于全停时，具备电流闭锁措施，确保断路器断开时不超过断路器在失步下的开断容量，当失步由失磁引起时，按失磁保护的动作判据动作。

如果电力系统失步不致给机组造成损害而需立即解列的情况外，宜由系统控制处理。

在我国，有过很好的正确处理系统失去稳定后的成功经验，其中心环节是：当系统发生振荡后，努力保持电网的完整性，即不允许线路任意跳闸，也不允许机组任意解列，以便尽快恢复系统稳定运行。

对大型汽轮发电机组承受振荡的能力，现在尚没有正式的国际标准，各国的要求也不一致。某些国家希望保持机组于系统经历较多的滑差周期数（如法国要求 20 个滑差周期）以实现有利于电网稳定性的可控的网络解列。

俄罗斯则要求：在发生失步运行状态时，为了终止这种状态，应尽可能首先实施有利于再同步的措施，如：在功率欠缺地区使汽轮机迅速增加出力或在功率过剩地区切除部分用户，通过调节汽轮机调速器，以减少发电功率或切除部分发电机。如果这些措施经过给定数量的振荡周期后，或者失步持续时间超过给定限值后，仍不能实现再同步，则应在给定地点自动解列电力系统。该时间一般不大于 15s（短时间对应于火力发电厂再同步的情况，长时间对应于水电站的再同步情况）。

3. 对失步保护的要求

（1）要有失步预测功能，在第一个振荡周期内应可靠动作。

（2）能判断失步特点，即为加速失步还是减速失步，并作相应处理。

（3）能判断出振荡中心所在，当振荡中心落在机组外部时，应可靠不动作。

（4）能鉴别短路故障和非稳定性振荡，短路故障时应可靠不动作。

（5）当动作于跳闸时，应使断路器在远离功角等于 180° 时断开。

4. 失步保护的工作原理

失步保护反应发电机失步振荡引起的异步运行工况。失步保护阻抗元件计算采用发电机正序电压、正序电流，阻抗轨迹在各种故障下均能正确反映。

发电机与系统失步时的等效系统图及失步时系统各点的电流与电压关系，如图 2-59 及图 2-60 所示。

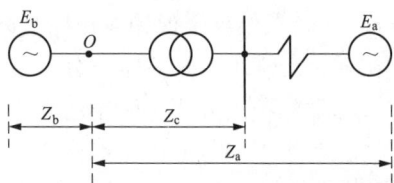

图 2-59 发电机与系统失步时的等效系统图

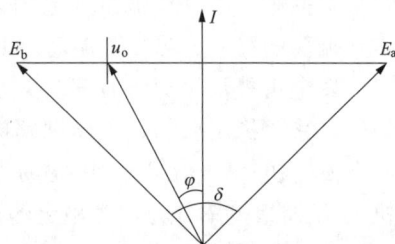

图 2-60 系统各点的电流与电压关系图

以三元件失步保护动作特性为例，失步保护动作特性如图 2-61 所示。

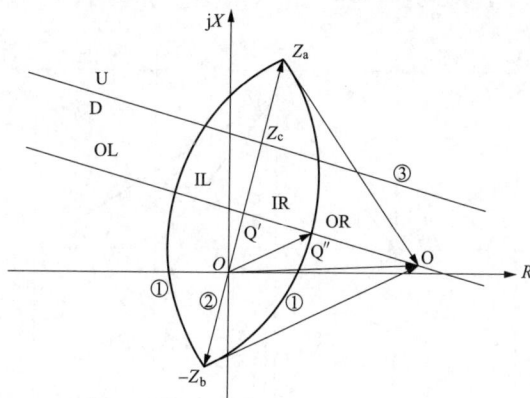

图 2-61　三元件失步保护的动作特性
①—透镜特性；②—遮挡器特性；③—电抗线

三元件动作特性失步，由三部分组成。第一部分是透镜特性，图中①，它把阻抗平面分成透镜内的部分 I 和透镜外的部分 O；第二部分是遮挡器特性，图中②，它把阻抗平面分成左半部分 L 和右半部分 R。

两种特性的结合，把阻抗平面分成四个区 OL、IL、IR、OR，阻抗轨迹顺序穿过四个区（OL→IL→IR→OR 或 OR→IR→IL→OL），并在每个区停留时间大于某一时限，则保护判为发电机失步振荡。每顺序穿过一次，保护的滑极计数加 1，到达整定次数，保护动作。

第三部分特性是电抗线，图中③，它把动作区一分为二，电抗线以上为 I 段（U），电抗线以下为 II 段（D）。阻抗轨迹顺序穿过四个区时位于电抗线以下，则认为振荡中心位于发电机-变压器组内，位于电抗线以上，则认为振荡中心位于发电机-变压器组外，两种情况下滑极次数可分别整定。

另外，还有双遮挡器特性的失步保护，如图 2-62 所示。

假定 $X_\mathrm{d}' = X_\mathrm{s} + X_\mathrm{T}$，当振荡中心落在机端保护安装处 M 时，电阻线 R_1、R_2、R_3、R_4 将阻抗平面分为 0～4 共计 5 个区。正常运行时，机端测量阻抗大于 R_1，测量阻抗不会进入 0～4 区。加速失步时测量阻抗从 $+R$ 向 $-R$ 方向变化，从左至右依次穿过电阻线；减速失步时测量阻抗轨迹从 $-R$ 向 $+R$ 方向变化，从右至左依次穿过电阻线。

5. 整定原则与取值建议

需要整定的参数有：遮挡器特性参数 Z_A、Z_B、φ_sen，透镜内角 α，电抗线参数 X_C，振荡中心在区内、区外的滑极次数，跳闸允许电流。

（1）Z_A、Z_B、φ_sen 的整定。

$$Z_\mathrm{A} = X_\mathrm{con} \frac{U_\mathrm{N}^2}{S_\mathrm{B}} \cdot \frac{n_\mathrm{TA}}{n_\mathrm{TV}}(\Omega)$$

$$Z_\mathrm{B} = -X_\mathrm{d}' \cdot \frac{U_\mathrm{N}^2}{S_\mathrm{B}} \cdot \frac{n_\mathrm{TA}}{n_\mathrm{TV}}(\Omega)$$

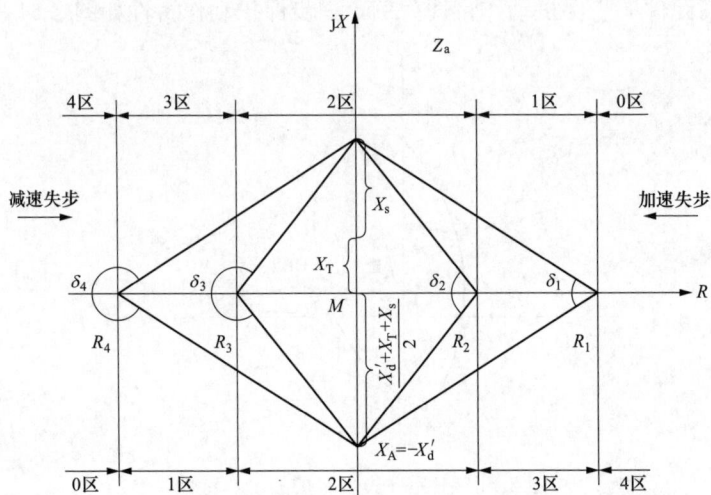

图 2-62　双遮挡器特性的失步保护原理图

$$\varphi_{\mathrm{sen}} = 85°$$

式中：X_{con} 为折算到基准容量 S_{B} 的发电机与系统的最大联系电抗标幺值；X_{d}' 为折算到基准容量 S_{B} 的发电机暂态电抗标幺值。

（2）透镜内角 α 的整定。取 $\alpha = 120°$，校核躲正常运行负荷阻抗、失磁阻抗的能力。

透镜动作特性与 $+R$ 轴交点的 R_{set} 值可表示为

$$R_{\mathrm{set}} \approx \frac{Z_{\mathrm{A}} + |Z_{\mathrm{B}}|}{2\sqrt{3}}$$

发电机正常运行时的最小负荷阻抗为

$$Z_{\mathrm{loa.min}} = 0.9 \frac{U_{\mathrm{N}}^2}{S_{\mathrm{N}}} \cdot \frac{n_{\mathrm{TA}}}{n_{\mathrm{TV}}} \cdot \mathrm{e}^{\mathrm{j}\varphi}$$

取 $\cos\varphi = 0.9$，可得 $Z_{\mathrm{loa.min}}$ 在 R 轴上的投影

$$R_{\mathrm{loa.min}} = 0.9 \frac{U_{\mathrm{N}}^2}{S_{\mathrm{N}}} \cdot \frac{n_{\mathrm{TA}}}{n_{\mathrm{TV}}} \cdot \cos\varphi$$

发电机带额定功率下失磁，机端测量阻抗为

$$Z_{\mathrm{nmag}} = \frac{(0.8 U_{\mathrm{N}})^2}{\sqrt{P_{\mathrm{N}}^2 + Q_{\mathrm{G}}^2}} \cdot \frac{n_{\mathrm{TA}}}{n_{\mathrm{TV}}} \cdot \mathrm{e}^{\mathrm{jarctan}\frac{Q_{\mathrm{G}}}{P_{\mathrm{N}}}}$$

取 $Q_{\mathrm{G}} = P_{\mathrm{N}}$，可得 Z_{nmag} 在 R 轴上的投影

$$R_{\mathrm{nmag}} = \frac{(0.8 U_{\mathrm{N}})^2}{\sqrt{P_{\mathrm{N}}^2 + Q_{\mathrm{G}}^2}} \cdot \frac{n_{\mathrm{TA}}}{n_{\mathrm{TV}}} \cdot \cos\left(\arctan\frac{Q_{\mathrm{G}}}{P_{\mathrm{N}}}\right)$$

要求：$R_{\mathrm{loa.min}} \geqslant 1.3 R_{\mathrm{set}}$、$R_{\mathrm{nmag}} \geqslant 1.3 R_{\mathrm{set}}$。

（3）电抗线参数 X_{C}

$$X_{\mathrm{C}} = 0.9 X_{\mathrm{T}} \frac{U_{\mathrm{N}}^2}{S_{\mathrm{B}}} \cdot \frac{n_{\mathrm{TA}}}{n_{\mathrm{TV}}}$$

式中：X_T 为折算到基准容量 S_B 的主变压器阻抗标幺值。

（4）滑极次数 N。振荡中心在发电机-变压器组外时，取 5～15，动作于发信号；振荡中心在发电机-变压器组内时，取 2～3，动作于程跳；动作于程跳时多台机组运行时建议取不同的滑极次数。

（5）跳闸允许电流 I_{off}。跳闸允许电流 I_{off} 由高压侧断路器制造厂给出，如 220kV 断路器 $I_{off}=12.5$；当无 I_{off} 参数时，可取额定切断电流的 25%；跳闸允许电流整定值可取 $80\% I_{off}$。

6. 提高保护动作可靠性措施

（1）同一发电厂内各发电机的失步保护在跳闸策略上应协调配合，避免系统扰动引起全厂机组同时跳闸。

（2）失步保护整定应保证发电机在进相运行、短路故障、系统振荡、电压回路断线等情况下均不应误动作。

（3）失步保护应正确区分失步振荡中心所处的范围。当振荡中心在发电机-变压器组外部时，保护可不动作于解列，宜动作于发信号；当振荡中心在发电机-变压器组内部时，发电机失步保护宜动作于解列（该定值与系统要求相配合）。

（4）当有电抗线 X_C 限制时，阻抗值 Z_A 应取发电机与系统联系阻抗的最大值，一般取系统最小运行方式之值；当装置中没有电抗线限制时，阻抗值 Z_A 应慎重选定，避免系统振荡时误跳发电机，在这种情况下取 Z_A 值等于主变压器阻抗值。

（5）在 $\delta=180°$ 跳闸时，一则因切断电流大，二则因切断电流瞬间断路器触头间电压高，此时断路器的遮断电流能力降低很多。当 $\delta=180°$、最大振荡电流小于 $80\% I_{off}$ 时，跳闸允许电流取最大振荡电流；反之则取 $80\% I_{off}$，这样比较安全。

（6）透镜内角 α 可以整定在 120°～130° 之间某一角度。

（7）区内振荡允许滑极次数不小于 2 次，区外振荡允许滑极次数不小于 5 次。当同一母线系统的机组数大于 2 台时，区内振荡滑极次数应协调配合。多机并网的发电厂，宜分时段解列或整定不同的滑极次数，如 1、3 号机组整定滑极次数为 3，2、4 号机组整定滑极次数为 2。

（8）发电机与系统失步振荡时，设最小振荡周期为 $T_{SW.min}$，当透镜内角为 α 时，机端测量阻抗停留在 I_R、I_L 内的时间 t_{IR}、t_{IL} 分别为

$$t_{IR}=T_{SW.min}\cdot\frac{180°-\alpha}{360°}; t_{IL}=T_{SW.min}\cdot\frac{240°-180°}{360°} \quad (2\text{-}6)$$

当保护装置需要整定测量阻抗在各区域的最短停留时间时，可取 $T_{SW.min}=1s$，按式（2-6）计算值再乘以可靠系数 0.8 即可。

（9）发电机失步保护应考虑既要防止发电机损坏又要减小失步对系统和用户造成的危害。为防止失步故障扩大为电网事故，应当为发电机解列设置一定的时间延时，为电网和发电机重新恢复同步创造条件，在保证发

电机设备承受系统振荡能力的前提下，保电网稳定安全运行。

（四）发电机电压异常保护

1. 发电机突然甩负荷的后果及防范措施

（1）发电机突然失去负荷（即甩负荷），对发电机本身有以下两个后果：

1）引起机端电压升高。端电压升高是由两方面原因造成的：一是因为转速升高使电压升高，这是因为电动势和转速成正比的缘故；二是因为甩负荷时定子的电枢反应磁通和漏磁通消失，使此时的端电压等于全部励磁电流产生的磁场所感应的电动势。对汽轮发电机而言，要求发电机突然甩负荷时，汽轮机主汽门、调节阀瞬间关闭，迅速关闭进汽量，以免因转速增高过大，使发电机的电压升高至危险值。当发电机励磁方式采用的是交流励磁机旋转（或静止）整流器励磁方式时，由于主励磁机与发电机同轴，转速增高，主励磁机输出电压随转速而增高，发电机励磁电流也增大，如励磁电源未快速切除，可能使汽轮发电机电压升高。

2）若调速器失灵或汽门卡涩，有可能造成转子转速升高，产生巨大离心力，使机件损坏。

（2）防止发电机突然甩负荷造成危害的措施。

1）最重要、最关键的有效途径是防止汽轮机超速，提高汽轮机组调节保安系统的可靠性。

2）在电气方面一般采取以下措施：装设发电机过电压保护；当主断路器跳闸时，设发电机主断路器联跳灭磁开关回路；设发电机主断路器联关主汽门及调节阀回路；发电机保护动作后，设联跳主汽门及调节阀回路；针对不同故障和危及发电机、主变压器的程度，合理选择发电机-变压器组保护动作后的跳闸出口方式。仅对发电机-变压器组电气回路必须瞬时切除的故障，如发电机的纵差保护和变压器的气体保护等继电保护，选用"全停"出口方式，在跳开断路器的同时关闭主汽门、跳发电机灭磁开关、切换厂用电等同时进行；对需要停机的发电机异常工况保护，如发电机的失磁、失步、定子断水、主变压器冷却器故障等继电保护动作，选用"程序跳闸"出口跳闸方式，保护出口先关主汽门，使发电机逆功率保护动作，然后再出口跳发电机断路器和灭磁开关，切换厂用电。

2. 汽轮发电机的电压异常保护

中小型汽轮发电机不装设过电压保护，其原因在于：汽轮发电机上装有危急保安器，当转速超过额定电压的10％以后，汽轮发电机危急保安器会立即动作，关闭主汽门，能够有效防止由于机组转速升高而引起的过电压。

对于大型汽轮发电机则不然。大型汽轮发电机出现危及绝缘安全的过电压是比较常见的现象，即使调速系统和自动调整励磁装置都正常运行，当满负荷运行时突然甩去全部负荷，电枢反应突然消失，此时，由于调速系统和自动调整励磁装置都是由惯性环节组成的，转速仍将升高，励磁电流不能突变，使得发电机电压在短时间内升高，其值可到 1.3～1.5 倍额定值，持续时间也可达几秒钟之久，若调速系统或自动励磁调节器故障或退出运行，过电压持续时间会更长。

大型发电机定子铁芯背部存在漏磁场，在这一交变漏磁场中的定位筋（与定子绕组的线棒类似）将感应出电动势，相邻定位筋中的感应电动势存在相位差，并通过定子铁芯构成闭合通路，流过电流。正常情况下，定子铁芯背部漏磁少，定位筋中的感应电动势也很小，通过定位筋和铁芯的电流也比较小。但是当过电压时，定子铁芯背部漏磁急剧增加，例如过电压 5% 时漏磁场的磁密要增加几倍，从而使定位筋和铁芯中的电流急剧增加，在定位筋附近的硅钢片中的电流密度很大，引起定子铁芯局部发热，甚至会烧伤定子铁芯。过电压越高，时间越长，烧伤就越严重。

发电机出现过电压不仅对定子绕组绝缘带来威胁，同时将使变压器（升压变压器和厂用变压器）励磁电流剧增，引起变压器的过励磁和过磁通。过励磁可使绝缘因发热而降级，过磁通将使变压器铁芯饱和并在铁芯相邻的导磁体内产生巨大的涡流损失，严重时可因涡流发热使绝缘材料遭永久性损坏。

鉴于以上原因，对于 200MW 及以上的大型汽轮发电机应装设过电压保护。已经装设过励磁保护的大型汽轮发电机可不再装设过电压保护。

发电机定子过电压保护的整定值，应根据电机制造厂提供的允许过电压能力或定子绕组的绝缘状况决定，保护一般设置为两段，根据 DL/T 684—2012《大型发电机变压器继电保护整定计算导则》规定：

(1) 过电压 I 段 $U_{op.I}$。对于大型汽轮发电机，动作电压可取 $U_{op.I} = 1.3U_N$，动作时限取 $t_1 = (0.1～0.5)s$，动作于解列灭磁。

(2) 过电压 II 段 $U_{op.II}$。对于大型汽轮发电机，动作电压可取 $U_{op.II} = 1.2U_N$，动作时限取 $t_2 = 2s$，动作于解列灭磁。

大型汽轮发电机还设置低电压保护（也称调相失压保护，目前使用这种保护的很少了），用以反映定子绕组三相相间电压降低。低电压元件电压动作值可取 $U_{op} = 0.8U_N$；动作时限按躲过相间故障保护后备段动作时限整定，保护动作于切除发电机并灭磁。

3. 水轮发电机的电压异常保护

由于水轮发电机的调速系统惯性较大、动作缓慢，因此在突然甩去负荷时，转速将超过额定值，这时机端电压有可能高达额定值的 1.8～2 倍。为了防止水轮发电机定子绕组绝缘遭受破坏，在水轮发电机上应装设过电压保护。

根据发电机的绝缘状况，水轮发电机过电压保护的动作电压应取 1.5 倍额定电压，经 0.5s 动作于出口断路器跳闸并灭磁；对于采用晶闸管励磁的水轮发电机，动作电压可取 1.3 倍额定电压，经 0.3s 动作于跳闸。

（五）汽轮发电机逆功率保护及程控跳闸回路

发电机从正常发出有功功率变为从系统吸收有功功率的电动机的异常运行工况，称为逆功率。逆功率一般是由于汽轮机主汽门关闭引起，其对发电机无损伤，对汽轮机可使尾部叶片与残留蒸汽产生摩擦而形成鼓风损耗，最终造成过热而损坏。

当主汽门误关闭或机组保护动作于关闭主汽门，而出口断路器未跳闸时，发电机将变为电动机运行，从系统中吸收有功功率，从电机可逆的观点来看，逆功率运行工况对发电机没有多大直接影响。但是对于汽轮机，其转子将被发电机拖动保持 3000r/min 高速旋转，叶片将和滞留在汽缸内的蒸汽产生鼓风摩擦，所产生的热量不能为蒸汽所带走，从而使汽轮机的叶片（主要是中压缸和低压缸末级叶片）和排汽端缸温急剧上升，使其过热而损坏，因此不允许这种情况长期存在，一般规定逆功率运行不得超过 1min。

因此大型机组都要求装设逆功率保护，当发生逆功率时，以一定的延时将机组从电网解列。现代大型机组一般设置两套逆功率保护：一套是常规的逆功率保护（不判别主汽门触点）；一套是程序跳闸专用的逆功率保护（以主汽门触点为判据之一），用于防止汽轮机主汽门关闭不严而造成飞车危险，当主汽门关闭时用逆功率元件将机组从电网安全解列。

逆功率保护可以在这种情况下很好地起到保护汽轮机的作用。程跳逆功率保护是用于发电机非短路性故障或正常停机时防止汽轮机超速损坏，先关闭主汽门，有意造成发电机逆功率，再解列发电机的保护。

1. 保护的基本工作原理

正常运行时，汽轮机拖着发电机转动。发电机将输入的机械能变成电能，输入电网。此时，发电机向系统输送功率；主汽门关闭之后，在发电机出口断路器未跳闸之前，发电机变成同步电动机运行，从系统吸收有功功率拖着汽轮机旋转，称为逆功率。此时，发电机将电能变成机械能。主汽门关闭后，汽缸中有缸蒸汽，汽轮机转动时其叶片拨动蒸汽旋转。因此，汽轮机叶片与蒸汽之间产生摩擦，长久下去，因过热而损坏汽轮机叶片，造成汽轮机损坏事故。逆功率运行最长允许时间为 3min。为保护汽轮发电机，需装设逆功率保护。

逆功率保护的逻辑框图如图 2-63 所示。

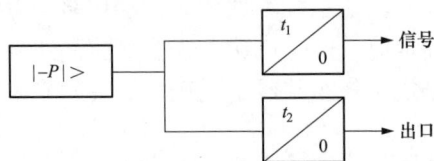

图 2-63　逆功率保护逻辑框图

$|-P|>$—逆功率元件；t_1—短延时；t_2—长延时

目前，大型汽轮发电机将发电机主汽门关闭作为一种联锁跳闸方式，即作为程控跳闸启动回路。当程序跳闸时（如励磁回路一点接地、发电机失磁、发电机频率异常、发电机断水、励磁系统故障等），保护先关闭主汽门，待逆功率保护动作后，再跳开发电机并灭磁，称为程跳逆功率保护。汽轮发电机程控跳闸回路的逻辑框图如图 2-64 所示。

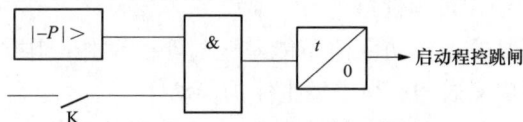

图 2-64 程控跳闸启动回路

$|-P|>$ —逆功率元件；K—汽轮机主汽门辅助触点

程跳逆功率即当非直接紧急威胁发电机安全的保护（如断水保护）动作后或正常停机汽轮机打闸后，先去跳主汽门，等检测到主汽门辅助触点闭合，确信主汽门已经关闭，同时有逆功率信号，才去动作于全停（跳主开关、灭磁开关、厂用切换、启动失灵）。

可见，程跳逆功率的主要作用是防止因主汽门未关严而跳主开关所引起的灾难性"飞车"事故，是防止突然甩负荷而引起汽轮机超速的一项安保措施。逆功率保护的主要作用是保护汽轮机尾部叶片免受过热损坏。

2. 整定原则与取值建议

保护取发电机机端 TV（变比为 n_{TV}）、发电机三相电流 TA（变比为 n_{TA}），程跳逆功率保护还需要引入主汽门关闭开放保护的辅助触点。

该保护需要整定的参数有：保护动作功率定值和有关时限。

（1）保护动作功率定值 P_{op}

$$P_{op} = K_{rel} \cdot \frac{\Delta P_1 + \Delta P_2}{n_{TA} \cdot n_{TV}}$$

式中：K_{rel} 为可靠系数，可取 0.5～0.8，建议取 0.5；ΔP_1 为在逆功率运行时，发电机的负载（汽轮机），一般取 $1\% P_N$，W；ΔP_2 为发电机在逆功率运行时的最小损耗，一般取 $1\% P_N$，W。

汽轮机和发电机总的逆功率值为 $(4～5.5)\%$ 的机组总功率。考虑到主汽门关闭后尚有一些泄漏，逆功率的数值就可能小于 1% 机组功率。汽轮发电机逆功率保护的动作功率一般可取 $-(0.5～1)\% P_N$。故，逆功率保护动作值可取

$$P_{op} = 1\% \cdot \frac{P_N}{n_{TA} \cdot n_{TV}}$$

程跳逆功率保护动作功率可取逆功率保护相同的动作值，或是比其稍小的动作值（如 $-0.8 P_{op}$）。

发电机正常发出的有功功率为正，所以在有的保护装置中逆功率动作值取负值。

（2）有关时限。

1）逆功率保护。不经主汽门触点闭锁，延时 10～15s 作用于发信号（经主汽门触点闭锁的，延时 1～1.5s 作用于发信号）；经 1～3min 动作于解列（具体延时时间可根据汽轮发电机组的技术条件确定）。

2）程跳逆功率保护。延时 1～1.5s 作用于解列或全停。

3. 提高保护动作可靠性措施

（1）逆功率保护动作功率值不能整定过小、动作时限不能过短，以防止发电机并网后功率摇摆过程中发生保护误动作。

（2）应注意发电机空载运行时因 TA、TV 误差引起的不平衡输出功率对逆功率保护的影响。

（3）对大容量发电机，保护的动作功率不宜过大，以免保护拒动。如 600MW 机组，逆功率值约为 $-1.5\%P_N$，当动作功率取 $-1.5\%P_N$ 时就有可能发生保护动作不稳定或拒动的现象。

（4）对于燃气轮机、柴油发电机，为防止未燃尽物质着火和爆炸的危险，也有装设逆功率保护的需要。这些发电机作电动机状态运行时所需逆功率大小，按铭牌功率值 P_N 估算为：

燃气轮机：$-(6\% \sim 10\%)P_N$；

柴油发电机：$-(3\% \sim 5\%)P_N$。

（六）汽轮发电机频率异常保护

1. 频率异常对汽轮发电机的危害

汽轮机主要由汽缸、大轴及大轴上的叶片构成。汽轮机的叶片很多，不同的叶片有不同的、偏离工频的自然振荡频率，如果发电机运行频率升高或降低，可能会导致叶片发生谐振，叶片将承受很大的谐振应力，使材料疲劳，达到材料所不允许的限度时，叶片或拉金就要断裂，造成严重事故。

当电力系统发生大的扰动，如发生大机组跳闸或重要联络线断开，引起系统解列，有可能造成局部系统中有功功率短缺，亦可能造成另一系统中有功功率过剩，使系统频率偏离额定值。为防止频率异常时发生电网崩溃事故，发电机组应具有必要的频率异常运行能力，当今电力系统、大机组均设有一次调频、自动发电控制（AGC）等措施，均能快速自动加、减相应机组出力。通常情况下，可维持在额定频率情况下稳定运行。但如果有功功率短缺或过剩的量太大，上述措施不足以弥补，则将利用汽轮机的自调整能力，在转速有所降低或升高的情况下，使机组的输出功率与负荷达到一个新的平衡，即在偏离额定频率情况下运行。

频率降低将使发电机铁芯磁通密度增加、冷却条件恶化；频率升高将使发电机转子表面损耗和定子铁芯损耗增加，发热增大。更严重的后果是，当并网运行发电机的转速发生变化时，其输出电量的频率会偏离工频频率（高于或低于额定值），当频率偏离额定值较多，还可能接近某些汽轮机叶片的自然振荡频率，将导致某些汽轮叶片发生共振，使材料疲劳，若长期运行，叶片有可能断裂，造成严重事故。并且，材料的疲劳是一个不可逆的积累过程，所以汽轮机厂家都会给出一个在规定频率下允许的累计运行时间。低频运行多发生在重负荷下，对汽轮机的威胁将更为严重，另外，对极低频工况，还将威胁到厂用电的安全，因此，发电机应装设频率异常运行保护和 U/f 保护，达到整定值时，延时跳闸。

2. 对发电机频率异常运行保护的要求

（1）具有高精度的测量频率的回路；

（2）具有频率分段启动回路，自动积累各频率段异常运行时间，并能显示各段累计时间，启动频率可调；

（3）分段允许运行时间可整定，在每段累计时间超过该段允许运行时间时，经出口发出信号；

（4）能时时监视当前频率。

3. 整定原则与取值建议

保护取用机端 TV 某一相间电压，作频率测量之用。频率异常保护分低频率、过频率、频率积累保护。

对于 300MW 及以上汽轮发电机，运行中允许频率变化范围为 48.5～51.5Hz。超出该频率范围的允许时间见表 2-5 所示。

表 2-5　汽轮发电机允许频率变化范围及运行时间

频率（Hz）	允许运行时间		频率（Hz）	允许运行时间	
	累计（min）	每次（s）		累计（min）	每次（s）
51.5	30	30	48.0	300	300
51	180	180	47.5	60	60
48.5～50.5	连续运行		47	10	10

低频保护、过频保护、频率积累保护各设有多段，各段定值及延时可参照表 2-6 中允许运行时间，乘以可靠系数（可取 0.7～0.8）整定。

4. 提高保护动作可靠性措施

（1）频率异常运行保护应根据汽轮机制造厂提供的频率异常定值及允许运行时间，并考虑一定裕度进行整定，特别是容量在 600MW 及以上的汽轮发电机。

当汽轮机制造厂未提供有关频率异常运行参数时，可参照表 2-6 整定（考虑一定裕度）。

（2）考虑到系统容量越来越大，各发电厂与系统联系也很密切，较长时间的频率异常运行的可能性极小，所以频率异常保护一般投信号；只有偏离额定频率较大的频率异常段，才考虑程序跳闸。有地方调度规定的，依调度规定执行。

（3）频率异常运行保护作用于切除发电机时，其定值（动作频率、延时）应与低频率自动减负荷、高频率切机装置的定值相配合，且满足以下条件：

1）低频保护定值应低于电网低频减载装置最后一轮定值（电网目前大多是 47.5Hz），同时根据 GB/T 14285—2023《继电保护和安全自动装置技术规程》的规定，汽轮发电机低频保护动作于信号，也就是说，频率在 47.5Hz 以上（含 47.5Hz）不允许投跳闸。

2）特殊情况下当低频保护需要跳闸时，保护动作时间可按汽轮机制造厂的规定进行整定，但必须符合 GB/T 31464—2022《电网运行准则》中关于汽轮发电机频率异常允许时间的每次允许时间。

3）保护装置校核时，频率异常累计时间无法清零，因此频率异常累计时间段宜投信号。

（4）对于低频率保护的跳闸段，动作时限或动作频率调度部门应统一规划，分时段跳闸，避免出现系统中的大机组在频率下降过程中同时跳闸的现象。

（5）过频保护宜动作于信号，必要时动作于解列、灭磁或程控跳闸。动作时间应满足 GB/T 31464—2022 要求，且发电机高频率定值高于 51.5Hz 时动作时限不应低于 15s。

（七）发电机过励磁保护

大容量发电机无论在设计和用材方面裕度都比较小，其工作磁密很接近饱和磁密。当由于调压器故障或手动调压时甩负荷或频率下降等原因，使发电机产生过励磁时，其后果非常严重，有可能造成发电机金属部分的严重过热，在极端情况下，能使局部矽钢片很快熔化。并且，发电机或变压器发生过励磁故障时并非每次都造成设备的明显破坏，很容易被忽视，但是多次反复过励磁，将因过热而使绝缘老化，降低设备的使用寿命。因此，对大容量发电机应装设过励磁保护。

对于发电机-变压器组，其过励磁保护一般装于机端。如果发电机与变压器的过励磁特性相近（由制造厂提供曲线），当变压器的低压侧额定电压比发电机额定电压低（一般约低 5%）时，则过励磁保护的动作值应按变压器的磁密整定，这样既保护了变压器，对发电机也是安全的；若变压器低压侧额定电压等于大于发电机的额定电压，则过励磁保护的动作值应按发电机的磁密整定，对发电机和变压器都能起到保护作用。

1. 造成发电机运行中过励磁的原因

由于发电机或变压器发生过励磁故障时，并非每次都会造成设备的明显破坏，往往容易被人忽视，但是，多次反复过励磁，将因过热而致使绝缘老化，降低设备的使用寿命。我国多项电力行业标准中，均规定了：由于频率降低或电压升高引起的铁芯工作磁密过高，容量在 300MW 及以上的发电机组和 500kV 变压器，均应配置定时限或反时限过励磁保护，并与被保护的发电机/变压器的过励磁特性配合。

发电机和变压器上的电压都是由铁芯上的绕组通过电流后产生的，其关系为：$U = 4.44fNBS$。其中绕组匝数 N 和铁芯截面 S 都是常数，令 $K = \dfrac{1}{4.44NS}$，则工作磁密 $B = K \cdot \dfrac{U}{f}$，即电压升高或频率降低都会引起过励磁。

磁密 B 的过分增大，使铁芯饱和，励磁电流急剧增加，造成过励磁现象，严重时就形成威胁设备安全的过励磁故障。对于发电机来说，过励磁倍数 n 为

$$n = B/B_{\text{N}} = \frac{U}{U_{\text{N}}} \Big/ \frac{f}{f_{\text{N}}} = \frac{U_*}{f_*}$$

当其电压与频率比 $U_* / f_* > 1$ 时，也要遭受过励磁的危害。危害之一是铁芯饱和后谐波磁密增强，使附加损耗加大，引起局部过热；危害之二就是使定子铁芯背部漏磁场增强。背部漏磁场也是一个交变磁场，在这一交变漏磁场中的定位筋，与定子绕组的线棒类似，将感应出电动势。相邻定位筋中的感应电动势存在相角差，并通过定子铁芯构成闭合回路，流过电流。正常情况下，定子铁芯背部漏磁小，定位筋中的电动势也小，通过定位筋和铁芯的电流比较小。但是当过电压时，定子铁芯背部漏磁急剧增加，例如过电压5%时，漏磁场的磁密要增加几倍，从而使定位筋和铁芯中的电流急剧增加，在定位筋附近的部位，电流密度很大，引起局部过热。电压越高、时间越长，引起的过热越严重，甚至会造成局部烧伤。如果定位筋和定子铁芯的接触不良，过电压后，在接触面上可能要出现火花放电，对于氢冷机组，这是十分不利的。

发电机和变压器都容易发生饱和，对发电机和变压器的安全运行与运行寿命都不利。一般来说，发电机的允许过励磁倍数要低于升压变压器的允许过励磁倍数。

造成过励磁的原因有以下几方面：

（1）发电机-变压器组与系统并列之前，由于误操作，误加大励磁电流引起过励磁，如由于发电机 TV 断线造成误判断。

（2）在发电机启动过程中，转子在低速预热时，误将电压升至额定值；或是在发电机停止过程中，当转速偏低而电压仍维持为额定值时，因低频运行而造成过励磁（发电机-变压器组接线方式）。

（3）在切除机组的过程中，主汽门关闭，出口断路器断开，而灭磁开关拒动。此时汽轮机惰性转速下降，自动励磁调节器力求保持机端电压等于额定值，将使发电机遭受低频引起过励磁。

（4）发电机-变压器组方式时，发电机出口断路器跳开后，若自动励磁调节器退出或失灵，则电压与频率均会升高，但因频率升高慢而引起过励磁。即使正常甩负荷，由于电压上升快，频率上升慢（惯性不一样），也可能使变压器过励磁（大机组 x_{d} 比较大，当满足突然甩负荷时，过励磁现象

比中小机组严重）。

（5）系统正常运行时频率降低时也会引起过励磁。

（6）超高压远距离输电线路突然丢失负荷而产生过电压。

（7）铁磁谐振或 L-C 谐振引起过电压。

（8）各种调节控制设备（如励磁调节器）的程序控制失控或误动引起过励磁。

（9）发电机自励磁。

（10）变压器调压分接头连接不正确。

由此可见，升压变压器的电压和频率都可能出现大幅度偏离额定值的情况，因而升压变压器遭受过励磁的机会多、程度严重。升压变压器的过励磁，多发生在未与系统并列的情况下，这种现场事例还是屡见不鲜的：

（1）发电机-变压器组在与系统并列之前，由于误操作，误加了较大的励磁电流。例如：一台 256MW 发电机，TV 熔断器熔断，值班人员判断错误，误将励磁调到顶值，使变压器遭受 $n=1.3$ 倍过励磁持续 45min，酿成隐患，投运后的第二天就发生了故障，变压器遭到破坏。

（2）发电机启动过程中，转子在低转速下预热时，或双轴发电机低频下并列后，由于误操作，误将发电机电压上升到额定值，使变压器因低频而导致过励磁。例如：若在频率 $f=0.7f_N$ 下，使发电机电压升到 $U=U_N$，则变压器将遭受 $n=1/0.7=1.43$ 倍的过励磁。

事实上，正常情况下突然甩负荷都要引起相当严重的过励磁。因为励磁调节器和原动机调速系统都是由惯性环节组成的，突然甩负荷后，电压要迅速上升，而频率上升缓慢，因而比值 U/f 上升，使变压器过励磁，但持续时间较短。例如，一台汽轮发电机突然甩负荷后，过励磁倍数 n 可达 1.44 倍，超过额定值的时间约为 5s。这种情况，因为是属于正常运行方式，变压器应能承受这种水平的过励磁而不遭受损伤。因此，要求变压器允许的过励磁倍数曲线应高于正常甩负荷的过励磁倍数曲线。然而，并不是所有的大型变压器都能满足这种要求，需要工程技术人员在审核设备出厂试验报告时，认真比对变压器的过励磁曲线与发电机的过励磁曲线实测情况。

通常情况是发电机承受过励磁的能力比变压器要弱一些，更容易遭受过励磁的伤害，因此，大型发电机需装设性能完善的过励磁保护。当发电机和变压器之间不设断路器时，过励磁保护可按发电机过励磁特性来整定。对于发电机出口设有断路器的，为了在各种运行方式下两者都不失去保护，发电机和变压器的过励磁保护应分开设置。过励磁保护一般采用定时限和反时限两种，定时限动作于减励磁（发信号），反时限动作于全停。

2. 过励磁保护原理

在不计及定子绕组电阻、漏抗的条件下，发电机端电压 U（相电压）可表示为

$$U = 4.44fk_\omega WBS$$

式中：W 为定子绕组每相串联匝数；k_ω 为定子绕组的绕组系数；BS 发电机每极磁通（B 为磁感应强度，S 为每极面积），Wb。

额定运行时，有关系式 $U_{phN} = 4.44f_N k_\omega WB_N S$（此处 U_{phN} 为额定相电压），于是得到

$$N = \frac{B}{B_N} = \frac{U/f}{U_{phN}/f_N} = \frac{U_*}{f_*}$$

可以看出，机端电压的升高、频率降低、电压升高与频率降低同时发生，均会引起发电机的过励磁。

发电机过励磁时，因漏磁通增加，在金属构件中产生涡流损失，过热损伤构件，严重时引起金属构件局部变形；过励磁引起铁芯过热，加速绕组绝缘老化。

可以通过检测 N 值实现发电机的过励磁保护。

3. 整定原则与取值建议

发电机过励磁保护设定时限过励磁保护和反时限过励磁保护两部分。

（1）定时限过励磁保护。

定时限过励磁 I 段：可取 $N_I = 1.3$，延时 $t_1 = 4s$（以制造厂数据为准），动作于解列灭磁或程序跳闸（切换厂用电）；

定时限过励磁 II 段：可取 $N_{II} = 1.07 - 1.1$，延时 $t_2 = 9s$（以制造厂数据为准），动作于信号。

（2）反时限过励磁保护。反时限过励磁保护可根据制造厂提供的反时限过励磁曲线并考虑一定裕度后整定，取 8~10 个点，其原则是整定曲线要通过最高的（$N\uparrow$，$t\downarrow$）点，有 $N_j > N_{j+1}$、$t_j < t_{j+1}$。

反时限过励磁保护动作于解列灭磁（切换厂用电）。

4. 提高保护动作可靠性措施

（1）大型发电机的过励磁能力较低，因此，无论是定时限过励磁保护还是反时限过励磁保护，在整定计算时应以制造厂提供的过励磁曲线（留有一定裕度）进行整定。

（2）发电机的过励磁保护应与发电机励磁调节器中的 U/f 限制配合，并遵循励磁调节器中的 U/f 限制先于发电机过励磁保护动作的原则，即：当发电机过励磁时，调节器的过励磁限制应先于过励磁保护动作。对大型发电机来说，调节器的 U/f 限制的 N 值应小于反时限过励磁保护中设置的最低 N 值，如取 $N = 1.06$（发电机反时限过励磁保护启动值不应低于额定值的 1.07 倍）。

（3）通常情况下，变压器的过励磁能力高于发电机的过励磁能力，所以发电机-变压器组只需装设一套发电机的过励磁保护，变压器无须装设过励磁保护。如变压器装设了过励磁保护，则过励磁整定按发电机的过励磁能力来整定。

对于发电机出口带断路器的机组，励磁系统的 U/f 限制环节特性应与发电机或变压器过励磁能力低者相匹配，且保证 U/f 限制先于过励磁保护动作。

（4）过励磁保护应有较高的返回系数，返回系数应不低于 0.96。

（5）注意定子绕组单相接地时过励磁保护的行为。当发电机的过励磁保护采用相电压时，定子绕组单相接地因相电压升高，过励磁保护有可能动作（此时发电机实际上未过励磁），动作时间由过励磁保护特性确定。

（6）为防止定子侧单相接地时励磁保护动作的现象，过励磁保护应采用线电压。

（7）当采用动作方程构成过励磁保护时，应正确选择动作方程以及方程中有关参数，使动作方程表示的 N、t 间的关系尽量与制造厂提供的过励磁曲线吻合，并留有适当的裕度。

（8）过励磁基准相电压定值，①被保护设备的一次电压和 TV 的一次电压相同，则此值不用折算，过励磁倍数按照厂家给定倍数设置即可。如发电机过励磁保护，机端电压为 20kV，TV 一次侧电压为 20kV，则不用折算；②被保护设备的一次电压和 TV 的一次电压不相同，则此值需要折算，如主变压器过励磁保护，主变压器高压侧电压为 525kV，TV 一次侧电压为 500kV，如果厂家资料中给定的过励磁曲线中电压基准值为 525kV，则需要将厂家给定的过励磁倍数扩大 $525/500 = 1.05$ 倍（注：上述是对应保护装置程序内部默认基准电压为 57.74V 的装置。不同版本号的保护装置程序内部默认基准电压不同，整定前要与厂家进行确认）。

当发电机与主变压器之间有断路器（GCB）时，其定值可以按照发电机与变压器过励磁特性不同分别整定。当二者之间没有断路器时要按照允许能力较低者进行整定。

一般汽轮发电机的过励磁倍数曲线都低于电力变压器的过励磁倍数曲线，当它们组成发电机-变压器组单元接线方式时，过励磁倍数应由发电机限制。现场实际应用时应注意到，发电机额定电压往往比变压器统计额定电压高 5%（如发电机 10.5kV，变压器为 10kV），因此若以发电机额定电压为基准，变压器的过励磁倍数曲线可能位于发电机过励磁倍数曲线之下，此时过励磁倍数将由变压器决定。

四、发电机转子保护

（一）发电机转子绕组过负荷及过电流保护

大型发电机转子绕组过负荷及过电流保护，通常为反时限动作特性，用作发电机转子过热保护及转子绕组或励磁系统短路的后备保护。

1. 保护构成与原理

目前，大型发电机均采用交流励磁系统。将交流发电机或励磁变压器的输出交流整流后变成直流，作为转子电流。此时，转子绕组过负荷及过电流保护的输入电流，通常取自励磁机或励磁变压器的 TA 二次三相电流。

保护由定时限过负荷及反时限过电流两部分构成。反时限过电流保护又由下限启动元件、反时限元件及上限定时限元件组成。其动作逻辑框图如图 2-65 所示。

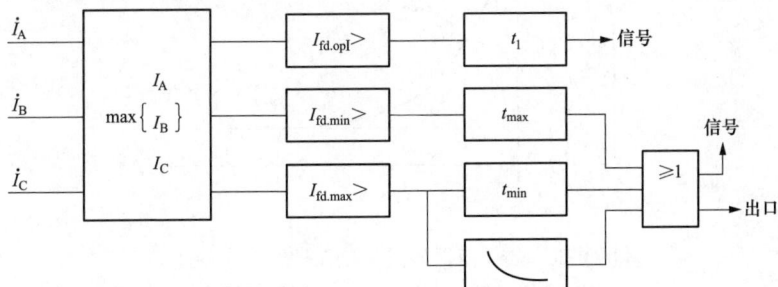

图 2-65 转子过负荷及过电流保护逻辑框图

图中：$\dot{I}_\text{A}$、$\dot{I}_\text{B}$、$\dot{I}_\text{C}$ 为交流励磁机或励磁变压器 TA 二次三相电流；$I_\text{fd.opI} >$ 为过负荷元件；

$I_\text{fd.min} >$ 为反时限下限启动元件；$I_\text{fd.max} >$ 为上限定时限元件；$\max(I_\text{A}, I_\text{B}, I_\text{C})$ 为取 I_A、I_B、I_C 三者中最大的；t_1、t_max、t_min 为时间元件。

2. 动作方程及动作特性

（1）动作方程。

1）过负荷元件

$$I \geqslant I_\text{fd.op}$$

2）过电流元件

下限启动元件：　　　$\max(I_\text{A}, I_\text{B}, I_\text{C}) \geqslant I_\text{fd.min}$

上限定时限元件：　　　$\max(I_\text{A}, I_\text{B}, I_\text{C}) \geqslant I_\text{fd.max}$

反时限元件：$t \leqslant \dfrac{C}{I_\text{fd}^2 - C_\text{he}^2}$

（2）反时限过电流保护的动作特性。反时限过电流保护的动作特性如图 2-66 所示。

3. 整定原则与取值建议

（1）定时限过负荷保护。对转子定时限过负荷保护的整定，是确定其动作电流 $I_\text{fd.op}$ 及动作时间。

动作电流 $I_\text{fd.op}$：可设两段，每段一时限（也有一段一时限的）。

1）按躲过强励电流整定。

a. 动作电流 $I_\text{fd.opI}$

$$I_\text{fd.opI} = K_\text{rel} \cdot \beta_\text{L} \cdot K_\text{ql} \cdot I_\text{fdN}$$

式中：I_fdN 为发电机的额定励磁电流（二次值），A；K_ql 为可靠系数，取 1.5；β_L 为三相全控桥（三相整流桥）整流系数，取 0.816；K_ql 为强励倍数，取 2。

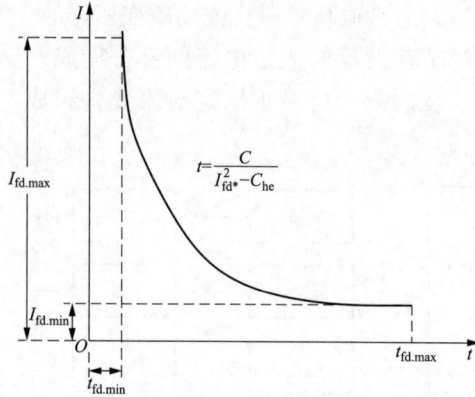

图 2-66　转子反时限过电流保护的动作特性

$I_{fd.max}$—上限定时限元件动作电流；$t_{fd.min}$—上限定时限元件动作延时；

$t_{fd.max}$—下限启动元件出口延时；$I_{fd.min}$—下限启动元件动作电流；

C—转子热容量系数；C_{he}—转子散热常数；I_{fd*}—转子电流

标幺值（以转子额定电流为基准值）

当转子电流不在交流侧测量，而在直流侧通过分流器测量时，则动作电压为

$$U_{fd.opI} = K_{rel}K_{ql}I_{fdN}\frac{75}{I_{fN}}(mV)$$

式中：I_{fdN} 为发电机的额定励磁电流（一次值），A；I_{fN} 为分流器一次额定电流值，A，分流器变比为 $I_{fN}/75mV$。

b. 动作时限：与励磁柜开关动作时间配合，取动作时限 $t_1=0.2\sim0.3s$。

c. 灵敏度校验：对自并励发电机，励磁变压器低压侧出口两相短路电流为

$$I_k^{(2)} = \frac{\sqrt{3}}{2} \cdot \frac{1}{X_T} \cdot \frac{S_B}{\sqrt{3}U_{N2}}$$

式中：X_T 为折算到 S_B 基准容量的励磁变压器阻抗标幺值，Ω；U_{N2} 为励磁变压器低压侧额定线电压，V。

当转子绕组由励磁机供电时，励磁机出口两相短路时，短路电流为

$$I_k^{(2)} = \sqrt{3} \cdot \frac{1}{X_d'' + X_2} \cdot I_{NL}$$

式中：X_d''、X_2 为励磁机直轴次暂态电抗、负序电抗，Ω；I_{NL} 为励磁机额定电流，A。

灵敏系数应满足：$K_{sen} = \dfrac{I_k^{(2)}}{n_{TA}I_{fd.opI}} \geqslant 1.5$

2）按躲过额定工况下的转子电流来整定

a. 动作电流值 $I_{fd.opII}$

$$I_{fd.opII} = \frac{K_{rel}}{K_f}\beta_L \cdot I_{fdN}$$

式中：K_{rel} 为可靠系数，取 1.05；K_f 为返回系数，取 0.9；I_{fdN} 为转子额定电流（二次值），A。

当转子电流通过分流器测量时，$U_{fd.opII}$ 为

$$U_{fd.opII} = \frac{K_{rel}}{K_r} \cdot I_{fdN} \cdot \frac{75}{I_{fN}} (mV)$$

b. 动作延时 t_2：按躲过发电机允许的强励时间整定。如允许强励时间为 10s，则该段动作时限可设为 $t_2=11s$。

注意：当保护装置仅设一段一时限时，则应取用上述转子过负荷保护II段定值。

（2）转子绕组反时限过电流保护。

1）下限启动电流 $I_{fd.min}$ 及下限长延时 t_{max}。下限启动电流 $I_{fd.min}$ 应与定时限过负荷配合整定，即

$$I_{fd.min} = (1.05 \sim 1.1) I_{fd.op.II}$$

下限动作延时应按照发电机转子允许的过负荷能力曲线（由制造厂家提供）上与动作电流 $I_{fd.min}$ 相对应动作延时的 0.9 整定。

2）上限动作电流 $I_{fd.max}$ 及上限动作延时 t_{min}。反时限过电流保护上限动作电流 $I_{fd.max}$，取励磁变压器低压侧（励磁机）三相短路电流整定，其动作延时 t_{min} 与励磁柜开关动作时间配合，取 $t_{min}=0.2\sim0.3s$。

$$I_{fd.max} = I_{k.max}^{(3)}$$

式中：$I_{k.max}^{(3)}$ 为励磁变压器低压侧（励磁机）三相短路电流，A。

注意：发电机实际两倍强励时，反时限保护实际动作时间为

$$t = \frac{30.5}{2^2 - 1.03^2} = 10.4 (s)$$

这说明发电机两倍强励时，反时限保护动作时间大于允许的强励时间，保护不会发生误动作的。

3）散热系数 C_{he} 及转子绕组热容量系数 C。

散热系数 C_{he}：可取 1.03～1.05。

转子绕组热容量系数 C：应由制造厂给出，当制造厂未提供该参数时，可根据表 2-6 示出的内冷发电机励磁绕组承受短时过电压能力计算 C 值。

表 2-6 内冷式发电机转子绕组允许过电流（过电压）特性曲线

承受时间 $t(s)$	10	30	60	120
励磁电压倍数（%）	208	146	125	112

当近似认为励磁绕组的过电流特性与过电压能力相同时，则可将表格中数值代入 $C = (I_{fd*}^2 - 1)t$ 中，取得最小值 $C=30.5$。

4. 提高保护动作可靠性措施

对于无刷励磁系统，条件具备时应根据发电机的励磁电压与励磁机励磁电流间的关系曲线，将发电机的励磁电压量折算到励磁机的励磁电流侧，进

行保护相应量的计算。

当发电机励磁调节器整定的过励限制 P-Q 定值不超过发电机允许的 P-Q 特性时，则转子绕组过电流保护与励磁调节器过励限制特性获得了配合。当转子绕组过电流时，励磁调节器过励限制将优先于过电流保护动作。

过励限制及保护应与发电机转子过负荷保护配合，遵循过励限制先于过励保护、过励保护先于转子过负荷保护动作的原则。

（二）发电机转子接地保护

发电机正常运行时，转子绕组及励磁系统对地是绝缘的，励磁回路对地之间有一定的绝缘电阻和分布电容（其大小与发电机转子的结构、冷却方式等因素有关），发电机转子电压（直流电压）仅有几百伏。当转子绝缘损坏时，可能引起励磁回路接地故障，常见的是一点接地故障，如不及时处理，可能接着发生两点接地故障。

当转子绕组或励磁回路发生一点接地时，由于构不成电流通路，不会对发电机构成直接的危害。对于励磁回路一点接地故障的危害，主要是担心再发生第二点接地，因为在一点接地故障后，励磁回路对地电压将有所升高，就有可能再发生第二个接地故障点。发电机励磁回路发生两点接地故障的危害表现为：

（1）转子绕组的一部分被短路，另一部分绕组的励磁电流增加，这就破坏了发电机气隙磁场的对称性，使气隙磁场不均匀或发生畸变，从而使电磁转矩不均匀，引起发电机的剧烈振动，同时无功出力降低。

（2）转子电流通过转子本体，如果转子电流比较大（通常以 1500A 为界），就可能烧损转子，有时还造成转子和汽轮机叶片等部件被磁化。

（3）由于转子本体局部通过转子电流，引起局部发热，使转子发生缓慢变形而形成偏心，进一步加剧振动。特别是多极发电机会引起严重的振动，甚至会造成灾难性的后果。

为确保发电机组的安全运行，当发电机转子绕组或励磁回路发生一点接地后，应立即发出信号，通知运行人员进行处理；若发生两点接地时，应立即切除发电机。因此，对 100MW 及以上的发电机组装设转子一点接地保护和转子两点接地保护是非常必要的。

转子一点接地后保护方式有两种情况：

a. 发生一点接地后保护动作于发信（灵敏段）或跳闸（高值段）；

b. 发生一点接地后投入两点接地保护，一点接地保护动作于发信，两点接地保护动作于跳闸。

对于汽轮发电机，在励磁回路出现一点接地后，可以继续运行一定时间（但必须投入转子两点接地保护）；而对于水轮发电机，在发现转子一点接地后，应立即安排停机。因此，水轮发电机一般不设置转子两点接地保护。

1. 发电机转子一点接地保护

转子一点接地保护的种类较多，主要有叠加直流式、叠加交流式、乒乓式、惠灵顿电桥原理及测量转子绕组对地导纳式（实质是叠加交流式，分为叠加交流电压式和叠加方波电压式）。目前，在国内叠加直流式转子一点接地保护、惠灵顿电桥原理转子一点接地保护及乒乓式转子一点接地保护得到了广泛应用。

（1）叠加直流电压式转子一点接地保护。

1）构成原理。叠加直流电压式转子一点接地保护的构成原理是：在发电机转子绕组的一极（正极或负极）对大轴之间，加一个直流电压，通过计算直流电压的输出电流，来测量转子绕组或励磁回路的对地绝缘。其构成原理框图如图 2-67 所示。

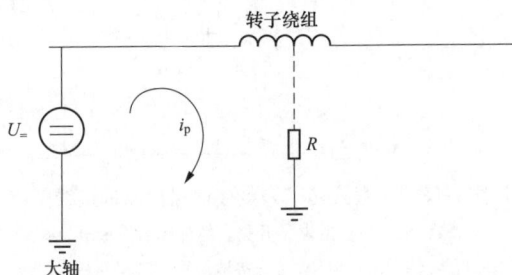

图 2-67　叠加直流电压式转子一点保护原理图
$U_=$—外加直流电压；i_p—计算及测量元件；R—转子接地电阻

正常工况下，发电机转子绕组或励磁回路不接地，外加直流电压不会产生电流；当转子绕组或励磁回路中发生一点接地时（设接地电阻为 R），则外加直流电压通过部分转子绕组、接地电阻、发电机大轴构成回路，产生电流 i_p。接地电阻越小，i_p 越大；反之亦反。

测量计算装置根据电流 i_p 的大小，便可计算出接地电阻值。

2）叠加直流电源。在转子一点接地保护中采用的叠加直流电源，可以采用外加电源，也可以采用保护装置自产的直流电压。

外加直流电源，通常是将发电机机端 TV 二次某一相间电压通过单相桥式整流后取得。

在 DGT801 系列发电机、变压器保护装置中，将保护装置的外加直流电源，通过逆变变压器变成高频交流，再将该高频交流通过整流及滤波产生 50V 左右的直流，供转子一点接地保护用。

叠加直流电源由装置自产的转子一点接地保护主要优点是：转子一点接地保护的工况不受发电机运行工况的影响，从而在发电机停运时也能正确地检测转子绕组及励磁回路的对地绝缘。

（2）乒乓式转子一点接地保护。乒乓式转子一点接地保护（也称切换采样式转子一点接地保护）的构成原理，实质是：在发电机运行时轮流测量转子绕组正极、负极的对地电流，并根据测得的结果计算出转子绕组或励磁回路的对地电阻，从而判断出接地故障的位置及接地电阻的量值。

转子一点接地保护的构成原理图如图 2-68 所示。设在转子绕组上 K 点经电阻 R_g 接地，由于转子绕组的直流电阻很小，当电子开关 S1 闭合、S2 断开时，测量电阻 R_1 上的电压为

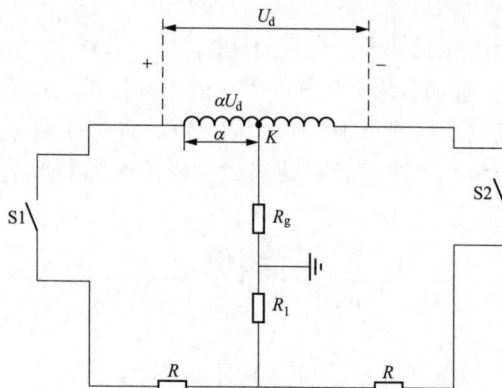

图 2-68　乒乓式转子一点接地保护原理接线图
S1、S2—可控的电子开关，轮流闭合及断开；
U_d—转子绕组电压；α—接地位置距转子正极的
电气百分距离；R—降压电阻；R_1—测量电阻

$$U_1 = \frac{\alpha U_d}{R + R_1 + R_g} \cdot R_1$$

当电子开关 S2 闭合、S1 断开时，测量电阻 R_1 上的电压为

$$U_1 = \frac{(1-\alpha)U_d}{R + R_1 + R_g} \cdot R_1$$

式中：R_1、R 为已知，Ω；U_1 为测量电压，V；U_d 为转子电压，可测量，V。

上两式为具有两个未知数 R_g 及 α 的两个方程。解此方程组，便可求出 R_g 及 α。

利用微机保护的计算能力，很容易计算出故障过渡电阻值 R_g 和标识故障位置的 α，通过综合比较，就可以判断出励磁绕组是否发生了接地故障。

（3）对叠加直流式及乒乓式两种接地保护的比较。理论分析及运行实践表明：上述两种（叠加直流式及乒乓式）接地保护均能正确检测转子绕组及励磁回路的对地绝缘电阻，且无有死区，不同位置接地故障时保护的动作灵敏度均匀。

叠加电压由装置自产的叠加直流式转子一点接地保护有以下优点：

1）机组停运时也能检测转子绕组及励磁系统的对地绝缘，具有较高的经济意义。

2）受转子电压中高次谐波的影响相对小，不受转子过电压的影响。

3）也可以用于无刷励磁的发电机。

4）乒乓式转子一点接地保护的优点是可近似估算出接地点的电气位置。

（4）叠加交流电压式转子一点接地保护。

如图 2-69 所示。交流电压 U_0 经电流继电器 K 和隔直电容 C 叠加到励磁绕组的一端与地之间。忽略励磁绕组中的交流压降和交变感应电动势，正常情况下流过继电器的不平衡电流为

$$\dot{I}_0 = \frac{\dot{U}_0}{Z_k - jX_C + Z_y}, Z_y = R_y \mathbin{/\mkern-5mu/} C_y$$

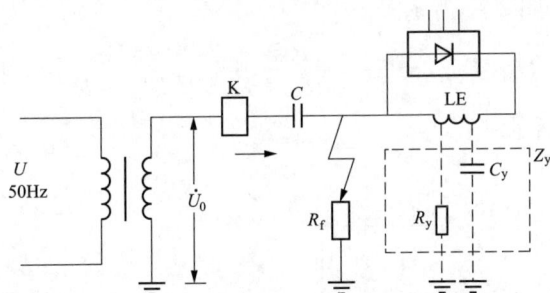

图 2-69 叠加交流电压式转子一点接地动作原理示意图

当励磁绕组上某点经过渡电阻短路后，流过继电器电流为

$$\dot{I}_1 = \frac{\dot{U}_0}{Z_k - jX_C + \dfrac{R_f Z_y}{R_f + Z_y}}$$

当 $\dot{I}_1 > \dot{I}_0$ 时继电器动作，从而判别出励磁绕组发生接地短路。

该原理的转子一点接地保护的优点在于：接线简单，没有保护死区，励磁绕组上任一点接地的灵敏度基本相近。

缺点在于：大机组的励磁绕组对地电容较大，容抗较小，一般小于对地绝缘电阻，该保护的灵敏度较低。

（5）叠加方波电压式转子一点接地保护。如图 2-70 所示。方波电压 U_0 经耦合电容 C 和测量电阻 R_M 加到励磁回路两端，令耦合电容 $C \gg C_g$，得到等效电路［见图 2-70（b）］。

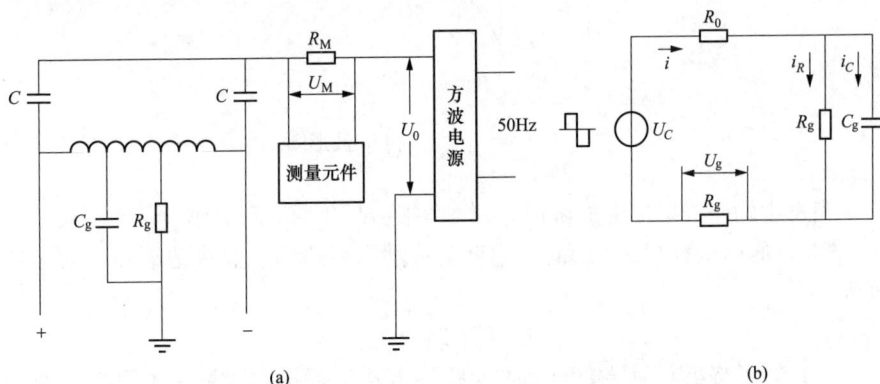

图 2-70 叠加方波电压式转子一点接地保护

（a）动作原理示意图；（b）等效电路图

测量电阻 R_M 上的电压降

$$U_M = i \cdot R_M = \frac{U_0 R_M}{R_g + R_M + R_0} \left(1 + \frac{R_g}{R_M + R_0} e^{pt}\right)$$

$t=0$ 时，分布电容电压 $U_C(0) = 0$，R_g 被短路，$U_M(0) = \dfrac{U_0 R_M}{R_M + R_0}$，此时 U_M 的波形如图 2-71 所示。

$t=T/2$ 时，$U_M(T/2) = \dfrac{U_0 R_M}{R_g + R_M + R_0} \left(1 + \dfrac{R_g}{R_M + R_g} e^{pT/2}\right)$，此时 U_M 的波形如图 2-72 所示。

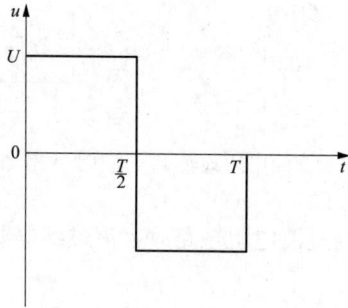

图 2-71　$t=0$ 时的 U_M 波形图

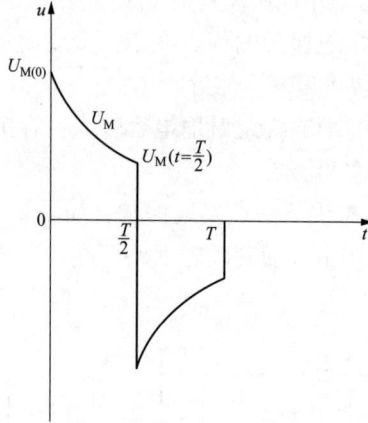

图 2-72　$t=T/2$ 时的 U_M 波形图

当发生励磁绕组接地故障时，对地电阻 R_g 下降，$U_M(0)$ 不变，$U_M(T/2)$ 增大。通过检测 U_M 波形的变化来反映励磁回路的一点接地故障。动作判据为

$$U_M(T/2) \geqslant \xi$$

（6）转子绕组对地导纳的励磁回路一点接地保护。测量转子绕组对地导纳的励磁回路一点接地保护，可以反映励磁回路任一点接地故障，没有死区，且灵敏系数理论上不受对地电容 C_y 的影响，但实际上由于回路中存在感性电

抗或由于整定调试不精确,保护还是要受到接地电容的影响。导纳原理的励磁回路一点接地保护接线如图 2-73 所示。

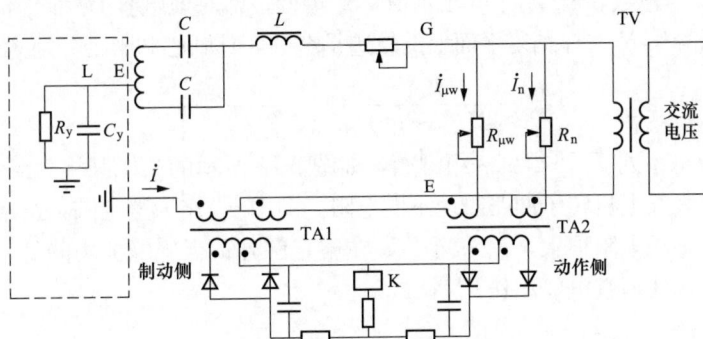

图 2-73 导纳继电器原理接线图

外加电压 $\dot{U}$,如取 TA1、TA2 变比为 1,则动作量为 $\dot{I}_n - \dot{I}_{\mu w}$,制动量为 $\dot{i} - \dot{I}_{\mu w}$,其边界条件为 $|\dot{i} - \dot{I}_{\mu w}| = |\dot{I}_n - \dot{I}_{\mu w}|$;对于同一电压则 $|Y - g_{\mu w}| = |g_n - g_{\mu w}|$,其中,$Y$ 为从 GE 两端看到的导纳。

$$g_n = \frac{1}{R_n} g_{\mu w} = \frac{1}{R_{\mu w}}$$

等式在导纳复平面上为一个圆,即导纳继电器动作特性如图 2-74 所示,圆心坐标为 $g_{\mu w}$,圆半径为 $|g_n - g_{\mu w}|$。

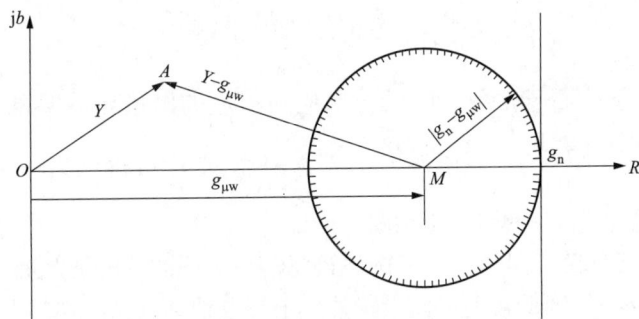

图 2-74 导纳继电器动作特性

在圆内,$|Y - g_{\mu w}| < |g_n - g_{\mu w}|$,则继电器动作;
在圆外,$|Y - g_{\mu w}| > |g_n - g_{\mu w}|$,则继电器制动。

转子绕组对地测量导纳 Y 包括:转子绕组对地绝缘电阻 R_y,$g_y = \frac{1}{R_y}$;转子绕组对地分布电容 C_y,$b_y = \omega C_y$。

测量回路附加电阻 R_c(忽略电抗 X_c)包括可调电阻 $R_{\mu b}$、滤波器电阻及 TA 电阻之和,$g_c = \frac{1}{R_c}$,则

$$\frac{1}{Y} = \frac{1}{g_c} + \frac{1}{g_y + jb_y}, Y = g_c - \frac{g_c^2}{g_c + g_y + jb_y}$$

式中：g_c 为常数。若令 g_y 等于定值，b_y 可变，即对地电容 C_y 变化，则所对应的测量导纳 Y 在导纳复平面上的轨迹是个圆，其圆心和半径分别为

$$\left[g_c - \frac{g_c^2}{2(g_c + g_y)}, \ 0 \right], \ \frac{g_c^2}{2(g_c + g_y)}$$

对应一系列 g_y 可得到一组圆族，如图 2-75 所示的实线圆称为等电导圆。这些圆代表发电机转子回路对地不同电阻。图中 g_{y5} 作为整定圆，正常运行时转子回路绝缘电阻很大，g_y 很小，Y 在整定圆外；当绝缘能力降低时，Y 进入整定圆，使得继电器动作。

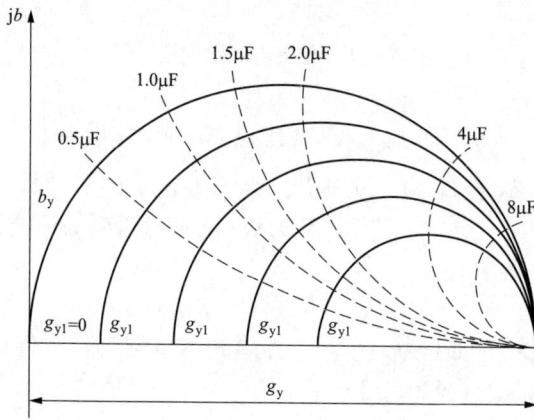

图 2-75 等电导圆和等电纳圆族

同样，令 b_y 等于常数，g_y 可变，则所对应的测量导纳 Y 的轨迹是圆，其圆心为 $\left[g_c, \frac{g_c^2}{2b_y} \right]$，半径为 $\frac{g_c^2}{2b_y}$。对应一系列 b_y 可得到另一组圆族，如图 2-75 中的虚线圆，称为等电纳圆。

对应转子回路不同的 C_y，Y 的轨迹将落在不同的等电纳圆上。此时，如转子对地绝缘 R_y 降低，则 Y 将沿着某一个等电纳圆（如图中的 b_y 圆）进入整定圆。

继电器采用电感 L 与隔直电容 C 组成 50Hz 串联谐振，只允许外加 50Hz 电压通过，保证测量转子绕组对地导纳的准确性。继电器可调整 $R_{\mu b}$ 值，以满足 R_c 等于 R_n 的要求，调整 $R_{\mu w}$ 值，使之改变动作特性圆的半径，以满足整定值。

动作电阻整定范围为 $0.5\Omega \sim 10k\Omega$。从图 2-75 可知，该保护从原理上就不可能整定动作电阻太大，因为从 $1 \sim 2k\Omega$ 的间距与从 $20k\Omega \sim \infty$ 的间距差不多，若整定动作电阻超过 $10k\Omega$，将出现动作电阻定值不稳定的现象。

这种保护原理必须做到电刷与大轴之间的接触电阻较小，即加大电刷压力，有利于定值稳定。

（7）动作逻辑框图。以 DGT801 系列装置为例，转子一点接地保护的逻辑框图如图 2-76 所示。

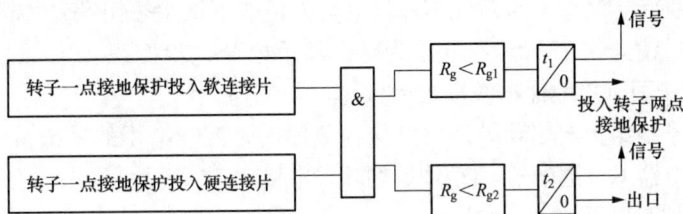

图 2-76　转子一点接地保护逻辑框图

R_g—测量电阻；R_{g1}—动作电阻高定值；R_{g2}—动作电阻低定值

（8）定值整定。目前，发电机转子电压最高只有 $500 \sim 600V$。依据汽轮发电机通用技术条件规定：对于空冷及氢冷汽轮发电机，励磁绕组的冷态绝缘电阻不小于 $1M\Omega$，直接水冷却的励磁绕组，其冷态绝缘电阻不小于 $2k\Omega$。水轮发电机通用技术条件规定：绕组的绝缘电阻在任何情况下都不低于 $0.5M\Omega$。

高定值段动作电阻：一般可取 $10 \sim 30k\Omega$（转子水冷机组可取 $5 \sim 15k\Omega$）；

低定值段动作电阻：一般可取 $0.5 \sim 10k\Omega$（转子水冷机组可取 $0.5 \sim 2.5k\Omega$）；

转子一点接地保护的动作延时，可取 $5 \sim 10s$。

2. 发电机转子两点接地保护

转子两点接地保护的主要类别有：电桥平衡原理的两点接地保护、反应接地位置变化的两点接地保护及反应定子电压中二次谐波序量的两点接地保护。

（1）直流电桥平衡原理构成的转子两点接地保护。该保护与发电机转子绕组两极相连，其输入电压为转子全电压。其构成原理接线如图 2-77 所示。

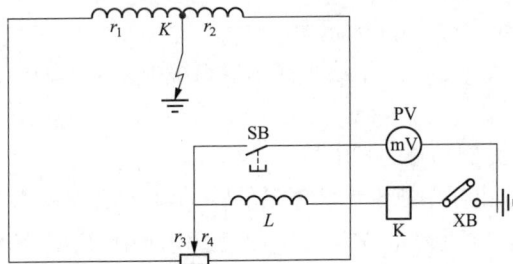

图 2-77　电桥平衡式转子两点接地保护原理接线图

r_3、r_4—滑线电阻；L—电感线圈（滤高次谐波用）；K—电流继电器；

SB—接入毫伏表 mV 的按钮（调平衡时按下）；XB—保护投入连接片；PV—直流毫伏表

设发电机在运行中转子绕组在 K 点发生接地，则接地点将转子绕组分成电阻分别为 r_1 及 r_2 的两部分。另外，电阻 R 的滑动头将该电阻分成 r_3 及 r_4

两部分。此时 r_1、r_2、r_3 及 r_4 便构成一四臂电桥。根据电桥平衡原理，当 $r_1 \cdot r_4 = r_2 \cdot r_3$ 时电桥平衡，流过电流继电器的直流等于零。

当出现转子绕组一点接地之后，运行人员按下试验按钮 SB，调节电阻 R 的滑动头，使毫伏表的指示电压为零。然后松开试验按钮 SB，投入连接片 XB，则转子两点接地保护便投入运行。

当转子绕组上再出现另外一点接地故障时，四臂电桥的平衡被破坏，电流流过继电器 K，继电器 K 动作后切除发电机。

该保护有以下缺点：

1) 有死区。当两个接地点之间的电气距离很近时，继电器 K 不能动作。

2) 当第一个接地点发生在转子绕组端部集电环附近或转子绕组外部的励磁系统上时，保护无法投入（因为 r_1 或 r_2 等于零，无法调平衡）。

3) 对于具有直流励磁机的发电机，如第一个接地点发生在励磁机励磁回路时，保护也不能使用，因为当调节磁场变阻器时，会破坏电桥的平衡，使保护误动作。

4) 该保护只能在转子绕组发生一点接地并经运行人员调平衡后，才能投入运行，若发生两次接地故障之间的间隔很短（包括同时发生或是第一点接地后紧接着发生第二点接地）时，因保护来不及投运危及发电机安全。

（2）反映接地位置变化（$\Delta \alpha$）的转子两点接地保护。在转子绕组发生一点接地故障之后，投入转子两点接地保护。转子两点接地保护的动作方程为

$$|\Delta \alpha| > \alpha_{op}$$

式中：$|\Delta \alpha|$ 为转子绕组两个接地点之间的电气距离百分数，等于 $|\alpha_1 - \alpha_2|$（α_1 为第一个接地点距转子正极端部的电气距离；α_2 为第二个接地点距正极端部的电气距离）；α_{op} 为转子两点接地位置变化的整定值。

保护的整定：α_{op} 可整定为 $5\% \sim 10\%$；为防止瞬间转子两点接地故障时保护误动，可取 $0.3s$ 的动作延时。

该保护有以下缺点：

1) 有死区，α_{op} 越大，死区越大。

2) 运行实践表明，在转子绕组或励磁系统中发生不稳定的一点接地故障时，保护容易误动。

3) 不能用于无刷励磁的发电机。

（3）反映定子电压中二次谐波序量的转子两点接地保护。

1) 构成原理。发电机正常运行时，定子电压中只有基波很小的奇次谐波分量，这是由于气隙磁通的空间分布完全对称于横轴，将其按傅里叶级数展开，其中没有偶次谐波。因此，不会在定子绕组中产生偶次谐波电动势。

当发电机转子绕组发生两点接地短路或匝间短路时，部分励磁绕组被短接，气隙磁通分布均匀性被破坏，从而发电机转子磁密空间分布呈非正弦波形，一般情况下会在定子绕组中感应出二次谐波分量及其他偶次谐波电压。分析表明，在三相定子绕组中感应出负序性质的二次谐波电动势，检测机端

定子电压二次谐波含量可反映转子两点接地故障及匝间短路故障。二次谐波电压式转子两点接地保护，就是根据这个原理构成的。

2）逻辑框图。以 DGT801 系列装置为例，转子两点接地保护的逻辑框图如图 2-78 所示。

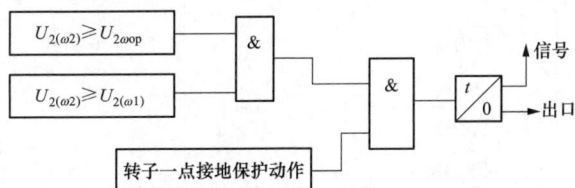

图 2-78　转子两点接地保护逻辑框图

$U_{2(\omega2)}$、$U_{2(\omega1)}$—分别为负序的二次谐波电压和正序的二次谐波电压；

$U_{2\omega op}$—二次谐波电压元件动作电压整定值

正常运行时，该保护退出运行。当转子绕组或励磁系统发生一点接地故障后自动投入转子两点接地保护。其优点是：不受外部故障或其他机组转子两点接地时在定子绕组中出现二次谐波电压的影响。

3）定值的整定。

a. 二次谐波动作电压 $U_{2\omega op}$ 的整定，可取以下两个条件选取：

（a）按躲过正常运行时机端线电压中最大二次谐波负序电压 $U_{2.\max(\omega2)}$ 整定，即

$$U_{2\omega op} = K_{rel}U_{2.\max(\omega2)}$$

式中：K_{rel} 为可靠系数，取 2；$U_{2.\max(\omega2)}$ 为机端线电压中最大二次谐波负序电压值，通常 $U_{2.\max(\omega2)}$ 等于基波电压的 0.15%，V。

（b）由于励磁回路两点接地或匝间短路时，机端的二次谐波负序电压在很大范围内变化，作为励磁回路两点接地的判据，二次谐波的动作电压不宜过高。励磁回路两点接地是严重故障，所以保护应尽量不发生拒动。

基于上述两点考虑，$U_{2\omega op}$ 的取值为

$$U_{2\omega op} = 0.2 \sim 0.8V$$

b. 动作时限：可取 0.3～0.5s，以躲过外部故障暂态过程中，在定子绕组中产生的暂态二次谐波电压及瞬间转子两点接地引起的保护误动作。

4）正常运行时定子绕组中的二次谐波电压。理论分析表明：发电机正常运行时，由于转子每对极的磁密曲线是对称于横轴坐标的周期性曲线，在发电机气隙磁密分布中不含有偶次谐波，只含奇次谐波分量（包括基波），因此在定子线电压中只含有奇次谐波分量，不含偶次谐波分量。测量表明：由于转子气隙存在不对称性，在定子侧存在二次谐波不平衡电压，为基波额定电压的 0.03%～0.15%，二次谐波分量只与发电机电压的高低有关，而与发电机负载无关。

在运行工况下，对 100～300MW 发电机定子绕组中二次谐波电压的测量结果列于表 2-7。

表 2-7　发电机二次谐波电压实测值

容量（万 kW）	冷却方式	U_{ab}(mV)	U_{bc}(mV)	U_{ca}(mV)
10	氢内冷	60.5	66	60
10	氢内冷	52	52	52
10	氢内冷	80	76.5	55
10	氢内冷	70	70	62.5
10	氢内冷	30	27	30
12.5	双水内冷	95	90	105
12.5	双水内冷	95	85	105
12.5	双水内冷	100	85	90
12.5	双水内冷	90	90	105
20	双水内冷	43	41.5	38.5
30	双水内冷	115	105	95

（4）注入式转子接地保护。注入式转子接地保护分双端注入式原理和单端（通常取负端）注入式原理的接地保护，如图 2-79 所示。

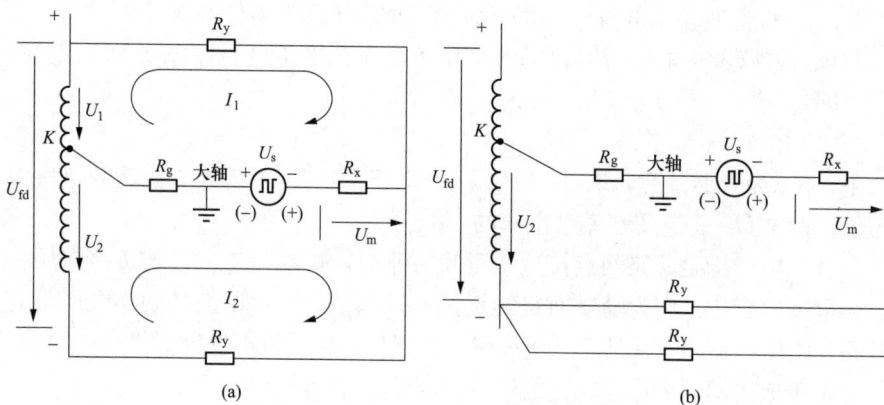

图 2-79　注入式转子接地保护原理图
（a）双端注入式转子接地保护原理图；（b）单端注入式转子接地保护原理图

注入式转子一点接地保护，设有灵敏段动作电阻（$R_{g.set.H}$）和停机段动作电阻（$R_{g.set.L}$），当保护装置检测出接地过渡电阻 $R_g \leqslant R_{g.set.H}$ 时，经延时发信号；当保护装置检测出接地过渡电阻 $R_g \leqslant R_{g.set.L}$ 时，经延时发信号或停机。

双端注入式转子接地保护，可检测出转子一点接地的位置，进而实现转子两点接地保护。当 $R_g \leqslant R_{g.set.H}$ 后发信号方式时，经延时（约 15s）可自动投入转子两点接地保护。若转子绕组第二点再接地，则部分励磁绕组被短接，此时检测出的接地位置 α_2 与 α_1 不等，于是转子两点接地保护的动作判据为

$$|\alpha_2 - \alpha_1| > 3\%$$

动作后经短延时停机。转子两点接地保护的投入宜采用一点接地稳定后，

手动经硬连接片投入。

注入式原理的转子接地保护，具有如下特点：

1）采用自适应有源切换技术，注入电源的频率可自适应调整，因而保护不受励磁绕组对地电容大小的影响，也不受励磁绕组与转子大轴间接入的 RC 串联回路中 C 大小的影响。

2）接线方式灵活，可根据励磁绕组的引出方式，选择双端注入方式或单端注入方式，无需变换硬件。

3）检测到的接地过渡电阻 R_g 值不受励磁电压大小的影响，不受励磁绕组接地点位置的影响。

4）发电机在静止不加励磁电压的情况下，同样可检测励磁回路的绝缘状况。

5）装置具有接地电阻计算精度高、灵敏度高（可达 $100\text{k}\Omega$）的特点。

6）装置可反应励磁回路一点接地故障。

7）装置工作不受高励磁电压的影响。

8）在双端注入方式下，不仅可检测励磁回路对地绝缘状况，而且可检测出一点接地的位置，为检修提供方便。根据一点接地的位置变化实现转子两点接地保护。

9）装置具有定时举刷和手动举刷功能，控制举刷装置，实现无刷励磁机组转子绝缘的定期检测。

3. 提高保护动作可靠性措施

（1）励磁绕组两点接地或匝间短路时，机端 TV 二次线电压中二次谐波值变化相当大。分析表明，一个极励磁绕组全部短路时，机端 TV 二次线电压中二次谐波可达 $12\sim13\text{V}$；而当一个槽线匝短路时，机端 TV 二次线电压中二次谐波很小，且随槽的位置不同而不同（可在 $0.38\sim2.07\text{V}$ 之间）；当励磁绕组两点接地或匝间短路正好没有破坏转子每对极磁密曲线的对称性时，则定子侧二次谐波电动势在理论上为零。可见，励磁绕组两点接地或匝间短路时，机端 TV 二次线电压中二次谐波值变化相当大。因此，采用二次谐波电压来反映励磁回路两点接地或励磁绕组匝间短路，其性能是不够完善的。

（2）由于励磁回路两点接地时定子侧的二次谐波电压变化范围很大，对于乒乓式转子两点接地保护，作为励磁回路一点接地后投入的两点接地保护的辅助判据，二次谐波的定值不宜过高，可取 $0.2\sim0.6\text{V}$；当正常运行时，实测二次谐波不平衡电压较低时，可取较低值；在乒乓式励磁回路两点接地保护中，建议取消二次谐波电压的辅助判据。

对于二次谐波式转子两点接地保护，二次谐波动作电压可适当增大，如取 $0.8\sim1\text{V}$。

（3）鉴于励磁回路两点接地保护存在原理性缺陷，在大型机组保护中不设两点接地保护，当励磁回路一点接地电阻降到停机段动作电阻时，经短延时动作于停机；或接地电阻降到停机段动作电阻前积极转移负荷，尽快安排停机。

（4）如采用励磁回路一点接地保护动作后自动投入励磁回路两点接地保护，考虑到两点接地保护不够完善以及两地接地的严重性，则仍然要积极转移负荷，尽快安排停机。

（5）转子两点接地保护的动作时间要小于单元件横差保护的动作时间，避免转子两点接地时横差保护抢先动作。

（6）对于注入式转子接地保护，注入电源应稳定可靠、具有抗干扰能力强的特点，为保护装置可靠正确工作提供基础。保护装置应采取完善的隔离措施和数字滤波技术，使保护装置不受大机组高励磁电压和励磁电压中高次谐波的影响。

五、发电机的其他保护

（一）发电机相间短路故障的后备保护

大型发电机-变压器组要求配置双重化主保护，并有比较完善的后备保护，有必要为高压母线提供后备保护，而高压、超高压线路均设置有双重化主保护和后备保护，故大型发电机-变压器组后备保护一般不考虑做相邻线路的远后备保护。

发电机的后备保护方式有：低压启动过电流保护、复合电压启动过电流保护和阻抗保护（以前还有负序电流加单相式低压启动的过电流保护，目前极少有用的了）。

发电机相间短路的后备保护在下述情况下应动作：

（1）发电机内部故障，而纵差保护或其他主保护拒动时；

（2）发电机、发电机-变压器组的母线故障，而该母线没有母差保护或保护拒动时；

（3）当连接在母线上的电气元件（如变压器、线路）故障而相应的保护或断路器拒动时。

1. 低压（或复合电压）闭锁过电流保护

低压过电流保护或复压过电流保护，电流元件取自发电机中性点侧三相星形连接的 TA，低电压或复合电压取自机端 TV（这样在发电机投入前发生故障时，保护也能动作）。保护作为发电机、发电机-变压器组相间短路故障的后备。保护一般采用两段式，每段设一时限，或采用一段两时限方式。

复压（低压）过电流保护按I段 $I_{op.I}$ 和II段 $I_{op.II}$ 分别整定。

（1）复压（低压）过电流I段 $I_{op.I}$：

1）动作电流 $I_{op.I}$：动作电流的整定可按以下两个条件比较选取：

第一，按躲过主变压器高压侧出口三相短路时流过发电机的三相短路电流整定，即

$$I_{op.I} = K_{rel} \cdot \frac{I_k^{(3)}}{n_{TA}}$$

$$I_k^{(3)} = \frac{1}{X_d'' + X_T} \cdot \frac{S_B}{\sqrt{3} U_N}$$

式中：K_{rel} 为可靠系数，取 1.3；$I_k^{(3)}$ 为流过发电机的三相短路电流，A；X_T 为折算到 S_B 基准容量的主变压器短路阻抗，Ω；U_N 为发电机的额定电压，V。

第二，按躲过发电机与系统振荡时流过发电机的最大振荡电流整定，即

$$I_{op.I} = K_{rel} \cdot \frac{I_{SW.max}}{n_{TA}}$$

$$I_{SW.max} = \frac{2}{X_d'' + X_T + X_{sl.max}} \cdot \frac{S_B}{\sqrt{3} U_N}$$

式中：K_{rel} 为可靠系数，取 1.2；$I_{SW.max}$ 为流过发电机的最大振荡电流，A；$I_{sl.max}$ 为主变压器高压侧系统处最大运行方式时该系统相应阻抗标幺值（折算到 S_B 基准容量）。

$I_{op.I}$ 取上述两者较大值。

2）动作时限。与发电机-变压器组主保护动作时限相配合，取 $t_1 = 0.5s$。如果振荡电流 $I_{SW.max}$ 过大或者大于机端三相短路电流时，$I_{op.I}$ 还是应该按第一条件整定，但动作时限应按躲过最长振荡周期考虑，此时可取 $t_1 = 1.5 \sim 2s$。

3）复合电压（低电压）闭锁。I段可不经复合电压（低电压）闭锁，但自并励发电机必须经复合电压（低电压）闭锁。

（2）复压（低压）过电流II段 $I_{op.II}$：

1）动作电流 $I_{op.II}$：按发电机额定电流下可靠返回条件整定，即

$$I_{op.II} = \frac{K_{rel}}{K_f} \cdot I_N$$

式中：K_{rel} 为可靠系数，取 1.3；K_f 为返回系数，取 $0.9 \sim 0.95$；I_N 为发电机额定电流，A。

2）动作时限。与系统相间短路保护后备段动作时限配合，一般取 $t_2 = 4 \sim 8s$。

3）复合电压（低电压）启动。复合电压启动是指负序电压和单元件相间电压共同启动过电流保护。在变压器高压侧母线不对称短路时，电压元件的灵敏度与变压器绕组的接线方式无关，有较高的灵敏度。

低电压元件的作用在于区别是过负荷还是由于故障引起的过电流。汽轮发电机的低电压保护，按躲过电动机自启动和发电机失磁异步运行时的最低机端电压整定，一般汽轮发电机组取 $(60\% \sim 65\%) U_N$；水轮发电机组不允许失磁运行，因此可取 $70\% U_N$。

负序电压按躲过正常运行时的不平衡电压整定，一般取 $U_{2.op} = 7V$（线电压）。

（3）灵敏度计算。最小运行方式下，主变压器高压侧出口两相短路时，流经发电机的短路电流 $I_k^{(2)}$、机端负序线电压 U_2 分别为

$$I_k^{(2)} = \frac{\sqrt{3}}{(X''_d + X_T) + (X_2 - X_T)} \cdot \frac{S_B}{\sqrt{3}U_N}$$

$$U_2 \approx \frac{X_2}{X_T + X_2} \cdot \frac{U_N}{2\sqrt{3}}$$

要求 $K_{sen.I} = \dfrac{I_k^{(2)}}{n_{TA}I_{op.II}} \geqslant 1.3$（II 段电流元件灵敏度）

$$K_{sen.U2} = \frac{U_2}{n_{TV}U_{2.op}} \geqslant 1.5（负序电压元件灵敏度）$$

式中：X_2 为折算到 S_B 基准容量的发电机负序电抗标幺值。

主变压器高压侧出口三相短路时，机端线电压可表示为

$$U_k = \frac{X_T}{X_T + X''_d} \cdot U_N$$

于是低电压元件的灵敏度为

$$K_{sen.U} = \frac{U_{op}}{U_k}$$

要求 $K_{sen.U} \geqslant 1.5$。当灵敏度不满足要求时，可引入主变压器高压侧复合电压。

发电机-变压器组的灵敏度按变压器高压侧出口短路时校验。

（4）发电机低压过电流保护中低电压元件的作用。发电机过电流保护整定动作电流时，要考虑电动机自启动的影响，将使过电流元件整定值提高，从而降低了灵敏度。为提高过电流元件的灵敏度，采用低电压元件，以躲开电动机的自启动方式下的最低电压。低电压元件的作用是更容易区别外部故障时的故障电流和正常过负荷电流；正常过负荷时，保护装置不会动作。

（5）提高复压（低压）过电流保护动作可靠性措施。

1）保护动作电流、动作时限与发电机-变压器组高压侧主接线方式有关。当主接线没有缩小故障影响范围的断路器时，如 3/2 主接线、发电机-变压器-线路组接线、多角形主接线等，对于两段式每段一时限保护，若 I 段动作电流 $I_{op.I}$ 能躲过发电机最大振荡电流，则动作时限取 $t = 0.5s$；若 $I_{op.I}$ 不能躲过发电机最大振荡电流，则动作时限取 $t_1 = 1.5 \sim 2s$。II 段动作电流 $I_{op.II}$ 按 $I_{op.II} = \dfrac{K_{rel}}{K_f} \cdot I_N$ 整定，动作时限取 $t_2 = 4 \sim 8s$。对于一段两时限保护，动作电流按 $I_{op.II} = \dfrac{K_{rel}}{K_f} \cdot I_N$ 整定，第一时限不用，取第二时限 $t_2 = 4 \sim 8s$。

当主接线具有缩小故障范围影响的断路器时，如双母线、单母线分段等主接线方式，对于两段式每段一时限保护，I 段动作电流 $I_{op.I}$ 按 $I_{op.I} = \dfrac{K_{rel}}{K_f} \cdot I_N$ 整定，动作时限取 $t_1 = 1.5 \sim 2s$，动作于跳开缩小故障范围影响的断路器；II 段动作电流 $I_{op.II}$ 可取 $I_{op.II} = (1.05 \sim 1.1)I_{op.I}$，动作时限取 $t_2 = 4 \sim 8s$，动作

于停机。对于一段两时限保护，动作电流按 $I_{\text{op.I}} = \dfrac{K_{\text{rel}}}{K_{\text{f}}} \cdot I_{\text{N}}$ 整定，第一时限取 $t_1 = 1.5 \sim 2\text{s}$，动作于跳开缩小故障范围影响的断路器，第二时限取 $t_2 = 4 \sim 8\text{s}$，动作于停机。需要指出，系统保护按近后备方式配置时，第二时限可适当缩短。

2）当发电机为自并励励磁方式时，电流元件应具有记忆功能，记忆时间稍长于动作时限；或电流元件经复压（低压）记忆，即经复压闭锁。前者的记忆功能容易理解，后者的记忆功能是：复压元件不返回，电流元件动作状态保持；复压元件一返回，电流元件动作状态立即返回。

3）低电压元件的动作电压按躲过发电机失磁时最低机端电压整定。发电机失磁时吸取的无功功率约等于发电机的额定有功功率，发电机失磁时在主变压器上形成的电压降 $\Delta U_{\text{T}}\%$ 可估算为

$$\Delta U_{\text{T}}\% = U_{\text{k}}\% \cdot \frac{S_{\text{N}}}{S_{\text{T}}} \cdot \cos\varphi_{\text{N}}$$

式中：$U_{\text{k}}\%$ 为主变压器额定分接头位置时的短路电压百分比；S_{N} 为发电机额定视在功率，VA；$\cos\varphi_{\text{N}}$ 为发电机额定功率因数；S_{T} 为主变压器额定容量，VA。

如果发电机失磁主变压器高压侧电压降低 $\Delta U_{\text{H}}\%$，则失磁时发电机机端电压 U_{G} 可表示为

$$U_{\text{G}*} = (U_{\text{S}*} - \Delta U_{\text{H}}\%) \cdot \frac{1}{1 + m_{\text{T}}\%} - \Delta U_{\text{T}}\%$$

式中：$U_{\text{S}*}$ 为以额定电压为基准的系统等值电动势，V。$m_{\text{T}}\%$ 为主变压器该压侧分接头实际位置，分接头高于额定分接头时，$m_{\text{T}}\% > 0$；分接头低于额定分接头时，$m_{\text{T}}\% < 0$；等于额定分接头时，$m_{\text{T}}\% = 0$。

若 $U_{\text{k}}\% = 14\% \sim 18\%$、$m_{\text{T}}\% = 0$、$\Delta U_{\text{H}}\% = 5\%$（大容量系统 $\Delta U_{\text{H}} < 5\%$），计及 $S_{\text{N}} \approx S_{\text{T}}$、$\cos\varphi_{\text{N}} \approx 0.9$、$U_{\text{S}*} = 1.0$，则可得出：$U_{\text{G}*} = (82.4 \sim 78.8)\%$。

低压元件的动作电压应低于 $U_{\text{G}*}$（并有一定的裕度），在满足灵敏度条件下不宜取得过低。当灵敏度不满足要求时才引入高压侧复合电压。

4）上述发电机机端电压 $U_{\text{G}*}$ 计算式中没有计及主变压器 Dy 接线的影响，当计及影响后，电流元件的灵敏度要扩大 $2/\sqrt{3}$ 倍。

5）保护用电流一般取发电机中性点侧 TA 二次电流或后备保护通道电流。

2. 阻抗保护

发电机-变压器组的阻抗保护一般接在发电机机端，作为发电机（或发电机-变压器组）相间短路后备保护，有时还兼高压母线相间短路后备保护。阻抗元件一般为全阻抗继电器。阻抗元件易受系统振荡及发电机失磁等的影响，所以，一般不推荐采用阻抗保护作为发电机或发电机-变压器组的后

备保护。

发电机阻抗保护取用机端电压，机端或中性点电流。阻抗特性一般有圆阻抗特性、全阻抗特性、偏移阻抗特性和方向阻抗特性。

阻抗保护一般设一段两时限。

（1）正向动作阻抗 Z_F。指在设定的阻抗角（最大灵敏度 φ_{xn}）方向上，从机端到高压出线保护区末端的设备二次阻抗值。Z_F 表示式为

$$Z_F = \left[0.7Z_T + 0.8K_{inc}Z_{I.min}\left(\frac{U_N}{U_I}\right)^2\right] \cdot \frac{n_{TA}}{n_{TV}}$$

式中：Z_T 为主变压器折算到发电机侧的阻抗值，Ω，如已知折算到 S_B 容量的标幺阻抗值为 X_T，则 $Z_T = X_T \cdot \frac{U_N^2}{S_B}$，其中 U_N 为发电机的额定线电压，V；$Z_{I.min}$ 为主变压器高压侧出线距离保护 I 段（或 II 段）最小一次阻抗值，Ω；K_{inc} 为各种运行方式下的最小助增系数；U_N/U_I 为主变压器实际变比。

要求发生高压母线短路故障时，灵敏度不小于 1.3。

（2）反向动作阻抗 Z_B。当电流取用机端 TA 时，反向动作阻抗 Z_B 可取 $Z_B = 3Z_T$；当电流取自发电机中性点 TA 二次电流时，反向动作阻抗取 $Z_B = 10\%Z_F$。

（3）灵敏角 φ_{sen}。装置内部固定，不须整定。一般固定 $\varphi_{sen} = 78°$ 或 $\varphi_{sen} = 85°$。

（4）动作时限。一般设两个时限，为躲振荡影响，第一时限取 $t_1 = 1.5s$；第二时限取 $t_2 = 2s$。

（5）过电流动作值 I_{op}、负序动作电流 $I_{2.op}$。引入过电流、负序电流的目的是提高保护动作可靠性。过电流动作值 I_{op} 按躲过发电机额定电流 I_N 整定，即

$$I_{op} = 1.15I_N$$

负序动作电流 $I_{2.op}$ 按躲过正常运行时最大不平衡负序电流整定，即

$$I_{2.op} = 20\%I_N$$

（6）校核阻抗动作特性躲负荷阻抗、失磁阻抗的能力。发电机正常运行时的最小负荷阻抗 $Z_{loa.min}$、最小失磁阻抗 Z_{nmag} 应在低阻抗动作特性以外。

发电机额定运行时，计及可靠系数（0.9），机端的最小负荷阻抗为（电流取流出发电机为正方向）

$$Z_{loa.min} = 0.9\frac{U_N^2}{S_N} \cdot \frac{n_{TA}}{n_{TV}} \cdot e^{j\varphi}$$

式中：φ 为发电机额定运行的功率因数角，如 $\cos\varphi = 0.85$，则 $\varphi = 31.8°$。

发电机带额定功率 P_N 下失磁，当发电机发出的感性无功功率为 $Q_G(Q_G < 0)$ 时，若机端电压因失磁降为 $0.8U_N$，则失磁时机端的测量阻抗为（电流取流出发电机为正方向）

$$Z_{nmag} = \frac{(0.8U_N)^2}{\sqrt{P_N^2 + Q_G^2}} \cdot \frac{n_{TA}}{n_{TV}} \cdot e^{jarctan\frac{Q_G}{P_N}}$$

在额定工况下失磁时，发电机吸取的无功功率约等于额定有功功率，即 $Q_G \approx P_N$。

低阻抗动作特性圆的最大灵敏角为 φ_{sen}、正向动作阻抗为 Z_F、反向动作阻抗为 Z_B（只计数值），则在阻抗角 φ 方向上，动作阻抗 Z_{op} 可表示为

$$Z_{op} = \frac{Z_F - Z_B}{2}\cos(\varphi_{sen} - \varphi) + \sqrt{\left[\frac{Z_F - Z_B}{2}\cos(\varphi_{sen} - \varphi)\right]^2 + Z_F Z_B}$$

其中：$\varphi = \arctan\dfrac{Q_G}{P_N}$。

因正常运行时，发出感性无功功率，所以 $\varphi > 0$；发电机进相运行、失磁时，吸取感性无功功率，有 $\varphi < 0$。

要求发电机带额定功率、额定功率下失磁时，在相应阻抗角方向上，有

$$\left|\frac{Z_{loa.min}}{Z_{op}}\right| \geq 1.3; \quad \left|\frac{Z_{nmag}}{Z_{op}}\right| \geq 1.3$$

出口方式：当高压母线为双母线接线方式时，第一时限可动作于跳母联断路器；第二时限动作于停机（切换厂用电）；当发电机-变压器组线路接线方式时，两段时限均动作于停机（切换厂用电）。

（7）提高阻抗保护动作可靠性措施。

1）因阻抗保护测量元件接入的是相电压差和相电流差，即测量阻抗 $Z_m = \dot{U}_{ph}/\dot{I}_{ph}$（ph＝AB、BC、CA），分析表明，$Z_m$ 不能正确测量 Dyn 接线变压器后两相短路故障时的短路阻抗，所以低阻抗后备保护尽量不使用。

2）阻抗保护应有可靠的失压闭锁装置，电压互感器断线失压时，应可靠闭锁保护。

3）发电机与系统振荡时，低阻抗元件要动作，为避免发生误动作，除动作时限躲过振荡周期外，还要采用负序电流或相间电流工频变化量元件来开放保护。

4）当采用相间电流工频变化量来开放保护时，在开放时间内需将低阻抗元件的动作状态保持。

5）正向动作阻抗 Z_F 也可以高压母线三相短路故障灵敏度不低于1.3直接整定。

6）为防止阻抗元件在振荡及失磁时误动作，也可采用带有偏移特性的阻抗继电器，但阻抗元件受 Yd 接线变压器和弧光电阻的影响，将缩短保护范围。

7）保护的动作时限已躲过振荡周期，故不必设置振荡闭锁装置。

（二）发电机误上电保护及断路器闪络保护

1. 发电机误上电保护

发电机误上电的发生有以下几种可能：

第一种，发电机未加励磁，在盘车或升速过程中断路器误合闸，突然

加上三相电压，造成发电机异步启动。此时，定子电流很大，在几秒钟内给机组造成损伤，同时在转子回路中感应出电流，造成转子过热损伤。判断这种情况下的发电机误合闸，一般有两种方法：

(1) 灭磁开关未合，同时定子过电流；

(2) 机端两组 TV 均低电压（延时动作，电压恢复延时返回）、低频元件动作，同时定子过电流。

第二种，发电机已加励磁，断路器误合闸，造成发电机非同期并网。此时将产生很大的冲击电流和冲击转矩，可能导致损坏发电机或引发系统振荡。判别这种情况下的发电机误合闸，一般有两种方法：

(1) 灭磁开关动作、断路器处于合位，在断路器处于合位的一定时间内低阻抗元件动作；

(2) 当发电机频率低于低频元件的动作频率时，由低频元件动作（延时动作，延时返回）、机端低电压元件不动作、定子过电流来判别，其中低频元件延时返回时间应保证跳闸过程的完成；当发电机频率高于低频元件的动作频率时，由断路器断开、断路器无流（延时动作，合闸有流时延时返回）、定子过电流来判别，其中延时返回时间应保证跳闸过程的完成。

为防止 $\delta=180°$ 跳闸时切断电流过大，由跳闸允许电流闭锁跳闸出口。

第三种，发电机在同期并网过程中，高压侧断路器在 $\delta=180°$ 时断口易发生一相或两相闪络。闪络造成发电机误合闸。

判别断路器闪络的判据是：断路器处断开状态、高压侧出现负序电流（机端有电压）同时存在。

发电机在盘车或升速过程中突然接入电网，突加的电压将使发电机异步启动，而使发电机异步启动的情况，能在几秒钟内给机组造成损伤。盘车中的发电机突加电压后，电抗很小，并在启动过程中基本上不变。计及升压变压器的电抗和系统连接电抗，并且在连接电抗较小时，流过发电机定子绕组的电流可达 3～4 倍的额定电流，定子电流所建立的磁场将在转子中产生差频电流，如果不及时切除电源，流过电流的持续时间越长，则在转子上产生的热效应将超过允许值，引起转子过热而遭到损坏。此外，突然加速，还可能因润滑油油压低而使轴瓦遭受损坏，是一种破坏性极大的故障。发电机非同期合闸，将产生很大的冲击电流及转矩，可能损坏发电机或汽轮机大轴及引起系统振荡。需要有相应的保护，迅速切除电源。

目前，大型发电机-变压器组广泛采用 500kV 电压等级、3/2 断路器的接线方式，增加了误上电的概率。因此，对于这种突然加电压的异常运行状况，应当有相应的保护装置，以迅速的切除电源。虽然逆功率保护、失磁保护、机端全阻抗保护也能反应，但由于需要设置无延时元件；盘车状态下，电压互感器和电流互感器都已退出，限制了其兼做突加电压保护的使用。为了大型发电机组的安全，要求装设专用的误上电保护。误上电保护动作于全停，在发电机并网后自动退出运行，解列后自动投入运行。

（1）发电机在盘车或升速过程误上电保护的逻辑框图。为消除发电机在盘车或升速过程中误上电的危害，误上电保护应在灭磁开关断开及发电机定子有电流时动作，切除发电机（或发电机-变压器组高压侧）开关。为此，误上电保护的逻辑框图如图 2-80 所示。

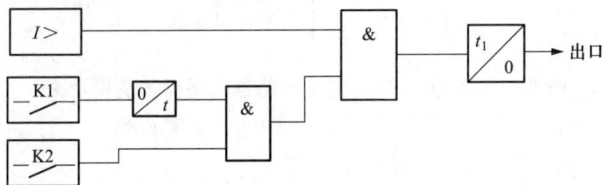

图 2-80　防止发电机在盘车或升速过程误上电保护的逻辑框图

$I>$—定子过电流元件；K1—发电机出口断路器或发电机-变压器组高压侧断路器的辅助触点，触点闭合时输出为零；K2—发电机灭磁开关辅助触点，触点闭合时输出为零

K1 闭合后其输出由 0 变成 1，加延时的目的是确保发电机误上电时保护能可靠动作并作用于出口。

（2）非同期并列的误上电保护逻辑框图。发电机非同期合闸，相当于在并列点发生三相短路故障，因此，可用一个低阻抗元件检测非同期并列。为此，误上电保护的逻辑框图如图 2-81 所示。

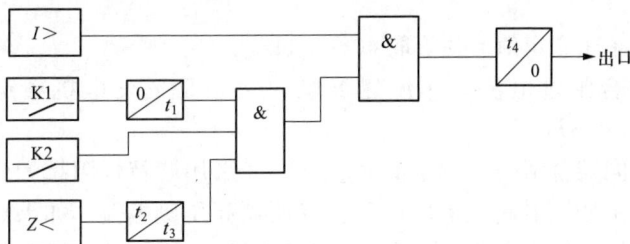

图 2-81　非同期并列的误上电保护逻辑框图

$Z<$—低阻抗元件；K2—灭磁开关辅助触点，其闭合时输出为 1

时间 t_1 的作用是确保非同期合闸时，保护能可靠跳闸；t_3 的作用是防止非同期并列后的振荡过程中，低阻抗元件误返回；t_2 是防止正常合闸时，保护误出口所加的延时。

2. 断路器闪络保护

随着电力系统的发展，电网的电压等级越来越高，在发电机进行并网的过程中，当断路器两侧电压方向为 $180°$ 时，断路器主触点两断口之间可能承受两侧电动势绝对值之和（$\delta = 180°$）的高电压，有时会造成断口闪络事故，致使某相断路器触头击穿的可能性越来越大。设置断路器闪络保护，是防止因断路器两触头击穿而损害断路器的有效措施。

断路器断口闪络只考虑一相或两相，不考虑三相闪络。保护取主变压器高压侧 TA 电流。

保护的逻辑判据：①断路器三相位置触点均为断开状态；②负序电流大于整定值；③发电机已加励磁，机端电压大于一固定值。断路器闪络保护的构成如图 2-82 所示。

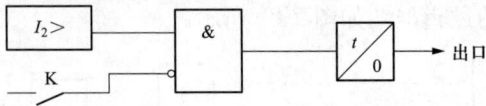

图 2-82　发电机-变压器组断路器闪络保护逻辑框图

$I_2>$—负序过电流元件；K—断路器辅助触点

可以看出：当发电机已加励磁（机端有电压），但发电机-变压器组断路器还没有合闸而发电机定子回路出现负序电流时，保护动作，去灭磁并启动断路器失灵保护。

考虑到发电机机端电压相对于主变压器高压侧电压等级低，如机端设有断路器，并列过程中断路器两侧最大承受电压也较小，因此，一般不考虑配置机端断路器闪络保护。

3. 整定原则与取值建议

需要整定的参数有：频率闭锁定值、误合闸过电流动作值、非同期合闸的阻抗定值、断路器闪络时负序电流动作值以及相应的动作时限、跳闸允许电流等。

（1）频率闭锁定值。建议取 40～45Hz。

（2）误合闸过电流动作值建议取 50%～80% 发电机额定电流，即 $I_{op} = (50\sim80)\% I_N$。

（3）非同期合闸的阻抗定值 Z_{1B}、Z_{1F}。采用圆特性阻抗元件，接入阻抗元件的是主变压器高压侧电压和主变压器高压侧电流。如果规定发电机向系统方向为动作正方向，则反方向整定阻抗 Z_{1B}、正方向整定阻抗 Z_{1F}（最大灵敏度固定）为

$$Z_{1B} = K_{rel}(X_T + X'_d)\frac{U_{1N}^2}{S_B} \cdot \frac{n_{TA1}}{n_{TV1}}(\Omega)$$

$$Z_{1F} = (X_{con} - X_T)\frac{U_{1N}^2}{S_B} \cdot \frac{n_{TA1}}{n_{TV1}}(\Omega)$$

式中：K_{rel} 为可靠系数，取 1.3；X_T、X'_d 分别为折算到 S_B 基准容量的主变压器阻抗、发电机暂态电抗标幺值；U_{1N} 为主变压器高压侧额定电压，V；n_{TA1}、n_{TV1} 为主变压器高压侧 TA、TV 变比；X_{con} 为折算到 S_B 基准容量的发电机与系统的最大联系电抗标幺值。

（4）断路器闪络时负序电流动作值 $I_{2.op}$。断路器闪络时发电机电动势与系统电动势间夹角接近 $180°$，断路器发生一相或两相闪络时的负序电流 $I_{2(1)}$、$I_{2(2)}$ 分别为

$$I_{2(1)} = \frac{2}{Z_{11} + Z_{22} + Z_{00}} \cdot \frac{S_B}{\sqrt{3}U_{1B}}$$

$$I_{2(2)} = \frac{2}{Z_{11} + Z_{22} + \dfrac{Z_{11}Z_{22}}{Z_{00}}} \cdot \frac{S_B}{\sqrt{3}U_{1B}}$$

式中：U_{1B} 为主变压器高压侧电网平均额定电压，等于 1.05 倍额定电压，V。

Z_{11} 为折算到 S_B 基准容量的系统处于最小运行方式时断相口综合正序阻抗标幺值，$Z_{11}=X_{s1.min}+X_T+X_d''$；$Z_{22}$ 为折算到 S_B 基准容量的系统处于最小运行方式时断相口综合负序阻抗标幺值，$Z_{22}=X_{s1.min}+X_T+X_2$，其中 X_2 为折算到 S_B 的发电机负序电抗标幺值；Z_{00} 为折算到 S_B 基准容量的系统处于最小运行方式时断相口综合零序阻抗标幺值，$Z_{00}=X_{s0.min}+X_{T0}$，其中 X_{T0} 为折算到 S_B 的主变压器零序电抗标幺值。

当灵敏系数 $K_{sen}=3$ 时，负序动作电流为

$$I_{2.op} = \frac{\min\{I_{2(1)},I_{2(2)}\}}{K_{sen}n_{TA1}} = \frac{\min\{I_{2(1)},I_{2(2)}\}}{3n_{TA1}}$$

如此整定的 $I_{2.op}$ 必可躲过正常运行负序电流滤过器的最大不平衡电流。

为简化整定，负序动作电流也可按躲过正常运行最大不平衡负序电流条件整定，即

$$I_{2.op} = 15\% I_{1N}$$

式中：I_{1N} 为主变压器高压侧额定电流（二次值），A。

（5）有关时限的整定。

1）断路器闪络启动失灵保护延时。按现场实际情况和经验，该延时一般整定为 0.1s。

2）误上电动作出口延时。按躲过断路器三相不同期时间整定，建议取 $t_2=0.1\sim0.2$s。

3）断路器合闸后延时返回时间。该时间应保证误合闸时跳闸过程可靠完成，取 $t_3=5$s。

4）阻抗元件动作延时、延时返回时间。为防止正常合闸阻抗元件因故误动，需设置动作延时 t_4，而在真正非同期合闸时又要可靠动作。考虑到非同期合闸时发电机与系统处在振荡状态，故取 $t_4=0.2\sim0.5$s，建议取 $t_4=0.3$s。

为防止振荡过程中阻抗元件返回而影响动作出口的可靠性，取保护延时返回时间 $t_5=1$s。

（6）跳闸允许电流的整定。跳闸允许电流 I_{off} 由高压侧断路器制造厂给出，如 220kV 断路器 $I_{off}=12.5$kA，当无 I_{off} 参数时，建议取额定切断电流的 25%。

跳闸允许电流定值可取 $80\% I_{off}$。

4. 提高保护动作可靠性措施

（1）发电机非同期合闸时，若非同期合闸电流太大，为保护断路器不

损坏，可闭锁跳闸断路器出口，先跳灭磁开关等其他开关，待断路器电流降至安全值以内时再动作于跳闸。

（2）采用阻抗元件来检测非同期合闸时，应注意到此时发电机与系统处于振荡状态，阻抗元件处于动作、返回的交替状态，要确保动作出口可靠、跳闸。

（3）保护同时取用发电机机端、中性点 TA 电流，为提高保护可靠性，还可取用主变压器高压侧 TA 电流大于 $0.1I_N$ 作为辅助判据。

（4）DL/T 684—2012《大型发电机变压器继电保护整定计算导则》曾就"断路器闪络启动失灵保护延时的整定"提出：按躲过断路器三相不同期时间整定，可取 $t_1=0.3\sim0.5\mathrm{s}$，这种方法是不准确甚至是危险的。某电厂曾因这个延时整定为 0.4s，断路器失灵保护跳相邻断路器的延时也是 0.4s，总共 0.8s 才能真正启动失灵保护，造成闪络保护反复启动而不出口，断路器瓷套炸开，所以一般整定为 0.1s。

（三）发电机启停机保护

有些情况下，由于操作上的失误或其他原因使发电机在启动或者停机过程中有励磁电流，而此时发电机正好存在短路或者其他故障，由于此时发电机的频率低，许多继电器的动作特性受频率影响较大，在这样低的频率下，不能正确工作，有的灵敏度大大降低，有的则根本不能动作。

发电机启停机保护反应发电机在低转速启动、运行过程中，发电机-变压器组的定子绕组、高压厂用变压器高压绕组、主变压器低压绕组、励磁变压器高压绕组的接地故障及发电机、主变压器、高压厂用变压器、励磁变压器的相间短路故障。如果原有保护在这种方式下不能正确工作时，需要加装发电机启停机保护，该保护能反应在低频情况下正确工作。

作为发电机-变压器组启动或停机过程中的临时保护，可配置反应相间短路保护和定子接地保护各一套，将整定值降低，只作为低频工况下的辅助保护，在正常工频运行时应退出，以免发生误动作。为此，该保护的出口受断路器的辅助触点或低频继电器触点控制。保护作用于停机，发电机并网后保护自动退出。

保护需要整定的参数：接地故障定值 $U_{0.op}$、相间故障定值 I_{op}、动作时限 t 及频率闭锁定值。

（1）接地故障定值 $U_{0.op}$。取用发电机中性点 TV 二次电压，动作电压一般取额定相电压的 10%。

（2）相间故障定值 I_{op}。采用接于纵差动保护差动回路的电流元件来反映。电流元件的动作值按额定频率下躲过满负荷运行时差动回路的不平衡电流 $I_{bph.N}$ 整定，即

$$I_{op}=K_{rel}I_{bph.N}$$

式中：K_{rel} 为可靠系数，取 1.5。

通常情况下，对发电机差动保护，取 $I_{op}=0.1I_N$（I_N 为发电机的二次

额定电流)。对主变压器、高压厂用变压器、励磁变压器差动保护,考虑到过励磁、发电机励磁快速上升可能出现的励磁电流以及频率变化大造成的测量误差,取 $I_{op}=I_N$(此时,I_N 是主变压器低压侧、高压厂用变压器高压侧、励磁变压器高压侧额定电流的二次值),或按躲过额定运行工况下的最大不平衡电流整定。

(3)动作时限 t。按不小于定子基波零序电压保护动作时间整定,可取 $1\sim2s$。

(4)频率闭锁定值。一般取 $40\sim45Hz$。

(四)发电机功率突降保护

1. 发电机功率突降保护的作用

发电机零功率切机保护又称发电机低功率保护,也可称主变压器正功率突降保护。

随着我国特高压、大电网的形成,在电力输送通道建设中大量采用了超高电压等级、同杆架设、远距离输电、串联补偿、中间开关站、紧凑型线路等各种技术,减少了线路数量,节约了线路走廊。目前新建大型火力发电厂大多只安装 $1\sim2$ 回输电线路,同杆并架方式接入系统,由于电厂输电通道的减少,输电线路同时故障概率增大,更易造成电厂输出功率突然缺失。能够造成机组功率突降的原因有:

(1)双回线间故障或异常、杆塔故障等;

(2)线路故障或异常相继跳闸;

(3)对侧变电站母线故障或其他原因导致全站停电;

(4)断路器失灵保护动作;

(5)系统解列保护停线未停机;

(6)断路器偷跳、误碰、手跳、误跳等;

(7)其他原因造成的发电厂输送通道断开。

例如:广东某电厂 6 台 135MW 机组功率缺失后导致孤网运行,引起系统振荡,直至系统瓦解,6 台机组全部跳闸,导致全厂停电事故。

大型汽轮机组容量大、蒸汽参数高、转子转动惯量大,当发电机组特别是大容量机组满载工况下,因非继电保护动作原因发生功率突降时,高压侧电压迅速升高、机组转速迅速上升,锅炉水位急剧波动;由于发电机没有灭磁、锅炉没有灭火,机组从超压、超频演变为低频过程,甚至可能出现频率摆动过程,对汽轮机叶片也有伤害。因此,当发电机发生功率突降时,发电机无法输出功率,如不及时采取锅炉熄火、关闭主汽门、灭磁等一系列措施,必将严重威胁机组安全(引发汽轮机组超速),甚至损坏热力设备(热力系统超温超压等)。

(1)机组功率突然缺失对汽轮机设备的影响。

1)汽轮机的输出功率与机组电气负荷不匹配,会导致机组转速飞升,甚至超速;机组超速触发 OPC 快关调节汽门,转速下降到一定程度后 OPC

超速保护复归，由于控制逻辑判断机组仍处于并网状态，功率输出（流量）指令设定值不变，OPC复位后进入汽轮机的蒸汽量大于实际需求，转速又会迅速上升，反复调节使机组转速出现频繁波动。

2）机组转速波动，汽轮机叶片在频率摆动过程中出现材料疲劳损伤，影响设备寿命。

3）机组振动加剧，转子轴向位移加大。

（2）机组功率突然缺失对锅炉设备的影响。

1）机组甩负荷后，若大量工质通过高低压旁路排到再热器和凝汽器，易造成高低压旁路过负荷、高压缸排汽温度超温和凝汽器超温超压。

2）多数机组的汽轮机旁路系统仅在机组启动时使用，旁路容量较小，一般不投压力跟踪模式，若发生正功率突降，除了对旁路系统造成严重冲击外，还造成锅炉超温、超压，缩短锅炉设备的使用寿命。

3）易引起汽包炉锅炉汽包水位剧烈波动，造成汽包干锅、汽包满水，冲击汽轮机。

4）易引起直流炉锅炉中间点温度的急剧波动，严重时引发锅炉爆管。

（3）机组功率突然缺失对厂用电系统及设备的影响。

1）由于厂用电源不能及时切换，厂用电系统将在短时期内经受过电压、过频率的冲击，设备绝缘以及旋转电动机的机械部件将承受冲击。

2）变频运行的辅机可能因过电压、过频率退出运行。

可见，发电机零功率切机保护应用于大型机组上是十分必要的。

2. 发电机功率突降保护动作条件

要想确定零功率切机保护动作条件，必须首先了解机组功率突降时的电气特征与机组功率突降保护需要达到的动作效果。

（1）机组功率突降时的电气特征。

1）突然甩负荷，发电机输出电流突降到一个低值。

2）调速系统和励磁控制装置由惯性环节组成，转速将上升。

3）由于励磁电流不能突变，发电机电压短时间内也会上升。

（2）机组功率突降切机装置动作结果。发电机零功率切机保护动作后，应迅速切换厂用电并对发电机灭磁；同时作用于锅炉灭火保护"MFT"和汽轮机紧急跳闸保护"ETS"，快速稳定停机，才能可靠保证热力设备的安全。

发电机零功率切机保护不能单纯地以主变压器高压侧断路器处"分位"与该断路器无电流来构成。同时，在发电机失步振荡、发电机逆功率、电力系统故障、发电机正常停机等工况下，发电机零功率切机保护均不应发生误动作。

发电机零功率切机保护由启动部分、判据部分、闭锁部分组成。保护逻辑原理如图 2-83 所示。

（1）启动部分。因发电机功率突降为零时，主变压器高压侧电压迅速

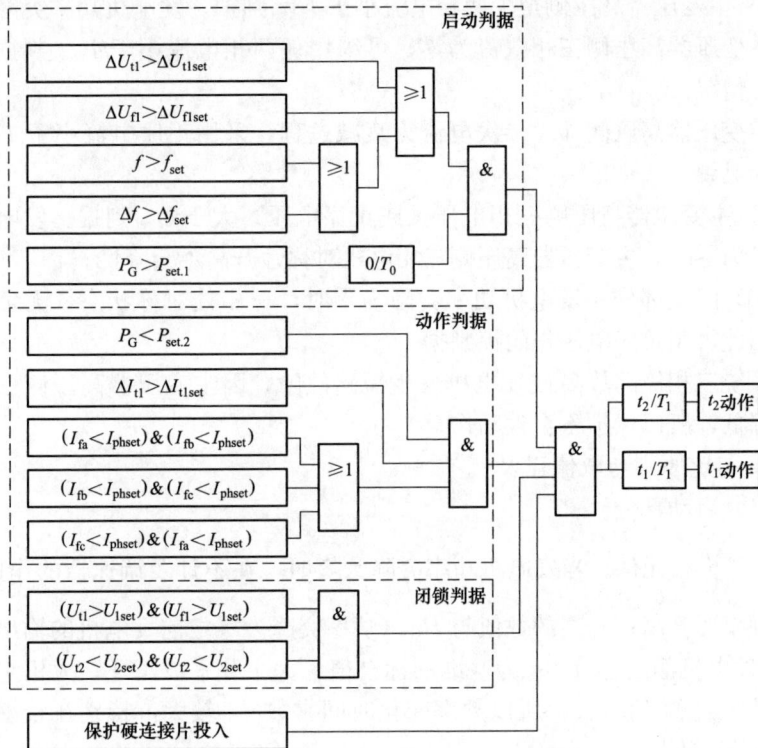

图 2-83 发电机零功率保护逻辑原理图

升高、机组频率迅速升高，故采用 $\dfrac{\Delta U_1}{\Delta t}>$、$\dfrac{\Delta f}{\Delta t}>$ 作为启动量，两者构成"或门"关系。

另一方面，当机组输出功率小于 $P_{set.1}$ 时，即使发生发电机功率突降为零，对热力设备并不构成安全威胁，因此，$P>P_{set.1}$ 构成了启动的另一条件。与前一启动条件构成"与门"输出关系。

为保证保护动作可靠，$P_{set.1}$ 元件应具有延时返回性质；同时启动部分也应具有延时返回特点。

（2）判据部分。判据部分由以下四部分"与门"关系输出。

1）机组功率小于 $P_{set.2}$。发电机功率突降为零时，主变压器高压侧一次功率突降为零，考虑到二次功率并不突降到零，故保护应设 $0<P<P_{set.2}$ 判据，其中 $P>0$ 可防止振荡时保护误动。

2）主变压器高压侧 $\dfrac{\Delta I_1}{\Delta t}<$ 判据，即正序电流"突降"判据。发电机功率突降为零时，高压侧一次三相电流突降为零，考虑到 TA 二次三相电流并不突降为零，采用正序电流"突降"可较灵敏地反映高压侧一次三相电流突降为零的情况，因此设 $\dfrac{\Delta I_1}{\Delta t}<$ 判据。

3) 主变压器高压侧至少两相电流小于 I_{phset} 判据。发电机功率突降为零时，主变压器高压侧三相电流为零，可采用任两相电流小于 I_{phset} 判据来反映这一情况。

主变压器高压侧 TA 二次电流为衰减过程，采用正序电流小于 I_{phset} 判据更为灵敏。

4) 主变压器高压侧三相电压（或正序电压）大于 U_{set} 判据。发电机功率突降为零时，主变压器高压侧三相电压对称性升高不会降低。

（3）闭锁部分。发电机功率突降为零时，三相处对称状态，无负序电压，因此可用负序电压作闭锁判据。

系统三相短路故障或发电机发生短路故障，因主变压器高压侧三相电流不降低，所以保护不会误动作。

3. 整定原则与取值建议

（1）启动部分。

1) $\dfrac{\Delta f}{\Delta t}>$ 元件。当发电机功率突降为零时，在不计及调速器的作用下，机组频率要升高；升高的数值与 $P_{\text{G*}}$（功率突降为零之前发电机的输出功率 P_{G} 以发电机额定容量 S_{N} 为基准的标幺值）大小几乎成正比；大机组的机组惯性常数 M 值较大，所以频率变化时间常数 T_{f} 较大，特别在较小负荷情况下 T_{f} 更大。

通过理论分析与计算，一般可取 $\left(\dfrac{\Delta f}{\Delta t}>\right)_{\text{set}}=0.25\text{Hz/s}$。

发电机功率突变为零后，机组频率先是上升，而后在调速器作用下开始下降，甚至可能出现频率摆动现象。对 $\dfrac{\Delta f}{\Delta t}>$ 元件来说，只要在时间窗长度 Δt（可取 1s）内，频率上升值达到整定值，该元件即动作，并且与之后频率的变化无关。

当然，$\dfrac{\Delta f}{\Delta t}>$ 元件也可用频率元件取代，只要频率元件一动作就将动作状态保持下来。

2) $\dfrac{\Delta U_1}{\Delta t}>$ 元件。发电机功率突降为零后，无功功率在发电机电抗、主变压器电抗上的电压降消失，在很短时间内发电机励磁调节器来不及反应，必将引起主变压器高压侧正序电压突升。

以发电机容量 S_{N} 为基准，计及 AVR 作用后发电机功率突降为零引起主变压器高压侧正序电压突升值 ΔU_{1*} 可计为

$$\Delta U_{1*}=\frac{P_{\text{G}}}{P_{\text{N}}}\cdot\sin\varphi\cdot\left(X_{\text{d}}'+U_{\text{k}}\%\cdot\frac{S_{\text{N}}}{S_{\text{T}}}\right)$$

式中：X_{d}' 为以发电机容量为基准的暂态电抗标幺值；P_{G} 为功率突降为零前发电机的输出功率，W；P_{N} 为发电机的额定功率，W；$U_{\text{k}}\%$ 为主变压器

短路电压百分比；S_T 为主变压器的额定容量，VA。

取时间窗 $\Delta t = 0.2 \sim 0.5 \text{s}$、灵敏系数 $K_{sen} = 1.5$ 时，可得 $\dfrac{\Delta U_1}{\Delta t}$＞元件的整定值为

$$\left(\frac{\Delta U_1}{\Delta t}\right)_{set} = \frac{P_{G*}}{K_{sen}} \cdot \sin\varphi \cdot \left(X'_d + U_k\% \cdot \frac{S_N}{S_T}\right) \cdot \frac{100\text{V}}{(0.2 \sim 0.5)\text{s}}$$
$$= (3.11 \sim 3.88)\text{V}/(0.2 \sim 0.5)\text{s}$$

式中：P_{G*} 为功率突降为零前发电机的输出功率以发电机的额定功率 P_N 为基准的标幺值。

可以看出，$\dfrac{\Delta U_1}{\Delta t}$＞元件与 $\dfrac{\Delta f}{\Delta t}$＞元件具有相同的特性，$\dfrac{\Delta U_1}{\Delta t}$＞元件一动作，则与以后的电压变化情况无关。

3）$P_{set.1}$ 值。建议取

$$P_{set.1} = (20\% \sim 25\%)P_N$$

折算到二次值，有

$$P_{set.1j} = (20\% \sim 25\%)\frac{P_N}{n_{TA}n_{TV}}$$

4）有关的动作时限 t_1、t_2 值。一般取 $t_1 = 0.5 \sim 1\text{s}$、$t_2 = 1.5\text{s}$。

（2）判据部分。

1）$P_{set.2}$ 值。$P_{set.2}$ 应小于发电机的最低出力，同时考虑到发电机功率突降为零后，TA 二次电流有一个衰减过程，形成不平衡输出功率，分析表明，最大不平衡输出功率在第一周波内约为额定功率的 5%，$P_{set.2}$ 值应大于最大不平衡输出功率。建议取

$$P_{set.2} = (8\% \sim 12\%)P_N$$

折算到二次值，有

$$P_{set.2.j} = (8\% \sim 12\%)\frac{P_N}{n_{TA}n_{TV}}$$

2）$\dfrac{\Delta I_1}{\Delta t}$＜元件。发电机功率突降为零，主变压器高压侧一次三相电流突降为零值，但 TA 二次电流并不突降为零值，而是在原有负荷电流的基础上以一定的时间常数衰减，因此，采用 $\dfrac{\Delta I_1}{\Delta t}$＜元件要比采用 $\dfrac{\Delta I_{ph}}{\Delta t}$＜元件灵敏，而且不受功率突降时负荷电流相角影响。

通过理论分析与计算，$\dfrac{\Delta I_1}{\Delta t}$＜元件的定值建议整定为：时间窗 $\Delta t = 0.5\text{s}$，$\Delta I_{set} = 20\% I_N$（$I_N$ 为发电机额定电流时对应主变压器高压侧电流）。

需要指出，$\dfrac{\Delta I_1}{\Delta t}$＜元件本身动作有少量延时，无须另外再设延时；时间窗长度不影响元件动作速度；发电机输出功率越大，元件动作延时越小。

此外，随着时间推移，ΔI_1 越来越大，因此，$\dfrac{\Delta I_1}{\Delta t}$＜元件无须考虑灵敏度问题。

3）I_{phset} 值。该判据描述为：主变压器高压侧至少两相电流小于 I_{phset}。I_{phset} 应小于正常运行时的最小负荷电流。

通过理论分析与计算，I_{phset} 建议整定为：时间窗 $\Delta t = 0.5\text{s}$，$I_{\text{phset}} = 20\%I_N$（$I_N$ 为发电机额定电流时主变压器高压侧电流）。

4）U_1＞元件。建议取动作电压 $(U_1>)_{\text{set}} = (80\sim85)\%U_N$，如取 $(U_1>)_{\text{set}} = 85\text{V}$。

5）有关时限。

t_3：保护第一出口动作延时，建议取 $t_3 = (0.05\sim0.1)\text{s}$；

t_4：保护动作保持时间，建议取 $t_4 = 8\text{s}$；

t_5：保护第二出口动作延时，建议取 $t_5 = (0.05\sim0.1)\text{s}$。

（3）闭锁部分。负序电压按躲过不平衡电压整定，建议取 $U_2 = 6\text{V}$（线电压）。

4. 各种工况下的保护行为

（1）程序跳闸。在主汽门关闭、主变压器高压侧断路器跳开前，因 $\dfrac{\Delta U_1}{\Delta t}$＞元件、$\dfrac{\Delta f}{\Delta t}$＞元件不会动作，故装置不会启动（功率元件 $P<0$），同时，$\dfrac{\Delta I_1}{\Delta t}$＜元件不动作；当主变压器高压侧断路器跳开时，又因 t_1 自保持时间小于程跳延时，此时 $P<P_{\text{set.1}}$，故装置同样不启动。可见，发电机程序跳闸时，零功率保护不会动作。

（2）发电机正常停机。发电机停机时，$P>P_{\text{set.1}}$ 元件不动作、$\dfrac{\Delta f}{\Delta t}$＞元件不会动作、$\dfrac{\Delta U_1}{\Delta t}$＞元件不动作、$\dfrac{\Delta I_1}{\Delta t}$＜元件不动作，因此保护不会动作。

（3）发电机振荡。当发电机与系统振荡时，δ 角作 $0°\sim360°$ 周期变化。在由 $0°$ 向 $180°$ 的变化过程中，$\dfrac{\Delta I_1}{\Delta t}$＜元件，至少两相 $I_{\text{ph}}<I_{\text{phset}}$ 元件不动作；$\dfrac{\Delta U_1}{\Delta t}$＞元件不动作。所以保护不会动作。在由 $180°$ 向 $360°$ 的变化过程中，虽然发电机仍有较大的输入功率，但因 $P<0$，故 $P>P_{\text{set.1}}$ 元件、$0<P<P_{\text{set.2}}$ 元件不动作，防止了保护的误动。

（4）发电机故障。发电机相间故障、匝间故障、定子绕组接地、转子一点接地，以及发电机失磁等异常情况时，$\dfrac{\Delta U_1}{\Delta t}$＞元件、$\dfrac{\Delta f}{\Delta t}$＞元件、$0<P<P_{\text{set.2}}$ 元件、$\dfrac{\Delta I_1}{\Delta t}$＜元件均不动作，故保护不会动作。

（5）TV 二次回路断线。$\frac{\Delta U_1}{\Delta t}>$元件、$\frac{\Delta f}{\Delta t}>$元件、$\frac{\Delta I_1}{\Delta t}<$元件、$I_{ph}<$ I_{phset}元件（任两相）均不动作，故保护不会动作。

（6）TA 二次回路断线。$I_{ph}<I_{phset}$元件（任两相）、$0<P<P_{set.2}$元件、 $\frac{\Delta U_1}{\Delta t}>$元件、$\frac{\Delta f}{\Delta t}>$元件不动作，故保护不会动作。

（7）电力系统发生故障。$\frac{\Delta U_1}{\Delta t}>$元件、$\frac{\Delta f}{\Delta t}>$元件、$\frac{\Delta I_1}{\Delta t}<$元件、$I_{ph}<$ I_{phset}元件（任两相）均不动作，同时有负序电压 U_2，故保护不会动作。

（8）发电机逆功率运行。$\frac{\Delta U_1}{\Delta t}>$元件、$\frac{\Delta f}{\Delta t}>$元件、$0<P<P_{set.2}$元件、 $P>P_{set.1}$元件不动作，故保护不会动作。

发电机组功率突降切机保护装置采用纯电气量判据，无须任何开关辅助触点，因此可靠性高；综合利用功率、频率、电压、电流等多个电气特征量作为逻辑判据，可靠防止由于 TA、TV 断线导致的保护误动情况。

5. 提高保护动作可靠性措施

（1）为提高保护装置工作可靠性，电流和功率计算所使用的电流量应分别采用不同的 TA 提供。

（2）由于保护逻辑环节多，保护宜配置在主变压器高压侧，因而该保护也称主变压器正功率突降保护。

（3）主变压器高压侧断路器处"分位"与三相无电流，不能完全反映发电机功率突降为零的情况。如主变压器高压侧双母线一回出线运行、主变压器高压侧 3/2 接线一回出线运行等情况，线路因故（含继电保护动作）跳开，发电机功率突降为零，而此时主变压器高压侧断路器并未断开。

（4）发电机功率突降到零以后，机组的频率、电压要升高，而后发生回摆，甚至可能出现频率摆动过程。$\frac{\Delta U_1}{\Delta t}>$元件、$\frac{\Delta f}{\Delta t}>$元件是在时间窗长度 Δt 内电压、频率升高的变化值达到设定值而动作的元件，与电压、频率是否回摆无关。为使元件动作可靠，时间窗长度 Δt 不宜取得过小。当然， $\frac{\Delta f}{\Delta t}>$元件的时间窗应比$\frac{\Delta U_1}{\Delta t}>$元件的时间窗要长。

（5）$\frac{\Delta U_1}{\Delta t}>$元件、$\frac{\Delta f}{\Delta t}>$元件动作具有延时，为使启动可靠，$P>P_{set.1}$元件延时返回时间 t_1 应大于该延时时间，同时小于程跳延时时间。

（6）发电机功率突降到零时，一次电流突降到零值，TA 二次电流并不突降到零值，而是在原有负荷电流的基础上以一定的时间常数 τ 衰减。τ 值与二次电缆长度、截面积、TA 铁芯剩磁大小、铁芯有无气隙等因素有关。因此，$\frac{\Delta I_1}{\Delta t}<$元件，至少两相 $I_{ph}<I_{phset}$元件中的时间窗长度 Δt 并不影响元

件的动作速度。

（7）当发电机-变压器组系统在发电机与主变压器之间有出口断路器时，零功率保护逻辑中还需要引入机端处的$\frac{\Delta U_1}{\Delta t}>$、$\frac{\Delta f}{\Delta t}>$作启动量。

（五）发电机轴电流保护

发电机在全速旋转运行时，由于某些原因使之在发电机转子两侧形成的电位差，也即在大轴上产生电压，因此称为轴电压。轴电压的形成可以是：发电机空气间隙磁不对称；转子偏心、绕组不对称或转子短路接地等；汽轮机叶片产生静电；有源的转子励磁如晶闸管励磁等。

正常情况下，轴电压较低时，转轴与轴承之间存在的润滑油膜能起到较好的绝缘作用。但是，如果由于某些原因使得轴电压升高到一定数值时，就会击穿油膜放电，构成轴电流产生的回路。轴电流不但会破坏油膜的稳定性，使润滑冷却的油质逐渐劣化，同时，由于轴电流从轴承和转轴的金属接触点通过，金属接触点很小，电流密度很大，在瞬间会产生高温，使轴承局部烧熔。被烧熔的轴承合金在碾压力的作用下飞溅，将在轴承内表面烧出小凹坑。最终，轴承会因机械磨损加速而破损，严重时会烧坏轴瓦，造成事故被迫停机。

安装时，把发电机组的一个轴承座绝缘起来，以防止由于轴电压而产生轴电流。当轴承座的绝缘垫和轴瓦处的油膜绝缘被破坏时，发电机轴—轴承—基础回路中可能由于静电感应、恒定的或交变的轴向磁通、交变磁通与该回路交链，产生轴电压。轴电压的数值可达数伏，有时可能超过10V。轴电压的幅值过大时，轴承油膜将被破坏；当励磁机侧（集电环侧）轴端的对地绝缘垫损坏造成轴承对地绝缘不良时，在轴电压作用下就会产生轴电流（数值也非常大，几百甚至几千安）；轴电流会引起轴颈表面和轴瓦的电烧伤。因而对轴电压进行测量，分析其分布情况，检查油膜电压及轴承对地绝缘有着很重要的意义。

发电机轴电压产生的原因有以下几种。

（1）磁不对称引起的轴电压，它是存在于汽轮发电机轴两端的交流型电压。由于定子铁芯采用扇形冲压片、转子偏心率、扇形片的导磁率不同，以及冷却和夹紧用的轴向导槽等发电机制造和运行原因引起的磁不对称，结果产生包括轴、轴承和基础台板在内的交变磁链回路。由此在发电机大轴两端产生电压差。每一种磁不对称都会引起相应幅值和频率的轴电压分量，各个轴电压分量叠加在一起，使这种轴电压的频率成分很复杂，其中基波分量的幅值最大，三次和五次谐波幅值稍小，更高次谐波分量幅值很小。这种交流轴电压一般为1～10V，它具有较大的能量。如果不采取有效措施，此种轴电压经过轴—轴承—基础台板等处形成一个回路，产生一个很大的轴电流。轴电流引起的电弧加在轴承和轴表面之间，其主要后果是引起轴表面和轴承上的钨金之间的磨损，并使润滑油迅速劣化。由此会加速轴承的机械磨损，严重者会使轴瓦烧坏。

（2）静电电荷引起的轴电压，这种出现在轴和接地台板之间的直流型电压，是在一定条件下高速流动的湿蒸汽与汽轮机低压缸叶片摩擦出的静电电荷产生的。这种静电效应仅仅偶然在某种蒸汽条件下才能出现，并非经常存在。随着运行工况的不同，这种性质的轴电压有时会很高，电位达到上百伏，当人触及时会感到麻手。它不易传导至励磁机侧，但如果不采取措施将该静电电荷导入大地，它将在发电机汽轮机侧轴承油膜上聚集并且最终在油膜上放电而导致轴承损坏。

（3）静态励磁系统引起的轴电压，目前，大型汽轮发电机组普遍采用静态励磁系统。静态励磁系统因晶闸管换弧的影响，引入了一个新的轴电压源。静态励磁系统将交流电压通过静态晶闸管整流输出直流电压供给发电机励磁绕组，此直流电压为脉动型电压。对于采用三相全控桥的静态励磁系统，其励磁输出电压的波形在 1 个周期内有 6 个脉冲。这个快速变化的脉动电压通过发电机的励磁绕组和转子本体之间的电容耦合在轴对地之间产生交流电压。此种轴电压呈脉动尖峰状，其频率为 300Hz（当励磁系统交流侧电压频率为 50Hz 时），它叠加到磁不对称引起的轴电压上，从而使油膜承受更高的尖峰电压。在增大到一定程度时，击穿油膜，形成电流而造成机械部件的灼伤和损坏。

（4）剩磁引起的轴电压当发电机严重短路或其他异常工况下，经常会使大轴、轴瓦、机壳等部件磁化并保留一定的剩磁。磁力线在轴瓦处产生纵向支路，当机组大轴转动时，就会产生电动势，称为单极电动势。正常情况下，微弱的剩磁所产生的单极电动势仅为毫伏级。但在转子绕组匝间短路或两点接地时，单极电动势将达到几伏至十几伏，会产生很大的轴电流，沿轴向经轴、轴承和基础台板回路流通，不仅烧损大轴、轴瓦等部件，而且会使这些部件严重磁化，给机组检修工作带来困难。

为消除这种轴电压，目前采用在发电机大轴的励侧一端加装 R-C 电路接地的方式，如图 2-84 所示。采用了这种接地方式后，高频轴电压峰值可大大降低。

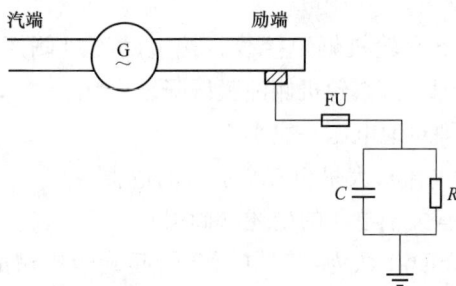

图 2-84 大轴的 R-C 接地装置示意图

FU—熔断器；C—电容；R—电阻

　　为了切断由轴电压引起的轴电流，一般在发电机组的励磁机侧轴承与基础台板之间加装绝缘垫，一旦该绝缘垫损坏，其轴承油膜又因电压击穿或油中有脏物被破坏时，便形成轴电流通路，危及发电机组的安全运行。因此，发电机运行时应加强对绝缘垫的监视，并注意清理脏物，防止绝缘垫被金属物短接。

　　1. 轴电压的测量

　　测量发电机轴电压时，简易的轴系统如图 2-85 所示。在测量轴电压时，可将轴电压理解成一电动势 E，将油膜理解成等值可变电阻 R_L（励侧）和 R_L（汽侧），将轴瓦对地绝缘垫理解成绝缘电阻 R_J，则测量轴电压的等效电路图如图 2-85（b）所示。

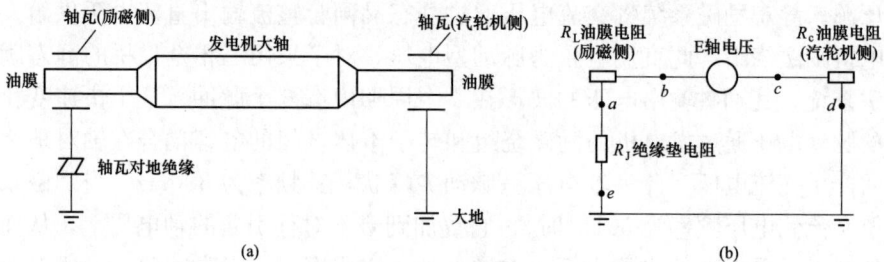

图 2-85　轴系统及轴电压
（a）轴系统示意图；（b）轴电压电路

　　测量方法：

　　（1）用高内阻电压表测量轴二端电压即 bc 点电压，得发电机转子轴电压 U_1。

　　（2）将发电机励磁机侧油膜短接（即 ab 点短接），将发电机汽轮机侧油膜短接（即 cd 点短接）；用电压表测量发电机励磁机侧轴瓦对地电压即 ae 点电压 U_2，可检测绝缘垫对地绝缘情况，当 $U_2 < U_1$ 的 10% 时，说明绝缘垫绝缘情况不良，需进行处理。

　　（3）取下励磁机侧短接线，测 ae 点电压，得 U_2'，将 $U_1 - U_2'$ 得励磁机侧油膜压降。

　　（4）同理，取下汽轮机侧短接线，接上励磁机侧短接线，测 ae 点电压，得 U_2''，将 $U_1 - U_2''$ 得汽轮机侧油膜压降。

　　汽轮发电机大轴对地电压一般小于 10V。

　　2. 轴电压、轴电流对大机组安全运行的危害

　　国外火电机组有关轴电压的论述（摘引）。

　　（瑞士）C. Ammanll 认为：轴电压会引起旋转机械的严重损坏，特别是对于使用静止励磁系统的大型汽轮发电机组。静止励磁系统产生了一种新的轴电压，它是在基本的轴电压上叠加幅值为 60V 的低频电压和峰值为 30V 的高频电压形成的。

（美国）WHco. 技术诊断高级工程师 Michael Twerdochlib 撰文指出：经近 15 年来的有关事故调查，有多次强迫停机事故是由于缺乏有效的主轴接地而引起的。经验证明，轴电压所产生的电流足以损坏轴承，而且其损坏程度取决于总的轴承安时数。所以，轴承电流是不允许存在的。统计被迫停机平均高达 50 天，像这样的因为接地故障而引起的机组修复时间要比计划停机时间长得多，其修理总成本和需要替代的电力高达数百万美元之多。

透平发电机组运行中轴电压的产生是不可避免的，如不采取行之有效的措施，有可能危及机组的安全运行。大机组一旦轴承损坏，修复难度大、时间长、费用高，采取有效的措施以防止轴电压的升高，是确保机组及系统安全运行的重要环节。

（1）静电效应产生的轴电压，是由于干蒸汽与汽轮机叶片摩擦引起的，虽然该电压可能达到几百伏，但因它作用在阻抗很大的回路中，属电流源性质，功率很小，静电电荷经电刷导入大地的电流不过 $3\sim5mA$，不会损坏轴承的滑动表面，但若作用时间过长，可能有损汽轮机的叶轮。

（2）机组轴电压由轴颈、油膜、轴承、机座及基础底层构成通路，由于轴电压的升高，有可能击穿轴承油膜。当油膜被破坏时，在此回路中就会产生一个很大的电流，即为轴电流。轴电流的大小取决于轴电压以及外部电阻和接触电阻的大小。感应轴电压是能量的稳定来源，这部分轴电流会使润滑冷却的油质逐渐劣化，强大的轴电流会使转子轴和轴瓦烧坏，损坏汽轮机及油泵的传动蜗轮和蜗杆，还会使汽轮机的有关部件、发电机的外壳、轴承和其他与转轴相连接的零件发生磁化现象。

（3）电容性轴电压虽不能产生持续的大的轴电流，但其电压瞬时值较高，可能使轴承绝缘被击穿；静电的能量足以形成火花侵蚀，使轴承表面腐蚀破坏。由于放电在轴颈和轴瓦表面产生许多蚀点，破坏了轴颈和轴瓦的良好配合，影响了轴承油膜形成的条件，破坏了油膜的稳定，影响轴承的正常工作。

（4）交变磁通与大轴-轴承-汲出回路交链产生以基波频率为主的感应电动势。在发电机内部或外部发生不对称短路时，该感应电动势（轴电压）可能增大，虽与负荷或励磁电流的关系不大，但这个电动势在轴承上建立的电流有很大的直流分量。轴颈与轴瓦之间的接触电阻，按感应电动势的频率作周期性地变化，引起整流效应。一旦轴端绝缘损坏，此直流分量电流可能引起汽轮机的磁性结构件的强烈磁化。

3. 防止损害发电机的轴电流和轴电压的措施

（1）从源头上降低轴电压幅值的措施是最根本的，也是十分重要的。从轴电压产生的机理来看，发电机设计、制造应努力做到发电机内磁路对称；定、转子气隙均匀；提高转子匝间绝缘强度；晶闸管励磁输出回路设置用于旁路高次谐波的 $R\text{-}C$ 吸收电路等。

（2）通过上述措施完全消除轴电压是不可能的，透平发电机组在运行中产生轴电压将是不可避免的。从运行方面采取的措施同样十分必要。

1）采取有效的、可靠的轴接地，限制轴电压。运行中，使发电机-汽轮机转子轴有良好接地，通常在发电机与透平联轴器附近透平侧转轴装设接地电刷，采取有效的、可靠的轴接地方式，以释放轴的静电电荷及部分轴电压。

2）针对轴电流的保护性手段。确保轴承对地绝缘良好，在汽轮机端、励磁端和集电环轴承等一切可能引起接地的地方均设有良好的绝缘措施，杜绝一切可能形成轴电流的回路。具体是在轴承座、机座下垫绝缘板，轴承座的固定螺钉用绝缘管，在螺母下垫绝缘圈，连接到轴承座的油管也要与轴承绝缘，所有轴承、机座都与地绝缘。

（3）在发电机运行中，定期做好有关的维护工作。

1）定期对轴接地电刷进行检查和维护，确保对地接触良好。正确选用接地电刷，加强对接地电刷的维护、保养，防油雾的污染，确保电刷的清洁及适当的压紧力，保持良好接触。

2）保持转轴对地绝缘，经常清理轴承座周围绝缘处的脏物，防止脏物形成导电路径。

3）定期测量轴电压。

4. 轴电流保护的整定与取值建议

由轴电压引起的从汽轮发电机组轴的一端经过油膜绝缘破坏的轴承、轴承座及机座底板，流向轴的另一端的电流，称为轴电流。

当轴电流密度超过 0.2A/cm^2 时，发电机转轴轴颈的滑动表面和轴瓦就可能被损坏，为此，可装设轴电流（或轴电压）保护。

轴电流对轴承和其他部件的损坏程度取决于轴电流大小和持续时间长短。

轴电流保护取用的轴电流元件，一般采用反应基波分量的继电器，在无法应用且轴电压中确有三次谐波分量时，才采用反应三次谐波分量的Ⅱ型轴电流继电器。

以 ABB 公司生产的轴电流保护为例：对反应基波分量的电流继电器（Ⅰ型），一次动作电流为 $0.25\sim0.8\text{A}$（50Hz），二次动作电流为 $0.5\sim2\text{mA}$ 可调。

当基波漏磁通的影响使轴电流大于最大动作电流（0.8A）时，可采用反应三次谐波分量的电流继电器（Ⅱ型），一次动作电流为 $0.25\sim0.8\text{A}$（150Hz），二次动作电流为 $0.5\sim2\text{mA}$ 可调。

滤过器对基波的阻波率为 70∶1（Ⅱ型动作电流为 150Hz）；输入阻抗为 80Ω（阻性）。

轴电流动作值、延时应由制造厂提供。

轴电流保护可动作于发信号，也可动作于跳闸（可借鉴厂家建议）。

对于采用绝缘性能良好的塑料轴承的发电机，当然也就无须轴电流保护了。

5. 发电机组的轴电压与转子接地保护

理清楚轴电压、转子一点接地保护与大轴接地的关系，对于分析转子一点接地保护动作的原因及分析发电机轴承油膜压降，避免发电机因轴承油膜击穿而导致轴瓦烧坏事故的发生，都有一定的帮助。

（1）以南京电力自动化设备总厂生产的 WFB2157 型发电机-变压器组保护柜中转子一点接地保护为例，该装置转子一点接地保护采用叠加直流法的保护方式，其原理图如图 2-86 所示。

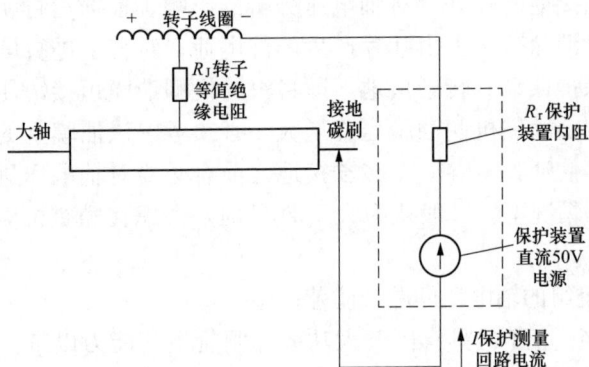

图 2-86　WFB2157 的接地保护原理

当励磁绕组负端经过渡电阻接地时，考虑绝缘电阻 R_J 远大于接地电阻 R，则流过继电器电流的简化表达式为

$$I_- = E/(R_r + R)$$

当励磁绕组正端经过渡电阻 R 接地时，流过继电器电流的简化表达式为

$$I_+ = (E + V_{FL})/(R_r + R)$$

式中：V_{FL} 为最大励磁电压幅值，V。

根据上述分析得，转子一点接地保护的判据为流过继电器的电流，当电流增大至整定电流时，继电器就动作。

（2）保护动作的原因。以某发电厂 125MW 机组转子一点接地保护为例。该厂 125MW 机组转子一点接地保护投入后连续发信，说明流过继电器回路电流已增大，而发电机为新投产机组，转子绝缘不好的可能性不大，现场查找原因为接地电刷接触面灰尘较多，在清理灰尘及周围污物后，保护暂不发信号。但根据转子一点接地保护的原理，接地电刷接触不良，只能使回路电阻增大，流过保护的电流减小，保护不应该动作。经过对该套保护的认真分析，发现转子一点接地保护实际上是转子一点接轴保护，即发电机转子并没有与大地相连。而事实上任何一轴瓦处都有油膜存在，使旋转的转子与大地分开，转子本身在旋转中并不接地，只是在接地电刷的后面才能与大地相连。

该发电厂 125MW 机组转子一点接地保护动作的原因可能是：

1）在转子不接地的情况下，接地电刷到保护盘之间的电缆在电厂强磁场作用下有感应电动势，在接地电刷接触不良时，在接地电刷处，该电动势与保护直流电源相叠加，在方向一致的情况下就可能使保护回路电流增大而误发信号。

2）在转子不接地的情况下，大轴静电荷的积累也可能使保护误发信号。在现场通过将转子接地电刷接地来解决这一问题。

（3）大轴接地的好处及对轴电压分析的影响。根据运行实践，大轴接地可以做到：消除转子上由叶片产生的静电荷；对转子进行屏蔽和避免转子一点接地保护误动。转子接地，即将汽轮机侧油膜短接，使转子轴电压得到重新分配，励磁机侧油膜压降增大，必须考虑该油膜上的电流密度的大小，保证不使油膜击穿，在转子接地之前有必要对轴电压进行测量。在轴电压较大的情况下，一般认为大于 20V 时，考虑在励磁机侧增加转子阻容接地。

6. 水轮机组的轴电压问题及防范措施

自 20 世纪 70 年代具有国产大功率晶闸管生产能力以来，SCR 以其独具的技术经济优势在工业领域迅速推广应用，发电机的励磁系统也很快被 SCR 更新换代。但与此同时，也把谐波污染引入了电机的"心脏"，使发电机的轴电压问题变得更加复杂，也引发了不少机械故障。

水电机组产生轴电压的原因有多种，按其产生的原因来区分，有机组自身结构原因和外部引入的电压两种来源所引起的轴电压：

（1）发电机自身结构磁路偏差产生的低阻抗电压源，即直流轴电压和低频轴电压。

（2）受外部引入的电压源是转子绕组接地保护电压源和励磁 SCR 谐波电压源。前者一般没有明显影响，而 SCR 谐波电压能耦合到转子上产生的高频轴电压，作为高阻抗电压源，使轴电压变得更加复杂化。

前者属于结构性质的轴电压，本质上是感应产生的直流电压和低频电压，其产生机理比较清楚，传导路线以两端主轴、轴承（受油器等部件）、机架构成回路。如果某个回路出现了低电阻闭合，在回路中可能会产生很大（百安级）的电流，并很快在轴承和相关附件的接触处造成严重损坏。

第二种是受转子励磁直流所携带的高频谐波耦合而产生的 SCR 轴电压，具有高频率和高电压特征，其以绝缘隔离层为对地电容器，可以产生不大的（百毫安级）容性电流，当 SCR 轴电压对轴承或受油器的润滑油膜发生电压击穿，形成微电流火花放电时，就使滑动接触表面发生电腐蚀损伤。

在轴承检修时往往发现轴瓦的局部表面有失去光泽、斑点或电流熔坑等现象，这就是电腐蚀留下的痕迹。即使在油膜厚度和电容不变的情况下，腐蚀体积会随着电压的增大而迅速增大，原因在于：

（1）单个击穿的能量和由此引起的腐蚀体积与增大的电压呈平方关系。

（2）随着电压的升高，每次火花放电引起的腐蚀体积会增大，击穿的概率也增大。

（3）火花放电所引起的电腐蚀，不至于立即使轴承丧失承载能力，而是长期持续击穿，达到了破坏润滑条件时，轴承润滑就立即崩溃。

铁芯与磁轭之间是高频谐波电流的必经之地，而且两者都是用冲片叠成的粗糙接触面，仅做了简单的喷漆处理，在漆膜破损处就形成了许多的接触放电点，在此放电点发生电腐蚀就在所难免了。

当谐波电流汇聚到发电机主轴之后，就形成了轴电压，如果是发源于励磁电源的轴电压、轴电流，必然要流回到励磁电源，所以会经由两个方向先入地，由轴颈、轴瓦方向有绝缘层，阻抗稍高，则大部分谐波电流可能会沿大轴至水轮机入地，最后经由整流变压器、串联变压器和阳极电缆的防护接地线回到阳极交流。如果轴电压较高或轴承的绝缘有损，分布电容较大，则轴电流导致烧瓦的可能性也较大。所以，直接在整流器的出口，将谐波分流入地，使之不再串入发电机转子回路和机械系统，也就不会对其再造成危害了。再进一步对阳极的接地系统进行处理，吸收和抑制这部分多余的高频谐波分量，就可以将励磁谐波的危害降到最小。

大型水电机组静止整流器励磁系统的运行经验表明：应用了静止整流器励磁装置以后，虽然简化了旋转励磁机等机械结构，但大功率的相控整流励磁方式，配合以发电机转子回路的大电感特性，确实带来了一系列新问题，如较高的换相过电压问题、超强的灭磁能量和环流困难问题、大功率整流器的电磁污染问题，这些还都是比较明显的、对励磁系统发生作用的问题，而励磁高频谐波问题，是发生于励磁系统，却作用于机械系统，属于交叉潜在的系统问题，需要联合电机、水机、励磁等专业，整体地、系统地进行现象研究、问题分析，探索谐波污染分布和传输的规律性，以及对发电机铁芯、磁极和轴承轴瓦运行特性的影响，研究制定出科学合理的防范措施和解决方案。

（六）发电机非电量保护

发电机的非电量保护有热工保护和断水保护。热工保护延时时限由热控来的保护性质决定，可作用于信号或程跳；断水保护延时不大于30s，作用于程序跳闸，并切换厂用电。

第三章 变压器保护

第一节 概　　述

变压器是将某一电压、电流、相数的交流电能通过电磁感应原理转换为另一种电压、电流、相数的交流电能的电气设备，是电力系统中输配电力的主要设备，以实现电能经济地传输、合理地分配和安全地使用。大容量、高电压等级的变压器是发电厂、电网的重要设备，其安全可靠情况直接关系到发电厂、电网的安全稳定运行。在远距离传输电力时，可使用变压器将发电厂送出的电压升高，以减少在电力传输过程中的损失，便于远距离输送电力；在用电的地方，变压器将高电压降低，以供用电设备和用户使用。

发电厂使用的变压器主要有：主变压器、高压厂用变压器、低压厂用变压器、励磁变压器、启动备用变压器。

一、变压器在发电厂中的应用特点

发电厂中主变压器均为升压变压器，高、低压厂用变压器均为降压变压器。自耦变压器大多应用于变电站，在节省材料和降低损耗方面比多绕组变压器有优势，但固定的中性点接地方式，会使电网单相短路接地电流增大，当今系统容量较大，是否还采用自耦型式的变压器应根据电网的统一规划确定。

大机组发电厂中主变压器、启动备用变压器、高压厂用变压器等容量较大的变压器多为油浸式交流变压器，而低压厂用变压器、励磁变压器（容量在 2500kVA 或以下的）较多采用干式变压器。

发电厂主变压器的容量和台数的确定应依据如下原则：

（1）具有发电机电压母线接线的主变压器。连接在发电机电压母线与系统之间的主变压器容量，应按下述条件计算：

1）当发电机电压母线上负荷最小时，能将发电机电压母线上的剩余有功和无功容量送入系统，但不考虑稀有的最小负荷情况。

2）当发电机电压母线上最大一台发电机组停运时，能由系统供给发电机电压的最大负荷。在发电厂分期建设过程中，在事故断开最大一台发电机组的情况下，通过变压器向系统取得电能时，可考虑变压器的允许过负荷能力和限制非重要负荷。

3）根据系统经济运行的要求，限制本厂输出功率时，能供给发电机电压的最大负荷。

4）按上述条件计算时，应考虑负荷曲线的变化和逐年负荷的发展。特别应注意发电厂初期运行，当发电机电压母线负荷不大时，能将发电机电压母线上的剩余容量送入系统。

5）发电机电压母线与系统连接的变压器一般为两台。对主要向发电机电压供电的地方电厂，而系统电源仅作为备用，则允许只装设一台主变压器作为发电厂与系统间的联络；对小型发电厂，接在发电机电压母线上的主变压器宜设置一台；对装设两台变压器的发电厂，当其中一台主变压器退出运行时，另一台变压器应能承担70%的容量。

（2）单元接线的主变压器。发电机与主变压器为单元连接时，主变压器的容量可按下述条件中的较大者选择：

1）按发电机的额定容量扣除本机组的厂用负荷后，留有10%的裕度。

2）按发电机的最大连续输出容量扣除本机组的厂用负荷。当采用扩大单元接线时，应采用分裂绕组变压器，其容量应等于按上述1）、2）算出的两台机组容量之和。

（3）连接两种升高电压母线的联络变压器。

1）满足两种电压网络在各种不同运行方式下，网络间的有功功率和无功功率的交换。

2）其容量一般不小于接在两种电压母线上最大一台机组的容量，以保证最大一台机组故障或检修时，通过联络变压器来满足本侧负荷的要求，同时也可在线路检修或故障时，通过联络变压器将其剩余容量送入另一系统。

3）为了布置和引接线的方便，联络变压器一般装设一台，最多不超过两台。

4）联络变压器一般采用自耦变压器。在按上述原则选择容量时，要注意低压侧接有大量无功设备的情况，必须全面考虑有功功率和无功功率的交换，以免限制自耦变压器容量的充分利用。

二、变压器的技术参数

变压器的技术参数有额定容量 S_N、额定电压 U_N、额定电流 I_N、额定频率 f_N、额定温升 τ_N、阻抗电压百分数 $u_d\%$，都标注在变压器的铭牌上。此外，在铭牌上还标有相数、接线组别、额定运行时的效率及冷却介质温度等参数或要求。

1. 额定容量 S_N

额定容量是设计规定的在额定条件使用时能保证长期运行的输出能力，单位为 kVA 或 MVA。对于三相变压器而言，额定容量是指三相总的容量。对于双绕组变压器，一般一、二次侧的容量是相同的。对于三绕组变压器，当各绕组的容量不同时，变压器的额定容量是指容量最大的一个（通常为高压绕组）的容量，但在技术规范中都写明三侧的容量。例如，某台变压器额定容量为 48/36/12MVA，一般就称这台变压器的额定容量为 48MVA。

2. 额定电压 U_N

额定电压是由制造厂规定的变压器在空载时额定分接头上的电压，在此电压下能保证长期安全可靠运行，单位为 V 或 kV。当变压器空载时，一次侧在额定分接头处加上额定电压 U_{1N}，二次侧的端电压即为二次侧额定电压 U_{2N}。对于三相变压器，如不做特殊说明，铭牌上的额定电压是指线电压，而单相变压器是指相电压（如 $525/\sqrt{3}\,kV$）。

3. 额定电流 I_N

变压器各侧的额定电流是由相应侧的额定容量除以相应绕组的额定电压计算出来的线电流值，单位为 A 或 kA。

对于单相双绕组变压器：

一次侧额定电流

$$I_{1N}=\frac{S_N}{U_{1N}}$$

二次侧额定电流

$$I_{2N}=\frac{S_N}{U_{2N}}$$

对于三相变压器，如不做特殊说明，铭牌上的额定电流是指线电流，即有（对于三绕组变压器）

$$I_{1N}=\frac{S_N}{\sqrt{3}\,U_{1N}};I_{2N}=\frac{S_N}{\sqrt{3}\,U_{2N}};I_{3N}=\frac{S_N}{\sqrt{3}\,U_{3N}}$$

4. 阻抗电压百分数 $u_d\%$

阻抗电压百分数，在数值上与变压器的阻抗百分数相等，表明变压器内阻抗的大小。阻抗电压百分数又称为短路电压百分数，是变压器的一个重要参数，表明了变压器在满载（额定负荷）运行时变压器本身的阻抗压降大小，对于变压器在二次侧发生突然短路时，将会产生多大的短路电流有决定性的意义，对变压器的并联运行也有重要意义。

短路电压百分数的大小，与变压器容量有关。当变压器容量较小时，短路电压百分数亦小；当变压器容量较大时，短路电压百分数亦相应较大。我国生产的电力变压器，短路电压百分数一般在 4%～24% 的范围内。

三、变压器故障类型

根据我国的实际情况，变压器和发电机与高压输电线路元件相比，故障概率比较小。但其故障后对电力系统的影响却很大，因此任何由于保护装置本身的不合理动作都将给电力系统或变压器本身造成极大的危害。

（一）变压器可能发生的故障

变压器和发电机与高压输电线路元件相比，虽然故障概率比较小，但其故障后对电力系统和发电厂的正常生产影响很大。对于超大容量三相一体式主变压器，本身结构复杂、造价昂贵、运输检修困难，如果发生故障不能及时排除，将会造成电网冲击、变压器的严重损坏，不仅给电厂造成巨大的经济损失，而且在很长时间内给电网造成巨大的负荷缺口压力。

根据故障点的位置，可分为变压器内部故障和外部故障。变压器内部故障是指变压器油箱里面发生的各种故障；变压器外部故障是指变压器油箱外部绝缘套管及其引出线上发生的各种故障。

（1）变压器内部故障。主要有各相绕组之间发生的相间短路，单相绕组或引出线通过外壳发生的单相接地故障及同相部分绕组之间的匝间短路等。

（2）变压器外部故障。主要有引出线之间发生的相间短路（两相短路及三相短路）故障，绝缘套管闪络或破碎引发的单相接地（通过外壳）短路故障。

变压器短路故障时，将产生很大的短路电流，使变压器严重过热，甚至烧坏变压器绕组或铁芯。特别是变压器油箱内的短路故障，伴随电弧的短路电流可能引发变压器着火。另外短路电流产生电动力，也可能造成变压器本体变形而损坏。

相间短路：这是变压器最严重的故障类型。它包括变压器箱体内部的相间短路和引出线（从套管出口到电流互感器之间的电气一次引出线）的相间短路。由于相间短路会严重地烧损变压器本体设备，严重时会使得变压器整体报废。因此，当变压器发生这种类型的故障时，要求瞬时切除故障。

接地（或对铁芯）短路：这种短路故障只会发生在中性点接地的系统一侧。对这种故障的处理方式和相间短路故障是相同的，但同时要考虑接地短路发生在中性点附近时的灵敏度。

匝间或层间短路：对于大型变压器，为改善其冲击过电压性能，广泛采用新型结构和工艺，匝间短路故障发生的概率有增加的趋势。当短路匝数少，保护对其反应灵敏度又不足时，在短路环内的大电流往往会引起铁芯的严重烧损。如何选择和配置灵敏的匝间短路保护，对大型变压器就显得比较重要。

铁芯局部发热和烧损：由于变压器内部磁场分布不均匀、制造工艺水平差、绕组绝缘水平下降等因素，会使铁芯局部发热和烧损，继而引发严重的相间短路。因此，应及时检测这类故障并及时采取措施。

变压器内部故障的保护，目前普遍采用差动保护和气体保护。这些保护各有所长，也各有其不足。气体保护能反应铁芯局部烧损、绕组内部断线、绝缘逐渐老化、油面下降等故障，但对变压器外部引线短路不能反映，对绝缘突发性击穿的反应不及差动保护快，而且在地震预报期间和变压器新投入的初始阶段等，气体保护不能投跳闸。

新型差动保护虽然在灵敏度、快速性方面大有提高，但对上述的部分

239

故障不能反映。例如，有的变压器内部发生一相断线差动保护就不能动作，气体保护则可通过开断处电弧对绝缘油的作用而反映出来。

油面下降：由于变压器漏油等原因造成主变压器内油面下降，低于变压器钟罩顶部时，变压器上部的引线和铁芯将暴露于空气下，会造成变压器引线闪络，引起变压器内部铁芯和绕组过热、绝缘水平下降，给变压器的安全运行造成严重危害。故应在变压器油位下降到危险液面前发出信号，及时检测并予以处理。

变压器冷却器故障：对于强迫油循环风冷和自然油循环风冷变压器，当变压器冷却器故障时，变压器散热条件急剧恶化，导致变压器油温和绕组、铁芯温度升高，长时间运行会导致变压器各部件过热和变压器油劣化。规程规定：变压器满载运行时，当全部冷却器退出运行后，允许继续运行时间至少20min，当油面温度不超过75℃时，允许上升到75℃，但变压器切除冷却器后允许继续运行1h。

（二）变压器的异常运行状态

变压器的异常运行也会影响变压器的运行寿命，甚至危及变压器的安全，如果不能及时发现及处理，会造成变压器故障及损坏变压器。

变压器不正常运行状态，是指变压器本体没有发生故障，但外部环境变化后引起了变压器的非正常工作状态。这种非正常运行状态如不及时处理或告警，将会引发变压器的内部故障。因此，从这种观点看，这一类保护也称为故障预测保护。

大型超高压变压器的不正常运行方式主要有：由于系统故障或其他原因引起的过负荷（过电流），由于系统电压的升高或频率的降低引起的过励磁，不接地运行变压器中性点电位升高，变压器油箱油位异常，变压器温度过高及冷却器全停等。

过负荷：变压器有一定的过负荷能力，但若长期处于过负荷下运行，会使变压器绕组的绝缘水平下降，加速其老化，缩短其寿命。运行人员应及时了解过负荷运行状态，以便能做相应处理。单侧单源的三绕组降压变压器，三侧绕组容量不同时，在电源侧和容量较小的绕组侧装设过负荷保护。对于发电机-变压器组，发电机比变压器的过负荷能力低，一般发电机已装设对称和不对称过负荷保护，故变压器可不再装设过负荷保护。

过电流：一般是由于外部短路后，大电流流经变压器而引起的。由于变压器在这种电流下会烧损，一般要求和区外保护配合后，经延时切除变压器。

零序过电流：由于变压器的绕组一般都是分级绝缘的，绝缘水平在整个绕组上不一致，当区外发生接地短路时，会使中性点电压升高，影响变压器安全运行。

变压器过励磁：和发电机发生过励磁的机理一样，由式 $B=K\dfrac{U}{f}$ 可知：

电压的升高和频率的降低均可导致磁密 B 的增大，当超过变压器的饱和磁密时，变压器即发生过励磁。现代大型变压器，额定工作磁密 $B_N=1.7\sim1.8T$，饱和磁密 $B_s=1.9\sim2.0T$，两者相差已不大，很容易发生过励磁。

变压器的铁芯饱和后，铁损增加，使铁芯温度上升。铁芯饱和后还要使磁场扩散到周围的空间中去，使漏磁场增强。靠近铁芯的绕组导线、油箱壁以及其他金属结构件，由于漏磁场而产生涡流，使这些部位发热，引起高温，严重时要造成局部变形和损伤周围的绝缘介质。现代某些大型变压器，当工作磁密达到额定磁密的 1.3～1.4 倍时，励磁电流的有效值可达到额定负荷电流的水平。由于励磁电流是非正弦波，含有许多高次谐波分量，而铁芯和其他金属构件的涡流损耗与频率的平方成正比，所以发热严重。与系统并列运行的变压器，可能导致过励磁的原因有以下几种：

（1）电力系统由于发生事故而被分割解列之后，某一部分系统中因甩去大量负荷使变压器电压升高，或由于发电机自励磁引起过电压。

（2）由于发生铁磁谐振引起过电压，使变压器过励磁。

（3）由于分接头连接不正确，使电压过高引起过励磁。

（4）进相运行的发电机跳闸或系统电抗器的退出。

（5）发电机出口装设开关后，由于发电机及机端母线原因造成主变压器过励磁的概率大大减少，但是由于系统联络开关断开，造成主变压器甩负荷时仍有可能造成过励磁。

为了正确地设计过励磁保护，必须知道变压器的过励磁倍数曲线 $n=f(t)$，式中 n 为工作磁密和额定磁密之比。

其他故障：如通风设备故障、冷却器故障等，这些故障也都是必须要做相应处理的。

四、变压器保护配置

变压器是现代电力系统及发电厂中主要电气设备之一。按照现在制造的电力变压器的结构，变压器运行的可靠性很高。但是，由于变压器发生故障时造成的影响很大，故应加强其继电保护的功能，以提高电力系统的安全运行水平。为防止变压器在发生各种类型故障和不正常运行时造成不应有的损失，保证电力系统的连续安全运行，当变压器发生短路故障时，应尽快切除故障变压器；而当变压器出现不正常运行方式时，应尽快发出告警信号及进行相应的处理。为此，对变压器配置整套完善的继电保护是必要的。

电力变压器继电保护的配置原则一般如下：

1. 短路故障的主保护

变压器短路故障的主保护，主要有纵差保护、重瓦斯保护、压力释放保护。另外，根据变压器的容量、电压等级及结构特点，可配置零差保护及分侧差动保护。

2. 短路故障的后备保护

目前，电力变压器上采用较多的短路故障后备保护种类主要有：复合电压闭锁过电流保护、零序过电流或零序方向过电流保护、负序过电流或负序方向过电流保护、复合电压闭锁功率方向保护、低阻抗保护等。

3. 异常运行保护

变压器异常运行保护主要有：过负荷保护，过励磁保护，变压器中性点间隙保护，轻瓦斯保护，温度、油位异常保护及冷却器全停保护等。

4. 变压器接地后备保护的配置原则

工作在大电流接地系统的变压器应设置反应接地故障的后备保护，其作用有二：在变压器内部接地故障时作为近后备保护；在外部接地故障时作为远后备保护。变压器接地后备保护是整个电网接地保护的组成部分之一，其设置和整定应与电网接地保护相配合。接地后备保护包括零序电流保护、间隙零序电流保护和零序过电压保护，它们互相联系、协调动作。

在中性点直接接地系统中，变压器中性点的运行方式一般有直接接地、不接地或经放电间隙接地，而中性点不直接接地变压器的绝缘水平分为全绝缘或分级绝缘。目前大容量超高压变压器大都采用分级绝缘方式，分级绝缘变压器的中性点可能不接地或经放电间隙接地。

保护规程规定 110kV 及以上中性点直接接地的电力网中，如变压器的中性点直接接地运行，对外部单相接地引起的过电流，应装设零序电流保护。零序电流保护可由两段组成。其中，零序电流Ⅰ段定值一般与线路零序电流Ⅰ段或Ⅱ段配合，动作后跳母联断路器，如有第二段时间，则可跳本侧断路器；零序电流Ⅱ段定值应与线路零序电流保护最末一段配合，动作后跳变压器各侧断路器。某些省网公司直接给出零序保护整定一次值，可按此整定。

如变压器的中性点可能接地运行或不接地运行时，则对外部单相接地引起的过电流，以及对因失去接地中性点的电压升高，应按下列规定装设保护：

(1) 零序过电流保护。全绝缘变压器应按规定装设零序电流保护，并增设零序过电压保护。当电力网单相接地且失去接地中性点时，零序过电压保护经 0.3~0.5s 时限动作于断开变压器各侧断路器。

分级绝缘变压器：

1) 中性点装设放电间隙时，应按规定装设零序电流保护，并增设反应零序电压和间隙放电电流的零序电流、电压保护。当电力网单相接地且失去接地中性点时，零序电流、电压保护经时限动作于断开变压器各侧断路器。

2) 中性点不装设放电间隙时，应装设两段零序电流保护和一套零序电流、电压保护。当每组母线上至少有一台中性点接地变压器时，零序电流保护以较小时限动作于缩小故障影响范围。零序电流、电压保护用于中性点不接地运行时保护变压器，其动作时限与零序电流保护第二段时限配合，用于先切除中性点不接地变压器，后切除中性点接地变压器。

目前在 220kV 系统中，变压器接地后备保护不再应用零序联切不接地变压器再跳接地变压器的保护方式，以避免保护和二次回路交叉以及在某些运行方式下扩大停电范围，而明确要求 220kV 不接地的半绝缘变压器中性点应采用放电间隙接地方式。110kV 系统中也不再推荐应用零序联切不接地变压器再跳接地变压器的保护方式。

（2）间隙零序电流保护。为防止工频过电压对中性点不接地变压器的危害，110kV 及以上电压等级的变压器越来越多采用经放电间隙接地，并对其应用间隙零序电流保护和零序电压保护。放电间隙装设于变压器中性点和地线之间，一般采用带半球形触头的 $\phi12$ 圆铜棒，配置专用零序 TA，变比一般为 $100\sim200/5$。

放电间隙的放电电压一般整定较高，约等于变压器额定相电压。正常情况下，放电间隙回路无电流，在电网接地故障时不轻易放电。只有当电网发生接地故障，有关的中性点直接接地变压器全部和故障点分离后，而带电源的中性点不直接接地变压器仍保留在故障电网中，电网零序电压升高到接近额定相电压，对变压器绝缘有较大危害的情况下，放电间隙才放电，以降低对地电压，防止变压器绝缘被破坏。

比较中性点直接接地变压器零序电流保护与变压器间隙零序电流保护，它们的用途不同，故具有完全不同的定值，前者动作电流较大，延时也较长，而后者则反之。如果只设置一套继电器兼作两种保护用，就需要随着中性点接地方式的改变，随时改变保护定值，否则可能由于保护定值的不配合而造成电网接地故障时变压器越级跳闸。为防止上述事件的发生，应对二者分别设置一套保护，同时电流互感器也分别装设，如图 3-1 所示。

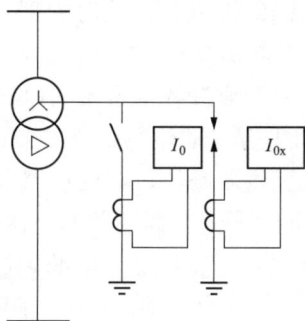

图 3-1　分别配置的零序电流和间隙零序电流保护

（3）零序电压保护。零序电压保护的零序电压取自接在大电流接地系统侧母线上电压互感器的开口三角形接线的零序电压滤过器。零序电压保护不能确定故障所在范围，在两台及以上变压器并联运行时，应与其他类型的接地保护配合动作以取得动作选择性。

现场一般采用间隙零序电流继电器与零序电压继电器并联的工作方式，当电网发生接地故障且失去接地中性点，带电源的中性点不直接接地变压器仍保留在故障电网中时，放电间隙放电，间隙零序电流保护动作；若放电间隙不放电，则利用零序电压继电器动作跳开变压器各侧断路器。变压器零序电压保护作为大电流接地系统中性点不直接接地变压器接地后备保护中的最后一道防线，因此一般动作延时不应大于 0.5s，跳开变压器各侧断路器。

5. 变压器后备保护的配置原则

(1) 相间后备保护整定原则。

1) 单侧电源两个电压等级的变压器。单侧电源两个电压等级的变压器，电源侧的过电流保护作为保护变压器安全的最后一级跳闸保护，同时兼作无电源侧母线和出线故障的后备保护，过电流保护的电流定值按躲额定负荷电流整定，时间定值与无电源侧出线保护最长动作时间配合，动作后，跳两侧断路器；在变压器并列运行时，如无电源侧未配置过电流保护，也可先跳无电源侧母联断路器，再跳两侧断路器。

如无电源侧配置过电流保护，则过电流保护的电流定值按躲额定负荷电流整定，时间定值不应大于电源侧过电流保护的动作时间，同时还应与出线保护最长动作时间配合，动作后，跳本侧断路器；在变压器并列运行时，也可先跳本侧母联断路器，再跳本侧断路器。

2) 单侧电源三个电压等级的变压器。单侧电源三个电压等级的变压器，电源侧的过电流保护作为保护变压器安全的最后一级跳闸保护，同时兼作无电源侧母线和出线故障的后备保护。

a. 对只在电源侧和主负荷侧装设有过电流保护的变压器，电源侧过电流保护的定值应与主负荷侧的过电流保护定值配合整定，同时，时间定值还应与未装设保护侧的出线保护最长动作时间配合，动作后，跳三侧断路器；如有两段时间，也可先跳未装设保护侧的断路器，再跳三侧断路器。

主负荷侧的过电流保护定值按躲额定负荷电流整定，时间定值应与本侧出线保护最长动作时间配合，动作后，跳本侧断路器；如有两段时间，可先跳本侧断路器，再跳三侧断路器；在变压器并列运行时，也可先跳本侧母联断路器，再跳本侧断路器，后跳三侧断路器。

b. 三侧均装有过电流保护的变压器，电源侧过电流保护的定值应与两个无电源侧的过电流保护定值配合，动作后跳三侧断路器。

无电源侧的过电流保护定值按上述 a. 中主负荷侧的过电流保护整定方法整定。

3) 多电源变压器的方向过电流保护的整定原则。指向变压器的方向过电流保护，可作为变压器、指定侧母线和出线故障的后备保护，其时间定值可与其他电源侧指向本侧母线的方向过电流保护和无电源侧的过电流保护动作时间配合整定（在其他侧无上述保护时，时间定值应与该侧出线后备保护动作时间配合整定），动作后，除跳本侧断路器外，根据需要，还可先跳指定侧的母联或总路断路器。

该方向过电流保护一般应对中（高）压侧母线故障有 1.5 的灵敏系数。指向本侧母线的过电流保护主要保护本侧母线，同时兼作出线故障的后备保护，其电流定值按躲本侧额定负荷电流整定，时间定值应与出线后备保护动作时间配合整定，动作后，跳本侧断路器；在变压器并列运行时，也可先跳本侧母联断路器，再跳本侧断路器。

多侧电源变压器主电源侧的方向过电流保护的方向宜指向变压器，其他电源侧方向过电流保护的方向可根据选择性的需要确定。具体而言，有以下原则：

a. 降压变压器（包括中低压侧有电源的降压变压器）、主电力网间联络变压器的高压侧的过电流保护的方向宜指向变压器，且对指定侧有足够的灵敏度。只有在变压器的主保护得到加强而作为高压侧母线后备时才指向母线。

b. 小电源侧或无电源侧的过电流保护的方向宜指向本侧母线，同时兼作本侧出线故障的后备保护。

c. 发电厂的升压变压器，高中压侧后备保护的方向指向本侧母线，即指向负荷侧，且要有足够的灵敏度。

方向元件的指向与保护的跳闸方式密切相关。

4）多电源变压器的过电流保护的整定原则。多侧电源变压器主电源侧的过电流保护作为保护变压器安全的最后一级跳闸保护，同时兼作其他侧母线和出线故障的后备保护，电流定值按躲本侧额定负荷电流整定，动作时间应大于各侧出线保护最长动作时间，动作后跳变压器各侧断路器。保护的动作时间和灵敏系数可不作为一级保护参与选择配合。

（2）零序电流保护的整定原则。中性点直接接地变压器的零序电流保护主要作为指定侧母线、变压器内部和指定侧线路接地故障的后备保护，一般由两段零序电流保护组成。

变压器零序电流保护中，应有对指定侧母线接地故障灵敏系数不小于 1.5 的保护段。

单侧中性点直接接地变压器的零序电流保护Ⅰ段一般与线路零序电流保护Ⅰ段或Ⅱ段配合，动作后跳母联断路器，如有第二时限，则可跳本侧断路器。

零序电流保护Ⅱ段定值一般应与线路零序电流保护最末一段配合，动作后跳变压器各侧断路器；如有两段时限，动作后以较短时限跳本侧断路器（或母联断路器），以较长时限跳变压器各侧断路器。

值得一提的是，虽然零序电流保护设置了经零序电压闭锁元件，但不推荐将此闭锁元件投入，以防止零序电压非正常消失而误闭锁零序电流保护，接地故障不能及时被切除，从而造成设备的损坏。在电压互感器开口

三角 $3U_0$ 未接、电压互感器回路断线或零序电流保护 I 段在变压器内部发生故障跳开本侧断路器后，母线电压恢复正常的时候，零序电压均可能不正常消失。

（3）零序电压保护的整定原则。作为变压器接地后备保护，零序电压保护的零序电压定值一般按 1.5～1.8 倍相电压整定，当电压互感器的变比为 $U_N/(100/\sqrt{3})/100$ 时（U_N 为变压器额定电压），零序电压定值为 150～180V；为防止破坏变压器的绝缘，时间定值应较短，一般取 0.3～0.5s。

110kV 变压器的零序电压保护定值一般整定为 150～180V，低于这个数值，在某些特定运行方式下或区外接地故障时易误动作，失去选择性；而高于这个数值，则不能保证保护有足够的灵敏度。当系统中发生单相接地故障，有关中性点直接接地变压器均与故障点分离后，而带电源的中性点不直接接地变压器仍保留在故障电网内时，零序电压在幅值上与相电压相等，如电压互感器的变比为 $U_N/(100/\sqrt{3})/100$，则 $3U_0$ 理论上将高达 300V。但此时非故障相电压升高 3 倍，电压互感器的这两相将会磁路饱和，$3U_0$ 实际只能达到 220V 左右。若零序电压定值高于 180V，灵敏系数将会低于 1.2，不能达到规程的要求。

（4）间隙零序保护的整定原则。当放电间隙放电，中性点流过零序电流时，保护应迅速动作，跳开变压器各侧断路器。因为正常运行时回路无零序电流，故间隙零序电流保护的动作电流可以整定得较低，一般整定在 40～100A。同时放电间隙不允许长期通过零序电流，以防止工频过电压破坏变压器绝缘，因此间隙零序电流保护的动作时间应较短，一般整定在 0.3～0.5s。

6. 主变压器保护配置

（1）主变压器差动保护。主变压器差动保护用于反应变压器绕组的相间短路故障、绕组的匝间短路故障、中性点接地侧绕组的接地故障及引出线的相间短路故障、中性点接地侧引出线的接地故障，保护瞬时动作于停机。

（2）主变压器相间短路的后备保护。为反映变压器外部相间短路故障引起的过电流以及作为差动保护和气体保护的后备，变压器应装设反应相间短路故障的后备保护。根据变压器容量和保护灵敏度的要求，后备保护的方式主要有：阻抗保护、复合电压方向过电流保护等。为防止变压器长期过负荷运行带来的绝缘加速老化，还应装设过负荷保护。

（3）主变压器接地短路的后备保护。在电力系统中，接地故障是主要的故障形式，所以对于中性点直接接地电网中的变压器，都要求装设接地保护（零序保护）作为变压器主保护的后备保护和相邻元件接地短路的后备保护。

（4）主变压器冷却系统故障保护。主变压器通风由主变压器高压侧三相电流最大值启动，启动通风触点能接至强电回路。主变压器通风故障保护分两段，T_1 延时动作于信号，T_2 延时动作于停机，并能切换为程序跳闸。部分电厂主变压器通风故障投信号，但要将其设为一级报警，及时处理通风故障，并做好机组降负荷预措施。

（5）主变压器气体保护。主变压器重瓦斯保护，瞬时动作于停机，不启动失灵。重瓦斯保护能切换至信号。主变压器轻瓦斯保护，动作于信号。

（6）主变压器绕组温度保护。主变压器绕组温度保护，动作于信号。

（7）主变压器压力释放保护。主变压器压力释放保护，动作于信号。

（8）主变压器油位保护，动作于信号。

（9）主变压器油温保护，动作于信号。

7. 高压厂用变压器保护配置

（1）高压厂用变压器差动保护。作为高压厂用变压器内部短路及引出线故障的主保护，保护瞬时动作于停机。

（2）高压厂用变压器复合电压过电流保护。作为高压厂用变压器主保护的后备保护，保护由高压厂用变压器低压侧各绕组的复合电压（低电压和负序电压）和高压侧过电流共同构成，延时动作于停机。

（3）高压厂用变压器低压侧分支限时速断保护。作为 6kV（或 10kV）厂用母线故障时的保护，保护带时限动作于跳开本分支，并闭锁厂用电切换。

（4）高压厂用变压器低压侧分支复压过电流保护。作为本侧绕组过负荷保护，并作为 6kV 高压电动机及低压厂用变压器的后备保护。分支复压过电流保护由各低压绕组侧的复合电压（低电压和负序电压）和过电流经一段延时组成，动作于本低压侧分支断路器跳闸，并闭锁厂用电切换。

（5）高压厂用变压器低压侧零序电流保护。作为高压厂用变压器和 6kV（或 10kV）厂用母线发生单相接地的保护，保护的零序电流取自高压厂用变压器低压侧中性点零序电流互感器，构成零序电流保护。保护延时动作于本低压侧分支断路器跳闸，并闭锁厂用电切换。

（6）高压厂用变压器冷却系统启动保护。高压厂用变压器通风由高压侧 B 相电流启动，启动通风触点能接至强电回路。从节能的角度考虑，现场可采用按季节、按负荷人为操作启动通风电动机。

（7）高压厂用变压器气体保护。高压厂用变压器重瓦斯保护，瞬时动作于停机，不启动失灵。重瓦斯保护能切换至信号。高压厂用变压器轻瓦斯保护，动作于信号。

（8）高压厂用变压器温度保护。该保护动作于信号。

（9）高压厂用变压器绕组温度保护。该保护动作于信号。

（10）高压厂用变压器压力释放保护。该保护动作于信号。

（11）高压厂用变压器油位保护。该保护动作于信号。

8. 高压启动（停机）备用变压器保护配置

（1）启动变压器差动保护。该保护作为启动变压器内部及引出线短路主保护，瞬时动作于高压侧及低压侧各备用分支断路器跳闸。

（2）启动变压器复压过电流保护。作为启动变压器相间故障的后备保护，由变压器低压侧各绕组的复合电压（低电压和负序电压）和高压侧进线过电流构成，延时动作于高压侧及低压侧各备用分支断路器跳闸。

（3）启动变压器零序保护。作为启动变压器高压绕组及引出单相接地保护的后备保护。

零序电流保护用于启动变压器中性点直接接地运行时的后备保护。保护接于变压器中性点引出线的电流互感器上，经延时动作于高压侧及低压侧各备用分支断路器跳闸。

间隙零序电压、电流保护用于启动变压器中性点经放电间隙接地运行时的后备保护。保护反应零序电压及间隙放电电流，保护的零序电压取自母线侧电压互感器的开口三角形绕组，间隙放电电流取自中性点间隙下引接线上的电流互感器。保护经延时动作于高压侧及低压侧各备用分支断路器跳闸。

（4）启动变压器低压侧限时速断保护。该保护作为 6kV（或 10kV）厂用母线故障时的保护，保护带时限动作于本侧备用分支断路器跳闸。

（5）启动变压器低压侧分支复压过电流保护。启动变压器低压侧分支装设过电流保护作为本侧绕组过负荷保护，并作为 6kV（或 10kV）高压电动机及低压厂用变压器的后备保护。分支复压过电流保护由各低压绕组侧的复合电压（低电压和负序电压）和过电流经一段延时组成，动作于本侧备用分支断路器跳闸。

（6）启动变压器低压侧零序电流保护。作为启动变压器和 6kV（或 10kV）厂用母线发生单相接地的保护，保护的零序电流取自启动变压器低压侧中性点零序电流互感器，构成零序电流保护。保护时限动作于本侧低压侧分支断路器跳闸。

（7）启动变压器低压侧分支后加速保护。当厂用电源切换装置启动时，保护自动投入，保护动作于本侧及低压侧各备用分支断路器跳闸，切换完毕后自动退出。

（8）启动变压器本体气体保护。启动变压器本体重瓦斯保护，瞬时动作于高压侧及低压侧各备用分支断路器跳闸，重瓦斯保护能切换至信号。启动变压器本体轻瓦斯保护，动作于信号。

（9）启动变压器分接开关气体保护。启动变压器分接开关重瓦斯保护，瞬时动作于高压侧及低压侧各备用分支断路器跳闸，重瓦斯保护能切换至信号。轻瓦斯保护动作于信号。

（10）启动变压器油温温度保护。该保护动作信号。

（11）启动变压器绕组温度保护。该保护动作于信号。

（12）启动变压器压力释放保护。该保护动作于信号。

（13）启动变压器通风启动保护。启动变压器通风由启动变压器高压侧相电流启动，启动通风触点能接至强电回路。从节能的角度考虑，现场可采用按季节、按负荷人为操作启动通风电动机。

（14）启动变压器油位保护。该保护动作于信号。

9. 出口方式

对于反应发电机-变压器组范围内短路故障的保护，应动作于停机（全停）；对于反应发电机-变压器组范围以外的短路故障保护，宜动作于缩小故障影响范围或解列（以较短时限动作于缩小故障范围；较长时限动作于解列）；对于反应发电机-变压器组范围以内的非短路性故障，且只允许短延时动作的保护，宜动作于解列灭磁；对于反应发电机-变压器组范围以内的非短路性故障，且允许较长时间延时动作的保护，宜动作于程序跳闸；对于机组工艺系统不具备解列、解列灭磁出口时，可设停机（全停）出口。

600MW 及以上容量的发电机组，若发电机出口配置断路器，其出口方式通常只整定全停 1、全停 2 和信号。其中全停 1 为跳机端出口断路器、启动机端出口断路器失灵、跳灭磁开关、关主汽门；全停 2 为跳主变压器高压侧断路器、解除复压闭锁、启动高压侧断路器失灵、跳机端出口断路器、启动机端出口断路器失灵、跳灭磁开关、关主汽门、跳厂用变压器低压侧断路器、启动厂用电源切换。

第二节　变压器保护原理

一、变压器纵差保护

（一）变压器纵差保护的原理及接线

纵差保护原理上完全不反应外部短路，因此取得了被保护设备内部故障时的灵敏性、快速性和选择性，被广泛应用于电气主设备和输电线作为主保护。与发电机、电动机及母线差动保护（纵差保护）相同，变压器纵差保护的构成原理也是基于基尔霍夫第一定律，即

$$\sum i = 0$$

式中：$\sum i$ 为变压器各侧电流的相量和，A。

$\sum i = 0$ 代表的物理意义是：变压器正常运行或外部故障时，流入变压器的电流等于流出变压器的电流。该式对于发电机、电动机、电抗器、电容器、母线等电气设备均成立。这种情况下，纵差保护不应动作。

当变压器内部故障时，若忽略负荷电流不计，则只有流进变压器的电流而没有流出变压器的电流，其纵差保护动作，切除变压器。

在以前的模拟式保护中，变压器纵差保护的原理接线如图 3-2 所示。

图 3-2 所示为接线组别为 YNd11 变压器的分相差动保护的原理接线图。该接线图也适用于微机型变压器差动保护。图中相对极性的标号"·"采

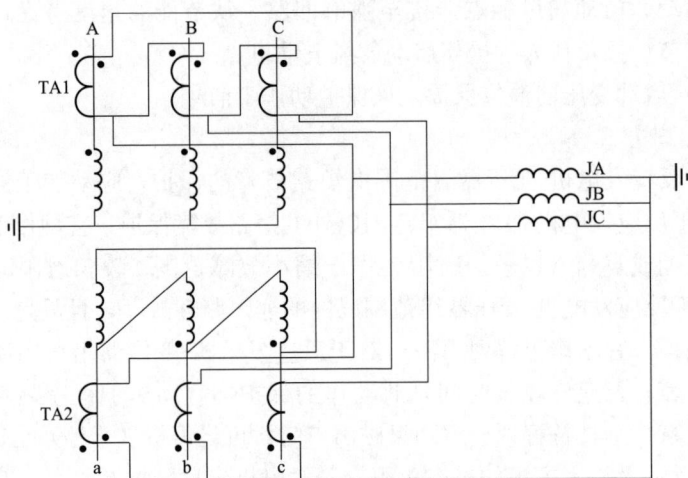

图 3-2 变压器纵差保护原理接线图

TA1、TA2—分别为变压器两侧的差动 TA；

JA、JB、JC—分别为 A、B、C 三相的三个分相差动继电器

用减极性标示法。

（二）实现变压器纵差保护的技术难点

实现发电机、电动机及母线的纵差保护比较容易。这是因为这些主设备在正常工况下或外部故障时其流进电流等于流出电流，能满足 $\sum \dot{I} = 0$ 的条件。而变压器却不同。变压器在正常运行、外部故障、变压器空载投入及外部故障切除后的暂态过程中，其流入电流与流出电流相差较大或很大。具体分析如下：

对于 n 个绕组的变压器在正常运行或外部短路时有

$$\sum \dot{I}_i = \dot{I}_{\mu 0}$$

式中：$\dot{I}_{\mu 0}$ 为正常运行或外部短路时，变压器的励磁电流，A。

正常运行或外部短路时，对于大型变压器而言，励磁电流 $I_{\mu 0}$ 小于 1‰，所以 $I_{\mu 0} \approx 0$，这非常接近于发电机等主设备差动保护的实际工作条件。

但是，当无故障的变压器空载合闸或切除外部故障时，或者由于过电压或过励磁，情况就大不相同，这时有

$$\sum \dot{I}_i = \dot{I}_\mu$$

励磁电流 I_μ 不但数值大（最大可超过 10 倍变压器额定电流），而且波形严重畸变，为了防止变压器差动保护误动作，通常采用二次和五次谐波制动。但由于受众多因素的影响，二次谐波和五次谐波电流的大小很难确切定量，有时可能很小而失去制动，造成差动保护误动作。

随着电力系统的发展，超高压远距离输电线特别是超高压电缆对地电

容的增大、静止无功补偿的大容量电容器的广泛应用，使变压器差动保护区内短路时短路电流中可能出现接近 100Hz 的二次谐波分量电流，后者将延缓二次谐波制动式差动保护的动作。

国内外一些设备厂家还指出，带有潜在匝间短路的三相变压器，在空载合闸时，一相为匝间短路，另两相为空载合闸涌流，其结果是差动保护被二次谐波制动而不能快速动作，由于大型变压器励磁涌流衰减特慢，差动保护动作的滞后时间可长达数十秒。

上述种种情况，使差动原理应用于变压器保护左右为难。

为什么变压器差动保护要增设二次谐波和五次谐波制动？谐波制动迫使变压器差动保护复杂化，影响了原有的选择性好、动作迅速等优点。究其根源是变压器应用差动保护不满足 $\sum i = 0$，其物理概念是变压器差动保护范围内，不仅包含电路，而且包含非线性的铁芯磁路，造成当变压器本身无故障、空载合闸或仅有异常工况（过电压或过励磁）时，差动保护中具有很大的差动电流。变压器保护采用差动原理，违反了差动保护的基本前提，即被保护设备应该仅由纯电路组成的先决条件，理论上说违反了差动保护应遵循的电流基尔霍夫定律。

为此，要实现变压器的纵差保护，需要解决以下几个技术难点：

1. 变压器两侧电流的大小及相位不同

变压器正常运行时，若不计传输损耗，则流入功率应等于流出功率。但由于两侧的电压不同，其两侧的电流不会相同。

超高压、大容量变压器均采用 YNd 接线方式。因此，流入变压器电流与流出变压器电流的相位不可能相同。当接线组别为 YNd11（或 YNd1）时，变压器两侧电流的相位相差 30°。

流入变压器的电流大小和相位与流出电流大小和相位不同，则 $\sum i$ 就不可能等于零或很小。

2. 稳态不平衡电流大

与发电机、电动机及母线的纵差保护相比，即使不考虑正常运行时某种工况下变压器两侧电流大小与相位的不同，变压器纵差保护两侧的不平衡电流也大。其原因在于：

（1）变压器有励磁电流。变压器铁芯中的主磁通是由励磁电流产生的，而励磁电流只流过电源侧，在实现的纵差保护中将产生不平衡电流。

励磁电流的大小和波形，受磁路饱和的影响，并由变压器铁芯材料及铁芯的几何尺寸决定，一般为变压器额定电流的 3%～8%。大型变压器的励磁电流相对较小。

（2）变压器带负荷调压。为满足电力系统及用户对电压质量的要求，在运行中，根据系统的运行方式及负荷工况，要不断改变变压器的分接头。变压器分接头的改变，相当于变压器两侧之间的变比发生了变化，将使两侧之间电流的差值发生了变化，从而增大了其纵差保护中的不平衡电流。

根据运行实际情况，变压器带负荷调压范围一般为 ±5%。因此，由于带负荷调压，在纵差保护产生的不平衡电流可达 5% 的变压器额定电流。

（3）两侧差动 TA 的变比与计算变比不同。变压器两侧差动 TA 的名牌变比，与实际计算值不同，将在纵差保护产生不平衡电流。另外，两侧 TA 的型号及变比不一，也将使差动保护中的不平衡电流增大。由于两侧 TA 变比误差在差动保护中产生的不平衡电流可取 6% 变压器额定电流。

3. 暂态不平衡电流大

（1）两侧差动 TA 型号、变比及二次负载不同。与发电机纵差保护不同，变压器两侧差动 TA 的变比不同、型号不同；由各侧 TA 端子箱引至保护盘 TA 二次电缆的长度相差很大，即各侧差动 TA 的二次负载相差较大。

差动 TA 型号及变比不同，其暂态特性就不同；差动 TA 二次负载不同，二次回路的暂态过程就不同。这样，在外部故障或外部故障切除后的暂态过程中，由于两侧电流中的自由分量相差很大，可能使两侧差动 TA 二次电流之间的相位发生变化，从而可能在纵差保护中产生很大的不平衡电流。

（2）空载投入变压器的励磁涌流。空载投入变压器时产生的励磁涌流的大小，与变压器结构有关，与合闸前变压器铁芯中剩磁的大小及方向有关，与合闸角有关；此外，还与变压器的容量、距大电源的距离（即变压器与电源之间的联系阻抗）有关。

多次测量表明：空载投入变压器时的励磁涌流通常为其额定电流的 2～6 倍，最大可达 8 倍以上。

由于励磁涌流只由充电侧流入变压器，对变压器纵差保护而言是一很大的不平衡电流。

（3）变压器过励磁。在运行中，由于电源电压的升高或频率的降低，可能使变压器过励磁。变压器过励磁后，其励磁电流大大增加，使变压器纵差保护中的不平衡电流大大增加。

（4）大电流系统侧接地故障时变压器的零序电流。当变压器高压侧（大电流系统侧）发生接地故障时，流入变压器的零序电流因低压侧为小电流系统而不流出变压器。因此，对于变压器纵差保护而言，上述零序电流为一很大的不平衡电流。

由上述分析可知，变压器纵差保护与发电机纵差保护的区别在于：

a. 变压器各侧额定电压电流不同，各侧 TA 不同型，纵差保护的不平衡电流相对较大。

b. 变压器纵差保护对绕组的匝间短路具有一定的保护作用（铁芯磁路耦合），而发电机纵差保护对定子绕组匝间短路完全没有保护作用。

c. 变压器纵差保护和发电机纵差保护均对绕组的开焊故障没有保护作

用，需要配置其他保护方式加以保护。

d. 发电机纵差保护严格符合基尔霍夫 KCL 定律，而变压器纵差保护其保护区内不仅有电路联系，而且还包含磁路的联系，存在励磁涌流问题。

（三）空载投入变压器的励磁涌流

变压器在稳态运行时，空载励磁电流仅是额定电流的 $2\%\sim5\%$，但在空载接通电源的瞬间，励磁电流往往会很大，有时可能达到变压器额定电流的 $4\sim8$ 倍，被称为变压器励磁涌流。

1. 励磁涌流的特点

变压器绕组中，励磁电流和磁通的关系由磁化特性决定，铁芯越饱和，产生一定的磁通所需的励磁电流就越大。

正常运行时，铁芯中的磁通已经接近饱和，如在最不利条件下合闸，铁芯中的磁通密度最大值可达正常值的两倍，铁芯严重饱和、磁导率减小，电抗与磁导成正比，此时励磁电抗大大减小，因而励磁电流数值大增。由该磁化特性决定的电流波形很尖，这个冲击电流可达变压器额定电流的 $3\sim5$ 倍，为空载电流的 $50\sim100$ 倍，并且冲击电流衰减很快。

（1）单相变压器励磁涌流的特点：

a. 在变压器空载合闸时，涌流是否产生以及涌流的大小与合闸角有关，合闸角 $\alpha=0$ 和 $\alpha=\pi$ 时励磁涌流最大。

b. 波形完全偏离时间轴的一侧，并且出现间断。涌流越大，间断角越小。

c. 含有很大成分的非周期分量，间断角越小，非周期分量越大。

d. 含有大量的高次谐波分量，且以二次谐波为主。间断角越小，二次谐波也越小。

（2）三相变压器的励磁涌流的特点：

a. 由于三相电压之间有 $120°$ 的相位差，因而三相励磁涌流不会相同，任何情况下空载投入变压器，至少在两相中要出现不同程度的励磁涌流。

b. 某相励磁涌流可能不再偏离时间轴一侧，变成了对称性涌流。其他两相仍为偏离时间轴一侧的非对称性涌流。对称性涌流的数值比较小，非对称性涌流仍含有大量的非周期分量，但对称性涌流中无非周期分量。

c. 三相励磁涌流中有一相或两相二次谐波含量比较小，但至少有一相比较大。

d. 励磁涌流的波形仍然是间断的，但间断角显著减小，其中又以对称性涌流的间断角最小。但对称性涌流有另外一个特点：励磁涌流的正向最大值与反向最大值之间的相位相差 $120°$。这个相位差称为"波宽"，显然稳态故障电流的波宽为 $180°$。

另外，励磁涌流是衰减的，衰减的速度与合闸回路及变压器绕组中的有效电阻和电感有关。图 3-3 所示为某台变压器空载投入时三相励磁涌流的波形。

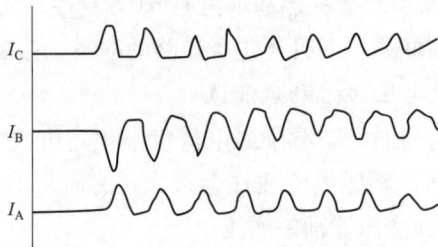

图 3-3　空载投入变压器的励磁涌流

2. 影响励磁涌流大小的因素

空载投入变压器时铁芯中磁通的大小与 Φ_{m}、$\cos\alpha$ 及 Φ_{s} 有关，而励磁涌流的大小与铁芯中磁通的大小有关。磁通越大，铁芯越饱和，励磁涌流就越大。因此，影响励磁涌流大小的因素主要有：

（1）电源电压。变压器合闸后，铁芯中强迫磁通的幅值为 $\Phi_{\mathrm{m}}=\dfrac{U_{\mathrm{m}}}{W\omega}$。因此，电源电压越高，$\Phi_{\mathrm{m}}$ 越大，励磁涌流越大。

（2）合闸初相角 α。变压器空载合闸的瞬间，变压器电磁能量转换。

如变压器在 $\alpha=0$ 时合闸，$\Phi_{\mathrm{m}}\cos\alpha$ 最大，如计及变压器的剩磁，磁通可能超出两倍 ϕ_{m}，铁芯高度饱和，励磁涌流很大，可能达到变压器额定电流的 $3\sim5$ 倍。

如变压器在 $\alpha=90°$ 时合闸，$\Phi_{\mathrm{m}}\cos\alpha$ 等于零，这种情况与变压器稳态运行时相同，励磁涌流较小。

（3）剩磁 B_{s}。合闸之前，变压器铁芯中的剩磁越大，励磁涌流就越大。另外，当剩磁 B_{s} 的方向与合闸之后 $\Phi_{\mathrm{m}}\cos\alpha$ 的方向相同时，励磁涌流就大。反之亦反。

此外，励磁涌流的大小，尚与变压器的结构、铁芯材料及设计的工作磁密有关。变压器的容量越小，空载投入时励磁涌流与其额定电流之比就越大。

测量表明：空载投入变压器时，变压器与电源之间的阻抗越大，励磁涌流越小。在末端变电站，空载投入变压器时最大的励磁涌流可能小于其额定电流的 2 倍。

结论：

（1）基于变压器电、磁能量转换的基本工作原理，决定了变压器空载接通电源的瞬间，必然有励磁涌流的产生。

（2）励磁涌流的大小，取决于铁芯材料的饱和程度、铁芯剩磁、电压的幅值和合闸瞬间电压初相角等因素。

（3）励磁涌流往往会很大，但由于磁通中的直流分量很快衰减，励磁涌流持续时间较短，对变压器直接危害不大。

（4）由于涌流短时电流很大，应采取相应措施，防止可能造成的变压器快速动作保护的误动。如变压器差动保护采用二次谐波制动，过电流保护通过电流或时间整定值躲过等。

（四）变压器纵差保护的实现

实现变压器纵差保护，要解决的技术问题主要有：在正常工况下，使差动保护各侧电流的相位相同或相反，使由变压器各侧 TA 二次流入差动保护的电流产生的效果相同，即是等效的；空载投入变压器时不会误动，即差动保护能可靠躲过励磁涌流；大电流侧系统内发生接地故障时保护不会误动；能可靠躲过稳态及暂态不平衡电流。

1. 差动保护两侧电流的移相方式

Yd 接线的变压器，两侧电流的相位不同，若不采取措施，要满足各侧电流的相量和等于零，即 $\sum \dot{I} = 0$，根本不可能。因此，要使正常工况下差动保护各侧的电流相量和为零，首先应将某一侧差动 TA 二次电流进行移相。

在变压器纵差动保护中，对某侧电流的移相方式有两类共 4 种。两类移相方式分别是：通过改变差动 TA 接线方式移相（即由硬件移相）；由计算机软件移相。4 种移相方式分别是：改变高压侧差动 TA 接线方式移相；采用辅助 TA 移相；由软件在差动元件高压侧移相；由软件在差元件低压侧移相。

（1）改变差动 TA 接线方式进行移相。过去的模拟式变压器纵差保护，大多采用改变高压侧差动 TA 的接线方式进行移相，对于微机型保护也可采用这种移相方式。

1）YNd11 变压器差动 TA 的接线组别。YNd11 变压器及纵差保护差动 TA 接线原理，如图 3-2 所示。由于变压器低压侧各相电流分别超前高压侧同名相电流 30°，因此，低压侧差动 TA 二次电流（也等于流入差动元件的电流）也超前高压侧同名相电流 30°。而从高压侧差动 TA 二次流入各相差动元件的电流（分别为 TA 二次两相电流之差）滞后变压器低压侧同名相电流 150°。因此，各相差动元件的两侧电流的相位相差 180°。

2）YNd5 变压器及差动 TA 的接线组别。YNd5 变压器及差动 TA 的原理接线如图 3-4 所示。

可以看出：正常工况下，从低压侧差动 TA 二次流入各相差动元件的电流 $\dot{I}'_a$、$\dot{I}'_b$、$\dot{I}'_c$ 分别滞后变压器高压侧一次同名相电流 $\dot{I}_A$、$\dot{I}_B$、$\dot{I}_C$150°；而从高压侧差动 TA 二次流入各差动元件的电流 $\dot{I}''_a$、$\dot{I}''_b$、$\dot{I}''_c$ 分别超前 $\dot{I}_A$、$\dot{I}_B$、$\dot{I}_C$ 30°，故 $\dot{I}'_a$ 与 $\dot{I}''_a$、$\dot{I}'_b$ 与 $\dot{I}''_b$、$\dot{I}'_c$ 与 $\dot{I}''_c$ 相位相差 180°。

3）YNd1 变压器及差动 TA 的接线。YNd1 变压器及差动 TA 的原理接线如图 3-5 所示。

可以看出：正常工况下，从低压侧 TA 二次流入各差动元件的电流 $\dot{I}'_a$、

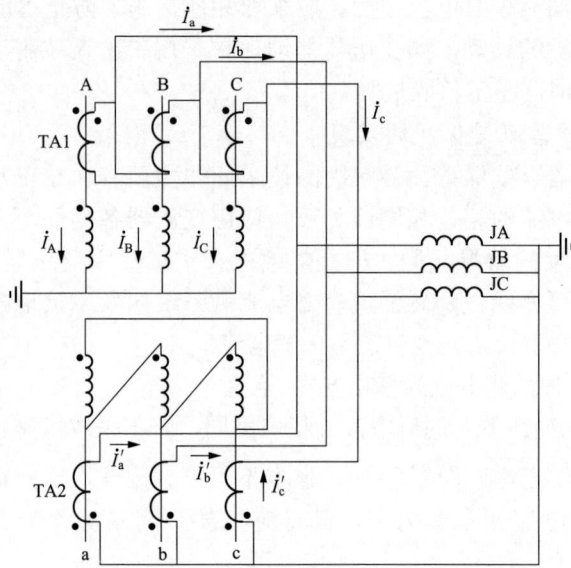

图 3-4　YNd5 变压器及差动 TA 原理接线图

i_A、i_B、i_C—变压器高压侧三相一次电流；i_a、i_b、i_c—变压器高压侧 TA 二次各相输出电流

（分别为对应两相电流之差）；i'_a、i'_b、i'_c—变压器低压侧 TA 二次三相电流；

JA、JB、JC—三相差动元件

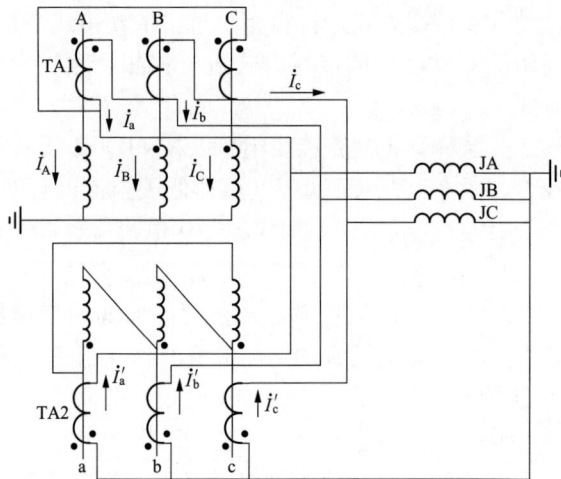

图 3-5　YNd1 变压器及差动 TA 原理接线图

i'_b、i'_c 分别滞后变压器高压侧一次同名相电流 i_A、i_B、i_C 30°；而从高压侧 TA 二次流入各相差动元件的电流 i_a、i_b、i_c 分别超前同名相电流 i_A、i_B、i_C 150°，故 i_a 与 i'_a、i_b 与 i'_b、i_c 与 i'_c 相位相差 180°。

　　由以上所述可知，改变变压器高压侧 TA 接线移相的实质是：对于接线组别分别为 YNd11、YNd1 及 YNd5 的变压器,其纵差保护差动 TA 的接线应分别为 D11y、D1y 及 D5y,从而使正常工况下各相差动元件两侧电流的相位相差 180°。

(2) 接入辅助 TA 的移相方式。用辅助 TA 的电流移相方式,与用改变差动 TA 接线方式对电流进行移相的方法实质相同。

对于 YNd 接线的变压器,其差动 TA 的接线为 Yy,而在保护装置中设置一组辅助 TA,接成△形,接入变压器高压侧差动 TA 二次,对该侧电流进行移相,以达到正常工况下使各相差动元件两侧电流相位相反的目的。

当然,对于不同接线组别的变压器,辅助 TA 的连接方式不相同。

(3) 用软件在高压侧移相方式。运行实践表明:通过改变变压器高压侧差动 TA 接线方式对电流进行移相的方法,有许多优点,但也有缺点。其主要缺点是:第一次投运的变压器,若某相差动 TA 的极性接错,分析及处理相对较麻烦。另外,实现差动元件的 TA 断线闭锁也比较困难。

在微机型保护装置中,通过计算软件对变压器纵差保护某侧电流进行移相方式已被广泛采用。

对于 Yd 接线的变压器,当用计算机软件对某侧电流移相时,差动 TA 的接线均采用 Yy。

用计算机软件对变压器高压侧差动 TA 二次电流的移相方式,是采用计算差动 TA 二次两相电流差的方式。这种移相方式与采用改变 TA 接线进行移相的方式是完全等效的。这是因为取丫形接线 TA 二次两相电流之差与将丫形接线 TA 改成△形接线后取一相的输出电流是等效的。

应当注意的是:用软件实现移相时,究竟取哪两相 TA 二次电流之差,应取决于变压器的接线组别。例如,当变压器的接线组别为 YNd11 时,在丫侧流入 A、B、C 三个差动元件的计算电流,应分别取 $\dot{I}_a-\dot{I}_b$、$\dot{I}_b-\dot{I}_c$、$\dot{I}_c-\dot{I}_a$($\dot{I}_a$、$\dot{I}_b$、$\dot{I}_c$ 为差动 TA 二次三相电流);当变压器的接线组别为 YNd1 时,在丫侧三个差动元件的计算电流应分别为 $\dot{I}_a-\dot{I}_c$、$\dot{I}_b-\dot{I}_a$、$\dot{I}_c-\dot{I}_b$;当变压器接线组别为 YNd5 时,则三个计算电流分别为 $\dot{I}_b-\dot{I}_a$、$\dot{I}_c-\dot{I}_b$、$\dot{I}_a-\dot{I}_b$。

(4) 用软件在低压侧移相方式。就两侧差动 TA 的接线方式而言,用软件在低压侧移相方式与用软件在高压侧移相方式相同,差动 TA 的接线均为 Yy。

在变压器低压侧,将差动 TA 二次各相电流移相的角度,也由变压器的接线组别决定。当变压器接线组别为 YNd11 时,则应将低压侧差动 TA 二次三相电流依次向滞后方向移动 30°;当变压器接线组别为 YNd1 时,则将低压侧差动 TA 二次三相电流分别向超前方向移动 30°;而当变压器接线组别为 YNd5 时,则应分别将低压侧差动 TA 二次三相电流向超前方向移动 150°。

2. 消除零序电流进入差动元件的措施

对于 YNd 接线的变压器，当高压侧线路上发生接地故障时（对纵差保护而言是区外故障），有零序电流流过高压侧，而由于低压侧绕组为 d 联结，在变压器的低压侧无零序电流输出。这样，若不采取相应的措施，必将造成差动回来有差流而使纵差保护误动而切除变压器。

当变压器高压侧发生接地故障时，为使变压器纵差保护不误动，应对装置采取措施使零序电流不进入差动元件。对于差动 TA 接成 Dy 及用软件在高压侧移相的变压器纵差保护，由于从高压侧通入各相差动元件的电流分别为两相电流之差，已将零序电流滤去，故没必要再采取其他滤去零序电流的措施；对于用软件在低压侧进行移相的变压器纵差保护，在高压侧流入各相差动元件的电流应分别为

$$i_a - \frac{1}{3}(i_a + i_b + i_c), i_b - \frac{1}{3}(i_a + i_b + i_c), i_c - \frac{1}{3}(i_a + i_b + i_c)$$

因为 $\frac{1}{3}(i_a + i_b + i_c)$ 为零序电流，故在高压侧系统发生接地故障时，不会有零序电流进入各相差动元件。

应当指出，对于接线为 YNy 的变压器（主要指发电厂的启动备用变压器），在其纵差保护装置中，应采取滤去高压侧零序电流的措施，以防高压侧系统发生接地短路时差动保护误动。

3. 差动元件各侧之间的平衡系数

（1）平衡系数的基本原理。若变压器两侧差动 TA 二次电流不同，则从两侧流入各相差动元件的电流大小亦不相同，从而无法满足 $\sum i = 0$。

在实现变压器纵差保护时，采用"作用等效"的概念。即使两个不相等的电流对差动元件产生作用的大小相同。

在微机型变压器保护装置中，引用了一个将两个大小不等的电流折算成作用完全相同电流的折算系数，将该系数称作为平衡系数，如图 3-6 所示。

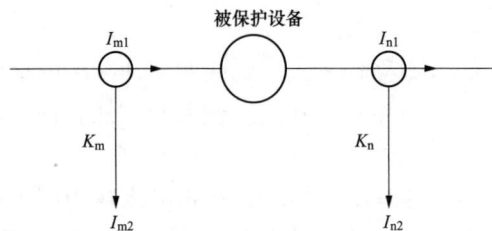

图 3-6　平衡系数示意图

在没有区内故障时，应有 $I_{m1} = I_{n1}$，即 $I_{m1} - I_{n1} = 0$，这是差动保护的基本原理。

当 $I_{m1} = I_{n1}$ 时，如果 $I_{m2} \neq I_{n2}$，则需要引入平衡系数 K_{ph}，使得 $I_{n2} \times$

$K_{\text{ph}} = I_{\text{m2}}$。以 m 侧为基准，n 侧电流"折算"到 m 侧需要乘以一个"系数"，这个系数称为平衡系数。

工程应用中还有一种情况，是由 TA 变比引发的平衡系数问题。如对于母线、线路、电动机等不跨电压等级的差动保护，平衡系数仅和 TA 变比有关。

设：m 侧 TA 变比为 K_{m}，n 侧 TA 变比为 K_{n}，应有 $I_{\text{n2}} \times K_{\text{n}} = I_{\text{m2}} \times K_{\text{m}}$，即 $I_{\text{n2}} \times (K_{\text{n}}/K_{\text{m}}) = I_{\text{m2}}$，则 TA 变比引发的平衡系数 $K_{\text{ph}} = K_{\text{n}}/K_{\text{m}}$。这就是平衡系数的基本工作原理。

对于变压器而言，两侧电流不相等，其比例关系与两侧绕组的匝数有关，如图 3-7 所示。

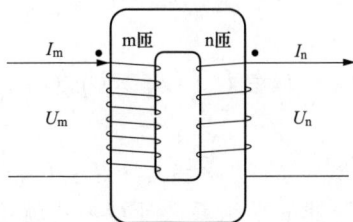

图 3-7 变压器平衡系数示意图

根据功率守恒定律：$I_{\text{n}} \times U_{\text{n}} = I_{\text{m}} \times U_{\text{m}}$，故有 $I_{\text{n}} \times (U_{\text{n}}/U_{\text{m}}) = I_{\text{m}}$。

则：变压器引发的平衡系数 $K_{\text{ph}} = U_{\text{n}}/U_{\text{m}}$。

需要注意的是：$U_{\text{n}}/U_{\text{m}}$ 等于两侧绕组匝数比 $N_{\text{n}}/N_{\text{m}}$。

再综合考虑 TA 变比，故变压器差动保护平衡系数为

$$K_{\text{ph}} = (U_{\text{n}} \cdot K_{\text{n}})/(U_{\text{m}} \cdot K_{\text{m}})$$

工程应用中，对于 Yd11 变压器，为何要计算 $(I_{\text{A}} - I_{\text{B}})/\sqrt{3}$ 与低压侧 I_{a} 进行差动计算的问题，有的回答是：因为 $|I_{\text{A}} - I_{\text{B}}| = \sqrt{3}|I_{\text{A}}|$，是把单相电流放大了 1.732 倍的缘故，所以要除以 $\sqrt{3}$。

这个回答表面看是正确的，但如果发生区外故障，I_{A} 和 I_{B} 幅值不一定相等，相位也不一定相差 120°，这个回答就解释不通了。那么，Y 侧电流除 $\sqrt{3}$ 的根源在哪儿呢？

如图 3-8 所示是 Yd11 变压器绕组及电流图。

低压侧绕组电流 I_{x}、I_{y} 和高压侧 I_{A}、I_{B} 有比例关系

$$I_{\text{A}} = I_{\text{x}} \cdot (N_{\text{n}}/N_{\text{m}}); I_{\text{B}} = I_{\text{y}} \cdot (N_{\text{n}}/N_{\text{m}})$$

由于 $I_{\text{x}} - I_{\text{y}} = I_{\text{a}}$，因此有

$$I_{\text{A}} - I_{\text{B}} = I_{\text{a}} \cdot (N_{\text{n}}/N_{\text{m}})$$

设：高压侧额定线电压为 U_{H}，低压侧额定线电压为 U_{L}。

显然有

$$U_{\text{L}}/U_{\text{H}} = N_{\text{n}}/(\sqrt{3} \cdot N_{\text{m}})$$

即 $N_{\text{n}}/N_{\text{m}} = \sqrt{3} \times (U_{\text{L}}/U_{\text{H}})$，故得到

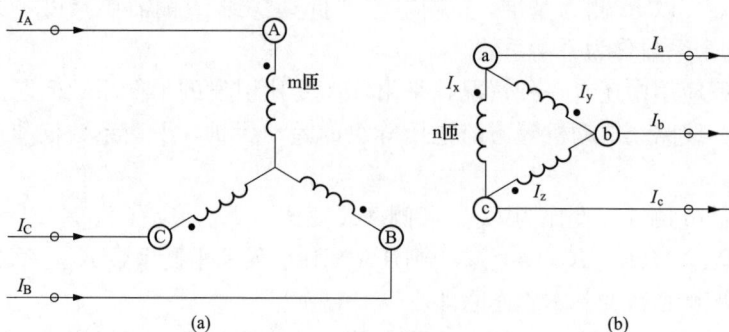

图 3-8　Yd11 变压器绕组及电流图
（a）Yd11 变压器绕组；（b）电流图

$$I_A - I_B = I_a \cdot (\sqrt{3} \times U_L/U_H)$$

即

$$(I_A - I_B)/\sqrt{3} = I_a \cdot (U_L/U_H)$$

这样得到的 Yd 变压器的平衡系数计算公式就不必区分绕组是 Y 或 d 联结方式了。

由上述分析可以得出结论：对于 Yd 接线方式的变压器，Y 侧电流除 $\sqrt{3}$ 的根源在于"绕组匝数比"较"线电压比"相差 1.732 倍。

（2）工程实际应用中，还可以根据差动 TA 接线组别进行平衡系数的计算。根据变压器的容量，接线组别、各侧电压及各侧差动 TA 的变比，可以计算出差动两侧之间的平衡系数。

设变压器的容量为 S_N，接线组别为 YNd11，两侧的电压分别为 U_Y 及 $U_\triangle$，两侧差动 TA 的变比分别为 n_Y 及 $n_\triangle$，若以变压器 d 侧为基准侧，计算出差动元件两侧之间的平衡系数 K。

1）差动 TA 接线为 Dy（用改变差动 TA 接线方式移相）。变压器两侧差动 TA 二次电流 I_Y 及 $I_\triangle$ 分别为

$$I_Y = \frac{\sqrt{3}S_N}{\sqrt{3}U_Y n_Y} = \frac{S_N}{U_Y n_Y}; I_A = \frac{S_N}{\sqrt{3}U_\triangle n_\triangle}$$

要使 $KI_Y = I_\triangle$，则平衡系数

$$K = \frac{I_\triangle}{I_Y} = \frac{U_Y n_Y}{\sqrt{3}U_\triangle n_\triangle}$$

2）差动 TA 接线为 YNy，由软件在高压侧移相。
差动两侧 TA 二次电流分别为

$$I_Y = \frac{S_N}{\sqrt{3}U_Y I_Y}; I_\triangle = \frac{S_N}{\sqrt{3}U_\triangle n_\triangle}$$

每相差动元件两侧的计算电流：
高压侧：两相电流之差

$$I_{\text{Y}}' = \frac{S_{\text{N}}}{\sqrt{3}U_{\text{Y}}n_{\text{Y}}} \times \sqrt{3} = \frac{S_{\text{N}}}{U_{\text{Y}}n_{\text{Y}}}$$

低压侧

$$I_{\triangle}' = \frac{S_{\text{N}}}{\sqrt{3}U_{\triangle}n_{\triangle}}$$

故平衡系数

$$K = \frac{U_{\text{Y}}n_{\text{Y}}}{\sqrt{3}U_{\triangle}n_{\triangle}}$$

可以看出：两个计算结果完全相同。

由此可以得出如下的结论：对于 YNd 接线的变压器，用改变 TA 接线方式移相及由软件在高压侧移相，差动元件两侧之间的平衡系数完全相同。此外，该平衡系数只与变压器两侧的电压及差动 TA 的变比有关，而与变压器的容量无关。

3）差动 TA 接线为 Yy、由软件在低压侧移相。

平衡系数

$$K = \frac{U_{\text{Y}}n_{\text{Y}}}{U_{\triangle}n_{\triangle}}$$

表 3-1 所示为 Yyd 三绕组变压器纵差保护各侧之间平衡系数计算表。

表 3-1　Yyd 三绕组变压器纵差保护各侧之间的平衡系数（以低压侧为基准值）

项目名称	各侧系数		
	高压侧（H）	中压侧（M）	低压侧（L）
TA 接线方式	Y	y	d
TA 二次电流	$\frac{S_{\text{N}}}{\sqrt{3}U_{\text{h}}n_{\text{h}}}$	$\frac{S_{\text{N}}}{\sqrt{3}U_{\text{m}}n_{\text{m}}}$	$\frac{S_{\text{N}}}{\sqrt{3}U_{\text{L}}n_{\text{L}}}$
各相差动元件的计算电流	$\frac{S_{\text{N}}}{U_{\text{h}}n_{\text{h}}}$	$\frac{S_{\text{N}}}{U_{\text{m}}n_{\text{m}}}$	$\frac{S_{\text{N}}}{U_{\text{L}}n_{\text{L}}}$
对低压侧的平衡系数	$\frac{U_{\text{h}}n_{\text{h}}}{\sqrt{3}U_{\text{L}}n_{\text{L}}}$	$\frac{U_{\text{m}}n_{\text{m}}}{\sqrt{3}U_{\text{L}}n_{\text{L}}}$	1

注　1. 表中列出的平衡系数是用软件在高压侧移相或用改变 TA 接线方式移相的条件下计算出来的。

2. 表中：S_{N} 为变压器的额定容量；U_{h}、n_{h} 分别为高压侧额定电压及 TA 的变比；U_{m}、n_{m} 分别为变压器中压侧额定电压及 TA 的变比；U_{L}、n_{L} 分别为变压器低压侧额定电压及 TA 变比。

4. 躲涌流措施

在变压器纵差保护中，除移相（相位）补偿、电流幅值调整（平衡系数）、YN 侧扣除零序分量电流外，还有一个特殊问题，即励磁涌流问题。变压器空载投入或外部短路故障切除时，因磁通不能突变而产生励磁涌流，励磁涌流仅在变压器一侧流通，流入差动回路，导致变压器纵差保护误动。

在变压器纵差保护中,利用涌流的各种特征量(含有直流分量、波形间断或波形不对称、含有二次谐波分量)作为制动量进行制动,以躲过空载投入变压器时的励磁涌流。

(1) 二次谐波制动的方法。二次谐波制动是根据励磁涌流中含有大量二次谐波分量的特点,当检测到差电流中二次谐波含量大于整定值时就将差动继电器闭锁,以防止励磁涌流引起的差动保护误动作。

二次谐波制动的差动保护,是采用二次谐波制动方式的差动保护,其动作判据为

$$I_2 > K_2 I_1$$

二次谐波幅值   基波幅值

二次谐波制动比,可取 $15\% \sim 20\%$,根据具体情况而定

对于实际运行的三相变压器,最早的二次谐波制动是采用按相制动的方案。若某相的二次谐波含量大于 K_2,就闭锁该相的差动保护,然而,在涌流严重时,二次谐波含量将小于 15%,因此差动保护可能会误动。若降低整定值,则会影响内部故障时纵差保护的动作速度(等待短路电流二次谐波衰减)。

由于三相励磁涌流中至少有一相二次谐波含量较高,近年来大多保护装置都采用了"三相或门制动"方案,即三相差动电流中只要有一相的二次谐波含量超过制动比,就将三相差动继电器全部闭锁。

变压器内部故障时,测量电流中的暂态分量也可能存在二次谐波,若含量超过 K_2,差动保护也将会闭锁,直到暂态分量衰减后才能动作。为了加快内部严重故障时纵差保护的动作速度,往往增加一组不带二次谐波制动的差动保护,称为差动保护的速断保护,其整定值按躲过最大励磁涌流整定。

二次谐波制动差动保护的优点体现在:逻辑简单、调试方便、灵敏度高。

二次谐波制动差动保护的缺点在于:①在具有静止无功补偿装置等电容分量比较大的系统,故障暂态电流中含有大量的二次谐波,差动保护的动作速度将受影响;②若空载合闸前变压器已经存在故障,合闸后故障相为故障电流,非故障相为励磁涌流,采用三相或门制动的方案时,差动保护必将被闭锁。由于励磁涌流衰减很慢,保护的动作时间可能会长达数百毫秒。

(2) 间断角鉴别的方法。间断角鉴别是依据励磁涌流的波形中会出现间断角,而变压器内部故障时流入差动继电器的稳态差电流是正弦波,不会出现间断角。间断角鉴别的方法就是利用这个特征鉴别励磁涌流和故障

电流，即通过检测差电流波形是否存在间断角，当间断角大于整定值时将差动保护闭锁。

动作判据一般有"间断角判据"和"波宽判据"两种。

间断角判据：间断角的整定值一般取 65°，当检测到间断角大于 65°时将差动保护闭锁。对于 Yd11 接线方式的三相变压器，非对称涌流的间断角比较大，间断角闭锁元件能够可靠的动作，并有足够的裕度；而对称性涌流的间断角有可能小于 65°。进一步减小整定值并不是很好的办法，因为整定值太小会影响内部故障时的灵敏度和动作速度。

波宽判据：由于对称性涌流的波宽为 120°，而故障电流的波宽为 180°，因此在间断角判据基础上再增加一个反映波宽的辅助判据，在波宽小于 140°（有 20°的裕量）时也将差动保护闭锁。

5. 躲不平衡电流（暂态不平衡电流及稳态不平衡电流）大的措施

运行实践表明，对变压器纵差保护进行合理的整定计算，适当提高其动作门槛值，可有效地躲过不平衡电流大的影响。

（五）微机型变压器纵差保护

1. 保护构成及逻辑框图

大型超高压变压器的纵差保护，由分相差动元件、涌流闭锁元件、差动速断元件、过励磁闭锁元件及 TA 断线信号（或闭锁）元件构成。涌流闭锁方式可采用分相闭锁或采用"或门"闭锁方式。其逻辑框图分别如图 3-9 和图 3-10 所示。

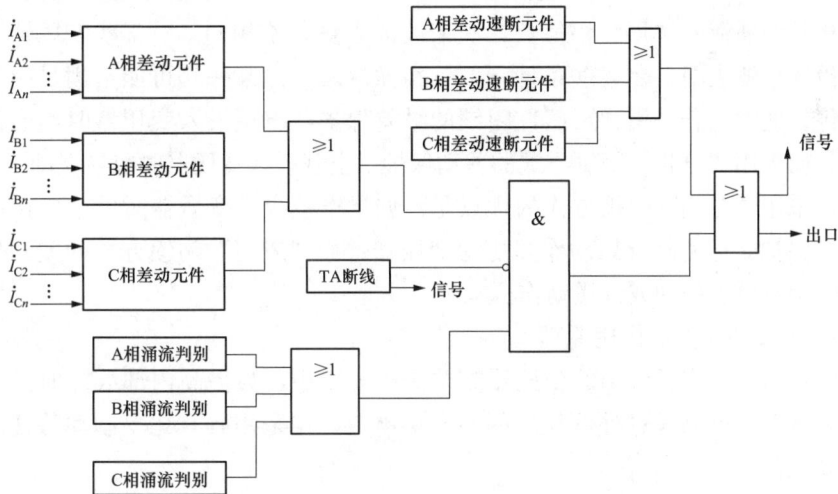

图 3-9 "或门"闭锁式变压器纵差保护逻辑框图

涌流"分相"闭锁方式，是指某相的涌流闭锁元件只对本相的差动元件有闭锁作用，而对其他相无闭锁作用。而涌流"或门"闭锁方式，是指：在三相涌流闭锁元件中，只要有一相满足闭锁条件，立即将三相差动元件

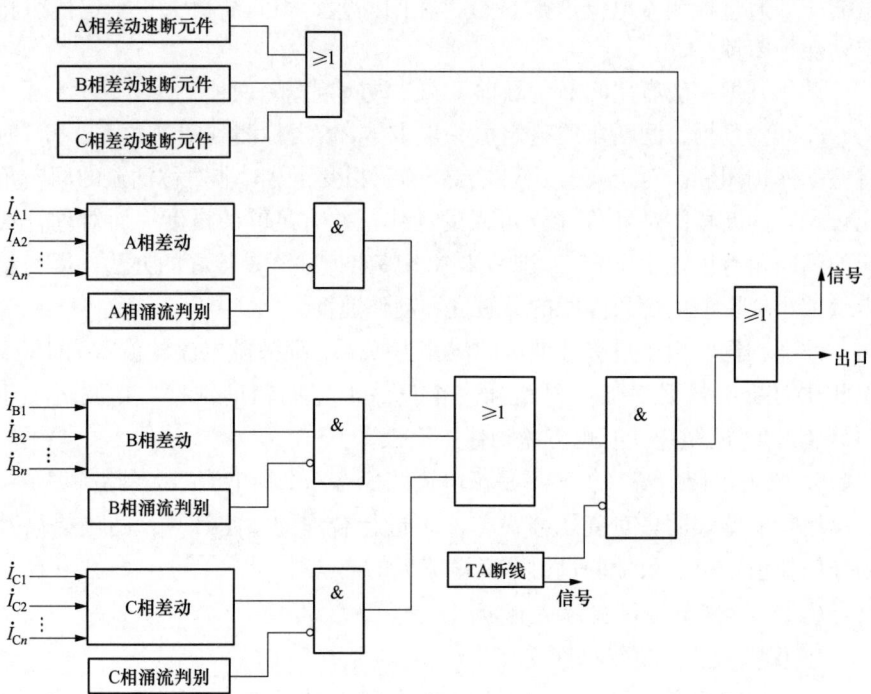

图 3-10 "分相"闭锁式变压器纵差保护逻辑框图

全部闭锁。

由图 3-10 可以看出，变压器空载投入时，三相励磁涌流是不相同的。各相励磁涌流的波形、幅值及二次谐波的含量各不相同。对某些变压器空载投入录波表明，在某些条件下，三相涌流之中的某一相可能不满足闭锁条件。此时，若采用"或门"闭锁的纵差保护，空载投入变压器时不会误动，而采用"分相"闭锁方式的差动保护，空载投入变压器时容易误动。

采用"分相"闭锁方式的优点是：如果空载投入变压器时发生内部故障，保护能迅速而可靠动作并切除变压器；而"或门"闭锁方式的差动保护，则有可能拒动或延缓动作。

2. 差动元件的作用原理

目前，在广泛应用的变压器纵差保护装置中，为提高内部故障时的动作灵敏度及可靠躲过外部故障的不平衡电流，均采用具有比率制动特性的差动元件。

（1）动作方程。差动元件动作特性不同，其动作方程有差异，有一段折线式、二段折线式、三段折线式及变斜率式差动保护。

1）一段折线式差动保护。国外生产的变压器纵差保护中，有采用一段折线式动作特性的差动保护的。其动作方程可用下式表示

$$\begin{cases} I_{\mathrm{d}} \geqslant I_{\mathrm{op.0}} \\ I_{\mathrm{d}} \geqslant S I_{\mathrm{res}} \end{cases}$$

式中：I_{d} 为差电流，对于两相变压器 $I_{\mathrm{dz}} = |\dot{I}_1 + \dot{I}_2|$（$\dot{I}_1$、$\dot{I}_2$ 分别为差动元件两侧的电流），A；$I_{\mathrm{op.0}}$ 为差动元件的启动电流，也称为最小动作电流，或初始动作电流，A；S 为折线的斜率，通常称为比率制动系数；I_{res} 为制动电流，一般取差动元件各侧电流中的最大者，即 $I_{\mathrm{res}} = \max\{|\dot{I}_1|,|\dot{I}_2|\}$，也有采用 $I_{\mathrm{res}} = |\dot{I}_1 - \dot{I}_2|/2$ 的，A。

2）二段折线式差动保护。在国内，广泛采用的变压器纵差保护，多采用具有二段折线式动作特性的差动保护。其动作方程为

$$\begin{cases} I_{\mathrm{d}} \geqslant I_{\mathrm{op.0}} & I_{\mathrm{res}} \leqslant I_{\mathrm{res.0}} \\ I_{\mathrm{d}} \geqslant S(I_{\mathrm{res}} - I_{\mathrm{res.0}}) + I_{\mathrm{op.0}} & I_{\mathrm{res}} > I_{\mathrm{res.0}} \end{cases}$$

式中：$I_{\mathrm{res.0}}$ 为拐点电流，即开始出现制动作用的最小制动电流，A。

3）三段折线式差动保护。微机变压器纵差保护的动作特性可作成三段折线式或多段折线式。三段折线式差动保护的动作方程为

$$\begin{cases} I_{\mathrm{d}} \geqslant I_{\mathrm{op.0}} & I_{\mathrm{res}} \leqslant I_{\mathrm{res.0}} \\ I_{\mathrm{d}} \geqslant S(I_{\mathrm{res}} - I_{\mathrm{res.0}}) + I_{\mathrm{op.0}} & I_{\mathrm{res.1}} \leqslant I_{\mathrm{res}} > I_{\mathrm{res.0}} \\ I_{\mathrm{d}} \geqslant I_{\mathrm{op.0}} + S_1(I_{\mathrm{res}} - I_{\mathrm{res.0}}) + S_2(I_{\mathrm{res}} - I_{\mathrm{res.1}}) & I_{\mathrm{res}} > I_{\mathrm{res.1}} \end{cases}$$

式中：S_1 为第二段折线的斜率；S_2 为第三段折线的斜率；$I_{\mathrm{res.1}}$ 为第二个拐点电流，A。

4）变斜率式差动保护。变斜率式差动保护动作方程为

$$\begin{cases} I_{\mathrm{d}} > K_{\mathrm{bl}} \times I_{\mathrm{r}} + I_{\mathrm{cdqd}} & (I_{\mathrm{r}} < nI_{\mathrm{N}}) \\ K_{\mathrm{bl}} = K_{\mathrm{bl1}} + K_{\mathrm{blr}} \times (I_{\mathrm{r}}/I_{\mathrm{N}}) \\ I_{\mathrm{d}} > K_{\mathrm{bl2}} \times (I_{\mathrm{r}} - nI_{\mathrm{N}}) + b + I_{\mathrm{cdqd}} \\ K_{\mathrm{blr}} = (K_{\mathrm{bl2}} - K_{\mathrm{bl1}})/(2 \times n) & (I_{\mathrm{r}} > nI_{\mathrm{N}}) \\ b = (K_{\mathrm{bl1}} + K_{\mathrm{blr}} \times n) \times nI_{\mathrm{N}} \end{cases}$$

式中：I_{d} 为差动电流，$I_{\mathrm{d}} = |\dot{I}_1 + \dot{I}_2 + \dot{I}_3 + \cdots|$，A；$I_{\mathrm{r}}$ 为制动电流，$I_{\mathrm{r}} = \dfrac{|I_1| + |I_2| + |I_3| + \cdots}{2}$，A；$K_{\mathrm{bl}}$ 为比率制动系数，由起始比率斜率和比率制动系数增量决定；K_{blr} 为比率差动制动系数增量；K_{bl1} 为起始比率斜率，一般取 $0.05 \sim 0.15$；K_{bl2} 为最大比率斜率，一般取 $0.5 \sim 0.7$；n 为最大斜率时的制动电流倍数，保护装置内部已固定，对变压器固定取 6。

一段折线式、二段折线式、三段折线式、变斜率式差动保护的动作特性曲线，分别如图 3-11～图 3-14 所示。

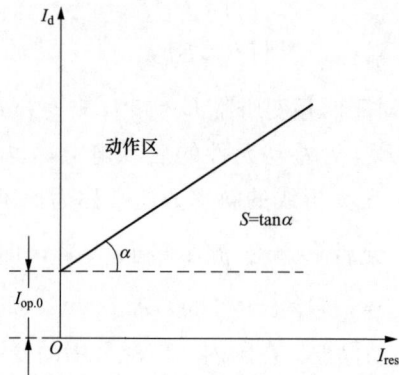

图 3-11　一段折线式差动保护的动作特性曲线

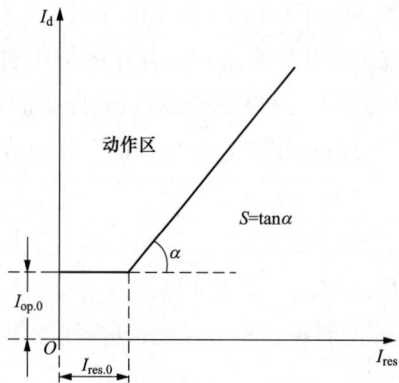

图 3-12　二段折线式差动保护的动作特性曲线

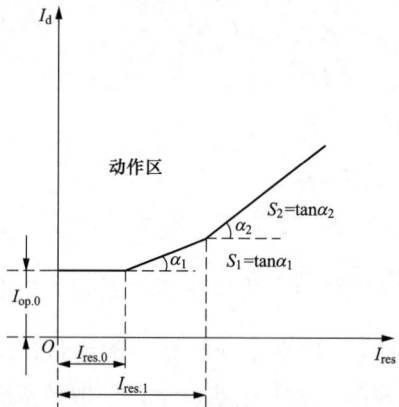

图 3-13　三段折线式差动保护的动作特性曲线

（2）对三种折线式及变斜率式差动保护动作特性的比较。由图 3-11～图 3-13 可以看出，具有比率制动特性差动元件的动作特性，由三个物理量来决定：即由启动电流 $I_{op.0}$，拐点电流 $I_{res.0}$、$I_{res.1}$ 及比率制动系数（特性

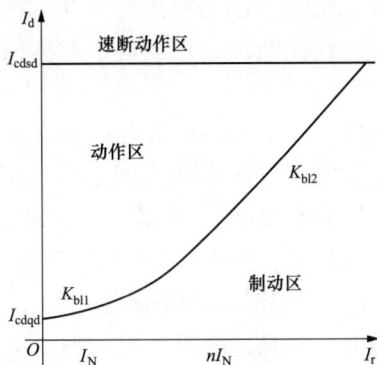

图 3-14　变斜率式差动保护的动作特性曲线

曲线的斜率 S_1、S_2) 来决定。由于差动元件的动作灵敏度及躲区外故障的能力与其动作特性有关，因此，与 $I_{op.0}$、$I_{res.0}$ 及 S 有关。

比较动作特性曲线不同的几个差动元件的动作灵敏度，可比较它们的 $I_{op.0}$、$I_{res.0}$ 及 S。可以看出：当启动电流 $I_{op.0}$ 及比率制动系数相同的情况下，拐点电流 $I_{res.0}$ 越小，其动作区越小，动作灵敏度就低。此时（各曲线的 $I_{op.0}$ 及 S 相同），动作特性如图 3-13 所示的差动元件的动作灵敏度，比其他两个差动元件低，而躲区外故障的能力比其他两个高。

在比较几个差动元件的动作灵敏度及躲区外故障的能力时，只有将上述三个物理量中的两个固定之后才能进行，而当三个物理量均为变量时是无法比较的。在其他两个量固定之后，比率制动系数越小，或拐点电流越大，或初始动作电流越小，差动元件动作灵敏度越高，但躲区外故障的能力越差。

运行实践表明，只要对启动电流 $I_{op.0}$、拐点电流 $I_{res.0}$ 及比率制动系数进行合理的整定，具有二段折线式动作特性的差动元件，完全能满足动作灵敏度及工作可靠性的要求。

变斜率比率制动纵差保护不设拐点，一开始就带有制动特性。与传统两折线（或三折线）制动特性相比，变斜率比率制动特性能够更好地模拟差流不平衡电流曲线，差动保护的启动电流可以安全地降低，保护的灵敏度更高，抗 TA 饱和能力更强。

3. 涌流闭锁元件

励磁涌流大小与合闸时的电压初相角、铁芯剩磁、铁芯饱和磁密、铁芯结构、变压器接线方式、系统阻抗大小等因素有关。为防止励磁涌流作用下保护误动，应正确、快速识别励磁涌流。励磁涌流时闭锁保护，工频电流作用时不闭锁保护。目前，广泛应用的变压器纵差保护装置中，通常采用励磁涌流的特征量之一作为闭锁元件，来实现躲过励磁涌流。

在电磁型差动继电器中（BCH 型继电器），设置速饱和变流器，是根据涌流中有直流分量原理躲涌流的；在晶体管保护和集成电路保护装置中，是采用波形间断原理或二次谐波制动原理躲过涌流的；在微机型保护装置中，是采用二次谐波制动或间断角原理或波形对称原理来区分故障电流与励磁涌流的。

（1）二次谐波制动原理。电力系统故障时只有奇次谐波发生，不会有偶次谐波出现。励磁涌流中含有明显的偶次谐波，尤其是二次谐波（此外，TA 饱和时，二次电流中含有二次谐波电流、三次谐波电流；发电机励磁绕组两点接地或匝间短路时，定子侧也会出现偶次谐波）。因此，可以采用二次谐波制动方式对保护进行闭锁来识别励磁涌流。

二次谐波制动原理的实质是：利用差动元件差电流中的二次谐波分量作为制动量，区分出差流是故障电流还是励磁涌流，实现躲过励磁涌流。

在具有二次谐波制动的差动保护中，采用一个重要的物理量，即二次谐波制动比来衡量二次谐波电流的制动能力。

所谓二次谐波制动比 $K_{2\omega z}$ 是指：在差动元件的差电流中，含有基波分量和二次谐波分量，其基波分量大于差动元件的动作电流，而差动元件处于临界制动状态，此时，二次谐波分量电流与基波分量电流的百分比，称为二次谐波制动比。即

$$K_{2\omega z} = \frac{I_{2\omega}}{I_{1\omega}} \times 100\%$$

式中：$K_{2\omega z}$ 为二次谐波制动比；$I_{1\omega}$ 为基波电流，A；$I_{2\omega}$ 为二次谐波电流，A。

由二次谐波制动比定义的边界条件及方程式可以看出，二次谐波制动比越大，与基波电流相比，单位二次谐波电流产生的作用相对越小；而二次谐波制动比越小，单位二次谐波电流产生的制动作用相对越大。

因此，在对具有二次谐波制动的差动保护进行定值整定时，二次谐波制动比整定值越大，该保护躲过励磁涌流的能力越弱；反之，二次谐波制动比整定值越小，保护躲励磁涌流的能力越强。

（2）间断角原理。变压器内部短路故障时，故障电流波形连续无间断；而变压器空载投入时，励磁涌流在工频 180°区间内波形不连续，有间断角 θ 存在。按间断角原理构成的差动保护，就是根据差电流波形是否有间断及间断角的大小来区分故障电流与励磁涌流的。

1）关于间断角。间断角原理的波形图如图 3-15 所示。

可以看出，间断角的物理意义是：在差流的半个周期内，差动量小于制动量的角度。

2）差动元件的闭锁角。闭锁角 δ_B，是按间断角原理构成的变压器纵差保护的一个重要物理量，用它来判断差动元件中的差流是故障电流还是励磁涌流引起的电流。

当测量出的间断角 δ_{jian} 满足 $\delta_{jian} > \delta_B$ 时，则判断差流为励磁涌流，将保护闭锁。此时，即使是 $I_d > I_{op.0}$，保护也不会动作。

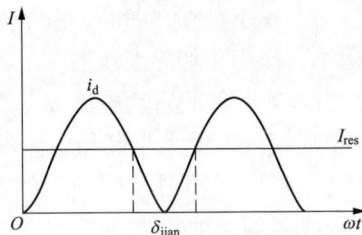

图 3-15 间断角原理波形图

I_{res}—制动电流（直流），其中包括直流门槛值折算成的制动电流量；
i_d—流过差动元件的差流（将负半波反向之后）；δ_{jian}—间断角

当测量出的间断角满足 $\delta_{jian} < \delta_B$ 时，则认为差动元件中的差流为故障电流。当故障电流 $I_d > I_{op.0}$ 时，差动保护动作，切除变压器。

3）保护工况分析。变压器正常运行时差流很小，而 I_{res} 较大，I_{res} 直线将在 i_d 的上方。此时，间断角 $\delta_{jian} \approx 360°$，且 $I_d < I_{op.0}$，保护可靠不动作。

变压器空载投入时，产生很大的励磁涌流。设励磁涌流的波形如图 3-16 中的 i_d 所示。

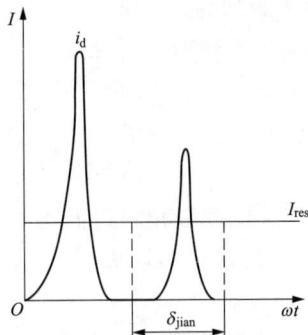

图 3-16 空载投入变压器时的差流和制动电流波形

可以看出：尽管差流 i_d 波型幅值很大（能满足 $I_d \geqslant I_{op.0}$），但由于间断角 δ_{jian} 很大（大于闭锁角 δ_B），差动保护将被可靠闭锁。

当变压器内部故障时，流入差动元件的差流很大且无间断。设故障电流波形如图 3-17 中的 i_d 所示。

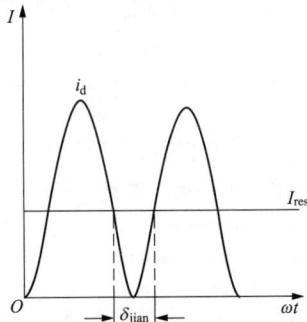

图 3-17 变压器内部故障时差流和制动电流波形

由图 3-17 可以看出，δ_{jian} 很小（$\delta_{jian} < \delta_B$），由于差流幅值很大，能满足 $I_d \geqslant I_{op.0}$，故差动保护动作，作用于切除变压器。

4）δ_B 定值的影响。当差动元件的启动电流 $I_{op.0}$ 为定值时，整定的闭锁角 δ_B 越小，则要求在半个周期内差流大于制动电流的角度越大，即制动系数越大，也就意味着空载投入变压器时，差动元件越不容易误动。反之，闭锁角 δ_B 整定值越大，躲励磁涌流的能力将越小。

（3）波形对称原理。在微机型变压器纵差保护中，采用波形对称算法，将励磁涌流同变压器故障电流区分开来。其计算方法如下：

首先将流入差动元件的差流进行微分，滤去电流中的直流分量，使电流波形不偏移横坐标轴（即时间轴）的一侧，然后比较每个周期内差电流的前半波与后半波的量值。

设 I'_j 表示差流微分后波形上前半周某一点的值，$I'_{j+180°}$ 表示差流波形微分后波形上与 I_j 相差 $180°$ 点的值，K 为比率常数，当满足

$$\left| \frac{I'_j + I_{j+180°}}{I'_j - I_{j+180°}} \right| \leqslant K$$

式中：K 又称不对称系数，通常等于 $1/2$。

则认为波形是对称的，否则认为波形不对称。

变压器内部故障时，I'_j 值与 $I'_{j+180°}$ 值大小基本相等、相位基本相反，则 I'_j 与 $I'_{j+180°}$ 大小相等方向相反，$I'_j + I'_{j+180°} \approx 0$，$I_j - I'_{j+180°} \approx 2I'_j$。此时，$K \approx 0$，差动保护动作。

励磁涌流的波形具有很大的间断角，I'_j 值与 $I'_{j+180°}$ 值相差很大，相位也不会相差 $180°$，因此，$I'_j + I'_{j+180°}$ 可能较 $I'_j - I'_{j+180°}$ 还大，K 值将大于 $1/2$，差动保护被闭锁。

（4）磁制动原理。磁制动涌流闭锁原理，是利用计算变压器的磁通特性来区分励磁涌流与故障电流的。忽略不计变压器绕组电阻及铁芯的有效损耗，带电后变压器的 T 形等值网路如图 3-18 所示。

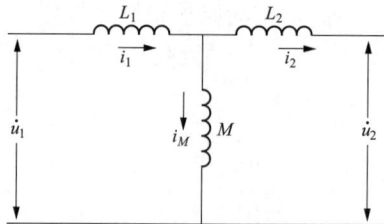

图 3-18　变压器的 T 形等值网路

L_1、L_2—分别为变压器一次侧与二次侧的漏感；M—变压器励磁电感；

i_1、i_2—变压器输入及输出电流；$\dot{u}_1$、$\dot{u}_2$—变压器输入及输出电压；

i_M—变压器的励磁电流，$i_M = i_1 - i_2$

由图 3-18 可得到变压器电动势的简化方程

$$U_1 - L_1 \frac{\mathrm{d}i_1}{\mathrm{d}t} = M \frac{\mathrm{d}i_M}{\mathrm{d}t}$$

由于 L_1 是漏磁通产生的，其值很小，故可将上式简化为

$$U_1 = M \frac{\mathrm{d}i_M}{\mathrm{d}t}$$

励磁电感 M 的大小与变压器铁芯励磁特性有关，当变压器工作磁密变化时（沿磁化曲线变化），M 值也随之变化。因此，M 值能反映铁芯中的磁密在磁化曲线上的部位。当工作磁密在磁化曲线上的饱和位置时，M 值大大降低，从而出现励磁涌流。

微机型变压器差动保护装置中，可用检测励磁电感 M 的变化来区分励磁涌流和故障电流。

由 $M = \dfrac{U_1}{\dfrac{\mathrm{d}i_M}{\mathrm{d}t}}$ 再进一步简化，可得

$$M_n = \frac{U_n}{i_{M(n+1)} - i_{M(n-1)}}$$

式中：U_n 为 n 时刻的外加电压值，V；$i_{M(n+1)}$ 为 $(n+1)$ 时刻的励磁电流，A；$i_{M(n-1)}$ 为 $(n-1)$ 时刻的励磁电流，A；M_n 为 n 时刻的励磁电感。

在保护装置中，结合对差流波形的计算，计算电流上升沿开始几个点的 M 值。当

$$M_n - M_{n+m} \geqslant K$$

时，判断为励磁涌流，否则判为故障电流。

式中：M_n 为上升沿第 n 个采样点励磁电感，H；M_{n+m} 为上升沿第 $n+m$ 个采样点的励磁电感，H；K 为常数。

4. 过励磁闭锁元件

运行中的变压器，当由于某种原因造成过励磁时，可能导致纵差保护误动。

对于超高压大型变压器，为防止过励磁运行时纵差保护误动，设置过励磁闭锁元件。当变压器过励磁时，将纵差保护闭锁。

变压器过励磁时，励磁电流中的五次谐波分量将大大增加。变压器纵差保护的过励磁闭锁元件，实际上是采用五次谐波电流制动元件，即当差流中的五次谐波分量大于某一设定值时，将差动保护闭锁。

在变压器纵差保护中，采用五次谐波制动比这个物理量 $K_{5\omega z}$，来衡量五次谐波电流的制动能力。

所谓五次谐波制动比，是指差流中有基波电流及五次谐波电流，其中基波电流大于差动保护的动作电流，而差动元件处于临界制动状态。此时，五次谐波电流与基波电流的百分比

$$K_{5\omega z} = \frac{I_{5\omega}}{I_{1\omega}} \times 100\%$$

称为五次谐波制动比。

式中：$I_{5\omega}$为五次谐波电流，A；$I_{1\omega}$为基波电流，A。

与二次谐波制动比类似，五次谐波制动比越大，单位五次谐波电流产生的制动作用越小，差动保护躲过励磁的能力越差；反之，五次谐波制动比越小，单位五次谐波电流产生的制动作用越大，差动保护躲变压器过励磁的能力越强。

5. 差动速断元件

差动速断元件，实际上是纵差保护的高定值差动元件。

前已述及，对变压器纵差保护设置的涌流闭锁元件，主要是根据励磁涌流的特征量之一："波形畸变"或"谐波分量大"实现的。当变压器内部严重故障 TA 饱和时，TA 二次电流的波形将发生严重畸变，其中含有大量的谐波分量，从而使涌流判别元件误判断成励磁涌流，致使差动保护拒动或延缓动作，严重损坏变压器。为克服纵差保护的上述缺点，设置差动速断元件。

差动速断元件反映的也是差流，与差动元件不同的是：它反映差流的有效值，无制动特性，不管差流的波形如何及含有谐波分量的大小，只要差流的有效值超过了整定值，它将迅速动作而切除变压器（无任何辅助条件）。

（六）变压器纵差保护的技术要求

对变压器纵差保护相位补偿、电流平衡调整后，纵差保护应满足以下技术要求：

（1）变压器空载投入或外部故障切除产生励磁涌流时，纵差保护应不动作。

（2）带有较大负荷变压器外部短路故障切除时（有时励磁涌流不明显），纵差保护应不动作。

（3）外部短路故障时，纵差保护应可靠不动作。

（4）变压器各侧引出线发生金属性两相短路故障时，最小灵敏系数不小于 2（1.5）。

（5）纵差保护区内发生严重短路故障时，为防止 TA 饱和造成纵差保护延迟动作或不动作，同时满足系统稳定运行要求，纵差保护中应设有差动电流速断保护，以快速切除上述故障。

（七）变压器差动保护的不平衡电流产生的原因

影响变压器差动保护启动电流整定的一个重要因素就是不平衡电流，因此有必要先分析一下变压器差动保护的不平衡电流产生的原因，包括稳态和暂态情况。

1. 稳态情况下的不平衡电流产生的原因

（1）由于变压器各侧电流互感器型号不同，即各侧电流互感器的饱和特性和励磁电流不同而引起的不平衡电流。它必须满足电流互感器的 10%

误差曲线要求。

（2）由于实际的电流互感器变比和计算变比不同引起的不平衡电流。

（3）由于改变变压器调分头引起的不平衡电流。电力系统中经常采用带负荷调压的变压器，利用改变变压器分接头的位置来保持系统的运行电压。改变分接头的位置，实际就是改变了变压器的变比 n_T，而电流互感器的变比选定后不可能跟随运行方式的调整而改变，必将在运行中产生不平衡电流。

2. 暂态情况下的不平衡电流产生的原因

（1）由于短路电流的非周期分量主要为电流互感器的励磁电流，使其铁芯饱和，误差增大而引起不平衡电流。

（2）变压器空载合闸的励磁涌流，仅在变压器的一侧有电流。

将变压器参数折算到二次侧后，单相变压器等效电路如图 3-19 所示。

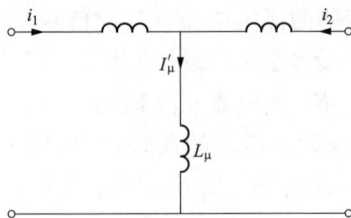

图 3-19　双绕组单相变压器等效电路

显然，励磁回路相当于变压器内部故障的故障支路。励磁电流 I_μ 全部流入差动继电器，形成不平衡电流，即

$$I_{unb} = I_\mu$$

三相变压器的情况也相同。励磁电流的大小取决于励磁电感 L_μ 的数值，也就是取决于变压器铁芯是否饱和。正常运行和外部故障时变压器不会饱和，励磁电流一般不会超过额定电流的 $2\% \sim 5\%$，对纵差保护的影响常常忽略不计。当变压器空载投入或外部故障切除后电压恢复时，变压器电压从零或很小的数值突然上升到运行电压，在这个电压上升的暂态过程中，变压器可能会严重饱和，产生很大的暂态励磁电流。这个暂态励磁电流称为励磁涌流。励磁涌流的最大值可达额定电流的 $4 \sim 8$ 倍，并与变压器的额定容量有关。

由于励磁涌流很大，若用动作电流来躲过其影响，纵差保护在变压器内部故障时灵敏度必将降低，一般要通过谐波制动特性等其他措施来防止励磁涌流引起的纵差保护误动作。

（八）变压器纵差保护整定原则及取值的建议

对变压器纵差保护的整定，就是要确定与差动元件、励磁涌流判别元件、差动速断元件及过励磁闭锁元件动作特性有关的几个物理量的值。

1. 差动元件

决定差动元件动作灵敏度及工作可靠性的三要素是：启动电流 I_s、拐

273

点电流 I_t 及比率制动系数 S。因此，对差动元件的整定，就是确定三要素的大小。

一般以 d 侧为基准侧（有的保护装置固定以 d 侧为基准，需要用户选定时，可选 d 侧为基准）。

（1）二折线（三折线）制动特性式差动保护。

1）起始动作电流 I_s。对最小启动电流 I_s 的整定原则是：可靠地躲过正常运行工况下最大的不平衡差流。

变压器正常运行时，在差动元件中产生不平衡差流的原因有：两侧差动 TA 变比有误差、带负荷调压、变压器的励磁电流及通道传输、调整误差等。

最小启动电流 I_s 可按下式计算

$$I_s = K_{rel}(K_{ap}K_{cc}K_{er} + K_3 + \Delta u + K_4) \cdot I_{2N}$$

式中：I_{2N} 为变压器基准侧的额定电流（二次值），A；K_{rel} 为可靠系数，取 $1.5 \sim 2$；K_{ap} 为非周期分量系数，P 级 TA 取 2，TP 级 TA 取 1；K_{cc} 为电流互感器同型系数，取 1；K_{er} 为电流互感器的综合误差，取 10%；Δu 为变压器改变分接头或带负荷调压造成的误差，用偏离变压器额定电压最大调压百分数表示，通常取 0.05；K_3 为其他误差（变压器的励磁电流等引起的误差），可取 1%；K_4 为装置通道调整引起的误差，取 $0.01 \sim 0.02$。

工程上 I_s 通常取 $(0.3 \sim 0.6)I_N$。根据现场实际情况（现场实测不平衡电流）确有必要时，最小动作定值也可大于 $0.6I_N$。

2）拐点电流 I_t。运行实践表明：在系统故障被切除后的暂态过程中，虽然变压器的负荷电流不超过其额定电流，但是由于差动元件两侧 TA 的暂态特性不一致，使其二次电流之间相位发生偏移，可能在差动回路中产生较大的差流，致使差动保护误动作。

为躲过区外故障被切除后的暂态过程对变压器差动保护的影响，应使保护的制动作用提早产生。因此，I_t 取 $(0.7 \sim 0.8)I_N$ 是合理的。

一般三折线差动保护的拐点电流，都是保护装置内部固定，无需用户整定的。一般固定 $I_{t1} = 0.5I_N$，$I_{t2} = (2.5 \sim 4.5)I_N$。

3）比率制动系数 S。比率制动系数 S 的整定原则，按躲过变压器出口三相短路时产生的最大不平衡电流来 $I_{unb.max}$ 整定。

变压器出口区外故障时的最大不平衡电流为

$$I_{unb.max} = (K_{er} + \Delta u + K_3 + K_4 + K_5)I_{k.max}$$

式中：K_{er}、Δu、K_3、K_4 的物理意义同前文所述，但 K_{er} 取 0.1；K_5 为表征两侧 TA 暂态特性不一致造成不平衡电流的系数，取 0.1；$K_{k.max}$ 为出口三相短路时最大短路电流（TA 二次值）。

代入上式得

$$I_{unb.max} = 0.4I_{k.max}$$

忽略拐点电流不计，计算得特性曲线的斜率 $S \approx 0.4$。

长期运行的实践表明：比率制动系数取 0.4~0.5 是合理的。

对于三折线制动特性的差动保护，建议 $S_1 = 0.4 \sim 0.5$，$S_2 = 0.6 \sim 0.8$。

4）灵敏度计算。最小运行方式下，变压器出口金属性两相短路时的最小短路电流 $I_{\text{k.min}}^{(2)}$（标幺值），折算到基准侧的流入差流回路的电流 $I_{\text{d}}^{(2)}$ 为

$$I_{\text{d}}^{(2)} = I_{\text{k.min}}^{(2)} \cdot \frac{S_{\text{B}}}{\sqrt{3}U_{\text{B}}} / \frac{1}{n_{\text{TA}}}$$

式中：S_{B} 为基准容量，VA；U_{B} 为基准侧电网平均额定电压，可取 1.05 倍电网额定电压，当接发电机时取发电机额定电压，V。

在确定 $I_{\text{k.min}}^{(2)}$ 时，同时计算出各侧流入变压器的短路电流标幺值 $I_{\text{k1}}^{(2)}$、$I_{\text{k2}}^{(2)}$、$I_{\text{k3}}^{(2)}$，于是，制动电流即 I_{res} 为

$$I_{\text{res}}^{(2)} = \max(I_{\text{k1}}^{(2)}, I_{\text{k2}}^{(2)}, I_{\text{k3}}^{(2)}) \frac{S_{\text{B}}}{\sqrt{3}U_{\text{B}}} / n_{\text{TA}}$$

依装置原理确定的动作电流动作方程式，计算出 $I_{\text{res}}^{(2)}$ 对应的 $I_{\text{op}}^{(2)}$，则灵敏系数为

$$K_{\text{sen}} = \frac{I_{\text{d}}^{(2)}}{I_{\text{op}}^{(2)}} \geqslant 2(1.5)$$

5）差动速断动作电流 I_{cdsd}。作为差动保护的高值动作元件，反映差流有效值，无任何辅助条件，其要躲励磁涌流，到定值保护就动作。通常按变压器容量取值。

$$I_{\text{cdsd}} = (4 \sim 8)I_{\text{N}}$$

6）差流越限告警。差流越限告警动作电流应躲过变压器分接头调整引起的最大差流。可取 $(0.2 \sim 0.25)I_{\text{N}}$。

有些保护装置还设有解除 TA 断线闭锁功能差流倍数，是考虑大型变压器 TA 二次回路断线会产生高电压危险，所以建议 TA 二次回路断线不闭锁差动保护。由此，解除 TA 断线闭锁功能的动作电流，可取 $(0.2 \sim 0.25)I_{\text{N}}$。

（2）变斜率制动特性式差动保护。变斜率差动保护，需要整定的参数有：起始动作电流 I_{s}、起始斜率 S_1、最大斜率 S_2。其基本整定原则同二折线（三折线）式差动保护。

1）起始斜率 S_1。应大于 TA 综合误差，可取 0.1~0.15。

2）起始动作电流 I_{s}。工程上通常取 $(0.4 \sim 0.6)I_{\text{N}}$。

3）最大斜率 S_2。工程上通常取 0.7~0.75。

4）差动速断动作电流 I_{cdsd} 及差流越限告警值的整定，同折线式差动保护。

2. 励磁涌流判别元件的整定

（1）二次谐波制动比 $K_{2\omega}$ 的整定。具有二次谐波制动的差动保护的二次谐波制动比 $K_{2\omega}$，动作方程为

$$K_{2\omega} = \frac{差动回路中二次谐波电流}{差动回路中基波电流}$$

是表征单位二次谐波电流制动作用大小的一个物理量。二次谐波制动比越大，则保护的谐波制动作用越弱，反之亦反。

具有二次谐波制动的差动保护二次谐波制动比，通常整定为 $K_{2\omega}=12\%\sim20\%$，一般取 $K_{2\omega}=15\%$。具体整定时还应根据变压器的容量、主接线及系统负荷情况而定，对于距主电源近、主电源容量较大的变压器，可取 $K_{2\omega}=11\%\sim13\%$。

1）对于大容量的发电机-变压器组，且在发电机与变压器之间没有断路器时，由于变压器的容量大且空载投入的可能性较小，二次谐波制动比可取较大值，例如 $18\%\sim20\%$。

2）对于容量较大的变压器，由于空充电时的励磁涌流倍数较小，二次谐波制动比可取 $16\%\sim18\%$。

3）对于容量较小且空载投入次数可能较多的变压器，二次谐波制动比应取较小值，即取 $15\%\sim16\%$。

4）对处于冶炼及电气机车负荷所占比重大的系统而自身容量小的电源变压器，在其他容量较大的负荷变压器空充电时，穿越性励磁涌流可能致使其差动保护误动。因此，除应将变压器的二次谐波制动方式改成"或门"（即一相制动三相）之外，二次谐波制动比还应取较小值，例如 $14\%\sim15\%$（或 $12\%\sim13\%$）。

（2）闭锁角的整定。与二次谐波制动比相似，按间断角原理构成的变压器差动保护，其闭锁角是衡量该差动保护躲励磁涌流能力的一个物理量。闭锁角整定值越大，该差动保护躲励磁涌流的能力越差；反之亦反。

同样，闭锁角整定值的确定应考虑变压器的容量、主接线及系统负荷情况。

1）对于大容量发电机-变压器组，当在发电机与变压器之间没有断路器时，闭锁角应整定为较大值，可取 $70°$。

2）对于降压变电站中的大型变压器，闭锁角可整定为 $65°$。

3）对于容量较小的变压器，或系统容量小且处于冶炼或电气机车负荷所占比重大系统中的变压器，闭锁角可整定为 $60°$。

3. 差动速断元件的整定

变压器差动速断保护是纵差保护的辅助保护。由于变压器差动保护中设置有涌流判别元件，因此，其受电流波形畸变及电流中谐波的影响很大。当区内短路故障电流很大时，差动 TA 可能饱和，从而使差流中含有大量的谐波分量，并使差流波形发生畸变，可能导致差动保护拒动或延缓动作。为防止在较高的短路电流水平时，由于 TA 饱和高次谐波量增大，产生极大的制动力矩而使差动保护拒动或延缓动作，设置差动速断保护。差动速断保护只反应差流的有效值，不受差流中的谐波及波形畸变的影响。

I_{cdsd} 按躲过变压器励磁涌流及外部短路故障差动回路最大不平衡电流整定，即

$$I_{cdsd} = K_i I_N$$

式中：I_N 为变压器基准侧的额定电流（二次值，注意不是绕组的额定电流），A；K_i 为系数，与变压器容量、结构、所在系统中位置及励磁涌流大小有关。对于容量在 120MVA 及以上的变压器，$K_i = 2 \sim 5$；对于容量在 40~120MVA 的变压器，$K_i = 3 \sim 6$；对于容量在 6.3~31.5MVA 的变压器，$K_i = 4.5 \sim 7$；对于容量在 6.3MVA 以下的变压器，$K_i = 7 \sim 12$。

可以看出：差动速断元件的动作值取决于系数 K_i，而 K_i 的整定应根据具体情况而定。K_i 值的大小与变压器容量、主接线及变压器与无穷大系统（母线）之间联系电抗的大小有关：

（1）变压器容量越大，K_i 相对越小，反之则相对越大。

（2）对于在发电机与变压器之间无断路器的大型变压器发电机组，K_i 值可取 3~4。

（3）对于大型发电厂的中、小型变压器（例如有空载投入可能性的厂用高压变压器及停机备用变压器），K_i 值可取 8~10。

（4）对于经长线路与系统连接的降压变电站中的中、大型变压器，K_i 值可取 4~6。

差动速断保护的动作灵敏度应满足正常运行方式下，保护安装处发生两相短路故障时，不低于 1.2 的要求。

4. 过励磁闭锁元件的整定

对过励磁闭锁元件的整定，就是确定五次谐波制动比 $K_{5\omega z}$ 的值。采用五次谐波电流作制动量防止变压器过励磁时差动保护误动措施的正确性尚值得探讨。对有过励磁闭锁元件的纵差动保护，五次谐波制动比通常取 $K_{5\omega z} = 0.3$。

（九）提高变压器纵差保护动作可靠性措施

运行实践及统计表明，在变压器纵差保护不正确动作的类型中，因整定值不合理及 TA 二次回路不良所占的比率很大。因此，为提高保护的可靠性，除了必须保证保护装置高质量（包括保护元件的高质量、保护原理的科学合理性、动作逻辑的完善性）之外，还必须对其各元件整定值进行合理的整定及确保其二次回路的正确性、良好性。

1. 多发生的不正确动作类型

统计表明，经常发生的差动保护不正确动作的类型有：正常运行（系统无故障、无冲击）时的误动，区外故障时误动、系统短路故障被切除时误动。

2. 不正确动作原因分析

（1）变压器正常运行时差动保护误动。分析及统计表明，正常运行时差动保护误动的主要原因有：

1）由于 TA 二次回路中接线端子螺钉松动，而使回路连线接触不良或短时开路；

2）TA 二次回路中一相接触不良，在接触不良点产生电弧进而造成单相接地或两相之间短路（指 TA 二次回路短路）；

3）TA 二次电缆芯线（相线）外层绝缘破坏或损伤，在运行中由于振动等原因造成接地短路；

4）差动 TA 二次回路多点接地，其中一个接地点在保护装置盘上，其他接地点在变电站端子箱内，两个接地点之间的地电位相差太大，或由于试验等原因，在差动元件中产生差流使其误动。这种情况在雷雨天容易发生。

（2）区外故障切除时的误动。区外故障被切除时，流过变压器的电流突然减小到额定负荷电流以下。在此暂态过程中，由于电流中直流分量的存在，使两侧差动 TA 二次电流之间的相位短时（40～60ms）发生了变化，在差动元件中产生差流。两侧差动 TA 的暂态特性相差越大，差流值越大，持续的时间就越长。又由于流过变压器的电流较小，差动元件的制动电流较小，当差动元件拐点电流整定得过大时，差动元件处于无制动状态。此时，若初始动作电流定值偏小，保护容易误动。

（3）区外故障时的误动。区外故障造成差动保护误动的情况有两种，一种是近区故障（故障点距变压器较近）而故障电流很大；另一种是远区故障而故障电流很小（比变压器额定电流大得不多）。

前一种故障时保护误动的原因，多因一侧的 TA 饱和，在差动元件中产生的差流特别大；后一种故障时保护误动的原因，多是两侧差动 TA 暂态特性相差大及差动元件定值整定有误（拐点电流过大、启动电流过小等）所致。

3. 提高保护动作可靠性措施

为提高纵差保护的动作可靠性，应特别注意以下几点：

（1）严防 TA 二次回路接触不良或开路。在保护装置安装调试之后，或变压器大修后投运之前，应仔细检查 TA 二次回路，拧紧二次回路中各接线端子的螺钉，且螺钉上应有弹簧垫或防震片。

（2）严格执行反措要求。所有差动 TA 二次绕组及回路必须且只能有一个公共接地点，该接地点应在保护盘上。

（3）确保差动 TA 二次电缆各芯线之间及各芯线对地的绝缘。应结合主设备检修，定期检查差动 TA 二次电缆各芯线对地及各芯线之间的绝缘；用 1000V 绝缘电阻表测量时，各绝缘电阻应不小于 5MΩ。

另外，在配线过程中，不要损坏电缆芯线外层的绝缘，接端子线的裸露部分尽量要短，以免因振动等原因而造成接地或相间短路。

（4）纵差保护用 TA 的选择。在选择变压器纵差保护 TA 时，一定要保证各组 TA 的容量及精度等级，优先采用暂态特性好的 TP 级 TA。同时变压器各侧 TA 变比应取得合理，当 TA 变比取得不合适时，最大电流平衡系数与最小电流平衡系数之比，将超出装置整定范围，装置发出 TA 变比不合适的告警。

另外，选择二次电缆时，差动 TA 二次回路电缆芯线的截面应足够大。对于长电缆，其芯线截面积应不小于 4mm^2（铜线）。

保护装置内部辅助 TA 的特性应好，软件设置 TA 饱和报警、差流越限报警。

当变压器变比较大时，应特别注意低压侧短路时，TA 是否会发生饱和，注意 TA 的二次负载阻抗，尽量使区外发生短路故障时两侧 TA 二次阻抗相匹配。

（5）合理的整定值。在对变压器纵差保护各元件的定值进行整定时，应根据变压器的容量、结构、在系统中的位置及系统的特点，合理而灵活地选择定值，以确保保护的动作灵敏度及可靠性。

运行实践表明：过分追求差动保护的动作灵敏度及动作的快速性，是一种误区。

微机型变压器差动保护，任一侧均可作基准侧，有的保护装置对基准侧已固定好，如升压变压器低压侧、降压变压器高压侧做基准侧；也有的保护装置由用户自行选定基准侧，此时建议用户选变压器 d 侧为基准侧，这样不容易出错。

纵差保护整定参数中起始动作电流 I_{cdqd}、制动电流 I_{res}、差动速断动作电流 I_{cdsd} 均与基准侧的 I_{N} 有关，应注意，I_{N} 并非基准侧 TA 额定二次电流，而是基准侧进入差动回路的计算额定电流，其与相位补偿方式有关。只有在变压器的 d 侧，进入差动回路的计算额定电流与相位补偿方式无关，等于该侧额定二次电流。

起始动作电流 $(0.3\sim0.6)I_{\text{N}}$。对于"三丫"接线的三绕组变压器或 YNy 接线的双绕组变压器，考虑到外部短路故障切除时电流波形差、铁芯饱和程度较高等因素，I_{cdqd} 还可适量增大。

（6）保护调试时应注意变压器接线方式的转角问题。RCS-985 装置要求变压器各侧电流互感器二次测均采用星形接线，其二次电流直接接入保护装置，变压器各侧 TA 二次电流相位由软件自调整。

以 Yd11 的主变压器接线方式为例，装置采用丫→△变化调整差流平衡，其校正法如下：

对于 Y 侧电流：$\dot{I}'_{\text{A}}=(\dot{I}_{\text{A}}-\dot{I}_{\text{B}})/\sqrt{3}$；$\dot{I}'_{\text{B}}=(\dot{I}_{\text{B}}-\dot{I}_{\text{C}})/\sqrt{3}$；$\dot{I}'_{\text{C}}=(\dot{I}_{\text{C}}-\dot{I}_{\text{A}})/\sqrt{3}$

式中：$\dot{I}_{\text{A}}$、$\dot{I}_{\text{B}}$、$\dot{I}_{\text{C}}$ 为 Y 侧 TA 二次电流，A；$\dot{I}'_{\text{A}}$、$\dot{I}'_{\text{B}}$、$\dot{I}'_{\text{C}}$ 为 Y 侧校正后的各相电流，A。

所以，在做 Yd11 型变压器的比率差动保护试验时，试验仪在变压器高压侧与低压侧应加两相独立电流的关系为：AN-ba；BN-ac；CN-cb，两相电流之间相角差为 180°。

(7) 保护调试时注意动作时间的测量。因差动保护主要反映相间短路故障，所以在校验差动保护动作时间时，应模拟相间故障进行测量。

比率差动保护动作时间：≤30ms(2 倍动作电流定值)；

差动速断保护动作时间：≤20ms(1.5 倍动作电流定值)。

(8) 制动系数（用 K_{res} 表示）与制动特性斜率（用 S 表示），二者的意义完全不同。制动系数 $K_{res} = \dfrac{I_{op}}{I_{res}}$，而制动斜率 $S = (I_{op} - I_s)/(I_{res} - I_t)$，只有制动特性过坐标原点时两者才相等。在制动段上，S 值不随着 I_{res} 变化，而 K_{res} 却随着 I_{res} 发生变化。

(9) 二次谐波制动系数。变压器接有长线路或变压器带有较长电缆线路、变压器带有并联补偿电容、TA 饱和，内部短路故障可能存在二次谐波，对差动元件实现制动。

二次谐波制动系数是差回路中二次谐波与基波电流有效值之比，即 $K_{2\omega} = I_2/I_1$，I_1 可理解为差动元件动作时的基波电流。在测试 $K_{2\omega}$ 值时，较多情况下是差动回路二次谐波电流有效值与差动回路电流总有效值之比，若差动回路电流只有二次谐波电流 I_2 与基波电流 I_1，则测试得到的二次谐波制动系数 $K'_{2\omega}$ 为

$$K'_{2\omega} = \frac{I_2}{\sqrt{I_1^2 + I_2^2}} = \frac{K_{2\omega}}{\sqrt{1 + K_{2\omega}^2}}$$

可见，$K_{2\omega} \neq K'_{2\omega}$。但当 $K_{2\omega} = 15\%$ 时，有 $K'_{2\omega} = 14.8\%$。在实际工程中，可认为 $K_{2\omega} = K'_{2\omega}$。

(10) 关于励磁涌流的识别。励磁涌流识别有多种形式，当采用检测电流波形是否出现间断来识别励磁涌流时，波形间断角取 65°、波宽角取 140°，装置内部固定，无需用户整定；当采用检测差动回路电流工频一周期内前、后半周波形是否对称或相似来识别励磁涌流时，有关系数同样装置内部固定，无需用户整定；对于二次或偶次谐波制动方式，需整定的是二次或偶次谐波制动系数和制动方式，有些装置中制动方式也是固定的。

应根据实际情况采用相应的二次谐波制动方式。如发电机-变压器组中的变压器或发电机-变压器组差动保护、高压厂用变压器差动保护宜采用"分相"制动方式或综合相制动方式；启动备用变压器差动保护宜采用最大相制动方式或三取二制动方式。此外，一个变压器有两套纵差保护时，宜采用不同的识别励磁涌流的方法。

4. 过励磁对变压器纵差保护的影响

变压器铁芯趋于饱和时，高、低压侧传变性能变差，功率平衡关系被破坏，开始产生差流；待铁芯完全进入饱和后，励磁电流非线性增大，波形极不像正弦波，含有大量谐波分量，但不含有非周期分量和偶次谐波分

量。因此，纵差保护中的涌流制动不起作用，此外，由于变压器铁芯饱和后变压器高低压侧的传变作用变差，将导致两侧电流失去平衡，也会产生差流。

过励磁时，励磁电流中的基波（$I_{\mu 1}$）、三次谐波（$I_{\mu 3}$）、五次谐波（$I_{\mu 5}$）电流均要增大，所以以纵差保护有误动的可能。考虑到 TA 发生饱和时，二次电流中也会含有明显的三次谐波电流分量，因此用励磁电流中的五次谐波含量来反映变压器过励磁对纵差保护的影响。

一种做法是，采用五次谐波电流闭锁纵差保护。五次谐波的整定值可取 $I_{\mu 5}=(30\% \sim 35\%)I_{\mu 1}$，实践证明，当 $N=U_*/f_*$ 在 1.05～1.4 范围内时，$I_{\mu 5}>35\%I_{\mu 1}$，可起到闭锁纵差保护的作用；当 $N>1.4$ 时，$I_{\mu 5}<35\%I_{\mu 1}$，不能起到闭锁作用，纵差保护要发生误动（起后备作用）。

另一种做法是，不采取措施。事实上，当纵差保护的最小动作电流 $I_s>0.5I_N$ 时，对 $N<1.4$ 的过励磁，纵差保护不会动作；而当 $N>1.4$ 时，励磁电流才出现大于 $0.5I_N$ 的情况，纵差保护要发生误动作（起后备作用）。

建议不采用五次谐波闭锁措施。

5. 有关防止变压器差动保护误动的新方案

（1）防止励磁涌流误动的解决方式——三相二次谐波电流平方和的变压器差动保护。变压器空载合闸或切除外部短路的电压恢复过程中，全部励磁涌流将流入差动回路，势必造成变压器差动保护的误动作。从理论分析的结果看，在特定的合闸初相角、剩磁大小和方向、无穷大电源（电源阻抗为零）、完全不计合闸回路电阻、计及三相绕组接线方式和三相铁芯结构型式，即使考虑 TA 的非线性传导和变压器铁芯的磁滞回线与局部磁滞环，三相涌流中某相波形的二次谐波成分可以小于基波的 15%，与此相应的涌流间断角也可能小于 60°。鉴于此，一些制造厂采用三相"或"门二次谐波闭锁方式，当三相涌流的任一相 $I_2/I_1 \geqslant 15\%$，三相差动保护均被闭锁。间断角原理的差动保护则进一步增设涌流微分波形的波宽作为闭锁新判据。目前广泛采用的二次谐波制动比的大小仍为 15%～20%，部分保护产品为提高可靠性而采用三相"或"门二次谐波制动方式。但这种"或"门闭锁方式在带有匝间短路的变压器空载合闸时，差动保护因非故障相的励磁涌流而闭锁，造成变压器匝间短路的延缓切除，特别是大型变压器，涌流衰减很慢，将会引起变压器的严重烧损。

业界推荐一种"三相二次谐波电流平方和的差动保护"，即：采用三相平方和的 $\sum I_2^2/\sum I_1^2=C_2$ 比值作为涌流判据。该判据的整定值可取 5% 左右，超过此定值即判为涌流，差动保护三相均被闭锁，这种闭锁方式可提高涌流分相闭锁方式的可靠性，克服某相涌流二次谐波小引起的误动，有助于减轻"或"门闭锁方式的空载投入匝间短路变压器的延缓切除，因为短路相电流中没有二次谐波。根据对变压器所做的 1700 多例的实例理论分析，它们的最小 $\sum I_2^2 / \sum I_1^2$ 比值为 0.02。$\sum I_2^2 / \sum I_1^2 = C_2$ 值取得小，空载合闸和切除外部短路时保护的可靠性高，但内部短路时保护的动作速度降低。清华大学经过动模实验得出以下结论：在 $C_2 = 0.05$ 的条件下，对于 A、B 相或 C 相存在 10%～15% 的匝间短路时，进行空载合闸，继电器动作时间在 23～31ms 之间，而单纯的相间或匝间短路时，动作时间在 10ms 左右，外部短路时可靠不动作。

实际应用中，针对励磁涌流对差动保护的影响，已提出过多种方法，如根据励磁涌流中含有大量的二次谐波分量的特点广泛采用二次谐波制动的方法，也有根据励磁涌流波形中会出现间断角的特点采用间断角鉴别的方法区分励磁涌流与故障电流，以防止励磁涌流引起差动保护的误动。针对 TA 的饱和问题，传统的差动保护从比率制动特性着手，将制动系数抬高，以使差动保护具有抗饱和能力，但抬高制动系数的同时将降低区内故障时的动作灵敏度，因此，国内外学者根据区内、区外故障时 TA 二次电流与差流的波形特征提出了许多 TA 饱和检测方法，包括传统的时差法、波形奇异性检测法、谐波制动法、小波变换检测法等，其中时差法必须精确定位故障发生时刻与差流出现时刻，当故障电流非常大使 TA 饱和程度非常严重时，TA 将会在故障发生后的 1/4 个周波内饱和，此时故障发生时刻与差流出现时刻相差非常小，定位可能不准确，导致检测结果可能出现较大偏差，造成差动保护误动。小波变换检测法，其基本原理是根据 TA 二次电流小波模极大值的差异性检测 TA 的饱和情况，但在电流过零点和窗口临界点处，小波检测法可能出现较大偏差，影响最终的饱和检测结果。为解决小波检测法存在的不足，业界专家又提出了"基于频数分布特征的新型 TA 饱和检测方法"，该方法根据区内、区外故障时差流波形存在差异的特点，只需定位故障发生时刻，并提取部分差流波形经适当变换即可得到差异明显的频数分布直方图，即可准确检测出 TA 严重饱和、一般饱和、轻度饱和情况下的区外故障，有效防止差动保护误动。

（2）防止过励磁误动的五次谐波制动方案。变压器过电压或过励磁时，励磁电流急剧增大，波形严重畸变。当电压达额定电压的 120%～140%，励磁电流可增至额定电流的 10%～43%，这个电流将作为不平衡电流流入差动保护的动作回路，完全可能使差动保护误动作。

传统的防误动措施是增设五次谐波制动回路。当过电压为 115%～120% 时，有最大的五次谐波分量 I_5（约为基波电流 I_1 的 50%），过电压超过 120% 时，五次谐波分量将减小，当过电压达 140% 时，五次谐波分量为基波的 35%。当过电压超过 140% 时，严重威胁变压器的安全，此时 $I_5/I_1 < 35\%$，差动保护如动作也是合理的。据此选取 $I_5/I_1 \geq 35\%$ 作为差动保护过电压和过励磁工况下的闭锁判据，且由于过电压和过励磁工况是三相对称稳态，此闭锁判据可三相分别设置。

通过动模实验还进一步确认，如果变压器差动保护的最小动作电流取

值大于 $0.34I_{Tn}$，则可以省去五次谐波制动环节（实际现场都仍在采用五次谐波制动）。

必须说明的是，变压器过电压或过励磁时，励磁电流的性质将随变压器设计、材料、结构、工艺等因素而有所不同。

（十）变压器差动保护带负荷测试

变压器差动保护原理简单，但实现方式复杂，加上各种差动保护在实现方式细节上的不同，更增加了其在具体使用中的复杂性，使人为出错概率增大，正确动作率降低。比如许继公司的微机变压器差动保护计算 Yd 接线变压器 Y 形侧额定二次电流时不乘以 $\sqrt{3}$，而南瑞公司的保护要乘以 $\sqrt{3}$。这些细小的差别，设计、安装、整定人员很容易疏忽、混淆，从而造成保护误动、拒动。为了防患于未然，就必须在变压器差动保护投运时进行带负荷测试。

1. 变压器差动保护带负荷测试内容

要排除设计、安装、整定过程中的疏漏（如线接错、极性接反、平衡系数算错等），就要收集充足、完备的测试数据。

（1）差流（或差压）。变压器差动保护是靠各侧 TA 二次电流和（即差流）工作的，所以，差流（或差压）是差动保护带负荷测试的重要内容。电流平衡补偿的差动继电器（如 LCD-4、LFP-972、CST-31A 型差动继电器），用钳形相位表或通过微机保护液晶显示屏依次测出 A、B、C 相差流，并记录；磁平衡补偿的差动继电器（如 BCH-1、BCH-2、DCD-5 型差动继电器），用 0.5 级交流电压表依次测出 A、B、C 相差压，并记录。

（2）各侧电流的幅值和相位。只凭借差流判断差动保护正确性是不充分的，因为一些接线或变比的小错误，往往不会产生明显的差流，且差流随负荷电流变化，负荷小，差流跟着变小，所以，除测试差流外，还要用钳形相位表在保护屏端子排依次测出变压器各侧 A、B、C 相电流的幅值和相位（相位以一相 TV 二次电压做参考），并记录，一般不推荐通过微机保护液晶显示屏测量电流幅值和相位。

（3）变压器潮流。通过控制屏上的电流、有功功率、无功功率表，或者监控显示器上的电流、有功功率、无功功率数据，或者调度端的电流、有功功率、无功功率遥测数据，记录变压器各侧电流大小，有功功率、无功功率大小和流向，为 TA 变比、极性分析奠定基础。

负荷电流要多大呢？当然越大越好，负荷电流越大，各种错误在差流中的体现就越明显，就越容易判断。然而，实际运行的变压器，负荷电流受网络限制，不会很大，但至少应满足所用测试仪器精度要求，以及差流和负荷电流的可比性。若二次负荷电流只有 0.2A，而差流有 65mA 时，判断差动保护的正确性就相当困难。

2. 变压器差动保护带负荷测试数据分析

数据收集完后，便是对数据的分析、判断。数据分析是带负荷测试最关键的一步，如果马虎，或对变压器差动保护原理和实现方式把握不够，就会让一个个错误溜走，得出错误的结论。那么对于测得的数据应从哪些方面着手呢？

（1）看电流相序。正确接线下，各侧电流都是正序：A 相超前 B 相，B 相超前 C 相，C 相超前 A 相。若与此不符，则有可能：

1）在端子箱的二次电流回路相别和一次电流相别不对应，比如端子箱内定义为 A 相电流回路的电缆芯接在了 C 相 TA 上，这种情况在一次设备倒换相别时最容易发生。

2）从端子箱到保护屏的电缆芯接反，比如一根电缆芯在端子箱接 A 相电流回路，在保护屏上却接 B 相电流输入端子，这种情况一般由安装人员的马虎造成。

（2）看电流的对称性。每侧 A、B、C 相电流幅值基本相等，相位互差 120°，即 A 相电流超前 B 相 120°，B 相电流超前 C 相 120°，C 相电流超前 A 相 120°。若一相幅值偏差大于 10%，则有可能：

1）变压器负荷三相不对称，一相电流偏大或一相电流偏小。

2）变压器负荷三相对称，但波动较大，造成测量一相电流幅值时负荷大，而测另一相时负荷小。

3）某一相 TA 变比接错，比如该相 TA 二次绕组抽头接错。

4）某一相电流存在寄生回路，比如某一根电缆芯在剥电缆皮时绝缘损伤，对电缆屏蔽层形成漏电流，造成流入保护屏的电流减小。

若某两相相位偏差大于 10%，则有可能：

1）变压器负荷功率因数波动较大，造成测量一相电流相位时功率因数大，而测另一相时功率因数小。

2）某一相电流存在寄生回路，造成该相电流相位偏移。

（3）看各侧电流幅值，核实 TA 变比。用变压器各侧一次电流除以二次电流，得到实际 TA 变比，该变比应和整定变比基本一致。如果偏差大于 10%，则有可能：

1）TA 的一次线未按整定变比进行串联或并联。

2）TA 的二次线未按整定变比接在相应的抽头上。

（4）看两（或三）侧同名相电流相位，检查差动保护电流回路极性组合的正确性。这里要将两种接线分别对待，一种是将变压器 Y 形侧 TA 二次绕组接成三角形，另一种是变压器各侧 TA 二次绕组都接成 Y 形。对于前一种接线，其两侧二次电流相位应相差 180°（三绕组变压器，可分别运行两侧，来检查差动保护电流回路极性组合的正确性），而对于后一种接线，其两侧二次电流相位相差角度与变压器接线方式有关。比如一台变压器为 Yyd11 接线，当其高、低压侧运行时，其高压侧二次电流应超前低压侧（11-6）×30°，而当其高、中压侧运行时，其高压侧二次电流和中压侧电流仍相差 180°。若两侧同名相电流相位差不满足上述要求（偏差大于 10°），则有可能：

1）将 TA 二次绕组组合成三角形时，极性错误或相别错误，比如 Yyd11 变压器在组合 Y 形侧 TA 二次绕组时，组合后的 A 相电流应在 A 相 TA 极性端和 B 相 TA 非极性端（或 A 相 TA 非极性端和 B 相 TA 极性端）的连接点上引出，而不能在 A 相 TA 极性端和 C 相 TA 非极性端（或 A 相 TA 非极性端和 C 相 TA 极性端）的连接点上引出。

2）一侧 TA 二次绕组极性接反。在安装 TA 时，由于某种原因其一次极性未能按图纸摆放时，二次极性要做相应颠倒，如果二次极性未颠倒，就会发生这种情况。

（5）看差流（或差压）大小，检查整定值的正确性。对励磁电流和改变分接头引起的差流，变压器差动保护一般不进行补偿，而采用带动作门槛和制动特性来克服，所以，测得的差流（或差压）不会等于零。对于差流，不妨用变压器励磁电流产生的差流值为标准，比如一台变压器的励磁电流（空载电流）为 1.2%，基本侧额定二次电流为 5A，则由励磁电流产生的差流等于 $1.2\% \times 5 = 0.06A$，0.06A 便是衡量差流合格的标准；对于差压，引用《新编保护继电器校验》中的规定：差压不能大于 150mV。如果变压器差流不大于励磁电流产生的差流值（或者差压不大于 150mV），则该台变压器整定值正确；否则，有可能是：

1）变压器实际分接头位置和计算分接头位置不一致。对此，有以下证实方法：根据实际分接头位置对应的额定电压或运行变压器各侧母线电压，重新计算变压器各侧额定二次电流，再由额定二次电流计算各侧平衡系数或平衡线圈匝数，再将计算出的各侧平衡系数或平衡线圈匝数摆放在差动保护上，再次测量差流（或差压），如果差流（或差压）满足要求，则说明差流（或差压）偏大是由变压器实际分接头位置和计算分接头位置不一致引起，变压器整定值仍正确，如果差流（或差压）不满足要求，则整定值还存在其他问题。

2）变压器 Y 形侧额定二次电流算错。由于微机变压器差动保护在"计算 Y 形侧额定二次电流乘不乘 $\sqrt{3}$"问题上没有统一，所以，整定人员容易将 Y 形侧额定二次电流算错，从而，造成平衡系数整定错。

3）平衡系数算错。计算平衡系数时，通常是先将基本侧平衡系数整定为 1，再用基本侧额定二次电流除以另侧电流得到另侧平衡系数，如果误用另侧额定二次电流除以基本侧电流，平衡系数就会算错。

上述列举的各种因素，都会最终造成差流（或差压）不满足要求，但只要按照各步试验依次检查，就会将这些因素一个个排除，此处就不再赘述。

带负荷测试对变压器差动保护的安全运行起着至关重要的作用，对其要有足够的重视。带负荷测试前，要深入了解变压器差动保护原理、实现方式和定值意义，熟悉现场接线；带负荷测试中，要按照带负荷测试内容，认真、仔细、全面收集数据；带负荷测试后，要对照上述 5 条分析方法，逐一检查、逐一判断。只要切实做到了这三点，变压器差动保护就万无一失了。

（十一）差动保护的 TA 断线闭锁

为确保差动保护的动作灵敏度，具有比率制动特性的差动元件的启动电流均很小。这样，当差动元件某侧 TA 二次的一相或多相断线时，差动保护必将误动。

目前，国内生产的微机型变压器差动保护中，均设置有 TA 断线闭锁元件。在变压器运行时，一旦出现差动 TA 二次回路断线，立即发出信号并将差动保护闭锁（该闭锁条件的投与退，由用户整定）。

1. TA 断线闭锁元件的作用原理

理想情况下，若不考虑差动保护区内、区外不同两点接地短路，则 TA 二次三相电流之和应等于零，即

$$\dot{I}_a + \dot{I}_b + \dot{I}_c = 0$$

TA 二次回路中一相（或两相）断线时，则

$$\dot{I}_a + \dot{I}_b + \dot{I}_c \neq 0$$

根据以上原理及变压器接线组别、变压器中性点是否接地运行，提出以下 TA 二次回路断线闭锁判据

$$\begin{cases} |\dot{I}_a + \dot{I}_b + \dot{I}_c + 3\dot{I}_0| > \varepsilon_1 \\ |3\dot{I}_0| \leqslant \varepsilon_2 \end{cases}$$

式中：ε_1、ε_2 为门槛值，可根据不平衡差流的大小确定，A；$3\dot{I}_0$ 为零序 TA 二次值，A；$\dot{I}_a$、$\dot{I}_b$、$\dot{I}_c$ 分别为 TA 二次 a、b、c 三相电流，A。

该判别 TA 断线的方法有一很大的缺点：$3\dot{I}_0$ 需由其他 TA 供给。

目前，在微机型保护装置中，多采用根据电流变化情况、变化趋势及电流量值大小来判断 TA 断线的。当测量出只有变压器某一侧的电流发生了变化，且变化趋势是电流由大向小变化，而电流值小于额定电流时，被判为电流变化侧的 TA 断线。

当变压器各侧电流均发生变化，且电流变化趋势是由小向大变化，而变化后电流的幅值又大于额定电流，则说明电流的变化是由故障引起的。

另外，还有的发电机-变压器组保护装置生产厂家，利用是否满足内部短路故障的特征来判断 TA 断线。保护区内发生短路（或接地）故障时，至少满足以下条件之一：

（1）任一侧负序相电压大于 2V；

（2）启动后任一侧任一相电流比启动前增加；

（3）启动后最大相电流大于 $1.2I_N$；

（4）同时有三路电流比启动前减小。

而 TA 断线时，以上条件均不满足。因此，差动保护启动后 40ms 内，电流变化且以上条件均不满足，即判定为 TA 断线。

2. TA 断线闭锁元件的作用

众所周知，TA 二次回路不能开路。如果 TA 二次回路开路，将在开路点的两侧产生很高的电压，危及人身及二次设备的安全。另外，在开路点可能产生电弧，进而引发火灾。

变压器的容量越大及 TA 变比越大，TA 二次回路开路的危害越严重。运行实践已充分证明了这点。因此，当差动保护 TA 二次开路时，差动保护动作切除变压器，是防止人身伤害及损坏设备的有效办法。

二、变压器后备保护

（一）变压器相间短路后备保护的配置原则

作为变压器本身和相邻元件相间短路的后备保护，原则上应在变压器各侧装设，并应反应电流互感器与断路器之间的故障。为了适当简化后备保护，可采用下列处理原则：

（1）除主电源侧（升压变压器的低压侧、降压变压器的高压侧、联络变压器的大电源侧）外，其他各侧保护只作为相邻元件的后备保护，而不作为变压器本身的后备保护，因为一般变压器均装有气体保护和一套主保护（双重化配置），再有一套主电源的后备保护已经足够了。

（2）作为相邻线路的远后备保护，一般可仅对不对称短路具有足够的灵敏度，允许当一侧断路器断开时降低对后备保护灵敏度的要求。

（3）对稀有故障，例如 110kV 及以上电网的三相短路，允许无选择性动作。

（4）后备保护对各侧母线应有足够灵敏度。

大、中型变压器短路故障后备保护的类型，通常有复合电压过电流保护、零序电流及零序方向电流保护、负序电流及负序方向电流保护、低阻抗保护及复合电压方向过电流保护。目前常用的就是复压闭锁过电流保护。

（二）复合电压闭锁过电流保护

复合电压闭锁过电流保护，实质上是复合电压启动的过电流保护，它适用于升压变压器、系统联络变压器及过电流保护不能满足灵敏度要求的降压变压器。

1. 动作方程及逻辑框图

复合电压过电流保护，由复合电压元件、过电流元件及时间元件构成，作为被保护设备及相邻设备相间短路故障的后备保护。保护的接入电流为变压器某侧 TA 二次三相电流，接入电压为变压器该侧或其他侧 TV 二次三相电压。为提高保护的动作灵敏度，三相电流一般取自电源侧，而电压一般取自负荷侧。

保护的动作方程为

$$\begin{cases} U_{ac} \leqslant U_{op} & U_2 > U_{2op} \\ I_{a(b,c)} \geqslant I_{op} & I_{a(b,c)} \geqslant I_{op} \end{cases}$$

式中：U_{ac} 为 TV 二次 a、c 两相之间电压（也可以是其他的两相，一般采用三个线电压），V；$I_{a(b,c)}$ 为 TA 二次 a、b 相或 c 相电流，A；U_2 为负序电压（TV 二次值），V；I_{op} 为过电流元件动作电流整定值，A；U_{op} 为低电压元件动作电压整定值，V；U_{2op} 为负序电压元件的动作电压整定值，V。

复合电压过电流保护动作逻辑框图如图 3-20 所示。

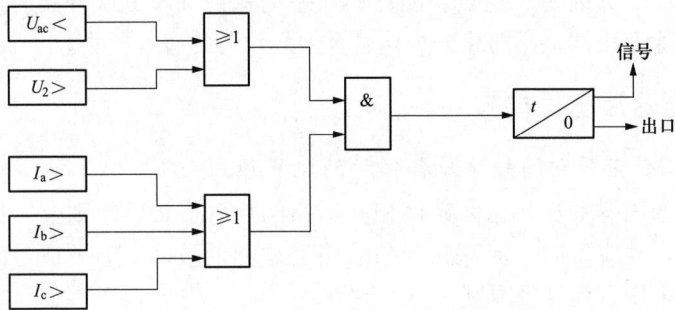

图 3-20　复合电压过电流保护逻辑框图

$U_{ac}<$—接在 a、c 两相电压之间低电压元件（也可以是其他的两相，一般采用三个线电压）；
$U_2>$—负序过电压元件；$I_a>$、$I_b>$、$I_c>$—分别为 a、b、c 相过电流元件

可以看出：当变压器电压降低，或负序电压大于整定值及 a、b 相或 c 相过电流时，保护动作，经延时 t 作用于切除变压器。

2. 整定原则及定值建议

复压过电流保护可设两段，每段一时限，其中 I 段可不经复压启动，当 I 段具有记忆时仍需要复压启动；II 段经复压启动。

（1）复压过电流保护 I 段 $I_{op.I}$。动作电流 $I_{op.I}$ 按以下两条件选取：

1）按躲过变压器另一侧三相短路时流过保护的最大三相短路电流 $I_{k.max}^{(3)}$ 整定，即

$$I_{op.I} = K_{rel} \cdot \frac{I_{k.max}^{(3)}}{n_{TA}}$$

式中：K_{rel} 为可靠系数，取 1.3。

2）按躲过振荡时流过保护的最大振荡电流 $I_{SW.max}$ 整定，即

$$I_{op.I} = K_{rel} \cdot \frac{I_{SW.max}}{n_{TA}}$$

式中：K_{rel} 为可靠系数，取 1.2。

比较上述二者取大值。

动作时限：与变压器主保护动作时限配合，取 $t_1 = 0.5s$。当 $I_{SW.max}$ 很大，$I_{op.I}$ 按 $I_{k.max}^{(3)}$ 条件整定的动作电流时，动作时限应取 $t_1 = 1.5 \sim 2s$（以时间条件防误动）。

(2) 复压过电流保护Ⅱ段 $I_{op.Ⅱ}$。动作电流 $I_{op.Ⅱ}$ 按额定电流下可靠返回条件整定，同时应躲过变压器的最大负荷电流，即

$$I_{op.Ⅱ} = \frac{K_{rel}}{K_f} \cdot \frac{I_N}{n_{TA}}$$

式中：K_{rel} 为可靠系数，取 1.3；K_f 为返回系数，取 0.9~0.95；I_N 为保护安装侧变压器额定电流，A。

按变压器高压侧两相短路时，流过保护的最小短路电流 $I_{k.min}^{(2)}$ 校核灵敏度，即

$$K_{sen} = \frac{I_{k.min}^{(2)}}{n_{TA}I_{op.Ⅱ}} \geqslant 1.3$$

其中

$$I_{k.min}^{(2)} = \frac{\sqrt{3}}{(X_d^* + X_T) + (X_2 + X_T)} \cdot \frac{S_B}{\sqrt{3}_N}$$

动作时限：与线路相间短路故障后备保护动作时限 t_{max} 配合，并符合调度部门下达的限额要求，即

$$t_2 = t_{max} + \Delta t$$

(3) 复合电压动作值。

1) 低电压元件的动作电压，按躲过低压侧发电机失磁时的最低电压整定，一般取：$U_{op} = (0.6 \sim 0.65)U_N$。

发电厂厂用高压变压器复合电压过电流保护低电压元件的引入电压，通常取自变压器低压侧各段厂用母线，其动作电压应按躲过电动机自启动的条件整定。对于发电厂升压变压器，当低电压元件的电压取自机端 TV 二次时，还应考虑躲过发电机失磁运行出现的低电压。

2) 负序电压元件的动作电压，按躲过正常运行时系统中出现的最大不平衡电压整定。此外，还应满足相邻线路末端两相短路时负序电压元件有足够的动作灵敏度。通常取

$$U_{2.op} = (6 \sim 8)\%U_N(线电压)$$

3) 复合电压元件灵敏度校验。当变压器高压侧出口两相短路时，低压侧负序线电压 U_2 为

$$U_2 \approx \frac{X_2}{X_T + X_2} \cdot \frac{U_N}{2\sqrt{3}}$$

则灵敏系数

$$K_{sen.u2} = \frac{U_2}{n_{TV}U_{2.op}} \geqslant 1.5$$

当变压器高压侧出口三相短路时，低压侧线电压 U_k 为

$$U_k = \frac{X_T}{X_T + X_d^*}U_N$$

则灵敏系数

$$K_{sen.u} = \frac{U_{op}}{U_k} \geqslant 1.5$$

（4）当升压变压器复合电压过电流保护只投一段时，取复合电压过电流保护Ⅱ段。

（三）负序电流及负序方向电流保护

63MVA 及以上容量的变压器，可采用负序电流或单相式低电压启动的过电流保护作为相间短路的后备保护。三绕组变压器或三绕组自耦变压器，上述保护宜设置在电源侧或主负荷侧。此外，为满足选择性要求，对负序电流保护有时要加装负序功率方向元件闭锁，构成负序方向电流保护。

在微机保护装置中，负序电压及负序电流均由装置对 TV 二次三相电压及 TA 二次三相电流计算自产。

1. 动作方程及逻辑框图

根据主接线及运行方式，负序电流及负序方向电流保护，可带一段延时，也可带二段延时。若带两段延时，则以较短的时间作用于缩小故障影响的范围；以较长的时间切除变压器。

负序电流保护的动作方程为

$$I_2 \geqslant I_{2op}$$

负序方向过电流保护的动作方程为

$$\begin{cases} I_2 \geqslant I_{2op} \\ P_2 > 0 \end{cases}$$

式中：I_2 为保护测量的负序电流，A；P_2 为保护测量的负序功率，W；I_{2op} 为负序电流元件的动作电流，A。

负序方向电流保护的逻辑框图如图 3-21 所示。

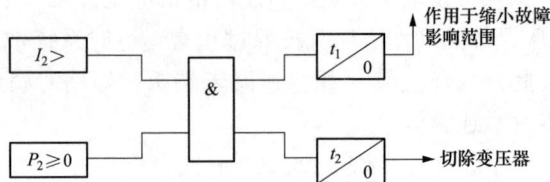

图 3-21　负序方向电流保护逻辑框图
$I_2>$—负序过电流元件；P_2—负序功率方向元件

可以看出：当负序过电流及负序功率为正值时保护动作，以较短的延时作用于缩小故障影响范围，以较长的时间切除变压器。

2. 整定原则及定值建议

（1）负序电流元件。负序电流元件的整定原则是：按相邻线路断线保护不误动的条件整定。另外，还要考虑与相邻线路零序电流后备段在灵敏度上配合，防止非选择性动作。

1）按相邻线路断线不误动条件整定，即

$$I_{op2} = K_{rel}K_{br2} \frac{I_{Lmax}}{1 + \dfrac{Z_{2\Sigma}}{Z_{1\Sigma}} + \dfrac{Z_{2\Sigma}}{Z_{0\Sigma}}}$$

式中：I_{op2}为负序电流动作整定值，A；K_{rel}为可靠系数，取 1.2；K_{br2}为负序电流分支系数，其值等于线路断线时流过保护安装点的负序电流与流过断线处负序电流之比；$Z_{1\Sigma}$、$Z_{2\Sigma}$、$Z_{0\Sigma}$为由断线处测得的正序、负序及零序阻抗，Ω；I_{Lmax}为断线前流经线路的最大负荷电流，A。

2）按与断线线路零序电流后备段灵敏度配合整定，即

$$I_{op2} = K_{rel}K_{br2}\frac{I_{op0}}{3}\frac{Z_{0\Sigma}}{Z_{2\Sigma}}$$

式中：I_{op0}为断线线路零序过电流保护后备段动作电流，A。

在实际应用时，一般取 $I_{op2}=(0.5\sim0.6)I_N$（I_N为变压器额定电流）。

（2）负序功率方向元件动作方向的整定。装于主电源侧的负序功率方向元件，其动作方向应指向变压器，作为变压器相间短路的后备保护，而装于其他侧负序功率方向元件的动作方向，可指向本侧母线。

（3）动作时间的整定。应根据变压器的类型、保护的安装位置及系统具体情况整定。但是，为有效保护变压器，其动作时间不宜过长，最好小于 2s。

（四）阻抗保护

当电流、电压保护作为升压变压器相间短路后备保护灵敏度不满足要求时，可采用阻抗保护作为变压器引线、母线、相邻线路相间故障的后备保护。阻抗保护通常应用于 330～500kV 大型变压器上。

阻抗保护作为变压器相间故障后备保护的一种，由三个相间方向阻抗元件构成。阻抗元件的接入电压和接入电流，取自保护安装侧 TV 二次三相电压及 TA 二次三相电流，并采用零度接线方式。保护可装设在低压侧，也可装设在高压侧，通常推荐装设在高压侧。

1. 动作方程及逻辑框图

用阻抗元件构成发电机及变压器短路后备保护的缺点很多。首先用测阻抗的方法来确定发电机、变压器内部故障位置的正确性存在着问题，该保护的正确动作率不高。其次，TV 断线时保护会发生误动。因此，目前已很少使用阻抗保护作为后备保护了。

目前，为防止 TV 断线时低阻抗保护误动，多采用以下措施：

（1）采用 TV 二次断线闭锁元件，发现 TV 断线时，立即将保护闭锁。

（2）采用负序电流或相过电流启动。

（3）采用故障变化量启动。

一般，阻抗元件的动作特性为阻抗复平面上的一个偏移阻抗圆，其动作方程为

$$\begin{cases} Z_{ab}(\text{或 } Z_{bc} \text{ 或 } Z_{ca}) \leqslant Z_{op} \\ I_a(\text{或 } I_b \text{ 或 } I_c) \geqslant I_{op} \end{cases} \begin{cases} Z_{ab}(\text{或 } Z_{bc} \text{ 或 } Z_{ca}) \leqslant Z_{op} \\ I_2 \geqslant I_{2op} \end{cases}$$

式中：Z_{ab}、Z_{bc}、Z_{ca} 为相间阻抗元件的阻抗值，$Z_{ab} = \dfrac{\dot{U}_{ab}}{\dot{I}_{ab}}$，$Z_{bc} = \dfrac{\dot{U}_{bc}}{\dot{I}_{bc}}$，

$Z_{ca} = \dfrac{\dot{U}_{ca}}{\dot{I}_{ca}}$，$\Omega$；$I_a$、$I_b$、$I_c$ 为 TA 二次 a、b、c 三相电流，A；Z_{op} 为阻抗元件的动作阻抗，Ω；I_{op} 为相电流元件的动作电流，A；I_2 为负序电流（TA 二次值），A；I_{2op} 为负序电流元件的动作电流，A。

三绕组变压器高压侧低阻抗保护的动作阻抗只有一段，中压侧有二段，有时也设三段。只有一段动作阻抗的低阻抗保护逻辑框图如图 3-22 所示。

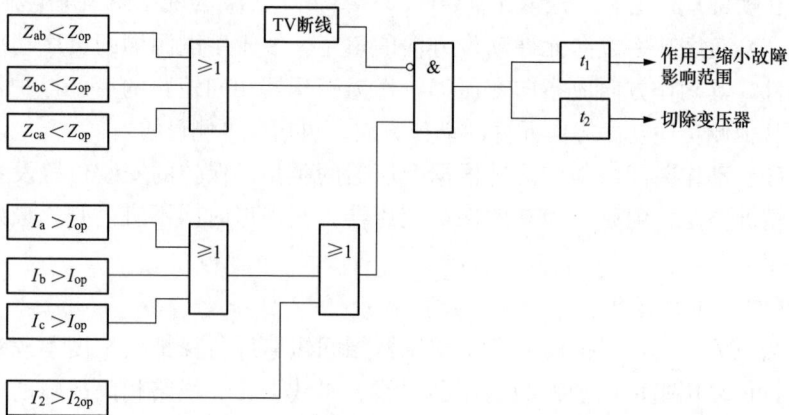

图 3-22　低阻抗保护逻辑框图

可以看出：当三个阻抗元件同时动作或其中之一动作及相电流很大或负序电流大时，保护动作，经 t_1 作用于缩小故障影响范围，经 t_2 延时切除变压器。

2. 整定原则及定值建议

（1）动作方向的整定。阻抗元件的动作方向（即方向阻抗圆的方向），应根据变压器的类型，保护的安装位置及系统条件来确定。主电源在高压侧的三变压器，装于高压侧的阻抗元件的动作方向应指向变压器。有时高压侧阻抗元件的动作阻抗圆有 5% 左右的偏移度，兼作高压母线故障的后备保护。

变压器中压侧的方向阻抗元件，其动作方向指向中压侧母线，作为中压侧母线及相邻线路故障的后备保护。

（2）阻抗元件动作阻抗的整定。降压变压器高压侧阻抗元件正方向的动作阻抗，应按中压侧相间故障有灵敏度的条件来整定；而中压侧阻抗元件的动作阻抗，应与相邻线路距离保护的动作阻抗相配合。阻抗元件可采用圆特性全阻抗、偏移特性阻抗继电器。

1）升压变压器低压侧全阻抗继电器。动作阻抗 $Z_{op.1}$ 按以下两个条件选取：

a. 与高压侧引出线路距离保护段配合整定，动作阻抗为

$$Z_{\text{op.1}} = \left[0.7Z_{\text{T}} + 0.8K_{\text{inc}}Z_{\text{I.min}}\left(\frac{U_{\text{N}}}{U_{\text{I}}}\right)^2 \right]\frac{n_{\text{TA}}}{n_{\text{TV}}}$$

式中：Z_{T} 为变压器折算到低压侧的阻抗值，Ω，如已知折算到 S_{B} 容量的标幺阻抗值为 X_{T}，则 $Z_{\text{T}} = X_{\text{T}} \cdot \dfrac{U_{\text{N}}^2}{S_{\text{B}}}$，其中 U_{N} 为低压侧的额定线电压；$Z_{\text{I.min}}$ 为变压器高压侧出线距离保护 I 段（或 II 段）最小一次阻抗值，Ω；K_{inc} 为各种运行方式下的最小助增系数；$U_{\text{N}}/U_{\text{I}}$ 为变压器实际变比。

b. 高压母线短路故障时，按灵敏度不低于 1.3 条件整定，动作阻抗为

$$Z_{\text{op.1}} \geqslant 1.3Z_{\text{T}}\frac{n_{\text{TA}}}{n_{\text{TV}}}$$

变压器阻抗折算到低压侧二次为 $Z_{\text{T}}\dfrac{n_{\text{TA}}}{n_{\text{TV}}}$，要求选取的动作阻抗 $Z_{\text{op.1}}$ 在变压器高压母线三相短路时的灵敏度不低于 1.3。

2）升压变压器高压侧全阻抗继电器。动作阻抗 $Z_{\text{op.h}}$ 与高压母线上引出线距离保护段配合，动作阻抗为

$$Z_{\text{op.h}} = K_{\text{rel}}K_{\text{inc}} \cdot Z\frac{n_{\text{TA}}}{n_{\text{TV}}}$$

式中：K_{rel} 为可靠系数，取 0.8；K_{inc} 为各种运行方式下的最小助增系数；Z 为高压引出线配合段动作阻抗一次值，通常与引出线 I 段或 II 段距离配合，取配合段的最小值，Ω。

灵敏度：保护区末端相间短路时，灵敏系数不低于 1.3。

3）升压变压器高压侧偏移特性的阻抗继电器。

a. 动作方向：作为变压器的后备保护，动作方向应由高压母线指向变压器。

b. 正向动作阻抗 Z_{F}：升压变压器低压侧发生短路故障时应有足够的灵敏度，所以正向动作阻抗 Z_{F}（动作方向上的动作阻抗）为

$$Z_{\text{F}} = K_{\text{rel}}X_{\text{T}}\frac{S_{\text{B}}}{U_{\text{I}}^2}\frac{n_{\text{TA}}}{n_{\text{TV}}}$$

式中：K_{rel} 为可靠系数，取 1.5～2；X_{T} 为折算到基准容量 S_{B} 的变压器阻抗标幺值；U_{I} 为变压器高压侧实际分接头电压，V。

c. 反向动作阻抗 Z_{B}：按不超过高压引出线距离 I 段保护区整定，即

$$Z_{\text{B}} = K_{\text{rel}}Z_{\text{I.min}}\frac{n_{\text{TA}}}{n_{\text{TV}}}$$

式中：K_{rel} 为可靠系数，取 0.8；$Z_{\text{I.min}}$ 为高压引出线距离 I 段最小一次阻抗值，Ω。

d. 灵敏角 φ_{sen}：内部固定，不需用户整定，如取 85°。

注意：当以功率流向作为升压变压器阻抗保护的动作方向时，则正向动作阻抗按 Z_{B} 确定；反向动作阻抗由 Z_{F} 确定。

（3）动作时限的整定。低阻抗保护的动作时限一般为一段两时限，整定原则为：

1）为有效保护变压器，高压侧及中压侧 I 段的动作时间，最长不超过 2s；

2）与相邻元件保护相配合。

动作时限 t 应躲过振荡周期，所以第一时限取 1.5s，动作于高压侧母联断路器；第二时限取 2s，动作于跳变压器各侧断路器（低压侧为发电机时要停机、切换厂用电）。

3. 提高保护动作可靠性措施

（1）以 $\dfrac{\dot{U}_{\phi\phi}}{\dot{I}_{\phi\phi}}$ 接线的阻抗继电器，在 YNd 接线一侧发生两相短路故障时，安装在另一侧的阻抗继电器的测量阻抗不能正确反映故障点到保护安装处的实际阻抗。因此，阻抗保护作为变压器的后备保护，性能是不完善的，故尽量不要使用。当然，测量阻抗不受 YNd 接线影响的阻抗保护除外。

（2）当电流、电压保护在升压变压器高压母线短路故障灵敏度不满足要求时，需采用阻抗保护来解决灵敏度不足的问题，此时宜采用安装在高压侧的全阻抗继电器，并设有相应的电流启动元件。

（3）如果在高压侧采用动作方向指向变压器的偏移特性阻抗继电器作后备保护，动作方向上的动作阻抗不宜过大，以免发电机失磁时发生误动作。必要时，要校核发电机失磁时高压母线处测得的变压器的阻抗应落在阻抗动作特性外，并有 1.3 倍的裕度。

（五）复合电压方向过电流保护

为确保动作的选择要求，在两侧或三侧有电源的三绕组变压器上配置复压闭锁的方向过电流保护，作为变压器相间短路故障的后备保护。

保护接入的电流和电压为本侧（保护安装侧）TA 二次三相电流及 TV 二次三相电压，有时还引入变压器另一侧 TV 二次三相电压作为相间功率的计算电压。

1. 动作方程及逻辑框图

保护由相间功率方向元件、过电流元件及复合电压元件（低电压和负序电压）构成。相间功率方向元件多采用 90°接线，其计算功率为

$$\begin{cases} P_{\mathrm{a}} = I_{\mathrm{a}} U'_{\mathrm{bc}} \cos(\varphi_{\mathrm{a}} + \alpha) \\ P_{\mathrm{b}} = I_{\mathrm{b}} U'_{\mathrm{ca}} \cos(\varphi_{\mathrm{b}} + \alpha) \\ P_{\mathrm{c}} = I_{\mathrm{c}} U'_{\mathrm{ab}} \cos(\varphi_{\mathrm{c}} + \alpha) \end{cases}$$

式中：P_{a}、P_{b}、P_{c} 为三相相间功率，W；I_{a}、I_{b}、I_{c} 为三相电流，A；U'_{bc}、U'_{ca}、U'_{ab} 为三相相间电压，取另一侧电压（与电流不同侧），N；φ_{a}、φ_{b}、φ_{c} 为 I_{a} 与 U'_{bc}、I_{b} 与 U'_{ca}、I_{c} 与 U'_{ab} 之间的相位差，（°）；α 为计算功率内角，（°）。

保护的动作方程为

$$\begin{cases} P_a(P_b, P_c) > 0 \\ I_a(I_b, I_c) \geqslant I_{op} \\ U_{ca} \leqslant U_{op} \\ U_2 \geqslant U_{2op} \end{cases}$$

式中：U_{ca} 为 a、c 两相之间电压（也可以是其他的两相，一般采用三个线电压），V；U_{op} 为低电压元件动作电压，V；U_2 为负序电压，V；U_{2op} 为负序电压元件动作电压，V；I_{op} 为电流元件的动作电流，A。

保护的动作逻辑框图如图 3-23 所示。

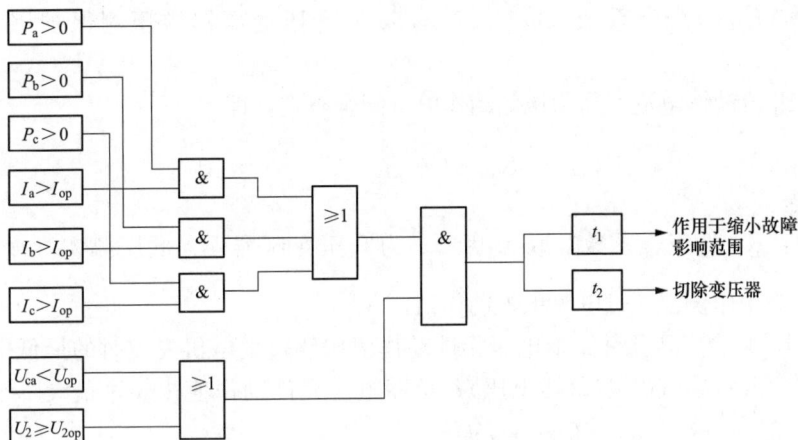

图 3-23 复合电压方向过电流保护逻辑框图

可以看出：当计算功率 P_a、P_b、P_c 之一大于零、三相电流 I_a、I_b、I_c 之一（与计算功率大于零相对应的那一相的电流）大于整定值时，若同时低电压元件与负序电压元件两者之一动作，保护出口动作，经延时作用于缩小故障影响范围或切除变压器。

2. 整定原则及定值建议

方向元件的动作方向应指向变压器，作变压器或另一侧相邻设备相间短路的后备保护。

其他元件的整定与复合电压过电流保护相仿。

(1) 中压侧无电源的三绕组升压变压器。不需要设置方向元件。

1) 中压侧复压过电流保护。

a. 动作电流 $I_{op.M}$：按正常工况额定电流下可靠返回条件整定，即

$$I_{op.M} = \frac{K_{rel}}{K_f} \cdot I_{NM}$$

式中：K_{rel} 为可靠系数，取 1.2；K_f 为返回系数，取 0.9～0.95；I_{NM} 为升压变压器中压侧额定电流（二次值），A。

b. 复合电压元件：

低电压元件动作值按躲过系统稳定的电压整定，取 $U_{op} = 70\%U_N$（线电压）；

负序电压元件动作值按躲过最大不平衡电压整定，取 $U_{2.op} = (6 \sim 8)\%U_N$。

c. 灵敏度校验。由于复合电压取自中压侧，无需计算灵敏度。

2）低压侧复压过电流保护。

a. 动作电流 $I_{op.L}$。Ⅰ段动作电流：按与该侧线路相间保护配合段（Ⅲ段）末端短路时流过保护的最大短路电流 $I_{k.max}$ 配合整定，即

$$I_{op.L.I} = K_{co} \cdot I_{k.max}/n_{TA.M}$$

式中：K_{co} 为配合系数，取 1.2；$n_{TA.M}$ 为升压变压器中压侧保护用 TA 变比。

Ⅱ段动作电流：与中压侧动作电流配合整定，即

$$I_{op.L.II} = K_{co} \cdot (n_{TA.M} I_{op.M}) \frac{U_M}{U_L}/n_{TA.L}$$

式中：K_{co} 为配合系数，取 1.1；$\dfrac{U_M}{U_L}$ 为升压变压器中、低压侧实际变比；$I_{op.M}$ 为中压侧复压过电流保护动作值，A。

b. 复合电压元件：低电压元件动作值按躲过发电机失磁时的最低电压整定，取 $U_{op} = 60\%U_N$（线电压）；负序电压元件动作值按躲过最大不平衡电压整定，取 $U_{2.op} = (6 \sim 8)\%U_N$。

c. 灵敏度校验。电流元件、低电压元件、负序电压元件的灵敏系数计算方法同发电机复压过电流保护（前文已述）。当复合电压元件灵敏度不满足要求时，可同时引入高压侧的复合电压。

（2）三侧均有电源的三绕组升压变压器。

1）方向元件的设置。三侧均有电源的三绕组升压变压器的过电流保护，安装于低压侧及高、中压侧中电源容量较大或断开机会较少的一侧。该侧（高压侧或中压侧）保护应具有带方向和不带方向两部分，带方向部分的方向通常指向该侧母线。如果三侧均安装过电流保护，其高、中压侧过电流保护带有方向，且方向指向该侧母线。

当低压侧和高（或中）压侧安装过电流保护时，高（或中）压侧带方向部分作为该侧母线及线路相间短路故障的后备；不带方向部分作为变压器内部短路故障及中（或高）压侧外部短路故障的后备。低压侧过电流保护作为变压器内部短路故障及高、中压侧外部短路故障的后备。

当升压变压器三侧均安装过电流保护时，高、中压侧的过电流保护（带方向）作为本侧母线及线路相间短路故障的后备；低压侧的过电流保护作为变压器内部短路故障及高、中压侧外部短路故障的后备。

2）复合电压、动作电流及动作时限，与中压侧无电源的三绕组升压变

压器的算法相同。

（六）变压器过励磁保护

变压器过励磁运行时，铁芯饱和，励磁电流急剧增加，励磁电流波形发生畸变，产生高次谐波，从而使内部损耗增大、铁芯温度升高。另外，铁芯饱和之后，漏磁通增大，将在绕组导线、油箱壁及其他金属构件中产生涡流，引起局部过热，严重时造成铁芯变形、损伤周围的绝缘介质。

为确保大型、超高压变压器的安全运行，设置变压器过励磁保护非常必要。

1. 造成变压器运行中过励磁的原因

由于发电机或变压器发生过励磁故障时并非每次都造成设备的明显破坏，往往容易被忽视，但是多次反复过励磁，将因过热而使绝缘老化，降低设备的使用寿命。GB/T 14285—2023《继电保护和安全自动装置技术规程》规定，由于频率降低和电压升高引起的铁芯工作磁密过高，300MW 及以上的发电机和 500kV 变压器应装设过励磁保护。

发电机和变压器上的电压都是由铁芯上的绕组通过电流后产生的，其关系为：$U=4.44fNBS$。其中绕组匝数 N 和铁芯截面 S 都是常数，令 $K=\dfrac{1}{4.44NS}$，则工作磁密 $B=K\cdot\dfrac{U}{f}$，即电压升高或频率降低都会引起过励磁。

磁密 B 的过分增大，使铁芯饱和，励磁电流急剧增加，造成过励磁现象，严重时就形成威胁设备安全的过励磁故障。大型变压器的工作磁密 $B_1=1.7\sim1.8T/m^2$，饱和磁密为 $B_2=1.9\sim2.0T/m^2$，非常接近，比较容易发生过励磁故障。变压器铁芯饱和之后，铁损增加，使铁芯温度上升。铁芯饱和后还要使磁场扩散到周围的空间中去，使漏磁场增强。靠近铁芯的绕组导线、油箱壁以及其他金属结构件，由于漏磁场而产生涡流损耗，使这些部位（部件）发热，引起高温，严重时要造成局部变形和损伤周围的绝缘介质。

对于一些大型变压器，当工作磁密达到额定磁密的 1.3～1.4 倍时，励磁电流的有效值可达额定负荷电流水平。由于励磁电流是非正弦波，含有许多高次谐波分量，而铁芯和其他金属构件的涡流损耗与频率的平方成正比，所以发热严重。例如，在设计内铁式变压器时，取其平均涡流损耗等于正弦负荷电流损耗的 10%，而当励磁电流有效值等于额定负荷电流时，若计算到十五次谐波，则平均涡流损耗是正弦额定负荷电流损耗的 4.5 倍。因此，励磁电流增长，要引起变压器严重过热。

过励磁引起的温升加速绝缘老化，使绕组的绝缘强度和机械性能恶化，此外铁芯叠片间绝缘损坏会导致涡流损耗进一步增加，还可能造成绕组对铁芯的主绝缘损坏，而且油箱内壁的油漆熔化还会使变压器油被污染。

所以说，发电机和变压器都容易发生饱和，对发电机和变压器的安全运行及运行寿命都不利。造成过励磁的原因有以下几个方面：

（1）发电机-变压器组与系统并列前，由于误操作，误加大励磁电流引起。

（2）在发电机启动过程中，转子在低速预热时，误将电压升至额定值；或是在发电机停止过程中，当转速偏低而电压仍维持为额定值时，因低频运行而造成过励磁（发电机-变压器组接线方式）。

（3）切除发电机（甩负荷）中，发电机解列减速，若灭磁开关拒动，将使发电机遭受低频引起过励磁。

（4）发电机-变压器组方式时，出口断路器跳开后，若自动励磁调节器退出或失灵，则电压与频率均会升高，但因频率升高慢而引起过励磁。即使正常甩负荷，由于电压上升快，频率上升慢（惯性不一样），也可能使变压器过励磁（大机组 x_d 比较大，突然甩负荷时过励磁现象比发电机严重）。

（5）系统正常运行时频率降低也会引起。

（6）超高压远距离输电线路突然丢失负荷而产生过电压。

（7）铁磁谐振或 L-C 谐振引起过电压。

（8）各种调节控制设备（如励磁调节器）的程序控制失控或误动引起过励磁。

（9）发电机自励磁。

（10）变压器调压分接头连接不正确。

由此可见，升压变压器的电压和频率都可能出现大幅度偏离额定值的情况，因而升压变压器遭受过励磁的机会多、程度严重。升压变压器的过励磁，多发生在未与系统并列的情况下，这种现场事例还是屡见不鲜的：

（1）发电机-变压器组在与系统并列之前，由于误操作，误加了较大的励磁电流。例如，一台 256MW 发电机，TV 熔断器熔断，值班人员判断错误，误将励磁调到顶值，使变压器遭受 $n=1.3$ 倍过励磁持续 45min，酿成隐患，投运后的第二天就发生了故障，变压器遭到损坏。

（2）发电机启动过程中，转子在低转速下预热时，或双轴发电机低频下并列后，由于误操作，误将发电机电压上升到额定值，使变压器因低频而导致过励磁。例如：若在频率 $f=0.7f_N$ 下，使发电机电压升到 $U=U_N$，则变压器将遭受 $n=1/0.7=1.43$ 倍的过励磁。

事实上，正常情况下突然甩负荷都要引起相当严重的过励磁。因为励磁调节器和原动机调速系统都是由惯性环节组成的，突然甩负荷后，电压要迅速上升，而频率上升缓慢，因而比值 U/f 上升，使变压器过励磁，但持续时间较短。例如，一台汽轮发电机突然甩负荷后，过励磁倍数 n 可达1.44 倍，超过额定值的时间约为 5s。这种情况，因为是属于正常运行方式，变压器应能承受这种水平的过励磁而不遭受损伤。因此，要求变压器允许的过励磁倍数曲线应高于正常甩负荷的过励磁倍数曲线。然而，并不是所有的大型变压器都能满足这种要求，需要工程技术人员在审核设备出厂试验报告时，认真比对变压器的过励磁曲线与发电机的过励磁曲线实测情况。

过励磁故障对变压器的影响主要表现在发热温升方面，根源是过励磁损耗的剧增，因此加深对过励磁损耗的分析，无疑有助于深化对过励磁保护的认识。

过励磁所产生的损耗可以分为四部分（具体数据为动模实验室提供）：

（1）主磁通在铁芯中产生的损耗。大型变压器铁芯多用 Z_{10} 和 Z_{11} 型冷轧晶粒定向硅钢片，过励磁倍数 n 定义为 $n = B/B_N$（B 是铁芯中的实际磁密；B_N 是铁芯磁密的额定值），取 1.7T，通过对 Z_{10} 硅钢片材料主磁通铁损的试验验证（变压器的主磁通铁损还要稍大些），当 $n=1$ 即 $B = B_N = 1.7T$ 时，每千克铁芯损耗约为 1.4W/kg；当 $n=1.4$ 时（即 $B = 2.38T$），每千克铁芯损耗将达 8W/kg，为额定运行工况的 5.7 倍。

（2）过励磁电流在绕组导体电阻上的损耗。即使过励磁倍数 $n=1.4$，绕组的电阻损耗不会引起变压器严重过热，但这一电流足以使比率制动式差动保护误动作，所以必须有过励磁状态下闭锁差动保护的附加措施。

（3）漏磁通在绕组导体中引起的涡流损耗。实测数据表明，变压器过励磁时漏磁通穿过绕组导体引起的涡流损耗与过励磁倍数成非线性陡增关系。当 $n=1.4$ 时，最大损耗导体中的涡流损耗约为额定工况时的 7 倍。

（4）漏磁通在铁芯表面造成的涡流损耗。当变压器严重过励磁时，由于铁芯饱和，部分磁通从铁芯溢出而进入结构件或空气中，铁芯柱表面是磁密最大的区域。主磁通沿铁芯柱的轴向流通，它在铁芯中引起的涡流，因很薄的叠片而大大受限，但漏磁通却完全不同，它垂直地穿过铁芯柱表面，所产生的涡流分布在叠片的平面上，因而涡流流经很小的电阻，虽然这部分涡流损耗相对于全部铁损来说只是很小的一部分，但它高度集中，损耗密度很大，必将造成变压器铁芯或构件的局部过热。

2. 过励磁保护的作用原理

变压器正常运行时，当不计变压器绕组电阻、漏抗情况下，其输入端的电压

$$U = 4.44 fNSB$$

由于绕组匝数 N、铁芯截面积 S 均为定数，故将上式简化为

$$B = K \frac{U}{f}$$

式中：K 为常数，$K = \dfrac{1}{4.44NS}$。

可以看出，变压器铁芯中的工作磁密 B，与电源电压、电源频率之比 U/f 成反比。即电源电压的升高或频率的降低，均会造成铁芯中的工作磁密增大，进而产生过励磁。

变压器及发电机的过励磁保护就是根据上述原理构成的。

在变压器过励磁保护中，采用一个重要的物理量，称为过励磁倍数。设过励磁倍数为 n，它等于铁芯中的实际磁密 B 与额定工作磁密 B_N 之比，即

$$n = \frac{B}{B_N} = \frac{U}{U_N} \bigg/ \frac{f}{f_N} = \frac{U_*}{f_*}$$

式中：U_N 为变压器的额定电压，V；f_N 为电源的额定频率，Hz；n 为过励磁倍数；B_N 为变压器铁芯的额定磁密，T。

变压器过励磁时，$n > 1$，n 值越大，过励磁倍数越高，对变压器的危害越严重。

3. 测量过励磁倍数的原理接线

在过励磁保护中，测量过励磁倍数的原理接线如图 3-24 所示。

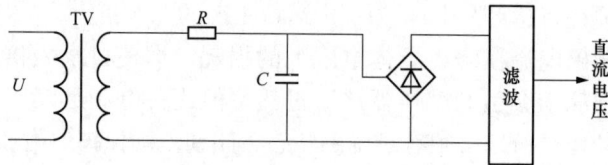

图 3-24　测量过励磁倍数原理接线图

U—变压器电源侧 TV 二次相间电压；TV—保护装置中的小型辅助电压互感器；
R—电阻；C—电容

可以看出：电压 U 通过辅助 TV 变换隔离、电阻 R 降压、整流及滤波后变成直流电压，供过励磁测量元件进行测量。根据直流电压的大小来判断过励磁倍数。过励磁倍数与该直流电压成正比。

图 3-24 中，利用电阻 R 及电容器 C 来反映电源的频率。当电源的频率高时，电容器的容抗较小，在电源电压一定时流过它的电流就较大，电阻 R 上的压降较大，输出的直流就比较低；反之，当电源的频率低时，在电源电压一定时，输出的直流电压就较高。

另外，当电源的频率一定时，电源电压 U 越高，输出的直流电压就高。

设额定频率及额定电压时的直流电压为 $U_{=N}$，当电源电压升高或频率降低时的直流电压为 $U_=$，则测得的过励磁倍数为

$$n = \frac{U_=}{U_{=N}}$$

4. 过励磁保护动作方程

理论分析及运行实践表明：为有效保护变压器，其过励磁保护应由定时限和反时限两部分构成。定时限保护动作后作用于告警信号；反时限保护动作后切除变压器。

（1）动作方程

$$\begin{cases} n \geqslant n_{op.l} \\ n \geqslant n_{op.h} \end{cases}$$

式中：n 为测量过励磁倍数；$n_{op.l}$ 为过励磁元件动作倍数低定值，定时限元件启动值；$n_{op.h}$ 为过励磁元件动作倍数高定值，反时限元件启动值。

（2）反时限过励磁元件的动作特性。目前，国内不同保护装置厂家生产的过励磁保护反时限元件的动作特性相差很大，其反时限过励磁保护动作特性曲线上的各点，可以根据要求整定，其标准特性曲线如图 3-25 所示。

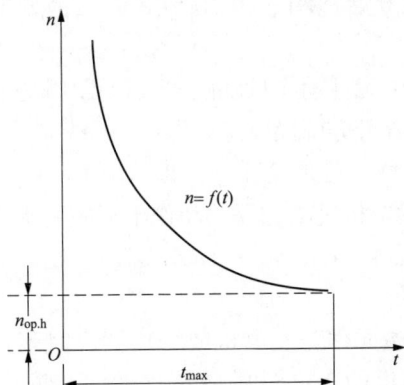

图 3-25 反时限过励磁保护动作特性曲线

$n_{op.h}$—反时限过励磁元件启动值；t_{max}—反时限过励磁元件动作最长延时

5．过励磁保护逻辑框图

国内生产的微机型过励磁保护的动作逻辑框图，如图 3-26 所示。

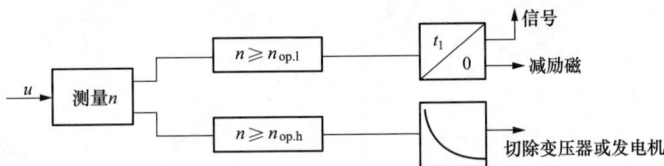

图 3-26 过励磁保护逻辑框图

可以看出，当变压器或发电机电压升高或频率降低时，若测量出的过励磁倍数大于过励磁保护的低定值时，定时限部分动作，经延时 t_1 发信号；若严重过励磁时，则保护反时限部分动作，经与过励磁倍数相对应的延时，切除发电机或变压器。

6．整定原则及取值建议

（1）定时限过励磁元件。定时限过励磁元件动作过励磁倍数的整定值，应按躲过正常运行时变压器铁芯中出现的最大工作磁密来整定。正常运行时，变压器的电压最高为额定电压的 1.1 倍，系统频率最低为 49.5Hz，因此，铁芯中最大的工作磁密为额定工作磁密的 1.11 倍。定时限元件的动作过励磁倍数应为

$$n_{op.l} = 1.11 \frac{K_{rel}}{K_f}$$

式中：$n_{op.l}$ 为定时限元件动作过励磁倍数整定值；K_{rel} 为可靠系数，取

1.05；K_f 为返回系数，微机保护取 0.95～0.98。

可得

$$n_{op.1} = 1.17 \sim 1.2$$

另外，定时限过励磁元件动作过励磁倍数的整定值，不应超过铁芯的起始饱和磁密与额定工作磁密之比。现代大型变压器，其额定工作磁密 B_N＝1.7～1.8T，而起始饱和磁密 B_S＝1.9～2.0T，两者之比为 1.12～1.18。

综上所述，定时限元件动作过励磁倍数取 1.15 是合理的。一般变压器过励磁保护定时限部分可分两段整定，即：

定时限过励磁 I 段：可取 N_I＝1.3，延时 t_1＝4s（以制造厂数据为准），动作于全停（发电机过励磁保护动作于程序跳闸并切换厂用电）；

定时限过励磁 II 段：可取 N_{II}＝1.07～1.1，延时 t_2＝9s（以制造厂数据为准），动作于信号。

（2）反时限过励磁元件。发电机或变压器反时限过励磁保护的动作特性，应按与制造厂给出的允许过励磁特性曲线相配合来整定。如图 3-27 所示。

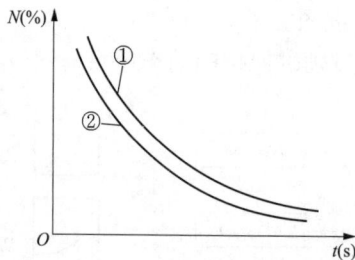

图 3-27　发电机或变压器反时限过励磁保护整定图例
曲线①—发电机或变压器的允许过励磁特性曲线；
曲线②—反时限过励磁保护的动作特性曲线

目前，整定反时限过励磁保护动作特性曲线遇到的困难是：国产的大型发电机及变压器，制造厂家不提供允许过励磁特性曲线。因此，过励磁反时限保护的整定无法按与制造厂给出的允许过励磁特性曲线相配合。

众所周知，并网运行的发电机及变压器，其电压的频率决定于系统频率。运行实践表明：除了发生系统瓦解性事故外，系统频率大幅度降低的可能性几乎不存在。因此，发电机及变压器（特别是变压器）的过励磁，多由过电压所致。

在发电机及变压器出厂说明书中，均给出了表 3-2 所列的过电压与允许时间关系的特性曲线。

表 3-2　发电机或变压器允许过电压倍数及持续的时间

过电压倍数	1.1	1.15	1.2	1.25	1.3	1.35	1.4
允许持续时间（s）	t_1	t_2	t_3	t_4	t_5	t_6	t_7

在制造厂家未给出发电机或变压器过励磁特性曲线的情况下，建议按表 6-2 给出的特性曲线来整定。在对反时限过励磁保护进行实际整定时，应注意以下两点：

（1）对于设置在发电机机端的发电机及变压器的过励磁保护，其整定值应按发电机及变压器两者中允许过励磁特性曲线较低的进行整定。

（2）在动作特性曲线上尽量多取几个（一般 8～10 个）点进行整定，以确保反时限下限的动作值及动作时间的精度。

7. 提高保护动作可靠性措施

同发电机过励磁保护。注意过励磁对变压器差动保护的影响。

需要注意的是，一般汽轮发电机的过励磁倍数曲线都低于电力变压器的过励磁倍数曲线，当它们组成发电机-变压器组单元接线方式时，过励磁倍数应由发电机限制。但是现场实际应用时，应注意发电机额定电压往往比变压器统计额定电压高 5%（如发电机为 10.5kV，变压器为 10kV），因此若以发电机额定电压为基准，变压器的过励磁倍数曲线可能位于发电机过励磁倍数曲线之下，此时过励磁倍数将由变压器决定。

（七）变压器过负荷保护

大型电力变压器的过负荷保护通常是对称过负荷，故过负荷保护只取一相电流即可。过负荷保护动作于发信号。

过负荷保护设置地点要能反映所有绕组的过负荷情况，因此过负荷保护设置地点是过负荷保护设计的关键点，一般情况见表 3-3。

表 3-3　变压器过负荷保护设置位置

序号	变压器接线型式	过负荷保护设置位置
1	双绕组升压变压器	低压侧
2	双绕组降压变压器	高压侧
3	一侧无电源三绕组升压变压器	无电源侧、低压侧
4	三侧均有电源三绕组升压变压器	三侧
5	单电源三绕组降压变压器（三侧绕组容量相等）	电源侧
6	单电源三绕组降压变压器（三侧绕组容量不等）	电源侧、容量小侧
7	两侧电源的三绕组降压变压器（联络变压器）	三侧
8	高压侧有电源的降压自耦变压器（其他侧无电源）	高压侧、低压侧
9	高、中压侧有电源的降压自耦变压器	高压侧、低压侧、公共绕组
10	升压自耦变压器	高压侧、低压侧、公共绕组

1. 动作电流的整定

变压器过负荷保护的动作电流 I_{op}，按躲过绕组额定电流条件整定，即

$$I_{op} = \frac{K_{rel}}{K_f} \cdot I_N$$

式中：K_{rel} 为可靠系数，取 1.05；K_f 为返回系数，取 0.9；I_N 为被保护绕组额定电流，A。

2. 动作时限的整定

变压器过负荷保护的动作时限，应与变压器允许的过负荷时间相配合，同时应大于相间故障后备保护最大动作时间，可取 $t_{op} = 7 \sim 10s$（如取 $t_{op} = 9s$），动作于发信。

3. 提高保护动作可靠性措施

（1）按躲过绕组额定电流方法整定的过负荷保护，其实并不能确切反映变压器的真实过负荷情况，当过负荷电流在整定值上、下波动时，保护可能不反应。

（2）对于大容量升压自耦变压器，因低压绕组处在高压绕组和公共绕组之间，当低压侧开路时，可能产生很大的附加损耗而产生过热现象，因此，应限制各侧输送容量不超过 0.7 的通过容量。为此，应增设低压绕组无电流投入特殊的过负荷保护，其整定值按允许的通过容量选择。

（3）若变压器带有载调压，则绕组电流达到变压器过负荷保护的动作电流 I_{op} 时，应闭锁有载调压。

（八）变压器接地保护

1. 变压器本体接地的作用与要求

变压器铁芯及其他所有金属构件均要可靠接地，且只允许有一个接地点。

（1）变压器铁芯要可靠接地。变压器在试验或运行中，铁芯及其金属构件在线圈电场作用下，铁芯和不接地金属件会产生悬浮电位。当铁芯及金属件之间或铁芯及金属件对其他部件的电位差超过其绝缘强度时就会放电。因此，金属构件及铁芯要可靠接地。

变压器铁芯和夹件应分别与油箱绝缘，变压器铁芯及其夹件的接地线应通过耐压 2kV 的小瓷套，从油箱上部引出通过支撑绝缘子引至变压器附近的接地引下线或通过油箱可靠接地。

（2）铁芯必须是一点接地。当铁芯有两点或两点以上接地时，相当于通过两个接地点及铁芯片形成闭合回路，铁芯中交变磁通穿过此闭合回路时，有感应环流，使铁芯局部过热，损耗增大，甚至烧断接地片，使铁芯产生悬浮电位。不稳定的多点接地还会引起放电。因此，铁芯只能有一点接地。铁芯绝缘电阻测量应使用 2500V 绝缘电阻表。

大型变压器过电压与中性点接地的要求：

（1）变压器防雷保护应采用氧化锌避雷器。

（2）大型变压器所连接的电力系统通常均是中性点直接接地系统，正常运行时，将根据电力系统调度运行方式（主要取决于系统零序阻抗）的规定，仅选择部分变压器中性点直接接地，且随系统运行方式的变化，选定的中性点直接接地的变压器亦有所调整。为防止在该系统中某一运行方式下，另一部分中性点不接地的变压器，在投运、停运以及事故跳闸过程中，出现中性点位移过电压，各变压器中性点均必须装设可靠的过电压间隙保护。

（3）变压器中性点应有两根与主接地网不同地点连接的接地引下线，且每根接地引下线截面的选择均应符合系统发生接地故障时热稳定的要求。

（4）接地装置引下线的导通检测工作，应每年进行一次。根据历次测量结果进行分析比较，以决定是否需要进行开挖、处理。

2. 变压器接地短路后备保护配置原则

变压器高压侧（110kV 及以上）单相接地短路应装设后备保护，作为变压器高压绕组和相邻元件接地故障主保护的后备。

220kV 及以上的大型变压器，高压绕组均为分级绝缘，其中性点绝缘水平有两种类型：一类绝缘水平很低，例如 500kV 系统的中性点绝缘水平为 38kV 的变压器，中性点必须直接接地运行；另一类绝缘水平很高，例如 220kV 变压器的中性点绝缘水平为 110kV，其中性点可直接接地，也可在系统不失去接地点的情况下不接地运行。当系统发生接地短路时，变压器中性点就将承受中性点对地电压。为了限制系统接地故障的短路容量和零序电流水平，也为了接地保护本身的需要，有必要将 220kV 变压器的部分中性点不接地运行。

（1）中性点直接接地的变压器。接地短路的后备保护毫无例外地采用零序过电流保护，对高中压侧中性点均直接接地的自耦变压器和三绕组变压器，当有选择性要求时，应增设零序方向元件。

（2）中性点可能接地也可能不接地的变压器。

1）分级绝缘变压器。对于 220kV 系统的变压器，它们的中性点仅部分直接接地，其余部分变压器中性点不接地运行。对于这类变压器的接地后备保护，动作后应首先跳开有关的不接地变压器，然后再跳开直接接地的变压器，目的是防止中性点不接地系统发生接地短路时，故障点的间歇性弧光过电压可能危及电气设备的安全。即使采用了上述保护方式，仍不能认为变压器没有间歇性弧光过电压问题，这是因为：

a. 中性点不接地的变压器，当高压侧断路器处于开断状态，此时若发生高压侧单相接地，必将引起过电压。

b. 单相短路发生在变压器或母线差动保护的动作区内，但各断路器不同时跳闸时，将有过电压短时间出现。

c. 中性点不接地的变压器并网运行，变压器高压侧发生单相接地时，如果主保护拒动，后备接地保护仅跳开高压侧断路器；或者主保护动作，但发电机侧或具有电源的中压侧断路器失灵拒动；或者高压侧断路器与绕线式互感器之间发生单相接地，母线保护仅跳开高压侧断路器。

这些情况下都将产生过电压。

对于部分中性点直接接地的系统，接地故障后备保护首先要跳开中性点不接地的变压器，有可能造成全厂（站）所有变压器全部切除，这样的后果太严重了。要解决这些问题，通常采用以下方法：保护设三个延时 $t_1 < t_2 < t_3$，当发生接地故障后，零序电流元件（I_0）经 t_1 首先跳开母联或分段断路器，然后由零序电压元件（U_0）经 t_2 跳中性点不接地的变压器，最后由零序电流元件（I_0）经 t_3 跳中性点直接接地变压器。这样设置保护的结果是，系统中所有可能的接地故障点，均不会将全部变压器切除。

2）全绝缘变压器。这种变压器在中性点直接接地时用零序过电流保护，在中性点不接地时用零序过压保护。后者动作电压按中性点部分接地电网中发生单相接地故障时保护安装处可能出现的最大零序电压整定，所以它只在有关的中性点接地变压器已切断后才可能动作。它的动作时间一般可取 $0.5\mathrm{s}$ 短时限，为的是避免接地故障暂态过程的影响。

3）中性点装设放电间隙及相应保护。这种变压器可能中性点直接接地运行，也可能不接地运行。在中性点不接地运行时，中性点放电间隙起到过电压保护作用，例如 $220\mathrm{kV}$ 变压器，中性点绝缘为 $110\mathrm{kV}$ 等级，当中性点对地电压超过 $110\mathrm{kV}$ 时，放电间隙击穿，形成零序电流通路，利用接在放电间隙回路的零序过电流保护，切除该变压器。

当电力系统中发生故障后，断路器有非全相跳、合闸的情况。设系统Ⅰ中性点接地运行，系统Ⅱ的变压器中性点不接地运行，并与地之间接有一台避雷器 FJ-110J，如图 3-28 所示。如连接系统Ⅰ和系统Ⅱ的断路器只断开两相，而第三相仍连接在一起，那么，系统Ⅰ和系统Ⅱ将失去同步。当其电压相量转到图 3-28 的位置时，在变压器Ⅱ中性点与地之间的电压，将为 $2U_\mathrm{ph}$（U_ph 为最高运行相电压）。若 $U_\mathrm{ph} = 242/\sqrt{3}\,\mathrm{kV}$，则 $2U_\mathrm{ph} = 279\mathrm{kV}$，大于 FJ-110J 的工频放电电压 $224\sim268\mathrm{kV}$，因而避雷器将放电，并导致爆炸事故。同时，$2U_\mathrm{ph}$ 也超过了变压器中性点 $1\mathrm{min}$ 工频耐压 $200\mathrm{kV}$。

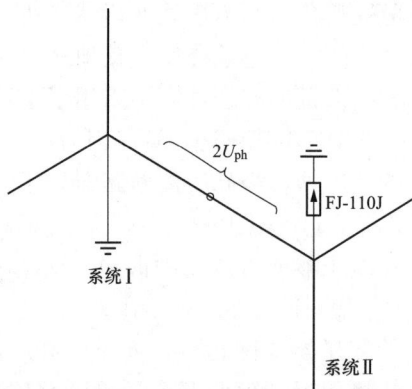

图 3-28 非全相跳闸引起变压器中性点过电压的说明图

对于上述这种情况的故障，"1) 分级绝缘变压器"中设三个延时 $t_1 <$ $t_2 < t_3$ 的零序电压保护往往不能起到保护作用。为此，在变压器中性点装设放电间隙作为过电压保护，并要求当出现危及变压器中性点绝缘的冲击电压或工频过电压时，间隙应可靠动作。但在正常存在接地中性点的情况下发生单相接地故障时，放电间隙保护不应当动作。这一方面是因为此时中性点的电压在允许范围内，另一方面也是因为避免间隙频繁放电。

3. 变压器零序电流保护

升压变压器的中性点直接接地时，装设的零序电流保护可起到中性点接地侧绕组及其外部接地故障的后备作用。

零序电流保护一般设两段，每段可设两个时限。其中，第一时限为缩小故障范围的作用，动作后一般跳母联或分段断路器；第二时限跳变压器各侧断路器。零序电流保护的第 II 段还起到零序总后备的作用。

零序电流可取用中性点 TA0 二次电流；也可取用由中性点接地侧三相 TA 二次电流矢量相加得到。前者称"外接"零序电流，后者称"自产"零序电流。虽然变压器外部接地时，高压侧零序电流 $(3I_0)$ 与接地中性点电流相等，但在内部接地时，"外接"零序电流具有较高灵敏度，不过二次电流回路断线不易被发现，而"自产"零序电流很容易检查到二次电流回路断线。

变压器零序过电流保护的整定原则及取值建议：

(1) I 段零序电流保护。

1) 动作电流 $(3I_0)_{op.I}$ 按与高压侧出线零序电流保护配合的零序动作电流配合整定，即

$$(3I_0)_{op.I} = K_{co} C_0 \frac{(3I_0)_{op}}{n_{TA}}$$

式中：$(3I_0)_{op}$ 为与之配合的高压出线零序电流保护配合段（I 段或 II 段）最大零序动作电流（一次值），A；C_0 为零序电流分配系数，取各种运行方式下的最大值，C_0 等于线路零序电流保护配合段末接地时，流过本保护的零序电流与线路零序电流之比；K_{co} 为配合系数，取 1.1。

2) 灵敏度计算。灵敏度校验点（一般取线路末端）接地时流过保护的最小零序电流设为 $(3I_0)_{min}$，则要求满足以下条件

$$K_{ren} = \frac{(3I_0)_{min}}{n_{TA}(3I_0)_{op.I}} \geq 1.3$$

3) 动作时限。设出线零序电流保护配合段的动作时限为 t_0，则第一时限 t_1、第二时限 t_2 分别为

$$t_1 = t_0 + \Delta t; \quad t_2 = t_1 + \Delta t$$

第一时限动作于母线解列或跳分段断路器；第二时限跳变压器各侧断路器。

对于 330kV 及以上电压等级的变压器，第一时限就动作于跳变压器各

侧断路器（不设第二时限）。

（2）Ⅱ段零序电流保护。

1）动作电流 $(3I_0)_{op.Ⅱ}$。按与高压侧出线零序电流保护后备段（一般取最末级）动作电流配合整定，即

$$(3I_0)_{op.Ⅱ} = K_{co}C_0' \frac{(3I_0)_{op}'}{n_{TA}}$$

式中：$(3I_0)_{op}'$ 为与之配合的高压出线零序电流保护后备段动作电流（一次值），A；C_0' 为零序电流分配系数，取各种运行方式下的最大值，C_0' 等于线路零序电流保护后备段末接地时，流过本保护的零序电流与线路零序电流之比；K_{co} 为配合系数，取 1.1。

2）灵敏度计算。灵敏度校验点（一般取线路末端）接地时流过保护的最小零序电流设为 $(3I_0)_{min}$，则要求满足以下条件

$$K_{ren} = \frac{(3I_0)_{min}}{n_{TA}(3I_0)_{op.Ⅰ}} \geqslant 1.3$$

3）动作时限。设出线零序电流保护后备段最长动作时限为 t_{max}，则第一时限 t_3、第二时限 t_4 分别为

$$t_3 = t_{max} + \Delta t; t_4 = t_3 + \Delta t$$

第一时限动作于母线解列或跳分段断路器；第二时限跳变压器各侧断路器。

对于 330kV 及以上电压等级的变压器，第一时限就动作于跳变压器各侧断路器（不设第二时限）。

提高保护动作可靠性措施：

（1）中性点接地侧变压器（低压绕组为 d 接线）母线发生接地故障时，接地中性点有较大的零序电流通过，不应使接于中性点上的 TA0 发生饱和，所以一次侧额定电流不应过小，一般不小于高压侧 TA0 一次额定电流的 $1/2 \sim 1/3$。

（2）零序电流保护第Ⅱ段的动作时限较长、动作电流也不大，起到了零序保护总后备的作用。作为升压变压器的Ⅱ段零序电流保护，应该在高压侧母线接地故障时保证灵敏度不低于 1.5。为此，动作电流可不与出线接地保护后备段配合，但动作时限必须配合。

（3）为提高零序电流保护动作的可靠性，保护可经零序电压闭锁。零序动作电压应保证有足够的灵敏度，不影响零序电流保护的动作。为此，零序动作电压可按躲过最大零序不平衡电压整定。

（4）为防止零序电流保护受励磁涌流和应涌流的影响，零序电流保护可经谐波制动闭锁。一般情况下，Ⅱ段零序电流保护可经谐波制动闭锁，Ⅰ段零序电流保护因动作电流较大，可不经谐波制动闭锁，但选择经谐波制动闭锁也无妨。

（5）升压变压器在投入电网前发生接地故障时，为防止误跳母联断路

器应采取相应措施。

（6）零序电流保护采用零序电压闭锁后，当 TV 检修或旁路代运未切换 TV 时，应注意对零序电流保护的影响，要采取措施防止发生接地故障时保护装置检测不到零序电压的现象。

（7）零序电流保护采用零序电压闭锁后，应注意 TV 异常时对零序电流保护的影响。

（8）三侧有电源的升压变压器，根据电厂接线与运行方式，在中压（高压）侧可设置必要的解列点，以确保厂用电安全。

4. 变压器间隙零序电流、零序电压保护

超高压电力变压器，均系半绝缘变压器，即位于中性点附近变压器绕组部分对地绝缘比其他部位弱，中性点的绝缘容易被击穿。

在电力系统运行中，为将零序电流限制在某一定的范围内（对系统中各零序电流保护定值进行整定时的要求），对变压器中性点接地运行的数量有规定。因此，在运行中，变压器的中性点，有接地的和不接地的。中性点不接地运行的变压器，其中性点的绝缘易被击穿。

在 20 世纪 90 年代之前，为确保变压器中性点不被损坏，将变电站（或发电厂）所有变压器零序过电流保护的出口横向联系起来，去启动一个公用出口部件。通常将该出口部件称为零序公用中间。当系统或变压器内部发生接地故障时，中性点接地变压器的零序电流保护动作，去启动零序公用中间。零序公用中间元件动作后，先去跳中性点不接地的变压器，当故障仍未消失时再跳中性点接地的变压器。

运行实践表明，上述保护方式存在严重缺陷，容易造成全站或全厂一次切除多台变压器，甚至使全站或全厂大停电。另外，由于各台变压器零序过电流保护之间有了横向联系，使保护复杂化，且容易造成人为因素的误动作。

放电间隙保护的作用原理：

（1）原理接线。变压器中性点放电间隙保护的作用是保护中性点不接地变压器的中性点绝缘安全。

变压器中性点对地之间安装一个击穿间隙。变压器不接地运行时，若因某种原因变压器中性点对地电位升高到不允许值时，间隙击穿，产生间隙电流。另外，当系统发生故障造成全系统失去接地点时，故障母线 TV 的开口三角形绕组两端将产生很大的 $3U_0$ 电压。

变压器间隙保护是用流过变压器中性点的间隙电流及 TV 开口三角形电压作为危及中性点安全判据来实现的。保护的原理接线如图 3-29 所示。

（2）动作方程及逻辑框图。间隙保护的动作方程为

$$I_0 \geqslant I_{0\text{op}} \text{ 或 } 3U_0 \geqslant U_{0\text{op}}$$

式中：I_0 为流过击穿间隙的电流（二次值），A；$3U_0$ 为 TV 开口三角形电压，V；$I_{0\text{op}}$ 为间隙保护动作电流，A；$U_{0\text{op}}$ 为间隙保护动作电压，V。

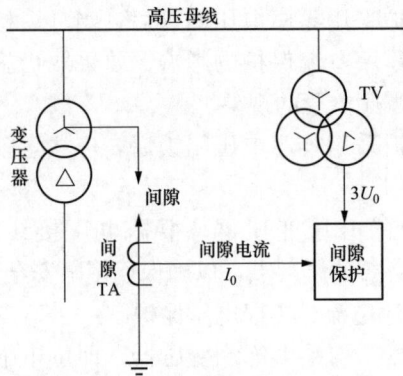

图 3-29　间隙保护原理接线图

保护的逻辑如图 3-30 所示。

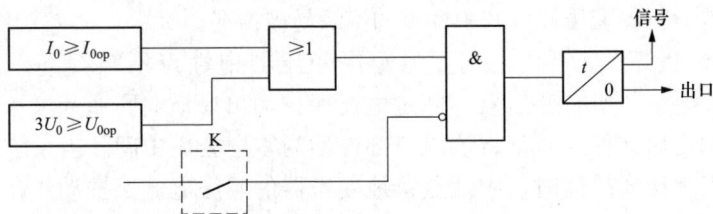

图 3-30　间隙保护逻辑框图

注：K 为变压器中性点接地开关的辅助触点，当变压器中性点接地运行时，K 闭合，否则打开。

可以看出：当间隙电流或 TV 开口电压大于动作值时，保护动作，经延时切除变压器。

整定原则及取值建议：

间隙保护不是后备保护，其动作电流、动作电压及动作延时的整定值不需与其他保护相配合。

1）动作电流：根据间隙放电电流的经验数据，当流过零序过电流元件的电流（一次值）大于等于 100A 时保护动作，即

$$I_{0op} = \frac{100}{n_{TA}}$$

2）动作电压：按低于变压器中性点绝缘的工频耐压值整定，一般取

$$U_{0op} = (150 \sim 180)\text{V}$$

3）动作延时：为躲过断路器非同期合闸、暂态过程的影响，间隙保护具有动作延时，一般可取：$t = 0.3\text{s}$（也有取 0.5s 的）。

提高动作可靠性措施：

运行实践表明，因变压器中性点放电间隙误击穿致使间隙保护误动的现象较多。为了提高间隙保护的工作可靠性，正确地整定放电间隙的间隙

距离是非常必要的。

（1）在计算放电间隙的间隙距离之前，首先要确定危及变压器中性点安全的决定因素。即首先要根据变压器所在系统的正序阻抗及零序阻抗的大小，计算电力系统发生接地故障又失去接地中性点时是否会危及变压器中性点的绝缘，如果计算结果为不危及变压器中性点的安全时，应根据冲击过电压来选择放电间隙的间隙距离。

（2）放电间隙距离的选择，应根据变压器绝缘等级、中性点能承受的过电压数及采用的放电间隙类型计算确定。放电间隙的击穿放电电压按技术规程认真调定。

（3）为提高间隙保护的性能，间隙 TA 的变比应较小。由于变压器零序保护所用的零序 TA 变比较大，故间隙保护用 TA 应单独设置。

（4）变压器中性点不接地运行时，在间隙击穿过程中，可能出现间隙零序电流、零序电压交替动作的现象，应有措施保证保护的可靠动作。

（5）变压器零序电压保护是在电网接地中性点全消失情况下发生单相接地时，因中性点电压过高防止绝缘损坏而设置的；间隙零序电流保护中的间隙虽然在上述情况下也击穿，但在电网接地中性点未完全消失的情况下，由于雷击等原因，同样有击穿的可能，因此两保护的性质不完全相同，故两保护的动作时限应分开整定，两保护合用一个时间元件不合理。

（6）注意到雷击高压配出线路时，主变压器中性点间隙击穿和线路单相跳闸几乎同时发生，而线路非全相运行的零序电流可经击穿的间隙、邻近接地中性点与电网其他接地中性点构成回路，中性点间隙并不熄弧。为防止在这种情况下间隙零序电流保护动作跳机，间隙零序电流保护的动作时限应躲过线路非全相运行的时间，如取 1.2s。显然，这并不会对变压器的绝缘产生影响。

当然，零序电压保护动作时限仍然取 0.3s。

具有中性点放电间隙的变压器接地故障零序电流、零序电压后备保护，首先切除中性点接地的变压器，然后根据故障实际情况再切除中性点不接地的变压器。当系统中没有中性点接地时，依靠放电间隙保护变压器的中性点绝缘，十分简单方便。但是应该指出：放电间隙的击穿电压受众多因素影响，可能动作特性不甚稳定，如果放电间隙拒动，变压器完全靠零序过电压保护，后者有 0.3～0.5s 的延时，因此变压器中性点可能在 0.3～0.5s 期间内承受内部过电压，对于间歇性弧光接地故障，此内部过电压值可达相电压的 3～3.5 倍，有可能损坏变压器绝缘。目前已有与周围介质完全隔离的放电间隙，它的放电电压动作特性是比较稳定的（包括 110kV 系统）。

5. 变压器中性点放电间隙与避雷器之间的过电压保护配合问题

对于 110kV 变压器或 220kV 三绕组变压器的 110kV 侧中性点，其绝缘水平一般为 35kV。放电间隙保护与避雷器的动作特性很难合理配合。分析如下：

放电间隙一般采用比较简单的棒-棒间隙。设 x_0 和 x_1 分别是电网的零序和正序等效电抗，则接地系数 $\alpha = x_0/x_1$。在接地系数为 α 时，单相接地后作用在不接地运行的变压器中性点与地之间的最大稳态电压为

$$U_0 = \frac{\alpha}{2+\alpha} \times U_{\text{ph}}$$

而暂态电压值约为 $u_0 = 1.8U_0$。

当 $\alpha \leqslant 1.87$ 时，冲击电压是确定间隙值的控制条件，对于 220kV 变压器，按冲击电压 400kV 确定的放电间隙（棒-棒间隙 $\Delta \leqslant 330$mm）在工频过电压下对变压器也能起到保护作用。因此，在这种情况下，中性点可以只装设放电间隙。

当 $1.87 \leqslant \alpha \leqslant 3$ 时，为保证在单相接地暂态电压下间隙不放电，则放电间隙在冲击电压下对变压器不能起到保护作用，因为间隙较大，其冲击放电电压可能超过 400kV。因此，在这种情况下，除放电间隙之外，在中性点还要装设避雷器，作为冲击过电压保护。

当 $\alpha = 3$ 时，单相接地暂态电压值，按可能的最高运行电压考虑，可能达到 $u_0 = 150$kV，放电间隙在 $u_0 = 150$kV 下应当不动作。计及棒间隙放电分散系数和气象系数 1.16 之后，则间隙的工频放电电压应大于 $1.16 \times 150 = 174$kV，再计及一定的裕度，可认为从中性点绝缘工频耐压为 200kV 的变压器的安全方面看，接地系数 α 不应大于 3。当 $\alpha > 3$ 时，放电间隙应当可靠地放电。避雷器的工频放电电压则应高于间隙的工频放电电压。

上述数据，均来自清华大学动模实验室的试验结果。

综上所述，在变压器中性点装设放电间隙，或同时装设避雷器和放电间隙，当发生冲击过电压和工频过电压时，都能保护变压器的中性点绝缘。然而，放电间隙一般是一种比较粗糙的设施，气象条件、调整的精细程度以及连续放电的次数对其放电电压都有影响，可能会出现该动作而不能动作的情况。此外一旦间隙放电，还应避免放电时间过长。因此对于这种接地方式，应装设专门的零序电流、电压保护，其任务是及时切除变压器，防止间隙长时间放电，并作为放电间隙拒动的后备保护。

归纳而言，对于 110kV 变压器或 220kV 三绕组变压器的 110kV 侧中性点，其放电间隙保护与避雷器的动作特性很难合理配合的原因如下：

（1）棒-棒间隙冲击放电电压应低于变压器中性点冲击耐压；

（2）发生大气过电压时，棒-棒间隙不应动作，由避雷器保护变压器；

（3）棒-棒间隙应能对操作过电压提供可靠保护。

如果无法选择合适的棒-棒间隙，110kV 变压器（或 220kV 三绕组变压器的 110kV 侧）中性点就不可能有间隙保护，只能是部分中性点直接接地，另一部分中性点不接地，零序电流保护首先跳中性点不接地的变压器，然后再跳中性点接地变压器。

110kV 变压器中性点的放电间隙保护与避雷器之间的过电压保护配合问题，在《110kV 变压器中性点的放电间隙与避雷器之间的配合分析》（作者：何昌文）中提出：避雷器的冲击放电电压应比间隙最低高频放电电压低，以保证在高频暂态过电压时由避雷器动作的必要条件，防止放电间隙频繁击穿、零序电流保护不必要动作而切除变压器。

6. 三绕组升压变压器的零序电流及零序方向过电流保护

电压为 110kV 及以上的变压器，在大电流系统侧应设置反映接地故障的零序电流保护。有两侧接大电流系统的三绕组变压器及三绕组自耦变压器，其零序电流保护应带方向，组成零序方向过电流保护。

三绕组（或两绕组）变压器的零序过电流保护的零序电流，可取自中性点侧 TA 二次电流，也可取自本侧 TA 二次三相中性线上的电流，或由本侧 TA 二次三相电流自产。零序功率方向元件接入的零序电压，可以取自本侧 TV 三次（即开口三角形）电压，也可以由本侧 TV 二次三相电压自产。在微机型保护装置中，零序电流及零序电压大多是自产，这样有利于确定功率方向元件动作方向的正确性。

对于大型三绕组变压器，零序过电流保护可采用三段，其中 I 段及 II 段带方向，第 III 段不带方向兼作总后备作用。每段一般有两级延时，以较短的延时缩小故障影响的范围或跳本侧断路器，以较长的延时切除变压器。

以三绕组变压器为例，其零序过电流保护的动作方程为：

零序 I 段

$$\begin{cases} 3I_0 \geqslant I_{op1} \\ P_0 > 0 \end{cases}$$

零序 II 段

$$\begin{cases} 3I_0 \geqslant I_{op2} \\ P_0 > 0 \end{cases}$$

零序 III 段

$$3I_0 \geqslant I_{op3}$$

式中：P_0 为零序功率元件的测量功率，W；$3I_0$ 为零序电流元件的测量电流，A；I_{op1}、I_{op2}、I_{op3} 分别为零序 I、II、III 段动作电流的整定值，A。

零序方向过电流保护的逻辑框图一般如图 3-31 所示。

可以看出：零序方向过电流保护的 I 段或 II 段动作后，分别经延时 t_1 或 t_3 作用于缩小故障影响范围，而经 t_2 或 t_4 切除变压器。零序 III 段不带方向，只作用于切除变压器。

整定原则及定值建议：

（1）功率方向元件的动作方向。零序功率方向元件动作方向的整定，应根据变压器的作用、保护安装位置（电气位置）及电力系统的具体情况确定。

1）发电厂的三绕组升压变压器。发电厂的三绕组升压变压器，其低压

313

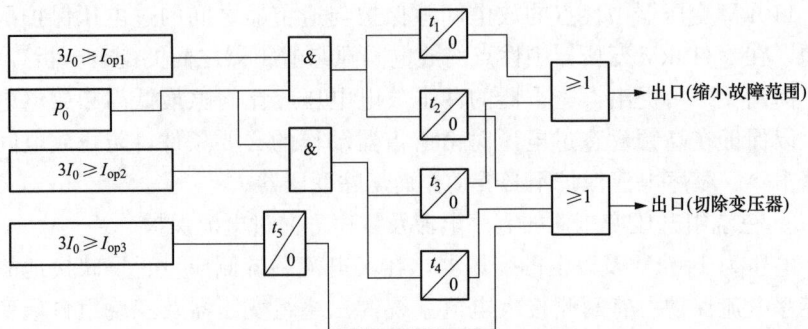

图 3-31　三绕组变压器零序方向过电流保护逻辑框图

侧一般接有大容量的发电机。发电机设置有完善的后备保护,可兼作变压器内部各种短路故障的后备保护。另外,大型超高压变压器的主保护已双重化。此时,变压器高压侧及中压侧的零序电流保护,应分别作为相邻母线及线路故障的后备保护,因此,保护的动作方向应分别指向各侧的母线。

2)大型变电站的降压变压器。为了经济运行及系统中各保护之间的配合,降压变电站的主电源在高压侧,其低压侧或中压侧一般无电源及开环运行,高压侧环网运行。

高压侧零序方向过电流保护的动作方向应指向变压器,作为变压器及中压侧线路接地故障的后备保护。中压侧的零序方向过电流保护的动作方向,应指向中压侧母线,作为母线及相邻线路接地故障的后备保护。

(2)各段零序电流元件的动作电流。

1)中压侧零序电流元件。中压侧零序电流Ⅰ段的动作电流,应与相邻线路零序电流的Ⅰ段或线路快速主保护配合,即

$$I_{op1} = K_{rel} K_{bro1} I_{op1L}$$

式中:I_{op1} 为中压侧零序电流Ⅰ段的动作电流,A;K_{bro1} 为Ⅰ段零序分支系数,其值等于线路零序电流Ⅰ段保护区末端接地故障时,流过本保护安装处的零序电流与流过线路零序电流之比,取各种运行方式的最大值;K_{rel} 为可靠系数,取 1.1;I_{op1L} 为相邻线路零序电流Ⅰ段的动作电流,A。

零序电流Ⅱ段的动作电流,与相邻线路零序电流Ⅱ段相配合,即

$$I_{op2} = K_{rel} K_{bro2} I_{op2L}$$

式中:I_{op2} 为Ⅱ段零序电流保护的动作电流,A;K_{rel} 为可靠系数,取 1.1;K_{bro2} 为Ⅱ段零序分支系数,其值为线路零序电流Ⅱ段保护区末端接地故障时,流过本保护安装处的零序电流与流过线路的零序电流之比,取各种运行方式下的最大值;I_{op2L} 为相邻线路零序电流Ⅱ段的动作电流,A。

2)高压侧零序电流元件。当零序方向电流保护的动作方向指向高压侧母线时,其各段动作电流的整定原则及计算公式同中压侧;当零序方向电流保护的动作方向指向变压器时,整定原则如下:

零序电流Ⅰ段保护的动作电流,应保证在中压侧母线上发生接地故障

时有灵敏度，且

$$I_{\mathrm{op\,I.\,h}} = K_{\mathrm{rel}} I_{\mathrm{op\,I.\,b}}$$

式中：$I_{\mathrm{op\,I.\,h}}$ 为高压侧零序电流 I 段保护的动作电流，A；$I_{\mathrm{op\,I.\,b}}$ 为中压侧零序电流 I 段保护的动作电流，A；K_{rel} 为可靠系数，取 1.15。

零序电流 II 段保护的动作电流，应与中压侧零序电流 II 段保护的动作电流相配合，即

$$I_{\mathrm{op\,II.\,h}} = K_{\mathrm{rel}} I_{\mathrm{op\,II.\,b}}$$

式中：$I_{\mathrm{op\,II.\,h}}$ 为高压侧零序电流 II 段保护的动作电流，A；$I_{\mathrm{op\,II.\,b}}$ 为中压侧零序电流 II 段保护的动作电流，A；K_{rel} 为可靠系数，取 1.15。

（3）动作延时的整定。当各侧零序方向过电流保护的动作方向指向各侧母线时，其电流 I 段保护的短延时应与相邻线路零序电流 I 段保护的动作时间相配合，即

$$t_1 = t_{1\mathrm{L}} + \Delta t$$

式中：t_1 为变压器零序电流 I 段保护的短延时，s；$t_{1\mathrm{L}}$ 为相邻线路零序电流 I 段保护的动作时间，s；Δt 为时间级差，通常取 0.3～0.5s。

零序电流 I 段的长延时，应比零序电流 I 段的短延时长一个时间级差（0.3～0.5s）。

变压器各侧零序电流 II 段的动作短延时应与相邻线路零序电流 II 段的动作延时相配合，而长延时比短延时长一时间级差。

当变压器高压侧零序方向电流保护的动作方向指向变压器时，其 I 段及 II 段的动作延时，应分别与中压侧零序电流 I、II 段保护的动作延时相配合，前者比后者（即高压侧保护比中压侧保护）长一个时间级差。

需要着重指出：为有效保护变压器，零序电流 I 段保护的最长动作时间不应超过 2s。

高、中压侧同时（不同时）接地时的零序电流保护：三绕组升压变压器低压侧通常为三角形接线，高压侧和中压侧为星形接线。当高、中压侧中性点不同时接地时，中性点接地侧发生接地故障时，中性点不接地侧不会有零序电流流通。当高、中压侧中性点同时接地时，若低压侧等值电抗等于零，则一侧发生接地故障时，另一侧不会有零序电流流通（即使还存在另一个接地中性点）；若低压侧等值电抗不等于零，则一侧发生接地故障时，另一侧在有两个及以上接地中性点的情况下，就会有零序电流流通。

（1）高、中压侧中性点不同时接地或同时接地但低压侧等值电抗等于零的情况。

1）方向元件设置。由于一侧发生接地时，另一侧无零序电流，所以不需设置零序方向元件。此外，另一侧线路对端的零序电流保护第 II 段也无需配合。

2）整定计算。高、中压侧零序电流保护各设两段，其中的第 I 段与本侧出线的零序电流保护第 I（II）段配合，以第一时限 $t_1 = t_0 + \Delta t$ [t_0 为出

线零序电流保护第Ⅰ（Ⅱ）段动作时限〕跳本侧母联或分段断路器，第二时限 $t_2 = t_1 + \Delta t$ 跳本侧断路器；第Ⅱ段与本侧出线的零序电流保护后备段配合，以其第一时限 $t_3 = t_{max} + \Delta t$（t_{max} 为出线零序电流保护后备段动作时限）跳本侧断路器，第二时限 $t_4 = t_3 + \Delta t$ 动作于低压侧发电机解列灭磁（切换厂用电）。

当高压侧为 330kV 及以上电压等级时，该侧的零序电流保护第Ⅰ段、第Ⅱ段各设一个时限，第Ⅰ段以 t_1 时限跳本侧断路器，第Ⅱ段以 t_3 时限跳各侧断路器，对发电机解列灭磁（切换厂用电）。

（2）高、中压侧中性点同时接地低压侧等值电抗不等于零的情况。

1）方向元件设置。由于一侧接地时另一侧有零序电流流通（该侧有两个及以上接地中性点），所以应设置零序方向元件，动作方向由变压器指向该侧母线。于是，带方向的零序电流保护只能起到该侧母线及其出线接地故障的后备作用，对变压器内部的接地故障起不到后备作用。为此，还需设置不带方向的零序电流保护。

2）高、中压侧方向零序电流保护整定计算。高、中压侧的方向零序电流保护通常各设两段，每段一般设两个时限。整定计算与上节"高、中压侧中性点不同时接地或同时接地但低压侧等值电抗等于零的情况"相同。

如果变压器高压侧（或中压侧）母线接地故障而使中压侧（或高压侧）出线对端零序电流保护第Ⅱ段整定值躲不过而可能动作时，为保证选择性，高压侧（或中压侧）零序电流保护第Ⅰ段与该侧线路零序电流保护第Ⅰ段配合，动作时限取 0.5s，第Ⅱ段与该侧线路零序电流保护后备段配合。

第Ⅱ段方向零序电流保护的灵敏系数，要求本侧母线发生接地故障时灵敏系数不低于 1.5。

3）高、中压侧不带方向零序电流保护整定计算。

a. 动作电流。不仅要与本侧出线的零序电流保护、接地距离保护后备段配合，而且要与本侧线路对端母线上出线的零序电流保护、接地距离保护后备段配合。当灵敏系数不满足要求时，可不与接地距离保护后备段配合，但动作时限必须配合。

b. 灵敏度要求。根据不带方向零序电流保护所起的后备作用，本侧母线发生接地故障时要求本侧的保护灵敏系数不低于 1.5。

c. 动作时限。应与高、中压侧方向零序电流保护动作时限配合，动作时限为

$$t_5 = t_{max} + \Delta t$$

式中：t_{max} 为高、中压侧方向零序电流保护最大动作时间，s。

d. 出口方式：跳变压器各侧断路器，对发电机解列灭磁（切换厂用电）。

提高保护动作可靠性措施：

（1）第Ⅱ段零序电流应取自中性点 TA0 二次电流。

（2）其他同"升压变压器零序电流保护"的注意事项。

三、励磁变压器（励磁机）保护

由于励磁变压器容量远小于发电机容量，因此作为励磁变压器保护的TA，其变比不可能大。这样，当励磁变压器高压侧或励磁变压器高压绕组出口附近发生相间短路故障时，TA 必然严重饱和。虽然主变压器差动保护或发电机-变压器组差动保护可反应上述故障，从保护选择性的角度出发，要求励磁变压器保护动作来切除故障。

考虑到实际情况，励磁变压器保护通常有两种配置方案：第一种是励磁变压器电流速断保护、励磁变压器过电流保护；第二种是励磁变压器差动保护（含差动电流速断保护）、励磁变压器电流速断保护、励磁变压器过电流保护。两种保护方案均能快速切除励磁变压器高压绕组出口附近的相间短路故障。

在第一种保护配置方案中，励磁变压器高压绕组出口附近的相间短路故障由电流速断保护动作切除，因此，要求电流速断保护在 TA 饱和前动作。注意到励磁变压器低压侧两相短路时比发电机强励时流过保护的电流大得多，故过电流保护的动作电流按躲过强励电流整定时仍有较高的灵敏度。

在第二种保护配置方案中，励磁变压器高压绕组出口附近的相间短路故障，差动保护因 TA 饱和而可能发生拒动，此时由差动电流速断、电流速断保护双重性快速动作切除故障，同样要求保护在 TA 饱和前动作。

如果励磁变压器主保护配置的是差动保护（含差动电流速断）、电流速断保护，则此时的电流速断保护按过电流保护整定。

当励磁变压器设有过负荷保护时，动作时限应躲过发电机强励允许时间。

发电机励磁绕组反时限过负荷保护设在励磁变压器高压侧时，可起到励磁变压器故障的保护作用。为防止励磁柜内短路故障时反时限过负荷保护的误动作，反时限过负荷保护上限动作时间应大于励磁柜开关或熔断器动作时间。

（一）励磁变压器纵差动保护

同"变压器差动保护"的整定及注意事项。

需要说明的是，由于励磁变压器两侧电流含有丰富的谐波分量，正常运行时差动不平衡电流较大，对于是否配置励磁变压器差动保护存在一定的争议。接下来通过分析一起励磁变压器差动保护误动案例，来说明高次谐波并不是引起励磁变压器差动保护误动的根本原因。励磁变压器差动保护具有成熟的运行经验，合理整定其定值，可提高励磁变压器内部故障检测的灵敏度。

自并励励磁变压器的电气特征与一般变压器有很大的差别，励磁变压器所接负载为三相整流桥，正常运行时，励磁变压器两侧电流中含有丰富的高次谐波，且谐波次数和谐波含量随着发电机负荷的不同而变化，励磁变压器的差动不平衡电流较一般变压器大，差动保护定值整定时需考虑该不利因素。此外，由于种种原因导致励磁变压器差动保护误动的案例时有发生，且发电机差动保护能够反映励磁变压器部分区内短路故障，对于是否配置励磁变压器差动保护存在一定的争议。

例如，浙江某电厂 600MW 机组正常运行时，励磁变压器差动保护误动作，该保护为进口微机保护产品。励磁变压器差动保护动作时，保护装置记录的励磁变压器两侧电流波形如图 3-32 所示。图中，F1、F2、F3 为励磁变压器高压侧 A、B、C 三相电流，F4、F5、F6 为励磁变压器低压侧 A、B、C 三相电流。可见，励磁变压器差动保护动作时，励磁变压器高压侧和低压侧 A、C 相电流均发生了严重畸变。

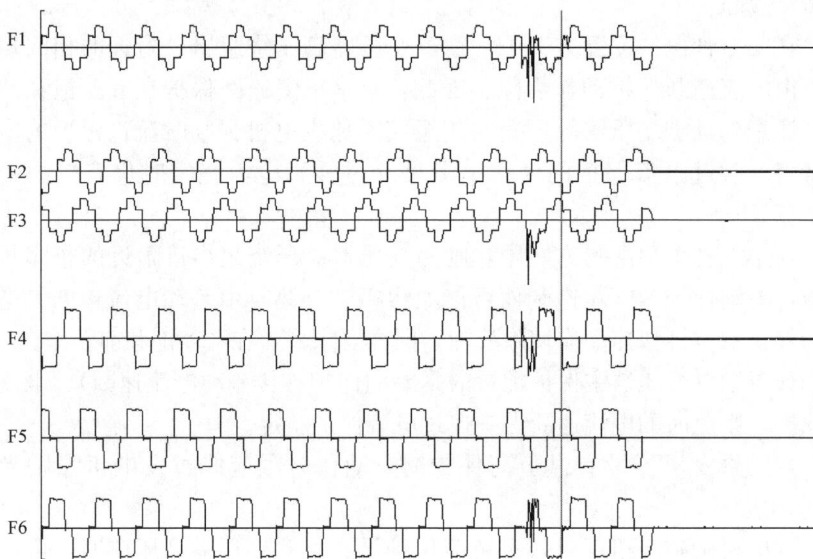

图 3-32　励磁变压器差动保护动作时的电流波形

考虑到励磁变压器正常运行时两侧电流中的谐波含量比较丰富，且励磁变压器低压侧连接三相整流桥，低压侧的回路相对复杂，电厂当年的分析结论是励磁变压器低压侧电流畸变，导致励磁变压器差动保护误动，并因此而退出了励磁变压器差动保护，以电流速断保护作为励磁变压器的主保护。

了解了本次事故的情况后，发现了几处疑点，决定重新进行分析。

励磁变压器低压侧电流波形与整流桥的工作性能息息相关，整流桥换相失败有可能产生类似畸变波形，因此，初步分析可能是励磁变压器低压侧整流桥换相失败引起的。

该励磁变压器为 Yd11 接线方式，如图 3-33 所示，图中 $\dot{I}_A$、$\dot{I}_B$ 和 $\dot{I}_C$

为励磁变压器高压侧三相电流，$\dot{I}_a$、$\dot{I}_b$ 和 $\dot{I}_c$ 为低压侧三相电流。

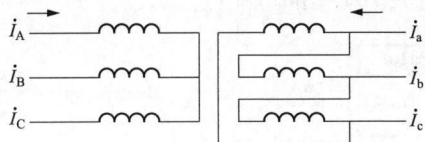

图 3-33 励磁变压器接线组别示意图

为便于分析励磁变压器高、低压侧电流波形的关系，不妨假设励磁变压器为理想变压器，且其变比已折算成 1∶1，则两侧三相电流关系如下式：

$$\begin{cases} \dot{I}_A = (\dot{I}_c - \dot{I}_a)/3 \\ \dot{I}_B = (\dot{I}_a - \dot{I}_b)/3 \\ \dot{I}_C = (\dot{I}_b - \dot{I}_c)/3 \end{cases}$$

假设换相瞬间完成，正常工作情况下，低压侧电流为 120°方波，高压侧为阶梯波。由录波的波形看，重点看低压侧波形，整流桥在 B 相与 C 相换相期间发生换相失败（图 3-34 中的 240°位置），有很短的一段时间，三相电流均为零。根据上述计算公式，可由低压侧电流波形推算出高压侧阶梯波的波形，如图 3-34 所示，当低压侧 A、C 两相电流畸变时，高压侧三相电流均应受到影响而发生畸变，而保护装置记录的高压侧 B 相电流并未发生变化，实际波形特征与理论分析不一致。

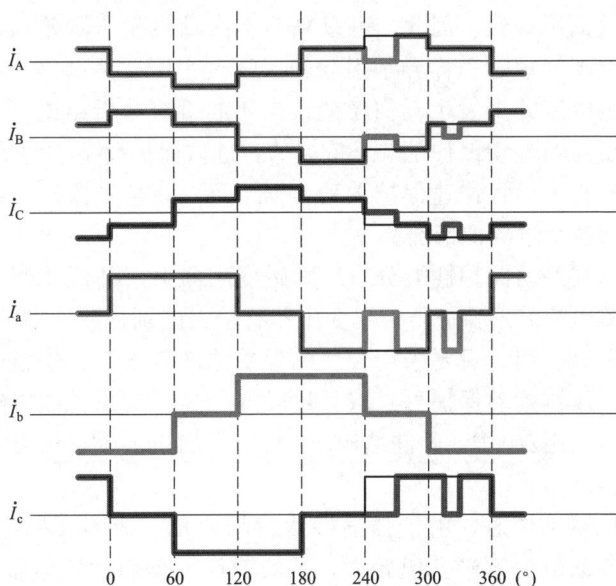

图 3-34 由低压侧电流推算出的高压侧波形

此外，图 3-34 所示的三相整流桥换相失败对励磁变压器差动保护而言，相当于短时区外故障，不应产生励磁变压器差流，而由图 3-35 所示保护装置录波数据可见，此时却产生了较大的差动电流，因此，可排除换相失败导致励磁变压器差动保护动作的可能性。

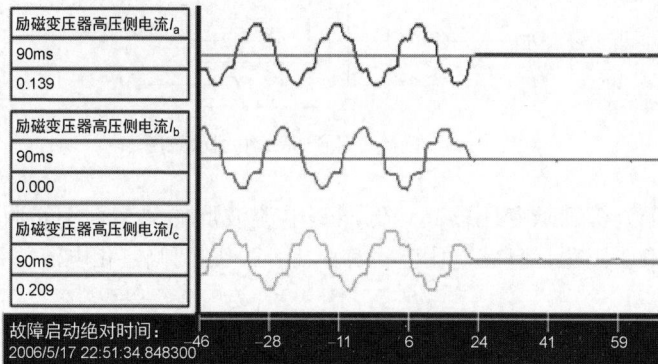

图 3-35　故障录波器记录的电流波形

励磁变压器差动保护动作时，由保护动作触点触发故障录波器录下了当时的波形，故障录波器只引入励磁变压器高压侧三相电流，不记录低压侧电流，故障录波器录下的励磁变压器高压侧三相电流波形如图 3-35 所示。

比较图 3-35 和图 3-32 所示励磁变压器高压侧电流波形，励磁变压器差动保护动作后，从励磁变压器高压侧电流降为 0 时刻向前推 3 个周波左右，保护装置录下的励磁变压器高压侧 A、C 两相电流波形发生了畸变，而此时刻故障录波器记录下的励磁变压器高压侧三相电流没有任何异常，两者记录的波形数据不一致。因此，可以判断本次励磁变压器差动保护动作是由于保护装置硬件短时采样异常引起的，励磁变压器差动保护动作时，励磁变压器两侧电流并未发生任何畸变，当年的事故分析结论不正确，因此而退出励磁变压器差动保护是缺乏依据的。进口保护设备均为单 CPU 硬件结构，硬件异常易导致快速保护误动，据了解，该型号保护装置在国内其他电厂已多次发生过类似情况。

励磁变压器差动保护性能分析。励磁变压器由于其低压侧直接与整流桥相连，两侧电流波形特征与常规变压器有较大区别，波形谐波含量较高，但现场运行经验表明，只要采用合适的保护滤波算法，合理整理差动保护定值，励磁变压器差动保护可以取得比较好的运行效果。国内绝大多数机组保护厂家均采用双 CPU 硬件结构，"与"门出口方式，可有效杜绝硬件异常导致的误动。

励磁变压器工作时，由于强励持续时间较长，两侧 TA 特性差异大，励磁变压器差动电流不平衡值较大，一般建议差动启动定值整定为 0.8～1.0 倍额定电流（灵敏度足够）。

图 3-36 所示为江苏某 137.5MW 机组励磁变压器高压侧区内三相接地故障时的差流波形，故障时的短路电流较大，励磁变压器高压侧 TA 迅速饱和，差流波形严重畸变，励磁变压器差动保护比率制动判据可能由于谐

波制动而无法动作，但差动速断保护可以快速动作，本次故障励磁变压器差动速断保护动作时间为10ms。此外，由于励磁变压器的高压侧连接于发电机的机端，连接点在发电机差动保护的保护范围内，因此，发电机差动保护也可以快速反映该故障。

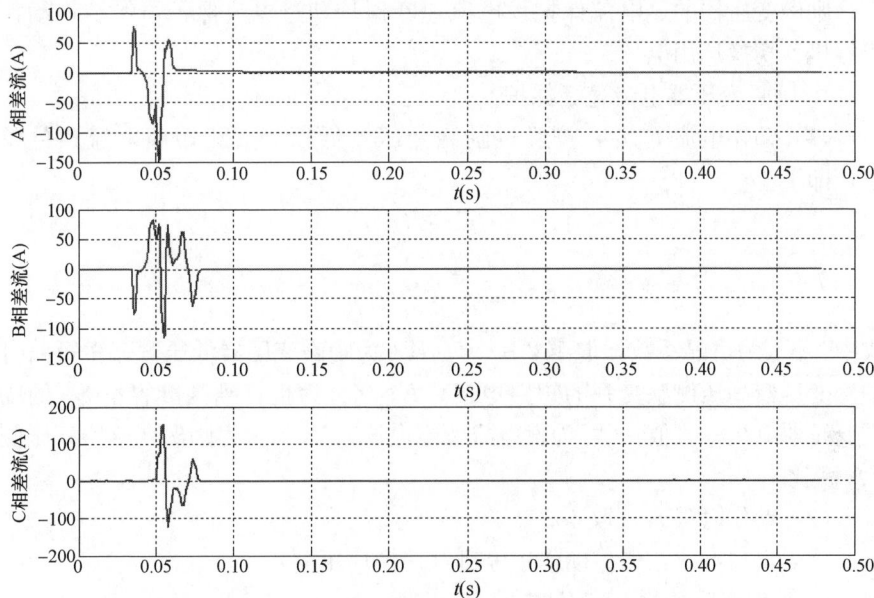

图 3-36　励磁变压器高压侧内部故障时的差流波形

　　由于励磁变压器的阻抗相对较大，励磁变压器低压侧发生短路故障时，短路电流比高压侧故障时要小得多，励磁变压器两侧 TA 电流能够正确传变，励磁变压器比率差动保护可以快速动作，动作时间一般为 20～35ms，而发电机差动保护对该故障的灵敏度是不满足要求的，不能保证在此情况下可靠动作。励磁变压器电流速断保护一般按躲过发电机强励条件整定，其优点是接线简单，且对电流互感器的传变要求较低，但其缺点是不能实现对所有励磁变压器内部故障的快速保护，尤其对于低压侧故障，电流速断保护的灵敏度要远低于励磁变压器差动保护。

　　与励磁变压器电流速断保护相比，励磁变压器差动保护在内部故障检测的灵敏度以及保护动作的快速性方面具有明显优势，现场有条件时宜装设励磁变压器差动保护。

　　通过此案例的分析，可以得到以下启示：

　　（1）对于现场励磁变压器差动保护误动原因分析，不应放过任何疑点，更不应在未查明原因的情况下否定励磁变压器差动保护原理。

　　（2）励磁变压器差动保护在现场大量应用，取得了丰富的运行经验，可提高内部故障检测灵敏度，尤其对于低压侧故障，其灵敏度远高于励磁变压器电流速断保护。

（3）在进行保护动作行为分析时，应结合保护装置录波数据和故障录波器录波数据，保护动作触点启动故障录波器的功能有助于分析保护硬件故障导致误动的情况，建议现场将动作触点引入故障录波器。

（二）励磁变压器过电流保护

励磁变压器的过电流保护设电流速断保护和过电流保护，保护均动作于停机（切换厂用电）。

1. 励磁变压器电流速断保护

（1）动作电流 $I_{\text{op.I}}$：按躲过励磁变压器低压侧三相短路电流条件整定，即

$$I_{\text{op.I}} = K_{\text{rel}} \cdot I_{\text{k}}^{(3)} / n_{\text{TA}}$$

$$I_{\text{k}}^{(3)} = \frac{1}{X_{\text{TE}}} \cdot \frac{S_{\text{B}}}{\sqrt{3} U_{\text{N}}}$$

式中：K_{rel} 为可靠系数，取 1.2~1.3；$I_{\text{k}}^{(3)}$ 为励磁变压器低压侧三相短路时励磁变压器高压侧感受到的短路电流，A；X_{TE} 为折算到基准容量 S_{B} 的励磁变压器电抗标幺值；U_{N} 为发电机额定电压，V；n_{TA} 为励磁变压器高压侧 TA 变比。

（2）动作时限 t_1：取 0s。

（3）出口方式：保护动作于停机（切换厂用电）。

2. 励磁变压器过电流保护

（1）动作电流 $I_{\text{op.II}}$：按躲过发电机强励条件整定，即

$$I_{\text{op.II}} = K_{\text{rel}} \beta_{\text{L}} K_{\text{SE}} \cdot I_{\text{fdN}} \cdot \frac{U_{\text{L}}}{U_{\text{H}}} / n_{\text{TA}}$$

式中：K_{rel} 为可靠系数，取 1.5；I_{fdN} 为发电机额定励磁电流，A；K_{SE} 为强励倍数，取 2；β_{L} 为三相全控桥整流系数，取 0.816；U_{L}、U_{H} 为励磁变压器低压侧、高压侧额定电压，V；n_{TA} 为励磁变压器高压侧 TA 变比。

（2）灵敏度计算。按发电机与系统断开、励磁变压器低压侧两相短路计算灵敏度。此时，流过保护的短路电流为

$$I_{\text{k}}^{(2)} = \sqrt{3}\, \frac{1}{(X_{\text{d}}'' + X_{\text{TE}}) + (X_2 + X_{\text{TE}})} \cdot \frac{S_{\text{B}}}{\sqrt{3} U_{\text{N}}}$$

式中：X_{d}'' 为折算到基准容量 S_{B} 的发电机次暂态同步电抗标幺值；X_2 为折算到基准容量 S_{B} 的发电机负序电抗标幺值；X_{TE} 为折算到基准容量 S_{B} 的励磁变压器电抗标幺值；U_{N} 为发电机额定电压，V。

要求灵敏系数满足

$$K_{\text{sen}} = \frac{I_{\text{k}}^{(2)}}{n_{\text{TA}} I_{\text{op.II}}} \geqslant 1.5$$

（3）动作时限 t_2：与励磁变压器低压侧的励磁绕组反时限过负荷保护上限动作时间 t_{min} 配合整定，取过电流保护动作时限为 t_2，则

$$t_2 = t_{\text{min}} + \Delta t$$

式中：$t_{\min}$ 为励磁变压器低压侧的励磁绕组反时限过负荷保护上限动作时间，s；Δt 为时间级差，取 $0.1\sim0.2$s。

（4）出口方式：保护动作于停机（切换厂用电）。

（三）励磁变压器过负荷保护

（1）动作电流 $I_{\text{op.}\,\text{III}}$：按额定电流下可靠返回条件整定，即

$$I_{\text{op.}\,\text{III}} = \frac{K_{\text{rel}}}{K_{\text{f}}} \cdot I_{\text{N}}$$

式中：K_{rel} 为可靠系数，取 $1.2\sim1.3$；K_{f} 为返回系数，取 $0.9\sim0.95$；I_{N} 为励磁变压器高压侧额定电流（二次值），A。

（2）动作时限 t_3：按躲过发电机强励允许时间整定，即

$$t_3 = t_{\text{y}} + \Delta t$$

式中：t_{y} 为发电机允许的强励时间，一般为 10s；Δt 为时间级差，取 1s。

（3）出口方式：保护动作于发信号。

（四）励磁变压器临时电源供电时的保护

正常运行时励磁变压器由发电机机端电压供电，在调试时有时需要由临时电源供电，临时电源通常取自厂用电电源。

励磁变压器的短路电压百分比 $U_{\text{k}}\%$ 是励磁变压器阻抗与额定阻抗的比值，折算到基准容量 S_{B} 的励磁变压器电抗标幺值 X_{TE} 为

$$X_{\text{TE}} = U_{\text{k}}\% \frac{S_{\text{B}}}{S_{\text{TE}}}$$

式中：S_{TE} 为励磁变压器额定容量，VA。

励磁变压器接到临时电源上的阻抗标幺值 X'_{TE} 为

$$X'_{\text{TE}} = X_{\text{TE}}\left(\frac{U_{\text{N}}}{U_{\text{L}}}\right)^2 = U_{\text{k}}\% \frac{S_{\text{B}}}{S_{\text{TE}}}\left(\frac{U_{\text{N}}}{U_{\text{L}}}\right)^2$$

式中：U_{N} 为励磁变压器高压侧额定电压，如 20kV；U_{L} 为临时电源供电电压，如 6.3kV。

如 $S_{\text{B}} = 1000$MVA、$S_{\text{TE}} = 6600$kVA、$U_{\text{k}}\% = 8\%$、$U_{\text{N}} = 20$kV、$U_{\text{L}} = 6.3$kV，则

$$X'_{\text{TE}} = U_{\text{k}}\% \frac{S_{\text{B}}}{S_{\text{TE}}}\left(\frac{U_{\text{N}}}{U_{\text{L}}}\right)^2 = 8\% \times \frac{1000}{6.6} \times \left(\frac{20}{6.3}\right)^2 = 122.2$$

因 X'_{TE} 很大，故临时电源的阻抗可忽略不计。

励磁变压器临时电源的保护由电流速断保护和过电流保护组成。

1. 电流速断保护

（1）动作电流 $I_{\text{op.}\,\text{I}}$：按躲过励磁变压器低压侧三相短路电流条件整定，即

$$I_{\text{op.}\,\text{I}} = K_{\text{rel}}\frac{1}{X'_{\text{TE}}}\frac{S_{\text{B}}}{\sqrt{3}U_{\text{L}}}/n_{\text{TA}}$$

式中：K_{rel} 为可靠系数，取 $1.2\sim1.3$；n_{TA} 为临时电源的 TA 变比。

（2）动作时限 t_1：取 0s。

2. 过电流保护

（1）动作电流 $I_{op.II}$：按励磁变压器低压侧两相短路时灵敏度不低于 2 整定，即

$$I_{op.II} = \frac{1}{K_{sen}} \frac{\sqrt{3}}{2} \frac{1}{X'_{TE}} \frac{S_B}{\sqrt{3}U_L} / n_{TA}$$

式中：K_{sen} 为灵敏系数，取 2。

（2）动作时限 t_2：与励磁柜开关、熔断器动作时间配合整定，可取 0.3~0.4s。

（五）励磁机保护

这里讲的励磁机指的是交流励磁发电机的主励磁机。其短路故障宜在中性点侧的 TA 回路装设电流速断保护作主保护，过电流保护作后备保护（也有采用纵差动保护的）。

1. 励磁机电流速断保护

（1）动作电流 $I_{op.I}$：同励磁变压器过电流保护，即

$$I_{op.I} = K_{rel}\beta_L K_{SE} \cdot I_{fdN} / n_{TA}$$

（2）灵敏度计算：主励磁机机端两相短路时，流经保护的两相短路电流为

$$I_k^{(2)} = \sqrt{3} \frac{1}{X''_d + X_2} \cdot \frac{S_{EN}}{\sqrt{3}U_{EN}}$$

式中：X''_d 为主励磁机额定容量下的次暂态电抗标幺值；X_2 为主励磁机额定容量下的负序电抗标幺值；S_{EN} 为主励磁机额定容量，VA；U_{EN} 为主励磁机额定电压，V。

要求灵敏系数满足

$$K_{sen} = \frac{I_k^{(2)}}{n_{TA} I_{op.I}} \geqslant 1.5$$

（3）动作时限 t_1：可取 0.3~0.4s。

2. 励磁机过电流保护

（1）动作电流 $I_{op.III}$：按额定励磁电流下可靠返回条件整定，即

$$I_{op.III} = \frac{K_{rel}}{K_f} \cdot \beta_L I_{fdN} / n_{TA}$$

式中：K_{rel} 为可靠系数，取 1.3；K_f 为返回系数，取 0.9；I_{fdN} 励磁机额定励磁电流；β_L 三相全控桥整流系数，0.816。

（2）灵敏度计算：要求灵敏系数满足

$$K_{sen} = \frac{I_k^{(2)}}{n_{TA} I_{op.II}} \geqslant 1.5$$

式中：$I_k^{(2)}$ 为主励磁机出口两相短路时，流经保护的两相短路电流，同励磁机电流速断保护中 $I_k^{(3)}$ 的算法，A。

（3）动作时限 t_2：与强励允许时间配合整定，即

$$t_2 = t_y + \Delta t$$

式中：t_y 为允许的强励时间，一般为 8s 或 10s；Δt 为时间级差，取 1s。

3. 励磁机差动保护

同发电机纵差动保护的整定。

四、变压器的非电量保护

非电量保护，顾名思义就是指由非电气量反映的故障动作或发信的保护，一般是指保护的判据不是电量（电流、电压、频率、阻抗等），而是非电气量，如气体保护（通过油速整定）、温度保护（通过温度高低）、防爆保护（压力）、防火保护（通过火灾探头等）、超速保护（速度整定）等。

变压器非电量保护，主要有气体保护、压力保护、温度保护、油位保护及冷却器全停保护。

（一）气体保护

变压器油箱内部发生故障时，油箱内的油被分解、气化，产生大量气体，油箱内压力急剧升高，气体及油流迅速向储油柜方向流动，超过重瓦斯的动作值时，瞬时动作切除变压器。

目前在我国电力系统中广泛应用开口杯挡板式气体继电器，QJ 型。

气体保护是反应变压器油箱内部绕组短路故障及异常的主要保护。其作用原理是：变压器内部故障时，在故障点产生伴随有电弧的短路电流，造成油箱内局部过热并使变压器油分解、产生气体（瓦斯），进而造成喷油、冲动气体继电器，气体保护动作。

气体保护分为轻瓦斯保护及重瓦斯保护两种。轻瓦斯保护作用于信号，重瓦斯作为变压器内部故障的主保护，可瞬时切除故障变压器，保护动作的灵敏度取决于整定值（即流速），作用于切除变压器并发出信号。

1. 重瓦斯保护

重瓦斯保护继电器由挡板、弹簧及干簧触点等构成。

引起重瓦斯保护动作跳闸的原因，可能是由于变压器内部发生严重故障，油面剧烈下降或保护装置二次回路故障；在某种情况下，如检修后油中空气分离得太快，也可能使重瓦斯保护动作于跳闸。

当变压器油箱内发生严重故障时，很大的故障电流及电弧使变压器油被高温分解，由液态的高分子分解为气态的烃类气体，主要有甲烷、乙烷、乙炔及氢气，其中乙炔是主要成分，占 70%～80%。少量气体首先溶于油中，当产气速率大于溶解速率时，就在故障区域产生气泡。气体排挤变压器油向储油柜方向流动，油流冲击挡板，带动磁铁并使干簧触点闭合，作用于切除变压器。一定的产气速率对应一定的流速，而产气速率又由燃弧功率决定，因此为把故障限制在最小范围，气体继电器的整定值应小于最小故障的燃弧功率对应的产气量。还要考虑与其他情况的配合，比如强迫

油循环变压器的循环油泵同时启动造成的油流涌动，不能使重瓦斯保护误动作。

重瓦斯保护通常按通过气体继电器的油流流速整定。流速整定与变压器容量、变压器冷却方式、接气体继电器的导管直径、气体继电器型式有关。表 3-4 列出了动作于跳闸的重瓦斯保护油流流速整定表。

变压器本体重瓦斯保护延时 0s 动作于跳开各侧断路器。

表 3-4　动作于跳闸的重瓦斯保护油流流速整定表

变压器容量 （MVA）	气体继电器 型号	连接导管内径 （mm）	冷却方式	动作流速整定值 （m/s）
7.5～10	QJ-80	80	自冷或风冷	0.7～0.8
10 以上	QJ-80	80	自冷或风冷	0.8～1.0
200 以下	QJ-80	80	强迫油循环	1.0～1.2
200 以上	QJ-80	80	强迫油循环	1.2～1.3
500kV 变压器	QJ-80	80	强迫油循环	1.3～1.4
有载调压开关	QJ-25	25		1.0

2. 轻瓦斯保护

内部轻微故障或故障初期，油箱内部油被分解气化，产生少量的气体积聚在气体继电器的顶部，当气体体积达到整定的动作值时，保护动作发出信号，另外变压器加入新油后少量溶解于油中的气体受热逸出，或变压器由于漏油造成油面下降，也会引起轻瓦斯动作。

轻瓦斯保护继电器由开口杯、干簧触点等组成。运行时，继电器内充满变压器油，开口杯浸在油内，处于上浮位置，干簧触点断开。当变压器内部发生轻微故障或异常时，故障点局部过热，引起部分油膨胀，油内的气体被逐出，形成气泡，进入气体继电器内，使油面下降，开口杯转动，使干簧触点闭合，发出信号。

轻瓦斯保护通常按气体容积整定，对于容量在 10MVA 以上的变压器，整定容积动作值为 250～300cm²，延时 0s 动作于信号。

变压器轻瓦斯保护动作可能有以下几种原因：

（1）在变压器的加油、滤油、换油、冷却系统不严密或换硅胶过程中以及启动强油循环装置而使空气进入变压器油箱。

（2）由于温度下降或漏油致使油面低于气体继电器轻瓦斯浮筒以下。

（3）变压器的轻微故障，产生少量气体。

（4）变压器外部发生穿越性短路故障。

（5）气体继电器或二次回路故障。

（6）因直流回路绝缘破坏或触点劣化引起的误动作。

发生气体信号后，首先应停止音响信号，并检查气体继电器动作的原因。如果不是上述原因造成的，则应立即收集气体继电器内的气体，并根据气体的多少、颜色、是否可燃等，判断其故障性质。若气体继电器内的气体为无色、无臭、不可燃，色谱分析判断为空气，则变压器可继续运行，并及时消除进气缺陷。若气体是可燃的，油的闪点比过去降低5℃以上，则说明变压器内部有故障，必须停下处理，并及时报告上级领导，严禁贸然送电。

3. 有载调压开关气体保护

有载调压开关的轻瓦斯保护延时 0s 动作于发信号；重瓦斯延时 0s 动作于跳开各侧断路器。

应当指出：重瓦斯保护是油箱内部故障的主保护，它能反映变压器内部的各种故障，如铁芯过热烧伤、油面降低等，而变压器差动保护对于这些故障无反应；当变压器少数绕组发生匝间短路时，虽然短路匝内故障点的故障电流很大，会造成局部绕组严重过热而产生强烈的油流向储油柜方向冲击，但表现在相电流上其量值并不大，在差动保护中产生的差流也不大，因而差动保护可能拒动，而重瓦斯保护对此却能灵敏地加以反应。因此，同样作为变压器的主保护，但差动保护与气体保护是不能相互替代的。

4. 提高可靠性措施

气体继电器安装在变压器本体上，为露天放置，受外界环境条件影响大。运行实践表明，由于下雨及漏水造成气体保护误动的概率很高。为提高气体保护的正确动作率，气体保护继电器应密封性能好，做到防止漏水、结露。另外，还应加装防雨罩，并保证防雨罩的牢固。

5. 变压器差动保护与气体保护的区别

（1）差动保护为变压器绕组及其引出线发生短路故障的主保护；气体保护为变压器油箱内部故障时的主保护。

（2）差动保护的保护范围为变压器各侧差动保护电流互感器之间的一次电气部分，包括：变压器引出线及变压器线圈发生多相短路；单相严重的匝间短路；在大电流接地系统中线圈及引出线上的接地故障。

（3）气体保护的保护范围包括：变压器内部多相短路；匝间短路，匝间与铁芯或外皮短路；铁芯故障（发热烧损）；油面下降或漏油；分接开关接触不良或导线焊接不良。

（4）差动保护可应用在变压器、发电机、分段母线、线路上，而气体保护是变压器所独有的保护。

（二）压力释放阀保护

压力（释放）保护也是变压器油箱内部故障的主保护。其作用原理与重瓦斯保护基本相同，但它是反应变压器油的压力的保护。

在变压器发生内部严重故障时，压力如不及时释放，将造成变压器油箱变形甚至爆裂，安装压力释放阀后，当油箱内部发生故障、压力升高到压力释放阀的开启压力时，压力释放阀在 2ms 内迅速开启，使变压器油箱内的压力很快降低，同时带动微动开关启动保护动作于跳闸；当压力降到关闭压力值时，压力释放阀又可靠关闭，使变压器油箱内保持正常压力，有效防止外部空气、水分及其他杂质进入油箱，且具有动作后无元件损坏、无需更换等优点，已被广泛使用。

压力继电器又称压力开关，由弹簧和触点构成，置于变压器本体油箱上部。当变压器内部故障时，温度升高，油膨胀压力增高，弹簧动作带动继电器动触点，使触点闭合，发出信号或切除变压器。压力（释放）保护可动作于信号或跳闸，建议该保护动作于发信号。

压力释放阀的开启压力设置应结合变压器的结构考虑，盲目地降低开启压力，容易造成压力释放阀保护误动。压力释放阀的微动开关因受潮或振动短路，会引起跳闸，必须尽量避免非电量保护误动作引起的跳闸事故。

由于大多数变压器厂家规定压力释放阀触点作用于跳闸，曾多次因压力释放阀的二次回路绝缘降低引起跳闸停电事故。为此，DL/T 572—2021《电力变压器运行规程》规定"压力释放阀触点宜作用于信号"。但当压力释放阀动作而变压器不跳闸时，可能会引发变压器的缺油运行而导致故障扩大，为此，可采用双浮子的气体继电器与之相配合来保护变压器，当压力释放阀动作导致油位过低时，气体继电器的下部浮子下沉导通，发出跳闸信号。

（三）压力瞬变保护

感应特定故障下变压器油箱内部压力的瞬时升高。该保护以比压力释放阀更快的速度动作于主变压器的切除，但不释放内部压力。

其动作触点应接入主变压器的跳闸信号，动作值应根据变压器厂家提供的值进行整定和校验。

（四）温度保护及油位保护

由于变压器在运行状态下存在损耗，这些损耗转化为大量的热能，为保护变压器的安全运行，其冷却介质及绕组的温度要控制在规定的范围内，这就需要温度控制器来提供温度的测量、冷却控制等功能。当温度超过允许范围时，提供报警或跳闸信号，确保设备的寿命。

温度控制器包括油面温度控制器和绕组温度控制器。

（1）油面温度控制器的测温原理：温度测量元件是一个封闭的毛细管，内充高压液体，当测量元件被加热时，液体膨胀，液体压力的变化传送到布登管弹簧和压力包。如果温度有变化，布登管弹簧即转动与其直接相连的指针心轴，指示温度并带动微动开关，发出报警或跳闸信号。

（2）绕组温度控制器的测温原理：变压器油面温度是可以直接测量出来的，但绕组由于处于高压下而无法直接测量其温度，其温度的测量是通过间接测量和模拟而成的。

绕组和冷却介质之间的温差是绕组实际电流的函数，电流互感器的二次电流（一般用套管的电流互感器）和变压器绕组电流成正比，电流互感器二次电流供给温度计的加热电阻，产生一个显示变压器负载的读数，它相当于实测的铜—油温差（温度增量）。这种间接测量方法提供一个平均或最大绕组温度的显示。

通常配电变压器的绝缘采用 A 级绝缘，当空气最高温度为 40℃时，这类绝缘的最高工作温度为 105℃，由于绕组的平均温度比油温高 10℃，所以变压器上层油温不宜超过 85℃，最高不能超过 95℃。

变压器不但规定最高允许温度，还规定允许的温升，当周围空气温度为 40℃时，绕组的允许温升为 65℃，则上层油的允许温升为 55℃。

例如：一台变压器，当周围空气温度为 30℃时，其上层油温为 65℃，变压器上层油温未超过允许值，上层油的温升为 35℃，也未超过允许值，变压器运行是正常的。

当变压器温度升高时，温度保护动作发出告警信号。具体的告警温度、跳闸温度由制造厂家提供。

大型的电力变压器应配备油面温度控制器及绕组温度控制器，并有温度远传的功能；为能全面反映变压器的温度变化情况，一般还将油面温度控制器配置双重化，即在主变压器的两侧均设置油面温度控制器。

变压器温度高跳闸信号必须采用温度控制器的硬触点，不能使用远传到控制室的温度来启动跳闸。在某 220kV 变电站中，由于采用远传的温度来启动跳闸，在电阻温度计回路断线或接触电阻增大时，反映到控制室的温度急剧升高，引起误动跳闸。

油位保护是反映油箱内油位异常的保护。运行时，因变压器漏油或其他原因使油位降低时动作，发出告警信号。具体的告警油位、跳闸油位由制造厂家提供。

（五）冷却器全停保护

为提高传输能力，对于大型变压器均配置有各种冷却系统。在运行中，若冷却系统全停，变压器的油温及绕组温度都将大幅度升高，给变压器安全稳定运行带来很大隐患，若不及时处理，可能导致变压器绕组绝缘损坏，也严重损害其使用寿命，因此，大型变压器一般都装设冷却器全停保护，其动作可以发信号，也可以延时动作于跳闸，或与其他保护配合，动作于跳闸。

冷却器全停保护，是在变压器运行中冷却器全停时动作。其动作后应立即发出告警信号，并经长延时切除变压器，当测量到变压器绕组温度高时，经短延时切除变压器。

冷却器全停保护的逻辑框图如图 3-37 所示。

变压器带负荷运行时，连接片由运行人员投入。若冷却器全停，K1 触点闭合，发出告警信号，同时启动 t_1 延时元件开始计时，经长延时 t_1 后去切除变压器。

若冷却器全停之后，伴随有变压器温度超温，图 3-37 中的 K2 触点闭合，经短延时 t_2 去切除变压器。

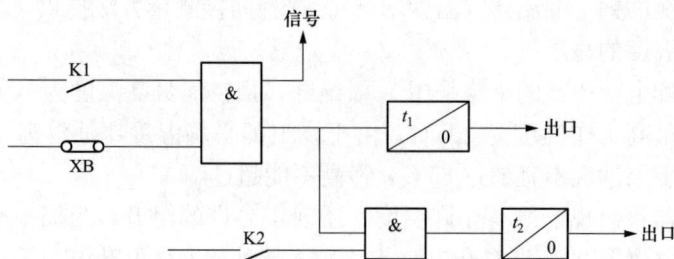

图 3-37　变压器冷却器全停保护的逻辑框图
K1—冷却器全停触点，冷却器全停后闭合；XB—保护投入连接片，
当变压器带负荷运行时投入；K2—变压器温度触点

在某些保护装置中，冷却器全停保护中的投入连接片 XB，用变压器各侧隔离开关的辅助触点串联起来代替。这种保护构成方式的缺点是：回路复杂，动作可靠性降低。其原因是：当某一对辅助触点接触不良时，该保护将被解除。因此，不建议使用这种方式。

对于冷却器全停保护动作出口方式，暂无相关规定。通常建议：

（1）当变压器制造厂无特殊规定时，变压器冷却器全停延时跳闸保护根据 DL/T 572—2021《电力变压器运行规程》的规定整定：强油循环风冷和强油循环水冷变压器，当冷却系统故障切除全部冷却器时，允许带额定负载运行 20min。如 20min 后顶层油温尚未达到 75℃，则允许上升到 75℃，但在这种状态下运行的最长时间不得超过 1h。

（2）当变压器制造厂有规定时，变压器冷却器全停延时跳闸保护的定值按厂家规定整定。

如国产某厂家规定：如风冷全停，当变压器油温达到 75℃后，40min 跳闸，如变压器油温未到达 75℃则延时 1h 跳闸。如国外某品牌厂家规定：如风冷全停，环境温度为 40℃的条件下，允许满负荷运行最长 30min，如负荷在 70％以下时，最长可运行 45min。

（3）对于强油风冷变压器，如用在有人值班巡检的场合，则冷却器全停时，宜投信号；若用于无人值班巡检的场合，条件具备的情况下宜投跳闸。

（4）对于强迫油循环风冷变压器，冷却器全停，应按要求整定出口跳闸。

（5）微机保护装置中的冷控失电经油温高闭锁逻辑，应可以依用户现场实际条件进行投退选择。目前有两种方式：一种是零时限作用于信号；另一种是 0s 发信号，经温度高条件的 20min 或不经温度高条件的 60min 作用于全停。

（六）通风启动

1. 升压变压器

对于升压变压器，通风启动可按电流启动及按温度（包括油温、绕组温度）启动两种方式。

（1）按电流启动方式时，变压器通风启动电流为

$$I_{op} = K \frac{I_N}{n_{TA}}$$

式中：K 为由变压器容量、结构等确定的系数，一般由制造厂给出；当没有这一给定数据时，油浸式变压器可取 $K=67\%$。从发电厂运行的经济性（降低厂用电）角度出发，可根据变压器带载情况、运行环境温度等实际情况，将该保护整定值适量提高（如取 $K=80\%$）。I_N 为变压器额定电流，A。n_{TA} 为电流互感器变比。

该保护按电流启动时，动作时限可取 1s。

（2）按油温、绕组温度启动时，该定值由制造厂给出。一般可取：

1）当油温达到 60℃时，启动辅助冷却器；当油温降为 50℃时，停运辅助冷却器。

2）当绕组温度达到 75℃时，启动辅助冷却器；当绕组温度降为 65℃时，停运辅助冷却器。

2. 降压变压器

对于降压变压器，通风启动可按油温、绕组温度、负荷进行控制。通常 220kV 及以上油浸自冷/风冷降压变压器设有两组风扇。风扇启动定值由制造厂给出。一般可取：

（1）油温控制时：当油温达到 70℃时，第一组风扇启动，当油温降为 60℃时，停运第一组风扇；当油温达到 80℃时，第二组风扇启动（此时两组风扇运行），当油温降为 70℃时，停运第二组风扇。

（2）绕组温度控制时：当绕组温度达到 80℃时，第一组风扇启动，当绕组温度降为 75℃时，停运第一组风扇；当绕组温度达到 95℃时，第二组风扇启动（此时两组风扇运行），当绕组温度降为 85℃时，停运第二组风扇。

（3）负荷控制时：当负荷电流达到 $60\%I_N$（I_N 为变压器额定电流）时，第一组风扇启动，当负荷电流为 $50\%I_N$ 时，停运第一组风扇；当负荷电流达到 $70\%I_N$ 时，第二组风扇启动（此时两组风扇运行），当负荷电流降为 $60\%I_N$ 时，停运第二组风扇。

（七）提高非电量保护装置动作可靠性措施

（1）非电量保护的测量元件一般装设于室外，工作环境差，可能会由于测量元件的故障或环境异常（如振动、温度骤变）引起保护误动作。

（2）非电量保护的二次电缆较长，工作环境差，容易因受潮而降低绝缘电阻而引起保护误动作。因此，非电量保护装置应注意消除因节点回路误短接等造成的误动因素，如节点盒增加防潮措施等。

（3）非电量测量元件的特性不如电量测量元件稳定，可能出现动作值偏差较大的情况。

（4）强油循环的冷却系统必须有两个相互独立的电源，并装有自动切换装置。要定期进行切换试验，信号装置应齐全可靠。

（5）气体继电器、压力释放装置和温度测量装置等非电量保护装置，应结合检修（压力释放装置应结合大修）进行校验，避免不合格或未经校验的装置安装在变压器上运行。为减少变压器的停电检修时间，压力释放装置、气体继电器宜备有适量的、经校验合格的备品。

（6）非电量保护装置的二次回路应结合变压器保护装置的定检工作进行检验，中间继电器、时间继电器、冷却器的控制元件及相关信号元件等也应同时进行检验。

（7）变压器在检修时应将非电量保护退出运行，消缺或维护性检查（如注油、放气等）可以将所有非电量保护暂投发信号方式。

（8）变压器如为分相式的，则非电量保护也应分相设置；非电量保护应有独立跳闸回路，同时作用于断路器的两个跳闸线圈；非电量保护电源应与电量保护电源独立。

（9）非电量跳闸继电器的启动功率应大于 5W，动作电压在额定直流电源电压的 55%～70%范围内。对于经长电缆跳闸的回路，应采取防止长电缆分布电容影响和防止出口继电器误动的措施，如高压电缆与控制电缆分层敷设，减少耦合；电缆屏蔽层的可靠接地；防止直流系统接地。

（10）非电量保护不允许启动失灵。

第四章 升压站系统保护

第一节 线 路 保 护

一、线路保护基本要求

继电保护和安全自动装置是保障电力系统安全、稳定运行不可或缺的重要设备。确定电网结构、厂站主接线和运行方式时，必须与继电保护和安全自动装置的配置统筹考虑，合理安排。继电保护和安全自动装置的配置要满足电网结构和厂站主接线的要求，并考虑电网和厂站运行方式的灵活性。

继电保护的任务之一就是当一次系统设备故障时，由继电保护向距离故障元件最近的断路器发出跳闸命令，使之从系统中脱离，以保证系统其他部分的安全稳定运行，并最大限度地减少对电力设备的损坏。因此继电保护应能区分正常运行与短路故障，应能区分短路点的远近。

电力系统继电保护和安全自动装置的功能是在合理的电网结构前提下，保证电力系统和电力设备的安全运行。继电保护和安全自动装置应符合可靠性、选择性、灵敏性和速动性的要求，当确定其配置和构成方案时，应综合考虑以下几方面，并结合具体情况，处理好上述四性关系：

（1）电力设备和电力网的结构特点和运行特点；

（2）故障出现的概率和可能造成的后果；

（3）电力系统的近期发展规划；

（4）经济上的合理性；

（5）相关专业的技术发展状况；

（6）国内和国外的经验。

对于 220kV 线路，根据稳定要求或后备保护整定配合有困难时，应装设两套全线速动保护；接地短路后备保护可装设阶段式或反时限零序电流保护，亦可采用接地距离保护并辅之以阶段式或反时限零序电流保护；相间短路后备保护一般应装设阶段式距离保护。

对于 500kV 线路，应装设两套完整、独立的全线速动主保护；接地短路后备保护可装设阶段式或反时限零序电流保护，亦可采用接地距离保护并辅之以阶段式或反时限零序电流保护；相间短路后备保护可装设阶段式距离保护。

GB/T 14285—2023《继电保护和安全自动装置技术规程》5.4"线路保护"，对线路保护做出了明确规定。

（1）500kV 线路保护配置两套完全独立的、全线速断的主保护。500kV 线路每回线的第一和第二套主保护均配置分相电流差动保护与 PCM 终端复用 OPGW 光纤通道，采用 2M 同向接口。每一套主保护均具有完整的三阶段式分相跳闸的相间和接地距离后备保护功能。在接地后备保护中，还配置反时限零序电流方向保护以保护高阻接地故障，保护装置能可靠动作。

（2）两套主保护安装在不同的保护柜中。

（3）保护装置可适用于弱电源情况。

（4）主保护采用快速动作，可靠、功率消耗小，性能完善，并且能与光纤通道配合的数字式保护。

（5）线路在空载、轻载、满载等各种状态下，在保护范围内发生金属性和非金属性的各种故障（包括单相接地、两相接地、两相不接地短路、三相短路及复合故障、转换性故障等）时，保护能正确动作。保护范围外发生金属性和非金属性故障时，装置不误动。此外，对外部故障切除、故障转换、功率突然倒向及系统操作等情况下，保护不误动作。

（6）非全相运行时发生区内故障，能三相瞬时跳闸，无故障或区外故障时，不误动。

（7）每套保护均有独立的选相功能，并有单相和三相跳闸逻辑回路。保护柜上有跳闸方式选择开关以便实现：

1）单相接地故障时单相跳闸，相间故障时三相跳闸。

2）任何类型短路故障时，皆三相跳闸。

（8）手动合闸或自动重合闸于故障线路上时，可靠瞬时三相跳闸；手动合闸或自动重合于无故障线路时可靠不动作。

（9）当系统在全相或非全相运行时发生振荡，均可靠闭锁可能误动的保护元件，如果这时本线路发生各种故障，瞬时或经短延时有选择地可靠切除故障。系统振荡时，外部故障或系统操作，保护不误动。

（10）保护装置有允许 300Ω 以上过渡电阻的能力。

（11）保护装置能根据电压、电流量判别线路运行状态以实现非全相判别及后加速跳闸逻辑。

（12）在由分布电容、并联电抗器、高压直流输电设备和变压器（励磁涌流）等所产生的稳态和暂态的谐波分量和直流分量的影响下，保护装置包括测量元件不误动作。

（13）保护装置在电压互感器二次侧断线（包括三相断线）或短路时不误动作，这时，闭锁可能误动的保护并发出告警信号。分相电流差动保护装置要求具有通道监测功能，在电流互感器二次侧一相或二相断线时，发出告警信号。

（14）距离继电器第一段（瞬时跳闸段）在各种故障情况下的暂态超越小于 5％整定值。

（15）保护装置保证出口对称三相短路时可靠动作，同时仍保证正方向故障及反方向出口经小电阻故障时动作的正确性。

（16）每套保护装置能可靠启动失灵保护，直到故障切除、线路电流元件返回为止。

（17）对于分相电流差动保护，整组动作时间小于等于 30ms，返回时间（从故障切除到装置跳闸出口元件返回）小于等于 60ms。

（18）保护装置有满足双母线接线需要的单相重合闸及三相重合闸启动输出触点、断路器分相启动失灵触点、闭锁重合闸等的输出触点。

（19）保护装置单相及三相跳闸时，分别有独立的、足够的输出触点，供启动中央信号、远动信号、事件记录使用。

（20）装置各整定值能安全、方便地在面板上更改。另外在保护屏柜上装设至少能选择四组不同定值的切换开关，用户负责整定与电力系统密切相关的整定项，且有独立的权限控制。其他整定项由制造厂家负责整定，并有独立的权限控制。

（21）每套微机保护具有故障测距、录波、事件记录功能及直接接收 GPS 对时信号功能，判别故障类型及相别，且测距误差小于 3%。

（22）分相电流差动保护对 TA 特性无特殊要求，线路两侧允许使用不同变比的 TA。当区外故障穿越电流为 20 倍额定电流时，装置不误动作；当 TA 饱和时，区内故障瞬时正确动作，区外故障不误动。

（23）分相电流差动保护还具有远方跳闸逻辑回路，同时提供跳闸出口的空触点。在相应的保护柜上安装一个切换开关，以投退远方跳闸回路。

（24）分相电流差动保护具有线路电容电流分相实时自动补偿功能。

（25）远方跳闸信号通过复用光通道进行传输。

（26）分相电流差动保护对复用光纤通道的要求：

1）保护装置与光/电转换接口设备之间采用光缆连接（保护室与通信机房间光缆长度为 500m），接口设备应该装在保护屏柜上，且放置在通信机房。尾纤、光缆、接口元件和相应的连接件及柜和屏蔽双绞电缆必须随保护设备一并提供。

2）光/电转换设备与复用通信设备接口为电气连接，其双绞线及接头带屏蔽接地，采用 2M 同向接口。光电转换接口装置的电源为直流−48V，每台装置一路电源，并使用一个直流电源小开关 MCB，其电源监视元件可借助辅助继电器或数字信号设备本身，数字接口元件还给出装置异常告警信号。

3）同一厂家或每回线的两个数字信号接口装置以及相应的光缆端子盒独立布置在同一数字接口柜中的不同层中。

4）数字接口元件用直流 48V，且采用电力工业标准。数字信号装置使用一个 48V 直流小开关 MCB，其电源监视元件可借助辅助继电器或数字信号接口设备本身，数字接口元件还给出装置异常告警信号。

二、光纤差动保护

如图 4-1 所示系统，以南瑞 RCS-900 系列线路保护为例，说明线路光纤差动保护的基本工作原理。

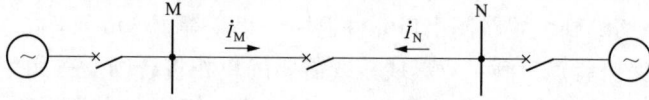

图 4-1　系统示意图

以从母线流向被保护线路方向为正方向。

动作电流（差动电流）为：$I_{cd} = |\dot{I}_M + \dot{I}_N|$。

制动电流为：$I_R = |\dot{I}_M + \dot{I}_N|$。

动作电流与制动电流对应的工作点位于比率制动特性曲线上方，继电器动作。

1. 线路发生区内故障时

如图 4-2 所示，凡是在线路内部有流出的电流，都成为动作电流。故：

动作电流（差动电流）为：$I_{cd} = |\dot{I}_M + \dot{I}_N| = |\dot{I}_K|$。

制动电流为：$\dot{I}_R = |\dot{I}_M - \dot{I}_N|$。

此时 $I_{cd} \gg I_R$，继电器动作。

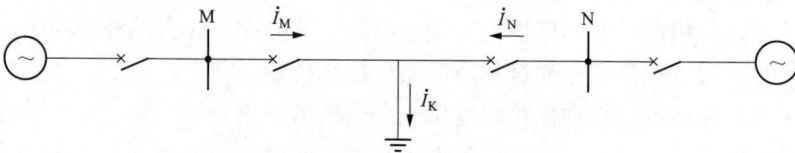

图 4-2　线路发生区内故障时的相量示意图

2. 线路发生区外故障时

如图 4-3 所示，凡是穿越性的电流不产生动作电流，只产生制动电流。

动作电流（差动电流）为：$I_{cd} = |\dot{I}_M + \dot{I}_N| = |\dot{I}_K - \dot{I}_K| = 0$。

制动电流为：$I_R = |\dot{I}_M - \dot{I}_N| = |\dot{I}_K + \dot{I}_K| = 2|\dot{I}_K|$。

此时 $I_{cd} \ll I_R$，继电器不动作。

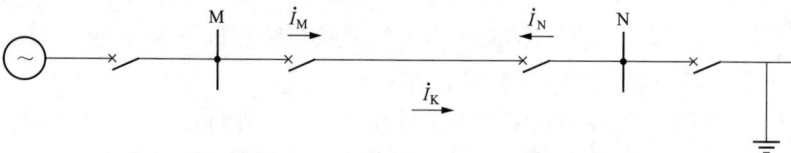

图 4-3　线路发生区外故障时的相量示意图

3. 输电线路电流纵差保护的主要问题

（1）电容电流的影响。电容电流是从线路内部流出的电流，因此它成为动作电流的一部分。由于负荷电流是穿越性的电流，它只产生制动电流，所以在空载或轻载下电容电流最容易造成保护误动。

解决方法：①提高启动电流定值；②必要时进行电容电流补偿。

（2）重负荷情况下线路内部经高电阻接地短路，灵敏度可能不够。负荷电流是穿越性的电流，它只产生制动电流而不产生动作电流。经高电阻短路，短路电流很小，从而动作电流就很小，灵敏度可能不够。

解决方法：采用工频变化量比率差动继电器和零序差动继电器。

（3）TA断线时差动保护会误动。为了在单侧电源线路内部短路时纵差保护能够动作，差动继电器在动作电流等于制动电流时应能保证动作，这样在一侧TA断线时差动保护会误动。

解决方法：采取措施防止TA断线时差动继电器误动。

（4）由于两侧TA暂态特性和饱和程度的差异、二次回路时间常数的差异，在区外故障或区外故障切除时出现差动电流（动作电流），容易造成差动继电器误动。

解决方法：提高比率制动特性的启动电流和制动系数，在制动量上增加浮动门槛。

（5）两侧采样不同步，造成不平衡电流的增大。线路纵差保护与元件保护中使用的纵差保护不同，线路纵差保护两侧电流是由不同装置采样的，两侧电流采样时间不一致，使动作电流不是同一时刻的两侧电流的相量和，最大的误差是相隔一个采样周期（RCS-931保护是0.833ms，折合工频电角度为15°），这将加大区外故障时的不平衡电流。

解决方法：使两侧采样同步，或进行相位补偿。

三、线路后备保护

（一）距离保护

距离保护是以距离测量元件为基础构成的保护装置，其动作和选择性取决于本地测量参数（阻抗、电抗、方向）与设定的被保护区段参数的比较结果，而阻抗、电抗又与输电线路的长度成正比，故名距离保护。距离保护是主要用于输电线路的保护，一般是三段式或四段式。第一、二段带方向性，做本线段的主保护，其中第一段保护线路的80%～90%，第二段保护余下的10%～20%并做相邻母线的后备保护；第三段带方向或不带方向，有的还设有不带方向的第四段，做本线及相邻线段的后备保护。

1. 距离保护的作用原理与构成

电流、电压保护的主要优点是简单、经济、可靠，在35kV及以下电压等级的电网中得到了广泛的应用。但是它们的保护范围与灵敏度受系统运行方式变化的影响较大，难以满足更高电压等级复杂网络的要求。为满足更高电压等级复杂网络快速、有选择性地切除故障元件的要求，必须采用性能更加完善的继电保护装置，距离保护就是其中一种。

系统在正常运行时，不可能总是工作于最大运行方式下，因此当运行方式变小时，电流保护的保护范围将缩短，灵敏度降低。而距离保护，顾名思义它测量的是短路点至保护安装处的距离，是利用短路发生时电压、电流同时变化的特征，测量电压与电流的比值，该比值反映故障点到保护安装处的距离，如果故障点距离小于整定值则保护动作。因此，距离保护受系统运行方式影响较小，保护范围稳定，常用于线路保护。

以图 4-4 所示的系统为例，按照继电保护选择性的要求，安装在线路两端的距离保护只能在线路 MN 内部短路时，保护装置才应该立即动作，将相应的断路器跳开，在保护区的反方向或正方向区外短路时，保护装置不应动作。与电流速断保护一样，为了保证在下级线路的出口处短路时保护不误动作，速动段距离保护的保护区应小于线路全长 MN。距离保护的保护区，用整定距离 L_{set} 来表示，当系统发生短路故障时，首先判断故障的方向，若故障位于保护区的正方向，则设法测出故障点到保护安装处的距离 L_k，并将 L_k 与 L_{set} 相比较，若 L_k 小于 L_{set}，则说明故障发生在保护范围之内，这时保护应立即动作，跳开对应的断路器；若 L_k 大于 L_{set}，则说明故障发生在保护范围之外，这时保护不应动作，对应的断路器不会跳开。若故障位于保护区的反方向，直接判为区外故障而不动作。

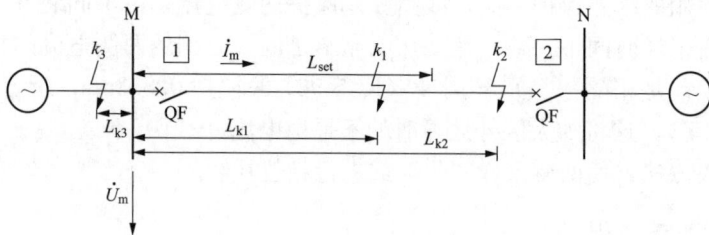

图 4-4 距离保护原理示意图

可见，通过判断故障方向，测量故障距离，判断出故障是否位于保护区内，从而决定是否需要跳闸，实现线路保护。距离保护可以通过测量短路阻抗的方法来测量和判断故障距离。由于阻抗继电器的测量阻抗反应了短路点的远近，也就是反应了短路点到保护安装处的距离，所以把以阻抗继电器为核心构成的反应输电线路一端电气量变化的保护称为距离保护。

（1）测量阻抗及其与故障距离的关系。距离保护的具体实现方法是通过测量短路点至保护安装处的阻抗实现的，因为线路的阻抗成正比于线路长度。

距离保护中的测量阻抗用 Z_m 来表示，它定义为保护安装处测量电压 $\dot{U}_m$ 与测量电流 $\dot{I}_m$ 之比，即

$$Z_\mathrm{m} = \frac{\dot{U}_\mathrm{m}}{\dot{I}_\mathrm{m}}$$

式中：Z_m 为一复数，在复平面上既可以用极坐标形式表示，也可以用直角坐标点的形式表示，即

$$Z_\mathrm{m} = |Z_\mathrm{m}| \angle \varphi_\mathrm{m} = R_\mathrm{m} + jX_\mathrm{m}$$

式中：$|Z_\mathrm{m}|$ 为测量阻抗的幅值，Ω；φ_m 为测量阻抗的阻抗角，$(°)$；R_m 为测量阻抗的实部，称为测量电阻，Ω；X_m 为测量阻抗的虚部，称为测量电抗，Ω。

电力系统正常运行时，$\dot{U}_\mathrm{m}$ 近似为额定电压，$\dot{I}_\mathrm{m}$ 为负荷电流，Z_m 为负荷阻抗。负荷阻抗的量值较大，其阻抗角为数值较小的功率因数角（一般功率因数不低于 0.9，对应的阻抗角不大于 25.8°），阻抗性质以电阻性为主。当电力系统发生金属性短路时，$\dot{U}_\mathrm{m}$ 降低，$\dot{I}_\mathrm{m}$ 增大，Z_m 变为短路点与保护安装处之间的线路阻抗 Z_k。短路阻抗的阻抗角就等于输电线路的阻抗角，数值较大（对于 220kV 及以上电压等级的线路，阻抗角一般不低于 75°），阻抗性质以电感性为主。

依据测量阻抗 Z_m 在上述不同情况下幅值和相位的"差异"，保护就能够"区分"出系统是否出现故障、故障发生在区内还是区外。

（2）三相系统中对应各种短路故障的测量阻抗。如前文所述，保护安装处的电压等于故障点电压加上线路压降，即 $U_\mathrm{KM} = U_\mathrm{k} + \Delta U$；其中线路压降 ΔU 并不单纯是线路阻抗乘以相电流，它等于正、负、零序电流在各序阻抗上的压降之和，即 $\Delta U = I_\mathrm{k1} \times X_1 + I_\mathrm{k2} \times X_2 + I_\mathrm{k0} \times X_0$。

接下来先以 A 相接地短路故障将保护安装处母线电压重新推导一下。

因为在发生单相接地短路时，$3I_0$ 等于故障相电流 I_kA；同时考虑线路 $X_1 = X_2$，则有

$$U_\mathrm{KMA} = U_\mathrm{kA} + I_\mathrm{kA1} \times X_\mathrm{LM1} + L_\mathrm{kA2} \times X_\mathrm{LM2} + I_\mathrm{kA0} \times X_\mathrm{LM0}$$
$$= U_\mathrm{kA} + I_\mathrm{kA1} \times X_\mathrm{LM1} + I_\mathrm{kA2} \times X_\mathrm{LM1} + I_\mathrm{kA0} \times X_\mathrm{LM0} + (I_\mathrm{kA0} \cdot X_\mathrm{LM1} - I_\mathrm{kA0} \cdot X_\mathrm{LM1})$$
$$= U_\mathrm{kA} + X_\mathrm{LM1}(K_\mathrm{kA1} + I_\mathrm{kA2} + I_\mathrm{kA0}) + I_\mathrm{kA0}(X_\mathrm{LM0} - X_\mathrm{LM1})$$
$$= U_\mathrm{kA} + X_\mathrm{LM1} \cdot I_\mathrm{kA} + 3I_\mathrm{kA0}(X_\mathrm{LM0} - X_\mathrm{LM1}) \times X_\mathrm{LM1}/3X_\mathrm{LM1}$$
$$= U_\mathrm{kA} + X_\mathrm{LM1} \cdot I_\mathrm{kA}[1 + (X_\mathrm{LM0} - X_\mathrm{LM1})/3X_\mathrm{LM1}]$$

令 $\quad K = (X_\mathrm{LM0} - X_\mathrm{LM1})/3X_\mathrm{LM1}$

则有 $\quad U_\mathrm{KAM} = U_\mathrm{kA} + I_\mathrm{kA} \times X_\mathrm{LM1}(1 + K)$

或 $\quad U_\mathrm{KAM} = U_\mathrm{kA} + I_\mathrm{kA} \times X_\mathrm{LM1}(1 + K)$
$$= U_\mathrm{kA} + X_\mathrm{LM1}(I_\mathrm{kA} + K \cdot I_\mathrm{kA})$$
$$= U_\mathrm{kA} + X_\mathrm{LM1}(I_\mathrm{kA} + K \cdot 3I_\mathrm{kA0})$$

同理可得 $\quad U_\mathrm{KBM} = U_\mathrm{kB} + X_\mathrm{LM1}(I_\mathrm{kB} + K \cdot 3I_\mathrm{kB0})$
$$U_\mathrm{KCM} = U_\mathrm{kC} + X_\mathrm{LM1}(I_\mathrm{kC} + K \cdot 3I_\mathrm{kC0})$$

这样就可得到母线电压计算的一般公式

$$U_{K\phi M} = U_{k\phi} + X_{LM1}(I_{k\phi} + K \cdot 3I_{k\phi 0})$$

该公式适用于任何母线电压的计算，对于相间电压，只不过因两相相减将同相位的零序分量 $K \cdot 3I_{k0}$ 减去了而已。

1）接地阻抗继电器的测量阻抗。理想情况下，故障时加入阻抗继电器的电压、电流测量值 $Z_J = U_J/I_J$ 正好成正比于保护安装处至短路点的线路阻抗 Z_{LM}。对于单相接地阻抗继电器来说，如果按相电压、相电流方式接线，则故障时继电器的测量阻抗

$$Z_J = U_J/I_J = Z_{LM}(I_{k\phi} + K \cdot 3I_0)/K_{k\phi} = (1+K) \cdot Z_{LM}$$

注：当金属性单相接地短路时，$U_{k\phi} = 0$。

它不能正确反映保护安装处至短路点的线路阻抗 Z_{LM}。

那么，为了使阻抗继电器测量阻抗 Z_J 正好等于保护安装处至短路点的线路阻抗 Z_{LM}，可以使

$$Z_J = Z_{LM}(I_{k\phi} + K \cdot 3I_0)/(I_{k\phi} + K \cdot 3I_0) = Z_{LM}$$

也就是说使继电器的计算用电压等于相电压、计算用电流等于 $I_{k\phi} + K \cdot 3I_0$，常规继电器构成上可以采用 $I_{k\phi} + K \cdot 3I_0$ 复合滤序器实现，微机保护更简单，直接通过软件算法实现。

$Z_J = U_J/(I_{k\phi} + K \cdot 3I_0)$ 的接线方式称为带零序电流补偿的接地阻抗继电器。接地阻抗保护一般采用该种接线。

2）相间阻抗继电器的测量阻抗。在前面"两相短路"的分析中，可以得出

$$I_{KABM} = 2I_{KAM}; U_{KABM} = 2I_{KAM} \times X_{1M}$$

则有母线处测量阻抗 $Z_J = 2I_{KAM} \cdot X_{1M}/2I_{KAM} = X_{1M}$

因此对于相间阻抗继电器来说，如果按相间电压、对应相间电流方式接线，则故障时继电器的测量阻抗

$$Z_{J\phi\phi} = U_{J\phi\phi}/I_{J\phi\phi} = 2I_{k\phi} \cdot Z_{LM}/2I_{k\phi} = Z_{LM}$$

能够正确反映保护安装处至短路点的线路阻抗 Z_{LM}。

$Z_{J\phi\phi} = U_{J\phi\phi}/I_{J\phi\phi}$ 的接线方式称为相间阻抗继电器的0°接线，相间距离一般采用该种接线。

3）正、反向短路故障测量阻抗比较。假设为金属性短路，故障点电压为零。规定正方向为：电流由母线指向线路为正方向；电压以电压升为正方向。如图4-5所示。

正方向短路故障测量阻抗：$Z_J = U_J/I_J = Z_{LM}$。

反方向短路故障测量阻抗：$Z_J = U_J/I_J = -Z_{LM}$。

可以看出：在特定的正方向下，测量阻抗具有明显的方向性。也就是说正方向故障实际上是由保护装置背侧电源作用的结果；而反方向故障则是由对侧电源作用的结果。

4）故障环路及测量电压、测量电流的选取。以上各种短路类型下测量

正向故障图

反向故障图

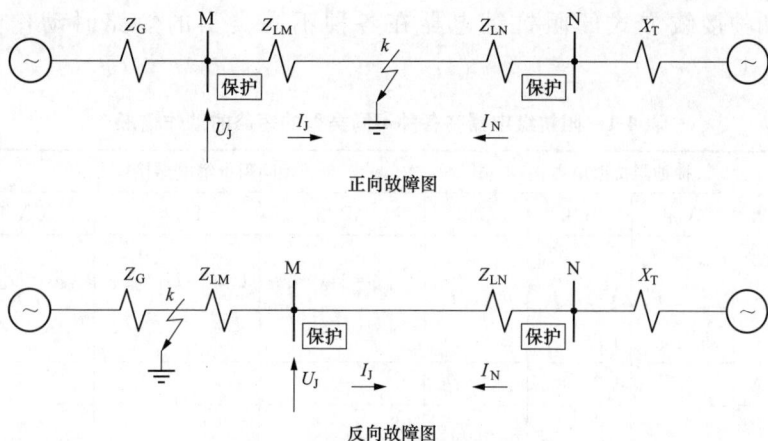

图 4-5 正、反向故障相量示意图

阻抗的分析，可以得出接入距离保护中电压、电流间的规律。中性点直接接地系统发生单相接地短路时，故障电流在故障相与大地之间流通；两相接地短路时，故障电流在两个故障相与大地之间，以及两个故障相之间流通；两相短路时，故障电流在两个故障相之间流通；三相短路时，故障电流在三相之间流通。

如果把故障电流流通的通路称为故障环路，则在单相接地短路情况下，存在一个故障相与大地之间的故障环路（相-地故障环）；两相接地短路情况下，存在两个故障相与大地之间的（相-地）故障环路，以及两个故障相之间的（相-相）故障环路；两相短路情况下，存在两个故障相之间的（相-相）故障环路；三相短路情况下，存在三相之间的（相-相）故障环路；三相短路接地情况下，存在三相之间的（相-相）故障环路和三个（相-地）故障环路。

上述分析表明，故障环路上的电压和环路中流通的电流之间能够正确表示故障距离（测量阻抗），而非故障环路上的电压、电流不满足故障距离的表述关系，相应的由它们计算出来的测量阻抗也就不能正确反应故障距离。距离保护应取用故障环路上的电压、电流间的关系作为判断故障距离的依据，而用非故障环路上的电压、电流计算得到的距离大于保护安装处到短路点的距离。

为保护接地短路，取接地短路的故障环路为相-地故障环路，测量电压为保护安装处故障相对地电压，测量电流为带有零序电流补偿的故障相电流。由它们计算出来的测量阻抗能够准确反映单相接地故障、两相接地故障和三相接地短路情况下的故障距离，称为接地距离保护接线方式。

对于相间短路，故障环路为相-相故障环路，取测量电压为保护安装处两故障相的电压差，测量电流取两故障相的电流差，由它们计算出来的测量阻抗能够准确反映两相短路、三相短路和两相短路接地情况下的故障距离，称为相间距离保护接线方式。

两种接线方式的阻抗继电器在各种不同类型的短路时动作情况见表 4-1。

表 4-1　阻抗继电器在各种不同类型的短路时动作情况

故障类型		接地阻抗继电器接线方式			相间阻抗继电器接线方式		
		A相	B相	C相	AB相	BC相	CA相
		$\dot{U}_{mA}=\dot{U}_A$ $\dot{I}_{mA}=\dot{I}_A$ $+K\cdot3\dot{I}_0$	$\dot{U}_{mB}=\dot{U}_B$ $\dot{I}_{mB}=\dot{I}_B$ $+K\cdot3\dot{I}_0$	$\dot{U}_{mC}=\dot{U}_C$ $\dot{I}_{mC}=\dot{I}_C$ $+K\cdot3\dot{I}_0$	$\dot{U}_{mAB}=\dot{U}_A-\dot{U}_B$ $\dot{I}_{mAB}=\dot{I}_A-\dot{I}_B$	$\dot{U}_{mBC}=\dot{U}_B-\dot{U}_C$ $\dot{I}_{mBC}=\dot{I}_B-\dot{I}_C$	$\dot{U}_{mCA}=\dot{U}_C-\dot{U}_A$ $\dot{I}_{mCA}=\dot{I}_C-\dot{I}_A$
单相接地短路	A	+	−	−	−	−	−
	B	−	+	−	−	−	−
	C	−	−	+	−	−	−
两相接地短路	AB	+	+	−	+	−	−
	BC	−	+	+	−	+	−
	CA	+	−	+	−	−	+
两相短路	AB	−	−	−	+	−	−
	BC	−	−	−	−	+	−
	CA	−	−	−	−	−	+
三相短路	ABC	+	+	+	+	+	+

注　"+"表示能正确反应故障距离；"−"表示测量阻抗比实际距离大。

（3）距离保护的延时特性。距离保护的动作延时 t 与故障点到保护安装处的距离 L_k 之间的关系称为距离保护的延时特性。

与电流保护一样，目前距离保护广泛采用三段式的阶梯延时特性，如图 4-6 所示。距离保护 I 段为无延时的速动段；II 段为带固定延时的速动段，固定延时一般为 0.3～0.6s；III 段延时需与相邻下级线路的 II 段或 III 段保护配合，在其延时的基础上再加一个延时级差 Δt。

（4）距离保护的构成。测量阻抗 $Z_J=U_J/I_J$，当因某种原因电压断线时，阻抗继电器将会误动作，故必须采取电压断线闭锁措施，当发生电压断线时闭锁保护。通常采用电压互感器二次电压与开口三角电压比较来实现。微机保护采用软件算法实现（例如，启动元件不动作的情况下，三相相量和大于 8V；或绝对值之和小于额定电压的一半且断路器在运行位置等）。

当系统振荡时，振荡中心的电压降低、电流升高，处于振荡中心的阻抗继电器感受到的测量阻抗降低，所以也必须采取振荡闭锁措施，当发生振荡时闭锁保护，并遵循振荡不消失，闭锁不解除的原则。通常引入正序元件，负、零序电流或电流增量元件及采用短时开放来监视静稳破坏。

为防止正方出口短路时保护可能拒动、反方向出口短路时保护可能误

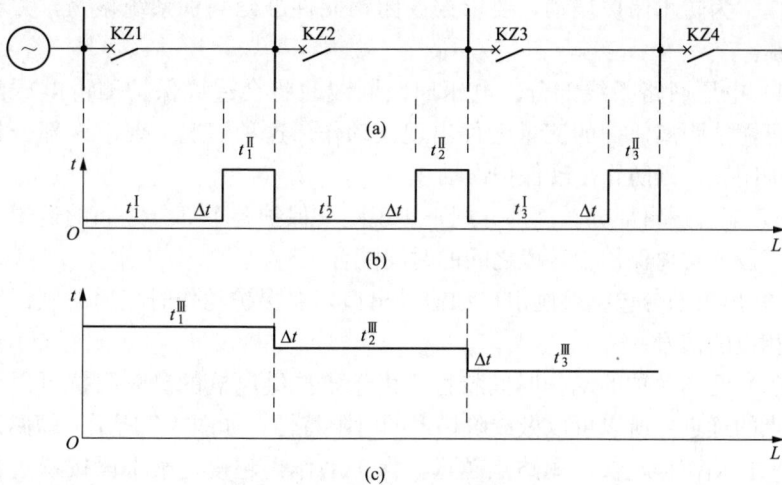

图 4-6 距离保护的延时特性

(a) 网络接线图；(b) Ⅰ、Ⅱ段延时特性；(c) Ⅲ段延时特性

动，通常采用使极化电压带"记忆"来实现，常规保护引入第三相电压构成 RLC 串联谐振回路，使故障时保持故障前相位；微机保护则直接读取故障前数据。

所以说，真正构成一套距离保护至少包含以下几个部分：启动元件、测量元件、振荡闭锁元件、电压回路断线闭锁元件、配合逻辑和出口等几部分组成。

1) 启动部分用来判别电力系统是否发生故障。电力系统正常运行时，启动部分不动作，距离保护装置的测量、逻辑等部分不投入工作；对它的要求是当作为远后备保护范围末端发生故障时，应灵敏、快速（几毫秒）动作，使整套保护迅速投入工作。在模拟式距离保护中，启动部分是由硬件电路元件实现的，大多反映负序电流、零序电流或负序与零序复合电流的判断原理；在数字式微机型保护中，启动部分由实时逐点检测电流突变量或零序电流的变化的软件来实现。

2) 测量部分是距离保护的核心。对它的要求是在系统故障情况下，快速、准确地测定故障方向和距离，并与预先设定的保护范围相比较，区内故障时给出动作信号，区外故障时不动作。

在传统的模拟式距离保护中，实现故障距离测量和比较的电路元件，称为阻抗元件或阻抗继电器。在数字式距离保护中，故障距离的测量和比较功能是由软件算法实现的，这时，传统意义上的"元件"或"继电器"已不存在，但为了与传统的概念相衔接，也把实现这些算法的软件模块称为"测量元件""距离继电器"或"阻抗元件""阻抗继电器"。

3) 闭锁部分。电力系统发生的振荡不是短路，距离保护不应该动作。但是，振荡时的电压、电流幅值发生周期性变化，有可能导致距离继电器误动作。为防止保护误动，要求振荡闭锁元件准确判别系统振荡，并将保护闭锁。

4）电压回路断线部分。电压回路断线时将会造成保护测量电压的消失，可能使距离保护的测量元件出现误动作。这种情况下要求该部分将距离保护闭锁，以防止出现保护误动作。

5）配合逻辑部分。该部分用来实现距离保护各个部分之间的逻辑配合以及三段式距离保护中各段之间的时间配合。

6）出口部分包括跳闸出口和信号出口，在保护动作时接通跳闸回路并发出相应的信号。

（5）距离保护的动作时间特性。由于阻抗继电器的测量阻抗可以反映短路点的远近，所以可以做成阶梯形的时限特性，如图 4-7 所示。短路点越近，保护动作得越快；短路点越远，保护动作得越慢。第Ⅰ段按躲过本线路末端短路（本质上是躲过相邻元件出口短路）时继电器的测量阻抗（也就是本线路阻抗）整定。它只能保护本线路的一部分，其动作时间是保护装置的固有动作时间（软件算法时间），一般不带专门的延时；第Ⅱ段应该可靠保护本线路的全长，它的保护范围将伸到相邻线路上，其定值一般按与相邻元件的瞬动段（例如相邻线路的第Ⅰ段）定值相配合整定，以延时发跳闸命令；第Ⅲ段作为本线路Ⅰ、Ⅱ段的后备，在本线路末端发生短路故障要有足够的灵敏度。在 110kV 系统中，第Ⅲ段还作为相邻线路保护的后备，在相邻线路末端发生短路时要有足够的灵敏度。第Ⅲ段的定值一般按与相邻线路Ⅱ、Ⅲ段定值相配合并躲最小负荷阻抗整定，延时发跳闸命令；在 220kV 及以上系统中，在装设了双重化配置的两套功能完整的纵联保护的情况下，为了简化后备保护的整定，第Ⅱ、Ⅲ段允许与相邻线路的主保护（纵联保护、线路Ⅰ段）和变压器的主保护（差动保护、气体保护）配合整定。

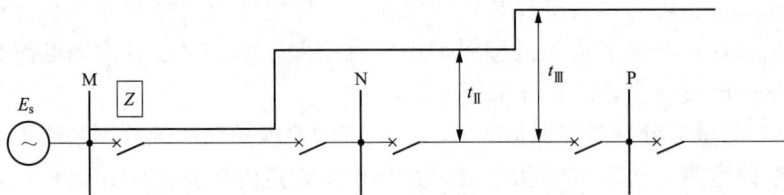

图 4-7　距离保护的阶梯形时间特性

在微机保护出现以前的模拟型保护时代，所有的阻抗继电器都有其动作方程，继电器是否动作就看是否满足动作方程，而一定的动作方程在阻抗复数平面上对应一定的动作特性。微机保护出现后，阻抗继电器的实现方法有两大类：一类也是按动作方程来实现的；另一类是在阻抗复数平面上先固定一个动作特性（如多边形特性），短路后利用微机的计算功能（如微分方程算法）求出继电器的测量电抗 X_m 和测量电阻 R_m，从而得到测量

阻抗 Z_m，$Z_m = R_m + jX_m$，进而判断测量阻抗相量在阻抗复数平面上是否落在规定的动作特性内，以决定它是否动作。

2. 距离保护的整定计算与配置

与电流保护类似，距离保护也采用阶梯延时配合的三段式配置方式。距离保护的整定计算，就是根据被保护电力系统的实际情况，计算出距离Ⅰ、Ⅱ、Ⅲ段测量元件的整定阻抗以及Ⅱ、Ⅲ段的动作延时。

当距离保护用于双侧电源的电力系统时，为便于配合，一般要求Ⅰ、Ⅱ段的测量元件都要具有明确的方向性，即采用具有方向性的测量元件，第Ⅲ段为后备段，包括对本线路Ⅰ、Ⅱ段保护的近后备、相邻下一级线路保护的远后备和反向母线保护的后备，所以，第Ⅲ段通常采用带有偏移特性的测量元件，用较大的延时保证其选择性。以各段测量元件均采用圆特性为例，它们的动作区域可如图4-8所示。图中，复平面坐标的方向做了旋转，以使各测量元件整定阻抗方向与线路阻抗方向一致，圆周1、2、3分别为线路A-B的A处保护Ⅰ、Ⅱ、Ⅲ段的动作特性圆，4为线路B-C的B处保护Ⅰ段的动作特性圆。

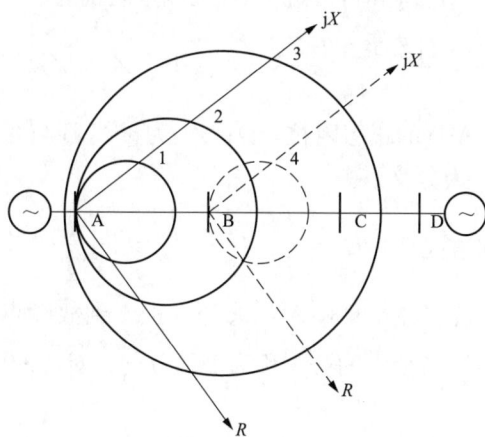

图 4-8 距离保护各段动作区域示意图

下面讨论各段保护具体的整定原则。

（1）距离保护第Ⅰ段的整定。距离保护Ⅰ段为无延时的速动段，它只反映本线路的故障，下级线路出口发生短路故障时，应可靠不动作。所以其测量元件的整定阻抗，应按躲过本线路末端短路时的测量阻抗来整定。以A处保护为例，测量元件的整定阻抗为

$$Z_{set}^{I} = K_{rel}^{I} L_{A\text{-}B} z_1$$

式中：Z_{set}^{I} 为距离Ⅰ段的整定阻抗，Ω；$L_{A\text{-}B}$ 为被保护线路的长度，km；z_1 为被保护线路单位长度的正序阻抗，Ω/km；K_{rel}^{I} 为可靠系数，由于距离保护为欠量保护，所以 $K_{rel}^{I} < 1$，考虑到继电器误差、互感器误差和参数测量误差等因素，一般取 0.8～0.85。

总结：距离保护Ⅰ段能够保护本线路全长的 $80\%\sim85\%$，0s 瞬时动作于跳开线路两侧的断路器。

（2）距离保护第Ⅱ段的整定。

1）分支电路对测量阻抗的影响。距离保护Ⅱ段的整定，类同于电流保护，应考虑分支电路对测量阻抗的影响，如图 4-9 所示。

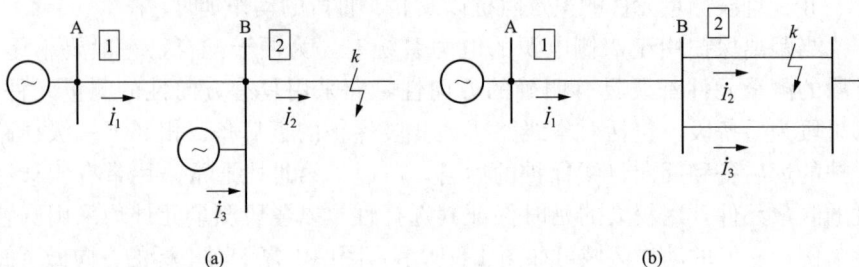

图 4-9　分支电路对测量阻抗的影响

(a) 助增分支；(b) 外汲分支

图中 k 点发生三相短路时，保护 1 处的测量阻抗为

$$Z_{\mathrm{ml}}=\frac{\dot{U}_{\mathrm{A}}}{\dot{I}_1}=\frac{\dot{I}_1 Z_{\mathrm{A\text{-}B}}+\dot{I}_2 Z_{\mathrm{k}}}{\dot{I}_1}=Z_{\mathrm{A\text{-}B}}+\frac{\dot{I}_2}{\dot{I}_1}Z_{\mathrm{k}}=Z_{\mathrm{A\text{-}B}}+K_{\mathrm{b}}Z_{\mathrm{k}}$$

式中：$Z_{\mathrm{A\text{-}B}}$ 为线路 A-B 的正序阻抗，Ω；Z_{k} 为母线 B 与短路点之间线路的正序阻抗，Ω；K_{b} 为分支系数。

图 4-9（a）的情况下，$K_{\mathrm{b}}=\dfrac{\dot{I}_2}{\dot{I}_1}=\dfrac{\dot{I}_1+\dot{I}_3}{\dot{I}_1}=1+\dfrac{\dot{I}_3}{\dot{I}_1}$，其值大于 1，使得保护 1 测量到的阻抗 Z_{ml} 大于从 A 母线处保护 1 到故障点之间的阻抗 $Z_{\mathrm{A\text{-}B}}+Z_{\mathrm{k}}$。这种使测量阻抗变大的分支称为助增分支，对应的电流 $\dot{I}_3$ 称为助增电流。

图 4-9（b）的情况下，$K_{\mathrm{b}}=\dfrac{\dot{I}_2}{\dot{I}_1}=\dfrac{\dot{I}_1-\dot{I}_3}{\dot{I}_1}=1-\dfrac{\dot{I}_3}{\dot{I}_1}$，其值小于 1，使得保护 1 测量到的阻抗 Z_{ml} 小于从 A 母线处保护 1 到故障点之间的阻抗 $Z_{\mathrm{A\text{-}B}}+Z_{\mathrm{k}}$。这种使测量阻抗变小的分支称为外汲分支，对应的电流 $\dot{I}_3$ 称为外汲电流。

2）保护Ⅱ段的整定。距离保护Ⅱ段的整定阻抗，应按以下两个原则进行：

a. 与相邻线路距离保护Ⅰ段相配合。为了保证在下级线路上发生故障时，上级线路保护处的保护Ⅱ段不至于越级跳闸，其Ⅱ段的动作范围不应该超出保护 2 的Ⅰ段的动作范围。若保护 2 的Ⅰ段的整定阻抗为 $Z_{\mathrm{set.2}}^{\mathrm{I}}$，则保护 1 的Ⅱ段的整定阻抗为

$$Z_{\mathrm{set.1}}^{\mathrm{II}}=K_{\mathrm{rel}}^{\mathrm{II}}(Z_{\mathrm{A\text{-}B}}+K_{\mathrm{b.min}}Z_{\mathrm{set.2}}^{\mathrm{I}}) \tag{4-1}$$

式中：$K_{\mathrm{rel}}^{\mathrm{II}}$ 为可靠系数，一般取 0.8。为确保在各种运行方式下保护 1 的 II 段范围不应该超出保护 2 的 I 段的动作范围，分支系数 $K_{\mathrm{b.min}}$ 取各种情况下的最小值。

b. 与相邻变压器的快速保护相配合。当被保护线路的末端母线接有变压器时，距离 II 段应与变压器的快速保护（一般是变压器差动保护）相配合，其动作范围不应超出变压器快速保护的范围。设变压器的阻抗为 Z_t，则距离 II 段的整定值应为

$$Z_{\mathrm{set.1}}^{\mathrm{II}} = K_{\mathrm{rel}}^{\mathrm{II}}(Z_{\mathrm{A\text{-}B}} + K_{\mathrm{b.min}}Z_t) \qquad (4\text{-}2)$$

式中：$K_{\mathrm{rel}}^{\mathrm{II}}$ 为可靠系数，考虑变压器阻抗误差较大，一般取 $0.7 \sim 0.75$。

当被保护线路末端母线上的出线或变压器采用电流速断保护时，应将电流保护的动作范围换算成阻抗，取其中的较小者作为整定阻抗。

此外，当被保护线路末端母线上的出线或变压器采用电流速断保护时，应将电流保护的动作范围换算成阻抗，然后用式（4-1）、式（4-2）进行计算。

3）灵敏度校验。距离保护 II 段，应能保护线路的全长，本线路末端短路时，应有足够的灵敏度。考虑到各种误差因素，要求灵敏系数应满足

$$K_{\mathrm{sen}} = \frac{Z_{\mathrm{set}}^{\mathrm{II}}}{Z_{\mathrm{A\text{-}B}}} \geqslant 1.25$$

如果 K_{sen} 不满足要求，则距离保护 1 的 II 段应改为与相邻元件的保护 II 段相配合，计算的方法与上面类似，此处不再赘述。

4）动作延时的整定。距离保护 II 段的动作延时，应比与之配合的相邻元件保护动作延时大一个时间级差 Δt，即

$$t_1^{\mathrm{II}} = t_2^{(x)} + \Delta t$$

时间级差 Δt 的选取方法与阶段式电流保护中时间级差选取方法一样。

总结：距离保护 II 段保护本线路全长，但不超过下一条线路距离 I 段的保护范围，一般以 $0.5\mathrm{s}$ 的动作时限动作于跳开线路两侧断路器。

（3）距离保护第 III 段的整定。

1）距离保护 III 段的整定阻抗。距离保护 III 段的整定阻抗，按以下三个原则计算：

a. 按与相邻下级线路距离保护 II 段或 III 段配合整定，在与相邻下级线路距离保护 II 段配合时，III 段的整定阻抗为

$$Z_{\mathrm{set.1}}^{\mathrm{III}} = K_{\mathrm{rel}}^{\mathrm{III}}(Z_{\mathrm{A\text{-}B}} + K_{\mathrm{b.min}}Z_{\mathrm{set.2}}^{\mathrm{II}})$$

可靠系数 $K_{\mathrm{rel}}^{\mathrm{III}}$ 的取法与 II 段整定中类似，分支系数 K_b 应取各种情况下的最小值。

如果与相邻下级线路距离保护 II 段配合灵敏系数不满足要求，则应改为与相邻下级线路距离保护的相配合。

b. 按与相邻下级变压器的电流、电压保护配合整定，定值计算为

$$Z_{\mathrm{set.1}}^{\mathrm{III}} = K_{\mathrm{rel}}^{\mathrm{III}}(Z_{\mathrm{A\text{-}B}} + K_{\mathrm{b.min}}Z_{\mathrm{min}})$$

式中：$Z_{\min}$ 为电流、电压保护的最小保护范围对应的阻抗值，Ω。

c. 按躲过正常运行时的最小负荷阻抗整定。当线路上的负荷最大且母线电压最低时，负荷阻抗最小，其值为

$$Z_{\mathrm{L.\,min}} = \frac{\dot{U}_{\mathrm{L.\,min}}}{\dot{I}_{\mathrm{L.\,max}}} = \frac{(0.9 \sim 0.95)\dot{U}_{\mathrm{N}}}{\dot{I}_{\mathrm{L.\,max}}}$$

式中：$\dot{U}_{\mathrm{L.\,min}}$ 为正常运行母线电压的最低值，V；$\dot{I}_{\mathrm{L.\,max}}$ 为被保护线路最大负荷电流，A；$\dot{U}_{\mathrm{N}}$ 为母线额定相电压，V。

考虑到电动机自启动的情况下，保护Ⅲ段必须立即返回的要求，若采用全阻抗特性，则整定值为

$$Z_{\mathrm{set.\,1}}^{\mathrm{III}} = \frac{K_{\mathrm{rel}}}{K_{\mathrm{ss}} K_{\mathrm{re}}} Z_{\mathrm{L.\,min}}$$

式中：K_{rel} 为可靠系数，一般取 $0.8 \sim 0.85$；K_{ss} 为电动机自启动系数，取 $1.5 \sim 2.5$；K_{re} 为阻抗测量元件（欠量动作）的返回系数，取 $1.15 \sim 1.25$。

若采用方向圆特性阻抗继电器，由躲开的负荷阻抗换算成整定阻抗值，整定阻抗可由下式给出

$$Z_{\mathrm{set.\,1}}^{\mathrm{III}} = \frac{K_{\mathrm{rel}}}{K_{\mathrm{ss}} K_{\mathrm{re}} \cos(\varphi_{\mathrm{set}} - \varphi_{\mathrm{L}})} Z_{\mathrm{L.\,min}}$$

式中：φ_{set} 为整定阻抗的阻抗角，$(°)$；φ_{L} 为负荷阻抗的阻抗角，$(°)$。

按上述三个原则进行计算，取其中的较小值作为距离Ⅲ段的整定阻抗。

当第Ⅲ段采用偏移特性时，反向动作区的大小通常用偏移率来整定，一般情况下，偏移率取 5% 左右。

2）灵敏度校验。距离保护Ⅲ段，既作为本线路Ⅰ、Ⅱ段保护的近后备，又作为相邻下级设备保护的远后备，灵敏度应分别进行校验。

作为近后备时，按本线路末端短路校验，计算式为

$$K_{\mathrm{sen}(1)} = \frac{Z_{\mathrm{set}}^{\mathrm{III}}}{Z_{\mathrm{A-B}}} \geqslant 1.5$$

作为远后备时，按相邻设备末端短路校验，计算式为

$$K_{\mathrm{sen}(2)} = \frac{Z_{\mathrm{set}}^{\mathrm{III}}}{Z_{\mathrm{A-B}} + K_{\mathrm{b.\,max}} Z_{\mathrm{next}}} \geqslant 1.2$$

式中：Z_{next} 为相邻设备（线路、变压器等）的阻抗，Ω；$K_{\mathrm{b.\,max}}$ 为分支系数最大值，以保证在各种运行方式下保护动作的灵敏性。

3）动作延时的整定。距离保护Ⅲ段的动作延时，应比与之配合的相邻设备保护动作延时大一个时间级差 Δt，但考虑到距离Ⅲ段一般不经振荡闭锁，其动作延时不应小于最小的振荡周期（$1.5 \sim 2\mathrm{s}$）。

以上的分析计算中，使用的都是一次系统的参数值，实际应用时，应把这些一次系统参数值换算至保护接入的二次系统参数值。设电压互感器 TV 的变比为 n_{TV}，电流互感器 TA 的变比为 n_{TA}，系统的一次参数用下标"（1）"标注，二次参数用下标"（2）"标注，则一、二次测量阻抗之间的关

系为

$$Z_{m(1)} = \frac{\dot{U}_{m(1)}}{\dot{I}_{m(1)}} = \frac{n_{TV}\dot{U}_{m(2)}}{n_{TA}\dot{I}_{m(2)}} = \frac{n_{TV}}{n_{TA}}Z_{m(2)}$$

$$Z_{m(2)} = \frac{n_{TA}}{n_{TV}}Z_{m(1)}$$

上述计算中得到的整定阻抗，也可以按照类似的方法换算到二次侧，计算式为

$$Z_{set(2)} = \frac{n_{TA}}{n_{TV}} = Z_{set(1)}$$

3. 对距离保护的评价

根据上述的分析和实际运行经验，对距离保护可以作出如下评价：

（1）由于同时利用了短路时电压、电流的变化特征，通过测量阻抗来确定故障所处的范围，保护区稳定，灵敏度高，动作情况受电网运行方式变化的影响小，能够在多侧电源的高压及超高压复杂电力系统中应用。

（2）由于只利用了线路一侧短路时电压、电流的变化特征，距离保护 I 段的整定范围为线路全长的 $80\% \sim 85\%$，这样在双侧电源线路中，有 $30\% \sim 40\%$ 的区域内故障时，只有一侧的保护能无延时地动作，另一侧保护需经 $0.5s$ 的延时后跳闸；在 220kV 及以上电压等级的网络中，有时候不能满足电力系统稳定性对短路切除快速性的要求，因而，还应配备能够全线快速切除故障的纵联保护。

（3）距离保护的阻抗测量原理，除可以应用于输电线路的保护外，还可以应用于发电机、变压器保护中，作为后备保护。

（4）相对于电流、电压保护而言，距离保护的构成、接线和算法都比较复杂，装置自身的可靠性稍差。

4. 距离保护的振荡闭锁

并联运行的电力系统或发电厂之间出现功率角大范围周期性变化的现象，称为电力系统振荡。电力系统振荡时，系统两侧等效电动势间的夹角 δ 可能在 $0° \sim 360°$ 范围内作周期性变化，从而使系统中各点的电压、线路电流、功率大小和方向以及距离保护的测量阻抗也都呈现周期性变化。这样，在电力系统出现严重的失步振荡时，功角在 $0° \sim 360°$ 之间变化，以上述这些量为测量对象的各种保护的测量元件，就有可能因系统振荡而动作。

电力系统的失步振荡属于严重的不正常运行状态，而不是故障状态，大多数情况下能够通过自动装置的调节自行恢复同步，或者在预定的地点由专门的振荡解列装置动作解开已经失步的系统。如果在振荡过程中继电保护装置无计划地动作，切除了重要的联络线，或断开了电源和负荷，不仅不利于振荡的自动恢复，而且还有可能使事故扩大，造成更为严重的后果。所以，在系统振荡时需采取必要的措施，防止保护因测量元件动作而误动。这种用来防止系统振荡时保护误动的措施，就称为振荡闭锁。

因电流保护、电压保护和功率方向保护等一般都只应用在电压等级较低的中低压配电系统，而这些系统出现振荡的可能性很小，振荡时保护误动产生的后果也不会太严重，所以一般不需要采取振荡闭锁措施。距离保护一般应用在较高电压等级的电力系统，系统出现振荡的可能性大，保护误动造成的损失严重，所以，必须考虑振荡闭锁问题。

（1）电力系统振荡对距离保护测量元件的影响。

1）电力系统振荡时电流、电压的变化规律。以图 4-10 所示的双侧电源的电力系统为例，分析系统振荡时电流、电压的变化规律。

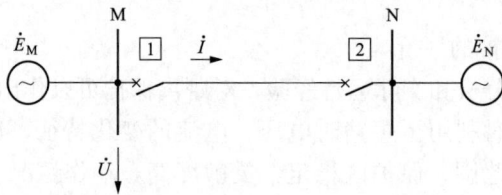

图 4-10 双侧电源的电力系统

设系统两侧等效电动势 $\dot{E}_M$ 和 $\dot{E}_N$ 的幅值相等，相角差（即功角）为 δ，等效电源之间的阻抗为 $Z_\Sigma = Z_M + Z_L + Z_N$，其中 Z_M 为 M 侧系统的等值阻抗，Z_N 为 N 侧系统的等值阻抗，Z_L 为联络线路的阻抗，则线路中的电流和母线 M、N 上的电压分别为

$$\dot{I} = \frac{\dot{E}_M - \dot{E}_N}{Z_\Sigma} = \frac{\Delta \dot{E}}{Z_\Sigma} = \frac{\dot{E}_M(1 - e^{-j\delta})}{Z_\Sigma}$$

$$\dot{U}_M = \dot{E}_M - \dot{I} Z_M$$

$$\dot{U}_N = \dot{E}_N - \dot{I} Z_N$$

它们之间的相位关系如图 4-11（a）所示。以 $\dot{E}_M$ 为参考相量，当 δ 在 0°～360°之间变化时，相当于 $\dot{E}_N$ 相量在 0°～360°范围内旋转。

由图 4-11 可以看出，电动势差的有效值为

$$\Delta E = 2E_M \sin \frac{\delta}{2}$$

所以线路电流的有效值为

$$I = \frac{\Delta E}{|Z_\Sigma|} = \frac{2E_M}{|Z_\Sigma|} \sin \frac{\delta}{2}$$

电流有效值随 δ 变化的曲线如图 4-11（b）所示。电流的相位滞后于 $\Delta \dot{E} = \dot{E}_M - \dot{E}_N$ 的角度为系统联系阻抗角 φ_d，其相量的末端随 δ 变化的轨迹如图 4-11（a）中的虚线圆周所示。

假设系统中各部分的阻抗角都相等，则线路上任意一点的电压相量的末端，都必然落在由 $\dot{E}_M$ 和 $\dot{E}_N$ 的末端连接而成的直线上，即 $\Delta \dot{E}$ 上。M、

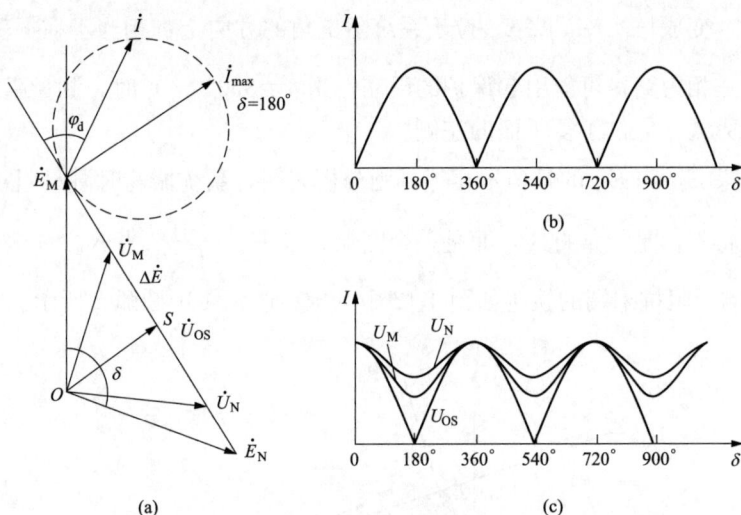

图 4-11 系统振荡时的电流和电压

（a）相量图；（b）电流有效值变化曲线；（c）电压有效值变化曲线

N 两母线处的电压相量 $\dot{U}_M$ 和 $\dot{U}_N$ 标在图 4-11（a）中，其有效值随 δ 变化的曲线，如图 4-11（c）所示。

在图 4-11（a）中，由 O 点向相量 $\Delta\dot{E}$ 作一垂线，并将该垂线代表的电压相量记为 $\dot{U}_{OS}$，显然，在 δ 为 0°以外的任意值时，电压 $\dot{U}_{OS}$ 都是全系统最低的，特别是当 $\delta=180°$ 时，该电压的有效值变为 0。电力系统振荡时，系统电压最低的这一点称为振荡中心，在系统各部分的阻抗角都相等的情况下，振荡中心的位置就位于阻抗中心 $\frac{1}{2}Z_\Sigma$ 处。由图 4-11（a）可见，振荡中心电压的有效值可以表示为

$$U_{OS}=E_M\cos\frac{\delta}{2}$$

2）电力系统振荡时测量阻抗的变化规律。系统振荡时，保护安装处 M 的测量阻抗由两大部分组成（推导过程从略）。

第一部分：$\left(\frac{1}{2}-\rho_M\right)Z_\Sigma$（其中 $\rho_M=\dfrac{Z_M}{Z_\Sigma}$ 为 M 侧系统阻抗占系统总联系阻抗的比例）对应于从保护安装处 M 到振荡中心点 OS 的线路阻抗，只与保护安装处到振荡中心的相对位置有关，而与功角 δ 无关。

第二部分：$\mathrm{j}\dfrac{1}{2}Z_\Sigma\cot\dfrac{\delta}{2}$，垂直于 Z_Σ，随着 δ 的变化而变化。当 δ 由 0°变化到 360°时，测量阻抗 Z_M 的末端沿着一条经过阻抗中心点 OS，且垂直于 Z_Σ 的直线 $\overline{OO'}$ 自右向左移动，如图 4-12 所示。当 $\delta=0°(+)$ 时，测量阻抗 Z_M 位于复平面的右侧，其值为无穷大；当 $\delta=180°$ 时，测量阻抗 Z_M

值最小，变成$\left(\frac{1}{2}-\rho_M\right)Z_\Sigma$，位于系统阻抗角的方向上，相当于在振荡中心处发生三相短路，可能引起保护的误动；当$\delta=360°(-)$时，测量阻抗Z_M值为无穷大，但位于复平面的左侧。

如果$\dot{E}_M$和$\dot{E}_N$的幅值不相等，则分析表明，系统振荡时测量阻抗末端的轨迹将不再是一条直线，而是一个圆弧。设$K_e=\dfrac{E_M}{E_N}$，当$K_e>1$及$K_e<1$时，测量阻抗末端的轨迹如图4-12中的虚线圆弧1和圆弧2所示。

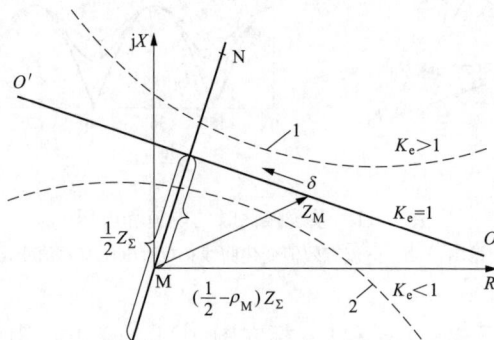

图4-12　测量阻抗的变化轨迹

由图4-12可见，保护安装处M到振荡中心OS的阻抗为$\left(\frac{1}{2}-\rho_M\right)Z_\Sigma$，它与$\rho_M=\dfrac{Z_M}{Z_\Sigma}$的大小密切相关。当$\rho_M<1/2$时，即保护安装在送电端且振荡中心位于保护的正方向时，振荡时测量阻抗末端轨迹的直线$\overline{OO'}$在第一象限内与Z_Σ相交，根据保护的动作特性，测量阻抗可能穿越动作区；当$\rho_M=1/2$时，保护安装处M正好就是振荡中心，该阻抗等于0，测量阻抗末端轨迹的直线$\overline{OO'}$在坐标原点处与Z_Σ相交，肯定穿越保护动作区；当$\rho_M>1/2$时，即振荡中心位于保护的反方向上，振荡时测量阻抗末端轨迹的直线$\overline{OO'}$在第三象限内与Z_Σ相交，是否会引起保护误动，视保护的动作特性而异。

可见，距离保护安装在系统不同位置，受电力系统振荡的影响是不同的。

3）电力系统振荡对距离测量元件特性的影响。在图4-10所示的双侧电源系统中，假设M处装有距离保护，其测量元件采用方向圆特性的阻抗元件，距离Ⅰ段的整定阻抗为线路阻抗的80%，M侧Ⅰ段的动作特性如图4-13所示。

根据前面的分析，当振荡中心落在母线M、N之间的线路上，δ变化时，M处的测量阻抗末端，将沿着图4-13中的直线$\overline{OO'}$移动。当δ在$\delta_1\sim$

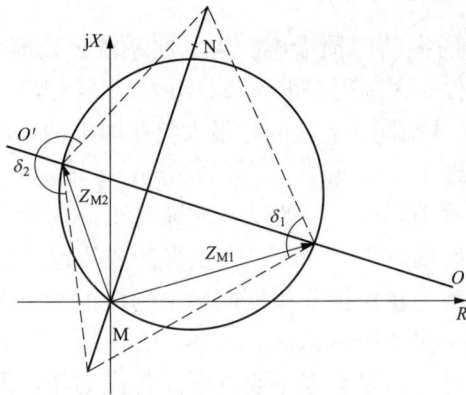

图 4-13 振荡对测量元件的影响

δ_2 范围内时，M 侧测量阻抗落入动作范围之内，其测量元件动作，其误动作的时段自有功角 δ_1 开始至功角超过 δ_2 结束。当振荡中心落在本线路保护范围之外时，距离Ⅰ段将不受振荡的影响，Ⅱ、Ⅲ段的整定阻抗一般较大，振荡时的测量阻抗比较容易进入其动作区，所以Ⅱ、Ⅲ段的测量元件可能会动作。但是，它们都带有延时元件，如果振荡误动作的时段小于延时元件的延时，则保护出口不会误动作。

总之，电力系统振荡时，阻抗继电器是否误动、误动的时间长短与保护安装位置、保护动作范围、动作特性的形状和振荡周期的长短等因素有关，安装位置距离振荡中心越近、整定值越大、动作特性曲线在与整定阻抗垂直方向的动作区越大时，越容易受振荡的影响，振荡周期越长误动的时间越长，但并不是安装在系统中所有的阻抗继电器在系统振荡时都会误动。

4）电力系统振荡与短路时电气量的差异。既然电力系统振荡时可能引起距离保护的误动作，就需要进一步分析比较电力系统振荡与短路时电气量的变化特征，找出其间的差异，用以构成振荡闭锁元件，实现振荡时闭锁距离保护。

a. 振荡时，三相完全对称，没有负序分量和零序分量出现；短路时，总要长时（不对称短路过程中）或瞬时（三相短路开始时）出现负序分量或零序分量。

b. 振荡时，电气量呈现周期性的变化，其变化速度与系统功角的变化速度一致，比较慢，当两侧功角摆开到 180° 时相当于在振荡中心发生三相短路；从短路前到短路后其值突然变化，速度很快，而短路后短路电流、各点的残余电压和测量阻抗在不计衰减时是不变的。

c. 振荡时，电气量呈现周期性的变化，若阻抗测量元件误动作，则在一个振荡周期内动作和返回各一次；而短路时，阻抗测量元件如果动作（区内短路），则一直动作下去，直至故障切除；如果不动作（区外短路）则一直不动作。

（2）距离保护的振荡闭锁措施。为了在系统振荡时距离保护不误动，需增加振荡闭锁条件。振荡闭锁由四部分组成，其特点是：

1）启动元件开放瞬间，若按躲过最大负荷整定的正序过电流元件不动作或动作时间尚不到 10ms，则将振荡闭锁开放 160ms。

将振荡闭锁开放 160ms，目的是当故障先于振荡的情况下，允许继电保护动作。如果是区内故障，160ms 内主保护或快速保护能够完成动作跳闸；如果是区外故障，在保护开放期间，本侧保护不会误动，而振荡要引起保护误动，至少要在 200ms 以后。

系统出现振荡时，如果有零序或负序元件先动作，即先有故障时，振荡闭锁开放 160ms，如果是区内故障，160ms 是能够保证保护装置动作切除故障的；如果不是区内故障，保护装置也不会误动。这是因为，根据我们国家多年来的统计和经验总结，系统振荡开始的第一个周期相对时间较长，振荡中心两侧的电动势角度从 0° 转到 180° 的时间一般要 0.4s 左右，距离保护在振荡时误动的条件是：两侧电动势角度大于 120° 以上，否则阻抗继电器没有"动作力矩"，达到 180° 的时间要 0.4s，到达 120° 的时间至少要 0.2s，考虑一点裕度，取 160ms。

2）区内不对称故障开放振荡闭锁

$$|I_0| + |I_2| > m \times |I_1| \qquad (4-3)$$

当区外故障引起系统振荡时，阻抗继电器不会误动，因为这时振荡闭锁第一个元件可能已经闭锁了，但转向区内故障时，又必须开放。对于区内发生的不对称故障，判据成立的依据是：

a. 系统振荡或振荡又发生区外故障时不会开放。系统振荡时，I_0、I_2 接近于零，式（4-3）不开放是容易实现的。

振荡时又发生区外故障时，相间和接地阻抗继电器都会因系统振荡中心位于装置的保护范围内误动，这时要求式（4-3）不应开放。这种情况考虑的前提是系统振荡中心位于装置的保护范围内。为此，可分两种情况讨论：

（a）对于短线路，线路阻抗占比重小，必须在系统功角 δ 摆到 180° 左右时继电器才可能动作，这时振荡电流很大。假如在线路附近故障，计算故障分量所使用的故障前线路电压很低，故障时的故障分量也很小，因此很容易满足式（4-3）不开放条件。

（b）对于长线路，区外故障时，故障点故障前电压较高，有较大的故障分量，因此式（4-3）的不利条件是长线路，且故障点位于对侧电源附近的最不利。不过这时线路上电流分量分配系数较低，装置分配到的故障电流小于故障点的故障电流，因此式（4-3）开放保护条件不容易满足。

装置中的 m 数值是根据最不利的系统条件下，振荡中又发生区外故障时振荡闭锁装置不开放保护为条件验算的，并留有裕度，因而可保证此情况下不误开放保护。

b. 系统振荡或振荡又遇区内不对称故障时开放保护。当系统发生振荡的过程中又发生区内不对称相间或接地故障时，将有较大的零序或负序分量，这时式（4-3）左侧大于右侧，振荡闭锁开放保护。

3）区内对称故障开放振荡闭锁

$$U_{\mathrm{OS}} = U_1 \cos\varphi_1$$

当系统振荡伴随区内故障时，如果短路时刻发生在系统电动势角未摆开时，振荡闭锁将立即开放；如果短路时刻发生在系统电动势角摆开状态，则振荡闭锁将在系统角逐步减少时开放，也可能由近故障一侧瞬时开放跳闸后另一侧相继开放保护。

在系统正常运行或系统振荡时，$U\cos\varphi$ 恰好反应振荡中心的正序电压。如图 4-14 所示。

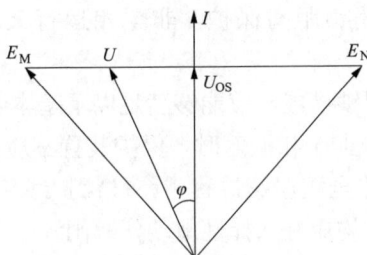

图 4-14　系统电压相量图

在三相短路时，设线路阻抗角为 90°时，则 $U\cos\varphi$ 是弧光电阻上的压降，三相短路时过渡电阻是弧光电阻，弧光电阻上压降小于 5%U_{N}。

实际系统线路阻抗角不为 90°因而可进行角度补偿，如图 4-15 所示。图中 OD 为测量电压，$U\cos\varphi = CB$，因而 OB 反映当线路阻抗角为 90°时弧光电阻压降，实际上线路阻抗角不为 90°，弧光压降为 OA，与线路压降 AD 相加得到测量电压 U。装置引入补偿角 $\theta = 90° - \varphi_{\mathrm{L}}$（即 $OC \perp DC$），得到 $\varphi_1 = \varphi + \theta$，$U_{\mathrm{OS}} = U\cos\varphi_1$，三相短路时，$U_{\mathrm{OS}} = OC \leqslant OA$，可见 $U\cos\varphi$ 可反映弧光压降。

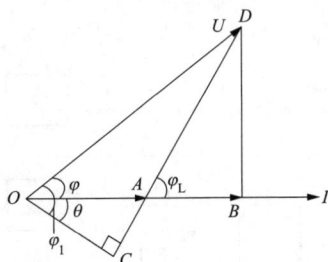

图 4-15　短路电流电压相量图

4）非全相故障开放振荡闭锁。非全相振荡时，距离继电器可能动作，但选相区为跳开相区；非全相在单相故障时，距离继电器动作的同时选相区进入故障相区，因此，可以以选相区不在跳开相区作为开放条件。另外，非全相运行时，测量两个运行相相电流之差的工频变化量，当该电流突然增大达一定幅值时，说明运行相上又发生了短路，立即开放非全相运行振荡闭锁。因而非全相运行发生故障时能快速开放。

综述，振荡闭锁的特点是：

a. 系统发生振荡时闭锁距离保护；

b. 正常运行时发生短路开放距离保护；

c. 区外短路并引起系统振荡时闭锁距离保护；

d. 区外短路后紧接着发生区内短路开放距离保护；

e. 振荡中发生区外短路距离保护不会误动，振荡中发生区内短路距离保护可动作跳闸；

f. 非全相振荡时闭锁距离保护，非全相运行又发生短路时开放距离保护。

距离保护的振荡闭锁措施，应能够满足以下基本要求：

a. 系统发生全相或非全相振荡时，保护装置不应误动作跳闸；

b. 系统在全相或非全相振荡过程中，被保护线路发生各种类型的不对称故障，距离保护装置均应有选择性地动作跳闸；

c. 系统在全相振荡过程中再发生三相故障时，保护装置应可靠动作跳闸，并允许带短延时。

根据上述对振荡闭锁的要求，利用短路与振荡时电气量变化特征的差异，距离保护一般采用以下几种振荡闭锁措施：

1) 利用电流的负序、零序分量或突变量，实现振荡闭锁。为了提高保护动作的可靠性，在系统没有故障时，一般距离保护一直处于闭锁状态。当系统发生故障时，短时开放距离保护，允许保护出口跳闸（即短时开放）。若在开放的时间内，阻抗继电器动作，说明故障点位于阻抗继电器的动作范围之内，将故障线路跳开；若在开放的时间内阻抗继电器未动作，则说明故障不在保护区内，重新将保护闭锁。这种振荡闭锁方式的原理如图 4-16 所示。

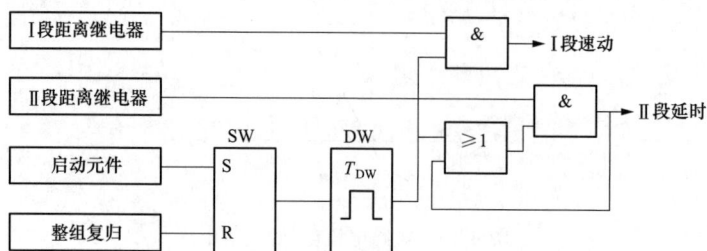

图 4-16　利用故障时短时开放的方式实现振荡闭锁逻辑框图

图 4-16 所示的启动元件是实现振荡闭锁的关键元件。启动元件和整组复归元件在系统正常运行或因静态稳定被破坏时都不会动作，这时双稳定触发器 SW 以及单稳定触发器 DW 都不会动作，保护装置的 I 段和 II 段被闭锁，无论阻抗继电器本身是否动作，保护都不可能动作跳闸，即不会发生误动。电力系统发生故障时，故障判断的启动元件立即动作，动作信号经双稳态触发器 SW 记忆下来，直至整组复归。SW 输出的信号，又经单稳态触发器 DW，固定输出时间宽度为 T_{DW} 的短脉冲，在时间 T_{DW} 内若阻抗判别元件的 I 段或 II 段动作，则允许保护无延时或有延时动作（距离保护 II 段被自保持）。若在时间 T_{DW} 内阻抗判别元件的 I 段或 II 段没有动作，保护将闭锁直至满足整组复归条件，准备下次开放保护。

T_{DW} 称为振荡闭锁的开放时间，或称允许动作时间，它的选择要兼顾两个方面：一是要保证在正向区内故障时，保护有足够的时间可靠跳闸，保护 II 段的测量元件能够可靠启动并实现自保持，因而时间不能太短，一般不应小于 0.1s；二是要保证在区外故障引起振荡时，测量阻抗不会在故障后的 T_{DW} 时间内进入动作区，因而时间又不能太长，一般不应大于 0.3s。所以，通常情况下取 $T_{DW}=0.1\sim0.3$s，现代微机型保护中，开放时间取 0.15s 左右。

整组复归元件在故障或振荡消失后再经过一个延时动作，将 SW 复原，它与启动元件、SW 配合，保证在整个一次故障过程中，保护只开放一次。但是对于先振荡后故障，保护也将闭锁，需要有再故障判别元件启动。

启动元件用来完成系统是否发生短路的判断，它仅需要判断系统是否发生了短路，而不需要判出短路的远近及方向，对它的要求是灵敏度高、动作速度快，系统振荡时不误动作。目前距离保护中应用的故障判断元件，主要有反映电压、电流中负序分量或零序分量的故障判断元件和反映电流突变量的故障判断元件两种。

a. 反映电压、电流中负序分量或零序分量的故障判断元件。电力系统正常运行或因静稳定破坏而引发振荡时，系统均处于三相对称状态，电压、电流中不会存在负序分量或零序分量。电力系统发生各种类型的不对称短路时，故障电压、电流中都会出现较大的负序分量或零序分量；三相对称性短路时，一般由不对称短路发展而来，短时（故障初期）也会有负序、零序分量输出。利用负序分量或零序分量是否存在，作为系统是否发生短路的判断。

b. 反映电流突变量的故障判断元件。反映电流突变量的故障判断元件是根据在系统正常运行或振荡时电流变化比较缓慢，而在系统故障时电流会出现突变这一特点来进行故障判断的。电流突变的检测，既可以用模拟的方法实现，也可以用数字的方法实现。

2）利用测量阻抗变化率不同构成振荡闭锁。在电力系统发生短路故障时，测量阻抗 Z_m 由负序阻抗 Z_L 突变为短路阻抗 Z_k；在系统振荡时，测量阻抗由负序阻抗缓慢变为保护安装处到振荡中心点的线路阻抗，这样，根据测量阻抗的变化速度不同就可以构成振荡闭锁。利用测量阻抗的变化速度不同构成振荡闭锁的原理可以用图 4-17 来说明。图中 KZ1 为整定值较高的阻抗元件；KZ2 为整定值较低的阻抗元件。

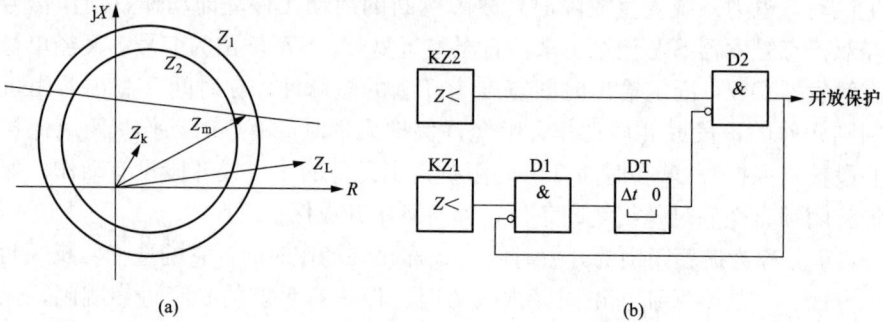

图 4-17　利用电气量变化速度不同构成振荡闭锁
(a) 原理示意图；(b) 原理框图

实质是在 KZ1 动作后先开放一个 Δt 时间，如果在这段时间内 KZ2 动作，去开放保护，直到 KZ2 返回；如果在 Δt 时间 KZ2 不动作，保护就不会被开放。它利用短路时阻抗的变化率较大，KZ1、KZ2 的动作时间差小于 Δt，短时开放。但与前面短时开放不同的是，测量阻抗每次进入 KZ1 动作区后，都会开放一定时间，而不是在整个故障过程中只开放一次。

由于对测量阻抗变化率的判断是由两个不同大小的阻抗圆完成的，所以这种振荡闭锁通常俗称为"大圆套小圆"振荡闭锁原理。

3) 利用动作的延时实现振荡闭锁。电力系统振荡时，距离保护的测量阻抗是随 δ 角的变化而不断变化的，当 δ 角变化到某个角度时，测量阻抗进入到阻抗继电器的动作区，而当 δ 角继续变化到另一个角度时，测量阻抗又从动作区移出。实践经验表明，对于按躲过最大负荷整定的距离保护Ⅲ段阻抗元件，测量阻抗落入其动作区的时间小于 $(1\sim1.5)\mathrm{s}$，根据 DL/T 559—2018《220kV～750kV 电网继电保护装置运行整定规程》，电力系统振荡的最长振荡周期按 1.5s 考虑，故只要距离保护Ⅲ段动作的延时大于 1.5s，系统振荡时保护Ⅲ段就不会误动作。

(3) 振荡过程中再故障的判断。对于利用负序、零序分量或电流突然变化短时开放保护的振荡闭锁措施，如果系统在振荡过程中又发生了内部故障，距离保护Ⅰ、Ⅱ段将不能动作，故障将无法被快速切除。为克服这个缺点，振荡闭锁元件中可以增设振荡过程中再故障的判别逻辑，判出振荡过程中又发生内部短路时，将保护再次开放。

当振荡过程中又发生不对称短路时，可用式（4-4）判据作为重新开放保护的条件，即

$$|\dot{I}_2|+|\dot{I}_0|\geqslant m\cdot|\dot{I}_1| \tag{4-4}$$

式中：$|\dot{I}_2|$、$|\dot{I}_0|$、$|\dot{I}_1|$ 分别为负序、零序和正序电流的幅值，A；m 为比例系数，一般取 $0.5\sim0.7$。

振荡过程中又发生三相对称性故障时，由于不存在负序分量和零序分量，式（4-4）得不到满足，保护不会开放。为此，必须设置专门的对侧故障判别元件。

对称故障判别元件的动作判据为

$$-0.03\text{p.u.} < U\cos\varphi < 0.08\text{p.u.} \tag{4-5}$$

式中：φ 为电流落后电压的相角，$(°)$；p.u. 为标幺值。

$U\cos\varphi$ 为电压相量 $\dot{U}$ 在电流相量 $\dot{I}$ 方向上的投影，是一个标量。分析表明，在系统发生三相短路时，如果忽略系统阻抗和线路阻抗中的电阻分量，则 $U\cos\varphi$ 近似等于故障点处的电弧电压 U_{arc}，其值一般不超过额定电压的 6%，且与故障距离无关，基本不随时间的变化而变化。在系统振荡时，$U\cos\varphi$ 近似为振荡中心的电压，当 δ 在 $180°$ 附近时，该电压值很小，可能会满足式（4-5），但当 δ 为其他角度时，该电压值就比较高，就不会满足式（4-5）。也就是说，振荡过程中又发生三相故障时，式（4-5）会一直满足，而在仅有系统振荡时，式（4-5）仅在较短的时间内满足，其余时间都不满足。这样，用式（4-5）配合一个延时就能够区分出三相故障和振荡。

5. 故障类型判别和故障选相

在距离保护中，为了能使测量元件准确地反映故障的距离，必须找出故障相，即需要根据故障特征，判别出故障的类型和相别。此外，在 220kV 及以上电压等级的超高压线路中，由于系统稳定的要求，需要实现分相跳闸，即单相故障只跳故障相，多相故障才跳三相。这也要求保护装置除能够测量出故障距离外，还应能选出故障的相别。

目前数字式保护常用相电流差突变量选相，它们的基本工作原理是：

相电流差突变量的定义为

$$\left.\begin{aligned}
\Delta\dot{I}_{\text{AB}} &= (\dot{I}_\text{A}-\dot{I}_\text{B})-(\dot{I}_\text{A}^{[0]}-\dot{I}_\text{B}^{[0]}) = (\dot{I}_\text{A}-\dot{I}_\text{A}^{[0]})-(\dot{I}_\text{B}-\dot{I}_\text{B}^{[0]}) = \Delta\dot{I}_\text{A}-\Delta\dot{I}_\text{B} \\
\Delta\dot{I}_{\text{BC}} &= (\dot{I}_\text{B}-\dot{I}_\text{C})-(\dot{I}_\text{B}^{[0]}-\dot{I}_\text{C}^{[0]}) = (\dot{I}_\text{B}-\dot{I}_\text{B}^{[0]})-(\dot{I}_\text{C}-\dot{I}_\text{C}^{[0]}) = \Delta\dot{I}_\text{B}-\Delta\dot{I}_\text{C} \\
\Delta\dot{I}_{\text{CA}} &= (\dot{I}_\text{C}-\dot{I}_\text{A})-(\dot{I}_\text{C}^{[0]}-\dot{I}_\text{A}^{[0]}) = (\dot{I}_\text{C}-\dot{I}_\text{C}^{[0]})-(\dot{I}_\text{A}-\dot{I}_\text{A}^{[0]}) = \Delta\dot{I}_\text{C}-\Delta\dot{I}_\text{A}
\end{aligned}\right\}$$

式中：$\Delta\dot{I}_{\text{AB}}$、$\Delta\dot{I}_{\text{BC}}$、$\Delta\dot{I}_{\text{CA}}$ 为相电流差突变量，A；$\Delta\dot{I}_\text{A}$、$\Delta\dot{I}_\text{B}$、$\Delta\dot{I}_\text{C}$ 为相电流突变量，A；$\dot{I}_\text{A}$、$\dot{I}_\text{B}$、$\dot{I}_\text{C}$ 为故障后相电流，A；$\dot{I}_\text{A}^{[0]}$、$\dot{I}_\text{B}^{[0]}$、$\dot{I}_\text{C}^{[0]}$ 为故障前相电流，A。

首先根据测量电流中是否含有零序分量，判定是接地短路还是不接地短路。如果是接地短路，则：

若满足 $(m|\Delta\dot{I}_{\text{BC}}| \leqslant |\Delta\dot{I}_{\text{AB}}|) \bigcap (m|\Delta\dot{I}_{\text{BC}}| \leqslant |\Delta\dot{I}_{\text{CA}}|)$，判断为 A 相单相接地短路故障；

若满足 $(m|\Delta\dot{I}_{\text{CA}}| \leqslant |\Delta\dot{I}_{\text{BC}}|) \bigcap (m|\Delta\dot{I}_{\text{CA}}| \leqslant |\Delta\dot{I}_{\text{AB}}|)$，判断为 B 相单

相接地短路故障；

若满足$(m|\Delta\dot{I}_{AB}|\leqslant|\Delta\dot{I}_{CA}|)\bigcap(m|\Delta\dot{I}_{AB}|\leqslant|\Delta\dot{I}_{BC}|)$，判断为 C 相单相接地短路故障。

其中：m 为整定系数，一般取 4～8。

当上述条件都不满足时，判定为两相接地故障。求出三个相电流差突变量的最大值，与之对应的两相就是故障相。

若无零序电流，则判定故障为非接地故障。

若满足$(m|\Delta\dot{I}_{C}|\leqslant|\Delta\dot{I}_{A}|)\bigcap(m|\Delta\dot{I}_{C}|\leqslant|\Delta\dot{I}_{B}|)$，判断为 AB 相单相接地短路故障；

若满足$(m|\Delta\dot{I}_{A}|\leqslant|\Delta\dot{I}_{B}|)\bigcap(m|\Delta\dot{I}_{A}|\leqslant|\Delta\dot{I}_{C}|)$，判断为 BC 相单相接地短路故障；

若满足$(m|\Delta\dot{I}_{B}|\leqslant|\Delta\dot{I}_{A}|)\bigcap(m|\Delta\dot{I}_{B}|\leqslant|\Delta\dot{I}_{C}|)$，判断为 CA 相单相接地短路故障。

其中：m 为整定系数，一般取 4～8。

当上述条件都不满足时，判定为三相短路故障。

还可以根据测量电流中是否含有负序分量，确定故障是两相短路故障还是三相故障。当负序电流大于定值时，判定为两相故障，否则判定为三相故障。在判为两相故障的情况下，求三个相电流差突变量的最大值，与之对应的两相就是故障相。

故障选相的算法还有很多，例如，使用序分量的选相原理等。

6. 距离保护特殊问题的分析

（1）短路点过渡电阻对距离保护的影响。前面的分析中，大多是以金属性短路为例进行的，但实际情况下，电力系统的短路一般都不是金属性的，而是在短路点存在过渡电阻。过渡电阻的存在，将使距离保护的测量阻抗、测量电压等发生变化，有可能造成距离保护的不正确动作。现对过渡电阻的性质、对距离保护的影响以及应采取的对策进行讨论。

1）过渡电阻的性质。短路点的过渡电阻 R_g 是指当接地短路或相间短路时，短路点电流经由相导线流入大地流回中性点或由一相流到另一相的路径中所通过物质的电阻，包括电弧电阻、中间物质的电阻、相导线与大地之间的接触电阻、金属杆塔的接地电阻等。

在相间故障时，过渡电阻主要由电弧电阻组成。电弧电阻具有非线性的性质，其大小与电弧弧道的长度成正比，而与电弧电流的大小成反比，精确计算比较困难，一般可按式（4-6）进行估算

$$R_g = 1050\frac{L_g}{I_g} \tag{4-6}$$

式中：L_g 为电弧的长度，m；I_g 为电弧中的电流大小，A。

在短路初瞬间，电弧电流 I_g 最大，弧长 L_g 最短，这时弧阻 R_g 最小。

几个周期后，电弧逐渐伸长，弧阻逐渐变大。相间故障的电弧电阻一般在数欧至十几欧之间。

在导线对铁塔放电的接地短路时，铁塔及其接地电阻是构成过渡电阻的主要部分。铁塔的接地电阻与大地导电率有关，对于跨越山区的高压线路，铁塔的接地电阻可达数十欧。当导线通过树木或其他物体对地短路时，过渡电阻更高。对于500kV的线路，最大过渡电阻可达300Ω，而对220kV线路，最大过渡电阻约为100Ω。

2）单侧电源线路上过渡电阻对距离保护的影响。如图4-18（a）所示的没有助增和外汲的单侧电源线路上，过渡电阻中的短路电流与保护安装处的电流为同一个电流，这时保护安装处测量电压和测量电流的关系可以表示为

$$\dot{U}_{\mathrm{m}} = \dot{I}_{\mathrm{m}} Z_{\mathrm{m}} = \dot{I}_{\mathrm{m}} (Z_{\mathrm{k}} + R_{\mathrm{g}})$$

即$Z_{\mathrm{m}} = Z_{\mathrm{k}} + R_{\mathrm{g}}$，$R_{\mathrm{g}}$的存在总是使继电器的测量阻抗值增大，阻抗角变小，保护范围缩短。

当BC线路始端B经过渡电阻R_{g}短路时，B处保护的测量阻抗为$Z_{\mathrm{m.2}} = R_{\mathrm{g}}$，而A处保护的测量阻抗为$Z_{\mathrm{m.1}} = Z_{\mathrm{AB}} + R_{\mathrm{g}}$，当$R_{\mathrm{g}}$的数值如图4-18（b）所示时，就出现$Z_{\mathrm{m.2}}$超出其I段范围，而$Z_{\mathrm{m.1}}$位于其II段范围内的情况。此时，A处的保护II段动作切除故障，从而失去了选择性。

由图4-18（b）可见，保护装置距离短路点越近时，受过渡电阻的影响越大；同时，保护装置的整定阻抗越小（相当于被保护线路越短），受过渡电阻的影响越大。

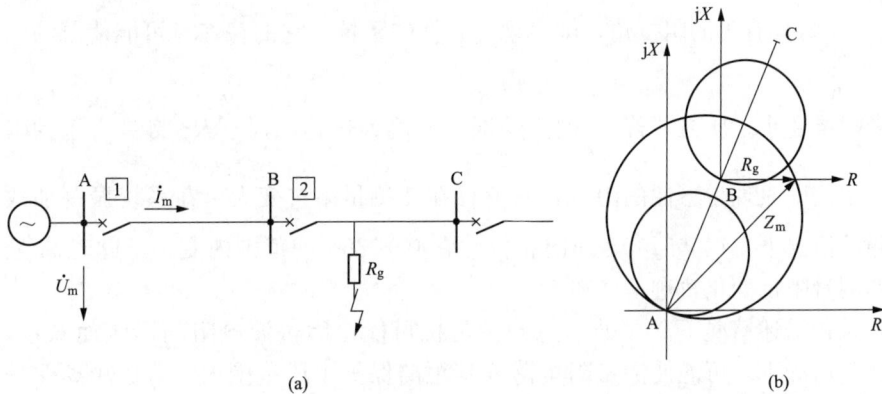

图4-18　单侧电源线路过渡电阻的影响

（a）系统示意图；（b）对不同安装地点的距离保护的影响

3）双侧电源线路上过渡电阻对距离保护的影响。以图4-19（a）所示的双侧电源线路为例，分析过渡电阻对距离保护的影响。

两侧电源的情况下，过渡电阻中的短路电流不再是保护安装处的电流，这时保护安装处测量电压和测量电流的关系可以表示为

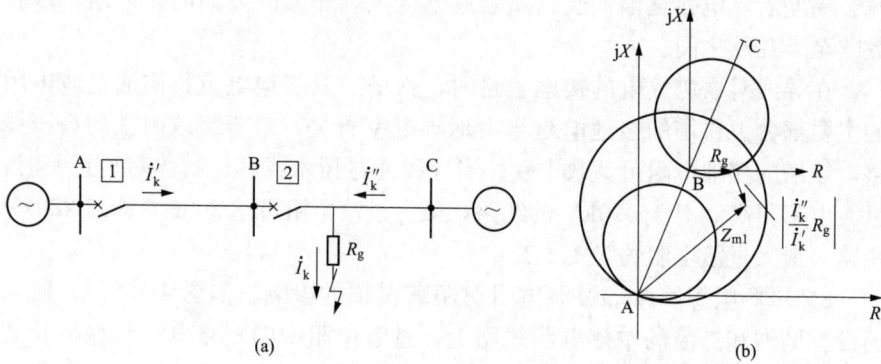

图 4-19 双侧电源线路过渡电阻的影响

(a) 系统示意图；(b) 对不同安装地点的距离保护的影响

$$\dot{U}_{\mathrm{m}} = \dot{I}_{\mathrm{k}} Z_{\mathrm{k}} + (\dot{I}_{\mathrm{k}} + \dot{I}_{\mathrm{k}}) R_{\mathrm{g}} = \dot{I}_{\mathrm{k}} (Z_{\mathrm{k}} + R_{\mathrm{g}}) + \dot{I}_{\mathrm{k}} R_{\mathrm{g}}$$

令 $\dot{I}_{\mathrm{m}} = \dot{I}_{\mathrm{k}}$，则继电器的测量阻抗可以表示为

$$Z_{\mathrm{m}} = \frac{\dot{U}_{\mathrm{m}}}{\dot{I}_{\mathrm{m}}} = (Z_{\mathrm{k}} + R_{\mathrm{g}}) + \frac{\dot{I}_{\mathrm{k}}}{\dot{I}_{\mathrm{k}}} R_{\mathrm{g}}$$

R_{g} 对测量阻抗的影响，取决于对侧电源提供的短路电流大小及 $\dot{I}'_{\mathrm{k}}$、$\dot{I}''_{\mathrm{k}}$ 之间的相位关系，有可能使测量阻抗的实部增大，也有可能减小。若在故障前 M 侧为送端、N 侧为受端，则 M 侧电源电动势的相位超前 N 侧。这样，在两端系统阻抗的阻抗角相同的情况下，$\dot{I}'_{\mathrm{k}}$ 的相位将超前 $\dot{I}''_{\mathrm{k}}$，式中 $\dfrac{\dot{I}'_{\mathrm{k}}}{\dot{I}''_{\mathrm{k}}} R_{\mathrm{g}}$ 将具有负的阻抗角，即表现为容性的阻抗，它的存在有可能使总的测量阻抗变小。反之，若 M 侧为受端、N 侧为送端，则 $\dfrac{\dot{I}''_{\mathrm{k}}}{\dot{I}'_{\mathrm{k}}} R_{\mathrm{g}}$ 将具有正的阻抗角，即表现为感性的阻抗，它的存在使测量阻抗变大。在系统振荡加故障的情况下，$\dot{I}'_{\mathrm{k}}$ 与 $\dot{I}''_{\mathrm{k}}$ 之间的相位差在 $0° \sim 360°$ 的范围内变化，此时 A 处的测量阻抗变化轨迹是个圆。

在上述情况下，A 处的总测量阻抗可能会因过渡电阻的影响而减小，严重情况下，可能使测量阻抗落入其距离保护 I 段范围内，造成距离保护 I 段误动作。这种因过渡电阻的存在而导致保护测量阻抗变小，进一步引起保护误动作的现象，称为距离保护的稳态超越。也可能造成测量阻抗的变大，使 II 段保护拒动。

4）克服过渡电阻影响的措施。在过渡电阻的大小和两侧电流相位关系一定的情况下，它对阻抗继电器的影响，与短路点所处的位置、继电器所选用的特性等有密切关系。对于圆特性的方向阻抗继电器来说，在被保护区的始端和末端短路时，过渡电阻的影响比较大，而在保护区的中部短路时，过渡电阻的影响则较小。在整定值相同的情况下，动作特性在$+R$轴方向所占的面积越小，受过渡电阻R_g的影响就越大。此外，由于接地故障时过渡电阻远大于相间故障的过渡电阻，所以过渡电阻对接地距离元件的影响要大于对相间距离元件的影响。

采用能允许较大的过渡电阻而不至于拒动的测量元件动作特性，是克服过渡电阻影响的主要措施。在整定值相同的情况下，测量元件的偏移动作特性（见图4-20中的圆2）在$+R$轴方向所占的面积比方向阻抗动作特性（见图4-20中的圆1）在$+R$轴方向所占的面积大，所以它耐受过渡电阻的能力要比方向阻抗特性强。若进一步使动作特性向$+R$方向偏转一个角度（见图4-20中的圆3），则特性在$+R$轴方向所占的面积更大，耐受过渡电阻的能力将更强。

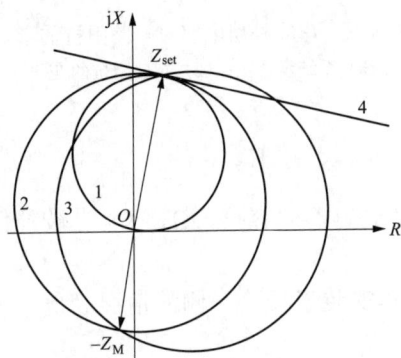

图4-20　耐过渡电阻能力分析

四边形特性测量元件的四个边可以分别整定，可使其在$+R$轴方向所占的面积足够大，并在保护区的始端和末端都有比较大的动作区，所以，它具有比较好的耐受过渡电阻的能力。四边形的上边适当的向下倾斜一个角度，可以有效地避免稳态超越问题。

利用不同的动作特性进行复合，可以获得较好的抗过渡电阻动作特性。

（2）线路串联补偿电容对距离保护的影响。在远距离的高压或超高压输电系统中，为了增大线路的传输能力和提高系统的稳定性，可以采用线路串联补偿电容的方法来减小系统间的联络阻抗。串接补偿电容后，短路阻抗与短路距离之间不再成线性正比关系，在串联补偿电容前和串联补偿电容后发生短路时，短路阻抗将会发生突变。如图4-21所示。

短路阻抗与短路距离线性关系被破坏，将使距离保护无法正确测量故障距离，对其正确工作将产生不利影响。由图4-21可见，串联补偿电容对阻抗继电器测量阻抗的影响，与串联补偿电容的安装位置和容抗大小有密切关系。串联补偿电容一般可安装在线路的中部、线路的两端或中间变电站两母线之间。而串联补偿电容容抗的大小，通常用补偿度来描述。补偿度定义为

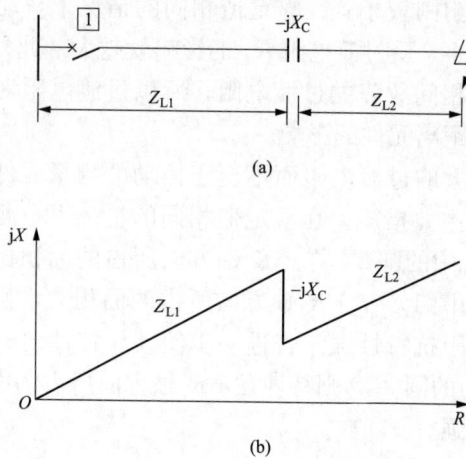

图 4-21 串联补偿电容对短路阻抗的影响
（a）系统示意图；（b）短路阻抗的变化

$$K_{com} = \frac{X_C}{X_L}$$

式中：X_C 为串联补偿电容器的容抗，Ω；X_L 为被补偿线路补偿前的线路电抗，Ω。

现以串联补偿电容安装于线路一侧的情况为例，说明它对距离保护的影响。

在图 4-22 所示的系统中，串联补偿电容安装在线路 BC 的始端。

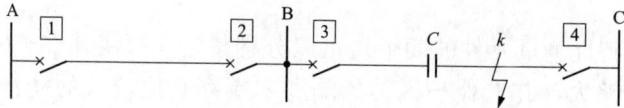

图 4-22 串补电容对距离保护影响的示例

假定在图 4-22 所示系统的 k 点发生短路，各阻抗继电器采用方向特性。保护 3 感受到的测量阻抗就等于补偿电容的容抗，则测量阻抗将落在其动作区之外，保护 3 将拒动；保护 2 的阻抗继电器感受到的测量阻抗为反向补偿电容的容抗值，呈正向纯电感性质，落在其动作区域之内，所以保护 2 可能误动作；保护 1 感受到的测量阻抗将是线路 AB 的阻抗与电容容抗之和，总阻抗值减小，也可能会落入其动作区，导致保护 1 误动作；而保护 4 的测量阻抗不受串联补偿电容的影响，所以保护 4 的动作不会受到影响，但如果故障发生在串联补偿电容的左侧，保护 4 也有可能误动作。

可见，串联补偿电容的存在会对距离保护产生十分严重的影响，应采取必要的措施，减少和克服这些影响。减少串联补偿电容影响的措施通常有以下几种：

1）采用直线型动作特性克服反方向误动。当补偿容抗较线路 AB 的感抗较小时，如误动的保护 2 的阻抗继电器，可以采用图 4-23 所示的动作特性，即采用方向圆和直线特性组合躲开反向串补电容的容抗值，在直线以上部分时动作；但将会造成线路 AB 在靠近 B 侧短路时保护 2 的阻抗继电器拒动，这可以附加电流速断保护来切除故障。

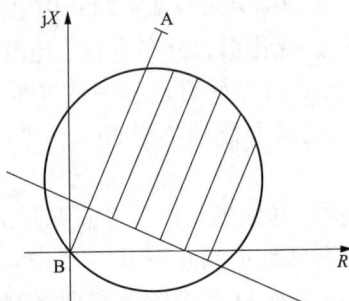

图 4-23 具有直线特性的方向阻抗特性

2）用负序功率方向元件闭锁误动的距离保护。系统发生不对称短路后，负序电流由故障点经线路流向系统中性点，因为全系统呈感性阻抗，此电流亦为感性电流；保护安装处的负序电压为流过的电流与背侧阻抗的乘积，负序功率方向与零序功率方向的特点一样，可以采用负序功率方向元件闭锁区外故障（k 点故障）靠近故障侧误动的保护 2，这种闭锁方式的缺点是三相对称故障时不能闭锁。

3）选取故障前的记忆电压为参考电压来克服串联补偿电容的影响。采用记忆电压作为阻抗元件比相的参考电压，利用初态特性可以消除距离 I 段的拒动区和误动区。当 k 点发生短路时，对于可能拒动的保护 3 而言，是正方向短路，测量阻抗为 $-X_C$，落在初态特性动作区内，保护正确动作；对于可能误动的保护 2 而言，是反方向故障，测量阻抗为 X_C，落在反方向初态动作特性圆外，保护正确不动作。

4）通过整定计算来减小串联补偿电容的影响。串联补偿电容的存在，使继电器感受到的测量阻抗变小。为保证继电保护的选择性，防止外部短路时误动作，图 4-22 中保护 1 的整定值应按式（4-7）确定

$$Z_{set} = K_{rel}(Z_{AB} - jX_C) \tag{4-7}$$

而对保护 3、4 的整定应为

$$Z_{set} = K_{rel}(Z_{BC} - jX_C) \tag{4-8}$$

式中：Z_{AB}、Z_{BC} 分别为线路 AB 和 BC 的正序阻抗，Ω。

这样整定后，可以保证区外短路时不误动作，但减小了内部故障的保护区，即降低了保护的灵敏度。

近年来，补偿度可调的可控串补（TCSC）在系统中逐渐得到应用，它对距离保护的影响比上述的固定串联补偿更复杂，在此不再细述。

（3）短路电压、电流中的非工频分量对距离保护的影响。电力系统短

路的电磁暂态过程，是指系统从故障前的正常运行状态向短路后的故障状态过渡的过程，一般这个过程有几十毫秒到上百毫秒。在这个过渡过程中，系统中的电压和电流不仅会有工频量幅值和相位的变化，而且还会含有大量的非工频暂态分量，包括：其大小与短路发生的瞬间密切相关、衰减常数取决于系统 R、L、C 参数的衰减直流分量；由电路元件参数的非线性引起的谐波分量；由于电压的变化引起分布电容、电感中的电荷将重新分配，会出现充放电以及行波及其折、反射过程中的非周期高频分量等。此外，在此过渡过程中，电压、电流互感器本身也有一个过渡过程，也会产生一定的非工频分量。

前面介绍的距离保护，其原理是以工频正弦量为基础设计的，即假定保护测量到的电流和电压都是工频正弦量。然而，实际上对距离保护来说，不会等到暂态过程结束后只有工频分量时才动作，而是使用暂态过程中的电压、电流进行计算，并要做出是否动作的判断，因而必须分析暂态过程中的各种分量对基于工频量保护的动作影响，并采取措施消除这些影响。

1）衰减直流分量对距离保护的影响及克服措施。在模拟式距离保护中，测量电流一般是通过电抗变换器引入到装置中的，电抗变换器输出的电压近似为输入电流的导数，对于衰减的直流分量，它也能够部分地传变至输出端。直流分量的存在，对绝对值比较和相位比较大的测量元件都会有影响，对相位比较原理的影响较大。直流分量使电压的波形偏向时间轴一侧，半波波形变宽，另外半波波形变窄，比相回路无法正确反映两比较量之间的相位关系，有可能导致出现错误的比相结果，造成距离保护的不正确动作。

在数字式距离保护中，测量电流既可以通过电抗变换器引入，也可以通过小型电流变换器引入。通过电流变换器引入时，直流分量能够部分传变至输出端，输出电压中将会有较大的衰减直流信号。衰减直流分量对数字式保护的影响，与保护所选用的测量原理、滤波措施、计算方法等有密切关系。

消除衰减直流分量影响的方法，主要有：第一种方法是采用不受其影响的算法，如解微分方程算法等基于瞬时值模型的算法；第二种方法是采用各种滤除衰减直流分量的算法，但到目前为止，数据窗短、运算量小的算法尚在研究中。

2）谐波及高频分量对距离保护的影响及克服措施。对数字式微机保护来说，为了满足采用定理，输入信号必须经过模拟式低通滤波后才送入数据采集系统，这样在采集到的数字信号中，高频分量已基本不存在，谐波信号的幅度也会有所减小。谐波信号对数字式保护的影响，也与保护所选用的测量原理、滤波措施、计算方法等有密切的关系。

傅氏算法本身能够滤除直流及各种整数次谐波，基本不受整数次谐波分量的影响；半波积分算法对谐波也有一定的滤波作用，所以受谐波影响较小；导数算法、两点积算法和解微分方程算法等受谐波影响较大。

数字滤波通常可以方便地滤除整数次谐波，对非整数次谐波也有一定的衰减作用，是消除谐波影响的主要措施。

7. 三段式距离保护（以南瑞 RCS-900 系列为例）

（1）三段式距离保护的特点。

1）阻抗继电器由正序电压极化，因而对不对称短路有较大的保护过渡电阻的能力；

2）包括接地阻抗继电器、相间阻抗继电器；

3）低压距离：当正序电压下降至 10% 以下时，进入三相低压程序，由正序电压的记忆量极化。

（2）保护的构成。用正序电压作极化量。

工作电压：$U_{op}=U-I \cdot Z_{set}$。

极化电压：$U_p=-U_1$。

动作方程：$-90°<\arg \dfrac{U_{op}}{U_p}<90°$。

相间阻抗继电器：$U_{op\phi\phi}=U_{\phi\phi}-I_{\phi\phi} \cdot Z_{set} U_{p\phi\phi}=-U_{1\phi\phi}$。

接地阻抗继电器：$U_{op\phi}=U_\phi-(I_\phi-K \cdot 3I_0)Z_{set} U_{p\phi}=-U_{1\phi}$。

在低压距离中用接地阻抗继电器，极化电压用正序电压记忆量：$U_{p\phi}=-U_{1\phi.M}$。

（3）保护动作特性。设故障线母线电压与系统电动势同相位 $\delta=0$（故障前空负荷），暂态动作特性如图 4-24 所示。当 δ 不为零时，将是以到连线为弦的圆，动作特性向第Ⅰ或第Ⅱ象限偏移。

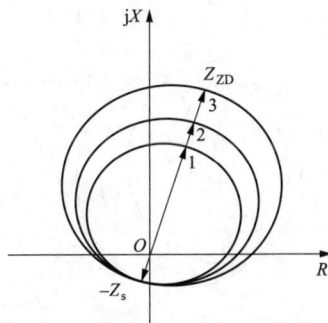

图 4-24　正向不对称故障暂、稳态动作特性、
正向对称故障暂态动作特性

正向对称故障稳态动作特性如图 4-25 所示。

反向不对称、对称故障暂态动作特性，如图 4-26 所示。

当用于短线路时，为了进一步扩大测量过渡电阻的能力，还可将Ⅰ、Ⅱ段阻抗特性向第Ⅰ象限偏移；为防止接地阻抗继电器在区外短路时超越，

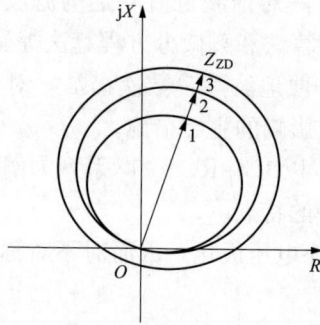

图 4-25 正向对称故障稳态动作特性

再加一个零序电抗继电器。两个继电器构成逻辑"与"关系。如图 4-27 所示。

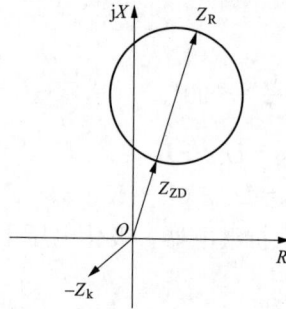

图 4-26 反向不对称、对称故障暂态动作特性

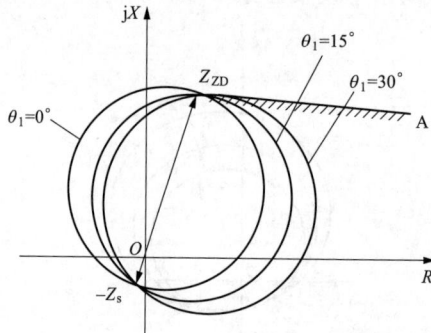

图 4-27 短线路零序电抗继电器动作特性

零序电抗继电器（动作特性如图 4-28 所示）动作方程：
工作电压

$$\dot{U}_{\text{op}\phi} = \dot{U}_\phi - (\dot{I}_\phi + K \cdot 3\dot{I}_0)Z_{\text{set}}$$

极化电压

$$\dot{U}_{\text{p}\phi} = -\dot{I}_0 Z_{\text{d}}$$

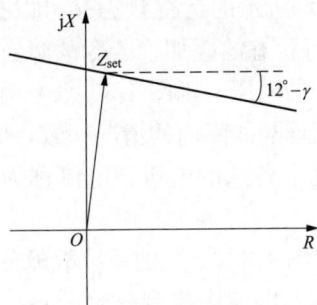

图 4-28 零序电抗继电器动作特性

动作方程

$$-90° < \arg \frac{U_{op}}{U_p} < 90°$$

当用于长距离重负荷线路，常规距离继电器整定困难时，可引入负荷限制继电器，负荷限制继电器和距离继电器的交集为动作区，从而有效地防止了重负荷时测量阻抗进入距离继电器而引起的误动。动作特性如图 4-29 所示。

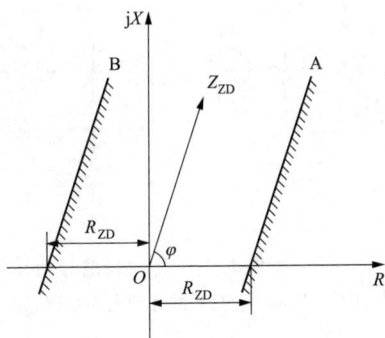

图 4-29 负荷限制继电器动作特性示意图

8. 工频故障分量距离保护

之前介绍的电流保护、电压保护、方向保护和距离保护等，都是以保护安装处故障后的全电压和全电流作为保护的测量电压和电流。以下介绍工频故障分量的概念，并以工频故障分量距离保护为例，说明构成工频故障分量继电保护的原理和方法。

（1）工频故障分量的概念。首先以图 4-30（a）所示的双侧电源的电力系统为例，介绍工频故障分量的概念。

当如图 4-30（a）所示的电力系统在某种状态（如正常运行、异常运行、两相运行等）下运行时，在 k 点发生金属性短路，故障点的电压降为 0，这时系统的状态可用图 4-30（b）所示的等值网络来代替，图 4-30 中两附加电压源的电压大小相等、方向相反。假定电力系统为线性系统，则根据叠加原理，图 4-30（b）所示的运行状态又可以分解成图 4-30（c）和图 4-30（d）所示的两个运行状态的叠加。若令故障点处附加电源的电压值等于故障前状态下故障点处的电压，则图 4-30（c）就相应于故障前的系统状态，各点处的电压、电流均与故障前的情况一致，图 4-30（d）为故障引入的故障分量状态，该系统中各点的电压、电流称为电压、电流的故障分量或故障变化量、突变量。

系统故障时，相当于图 4-30（d）的系统故障分量状态突然接入，这时 Δu 和 Δi 都不为零，电压、电流中出现故障分量。可见，电压、电流的故障分量，就相当于图 4-30（d）所示的无源系统对于故障点处突然加上的附加电压源的响应。

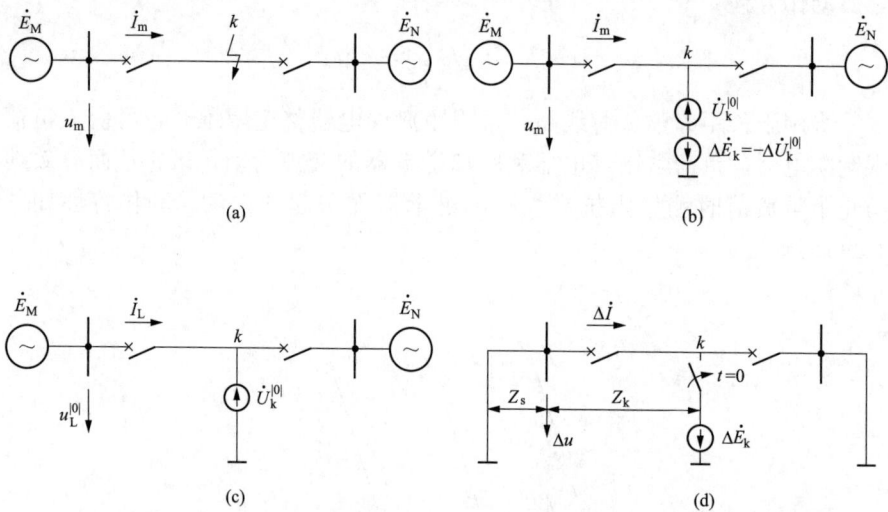

图 4-30 短路时电气变化量的分析图

（a）故障后电力系统；（b）等值网络；（c）故障前电力系统状态；（d）故障分量状态

故障分量的特点是：故障分量仅在故障后存在，非故障状态下不存在故障分量；故障点的故障分量电压最大、系统中性点的故障分量电压为零；保护安装处的故障分量电压、电流间相位关系由保护安装处到背侧系统中性点间的阻抗决定，不受系统电动势和短路点过渡电阻的影响。故障分量包括工频故障分量和故障暂态分量，两者都可以用来作为继电保护的测量量。由于它们都是由故障而产生的量，仅与故障状态有关，所以用它作为继电保护的测量量时，可使保护的动作性能基本不受负荷状态、系统振荡等因素的影响，可获得良好的动作特性。

（2）工频故障分量距离保护的工作原理。工频故障分量距离保护（又称工频突变量距离保护），是一种通过反应工频故障分量电压、电流而工作的距离保护。

在图 4-30（d）中，保护安装处的工频故障分量电流、电压可以分别表示为

$$\Delta \dot{I} = \frac{\Delta \dot{E}_k}{Z_s + Z_k}$$

$$\Delta \dot{U} = -\Delta \dot{I} Z_s$$

取工频故障分量距离元件的工作电压为

$$\Delta \dot{U}_{op} = \Delta \dot{U} - \Delta \dot{I} Z_{set} = -\Delta \dot{I}(Z_s + Z_{set}) \qquad (4\text{-}9)$$

式中：Z_{set} 为保护的整定阻抗，一般取为线路正序阻抗的 $80\% \sim 85\%$，Ω。

图 4-31 为在保护区内、区外不同地点发生金属性短路时电压故障分量的分布图，式（4-9）中的 $\Delta \dot{U}_{op}$ 对应于图中 z 点的电压。

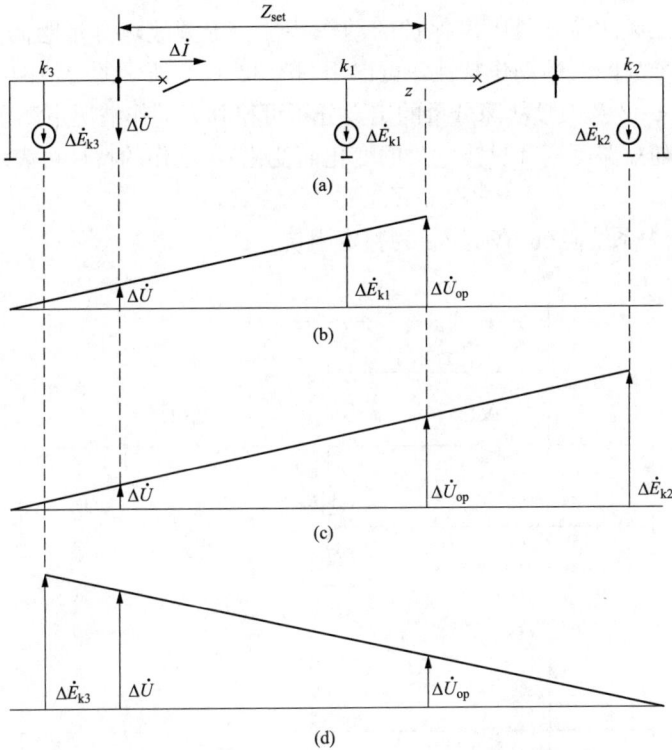

图 4-31　不同地点发生短路时电压故障分量的分布
（a）附加网络；（b）区内短路；（c）正方向区外短路；（d）反方向区外短路

在保护区内 k_1 点短路 [见图 4-31 (a)] 时，$\Delta \dot{U}_{op}$ 在 0 与 $\Delta \dot{E}_{k1}$ 连线的延长线上，这时有 $|\Delta \dot{U}_{op}| > |\Delta \dot{E}_{k1}|$。

在正方向区外 k_2 点短路 [见图 4-31(b)] 时，$\Delta \dot{U}_{op}$ 在 0 与 $\Delta \dot{E}_{k2}$ 的连线上，这时有 $|\Delta \dot{U}_{op}| < |\Delta \dot{E}_{k2}|$。

在反方向区外 k_3 点短路 [见图 4-31 (c)] 时，$\Delta \dot{U}_{op}$ 在 0 与 $\Delta \dot{E}_{k3}$ 的连线上，这时有 $|\Delta \dot{U}_{op}| < |\Delta \dot{E}_{k3}|$。

可见，比较工作电压 $\Delta\dot{U}_{op}$ 与电源电动势幅值的大小就能够区分区内与区外的故障。故障附加状态下的电源电动势的大小，等于故障前短路点电压的大小，即比较工作电压与非故障状态下短路点电压 $U_k^{[0]}$ 的大小，就能够区分出区内与区外的故障。假定故障前为空载，短路点电压的大小等于保护安装处母线电压的大小，通过记忆的方式很容易得到，工频故障分量距离元件的动作判据可以表示为

$$|\Delta\dot{U}_{op}| \geqslant U_k^{[0]}$$

满足该式判定为区内故障，保护动作；不满足该式，判定为区外故障，保护不动作。

（3）工频故障分量距离保护的动作特性。工频故障分量距离元件在正向三相对称故障时的动作特性，可以用图 4-32（a）所示的等值网络分析。

由图 4-32 及工频故障分量的定义分析可得临界动作情况下测量阻抗 Z_m 的轨迹（随短路距离和过渡电阻的变化而变化），动作的特性可表示为

$$|Z_s + Z_{set}| = |Z_s + Z_m|$$

式中：Z_s 为系统阻抗，Ω；Z_{set} 为整定阻抗，Ω。

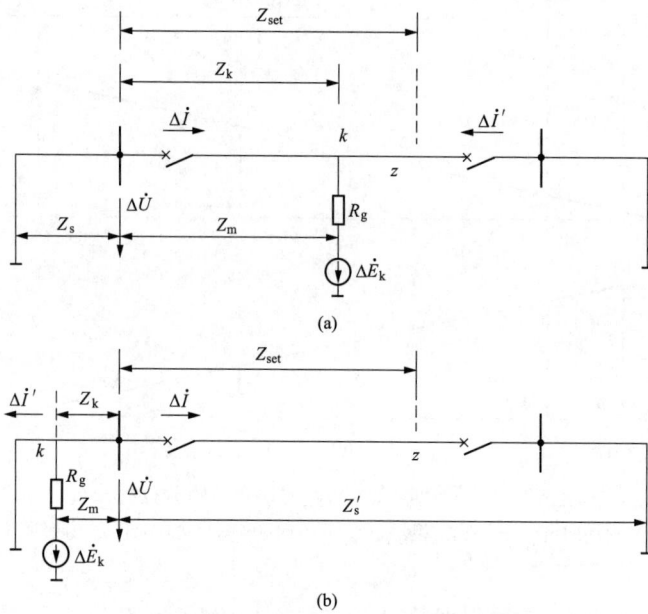

图 4-32 动作特性分析用等值网络
(a) 正方向故障；(b) 反方向故障

在阻抗复平面上，该特性是以 $-Z_s$ 为圆心，以 $|Z_s + Z_{set}|$ 为半径的圆，如图 4-33（a）所示。当 Z_m 落在圆内时，满足动作方程，测量元件动作，所以圆内为动作区，圆外为非动作区。可见，在正向故障时，特性圆的直径很大，有很强的允许过渡电阻能力。此外，尽管过渡电阻仍影响保护的

动作范围，但由于 $\Delta \dot{i}$ 一般与 $\Delta \dot{i}$ 同相位，过渡电阻呈电阻性，与 R 轴平行，不存在由于对侧电流助增引起的稳态超越问题。

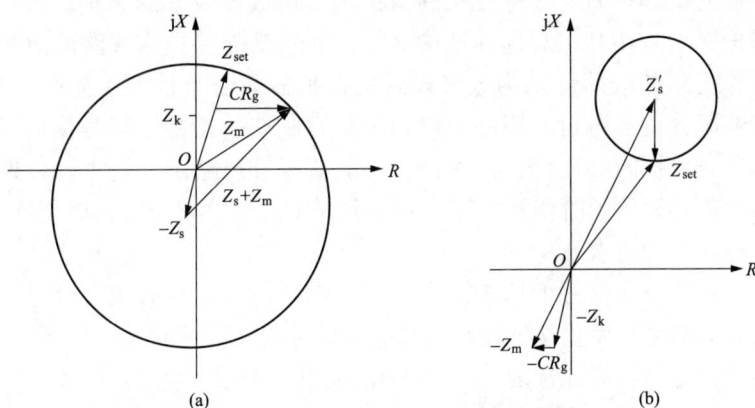

图 4-33　工频故障分量距离继电器的动作特性

（a）正方向故障；（b）反方向故障

类似于对正方向故障情况的分析，同理可以得到在反方向故障情况下的动作特性，如图 4-33（b）所示。在阻抗复平面上，继电器的动作区域是以 Z'_s 的末端为圆心，以 $|Z'_s - Z_{set}|$ 为半径的圆。由于动作的区域在第一象限，而反方向短路 $-Z_m$ 位于第三象限，所以距离继电器不动作，具有明确的方向性。

（4）工频故障分量距离保护的特定及应用。通过上述分析，可以得出工频故障分量距离保护具有如下特点：

1）距离继电器以电力系统故障引起的故障分量电压、电流为测量信号，不反映故障前的负荷量和系统振荡，动作性能基本上不受非故障状态的影响，无需加振荡闭锁；

2）距离继电器仅反映故障分量中的工频量，不反映其中的高次谐波分量，动作性能较为稳定；

3）距离继电器的动作判据简单，因而实现方便，动作速度较快；

4）距离继电器具有明确的方向性，因而既可以作为距离元件，又可以作为方向元件使用；

5）距离继电器本身具有较好的选相能力。

鉴于上述特点，工频故障分量距离保护可以作为快速距离保护的Ⅰ段，用来快速地切除Ⅰ段范围内的故障。此外，它还可以与四边形特性的阻抗继电器组成复合距离继电器，作为纵联保护的方向元件。

（二）方向保护

1. 零序方向保护

输电线路零序电流保护是反应输电线路一端零序电流升高的保护。反映输电线路一端电气量变化的保护无法区分本线路末端短路和相邻线路始端的短路，为了在相邻线路始端短路不越级跳闸，其瞬时动作的Ⅰ段只能保护本线路的一部分，本线路末端短路只能靠其他段带延时切除故障，所以反映输电线路一端电气量变化的保护都要做成多段式的保护。这种多段式的保护又称为具有相对选择性的保护，即它既能保护本线路的故障又能保护相邻线路的故障。要构成多段式的保护需具备下述两个条件，首先，它要能够区分正常运行和短路故障两种运行状态，正常运行时保护不能动作，短路时保护能够动作；其次，它要能够区分短路点的远近，以便在近处短路时以较短的延时切除故障，而在远处短路时以较长的延时切除故障，以满足选择性的要求。

（1）零序方向保护的原理。在系统正常运行时，只有正序分量，没有零序分量，当系统发生接地短路故障或不对称断线故障时才产生零序分量，因此零序分量是构成保护的一种可利用的故障特征量。

要构成方向保护必须能够区分正、反方向故障。接下来分析正、反方向短路故障时零序分量的方向性。

规定正方向：电流由母线指向线路为正方向；电压以电压升为正方向。

1）正方向短路故障。系统接线及零序序网如图4-34所示。

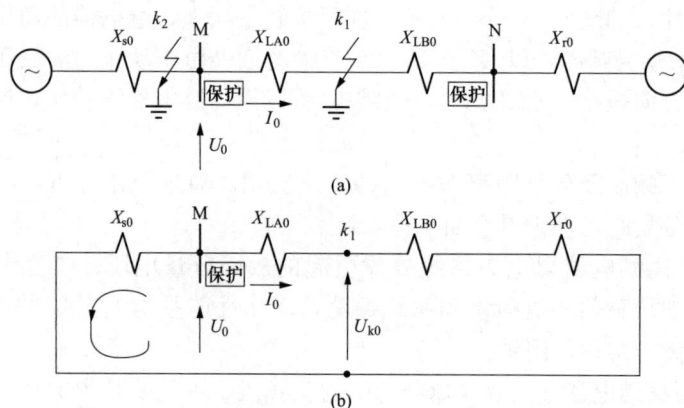

图4-34　系统接线及零序序网图
（a）系统接线图；（b）正方向故障零序分量序网图

由图4-34可得：$U_0 = -I_0 \cdot X_{s0}$。

通常情况下零序阻抗角按约75°考虑，所以正方向短路时U_0超前I_0约$-105°$。如图4-35所示。

2）反方向短路故障：零序序网如图4-36所示。

由图4-36可得：$U_0 = I_0(X_{L0} + X_{r0})$。

通常情况下零序阻抗角按约75°考虑，所以反方向短路时U_0超前I_0约75°，如图4-37所示。

序网分析要切记一点，在计算某点电压时要由高电位点经过无电源端至低电位点构成回路，如果从电源端计算，则等于电源电压加（或减）两

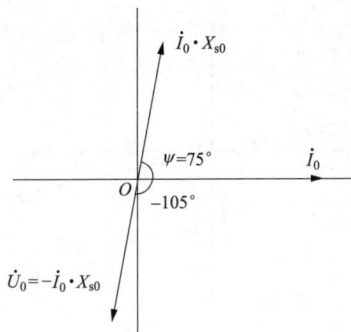

图 4-35　正方向故障零序分量序网图

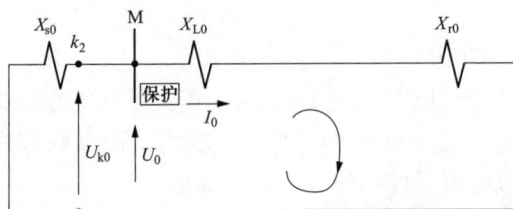

图 4-36　反方向故障零序分量序网图

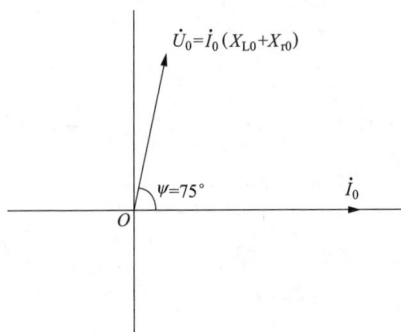

图 4-37　反方向故障零序分量相量图

点间压降，而电源电压很可能也是一个未知数。对于零序网络来说，短路点电压最高，可以看成是零序回路的电源。

由分析可以看出：在特定的正方向下，零序分量具有明确的方向性。

根据上述推导，如果要构成一个零序方向继电器，使它在正方向短路时动作，反方向短路时不动，则该继电器的最大动作灵敏角应为 U_0 超前 I_0 约 $-105°$。据此可以画出零序方向继电器的动作特性图（见图 4-38）。

由动作特性可得动作方程

$$165° \leqslant \arg 3U_0/3I_0 \leqslant -15°$$

确定动作特性及动作方程后，就可以构成继电器。

南瑞 RCS-900 系列线路保护中，零序正反方向元件由零序功率决定，由自产零序电压和自产零序电流与模拟阻抗的乘积获得（模拟阻抗是幅值

375

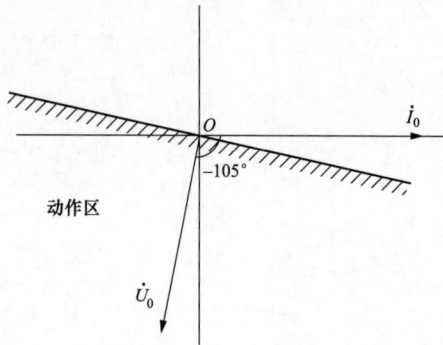

图 4-38 零序方向继电器的动作特性

为 1、相角为 78°的相量），零序功率大于 0 时动作；零序功率小于
−1VA（＝5A）或＜−0.2VA（＝1A）时动作。纵联零序保护的正方向元件
由零序方向比较过电流元件和的"与门"输出，而纵联零序保护的反方向
元件由零序启动过电流元件和的"与门"输出。

（2）零序方向保护的检验。首先看一下接地短路故障时零序电流与零
序电压的关系，如图 4-39 所示。

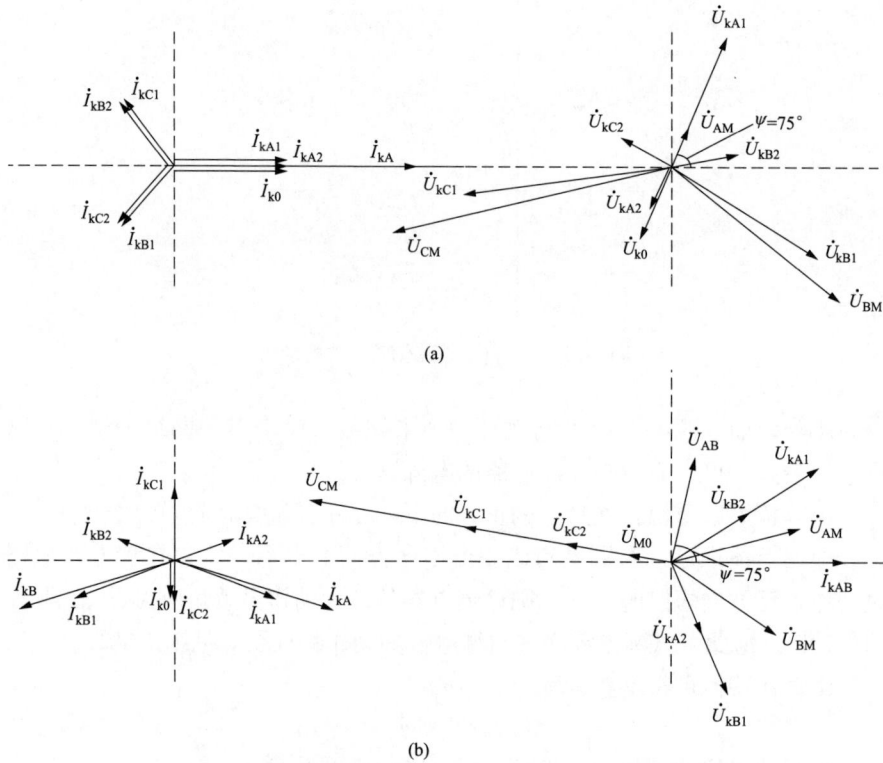

(a)

(b)

图 4-39 保护安装处相量图

（a）A 相单相接地短路；（b）AB 两相接地短路

由图 4-39 可看出：零序电流超前零序电压（180°减一个线路阻抗角）约 105°。

上述这些相位关系均指一次系统（见图 4-40）在如下的参考相量下成立的，即电压以大地指向母线为正方向（电压升方向）、电流以母线流向线路为正方向。

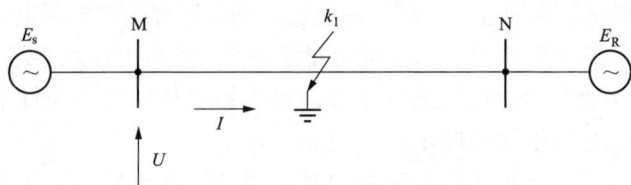

图 4-40 系统短路状态示意图

对于二次系统，电压互感器开口三角绕组的极性端故障时的方向与一次系统方向相同；非极性端故障时的方向与一次系统方向相反。

同理：当电流互感器以母线为极性选取二次极性时其方向与一次系统方向相同，当以线路为极性选取二次极性时其方向与一次系统方向相反。

所以说，对于保护系统需要结合一次系统故障时的特点，电压互感器、电流互感器的实际极性及二次回路的连接方式检验方向元件的动作特性。

常规零序方向继电器出厂时，一般做成灵敏角为电压超前电流 75°的继电器，因此只能根据继电器要求来调整二次回路接线实现保护功能。如图 4-41 所示。

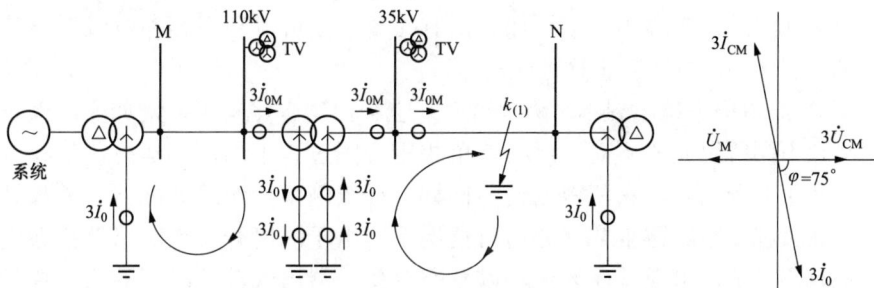

图 4-41 常规零序方向继电器动作特性

通常电流以母线为极性选取 TA 二次极性，即电流均以极性端接零序方向继电器极性端。

为了使该方向继电器在系统发生正方向接地短路时正确动作，对于线路保护，零序方向继电器电压回路的极性端应接电压互感器开口三角绕组的非极性端；对于主变压器本侧零序方向保护（主要作为本侧母线及出线接地故障的后备保护），若由开关 TA 构成自产零序电流或由中性点零序 TA（以变压器为极性）构成零序电流，则零序方向继电器电压回路的极性端应接电压互感器开口三角绕组的极性端；若由中性点零序 TA（以大地为极性）构成零序电流，则零序方向继电器电压回路的极性端应接电压互感器开口三角绕组的非极性端。

若为了使该方向继电器在主变压器其他侧发生正方向接地短路时正确动作，对于主变压器本侧零序方向保护（主要作为主变压器其他侧母线及出线接地故障的后备保护），若由开关 TA 构成自产零序电流或由中性点零序 TA（以变压器为极性）构成零序电流，则零序方向继电器电压回路的极性端应接电压互感器开口三角绕组的非极性端；若由中性点零序 TA（以大地为极性）构成零序电流，则零序方向继电器电压回路的极性端应接电压互感器开口三角绕组的极性端。

因此零序方向保护的检验项目包括：①结合继电器具体要求检验电压互感器、电流互感器的实际极性及二次回路的连接方式；②检验电压、电流回路的潜动；③检验电流、电压线圈极性标识的正确性，及线圈间的绝缘电阻；④固定通入测试量的电流、电压的幅值，调整电压与电流夹角，测试继电器的动作区，计算继电器的最大灵敏角；⑤在最大灵敏角下测定继电器的最低动作电压及最小动作伏安；⑥检验在正、反方向可能出现的最大短路容量时触点的动作情况；⑦理解保护装置的具体要求、方向继电器的灵敏角，结合一次系统故障特点及保护范围，正确设置电压互感器、电流互感器的极性端及二次回路的连接方式。

（3）零序电流保护在运行中需注意的问题。

1）当电流回路断线时，可能造成保护误动作。这是一般较灵敏的保护的共同弱点，需要在运行中注意防止。就断线概率而言，它比距离保护电压回路断线的概率要小得多。如果确有必要，还可以利用相邻电流互感器零序电流闭锁的方法防止这种误动作。

2）当电力系统出现不对称运行时，也会出现零序电流，例如变压器三相参数不同所引起的不对称运行，单相重合闸过程中的两相运行，三相重合闸和手动合闸时的三相断路器不同期，母线倒闸操作时断路器与隔离开关并联过程或断路器正常环并运行情况下，由于隔离开关或断路器接触电阻三相不一致而出现零序环流，以及空投变压器出现较长时间的不平衡励磁涌流和直流分量等，都可能使零序电流保护启动。

3）地理位置靠近的平行线路，当其中一条线路故障时，可能引起另一条线路出现感应电流，造成反方向侧零序方向继电器误动作。如确有此可能时，可以改用负序方向继电器，来防止上述方向继电器误动判断。

4）由于零序方向继电器交流回路正常运行时没有零序电流和零序电压，回路断线不易被发现；当继电器零序电压互感器开口三角侧发生断线时，也不易用较直观的模拟方法检查其方向的正确性，因此容易因交流回路有问题而使得在电网故障时造成保护拒绝动作和误动作。

2. 负序方向保护原理

系统正常运行时没有负序分量，当系统发生不对称短路故障或不对称断线故障时才产生负序分量，因此负序分量是构成保护的一种故障特征量。

系统正、反方向短路故障时负序序网图如图 4-42 所示。

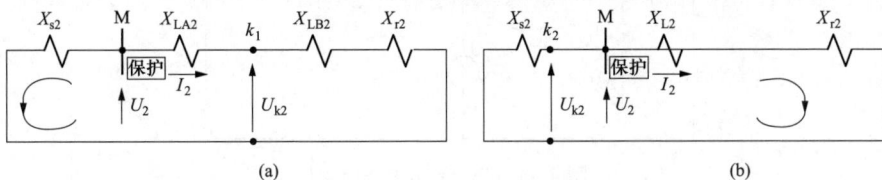

图 4-42 零序分量序网图

（a）正方向故障时的零序分量序网图；（b）反方向故障时的零序分量序网图

由图 4-42 可得：正方向短路 $U_2 = -I_2 \cdot X_{s2}$；

反方向短路 $U_2 = I_2 \cdot (X_{L2} + X_{r2})$。

通常情况下负序阻抗角按约 75° 考虑，所以正方向短路时 U_2 超前 I_2 约 $-105°$，反方向短路时 U_2 超前 I_2 约 75°。

由上述分析可以看出：负序分量同零序方向具有相同的动作特性，在特定的正方向下，具有明确的方向性。

其他分析同零序方向。

3. 工频变化量方向（突变量方向）保护原理

当系统发生短路故障时，根据叠加原理，短路后状态＝短路前状态＋短路附加状态，以两侧为无穷大系统发生金属性短路为例，短路后状态 $U_k = 0$。等效图如图 4-43 所示。

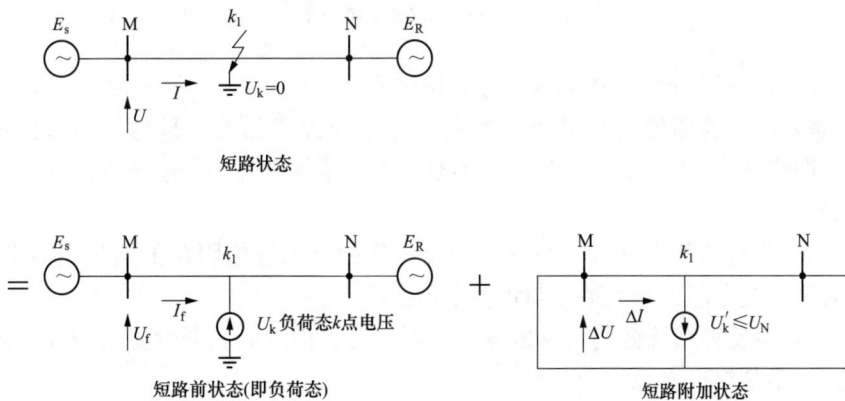

图 4-43 系统发生故障的等效状态图

图 4-43 中：$\Delta U = U - U_f$；$\Delta I = I - I_f$。

可以看出 ΔI、ΔU 其实就是工频变化量（或称突变量），利用 ΔI、ΔU 构成的继电器称为工频变化量继电器。

接下来分析正、反方向短路故障时工频变化量 ΔI、ΔU 的相量关系：

（1）正方向短路，相量如图 4-44 所示。

由图 4-44 可得：正方向短路时

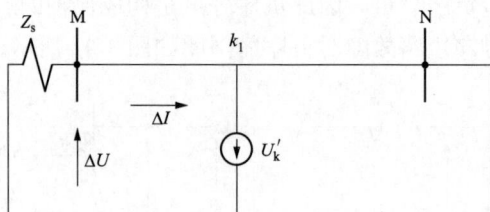

图 4-44　正方向短路相量图

$$\Delta U = -\Delta I \cdot Z_s \qquad (4\text{-}10)$$

（2）反方向短路，相量如图 4-45 所示。由图 4-45 可得：反方向短路时

$$\Delta U = \Delta I(Z_L + Z_R) \qquad (4\text{-}11)$$

由式（4-10）、式（4-11）可看出：正方向短路 ΔI、ΔU 方向相反；反方向短路 ΔI、ΔU 方向相同，具有明确的方向性。

以南瑞继保的 RCS-901 为例，工频变化量方向继电器的工作原理是测量电压、电流故障分量的相位，其工作特点是：

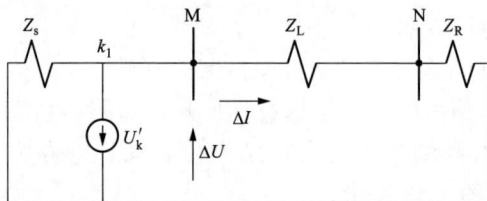

图 4-45　反方向短路相量图

1）在 RCS-901 中构成纵联方向保护。

2）测量的角度与故障类型无关，与运行方式无关，只与故障方向有关。即使非全相运行，该性能也不变，在负荷端方向继电器动作行为也正确。

3）测量的角度只与短路方向相反一侧的电源等值阻抗的阻抗角有关，因而与过渡电阻大小无关，与负荷电流大小无关。

4）不反映系统振荡，灵敏度高。因而用它构成的纵联保护可以始终投入，而不是仅投入 20～30ms。

5）正、反方向元件相配合，提高安全性。

6）适用于串补线路。

7）动作速度 5～10ms。

（三）电抗器保护

并联电抗器是接在高压输电线路上的大容量的电感线圈，它的作用是补偿高压输电线路的电容和吸收其无功功率，防止电网轻负荷时因容性功率过多而引起的电压升高。

并联电抗器仅在电网轻负荷时发挥作用，原因在于电网负荷轻时，电容电流大，"容升"现象严重，末端电压很高。并联电抗器后，相当于在线路中串入了很大的感性电抗，使总体的阻抗趋向于无穷大，从而限制潜供电流和感应电动势，甚至使潜供电流和感应电动势为零。

超高压输电线路一般距离较长，有数百千米。同时，由于采用了分裂导线，线路对地电容很大，每条线路的充电容性功率可到二三十万千乏。大量容性功率通过系统感性元件（发电机、变压器和输电线路）时，末端电压将要升高，即所谓"容升"现象。在系统小运行方式时，这种现象尤为严重。在长线路首、末端装设并联电抗器，可补偿线路上的电容电流，削弱这种容升效应，从而限制工频电压的升高。

应当指出，当线路中传输很大的功率时，即使不装电抗器，也不会出现电压的容升现象。此时如果投入大量的电抗器反而使电网无功负荷过重和有功损耗增大，是不经济的。因此，应通过计算，确定不同负荷下电抗器的运行方式。

并联电抗器的接入能明显抑制超高压线路的工频电压升高，而补偿的效果取决于电抗器相对线路充电无功功率的容量。并联电抗器的容量 Q_L 对空载长线路电容无功功率的比值 Q_L/Q_C 称为补偿度。通常，补偿度选在 60% 左右。

线路终端甩负荷、计划性合闸和并网等情况，都将形成较长时间的发电机带空载长线路的运行方式，计划性合闸是容性阻抗，因而可能导致发电机的自励磁。

自励磁引起的工频电压升高可能达到额定电压的 $1.5\sim2$ 倍，甚至更高，造成并网时的合闸操作（包括零起升压）失败。

为提高运行可靠性，超高压电网中常采用单相自动重合闸，即当线路发生单相接地故障时立即断开该相线路，待故障处电弧熄灭后再重合该相。但由于输电线路存在线间电容和电感，故障相断开短路电流后，非故障相将经这些电容和电感向故障相继续提供电弧电流，即所谓"潜供电流"，使电弧难以熄灭。如果线路上有并联电抗器，其中性点经小电抗器接地（小电抗器容量小而感抗值高），就可以限制或消除单相接地电弧的潜供电流，使电弧熄灭、重合闸成功。这样的电抗器，尤其是中性点小电抗器具有消弧线圈的功能。

以长线路发生 A 相接地故障为例，如图 4-46 所示。

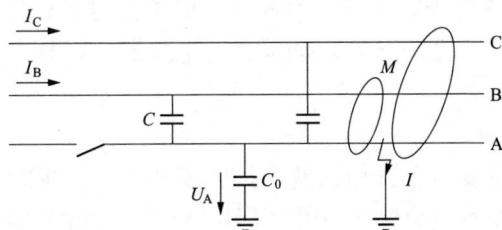

图 4-46　长线路发生 A 相接地故障

由 B、C 相负载电流 I_B、I_C 经互感 M 在 A 相导线上感应出来的电动势 U_A 是纵方向的，它以 A 相导线对地电容 C_0 为回路，供给部分接地电流，称为潜供电流的纵分量。

超高压电网的电力变压器中性点是接地的，健全相 B、C 可通过相间电容 C 供给故障点部分接地电流，称为潜供电流的横分量。

为了消除潜供电流的横分量，可以在线路上接一组三角连接的电抗器，补偿相间电容 C，使间阻抗趋向无穷大。这样，潜供电流的横分量和 U_A 值都将趋于零。

要消除潜供电流的纵分量，可以在线路的首、末端各加装一组星形连接中性点接地的电抗器，补偿导线对地电容 C_0，使相对地阻抗趋于无穷大。这样，潜供电流纵分量的回路阻抗很大而电流趋于零。

线路发生单相接地后，高压电抗器的中性点电压随故障状况而产生偏移。中性点小电抗器在偏移电压作用下产生的感性电流，经接地点与非故障相对故障相线间电容电流做补偿，使电弧不能重燃，从而提高了单相重合闸的成功率。

并联于超高压线路的电抗器一般星形接线，中性点经一小电抗器接地，中性点小电抗器有一定绝缘水平。我国 500kV 电力系统中，中性点小电抗器的冲击绝缘水平为 154kV。

1. 并联电抗器的结构特点

超高压大容量充油电抗器的外形与变压器相似，但内部结构不同。变压器的绕组有一次绕组和二次绕组，铁芯磁路中没有气隙，而电抗器只是一个磁路带气隙的电感线圈。由于系统运行的需要，要求电抗器的电抗值在一定范围内恒定，即电压与电流的关系是线性的，所以并联电抗器的铁芯磁路中必须带有气隙。

一般电抗器设计成在 1.5 倍额定电压以上时才开始饱和，饱和后其伏安特性的斜率不低于原斜率的 1/3。

并联电抗器接入线路的方式有多种，目前我国较为普遍的方式有两种：一种是通过断路器、隔离开关将电抗器接入线路；另一种是只通过隔离开关将电抗器接入线路。

比较好的接入方式是将电抗器通过一组火花间隙投入线路。火花间隙应能耐受一定的工频电压（例如 $1.35U_1$），它被一个开关 S 所并接，如图 4-47 所示。正常情况下，开关 S 断开，电抗器退出运行，当该处电压达到间隙放电电压时，开关 S 就立即动作，电抗器自动投入，工频电压随即降至额定值以下。

2. 电抗器保护

电抗器保护主要有：分相纵差保护、零差保护、匝间保护、零序过电流保护和过电流及过负荷保护。以 WDK-600 系列的电抗器保护为例。

（1）分相纵差保护。电抗器纵差保护不需要考虑涌流问题。另外，为

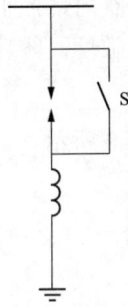

图 4-47 用火花间隙并联电抗器示意图

了使在区内严重故障时能快速而可靠地切除故障，装置提供有差动保护及差动速断保护。

电抗器的纵差保护与其他主设备的纵差保护原理相同，其逻辑框图如图 4-48 所示。

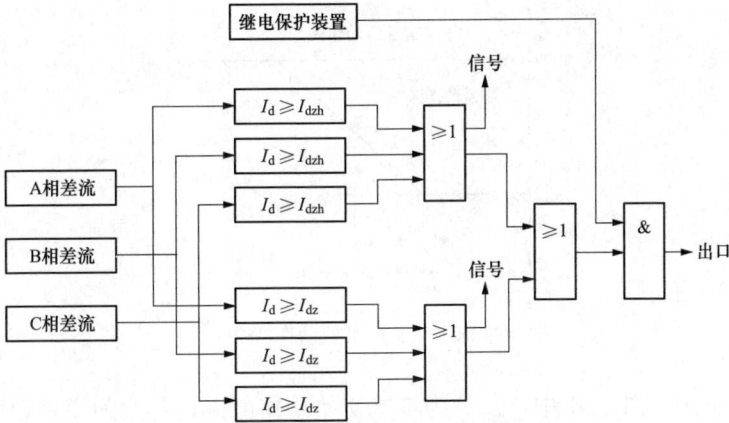

图 4-48 电抗器分相差动保护逻辑框图

电抗器差动保护的动作特性，为具有二段折线式的比例制动特性，如图 4-49 所示。

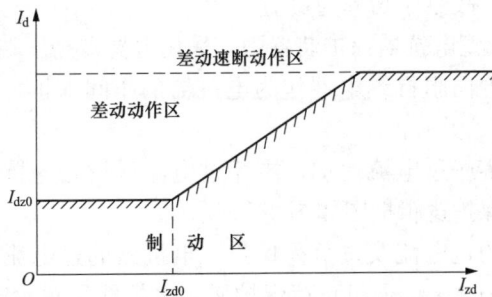

图 4-49 差动元件的比率制动特性曲线

（2）零序差动保护。在电抗器内部或低压端出线发生接地故障时，其零序差动保护具有较高的动作灵敏度。零序差动元件两侧的零序电流均系装置自产，即 $3\dot{I}_0 = \dot{I}_a + \dot{I}_b + \dot{I}_c$。

电抗器零差保护逻辑如图 4-50 所示。

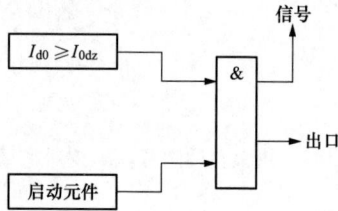

图 4-50　零差保护逻辑框图

电抗器零差保护的动作特性为具有二段折线式比例制动特性的曲线，如图 4-51 所示。

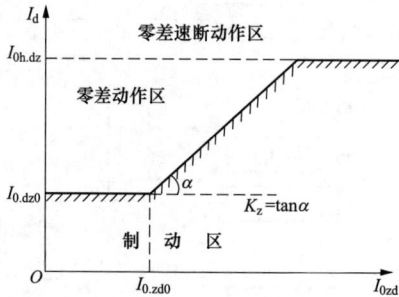

图 4-51　零差保护动作特性

图 4-50、图 4-51 中，$I_{0.dz0}$ 为零差初始动作电流；$I_{0h.dz}$ 为零差速断电流整定值；$I_{0.zd0}$ 为零差拐点电流，$K_z = \tan\alpha$ 为比率制动系数。

（3）电抗器匝间保护。大型电抗器多采用分相式结构，匝间短路只能出现在单相之内。因此，当电抗器发生匝间短路时，在系统内将出现零序电流和零序电压。从电抗器高压端看，当电抗器匝间短路时，零序电流要超前于零序电压，故零序功率为负值。

在 WDK-600 型电抗器保护装置中，采用电抗器高压端零序电流和零序电压构成的零序方向阻抗继电器作为电抗器的匝间保护。电抗器匝间保护逻辑框图如图 4-52 所示。

（4）电抗器零序过电流保护。零序过电流保护是电抗器单相接地故障的后备保护，其保护逻辑框图如图 4-53 所示。

（5）电抗器的过电流及过负荷保护。电抗器的过电流保护是电抗器各种故障的后备保护之一，而过负荷保护属于电抗器异常运行的保护。通常，电抗器及中性点小电抗器均设置过负荷保护。

电抗器的过电流及过负荷保护与其他主设备的过电流及过负荷保护原

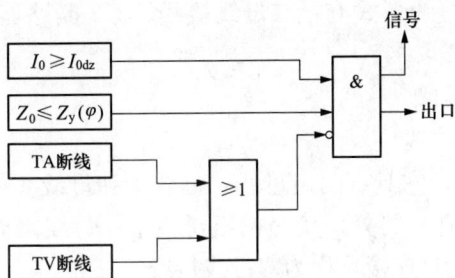

图 4-52　电抗器匝间保护逻辑框图

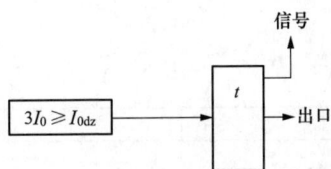

图 4-53　零序过电流保护逻辑框图

理相同，其保护逻辑框图如图 4-54 所示。

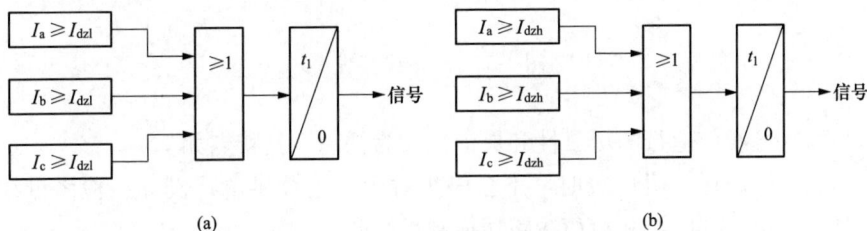

图 4-54　电抗器过电流保护逻辑框图
（a）过负荷保护；（b）过电流及过负荷保护

第二节　母　线　保　护

一、发电厂电气主接线形式

电气主接线主要是指在发电厂、变电站、电力系统中，为满足预定的功率传送方式和运行等要求而设计的、表明高压电气设备之间相互连接关系的传送电能的电路。电路中的高压电气设备包括发电机、变压器、母线、断路器、隔离开关、线路等，它们的连接方式对供电可靠性、运行灵活性及经济合理性等起着决定性作用。

对一个电厂而言，电气主接线在电厂设计时就根据机组容量、电厂规模及电厂在电力系统中的地位等，从供电的可靠性、运行的灵活性和方便性、经济性、发展和扩建的可能性等方面，经综合比较后确定，它的接线方式能反映正常和事故情况下的供送电情况。

发电厂的基本接线形式有：双母线接线、3/2 断路器接线、桥型接线、单元接线。

（一）双母线接线

1. 一般双母线接线

如图 4-55 所示，它具有两组母线：母线Ⅰ和母线Ⅱ。每回线路都经一台断路器和两组隔离开关分别接至两组母线上，母线之间通过母线联络断路器（简称母联）QF 连接，称为双母线接线。

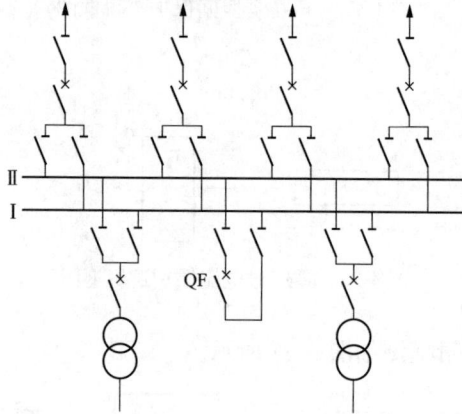

图 4-55　双母线接线

两组母线使运行的可靠性和灵活性大为提高，其特点如下：

（1）检修任一组母线时，不会停止对用户连续供电。例如：检修母线Ⅰ时，可把全部电源和负荷线路切换到母线Ⅱ上。

（2）运行调度灵活，通过倒换操作可以形成不同的运行方式。当母联断路器闭合，进出线适当分配接到两组母线上，形成双母线同时运行的状态。有时为了系统的需要，也可将母联断路器断开（处于热备用状态），两组母线同时运行。此时这个电厂相当于分裂为两个电厂各自向系统送电。显然，两组母线同时运行的供电可靠性比仅用一组母线运行时高。

（3）在特殊需要时，可以用母联与系统进行同期或解列操作。当个别回路需要独立工作或进行试验（如发电机或线路检修后需要试验）时，可将该回路单独接到备用母线上进行。

2. 带有旁路母线的双母线接线

一般双母线接线的主要缺点是：检修线路断路器会造成该回路停电。为了检修线路断路器时不致造成停电，可采用带旁路母线的双母线接线，如图 4-56 所示。

在每一回路的线路侧装一组隔离开关（旁路隔离开关）QS，接至旁路母线Ⅲ上，而旁路母线再经旁路断路器及隔离开关接至两组母线上。图 4-56 中设有专用的旁路断路器 QF。要检修某一线路断路器时，基本操作步骤

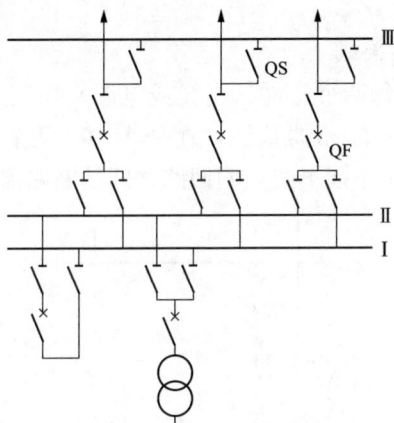

图 4-56　带有旁路母线的双母线接线

是：先合旁路断路器两侧的隔离开关（母线侧合上一个），再合上旁路断路器 QF 对旁路母线进行充电与检查；若旁路母线正常，则待修断路器回路上的旁路隔离开关两侧已为等电位，可合上该旁路隔离开关；此后可断开待修断路器及其两侧隔离开关，对断路器进行检修。此时该回路已通过旁路断路器、旁路母线及有关旁路隔离开关向其送电。

3. 双母线分段接线

图 4-57 所示为双母线分段接线。用分段断路器 QF3 把工作母线Ⅰ分段，每段分别用母联断路器 QF1 和 QF2 与备用母线Ⅱ相连。这种接线比一般双母线接线具有更高的供电可靠性和灵活性。但由于断路器较多，投资大，一般在进出线路数较多（如多于 8 回线路）时可能用这种接线。

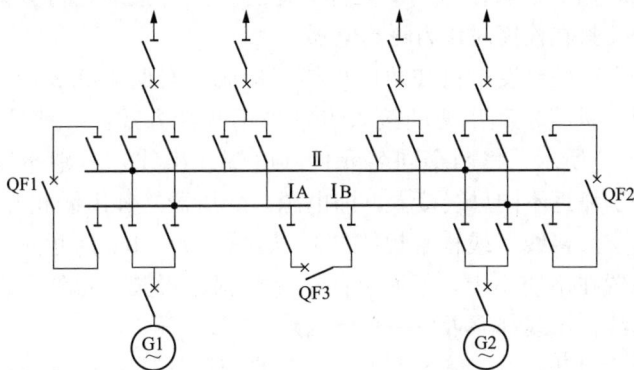

图 4-57　双母线分段接线

双母线接线具有供电可靠、检修方便、调度灵活及便于扩建等优点，在我国大中型电厂和变电站中广泛采用。但这种接线所用设备多，在运行中隔离开关作为操作电器，较易发生误操作。特别是，当母线系统发生故障时，需短时切除较多电源和线路，这对特别重要的大型发电厂和变电站

387

是不允许的。

（二）3/2 断路器接线

如图 4-58 所示，每两个元件（出线或电源）用三台断路器构成一串接至两组母线，称为 3/2 断路器接线。在一串中，两个元件（进线或出线）各自经一台断路器接至不同母线，两回路之间的断路器称为联络断路器。

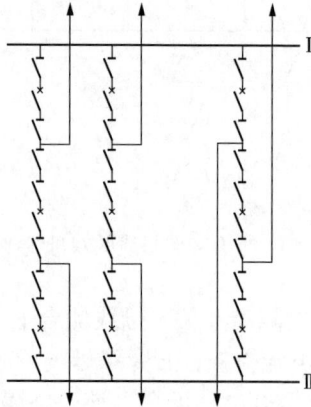

图 4-58　3/2 接线

运行时，两组母线和同一串的三个断路器都投入工作，称为完整串运行，形成多环路状供电，具有很高的可靠性。其主要特点是：任一母线故障或检修，均不致停电；任一断路器检修也不引起停电；甚至于两组母线同时故障（或一组母线检修另一组母线故障）的极端情况下，功率仍能继续输送。一串中任何一台断路器退出或检修时，这种运行方式称为不完整串运行，此时仍不影响任何一个元件的运行。这种接线运行方便、操作简单，隔离开关只在检修时作为隔离电器。

例如：只有两台发电机和两回出线，构成只有两串 3/2 接线。在此情况下，电源（进线）和出线的接入点可采用两种方式：一种是交叉接线，如图 4-59（a）所示，将两个同名元件（电源或出线）分别布置在不同串上，并且分别靠近不同母线接入，即电源（变压器）和出线相互交叉配置；另一种是非交叉接线（或称常规接线），如图 4-59（b）所示，它也将同名元件分别布置在不同串上，但所有同名元件都靠近某一母线一侧（进线都靠近一组母线，出线都靠近另一组母线）。

通过分析可知，3/2 交叉接线比 3/2 非交叉接线具有更高的运行可靠性，可减少特殊运行方式下事故扩大。例如：一串中的联络断路器（设 502）在检修或停用，当另一串的联络断路器发生异常跳闸或事故跳闸（出线 L2 故障或进线 T2 回路故障）时，对非交叉接线方式将切除两个电源，相应的两台发电机甩负荷至零，电厂与系统完全解列；而对交叉接线方式而言，至少还有一个电源（发电机-变压器组）可向系统送电，L2 故障时 T2 向 L1 送电，T2 故障时 T1 向 L2 送电，仅是联络断路器 505 异常跳开时

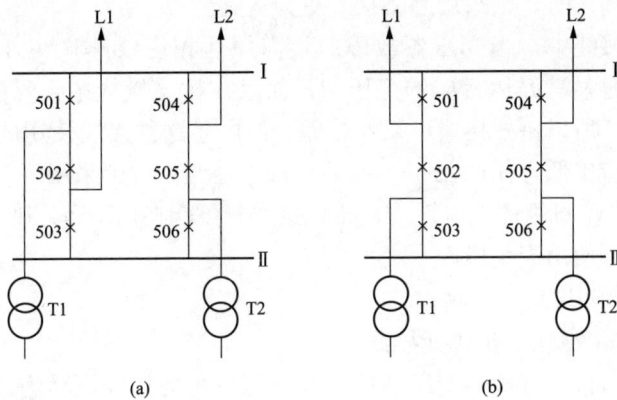

图 4-59　3/2 接线配置方式

（a）交叉接线；（b）非交叉接线

也不破坏两台发电机向系统送电。交叉接线的配电装置的布置比较复杂，需增加一个间隔。

当 3/2 接线的串数多于两串时，由于接线本身构成的闭环回路不止一个，一个串中的联络断路器检修或停用时，仍然还有闭环回路，因此不存在上述差异。

（三）桥形接线

当只有两台变压器和两条输电线路时，采用桥式接线的断路器最少，如图 4-60 所示。

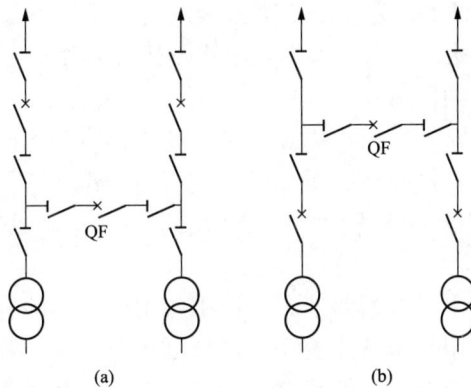

图 4-60　桥式接线

（a）内桥；（b）外桥

依照连接桥对于变压器的相对位置可分为内桥和外桥。运行时，桥臂上的联络断路器 QF 处于闭合状态。当输电线路较长故障概率较大的两台变压器又都经常运行时，采用内桥接线较适宜；而在输电线路较短，且变压器随经济运行要求需经常切换或系统有穿越功率流经本厂（如两回线路均

389

接入环形电网）时，则采用外桥接线更为适宜。

在内桥接线中，当变压器故障时，需停运相应线路；在外桥接线中，当线路故障时，需停运相应的变压器；而且在桥式接线中，隔离开关又作为操作电器，所以桥式接线可靠性较差。但由于这种接线使用的断路器少、布置简单、造价低，往往在 35～220kV 配电装置中得到采用。

在 600MW 机组的发电厂中，桥式接线只可能在启动备用变压器的高压侧使用，而不使用于主机。

（四）单元接线

1. 发电机-变压器组单元接线

发电机出口，直接经变压器接入高电压系统的接线，称为发电机-变压器组单元接线。实际上，这种单元接线往往只是电厂主接线中的一部分或一条回路。

关于发电机出口是否装设断路器的问题。目前我国及许多国家的大容量机组（特别是 200MW 以上的机组）的单元接线中，发电机出口一般不装设断路器，其理由是：大电流大容量断路器（或负荷开关）投资较大，而且在发电机出口至主变压器之间采用封闭母线后，此段线路范围的故障可能性亦已降低。甚至在发电机出口也不装隔离开关，只设有可拆的连接片，以供发电机测试时用。

发电机出口也有装设断路器（例如，大唐盘电 2×600MW 机组，其发电机出口就装设有断路器，且运行良好）的理由是：

（1）发电机组解、并列时，可减少主变压器高压侧断路器操作次数，特别是 500kV 或 220kV 为 3/2 断路器接线时，能始终保持一串内的完整性。当电厂接线串数较少时，保持各串不断开（不致开环），对提高供电送电的可靠性有明显的作用。

（2）启停机组时，可用厂用高压工作变压器供厂用电，减少了厂用高压系统的倒闸操作，提高运行可靠性。当厂用工作变压器与厂用启动变压器之间的电气功角 δ 相差较大（一般大于 15°）时，这种运行方式更为需要。

（3）当发电机出口有断路器时，厂用备用变压器的容量可与工作变压器容量相等，且厂用高压备用变压器的台数可以减少。我国规程规定，两台机组（不设出口断路器）要设置一台厂用备用变压器，而前苏联的设计一般为 6 台机组设置一台厂用备用变压器。

发电机出口装设断路器所带来的缺点是：在发电机回路增加了一个可能的事故点。但根据以往事故经验及世界发展方向，500MW 及以上机组出口装设断路器有其突出优点。

2. 发电机-变压器-线路组单元接线

发电厂每台主变压器高压侧直接与一条输电线路相连接，单独送电。发电厂内不设开关站，各台主变压器之间没有电气连接，厂内主变压器台数与线路条数相等。每台发电机-变压器组单元各自单独送电至一个或多个开关站或变电站。主变压器高压侧在厂内也可装设一台高压断路器，作为元件保护和线路保护的断开点，也可作为同期操作之用。

尽管大容量电厂主接线广泛采用 3/2 接线，拥有的可靠性和灵活性都很高，但也必须指出：从整个电网的角度来看，这种接线形式不能很好地形成一个合理而稳定的电网结构，因为一个合理的电网结构应该是外接电源相当分散，同时受端系统的联系应该加强，尤其是在事故情况下能对受端系统提供足够的电压支撑，能避免由于大负荷转移到相邻线路后引起的静态稳定被破坏，或受端电压大幅度下降而引起的电压崩溃。因此，在远离负荷中心的大电厂，推荐采用发电机-变压器-线路组单元接线或双母线双断路器、母线分开运行、机组和出线均衡配置的运行接线方式。这种将大电源分开几块的直接效果是：当一组送出线路发生故障，在其后的系统暂态摇摆过程中，电厂内只有与该线路相连接的几台机组处于送电侧，而其余几台机组都自动处于受电侧，成为受电系统的电源，从而加强了对受端网络的支持。另外，随着机组容量的扩大、电网的扩容，从限制短路电流的角度出发，一些大容量电厂和枢纽变电站母线也将解列运行。

二、母线故障及母线保护配置

(一) 母线故障及装设母线保护的基本原则

发电厂和变电站的母线是电力系统中的重要组成元件之一。母线又称汇流排，是汇集电能及分配电能的重要设备。当母线上发生故障时，将使连接在故障母线上的所有元件在修复故障母线期间，或转换到另一组无故障的母线上运行以前被迫停电。此外，在电力系统中枢纽变电站的母线上故障时，还可能引起系统稳定的破坏，造成严重的后果。

母线上发生的短路故障可能是各种类型的接地和相间短路故障。母线短路故障类型的比例与输电线路不同。在输电线路的短路故障中，单相接地故障约占故障总数的 80% 以上，而在母线故障中，大部分故障是由绝缘子对地放电所引起的，母线故障开始阶段大多表现为单相接地故障，而随着短路电弧的移动，故障往往发展为两相或三相接地短路（两相短路故障的概率较小）。

母线故障的特点表现在：

(1) 在大型发电厂和枢纽变电站，母线连接元件众多，主要连接元件除主变压器及出线单元以外，还有电压互感器、接地开关等。

(2) 在众多的连接元件中，由于绝缘子的老化、污秽引起的闪络接地故障和雷击造成的短路故障以及母线电压互感器和电流互感器的故障概率较大。此外，运维人员的误操作，如带负荷拉隔离开关、带地线合断路器造成的母线故障也有发生。

(3) 母线的故障类型主要有单相接地故障和相间短路故障，两相接地短路故障及三相短路故障的概率较小。

母线保护拒动或误动将造成严重的后果。母线保护误动造成大面积的停电；母线保护拒动后果更为严重，可能造成电力设备的损坏及电力系统的瓦解，因此要求母线保护具有高度的安全性和可靠性。同时，母线保护不但要能很好地区分区内故障和区外故障，还要确定哪条或哪段母线故障。由于母线安全运行影响到系统的稳定性，尽早发现并切除故障尤为重要，因此要求母线保护具有选择性强、动作迅速等特点。

1. 装设母线保护的基本原则

通常不采用专门的母线保护，而利用供电元件的保护装置就可以把母线故障切除。例如：

（1）如图 4-61（a）所示的发电厂采用单母线接线，若接于母线的线路对侧没有电源，此时母线上的故障就可以利用发电机的过电流保护使发电机的断路器跳闸予以切除。

（2）如图 4-61（b）所示的降压变电站，其低压侧的母线正常时分开运行，若接于低压侧母线上的线路为馈电线路，则低压母线上的故障就可以由相应变压器的过电流保护使变压器断路器跳闸予以切除。

（3）如图 4-62 所示的双侧电源网络（或环形网络），当变电站 B 母线上 k 点短路时，可以由保护 1、4 的第 Ⅱ 段动作予以切除等。

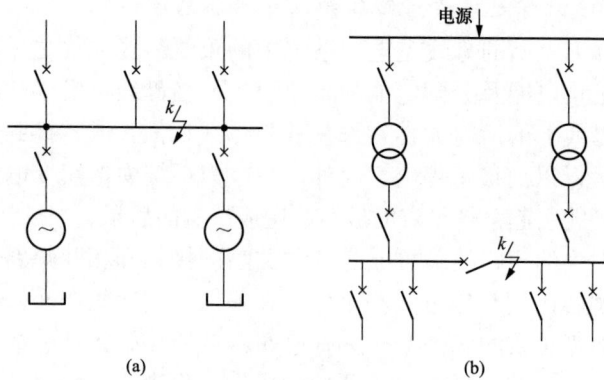

图 4-61　利用过电流保护切除母线故障

（a）利用发电机过电流保护；（b）利用变压器过电流保护

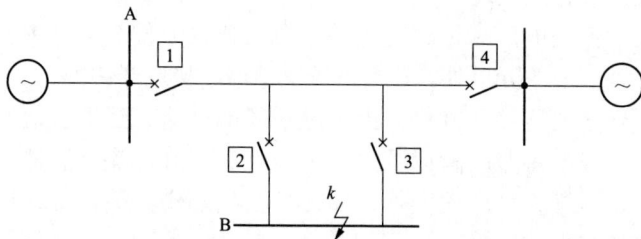

图 4-62　在双侧电源网络上利用电源侧的保护切除母线故障

　　当利用供电元件的保护装置切除母线故障时，故障切除的时间一般较长。此外，当双母线同时运行或母线为分段单母线时，上述保护不能保证有选择性地切除故障母线；当超高压枢纽变电站和大型发电厂母线为分段单母线时，上述保护不能保证有选择性地切除故障母线。超高压枢纽变电站和大型发电厂的母线联系着各个地区系统和各台大型发电机组，母线发生短路直接破坏了各部分系统之间或各台机组之间的同步运行，严重影响电力系统的安全供电。虽然母线短路概率比输电线路短路低得多，但一旦发生，后果特别严重。因此，对那些威胁电力系统稳定运行、使发电厂厂用电及重要负荷的供电电压低于允许值（一般为额定电压的 60%）的母线故障，必须装设有选择性的快速母线保护。

　　因此，在下列情况下应装设专门的母线保护：

　　（1）在 110kV 及以上的双母线和分段单母线上，为保证有选择性地切除任一组（或段）母线上发生的故障，而另一组（或段）无故障的母线仍能继续运行，应装设专用的母线保护。

　　（2）110kV 及以上的单母线，重要发电厂的 35kV 母线或高压侧为 110kV 及以上的重要降压变电站的 35kV 母线，按照装设全线速动保护的要求必须快速切除母线上的故障时，应装设专用的母线保护。

　　2. 母线的接线方式

　　母线的接线方式种类很多，应根据发电厂或变电站在电力系统中的地位、母线的工作电压、连接元件的数量及其他条件，选择最适宜的接线方式。

　　（1）单母线和单母线分段。单母线及单母线分段的接线方式如图 4-63 所示。

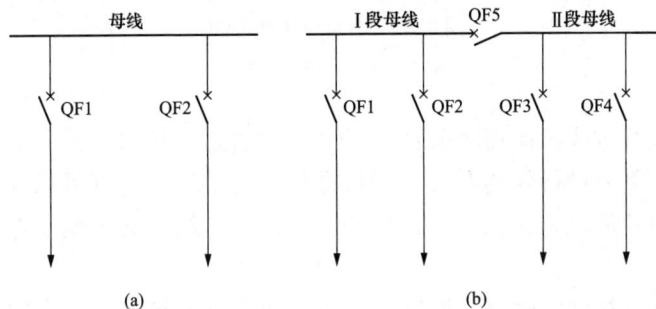

图 4-63　单母线及单母线分段接线
(a) 单母线；(b) 单母线分段
QF1～QF4—出线断路器；QF5—分段断路器

　　在发电厂或变电站，当母线电压为 35～66kV、出线数较少时，可采用单母线接线方式；而当出线较多时，可采用单母线分段；对 110kV 母线，当出线数不大于 4 回线时，可采用单母线分段。

　　（2）双母线。在大型发电厂或枢纽变电站，当母线电压为 110kV 以上，出线在 4 回以上时，一般采用双母线接线方式，如图 4-64 所示。

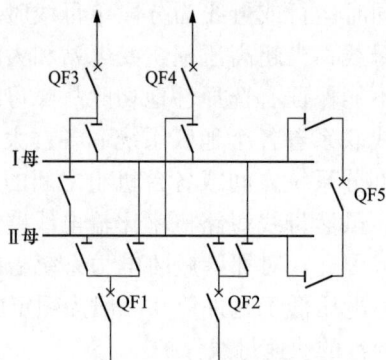

图 4-64　双母线接线

QF1～QF4—出线断路器；QF5—母联断路器

（3）四角形母线接线方式。出线回路数不多的发电厂，并且最终规模比较明确时，其高压母线可采用四角（或多角）形接线。如图 4-65 所示。

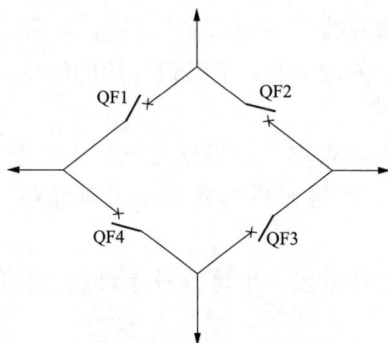

图 4-65　四角形接线母线

QF1～QF4—出线断路器

这种接线方式，在我国东北 220kV 电网曾被采用过。其主要特点是没有母线，不需要进行隔离开关的倒换操作。为了提高运行可靠性，线路和变压器按对角的原则接入。当检修任一断路器、线路或主变压器时，不会引起停电。

由于这种接线中的每一回路需要由两台断路器控制，二次回路比较复杂。继电保护电流互感器亦需要由两组电流互感器取得电流，因此，同样存在 3/2 断路器母线接线方式中两组电流互感器特性不一致所产生的问题。

这种接线方式规定了每一断路器的操作回路和保护装置的直流回路，应分别由专用的熔断器供电。当双断路器各有两组跳闸线圈时，可以用图 4-66 所示方案实施。

（4）3/2 断路器母线接线方式。当母线故障时，为减少停电范围，220kV 及以上电压等级的母线可采用 3/2 断路器母线的接线方式。其接线

(a)

(b)

(c)

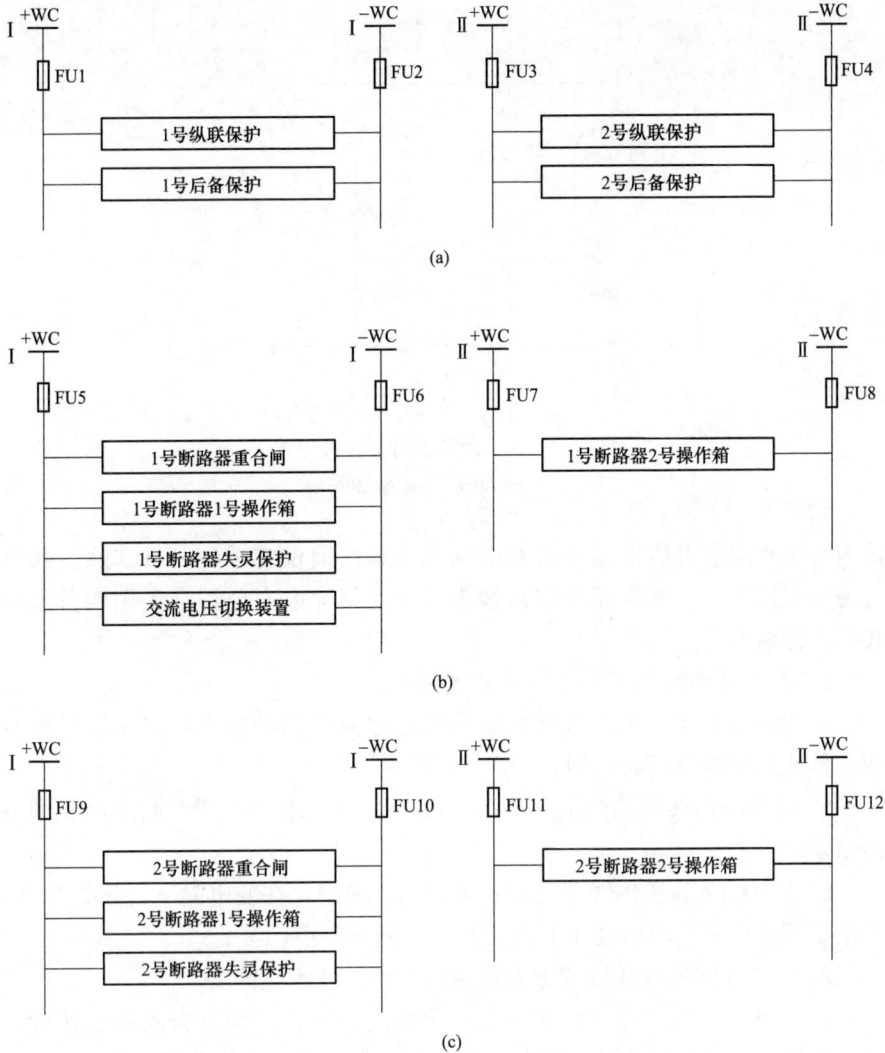

图 4-66　双断路器双跳闸线圈熔断器配置图
（a）保护装置；（b）1 号断路器；（c）2 号断路器

如图 4-67 所示。

断路器 QF1～QF3 组成一串；断路器 QF4～QF6 组成另一串。QF2、QF5 称为串中间断路器。

3/2 断路器是两个引出回路通过三台串接断路器（称为一串），分别接到两组主母线上的电气主接线。在此种接线中，两台断路器的两侧均装设一组隔离开关，供检修断路器时隔离之用。一些变电站和发电厂还在每条引出回路上设置一组隔离开关，当该回路停止运行时，可以断开此隔离开关，以保持该串能继续运行。

这种接线在我国多用于 500kV 电网，也广泛应用在美国、加拿大等国家的 500kV 变电站和发电厂中。西欧各国大多采用多分段母线方式，英国

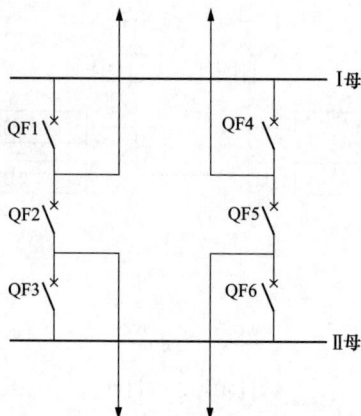

图 4-67　3/2 断路器母线接线方式
QF1～QF6—出线断路器

认为 3/2 断路器母线接线方式对电网无法解决而没有采用，日本除关西电力公司采用了 3/2 断路器母线接线方式外，其他电力公司都采用四分段母线为主接线方式。

1）对 3/2 断路器母线接线方式的要求。

a. 两台变压器或双回线路应该分别连接到不同的串上，以免发生两台变压器或双回线路同时跳闸。

b. 进线和出线回路数最好相等，以免在同一串中有两个回路向相同方向出发。

c. 发电机及其送出线路最好布置在同一串中，在变电站（升压站），电源进线回路最好与降压变压器回路布置在同一串中。

2）3/2 断路器母线接线方式线路保护设计技术性能要求。

a. 线路保护以线路为单元装设；重合闸装置、三相重合闸的电压检定和同期检定，分相操作箱，断路器失灵保护等以断路器为单元装设。

b. 线路保护至少应具有两套独立的选相跳闸逻辑装置，且分别受控于线路的两套不同的保护装置，并按故障类型发出单相或三相跳闸命令。

c. 线路各套保护应能分别投停、调试，而不影响线路及其他保护的正常运行。

d. 对具有两组跳闸线圈的断路器，合理分配好各线路保护动作时，分别作用其中一组跳闸线圈。

e. 各套保护的跳闸输出触点应该是独立的空触点。

f. 短引线保护装置设在母线侧断路器保护屏上。只有在输电线路停运后，且该串断路器均运行时才投入运行。

g. 中间断路器失灵保护应配备双套远方跳闸发信装置。

h. 线路保护按接用的线路电压互感器考虑，不考虑交流电压切换到母线电压互感器上。

i. 重合闸能实现单相、三相、综合及停用方式功能。两台断路器可分别按要求使用相同或不同的重合闸方式。

3）3/2 断路器母线接线方式的断路器失灵保护。通常，分段式母线接线的断路器失灵保护的配置按母线段为单元装设。目前分段式母线保护中仅附加一些中间继电器和时间继电器就能兼顾断路器失灵保护功能。

3/2 接线断路器失灵保护以断路器为单元装设，断路器失灵保护动作时不但要断开本断路器的再次无延时跳闸一次，而且使相邻有关断路器也要带延时跳闸。因此，正常运行要求其可靠性更为严格。

以图 4-68 所示的断路器失灵保护原理接线图，说明 3/2 接线断路器失灵保护的设计原则。

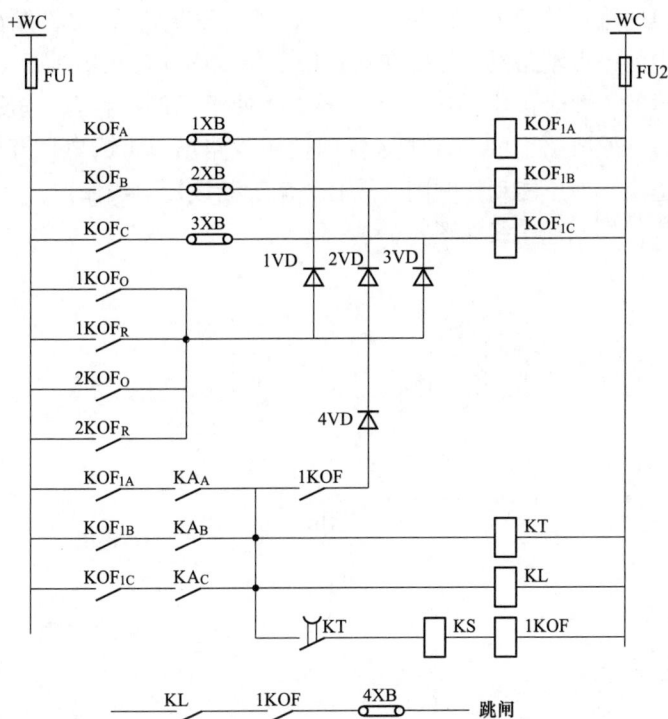

图 4-68　断路器失灵保护原理接线图

a. 应由能瞬时快速复归的分相和三相跳闸继电器触点及能够快速返回的分相电流继电器触点串联启动，不应使用反应断路器位置的继电器作为故障判别元件。

b. 相电流元件应接于电流互感器铁芯不带气隙的二次绕组上；其定值应按保证本线路终端短路有足够灵敏度整定，并躲过线路最大负荷电流，不致在正常运行时动作。

c. 断路器失灵保护动作后应先瞬时再作用于本相拒动断路器的两个跳闸线圈使之跳闸，再经一短延时跳开该拒动断路器三相及有关断路器。靠近两母线侧的断路器失灵保护应启动各自母线出口中间继电器，使该母线上的所有断路器跳闸，并使中间断路器也跳闸。中间断路器失灵保护动作后使靠近两母线的断路器跳闸，并均应能够提供启动两套远方跳闸发信装置。延时段跳开的断路器不应重合闸，应将其闭锁。

d. 断路器失灵保护的跳闸出口回路应具备如下输出：分相跳本断路器的两个跳闸线圈；启动两套远方跳闸装置的发信；闭锁本断路器的重合闸；断开有关断路器。

e. 断路器失灵保护接线回路中任一个且仅一个继电器发生异常动作不返回时，不应使多台断路器跳闸，至多只能跳开一台断路器。

4）短引线保护。短引线保护是 3/2 断路器母线接线方式所特需的，当输电线路停电进行检修时，线路隔离开关 1QS 被断开后，3/2 断路器母线接线方式中的该串断路器仍保留在运行中（使本串保持成串运行），但线路保护退出运行，此时该串两电流互感器之间处于无保护状态，短引线发生短路故障时，原线路上的各保护装置因使用线路出口上的电压互感器（线路检修时退出）而不能动作跳闸，故必须附加装设短引线保护。

短引线保护原理接线如图 4-69 所示。

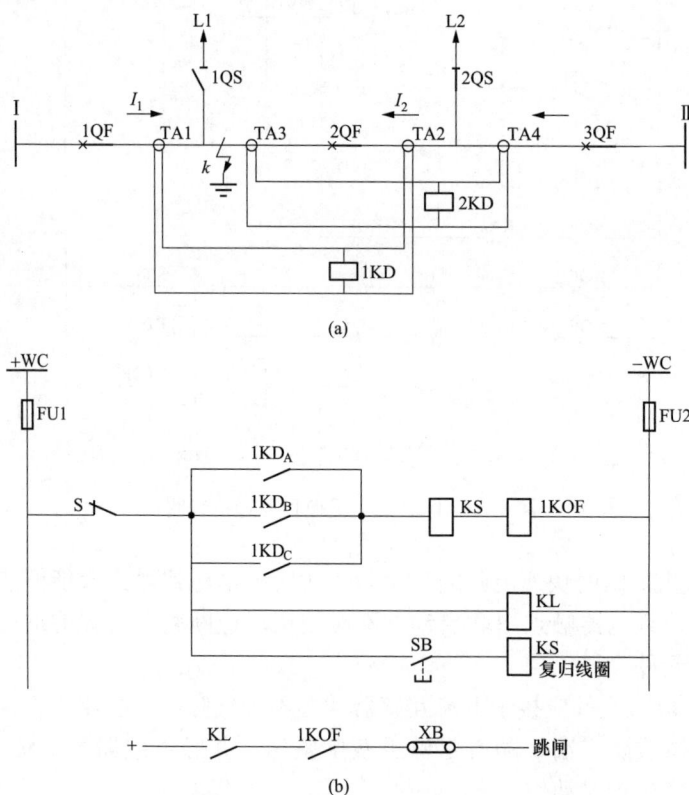

(a)

(b)

图 4-69　3/2 断路器母线接线方式短引线保护原理接线图
(a) 短引线电流差动保护原理接线图；(b) 1KD 短引线保护直流回路图

短引线保护为一简单的三相式电流差动保护，在输电线路正常运行时，该保护直流电源被断开不投入运行。当输电线路停电，线路隔离开关 1QS 被断开后，该保护的直流电源通过其辅助触点 S 接入，将短引线保护投入运行。该保护的交流电流回路引入 TA1 和 TA2（或 TA3 和 TA4）的电流，在穿越性短路电流流过这两个电流互感器时，使 TA1 和 TA2（或 TA3 和 TA4）两个二次电流为差的关系。如果使 TA1 和 TA2（或 TA3 和 TA4）选择同型号、同变比，即使流过很大的穿越性电流，则两电流差值（即不平衡电流）也很小，只要该保护定值大于此不平衡电流，保护就不会误动作。当区内 K 点短路时，流过 TA1 电流为 I_1，流过 TA2 的电流为 I_2，保护装置中流过的电流为 $I_1 + I_2$，短引线保护能瞬时动作跳开断路器。

5）3/2 断路器母线接线方式的继电保护动作行为与电流互感器配置组数的讨论。在 3/2 断路器母线接线方式中，电流互感器配置组数不同，线路保护切除故障的时间不相同。如图 4-70 所示。

注：图 4-70（a）～（c）中，Ⅰ、Ⅱ 母线均为双套母线保护，在图中未全部示出。

首先讨论图 4-70（a）所示接线，即配置三组 TA。假设故障发生在断路器与 TA 之间的 K_1 点，这样的故障点在实际运行中有很多，因为断路器和 TA 都带有瓷套，当由于各种原因使瓷套得不到清扫而污秽时，对地引起闪络而发生故障。这类故障在 500kV 系统中屡见不鲜。从图 4-70（a）的故障电流方向可知，K_1 点对 L2 线路保护来说属区内故障，它的线路纵差快速保护动作，跳开 2QF 和 3QF 断路器，但 K_1 点对 L1 线路来说属区外故障，它的线路纵差快速保护不能动作，必须由 L2 线路保护启动 2QF 断路器失灵保护，带延时跳开 1QF 断路器，但此时故障仍未消除，还需启动 L1 远方跳闸装置，将 L1 线路对侧断路器跳开，故障才被切除。如果 K_1 点发生较为严重的短路故障却不能由瞬时保护切除时，必然对电网带来不良后果。因此，图 4-70（a）所示配置的三相电流互感器的方式并不理想。

图 4-70（b）配置四组电流互感器的方式。故障点 K_1，仍假设在图 4-70（a）所示位置，从故障电流方向可知，K_1 点对 L1 和 L2 线路的保护来说都属于区内故障，它们的线路纵差快速保护将分别瞬时动作，跳开 1QF、2QF 和 2QF、3QF 断路器。如果故障发生在 K_2 点，Ⅰ母的母差保护虽可瞬时动作跳开 1QF 断路器，但是故障仍未消除，因为故障点在线路保护的背后，不能瞬时动作切除，需由 Ⅰ 母线差动保护启动断路器失灵保护及 L1 线路的远方跳闸装置，延时跳开 2QF 和 L1 线路对侧断路器，此时故障才被切除。同样，如果 K_2 点发生较为严重的短路故障，仍不能由瞬时保护切除。

对于 3/2 断路器母线接线方式，如图 4-70（b）所示，若 L1 线路末端发生短路时，断路器 2QF 失灵，L2 线路对侧的纵差快速保护虽可改变信息（停信或发允许信号），但在短路电流的助增作用下，如 L2 对侧的纵差

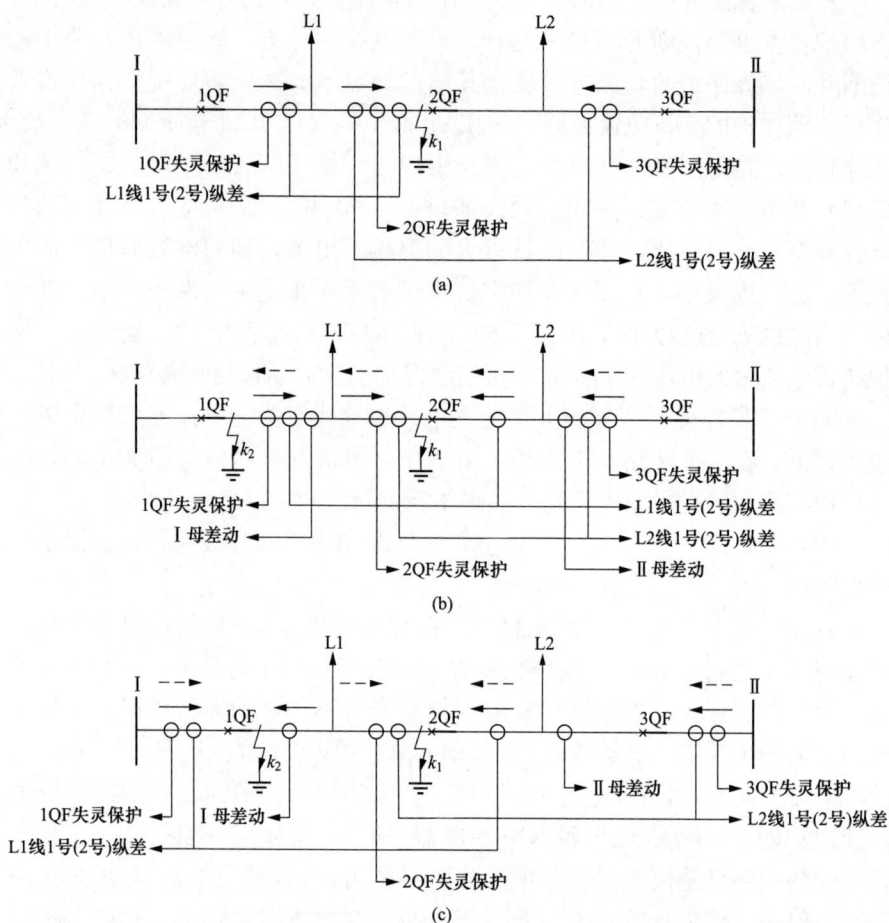

图 4-70　3/2 断路器母线接线方式的继电保护动作行为与电流互感器配置组数图
(a) 配置三组 TA，在 TA 与 QF 之间故障时保护动作情况图；
(b) 配置四组 TA，在 TA 与 QF 之间故障时保护动作情况图；
(c) 配置六组 TA，在 TA 与 QF 之间故障时保护动作情况图

快速保护灵敏度不够，仍然不能使 L2 对侧的断路器跳闸。因此，应在线路 L1-L3 上都装设远方跳闸装置，在上述情况下由失灵保护启动 L2 的远方跳闸装置，跳开 L2 线路对侧的断路器。因此，在图 4-70（b）配置四组电流互感器的方式仍有欠缺。

图 4-70（c）配置六组电流互感器的方式，它的特点是在任一断路器与电流互感器套管之间发生故障，纵差保护装置将瞬时跳闸切除故障。这是最佳的电流互感器配置，而且也是最经济的（该电流互感器装于断路器的两侧套管中）。

6) 3/2 断路器母线接线方式的优点。

a. 在任一断路器检修时不影响所连接元件的连续供电，也不需要进行一系列的倒闸操作，可以减少一次回路发生误操作的机会。

b. 当进行母线的检修或清扫时，不需要进行复杂的操作。

c. 当一组母线发生短路时，母线保护动作后只跳开与该组母线相连的所有断路器，不会使任何连接元件停电。

d. 当一组母线或任一个连接元件发生短路并伴随断路器失灵时，失灵保护动作后需要跳开断路器的数量少，不会引起全厂或全所停电。

（a）在图 4-71（a）中，当线路 L1 发生短路，保护应跳开 1QF 和 2QF，但若断路器 1QF 失灵，失灵保护动作后，跳开Ⅰ组母线上的所有断路器，因此，除线路 L1 停电外，其他连接元件都不停电。

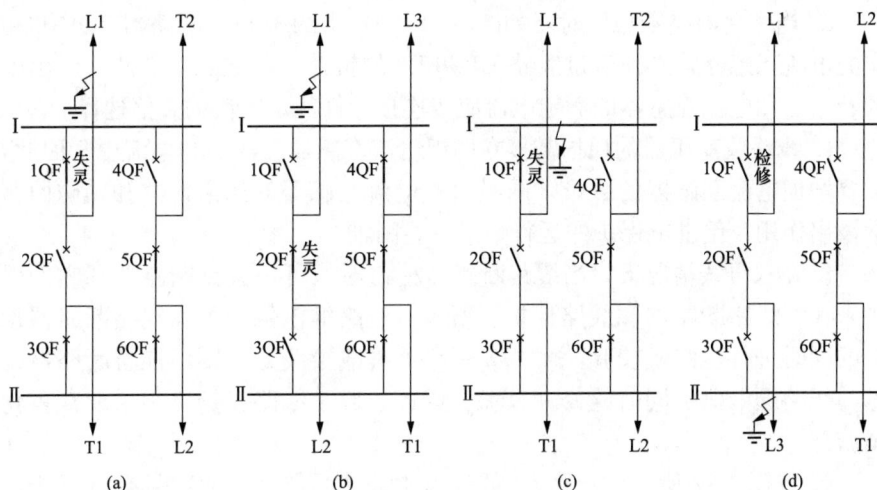

图 4-71 设备故障断路器失灵相应断路器的动作分析图
（a）L1 线路故障 1QF 失灵；（b）L1 线路故障 2QF 失灵；
（c）Ⅰ组母线故障 1QF 失灵；（d）1QF 检修 L3 故障

（b）在图 4-71（b）中，当仍为 L1 线路发生短路并伴随 2QF 失灵，失灵保护动作后跳开 3QF，因此，除同一串的线路 L1 和线路 L2 以外，其他连接元件都不停电。

（c）在图 4-71（c）中，当Ⅰ组母线发生短路并伴随 1QF 失灵，失灵保护动作后跳开 2QF、4QF，因此，除与Ⅰ组母线相连的断路器失灵的连接元件外，其他连接元件都不停电。

e. 在 3/2 断路器母线接线方式中，各隔离开关只作为检修断路器时隔离用，不需要像双母线接线方式那样进行倒闸操作，因此减少了隔离开关误操作的机会。

f. 由于不需要装设旁路母线，变电站（升压站）一次回路的布置更为清晰，配电装置占地面积小，消耗材料少。

g. 由于不采用由旁路断路器代替线路断路器的工作方式，因而不需要对线路保护进行切换或重新整定，简化了继电保护的接线和运行。

7) 3/2 断路器接线方式存在的问题。

a. 如果进出线数目为 n，在双母线情况下需用的断路器数为 $n+2$，而 3/2 断路器母线接线方式情况下需用的断路器数为 $1.5n$，使变电站（升压站）的建设、维护成本增大。

b. 当任一连接元件发生短路时，需要同时跳开两台断路器，使断路器失灵的概率增大一倍。对于一串中的中间断路器，由于跳闸的次数最多，需要检修的工作量也最大。

c. 当一串中的一台断路器检修时，如图 4-71（d）中的 1QF，若 L3 线路发生短路，将使该串中的两回线路 L1 和 L3 同时停电。

d. 当一台断路器检修时，如图 4-71（d）中的 1QF，断路器 3QF 和相应的电流互感器，必须流过线路 L1 和 L3 的负荷电流之和。因此，一串中的断路器和电流互感器的额定电流应按连接元件额定电流的 2 倍选择。

e. 线路或变压器的保护需接在两组电流互感器二次的和电流中，因此，需要增加电流互感器的数量，同时由于电流互感器的比值误差和励磁回路的汲出作用，给继电保护的运行带来一些困难。

f. 在双母线情况下，当线路断路器检修时，可用旁路断路器和它的保护来代替线路断路器和线路保护。所以，线路继电保护可在线路断路器检修的同时进行检修或校验，而 3/2 断路器母线接线方式则不能将断路器检修与线路继电保护同时检修和校验。因此，对于线路保护必须采取双重化措施。

g. 如图 4-72 所示，线路 L1 靠近 A 侧发生短路并伴随断路器 5QF 失灵时，失灵保护启动跳开断路器 6QF。一般情况下，由于线路 L2 的 B 侧的保护在相邻线路 L1 末端短路时的灵敏度往往不够。因此，在 L2 上应装设远方跳闸装置，即利用 5QF 的失灵保护启动远方跳闸装置，将 B 侧的断路器 8QF 跳闸。此时，除了需要在每回线路上装设主保护双重化所需要的 2 个传输信息的通道外，还需要增加远方跳闸装置所需要的一个传输通道，给信息传输通道带来一定的困难。

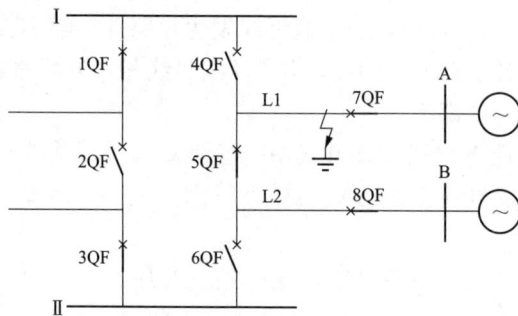

图 4-72 断路器失灵用远方跳闸装置示意图

h. 这种接线方式使得继电保护和重合闸装置与两台断路器都有联系，

因此，二次回路之间的交叉多，调试和运行都比较复杂，一旦考虑不周，将会引起跳闸，影响一次设备对电网的安全供电。

综上所述，虽然 3/2 断路器母线接线方式存在着这些不足，但其优点仍是主要的，因此，国内外的 500kV 变电站（升压站）中大多采用 3/2 断路器母线接线方式。

8）3/2 断路器接线方式采用两组电流互感器带来的影响。在 3/2 断路器母线接线方式中，线路和变压器的继电保护都是接两组电流互感器的和电流，这种接线方式会给继电保护的运行带来一些影响。

a. 电流互感器比值误差的影响。如果一次短路电流很大，并且包含较大的非周期分量时，电流互感器的铁芯将会很快趋于饱和，由于铁芯传变条件的恶化，使电流互感器的比值误差大大增加。

如图 4-73 所示。在 II 母线短路时，电流互感器 1TA 和 2TA 的一次电流和二次电流的分布。

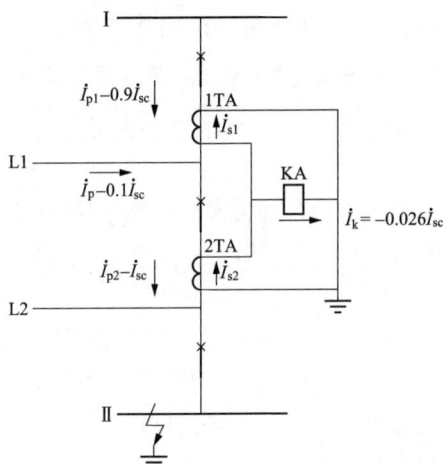

图 4-73　II 母线短路，1TA 和 2TA 的一次电流和二次电流分布图

电流 $\dot{I}_{p1}$、$\dot{I}_{p2}$ 和 $\dot{I}_p$ 相应地表示流过 1TA、2TA 和线路 L1 中的电流，电流的正方向以箭头表示。设流过的穿越性短路电流为 $\dot{I}_{sc}$，显然

$$\dot{I}_{p1} + \dot{I}_p = \dot{I}_{p2} = \dot{I}_{sc}$$

流入继电器 KA 的电流 $\dot{I}_k$ 为

$$\dot{I}_k = \dot{I}_{s2} - \dot{I}_{s1} = (\dot{I}_{p2} - \dot{I}_{p2e}) - (\dot{I}_{p1} - \dot{I}_{p1e})$$
$$= (\dot{I}_{p2} - \dot{I}_{p1}) - (\dot{I}_{p2e} - \dot{I}_{p1e}) = \dot{I}_p - (\dot{I}_{p2e} - \dot{I}_{p1e})$$

式中：$\dot{I}_{s1}$、$\dot{I}_{s2}$ 为电流互感器 1TA 和 2TA 的二次电流，假设变流比为 1A；$\dot{I}_{p1e}$、$\dot{I}_{p2e}$ 为电流互感器 1TA 和 2TA 的励磁电流，A。

假设 $\dot{I}_{p2}$ 为全部短路电流 $\dot{I}_{sc}$，即 $\dot{I}_{p2} = \dot{I}_{sc}$，$\dot{I}_{p1} = 0.9\dot{I}_{sc}$，$\dot{I}_p = 0.1\dot{I}_{sc}$，

同时考虑一个最不利的条件，由于 2TA 铁芯中的剩磁较大，在大的短路电流作用下，2TA 铁芯的饱和远较 1TA 严重。假设 1TA 的比值误差为 6%，而 2TA 的比值误差达到 18%，此时 1TA 和 2TA 的励磁电流相应为

$$\dot{I}_{\text{p1e}} = 0.06 \times 0.9 \dot{I}_{\text{sc}} = 0.054 \dot{I}_{\text{sc}}$$

$$\dot{I}_{\text{p2e}} = 0.18 \dot{I}_{\text{sc}}$$

将上述关系式代入计算式，可得

$$\dot{I}_{\text{k}} = 0.1 \dot{I}_{\text{sc}} - (0.18 \dot{I}_{\text{sc}} - 0.054 \dot{I}_{\text{sc}}) = -0.026 \dot{I}_{\text{sc}}$$

由图 4-73 可见，线路 L1 的电流 $\dot{I}_{\text{p}}$ 方向为自线路流向母线，而继电器 KA 中的电流 $\dot{I}_{\text{k}} = -0.026 \dot{I}_{\text{sc}}$，表示自母线流向线路。这是因为电流互感器比值误差的增大，造成了继电器中的电流方向的改变。即本属于 L1 线路的外部短路，此时反映到 L1 的保护装置为内部短路故障，引起 L1 线路保护的误动作。

以上分析是基于线路 L1 对侧为一小电源系统，并且 2TA 的铁芯严重饱和。但在实际的电力系统中，电流 $\dot{I}_{\text{p}}$ 将占据短路电流 $\dot{I}_{\text{k}}$ 的一定比例，由于 $\dot{I}_{\text{p}}$ 值并不很小，两组电流互感器的比值误差相差也不多，不致引起反向的误差电流的产生。

为防止上述误动作的发生，可采取的措施是使电流互感器铁芯中带有小气隙，以降低剩磁，防止铁芯饱和，或减小电流互感器二次回路阻抗值，以满足电流互感器的比值误差均不大于 10%。

b. 电流互感器汲出电流的影响。为了降低铁芯中的剩磁以改善电流互感器的暂态特性，在 500kV 系统中采用铁芯中带有小气隙的（如 TP 类）电流互感器，气隙的长度约为铁芯磁路长度的 0.01%，此时铁芯中的剩磁可降低到小于饱和磁通密度的 10%。但在铁芯中引入气隙后，会使励磁阻抗值下降很多，励磁阻抗回路的汲出电流对继电保护尤其是断路器失灵保护的电流判别元件带来一定的影响。

如图 4-74 所示，由断路器失灵保护回路中的电流分布可知，图中 1KA 和 2KA 相应为断路器 1QF 和 2QF 的失灵保护电流判别元件。当线路 L1 发生短路，1KA 和 2KA 都动作。如 2QF 失灵，1TA 的励磁阻抗值较小，2TA 的二次电流可通过 2KA、1KA、1TA 的励磁阻抗构成通路。由于 1KA 不能返回，1QF 的失灵保护将动作，跳开连接在 I 组母线上的所有断路器。

通过对 500kV 电流互感器的测试，如气隙的相对长度为 0.01%，励磁电感约为 39H，50Hz 时的励磁阻抗约为 12kΩ。如互感器二次额定电流为 1A，负载为 20VA 时的二次阻抗为 20Ω。由此可见，当铁芯未饱和时励磁回路的汲出电流不大，但当铁芯趋于饱和时，则励磁回路的汲出电流将大大增加，考虑到上述的汲出作用，以及带气隙铁芯的电流互感器二次电流衰减较慢，电流判别元件应接在铁芯无气隙的二次绕组中。

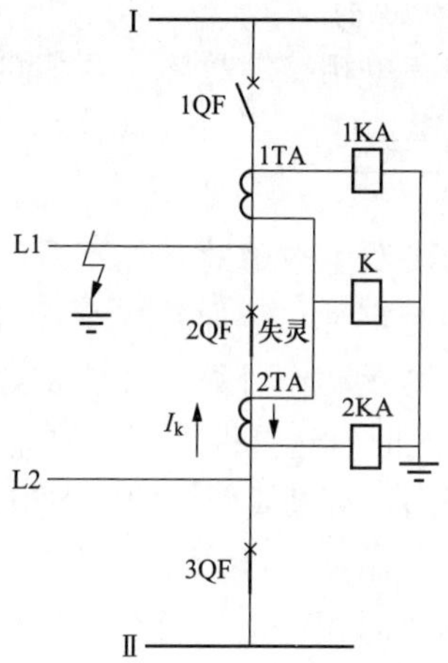

图 4-74　断路器失灵保护电流分布图

（5）双断路器母线接线方式。这种接线方式是将每一回线路或主变压器回路采用两台断路器分别接入两组母线的电气主接线，如图 4-75 所示。

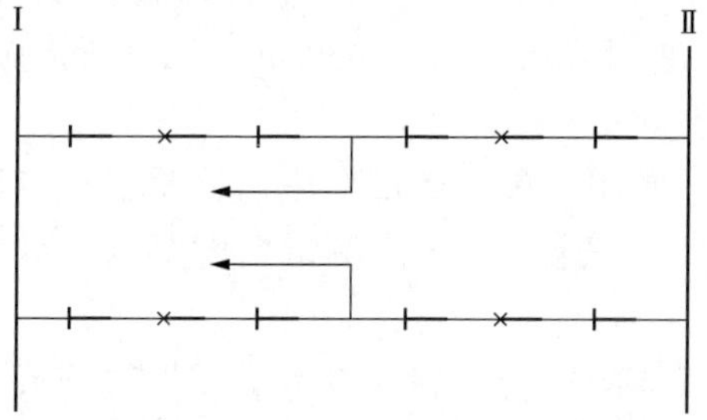

图 4-75　双断路器母线接线方式图

这种接线方式的优点是：供电可靠性高，一组断路器检修或故障时，可通过与它并联的另一台断路器继续供电。其缺点在于：断路器数量较多，投资较大，占地面积多。

有的国家 330kV 及以上的变电站在回路不多、可靠性要求很高的情况下，有时采用这种接线方式。

此外，也有的国家考虑到主变压器故障率相对较低，采用了将主变压器回路直接接入母线而每条线路回路仍然采用双断路器分别接入双母线的接线方式。它是双断路器接线的派生接线方式，称为变压器-母线组接线。

3. 母线的主要故障

在大型发电站和枢纽变电站，母线连接元件很多，主要连接元件除出线单元之外，还有电压互感器、电容器、接地开关等。

运行实践表明：在众多的连接元件中，由于绝缘子的老化、污秽引起的闪络接地故障和雷击造成的短路故障以及母线电压互感器和电流互感器的故障较为常见；此外，运维人员的误操作，如带负荷拉隔离开关、带地线合断路器造成的母线故障也有发生。

母线的故障类型主要有单相接地故障、两相接地短路故障及三相短路故障。两相短路故障的概率较低。

（二）母线保护

当发电厂和变电站母线发生故障时，如不及时切除故障，将会损坏众多电力设备及破坏系统的稳定性，从而造成全厂或全变电站大停电，乃至全电力系统瓦解。因此，设置动作可靠、性能良好的母线保护，使之能迅速检测出母线故障所在并及时有选择性地切除故障是非常必要的。

与其他主设备保护相比，对母线保护的要求更苛刻。

（1）高度的安全性和可靠性。母线保护的拒动及误动将造成严重的后果。母线保护误动将造成大面积停电；母线保护的拒动更为严重，可能造成电力设备的损坏及系统的瓦解。

（2）选择性强、动作速度快。母线保护不但要能很好地区分区内故障和外部故障，还要确定哪条或哪段母线故障。由于母线影响到系统的稳定性，尽早发现并切除故障尤为重要。

GB/T 14285—2023《继电保护和安全自动装置技术规程》5.5"母线保护"，以及《国家电网公司十八项电网重大反事故措施》，都对母线保护做出了明确规定，在此不一一详述。

母线保护应接在专用 TA 二次回路中，且要求在该回路中不接入其他设备的保护装置或测量表计。TA 的测量精度要高，暂态特性及抗饱和能力强。

母线 TA 在电气上的安装位置，应尽量靠近线路或变压器一侧，使母线保护与线路保护或变压器保护有重叠保护区，如图 4-76 所示。

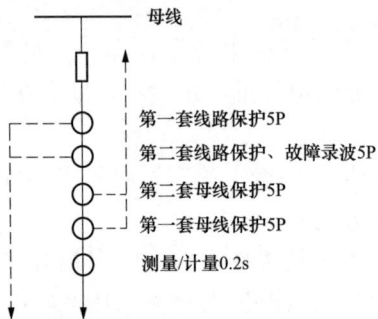

图 4-76　母线保护（线路间隔）TA 安装位置示意图

母线故障的保护方式有两种，一种是利用供电组件的保护兼做母线故障的保护（不太重要的母线，如 10kV 母线）；另一种是专用母线保护（110kV 及以上的重要母线应根据相关规定要求专用的母线保护）。为满足快速性和选择性的要求，母线保护采用差动保护原理构成。

由于母线保护关联到母线上的所有出线元件，因此，在设计母线保护时，应考虑与其他保护及自动装置相配合。

（1）母线保护动作、失灵保护动作后，对闭锁式保护作用于纵联保护停信；对允许式保护作用于纵联保护发信。当在断路器与 TA 之间发生短路故障或母线上故障断路器失灵时，采用上述措施后可使线路对侧的纵联保护动作于跳闸，否则对侧纵联保护不能跳闸导致故障不能快速切除。但母线保护动作停信与发信的措施在 3/2 接线方式中不能采用，因为在 3/2 接线方式中母线上的故障并不要求对侧断路器跳闸。

（2）闭锁线路重合闸。在母线上发生故障时，一般是永久性的故障。为防止线路断路器对故障母线进行重合，造成对系统的再一次冲击，母线保护动作后，应闭锁线路重合闸。

（3）启动断路器失灵保护。为使在母线发生短路故障而某一断路器失灵时失灵保护能可靠切除故障；对 3/2 接线方式，故障在断路器与 TA 之间时，失灵保护能可靠切除故障，因此母线保护动作后，应立即去启动失灵保护。

（4）短接线路纵差本侧电流回路。对输电线路，为确保线路保护的选择性，通常配置线路纵差保护。当母线保护区内发生故障时，为使线路对侧断路器能可靠跳闸，母线保护动作后，应短接线路纵差保护的电流回路，使其可靠动作，去切除对侧断路器。

（5）使对侧平行线路电流横差保护可靠不动作。当平行线路上配置有电流横差保护时（两回线分别接在两条母线上），母线保护动作后，先跳开母联（或分段）断路器，再跳开与故障母线连接的线路断路器。母线保护与线路保护相关联回路如图 4-77 所示。

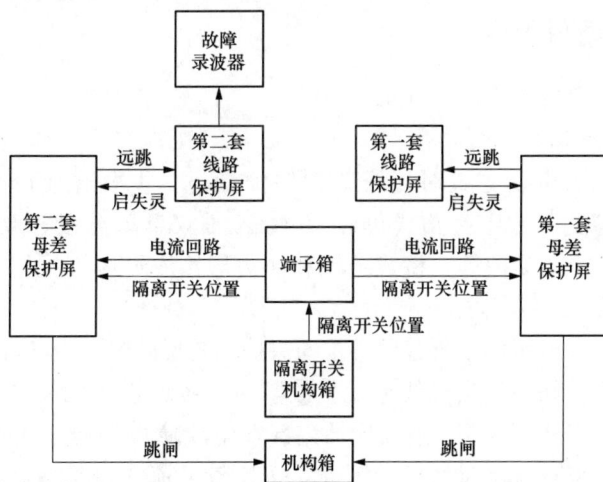

图 4-77 母线保护与线路保护相关回路联系示意图

3/2 接线的母线差动保护配置要遵循"强化主保护、简化后备保护"的基本原则，采用主保护和后备保护一体化的微机型继电保护装置。每组母线按双重化原则配置两套母线差动保护，母线保护装置中还配置断路器失灵联跳功能。间隔设有出线或进线隔离开关时，应按双重化配置两套短引线保护。

3/2接线下的母线保护与常规的双母线接线方式下的母线保护的区别在于：

a. 因为不需要母线运行方式的识别，没有母线闸刀位置开入；

b. 因为在一条母线上，母差保护没有大差、小差之分；

c. 母差保护没有电压闭锁功能；

d. 失灵保护由边开关的断路器失灵保护装置开出两个线路失灵触点到母线保护的开入，根据两个开入的情况及其间隔电流大小，决定出口跳母线上连接的所有断路器时间。失灵保护也不经电压闭锁元件。

在大型发电厂及枢纽变电站的成套母线保护装置中，配置有母线差动保护、母联充电保护、母联死区保护、母联过电流保护、母联非全相运行保护及断路器失灵保护等。

220kV母线保护功能一般包括母线差动保护，母联相关的保护（母联失灵保护、母联死区保护、母联过电流保护、母联充电保护等），断路器失灵保护。

500kV母线往往采用3/2接线，相当于单母线接线，其母线保护相对简单，一般仅配置母线差动保护，而断路器失灵保护往往置于断路器保护中。

对重要的220kV以及上电压等级的母线都应当实现双重化，配置两套母线保护。

三、母线差动保护

母线保护中最主要的是母差保护。

（一）母差保护的分类

按照母线的接线方式对母线差动保护分类，主要有单母分段、双母线、双母带旁路（专用旁路或母联兼旁路）、双母单分段、双母双分段、3/2接线母线差动保护等，桥式接线和四边形接线母线不配置专用母线差动保护。

就其作用原理而言，所有母线差动保护均是反映母线上各连接单元TA二次电流的相量和的。当母线上发生故障时，各连接单元的电流均流向母线；而在母线之外（线路上或变压器内部发生故障），各连接单元的电流有流向母线的，也有流出母线的。因此，按比较电流是否平衡原理的母线保护可分为母线完全差动保护（即在母线的所有连接元件上装设具有相同变比和特性的电流互感器，按同名相、同极性连接到差动回路）和母线不完全差动保护〔即只将连接于母线的各有源元件上的TA接入差动回路，无电源元件（如电抗器或变压器）的 TA 不接入差动回路，这种方式下正常运行时差动继电器内流有电流，大小为所有有电源元件提供的负荷电流]。

母线在正常运行及外部故障时，根据节点电流定理（基尔霍夫第一定理），流入母线的电流等于流出母线的电流，如果不考虑 TA 的误差等因素，理想状态下各电流的相量和等于零，如果考虑了各种误差，差动电流应该是一个不平衡电流，此时母差保护可靠不动作。

当母线上发生故障时，各连接单元里的电流都流入母线，所以 TA 二次电流的相量和等于短路点的短路电流的二次值，差动电流的幅值很大，只要该差动电流的幅值达到一定数值，差动保护就可以可靠动作。所以母线差动保护可以区分母线内和母线外的短路，其保护范围是参与差动电流计算的各 TA 所包围的范围。

在具有固定连接元件的母线电流差动保护的基础上，利用比较母联断路器中的电流与总的差电流的相位作为故障母线的选择元件，即母联电流相位比较式母线差动保护。当Ⅰ母故障时，故障电流从Ⅱ母通过母联断路器流向Ⅰ母；当Ⅱ母故障时，故障电流从Ⅰ母通过母联断路器流向Ⅱ母，而总的差电流是反映母线故障的，相位不变。因此，这种母差保护只要母联断路器中有电流流过，选择元件即正确动作。

微机型母线差动保护由能够反映单相故障和相间故障的分相式比率差动元件构成，TA 极性要求支路 TA 同名端在母线侧，母联 TA 同名端在Ⅰ母侧，双母线接线差动回路包括母线大差回路和各段母线小差回路，亦即母线差动保护由母线大差和几个各段母线的小差组成。母线大差是由除母联断路器和分段断路器以外的母线上所有其余支路的电流构成的大差元件，其作用是区分母线内还是母线外短路，但它不能区分是哪一条母线发生故障；某段母线的小差是由与该母线相连的各支路电流构成的差动回路，其中包括与该母线相关联的母联断路器和分段断路器支路的电流，其作用是可以区分该条母线内还是该条母线外故障，所以可以作为故障母线的选择元件。对于双母线、母线分段等形式的母线保护，如果大差元件和某条母线小差元件同时动作，则将该条母线切除，也就是"大差判母线故障，小差选故障母线"。

在差动元件中应注意 TA 极性的问题，一般各支路 TA 同极性端在母线侧，母联断路器 TA 的同极性端可在Ⅰ母侧或Ⅱ母侧。如果母联 TA 同极性端在Ⅰ母侧，如图 4-78（b）所示，Ⅰ母小差计算电流是连接在Ⅰ母上的所有支路电流的相量和再加上母联电流，Ⅱ母小差计算电流是连接在Ⅱ母上的所有支路电流的相量和再减去母联电流；反之，如图 4-78（a）所示正好相反。如果 TA 同极性端不满足装置的规定则将可能导致母差保护误动或拒动，因此应加以重视。

母线小差保护实现可总结为表 4-2。

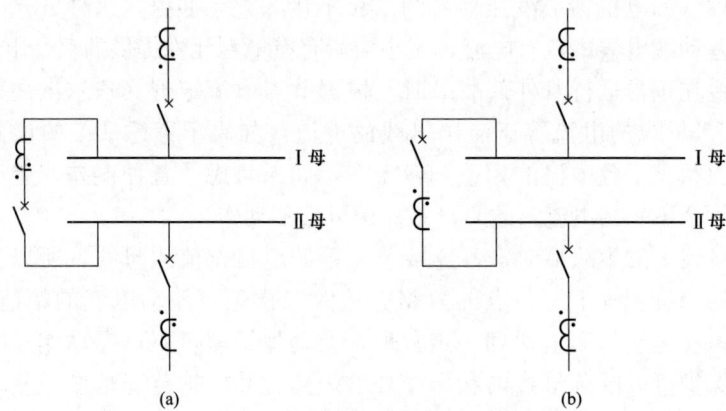

图 4-78　母联 TA 极性示意

(a) 母联 TA 极性指向Ⅱ母；(b) 母联 TA 极性指向Ⅰ母

表 4-2　母线小差保护实现方式

极性端	Ⅰ母小差	Ⅱ母小差
母联同极性端在Ⅰ母	Ⅰ母上所有电流的相量和 再加上母联电流	Ⅱ母上所有电流的相量和 再减去母联电流
母联同极性端在Ⅱ母	Ⅰ母上所有电流的相量和 再减去母联电流	Ⅱ母上所有电流的相量和 再加上母联电流

如图 4-79 所示，此时，大差、小差的差动电流分别为：

Ⅰ母小差差动电流为

$$I_{d1} = |I_1 + I_2 + I_M|$$

Ⅱ母小差差动电流为

$$I_{d2} = |I_3 + I_4 - I_M|$$

大差差动电流为

$$I_d = |I_1 + I_2 + I_3 + I_4|$$

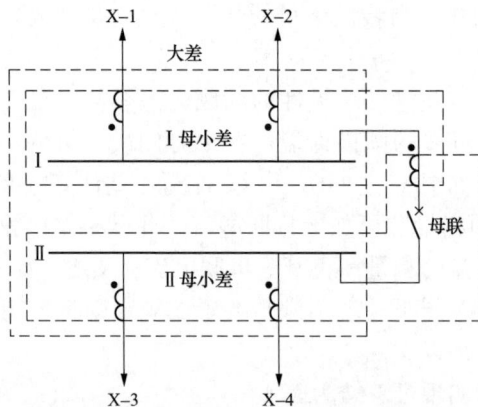

图 4-79　差动保护电流示意图

（二）母线差动保护基本原理

为满足速动性和选择性的要求，母线保护都是按差动原理构成的。实现母线差动保护必须考虑在母线上一般连接着较多的电气元件（如线路、变压器、发电机等），因此，就不能像发电机的差动保护那样，只用简单的接线加以实现。但不管母线上元件有多少，实现差动保护的基本原则仍是适用的，即将母线看作一个节点，按基尔霍夫电流定律有：

（1）在正常运行以及母线保护范围以外故障时，在母线上所有连接元件中，流入节点的电流和流出节点的电流相等，或表示为 $\sum \dot{I}_{\mathrm{p}i}=0$，如图 4-80（a）所示。

（2）当母线上发生故障时，所有与母线连接的元件都向故障点供给短路电流或流出残留的负荷电流，$\sum \dot{I}_{\mathrm{p}i}=\dot{I}_{\mathrm{k}}$（$\dot{I}_{\mathrm{k}}$ 为短路点的总电流），即 $\sum \dot{I}_{\mathrm{p}i}\neq 0$。如图 4-80（b）所示。

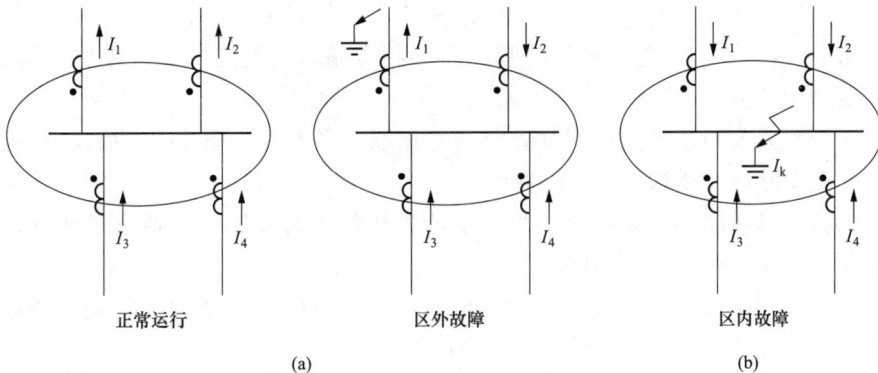

图 4-80　电流流向示意图
（a）正常运行及区外故障时；（b）区内故障时

（3）从每个连接元件中电流的相位来看，在正常运行及外部短路故障时，至少有一个元件中的电流相位和其余元件中的电流相位是相反的。具体来说，就是电流流入的元件和电流流出的元件中的电流的相位相反，而当母线故障时，除电流等于零的元件以外，其他元件中的电流是接近相同相位的。

母线差动保护就是利用 $\sum \dot{I}$ 作判据，当 $\sum \dot{I}=0$ 时，保护不动作；当 $\sum \dot{I}\neq 0$ 时保护动作。

根据原则（1）和原则（2）可构成电流差动保护，根据原则（3）可构成电流比相差动保护。

母差保护的逻辑如图 4-81 所示。

1. 明确母差保护中的几个概念

（1）"和电流"与"差电流"。所谓"和电流"是指：母线上所有连接元件电流的绝对值之和，即

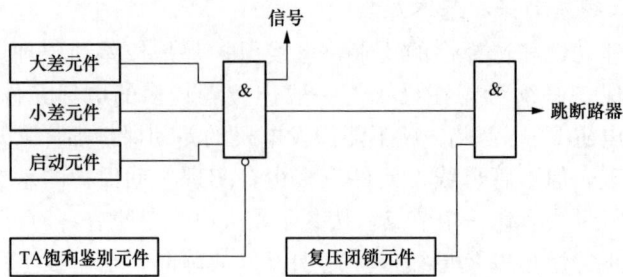

图 4-81　母差保护逻辑框图

$$I_r = \sum_{j=1}^{m} |I_j|$$

所谓"差电流"是指：母线上所有连接元件电流和的绝对值，即

$$I_d = \left| \sum_{j=1}^{m} I_j \right|$$

"和电流"与"差电流"计算的共同特点是：需要考虑 TA 变比折算、需要分相计算。

（2）大差与小差。母线大差是指除母联开关和分段开关以外的母线所有其余支路电流所构成的差动回路。

各段母线的小差是指该段母线上所连接的所有支路（包括母联和分段开关）电流所构成的差动回路。

大差与小差的区别在于：大差比率差动"差电流"及"和电流"的计算与隔离开关无关，且不计母联、分段电流。

（3）差回路。差动回路是由大差和各段母线小差所组成的，其中：大差比率差动元件作为母线故障判别元件；小差比率差动元件作为故障母线选择元件。

（4）隔离开关位置。根据系统运行方式的需要，双母线上各连接元件需要经常在两条母线上进行切换。母线运行方式发生变化时，对于大差没有影响，但对于小差会产生很大影响，决定了该支路电流计入哪段母线的小差电流计算。

在微机母差保护装置中，将隔离开关的辅助触点作为开入量接到保护装置，利用隔离开关的辅助触点来识别母线的运行方式。

2. 单母线完全电流母线差动保护

在母线的所有连接元件上装设变比相等、特性相同的电流互感器，将它们的二次侧绕组同极性端连接在一起，然后接入差动元件，通过差动元件的电流是所有电流互感器二次电流的相量和。母线故障时，差动保护动作，将故障母线上的所有连接元件断开，切除故障。

如图 4-82 所示，完全电流母线差动保护的原理接线图中，在母线的所有连接元件上装设具有相同变比和特性的电流互感器，$\dot{I}_{p1}$，$\dot{I}_{p2}$，…，$\dot{I}_{pn}$

为一次侧电流，$\dot{I}_{s1}$，$\dot{I}_{s2}$，…，$\dot{I}_{sn}$ 为二次侧电流。

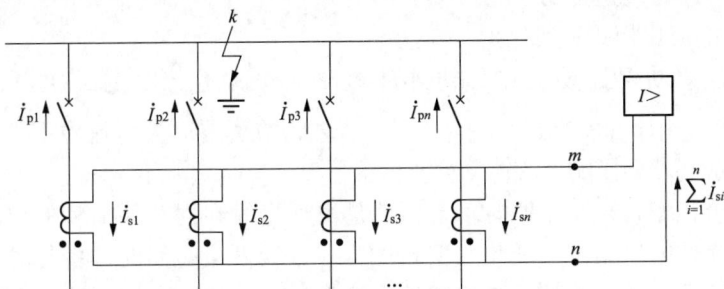

图 4-82　完全电流母线差动保护的原理接线图

因为一次侧电流总和为零时，母线保护用电流互感器 TA 必须具有相同的变比 n_{TA}，才能保证二次侧的电流总和也为零。所有 TA 的二次侧同极性端连接在一起，接至差动继电器中，这样，继电器中的电流 $\dot{I}_{kA}$ 即为各个母线连接元件二次侧电流的相量和。

实际上由于 TA 有误差，在母线正常运行及外部故障时，继电器中也会有不平衡电流出现；而当母线上（图 4-82 中 k 点所示）发生故障时，所有与电源连接的元件都向 k 点供给短路电流，于是，流入继电器的电流为

$$\dot{I}_{kA} = \sum_{i=1}^{n} \dot{I}_{si} = \frac{1}{n_{TA}} \sum_{i=1}^{n} \dot{I}_{pi} = \frac{1}{n_{TA}} \dot{I}_{k}$$

$\dot{I}_{k}$ 即为故障点的全部短路电流，此电流足够使差动继电器动作而驱动出口继电器，从而使所有连接元件的断路器跳闸。差动继电器的启动电流应按如下条件考虑，并选择其中较大者：

（1）躲开外部故障时所产生的最大不平衡电流，当所有电流互感器均按 10% 误差曲线选择时，其动作电流 $I_{r.set}$ 计算式为

$$I_{r.set} = K_{rel} I_{unb.max} = K_{rel} \times 0.1 I_{k.max} / n_{TA}$$

式中：K_{rel} 为可靠系数，取 1.3；$I_{k.max}$ 为在母线范围外任一连接元件上短路时，流过差动保护 TA 一次侧的最大短路电流，A；n_{TA} 为母线保护用 TA 的变比。

（2）由于母线差动保护电流回路中连接的元件较多，接线复杂，因此，TA 二次回路断线的概率比较大。为了防止在正常运行情况下，任一 TA 二次回路断线引起保护装置误动作，要求动作电流应大于任一连接元件中最大的负荷电流 $I_{L.max}$，即

$$I_{r.set} = K_{rel} I_{L.max} / n_{TA}$$

当保护范围内部故障时，应采用下式校验灵敏系数

$$K_{sen} = \frac{I_{k.min}}{I_{r.set} n_{TA}} \geqslant 2$$

式中：$I_{k.min}$ 为在母线上发生故障的最小短路电流，A。

完全电流差动保护方式原理比较简单，通常适用于单母线或双母线经常只有一组母线运行的情况。

3. 电流比相式母线保护

电流差动保护要求在母线外部短路或正常运行时的二次电流总和 $\sum \dot{I}_{si}=0$。由于在实际运行中 TA 特性总会存在差异，差电流中不平衡电流较大，这必然会影响电流差动保护的灵敏度。

电流比相式母线保护的基本原理是根据母线在内部故障和外部故障时各连接元件电流相位的变化来实现的。当母线发生短路时，各有源支路的电流相位几乎是一致的；当外部发生短路时，非故障有源支路的电流流入母线，故障支路的电流则流出母线，两者相位相反，利用这种相位关系来构成电流比相式母线保护。

4. 元件固定连接的双母线电流差动保护

双母线是发电厂和变电站中广泛采用的一种母线接线方式。在发电厂以及重要变电站的高压母线上，一般都采用双母线同时运行（母联断路器经常投入），而每组母线上连接一部分（大约 1/2）供电和受电元件的方式。这样，当任一组母线上发生故障，可只短时影响到一半的负荷供电，而另一组母线上的连接元件仍可继续运行，这就大大提高了供电的可靠性。为此，要求母线保护具有选择故障母线的能力。

一般情况下，双母线同时运行时，每组母线上连接的供电元件和受电元件的连接方式较为固定，因此有可能装设元件固定连接的双母线电流差动保护。

元件固定连接的双母线电流差动保护主要由三组差动保护组成。如图 4-83 所示（图中各隔离开关处在某一运行方式下），第一组由 TA1、TA2、TA5 和差动继电器 KD1（Ⅰ母分差动）组成，用以选择Ⅰ母线上故障的母线保护，动作后跳Ⅰ母线上所有断路器；第二组由 TA3、TA4、TA6 和差动继电器 KD2（Ⅱ母分差动）组成，用以选择Ⅱ母线上故障的母线保护，动作后跳Ⅱ母线上所有断路器；第三组是由 TA1、TA2、TA3、TA4 和差动继电器 KD3 组成的一个完全电流差动（总差动）保护，它实际上就是Ⅰ、Ⅱ母的完全差动保护，任一母线上发生故障它都动作，作为整套保护的启动元件，跳母联断路器。

元件固定连接的双母线电流差动保护的缺点是：在正常运行方式下，当固定连接方式被破坏并且保护范围外部发生故障时，可能无选择性动作，因此运行方式不灵活。

如图 4-84 所示，当正常运行及母线外部故障（k 点）时，流经继电器 KD1、KD2、KD3 的电流均为不平衡电流，保护装置已从定值上躲开，保护不会误动作。

如图 4-85 所示，当Ⅰ母线上（k 点）短路时，由电流的分布情况可见，继电器 KD1、KD3 中流入全部故障电流，而继电器 KD2 流入不平衡电流，

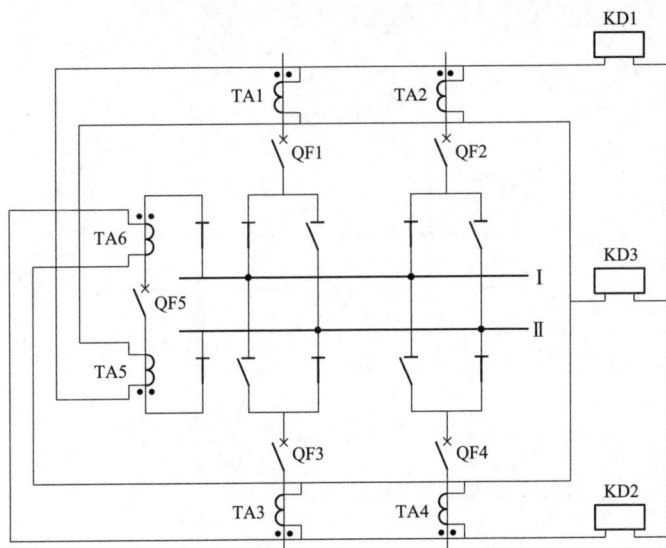

图 4-83 元件固定连接的双母线电流差动保护原理接线图

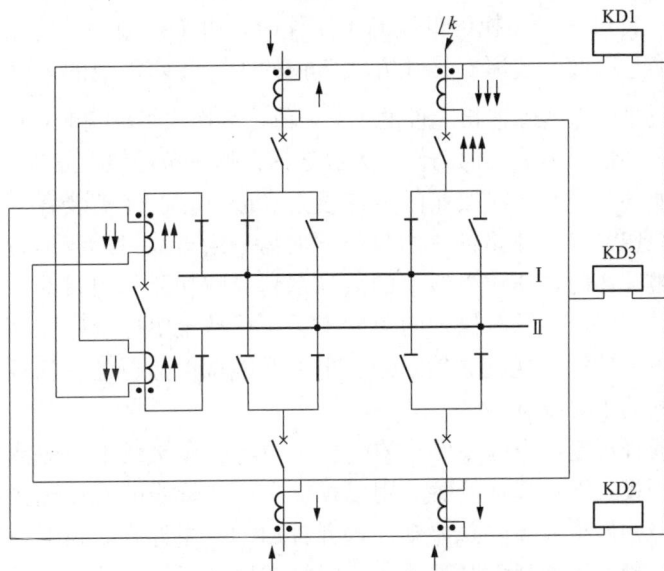

图 4-84 按正常连接方式运行时保护范围外部故障时的电流分布

于是继电器 KD1、KD3 启动，KD3 动作后使母联断路器 QF5 跳闸；KD1
动作后即可使断路器 QF1 和 QF2 跳闸，并发出相应的信号，这样就把发生
故障的 I 母线从电力系统中切除了，而没有故障的 II 母线仍可继续运行。
同理，可分析出当 II 母线上某点发生短路时，只有 KD2 和 KD3 动作，最后
由断路器 QF3、QF4、QF5 跳闸切除故障。

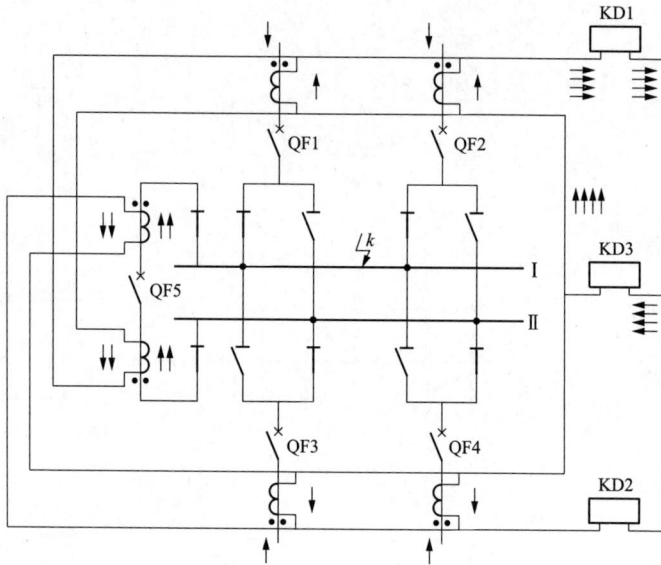

图 4-85　按正常连接方式运行时Ⅰ母线上故障时的电流分布

在固定连接方式被破坏时，保护装置的动作情况将发生变化。例如当连接支路 1 自母线Ⅰ切换到母线Ⅱ上工作时，由于差动保护的二次回路不能随着切换，因此，按原有接线方式工作的Ⅰ、Ⅱ两母线的差动保护都不能正确反映母线上实际连接元件的 Σi 之值，因而在 KD1 和 KD2 中将出现差电流，这种情况下保护的动作将无法选择在哪一条母线上发生了故障。

综上所述，当双母线按照固定连接方式运行时，保护装置可以保证有选择性地只切除发生故障的一组母线，而另一组母线可继续运行。当固定接线方式被破坏时，任一母线上的故障都将导致切除两组母线，即保护失去选择性。因此，从继电保护的角度来看，总是希望尽量保证固定接线的运行方式不被破坏，这就必然限制了电力系统调度运行的灵活性，这是这种保护方式的主要缺点。

运行规程规定：当母差保护的二次接线与一次接线不对应或单母线运行时，必须投入无选择性开关，用以短接Ⅰ、Ⅱ母线的差动选择元件并接地，此时母差保护只需要总差动保护元件启动；当母联断路器作为旁路断路器时，除投入无选择性开关，还必须将靠近运行母线那一侧母差回路的 TA 二次回路解开（该 TA 二次侧须短路）。

5. 母联电流比相式母线差动保护

母联电流比相式母线差动保护是在具有固定连接元件的双母线电流差动保护的基础上的改进，它基本上克服了后者缺乏灵活性的缺点，使之更适用于做双母线连接元件运行方式常常改变的母线保护。

母联电流比相式母线差动保护是比较母联断路器中电流与总的差动电流的相位关系的一种差动保护，任一母线故障时，总差动电流是反映故障总电流，相位不变，母联断路器中电流随故障母线的不同而方向不同。母联电流比相式母线保护的原理接线如图4-86所示。

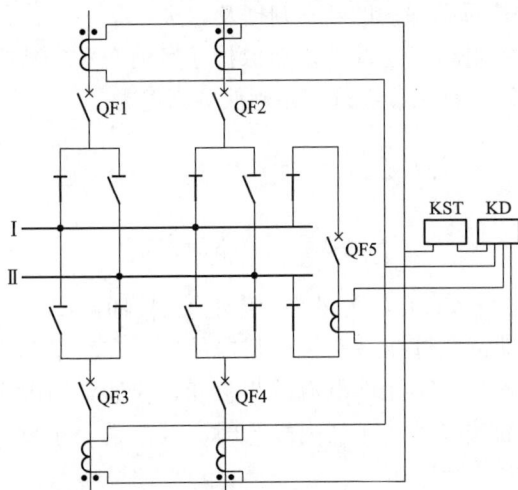

图4-86　母联电流比相式母线差动保护原理接线图

此母线保护包括一个启动元件KST和一个选择元件KD。启动元件接在除母联断路器外所有连接元件的二次侧电流之和回路中，它的作用是区分两组母线的内部和外部短路故障。只有在母线发生短路时，启动元件动作后整组母线保护才得以启动。

选择元件KD是一个电流相位比较继电器。它的一个线圈接入除母联断路器之外其他连接元件的二次侧电流之和，另一个线圈则接在母联断路器的电流互感器二次侧。它利用比较母联断路器中电流与总差动电流的相位选择出故障母线，这是因为当Ⅰ母线上故障时，流过母联断路器的短路电流是由母线Ⅱ流向母线Ⅰ的，而当Ⅱ母线上故障时，流过母联断路器的短路电流是由母线Ⅰ流向母线Ⅱ的。在这两种情况下，母联断路器电流相位变化了180°，而总差动电流是反映母线故障的总电流，其相位是不变的。因此，利用这两个电流的相位比较，就可以选择出故障母线，并切除选择出的故障母线上的全部断路器。基于这种原理，当母线上发生故障时，不管母线上的元件如何连接，只要母联断路器中有电流流过，选择元件KD就能正确动作，选择故障母线，正因如此，对母线上的连接元件就无需提出固定连接的要求了。这是母联电流比相式母线差动保护的主要优点，该保护适用于连接元件切换比较多的场合。但母联断路器与TA之间发生故障时，保护会出现死区，需要靠线路对侧的保护切除故障，这是母联电流比相式母线差动保护的主要缺点。

相关的运行规程规定：单母线运行时或任一组母线未接电源时，必须投入无选择性开关。

（三）微机型电流母线差动保护

目前，微机型电流母差保护在国内各电力系统中得到了广泛应用。

1. 微机型电流母差保护的基本判据及算法

（1）普通比率制动特性母线差动保护。目前在数字式母差保护中主要采用的普通比率制动特性母线电流差动保护判据为

$$
\left.
\begin{aligned}
&\left| \sum_{i=1}^{n} \dot{I}_i \right| \geqslant I_{\text{set.0}} \\
&\left| \sum_{i=1}^{n} \dot{I}_i \right| > K_{\text{res}} \sum_{i=1}^{n} |\dot{I}_i|
\end{aligned}
\right\}
$$

式中：K_{res}为制动系数；$I_{\text{set.0}}$为最小动作电流门槛值，A。

由于比率制动特性母线差动保护判据是建立在基尔霍夫电流定律的基础上的，反映了各个连接元件电流的相量和，在通常情况下能保证在区外故障时具有良好的选择性，在区内故障时有较高的灵敏度，因此在微机型母线差动保护中被广泛应用。

（2）复式比率制动特性母线差动保护。普通比率制动特性母线差动保护利用穿越性故障电流作为制动电流克服差动不平衡电流，以防止在外部短路时差动保护的误动作。但在母线内部短路时，差动继电器中也有制动电流，尤其是在 3/2 断路器接线的母线中可能有部分故障电流流出母线，加大了制动量，这种情况下普通比率制动特性母线差动保护的灵敏度将有所下降。为了提高比率制动特性母线差动保护的灵敏度，希望进一步降低在发生内部短路时的制动电流，为此提出的复式比率制动特性母线差动保护算法

$$
\left.
\begin{aligned}
&\left| \sum_{i=1}^{n} \dot{I}_i \right| \geqslant I_{\text{set.0}} \\
&\frac{\left| \sum_{i=1}^{n} \dot{I}_i \right|}{\sum_{i=1}^{n} |\dot{I}_i| - \left| \sum_{i=1}^{n} \dot{I}_i \right|} > K'_{\text{res}}
\end{aligned}
\right\}
\tag{4-12}
$$

理想条件下在母线外部短路时差动电流为零，上述第二式的左边为零；在内部短路时，上述第二式的左边分母近似为零，则式（4-12）左侧很大。

可见，复式比率制动特性母线差动保护测量到的比率在内部短路和外部短路两种状态下扩展到了理想的极限，使得制动系数有极广的范围可以选择。所以复式比率制动特性母线差动保护较普通比率制动特性母线差动保护具有更加良好的选择性，从理论上也可分析出这两种保护原理相互之间的对应关系。

（3）故障分量比率制动特性母线差动保护。将故障分量比率制动特性应用于母线差动保护中，可避免故障前的负荷电流对比例制动特性产生的不良影响，将提高母线差动保护的灵敏度。故障分量比率制动特性母线差

动保护的算法为

$$\left. \begin{array}{l} \left| \sum_{i=1}^{n} \Delta \dot{I}_i \right| \geqslant \Delta I_{\text{set}.0} \\[3mm] \left| \sum_{i=1}^{n} \Delta \dot{I}_i \right| > K_{\text{res}} \sum_{i=1}^{n} \left| \Delta \dot{I}_i \right| \end{array} \right\}$$

2. 微机型电流母线差动保护工作原理及逻辑框图

微机型电流母线差动保护的作用原理是

$$\sum_{j=1}^{n} \dot{I}_j = 0$$

式中：n 为正整数；$\dot{I}_j$ 为母线所连第 j 条出线的电流，A。

即母线正常运行及外部故障时流入母线的电流等于流出母线的电流，各电流的相量和等于零。当母线上发生故障时

$$\sum_{j=1}^{n} \dot{I}_j \geqslant I_{\text{op}}$$

保护动作。

式中：I_{op} 为差动元件的动作电流，A；$\dot{I}_j$ 为母线所连第 j 条出线的电流，A。

母线差动保护，主要由三个分相差动元件构成。另外，为提高保护的动作可靠性，在保护中还设置有启动元件、复合电压闭锁元件、TA 二次回路断线闭锁元件及 TA 饱和检测元件等。

对于单母线分段或双母线的母差保护，每相差动保护由两个小差元件及一个大差元件构成。大差元件用于检查母线故障，而小差元件选择出故障所在的哪段或哪条母线。

双母线或单母线分段一相母差保护的逻辑框图如图 4-87 所示。

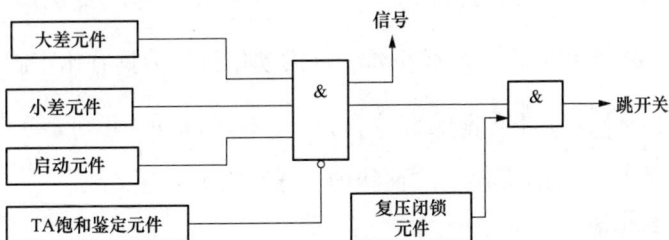

图 4-87 双母线或单母线分段母差保护逻辑框图（以一相为例）

由图 4-87 可以看出：当小差元件、大差元件及启动元件同时动作时，母差保护出口继电器才动作；此外，只有复合电压元件也动作时，保护才能去跳各断路器。

如果 TA 饱和鉴定元件鉴定出差流越限是由于 TA 饱和造成时，立即将母差保护闭锁。

3. 小差元件

小差元件为某一条母线的差动元件，其引入电流为该条母线上所有连接元件 TA 二次电流。

（1）动作方程。小差元件的动作方程为

$$\begin{cases} \left| \sum\limits_{j=1}^{n} \dot{i}_j \right| \geqslant I_{op.0} \\ \left| \sum\limits_{j=1}^{n} \dot{i}_j \right| \geqslant S \sum\limits_{j=1}^{n} |\dot{i}_j| \end{cases}$$

式中：n 为其值为正整数；$\dot{i}_j$ 为接母线的第 j 个连接单元 TA 的二次电流，A；S 为比率制动系数，其值小于 1；$I_{op.0}$ 为小差元件的启动电流，A。

（2）动作特性。根据动作方程，绘制出的动作特性曲线如图 4-88 所示。

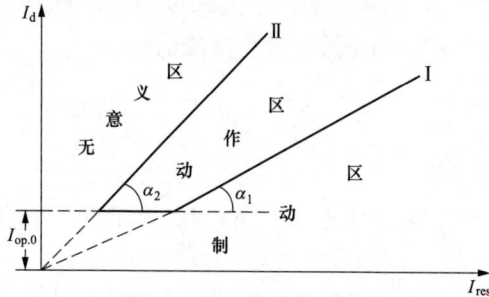

图 4-88　差动元件的动作特性图

I_d—差动电流，$I_d = \left| \sum\limits_{j=1}^{n} \dot{i}_j \right|$；$\alpha_1$—整定的动作曲线与 I_z 轴的夹角，$\alpha_1 = \arctan \dfrac{\left| \sum\limits_{j=1}^{n} \dot{i}_j \right|}{\sum\limits_{j=1}^{n} |\dot{i}_j|}$；

α_2—动作特性曲线的上限与 I_z 轴的夹角，即 $\left| \sum\limits_{j=1}^{n} \dot{i}_j \right| = \sum\limits_{j=1}^{n} |\dot{i}_j|$ 时动作特性曲线与

I_z 轴的夹角（I_z 为制动电流，$I_z = \sum\limits_{j=1}^{n} |\dot{i}_j|$），显然，$\alpha_2 = 45°$，或 $\tan\alpha_2 = 1$

由图 4-88 可以看出，母线小差元件的动作特性为具有比率制动的特性曲线。由于 $\left| \sum\limits_{j=1}^{n} \dot{i}_j \right|$ 不可能大于 $\sum\limits_{j=1}^{n} |\dot{i}_j|$，故差动元件不可能工作于 $\alpha_2 = 45°$曲线的上方。因此将 $\alpha_2 = 45°$曲线的上方称之为无意义区。

4. 大差元件

接入大差元件的电流为二条（或二段）母线所有连接单元（除母联之外）TA 的二次电流。

大差元件的动作方程及动作特性曲线与小差元件相似。不同之处是大差元件比率制动系数有两个，即有高定值和低定值，当双母线母联断路器或单母线分段断路器断开运行时，采用比率制动系数取低定值，而小差元件则固定取比率制动系数高定值。

常见的母线差动元件有常规比率差动元件、工频变化量比率差动元件、

复式比率差动元件。这些差动元件的差动电流的计算都相同，制动电流的计算有差异，因而在区外故障及区内故障时制动能力和动作灵敏度均有差异。差动元件的动作特性是比率制动特性曲线。其作用是在区外故障时让动作电流随制动电流增大而增大使之具有制动特性，能躲过区外短路产生的不平衡电流，而在区内故障时则希望差动继电器有足够的灵敏度。

5. 启动元件

为提高母差保护的动作可靠性，设置有专用的启动元件，只有在启动元件启动之后，母差保护才能动作。不同型号的母差保护，采用的启动元件有差异，通常采用的启动元件有：电压工频变化量元件、电流工频变化量元件及差流越限元件。

(1) 电压工频变化量元件。当两条母线上任一相电压工频变化量大于门槛值时，电压工频变化量元件动作，启动母差保护。动作方程为

$$\Delta U \geqslant \Delta U_{\mathrm{T}} + 0.05 U_{\mathrm{N}}$$

式中：ΔU 为相电压工频变化量瞬时值，V；U_{N} 为额定相电压（TV 二次值），V；ΔU_{T} 为浮动动作门槛值，V。

(2) 电流工频变化量元件。当相电流工频变化量大于门槛值时，电流工频变化量元件动作，启动母差保护。动作方程为

$$\Delta I \geqslant K \cdot I_{\mathrm{N}}$$

式中：ΔI 为相电流工频变化量瞬时值，A；I_{N} 为标称额定电流，A；K 为小于 1 的常数。

(3) 差流越限元件。当某一相大差元件测量差流大于某一值时，差流越限元件动作，启动母差保护。动作方程为

$$\left| \sum_{j=1}^{n} \dot{I}_j \right| \geqslant I'_{\mathrm{op.0}}$$

式中：$I'_{\mathrm{op.0}}$ 为差动电流启动门槛值，A。

当上述各启动元件动作后，均将动作脉冲展宽 0.5s。

6. TA 饱和鉴定元件

母线发生故障时 TA 可能饱和。某一出线元件 TA 的饱和，其二次电流大大减少（严重饱和时 TA 二次电流等于零），为防止区外故障时由于 TA 饱和母差保护误动，在保护中设置 TA 饱和鉴别元件。

(1) TA 饱和时二次电流的特点及其内阻的变化。当一次电流很大时，一次电流中含有很大的非周期分量时；当 TA 铁芯有很大的剩磁时以及当 TA 二次负载阻抗很大时，电磁式电流互感容易饱和。TA 饱和时其二次电流有如下几个特点：

1) 在故障发生瞬间，由于铁芯中的磁通不能跃变，TA 并不能立即进入饱和区，而是存在一个时域为 3~5ms 的线性传递区，在线性传递区内，TA 二次电流与一次电流成正比（有一段正确传变的时间）。大量试验证明 TA 最快要在短路发生 2ms 以后才会开始饱和。

2）TA 饱和之后，在每个周期内一次电流过零点附近存在不饱和时段，在此时段内，TA 二次电流又与一次电流成正比。

3）TA 饱和后其励磁阻抗大大减小，使其内阻大大降低，严重时内阻等于零。

4）TA 饱和后，其二次电流波形发生畸变，电流偏于时间轴一侧，致使电流的正、负半波不对称，电流中含有很大的二次和三次谐波电流分量。

5）即使 TA 处于非常严重的饱和状态，TA 二次电流也不可能完全为零。在 TA 饱和时每周波内总有一段时间电流是线性传变的。

（2）TA 饱和对母线保护的影响。母线区外故障时 TA 饱和对母线保护的影响：理想情况下母线区外短路时差动元件的动作电流是零。在区外短路时假设离故障点最近支路的 TA 饱和，而其他支路的 TA 不饱和。饱和的 TA 其二次电流（归算值）的波形相对一次电流的波形产生缺损，差动元件的动作电流就是这部分缺损的电流，如果 TA 饱和比较严重，差动元件的动作电流比较大，将造成保护误动。

母线区内故障时 TA 饱和对母线保护的影响：饱和的电流互感器不能线性传变一次电流，使区内故障时差动电流降低，会影响差动元件的灵敏度。此外如果为了在区外短路防止 TA 饱和时保护的误动，往往设置专门的 TA 饱和判别元件，在 TA 饱和时将差动保护闭锁。TA 饱和判别需要的时间（软件算法数据窗的时间）又将延长区内短路时保护动作的时间。

（3）TA 饱和鉴别元件的构成原理（抗 TA 饱和方法）。目前，在国内广泛应用的母差保护装置中，TA 饱和鉴别元件均是根据饱和后 TA 二次电流的特点及其内阻变化规律原理构成的。在微机母差保护装置中，TA 饱和判别元件的鉴别方法主要是同步识别法及差流波形存在线性传变区的特点；也有利用谐波制动原理防止 TA 饱和差动元件误动的。

1）同步识别法。当母线上发生故障时，母线电压及各出线元件上的电流将发生很大的变化，与此同时在差动元件中出现差流，即电压或工频电流的变化量与差动元件中的差流是同时出现。当母差保护区外发生故障某组 TA 饱和时，母线电压及各出线元件上的电流立即发生变化，但由于故障后 3~5ms TA 磁路才会饱和，因此，差动元件中的差流比故障电压及故障电流滞后出现 3~5ms。

在母差保护中，当故障电流（即工频电流变化量）与差动元件中的差流同时出现时，认为是区内故障开放差动保护；而当故障电流比差动元件中的差流出现早时，即认为差动元件中的差流是区外故障 TA 饱和产生的，立即将差动保护闭锁一定时间。将这种鉴别区外故障 TA 饱和的方法称为同步识别法。

2）自适应阻抗加权抗饱和法。其基本原理是利用故障后 TA 即使饱和也不是短路后立即饱和的原理，采用了工频变化量阻抗元件 ΔZ。所谈的变化量阻抗 ΔZ，是母线电压的变化量与差回路中电流变化量的比值。

当区外发生故障时，母线电压将发生变化，即出现了工频变化量电压；当 TA 饱和之后，差动元件中出现了差流，即出现工频变化量差流，出现了工频变化量阻抗 ΔZ；而当区内发生故障时，母线电压的变化与差动元件中差流的变化与阻抗的变化将同时出现。

所谓自适应阻抗加权抗饱和法的基本原理实际也是同步识别法原理，也就是故障后 TA 不会立即饱和原理。

在采用自适应阻抗加权抗饱和法的母差保护装置中，设置有工频变化量差动元件、工频变化量阻抗元件及工频变化量电压元件。当发生故障时，如果差动元件、电压元件及阻抗元件同时动作，即判为母线上故障，开放母差保护；如果电压元件动作在先而差动元件及阻抗元件后动作，即判为区外故障 TA 饱和，立即将母差保护闭锁。

3）基于采样值的重复多次判别法。采用同步识别法或自适应阻抗加权抗饱和法的 TA 饱和鉴别方法，只适用于故障瞬间。上述方法只能将母差保护暂短闭锁，否则，当区外故障转区内故障时，将致使母差保护拒绝动作。

在微机型母差保护中，是将同步识别法（或自适应阻抗加权法）与基于采样值的重复多次判别法相结合构成 TA 饱和鉴别元件。

基于采样值的重复多次判别法是：若在对差流一个周期的连续 R 次采样值判别中，有 S 次及以上不满足差动元件的动作条件，认为是外部故障 TA 饱和，继续闭锁差动保护；若在连续 R 次采样值判别中有 S 次以上满足差动元件的动作条件时，判为发生区外故障转母线区内故障，立即开放差动保护。

该方法实际是基于 TA 一次故障电流过零点附近存在线性传变区原理构成的。

4）谐波制动原理。TA 饱和时差电流的波形将发生畸变，其中含有大量的谐波分量。用谐波制动可以防止区外故障 TA 饱和误动。

但是，当区内故障 TA 饱和时，差电流中同样会有谐波分量。因此，为防止区内故障或区外故障转区内故障 TA 饱和使差动保护拒动，必须引入其他辅助判据，以确定是区内故障还是区外故障。

利用区外故障 TA 饱和后在线性传变区无差流方法，来区别区内、外故障，而利用谐波制动防止区外故障误动。试验表明，该方法是优异的抗 TA 饱和方法。

在谐波制动原理中为了正确测量谐波含量以及辅助判据中要用到 TA 每周有线性传变区的原理，因此需要的数据窗比较大，一般需要一个周波。所以用谐波制动原理防止 TA 饱和的母差保护动作时间也相应较长。

7. 复合电压闭锁元件

前已述及，母差保护是电力系统的重要保护。母差保护动作后跳断路器的数量多，它的误动可能造成灾难性的后果。为防止保护出口继电器误动或其他原因误跳断路器，通常采用复合电压闭锁元件。只有当母差保护差动元件及复合电压闭锁元件均动作之后，才能作用于跳闸各路断路器。

（1）动作方程及逻辑框图。在大电流系统中，母差保护复合电压闭锁元件，由相低电压元件、负序电压及零序过电压元件组成。其动作方程为

$$\begin{cases} U_{ph} \leqslant U_{op} \\ 3U_0 \geqslant U_{0op} \\ U_2 \geqslant U_{2op} \end{cases}$$

式中：U_{ph} 为相电压（TV 二次值），V；$3U_0$ 为零序电压，在微机母差保护中，利用 TV 二次三相电压自产，V；U_2 为负序相电压（二次值），V；U_{op} 为低电压元件动作整定值，V；U_{0op} 为零序电压元件动作整定值，V；U_{2op} 为负序电压元件动作整定值，V。

复合电压元件逻辑如图 4-89 所示。

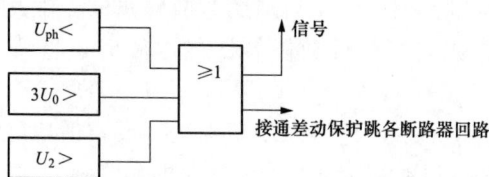

图 4-89　复合电压元件逻辑框图

可以看出：当低电压元件、零序过电压元件及负序电压元件中有一个或一个以上的元件动作，立即开放母差保护跳各路开关的回路。

（2）闭锁方式。为防止差动元件出口继电器误动或人员误碰出口回路造成的误跳断路器，复合电压闭锁元件采用出口继电器触点的闭锁方式，即复合电压闭锁元件各对出口触点，分别串联在差动元件出口继电器的各出口触点回路中。跳母联或分段断路器的回路可不串复合电压元件的输出触点。

现在微机型母线保护复合电压闭锁采用软件闭锁方式，当然对于出口继电器由于振动或人员误碰出口回路，仍然会造成保护误动。一般在母线保护中，母线差动保护、断路器失灵保护、母联死区保护、母联失灵保护都要经复合电压闭锁，但跳母联或分段断路器时不经过复合电压闭锁，母联充电保护和母联过电流保护跳各断路器不经复合电压闭锁；3/2 接线方式的母线保护无需复合电压闭锁，因为即使母线保护误动跳边断路器，各线路和变压器都仍然能正常运行。

（四）母差保护的整定计算

不同类型的母线保护装置，在整定内容及取值方面有所差异。本节主要讨论微机型母线保护的整定计算。

母线保护主要有母差保护和断路器失灵保护，对母线保护的整定计算，主要是对母差保护及失灵保护的整定计算。

目前，国内生产及应用的微机型母差保护，均采用分相完全电流型差动保护。其动作方程为

$$\begin{cases} \left| \sum_{j=1}^{n} \dot{I}_j \right| \geqslant I_{\text{op}.0} \\ \left| \left| \sum_{j=1}^{n} \dot{I}_j \right| - s \sum_{j=1}^{n} |\dot{I}_j| \right| \geqslant 0 \end{cases}$$

式中：$\dot{I}_j$ 为第 j 支路中的电流，A；$I_{\text{op}.0}$ 为差动元件的启动电流（初始动作电流），A；S 为比率制动系数。

其动作特性为具有两段折线式比率制动的曲线。

另外，为提高差动保护的动作可靠性，对于 500kV 以下母线的差动保护，除 3/2 接线的母线差动保护之外，均采用复合电压闭锁。在复合电压闭锁元件中，有低电压、负序电压、零序电压及相电压增量 ΔU 元件。

对母差保护的整定计算，就是合理地确定差动元件及复合电压闭锁元件中各物理量的整定值。其中，差动元件要确定启动电流 $I_{\text{op}.0}$ 及比率制动系数 S；复合电压闭锁元件要确定低电压 U_{ph}、负序电压 U_2、零序电压 U_0 及相电压增量 ΔU 的动作值。

1. 启动电流 $I_{\text{op}.0}$

在 220～500kV 电网继电保护装置运行整定规程和 3～110kV 电网继电保护装置运行整定规程（DL/T 559 和 DL/T 584）中规定：母线差动电流保护的差电流启动元件定值，应可靠躲过区外故障最大不平衡电流和任一元件电流回路断线时由于负荷电流引起的最大差流。

但是，对于有比率制动特性的电流差动元件而言，启动电流 $I_{\text{op}.0}$ 不需考虑外部故障产生的最大不平衡电流，其整定原则应是：应可靠躲过正常工况下差回路的最大不平衡电流及任一 TA 二次断线时由于负荷电流引起的最大差流。

（1）按躲过正常工况下的最大不平衡电流整定启动电流 $I_{\text{op}.0}$，其计算公式为

$$I_{\text{op}.0} = K_{\text{rel}}(K_{\text{er}} + K_2 + K_3)I_N \tag{4-13}$$

式中：K_{rel} 为可靠系数，可取 1.5～2；K_{er} 为各侧 TA 的相对误差，取 0.06（10P 级 TA）；K_2 为保护装置通道传输及调整误差，取 0.1；K_3 为外部故障切除瞬间各侧 TA 暂态特性不同产生的误差，取 0.1；I_N 为 TA 二次标称额定电流，取 1A 或 5A。

将 K_{er}、K_2 及 K_3 取值代入式（4-13），可得

$$I_{\text{op}.0} = (0.39 \sim 0.52)I_N$$

（2）按躲过 TA 二次断线由负荷电流引起的最大差流整定启动电流 $I_{\text{op}.0}$。分析表明，当母线出线元件中负荷电流最大的 TA 二次断线时，其在差动保护差流回路中产生的差流最大为 I_N（不考虑出线元件过负荷运行）。

若按躲过 TA 二次断线条件整定 $I_{op.0}$，则

$$I_{op.0} \geqslant I_N$$

综合上述条件，$I_{op.0}$ 取 $(0.5 \sim 1.1)I_N$ 是合理的。当保护有完善的 TA 断线闭锁条件时，可取较小值。

2. 比率制动系数 S

具有比率制动特性的母差保护的比率制动系数的整定，应按能可靠躲过区外故障（TA 不饱和时）产生的最大差流整定，且应确保内部故障时差动保护有足够的灵敏度。

（1）按能可靠躲过外部故障整定。区外故障时，差回路中产生的最大差流为

$$I_{unbmax} = (K_{er} + K_2 + K_3)I_{kmax} \tag{4-14}$$

式中：I_{unbmax} 为最大不平衡电流，A；K_{er} 为 TA 的 10% 误差，取 0.1；K_2 为保护装置通道传输及调整误差，取 0.1；K_3 为区外故障瞬间由于各侧 TA 暂态特性差异产生的误差，取 0.1；I_{kmax} 为区外故障的最大短路电流，A。

将以上各系数值代入式（4-14），得

$$I_{unbmax} = 0.3I_{kmax}$$

此时，比率制动系数可按式计算

$$S = K_{rel} = \frac{I_{unbmax}}{I_{kmax}} \tag{4-15}$$

式中：K_{rel} 为可靠系数，取 $1.5 \sim 2$；其他符号的意义同前。

将 K_{rel} 取值代入式（4-15）得

$$S = 0.45 \sim 0.6$$

（2）按确保动作灵敏度系数来整定。首先，当母线上出现故障时，其最小故障电流应大于母差保护启动电流的 2 倍以上。当上述条件满足时，可按式（4-16）计算比率制动系数

$$S = \frac{1}{K_{sen}} \tag{4-16}$$

式中：S 为差动元件的比率制动系数；K_{sen} 为动作灵敏度系数，取 $1.5 \sim 2.0$。

将 K_{sen} 之值代入式（4-16），得

$$S = 0.5 \sim 0.67$$

综上所述，K_z 取 $0.5 \sim 0.67$ 是合理的。

3. 复合电压闭锁

（1）低电压元件的整定电压 U_{op}。在母差保护中，低电压闭锁元件的动作电压，应按照躲过正常运行时母线 TV 二次的最低电压来整定。

按规程规定，电力系统对用户供电电压的变化允许在 ±5% 的范围内。实际上，由于某种原因，母线电压可能降低至 $(90\% \sim 85\%)U_N$ 运行（U_N 为标称额定电压）。因此，考虑到母线 TV 的比误差（2% ～ 3%），母差保

护低电压元件的动作电压定值取 $0.75\sim0.8$ 额定电压 U_N 是合理的，即

$$U_{op} = 0.75 \sim 0.8U_N = (40 \sim 45)V$$

当在母线上发生三相对称短路时，母线电压将严重降低，因此，电压元件的动作灵敏度是无问题的。

（2）负序电压元件的动作电压 U_{2op}。负序电压元件动作电压的整定值，可按躲过正常工况下母线 TV 二次的最大负序电压来整定。正常运行时，母线 TV 二次可能出现的最大负序电压为

$$U_{2max} = U_{2TV} + U_{2smax} \tag{4-17}$$

式中：U_{2max} 为正常运行时母线 TV 二次的最大负序电压，V；U_{2TV} 为当一次系统对称时 TV 二次出现的负序电压（由三相 TV 不对称或负载不均衡形成的），通常为 $2\%\sim3\%U_N$，实取 $3\%U_N$，V；U_{2smax} 为正常运行时，系统中出现的最大负序电压，可取 $1.1\times4\%U_N$，V。

将 U_{2TV} 及 U_{2smax} 的取值代入式（4-17），可得

$$U_{2max} = (0.03 + 0.044)U_N = 0.074U_N \approx 4.3V$$

负序电压元件的动作电压，可按式（4-18）整定

$$U_{2op} = K_{rel}U_{2max} \tag{4-18}$$

式中：K_{rel} 为可靠系数，取 $1.3\sim1.5$。

故

$$U_{2op} = 5.5 \sim 7V$$

（3）零序电压元件的动作电压 U_{2op}。与负序电压元件相同，可取 $U_{2.op} = 5.5\sim7V$。

（五）提高母线差动保护动作可靠性措施

母差保护的误动或拒动，都将造成严重后果。因此，为确保电力系统的安全经济运行，提高母差保护的动作灵敏度及动作可靠性是非常必要的。

1. TA 断线闭锁

正常运行中 TA 断线时断线相上差动元件的差动电流是断线相上的负荷电流，差动电流不为零。但由于一般差动元件比率制动特性曲线中的启动电流是按躲过各连接元件中最大负荷电流整定的，再加上有复合电压闭锁，所以母线保护不会误动。但是，在 TA 断线期间发生区外短路时，断线相上的差动电流是区外短路时流过保护的短路电流，母线保护将可能会误动。目前，对于大型发电机及变压器，由于 TA 的变比比较大，TA 断线时出现的电压很高，为了设备及人身的安全，差动 TA 断线后不闭锁差动保护，允许差动保护动作跳闸。

与大型发电机及变压器相比，母线保护所用的母线出线 TA 的变比要小得多。例如 200MW 机组 TA 的变比为 12 000/5＝2400，高压母线出线上 TA 的变比通常为 600/1 或 1200/1，相差 2～4 倍；500kV 出线 TA 的变比将更小。相对而言，TA 的变比越小，二次回路开路时的电压越低，其危害越小。又由于母差保护的误动可能造成严重的后果，所以在母线保护装置

中设置有 TA 断线闭锁元件，当差动 TA 断线时，立即将母差保护闭锁。

（1）TA 二次回路断线判别。在微机母差保护中，一般采用系统无故障时差流越限，判为差动 TA 二次回路断线，即

$$I_d \geqslant I_{op}$$

式中：I_d 为差电流，A；I_{op} 为 TA 断线闭锁元件动作电流，A。

在某些装置中，也有采用零序电流作为 TA 断线判据的，即当任一支路中的零序电流达到设定值时，判为差动 TA 断线

$$3I_0 > 0.25I_{phmax} + 0.4I_N$$

式中：$3I_0$ 为零序电流，A；I_{phmax} 为最大相电流，A；I_N 为标称额定电流，取 5A 或 1A。

（2）对 TA 断线闭锁的要求。对母差保护装置中的 TA 断线闭锁元件提出以下要求：

1）延时发出告警信号并将母差保护闭锁。正常运行时，发电机及变压器的差动 TA 断线，差动保护要误动。对于电流型微机母差保护，母线连接元件多而使差动回路支路数多，且制动电流为各单元电流绝对值和，当某一支路的一相 TA 二次回路断线时，一般保护不会误动。此时若再发生区外故障，母差保护将误动。因此，当 TA 断线闭锁元件检测出 TA 断线之后，应经一定延时（一般 5s）发出告警信号并将母差保护闭锁。电流回路恢复正常后，延时 0.9s 装置恢复正常运行（RCS-915 装置不能自动恢复正常运行，需复归按钮后，母差保护才能恢复运行）。

2）分相设置闭锁元件。母差保护为分相差动，TA 断线闭锁元件也应分相设置，即哪一相 TA 断线闭锁该相差动保护，以减少母线上又发生故障时差动保护拒动的概率。

3）母联、分段断路器 TA 断线，不应闭锁母差保护。若断线闭锁元件检查到的是母联 TA 或分段 TA 断线，应发 TA 断线信号但不闭锁母差保护，因为母联 TA 或分段 TA 断线时，大差在区外短路时并不会误动，但此时应自动切换到单母方式，这样再发生区内故障时不再进行故障母线的选择。

2. TV 断线监视

对采用复合电压闭锁的母差保护，为防止由于 TV 二次回路断线造成对母线电压的误判断，设置有 TV 回路断线的监视元件，TV 断线监视元件的 TV 断线判据有多种，常见的有以下三种。

（1）利用自产零序电压与 TV 开口三角形电压进行比较判别，即当

$$|\dot{U}_a + \dot{U}_b + \dot{U}_c| - 3U_0/\sqrt{3} > U_{op} \text{ 及 } |\dot{U}_a + \dot{U}_b + \dot{U}_c| - 3U_0 \cdot \sqrt{3} > U_{op}$$

时判断为 TV 二次断线。

式中：$\dot{U}_a$、$\dot{U}_b$、$\dot{U}_c$ 为 TV 二次三相电压，V；$3U_0$ 为 TV 开口三角形电压，V；U_{op} 为 TV 断线闭锁元件动作电压，V。

前式适用于大电流系统，而后式适用于小电流系统。

（2）利用负序电压判别。当 TV 二次负序电压大于某一值，例如 $U_2 \geqslant$ 12V 时判断为 TV 二次断线。

（3）利用三相电压幅值之和及 TA 二次有电流判别，即

$$\begin{cases} |\dot{U}_a| + |\dot{U}_b| + |\dot{U}_c| < U_N \\ I_{a(b,c)} \geqslant 0.04 I_N \end{cases}$$

时判断为 TV 二次断线。

式中：$\dot{U}_a$、$\dot{U}_b$、$\dot{U}_c$ 为 TV 二次三相电压，V；U_N 为 TV 二次额定电压，V；$I_{a(b,c)}$ 为 TA 二次三相电流，A；I_N 为 TA 二次标称额定电流，取 5A 或 1A。

检测出 TV 二次断线后经短延时发出告警信号，但不应闭锁母差保护。

3. 母线运行方式识别

根据系统运行方式的需要，双母线上各连接元件经常在两条母线上切换，母线运行方式发生变化时，对于大差没有影响，但对于小差却会产生很大影响。随着连接元件在两条母线上的切换，该连接元件的电流参与哪条母线的小差电流计算也要跟着切换，因此正确地确认母线运行方式，即确认哪个连接元件接在哪条母线上运行，是保证母线差动保护正确动作的重要条件。

在微机型母差保护装置中，将隔离开关的辅助触点作为开入量接到保护装置，由软件计算来识别母线的运行方式。保护装置根据测量到的开入量状态确定该连接元件接在哪条母线上，于是将该连接元件上的电流参与到该条母线的小差计算中去，所以随着隔离开关位置的切换，保护装置的小差计算能自适应地进行调整。为了保证保护装置的正确工作，显然对隔离开关的辅助触点应该不断地进行自检。例如，当计算出某支路有电流（即出现差流）而无隔离开关位置信号时，发出告警信号，并按装置原来记忆的隔离开关位置计算差电流，根据当前系统的电流分布状况自动校核隔离开关位置的正确性，以确保保护不误动。

为防止因隔离开关辅助触点损坏而使装置长期工作于不正常状态，有的装置（如 WMZ-41A 型母差保护）在装置上设置有母线模拟盘，当装置发出隔离开关位置报警信号且确认隔离开关位置异常时，运行人员应立即通知维护人员进行检查维修，同时可利用隔离开关模拟盘上强制开关的触点代替隔离开关的辅助触点作为开入量输入保护装置，让保护装置读取正确的隔离开关位置，这样在隔离开关辅助触点检修期间，不会影响母差保护的正确工作。

在母差保护投运试验时，应仔细检查隔离开关状态与保护对应位置识别的一致性及其回路的良好性。投运之后，运行人员倒闸操作时，应对隔离开关位置及其回路的正确性予以确认。

4. 大差元件比率制动系数的自动调整

在国内生产并广泛应用的微机双母线及单母线分段的母差保护装置中，

设置两个小差元件和一个大差元件,大差元件用于确认母线故障,小差元件确定故障所在母线。

正常运行时大差元件的整定值(启动电流及比率制动系数)与小差元件基本相同。接入大差元件的电流为两条母线各所连元件(除母联之外)TA二次电流,接入小差元件的电流为某条母线上所连元件(包括母联)TA二次电流。

分析表明:当两条母线分裂运行时(即母联断路器或分段断路器断开),若母线上发生故障,大差元件的动作灵敏度要降低。

(1)母联断路器状态对差动元件动作灵敏度的影响。现以图4-90所示的双母线接线为例分析差动元件动作灵敏度。

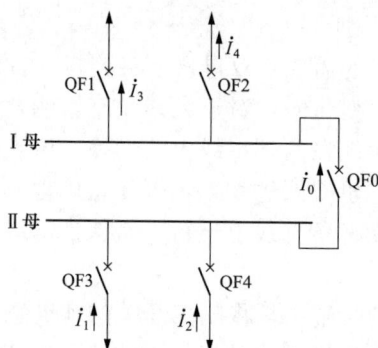

图4-90 母线接线示意图

QF1~QF4—母线出线断路器;QF0—母联断路器

正常运行时,流入大差元件的电流为$i_1 \sim i_4$四个电流;流入I母小差元件的电流为i_3、i_4及i_0三个电流;流入II母小差元件的电流为i_1、i_2、i_0三个电流。

当母联运行时I母发生短路故障,I母小差元件的差流为$|i_3| + |i_4| + |i_0| = |i_3| + |i_4| + |i_1| + |i_2|$;I母小差元件的制动电流也为$|i_3| + |i_4| + |i_1| + |i_2|$,两者之比为1。大差元件的差流及制动电流与I母小差相同,两者之比也为1。

当母联断开、I母发生短路故障时,I母小差元件的差流为$|i_3| + |i_4|$,制动电流也为$|i_3| + |i_4|$,两者之比为1。而大差元件的制动电流仍为$|i_3| + |i_4| + |i_1| + |i_2|$,但差流却只有$|i_3| + |i_4|$,显然大差元件的动作灵敏度大大下降。

(2)实际对策。为保证母联断路器停运时母差保护的动作灵敏度,可以采取以下措施:

1)解除大差元件。当母联断路器退出运行时,通过隔离开关的辅助触点解除大差元件,只要小差元件及其他启动元件动作就去跳闸断路器,这种对策的缺点是降低了保护的可靠性。

2）自动降低大差元件的比率制动系数。当母联断路器退出运行时，用断路器辅助触点作为开入量，自动将大差元件的制动系数减小。目前，这种措施在微机保护装置中得到了广泛应用（如有些装置自动将制动系数降低到 0.3）。

5. 母差保护的死区问题

在已被采用的各种类型的母差保护中，存在着一个共同的问题，就是保护死区问题。对于双母线或单母线分段的母差保护，当故障发生在母联断路器或分段断路器与母联 TA 或分段 TA 之间时，非故障母线的差动元件要误动，而故障母线的差动元件要拒动，即存在死区。

（1）死区原因分析。双母线及其母差保护的原理接线如图 4-91 所示。

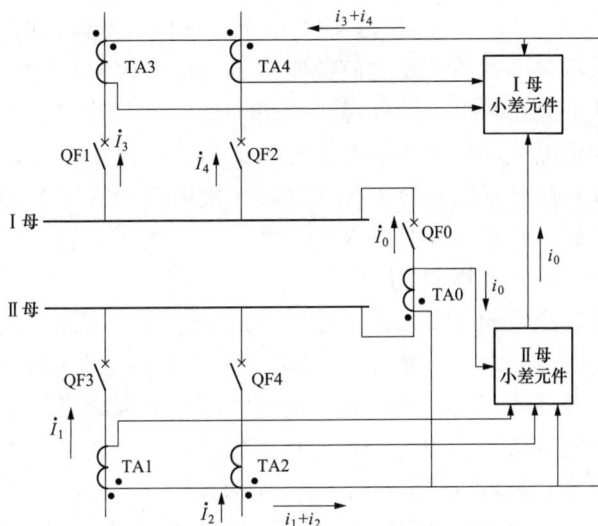

图 4-91 双母线及其原理接线

QF1～QF4—出线断路器；QF0—母联断路器；TA1～TA4—出线电流互感器；
TA0—母联电流互感器

设正常工况下电流 i_1、i_2 流入母线，而 i_3、i_4 流出母线，则母联电流 $i_0 = i_1 + i_2 = -(i_3 + i_4)$。

由图 4-91 可以看出：流入 Ⅱ 母小差的电流为 $i_1 + i_2 + i_0 = 0$，流入 Ⅰ 母小差的电流为 $i_3 + i_4 + i_0 = 0$，故两个小差元件均不动作，大差元件亦不动作。

当故障发生在母联断路器 QF0 与母联电流互感器 TA0 之间时，大差元件动作，同时电流 i_1、i_2 及 i_0 增大，但流向不变，故 Ⅱ 母小差元件的差流近似等于零，不动作；而电流 i_3 与 i_4 的大小及流向均发生了变化（由流出母线变成流入母线），Ⅰ 母小差元件的差流很大，Ⅰ 母小差保护动作，跳开断路器 QF0、QF1 及 QF2；而 Ⅱ 母小差元件不动作，无法跳开断路器

QF3 及 QF4。因此，真正的故障无法切除。

（2）对策。在母线保护装置中，为切除母联断路器与母联 TA 之间的故障，通常设置母联断路器失灵保护。因为上述故障发生后，虽然母联断路器已被跳开，但母联 TA 二次仍有电流，与母联断路器失灵现象一致。

在国产的微机母线保护装置中，还设置有专用的死区保护，用于切除母联断路器与母联 TA 之间的故障。

6. 提高母差保护可靠性的其他措施

与其他保护比较，母差保护的回路复杂且分布面广，接入 TA 的数量多，跳断路器的数量多，与其他保护（例如重合闸、纵差等）横向联系回路多。因此，确保上述回路的正确性及可靠性，是提高母差保护动作可靠性的重要手段之一。

（1）各组差动 TA 二次回路只能有一个接地点，接地点应在保护盘上。母差 TA 的数量多，各组 TA 之间的距离远（母差保护装置在控制室而与各组 TA 安装处之间的距离远），若在各组 TA 二次均有接地点，而由于各接地点之间的地电位相差很大，必定在母差保护中产生差流，可能导致保护误动。例如：西北某电站母差保护 TA 二次回路中有两个接地点，一个在保护盘上，另一个在变电站 TA 端子箱内。雷雨天，母差保护误动，同时切除了两条母线，导致全厂停电。

（2）定期检测差动 TA 二次电缆芯线对地绝缘。运行实践表明，发电厂及变电站一旦投产之后，退出母差保护进行校验的机会不多，TA 二次回路无法检查。若差动 TA 二次回路对地绝缘不良，可能使 TA 二次某相流入差动元件的电流减小甚至消失，使母差保护误动。例如，某变电站曾因区外故障时电缆芯线对地放电使母差保护误动。

（3）保证与其他保护之间的联系回路正确。在母差保护正式投运之前，应认真检查与其他保护之间联系回路的正确性，在条件许可的情况下，可进行传动试验，验证母差保护与其他保护之间联系的正确性。例如，某发电厂投运已 20 多年。近来发生了母差保护动作跳断路器后线路重合闸重合而造成的重大事故，造成了很大的经济损失及设备损坏。追查原因，是母差保护闭锁重合闸的回路有误。

（4）母线电压切换。开关位置有双母、Ⅰ、Ⅱ母三个位置，分别为装置的两个开入，不要以为是在二次并列，其实与二次小母线无关；装置根据开入决定母线电压开放是用哪一组电压的采集量，或各取各的采集量；当二次小母线到装置这一部分回路有问题时，用电压并列切换把手操作比较好；如果真是一个母线 TV 有问题，大多数情况还是靠电压并列装置，但是母联在跳位时不能并列。

（5）其他运行维护经验。

1）若大差及两个小差的差流均小于电流最小的支路时，基本可以证明支路和母联 TA 极性是对的。

2）若只有两个小差电流且为母联电流的 2 倍，而大差电流为 0，则可能母联 TA 极性接反。

3）某一支路有电流但无隔离开关位置时，此时装置会自动识别，不会因无隔离开关状态而对小差有影响。

4）若某一支路实际是接在 Ⅰ 母上，但由于隔离开关的错误接到 Ⅱ 母上，此时大差电流为 0，两个小差电流为该支路的电流。

5）若 Ⅰ、Ⅱ 母的两个支路电流回路接颠倒，则大差为 0，两个小差相等且为两个支路电流差值。这时候如两个支路电流相等则大差、小差均为 0，所以投运后若不同母线上的两个支路电流相等，即使大差小差均正常也不能保证回路的正确性，在现场要确定好支路的电流回路，隔离开关位置、失灵触点及跳闸出口要一一对应。

四、母联过电流及充电保护

（一）母联过电流保护

在有些特殊情况下，例如母联断路器经某一母线带一条输电线路运行（母联代路）时，需用母联断路器的母联过电流保护临时作为输电线路的保护，当线路上有故障时由母联过电流保护跳母联断路器切除故障。母联过电流保护由相电流元件、零序电流元件和延时元件构成。如果线路上有故障，任一相的相电流元件或者零序电流元件动作经延时跳母联断路器。

母联过电流保护是临时性保护，当用母联代路时投入运行。

1. 动作方程

当流过母联断路器三相电流中的任一相或零序电流大于整定值时动作，跳开母联断路器。动作方程为

$$I_{a(b,c)} \geq I_{op}$$
$$3I_0 \geq I_{0op}$$

式中：$I_{a(b,c)}$ 为流经母联时 a、b 相或 c 相的电流，A；I_{op} 为过电流元件动作电流整定值，A；$3I_0$ 为流过母联的零序电流，A；I_{0op} 为零序电流元件动作电流整定值，A。

2. 逻辑框图

母联过电流保护的逻辑框图如图 4-92 所示。

母联过电流保护动作后经延时跳开母联开关，该保护不经复合电压闭锁元件闭锁。

（二）充电保护

如图 4-93 所示，当 Ⅰ 母由未运行状态（例如母线检修）恢复到运行状态时，先合母联断路器对该母线充电。如果该母线没有故障，再将某些连接元件倒到该母线上；但如果该母线有故障，在合母联断路器后保护应再次切除母联断路器，以使原运行 Ⅱ 母继续正常运行，这个保护称为母联充电保护。

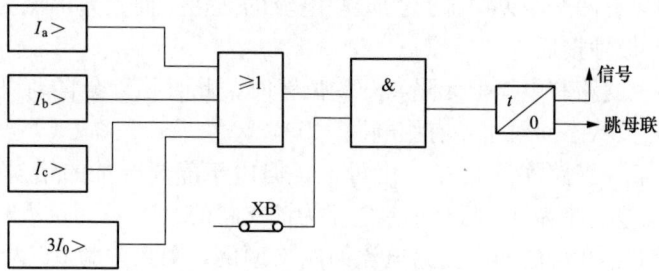

图 4-92　母联过电流保护逻辑框图

LP—母联过电流保护投退连接片（或控制字）

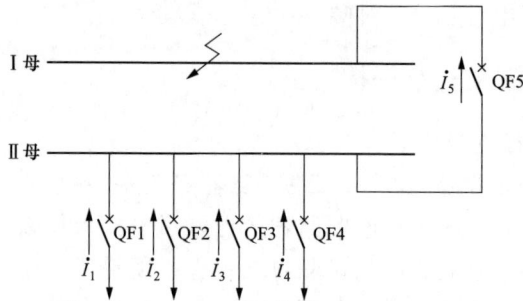

图 4-93　用母联断路器对 I 母充电

　　母线差动保护应保证在一组母线或某一段母线合闸充电时，快速而有选择地断开有故障的母线。为了更可靠地切除被充电母线上的故障，在母联开关或母线分段开关上设置过电流或零序电流保护，作为母线充电保护。

　　母线充电保护实际是一种临时性保护，仅作为母线充电时的保护，在母联断路器、母线分段断路器或旁路断路器上设置过电流或零序电流保护。在变电站母线安装后投运之前或母线检修后再投入之前，利用母联断路器对母线充电时投入充电保护，充电正常后退出该保护。

　　微机型母线充电保护的原理框图如图 4-94 所示。其构成原理：当母联断路器的跳闸位置继电器（KCT）由"1"变为"0"（KCT 由动作变为不动作），或虽然母联断路器的 KCT＝1 但母联已有电流（大于 0.04TA 二次额定电流），或两母线均变为有电压状态，这时说明母联断路器已在合闸位置了，于是开放充电保护 300ms。在充电保护开放期间，若母联任一相电流很大（大于充电保护整定值），说明母联断路器合于故障母线上，于是经短延时跳母联断路器。母联充电保护的跳闸不经复合电压闭锁。母联充电保护动作后是否需要闭锁母差保护可由控制字选择，如选择需要闭锁母差保护，在整个充电保护开放期间将母线差动保护闭锁。

　　由于母联充电保护动作的同时还启动母联失灵保护，即使母联断路器失灵，也可以由母联失灵保护把整个母线上的元件切除。

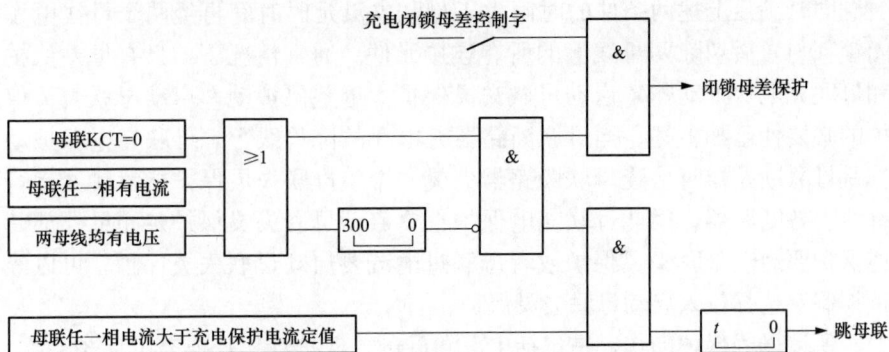

图 4-94　母线充电保护原理逻辑框图

母线空充电时，需解除母差保护，一般用母联断路器的手合辅助触点。

母线充电保护接线简单，在定值上可保证有较高的灵敏度。在有条件的地方，该保护可以作为专用母线单独带新建线路充电时的临时保护。

母线充电保护只在母线充电时投入，当充电良好后，应及时停用（退出）。

（三）母联断路器失灵保护

母线保护或其他有关保护动作，跳母联断路器的出口继电器触点闭合，若母联 TA 二次仍有电流，即判为母联断路器失灵，去启动母联失灵保护。显然判断母联断路器失灵的条件应是有保护曾对它发出过跳闸命令，但在一定时间（考虑母联断路器跳闸时间再加保护返回时间并考虑裕度时间）内母联断路器中仍一直有电流，才说明它失灵拒跳。

母联失灵保护逻辑如图 4-95 所示。它由以下几部分构成：①保护动作跳母联断路器同时启动失灵保护；②母联任一相仍一直有电流（大于母联失灵电流定值）。

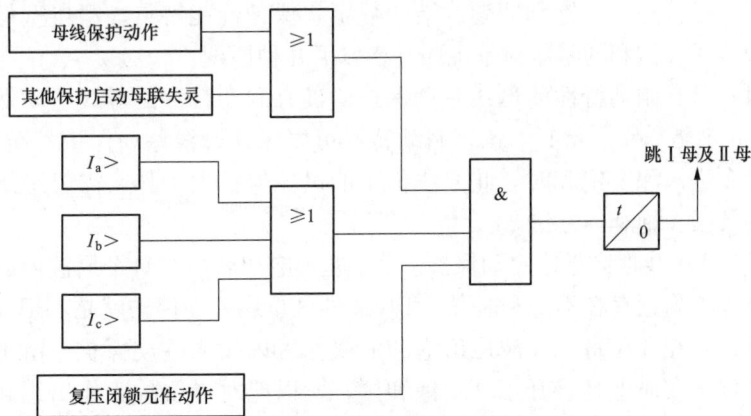

图 4-95　母联失灵保护逻辑框图
I_a、I_b、I_c—母联 TA 二次三相电流

同时满足上述两条件的时间大于母联失灵延时时间再经两个母线电压闭锁（与）后切除两母线上的所有连接元件。通常情况下，只有母差保护和母联充电保护动作才启动母联失灵保护。母差保护动作启动母联失灵保护的必要性已如上述。当母联断路器充电在故障母线上，母联充电保护动作跳母联断路器时恰逢母联断路器失灵，希望母联失灵保护能够跳开运行母线上各断路器，因此母联充电保护也要启动母联失灵保护。如果外部其他保护要启动母联失灵保护或者母联过电流要启动母联失灵保护，可以经过控制字选择投入启动母联失灵保护。

所谓母线保护动作，是包括Ⅰ、Ⅱ母母差保护动作，或充电保护动作，或母联过电流保护动作。其他有关保护包括：发电机-变压器组保护、线路保护或变压器保护，动作后去跳母联断路器的触点闭合。母联失灵保护动作后，经短延时（0.2～0.3s）切除Ⅰ母及Ⅱ母。

五、母线保护的特殊问题及对策

（一）电流互感器的饱和问题及母线保护常用对策

由于母线上连接元件众多，在发生近端区外故障时，故障支路电流可能非常大，其 TA 易发生饱和，甚至可达极度饱和。这种情况对于普遍以差动保护作为主保护的母线而言极为不利，可能会导致母线差动保护误动作。为此，母线保护必须要考虑防止 TA 饱和误动作的措施，在母线区外故障 TA 饱和时能可靠闭锁差动保护，同时在发生区外故障转换为区内故障时，能保证差动保护快速开放、正确动作。

目前国内较为常用的母线差动保护是数字式母线差动保护，并且在 110kV 及以上电压等级的电网中广泛使用，具有较高的稳定性和可靠性。在这些母线保护中采用了多种抗 TA 饱和的方法。

目前微机型母线差动保护主要为低阻抗母线差动保护，影响其动作正确性的关键就是 TA 饱和问题。结合数字式保护性能特点，微机型母线差动保护抗 TA 饱和的基本对策主要基于以下几种原理：

（1）具有制动特性的母线差动保护。具有制动特性的母线差动保护在 TA 饱和不是非常严重时，比率制动特性可以保证母线差动保护不误动作，但当 TA 进入深度饱和时，此方法仍不能避免保护误动作，需要采用其他专门的抗 TA 饱和的方法。

（2）TA 线性区母线差动保护。TA 进入饱和后，在每个周波内的一次电流过零点附近存在不饱和时段。TA 线性区母线差动保护就是利用 TA 的这一特性，在 TA 每个周波退出饱和的线性区内投入差动保护。由于此种原理的保护实质上是避开了 TA 饱和区，所以能对母线故障作出正确的判定。为保证 TA 线性区母线差动保护正确动作，必须能实时检测每个周波 TA 饱和与退出饱和的时刻，但是由于 TA 饱和时的电流波形复杂，如何正确判断 TA 饱和和退出饱和的时刻，判别出 TA 的线性传变区是实现此方法的关键和难点。

（3）TA 饱和的同步识别法。当母线区外故障时，无论故障电流有多大，TA 在故障的最初瞬间（在 1/4 周波内）都不会饱和，在饱和之前差电流很小，母线差动电流元件不会误动作；若以母线电压构成差动保护的启动元件，在故障发生时可以瞬时动作，两者的动作有一段时间差，当母线区内故障时，差电流增大和母线电压降低同时发生。TA 饱和的同步识别法就是利用这一特点，区分母线的区内、区外故障，在判别出母线区外故障 TA 饱和时则闭锁母线差动保护。考虑到系统可能会发生区外转区内的母线转换性故障，因而 TA 饱和的闭锁应该是周期性的。

（4）通过比较差动电流变化率鉴别 TA 饱和。TA 饱和后，二次侧电流波形出现缺损，在饱和点附近二次侧电流的变化率突增；而当母线区内故障时，由于各条线路的电流都流入母线，差电流基本上按照正弦规律变化，不会出现区外故障 TA 饱和条件下差电流突变较大的情况。因此可以利用差电流的这一特点进行 TA 饱和的检测。

TA 进入饱和需要时间，而在 TA 进入饱和后，在每个周波一次电流过零点附近都存在一个不饱和时段，在此时段内 TA 仍可不畸变地传变一次电流，此时差电流变化率很小。利用这一特点也可构成 TA 饱和检测元件，在短路初瞬和 TA 饱和后每个周波内的不饱和时段，饱和检测元件都能够可靠地闭锁保护。

（5）波形对侧原理。TA 饱和后，二次侧电流波形发生严重畸变，一个周波内波形的对称性被破坏，采用分析波形的对称性可以判定 TA 是否饱和。判别对称性的方法有多种，最基本的一种是电流相隔半个周波的导数的模值是否相等。

（6）谐波制动原理。当发生区外故障 TA 饱和时，差电流的波形实际是饱和 TA 励磁支路的电流波形。当 TA 发生轻度饱和时，故障支路的二次电流出现波形缺损现象，差电流中包含有大量的高次谐波。随着 TA 饱和深度的加深，二次电流波形缺损的程度也随着加剧。但内部故障时差电流的波形接近工频电流，谐波含量少。

谐波制动原理利用了 TA 饱和时差电流波形畸变的特点，根据差电流中谐波分量的波形特征检测 TA 是否发生饱和。这种方法有利于发生保护区外转区内故障时，根据故障电流中存在谐波分量减少的情况而迅速开放差动判据。

（二）母线运行方式的切换及保护的自适应

各种主接线方式中以双母线接线运行最为复杂。随着运行方式的变化，母线上各种连接元件在运行中需要经常在两条母线上切换，因此，希望母线保护能自动适应系统运行方式的变化，免去人工干预及由此引起的人为误操作。

通常是利用隔离开关辅助触点来判断母线运行方式。数字式微机型继电保护具有强大的计算、自检及逻辑处理能力，母线保护可以充分利用这些优势，采用将隔离开关辅助触点和电流识别两种方法相结合，且更加先进、有效的运行方式自适应方法。具有实现方法是：将运行于母线上的所有连接单元的隔离开关辅助触点引入保护装置，实时计算保护装置所采集到的各连接元件负荷电流瞬时值，根据运行方式识别判据，校验隔离开关辅助触点的正确性，校验确定它们无误后，形成各个单元的"运行方式字"，运行方式字反映了母线各连接元件与母线的连接情况；若校验发现有误，保护装置则自动纠正其错误。数字式母线保护的这种自适应运行方式的方法能更为有效地减轻运行人员的负担，提高母线保护动作的正确率。

（三）3/2 断路器接线的母线及其保护问题

当母线采用 3/2 断路器接线方式，在母线内部短路时可能有电流流出。图 4-96 示出了 3/2 断路器接线方式的母线短路时有电流流出的情况。这种情况会使比较母线连接元件电流相位原理的母线保护拒动，也会使具有制动特性原理的母线差动保护的灵敏度降低。要考虑在内部短路时有一定电流流出的影响，是母线保护需要注意的问题之一。

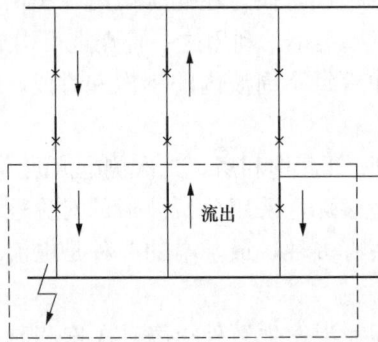

图 4-96　3/2 断路器的母线短路时有电流流出的情况

第三节　断路器保护

一、断路器保护配置

当故障线路的继电保护动作发出跳闸后，断路器拒绝动作时，能够以最短的时限切除同一母线上其他所有支路的断路器，将故障部分隔离，并使停电范围限制为最小的一种近后备保护。

1. 断路器失灵保护

当线路或主变压器的保护动作发出跳闸脉冲后，由于某种原因（如跳闸线圈断线或压力低闭锁操作等）造成断路器拒绝动作后，失灵保护启动回路会启动升压站失灵保护逻辑系统，经判别（如零序电流、负序电流）后，能够以较短的时限切除同一母线段范围内其他有关的断路器，使停电范围限制在最小的一种后备保护。

断路器失灵保护一般由连接于母线的各支路（线路或变压器）的保护启动。为了提高断路器失灵保护动作的可靠性，失灵保护动作有其他附加条件：

（1）故障线路的保护装置出口继电器动作后不返回。

（2）通过故障鉴别元件判断在被保护范围内仍然存在故障。一般故障鉴别元件通过检查故障支路相电流是否持续存在来确认故障尚未切除，如果相电流元件的灵敏度不够时，还要用多种方式检查，如负序电流、零序电流以及阻抗元件等。

（3）为了防止失灵保护误动作，应增设跳闸闭锁元件，一般采用复合电压闭锁元件，即检查故障支路所在母线段的相电压、零序电压以及负序电压来判断故障是否仍未切除。

断路器失灵保护是防止因断路器拒动原因而扩大事故的重要措施，是一种近后备保护。对于双母线接线方式系统，失灵保护还力图保留一条母线继续运行，失灵保护动作后应闭锁重合闸，避免再重合于故障点。失灵保护广泛配置于220kV及以上系统的保护中。

2. 断路器充电保护

当任一组母线检修后再投运之前，利用母联断路器对该母线进行充电时，若被充电母线存在故障，利用充电保护快速切除故障。

断路器充电保护一般运用于双母线接线的母联保护中，3/2接线方式一般不使用充电保护。

3. 短引线保护

短引线保护运用于3/2接线。短引线指在3/2接线方式中，自线路隔离开关到边断路器和中断路器之间的部分。当一串断路器中的一条线路停用，则该线路侧的隔离开关将断开，此时线路电压互感器停用，线路主保护停用，在该串断路器合环情况下短引线范围内发生故障，将没有快速保护切除故障，为此需设置短引线保护，即短引线差动保护。

二、断路器失灵保护及死区保护

GB/T 14285—2023《继电保护和安全自动装置技术规程》中5.6.2"断路器失灵保护"，对断路器跳闸功能失灵、提高保护动作可靠性应同时具备的条件及配置闭锁元件、保护动作出口方式，做了明确规定。下面具体介绍失灵保护与死区保护的原理及相关注意事项。

（一）断路器失灵保护

当输电线路、变压器、母线或其他主设备发生短路，保护装置动作并发出跳闸指令，但故障设备的断路器拒绝动作，称为断路器失灵。

在110kV及以上电压等级的发电厂和变电站中，当输电线路、变压器或母线发生短路，在保护装置动作于切除故障时，可能伴随故障元件的断路器拒动，即发生了断路器的失灵故障。产生断路器失灵故障的原因是多方面的，如断路器跳闸线圈断线、断路器操动机构出现故障、空气断路器的气压降低或液压式断路器的液压降低、直流电源消失及控制回路故障等，其中发生最多的是气压或液压降低、直流电源消失及操作回路出现问题。

系统发生故障之后，如果出现了断路器失灵而又没有采取其他措施，将会造成严重的后果。

（1）损坏主设备或引起火灾。例如变压器出口短路而保护动作后断路器拒绝跳闸，将严重损坏变压器或造成变压器着火。

（2）扩大停电范围。如图 4-97 所示，当线路 L1 上发生故障断路器 QF5 跳开而断路器 QF1 拒动时，只能由线路 L3、L2 对侧的后备保护及发电机-变压器组的后备保护切除故障，即断路器 QF6、QF7、QF4 将被切除。这样扩大了停电的范围，将造成很大的经济损失。

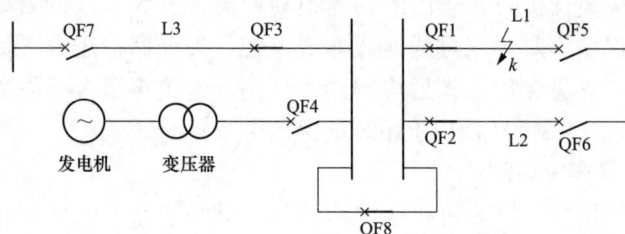

图 4-97　断路器失灵事故扩大示意图

（3）可能使电力系统瓦解。当发生断路器失灵故障时，要靠各相邻元件的后备保护切除故障，扩大了停电范围，有可能切除许多电源；另外，由于故障被切除时间过长，影响了运行系统的稳定性，有可能造成系统瓦解。

例如：20 世纪 90 年代中期，西北某 330kV 线路上发生了接地故障，由于故障未及时切除，使该省南部电网瓦解。

高压电网的断路器和保护装置，都应具有一定的后备作用，以便在断路器或保护装置失灵时，仍能有效切除故障。相邻元件的远后备保护方案是最简单合理的后备方式，既是保护拒动的后备，也是断路器拒动的后备。但是在高压电网中，由于各电源支路的助增作用，实现上述后备方式往往有较大困难（灵敏度不够），而且由于动作时间较长，易造成事故范围的扩大，甚至引起系统失稳而瓦解。有鉴于此，电网中枢地区重要的 220kV 及以上主干线路，系统稳定要求必须装设全线速动保护时，通常可装设两套独立的全线速动主保护（即保护的双重化），以防保护装置的拒动；对于断路器的拒动，则须专门装设断路器失灵保护。

断路器失灵保护能解决的问题是缩短故障切除的时间并在一定程度上减少停电范围。例如，在图 4-97 中 L1 线路故障 QF1 失灵，如果没有断路器失灵保护，只能靠线路保护的第二段甚至第三段保护跳 QF6、QF7，靠变压器的后备保护跳 QF4，故障切除的时间很长，停电范围也很大。为此设置断路器失灵保护，以缩短故障切除时间并减少停电范围。断路器失灵保护是一种近后备保护，当判断 QF1 断路器失灵后经一短延时 0.3～0.5s 跳 QF2、QF8，保留了 L3 线路与发电机-变压器组的运行，减少了停电范围，而且故障切除时间也缩短了。因此目前要求在 220～500kV 电力网中，以及 110kV 电力网的个别重要系统，都应按规定设置断路器失灵保护。

在继电保护和安全自动装置技术规程中规定：在 220～500kV 电力网中，以及 110kV 电力网的个别重要系统，应按规定设置断路器失灵保护。

1. 装设断路器失灵保护的条件

由于断路器失灵保护是在系统故障的同时断路器失灵的双重故障情况下的保护，因此允许适当降低对它的要求，即仅要求最终能切除故障即可。装设断路器失灵保护的条件：

（1）相邻元件保护的远后备保护灵敏度不够时应装设断路器失灵保护。对分相操作的断路器，允许只按单相接地故障来校验其灵敏度。

（2）根据变电站的重要性和装设失灵保护作用的大小来决定是否装设断路器失灵保护。例如：多母线运行的 220kV 及以上变电站（或升压站），当失灵保护能缩小断路器拒动引起的停电范围时，就应装设失灵保护。

2. 对断路器失灵保护的要求

（1）高度的安全性和可靠性。断路器失灵保护与母差保护一样，其误动或拒动都将造成严重后果。因此，要求其安全性及动作可靠性高。

（2）动作选择性强。断路器失灵保护动作后，宜无延时再次去跳开其他断路器。对于双母线或单母线分段接线，保护动作后以较短的时间断开母联断路器或分段断路器，再经另一时间（一般增加一个 Δt）断开与失灵断路器接在同一母线上的其他断路器。

（3）与其他保护的配合。断路器失灵保护动作后，应闭锁有关线路的重合闸。对于 3/2 断路器接线方式，当一串的中间断路器失灵时，失灵保护应启动远方跳闸装置，跳开对侧断路器，并闭锁重合闸，用以解决在断路器与 TA 之间短路时经远方跳闸装置断开对侧断路器。对多角形接线方式的断路器，当断路器失灵时，失灵保护也应启动远方跳闸装置，并闭锁重合闸。对于双母线接线方式，断路器失灵保护动作时也应闭锁重合闸。

（4）失灵保护的故障鉴别元件和跳闸闭锁元件，应对断路器所在线路或设备末端故障有足够的灵敏度。

（5）对于双母线和单母线接线方式，由于失灵保护的动作对象是跳失灵断路器所在的母线上的所有断路器，其跳闸对象与母线保护跳闸对象完全一致，所以将失灵保护与母线保护做在同一套装置中以节省二次电缆。但是 3/2 接线方式中，边断路器失灵时除要求跳边断路器所在的母线上的所有断路器外，还要跳中断路器；而中断路器失灵时，要求跳同串上相邻的两个边断路器，它们的跳闸对象与母线保护的跳闸对象不相同，因此在 3/2 接线方式中失灵保护不做在母线保护装置中，另外与重合闸一起做成一套断路器保护随断路器设置。

3. 断路器失灵保护的构成原理

被保护设备的保护动作，其出口继电器触点闭合，断路器仍在闭合状态且仍有电流流过断路器，则可判断为断路器失灵。断路器失灵保护启动元件就是基于上述原理构成的。

判断断路器失灵应有两个主要条件：一是有保护对该断路器发过跳闸命令；二是该断路器在一段时间里还流有电流，这样才能真正判断是断路器失灵。有保护对该断路器发过跳闸命令，相应的保护出口继电器触点闭合。所以断路器失灵保护应引入故障设备的继电保护装置的跳闸触点，但手动跳断路器时不能启动失灵保护。该断路器在一段时间里还流有电流是指在断路器中还流有任意一相的相电流，或者是流有零序电流或负序电流，此时相应的电流元件动作。这两个条件均满足才说明是断路器失灵，上述两个条件只满足任何一个，失灵保护均不应动作。

4. 断路器失灵保护的构成原则

（1）断路器失灵保护应由故障设备的继电保护启动，手动跳断路器时不能启动失灵保护。

（2）在断路器失灵保护的启动回路中，除有故障设备的继电保护出口触点之外，还应有断路器失灵判别元件的出口触点（或动作条件）。

（3）失灵保护应有动作延时，且最短的动作延时应大于故障设备断路器的跳闸时间与保护继电器返回时间之和。

（4）正常工况下，失灵保护回路中任一对触点闭合，失灵保护不应被误启动或误跳断路器。

5. 断路器失灵保护的逻辑框图

断路器失灵保护由四部分构成：启动回路、失灵判别元件、动作延时元件及复合电压闭锁元件。双母线断路器失灵保护的逻辑如图 4-98 所示。

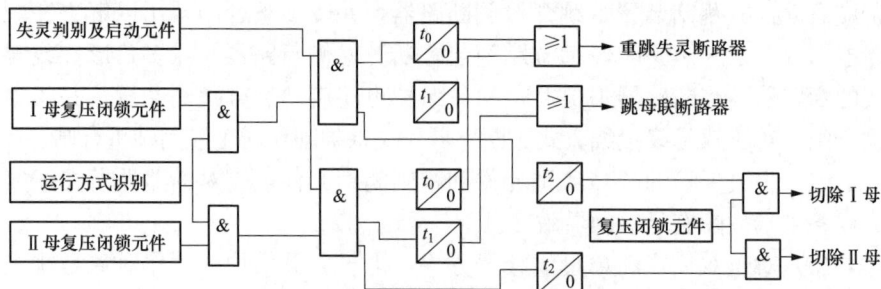

图 4-98 双母线断路器失灵保护逻辑框图

（1）失灵启动及判别元件。失灵启动及判别元件由电流启动元件、保护出口动作触点及断路器位置辅助触点构成。

电流启动元件，一般由三个相电流元件组成，当灵敏度不够时还可以接入零序电流元件。保护出口跳闸触点有两类，在超高压输电线路保护中，有分相跳闸触点和三相跳闸触点，而在变压器或发电机-变压器组保护中只有三相跳闸触点。

保护出口跳闸触点不同，失灵启动及判别元件的逻辑回路有差别。线路断路器失灵保护及变压器或发电机-变压器组断路器失灵保护的失灵启动及判别回路，分别如图 4-99 及图 4-100 所示。

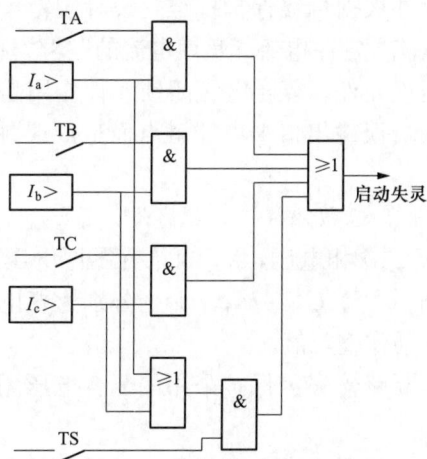

图 4-99　线路断路器失灵保护启动回路

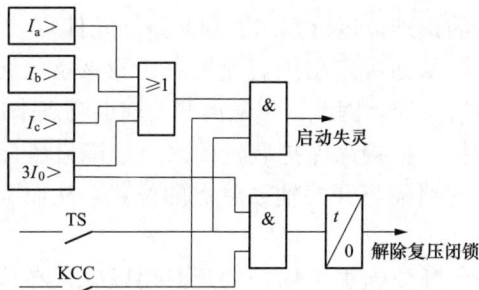

图 4-100　变压器（发电机-变压器组）
断路器失灵启动回路

图 4-99 和图 4-100 中：TA、TB、TC—线路保护分相跳闸出口继电器触点；TS—三跳出口继电器触点；KCC—断路器合闸位置继电器触点，断路器合闸时闭合；$I_a>$、$I_b>$、$I_c>$—分别为 a、b、c 相过电流元件；$3I_0>$—零序过电流元件。

由图 4-99 可以看出：线路保护任一相出口继电器动作或三相出口继电器动作，若流过某相断路器的电流仍然存在，则判为断路器失灵，去启动失灵保护。

在图 4-100 中，继电保护出口继电器触点 TS 闭合，断路器仍在合位（合位继电器触点 KCC 闭合）且流过断路器的相电流或零序电流仍然存在，则去启动失灵，并经延时解除失灵保护的复合电压闭锁元件。

失灵启动元件用以检查保护对该断路器发过跳闸命令，并且该断路器还一直流有电流，这两个条件应该构成"与"逻辑。对于线路支路与变压器支路，失灵启动元件的逻辑略有不同。这主要是因为线路保护装置可以发分相跳闸命令和三相跳闸命令，而变压器或发电机-变压器组保护装置只发三相跳闸命令。此外根据母线保护标准化设计规范中的要求，线路支路与变压器支路对相电流、零序电流、负序电流的逻辑关系要求不完全相同。

(2) 复合电压闭锁元件。复合电压闭锁元件作用是防止失灵保护出口继电器误动或维护人员误碰出口继电器触点而造成误跳断路器的措施。其动作判据有

$$U_{ph} \leqslant U_{op}; 3U_0 \leqslant U_{0op}; U_2 \leqslant U_{2op}$$

式中：U_{ph} 为母线 TV 二次相电压，V；$3U_0$ 为零序电压（二次值），V；U_2 为负序电压（二次值），V；U_{op}、U_{0op}、U_{2op} 分别为相电压元件、零序电压元件及负序电压元件动作整定值，V。

小电流系统中的断路器失灵保护采用的复合电压闭锁元件中，应设有零序电压判据。

以上三个判据中，只要有一个动作条件满足，复合电压闭锁元件就动作。双母线的复合电压闭锁元件有两套，分别用于两条母线所接元件的断路器失灵判别及跳闸回路的闭锁。

(3) 运行方式的识别。运行方式识别回路（元件），用于确定失灵断路器接在哪条母线上，从而决定出失灵保护去切除该条母线。断路器所接的母线由隔离开关位置决定，因此，用隔离开关辅助触点来进行运行的识别。

微机型母线保护根据接入保护装置的来自故障设备保护装置的跳闸触点的编号，查出该支路隔离开关辅助触点的位置，从而确认该支路接于哪条母线下。

(4) 动作延时。断路器失灵保护的延时用以确认在这段时间里该断路器中一直有电流（相电流、零序电流、负序电流）。显然最短动作延时应大于故障设备断路器的跳闸时间（含熄弧时间）与保护继电器的返回时间之和，以确认该断路器中还流有电流确实是由于断路器失灵造成的。失灵保护以较短的延时 0.2~0.3s 再跳一次失灵断路器，随后再以较短的延时 0.2~0.3s 跳母联断路器并切除失灵断路器所在的母线上的其他连接元件。

根据对失灵保护的要求，其动作延时应有两个：以 0.2~0.3s 的延时跳母联断路器；以 0.5s 的延时切除失灵断路器所在母线上连接的其他元件。

6.3/2 接线方式的断路器失灵保护

边断路器的失灵保护由母线保护或线路保护，或变压器保护启动，失灵保护动作后先以较短延时（例如 10ms）再跳一次本断路器，随后跳中断路器并经母线保护装置跳该母线上的所有断路器。如果连接元件是线路的

话还应启动该线路的远跳功能发远跳命令，如果连接元件是变压器，则启动变压器保护的跳闸继电器跳各侧断路器。

中断路器的失灵保护由线路或变压器保护启动，失灵保护动作后以较短延时再跳一次本断路器，随后跳两个边断路器。如果连接元件是线路，还要启动该线路的远跳功能发远跳命令；如果连接元件是变压器，则启动变压器保护的跳闸继电器跳各侧断路器。

线路保护或变压器保护动作后本装置相应的开关量输入触点闭合启动失灵保护。母线保护动作以后，用边断路器操作箱中的 TJR 触点作为本装置相应的开关量输入触点，启动边断路器的失灵保护。

保护装置的断路器失灵保护有如下几种：故障相失灵，非故障相失灵和发电机、变压器三跳启动失灵；另外，充电保护动作时也启动失灵保护。

7. 提高失灵保护可靠性的措施

失灵保护动作后将跳开母线上的各断路器，影响面很大，因此要求失灵保护十分可靠。

（1）把好安装调试关。断路器失灵保护二次回路涉及面广，与其他保护、操作回路相互依赖性高，投运后很难有机会再对其进行全面校验。因此，在安装、调试及投运试验时应把好质量关，确保不留隐患。

（2）在失灵启动回路中不能使用非电量保护出口触点。非电气量保护主要有：重瓦斯保护、压力保护、发电机的断水保护及热工保护等。因为非电气量保护动作后不能快速自动返回，容易造成误动。另外，要求相电流判别元件的动作时间和返回时间要快，均不应大于 20ms。

（3）复合电压闭锁方式。对于双母线断路器失灵保护，复合电压闭锁元件应设置两套，分别接在各自母线 TV 二次，并分别作为各自母线失灵跳闸的闭锁元件。应采用触点闭锁，分别串接在各断路器的跳闸回路中。

（4）复合电压闭锁元件应有一定的延时返回时间。双母线接线的每条母线上均设置有一组 TV，正常运行时其失灵保护的两套复合电压闭锁元件分别接在各自母线的 TV 二次。但当一条母线上的 TV 检修时，两套复合电压闭锁元件将由同一个 TV 供电。

设Ⅰ母上的 TV 检修，与Ⅰ母连接的系统内出现短路故障Ⅰ母所连的某一出线的断路器失灵，此时失灵保护动作，以短延时跳开母联。由于失灵保护的两套复合电压闭锁元件均由Ⅱ母 TV 供电，而在母联断路器跳开后Ⅱ母电压恢复正常，复合电压元件不会动作，失灵保护将无法接在Ⅰ母上各元件的断路器跳开。

为了确保失灵保护能可靠切除故障，复合电压闭锁元件有 1s 的延时返回时间是必要的。

（二）断路器失灵保护的整定计算

1. 相电流元件的动作电流 I_{op}

相电流元件的动作电流 I_{op} 值，应按能躲过长线路空充电时的电容电流

445

整定。另外，应保证在线路末端单相接地时，其动作灵敏度系数大于等于1.3，并尽可能躲过正常运行时的负荷电流。

2. 时间元件的各段延时

失灵保护的动作时间，应在保证该保护动作选择性的前提下尽量缩短。其第一级动作时间及第二级动作时间应按下式计算

$$\begin{cases} t_1 = t_0 + t_B + \Delta t_1 \\ t_2 = t_1 + \Delta t \end{cases}$$

式中：t_1、t_2 分别为失灵保护第一级及第二级的动作延时，s；t_0 为断路器的跳闸时间，取 $0.03\sim0.05$s；t_B 为保护动作返回时间，取 $0.02\sim0.03$s；Δt_1 为时间裕度，取 $0.1\sim0.3$s；Δt 为时间级差，取 $0.15\sim0.2$s。

(1) 对双母线接线或单母线分段，t_1 取 0.3s，跳母联或分段断路器；t_2 取 0.5s，跳开与失灵断路器接在同一条母线上的所有断路器。

(2) 对于 3/2 断路器接线方式，t_1 取 0.15s，跳失灵断路器三相；经 0.3s 跳开与失灵断路器相连接或接在同一条母线上的所有断路器，还要启动远方跳闸装置，跳线路对侧断路器。

需要注意的是：国家电网有限公司曾开展过《关于断路器失灵保护动作延时优化排查工作》的通知，对断路器开断时间有明确要求：

1) 发生瞬时性故障时断路器从分闸起始到燃弧终了时间不超过 60ms，发生永久性故障时断路器合分起始到燃弧终了时间不超过 90ms。不满足此要求的断路器均为不合格断路器。

2) 失灵保护采用 P 级互感器，TA 二次额定电流选取 1A，以降低电流二次回路负载，减轻 TA 二次电流拖尾情况。

(三) 保护动作发"远跳"信号的作用

1. 母线保护动作、失灵保护动作启动"远跳"

这是为了解决在断路器与电流互感器之间发生故障时电流差动保护存在的问题。该处故障对电流差动保护来说是外部短路，差动保护是不动作的。该处故障 M 端母线保护可动作跳 M 端断路器，但 M 端断路器跳闸后，N 端电流差动保护仍然不能动作。为了让 N 端保护能快速切除故障，可将 M 端母线保护动作的触点接在电流差动保护装置的"远跳"端子上，保护装置发现该端子的输入触点闭合后立即向 N 端发"远跳"信号。N 端接收到该信号后再经（或不经）启动元件动作作为就地判据发三相跳闸命令并闭锁重合闸。需要指出，在 3/2 接线方式中母线保护动作是不允许发"远跳"信号的，因为在母线上故障，母线保护动作跳开边断路器后中断路器还可以继续带线路运行。此时在断路器与电流互感器之间发生故障时由母线保护启动失灵保护，失灵保护动作后启动"远跳"跳对端断路器。

2. 保护动作发分相"远跳"信号

本装置任何保护在发跳闸命令的同时向对端发分相跳闸信号，对端接

收到该信号后再经高灵敏度的分相差流元件动作确认后分相跳闸,这样有利于对端发跳闸命令。

(四)死区保护

这里所述"死区",指的是母差保护的死区。对于双母线或单母线分段的母差保护,当故障发生在母联断路器与母联 TA 之间或分段断路器与分段 TA 之间时,如果不采取措施断路器侧的母差保护要误动,而 TA 侧的母差保护要拒动。一般把母联断路器与母联 TA 之间或分段断路器与分段 TA 之间这一段范围称为死区。

为确保电力系统的稳定性,在微机型母线保护装置中设置了死区保护,用以快速切除死区内的各种故障。死区保护的逻辑如图 4-101 所示。

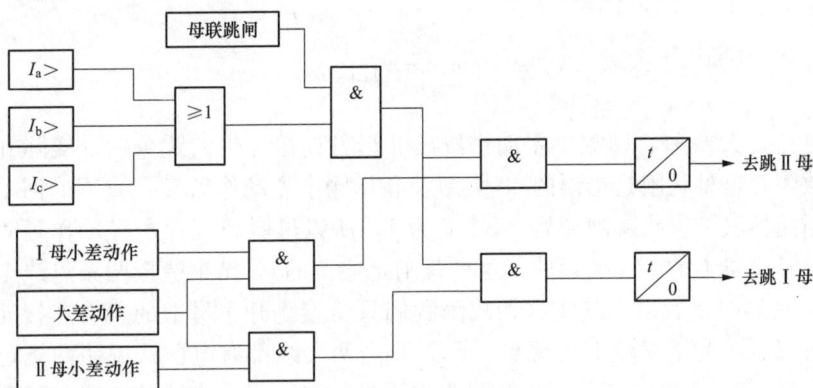

图 4-101 母线死区保护逻辑框图

$I_a>$、$I_b>$、$I_c>$——母联 TA 二次三相电流大于某一值

由图 4-101 可以看出,当 I 母或 II 母差动保护动作后,母联断路器被跳开,但母联 TA 二次仍有电流,死区保护动作,经短延时去跳 II 母或 I 母(即去跳另一母线)上连接的各个断路器。

在发生如图 4-102 所示的母联断路器和母联 TA 之间死区范围内的故障时,母联死区保护可同时满足下述四个条件:①母线差动保护发过 II 母的跳令;②母联断路器已跳开(KCT=1);③母联 TA 任一相仍有电流;④大差比率差动元件及 II 母的小差比率差动元件动作后一直不返回。

同时满足上述四个条件经死区动作延时后经过复合电压闭锁去跳开 I 母上的各连接元件。在上述死区内发生短路,大差和 II 母小差动作跳开 II 母侧母线上各连接元件和母联断路器后,前三个条件已经满足。大差由于 TA1、TA2 中流有短路电流,所以一直不返回; II 母侧小差由于母联 TA5 中一直流有短路电流,所以也一直不返回,这样第四个条件可以满足。故而经短延时和复合电压闭锁可以跳开 I 母侧母线上各断路器切除故障。

但这种做法又带来新的问题。当双母线分列运行,母联断路器在跳闸位置时再发生上述死区范围内的故障,由于 TA1、TA2 和母联 TA5 一直

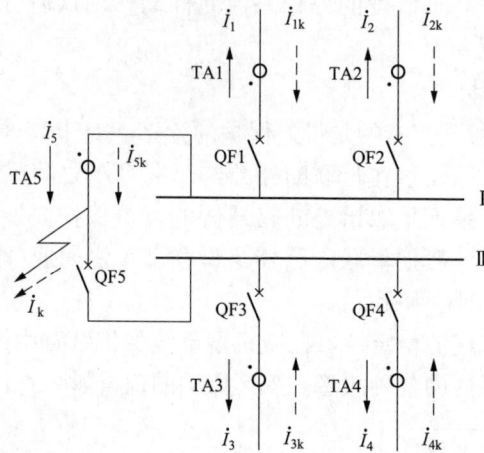

图 4-102　死区原因分析

有电流，大差和Ⅱ母侧小差动作发出Ⅱ母各连接元件的跳令后（实际Ⅱ母无故障，这种跳闸是错误的），大差及Ⅱ母侧小差动作后又一直不返回，母联断路器又一直在跳闸位置，KCT 为 1，所以母联死区保护经动作延时后又跳开Ⅰ母上的各连接元件（这种跳闸是应该的），结果造成两条母线全部被切除的严重后果。其实这种故障我们只希望跳开Ⅰ母上的所有连接元件就可以了。为了避免上述恶果，可采取当两母线都有电压（说明两条母线都在运行）、母联三相均无电流且母联 KCT＝1（母联在跳位）时，母联电流不计入两个小差的电流计算中去的措施（上述措施延时返回 400ms）。这样再出现该种故障时大差及Ⅰ母小差都能动作跳Ⅰ母上的各断路器，而由于Ⅱ母小差不动，Ⅱ母侧母线就不会被误切除了。但是在双母线分列运行时采用了母联电流不再计入小差的计算措施后，在死区内故障Ⅰ母侧差动跳Ⅰ母侧母线时，如果恰逢某一个断路器失灵时，母联死区保护将跳Ⅱ母侧的母线。为避免这种错误的发生，在双母线分别运行时在母联电流不再计入小差的计算后再将母联死区保护退出。上面的母联 KCT 为三相动合触点（母联断路器处于跳闸位置时触点闭合）的串联。

三、断路器非全相运行保护

（一）非全相运行的危害性

发电机-变压器组高压侧断路器多为分相操作的断路器，常因误操作或机械方面的原因造成三相不能同时合闸或跳闸，或在正常运行中突然一相跳闸，即出现非全相运行。

非全相运行是发电机不对称运行的特殊情况，即当输电线路或变压器切除一相或两相的缺相工作状态。非全相运行时，将在电力系统中产生数值较大的负序电流，负序电流将危及发电机及电动机的安全运行，前文已述"负序烧机"。如果靠反应负序电流的反时限保护动作（对于联络变压器，要靠反应短路故障的后备保护动作），则会由于动作时间较长，导致相邻线路对侧的保护动作，使故障范围扩大，甚至造成系统瓦解事故。因此，切除非全相运行的断路器（特别是发电机-变压器组的断路器），对确保旋转电动机的安全运行具有重要的意义，应设置非全相运行保护。非全相运行时断路器三相位置不一致又产生负序电流及零序电流，保护是根据这些非全相运行的特点构成的。

（二）母联断路器非全相运行保护

断路器非全相运行保护是根据非全相运行时的特点（三相开关位置不一致、产生负序电流及零序电流）构成的，其保护逻辑如图 4-103 所示。

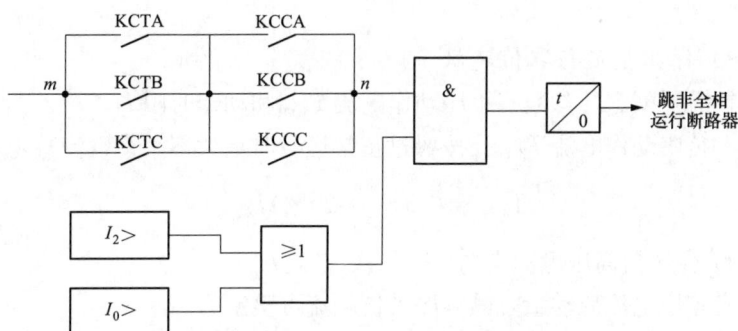

图 4-103　母联断路器非全相运行保护逻辑框图
KCTA、KCTB、KCTC—分别为断路器 A、B、C 三相的跳闸位置继电器辅助触点，
断路器跳闸后触点闭合；KCCA、KCCB、KCCC—分别为断路器
A、B、C 三相的合闸位置继电器，当断路器合闸后触点闭合；
$I_2>$—负序过电流元件；$I_0>$—零序过电流元件

当断路器非全相运行时，在 KCTA、KCTB、KCTC 三者中有一个闭合，而在 KCCA、KCCB、KCCC 三者中有两个闭合，m、n 两点之间导通；另外，由于流过断路器的电流缺少一相，必将产生负序电流及零序电流。保护动作后，经延时切除非全相运行断路器。有时还去启动失灵保护。

（三）发电机、变压器断路器非全相运行保护

发电机、变压器断路器非全相运行保护的逻辑如图 4-104 所示。

由图 4-104 可以看出：当断路器三相位置不一致（即出现非全相运行时），综合触点 K 闭合；此时，若流过断路器的负序电流或零序电流大于整定值时，非全相保护动作，经短延时 t_1 去跳非全相运行断路器；若断路器未跳开，非全相运行仍然存在，则保护以延时 t_2 去解除失灵保护的复合电压闭锁，并经延时 t_3 去启动断路器失灵保护。

另外，为确保发电机的安全，在发现断路器非全相运行时，应首先采取减少发电机出力的措施。

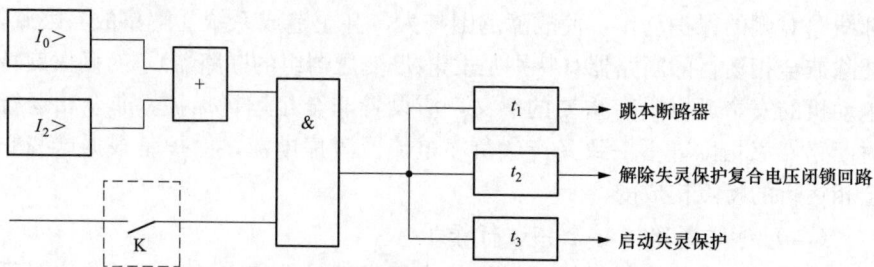

图 4-104　发电机、变压器断路器非全相运行保护逻辑框图

$I_2 >$—负序过电流元件；$I_0 >$—零序过电流元件；K—断路器三相位置不一致综合触点，

相当于图 4-103 中的 m、n 之间等值触点

（四）保护整定与取值建议

保护需要整定的参数有负序动作电流 $I_{2.op}$ 和动作时限 t_1、t_2。

（1）负序动作电流 $I_{2.op}$。按躲过正常运行时最大不平衡电流整定，即

$$I_{2.op} = (15\% \sim 20\%) I_{2N}$$

式中：I_{2N} 变压器高压侧额定电流（二次值），A。

如有零序电流启动量，其零序动作电流可整定为

$$(3I_0)_{op} = (20\% \sim 30\%) I_{2N}$$

（2）动作时限 t_1、t_2。对于不出现非全相运行的断路器，t_1 应躲过断路器三相不同期时间，可取 0.1～0.2s；对于有可能出现非全相运行的断路器，t_1 应躲过单相重合闸最大周期，一段取 $t_1 \geqslant 2s$。

经 t_1 延时重跳本断路器失败，则经 t_2 延时解除复压闭锁，通常 $t_2 = t_1 + \Delta t$；再经 t_3 延时启动失灵保护，故 $t_3 = t_2 + \Delta t$。

（五）提高保护动作可靠性措施

（1）如 TA 变比较大，负序电流定值低于装置定值范围的下限时，可适当增大定值（最好还是联系保护装置厂家，调整定值整定范围）。

（2）作为启动量的负序电流（零序电流）是通过该断路器的电流。

（3）非全相保护跟跳本断路器的判据也可将负序电流（零序电流）启动量取消，仅由断路器的辅助触点来判断是否处于非全相状态；当确定本断路器再次跳闸失败后，则由负序电流（零序电流）判据启动解除复压闭锁、启动失灵。

（4）对于有可能出现非全相运行的断路器，如在 3/2 接线中，中断路器一侧接线路、另一侧接主变压器，线路单相接地单相跳闸后（中断路器单相重合闸投入运行），中断路器处非全相运行状态；发电机-变压器-线路接线中（含扩大单元发电机-变压器-线路接线），线路上发生单相接地单相跳闸后，同样断路器处非全相运行状态。在 3/2 接线中，连接线路的边断

路器因线路会出现非全相运行，所以可取 $t_1=2\mathrm{s}$、$t_2=2.4\mathrm{s}$；对于一侧连接线路、另一侧连接主变压器的中断路器，同样线路会出现非全相运行，由于是后重合侧，故可取 $t_1=3.5\mathrm{s}$、$t_2=3.9\mathrm{s}$；对于连接主变压器的边断路器，可取 $t_1=0.15\mathrm{s}$、$t_2=0.55\mathrm{s}$。对于发电机、变压器、线路断路器，可取 $t_1=2\mathrm{s}$、$t_2=2.4\mathrm{s}$。

第五章　厂用电系统保护

第一节　厂用电系统概述

现代大容量火力发电厂要求其生产过程自动化和采用计算机控制，为了实现这一要求，需要有许多厂用机械和自动化监控设备为主要设备（汽轮机、锅炉、发电机等）和辅助设备服务，而其中绝大多数厂用机械采用电动机拖动，因此，需要向这些电动机、自动化监控设备和计算机供电。所有发电厂自用的、接受和分配电能给电厂辅机设备的，并为这些辅机设备提供控制、测量、保护和信号等的成套配电装置及供电系统，称为厂用电系统。

厂用电系统一般由厂用电源配电装置（母线和开关设备等、厂用馈线和负荷）组成，分高压厂用电系统和低压厂用电系统。高压厂用电系统电压一般为 3~10kV，低压厂用电系统电压一般为 380/220V。

厂用电系统的基本任务是满足机组启动、正常运行和停机等工况下供电的需要，并保证发电厂安全、连续、满载运行。其运行特点是用电负荷多、分布广、工作环境差和操作频繁等。据统计资料显示，厂用电事故在电厂事故中占有较大比例。因此，厂用配电装置要求运行安全可靠、适合频繁操作并便于检修。

厂用电的可靠性对电力系统的安全运行非常重要，提高厂用电可靠性的目的是使电厂长期无故障运行，不致因厂用电局部故障而被迫停机。为此必须认真考虑厂用供电电源的取得方式、工作电源和接线方式；此外，还应配备完善的继电保护与自动装置，合理配置厂用机械设备，并正确选择电动机类型、容量和台数，在运行中需对厂用机械设备进行正确维护和科学管理。

厂用设备耗电量占同一时期内全厂总发电量的百分数，称为厂用电率。目前，1000MW 超超临界发电机组的厂用电率约为 4.45%。降低厂用电率不仅能够降低电能生产成本，同时可相应地增加对电力系统的供电。

厂用电系统的接线是否合理，对保证厂用负荷的连续供电和发电厂安全经济运行至关重要。由于厂用电负荷多、分布广、工作环境差和操作频繁等原因，厂用电事故在电厂事故中占有很大的比例。此外，还因为厂用电接线的过渡和设备的异动比主系统频繁，若考虑不周，也常常会埋下事故的隐患。此外人们对厂用电往往不如对主系统那么重视，这就很容易让事故钻空子。很多全厂停电事故是由于厂用电事故引起的。因此，必须把厂用电系统的合理设计及安全运行提到应有的高度来认识。

厂用电系统应满足下列规定要求：

（1）在正常的电源电压偏移和厂用负荷波动的情况下，厂用电各级母线的电压偏移应不超过额定电压的±5％。

（2）最大容量的电动机正常启动时，厂用母线的电压应不低于额定电压的80％。

（3）高压母线启动最大电动机和低压动力中心发生三相短路时，不应引起其他运行电动机停转和反应电压量的装置误动作。

（4）低压厂用变压器、动力中心和电动机控制中心应成对设置，建立双路电源通道，2台低压厂用变压器间互为备用。

（5）厂用电系统内各级保护元件，在各种短路故障时能有选择的动作。

1. 大型发电机组厂用电系统接线的基本要求

为确保大机组厂用电装置的安全可靠，必须高度重视厂用电系统接线设计的合理性及运行的安全、灵活性。

（1）各机组的厂用电系统应是相互独立的。厂用电接线在任何运行方式下，一台机组的辅机或其机组的电气故障停运不能影响另一台机组的运行；受厂用电系统故障影响而停运的机组应能在短期内恢复本机组的运行。

（2）厂内公用负荷应分散接入不同机组的厂用母线或公用负荷母线。在厂用电系统中，不应有可导致切断厂内多台运行机组的故障点，更应杜绝有可能导致全厂停电情况的发生。

（3）接线简单，并配备可靠的工作与备用（或启动/备用）电源。在工作电源故障时，备用电源能可靠投入，备用电源在启停过程中便于切换操作，并能与工作电源短时并列，尽可能确保各单元机组和全厂的安全运行。

（4）厂用断路器遮断容量、额定容量及电动机的自启动电压水平都需校核，必须满足所在系统各种工况的要求。

（5）运行灵活。当运行方式变更时，尽量避免频繁的操作。充分考虑电厂分期建设和连续施工过程中厂用电系统的运行方式，特别要注意对公用负荷供电系统的影响，要便于过渡，尽量减少改变接线和更换设备，以免考虑不周，埋下事故隐患。

（6）设置足够的交流事故保安电源，每台200MW及以上机组均应设置柴油发电机组，当全厂停电时，可以快速启动和自动投入向保安负荷供电。另外，还要设计符合电能质量指标要求的交流不间断电源（UPS），以确保仪控、计算机等重要负荷的不间断供电。

2. 厂用电系统的结构特点

（1）在大机组电厂中，厂用负荷的连续供电对安全经济运行至关重要，为满足厂用电源系统对安全供电的特殊要求，厂配电装置必须设置可靠的工作电源和备用电源。正常情况下，由工作电源向厂用负荷供电，工作电源故障退出运行时，备用电源自动投入。对厂用负荷中的重要负荷通常还设有两个独立的供电馈线，并能自动切换。

现代大型火力发电厂厂用工作电源均由发电机通过高压厂用变压器提供，厂用备用电源则由电力系统通过启动备用变压器提供。

（2）200MW 及以上容量的发电机组除直流保安电源外，还应专设交流事故保安母线，母线上皆有厂用电源、备用电源，另外配置快速启动的柴油发电机组作为第三电源。

（3）为了保证生产过程控制用计算机和自动装置等设备的不间断运行，其电源侧接至由静态逆变装置供电的交流不停电电源（UPS）。

3. 厂用母线分段及厂用电源配置需考虑的因素

为满足大机组的厂用电系统安全可靠运行的要求，在厂用母线分段及厂用电源配置时应考虑以下几方面：

（1）大机组高压厂用母线通常设置两段或以上，应将双套高压辅机设备分接在两段母线上。锅炉和汽轮机系统的电动机应分别连接到与其相应的高压和低压厂用母线上。

（2）各分段母线上负荷尽可能分配均匀，并使各段内辅机电源能够自给，机组多台并列运行的辅机（如风机、泵）应尽可能平均分配在各段母线上。

（3）厂用母线应分段运行，合理配置继电保护，并满足正确选择、合理配合的要求。一旦厂用系统发生故障时，安排适当的解列点，使其影响范围最小。

（4）当厂用负荷中的重要负荷设有厂用电源与备用电源时，通常将其分配在不同的母线段；在生产过程中相互关联的辅机设备（如磨煤机及相应风机）尽可能平均分配在同一段，当某段母线失电时，将对机组的影响最小。

（5）机组正常运行中应由本机组支接的高压厂用变压器供厂用电源。正常运行时不允许正常电源与备用电源并列运行（同期并列操作时除外），正常运行时尽可能保持厂用正常电源与备用电源的相角差不超过 $10°\sim15°$。

4. 厂用负荷的分类

按其在生产过程中的重要性，汽轮发电机组厂用负荷可分为以下几类：

（1）按电厂生产工艺系统划分，厂用负荷可分单元负荷和公用负荷。单元负荷指每台炉、机专用的辅机负荷，如磨煤机、给煤机、引风机、送风机、一次风机及电动给水泵、循环水泵、凝结水泵等的电动机；公用负荷指全厂公用的输煤、除灰、闭式冷却水系统、化学水处理设施等的辅机负荷。

（2）根据厂用机械设备在生产过程中的作用划分，厂用负荷可分为以下几种：

1）正常负荷：为保证机组的正常运行需供电的负荷，包括上述的单元负荷和公用负荷等，按其在生产过程中的重要性可分为三类：

Ⅰ类负荷：短时（手动切换恢复供电所需的时间）停电可能危及人身

及设备安全或影响设备正常使用寿命,使生产停顿或发电量大量下降的负荷。

Ⅱ类负荷:允许短时停电,但若停电时间过长可能损坏设备或影响正常生产的负荷。

Ⅲ类负荷:长时间停电不会直接影响生产的负荷。

2)不停电负荷:在机组运行期间以及停机(包括事故停机)过程中,甚至在停机后的一段时间内,应由连续(不间断)电源 UPS 供电的负荷。这类负荷对电源的可靠性要求很高,如仪控计算机、NCS 网控系统、调度通信负荷和重要保护装置的交流电源负荷等。

3)事故保安负荷:在发生全厂事故停电时,为保证汽轮机、锅炉的安全停运,事后能很快重新启动,或者为了防止危及人身安全的事故出现等原因,需要在停电后连续进行供电的负荷。按保安负荷对供电电源的要求不同,可分为以下两种:

a. 交流保安负荷:在发生全厂停电或在单元机组失去厂用电时,为保证机组的安全停运,或为了防止危及人身安全等原因,应在停电时继续由交流保安电源供电的负荷。如 200MW 及以上机组的盘车电动机、交流密封油系统、顶轴油泵等,当全厂停电时,这些负荷分别由一个不受本厂厂用电源系统及本区域电力系统影响的独立的电源(如快速启动的柴油发电机)供电。

b. 直流保安负荷:在发生全厂停电或在单元机组失去厂用电时,为保证机组的安全停运,或为了防止危及人身安全等原因,应在停电时继续由直流保安电源供电的负荷。如直流润滑油泵、直流密封油泵等,这些负荷分别由直流蓄电池组供电。大机组通常设有专用的 220V 动力直流蓄电池组供电。

与电厂生产无关的负荷不宜接入厂用电系统。

5. 大机组厂用电电压等级的选择

正确选择厂用系统电压等级,需考虑厂用系统电动机的总容量及最大电动机的容量、高压厂用变压器和启动备用变压器的阻抗,校核电动机的自启动电压水平、厂用断路器开断电流水平等多方面因素,进行综合技术、经济效用的比较与分析。

(1)方案:火电厂大多采用 3、6kV 和 10kV 作为高压厂用系统的标称电压。在满足技术要求的前提下,优先选用使高压厂用母线短路水平更低的电压等级,以便选用较低开断水平的开关设备、较低绝缘要求的厂用电设备,以获得较高的经济效益。200MW 及以上机组,主厂房内的低压厂用电系统应采用动力与照明分开供电的方式,动力网络的电压宜采用 380V,当技术经济条件合理时,也可采用 660V,照明系统的电压可采用 220V。

1)按发电机容量、电压决定高压厂用母线电压。

a. 容量 60MW 及以下、发电机机端电压 10.5kV 时,可采用 3kV;

b. 容量 100~300MW，宜采用 6kV；

c. 容量 300~600MW，可采用 3kV 和 6kV 两种高压厂用电压等级；

d. 容量 1000MW 及以上，宜采用 10kV。

2）按厂用电压划分电动机容量范围。选择电动机额定电压时，应综合考虑高压厂用工作变压器的容量、短路阻抗和厂用母线短路电流水平，电动机额定电压的选择应遵循以下原则：

a. 当厂用电压为 3kV 时，100kW 以上的电动机一般采用 3kV，100kW 以下者一般采用 380V；

b. 当厂用电压为 6kV 时，200kW 以上的电动机采用 6kV，200kW 以下者一般采用 380V，200kW 左右的电动机可根据工程的具体情况确定；

c. 600MW 机组采用 3kV 和 10kV 两级高压厂用电压时，200~1800kW 的电动机采用 3kV，大于 1800kW 的电动机采用 10kV，小于 200kW 的电动机采用 380V；

d. 1000MW 机组采用 10kV 厂用系统，250kW 以上的电动机采用 10kV，200kW 以下的电动机采用 380V，200~250kW 电动机可根据工程的具体情况确定；

e. 当高压厂用电压采用 10kV 和 6kV 二级时，4000kW 以上的电动机采用 10kV，200~4000kW 电动机采用 6kV，200kW 以下的电动机采用 380V；

f. 容量处于上述各级电压分界点的电动机，在满足使各段高压厂用母线短路电流最小化，并保证启动电压水平的前提下，宜优先选用较低一级电压。

（2）特点：对 600MW 及以下大机组高压厂用系统，在通常情况下，最大电动机的容量小于等于 8000kW，一般采用 6kV 一级电压方案。其优点是：厂用系统接线简单、管理方便、校核电动机的自启动电压水平等通常均能满足要求，厂用高压断路器开断电流一般选择小于等于 50kA，同时符合国内的辅机配套习惯，电动机的效率、启动电流等参数易于保证，备品、备件易于统一。

对于 900MW 及以上大机组，有可能出现容量大于 8000kW 的电动机，如采用 6kV 一级电压方案，因为高压电动机的自启动电压水平对高压厂用变压器和启动备用变压器的阻抗有极为苛刻的要求，运行方式也要受到限制，有可能难以满足技术要求。另外，厂用高压断路器开断电流要选择大于等于 50kA（如 63kA）的断路器，厂用高压开关柜的费用将增加很多。因此，可考虑采用 10、3kV 二级电压方案。其优点主要是：设备选择较为有利，如高压厂用变压器和启动备用变压器的阻抗的参数更趋于合理；可以选择开断电流较小（约 50kA）的厂用高压断路器；自启动时电压水平较高等。其缺点是：二级电压使厂用系统显得较为"复杂"，维护、管理工作增多；接在电力系统中的启动备用变压器低压侧要设计为 10、3kV 两个电压等级，它们的分裂绕组变压器制造较复杂；设备的备品、备件品种增多。现阶段，国内与 10kV 和 3kV 电动机配套的辅机较少采用，配套电动机容量、启动转矩及其额定转矩的合理确定、电动机效率的优化设计等尚需探索与研究，可能会造成厂用电率提高，从而使年运行费用增高。

6. 大机组 6(10)kV 厂用系统的中性点接地方式及特点

随着机组容量的增大和对运行可靠性要求的提高，大型发电厂高压厂用系统中性点接地方式已不局限于"6(10)kV 高压厂用电系统通常采用中性点不接地方式"的传统模式，适合大容量机组运行特点的接地方式如通过小电阻或中电阻接地方式正在广泛应用。

目前，火电厂高压厂用系统中性点接地方式可采用不接地或经消弧线圈/高阻接地方式。

中性点不接地方式的优点是：当 6(10)kV 系统发生单相接地故障时，可暂时不影响该 6(10)kV 母线的供电，单相接地时可持续运行 1~2h，不需立即跳闸。但如发生单相金属性接地、稳态电弧接地和断续电弧接地时，非故障相电压升高；发生间隙性电弧接地时，过电压可能更高，使母线及设备的绝缘受到威胁，同时该情况下单相接地保护配置比较复杂，灵敏度往往不够，不能及时发现故障，致使接地时间延长。通常需利用该段 6(10)kV 母线的绝缘监察装置发现接地，再采用拉路逐条馈线的办法来寻找故障线路，然后停用该线路消除故障。此方式降低了厂用系统供电的可靠性，通常仅在中、小型电厂且当单相接地故障电容电流小于 $10/\sqrt{2} \approx 7$（A）时采用。

对于大型发电厂，6(10)kV 厂用系统如采用中性点不接地系统，当某一馈线发生单相接地故障时，接地点将流过全系统的对地电容电流，由于系统的容量大，对地电容电流将会达到较大数值。如某 $2 \times 600MW$ 电厂 6kV 厂用电系统对地电容电流值可达 25A，当发生接地故障时，就有可能在接地点燃起电弧，引起弧光过电压，从而有可能将非故障相的绝缘击穿，形成相间短路，致使故障扩大。为提高大机组厂用电系统供电可靠性，6(10)kV 高压厂用系统中，高压厂用变压器、公用备用变压器中性点较多采用经中电阻（如 7Ω）接地方式。当某一馈线发生单相接地故障时，接地点将流过的对地电容电流由于中性点电阻的限制，可控制在允许的较小数值内，减少电弧过电压的危险性；控制暂态过电压对设备的危害，清除接地故障造成线电压的偏移；配置简单可靠、灵敏的接地继电器检测出任一发生单相接地故障的馈线，以便及时消除。

此外，6(10)kV 高压厂用系统中性点也有经消弧线圈接地或经高阻接地方式，对前者，为补偿单相接地故障的电容电流专设一个电感元件，即消弧线圈。当发生单相接地故障时，有一个电感分量电流流过接地点，此电流和电容电流相抵消，减少了故障点的故障电流，防止事故的扩大。但单相接地时，电流分布将发生很大的变化，给实现有选择的保护带来很大的困难；如采用后者，发生单相接地故障时，降低间歇性电弧接地电压，使其不超过开断设备造成的过电压，限制过电压不超过额定电压值的 2.7 倍，但由于并联的阻值和电容 X_C 相当，短路电流较大。

7. 大机组 400V 厂用系统的中性点接地方式及特点

随着机组容量的增大和对运行可靠性要求的提高，为适应大容量机组运行特点，400V 厂用系统中性点接地方式同样已不局限于"400V 低压厂用电系统一般采用中性点直接接地方式"这一传统模式的选择。DL/T 5153—2014《火力发电厂厂用电设计技术规程》规定，主厂房内的低压厂用电系统为三相三线制时，中性点经高阻接地；当为三相四线制时，中性点直接接地。

在电厂 400V 低压厂用电系统中，照明、检修等回路分布面广、工作条件复杂，是造成接地故障的主要起因。在大容量机组 400V 低压厂用电系统中，为避免由于照明、检修回路故障危及低压厂用动力设备的安全运行，较多采用动力与照明、检修电源分开。电源分开后，按照照明、检修等回路用电特点及安全性的要求，采用中性点直接接地方式，一旦发生接地立即跳闸。电源分开后亦有利于提高照明回路的电能质量，如可单独设立带负荷调压的照明变压器等，避免在夜间低负荷时厂用母线电压偏高，使照明设备寿命降低。

对动力变压器通常采用三相三线制、中性点经高阻（30Ω）接地方式以提高动力设备的供电可靠性。动力变压器 400V 低压侧某回路发生接地，可不立即跳闸，允许继续运行一段时间，给运行人员处理事故的时间。通过各回路设置的接地保护继电器发出的报警信号，告知值班人员，可在有准备的情况下，再停用该故障回路。其运行特点是：当发生单相接地故障时，其余两相电压升高，要求设备的耐压绝缘水平较高。所有采用 220V 动力电源的（如一些设备的交流操作、二次控制回路、冷却风扇、加热器等）不能直接用相电压，都需另设单独的 380/220V 中性点接地的隔离变压器。

8. 400V 低压厂用电接线的供电方式

DL/T 5153—2014《火力发电厂厂用电设计技术规程》将 400V 厂用低压系统供电方式分为两种：动力中心 PC 和电动机控制中心 MCC。按其备用方式的不同，它们供电的方式又有所区别，其适用范围为：

（1）明备用动力中心 PC 和电动机控制中心 MCC 的供电方式。

1）Ⅰ类电动机和容量 75kW 及以上Ⅱ、Ⅲ类电动机宜由 PC 段直接供电。

2）容量为 75kW 以下及Ⅱ、Ⅲ类电动机宜由 MCC 段供电。

3）容量为 5.5kW 及以下的Ⅰ类电动机，如有两台且互为备用时，可由不同 PC 段母线供电的 MCC 供电。

4）MCC 上接有Ⅱ类负荷时，应采用双电源供电（手动切换），当仅接有Ⅲ类负荷时，可采用单电源供电。

（2）暗备用动力中心 PC 和电动机控制中心 MCC 的供电方式。

1）容量为 75kW 及以上的电动机宜由 PC 段供电，75kW 以下的电动机宜由 MCC 段供电。

2）低压厂用变压器 PC 段和 MCC 段宜成对设置，形成双路电源通道，两台低压厂用变压器间互为备用，宜采用手动投换。

3）成对的 MCC 段分别由对应的 PC 段单电源供电；成对的电动机分别由对应的 PC 段和 MCC 段供电。

4）对于单台的Ⅰ、Ⅱ类电动机应单独设立 1 个双电源供电的 MCC 段，双电源应从不同的动力中心 PC 段引接；对接有Ⅰ类负荷的 MCC 段，双电源应能自动切换，接有Ⅱ类负荷的 MCC 段双电源可手动切换。

第二节 厂用电系统保护原理

一、厂用电系统保护配置及整定原则

（一）厂用电系统保护配置

高压厂用电设备主要有综合保护、备用自动投入装置、接地选线装置、消谐装置、TV 等配置。

1. 高压厂用变压器（包括停机备用变压器）保护配置

（1）保护配置。

1）变压器纵差动保护。高压厂用变压器应装设纵差动保护，作为变压器高低压绕组匝间短路、相间短路、引线相间短路故障的主保护，保护装置应采用三相三继电器接线方式。保护动作于全停。

2）瞬时电流速断保护。瞬时电流速断保护作为高压厂用变压器绕组相间短路、引线相间短路故障的辅助保护，保护装置应采用三相三继电器接线方式。保护动作于全停。

3）定时限过电流（带复压闭锁或不带复压闭锁过电流）保护。

a. 双绕组变压器定时限过电流（带复压闭锁或不带复压闭锁过电流）保护，作为高压厂用变压器短路故障近后备及下一级设备短路故障的远后备保护。保护动作于全停。

b. 三绕组或分裂变压器定时限过电流（带复压闭锁过电流）保护，作为高压厂用变压器短路故障近后备及下一级设备短路故障的远后备保护。保护动作于全停。

4）反时限过电流保护。高压厂用变压器低压母线及下一级设备经过渡电阻短路故障电流小于定时限过电流保护动作电流时，可选配反时限过电流保护。保护动作于全停。

5）负序过电流保护。高压厂用变压器实际设计中有加装负序过电流保护的，也有不加装负序过电流保护的。典型设计中没有明确要求，可根据现场实际情况自行选配。

6) 过负荷报警保护。高压厂用变压器应装设过负荷报警保护，动作于报警发信号。

7) 变压器中性点零序过电流保护。大型发电机组高压厂用变压器中性点经小电阻接地时，应设置中性点零序过电流保护，通常设置两段式，第一段时限动作于跳变压器低压侧分支断路器并启动快切，第二段时限动作于全停。

8) 变压器的非电量保护。包括本体重瓦斯、轻瓦斯保护；调分头重瓦斯保护；压力释放保护；油温及绕组温度保护等。除重瓦斯保护动作于跳闸外，其他非电量保护均动作于发信号。这一点目前暂没有规程规定，但现场大多这样执行的。

9) 变压器低压侧分支断路器（厂用电源进线断路器）保护。

a. 限时电流速断保护。当变压器抗短路电流能力较差，切除低压母线三相短路电流有特殊要求，定时限过电流保护动作时限较长，不满足要求时，可选配限时电流速断保护，作为高压厂用变压器低压母线，及出线出口相间短路瞬时保护拒动时，快速切除严重相间短路故障的辅助保护，保护动作于跳开变压器低压侧分支断路器、闭锁快切。

b. 定时限过电流（带电压闭锁或不带电压闭锁）保护，作为高压厂用变压器低压母线短路故障及出线的后备保护，保护动作于跳开变压器低压侧分支断路器、闭锁快切。

10) 启动备用变压器高压侧零序过电流保护。启动备用变压器高压侧额定电压一般为 $220\sim500\mathrm{kV}$，高压侧中性点直接接地，应设置 $3I_0$ 单相接地过电流保护，保护动作于跳开变压器各侧断路器。

(2) 高压厂用变压器（包括停机备用变压器）保护测控原理。以南瑞继保 RCS-9624CN（见图 5-1）厂用变压器保护测控装置为例，其保护功能和测控功能介绍如下。

保护功能：①高压侧三段过电流保护（其中Ⅰ、Ⅱ段可选择经复压闭锁，Ⅲ段不经复压闭锁，可选择为反时限）；②高压侧两段定时限负序过电流保护；③高压侧接地保护（两段定时限零序过电流保护，其中零序Ⅱ段可整定为报警或跳闸）；④低压侧接地保护（两段定时限零序过电流保护，其中零序Ⅱ段可整定为反时限零序过电流）；⑤过负荷报警；⑥FC回路配合的过电流闭锁保护功能；⑦非电量保护；⑧独立的操作回路及故障录波。

测控功能：①10 路遥信开入采集、装置遥信变位以及事故遥信；②变压器高压侧断路器正常遥控分、合；③I_A、I_C、I_0、U_{AB}、U_{BC}、U_{CA}、U_A、U_B、U_C、U_0、P、Q、$\cos\varphi$、f 等 14 个模拟量的遥测；④开关事故分合次数统计及事件 SOE 等；⑤可选配 2 路 $4\sim20\mathrm{mA}$ 模拟量输出，替代变送器作为 DCS 电流、有功功率测量接口。

1) 定时限过电流保护。变压器高压侧设二段复合电压闭锁过电流保

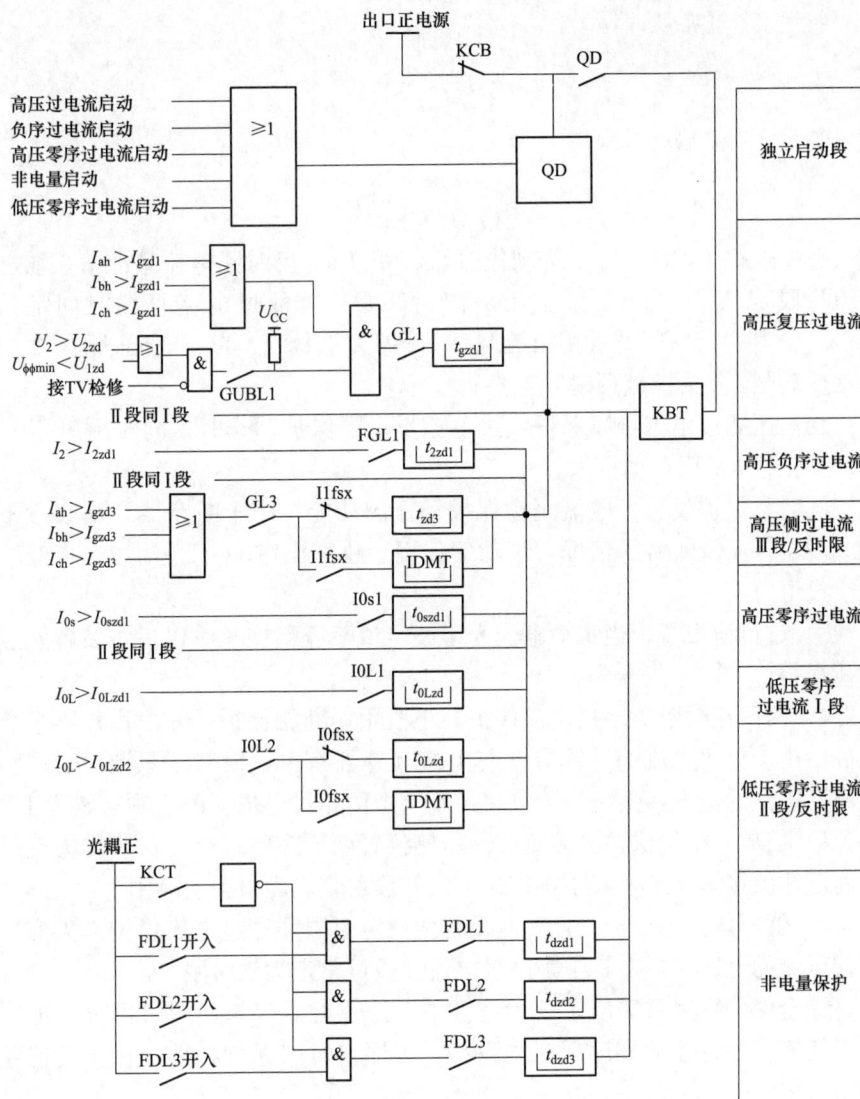

图 5-1 RCS-9624CN 变压器保护测控装置逻辑框图

护，各段电流及时间定值可独立整定，分别设置整定控制字控制各段保护
的投退。两段可分别通过控制字选择经或不经复合电压闭锁。复合电压闭
锁的负序电压与低电压闭锁定值均可独立整定。

2）高压侧过电流Ⅲ段保护。可选择投入反时限。保护装置共集成了 3
种特性的反时限保护，用户可根据需要选择任何一种特性的反时限保护。

特性 1、2、3 采用了国际电工委员会标准（IEC 255-4）和英国标准规
范（BS 142：1966）规定的 3 个标准特性方程：

特性 1（一般反时限）

$$t = \frac{0.14}{(I/I_p)^{0.02} - 1} t_p \tag{5-1}$$

特性 2（非常反时限）

$$t = \frac{13.5}{(I/I_{\mathrm{p}}) - 1} t_{\mathrm{p}} \tag{5-2}$$

特性 3（极端反时限）

$$t = \frac{80}{(I/I_{\mathrm{p}})^2 - 1} t_{\mathrm{p}} \tag{5-3}$$

式（5-1）～式（5-3）中：t 为动作时间，s；I_{p} 为反时限电流基准值，取过电流Ⅲ段定值 $I_{3\mathrm{zd}}$，A；t_{p} 为反时限时间常数，取过电流Ⅲ段时间定值 $T_{3\mathrm{zd}}$，s。其中反时限特性可由控制字 FSXTX 选择（1 为一般反时限，2 为非常反时限，3 为极端反时限）。

当高压侧过电流Ⅲ段保护或过电流反时限保护动作时，同时出口 501、502 用于闭锁备用自动投入。

同时，保护设置大电流闭锁保护动作的功能，用于断路器开断容量不足或现场为 FC 回路的情况，该功能仅用于跳闸出口 n402～n414，可经控制字投退。

3）过负荷报警。当负荷电流大于整定值，经整定延时以后，装置发过负荷报警。

4）两段定时限负序过电流保护，Ⅰ段用作断相保护，Ⅱ段用作不平衡保护。由于负序电流的计算方法与电流互感器有关，故对于只装 A、C 相电流互感器的情况，系统参数菜单控制字中两相式保护 TA 必须整定为 1。

5）高压侧接地保护。装置中高压侧设置两段零序过电流保护作为变压器高压侧的接地保护，其中零序过电流Ⅱ段可整定为报警或跳闸。

6）低压侧接地保护。低压侧设置两段定时限零序过电流保护作为变压器低压侧的接地保护，其中零序过电流Ⅱ段可整定为反时限。

综合保护装置共集成了 3 种特性的零序反时限保护，用户可根据需要选择任何一种特性的零序反时限保护。零序反时限保护特性在保护定值菜单中整定。

特性 1、2、3 采用了国际电工委员会标准（IEC 255-4）和英国标准规范（BS 142：1966）规定的三个标准特性方程：

特性 1（一般反时限）

$$t = \frac{0.14}{(I_0/I_{\mathrm{p}})^{0.02} - 1} t_{\mathrm{p}} \tag{5-4}$$

特性 2（非常反时限）

$$t = \frac{13.5}{(I_0/I_{\mathrm{p}}) - 1} t_{\mathrm{p}} \tag{5-5}$$

特性 3（极端反时限）

$$t = \frac{80}{(I_0/I_{\mathrm{p}})^2 - 1} t_{\mathrm{p}} \tag{5-6}$$

式（5-4）～式（5-6）中：I_0 为低压侧零序电流，A；t 为动作时间，s；

I_p 为零序电流基准值，取零序过电流 Ⅱ 段 $I_{0.Lzd2}$，A；t_p 为时间常数，取零序反时限保护时间常数 $T_{0.Lzd2}$，s。$I_{0.Lzd2}$ 整定值要躲过变压器低压侧正常运行时的最大不平衡电流，$T_{0.Lzd2}$ 整定范围为 0～1s。当低压侧零序过电流 Ⅱ 段保护或零序反时限保护动作时，同时出口 501、502，用于闭锁备用自动投入。

7）非电量保护。装置设有三路非电量保护，两路可以通过控制字选择跳闸或报警，一路可以跳闸。第一、二路非电量保护延时可到 100s，第三路非电量保护延时可到 100min。

8）过电流闭锁保护。保护装置设置了大电流闭锁保护动作的功能，用于断路器开断容量不足或现场为 FC 回路的情况。当故障电流大于电流闭锁保护定值时，只有动作报文、保护跳闸出口 1 不动作，其他出口无过电流闭锁功能，该功能可经"过电流闭锁保护投入"控制字投退。

9）TV 检修开入。当 TV 检修开入投入时，闭锁复压过电流保护中的复压条件，同时不进行 TV 断线判别。

10）装置闭锁。当装置检测到本身硬件故障或定值、软连接片校验出错时，发出装置故障闭锁信号（KBS 继电器返回），同时闭锁装置保护逻辑，闭锁装置出口，装置面板上的运行灯熄灭。硬件故障包括 RAM 出错、EPROM 出错、定值出错、软连接片出错、电源故障。

11）运行异常报警。当装置检测出如下问题时，发出运行异常报警信号：①TV 断线报警；②控制回路断线；③TWJ 异常；④频率异常；⑤零序过电流报警；⑥过负荷报警；⑦非电量报警。

12）动作元件。装置主要动作元件有整组启动、高压侧复压过电流 Ⅰ 段、高压侧复压过电流 Ⅱ 段、高压侧复压过电流 Ⅲ 段、高压侧过电流反时限、负序过电流 Ⅰ 段、负序过电流 Ⅱ 段、零序过电流 Ⅰ 段、零序过电流 Ⅱ 段、低压侧零序过电流 Ⅰ 段、低压侧零序过电流 Ⅱ 段、低压侧零序过电流反时限、非电量 1 保护、非电量 2 保护、非电量 3 保护动作。

13）遥控、遥测、遥信功能。遥控功能主要有两种：正常遥控跳闸操作、正常遥控合闸操作。

遥测量主要有 I_A、I_C、I_0、U_{AB}、U_{BC}、U_{CA}、U_A、U_B、U_C、U_0、P、Q、$\cos\varphi$、f 和有功电能、无功电能。所有这些量都在当地实时计算，实时累加，且计算完全不依赖于网络，电流精度达到 0.2 级，其他精度达到 0.5 级。

遥信量主要有 3 路非电量开入、10 路遥信开入采集，装置遥信变位以及事故遥信并作事件顺序记录，遥信分辨率小于 2ms。

2. 高压厂用馈线保护配置

高压厂用馈线应根据其供电的重要性、上下级保护配合选择性、速动性要求，配置不同的保护。

（1）保护配置。

1）高压厂用馈线纵差动保护。厂用高压馈线当电流保护在灵敏度、选择性、动作时间上不能满足系统要求时，应采用短线路纵差动保护，如果电缆线路距离较长，纵差动保护二次负载过大，TA 二次额定电流应用 1A。根据计算 TA 误差不符合差动保护要求时，应采用短线路光纤差动保护。短线路纵差动保护或短线路光纤差动保护作为高压厂用馈线的主保护。

2）高压厂用馈线瞬时动作电流保护。根据计算，当厂用高压馈线电流保护在灵敏度、选择性、动作时间上能满足系统要求时，可采用瞬时动作电流保护作为高压厂用馈线的主保护。

3）高压厂用馈线延时动作电流保护，作为高压厂用馈线后备保护。

4）单相接地零序过电流保护。高压厂用馈线采用 $3I_0$ 单相接地过电流保护，一般很难满足选择性和灵敏度的要求，在有安装条件的情况下，尽可能采用专用零序 TA0 组成单相接地零序过电流保护，作为高压厂用馈线的单相接地保护。

（2）厂用母线保护测控原理。以南瑞继保 RCS-9628CN（见图 5-2）厂用母线保护测控装置为例，其保护功能和测控功能介绍如下。

保护功能：①三段低电压保护（其中第三段可作为复合电压闭锁输出）；②母线过电压报警；③零序过电压报警；④TV 断线报警；⑤非电量保护（两路）；⑥直流电源监视报警；⑦故障录波。

测控功能：①10 路遥信开入采集、装置遥信变位、事故遥信；②U_{AB}、U_{BC}、U_{CA}、U_A、U_B、U_C、U_0、f 共 8 个模拟量的遥测；③事件 SOE 等；④可选配 2 路 4～20mA 直流模拟量（分别对应于 U_{CA}、U_0）输出，替代变送器作为 DCS 测量接口。

1）低电压保护。装置具有三段母线低电压保护，各段电压及时间定值均可独立整定。分别设置三个控制字控制这 3 段保护的投退。

$$\begin{cases} U_{ab} < U_{dydzi} \\ U_{bc} < U_{dydzi} \\ U_{ca} < U_{dydzi} \\ t \geqslant T_{dyi} \\ i = 1,2,3 \end{cases} \tag{5-7}$$

当母线 3 个线电压均小于低压保护定值，持续时间超过整定延时，低电压保护动作；当低压保护Ⅲ段作为复合电压闭锁触点输出时，则当低电压（三个线电压均小于低压Ⅲ段定值）或负序电压条件（$U_2 > U_{2dz}$）满足时，经Ⅲ段时间定值延时相应的触点动作；装置引入线路 TV 电压，相互校验以识别三相 TV 断线，当控制字"PTDX 闭锁低压保护投入"整定为 1时，闭锁低电压保护。当装置的"投 TV 检修"开入状态为 1，告警并闭锁低电压保护。

2）母线过电压报警。装置设有母线过电压报警功能，控制字"母线过电压报警投入"整定为 1 时，若最小的母线线电压大于母线过电压报警电

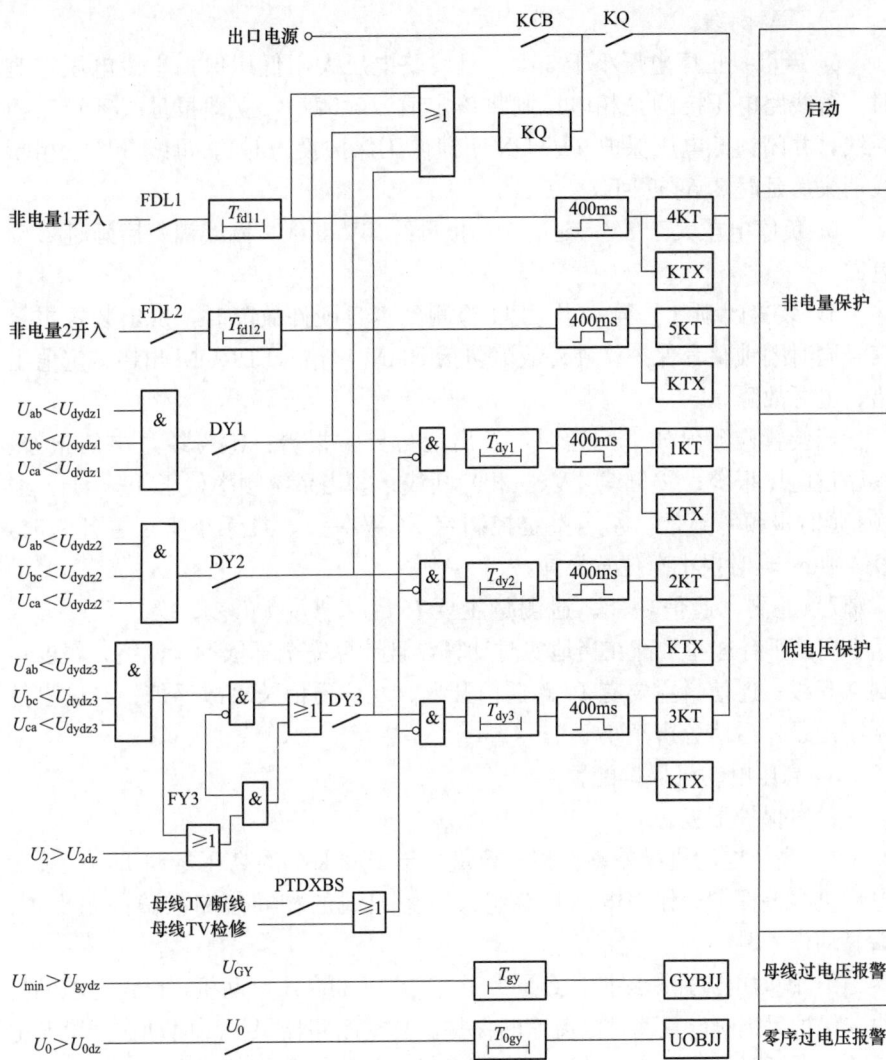

图 5-2　RCS-9628CN 厂用母线保护测控装置逻辑框图

压定值，持续时间超过整定延时，装置合母线过电压报警触点。

$$\begin{cases} U_{\min} > U_{\mathrm{gydz}} \\ t \geqslant T_{\mathrm{gy}} \\ U_{\min} = \min(U_{\mathrm{AB}}, U_{\mathrm{BC}}, U_{\mathrm{CA}}) \end{cases} \tag{5-8}$$

3）零序过电压报警。装置设有零序电压报警功能，控制字"零序过电压报警投入"整定为 1 时，若装置接入的母线零序电压大于零序过电压报警电压定值，持续时间超过整定延时，装置合零序过电压报警触点。

$$\begin{cases} U_0 > U_{\mathrm{0dz}} \\ t \geqslant T_{\mathrm{0gy}} \end{cases} \tag{5-9}$$

4）非电量保护。装置设有两路非电量保护，分别设置控制字控制这两路保护的投退。若非电量开入闭合时间超过整定时间，相应的非电量保护动作。

5）TV 断线。

a. 当母线正序电压小于 30V，且线路电压大于低压保护 I 段电压定值时（若线路电压接的是相电压则将该定值×0.577），立即报母线 TV 三相断线，并闭锁低电压保护（PTDX 闭锁低压保护投入时）。母线 TV 三相断线消失后延时 2.5s 返回。

b. 负序电压大于 8V，延时 10s 报母线 TV 断线，断线消失后延时 2.5s 返回。

6）装置闭锁和告警。当 CPU 检测到本身硬件故障时，发出装置报警信号同时闭锁整套保护。硬件故障包括 RAM 出错、EPROM 出错、定值出错、电源故障。

当装置检测出如下问题时，发出运行异常报警：①母线过电压报警、零序过电压报警；②母线 TV(三相) 断线；③当系统频率低于 49.5Hz，经 10s 延时报频率异常；④当整定控制字 XCWZ＝1，且无小车位置开入时，经 400ms 延时报小车位置异常。

7）遥测、遥信功能。遥测量主要有 U_{AB}、U_{BC}、U_{CA}、U_A、U_B、U_C、U_0、f，所有这些量都在当地实时计算，且计算完全不依赖于网络，精度达到 0.5 级；遥信量主要有 10 路遥信开入、变位遥信及事故遥信，并做事件顺序记录，遥信分辨率小于 1ms。

3. 高压电动机保护配置

（1）保护配置。

1）高压电动机纵差动保护。容量大于 2000kW 的高压电动机，应设置电动机纵差保护，作为电动机绕组及其引出线的相间短路故障的主保护，瞬时动作于跳闸。

2）瞬时电流速断保护。容量大于 2000kW 的高压电动机，已设置电动机纵差保护后仍应设置瞬时电流速断保护。真空断路器保护瞬时动作于跳开电动机的电源开关，FC 回路保护延时动作跳闸或经大电流闭锁保护跳闸出口。

3）负序过电流保护。作为高压电动机两相运行、电源相序接反、电动机定子绕组两相短路的后备保护，负序过电流保护动作于跳闸。

4）单相接地零序过电流保护。

a. 高压厂用变压器中性点经小电阻接地系统，高压电动机应装设单相接地零序过电流保护，动作于跳开电动机的电源开关。

b. 高压厂用变压器中性点不接地系统。

（a）当接地电流大于等于 10A 时，电动机应装设单相接地零序过电流保护，动作于跳闸。

（b）当接地电流小于 10A，并经计算灵敏度、选择性满足要求时，电动机应装设单相接地零序过电流保护，动作于跳闸。

（c）当接地电流小于 10A，并经计算灵敏度、选择性不满足要求时，电动机可装设单相接地零序过电流保护，动作于发信。

　　5）长时间启动保护。电动机启动过程中堵转或重载启动时间过长，可能烧损电动机，应设置长启动保护，作为电动机启动超过允许的启动时间的保护，作用于跳闸电动机。电动机正常启动后，该保护自动转为正常运行中的正序过电流保护。

　　6）正序过电流或堵转保护。电动机正常运行时机械堵转、严重过负荷或机械设备故障时，采用（正序）过电流保护、堵转保护，动作于跳闸。

　　7）过热保护。为防止高压电动机正常运行时出现危及电动机安全的长期过负荷保护，过热保护动作于信号（或跳闸）。

　　8）低电压保护。

　　a. 高压厂用变压器带整段母线上电动机自启动容量不够。高压厂用变压器容量偏小时，为保证重要电动机自启动，低电压保护以较短的时间分段跳开Ⅱ、Ⅲ类负荷电动机。

　　b. 高压厂用变压器带整段母线上电动机自启动容量足够。

　　（a）生产工艺要求不允许自启动的重要电动机，应设置低电压保护。

　　（b）生产工艺允许自启动的重要电动机，不设置低电压保护。

　　（2）高压厂用电动机保护测控原理。以南瑞继保 RCS-9627CN（见图5-3）电动机保护测控装置为例，其保护和测控功能介绍如下。

　　保护功能：①电流纵差保护/磁平衡差动保护；②短路保护、启动时间过长及堵转保护，三段定时限过电流保护；③不平衡保护（包括断相和反相）、二段定时限负序过电流保护、一段负序过负荷报警，其中负序过电流Ⅱ段与负序过负荷报警段可选择使用反时限特性；④过负荷保护；⑤过热保护，分为过热报警与过热跳闸，具有热记忆及禁止再启动功能，实时显示电动机的热积累情况；⑥接地保护，零序过电流保护；⑦低电压保护；⑧三路非电量保护；⑨独立的操作回路及故障录波。

　　测控功能：①10 路遥信开入采集、装置遥信变位、事故遥信；②正常断路器遥控分、合；③I_A、I_C、P、Q、$\cos\varphi$、有功电能、无功电能等模拟量的遥测；④开关事故分合次数统计及事件 SOE 等；⑤可选配 2 路 4～20mA 模拟量输出，替代变送器作为 DCS 电流、有功功率测量接口；⑥电动机启动报告记录功能。

　　1）纵差保护。电动机纵差保护是电动机相间短路和匝间短路的主保护。

　　a. 差动速断保护。保护设有一速断段，在电动机内部严重故障时快速动作。任一相差动电流大于差动速断整定值 I_{sdzd} 时瞬时动作于出口继电器。

　　b. 比率差动保护。装置采用常规比率差动原理，其动作方程如下

$$|I_T + I_N| > I_{cdqd} \quad （当 |I_T - I_N|/2 \leqslant I_{TN} 时）$$
$$|I_T + I_N| - I_{cdqd} > K_{bl} \cdot (|I_T - I_N|/2 - I_{TN}) \quad （当 |I_T - I_N|/2 > I_{TN} 时）$$

$$\tag{5-10}$$

式中：I_T 为电动机机端电流，A；I_N 为中性点电流，A；K_{bl} 为比率制动系数；I_{cdqd} 为差动电流启动定值，A；I_{TN} 为电动机额定电流，A。

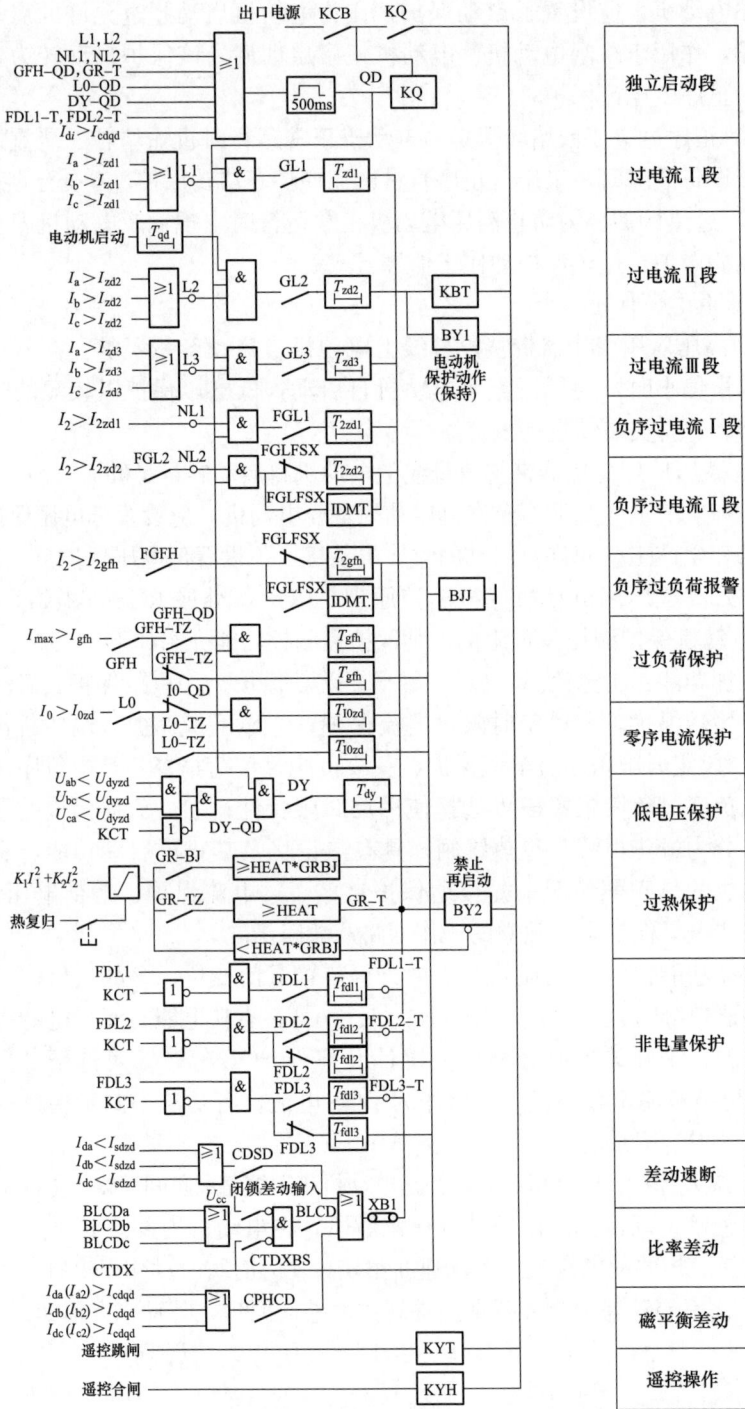

注: XB1为纵差保护投入连接片。

图 5-3 RCS-9627CN 电动机保护测控装置逻辑框图

比率差动保护能保证外部短路不动作，内部故障时有较高灵敏度，动作曲线如图 5-4 所示。

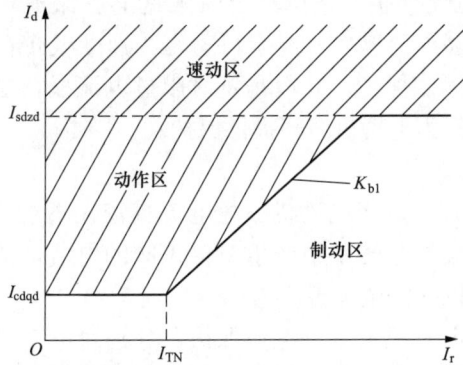

图 5-4　动作曲线

I_d—差动电流，$I_d = |I_T + I_N|$；I_r—制动电流，

$I_r = |I_T - I_N| / 2$

任一相比率差动保护动作即出口跳闸。

c. TA 断线判别。装置设有延时 TA 断线闭锁或报警功能，其动作原理如下：

（a）延时 TA 断线报警在保护每个采样周期内进行。当任一相差流大于 $0.08I_N$ 的时间超过 10s 时发出 TA 断线报警信号，此时不闭锁比率差动保护，这也兼做保护装置交流采样回路的自检功能。

（b）瞬时 TA 断线报警或闭锁功能在比率差动元件动作后进行判别。为防止瞬时 TA 断线的误闭锁，满足下述任一条件不进行瞬时 TA 断线判别：

a）启动前各侧最大相电流小于 $0.08I_N$；

b）启动后最大相电流大于过负荷保护定值 $I_{g.fh}$；

c）启动后电流比启动前增加。

机端、中性点的两侧六路电流同时满足下列条件认为是 TA 断线：一侧 TA 的一相或两相电流减小至差动保护启动；其余各路电流不变。

通过控制字 CTDXBS 选择瞬时 TA 断线发报警信号的同时是否闭锁比率差动保护。

如果装置中的比率差动保护退出运行，则瞬时 TA 断线的报警和闭锁功能自动取消。

d. 磁平衡差动保护，俗称小差动保护。当电动机安装磁平衡式电流互感器时，控制字 CPHCD 投入，CDSD、BLCD、CTDXBS 退出，此时磁平衡差动保护投入，差动速断保护、比率差动保护、TA 断线判别功能退出。

磁平衡差动保护的电流从装置中性点侧电流回路输入，过电流定值取自 I_{cdqd}。

若未装设磁平衡式电流互感器，但装置所引入的电流已经是差动电流，其接线和整定原则同磁平衡差动保护。

2）定时限过电流保护。设两段定时限过电流保护，Ⅰ段相当于速断段，电流按躲过启动电流整定，时限可整定为速断或带极短的时限，该段主要对电动机短路提供保护；Ⅱ段是定时限过电流段，在电动机启动完毕后自动投入，Ⅲ段作为电动机堵转提供保护。

3）不平衡保护。

a. 负序过电流保护。当电动机三相电流有较大不对称，出现较大的负序电流，而负序电流将在转子中产生 2 倍工频的电流，使转子附加发热大大增加，危及电动机的安全运行。

装置设置两段定时限负序过电流保护，分别对电动机反向断相、匝间短路以及较严重的电压不对称等异常运行工况提供保护。其中负序过电流Ⅱ段作为灵敏的不平衡电流保护，可通过控制字 FGLFSX 选择采用定时限还是反时限。

根据国际电工委员会标准（IEC 255-4）和英国标准规范（BS 142：1966）的规定，装置采用其标准反时限特性方程中的极端反时限特性方程

$$t = \frac{80}{(I/I_p)^2 - 1} t_p \tag{5-11}$$

式中：I_p 为电流基准值，取负序过电流保护Ⅱ段定值 I_{2zd2}，A；t_p 为时间常数，取负序过电流保护Ⅱ段时间定值 T_{2zd2}，范围为 0～1s。

b. 负序过负荷报警。设置一段负序过负荷报警，可通过控制字 FGLFSX 选择采用定时限还是反时限，若采用定时限，其定值可按大于电动机长期允许的负序电流整定；若采用反时限，其特性方程仍然采用"a. 负序过电流保护"中的极端反时限特性方程。

由于负序电流的计算方法与电流互感器有关，故对于只装 A、C 相电流互感器的情况，控制字 TA2 必须整定为 1。

4）过负荷保护。按定子电流的大小，设置一段定时限段，可通过控制字选择投报警或跳闸。

5）过热保护。主要为了防止电动机过热，设置一个模拟电动机发热的模型，综合计及电动机正序电流和负序电流的热效应，引入等值发热电流 I_{eq}，其表达式为

$$I_{eq}^2 = K_1 \times I_1^2 + K_2 I_2^2 \tag{5-12}$$

式中：$K_1 = 0.5$，防止电动机正常启动中保护误动；$K_1 = 1.0$，在整定的启动时间 T_{qd} 以后，I_1^2 值不再任意减小；$K_2 = 3～10$，模拟 I_2^2 的增强发热效应，一般可取为 6。

保护动作方程

$$\left[(I_{eq}/I_{TN})^2 - (1.05)^2 \right] t \geqslant \tau \tag{5-13}$$

式中：τ 为电动机热积累定值，即发热时间常数 $HEAT$，s。

当热积累值达到 $HEAT \times GRBJ$（过热报警水平）时发报警信号；当热积累值达到 $HEAT$ 时发跳闸信号（开关位置不在跳位时保护动作）。

电动机被过热保护动作跳闸后，不能立即再次启动，要等到电动机散热到允许启动的温度时，才能再启动。在需要紧急启动的情况下，通过装置引出的热复归触点强制将热模型恢复到"冷态"。

6）零序过电流保护。反应电动机定子接地的零序过电流保护，可通过控制字选择投报警或跳闸，以供不同场合使用。

7）低电压保护。三个相间电压均小于低电压保护定值，时间超过整定延时时，低电压保护动作。低电压保护经 TWJ 位置触点闭锁。装置能自动识别三相 TV 断线，并及时闭锁低电压保护。

8）非电量保护。装置设有三路非电量保护，两路可以通过控制字选择跳闸或报警，一路直接跳闸。第一、二路非电量保护延时可设置到 100s，第三路非电量保护延时可设置到 100min。

9）TV 断线检查。当低电压保护投入时，装置自动投入 TV 断线检查功能。满足以下任一条件，经延时 10s 报 TV 断线，断线消失后延时 2.5s 返回：

a. 最大相间电压小于 30V，且任一相电流大于 $0.06I_N$。

b. 负序电压大于 8V。

TV 断线期间，自动退出低电压保护和零序过电压保护。

10）装置告警。当 CPU 检测到本身硬件故障时，发出装置报警信号同时闭锁整套保护。硬件故障包括 RAM 出错、EPROM 出错、定值出错、电源故障。

当装置检测出如下问题时，发出运行异常报警：①开关有电流（机端任一相电流大于 $0.06I_N$）而 TWJ 为 1，经 10s 延时报 TWJ 异常；②TV 断线；③TA 断线；④控制回路断线；⑤当系统频率低于 49.5Hz，经 10s 延时报频率异常；⑥负序过负荷报警；⑦过负荷报警；⑧过热报警；⑨零序过电流报警；⑩非电量报警。

11）动作元件。装置主要动作元件：整组启动、过电流Ⅰ段、过电流Ⅱ段、过电流Ⅲ段、负序过电流Ⅰ段、负序过电流Ⅱ段、负序过电流反时限、过热、过负荷、零序过电流、低压保护、非电量保护、差动速断、比率差动、磁平衡差动保护。

12）遥信、遥测、遥控功能。遥控功能主要有两种：正常遥控跳闸操作、正常遥控合闸操作。

遥测量主要有：I_A、I_C、P、Q、$\cos\varphi$ 和有功电能、无功电能。所有这些量都在当地实时计算，实时累加，三相有功、无功的计算消除了由于系统电压不对称而产生的误差，且计算完全不依赖于网络，精度达到 0.5 级。

遥信量主要：10 路遥信开入、装置变位遥信及事故遥信，并做事件顺序记录，遥信分辨率小于 2ms。

4. 低压厂用变压器保护配置

(1) 变压器纵差保护。对 2MVA 及以上的低压厂用变压器，当电流速断保护灵敏度不满足要求时，应设置变压器差动保护。保护采用三相三继电器式，作为低压厂用变压器高、低压绕组及其引出线的相间短路以及高、低压绕组匝间短路故障的主保护，瞬时动作于跳开变压器各侧断路器。

(2) 瞬时电流速断保护。对 2MVA 以下的低压厂用变压器，瞬时电流速断保护作为低压厂用变压器高压绕组相间短路、引出线相间短路故障的主保护。真空断路器瞬时动作于跳闸，FC 回路保护延时动作跳闸或经大电流闭锁保护跳闸出口。

(3) 定时限过电流保护。作为低压厂用变压器短路故障近后备及下一级设备短路故障的远后备保护，保护动作于跳开变压器各侧断路器。

(4) 反时限过电流保护。低压厂用变压器、低压母线及下一级设备经过渡电阻短路故障电流小于定时限过电流保护动作值时，可装设反时限过电流保护，动作于跳开变压器各侧断路器。

(5) 负序过电流保护。低压厂用变压器综合保护一般均设置负序过电流保护，需根据各厂实际选择是否投用。

(6) 高压侧单相接地零序过电流保护。

1) 高压厂用变压器中性点经小电阻接地系统。低压厂用变压器高压侧应装设单相接地零序过电流保护，动作于跳闸；

2) 对于高压厂用变压器中性点不接地系统：

a. 当接地电流大于等于 10A 时，低压厂用变压器高压侧应装设单相接地零序过电流保护，动作于跳闸；

b. 当接地电流小于 10A，并经计算灵敏度、选择性满足要求时，低压厂用变压器高压侧应装设单相接地零序过电流保护，动作于跳闸；

c. 当接地电流小于 10A，并经计算灵敏度、选择性不满足要求时，低压厂用变压器高压侧可装设单相接地零序过电流保护，动作于发信。

(7) 定时限过负荷报警保护。低压厂用变压器应装设过负荷保护，动作于报警发信号。

(8) 变压器低压侧中性点零序过电流保护（根据接地方式设置）。低压厂用变压器中性点直接接地时，应设置中性点零序过电流保护；低压厂用变压器中性点不接地或经高阻接地时，仅设置动作于信号的低压母线 $3U_0$ 保护。

(9) 变压器气体保护。0.8MVA 及以上的油浸变压器和 0.4MVA 以上的车间内油浸变压器应装设气体保护。

1) 轻瓦斯保护：反应变压器油面下降或轻微故障，瞬时动作于发信号；

2) 重瓦斯保护：当变压器油箱内绕组匝间短路、相间短路、油箱内高低压绕组接地故障，产生大量气体或高速油流时，重瓦斯保护瞬时动作于跳开变压器两侧断路器（全停）。

（10）低压侧进线断路器智能保护。由于低压厂用变压器高压侧已装设功能齐全的综合保护，且保护已涵盖低压侧进线断路器智能保护功能，所以一般可不设置低压侧进线断路器智能保护。如有必要可装设以下保护：①长延时过负荷保护；②短延时短路保护（作为低压厂用变压器低压母线及其出线出口相间短路瞬时保护拒动时，快速切除严重相间短路故障的保护，本保护很难与下一级保护配合）；③单相接地零序过电流保护（低压厂用变压器中性点接地时单相接地零序电流保护很难与下一级保护配合）。

（11）厂用变压器低压侧联络断路器智能保护。必要时可选配长延时过负荷保护和短延时短路保护；低压厂用变压器中性点接地时，可选配零序过电流保护，但很难与下一级保护配合。这些保护均动作于跳闸。

（12）低压厂用变压器动力中心 PC（低压母线）低压电动机保护配置。①长延时过负荷保护。②短延时短路保护（选配）。③瞬时动作短路保护。④单相接地零序过电流保护。低压厂用变压器中性点接地时，容量在100kW 及以上的电动机以及容量在 100kW 以下经核算瞬时动作短路保护灵敏度不满足要求的电动机，可选配零序过电流保护，动作于跳闸。⑤负序过电流保护。必要时选配，动作于跳闸。

（13）低压厂用变压器动力中心 PC（低压母线）低压馈线（MCC 电源线）保护配置。①长延时过负荷保护；②短延时短路保护（选配）；③瞬时动作短路保护；④单相接地零序过电流保护。低压厂用变压器中性点接地时，当低压馈线经核算短延时短路保护或相电流瞬时动作短路保护灵敏度不满足要求时，可选配零序过电流保护，动作于跳闸。

（14）电动机控制中心 MCC 低压电动机保护配置。①长延时过负荷保护。②瞬时动作短路保护。③单相接地零序过电流保护。低压厂用变压器中性点接地时，容量在 55kW 以下经核算瞬时动作短路保护灵敏度不满足要求的电动机，可选配零序过电流保护，动作于跳闸。④负序过电流保护。必要时选配，动作于跳闸。

（15）电动机控制中心 MCC 馈线保护配置。①长延时过负荷保护。②瞬时动作短路保护。③单相接地零序过电流保护。低压厂用变压器中性点接地时，经核算瞬时动作短路保护灵敏度不满足单相接地短路灵敏度及选择性要求时，可选配零序过电流保护，动作于跳闸。

5. 柴油发电机保护配置

柴油发电机通常配置如下保护：①纵差动保护；②限时电流速断保护；③低压闭锁过电流保护；④其他如：瞬时电流速断保护、逆功率等保护基本无保护作用。

6. 厂用系统保护用电流互感器的配置与选择

为保证厂用系统保护正确可靠动作，厂用系统保护用电流互感器选择时必须考虑满足以下原则：

（1）准确等级选择 5P 或 10P 型。

（2）额定电流变比、饱和电流倍数、额定容量的选择，应满足在被保护设备出口三相最大短路电流时，保证保护用电流互感器最大误差不超过最大允许值或不得出现严重的饱和现象而导致保护误动、拒动。

（二）厂用电系统继电保护整定计算的基本原则

厂用电系统继电保护整定计算的主要任务是：在工程设计阶段保护装置选型时，确定保护装置的技术规范；对现场实际应用的保护装置，通过整定计算确定其运行参数（给出定值），从而使继电保护装置正确地发挥作用，防止事故扩大，维持电力系统的稳定运行。

厂用电系统继电保护装置必须满足可靠性、选择性、速动性和灵敏性要求，正确而合理的整定计算是实现上述要求的关键。

（1）保护定值应满足可靠性要求。一般按最大运行方式或正常运行方式时可能出现的最大电流、最低电压进行计算，并应选用合理的可靠系数。

（2）保护定值应满足选择性要求。各级保护间一般要求动作值和动作时间逐级可靠配合。因配合级数过多影响上级保护的快速性时，可适当缩短时间级差，时间级差 Δt 宜在 $0.2 \sim 0.5s$，一般不小于 $0.2s$。

原则上厂用馈线两端保护应有定值和时间上的配合，但当保护配合困难或因配合级数过多影响上级保护的快速性时，厂用馈线两端保护可不考虑定值和时间上的配合。

当保护动作值配合存在困难，比如零序保护需要与下一级相间保护配合时，为避免因这种配合带来上级保护灵敏度不够的情况，上级保护宜按最小灵敏度要求计算定值并校验可靠性是否满足要求。同时，应对这一不满足配合要求的情况做出书面说明，并建议修改整体保护配置方案。

（3）保护定值应满足灵敏性要求。一般按最小运行方式下最小故障电流值或故障时最高电压值验算保护的灵敏系数，并应满足本保护灵敏系数要求。

对于过电流保护，在满足可靠性要求前提下，保护定值应取较小值。

（4）保护定值应满足快速性要求。在满足可靠性要求前提下，保护动作值应尽可能最小；在满足选择性要求的前提下，保护动作时间应尽可能最短。

与运行方式有关的继电保护的整定计算，应以常见的运行方式为计算用运行方式。常见运行方式是指正常运行方式和被保护设备相邻一回或一个元件停运的正常检修方式。对于运行方式变化较大的系统，应根据具体情况确定整定计算所依据的运行方式。电流定值应高于微机保护的最小采样精度，对于保护级 TA 不应低于 $0.05I_N$（I_N 为 TA 的二次额定电流，1A 或 5A）。

1. 变压器和电动机的故障和异常状态

（1）变压器的故障和异常运行状态。故障形式：绕组及引线的相间短路故障、绕组匝间短路故障、绕组的开焊故障、绕组及引线的接地故障。

异常运行状态：外部短路故障（包括相间故障和中性点直接接地侧的接地故障）引起的过电流、过负荷、过励磁、油箱漏油造成的油面降低、绕组温度（或油温）过高、油箱压力过高、冷却器故障等。

整定计算时需特别关注：励磁涌流问题、TA饱和问题。

（2）电动机故障和异常运行状态。定子绕组相间短路故障（包括供电电缆的相间短路）；定子绕组的匝间短路故障；定子绕组单相接地故障（包括供电电缆的单相接地）；异步电动机启动时间过长；电动机运行过程中三相电流不平衡或运行过程中一相断线；运行过程中电动机发生堵转；电动机机械过负荷、供电电压降低或频率降低引起异步电动机过负荷；供电电动机的电压过低或过高；投入运行时异步电动机相序不对；运行中电动机轴承温度过高以及转子鼠笼断条等。

整定计算时需特别关注：零序电流测量问题、TA饱和问题。

2. 高压厂用变压器（启动备用变压器）保护整定原则

（1）变压器纵差动保护。

1）最小动作电流按躲过正常运行时可能出现的最大不平衡电流及电流突变至额定电流时的暂态不平衡电流计算。

2）制动系数斜率按躲过区外三相短路最大不平衡电流计算。

3）谐波制动按躲过变压器空载合闸时励磁涌流计算。

4）差动速断按躲过变压器空载合闸时励磁涌流与区外三相短路最大不平衡电流计算。

5）比率制动差动保护灵敏度不小于1.5。

6）差动速断保护应满足变压器出口两相短路时灵敏度不小于1.2。

（2）瞬时电流速断保护。

1）动作电流整定值按躲过变压器低压侧最大三相短路电流计算。

2）动作时间整定为0s。

3）变压器高压侧三相短路时灵敏度不小于2。

（3）限时电流速断保护。

1）动作电流整定值按变压器低压侧两相短路有足够灵敏度计算。

2）如动作电流整定值已与下一级瞬时动作电流保护相配合，则动作时间整定值也应与下一级瞬时动作保护配合整定。

（4）定时限过电流（带电压闭锁或不带电压闭锁）保护。

1）不带电压闭锁的定时限过电流保护。

a. 动作电流整定值按躲过电动机自启动电流并与下一级保护动作电流配合计算，取较大者。

b. 动作时间整定值与下一级电流配合保护的动作时间相配合。

c. 变压器低压母线两相短路灵敏度应大于 1.5。

2）带复合电压闭锁的定时限过电流保护。

a. 相间低电压动作电压整定值按躲过电动机自启动时母线可能的最低电压计算。

b. 负序动作电压整定值按躲过正常运行可能出现的最大不平衡电压计算。

c. 动作电流整定值按躲过变压器额定电流或最大负荷电流，且保证低压侧两相短路灵敏度大于 1.5～2 计算。

d. 动作时间整定值与下一级保护动作时间相配合。

（5）反时限过电流保护。

1）动作电流整定值按变压器额定电流计算。

2）反时限过电流保护动作方程选用超常（或极端）反时限或非正常反时限动作特性时，时间常数 T_{set} 按躲过电动机自启动时间 $t_{st. \Sigma}$，并与高压厂用变压器母线上保护最长动作时间 $t_{op. max}$（下一级反时限保护动作时间）配合，取较大值。

（6）负序过电流保护。

1）动作电流整定值：

a. 按与下一级反映负序电流的其他保护最大动作电流配合计算。

b. 按躲过相邻设备两相短路时流过本保护的最大负序电流计算。

二者取较大值。

2）动作时间整定值：按与下一级保护动作时间配合整定。

（7）过负荷报警保护。

1）动作电流按变压器额定电流计算。

2）动作时间：按躲过电动机自启动时间计算，动作于发信号。

（8）单相接地保护。

1）变压器中性点不接地系统。变压器中性点不接地系统母线接地 TV0 开口三角 $3U_0$ 单相接地零序过电压保护的整定：

a. 动作电压整定值按躲过最大不平衡电压计算。

b. 动作时间按躲过暂态时间计算，动作于报警信号。

2）变压器中性点经小电阻接地系统。

a. 零序过电流保护动作电流的整定：按与下一级最大单相接地保护动作电流配合计算，并保证单相接地时保护灵敏度大于 2。

b. 动作时间分两段：第一段与下一级最大接地保护动作时间配合计算，动作于跳分支（进线）断路器、启动快切；第二段与第一段动作时间配合，动作于全停发电机-变压器组、启动快切。

（9）变压器的非电量保护。

1）气体保护：根据变压器容量及冷却方式，重瓦斯保护动作流速 $\nu =$ 1～1.2m/s。

2）温度保护：根据制造厂提供的要求整定。

（10）高压厂用变压器低压分支（或进线）断路器过电流保护。

1）过电流一段保护。

a. 动作电流按变压器低压侧两相短路有足够灵敏度 $1.25 \sim 1.5$ 计算，并按与下一级最大瞬时保护动作电流配合计算。

b. 动作时间按与下一级电流配合的保护动作时间相配合计算。如下一级均有瞬时动作保护，满足选择性要求时可取该保护动作时间 $250 \sim 300 \text{ms}$。

2）过电流二段保护。

a. 动作电流按躲过电动机自启动电流计算。

b. 动作时间按与下一级电流保护动作时间配合计算。

c. 变压器低压母线两相短路时灵敏度大于 2。

如一、二段保护整定值计算结果相同，可合二为一。

3）反时限过电流保护。

a. 动作电流按变压器分支侧额定电流计算。

b. 反时限动作方程选用超常（或极端）反时限或非正常反时限动作特性时，反时限过电流保护动作时间常数 T_{set} 按躲过电动机自启动时间 $T_{\text{st.}\Sigma}$，并与高压厂用变压器母线上保护最长动作时间 $t_{\text{op.max}}$（下一级反时限保护动作时间）配合，取较大值。

3. 高压电动机保护整定计算原则

（1）差动保护。

1）纵差动保护。

a. 最小动作电流整定值按躲过正常运行时的最大不平衡电流与电流突变至额定电流时的暂态不平衡电流计算。

b. 制动系数按躲过电动机自启动时最大不平衡电流计算。

c. 差动速断按躲过电动机自启动时最大不平衡电流计算。

d. 比率制动差动保护灵敏度不小于 1.5。

e. 动作时间取 0s。

2）磁平衡差动保护。

a. 动作电流整定值按躲过电动机自启动时的最大磁不平衡电流计算。

b. 动作时间取 0s。

（2）瞬时电流速断保护。

1）动作电流高定值 $I_{\text{op.h.set}}$：按躲过电动机最大启动电流计算。

2）动作电流低定值 $I_{\text{op.l.set}}$：按躲过电动机自启动电流与躲过区外出口三相短路时电动机最大反馈电流计算，取较大值。

3）动作时间：真空断路器取 0s；FC 回路保护延时动作（可取 0.3s）跳闸或经大电流闭锁保护出口。

（3）负序过电流保护。

1）不带负序功率方向的负序过电流保护。

a. 动作电流按多电动机两相运行有足够灵敏度计算。

b. 动作时间按躲过相邻设备两相短路、高压线路非全相运行、高压线路不对称短路保护最长动作时间配合计算，取较大值。

2）不带负序功率方向负序过电流保护作为高压电动机定子绕组两相短路保护。

a. 负序过电流保护整定原则1：动作电流按躲过相邻设备不对称短路时电动机可能的最大负序电流计算；动作时间按相邻设备两相短路暂态时间计算。

b. 负序过电流保护整定原则2：动作电流按躲过高压线路等区外不对称短路时电动机上可能流过的最大负序电流计算；动作时间按相邻设备保护最长动作时间配合计算。

3）带负序功率方向的负序过电流保护作为高压电动机定子绕组两相短路保护。

a. 相邻设备或高压线路区外不对称短路由负序功率方向闭锁负序过电流保护。

b. 动作电流按躲过正常运行时电动机最大负序电流并保证电动机定子绕组两相短路有足够灵敏度计算。

c. 动作时间按相邻设备两相短路暂态时间计算。

（4）单相接地过电流保护。

1）中性点不接地系统单相接地零序过电流保护。

a. 一次动作电流 $3I_{0.\,\mathrm{op.\,set}}$：按躲过区外单相接地时流过保护安装处单相接地电容电流计算。

b. 动作时间：当 $3\sim10\mathrm{kV}$ 单相接地电流 $I_{\mathrm{k}}^{(1)}\geqslant10\mathrm{A}$ 时，$t_{0.\,\mathrm{op.\,set}}=0.5\sim1\mathrm{s}$，保护动作于跳闸；当 $3\sim10\mathrm{kV}$ 单相接地电流 $I_{\mathrm{k}}^{(1)}<10\mathrm{A}$ 时，对 300MW 以上机组，经核算满足灵敏度要求时，可取 $t_{0.\,\mathrm{op.\,set}}=0.5\sim1\mathrm{s}$，保护动作于跳闸，经核算灵敏度不满足要求时，可取 $t_{0.\,\mathrm{op.\,set}}=0\sim0.5\mathrm{s}$，保护动作于发信。

2）中性点经小电阻接地系统单相接地零序过电流保护。

a. 一次动作电流 $3I_{0.\,\mathrm{op.\,set}}$：按躲过区外单相接地时流过保护安装处的单相接地电容电流及电动机启动时可能的最大不平衡电流计算。

b. 真空断路器保护动作时间按第一级保护动作时间原则计算；FC 回路保护延时动作跳闸或经大电流闭锁保护跳闸出口。

（5）长启动保护。

动作电流：按躲过电动机额定电流计算，可靠系数取 $1.5\sim2$；

动作时间：按躲过电动机启动时间整定，时间级差 $2\sim5\mathrm{s}$；

出口方式：动作于跳闸。

（6）正序过电流或堵转保护。

动作电流：按躲过正常运行时的最大负荷电流计算，可取 $(1.3\sim 2.0)I_{\mathrm{M.N}}$。

动作时间：对电动机启动过程中退出的堵转保护，按躲过电动机自启动时间计算；对电动机启动过程中不退出的堵转保护，按躲过电动机启动时间计算。

保护动作于跳闸。

锅炉正常运行时有 2 台风机同时运行，当一台风机突然因某种原因跳闸时，另一台正常运行的风机可能出现短时过电流，其电流高达 $1.5\sim 1.8I_{\mathrm{M.N}}$，持续时间可达 20s，所以对于 $600\sim 1000\mathrm{MW}$ 机组风机正序过电流或堵转保护宜采用：动作电流 $I_{\mathrm{op.set}}=(1.8\sim 2)I_{\mathrm{M.N}}$，动作时间 $t_{\mathrm{op.set}}=30\mathrm{s}$；而对于 600MW 以下机组，该保护宜采用：动作电流 $I_{\mathrm{op.set}}=(1.3\sim 1.5)I_{\mathrm{M.N}}$，动作时间 $t_{\mathrm{op.set}}=20\mathrm{s}$。

（7）过热保护。按躲过电动机正常启动值计算，过热保护动作于发信号（或跳闸）。

4. 低压厂用变压器保护整定计算原则

（1）变压器纵差动保护。同高压厂用变压器纵差动保护。

（2）瞬时电流速断保护。同高压厂用变压器瞬时电流速断保护。

（3）限时电流速断保护。

1）动作电流整定值按变压器低压侧两相短路有足够灵敏度计算。

2）动作时间整定：根据不同的一次接线方式与下一级电流保护动作时间配合。

（4）定时限过电流保护。

1）动作电流整定值按躲过电动机自启动电流计算。

2）动作时间整定：根据不同的一次接线方式与下一级电流保护动作时间配合。

3）变压器低压母线两相短路灵敏度应大于 2。

（5）反时限过电流保护。

1）动作电流整定值按变压器额定电流计算。

2）反时限过电流保护动作方程选用超常（或极端）反时限或非正常反时限动作特性时，时间常数 T_{set} 按躲过电动机自启动时间 $T_{\mathrm{st.\Sigma}}$，并与低压厂用变压器母线上保护最长动作时间 $t_{\mathrm{op.max}}$ 配合，取较大值。

（6）负序过电流保护。同高压厂用变压器负序过电流保护。

（7）过负荷报警保护。同高压厂用变压器过负荷报警保护。

（8）低压厂用变压器高压侧单相接地保护。

1）中性点不接地系统单相接地零序过电流保护。

a. 一次动作电流 $3I_{0.\mathrm{op.set}}$：按躲过区外单相接地时流过保护安装处单相接地电容电流计算。

b. 动作时间：当 $3\sim 10\mathrm{kV}$ 单相接地电流 $I_{\mathrm{k}}^{(1)}\geqslant 10\mathrm{A}$ 时，$t_{0.\mathrm{op.set}}=0.5\sim$

1s，保护动作于跳闸；当 3～10kV 单相接地电流 $I_{\mathrm{k}}^{(1)}<10\mathrm{A}$ 时，对 300MW 以上机组，经核算满足灵敏度要求时，可取 $t_{0.\mathrm{op.set}}=0.5\sim1\mathrm{s}$，保护动作于跳闸，经核算灵敏度不满足要求时，可取 $t_{0.\mathrm{op.set}}=0\sim0.5\mathrm{s}$，保护动作于发信。

2）中性点经小电阻接地系统单相接地零序过电流保护。

a. 一次动作电流 $3I_{0.\mathrm{op.set}}$：按躲过区外单相接地时流过保护安装处的单相接地电容电流及低压母线三相短路时可能的最大不平衡电流计算。

b. 真空断路器保护动作时间按第一级保护动作时间原则计算；FC 回路保护延时动作跳闸或经大电流闭锁保护跳闸出口。

（9）变压器低压侧中性点零序过电流保护。

1）中性点第一段零序过电流保护。

a. 低压厂用变压器中性点直接接地时，动作电流按躲过正常运行最大不平衡电流且与下一级电动机及低压馈线零序过电流或相电流保护最大动作电流配合，取较大值。

b. 动作时间按与下一级电流的保护最长动作时间配合计算。

2）中性点第二段零序过电流保护。

a. 低压厂用变压器中性点接地时动作电流按躲过正常运行最大不平衡电流计算。

b. 反时限动作时间按与下一级电流的保护最长动作时间配合计算。

（10）低压厂用变压器低压分支（或进线）断路器智能保护。

1）长延时过负荷保护。

a. 动作电流按正常运行时可能的最大负荷电流计算。

b. 动作时间按躲过电动机自启动时间并与下一级保护最长动作时间配合计算，取较大值。

2）短延时短路保护。

a. 动作电流按躲过电动机自启动电流并与下一级保护最大动作电流配合计算，取较大值。

b. 动作时间按与下一级保护最长动作时间配合，并与上一级保护动作时间配合计算，取较大值。

3）单相接地零序过电流保护。

a. 动作电流按躲过下一级接地保护或相电流保护最大动作电流配合计算，取较大值。

b. 动作时间按与下一级保护最长动作时间配合计算。

5. 低压厂用变压器动力中心 PC（低压母线）低压电动机保护整定计算原则

（1）长延时过负荷保护。

1）动作电流按电动机额定电流或最大负荷电流计算。

2）动作时间按躲过电动机自启动时间计算。

（2）短延时短路保护（选配，可不设）。

1）动作电流按躲过电动机自启动电流计算。

2）动作时间可取装置最小设定值（挡）。

（3）相电流瞬时动作短路保护。

1）动作电流按躲过电动机最大启动电流计算。

2）动作时间：装置内部固定为 0s。

（4）单相接地零序过电流保护。

1）动作电流按躲过电动机启动时最大不平衡电流计算。

2）动作时间可取装置最小设定值（挡），动作于跳闸。

6. 低压厂用变压器动力中心 PC（低压母线）低压馈线保护整定计算原则

（1）长延时过负荷保护。

1）动作电流按低压馈线额定电流或最大负荷电流计算。

2）动作时间按躲过电动机自启动时间并与下一级保护配合计算，取较大值。

（2）短延时短路保护。

1）动作电流按躲过电动机自启动电流并与下一级保护最大动作电流配合计算，取较大值。

2）动作时间按与下一级保护最长动作时间配合计算。

（3）相电流瞬时动作短路保护。动作电流按躲过电缆末端三相短路电流计算，否则本保护退出。

（4）单相接地零序过电流保护。

1）动作电流按躲过电动机自启动时最大不平衡电流并与下一级接地保护或相电流保护最大动作电流配合计算，取较大值。

2）动作时间按与下一级保护最长动作时间配合计算，动作于跳闸。

7. 电动机控制中心 MCC 低压电动机保护整定计算原则

（1）长延时过负荷保护。

1）动作电流按电动机额定电流或最大负荷电流计算。

2）动作时间按躲过电动机自启动时间计算。

（2）相电流瞬时动作短路保护。

1）动作电流按躲过电动机最大启动电流计算。

2）动作时间：装置内部固定为 0s。

（3）单相接地零序过电流保护。

1）动作电流按躲过电动机启动时最大不平衡电流计算。

2）动作时间取装置可整定的最小值（挡），动作于跳闸。

8. 电动机控制中心 MCC 馈线保护整定计算原则

（1）长延时过负荷保护。

1）动作电流按低压馈线额定电流或最大负荷电流计算。

2）动作时间按躲过电动机自启动时间并与下一级保护配合计算，取较大值。

（2）相电流瞬时动作短路保护。为第一级保护时，动作电流按低压馈线末端最小短路电流有足够灵敏度计算，动作于跳闸。

（3）单相接地零序过电流保护。动作电流按低压馈线末端单相接地最小短路电流有足够灵敏度计算，动作于跳闸。

9. 柴油发电机保护整定计算原则

（1）纵差动保护。

1）最小动作电流按躲过正常额定运行工况下可能的最大不平衡电流计算。

2）制动系数斜率按躲过区外三相短路时最大不平衡电流计算。

3）差动速断按躲过区外三相短路最大不平衡电流计算。

4）比率制动差动保护灵敏度大于 1.5。

5）差动速断保护在柴油发电机出口两相短路时灵敏度大于 1.5。

（2）限时电流速断保护。

1）动作电流按发电机出口两相短路有足够灵敏度 1.5 计算。

2）动作时间按与下一级瞬时动作保护配合计算。

3）低压闭锁过电流保护。

a. 动作电流按发电机额定电流计算。

b. 动作电压按发电机正常最低运行电压不误动计算。

c. 动作时间按与下一级保护配合计算。

4）单相接地保护。$3U_0$ 保护动作电压按躲过正常运行最大不平衡电压计算。

二、高压厂用变压器保护

（一）高压厂用变压器纵差动保护

高压厂用变压器，装设纵联差动保护作为变压器内部故障的主保护，主要反映变压器绕组内部、套管和引出线的相间和接地短路故障，以及绕组的匝间短路故障。

1. 差动保护基本原理

变压器纵差保护应遵循 GB/T 14285—2023《继电保护和安全自动装置技术规程》的技术要求。变压器差动保护原理接线如图 5-5 所示，其中：

$\dot{I}_H$ 为从高压侧流入变压器的电流，相应的 TA 二次三相电流分别为 $\dot{I}_{Ia}$、$\dot{I}_{Ib}$、$\dot{I}_{Ic}$；

$\dot{I}_{LA}$ 为从低压侧 A 分支流入变压器的电流，相应的 TA 二次三相电流分别为 $\dot{I}_{IIa}$、$\dot{I}_{IIb}$、$\dot{I}_{IIc}$；

$\dot{I}_{LB}$ 为从低压侧 B 分支流入变压器的电流，相应的 TA 二次三相电流分别为 $\dot{I}_{IIIa}$、$\dot{I}_{IIIb}$、$\dot{I}_{IIIc}$。

差动电流 I_{op}、制动电流 I_{res} 的计算公式分别为

$$\begin{cases} I_{op} = |\dot{I}_{\mathrm{I}} + \dot{I}_{\mathrm{II}} + \dot{I}_{\mathrm{III}}| \\ I_{res} = \dfrac{|\dot{I}_{\mathrm{I}}| + |\dot{I}_{\mathrm{II}}| + |\dot{I}_{\mathrm{III}}|}{2} \end{cases}$$

式中：$\dot{I}_{\mathrm{I}}$、$\dot{I}_{\mathrm{II}}$、$\dot{I}_{\mathrm{III}}$ 折算到基准侧的各侧流入差动回路的电流，A。

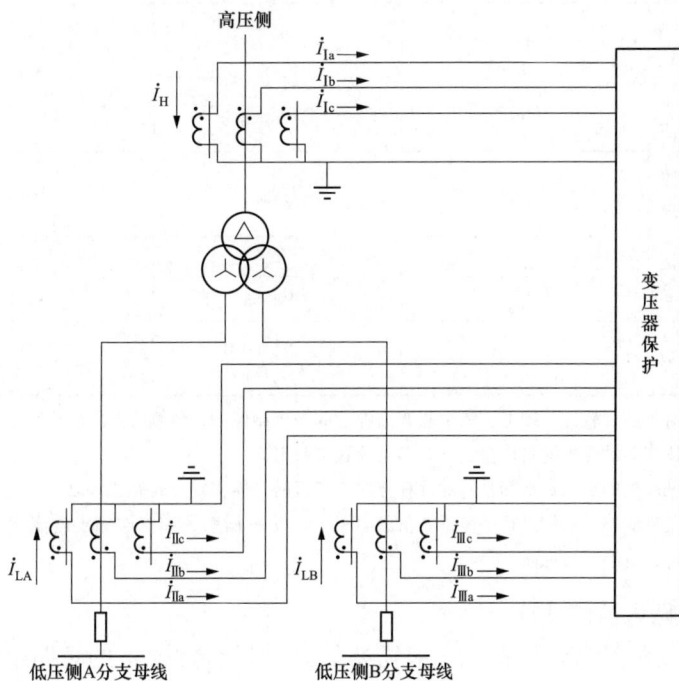

图 5-5 高压厂用变压器纵差保护接线示意图

2. 纵差保护整定计算内容

（1）与纵差保护有关的变压器参数，包括变压器的额定容量、各侧额定电压、电流互感器变比等。

（2）短路电流计算。

（3）纵差保护动作特性参数的整定。

（4）纵差保护灵敏度校验。

（5）其他定值的推荐，如谐波制动比（对谐波制动原理的差动保护）、闭锁角（对间断角原理的差动保护）的推荐值。

3. 变压器参数计算

变压器保护装置应能通过额定容量、各侧额定电压、电流互感器变比等参数自动计算出各侧二次额定电流、差动保护计算用平衡系数等相关参数。

与纵差保护有关的变压器参数计算，可按表 5-1 所列的公式和步骤进行。

表 5-1 变压器参数计算表（以分裂绕组 Dyn1yn1 变压器为例）

序号	名称	高压侧	低压侧 A 分支	低压侧 B 分支
1	一次额定电压	U_{NH}	U_{NLA}	U_{NLB}
2	一次额定电流	$\dfrac{S_N}{\sqrt{3}U_{NH}}$	$\dfrac{S_N}{\sqrt{3}U_{NLA}}$	$\dfrac{S_N}{\sqrt{3}U_{NLB}}$
3	各侧绕组接线方式	D	Y	Y
4	电流互感器一次值	I_{H1n}	I_{LA1n}	I_{LB1n}
5	电流互感器二次值	I_{H2n}	I_{LA2n}	I_{LB2n}
6	二次额定电流	$I_{NH}=\dfrac{S_N}{\sqrt{3}U_{NH}}\Big/\dfrac{I_{H1n}}{I_{H2n}}$	$I_{NLA}=\dfrac{S_N}{\sqrt{3}U_{NLA}}\Big/\dfrac{I_{LA1n}}{I_{LA2n}}$	$I_{NLB}=\dfrac{S_N}{\sqrt{3}U_{NLB}}\Big/\dfrac{I_{LB1n}}{I_{LB2n}}$
7	平衡系数	$k_H=1$	$k_{LA}=\dfrac{k_H I_{NH}}{I_{NLA}}$	$k_{LB}=\dfrac{k_H I_{NH}}{I_{NLB}}$

注 1. 对于通过软件实现电流相位和幅值补偿的微机型保护，各侧 TA 二次均按 Y 接线。

2. 比率差动保护的具体整定方式参考装置说明书。

3. 基准侧的选取及平衡系数的计算方法与装置的具体实现方式有关，以上仅是以高压侧为基准侧作为示例进行平衡系数的计算的，其中平衡系数和二次额定电流满足 $k_H I_{NH}=k_{LA}I_{NLA}=k_{LB}I_{NLB}$。

4. 短路电流的计算

整定变压器纵差保护，一般需要做两种运行方式下的短路电流计算，一种是在系统最大运行方式下变压器外部短路时，计算通过变压器的最大穿越性短路电流（通常是三相短路电流），其目的是为计算差动保护的最大不平衡电流和最大制动电流；另一种是在系统最小运行方式下，计算纵差保护区内最小短路电流（两相或单相短路电流），其目的是为计算差动保护的最小灵敏系数。

5. 比率制动式纵差保护的整定计算

（1）比率制动式纵差保护动作特性参数的整定。以单折线特性为例，带比率制动特性的纵差保护的动作特性，通常用直角坐标系上的折线表示。该坐标系纵轴为保护的动作电流 I_{op}；横轴为制动电流 I_{res}，如图 5-6 所示。折线 ACD 的左上方为保护的动作区，折线右下方为保护的制动区。这一动作特性曲线由纵坐标 OA、拐点的横坐标 OB、折线 CD 的斜率 S 三个参数确定。OA 表示无制动状态下的动作电流，即保护的最小动作电流 $I_{op.min}$；OB 表示起始制动电流 $I_{res.0}$。制动特性的动作区可用如下方程式表示

$$\begin{cases} I_{op} \geqslant I_{op.min} & (I_{res} \leqslant I_{res.0} \text{ 时}) \\ I_{op} \geqslant I_{op.min} + S(I_{res} - I_{res.0}) & (I_{res} > I_{res.0} \text{ 时}) \end{cases}$$

目前工程上有两种整定计算方法来确定动作特性的三个参数，即：

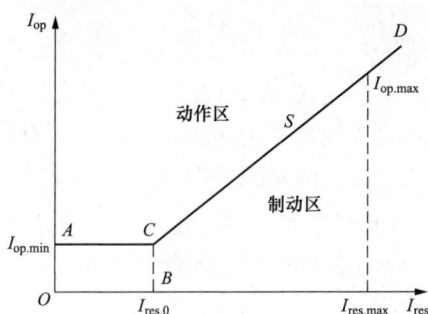

图 5-6　纵差保护动作特性曲线图

1）第一种整定法。折线上任一点动作电流 I_{op} 与制动电流 I_{res} 之比 $I_{op}/I_{res} = K_{res}$ 称为纵差保护的制动系数。由上述制动特性动作方程式可导出，制动系数 K_{res} 与折线斜率 S 之间的关系

$$S = \frac{K_{res} - I_{op.min}/I_{res}}{1 - I_{res.0}/I_{res}}$$

$$K_{res} = S(1 - I_{res.0}/I_{res}) + I_{op.min}/I_{res}$$

从图 5-6 可见，对于动作特性具有一个拐点的纵差保护，折线的斜率 S 是一个常数，而制动系数 K_{res} 则是随制动电流 I_{res} 而变化的。在实际应用中，保护装置一般通过直接整定折线的斜率来满足制动系数的要求。

a. 纵差保护最小动作电流的整定。最小动作电流应大于变压器正常运行时的不平衡电流，即

$$I_{op.min} = K_{rel}(K_{er} + \Delta U + \Delta m)I_N$$

式中：I_N 为变压器基准侧二次额定电流，A；K_{rel} 为可靠系数，取 1.3～1.5；K_{er} 为电流互感器的比误差，10P 型取 0.03×2，5P 型和 TP 型取 0.01×2；ΔU 为变压器调压引起的误差，取调压范围内偏离额定值的最大值（百分值）；Δm 为由于电流互感器变比未完全匹配产生的误差，初设时可取 0.05。

实际工程应用中整定计算可选取

$$I_{op.min} = (0.4 \sim 0.6)I_N$$

根据实际情况（现场实测不平衡电流），还应考虑外部故障切除时的不平衡电流，确有必要时，在满足灵敏度要求的前提下，最小动作电流值也可以大于 I_N，但不宜大于 $0.8I_N$。

b. 起始制动电流 $I_{res.0}$ 的整定。起始制动电流的整定需结合纵差保护动作特性，通常可取

$$I_{res.0} = (0.4 \sim 1.0)I_N$$

c. 动作特性折线斜率 S 的整定。纵差保护的动作电流应大于外部短路时流过差动回路的不平衡电流。变压器种类不同，不平衡电流也有较大差别，下面给出普通双绕组和分裂绕组变压器差动保护回路最大不平衡电流

$I_{unb.max}$ 的计算公式。

（a）双绕组变压器

$$I_{unb.max} = (K_{ap}K_{cc}K_{er} + \Delta U + \Delta m)I_{k.max}/n_{TA}$$

式中：K_{er}、ΔU、Δm 含义同前，但 $K_{er}=0.1$；K_{ap} 为非周期分量系数，两侧同为 TP 级 TA 时取 1.0，两侧同为 P 级 TA 时取 1.5～2.0；K_{cc} 为电流互感器的同型系数，同型时取 1.0；$I_{k.max}$ 为低压侧外部短路时，最大穿越短路电流周期分量，A；n_{TA} 为电流互感器的变比。

（b）分裂绕组变压器

$$I_{unb.max} = (K_{ap}K_{cc}K_{er} + \Delta U + \Delta m)I_{k.max}/n_{TA}$$

$$I_{k.max} = \max(I_{kLA.max}, I_{kLB.max})$$

式中：$I_{kLA.max}$（$I_{kLB.max}$）为低压侧 A(B) 分支外部短路时，流过变压器高压侧、低压 A(B) 分支绕组的最大穿越短路电流周期分量，A；其他符号的含义同前。

差动保护的动作电流

$$I_{op.max} = K_{rel}I_{unb.max}$$

最大制动系数

$$K_{res.max} = \frac{I_{op.max}}{I_{res.max}}$$

最大制动电流

$$\begin{cases} I_{res.max} = I_{k.max} & \text{（双绕组变压器）} \\ I_{res.max} = \max(I_{kLA.max}, I_{kLB.max}) & \text{（双裂绕组变压器）} \end{cases}$$

根据 $I_{op.min}$、$I_{res.0}$、$I_{res.max}$、$K_{res.max}$ 可计算出差动保护动作特性曲线中折线的斜率 S，当 $I_{res.max} = I_{k.max}$ 时，有

$$S = \frac{I_{op.max} - I_{op.min}}{\dfrac{I_{k.max}}{n_{TA}} - I_{res.0}}$$

2）第二种整定法。此法不考虑负荷状态和外部短路时电流互感器误差 K_{er} 的不同，使不平衡电流完全与穿越性电流成正比变化，如图 5-7 所示。

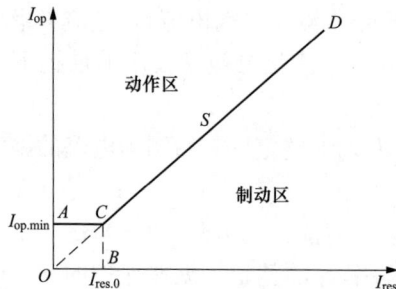

图 5-7　第二种整定法纵差保护动作特性曲线图

比率制动特性 CD 通过原点，从而制动系数 K_{res} 为常数；当 K_{res} 和 $I_{res.0}$ 确定后，$I_{op.min}$ 随之确定，不必另做计算。此法计算简单，安全可靠，但偏于保守。

a. 按下式计算制动系数 K_{res}，即

$$K_{res} = K_{rel}(K_{ap}K_{cc}K_{er} + \Delta U + \Delta m) = S$$

式中：各符号的含义同前，$K_{er} = 01$。

b. 画一条通过坐标原点、斜率为 K_{res} 的直线 OD，在横坐标上取 $OB = (0.4 \sim 1.0)I_N$，此即起始制动电流 $I_{res.0}$。

c. 在直线 OD 上对应 $I_{res.0}$ 的 C 点纵坐标值 OA 即为最小动作电流 $I_{op.min}$，折线 ACD 即为差动保护的动作特性曲线。

上述两种整定方法中，如果保护装置中 $I_{op.min}$ 和折线 CD 斜率 S 的整定不是连续调节的，则整定值应取继电器能整定的，并略大于计算值的数值即可。

（2）灵敏度校验。纵差保护的灵敏系数应按最小运行方式下差动保护区内变压器引出线上两相金属性短路计算，要求灵敏系数应不小于1.5。图 5-8 所示为纵差保护灵敏系数计算说明图。

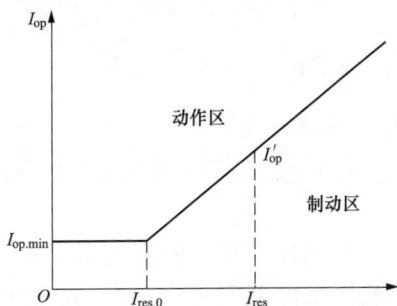

图 5-8　纵差保护灵敏系数计算说明图

根据计算最小短路电流 $I_{k.min}$ 和相应的制动电流 I_{res}，在动作特性曲线上查得对应的动作电流 I'_{op}，可计算灵敏系数 K_{sen}。即

$$K_{sen} = \frac{I_{k.min}}{I'_{op}} \geqslant 1.5$$

6. 变斜率纵差保护的整定计算

（1）变斜率纵差保护动作特性参数的整定。变斜率纵差保护的基本工作原理与比率制动式纵差保护相同，只是制动特性是变斜率的。变斜率纵差保护的动作特性，通常用直角坐标系上的曲线表示。该坐标系纵轴为保护的动作电流 I_{op}，横轴为制动电流 I_{res}，如图 5-9 所示。

曲线的左上方为保护的动作区，曲线右下方为保护的制动区。这一动作特性曲线由最小动作电流 $I_{op.min}$、起始斜率 S_1、最大斜率 S_2 三个参数所确定。

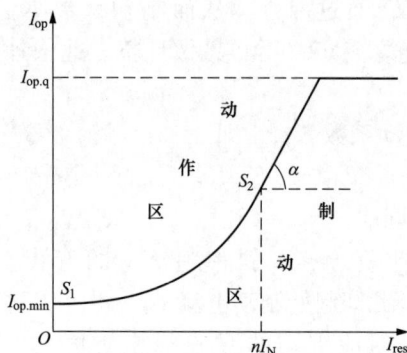

图 5-9　变斜率制动特性

当制动电流 $I_{res} \geqslant nI_N$ 时，制动特性斜率随 I_{res} 的增大而增大（称变斜率）；当制动电流 $I_{res} > nI_N$ 时，制动特性斜率固定为最大斜率 S_2，n 为常数，具体值参见厂家技术说明书。制动特性的动作区可用如下方程式表示

$$\begin{cases} I_{op} \geqslant I_{op.min} + \left(S_1 + S_\Delta \cdot \dfrac{I_{res}}{I_N} \right) I_{res} & (I_{res} \leqslant nI_N \text{ 时}) \\ I_{op} \geqslant I_{op.min} + (S_1 + nS_\Delta)nI_N + S_2(I_{res} - nI_N) & (I_{res} > nI_N \text{ 时}) \end{cases}$$

式中：S_Δ 为比率制动系数增量，$S_\Delta = \dfrac{S_2 - S_1}{2n}$。

变斜率制动特性整定计算方法如下：

1）确定最小动作电流 $I_{op.min}$。按躲过变压器正常运行时的不平衡电流整定，即

$$I_{op.min} = K_{rel}(K_{er} + \Delta U + \Delta m)I_N$$

式中：I_N 为变压器基准侧二次额定电流，A；K_{rel} 为可靠系数，取 1.3～1.5；K_{rel} 为电流互感器的比误差，10P 型取 0.03×2，5P 型和 TP 型取 0.01×2；ΔU 为变压器调压引起的误差，取调压范围内偏离额定值的最大值（百分值）；Δm 为由于电流互感器变比未完全匹配产生的误差，初设时可取 0.05。

实际工程应用中整定计算可选取　$I_{op.min} = (0.4 \sim 0.6)I_N$。

根据实际情况（现场实测不平衡电流）确有必要时，在满足灵敏度要求的前提下，最小动作电流值也可以大于 $0.6I_N$，但不宜大于 $0.8I_N$。

2）确定起始斜率 S_1。因不平衡电流由电流互感器相对误差确定，所以 S_1 应为

$$S_1 = K_{rel}K_{cc}K_{er}$$

当 $K_{rel} = 1.5$、$K_{cc} = 1.0$、$K_{er} = 0.1$ 时，$S_1 = 0.15$。

通常工程上可取 $S_1 = 0.1 \sim 0.2$。

3）确定最大斜率 S_2。S_2 按区外短路故障最大穿越性短路电流作用下可靠不误动条件整定，计算步骤如下：

a. 计算差动回路最大不平衡电流 $I_{unb.max}$。

（a）双绕组变压器

$$I_{unb.max} = (K_{ap}K_{cc}K_{er} + \Delta U + \Delta m)I_{k.max}/n_{TA}$$

式中：K_{er}、ΔU、Δm 含义同前，但 $K_{er} = 0.1$；K_{ap} 为非周期分量系数，两侧同为 TP 级 TA 时取 1.0，两侧同为 P 级 TA 时取 1.5～2.0；K_{cc} 为电流互感器的同型系数，同型时取 1.0；$I_{k.max}$ 为低压侧外部短路时，最大穿越短路电流周期分量，A；n_{TA} 为电流互感器的变比。

（b）分裂绕组变压器

$$I_{unb.max} = (K_{ap}K_{cc}K_{er} + \Delta U + \Delta m)I_{k.max}/n_{TA}$$

$$I_{k.max} = \max(I_{kLA.max}, I_{kLB.max})$$

式中：$I_{kLA.max}(I_{kLB.max})$ 为低压侧 A（B）分支外部短路时，流过变压器高压侧、低压 A（B）分支绕组的最大穿越短路电流周期分量，A；其他符号的含义同前。

b. 计算最大制动电流

$$\begin{cases} I_{res.max} = I_{k.max} & \text{（双绕组变压器）} \\ I_{res.max} = \max(I_{kLA.max}, I_{kLB.max}) & \text{（分裂绕组变压器）} \end{cases}$$

c. 根据变斜率制动特性的公式

$$\begin{cases} I_{op} \geqslant I_{op.min} + \left(S_1 + S_\Delta \cdot \dfrac{I_{res}}{I_N}\right)I_{res} & (I_{res} \leqslant nI_N \text{ 时}) \\ I_{op} \geqslant I_{op.min} + (S_1 + nS_\Delta)nI_N + S_2(I_{res} - nI_N) & (I_{res} > nI_N \text{ 时}) \end{cases}$$

应满足

$$I_{op.min} + (S_1 + nS_\Delta)nI_N + S_2(I_{res.max} - nI_N) \geqslant K_{rel}I_{unb.max}$$

d. 计及 $S_\Delta = (S_2 - S_1)/2n$，上式可简化为

$$S_2 \geqslant \frac{K_{rel}I_{unb.max} - \left(I_{op.min} + \dfrac{n}{2}S_1 I_N\right)}{I_{res.max} - \dfrac{n}{2}I_N}$$

式中：K_{rel} 为可靠系数，取 2。

实际工程应用中，通常取 $S_2 = 0.5 \sim 0.8$。

（2）灵敏度校验。纵差保护的灵敏系数应按最小运行方式下差动保护区内变压器引出线上两相金属性短路故障计算。

根据计算最小短路电流 $I_{k.min}$ 和相应的制动电流 I_{res}，在动作特性曲线上查得对应的动作电流 I'_{op}，计算灵敏系数 K_{sen}，即

$$K_{sen} = \frac{I_{k.min}}{I'_{op}} \geqslant 1.5$$

7. 纵差保护的其他辅助整定计算及经验数据的推荐

（1）差动速断保护的整定。差动速断保护是纵差保护的一个辅助保护。当内部故障电流很大时，为防止由于 TA 饱和判据的闭锁可能引起纵差保护延迟动作而设置。差动速断保护的整定值应按躲过变压器可能产生的最

大励磁涌流或外部短路最大不平衡电流整定，一般取

$$I_{op} = K \cdot I_N$$

式中：I_N 为变压器基准侧二次额定电流，A；K 为倍数，视变压器容量和系统电抗大小而定，同主变压器的推荐值。

按正常运行方式保护安装处电源侧两相短路计算灵敏系数 K_{sen}，要求 $K_{sen} \geqslant 1.2$。

（2）二次谐波制动系数的整定。利用二次谐波制动来防止励磁涌流误动的纵差保护中，整定值指差动电流中的二次谐波分量与基波分量的比值，通常称这一比值为二次谐波制动系数。根据经验，二次谐波制动系数可整定为 15%～20%。一般推荐整定为 15%，特殊情况下可适当调整。需关注谐波制动方式的探讨！

（3）涌流间断角的推荐值。按鉴别涌流间断角原理构成的变压器差动保护，根据运行经验，闭锁角可取 60°～70°；有时还采用涌流导数的最小间断角 θ_d 和最大波宽 θ_w，其闭锁条件分别为

$$\theta_d \geqslant 65°; \theta_w \leqslant 140°$$

（二）高压厂用变压器高压侧相间故障保护

根据高压厂用变压器的运行方式，高压厂用变压器高压侧后备保护有以下两种方式：

（1）过电流保护。为躲过电动机启动电流的影响，动作电流相对较大，虽然可对高压厂用变压器短路故障起后备保护作用，但有时不能完全起到厂用高压系统（如较长电缆末端故障）短路故障的后备保护作用。该保护最大的优点是起机升压及发电机并网后厂用电未切换到高压厂用变压器期间，对高压厂用变压器分支 TA 与分支断路器间发生的故障（可能性很小）可起到保护作用，因为发电机或发电机-变压器组的后备保护对这一故障没有灵敏度。

（2）复压过电流保护。动作电流相对较小，可起到厂用高压系统短路故障的后备保护作用。该保护最大的缺点是当复合电压取自高压厂用变压器低压母线时，发电机起机升压及发电机并网后厂用电未切换到高压厂用变压器期间，对高压厂用变压器的短路故障、高压厂用变压器低压侧到分支断路器间连线上的短路故障失去保护作用。当然，如果复合电压直接取高压厂用变压器低压侧电压（高压厂用变压器低压侧与分支断路器间有 TV 时），则这一缺点不存在。

这两种后备保护均设Ⅰ、Ⅱ段，每段设一个时限，动作后停机（切换厂用电），也有设一段一时限的。

1. 高压厂用变压器高压侧过电流保护

（1）过电流保护Ⅰ段（限时电流速断保护）的整定。

1）动作电流 $I_{op.I}$：按以下两个条件选取较大值。

a. 按躲过高压厂用变压器低压侧出口三相短路时流过保护的最大短路

电流整定，即

$$I_{\text{op. I}} = K_{\text{rel}} \cdot \frac{I_{\text{k. max}}^{(3)}}{n_{\text{TA}}}$$

$$I_{\text{k. max}}^{(3)} = \frac{1}{X_{\text{T}}} \cdot \frac{S_{\text{B}}}{\sqrt{3}\,U_{\text{N}}}$$

式中：K_{rel} 为可靠系数，取 $1.2 \sim 1.3$；$I_{\text{k. max}}^{(3)}$ 为高压厂用变压器低压侧出口三相短路流过高压侧的最大短路电流，A；n_{TA} 为高压厂用变压器高压侧后备保护电流互感器变比；X_{T} 为高压侧到故障点折算到 S_{B} 基准容量的高压厂用变压器阻抗标幺值；U_{N} 为发电机额定电压，V。

b. 按躲过变压器可能产生的最大励磁涌流整定，即

$$I_{\text{op}} = K \cdot I_{\text{N}}$$

式中：I_{N} 为变压器基准侧二次额定电流，A；K 为倍数，视变压器容量和系统电抗大小而定，推荐值同前。

2）动作时限 t_1：取 $0 \sim 0.2\text{s}$。

3）灵敏度校验：按最小运行方式下，高压厂用变压器高压侧出口发生两相金属性短路时的短路电流 $I_{\text{k. min}}^{(2)}$ 计算灵敏系数，要求灵敏度满足

$$K_{\text{sen}} = \frac{I_{\text{k. min}}^{(2)}}{n_{\text{TA}}I_{\text{op. I}}} \geqslant 2$$

4）出口方式：动作于停机及启动备用电源切换。当高压厂用变压器高压侧有断路器时，动作于跳开高压厂用变压器各侧断路器及启动备用电源切换。

（2）过电流保护 II 段（定时限过电流保护）的整定。

1）动作电流 $I_{\text{op. II}}$：按以下三个条件选取较大值。

a. 按与高压厂用变压器低压侧分支过电流保护 II 段动作电流 $I_{\text{op. II(L)}}$ 配合整定，即

$$I_{\text{op. II}} = K_{\text{co}}(K_{\text{bt}}I_{\text{op. II(L)}}n_{\text{TAL}} + I_{\text{loa}}) \cdot \frac{U_{\text{LN}}}{U_{\text{HN}}} \cdot \frac{1}{n_{\text{TA}}}$$

式中：K_{co} 为配合系数，取 $1.15 \sim 1.25$；K_{bt} 为变压器绕组接线折算系数，Dy1 接线 $K_{\text{bt}} = 1.16$，Dd 或 Yy 接线 $K_{\text{bt}} = 1$；$I_{\text{op. II(L)}}$ 为高压厂用变压器低压侧分支过电流 II 段动作电流（二次值），A；n_{TAL} 为高压厂用变压器低压分支过电流保护用电流互感器变比；I_{loa} 为低压分支正常运行时的工作电流（当一个分支有两条配用支路时，取一个支路的工作电流），A；$\dfrac{U_{\text{LN}}}{U_{\text{HN}}}$ 为高压厂用变压器低压侧与高压侧的实际变比；n_{TA} 为高压厂用变压器高压侧后备保护电流互感器变比。

b. 按躲过高压厂用变压器所带负荷需要自启动的电动机最大启动电流之和整定，即

$$I_{\text{op. II}} = K_{\text{rel}}K_{\text{zq}} \cdot I_{\text{N}}$$

式中：K_{rel}为可靠系数，取 $1.15 \sim 1.25$；K_{zq}为需要自启动的全部电动机在自启动时所引起的过电流倍数，该值与备用电源的备用方式有关，当备用电源为明备用接线方式时：

（a）未带负荷的情况下

$$K_{zq} = \frac{1}{\dfrac{U_k\%}{100} + \dfrac{S_{T.N}}{K_{st.\Sigma} S_{M.\Sigma}} \left(\dfrac{U_{M.N}}{U_{T.N}}\right)^2}$$

（b）已带一段或几段负荷，再投入另一段厂用电负荷的情况下

$$K_{zq} = \frac{1}{\dfrac{U_k\%}{100} + \dfrac{0.7 S_{T.N}}{1.2 K_{st.\Sigma} S_{M.\Sigma}} \left(\dfrac{U_{M.N}}{U_{T.N}}\right)^2}$$

当备用电源为暗备用接线方式时

$$K_{zq} = \frac{1}{\dfrac{U_k\%}{100} + \dfrac{S_{T.N}}{0.6 K_{st.\Sigma} S_{M.\Sigma}} \left(\dfrac{U_{M.N}}{U_{T.N}}\right)^2}$$

式中：$U_k\%$为高压厂用变压器的阻抗电压百分值；$K_{st.\Sigma}$为电动机自启动电流倍数，与备用电源切换时间有关，备用电源为慢速切换时取 5，备用电源为快速切换时取 $2.5 \sim 3$；$S_{T.N}$为高压厂用变压器的额定容量，MVA；$S_{M.\Sigma}$为需要自启动的电动机额定视在功率的总和，MVA；$U_{T.N}$为高压电动机的额定电压，kV；$U_{M.N}$为高压厂用变压器低压分支绕组的额定电压，kV。

c. 按躲过低压侧一个分支负荷自启动电流和其余分支正常负荷总电流整定，即

$$I_{op.II} = K_{rel} (\sum I_{qd} + \sum I_{fL}) / n_{TA}$$

式中：K_{rel}为可靠系数，取 $1.15 \sim 1.25$；$\sum I_{qd}$为低压侧一个分支负荷自启动电流，折算到高压侧的一次电流，A；$\sum I_{fL}$为低压侧其余分支正常负荷总电流，折算到高压侧的一次电流，A。

2）灵敏度校验。最小运行方式下，高压厂用变压器低压侧分支母线两相金属性短路灵敏系数不小于 1.3，即

$$K_{sen} = \frac{I_k^{(2)}}{n_{TA} I_{op.II}} \geqslant 1.3$$

3）动作时限 t_2：与高压厂用变压器低压侧分支过电流保护 II 段动作时限 $t_{2(L)}$ 配合整定，即：$t_2 = t_{2(L)} + \Delta t$。

为保证高压厂用变压器热稳定，高压侧过电流保护的动作时间不宜超过 2s。

4）出口方式：保护动作于跳开高压厂用变压器各侧断路器或动作于停机、闭锁备用电源切换。

2. 高压厂用变压器高压侧复压闭锁过电流保护

高压厂用变压器复压闭锁过电流作为高压厂用变压器内部相间短路故

障、低压电缆相间短路故障的后备保护。复压过电流保护可设两段，每段可设一个（或两个）时限；也有设一段一时限的。

（1）复合电压动作值的整定。复合电压取用变压器低压各分支侧之值。

1）动作电压：低电压动作值按躲过低压母线上最大容量电动机（如电动给水泵）启动时可能出现的最低母线电压整定，一般可取 $U_{op}=(0.55\sim0.60)U_N$。

负序电压动作值：按躲过最大不平衡电压整定，一般可取 $U_{2.op}=(0.06\sim0.08)U_N$，依据保护装置厂家说明书的要求选择线电压还是相电压。

2）灵敏度校验：

a. 低电压元件：按高压厂用变压器低压分支母线上最长电缆末三相短路计算灵敏系数。变压器低压分支最高残压 U_y（二次值）为

$$U_y=\frac{X_L}{X_{max}+X_T+X_L}\times100V$$

式中：X_{max} 为折算到基准容量 S_B 的变压器高压系统最大运行方式时的正序阻抗标幺值；X_L 为折算到 S_B 基准容量的电缆阻抗标幺值，$X_L=0.08L\cdot\dfrac{S_B}{U_B^2}$；$X_T$ 为折算到 S_B 基准容量的高压厂用变压器高压侧与该厂用母线侧间阻抗标幺值。

要求满足灵敏度条件

$$K_{sen}=\frac{U_{op}}{U_y}\geqslant1.3$$

此外，最大容量电动机启动时母线电压应高于低电压元件动作电压，即低电压元件不应动作。最大功率电动机（一般是电动给水泵）启动时折算到基准容量 S_B 的阻抗标幺值 X_M 为

$$X_M=\frac{1}{K_{st}}\cdot\frac{S_B}{S_N/\cos\varphi}$$

式中：K_{st} 为电动机启动电流倍数，可取 6.5；S_N 为接于该厂用母线上最大容量电动机的额定容量，VA；$\cos\varphi$ 为该电动机的功率因数，一般可取 0.8。

最大容量电动机启动时厂用高压母线最低电压（二次值）为

$$U_{st}=\frac{X_M}{X_M+X_T+X_{min}}\times100V$$

要求满足

$$K_{rel}U_{st}>U_{op}$$

式中：K_{rel} 为可靠系数，计及其他电动机影响使 U_{st} 降低，可取 $0.8\sim0.9$。

b. 负序电压元件：按厂用高压母线上最长电缆末两相短路计算灵敏系数。

厂用高压母线上最低负序相电压（二次值）为

$$U_2 = \frac{1}{2} \cdot \frac{X_{\max} + X_T}{X_{\max} + X_T + X_L} \cdot \frac{100}{\sqrt{3}} (\text{V})$$

要求满足灵敏度条件

$$K_{\mathrm{rel}} = \frac{U_2}{U_{2.\mathrm{op}}} \geqslant 1.3$$

（2）过电流保护Ⅰ段的整定。

1）动作电流 $I_{\mathrm{op.\,I}}$：按躲过变压器低压侧出口三相短路时流过保护的最大短路电流整定，即

$$I_{\mathrm{op.\,I}} = K_{\mathrm{rel}} \cdot \frac{I_{\mathrm{k.\,max}}^{(3)}}{n_{\mathrm{TA}}}$$

$$I_{\mathrm{k.\,max}}^{(3)} = \frac{1}{X_{\max} + X_T} \cdot \frac{S_B}{\sqrt{3} U_B}$$

式中：K_{rel} 为可靠系数，取 1.3；$I_{\mathrm{k.\,max}}^{(3)}$ 为变压器低压侧出口三相短路时流过高压侧的最大短路电流，A；$X_{\max}$ 为变压器高压侧系统最大运行方式时折算到 S_B 基准容量的系统阻抗标幺值；X_T 为高压侧到故障点折算到 S_B 基准容量的高压厂用变压器阻抗标幺值；U_B 为变压器高压侧的平均额定电压，V。

2）动作时限 t_1：按最不利情况下厂用电快切装置不正确动作时躲过暂态冲击电流影响整定，取 $t_1 = 0.2\mathrm{s}$（当动作电流能躲过暂态冲击电流时，t_1 也可取 0s）。

（3）过电流保护Ⅱ段的整定。

1）动作电流 $I_{\mathrm{op.\,II}}$：按以下两个条件选取较大值。

a. 按变压器高压侧额定电流下可靠返回条件整定，即

$$I_{\mathrm{op.\,II}} = \frac{K_{\mathrm{rel}}}{K_r} \cdot \frac{I_N}{n_{\mathrm{TA}}}$$

式中：K_{rel} 为可靠系数，取 1.2～1.3；K_r 为返回系数，取 0.85～0.95；I_N 为变压器高压侧额定电流，A。

b. 与低压侧分支复合电压闭锁过电流保护配合整定，即

$$I_{\mathrm{op.\,II}} = K_{\mathrm{co}}(K_{\mathrm{bt}} I_{\mathrm{op.\,f}} + \sum I_{\mathrm{fl}}) / n_{\mathrm{TA}}$$

式中：K_{co} 为配合系数，取 1.15～1.25；$I_{\mathrm{op.\,f}}$ 为低压分支复压闭锁过电流保护的最大动作电流，折算到高压侧的一次电流，A；K_{bt} 为变压器绕组接线折算系数，Dy1 接线取 1.16，Dd 或 Yy 接线取 1；$\sum I_{\mathrm{fl}}$ 为低压侧其余分支正常负荷总电流，折算到高压侧的一次电流，A。

2）灵敏度校验。最小运行方式下，高压厂用变压器低压侧分支母线两相金属性短路灵敏系数不应小于 1.3。

最长电缆末两相短路时，流过保护安装处的短路电流为

$$I_{k.\,min}^{(2)} = \frac{\sqrt{3}}{2} \cdot \frac{1}{X_{min} + X_T + X_L} \cdot \frac{S_B}{\sqrt{3} U_B}$$

式中：X_{min} 为折算到 S_B 基准容量的变压器高压系统最小运行方式时的正序阻抗标幺值；X_L 为折算到 S_B 基准容量的电缆阻抗标幺值，$X_L = 0.08L \cdot \dfrac{S_B}{U_B^2}$；$X_T$ 为折算到 S_B 基准容量的变压器高压侧与该厂用母线侧间阻抗标幺值；U_B 为该分支侧厂用高压母线平均额定电压，V。

要求灵敏系数满足

$$K_{sen} = \frac{I_{k.\,min}^{(2)}}{n_{TA} I_{op.\,II}} \geqslant 1.3$$

3）动作时限 t_2：与高压厂用变压器低压侧分支过电流保护 II 段（最长）动作时限 $t_{2(L)}$ 配合整定，$t_2 = t_{2(L)} + \Delta t$。

4）出口方式：保护动作于跳开高压厂用变压器各侧断路器或动作于停机、闭锁备用电源切换。

3. 提高保护动作可靠性措施

（1）复合电压宜取变压器低压分支侧电压，不宜取厂用高压母线电压。因为后者在运行中变压器发生相间短路故障时，复合电压元件不动作导致保护被闭锁，失去保护作用。

（2）过电流 I 段可经复压闭锁，也可不经复压闭锁。但当复合电压取自厂用高压母线时不能经复压闭锁。

（3）复压过电流 II 段动作时限不应超过 2s。

（4）复压过电流 II 段动作电流 $I_{op.\,II}$ 与低压侧分支过电流 II 段动作电流 $I_{op.\,II(L)}$ 配合整定时，若厂用高压母线最长电缆末两相短路时灵敏度不低于 1.2，即

$$K_{sen} = \frac{I_{k.\,min}^{(2)}}{n_{TA} I_{op.\,II}} \geqslant 1.2$$

则可取消复压闭锁条件，变为纯过电流保护。

（5）当变压器高压侧为双母线接线时，复压过电流 II 段可设两个时限，第一时限 t_2 跳母联断路器，第二时限 $t_2 + \Delta t$ 跳高、低压侧断路器。

（6）当复压过电流只设一段时，取 II 段定值。

（7）当高压厂用变压器低压侧与分支断路器间有 TV 时，大机组的两套高压厂用变压器高压侧后备保护均可采用复压过电流保护，动作于停机（切换厂用电）。

（8）当高压厂用变压器低压侧与分支断路器间没有 TV 时，复合电压必须取自高压厂用变压器低压侧母线电压，这种情况下两套高压厂用变压器高压侧后备保护中，宜一套采用复压过电流保护，另一套采用过电流保护。

（9）不论高压厂用变压器低压侧与分支断路器之间有无 TV，如有两套高压厂用变压器后备保护，则采用（8）方式都是合理的。

（10）当高压厂用变压器只有一套后备保护时，若低压侧与分支断路器之间有 TV，则Ⅰ、Ⅱ段可经复压闭锁；若低压侧与分支断路器之间无 TV，则其中的Ⅰ段可采用过电流保护Ⅱ段定值，Ⅱ段采用复压过电流保护Ⅱ段定值。当然，保护装置应能对Ⅰ、Ⅱ段的复压闭锁分别投退，但在自并励发电机状态下，有的保护装置难以实现。

（三）高压厂用变压器过负荷保护

（1）动作电流 I_{op}：按躲过变压器高压侧额定电流下可靠返回条件整定，即

$$I_{op} = \frac{K_{rel}}{K_r} \cdot I_N$$

式中：K_{rel} 为可靠系数，取 $1.05 \sim 1.1$；K_r 为返回系数，取 $0.85 \sim 0.95$；I_N 为变压器高压侧额定电流（二次值），A。

（2）动作时限：一般取 $10 \sim 15s$，动作于发信号。

（四）高压厂用变压器通风启动保护

保护的整定原则、整定计算及注意事项，同主变压器通风启动保护。

（五）高压厂用变压器低压侧分支（进线）相间故障保护

近年来由于高压厂用变压器低压母线短路，高压厂用变压器经受不起母线短路电流冲击，造成高压厂用变压器损坏的情况多有发生。这主要是高压厂用变压器设计制造质量上存在问题，有的变压器根本无抵抗出口短路能力，制造厂应按国标耐受抗出口短路能力要求设计制造变压器。除此之外，在保护设置与整定计算时应尽可能缩短动作时间，这对安全运行肯定是有好处的。但这一问题往往在整定计算时过多地考虑二、三类负荷的动作选择性，以致造成高压厂用变压器进线断路器动作延时高达 1.5s 及以上，如很多大型发电厂煤码头电源都是双路电源，同时对该电源短时失电后人工恢复供电，并不影响发电厂正常连续运行，自煤码头第一级用电设备至高压厂用工作母线少则二级，多则三级，如逐级按选择性配合计算，必然使高压厂用变压器进线断路器动作延时过长。对类似煤码头的二、三类负荷电源可根据实际情况装设与下一级牺牲选择性的无延时与短延时电流速断保护，以达到大大缩短高压厂用变压器进线断路器动作延时的目的。

高压厂用变压器低压侧每个分支均可设置两段过电流保护，作为本分支母线及相邻元件的相间短路故障的后备保护。当过电流保护灵敏度不满足要求时，也可装设复合电压闭锁过电流保护，复合电压取低压侧分支电压。

1. 低压分支过电流保护

低压分支过电流保护一般设两段（Ⅰ、Ⅱ段），每段设一个时限，均动作于跳该分支断路器，同时切换厂用电。

（1）低压分支过电流保护Ⅱ段。厂用高压母线的正常工作电流 I_W 可如下估算：可取该分支绕组额定电流的 $85\%\sim90\%$；如该分支绕组容量较大，可取该厂用高压母线所有负荷同时工作时最大电流的 $70\%\sim80\%$。

1）动作电流 $I_{op.\,Ⅱ}$：按以下三个条件选取大值。

a. 按躲过本分支母线所接最大容量电动机启动时的工作电流整定，即

$$I_{op.\,Ⅱ} \geqslant K_{rel}(I_W - I_M + K_{st}I_M)\frac{1}{n_{TA}}$$

式中：K_{rel} 为可靠系数，取 $1.15\sim1.2$；I_M 为母线上直接启动的最大容量电动机的额定电流，$I_M = \dfrac{P_N}{\sqrt{3}U_N\cos\varphi}$（$\cos\varphi$ 为该电动机的功率因数，可取 0.8），A；K_{st} 为直接启动最大容量电动机的启动电流倍数，可取 $6\sim8$。

b. 按躲过本分支母线所接需参与自启动的电动机自启动电流之和整定，即

$$I_{op.\,Ⅱ} \geqslant K_{rel} \cdot K_{zq} \cdot I_W \cdot \frac{1}{n_{TA}}$$

$$K_{zq} = \frac{1}{U_k\% + \dfrac{1}{K_Q} \cdot \dfrac{S_N}{S_\Sigma} \cdot \left(\dfrac{U_{M.N}}{U_{T.N}}\right)^2}$$

式中：K_{rel} 为可靠系数，取 $1.15\sim1.2$；K_{zq} 为需要自启动的全部电动机的综合启动系数；$U_k\%$ 为以高压厂用变压器低压分支绕组额定容量为基准的短路电压百分数，对于分裂绕组变压器用半穿越阻抗值；K_Q 为电动机自启动倍数，与备用电源切换时间有关，备用电源为慢速切换时可取 6.5，备用电源为快速切换时可取 $2.5\sim3$；S_N 为变压器该分支绕组的额定容量，MVA；S_Σ 为该分支母线上需要自启动的电动机额定视在功率的总和，MVA，一般可取 $(60\%\sim70\%)S_N$；$U_{M.N}$ 为高压电动机的额定电压，kV；$U_{T.N}$ 为高压厂用变压器低压分支绕组的额定电压，kV。

c. 按与下一级限时速断或过电流保护的最大动作电流配合整定，即

$$I_{op.\,Ⅱ} = K_{co}I_{op.\,oc.\,max} \cdot \frac{1}{n_{TA}}$$

式中：K_{co} 为配合系数，取 $1.15\sim1.2$；$I_{op.\,oc.\,max}$ 为下一级限时速断或过电流保护的最大动作电流值，A。

2）灵敏度计算。按最小运行方式下，高压厂用变压器低压侧分支母线两相金属性短路计算灵敏系数，要求灵敏系数满足

$$K_{sen} = \frac{I_{k.\,min}^{(2)}}{n_{TA}I_{op.\,Ⅱ}} \geqslant 1.5$$

3）动作时限 t_2：与下一级限时速断或过电流保护的最大动作时限 $T_{op.\,oc.\,max}$ 配合整定，即

$$t_2 = T_{op.\,oc.\,max} + \Delta t$$

a. 当厂用高压母线上只有低压厂用变压器与高压电动机负荷时，计及低压厂用变压器高压侧过电流保护动作时限为 $t_{\text{op.oc.max}}=1\text{s}$，则这种情况下 $t_2=T_{\text{op.oc.max}}+\Delta t=1.3\text{s}$。

b. 如果厂用高压母线上只有低压厂用变压器与高压电动机负荷，母线间有联络断路器，且低压厂用变压器高压侧过电流保护动作时限仍为 $T_{\text{op.oc.max}}=1\text{s}$ 时，则联络断路器上过电流保护动作时间可取 1.2s，此时 $t_2=1.2+\Delta t=1.5\text{s}$。

c. 如果厂用高压母线上不仅有低压厂用变压器和高压电动机负荷，还有馈电线路，若馈线供电的负荷母线间没有分段断路器，则馈线上过电流保护动作时间可取 1.3s，此时 $t_2=1.3+\Delta t=1.6\text{s}$。

d. 在上述 c 的基础上，当馈线供电的负荷母线间有分段断路器时，为缩短动作时限，公用变压器高压侧过电流保护动作时限可取 0.9s，此时分段断路器上过电流保护动作时限为 1.1s，则馈线上过电流保护动作时间可取 1.4s，此时 $t_2=1.4+\Delta t=1.7\text{s}$。

4）出口方式：跳开高压厂用变压器低压侧本分支断路器，闭锁备用电源切换。

（2）低压分支过电流保护 I 段（限时电流速断保护）。厂用高压母线的正常工作电流 I_{W} 可如下估算：可取该分支绕组额定电流的 85%～90%；如该分支绕组容量较大，可取该厂用高压母线所有负荷同时工作时最大电流的 70%～80%。

1）动作电流 $I_{\text{op.I}}$：按以下四个条件选取大值。

a. 按躲过本分支母线所接最大容量电动机启动时的最大工作电流整定，即

$$I_{\text{op.I}} \geqslant K_{\text{rel}}(I_{\text{W}}-I_{\text{M}}+K_{\text{st}}I_{\text{M}})\frac{1}{n_{\text{TA}}}$$

$$I_{\text{M}}=\frac{P_{\text{N}}}{\sqrt{3}U_{\text{N}}\cos\varphi}$$

式中：K_{rel} 为可靠系数，取 1.15～1.2；I_{M} 为母线上直接启动的最大容量电动机的额定电流，$I_{\text{M}}=\dfrac{P_{\text{N}}}{\sqrt{3}U_{\text{N}}\cos\varphi}$，A；$K_{\text{st}}$ 为直接启动最大容量电动机的启动电流倍数，可取 6～8；$\cos\varphi$ 为该电动机的功率因数，可取 0.8。

b. 按躲过本分支母线所接需参与自启动的电动机自启动电流之和整定，即

$$I_{\text{op.I}} \geqslant K_{\text{rel}} \cdot K_{\text{zq}} \cdot I_{\text{W}} \cdot \frac{1}{n_{\text{TA}}}$$

$$K_{\text{zq}}=\frac{1}{U_{\text{k}}\% + \dfrac{1}{K_{\text{Q}}} \cdot \dfrac{S_{\text{N}}}{S_{\Sigma}} \cdot \left(\dfrac{U_{\text{M.N}}}{U_{\text{T.N}}}\right)^2}$$

式中：K_{rel} 为可靠系数，取 $1.15 \sim 1.2$；K_{zq} 为需要自启动的全部电动机的综合启动系数；$U_k\%$ 为以高压厂用变压器低压分支绕组额定容量为基准的短路电压百分数，对于分裂绕组变压器用半穿越阻抗值；K_Q 为电动机自启动倍数，与备用电源切换时间有关，备用电源为慢速切换时可取 6.5，备用电源为快速切换时可取 $2.5 \sim 3$；S_N 为变压器该分支绕组的额定容量，MVA；S_Σ 为该分支母线上需要自启动的电动机额定视在功率的总和，MVA，一般可取 $(60\% \sim 70\%) S_N$；$U_{M.N}$ 为高压电动机的额定电压，kV；$U_{T.N}$ 为高压厂用变压器低压分支绕组的额定电压，kV。

　　c. 按与下一级速断或限时速断保护的最大动作电流配合整定，即

$$I_{op.I} = K_{co} I_{op.dow.max} \cdot \frac{1}{n_{TA}}$$

式中：K_{co} 为配合系数，取 $1.15 \sim 1.2$；$I_{op.dow.max}$ 为下一级速断或限时速断保护的最大动作电流值，A。

　　d. 按与 FC 回路最大额定电流的高压熔断器瞬时熔断电流 I_k 配合整定，即

$$I_{op.I} = K_{rel} I_k / n_{TA} = K_{co} \times (20 \sim 25) I_{FU.N.max} \cdot \frac{1}{n_{TA}}$$

式中：K_{co} 为配合系数，取 $1.15 \sim 1.2$；$I_{FU.N.max}$ 为下一级 FC 高压熔断器最大额定电流值，A。

　　2）灵敏度计算：按变压器高压侧系统处最小运行方式下，高压厂用变压器低压侧本分支母线两相短路计算灵敏度，要求灵敏度满足

$$K_{sen} = \frac{I_k^{(2)}}{n_{TA} I_{op.I}} \geqslant 1.5$$

$$I_k^{(2)} = \frac{\sqrt{3}}{2} \frac{1}{X_{min} + X_T} \frac{S_B}{\sqrt{3} U_B}$$

式中：$I_k^{(2)}$ 为高压厂用变压器低压侧本分支母线最小两相短路电流，A；X_{min} 为折算到基准容量 S_B 的变压器高压系统最小运行方式时的正序阻抗标幺值；X_T 为折算到基准容量 S_B 的变压器高压侧与高厂母线侧间的阻抗标幺值；U_B 为该分支侧厂用高压母线平均额定电压，如 6.3kV。

　　3）动作时限 t_1：与下一级速断或限时电流速断保护动作时限 $t_{op.dow.max}$ 配合整定，即

$$t_1 = t_{op.dow.max} + \Delta t$$

　　a. 当厂用高压母线上只有低压厂用变压器与高压电动机负荷时，计及低压厂用变压器高压侧限时电流速断保护动作时限为 $t_{op.dow.max} = 0.7\text{s}$（与低压 PC 段进线开关短延时保护动作时限 0.4s 配合），则这种情况下 $t_1 = t_{op.dow.max} + \Delta t = 1.0\text{s}$。

　　b. 如果厂用高压母线上只有低压厂用变压器与高压电动机负荷，高压母线间有联络断路器，且低压厂用变压器高压侧限时电流速断保护动作时

限仍为 $t_{\text{op.dow.max}}=0.7\text{s}$ 时，则联络断路器上限时电流速断保护动作时间可取 0.9s，此时 $t_1=0.9+\Delta t=1.2\text{s}$。

c. 如果厂用高压母线上不仅有低压厂用变压器和高压电动机负荷，还有馈电线路，若馈线供电的负荷母线间没有分段断路器，则馈线限时电流速断保护动作时间可取 1s，此时 $t_1=1+\Delta t=1.3\text{s}$。

d. 在上述 c 的基础上，当馈线供电的负荷母线间有分段断路器时，为缩短动作时限，公用变压器高压侧限时电流速断保护动作时限可取 0.6s，此时分段断路器限时电流速断保护动作时限为 0.8s，则馈线限时电流速断保护动作时间可取 $1\sim1.1\text{s}$，此时 $t_1=(1\sim1.1)+\Delta t=1.3\sim1.4\text{s}$。

4）出口方式：跳开高压厂用变压器低压侧本分支断路器，闭锁备用电源切换。

2. 低压侧分支复压（低压）过电流保护

当低压分支过电流保护灵敏度不能满足要求时，可以采用复合电压（低压）过电流保护。低压分支复压（低压）过电流保护作为厂用高压母线（如 6、10kV）相间短路故障保护用，同时作为厂用高压母线出线保护的后备。

低压分支复压（低压）过电流保护一般设两段（Ⅰ、Ⅱ段），每段设一个时限，均动作于跳该分支断路器。

（1）复合电压的整定。复合电压取自变压器低压侧各分支电压。

1）动作电压。

a. 低电压动作值：按躲过低压母线上最大容量电动机（如电动给水泵）启动时可能出现的最低母线电压整定，一般可取 $U_{\text{op}}=(0.55\sim0.60)U_{\text{N}}$。

b. 负序电压动作值：按躲过正常运行时出现的最大不平衡电压整定，无实测值时一般可取 $U_{2.\text{op}}=(0.06\sim0.8)U_{\text{N}}$，依据保护装置厂家说明书的要求选择线电压还是相电压。

2）灵敏度计算。

a. 低电压元件：按高压厂用变压器低压分支母线上最长电缆末端发生金属性三相短路计算灵敏系数。变压器低压分支最高残压 U_{y}（二次值）为

$$U_{\text{y}}=\frac{X_L}{X_{\max}+X_{\text{T}}+X_L}\times100\text{V}$$

式中：$X_{\max}$ 为折算到基准容量 S_{B} 的变压器高压系统最大运行方式时的正序阻抗标幺值；X_L 为折算到 S_{B} 基准容量的电缆阻抗标幺值，$X_L=0.08L\cdot\dfrac{S_{\text{B}}}{U_{\text{B}}^2}$；$X_{\text{T}}$ 为折算到 S_{B} 基准容量的高压厂用变压器高压侧与该厂用母线侧间阻抗标幺值。

要求满足灵敏度条件

$$K_{\text{sen}}=\frac{U_{\text{op}}}{U_{\text{y}}}\geqslant1.3$$

此外，最大容量电动机启动时母线电压应高于低电压元件动作电压，即低电压元件不应动作。最大功率电动机（一般是电动给水泵）启动时折算到基准容量 S_B 的阻抗标幺值 X_M 为

$$X_M = \frac{1}{K_{st}} \cdot \frac{S_B}{S_N / \cos\varphi}$$

式中：K_{st} 为电动机启动电流倍数，可取 6.5；S_N 为接于该厂用母线上最大容量电动机的额定容量，VA；$\cos\varphi$ 为该电动机的功率因数，一般可取 0.8。

最大容量电动机启动时厂用高压母线最低电压（二次值）为

$$U_{st} = \frac{X_M}{X_M + X_T + X_{min}} \times 100\text{V}$$

要求满足

$$K_{rel} U_{st} > U_{op}$$

式中：K_{rel} 为可靠系数，计及其他电动机影响使 U_{st} 降低，可取 0.8～0.9。

b. 负序电压元件：按高压厂用变压器低压侧分支母线上最长电缆末端发生两相金属性短路计算灵敏系数。高压厂用变压器低压分支母线上最小负序相电压（二次值）为

$$U_2 = \frac{1}{2} \cdot \frac{X_{max} + X_T}{X_{max} + X_T + X_L} \cdot \frac{100}{\sqrt{3}} (\text{V})$$

要求满足灵敏度条件

$$K_{rel} = \frac{U_2}{U_{2.op}} \geqslant 1.3$$

（2）低压分支复压（低压）过电流保护 II 段。

1）动作电流 $I_{op.II}$：按躲过本分支线的额定电流整定，即

$$I_{op.II} = \frac{K_{rel}}{K_r} \cdot \frac{I_N}{n_{TA}}$$

式中：K_{rel} 为可靠系数，取 1.15～1.2；K_r 为返回系数，取 0.85～0.9；I_N 为低压分支额定电流，A。

2）灵敏度计算：按最小运行方式下，高压厂用变压器低压分支母线上最长电缆末发生两相金属性短路计算灵敏度。要求满足

$$K_{sen} = \frac{I_{k.min}^{(2)}}{n_{TA} I_{op.II}} \geqslant 1.3$$

$$I_{k.min}^{(2)} = \frac{\sqrt{3}}{2} \frac{1}{X_{min} + X_T + X_L} \frac{S_B}{\sqrt{3} U_B}$$

式中：$I_{k.min}^{(2)}$ 为分支母线上最长电缆末两相短路电流，A；X_{min} 为折算到基准容量 S_B 的变压器高压系统最小运行方式时的正序阻抗标幺值；X_T 为折算到基准容量 S_B 的变压器高压侧与高压厂用母线侧间的阻抗标幺值；U_B 为该分支侧厂用高压母线平均额定电压，如 6.3kV；X_L 为长度为 L（km）

母线的阻抗标幺值，$X_L = 0.08L \cdot \dfrac{S_B}{U_B^2}$。

3）动作时限 t_2：同高压厂用变压器低压分支过电流保护 II 段动作时间的整定方法。与下一级限时速断或过电流保护的最大动作时限 $T_{op.oc.max}$ 配合整定，即 $t_2 = t_{op.oc.max} + \Delta t$。

4）出口方式：跳高压厂用变压器低压侧本分支断路器，闭锁备用电源切换。

（3）低压分支复压（低压）过电流保护 I 段。

1）动作电流 $I_{op.I}$：按与该分支复压过电流 II 段动作电流配合整定，即

$$I_{op.I} = K_{co} I_{op.II}$$

式中：K_{co} 为配合系数，取 1.3～1.5。

2）灵敏度计算：按变压器高压侧系统处最小运行方式下，高压厂用变压器低压侧本分支母线发生两相金属性短路计算灵敏度，要求灵敏度满足

$$K_{sen} = \frac{I_k^{(2)}}{n_{TA} I_{op.I}} \geqslant 1.5$$

$$I_k^{(2)} = \frac{\sqrt{3}}{2} \frac{1}{X_{min} + X_T} \frac{S_B}{\sqrt{3} U_B}$$

式中：$I_k^{(2)}$ 为高压厂用变压器低压分支母线上最小两相短路电流，A；X_{min} 为折算到基准容量 S_B 的变压器高压系统最小运行方式时的正序阻抗标幺值；X_T 为折算到基准容量 S_B 的变压器高压侧与高厂母线侧间的阻抗标幺值；U_B 为该分支侧厂用高压母线平均额定电压，如 6.3kV。

3）动作时限 t_1：同高压厂用变压器低压分支过电流保护 I 段保护动作时限 t_1 的整定，与下一级速断或限时电流速断保护动作时限 $t_{op.dow.max}$ 配合整定，即 $t_1 = t_{op.dow.max} + \Delta t$。

3. 提高保护动作可靠性措施

（1）低压分支相间故障宜优先采用过电流保护。当采用复合电压过电流保护时，复合电压应采用低压分支 TV，不应采用高压母线的复合电压。

（2）如要进一步缩短变压器低压分支相间故障保护的动作时限，除适当降低低压厂用变压器高压侧过电流保护动作时间外，分段断路器上过电流保护动作时间同样可适当降低。一般情况下，过电流 II 段保护动作时间不宜超过 1.7s，过电流 I 段动作时间不宜超过 1.3s。

（3）低压分支相间故障采用复压过电流保护时，对于低电压元件按 $K_{rel} U_{st} > U_{op}$ 校核有较大裕度时，可适当提高低电压元件动作电压以提高灵敏度；对于 II 段动作电流的保护区不应伸到最大容量低压厂用变压器的低压侧，在进行校核时应有一定的裕度。

（4）当变压器低压分支设有负序电流保护时，I 段负序动作电流按变压器低压侧两相短路灵敏度不低于 1.5 整定，其值为

$$I_{2.\mathrm{op.\ I}} \leqslant \frac{1}{K_{\mathrm{sen}}} \cdot \frac{I_{\mathrm{k}}^{(2)}}{\sqrt{3}} \cdot \frac{1}{n_{\mathrm{TA}}}$$

$$I_{\mathrm{k}}^{(2)} = \frac{\sqrt{3}}{2} \frac{1}{X_{\min} + X_{\mathrm{T}}} \frac{S_{\mathrm{B}}}{\sqrt{3}U_{\mathrm{B}}}$$

式中：$I_{\mathrm{k}}^{(2)}$ 为厂用高压母线上最小两相短路电流，A；$X_{\min}$ 为折算到基准容量 S_{B} 的变压器高压系统最小运行方式时的正序阻抗标幺值；X_{T} 为折算到基准容量 S_{B} 的变压器高压侧与高厂母线侧间的阻抗标幺值；U_{B} 为该分支侧厂用高压母线平均额定电压，如 6.3kV。

Ⅱ段负序动作电流按厂用高压母线上最长电缆末两相短路灵敏度不低于 1.2 整定，即

$$I_{2.\mathrm{op.\ II}} \leqslant \frac{1}{K_{\mathrm{sen}}} \cdot \frac{I_{\mathrm{k.\ min}}^{(2)}}{\sqrt{3}} \cdot \frac{1}{n_{\mathrm{TA}}}$$

$$I_{\mathrm{k.\ min}}^{(2)} = \frac{\sqrt{3}}{2} \frac{1}{X_{\min} + X_{\mathrm{T}} + X_{L}} \frac{S_{\mathrm{B}}}{\sqrt{3}U_{\mathrm{B}}}$$

式中：$I_{\mathrm{k.\ min}}^{(2)}$ 为高压母线上最长电缆末两相短路电流，A；$X_{\min}$ 为折算到基准容量 S_{B} 的变压器高压系统最小运行方式时的正序阻抗标幺值；X_{T} 为折算到基准容量 S_{B} 的变压器高压侧与高厂母线侧间的阻抗标幺值；U_{B} 为该分支侧厂用高压母线平均额定电压，如 6.3、10.5kV；X_L 为长度为 L（km）母线的阻抗标幺值 $X_L = 0.08L \cdot \dfrac{S_{\mathrm{B}}}{U_{\mathrm{B}}^2}$。

（5）变压器高压侧系统发生振荡时，若振荡中心距离变压器较近，则振荡过程中变压器低压侧电压变化较大，同时当电压降低厂用负荷基本不变情况下电流要增大，导致对复压过电流保护发生影响。为防止误动可能，动作时限应大于 1/2 振荡周期，同时在保证灵敏度条件下，电流元件的动作电流可适当增大。

（6）合闸后加速保护动作电流取 Ⅰ 段动作电流值，动作延时可取 40～50ms。

（六）高压厂用变压器低压侧分支零序电流保护

当变压器低压侧中性点经小电阻接地时，不论是双绕组变压器还是三绕组分裂变压器，在低压侧中性点经电阻接地回路中，接入电流互感器可构成变压器低压侧零序电流保护，作为变压器低压绕组及其引出线接地保护用，同时起到厂用高压系统接地后备保护作用。

变压器低压侧零序电流保护设两段，每段一时限。第 Ⅰ 段保护动作于跳本分支低压侧断路器，第 Ⅱ 段保护动作于跳高压侧断路器和低压侧断路器。

1. 中性点经小电阻接地系统低压分支零序电流保护 Ⅰ 段

（1）零序动作电流 $(3I_0)_{\mathrm{op.\ I}}$。有两种整定方案：

1) 方案 1。厂用高压系统发生单相接地时，通过中性点接地电阻 R 的零序电流 $(3I_0)_k$ 为

$$(3I_0)_k = \frac{U_B}{\sqrt{3}R}$$

式中：U_B 为厂用高压母线平均额定电压，如 6.3、10.5kV；R 为变压器中性点接地电阻值，Ω。

则：厂用高压末级出线零序电流保护一次动作值为

$$(3I_0)_{set} = \frac{(3I_0)_k}{K_{rel}}$$

式中：K_{rel} 为可靠系数，取 4～6，当零序电流保护级数较多或中性点接地电阻较小时取大值；反之取较小值。

变压器低压侧零序电流保护 I 段动作电流 $(3I_0)_{op.I}$ 按与下一级单相接地保护最大动作电流配合整定，即

$$(3I_0)_{op.I} = K_{co}^{n-1} \cdot \frac{(3I_0)_{set}}{n_{TA0}}$$

式中：K_{co} 为配合系数，取 1.2；n 为厂用系统零序电流保护的级数，一般为 3～5 级。

2) 方案 2。按与下一级单相接地保护最大动作电流 $3I_{0.L.max}$ 配合整定，即

$$(3I_0)_{op.I} = K_{co} \times 3I_{0.L.max}/n_{TA0}$$

式中：K_{co} 为配合系数，取 1.2～1.3。

灵敏度校验

$$K_{sen} = \frac{I_k^{(1)}}{n_{TA0} \cdot I_{0.op}} \geqslant 2$$

式中：$I_k^{(1)}$ 为高压厂用变压器低压侧单相接地流过中性点接地电阻的零序电流，A。

(2) 动作时限 t_1：按逐级阶梯原则整定，设末级零序电流保护动作时间为 0.4s，则动作时限 t_1 为

$$t_1 = 0.4 + (n-1)\Delta t$$

保护动作于跳本分支断路器。

2. 中性点经小电阻接地系统低压分支零序电流保护 II 段

(1) 零序动作电流 $(3I_0)_{op.II}$：与本分支 I 段零序保护动作电流配合，即

$$(3I_0)_{op.II} = K_{rel}(3I_0)_{op.I}$$

式中：K_{rel} 为可靠系数，取 1.2。

(2) 动作时限 t_2：与本分支 I 段零序保护动作时限配合，即

$$t_2 = t_1 + \Delta t = 0.4 + n \cdot \Delta t$$

保护动作于跳变压器高压侧及低压侧断路器。

注：对于中性点经小电阻接地系统，如零序保护仅设一段，则取"分支零序电流保护Ⅰ段"。

也有的保护整定方案是：Ⅰ、Ⅱ段零序电流动作值相同，动作时间相互配合，一时限与下一级零序过电流保护最长动作时间配合整定；二时限按与一时限配合整定。

3. 中性点不接地系统

（1）TV 开口三角电压 $3U_0$ 单相接地保护动作电压的整定

$$3U_{op.0} = 10\% U_{0.n}$$

式中：$3U_{op.0}$ 为 TV 二次侧动作电压，V；$U_{0.n}$ 为低压侧单相金属性接地时 TV 开口三角的零序电压（二次值），V。

（2）动作时限：一般取 1～3s。

（3）动作方式：动作于发信号。

4. 提高保护动作可靠性措施

（1）变压器低压分支侧零序电流保护也可设为一段两时限，第一时限跳本分支侧断路器，第二时限跳高、低压侧断路器。

（2）变压器低压备用分支断路器上，如果没设零序电流保护（有 TA0），则该断路器上的零序电流保护为Ⅰ段定值，动作后跳开本分支备用分支断路器；变压器低压中性点上的零序电流保护为Ⅱ段定值，动作后跳开变压器高、低压侧断路器。

（3）对于接在厂用高压母线上的大容量电动机，为防止电动机在启动过程中零序电流保护的误动作，动作电流、动作时限在与变压器低压中性点零序电流保护Ⅰ段保持配合的基础上可适当提高。

（七）高压厂用变压器非电量保护

同主变压器非电量保护。

非电量保护应以制造厂提供的数据或运行部门提供的数据为准。

（八）启动（停机）备用变压器保护

启动备用变压器是为提供发电厂机组启动和备用电源而设置的变压器。有时公用负荷也由启动备用变压器供电，则称为公用备用变压器。

启动备用变压器（或公用备用变压器，以下同）的运行特点：

（1）变压器的接线组别的选择，应使其低压侧与相应的中压厂用系统的相位一致，以便中压厂用电系统的并联切换。

（2）二次侧中性点接地方式应考虑与厂用中压系统相同。

（3）变压器的阻抗值取决于该中压厂用设备短路电流的承受能力，同时满足单台最大电动机启动和电动机成组自启动时厂用母线的电压水平。

（4）设计变压器时，其所有绕组（包括稳定绕组）应能满足当高压侧系统阻抗近似为零时，其低压侧出口处三相金属性短路时的动稳定和热稳定不变形损坏，并能继续运行，也可采用分裂绕组变压器以减少厂用母线的短路电流。

（5）变压器接自系统电源，受系统电压波动影响，当采用无载调压变压器不能满足厂用系统电压调整范围时，可选用有载调压变压器。

（6）大机组启动备用变压器大多为户外油浸式变压器。由于经常处于低负荷或备用状态，额定容量时一般采用温升为 65℃，根据变压器容量大小，冷却方式选用 ONAN 或 ONAF，通常变压器容量为 20MVA 及以上选用 ONAF，以降低变压器造价。

1. 启动备用变压器纵差动保护

启动备用变压器纵差动保护的工作原理、动作特性和动作方程、整定计算、注意事项，同"升压变压器纵差动保护"。需特别注意的是：

（1）当启动备用变压器为 YNyn（或 YNynyn，或 YNy）接线时，由于移相要求，需确认两侧进入差动回路的电流是否需要扩大 $\sqrt{3}$ 倍。

（2）启动备用变压器的容量一般不大，但一次电压可能很高（如 220、500kV），而二次电压较低（如 6.3、10kV），这样启动备用变压器一次侧额定电流较小，而二次侧额定电流较大。若两侧 TA 变比选择不恰当，容易使纵差动保护的电流平衡系数超出装置整定范围，增加了调试与应用的困难。为此，建议启动备用变压器高压侧 TA 二次额定电流取 5A（一次额定电流在满足动、热稳定条件下宜取较低值，以减小 TA 变比）；启动备用变压器低压侧 TA 二次额定电流取 1A，一次额定电流可取较大值，以增大 TA 变比。

启动备用变压器高压侧 TA 二次额定电流取 5A，相应减小了变比，使启动备用变压器高压侧断路器的非全相保护、断路器失灵启动保护、通风启动、过负荷保护中有关电流的定值变得容易整定，不至于发生定值低于装置整定范围的下限值而无法整定的现象。

（3）TA 二次回路断线时，不闭锁差动保护。

（4）差动速断保护整定倍数，根据 DL/T 684—2012《大型发电机变压器继电保护整定计算导则》规定，按躲过变压器可能产生的最大励磁涌流或外部短路最大不平衡电流整定 $I_{cdsd}=K\times I_N$，K 值推荐同主变压器。

2. 启动备用变压器高压侧相间故障保护

启动备用变压器高压侧复压过电流保护同高压厂用变压器复压过电流保护。

复合电流保护由单相式电压启动的过电流保护和负序电流保护组成，前者用来反应三相短路故障，后者用来反应两相短路故障。

复合电流保护一般为一段一时限，动作后跳开启动备用变压器高、低压侧断路器。

（1）单相式电压启动的过电流保护。低电压取自启动备用变压器低压各分支电压，其动作电压、灵敏度计算、最大容量电动机启动时低电压元件灵敏度校核，同高压厂用变压器复压过电流保护中"复合电压"。

过电流元件的动作电流、灵敏度校验，同复压过电流保护。

（2）负序电流保护 $I_{2.\,\mathrm{op}}$。按厂用高压母线上最长电缆末两相短路灵敏度不低于 1.2 整定，即

$$I_{2.\,\mathrm{op}} \leqslant \frac{1}{K_{\mathrm{sen}}} \cdot \frac{I_{\mathrm{k.\,min}}^{(2)}}{\sqrt{3}} \cdot \frac{1}{n_{\mathrm{TA}}}$$

$$I_{\mathrm{k.\,min}}^{(2)} = \frac{\sqrt{3}}{2} \frac{1}{X_{\mathrm{min}} + X_{\mathrm{T}} + X_L} \frac{S_{\mathrm{B}}}{\sqrt{3}\,U_{\mathrm{B}}}$$

式中：K_{sen} 为灵敏系数，取 1.2；$I_{\mathrm{k.\,min}}^{(2)}$ 为高压母线上最长电缆末两相短路电流，A；X_{min} 为折算到基准容量 S_{B} 的变压器高压系统最小运行方式时的正序阻抗标幺值；X_{T} 为折算到基准容量 S_{B} 的变压器高压侧与高厂母线侧间的阻抗标幺值；U_{B} 为该分支侧厂用高压母线平均额定电压，如 6.3、10.5kV；X_L 为长度为 $L(\mathrm{km})$ 母线的阻抗标幺值 $X_L = 0.08L \cdot \dfrac{S_{\mathrm{B}}}{U_{\mathrm{B}}^2}$。

（3）动作时限 t_{op}：同高压厂用变压器高压侧复压过电流Ⅱ段动作时间整定。

注意事项：当复合电流有两段时，单相式电压启动的过电流保护Ⅰ段为电流速断保护，按躲过启动备用变压器低压侧出口三相短路时流过保护的最大短路电流整定（同高压厂用变压器高压侧复压过电流保护Ⅰ段的整定）；Ⅱ段动作电流同高压厂用变压器高压侧复压过电流保护Ⅱ段的整定。

负序Ⅰ段动作电流按启动备用变压器低压母线上两相短路灵敏度不低于 1.5 整定，即

$$I_{2.\,\mathrm{op.\,I}} \leqslant \frac{1}{K_{\mathrm{sen}}} \cdot \frac{I_{\mathrm{k.\,min}}^{(2)}}{\sqrt{3}} \cdot \frac{1}{n_{\mathrm{TA}}}$$

$$I_{\mathrm{k}}^{(2)} = \frac{\sqrt{3}}{2} \frac{1}{X_{\mathrm{min}} + X_{\mathrm{T}}} \frac{S_{\mathrm{B}}}{\sqrt{3}\,U_{\mathrm{B}}}$$

式中：K_{sen} 为灵敏系数，取 1.5；$I_{\mathrm{k}}^{(2)}$ 为厂用高压母线上最小两相短路电流，A；X_{min} 为折算到基准容量 S_{B} 的变压器高压系统最小运行方式时的正序阻抗标幺值；X_{T} 为折算到基准容量 S_{B} 的变压器高压侧与高厂母线侧间的阻抗标幺值；U_{B} 为该分支侧厂用高压母线平均额定电压，如 6.3、10.5kV。

负序电流Ⅰ段、负序电流Ⅱ段、单相式电压启动的过电流Ⅱ段的动作时限，可取同一时限，按与低压分支过电流保护Ⅱ段动作时限配合整定。

3. 启动备用变压器高压侧接地故障保护

启动备用变压器高压侧零序（方向）过电流保护通常可有两种实现方案。第一种方案是不设零序方向元件，此时零序电流保护设Ⅰ段和Ⅱ段，每段有两个时限；第二种方案是Ⅰ段设方向元件，方向指向变压器，Ⅱ段不设方向元件，同样每段有两个时限。两个方案的不同点是：第一方案中Ⅰ段保护可作启动备用变压器及其外部接地故障的后备，所以启动备用变压器内部接地时有较长的动作时限；第二种方案中Ⅰ段保护仅作启动备用

变压器内部接地故障的后备，因而有较短的动作时限。

（1）保护的整定计算。第一方案中，零序电流保护Ⅰ、Ⅱ段的整定计算同"升压变压器零序电流保护"；第二方案的零序电流保护整定计算：零序方向元件的动作方向由高压侧母线指向变压器，动作电流 $(3I_0)_{\text{op.I}}$ 按与高压侧出线对侧零序电流保护后备段配合整定，当采用"自产"零序电流时，Ⅰ段零序动作电流为

$$(3I_0)_{\text{op.I}} = K_{\text{rel}} \frac{(3I_0)_{\text{min}}}{C_0} \frac{1}{n_{\text{TA}}}$$

式中：K_{rel} 为可靠系数，取 0.7；$(3I_0)_{\text{min}}$ 为启动备用变压器高压出线对端零序电流后备段动作电流最小值（一次值），A；C_0 为零序电流分配系数，等于启动备用变压器高压侧引线方向上接地时高压侧出线对端零序电流与保护安装处零序电流之比，取最大值。

启动备用变压器高压侧出口接地故障时，处在高压侧出线对端零序电流Ⅱ段保护范围内，所以动作时限 t_1、t_2 为

$$t_1 = t_2 = t_{\text{B}} - \Delta t$$

式中：t_{B} 为高压侧出线对端零序电流保护Ⅱ段动作时限，s。

零序电流保护Ⅱ段整定计算同"升压变压器零序电流保护"。

（2）提高保护动作可靠性措施。启动备用变压器零序电流保护中的零序电流取用"外接"方式时，一般不设零序方向元件，如设置零序方向元件，应注意 TA 变比不同引起的差别，往往"自产"式 TA 变比较大，容易使零序方向元件不动作，整定时应注意这一问题。

当零序电流取用"自产"方式时，Ⅰ段可设零序方向元件（Ⅱ段不设方向元件），Ⅰ段零序动作电流在方案二的Ⅰ段动作电流的基础上还应可靠躲过自产式最大不平衡零序电流（如启动备用变压器低压侧三相短路），最大不平衡零序电流可取额定电流的 10%。

一般还是建议启动备用变压器零序电流保护不设方向元件。

其他措施同"升压变压器接地保护"。

启动备用变压器间隙零序电流、零序电压保护的工作原理、整定计算及注意事项同"变压器间隙零序电流、零序电压保护"。

4. 启动备用变压器过励磁保护

启动备用变压器高压侧电压较高时（如 500kV）应设过励磁保护。

过励磁保护有定时限过励磁保护和反时限过励磁保护。定时限过励磁保护动作于发信号，反时限过励磁保护动作于跳高、低压侧断路器。

过励磁倍数 $N = \dfrac{U_*}{f_*}$ 的动作值，按给出的过励磁允许曲线进行整定。整定过程、注意事项同"升压变压器过励磁保护"。

5. 启动备用变压器低压分支间短路保护

启动备用变压器低压分支过电流保护，作为厂用高压母线相间短路故

障保护，同时作厂用高压母线出线相间短路故障保护的后备。

启动备用变压器低压分支相间故障保护同高压厂用变压器低压分支相间故障保护的整定计算、注意事项。

三、高压厂用母线保护

直接接于 $3\sim6.3\sim10.5kV$ 厂用母线的单元设备，如高压电动机、低压厂用变压器等设备保护的整定计算，在选择性、快速性等方面需要考虑的方面相对较少。实际上，高压厂用母线也接有少量馈线，这种馈线一般送至下一级母线，如输煤电源母线（煤场、煤码头等Ⅱ类负荷）再转送至单元件设备，这样就相当于增加了一级保护。厂用系统的馈线均为电缆线路，一般长度在 1km 左右（个别的也有 $1\sim3km$ 的），其配置的保护及整定计算与高压电动机、低压厂用变压器不同，可采用"差动保护＋定时限过电流保护"的保护配置。

（一）纵差动保护

当厂用高压馈线的电流、电压保护在灵敏度、选择性、动作时限等方面不能满足要求时，应采用短线路纵差动保护，如果电缆线路距离较长，纵差动保护二次负荷过大，不满足 TA 误差要求时，应采用短线路光纤差动保护。

短线路差动保护指的是厂用高压系统供电电缆线的差动保护。在大型发电厂中，供电电缆线主要有脱硫电源供电进线、公用电源供电进线、辅助厂房供电进线以及补给水泵房供电进线等。这些供电电缆线上的差动保护大致可分为两类：一种是采用变压器纵差动保护来实现；另一种是采用专用的导引线纵差动保护。

1. 以变压器纵差动保护装置实现馈线差动保护的整定计算

首先确定变压器容量

$$S_N=\sqrt{3}U_N I_{loa}$$

式中：U_N 为电缆线供电电网的平均额定电压，如 6.3、10.5kV；I_{loa} 为供电电源线正常工作电流，A。

若知道供电负荷容量，则该容量即变压器容量。变压器高、低压侧电压变比取1，按实际电压等级确定变比，如 6/6kV、10/10kV。对于接线方式按供电电缆线两端电网中性点是否接地确定，中性点不接地取该侧为 Y 接线，经电阻或消弧线圈接地，取该侧为 YN 接线，故接线方式有 YNy0、YNyn0、Yy0 等方式。对于比率制动特性取两折线制动特性，即使保护装置是三折线比率制动特性，也将两个拐点取相同值变为一个拐点，将两段制动特性斜率取相同值，从而变为两折线比率制动特性。两折线比率制动特性如图 5-10 所示，动作电流 I_d、制动电流 I_r 可表示为

$$I_d=|\dot{I}_m+\dot{I}_n|,I_r=\frac{1}{2}\{|\dot{I}_m|+|\dot{I}_n|\}$$

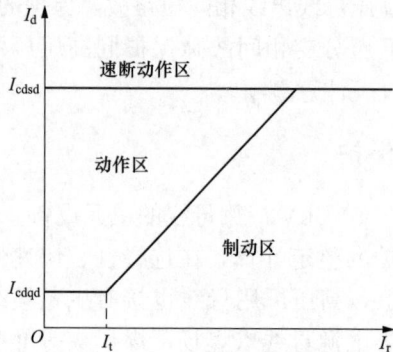

图 5-10 两折线比率制动特性差动保护

式中：$\dot{I}_m$、$\dot{I}_n$ 分别为折算到供电侧的电缆线两侧流入线路的二次电流，A。对应的比率制动特性，动作方程可重写为

$$I_d \geqslant I_s \quad (I_r \leqslant I_t \text{ 时})$$
$$I_d \geqslant I_s + S(I_r - I_t) \quad (I_r > I_t \text{ 时})$$

（1）电流平衡系数计算。计算电缆线一次额定电流

$$I_N(I_{lod}) = \frac{S_N}{\sqrt{3}U_N}$$

计算电缆线两侧进入差动回路的电流

$$I_m = \frac{I_N}{n_{TAM}}, I_n = \frac{I_N}{n_{TAN}}$$

式中：n_{TAM}、n_{TAN} 为供电侧、负荷侧的 TA 变比。

当以供电侧为基准侧时，受电侧的电流平衡系数 K_{ph} 为

$$K_{ph} = \frac{I_m}{I_n} = \frac{n_{TAN}}{n_{TAM}}$$

（2）确定最小动作电流 I_{cdqd}。按外部短路故障切除不误动条件整定，即

$$I_{cdqd} \geqslant K_{rel}(K_{ap}K_{cc}K_{er} + \Delta m)$$

式中：K_{rel} 为可靠系数，取 1.5～2；K_{ap} 为非周期分量系数，取 1.5～2；K_{cc} 为 TA 同型系数，型号相同时取 0.5，型号不同时取 1；K_{er} 为电流互感器 TA 的综合误差，取 10%；Δm 为装置通道调整误差，取 0.01～0.02；工程上通常取 $I_{cdqd} = (0.3\sim0.8)I_m$。

（3）确定拐点电流 I_t。当保护装置为两折线比率制动特性时，可取拐点电流 $I_t = (0.5\sim0.7)I_m$。

当装置为三折线比率制动特性时，可取 $I_n = I_z = (0.8\sim1.0)I_m$。

注意：有些保护装置的拐点电流内部固定，无须设定，此时可按原比

率制动特性整定，只是没有分接头调整产生的不平衡电流以及励磁涌流。

（4）确定制动特性斜率 S。按外部严重短路故障时不误动条件整定。

1）计算区外故障通过保护的最大短路电流

$$I_{\text{k.max}}^{(3)} = \frac{1}{X_{\text{s.max}} + X_L} \frac{S_B}{\sqrt{3} U_B}$$

$$X_L = 0.08 L \frac{S_B}{U_B^2}$$

式中：S_B 为选定的基准容量，VA；U_B 为电缆线所处电压级的平均额定电压，V；X_L 为电缆线的阻抗标幺值；L 为电缆线长度，km；$X_{\text{s.max}}$ 为电缆线电源侧折算到基准容量 S_B 的最大运行方式时的系统阻抗标幺值，一般取高压厂用变压器阻抗值。

2）计算最大不平衡电流

$$I_{\text{unb.max}} = (K_{\text{ap}} K_{\text{cc}} K_{\text{er}} + \Delta m) \frac{I_{\text{k.max}}^{(3)}}{n_{\text{TAM}}}$$

3）计算制动特性斜率：因最大制动电流 $I_{\text{res.max}} = \dfrac{I_{\text{k.max}}^{(3)}}{n_{\text{TAM}}}$，所以制动特性斜率 S 为

$$S = \frac{K_{\text{rel}} I_{\text{unb.max}} - I_{\text{s}}}{\dfrac{I_{\text{k.max}}^{(3)}}{n_{\text{TAM}}} - I_{\text{t}}}$$

式中：K_{rel} 为可靠系数，取 $1.5 \sim 2$。

I_{s}、I_{t} 较小，S 值可简化计算为

$$S = K_{\text{rel}} (K_{\text{op}} K_{\text{cc}} K_{\text{er}} + \Delta m)$$

工程上可取 $S = 0.4 \sim 0.8$，一般取 0.5。

（5）灵敏度校验。

1）计算电缆线路末保护区末端最小两相短路电流为

$$I_{\text{k.max}}^{(2)} = \frac{\sqrt{3}}{2} \frac{1}{X_{\text{s.min}} + X_L} \frac{X_B}{\sqrt{3} U_B}$$

式中：$X_{\text{s.min}}$ 电缆线电源侧折算到基准容量 S_B 的最小运行方式时的系统阻抗标幺值，一般取启动备用变压器系统最小运行方式时的系统阻抗与启动备用变压器阻抗之和。S_B、U_B、X_L 同前文所述。

2）计算流入差动回路电流。其值为

$$I_{\text{d}}^{(2)} = \frac{I_{\text{k.min}}^{(2)}}{n_{\text{TAM}}}$$

3）计算制动电流。此时的制动电流为

$$I_{\text{res}} = \frac{1}{2} \frac{I_{\text{k.min}}^{(2)}}{n_{\text{TAM}}}$$

4）计算实际动作电流。此时的动作电流为

$$I_{\text{op}}^{(2)} = I_{\text{cdqd}} + S(I_{\text{r}} - I_{\text{t}})$$

5）计算灵敏系数。要求满足

$$K_{\text{sen}} = \frac{I_{\text{d}}^{(2)}}{I_{\text{op}}^{(2)}} \geqslant 2$$

（6）谐波制动系数。因保护对象为线路，无谐波制动问题，故谐波制动系数取装置设定范围的上限值。

（7）差流越限告警。差流越限告警动作值取 $25\%I_{\text{m}}$，动作延时取 $1\sim3\text{s}$。

（8）差动电流速断。动作电流按躲过区外故障最大不平衡电流整定，即

$$I_{\text{i}} = K_{\text{rel}} I_{\text{unb.max}}$$

式中：K_{rel} 为可靠系数，取 $1.3\sim1.5$。

工程经验：一般差动速断动作电流可取 $I_{\text{i}} = (3\sim5)I_{\text{m}}$。

要求灵敏系数满足

$$K_{\text{san}} = \frac{I_{\text{k.min}}^{(2)}}{n_{\text{TAM}} I_{\text{i}}} \geqslant 1.2$$

（9）注意事项。

1）当采用的变压器差动保护装置相位补偿为 YN 侧移相方式时，进入差动回路的电流应乘以 $\sqrt{3}$。

2）保护对象是电缆线路，不存在绕组匝间短路问题，也没有励磁涌流问题，产生不平衡电流的主要原因是两侧 TA 二次阻抗的不匹配。为此，TA 变比、容量应认真选定，而且 TA 二次额定电流宜取 1A。此外，为防止外部故障切除造成误动的可能性，最小动作电流不宜取得过小、拐点电流不宜取得过大。

2. 导引线纵差动保护整定计算

（1）动作特性与动作方程。导引线纵差动保护大多采用比率制动特性，有两折线比率制动特性，也有三折线比率制动特性。其中两折线比率制动特性的整定同"以变压器纵差动保护装置实现电缆线差动保护的整定计算"。三折线比率制动特性如图 5-11 所示。

图 5-11 中 S_1 斜率线过坐标原点，斜率 S_1 固定为 $S_1 = \frac{1}{3}$；S_2 斜率线过横坐标上制动电流 $2.5I_{\text{m}}$ 点，斜率 S_2 固定为 $S_2 = \frac{2}{3}$，与 S_1 斜率线相交于 A 点。在 A 点上，有

$$(I_{\text{res.}A} - 2.5I_{\text{m}})S_2 = S_1 I_{\text{res.}A}$$

所以

$$I_{\text{res.}A} = \frac{2.5S_2}{S_2 - S_1} I_{\text{m}} = 5I_{\text{m}}$$

A 点对应的动作电流 $I_{\text{op.}A}$ 为

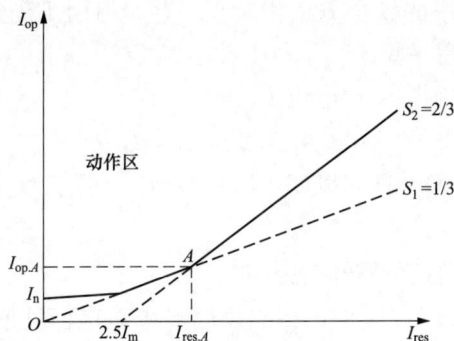

图 5-11　三折线比率制动特性

$$I_{op.A} = S_1 I_{res.A} = \frac{5}{3} I_m$$

动作区可用如下方程描述

$$I_{op} \geqslant I_s + S_1 I_{res} \qquad (I_{res} \leqslant 5I_m \text{ 时})$$
$$I_{op} \geqslant I_{op.A} + S_2(I_{res} - I_{res.A}) \qquad (I_{res} > 5I_m \text{ 时})$$

而

$$I_{op} = |\dot{I}_m + \dot{I}_n|, I_{res} = |\dot{I}_m| + |\dot{I}_n|$$

与 $I_d = |\dot{I}_m + \dot{I}_n|$、$I_r = \frac{1}{2}\{|\dot{I}_m| + |\dot{I}_n|\}$ 相比，内部故障时，因制动电流大，灵敏度必然降低；外部故障时，制动电流大，躲不平衡电流的能力提高了。需要整定的参数有：最小动作电流 I_s。

（2）整定计算。

1）电流平衡系数，同本章节 1 中（1）。

2）确定最小动作电流 I_s：按外部短路故障切除不误动条件整定，即
$$I_s \geqslant K_{rel}(K_{ap}K_{cc}K_{er} + \Delta m)I_m$$
式中：K_{rel} 为可靠系数，取 2～2.5；其他各参数同"以变压器纵差动保护装置实现电缆线差动保护的整定计算"；工程上通常取 $I_s = (0.5 \sim 0.8)I_m$。

3）灵敏度计算。电缆线末保护区内两相短路时流入差动回路电流为 $I_d^{(2)} = \frac{I_{k.min}^{(2)}}{n_{TAM}}$，此时的制动电流为
$$I_{res} = \frac{1}{2}\frac{I_{k.min}^{(2)}}{n_{TAM}}$$

相应的动作电流为
$$I_{op}^{(2)} = I_{op.A} + S_2(I_{res} - I_{res.A}) = \frac{2}{3}I_{res} - \frac{5}{3}I_m$$

灵敏系数为
$$K_{san} = \frac{I_d^{(2)}}{I_{op}^{(2)}} = \frac{1.5}{1 - 2.5\left(\frac{n_{TAM}I_m}{I_{k.min}^{(2)}}\right)}$$

可以看出，$I_{k.min}^{(2)}$ 较小的场合 K_{sen} 相对高一些。但因 $I_{k.min}^{(2)} \gg n_{TAM} I_m$，所以实际 K_{sen} 比 1.5 稍高一些。

4）开放保护跳闸的动作电流 I_{0T}

$$I_{0T} = (1.2 \sim 1.3)I_m$$

5）差流越限告警：同"以变压器纵差动保护装置实现电缆线差动保护的整定计算"。

（3）提高保护动作可靠性措施。

1）关于电缆线综合保护，相间短路设限时电流速断保护和过电流保护，过电流保护动作电流按"启动备用变压器低压分支过电流Ⅱ段保护"的方法整定，限时电流速断保护动作电流按"启动备用变压器低压分支过电流Ⅰ段保护"的方法整定。动作时限按"启动备用变压器低压分支过电流Ⅱ段保护""启动备用变压器低压分支过电流Ⅰ段保护"上、下级配合原则整定。

2）对接地保护，当供电网络中性点不接地时可不设接地保护。当供电网络中性点经电阻接地可以实现接地保护时，动作电流、动作时限按"启动备用变压器低压分支侧零序电流保护Ⅰ段"的方法整定。

3）合闸加速保护动作电流取限时电流速断保护动作电流，加速延时取 $40 \sim 50$ms。

3. 短线路光纤差动保护整定计算

当电缆长度超过 1km 时，可采用短线路光纤差动保护。

（1）动作判据。短线路光纤差动保护取两侧电流综合量而非采用分相电流差动保护。

电流综合量 $\dot{I}_\Sigma$ 为

$$\dot{I}_\Sigma = \dot{I}_1 + 6\dot{I}_2$$

式中：$\dot{I}_1$ 为故障电流正序电流相量，A；$\dot{I}_2$ 为故障电流负序电流相量，A。

差动保护电流综合量动作判据为

$$I_{d\Sigma} = |\dot{I}_{\Sigma.L} + \dot{I}_{\Sigma.R}| - 0.7(|\dot{I}_{\Sigma.L}| + |\dot{I}_{\Sigma.R}|) \geqslant 0.3I_{\Sigma.N}$$

保护启动判据为

$$I_k \geqslant I_{op.set}$$

式中：$\dot{I}_{\Sigma.L}$ 为指向线路的本侧电流综合量，A；$\dot{I}_{\Sigma.R}$ 为指向线路的对侧电流综合量，A；$\dot{I}_{\Sigma.N}$ 为额定工况时的电流综合量，A；I_k 为故障相电流，A；$I_{op.set}$ 为保护启动电流整定值，A。

上述两条件同时满足时保护动作。

（2）保护的整定计算。

1）保护启动电流整定值 $I_{op.set}$。由于短线路光纤差动保护有相互闭锁两个动作条件为动作判据，保护启动电流整定值 $I_{\text{op.set}}$ 按线路末端两相短路故障时灵敏系数不小于 2 计算，即

$$I_{\text{op.set}} = \frac{I_{\text{k}}^{(2)}}{K_{\text{sen}}} = \frac{0.866 I_{\text{k}}^{(3)}}{2}$$

式中：$I_{\text{k}}^{(2)}$、$I_{\text{k}}^{(3)}$ 为线路末端两相、三相短路电流二次值，A。

或按与下一级瞬时电流速断保护动作电流 $I_{\text{op.qu.set}}$ 配合计算，即

$$I_{\text{op.set}} = 1.2 I_{\text{op.qu.set}}$$

比较两种算法，取较小值。

2）动作时间整定：取 $t_{\text{op.set}} = 0$ s。

（二）电流电压保护

1. 瞬时动作电流、电压保护

当电缆长度超过 1km，没有装设电缆纵差保护或短线路光纤差动保护时，根据整定计算，瞬时动作的电流、电压保护在电缆始端有一定灵敏度时，可装设两段式电流、电压保护。

（1）选择性瞬时电流速断保护的整定。

1）动作电流 I_{op}：按躲过被保护线路末端三相短路时的最大短路电流整定，即

$$I_{\text{op}} = K_{\text{rel}} I_{\text{k.max}}^{(3)} / n_{\text{TA}}$$

式中：K_{rel} 为可靠系数，取 1.2～1.3；$I_{\text{k.max}}^{(3)}$ 为被保护线路末端三相短路时的短路电流一次值，A。

2）动作时间 t_{op}：取 0～0.1s。

3）灵敏度校核：最小运行方式下被保护线路始端两相短路时灵敏系数不小于 1.5，即

$$K_{\text{sen}} = \frac{\frac{\sqrt{3}}{2} I_{\text{k.i}}^{(3)}}{I_{\text{op}}} \geqslant 1.5 \tag{5-14}$$

式中：$I_{\text{k.i}}^{(3)}$ 为被保护线路始端三相短路 TA 二次最小电流，A。

短线路的速断保护灵敏度一般不能满足要求，这种情况下宜做如下处理：

a. 对配置有差动保护的，可以退出电流速断保护；

b. 对未配置差动保护且馈线带有重要负荷的，也可以退出电流速断保护；

c. 对未配置差动保护且馈线所带负荷短时停电不影响机组正常运行的，即 Ⅱ 类或 Ⅲ 类负荷的，可以考虑投电流速断保护，动作电流值按保护安装处两相故障有足够灵敏度计算，但可能会牺牲保护的选择性。

其实，一般 3～6.3～10.5kV 厂用馈线阻抗比电源阻抗小得多，很难满足式（5-14）这种算法。可考虑采用电流闭锁电压速断保护的方式。

（2）选择性瞬时电流闭锁电压速断保护的整定。

1）动作电流、动作电压的整定计算。

a. 动作电流值的整定：电流闭锁元件的动作值按躲过相邻设备短路故障时线路末端两相短路有足够灵敏度计算，即

$$I_{\text{op.set}}^* = \frac{I_{\text{k.f}}^{*(2)}}{K_{\text{sen}}^{(2)}}(\text{标幺值})$$

b. 动作电压值的整定：由于厂用母线电源阻抗主要取决于高压厂用变压器的阻抗，所以当运行方式变化时电源阻抗比较恒定，电压元件按躲过电缆末端三相短路，可用阻抗分压计算，即

$$U_{\text{op.set}}^* = \frac{Z_L}{K_{\text{rel}}(X_s + X_L)}(\text{标幺值})$$

以上两式中：$I_{\text{k.f}}^{*(2)}$ 为电缆末端两相短路电流标幺值；$K_{\text{sen}}^{(2)}$ 为电缆末端两相短路时的灵敏系数，可取 1.25～1.5；K_{rel} 为可靠系数，取 1.15～1.2；X_s 为厂用母线系统电抗标幺值；X_L 为电缆线路电抗标幺值；Z_L 为电缆线路阻抗标幺值。

2）动作时间：取 $t_{\text{op.set}} = 0\text{s}$。

（3）无选择性瞬时电流速断保护。对于厂用馈线上短时停电不影响机组正常运行的设备（如输煤系统的电源馈线），为简化保护并缩短保护动作时间，可以适当让瞬时电流速断保护伸入受电母线少许，以保证馈线电缆末端两相短路有一定的灵敏度（$K_{\text{sen}} = 1.25$），计算动作电流整定值。

1）动作电流的整定计算：按馈线电缆末端两相短路有足够灵敏度 $K_{\text{sen}} = 1.25$ 计算，即

$$I_{\text{op.set}} = \frac{I_{\text{k.f}}^{(2)}}{K_{\text{sen}}^{(2)}} = \frac{0.866 \times I_{\text{k.f}}^{(3)}}{1.25}$$

式中：$K_{\text{sen}}^{(2)}$ 为馈线电缆末端两相短路时的灵敏系数，一般可取 1.25～1.3；$I_{\text{k.f}}^{(2)}$、$I_{\text{k.f}}^{(3)}$ 为馈线电缆末端两相、三相短路电流（二次）值，A。

2）动作时间：取 $t_{\text{op.set}} = 0\text{s}$。

2. 限时电流速断保护

当瞬时电流速断保护、电流闭锁电压速断保护均不满足要求，同时无条件采用短线路纵差动保护或短路线光纤差动保护且条件允许的情况下，可选用限时电流速断保护。

限时电流速断保护，原则上要求保护本线的全长，因而必然延伸到下一段线路或设备中去。为了有选择性地动作，限时电流速断保护应按以下两个原则进行整定，并取最大值作为该保护的整定值。

（1）动作电流的整定：按以下两个条件选取大值。

1）按躲过下一级母线所带负荷的自启动电流计算，即

$$I_{\text{op.set}} = K_{\text{rel}} \cdot \frac{I_{\text{st.}\Sigma}}{n_{\text{TA}}}$$

式中：K_{rel}为可靠系数，取 $1.15\sim1.2$；$I_{st.\Sigma}$ 为所接电动机的自启动电流一次值，A。

2）按与下一级速断或最大瞬时动作电流 $I_{op.dow.max}$ 配合计算，即

$$I_{op.set}=K_{rel}\times I_{op.dow.max}/n_{TA}$$

式中：$I_{op.dow.max}$ 为下一级速断或最大瞬时动作电流一次值，A。

（2）动作时间 $t_{op.set}$ 的整定：按与下一级电流速断或限时电流速断保护动作时间 $t_{op.dow.max}$ 配合计算，取 $t_{op.set}=t_{op.dow.max}+\Delta t$。

（3）灵敏度校验：按最小运行方式下，高压厂用馈线末端两相金属性短路校核灵敏度，且要求灵敏度满足

$$K_{sen}=\frac{I_{k.min}^{(2)}}{n_{TA}I_{op.set}}\geqslant1.5$$

3. 定时限复压闭锁过电流保护

（1）复合电压动作值的整定。

1）动作电压。

a. 低电压动作值：按躲过下级母线上最大容量电动机启动时出现的最低母线电压整定。一般可取 $U_{op}=(0.55\sim0.60)U_N$。

b. 负序电压动作值：按躲过正常运行时出现的最大不平衡电压整定，一般可取 $U_{2.op}=(0.06\sim0.08)U_N$。，依据保护装置厂家说明书的要求选择线电压还是相电压。

2）灵敏度校验。

a. 低电压元件：按高压馈线末端金属性三相短路时，保护安装处的最高电压计算灵敏系数。要求满足灵敏度条件为

$$K_{sen}=\frac{U_{op}n_v}{U_{r.max}}\geqslant1.2$$

式中：$U_{r.max}$ 为高压馈线末端发生三相短路时保护安装处的最高电压值，V。

b. 负序电压元件：按高压馈线末端发生两相短路时，保护安装处的最小负序电压计算灵敏系数。要求满足灵敏度条件

$$K_{rel}=\frac{U_{k2.min}}{U_{2.op}n_v}\geqslant1.5$$

式中：$U_{k2.min}$ 为高压馈线末端发生三相短路时保护安装处的最小负序电压值，V。

（2）动作电流 I_{op} 的整定。

1）I_{op} 按躲过正常运行最大负荷电流计算，即

$$I_{op}=K_{rel}I_N/K_r$$

式中：K_{rel}为可靠系数，取 $1.3\sim1.5$；K_r 为返回系数，取 $0.85\sim0.95$；I_N 为线路二次额定电流，A。

2）灵敏度校验：最小运行方式下，线路末端两相金属性短路灵敏系数不应小于1.5，即

$$K_{sen} = \frac{I_{k.min}^{(2)}}{n_{TA} I_{op}} \geqslant 1.5$$

式中：$I_{k.min}^{(2)}$ 最小运行方式下，线路末端两相短路电流值，A。

（3）动作时间的整定。按与下一级过电流保护动作时间 $t_{op.dow.max}$ 配合整定，即

$$t_{op} = t_{op.dow.max} + \Delta t$$

（三）单相接地零序过电流保护

变压器中性点经小电阻接地系统，有条件装设零序电流互感器 TA0 的馈线，应尽量配置零序过电流保护。

1. 中性点不接地系统单相接地零序过电流保护动作电流计算

（1）一次动作电流整定值 $3I_{0.op}$。

1）按躲过与馈线电源侧相连的设备发生单相接地时，流过保护安装处的接地电流整定，即

$$3I_{0.op} = K_{rel} I_k^{(1)}$$
$$I_k^{(1)} = 3I_C / n_{TA0}$$

式中：K_{rel} 为可靠系数，动作于信号时可取 $2\sim2.5$，保护动作于跳闸时可取 $2.5\sim4$；$I_k^{(1)}$ 为馈线电源侧相连的设备发生单相接地时被保护馈线及与馈线相连的下级设备供向短路点的接地电流，A；I_C 为被保护馈线及与馈线相连的下级设备的正方向单相电容电流之和，A。

2）按与相邻下级被保护设备单相接地零序过电流保护配合整定，即

$$3I_{0.op} = K_{co} I_{op.0.L.max}$$

式中：K_{co} 为配合系数，取 $1.15\sim1.2$；$I_{op.0.L.max}$ 为相邻下级被保护设备单相接地零序过电流保护最大动作电流，A。

（2）动作时间：与相邻下级被保护设备单相接地零序过电流保护最长动作时限 $t_{0.op.L.max}$ 配合，即

$$t_{0.op} = t_{0.op.L.max} + \Delta t$$

（3）灵敏度校验

$$K_{sen} = \frac{I_{k.\Sigma}^{(1)} - I_k^{(1)}}{3I_{0.op}} \geqslant 1.5$$

式中：$I_{k.\Sigma}^{(1)}$ 为被保护设备发生单相接地时，故障点总的接地电容电流二次值，A；$I_k^{(1)}$ 同上。

2. 中性点经小电阻接地系统单相接地零序过电流保护的整定

（1）采用专用 TA0 的单相接地零序过电流保护。

1）一次动作电流整定值 $3I_{0.op}$：按以下三个条件选取较大值。

a. 按躲过与馈线电源侧相连的设备发生单相接地时，流过保护安装处的单相接地电容电流整定，即

$$3I_{0.op} = K_{rel} I_k^{(1)}$$
$$I_k^{(1)} = 3I_C$$

式中：K_{rel}为可靠系数，动作于信号时可取 $2\sim2.5$，保护动作于跳闸时可取 $2.5\sim4$；$I_k^{(1)}$ 为馈线电源侧相连的设备发生单相接地时，被保护馈线及与馈线相连的下级设备供向短路点的接地电流，A；I_C 为被保护馈线及与馈线相连的下级设备单相电容电流之和，A。

b. 与相邻下一级被保护设备单相接地时零序过电流保护配合整定，即

$$3I_{0.op}=K_{co}\times3I_{0.op.L.max}$$

式中：K_{co}为配合系数，取 $1.15\sim1.2$；$3I_{0.op.L.max}$为相邻下一级被保护设备单相接地零序过电流保护最大动作电流，A。

c. 按躲过最大负荷时不平衡电流整定，即

$$3I_{0.op}=K_{rel}I_{unb.max}\cdot\frac{1}{n_{TA0}}$$

式中：K_{rel}为可靠系数，取 1.3；$I_{unb.max}$ 为最大负荷时的不平衡电流，A。

当无 $I_{unb.max}$的实测值时，可按经验公式简化计算为

$$3I_{0.op}=K_{ub}I_N\cdot\frac{1}{n_{TA0}}$$

式中：K_{ub}为不平衡电流系数，取 $0.05\sim0.15$。

未配置专用零序 TA 时，可取 $K_{ub}>0.15$。

2）动作时间：与相邻下级被保护设备单相接地零序过电流保护最长动作时限配合计算，取 $t_{0.op}=t_{0.op.L.max}+\Delta t$（其中 $t_{0.op.L.max}$为下一级单相接地零序过电流保护最长动作时间，s）。

3）灵敏度校验：馈线末端单相接地灵敏系数不小于2，即

$$K_{sen}=\frac{I_k^{(1)}}{3I_{0.op}}\geqslant2$$

式中：$I_k^{(1)}$ 为馈线末端单相接地电流值，A。

（2）用三相 TA 组成零序滤过器单相接地零序过电流保护。

1）一次动作电流整定值 $3I_{0.op}$：按比较以下两条件选取较大值。

a. 按躲过正常运行时可能的最大不平衡电流计算。正常运行且最大电动机启动或电动机自启动时，由于三相 TA 暂态误差不一致可能产生较大的不平衡电流。按躲过最大电动机启动或电动机自启动最大不平衡电流计算，即

$$3I_{0.op}=K_{rel}K_{ap}K_{cc}K_{er}I_{k.max}^{(3)}=1.5\times3\times0.5\times0.1\times I_{st.\Sigma.max}=0.225I_{st.\Sigma.max}$$

取

$$3I_{0.op}=(0.3\sim0.5)I_{st.\Sigma.max}$$

b. 按单相接地时保护有足够的灵敏度计算，即

$$3I_{0.op}=\frac{I_k^{(1)}}{n_{TA}K_{sen}}=\frac{1}{n_{TA}K_{sen}}\cdot\frac{U_B}{\sqrt{3}R}$$

式中：K_{sen}为灵敏系数，取 $4\sim5$；$I_k^{(1)}$ 为馈线末端单相接地零序电流值，A；U_B 为馈线末端母线额定电压，如 $6.3kV$；R 为中性点接地电阻的阻值，

Ω；n_{TA}为馈线末端 TA 变比。

2）动作时间：与相邻下一级被保护设备单相接地零序过电流保护最长动作时限配合计算，取 $t_{0.\text{op}}=t_{0.\text{op.L.max}}+\Delta t$（$t_{0.\text{op.L.max}}$为下一级单相接地零序过电流保护最长动作时间，s）。

3. 提高保护动作可靠性措施

高压馈线单相接地零序过电流保护，应尽可能采用专用 TA0 的单相接地零序过电流保护，尽可能避免采用三相 TA 组成零序滤过器或自产 $3I_0$ 单相接地零序过电流保护。

（四）电压异常级弧光保护

1. 低电压保护

母线低电压保护整定计算原则与电动机的低电压保护相同。

2. 过电压保护

母线过电压保护动作电压可取 1.3 倍母线额定电压。

动作时间可取 2s，动作于信号或跳闸。

3. 母线零序过电压保护

按躲过正常运行的最大不平衡电压整定，动作电压 $3U_0$ 一般取（10%~15%）TV 开口三角的零序电压二次值。延时 2~5s，动作于发信号。

4. 弧光保护

采用弧光保护作为高压厂用母线快速保护。

（1）电流判据整定原则。电流定值按躲过母线正常运行时电源进线的最大负荷电流整定，即

$$I_{\text{op}}=(1.1\sim1.3)I_{\text{N}}$$

式中：I_{N} 为母线正常运行时电源进线的最大负荷电流二次值，A。

突变量判据一般不需要整定。

（2）动作时限：不需要和其他保护配合，一般取 0~20ms。

（3）出口方式：动作于跳开所接母线分支断路器（或进线断路器）、闭锁快切。

四、高压厂用电动机保护

额定容量在 200kW 以上的电动机大多采用高压电动机。额定容量在 2000kW 及以上的高压电动机，均应加装电动机纵差动保护或按相磁平衡差动保护，加装差动保护后，仍应配置电动机动力电缆的电流速断保护，切断短路电流可采用以下两种方式：

（1）全部采用真空断路器。

（2）部分采用真空断路器和 FC 回路。对额定功率小于 1000kW 的电动机，可以用 FC 回路；额定功率大于 1000kW 或大于 630kW 而启动时间较长的电动机应采用真空断路器。用不同方式切除短路电流，继电保护的整

定计算原则与方法也不相同。

高压电动机保护的整定，需要注意：

（1）电动机二次额定电流，宜取设备铭牌值；

（2）电动机启动时间 $t_{st.max}$ 为电动机从启动到转速达到额定转速的时间，以实测值为准，考虑裕度，可整定为最长启动时间的 1.2 倍或最长启动时间加 2～5s。

（一）电动机故障和异常运行状态

电动机故障和异常运行状态包括如下几种情况：

（1）定子绕组相间短路故障（包括供电电缆的相间短路故障）；

（2）定子绕组匝间短路故障；

（3）定子绕组单相接地故障（包括供电电缆的单相接地故障）；

（4）异步电动机启动时间过长；

（5）电动机运行过程中三相电流不平衡或运行过程中发生一相断线；

（6）运行过程中电动机发生堵转；

（7）电动机机械过负荷、供电电压降低和频率降低引起异步电动机过负荷；

（8）供电给电动机的电压过低或过高；

（9）投入运行时异步电动机相序错误、运行中电动机轴承温度过高以及转子鼠笼断条等；

（10）对同步电动机来说，还有失步、失磁故障以及非同步冲击等。

（二）高压电动机 FC 回路高压熔断器保护

由于 FC 回路的真空接触器只能接通与断开电动机的启动电流与负荷电流，而不能断开超过其允许断开电流值的短路电流，如额定电压为 6.3kV 的真空接触器只能断开小于 3800A 的短路电流，而短路电流超过 3800A 时，则须由高压熔断器熔断切除短路电流。用于切断高压电动机短路电流的高压熔断器，应可靠躲过电动机正常运行与启动电流，并且应有一定的可靠系数，同时又要考虑与保护动作时间的配合。

1. 高压熔断器额定遮断电流 $I_{brk.N}$ 与额定电压 $U_{FU.N}$ 的计算

（1）额定遮断电流 $I_{brk.N}$ 的计算。高压熔断器额定遮断电流 $I_{brk.N}$ 应大于出口故障时的最大短路电流 $I_{k.max}^{(3)}$，即

$$I_{brk.N} > I_{k.max}^{(3)}$$

（2）额定电压 $U_{FU.N}$ 的计算。高压熔断器额定电压 $U_{FU.N}$ 应大于等于最大工作电压 $U_{M.N}$（电动机额定电压），即

$$U_{FU.N} \geqslant U_{M.N}$$

2. 高压熔断器熔件额定电流 $I_{FU.N}$ 的计算

（1）按躲过正常负荷电流或额定电流 $I_{M.N}$ 计算，即

$$I_{FU.N} = K_{rel} \times I_{M.N}$$

式中：K_{rel}为可靠系数，取 2。

有实例表明，选择高压熔断器熔件额定电流为 $I_{FU.N} = 1.7I_{M.N}$ 是不合理的。如：某厂一渣水泵，启动时间 $t_{st} < 5s$，$I_{M.N} = 30A$，$I_{FU.N} = 50A$，高压熔断器熔件在电动机启动过程中多次发生熔断，后换用了 $I_{FU.N} = 63A$ 高压熔断器后，电动机启动正常。

（2）按躲过电动机启动电流计算。高压熔断器熔件额定电流 $I_{FU.N}$ 应躲过电动机启动电流。用于高压电动机的 K81SDX 型高压熔断器熔断时间特性见表 5-2。

表 5-2　K81SDX 型高压熔断器熔断时间特性　　　　　　　　　　　s

额定电流倍数		2	3	4	5	6	7	8	10	15	20	25
熔断器熔件额定电流（A）	80	≥1000	350	50	20	7	3	1.5	0.4	0.05	0.02	<0.02
	100	≥1000	350	50	20	7	3	1.5	0.4	0.05	0.02	<0.02
	125	≥1000	350	50	15	7	3	1.5	0.4	0.05	0.02	<0.02
	160	≥1000	350	50	15	7	3	1.5	0.4	0.05	0.02	<0.02
	200	≥1000	350	50	15	7	3	1.5	0.4	0.05	0.02	<0.02
	225	≥1000	350	50	15	10	4	1.5	0.5	0.09	0.03	<0.02
	250	≥1000	350	70	30	10	5	1.5	0.5	0.15	0.04	0.02
	280	≥1000	350	100	30	15	5	3	1	0.15	0.05	0.03
	315	≥1000	500	200	60	20	10	5	2	0.3	0.09	0.03

　　注　1. 计算 $t_{FU.max}$ 考虑 $0.7I_k$ 时熔断特性的熔断时间或 I_k 时高一级额定电流熔件的熔断时间。

　　2. 计算 $t_{FU.min}$ 考虑 $1.3I_k$ 时熔断特性的熔断时间或 I_k 时低一级额定电流熔件的熔断时间。

由表 5-2 可以看出，K81SDX 型熔断器的熔断时间特性有以下规律：

1）电动机启动时间 $t_{st} \leqslant 5s$ 的情况。在 $6I_{FU.N}$ 时熔断器熔断时间 $t_{FU.op} > 5s$，当电动机启动时间 $t_{st} \leqslant 5s$ 时，为保证电动机启动过程中熔件可靠不熔断，则 $6I_{FN.N} = K_{rel} \times I_{st}$，即

$$I_{FU.N} = K_{rel} \times I_{st}/6 = 2 \times \frac{I_{st}}{6} = \frac{I_{st}}{3}$$

2）电动机启动时间 $10s \leqslant t_{st} \leqslant 30s$ 的情况。在 $5I_{FU.N}$ 时熔断器熔断时间 $t_{FU.op} > 10s$，$4I_{FU.N}$ 时 $t_{FU.op} > 30s$。当电动机启动时间 $10s \leqslant t_{st} \leqslant 30s$ 时，为保证电动机启动过程中熔件可靠不熔断，则当 $t_{st} = 30s$ 时，$4I_{FU.N} = K_{rel} \times I_{st}$，即

$$I_{FU.N} = K_{rel} \times I_{st}/4 = 2 \times \frac{I_{st}}{4} = \frac{I_{st}}{2}$$

当 $t_{st} = 10s$ 时，$5I_{FU.N} = K_{rel} \times I_{st}$，即

$$I_{FU.N} = K_{rel} \times I_{st}/5 = 2 \times \frac{I_{st}}{5} = \frac{I_{st}}{2.5}$$

归纳起来，为躲过电动机启动电流，高压熔断器熔件额定电流 $I_{FU.N}$ 可按下式计算：

电动机启动时间 $t_{st} \leqslant 5s$ 时，$I_{FU.N} = \dfrac{I_{st}}{3}$；

电动机启动时间 $5s \leqslant t_{st} \leqslant 10s$ 时，$I_{FU.N} = \dfrac{I_{st}}{2.5}$；

电动机启动时间 $10s \leqslant t_{st} \leqslant 30s$ 时，$I_{FU.N} = \dfrac{I_{st}}{2}$。

式中：I_{st} 为电动机的启动电流，$I_{st} = (6 \sim 8)I_{M.N}$，一般取平均值 $I_{st.av} = 6I_{M.N}$，A；K_{rel} 为可靠系数，取 2。

（3）与真空接触器（FC 回路中的真空接触器）动作时间配合计算。由于真空接触器只能接通或断开电动机启动电流，不能切断大于 3800A 的短路电流，所以当电动机或电缆发生短路故障，$I_k \geqslant 3800A$ 时，应保证熔断器的熔件先熔断，真空接触器后断开。一般综合保护装置无时限电流速断保护动作固有时间为 0.06s，接触器断开时间大于 0.02s，由于真空接触器允许断开的最大短路电流为 3800A，为可靠起见，真空接触器按可靠切断 3400A 短路电流计算，熔件额定电流应满足以下几点：

1）熔断器额定电流 $I_{FU.N} \leqslant 125A$ 时。当短路电流 $I_k > (20 \sim 25)I_{FU.N}$ 时，熔断器熔断时间 $t_{st} < 0.05s$，即 $I_{FU.N} \leqslant \dfrac{3400}{25} = 136A$；同时，$I_{FU.N} \leqslant 125A$ 时，综合保护电流速断保护不带时限（仅有固有时限）可与高压熔断器配合。

2）熔断器额定电流 $124A < I_{FU.N} \leqslant 225A$ 时。在 $I_k = 3400A$ 时，熔断器最长熔断时间约为 0.09s，为保证可靠，综合保护装置电流速断保护应带 $0.3 \sim 0.4s$ 延时，可与高压熔断器配合。即 $I_{FU.N} > 125A$ 时，综合保护装置电流速断保护应带 $0.3 \sim 0.4s$ 延时。

3）当采用 FC 回路，真空接触器允许断开电流与保护动作时间考虑配合计算时，高压熔断器最大额定电流超过 225A 投入保护已无意义，所以高压电动机用高压熔断器最大额定电流不应超过 225A，即

$$I_{FU.N} \leqslant 225A \tag{5-15}$$

由式（5-15）和（2）2）的计算可知，FC 回路适用电动机启动时间与对应允许电动机额定容量的关系是

a. 当电动机启动时间 $t_{st} \leqslant 5s$ 时

电动机容量 $P_{FU.N} \leqslant \sqrt{3} U_{M.N} \dfrac{3 \times I_{FU.N}}{K_{st}} \cdot \eta\cos\varphi = \sqrt{3} \times 6 \times \dfrac{3 \times 225}{6} \times 0.8 = 935kW$

b. 当电动机启动时间 $5s < t_{st} \leqslant 10s$ 时

电动机容量 $P_{FU.N} \leqslant \sqrt{3} U_{M.N} \dfrac{2.5 \times I_{FU.N}}{K_{st}} \cdot \eta\cos\varphi = \sqrt{3} \times 6 \times \dfrac{2.5 \times 225}{6} \times 0.8 = 780kW$

c. 当电动机启动时间 $10s \leqslant t_{st} \leqslant 30s$ 时

电动机容量 $P_{\text{FU.N}} \leqslant \sqrt{3}\, U_{\text{M.N}} \dfrac{2 \times I_{\text{FU.N}}}{K_{\text{st}}} \cdot \eta \cos\varphi = \sqrt{3} \times 6 \times \dfrac{2 \times 225}{6} \times 0.8 = 630\text{kW}$

式中：$\eta \cos\varphi$ 为电动机效率与功率因数的乘积，平均为 0.8；其他符号同前文所述。

通过以上计算说明，FC 回路适用范围为：当电动机启动时间 $t_{\text{st}} \leqslant 5\text{s}$ 时，电动机容量 $P_{\text{FU.N}} \leqslant 1000\text{kW}$；$5\text{s} < t_{\text{st}} \leqslant 10\text{s}$ 时，电动机容量 $P_{\text{FU.N}} \leqslant 780\text{kW}$；$10\text{s} \leqslant t_{\text{st}} \leqslant 30\text{s}$ 时，电动机容量 $P_{\text{FU.N}} \leqslant 630\text{kW}$；否则应用真空断路器切除短路电流。

（三）电动机纵差动保护

电动机纵差动保护作定子绕组及供电电缆相间短路故障的保护，不反映定子绕组的匝间短路故障。

2000kW 及以上的电动机，或者 2000kW 以下电动机电流速断保护灵敏度不满足要求时，可装设纵差动保护。一般采用三相式接线，以保证一点接地在保护区内，另一点接地在保护区外时纵差动保护也能快速动作，跳开电动机。

1. 两折线（单斜率）比率制动特性纵差动保护

（1）计算电动机二次额定电流

$$I_{\text{N}} = \frac{P_{\text{N}}}{\sqrt{3}\, U_{\text{N}} \cos\varphi} \cdot \frac{1}{n_{\text{TA}}}$$

式中：U_{N} 为电动机的额定线电压，如 6kV；P_{N} 为电动机额定功率，W；$\cos\varphi$ 为电动机额定功率因数。

（2）最小动作电流 I_{s}。I_{s} 按躲过电动机正常运行时差动回路最大不平衡电流整定，即

$$I_{\text{s}} = K_{\text{rel}} (K_{\text{ap}} K_{\text{ce}} K_{\text{er}} + \Delta m) I_{\text{N}}$$

式中：K_{rel} 为可靠系数，取 2；K_{ap} 为外部短路故障切除引起 TA 误差增大的系数（非周期分量系数），对异步电动机取 1.5，对于同步电动机取 2；K_{cc} 为同型系数，TA 型号相同时取 0.5，不相同时取 1；K_{er} 为 TA 综合误差，取 0.1；Δm 为通道调整误差，取 0.01～0.02。

一般情况下，取 $I_{\text{s}} = (0.3 \sim 0.5) I_{\text{N}}$。当不平衡电流较大时，可取 $I_{\text{s}} = 0.6 I_{\text{N}}$。

（3）最小制动电流：可取 $I_{\text{res}} = 0.8 I_{\text{N}}$。

（4）拐点电流 I_{t}。有些保护装置中 I_{t} 是固定的（如 $I_{\text{t}} = I_{\text{N}}$），无须用户整定；当装置中 I_{t} 没有固定时，可取 $I_{\text{t}} = (0.5 \sim 0.8) I_{\text{N}}$。

（5）制动特性斜率 S。按躲过电动机最大启动电流下差动回路的不平衡电流整定。最大启动电流 $I_{\text{st.max}}$ 下的不平衡电流 $I_{\text{und.max}}$ 为

$$I_{\text{und.max}} = (K_{\text{ap}} K_{\text{cc}} K_{\text{er}} + \Delta m) \frac{I_{\text{st.max}}}{n_{\text{TA}}}$$

当取 $K_{ap}=2$、$K_{cc}=0.5$、$K_{er}=0.1$、$\Delta m=0.02$、$I_{st.max}=K_{st}I_N$（取 $K_{st}=10$）时，有

$$I_{und.max}=(2\times0.5\times0.1+0.02)\times10I_N=1.2I_N$$

比率制动特性斜率为

$$S=\frac{K_{rel}I_{unb.max}-I_s}{K_{st}I_N-I_t}$$

式中：K_{rel} 为可靠系数，取 2。

当取 $I_s=0.3I_N$、$I_t=0.8I_N$、$K_{st}=7$ 时，$S=\dfrac{2\times1.2I_N-0.3I_N}{7I_N-0.8I_N}=0.34$

一般取 $S=0.4\sim0.6$。

（6）灵敏度校验：最小运行方式差动保护区内两相金属性短路灵敏系数不低于 1.5。

电动机机端最小两相短路电流为

$$I_k^{(2)}=\frac{\sqrt{3}}{2}\cdot\frac{1}{X_s'+X_L}\cdot\frac{S_B}{\sqrt{3}U_B}$$

式中：X_s' 为电动机供电系统处最小运行方式时折算到基准容量 S_B 的系统阻抗标幺值；U_B 为电动机供电电压等级的平均额定电压，如 6.3kV；X_L 为电动机供电电缆折算到基准容量 S_B 的阻抗标幺值。

制动电流 $I_{res}=\dfrac{I_k^{(2)}}{2n_{TA}}$，相应的动作电流 $I_{op}=I_s+S_1\left(\dfrac{I_k^{(2)}}{2n_{TA}}-I_t\right)$。要求灵敏系数满足

$$K_{sen}=\frac{I_k^{(2)}}{n_{TA}I_{op}}\geqslant1.5$$

同步电动机灵敏系数更容易满足要求。

（7）差动速断保护动作电流 I_i。按躲过电动机启动瞬间最大不平衡电流条件整定，即

$$I_i=K_{rel}I_{unb.max}$$

式中：K_{rel} 为可靠系数，取 $3.5\sim4.5$。

根据工程经验，一般取 $I_i=(4\sim6)I_N$。

要求电动机机端两相短路时，有

$$K_{sen}=\frac{I_k^{(2)}}{n_{TA}I_i}\geqslant1.2$$

（8）差流越限告警。取差流越限告警值为 $15\%I_N$，告警延时一般装置内部固定。

（9）动作时限。差动保护本身无须设动作时限，但有的装置为躲暂态过程而设了动作时限，此时可取动作时限 $0.03\sim0.05s$。

2. 三折线（双斜率）比率制动特性差动保护

（1）计算电动机二次额定电流。

（2）最小动作电流 I_s：同上节两折线比率制动差动保护。$I_{t2}=(2\sim4)I_N$。

（3）拐点电流 I_t：一般取 $I_{t1}=(0.8\sim1.0)I_N$，$I_{t2}=(2\sim4)I_N$。

（4）制动特性斜率 S_1：电动机在启动过程中，制动电流从 $K_{st}I_N$ 逐渐减小到 I_N，为防止在此过程中保护误动，应使制动电流为 I_{t2} 时差动回路的不平衡电流 $I_{unb.2}$ 可靠小于相应的动作电流 $I_{op.2}$。一般取 $S_1=0.4\sim0.5$。

（5）制动特性斜率 S_2：按最大启动电流下不误动条件整定，一般取 $S_2=0.6\sim0.7$。

（6）灵敏度校验：最小运行方式差动保护区内两相金属性短路灵敏系数不低于 1.5。

电动机机端最小两相短路电流为

$$I_k^{(2)}=\frac{\sqrt{3}}{2}\cdot\frac{1}{X'_s+X_L}\cdot\frac{S_B}{\sqrt{3}U_B}$$

式中：X'_s 为电动机供电系统处最小运行方式时折算到基准容量 S_B 的系统阻抗标幺值；U_B 为电动机供电电压等级的平均额定电压，如 6.3kV；X_L 为电动机供电电缆折算到基准容量 S_B 的阻抗标幺值。

制动电流 $I_{res}=\dfrac{I_k^{(2)}}{2n_{TA}}$，相应的动作电流为

$$I_{op}=I_s+S_1(I_{t2}-I_{t1})+S_2(I_{res}-I_{t2})$$

要求灵敏系数满足

$$K_{sen}=\frac{I_k^{(2)}}{n_{TA}I_{op}}\geqslant1.5$$

（7）差动速断保护动作电流 I_i：同两折线比率制动差动保护。

（8）差流越限告警、动作时限：同两折线比率制动差动保护。

3. 保护动作出口方式

异步电动机作用于跳闸，同步电动机动作跳闸的同时还要灭磁。

4. 提高保护动作可靠性措施

（1）由于保护装置设在开关柜上，造成纵差动保护两侧 TA 二次电缆长度相差较大，特别是电动机离开关柜较远时情况更严重。这样，电动机启动时两侧 TA 由于二次阻抗不匹配，会造成不平衡电流显著增大的现象，甚至中性点 TA 出现饱和现象。因此，电动机纵差动保护要特别注意两侧 TA 二次阻抗匹配问题。

（2）若无法解决两侧 TA 二次阻抗匹配问题，需采取提高定值来躲过启动时的误动现象时，宜采用适当增大比率制动斜率而不宜采用提高最小动作电流的措施；或者分别设启动、正常运行差动保护，分别整定，但有的保护装置不能实现。

（3）当无法解决两侧 TA 二次阻抗匹配问题，同时要提高灵敏度时，

可考虑采用磁（自）平衡差动继电器，动作电流只需躲过电动机的每相电容电流即可。

（4）为减小差动回路的不平衡电流，容量较大的电动机宜采用二次额定电流为1A的TA。

（5）加强差动二次回路的检查与维护，避免TA二次开路现象，如果出现TA二次开路，宜闭锁差动保护，并报警。

（四）电动机磁平衡纵差动保护

以述电动机纵差动保护称为常规纵差动保护。纵差动保护一侧TA装设在开关柜，另一侧TA装设在电动机中性点侧。一般情况下，电动机距离开关柜较远，即使两侧TA型号、变比相同，因中性点侧TA有较长的二次电缆，所以两侧TA二次阻抗处严重不匹配状态，造成电动机启动时差动回路有较大的不平衡电流。

为防止纵差动保护在电动机启动过程中发生误动，常规纵差保护采取了相应措施。一种措施是将制动特性的最小动作电流和制动特性斜率适当提高甚至加倍，这种措施一方面大大降低了启动过程中纵差动保护的灵敏度，另一方面为躲过外部短路故障时电动机反馈电流或外部短路故障切除电动机自启动电流产生的不平衡电流，正常运行时保护灵敏度也受到限制。另一种措施是将纵差保护分成启动过程中和正常运行中两部分，定值分开独立整定。这种措施与第一种措施无本质上的差别，因而具有相同的缺点。至于按躲过启动电流影响来整定参数的常规纵差动保护，因不采取任何措施，所以灵敏度降得更低。

在理论上，上述常规纵差动保护提高灵敏度最有效的措施是在开关柜TA二次进行阻抗补偿，接入与另一侧等长的相同的二次电缆，实际上做起来十分困难。

因此，常规纵差动保护在上述情况下灵敏度受到限制，具有较大的定子绕组相间短路故障死区，这不能不说是常规纵差动保护的一个严重缺点。

为克服上述情况下常规纵差动保护的缺点，可采用磁平衡纵差动保护，即将电动机机端一次电流与中性点一次电流直接做差构成的纵差动保护，安装在电动机处。磁平衡纵差动保护也可称为自平衡纵差动保护。

1. 电动机磁平衡纵差动保护原理

高压电动机磁平衡纵差动保护原理接线，如图5-12所示。

在电动机出口侧与中性点侧同名相，加装一组磁平衡电流互感器TA.A、TA.B、TA.C，电动机定子绕组末端经TA一次绕组后短接，其接入方向与定子绕组始端接入方向相反，TA二次绕组分别接至磁平衡差动继电器KD，检测TA二次电流大小就构成了电动机的磁平衡差动保护。只要电动机定子绕组始、末端流过相同电流，TA铁芯中的磁通就平衡，二次绕组无电流，故称磁（自）平衡纵差动保护。

根据磁平衡原理，在差动电流中不存在因TA误差原因产生的差电流。

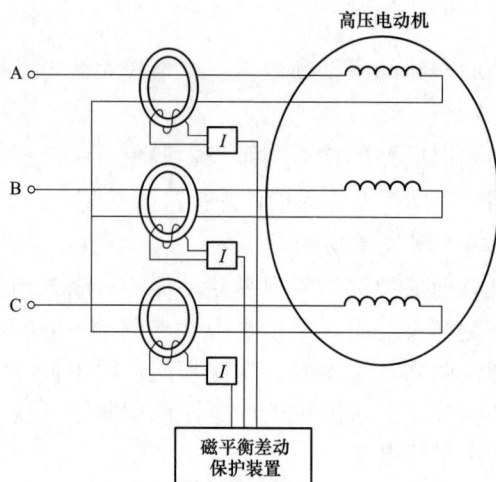

图 5-12　磁平衡纵差动保护原理接线图

在电动机启动时，同相两侧电流产生的磁通，因磁路不对称引起磁通不一致，漏磁通不一致在 TA 内产生不平衡电流，两侧电缆在同时穿过 TA 时，只要安装得比较对称，则正常时不平衡电流就几乎为零。在运行中曾对相同的四台电动机（额定电流为 240A）的磁平衡纵差动保护实测不平衡电流，结果均不超过 $0.5\%I_{M.N}$（$I_{M.N}$为电动机额定电流）。

（1）电动机定子绕组相间短路故障情况。相间短路故障越靠近电动机机端，保护灵敏度越高，向中性点方向移动时灵敏度逐渐降低，当相间短路故障接近中性点处时，因故障点过渡电阻的影响，故障电流并不完全流经故障点，有相当一部分电流经中性点回路分流，如图 5-13 中虚线电流所示，因而 TA 二次电流很小，出现保护死区。

（2）在电动机启动、外部短路故障以及外部短路故障切除后电动机自启动时，虽然电动机自启动电流、外部故障电动机反馈电流、外部故障切除时电动机的自启动电流都很大，但定子绕组始、末端均流过同一电流，故 TA 二次绕组无电流，保护不反应。

（3）电动机定子绕组匝间短路时，因定子绕组始、末端流过同一电流，保护不反应。

（4）电动机定子绕组断相时，与匝间短路情况相同，保护不反应。

（5）电动机定子绕组对中性点短路的情况。如图 5-14（a）示出了 A 相绕组对本相中性点发生短路时的电流分布，这相当于本相定子绕组发生匝间短路故障，故保护不反应；图 5-14（b）示出了 A 相绕组对 B 相中性点发生短路时的电流分布，这相当于 AB 相发生相间短路故障的情况，故保护可反映这种故障。

（6）电动机外部单相接地时，由定子绕组每相正序电容 C_{M1}、每相零序

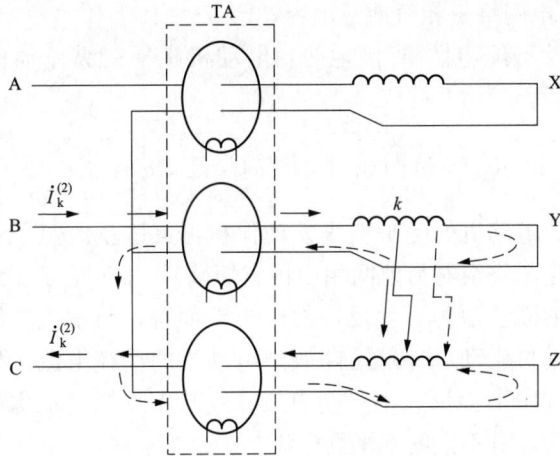

图 5-13　定子绕组 k 点 BC 相短路时的电流分布图

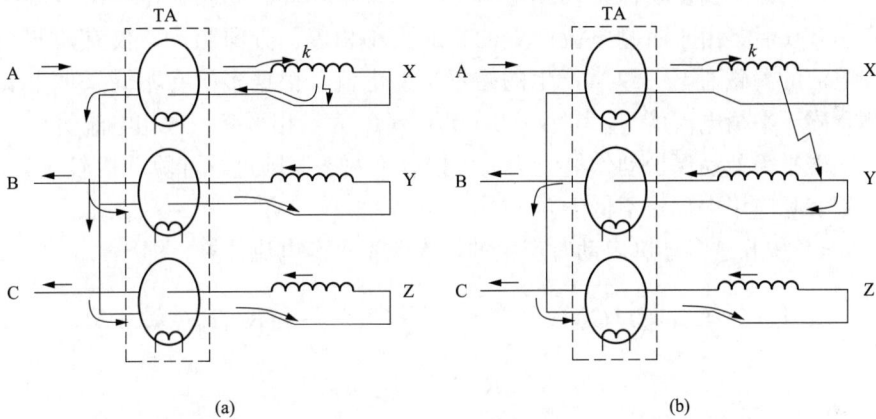

(a)　　　　　　　　　　　　　　(b)

图 5-14　定子绕组对中性点短路时的电流分布
（a）A 相绕组对本相中性点短路；（b）A 相绕组对 B 相中性点短路

电容 C_{M0} 形成的电流仅流过电动机始端，形成不平衡电流，其值为（过程从略）

$$I_{\mathrm{unb}} = |\dot{I}_{\mathrm{unb.\,B}}| = |\dot{I}_{\mathrm{unb.\,C}}| = \omega\sqrt{\left(C_{\mathrm{M1}} + \frac{C_{\mathrm{M0}}}{2}\right)^2 + \frac{3}{4}C_{\mathrm{M0}}^2\frac{U_{\mathrm{jN}}}{\sqrt{3}}}$$

可以看出，此时的不平衡电流比电动机正常运行时的不平衡电流 $\omega C_{\mathrm{M1}}\dfrac{U_{\mathrm{jN}}}{\sqrt{3}}$ 大。

（7）电动机定子绕组单相接地时。设接地点到电动机定子绕组中性点的匝数与定子绕组一相匝数之比为 α，当电网中性点不接地时，电动机磁平衡纵差动保护通过的电流为

$$I_{\mathrm{D}} = 3\omega(C_{\Sigma} - C_{\mathrm{M0}})\alpha \cdot \frac{U_{\mathrm{jN}}}{\sqrt{3}}$$

式中：C_{Σ} 为供电网络每相对地总电容，F。

当电网中性点经电阻 R 接地时，电动机磁平衡纵差动保护通过的电流为

$$I_D \approx 3\sqrt{\left(\frac{1}{3R}\right)^2 + (\omega C_{\Sigma})^2} \cdot \alpha \cdot \frac{U_{jN}}{\sqrt{3}}$$

综上所述，电动机的磁平衡纵差动保护可灵敏反应定子绕组的相间短路故障（包括定子绕组对另外两相中性点短路），不反应定子绕组的匝间短路和定子绕组的断线故障。就反应故障类型而言，与常规的纵差动保护并无区别，但电动机启动、外部短路故障电动机的反馈电流、外部短路故障切除自启动过程中不会形成不平衡电流，这与常规纵差动保护不同。对外部单相接地故障，有不大的不平衡电流。

2. 磁平衡差动保护整定值计算

（1）磁平衡差动保护动作电流 $I_{d.op}$ 的整定计算。同相首尾一次电流经串芯 TA 后，由于两侧电流产生的磁通大小相等、方向相反，仅有两侧相同电流的漏磁通不一致所产生的磁不平衡电流，根据多次在不同条件下实测，磁不平衡电流值 I_{unb} 均小于 $0.005 I_p$（I_p 为三相平衡一次相电流值）。

磁平衡差动保护动作电流 $I_{d.op}$ 应按以下两条原则进行计算并取较大者。工程实际应用中一般不低于 $0.1 I_N$。

1）按躲过电动机启动时产生的最大磁不平衡电流计算，即

$$I_{d.op} = K_{rel}\omega\sqrt{\left(C_{M1} + \frac{C_{M0}}{2}\right)^2 + \frac{3}{4}C_{M0}^2}\,\frac{U_{jN}}{\sqrt{3}} = K_{rel}I_{unb.max}/n_{TA}$$
$$= K_{rel}K_{er}K_{st}I_{M.N}/n_{TA}$$

式中：$I_{d.op}$ 为磁平衡差动保护动作电流，A；K_{rel} 为可靠系数，可取 $1.5\sim2$；$I_{unb.max}$ 为电动机启动时的最大不平衡电流，A；K_{rel} 为电动机两侧磁不平衡误差，根据实测最大值取 0.5%；K_{st} 为电动机启动电流倍数，取 7。

2）按躲过外部单相接地时的不平衡电流整定，即

$$I_{d.op} = K_{rel}\omega\sqrt{\left(C_{M1} + \frac{C_{M0}}{2}\right)^2 + \frac{3}{4}C_{M0}^2} \cdot \frac{U_{jN}}{\sqrt{3}}$$

式中：K_{rel} 为可靠系数，可取 $1.1\sim1.3$；C_{M1} 为定子绕组每相正序电容，F；C_{M0} 为定子绕组每相零序电容，F；U_{jN} 为电动机电压级电网平均额定线电压，$U_{jN}=1.05U_N$（U_N 为该电压级电网额定线电压），V。

根据实践经验，通常取

$$I_{d.op} = (0.15 \sim 0.25)I_{M.N}/n_{TA}$$

（2）磁平衡差动保护动作时间 $t_{op.set}$ 的整定。磁平衡差动保护的电动机一般都用真空断路器，所以其动作时间仅为继电器固有动作时间，为躲过电容暂态过程的影响，保护定值可取 $t_{op.set}=100\sim200ms$。

注：在开关柜与电动机相距较远的场合，宜优先采用磁平衡差动。

3. 定子绕组单相接地时磁平衡纵差动保护动作行为

当供电系统中性点不接地或经消弧线圈接地时，电动机定子绕组单相接地时流过保护的电流

$$I_D = 3\omega(C_\Sigma - C_{M0})\alpha \cdot \frac{U_{jN}}{\sqrt{3}}$$

小于保护动作电流

$$I_{d.op} = K_{rel}\omega\sqrt{\left(C_{M1} + \frac{C_{M0}}{2}\right)^2 + \frac{3}{4}C_{M0}^2}\,\frac{U_{jN}}{\sqrt{3}} = (0.1 \sim 0.3)I_{M.N}/n_{TA}$$

所以磁平衡差动保护不会动作；当供电系统中性点经电阻 R 接地时，电动机定子绕组单相接地磁平衡差动保护是否会动作，与电动机容量、中性点接地电阻 R 大小、接地点位置有关。一般情况下，电动机容量小、接地点接近机端时磁平衡差动保护会动作；电动机容量较大时一般不会动作。

应当指出，供电开关柜上的电动机综合保护可反应供电电缆和电动机故障。其中接地保护的动作电流 $(3I_0)_{op} = \frac{(3I_0)_k}{K_{rel}} \cdot \frac{1}{n_{TA0}}$（中性点经电阻接地）或 $(3I_0)_{op} = K_{rel}3\omega C_{0j}\frac{U_B}{\sqrt{3}} \cdot \frac{1}{n_{TA0}}$（中性点不接地）。当磁平衡差动保护处配有接地保护时，则该接地保护的零序动作电流为

$$(3I_0)_{op.M} = \frac{(3I_0)_{op}}{K_{co}}$$

式中：K_{co} 为配合系数，取 1.2。

为躲过暂态过程影响，该零序电流保护动作时限可取 $0.2 \sim 0.4s$，于是开关柜上综合保护中的零序电流保护动作时限取 $0.4 \sim 0.6s$。这样，供电电缆接地或是电动机定子绕组接地即可方便检出。

4. 提高保护动作可靠性措施

（1）电动机启动过程中不会在磁平衡纵差动保护回路中产生不平衡电流，因而动作电流只需躲过外部单相接地时形成的不平衡电流，一般情况下动作电流为 $I_{d.op} = (0.15 \sim 0.25)I_N$，灵敏度比常规比率特性纵差动保护大大提高，磁平衡差动保护大大提升了电动机纵差动保护性能。

（2）电动机磁平衡纵差动保护性能远优于常规比率差动保护，定子绕组相间短路故障的死区也远比常规比率差动小，而且整定计算十分简单，故在开关柜与电动机间相距较远的场合，应优先选用这种磁平衡纵差动保护。

（3）为使磁平衡纵差动保护发挥应有性能，TA 参数应认真选定，其容量可取 $15 \sim 20VA$、二次额定电流宜取 1A、一次额定电流宜取较大值，以保证最严重短路故障情况下不发生饱和。

（4）按技术规程要求，除磁平衡纵差动保护外，还应在开关柜上装设电动机综合保护，对供电电缆线上的短路故障与电动机的故障进行保护。

（5）当电动机磁平衡纵差动保护 TA 处配有零序 TA0 时，构成的零序电流保护在动作电流、动作时间上应与开关柜上综合保护中的零序电流保护配合。

（五）电动机电流速断保护

电动机电流速断保护作为定子绕组和供电电缆相间短路故障的保护，应用在 2MW 以下的高压电动机上，保护动作于跳闸。

典型的"高低定值"电流速断保护即具有高、低两个定值作为保护动作判据，其中电动机启动时按高定值 $I_{op.H}$ 动作、电动机启动结束后低定值 $I_{op.L}$ 保护才投入。电流速断保护的动作方程为

$$高定值：I_{max} \geqslant I_{op.H}（启动过程中投入）$$
$$低定值：I_{max} \geqslant I_{op.L}（启动结束后投入）$$

式中：I_{max} 为 A、B、C 三相中最大相电流值，A。

1. 动作电流高定值 $I_{op.H}$

按躲过电动机的最大启动电流整定，即

$$I_{op.H} = K_{rel} K_{st} I_N$$

式中：K_{rel} 为可靠系数，取 $1.4 \sim 1.5$。K_{st} 为电动机最大启动电流倍数，应实测；无实测值时，一般可取 7。

2. 动作电流低定值 $I_{op.L}$

按躲过供电母线三相短路时电动机的最大反馈电流，同时要躲过外部短路故障切除电压恢复过程中电动机的自启动电流。

（1）当电动机采用真空断路器或少油断路器时，反馈电流按启动电流的 80% 计，则有

$$I_{op.L} = K_{rel}(80\% K_{st} I_N)$$

式中：K_{rel} 为可靠系数，取 $1.2 \sim 1.3$。

结合高定值，得到

$$I_{op.L} = \frac{1.2}{1.4} \times 80\% I_{op.H} = 68.6\% I_{op.H}$$

这样整定，可躲过电动机的自启动电流。

例如：某发电厂电动机综合保护速断动作电流在电动机启动时按定值翻倍原则整定，但未考虑躲过厂用母线出口三相短路时电动机的反馈电流，运行中当高压厂用母线出口短路时造成多台高压电动机同时无故障跳闸。

（2）当电动机采用高压熔断器＋高压接触器时，因熔断器有熔断时间，保护必须带 $0.3 \sim 0.4s$ 动作时限，所以 $I_{op.L}$ 只需躲过自启动电流。如取自启动电流为 $5I_N$，则

$$I_{op.L} = K_{rel}(5I_N)$$

式中：K_{rel} 为可靠系数，取 1.3。

结合高定值，得到

$$I_{op.L} = \frac{1.3}{1.4} \times \frac{5}{7} I_{op.H} = 66.3\% I_{op.H}$$

（3）按躲过区外出口短路时最大电动机反馈电流计算，即

$$I_{op.L} = K_{rel}K_{fb} \cdot I_N$$

式中：K_{rel} 为可靠系数，取 1.3；K_{fb} 为区外出口短路时最大反馈电流倍数，一般取 6。

低定值 $I_{op.L}$ 按以上原则综合考虑并取较大值。

（4）动作时限。

1）当电动机采用真空断路器或少油断路器时，动作时限一般取 0～0.06s（大电动机配有差动保护的可取大值，不带差动保护的可取小值）。

2）当电动机采用高压熔断器＋高压接触器（即 FC 回路）时：

a. 当综合保护装置无大电流闭锁跳闸出口功能时，保护动作时限应与熔断器熔断时间配合，一般取 0.3～0.4s；

b. 当综合保护装置有大电流闭锁跳闸出口功能时，动作时间可取 0.05～0.1s。

（5）灵敏度校验：电动机入口最小两相短路灵敏系数应不小于 2，即

$$K_{sen} = \frac{I_{k.min}^{(2)}}{I_{op.L}} \geqslant 2$$

式中：$I_{k.min}^{(2)}$ 为电动机入口最小两相短路电流二次值，A。

（6）有大电流闭锁跳闸出口功能时闭锁电流 I_{art} 的整定

$$I_{art} = \frac{I_{brk}}{K_{rel} n_{TA}}$$

式中：I_{brk} 为接触器允许断开的电流值，A；K_{rel} 为可靠系数，取 1.3～1.5。

（7）电动机启动时间

$$t_{st.set} = 1.2 t_{st.max}$$

式中：$t_{st.max}$ 为电动机实测的最长启动时间，当没有实测值时，可取：循环水泵、电动给水泵、送风机、引风机、磨煤机为 20s，排粉机为 15s，其他一些启动较快的电动机可取 10s，低速电动机的启动时间可取 35s。

3. 提高保护动作可靠性措施

（1）高压接触器（FC）允许断开电流是有限制的，如 6kV 额定电流为 400A 的高压接触器，允许断开电流为 3800A。即使电流速断保护的动作电流小于允许断开电流，当保护装置具有接触器允许断开电流闭锁功能时，该闭锁功能也应投入，因为实际短路电流完全有可能大于接触器允许断开电流。

（2）当保护装置没有高压接触器允许断开电流闭锁功能时，若高压熔断器熔断电流小于高压接触器允许断开电流，则电流速断保护不必退出；若高压熔断器熔断电流大于高压接触器允许断开电流，则电流速断保护退出。应用高压熔断器＋高压接触器的电动机功率不会大（一般在 1000kW

及以下），因此电流速断保护可不退出。

（3）在大型发电厂中，厂用高压系统短路电流是很大的。为使电流速断保护充分发挥作用，TA 变比应认真选定。一次额定电流不能以电动机容量来选取，应以最大短路电流下不饱和选取，并且二次额定宜取 1A。当然，TA 容量也不能过小。

（4）关于电流速断保护的灵敏度。以电动机机端两相短路进行灵敏系数计算。一般情况下灵敏度是很高的，不必进行灵敏度校验，只是对特大功率的电动机才进行灵敏度校验。

（六）电动机负序电流保护

电动机负序电流保护作为电动机匝间短路、断相（两相运行）、相序错误、供电电压较大不平衡、定子绕组两相短路的保护，对电动机不对称短路故障起后备作用，保护动作于跳闸。

存在问题：当高压厂用系统某一设备短路故障、高压线路非全相运行、高压线路不对称短路时引起其他非故障电动机群负序过电流保护误动。

【实例 1】 某电动机负序过电流保护整定值为 $0.8I_N$、0.3s，当高压厂用电系统某一设备发生短路故障时，引起其他非故障电动机群负序过电流保护误动（三绕组或分裂组高压厂用变压器在一侧短路，引起另一侧所有正常电动机群负序过电流误动）。

【实例 2】 某电动机负序过电流保护整定值为 $0.4I_N$、1s，高压线路单相接地故障，当线路重合闸动作过程中引起其他非故障电动机群负序过电流保护误动。

【实例 3】 高压线路两相接地短路，当高压线路后备保护动作时，引起全厂所有高压电动机负序过电流保护误动，以致造成多次停机事件。

负序电流保护可分为一段式、两段式、三段式。一段式负序电流保护可设为定时限，也可设为反时限特性；两段式中，第Ⅰ段为定时限，第Ⅱ段可设为反时限；三段式中，第Ⅰ段、第Ⅱ段为定时限，第Ⅲ段可设为定时限，也可设为反时限。末段负序电流保护用以反应电动机内部较轻的故障。

电动机负序电流反时限特性，各厂家的保护装置有所不同，常用的形式有：

$$t_{op} = \begin{cases} \min\left(20s, \dfrac{T_2}{\dfrac{I_2}{I_{2.set}} - 1}\right) & \left(1 < \dfrac{I_2}{I_{2.set}} \leqslant 2\right) \\ T_2 & \left(\dfrac{I_2}{I_{2.set}} > 2\right) \end{cases}$$

$$t_{op} = \frac{T_2}{I_2/I_N}$$

$$t_{op} = \frac{80T_2}{(I_2/I_{2.set})^2 - 1}$$

式中：t_{op} 为负序反时限动作时间，s；I_2 为通过保护的负序电流，A；$I_{2.set}$ 为整定的负序电流，A；T_2 为负序电流时间常数，s。

1. 负序动作电流值

（1）整定原则：按以下两条件选取。

1）按躲过正常运行时不平衡电压产生的负序电流整定。电动机的负序阻抗 Z_2（标幺值）为

$$Z_2 \approx Z_{st} = \frac{1}{K_{st}}$$

式中：Z_{st} 为电动机启动阻抗标幺值；K_{st} 为电动机启动电流倍数，可取 6.5～7。

若正常运行中负序不平衡电压 $U_2 = \beta\% U_N$，则产生的负序电流标幺值为

$$I_2 = \beta\% K_{st}$$

一般 $U_2 < 5\% U_N$。当取 $\beta = 3 \sim 4$，$K_{st} = 7$ 时

$$I_2 = \beta\% K_{st} = (21 \sim 28)\% I_N I_2 = 33.3\% I_N$$

式中：I_N 为电动机二次额定电流，A。

2）按躲过 TA 二次回路断线条件整定。额定运行条件下 TA 二次回路断线产生的负序电流为

$$I_2 = 33.3\% I_N$$

当负序电流保护具有 TA 二次回路断线闭锁时，该条件可不予以考虑。

（2）负序电流动作值的整定。

1）无外部短路故障闭锁负序过电流的保护。无外部短路故障闭锁时，宜装设两段负序电流保护。

a. 负序Ⅰ段动作电流 $I_{2.op.I}$。按躲过相邻设备两相短路时正常电动机负序电流计算，由于相邻设备两相短路时流过正常电动机负序电流为 $(3 \sim 4)I_N$，故动作电流整定值为

$$I_{2.op.I} = K_{rel}(3 \sim 4)I_N$$

式中：K_{rel} 为可靠系数，取 1.2～1.3；I_N 为电动机二次额定电流，A。

动作时间：躲过相邻设备出口两相短路时电动机高峰负序反馈电流持续时间，据实测一般不超过 0.1s，动作时间取 0.2～0.4s。

b. 负序Ⅱ段动作电流 $I_{2.op.II}$。按以下两个原则考虑：

（a）按躲过正常运行时不平衡电压产生的负序电流整定，即 $I_{2.op.II} = (20\% \sim 30\%)I_N$；

（b）按躲过 TA 二次回路断线条件整定，即 $I_{2.op.II} = 33.3\% I_N$。

根据以上两个原则，并考虑可靠系数则动作电流可整定为

$$I_{2.op.II} = (50\% \sim 100\%)I_N$$

动作时间：按躲过高压系统非全相运行和母线上相邻设备相间故障保护后备段动作时间整定，即

$$t_{2.\text{op}.\mathrm{II}} = t_{2.\max} + \Delta t$$

式中：$t_{2.\max}$ 为厂用高压系统相间后备段动作时间，s。

注：充当定子匝间保护的考虑。

2）有外部短路故障闭锁负序电流的保护。闭锁条件为：负序方向闭锁判据、正序电流小于负序电流闭锁判据。动作电流按以下两个条件选取：

a. 按躲过正常运行时不平衡电压产生的负序电流整定，即 $I_{2.\text{op}} = (20\% \sim 30\%)I_{\mathrm{N}}$；

b. 按躲过 TA 二次回路断线条件整定，即 $I_{2.\text{op}} = 33.3\%I_{\mathrm{N}}$。

根据以上两个原则：

（a）当负序电流保护设为两段式时，负序 I 段动作电流 $I_{2.\text{op}.\mathrm{I}}$、负序 II 段动作电流 $I_{2.\text{op}.\mathrm{II}}$ 分别为

$$I_{2.\text{op}.\mathrm{I}} = (50\% \sim 100\%)I_{\mathrm{N}}$$

$$I_{2.\text{op}.\mathrm{II}} = (35\% \sim 40\%)I_{\mathrm{N}}$$

（b）当负序电流保护设为三段式时，I 段负序动作电流 $I_{2.\text{op}.\mathrm{I}}$、II 段负序动作电流 $I_{2.\text{op}.\mathrm{II}}$、III 段负序动作电流 $I_{2.\text{op}.\mathrm{III}}$ 分别为

$$I_{2.\text{op}.\mathrm{I}} = (50\% \sim 100\%)I_{\mathrm{N}}$$

$$I_{2.\text{op}.\mathrm{II}} = (35\% \sim 40\%)I_{\mathrm{N}}$$

$$I_{2.\text{op}.\mathrm{III}} = 20\%I_{\mathrm{N}} \quad （告警段）$$

（c）当负序电流保护设为一段式时，动作电流为 $I_{2.\text{op}} = (40\% \sim 80\%)I_{\mathrm{N}}$。

2. 负序电流保护动作时限

负序电流保护动作时限与装置是否具有外部故障闭锁措施密切相关。

（1）外部两相短路故障时流入电动机的负序电流和正序电流。电动机外部厂用高压系统两相短路故障时，故障点的正、负序电压相等，均为额定电压的 50%。由 $I_2 = \beta\%K_{\text{st}}$ 可得到流入电动机的负序电流为

$$I_2 = 50\%K_{\text{st}}I_{\mathrm{N}}$$

当 $K_{\text{st}} = 7$ 时，有 $I_2 = 3.5I_{\mathrm{N}}$，即负序电流可达额定电流的 3.5 倍，大大高于负序电流保护的动作值。

对于流入电动机的正序电流，因正序电压在故障发生时降为正常值的 50%，当然正序电流相应也降为 $50\%I_{\mathrm{N}}$。但由于负序电压的制动作用，为维持原有电动机负载，正序电流会逐渐增大，甚至高于额定电流值。

（2）负序电流保护动作时限。

1）保护装置没有外部短路故障闭锁负序电流保护判据时，动作时限要躲过厂用高压系统相间故障保护后备段动作时间，动作时限为

$$t_{2.\text{op}} = t_2 + \Delta t$$

式中：t_2 为厂用高压系统相间故障后备段动作时限，可取高压厂用变压器低压侧过电流保护 II 段动作时限，s。

因电动机在厂用高压系统中属于末级元件，所以负序电流保护各段取

相同时限，以缩短故障切除时间。

当保护设有反时限特性时，应保证供电母线两相短路故障时的动作时间不低于 t_op 值。此时流入电动机的负序电流为 $3.5I_\text{N}$，若反时限整定的负序电流为 $I_{2.\text{op}}$（各段的值不同），则负序电流时间常数分别为

$$T_2 = t_\text{op}$$
$$T_2 = 3.5t_\text{op}$$
$$80T_2 = \left[\left(\frac{3.5I_\text{N}}{I_{2.\text{op}}}\right)^2 - 1\right]t_\text{op}$$

其中：t_op 由式 $t_\text{op} = t_2 + \Delta t$ 确定。

需要说明的是，不论采用定时限特性还是反时限特性，电动机发生故障时负序电流保护的动作时间相对较长，特别是轻微故障。

2）保护装置具有外部短路故障闭锁负序电流保护判据时，为缩短电动机故障时负序电流保护的动作时间，可采用外部短路故障闭锁负序电流保护的措施。闭锁措施可采用比较保护安装处正、负序电流大小来实现。通常有两种方法。

a. 直接比较保护安装处正、负序电流大小构成的闭锁措施。电动机及其供电电缆处在保护方向上，简称"内部"；保护以外的厂用高压系统不在保护区内，简称"外部"。"外部"两相短路故障时，流过保护的负序电流约为 $3.5I_\text{N}$，而流过保护的正序电流由 $0.5I_\text{N}$ 逐渐增大。可见，"外部"两相短路故障，流过保护的负序电流总是小于相应的正序电流。"内部"两相短路故障时，不论故障发生在供电电缆上还是电动机内部，流过保护的负序电流总是小于相应的正序电流。因此，可采用如下判据

$$I_2 = 1.2I_1$$

式中：I_1、I_2 分别为流过保护装置的正、负序电流，A。

上式满足时判为"外部"发生故障，闭锁保护；上式不满足时判为"内部"故障，保护不闭锁。

需要强调的是，当相序接反采用上述闭锁判据后，负序电流保护起不到作用。

负序电流保护采用了 $I_2 \geq 1.2I_1$ 判据后，动作时限不必与外部保护配合，可按如下选取：

当电动机为断路器控制时，对两段式负序电流保护，动作时限可取，第Ⅰ段 0.05～0.1s，第Ⅱ段 0.2～0.4s（也可设定为反时限特性）；对三段式负序电流保护，第Ⅰ段 0.05～0.1s，第Ⅱ段 0.2～0.4s，第Ⅲ段 0.8～2s（也可设定为反时限特性）；一段式负序电流保护动作时限取 0.4s（取定时限特性）。

上述第Ⅱ段、第Ⅲ段时限也可根据实际配合情况适当缩短。

b. 利用内、外部故障有不同大小正序电流构成的负序电流保护。

利用内、外部故障有不同大小正序电流构成的负序电流保护原理如图 5-15 所示。正、负序动作电流 $I_{1.set}$、$I_{2.set}$ 分别为

$$I_{1.set} = (1.3 \sim 1.5)I_N$$
$$I_{2.set} = (35\% \sim 40\%)I_N$$

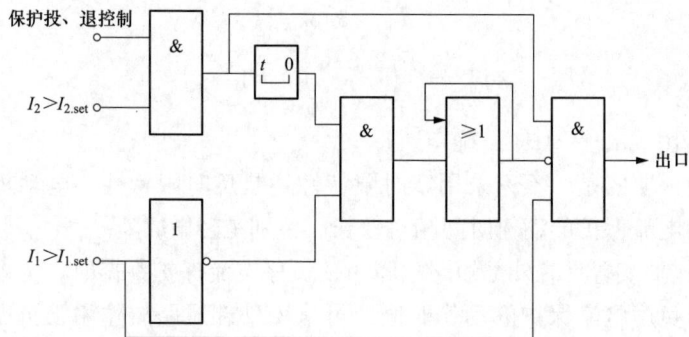

图 5-15　利用内、外部故障有不同大小正序电流构成的负序电流保护

图 5-15 中，延时取 $t=0.2 \sim 0.4$s，"外部"短路故障时，I_2 负序电流元件动作、I_1 正序电流元件不动作，保护不出口；在延时时间 t 内，虽然 I_1 正序电流增大，但未达到动作值，从而延时元件经时间 t 动作，可靠闭锁出口，即负序电流保护不动作。"内部"短路故障时，I_1、I_2 电流元件同时动作，保护可靠出口，即负序电流保护立即动作。

3. 提高保护动作可靠性措施

(1) 当电动机采用断路器控制时，反时限特性负序电流保护应用不受限制。

(2) 当保护装置具有接触器允许断开电流闭锁功能时，则反时限特性负序电流保护应用不受限制。

(3) 电动机为高压熔断器+高压接触器控制，若保护装置无接触器允许断开电流闭锁功能，则反时限特性负序电流保护投入应满足如下两个条件：①高压熔断器熔断电流应小于高压接触器允许断开电流；②保护出口两相短路故障最大负序电流作用下的动作时间大于 0.3s，即反时限特性负序电流保护最快出口，不能抢在高压熔断器熔断之前，否则，可采取限定反时限特性负序动作电流范围，或限定最快动作出口时间，若不能实现，则为安全起见，可采用定时限负序电流保护。

(4) 图 5-15 示出的负序电流保护，当电动机为高压熔断器+高压接触器控制时，应引入接触器允许断开电流闭锁。

(5) 在大型发电厂中，厂用高压系统短路电流是很大的。为使电流速断保护充分发挥作用，TA 变比应认真选定。一次额定电流不能以电动机容量来选取，应以最大短路电流下不饱和选取，并且二次额定宜取 1A。当

然，TA 容量也不能过小。

（七）电动机单相接地零序过电流保护

1. 中性点不接地系统单相接地零序过电流保护动作电流计算

（1）一次动作电流整定值 $I_{0.op}$：按躲过与电动机直接相连的其他设备发生单相接地时，流过保护安装处的单相接地电流整定，即

$$I_{0.op} = K_{rel} I_k^{(1)}$$
$$I_k^{(1)} = 3I_C / n_{TA0}$$

式中：K_{rel} 为可靠系数，动作于信号时可取 2～2.5，保护动作于跳闸时可取 3～4；$I_k^{(1)}$ 为单相接地时被保护设备供向短路点的接地电流，A；I_C 为被保护设备的正方向单相电容电流一次值，A。

（2）动作时间：动作于跳闸时取 0.5～1s，动作于发信号时取 0.5～2s。

（3）灵敏度校验

$$K_{sen} = \frac{I_{kc.\Sigma}^{(1)} - I_k^{(1)}}{I_{0.op}} \geqslant 1.5$$

式中：$I_{kc.\Sigma}^{(1)}$ 为被保护设备发生单相接地时，流过故障点总的接地电容电流二次值，A。

2. 中性点经小电阻接地系统单相接地零序过电流保护的整定

<方案 1>

（1）动作电流整定值 $I_{0.op}$：按以下两个条件选取较大值。

1）按躲过区外发生单相接地时，流过保护安装处的单相接地电容电流整定，即

$$I_{0.op} = K_{rel} I_k^{(1)}$$
$$I_k^{(1)} = 3I_C / n_{TA0}$$

式中：K_{rel} 为可靠系数，动作于信号时可取 2～2.5，保护动作于跳闸时可取 3～4；$I_k^{(1)}$ 为单相接地时被保护设备供向短路点的接地电流，A；I_C 为被保护设备的正方向单相电容电流一次值，A。

2）按躲过电动机启动时的最大不平衡电流整定，即

$$I_{0.op} = K_{rel} I_{unb.max} \cdot \frac{1}{n_{TA0}}$$

式中：K_{rel} 为可靠系数，取 1.3；$I_{unb.max}$ 为电动机启动时的最大不平衡电流，一般不大于 $(0.05～0.1)I_N$，A。

当无 $I_{unb.max}$ 的实测值时，可按经验公式简化计算为

$$I_{0.op} = K_{ub} I_{M.N} \cdot \frac{1}{n_{TA0}}$$

式中：K_{ub} 为不平衡电流系数，取 0.05～0.15。小容量电动机取较大系数，大容量电动机取较小系数。未配置专用零序 TA 时，可取 $K_{ub} > 0.15$。

一般情况下，一次值宜在 10A 以上。

（2）动作时间：对于断路器可取 0～0.1s；对于 FC 回路，保护装置有

大电流闭锁保护跳闸出口功能时，可取 $0.05\sim0.1\mathrm{s}$；保护装置无大电流闭锁保护跳闸出口功能时，需根据熔断器熔断特性计算延时，通常可简化为取 $0.3\mathrm{s}$。

（3）灵敏度校验：电动机入口单相接地灵敏系数不小于2，即

$$K_{\mathrm{sen}}=\frac{I_{\mathrm{k.\Sigma}}^{(1)}}{I_{0.\mathrm{op}}}\geqslant 2$$

式中：$I_{\mathrm{k.\Sigma}}^{(1)}$ 为电动机入口单相接地电流二次值，A。

＜方案2＞

（1）动作电流整定值 $I_{0.\mathrm{op}}$：按单相接地短路时保护有足够的灵敏度计算，即

$$I_{0.\mathrm{op}}=\frac{I_{\mathrm{k}}^{(1)}}{n_{\mathrm{TA0}}K_{\mathrm{sen}}}=\frac{1}{n_{\mathrm{TA0}}K_{\mathrm{sen}}}\cdot\frac{U_{\mathrm{B}}}{\sqrt{3}R}$$

式中：K_{sen} 为灵敏系数，取 $5\sim6$；$I_{\mathrm{k}}^{(1)}$ 为电动机单相接地零序电流值，A；U_{B} 为电动机母线额定电压，如 $6.3\mathrm{kV}$；R 为中性点接地电阻的阻值，Ω；n_{TA0} 为电动机零序 TA0 变比。

该方法计算出来的保护动作值应大于最大负荷下不平衡电流和区外故障带来的最大不平衡电流。

（2）动作时间：对于断路器可取 $0\sim0.1\mathrm{s}$；对于 FC 回路，保护装置有大电流闭锁保护跳闸出口功能时，可取 $0.05\sim0.1\mathrm{s}$；保护装置无大电流闭锁保护跳闸出口功能时，需根据熔断器熔断特性计算延时，通常可简化为取 $0.3\mathrm{s}$。

说明：当电动机功率较大时，为躲过启动时零序 TA0 暂态不平衡输出电流的影响，式 $(3I_0)_{\mathrm{op}}=\dfrac{(3I_0)_{\mathrm{k}}}{k_{\mathrm{rel}}}\dfrac{1}{n_{\mathrm{TA0}}}$ 中的可靠系数可适当降低（相当于适当增大动作电流，但仍应与上一级零序动作电流配合）、同时适当增长动作时间（如 $0.4\mathrm{s}$ 增长到 $0.6\mathrm{s}$）。

注意：专用单相接地零序电流互感器 TA0 应尽可能安装于电缆头的下部，电缆的屏蔽接地线应回穿后接地。

（八）电动机启动时间长保护

（1）电动机额定启动电流 $I_{\mathrm{st.N}}$

$$I_{\mathrm{st.N}}=K_{\mathrm{st.N}}\cdot I_{\mathrm{N}}$$

式中：$K_{\mathrm{st.N}}$ 为电动机额定启动电流倍数，一般取 $6\sim7$。

（2）长启动保护动作电流值：按躲过电动机额定启动电流整定，即

$$I_{\mathrm{op}}=K_{\mathrm{rel}}\cdot I_{\mathrm{st.N}}$$

式中：K_{rel} 为可靠系数，一般取 $1.5\sim2$。

（3）电动机启动时间 $t_{\mathrm{st.set}}$：通常可取

$$t_{\mathrm{st.set}}=1.2t_{\mathrm{st.max}}$$

式中：$t_{\mathrm{st.max}}$ 为实测电动机启动时间最大值，s。

电动机启动时间过长会造成电动机过热，因此启动时间过长保护动作于跳闸。保护动作方程为

$$t_{m} = t_{st.set} + \Delta t$$

式中：t_m 为保护的启动时间，s；Δt 为时间级差，可取 $2\sim5s$。

注意：电动机启动时间，是启动电流从 $10\%I_N$ 开始计时到过峰值后下降到 $112\%I_N$ 停止计时的时间。

电动机启动时间过长保护在启动结束后自行退出。整定的参数是 $t_{st.set}$。

（4）保护出口方式：动作于跳闸。

（九）电动机堵转保护和正序过电流保护

1. 电动机堵转保护

电动机启动过程中或运行中发生堵转，电动机电流急剧增大，容易烧毁电动机，因此设置堵转保护，保护动作于跳闸。

（1）不引入转速开关触点时。不引入转速开关触点的堵转保护在电动机启动结束后自动投入，在启动过程中发生堵转，由启动时间过长保护起堵转保护作用。

堵转保护需要整定的参数有：允许堵转时间 $t_{pe.s}$ 和动作电流 I_{op}。

动作电流：$I_{op} = (2\sim3)I_N$。

动作时限：$t_{pe.s}$ 按制造厂提供的允许堵转时间整定。

1）对电动机启动过程中退出的堵转保护，堵转保护动作时间应按躲过电动机自启动时间计算，通常可取 $5\sim10s$。

2）对电动机启动过程中不退出的堵转保护，堵转保护动作时间应按躲过电动机启动时间计算。

当无法获取该数据时，可取 $t_{pe.s} = (0.4\sim0.7)t_{st.max}$，其中 $t_{st.max}$ 可实测，或按 $t_{st.set} = 1.2t_{st.max}$ 确定。

说明：当无法获取电动机允许堵转时间时，为缩短堵转保护动作时限，可将动作电流提高到 $I_{op} = (4\sim5)I_N$，堵转允许时间可取 $4\sim6s$；有的保护装置中，堵转保护在电动机启动过程中不退出，则堵转保护允许时间应按躲过电动机启动时间计算。

（2）引入转速开关触点时。转速开关触点构成了堵转保护动作条件之一。

动作电流：$I_{op} = (1.5\sim2)I_N$。

动作时限：$t_{pe.s}$ 按制造厂提供的允许堵转时间整定。当无法获取该数据时，可取 $t_{pe.s} = (0.4\sim0.7)t_{st.max}$，其中 $t_{st.max}$ 可实测，或按 $t_{st.set} = 1.2t_{st.max}$ 确定。

2. 正序过电流保护

正序过电流保护在电动机启动结束后投入。

动作电流：$I_{op} = (1.3\sim1.5)I_N$。

动作时限：$t = 0.7t_{st.max}$。

对重要电动机，保护动作于信号；对不重要电动机，保护可动作于跳闸。

注意：有的保护装置中正序过电流保护与不引入转速开关触点的堵转保护合二为一。

（十）电动机过负荷保护

动作电流 I_{op}：按躲过电动机额定电流下可靠返回条件整定，即

$$I_{op} = \frac{K_{rel}}{K_r} I_N$$

式中：K_{rel} 为可靠系数，取 $1.05 \sim 1.1$；K_r 为返回系数，取 $0.85 \sim 0.95$。

动作时限：与电动机允许的过负荷时间相配合，可取 1.1 倍电动机最长启动时间 $t_{st.max}$。

过负荷保护一般动作于信号。当过负荷保护设两段时限时，较短时限（$t_{st.max}$）动作于信号，较长时限[$(1.3 \sim 1.5)t_{st.max}$]动作于跳闸。

有的保护装置中，正序过电流保护与过负荷保护合二为一。

（十一）电动机过热保护（热过载保护）

1. 基本工作原理

任何原因引起定子正序电流增大、出现负序电流均会引起电动机过热，严重时烧毁电动机。过热保护可起到保护作用，保护设有过热告警、过热跳闸、过热禁止再启动。

基于 IEC 60255-8 的过热保护模型动作方程

$$t = \tau \cdot \ln \frac{I_{eq}^2 - I_p^2}{I_{eq}^2 - (kI_B)^2}$$

$$I_{eq} = \sqrt{K_1 I_1^2 + K_2 I_2^2}$$

式中：t 为过热保护动作时间，s；τ 为发热时间常数，反映电动机的过负荷能力，s；I_B 为基本电流，即保护不动作所需求的电流极限值，A；k 为常数，该常数乘以基本电流表示与最小动作电流准确度有关的电流值；I_{eq} 为引起发热的等效电流，A；I_p 为过热前电动机发热状态的等效电流，A，若电动机过热前处于冷状态（如电动机启动时），则 $I_p = 0$；I_{eq} 为引起发热的等效电流，A；I_1 为电动机的正序电流，A；I_2 为电动机的负序电流，A；K_1 为正序电流发热系数，一般电动机启动过程中取 0.5，电动机启动结束后取 1.0；K_2 为负序电流发热系数。

过热保护需要整定的参数有：负序电流热效应系数 K_2、过热启动电流 I_∞、发热时间常数 τ、散热时间常数 τ'、过热告警系数 θ_A、过热闭锁跳闸系数 θ_B。

2. 保护的整定计算

（1）基本电流 I_B：取 $(0.8 \sim 1.1)I_N$，一般取电动机的额定电流。

（2）负序电流热效应系数 K_2：取 $K_2 = 6$。

（3）常数 k：取值范围为 $1.0\sim1.3$，一般取 1.05。

（4）过热启动电流 I_∞：取 $I_\infty=1.1I_N$。

（5）发热时间常数 τ：应由电动机制造厂家提供，如厂家未提供，可根据厂家提供的过负荷能力数据、堵转电流和允许堵转时间、启动电流下的定子温升、电动机启动电流倍数和启动时间等条件估算 τ 值，即：

1）根据厂家提供的电动机热限曲线或过负荷能力数据进行计算，即

$$\tau=\frac{t}{\ln\dfrac{I^2}{I^2-(kI_B)^2}}$$

式中：t 为过负荷允许的时间，s；I 为过负荷电流值，A。

当有多组数据时，应取最小的 τ 值。

2）根据堵转电流 $I_{st.op}$ 和允许堵转时间 t 进行计算，即

$$\tau=\frac{t}{\ln\dfrac{I_{st.op}^2}{I_{st.op}^2-(kI_B)^2}}$$

式中：t 为电动机允许堵转的时间，s；$I_{st.op}$ 为堵转电流值，A。

3）根据启动电流下的定子温升进行计算，即

$$\tau=\frac{\theta_N\times K^2\times T_{st.art}}{\theta_0}$$

式中：θ_N 为电动机的额定温升，℃；K 为启动电流倍数；θ_0 为电动机启动时的温升，℃；$T_{st.art}$ 为电动机的启动时间，s。

当无厂家提供的数据时，一般可取 $\tau=8\sim9min$。

（6）散热时间常数 τ'：通常可取 $32\sim36min$，对于大功率电动机，如电动给水泵可取 $45min$。一般 $\tau'=4\tau$。

（7）过热告警系数 θ_A：一般取跳闸过热值的 $70\%\sim80\%$，即 $\theta_A=0.7\sim0.8$。

（8）过热闭锁跳闸系数 θ_B：考虑到电动机从冷态到满转速连续启动不能超过 2 次，故取 $\theta_B=50\%$。

保护可动作于发信号，也可动作于跳闸。

3. 提高保护动作可靠性措施

（1）正确计算电动机的额定电流，否则会出现因实际电流大于计算电流而引起过热积累导致过热保护动作的现象。

（2）在有些保护装置中，发热时间常数、过热告警系数、过热闭锁跳闸系数表示方式不同，故有不同的数值及计算。

（十二）电动机电压异常保护

1. 低电压保护

当供电电压降低或供电短时中断后，为防止电动机自启动时使供电电压进一步降低，以致造成重要电动机自启动困难，在一些次要电动机或不需要自启动的电动机上装设低电压保护，保护动作于跳闸。保护的整定

原则：

（1）对于Ⅰ类电动机，当装有自动投入的备用机械时，或为保证人身和设备安全在电源电压长时间消失后须自动切除时，应装设 9～10s 时限的低电压保护，动作于跳闸。

（2）为保证接于同段母线的Ⅰ类电动机自启动，对不要求自启动的Ⅱ、Ⅲ类电动机和不能自启动的电动机，宜装设 0.5s 时限的低电压保护，动作于跳闸。

（3）对于涉及公共安全及重大设备安全的电动机，不宜投入低电压保护。

低电压保护整定值见表 5-3。

表 5-3　低电压保护整定值

电动机分类	电压整定值（额定电压的百分数）	
	高压电动机	低压电动机
Ⅰ类电动机	45～50	40～45
Ⅱ、Ⅲ类电动机	65～70	60～70

低电压保护一般设为两段，每段一个时限。

低电压保护Ⅰ段

$$U_{op.\,I} = (65\% \sim 70\%)U_N, t_1 = 0.5s$$

低电压保护Ⅱ段

$$U_{op.\,II} = (45\% \sim 50\%)U_N, t_2 = 9 \sim 10s$$

2. 过电压保护

过电压保护可整定为

$$U_{op} = 1.3U_N, t = 3s$$

（十三）同步电动机保护

同步电动机除装设与异步电动机相同的保护外，还应增设失磁保护、失步保护和非同步冲击保护。

1. 同步电动机失磁保护

同步电动机正常情况下处在过励磁状态下运行，吸取容性电流，发出感性无功功率；当失磁时，吸取感性电流，发出容性无功功率。因此，检测同步电动机无功功率方向可判别失磁。

取流入电动机电流为正方向，则与发电机失磁特征类似，同步电动机机端测量阻抗由第Ⅳ象限变化到第Ⅰ象限。因此，可用静稳阻抗边界圆或异步阻抗边界圆来检测这一阻抗的变化，从而构成失磁保护。

失磁保护在同步电动机启动结束后投入，同时经负序电压闭锁和 TV 断线闭锁，异步阻抗边界圆或静稳阻抗边界圆动作后经延时出口。因此，失磁保护整定的参数有：负序动作电压（闭锁用）、异步阻抗边界圆或静稳阻抗边界圆、动作时限。

（1）负序动作电压。按躲过最大不平衡电压整定，可取 6V（相电压值）。

（2）异步阻抗边界圆或静稳阻抗边界圆。

1）异步阻抗边界圆的两个电抗值分别为

$$jX_B = jX_d \frac{U_N^2}{S_N} \frac{n_{TA}}{n_{TV}}(\Omega)$$

$$jX_A = j\frac{X'_d}{2} \frac{U_N^2}{S_N} \frac{n_{TA}}{n_{TV}}(\Omega)$$

式中：X_d 为折算到同步电动机额定容量的直轴同步电抗标幺值；X'_d 为折算到同步电动机额定容量的直轴暂态电抗标幺值。

2）静稳阻抗边界圆的两个电抗值分别为

$$jX_B = jX_d \frac{U_N^2}{S_N} \frac{n_{TA}}{n_{TV}}(\Omega)$$

$$-jX_C = -jX_{con} \frac{U_N^2}{S_N} \frac{n_{TA}}{n_{TV}}(\Omega)$$

式中：X_{con} 为折算到同步电动机额定容量的机端供电系统最小阻抗标幺值。

一般采用异步阻抗边界圆检测失磁。

（3）动作时限。按躲过同步电动机与系统发生振荡时的振荡周期整定，可取 1.5s。

（4）出口方式。可动作于再同步，不能再同步时可动作于跳闸。

2. 同步电动机失步保护

同步电动机与供电电源间发生振荡即是同步电动机失步，此时同步电动机的感应电动势 $\dot{E}_q$ 与供电电动势 $\dot{E}_s$ 间的夹角 δ 在 $0°\sim360°$ 间作周期性变化。

由于同步电动机失步，机端测量阻抗变化轨迹必穿越静稳阻抗边界圆，同时流入电动机的电流与供电母线电压间的相角差不再保持功率因数角，而是作较大范围的变化，必然大于某一角度。

失步保护在同步电动机启动结束后投入，保护经低电压闭锁和 TV 断线闭锁，静稳阻抗边界圆动作，同时电动机电流与供电母线电压间相角差越限，经延时出口。因此，失步保护整定的参数有：低电流动作值、静稳阻抗边界圆、电动机电流与供电母线电压间的夹角、动作时限。

（1）低电流动作值。同步电动机轻负荷下不会失步，所以在轻负荷下应将失步保护闭锁。通常低电流闭锁的动作电流 I_{op} 为

$$I_{op} = (40\% \sim 50\%)I_N$$

（2）静稳阻抗边界圆。在 jX 轴上的电抗 jX_B 及 $-jX$ 轴上的电抗 jX_C 同失磁保护中静稳阻抗边界圆的两个电抗值。这样，静稳阻抗边界圆即是以 $(0, jX_B)$、$(0, -jX_C)$ 两点连线为直径的一个圆。

（3）电动机电流与供电母线电压间的夹角

$$\varphi_M = \arg \frac{\dot{U}_M}{\dot{I}_M}$$

式中：$\dot{U}_M$ 为同步电动机供电母线电压，V；$\dot{I}_M$ 为流入同步电动机的电流，A。

当 $\varphi_M > \varphi_{set}$ 时，判同步电动机失步。一般取 $\varphi_{set} = 50°$。

（4）动作时限：同步电动机与供电电源间失步时，φ_M 作周期变化，同步电动机失步保护也作周期性动作、返回状态。为保证失步保护可靠动作，动作时限应比振荡周期小，可取 0.2～0.5s。

（5）校核静稳阻抗边界圆躲负荷阻抗能力。同步电动机正常运行处过激状态，吸取容性电流，令功率因数角为 φ，且同步电动机机端电压为90%额定电压，于是机端负荷阻抗为

$$Z_{M.loa} = \frac{\dot{U}_M}{\dot{I}_M} \frac{n_{TA}}{n_{TV}} = \frac{0.9U_N^2}{S_N} \frac{n_{TA}}{n_{TV}} e^{-j\varphi}$$

另外，在 $-\varphi$ 阻抗角方向上静稳阻抗边界圆的动作阻抗为（此处 $\varphi > 0$）

$$Z_{op} = \frac{X_B - X_C}{2} \sin\varphi + \sqrt{\left(\frac{X_B - X_C}{2}\sin\varphi\right)^2 + X_B X_C}$$

要求

$$\frac{Z_{M.loa}}{Z_{op}} \geqslant 1.3$$

（6）动作出口方式：可动作于再同步，不能再同步时可动作于跳闸。

3. 同步电动机的非同步冲击保护

同步电动机供电电源中断后再恢复时，可能造成对同步电动机的冲击，对不允许非同步冲击的大容量同步电动机，应装设非同步冲击保护。

恢复供电时，若同步电动机的感应电动势 $\dot{E}_q$ 与供电电动势 $\dot{E}_s$ 间的夹角 $\delta = 0°$，则不会引起有功功率冲击，仅由于压差引起的无功功率冲击，这对同步电动机并无损害；若恢复供电时 $\dot{E}_s$ 超前 $\dot{E}_q$，则同步电动机吸取有功功率，根据负载大小稳定在某一 δ 角运行；若恢复供电时 $\dot{E}_s$ 滞后 $\dot{E}_q$ 某一 δ 角，则同步电动机发出有功功率，形成非同步冲击。冲击功率为

$$P = \frac{E_q E_s}{X_{d\Sigma}} \sin\delta + \frac{E_s^2}{2} \frac{X_d - X_q}{X_{d\Sigma} X_{q\Sigma}} \sin2\delta$$

$$X_{d\Sigma} = X_d + X_{con}$$

$$X_{q\Sigma} = X_q + X_{con}$$

式中：$X_{d\Sigma}$ 为直轴综合同步电抗，Ω；$X_{q\Sigma}$ 为交轴综合同步电抗，Ω；X_d、X_q 为同步电动机直轴、交轴同步电抗，Ω；X_{con} 为同步电动机供电网络的等值电抗，Ω。

可以看出，恢复供电时同步电动机吸收功率为"负"并达到一定数值，表示同步电动机发生了非同步冲击。动作判别式为

$$-P_M \geqslant P_{op}$$

式中：P_M 为同步电动机吸取的有功功率（二次值），W；P_{op} 为非同步冲击

保护动作功率（二次值），W。

一般情况下，动作功率为

$$P_{op} = (10\% \sim 15\%)\frac{P_N}{n_{TA}n_{TV}}$$

式中：P_N 为同步电动机额定功率，W。

保护动作时限：可取 1s。

保护需经断路器位置闭锁和 TV 断线闭锁。

非同步冲击保护动作于再同步回路，或动作于跳闸。

（十四）电动机自启动校验

厂用系统中正常运行的电动机，当其供电母线电压突然消失或显著降低时，若经过短时间（一般在 0.5～1.5s）在其转速未下降很多或尚未停转以前，厂用母线电压又恢复正常（如电源故障排除或备用电源自动投入），电动机就会自行加速，恢复到正常运行，这一过程称为电动机的自启动。

电厂中不少重要负荷的电动机都要参与自启动，以保障机炉运行少受影响。因成批电动机同时参与自启动，很大的启动电流会在厂用变压器和线路等元件中引起较大的电压降，使厂用母线电压降低很多。这样，可能因母线电压过低，使某些电动机电磁转矩小于机械阻力转矩而启动不了，还可能因启动时间过长而引起电动机过热，甚至危及电动机的安全与寿命以及厂用电系统的稳定运行。为了保证自启动的安全实现，必须验算电动机端或供电母线的电压；或者反过来，根据端电压的限制条件去计算能自启动的电动机容量。另外，还要考虑电动机启动过程的发热和有关设备的发热是否超过允许值。

1. 电动机自启动时厂用母线电压最低限值

异步电动机的转矩 M_c 与电压 U 的平方成正比。对于一般电动机，在额定电压下运行时，它的最大转矩 M_{max} 约为额定转矩 M_N 的 2 倍。当电压降到 $70\%U_N$ 时，电动机的最大转矩相应降至 $0.7^2 \times 2 < 1$。如果电动机已带有额定阻力转矩 $M_L = M_N$，此时阻力转矩大于驱动转矩，电动机就会减速，直至转矩最高点 $0.7^2 \times 2 < 1$ 仍不能平衡，因而会继续减速，最终导致停转。

异步电动机的最大转矩与型式和种类有关，约为额定转矩的 1.8～2.4 倍（即 $M_{*max} = 1.8 \sim 2.4$）之间，相应地当电压降低到额定电压的 $64\% \sim 75\%$ 时，电动机的转速就可能下降到不稳定运行区，最终可能停止运转。为了使厂用电系统能稳定运行，规定：电动机正常启动时（各电动机错开启动时间），厂用母线电压的最低允许值为额定电压的 80%。但是，自启动是运行着的电动机在短时失电或电压降低后，电压又快速恢复时的启动，考虑到电动机及被拖动机械均具有惯性，短时失电或电压降低后，电动机的转速尚未有很大的降低，比电动机静止状态下启动有利（在相同某点电压下比较）。为了保证厂用 I 类负荷自启动，并考虑设备的机械惯性因素，规定厂用母线电压在电动机自启动时应不低于表 5-4 所列数值。

表 5-4　自启动时厂用母线最低电压

名称	类别	自启动电压（%）
高压厂用母线	高温高压电厂、中压电厂	55～70 50～65
低压厂用母线	低压母线单独自启动、低压母线与高压母线串联自启动	60 55

2. 电压校验

电压校验是在已知参加自启动的电动机容量及有关参数的情况下，求出母线的电压，看是否满足最低允许限值。图 5-16 所示为一组电动机经高压厂用变压器自启动的等值电路图。

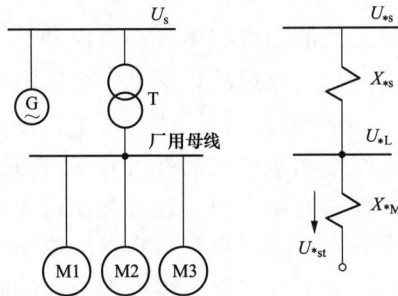

图 5-16　电动机群自启动等值电路

一般假定，成组电动机在电压消失或下降后全部已处于完全制动状态（转差率为 1，即转速为零），当电压恢复后同时开始启动；计算时略去各元件的电阻，向高压厂用变压器供电的电源为无穷大电源，即 $U_{*s}=1$。现以高压厂用变压器的额定容量为基准值，各值均用标幺值表示，则图中电动机群折算后的等值电抗标幺值 X_{*M} 可用参与自启动的电动机在额定条件下的平均启动电流倍数 I_{*st} 按下式求出

$$X_{*M} = \frac{1}{I_{*st}} \times \frac{S_T}{S_{M\Sigma}}$$

$$S_{M\Sigma} = \frac{P_{M\Sigma}}{\eta \cos\varphi}$$

式中：I_{*st} 为电动机在额定参数下的平均启动电流倍数；S_T 为高压厂用变压器的额定容量，kVA；$S_{M\Sigma}$ 为电动机总容量，kVA；$P_{M\Sigma}$ 为电动机总功率，kW；η、$\cos\varphi$ 分别为电动机效率和功率因数平均值。

利用图 5-16 所示的等值电路和上述 $S_{M\Sigma}$ 的表达式，可导出自启动时高压厂用母线的最低电压 U_{*L} 为

$$U_{*\mathrm{L}} = \frac{U_{*\mathrm{s}}}{1 + I_{*\mathrm{st}} X_{*\mathrm{T}} \dfrac{S_{\mathrm{M}\Sigma}}{S_{\mathrm{T}}}} \qquad (5\text{-}16)$$

式中：$X_{*\mathrm{T}}$ 为高压厂用变压器电抗（标幺值）。

此值应不低于厂用母线在电动机自启动时的最低允许值，方能保证电动机顺利自启动。

3. 自启动电动机的允许容量

由式（5-16）可知，电动机自启动时厂用母线上的电压不仅与变压器的容量有关，而且与总启动电流和参加自启动的电动机的总容量有关。因此，若把厂用母线最低允许自启动电压当作已知值，则由式（5-16）可求解出自启动时，最大允许的电动机总容量为

$$S_{\mathrm{M}\Sigma} = \frac{U_{*\mathrm{s}} - U_{*\mathrm{L}}}{U_{*\mathrm{L}} I_{*\mathrm{st}} X_{*\mathrm{T}}} \cdot S_{\mathrm{T}} (\mathrm{kVA})$$

则
$$P_{\mathrm{M}\Sigma} = \frac{(U_{*\mathrm{s}} - U_{*\mathrm{L}}) \eta \cos\varphi}{U_{*\mathrm{L}} I_{*\mathrm{st}} X_{*\mathrm{T}}} \cdot S_{\mathrm{T}} (\mathrm{kW})$$

由此可以看出其物理意义：当电动机额定启动电流倍数大、变压器的短路电抗百分值大或母线允许最低电压要求高，都会使允许自启动的功率减小；当变压器的电源电压高、厂用变压器容量大、电动机效率和功率因数均高，那么，允许自启动的功率就大。

当同时自启动的电动机容量超过允许值时，自启动便不能顺利进行，因此应采取适当措施来保证重要厂用机械电动机的自启动。例如：

（1）限制参加自启动的电动机数量。对不重要设备的电动机加装低电压保护，延时 0.5s 断开，不参加自启动。

（2）阻力转矩为定值的重要设备的电动机，因它只能在接近额定电压下启动，也不参加自启动，对这些机械设备，电动机均可采用低电压保护，当厂用母线电压低于临界值（电动机的最大转矩下降到等于阻力转矩）时，将它们从母线上断开。这样，可改善未曾断开的重要电动机自启动条件。

（3）对重要的机械设备，应选用具有高启动转矩和允许过载倍数较大的电动机。

（4）在不得已的情况下，可切除两段母线中的一段母线，使整个机组能维持 50% 负荷运行。

五、低压厂用变压器保护

（一）低压厂用变压器的类别、功能及运行特点

1. 低压厂用变压器的类别

低压厂用变压器有油浸式变压器和干式变压器两种。

油浸式变压器冷却方式为 ONAN，一般用于户外。用于户内时，当油量大于 100kg 时要装在专设的防爆小间内。

干式变压器可用于户内或户外，用于户内可与低压开关柜布置在一起，通常采用 F 级绝缘或更高等级的绝缘，并具有良好的防潮和阻燃性能。干式变压器的冷却方式可为 AN 或 AN/AF（自然冷却/强迫风冷），视变压器的容量而定，变压器 AN/AF 的容量比一般不低于 1∶1.33，对利用小时高的变压器宜选用节能型变压器。

2. 低压厂用变压器的功能

低压厂用变压器是向发电厂内 400V 低压厂用系统供电的变压器。

3. 低压厂用变压器的运行特点

（1）低压厂用变压器接线宜采用 Dyn 接线，使变压器有较小的零序电抗，便于低压中性点的引出经电阻接地或直接接地。

（2）考虑到中压厂用母线电压波动较小，一般低压厂用变压器（照明变除外）均采用无载调压变压器，调压范围为±5%；考虑到照明灯具（尤其是白炽灯）当电压偏离额定值时，使用寿命影响较大，有些电厂照明变压器选用自动有载调压方式。

（3）变压器的阻抗值应通过优化设计合理选择。阻抗最低值应能确保低压侧的短路电流限制在一定数值，便于厂内低压电气设备（如厂用低压开关柜等）的选择；阻抗最高值，应考虑因变压器阻抗造成的电压降，充分满足低压厂用母线上最大电动机自启动时对母线电压的要求。从运行条件出发，希望阻抗电压小一些更好。

（二）低压厂用变压器纵联差动保护

低压厂用变压器容量在 2000kVA 及以上时，应装设纵差动保护。其工作原理、动作特性、整定方法及注意事项，均与高压厂用变压器纵联差动保护相同。

需要注意以下两点：

（1）低压厂用变压器纵差动保护无论采用何种相位补偿措施，yn 侧的零序分量电流均要流入差动保护，于是低压厂用变压器三相负载不对称时（有单相负载情况），容易造成差流越限告警。更为严重的是，yn 侧保护区外单相接地时，因零序电流未能扣除而造成低压厂用变压器纵差动保护误动作。因此，低压厂用变压器纵差动保护采用两相式 TA 是不可取的，应在高、低压侧均为三相式 TA 来构成纵差动保护。

（2）除灰除尘变压器纵差动保护的整定要比其他低压厂用变压器的纵差动保护要略大些。火电机组的除灰除尘变压器工作条件较差，且多为晶闸管整流负载。当波形严重不对称或存在直流分量时，流入差动回路的不平衡电流较大，即使是正常运行中，最大不平衡电流也会较其他变压器大，故除灰除尘变压器纵差动保护跳闸段整定值应适当取大，即

$$I_{d.op.min}=(0.8\sim1)I_{t.N}$$

比率制动斜率也比其他变压器要略大些，可取 $S_1=0.5\sim0.6$。

晶闸管整流负荷系统，在正常运行时波形比较对称，此时最大不平衡

电流并不是很大，但一旦出现晶闸管脉冲触发信号不对称时，整流负载波形不对称，此时出现较大差流，为此可设置动作于信号的差动段，其动作值小于0.5最小动作电流整定值，一旦达到及早发现晶闸管脉冲发信号不对称的隐患，防止进一步恶化而损坏设备。动作于发信号的最小动作电流整定值可整定为

$$I_{\text{d. ops. min}} \leqslant 0.5 I_{\text{d. op. min}}$$

（三）低压厂用变压器过电流保护

大型发电机组低压厂用变压器综合保护装置的过电流保护一般设置为三段，其中第Ⅰ段为电流速断保护，第Ⅱ段为定时限过电流保护，第Ⅲ段通常采用反时限过电流保护，作为低压厂用变压器、低压母线及下一级设备经过渡电阻短路，故障电流小于定时限过电流保护动作电流的辅助保护。通常反时限又分为正常反时限、非常反时限、超常反时限时间特性，其时限特性方程分别为

$$t_{\text{op}} = \frac{0.14\tau_{\text{p}}}{\left(\dfrac{I_{\text{max}}}{I_{\text{p}}}\right)^{0.02} - 1} \quad (\text{正常反时限})$$

$$t_{\text{op}} = \frac{13.5\tau_{\text{p}}}{\dfrac{I_{\text{max}}}{I_{\text{p}}} - 1} \quad (\text{非常反时限})$$

$$t_{\text{op}} = \frac{80\tau_{\text{p}}}{\left(\dfrac{I_{\text{max}}}{I_{\text{p}}}\right)^{2} - 1} \quad [\text{超常（极端）反时限}]$$

式中：t_{op} 为反时限保护动作延时，s；τ_{p} 为反时限过电流动作特性时间常数，s；I_{p} 为反时限过电流电流定值，A；I_{max} 为流过保护的三相电流最大值，$I_{\text{max}} = \max(I_{\text{a}}, I_{\text{b}}, I_{\text{c}})$，A。

保护需整定的参数有：τ_{p}、I_{p}。

1. 低压厂用变压器电流速断保护（Ⅰ段）

（1）动作电流 $I_{\text{op. I}}$。比较以下两个条件选取大值。

1）按躲过低压厂用变压器低压侧出口最大三相短路电流（折算到高压侧）条件整定，即

$$I_{\text{op. I}} = K_{\text{rel}} \frac{1}{X_{\text{s}} + X_{\text{TL}}} \cdot \frac{S_{\text{B}}}{\sqrt{3}U_{\text{B}}} \cdot \frac{1}{n_{\text{TA}}}$$

式中：K_{rel} 为可靠系数，取1.3；X_{s} 为低压厂用变压器高压侧系统处最大运行方式时折算到基准容量 S_{B} 的系统阻抗标幺值；X_{TL} 为折算到基准容量 S_{B} 的低压厂用变压器阻抗标幺值；U_{B} 为低压厂用变压器高压侧的平均额定电压，取6.3kV；n_{TA} 为低压厂用变压器高压侧电流互感器变比。

2）按躲过低压厂用变压器励磁涌流条件整定，即

$$I_{\text{op. I}} = (10 \sim 12) \frac{I_{\text{N}}}{n_{\text{TA}}}$$

式中：I_N 为低压厂用变压器高压侧额定电流，A。

（2）灵敏度校验。最小运行方式下，保护安装处（低压厂用变压器高压侧）两相短路时，流过保护的短路电流为

$$I_k^{(2)} = \frac{\sqrt{3}}{2} \frac{1}{X_s'} \frac{S_B}{\sqrt{3}U_B}$$

式中：X_s' 为低压厂用变压器高压侧系统处最小运行方式时折算到基准容量 S_B 的系统阻抗标幺值。

要求灵敏度满足

$$K_{sen} = \frac{I_k^{(2)}}{n_{TA}I_{op.I}} \geqslant 2(1.5)$$

（3）动作时限 t_1。当低压厂用变压器高压侧采用断路器时，取动作时限 $t_1 = 0 \sim 0.1s$(有的装置中带有延时，该延时尽量短)；当采用高压熔断器＋高压接触器时，在熔断器动作时间基础上增加延时，通常取 $t_1 = 0.3 \sim 0.4s$；或采用接触器允许断开电流闭锁功能时，当实际电流小于该闭锁电流时才出口，因此动作时间不需要考虑电流速断保护与高压熔断器熔断时间的配合，不需要增加短延时。

2. 低压厂用变压器定时限过电流保护（Ⅱ段）

（1）动作电流 $I_{op.II}$。定时限过电流保护Ⅱ段动作电流按以下三个条件选取较大值：

1）按与低压厂用变压器低压侧分支过电流保护Ⅱ段动作电流 $I_{op.II(L)}$ 配合整定，即

$$I_{op.II} = K_{co}(K_{bt}I_{op.II(L)}n_{TAL} + I_{loa}) \cdot \frac{U_{LN}}{U_{HN}} \cdot \frac{1}{n_{TA}}$$

式中：K_{co} 为配合系数，取 $1.15 \sim 1.25$；K_{bt} 为变压器绕组接线折算系数，Dy1 接线 $K_{bt} = 1.16$，Dd 或 Yy 接线 $K_{bt} = 1$；$I_{op.II(L)}$ 为高压厂用变压器低压侧分支过电流Ⅱ段动作电流（二次值），A；n_{TAL} 为高压厂用变压器低压分支过电流保护用电流互感器变比；I_{loa} 为低压分支正常运行时的工作电流（当一个分支有两条配用支路时，取一个支路的工作电流），A；$\frac{U_{LN}}{U_{HN}}$ 为高压厂用变压器低压侧与高压侧的实际变比；n_{TA} 为高压厂用变压器高压侧后备保护电流互感器变比。

2）按躲过低压厂用变压器所带负荷需要自启动的电动机最大启动电流之和整定，即

$$I_{op.II} = K_{rel}K_{zq} \cdot I_N$$

式中：K_{rel} 为可靠系数，取 $1.15 \sim 1.25$；K_{zq} 为需要自启动的全部电动机在自启动时所引起的过电流倍数，该值与备用电源的备用方式有关，当备用电源为明备用接线方式时：

a. 未带负荷的情况下

$$K_{zq} = \cfrac{1}{\cfrac{U_k\%}{100} + \cfrac{S_{T.N}}{K_{st.\Sigma}S_{M.\Sigma}}\left(\cfrac{U_{M.N}}{U_{T.N}}\right)^2}$$

b. 已带一段或几段负荷，再投入另一段厂用电负荷的情况下

$$K_{zq} = \cfrac{1}{\cfrac{U_k\%}{100} + \cfrac{0.7S_{T.N}}{1.2K_{st.\Sigma}S_{M.\Sigma}}\left(\cfrac{U_{M.N}}{U_{T.N}}\right)^2}$$

当备用电源为暗备用接线方式时

$$K_{zq} = \cfrac{1}{\cfrac{U_k\%}{100} + \cfrac{S_{T.N}}{0.6K_{st.\Sigma}S_{M.\Sigma}}\left(\cfrac{U_{M.N}}{U_{T.N}}\right)^2}$$

式中：$U_k\%$ 为高压厂用变压器的阻抗电压百分值；$K_{st.\Sigma}$ 为电动机自启动电流倍数，可取 5；$S_{T.N}$ 为高压厂用变压器的额定容量，MVA；$S_{M.\Sigma}$ 为需要自启动的电动机额定视在功率的总和，MVA；$U_{T.N}$ 为高压电动机的额定电压，kV；$U_{M.N}$ 为高压厂用变压器低压分支绕组的额定电压，kV。

c. 按躲过低压侧一个分支负荷自启动电流和其余分支正常负荷总电流整定，即

$$I_{op.II} = K_{rel}\left(\sum I_{qd} + \sum I_{fL}\right)/n_{TA}$$

式中：K_{rel} 为可靠系数，取 1.15～1.25；$\sum I_{qd}$ 为低压侧一个分支负荷自启动电流，折算到高压侧的一次电流，A；$\sum I_{fL}$ 为低压侧其余分支正常负荷总电流，折算到高压侧的一次电流，A。

（2）灵敏度校验。低压厂用变压器低压侧出口两相短路时，流过保护的最小短路电流为

$$I_{k.min}^{(2)} = \frac{\sqrt{3}}{2}\frac{1}{X_s' + X_{TL}}\frac{S_B}{\sqrt{3}U_B}$$

式中：X_s' 为低压厂用变压器高压侧系统处最小运行方式时折算到基准容量 S_B 的系统阻抗标幺值。

要求灵敏度满足

$$K_{sen} = \frac{I_{k.min}^{(2)}}{n_{TA}I_{op.II}} \geqslant 1.3$$

（3）动作时限 t_2。按与低压厂用变压器低压母线进线短延时保护动作时限 t_L 配合整定，即

$$t_2 = t_L + \Delta t$$

一般情况下，$t_L = 0.4\sim0.6s$，故可取 $t_2 = 0.7s$。

（4）出口方式：保护动作于跳开低压厂用变压器各侧断路器。

3. 低压厂用变压器反时限过电流保护（Ⅲ段）

（1）反时限过电流保护动作电流 $I_{op.III}$ 定值的整定：按躲过低压厂用变

压器高压侧额定电流或正常运行时的最大工作电流条件整定，即

$$I_{\text{op.}\text{III}} = \frac{K_{\text{rel}}}{K_{\text{r}}} \cdot \frac{I_{\text{N}}}{n_{\text{TA}}}$$

式中：K_{rel} 为可靠系数，取 $1.1 \sim 1.2$；n_{TA} 为低压厂用变压器高压侧电流互感器变比；I_{N} 为低压厂用变压器高压侧额定电流，A；K_{r} 为返回系数，取 $0.85 \sim 0.95$。

整定计算时，需考虑与下一级过电流保护配合。

（2）动作特性曲线的选取：根据所带负荷特性选择动作特性曲线。

（3）反时限过电流保护动作特性时间常数 τ_{p} 的整定计算

1）极端反时限过电流保护动作特性时间常数 τ_{p}：按以下三原则计算选取较大者。

a. 按躲过电动机自启动时间计算，即

$$\tau_{\text{p}} = \frac{K_{\text{rel}} t_{\text{st.}\Sigma}}{80} \big[(I_{\text{st.}\Sigma} / I_{\text{op.}\text{III}})^2 - 1 \big]$$

式中：K_{rel} 为可靠系数，取 $1.2 \sim 1.5$；$t_{\text{st.}\Sigma}$ 为电动机自启动时间，s；$I_{\text{st.}\Sigma}$ 为低压厂用母线上电动机自启动电流，A。

b. 按与下一级定时限保护最长动作时间配合整定，即

$$\tau_{\text{p}} = \frac{t_{\text{op.max}} + \Delta t}{80} \big[(I_{\text{k}}^{(3)} / I_{\text{op.}\text{III}})^2 - 1 \big]$$

式中：$t_{\text{op.max}}$ 为下一级定时限保护最长动作时间，s；$I_{\text{k}}^{(3)}$ 为下一级保护出口处三相短路电流值，A。

c. 按与下一级反时限保护特性配合整定，即

$$\tau_{\text{p}} = \frac{t_{\text{k}} + \Delta t}{80} \big[(I_{\text{k}}^{(3)} / I_{\text{op.}\text{III}})^2 - 1 \big]$$

式中：t_{k} 为下一级反时限保护出口处三相短路电流 $I_{\text{k}}^{(3)}$ 对应的动作时间（由下一级反时限保护特性曲线计算），s。

需考虑与下一级过电流保护配合。如果上下级反时限特性曲线不一致，需校核两套反时限曲线在配合范围内不应相交。

2）非常反时限及一般反时限过电流动作特性时间常数 τ_{p}：参考极端反时限过电流保护动作特性时间常数 τ_{p} 的计算。

4. FC 回路大电流闭锁跳闸出口功能定值的整定

闭锁电流整定值 I_{art} 的计算

$$I_{\text{art}} = \frac{I_{\text{brk.FC}}}{K_{\text{rel}} n_{\text{TA}}}$$

式中：K_{rel} 为可靠系数，取 $1.3 \sim 1.5$；$I_{\text{brk.FC}}$ 为接触器允许断开的电流值，A。

高压接触器允许切断的电流是有限制的，一般 6kV 额定电流为 400A 的高压接触器，接触器允许的开断电流约为 3800A，则 FC 闭锁电流

$$I_{FC} = I_N/K_{ret} = I_N/1.5 = \frac{3800A}{1.5}/n_{TA} = 2533A/150 = 16.9A$$

动作时限：$t_{op} = 0.2s$。

注意：TA 饱和的影响。

5. 提高保护动作可靠性措施

(1) 关于低压厂用变压器 yn 侧短路故障时带时限电流速断保护的灵敏度。当动作电流以三相短路电流 $I_k^{(3)}$ 表示时，计及 $K_{sen} = 1.5$、$I_k^{(2)} = \frac{\sqrt{3}}{2} I_k^{(3)}$，则低压厂用变压器带时限电流速断保护（Ⅱ段）可计为

$$I_{op.Ⅱ} = \frac{I_k^{(3)}}{\sqrt{3}} \cdot \frac{1}{n_{TA}}$$

1) yn 侧出口两相短路时，D 侧最大相电流为 $\frac{2}{\sqrt{3}} I_k^{(2)}$，计及 $I_k^{(2)} = \frac{\sqrt{3}}{2} I_k^{(3)}$，所以保护装置测量到的电流 $I_m^{(2)}$ 为

$$I_m^{(2)} = \frac{2}{\sqrt{3}} \left(\frac{\sqrt{3}}{2} I_k^{(3)} \right) \frac{1}{n_{TA}} = \frac{I_k^{(3)}}{n_{TA}}$$

故灵敏系数 $K_{sen}^{(2)} = \frac{I_m^{(2)}}{I_{op.Ⅱ}} = \sqrt{3}$。说明实际灵敏度比整定灵敏度要高，前者是后者的 $\frac{\sqrt{3}}{1.5} = \frac{2}{\sqrt{3}}$ 倍。

为保证带时限电流速断保护灵敏度，TA 应采用三相式。

2) yn 侧出口三相短路时，保护装置测量到的电流 $I_m^{(3)}$ 为

$$I_m^{(3)} = \frac{I_k^{(3)}}{n_{TA}}$$

故灵敏系数 $K_{sen}^{(3)} = \frac{I_m^{(3)}}{I_{op.Ⅱ}} = \sqrt{3}$。说明三相短路故障与两相短路故障具有相同的灵敏度。

3) yn 侧出口单相接地时，yn 侧的各序电流及单相（设为 A 相）接地电流分别为

$$\dot{I}_{kA1(L)}^{(1)} = \dot{I}_{kA2(L)}^{(1)} = \dot{I}_{kA0(L)}^{(1)} = \frac{1}{2(X_s + X_{TL}) + X_{TL}} \frac{S_B}{\sqrt{3} U_{B(L)}} \tag{5-17}$$

$$\dot{I}_{k(L)}^{(1)} = \frac{3}{2(X_s + X_{TL}) + X_{TL}} \frac{S_B}{\sqrt{3} U_{B(L)}} \tag{5-18}$$

式中：$U_{B(L)}$ 为低压厂用变压器低压侧额定电压，取 0.4kV。

需要特别指出的是，式（5-17）、式（5-18）指的是 yn 侧中性点直接接地的情况。Dyn1 接线的低压厂用变压器 D 侧三相电流为

$$\dot{I}_A = \frac{1}{\sqrt{3}} \frac{3}{2(X_s + X_{TL}) + X_{TL}} \frac{S_B}{\sqrt{3} U_B} = \frac{1}{\sqrt{3}} I_k^{(3)}$$

$$\dot{I}_B = 0$$

$$\dot{I}_C = \frac{1}{\sqrt{3}} \frac{3}{2(X_s + X_{TL}) + X_{TL}} \frac{S_B}{\sqrt{3} U_B} = \frac{1}{\sqrt{3}} I_k^{(1)}$$

式中：$I_k^{(1)}$ 为折算到高压侧的低压侧单相短路电流，A。

低压侧出口三相短路时，高压侧的三相短路电流为

$$I_k^{(3)} = \frac{1}{X_s + X_{TL}} \frac{S_B}{\sqrt{3} U_B}$$

可得 $\quad \max\{I_A, I_B, I_C\} = \dfrac{\sqrt{3}}{2 + \dfrac{X_{TL}}{X_s + X_{TL}}} I_k^{(3)}$

由于 $\dfrac{X_{TL}}{X_s + X_{TL}} < 1$，所以 $\max\{I_A, I_B, I_C\} > \dfrac{1}{\sqrt{3}} I_k^{(3)}$，故低压侧出口单相接地时的灵敏系数为 $K_{sen}^{(1)} > 1$。

事实上，低压厂用变压器容量往往不大，有 $X_s \ll X_{TL}$，因此 $\max\{I_A, I_B, I_C\} \approx \dfrac{1}{\sqrt{3}} I_k^{(3)}$，所以 $K_{sen}^{(1)} \approx 1$。

此外，设 $I_{k(L)}^{(3)}$ 为低压侧三相短路电流，则由 $\dot{I}_{k(L)}^{(1)} = \dfrac{3}{2(X_s + X_{TL}) + X_{TL}} \dfrac{S_B}{\sqrt{3} U_{B(L)}}$

可得

$$\frac{I_{k(L)}^{(1)}}{I_{k(L)}^{(3)}} = \frac{3}{2 + \dfrac{X_{TL}}{X_s + X_{TL}}}$$

可以看出，有 $I_{k(L)}^{(1)} > I_{k(L)}^{(3)}$，即：低压侧出口单相接地短路电流大于三相短路电流。实际上 $X_s \ll X_{TL}$，所以可认为 $I_{k(L)}^{(1)} = I_{k(L)}^{(3)}$。

（2）当带时限电流速断保护的动作电流按 $I_{op.II} = \dfrac{I_k^{(2)}}{K_{sen}} \cdot \dfrac{1}{n_{TA}}$ 整定时，保护不反应低压侧出口外的单相接地故障，达到反应相间故障与接地故障分开的目的。

（3）当装设于低压厂用变压器高压侧的电流保护为三段式时，整定计算同上述。当第Ⅲ段采用反时限特性时，只需对正常反时限、非常反时限、超常反时限动作时间特性方程中，令 $t_{op} = t_3$、$I_p = I_{op.III}$，而 I_{max} 为低压厂用变压器低压侧出口三相短路时流经保护的短路电流（二次值），于是可计算出相应的 τ_p 值。如采用非常反时限特性时，反时限时间常数 τ_p 为

$$\tau_p = \frac{\dfrac{I_{max}}{I_{op.III}} - 1}{13.5} \cdot t_3$$

（4）当低压厂用变压器高压侧的电流保护为两段式时，第Ⅰ段为电流

速断保护，第Ⅱ段为过电流保护，此时过电流保护的动作时限由 $t_2 = t_L + \Delta t$ 确定。若第Ⅱ段取反时限特性，则对正常反时限、非常反时限、超常反时限动作时间特性方程中，令 $t_{op} = t_2$（如 $t_2 = 0.7\mathrm{s}$）、$I_p = I_{op.Ⅲ}$，便可计算出相应的 τ_p 值。当采用非常反时限特性时，只需将 $\tau_p = \dfrac{\dfrac{I_{max}}{I_{op.Ⅲ}} - 1}{13.5} \cdot t_3$ 中的 t_3 改为 t_2 即可。

（5）当低压厂用变压器高压侧为断路器控制时，电流速断保护动作时间尽可能短些，使电流速断保护在 TA 发生饱和前动作。当采用高压熔断器＋高压接触器控制时，Ⅰ、Ⅱ、Ⅲ段电流保护最好引入接触器允许断开电流闭锁，使保护实际通过电流在该允许断开电流值以下时才可出口。如不具备这一条件，则通过时限整定躲过高压熔断器的熔断时间。

（6）当采用高压熔断器＋高压接触器控制时，应注意反时限特性保护最小动作时间是否满足要求。

（7）考虑到保护出口处发生相间短路故障时短路电流相当大，为防止TA 发生饱和，TA 变比应认真选取，并且最好采用二次额定电流为 1A 的 TA。

（四）低压厂用变压器负序电流保护

低压厂用变压器负序电流保护一般为两段定时限，第Ⅱ段也可设为反时限特性，但反时限特性仅限制在一定负序电流范围内。动作方程为

$$t_{op} = \min\left\{20\mathrm{s}, \frac{T_2}{\dfrac{I_2}{I_{2.set}} - 1}\right\} \quad \left(1 < \frac{I_2}{I_{2.set}} \leqslant 2\right)$$

$$t_{op} = T_2 \qquad \left(\frac{I_2}{I_{2.set}} > 2\right)$$

式中：I_2 为流过保护的负序电流，A；$I_{2.set}$ 为整定的负序电流，A；T_2 为最小动作时间，s；t_{op} 为反时限负序电流保护的动作时限，s。

1. 负序电流Ⅰ段保护

（1）负序动作电流 $I_{2.opⅠ}$。按以下两个原则选取较大值：

1）按低压厂用变压器低压侧出口两相短路灵敏度不小于 1.5 条件整定，即

$$I_{2.opⅠ} = \frac{1}{K_{sen}} \frac{I_k^{(2)}}{\sqrt{3}} \frac{1}{n_{TA}}$$

式中：K_{sen} 为灵敏系数，取 1.5；$I_k^{(2)}$ 为低压厂用变压器低压出口两相短路折算到高压侧的最小短路电流，即 $I_k^{(2)} = \dfrac{\sqrt{3}}{2} \dfrac{1}{X_s' + X_{TL}} \dfrac{S_B}{\sqrt{3}U_B}$，A。

2）按躲过高压系统非全相运行或高压母线相邻设备不对称故障时引起的负序电流整定，即

$$I_{2.\text{op}\,\text{I}} = (0.8 \sim 1.0)I_\text{N}$$

（2）动作时限 t_1。与低压厂用变压器低压母线进线短延时（速断）保护动作时限 t_L 配合整定，即

$$t_1 = t_\text{L} + \Delta t$$

一般情况下，$t_1 = 0.4 \sim 0.6\text{s}$，故可取 $t_1 = 0.7\text{s}$。

因低压厂用变压器高压母线上发生两相短路故障时流入低压厂用变压器的负序电流达不到负序动作电流值，所以 t_1 时限无须与该电压级后备保护动作时限配合。

2. Ⅱ段负序电流保护

（1）负序动作电流 $I_{2.\text{op}\,\text{II}}$。按以下两个条件选取大值：

1）按低压厂用变压器额定运行时 TA 二次回路断线不误动条件整定，即

$$I_{2.\text{op}\,\text{II}} > 33.3\% I_\text{N} \frac{1}{n_\text{TA}}$$

式中：I_N 为低压厂用变压器高压侧额定电流，A。

2）按躲过正常运行时的不平衡电流整定。

按以上原则计算并取最大值，一般可取

$$I_{2.\text{op}\,\text{II}} = (35 \sim 40)\% \frac{I_\text{N}}{n_\text{TA}}$$

（2）动作时限 t_2。考虑高压系统非全相运行及高压母线相邻设备非对称故障切除所需最长动作时间，故应与低压厂用变压器高压侧该电压级内相间短路故障后备段最长动作时限 $t_{2(\text{H})}$ 配合整定，即 $t_2 = t_{2(\text{H})} + \Delta t$。

3. 提高保护动作可靠性措施

（1）低压厂用变压器 yn 侧出口单相接地时 Ⅰ 段负序电流保护的灵敏度。

当 $X_\text{s} \ll X_\text{TL}$ 时，yn 侧出口单相接地时高压侧的负序电流 $I_2^{(1)}$ 计及 $I_\text{k}^{(3)}$ $\approx \frac{1}{X_\text{TL}\sqrt{3}U_\text{B}} \frac{S_\text{B}}{}$ 后为 $I_2^{(1)} \approx \frac{1}{3X_\text{TL}\sqrt{3}U_\text{B}} S_\text{B} = \frac{1}{3} I_\text{k}^{(3)}$。

计及 $K_\text{sen} = 1.5$ 后，灵敏系数 $K_{\text{sen.}\,\text{I}}^{(1)} = \frac{2}{3} K_\text{sen} = 1$。说明 Ⅰ 段负序电流保护动作电流按 $I_{2.\text{op}\,\text{I}} = \frac{1}{K_\text{sen}} \frac{I_\text{k}^{(2)}}{\sqrt{3}} \frac{1}{n_\text{TA}}$ 整定时，保护不反应低压厂用变压器出口外的单相接地故障，达到反应相间故障与接地故障分开的目的。

（2）低压厂用变压器 yn 侧出口单相接地时 Ⅱ 段负序电流保护的灵敏度。

低压厂用变压器低压侧出口三相短路时，高压侧的三相短路电流在计及 $X_\text{s} \ll X_\text{TL}$ 后，为 $I_\text{k}^{(3)} \approx \frac{1}{U_\text{k}\%} I_\text{N}$（$U_\text{k}\%$ 为低压厂用变压器的短路电压百分

比）。由此得到保护装置测量到的负序电流 $I_{2m}^{(1)}$ 为

$$I_{2m}^{(1)} = \frac{1}{3}\frac{1}{U_k\%}I_N\frac{1}{n_{TA}}$$

由此得到灵敏系数为

$$K_{sen.\,II}^{(1)} = \frac{I_{2m}^{(1)}}{I_{2.op.\,II}} = \frac{1}{3}\frac{1}{U_k\%(35\%\sim40\%)}$$

一般低压厂用变压器的 $U_k\%=4\%\sim10\%$，所以 $K_{sen.\,II}^{(1)}$ 较大。说明 II 段负序电流保护能够较好地起到 Dyn1 接线变压器 yn 侧的单相接地故障的后备保护作用。

（3）低压较大容量电动机启动过程中发生断相时 II 段负序电流保护的行为。

电动机启动过程中发生断相或断相状态下电动机启动，就是电动机非全相运行，在低压厂用变压器高压侧会出现负序电流，当然负序电流保护不能动作。因电动机中性点不接地，故无须考虑零序网络。分析时以低压厂用变压器额定容量为基准讨论，同时不计低压厂用变压器高压侧系统的阻抗（因 $X_s \ll X_{TL}$）。若电动机的额定功率为 P_N（额定功率因数为 0.8 时的容量为 $\frac{P_N}{0.8}$），则断相状态下启动时低压厂用变压器高压侧的负序电流 $I_{2.st}$ 为

$$I_{2.st} = \frac{k_2}{2\frac{1}{k_{st}}\frac{S_T}{P_N/0.8}+k_1U_k\%+k_2U_k\%}\cdot I_N$$

式中：k_{st} 为正常情况下电动机启动电流倍数，取 $K_{st}=7$；S_T 为低压厂用变压器额定容量，VA；P_N 为启动过程中断相的电动机额定功率，W；$U_k\%$ 为低压厂用变压器的短路电压；k_1、k_2 为低压厂用变压器供电的其他负荷的正、负序阻抗对低压厂用变压器阻抗的影响系数，可取 $k_1=0.9$、$k_2=0.7\sim0.8$；I_N 为低压厂用变压器高压侧额定电流，A。

以较严重情况考虑，取 $\frac{P_N}{0.8}=10\%S_T$、$k_2=0.8$，当 $U_k\%=4\%\sim10\%$ 时，得到最大负序电流为

$$I_{s.st.max}=(27.3\sim26.4)\%I_N$$

可以看出，当 II 段负序电流保护动作电流按 $I_{2.opII}=(35\sim40)\%I_N\frac{1}{n_{TA}}$ 整定时，低压大容量电动机启动过程中发生断相时保护不会误动作，即使低压厂用变压器没有其他负荷（即 $k_1=1$、$k_2=1$）也不会发生保护误动作。

（4）如 II 段负序电流保护取反时限特性，在 $\tau_p = \frac{\frac{I_{max}}{I_{op.\,III}}-1}{13.5}\cdot t_3$ 时取 $T_2=t_2$、$I_{2.set}=I_{2.opII}$ 即可。

（5）因为负序对变压器几乎没影响，有的保护装置中，不设负序电流保护，只有三段式过电流保护。

（6）当 TA 为两相式时，应注意负序电流元件可能有较大的不平衡输出，这种情况下，可只投入三段式电流保护，负序电流保护可考虑退出。此外，TA 二次回路断线时，可产生 $57.5I_N$ 的负序电流，容易引起Ⅱ段负序电流保护动作，Ⅱ段负序电流保护也应退出。

（7）考虑到负序电流反时限特性有多种形式，保护出口附近发生相间短路故障时，可能有很大的负序电流，因此当低压厂用变压器为高压熔断器＋高压接触器控制时，宜采用定时限负序电流保护，或采用高压接触器允许断开电流闭锁措施。

（五）低压厂用变压器过负荷保护

同升压变压器过负荷保护。

（六）低压厂用变压器高压侧接地保护

基本思路同厂用电压系统设备接地保护

1. 低压厂用变压器高压侧系统中性点经小电阻接地系统的接地保护

＜方案 1＞

（1）动作电流 $(3I_0)_{op}$：按单相接地短路时保护有足够灵敏度整定，即

$$(3I_0)_{op}=\frac{(3I_0)_k}{K_{sen}}\frac{1}{n_{TA0}}$$

式中：$(3I_0)_k$ 为低压厂用变压器高压侧末端单相接地时通过中性点接地电阻 R 的零序电流，$(3I_0)_k=\frac{U_B}{\sqrt{3}R}$，A；$K_{sen}$ 为灵敏系数，取 5～6。

该方法整定出来的保护动作值应满足"大于低压厂用变压器最大负荷及低压侧母线三相短路时最大不平衡电流及正常最大电容电流"的要求，一般一次值不宜小于 10A。

当无实测值时，可按经验公式简化整定，不平衡系数取 0.05～0.15，未配置专用零序 TA 时可大于 0.2，即

$$(3I_0)_{op}=K_{ub}\frac{I_{T.N}}{n_{TA0}}$$

（2）动作时限的整定：

1）对于断路器：可取 0～0.1s。

2）对于 FC 回路：保护装置有大电流闭锁保护跳闸出口功能时，可取 0.05～0.1s；保护装置无大电流闭锁保护跳闸出口功能时，需根据熔断器熔断特性计算延时，通常可取 0.3s。

＜方案 2＞

（1）动作电流 $(3I_0)_{op}$：按以下两个条件选取较大值，一次值不宜小于 10A。

1）按躲过与低压厂用变压器直接联系的其他设备发生单相接地时，流

过保护安装处的接地电流整定，即

$$(3I_0)_{op} = K_{rel} \cdot I_k^{(1)} = K_{rel} \cdot \frac{3I_C}{n_{TA0}}$$

式中：$I_k^{(1)}$ 为高压侧单相接地时被保护设备供给短路点的接地电流二次值（电容电流），A；K_{rel} 为可靠系数，保护动作于跳闸时可取 3～4，保护动作于发信时可取 2～2.5；I_C 为被保护设备的单相电容电流一次值，A。

2）按躲过低压厂用变压器最大负荷及低压侧母线三相短路时的最大不平衡电流计算，即

$$(3I_0)_{op} = K_{rel} I_{unb.max} \cdot \frac{1}{n_{TA0}}$$

式中：K_{rel} 为可靠系数，取 1.3；$I_{unb.max}$ 为低压厂用变压器最大负荷及低压侧母线三相短路时的最大不平衡电流，一般为 $(0.1～0.15)I_{T.N}$（$I_{T.N}$ 为低压厂用变压器高压侧一次额定电流值），A。

当无 $I_{unb.max}$ 的实测值时，可按经验公式简化计算为

$$(3I_0)_{op} = K_{ub} I_{T.N} \cdot \frac{1}{n_{TA}}$$

式中：K_{ub} 为不平衡电流系数，取 0.05～0.15。小容量低压厂用变压器 K_{ub} 取较大系数，大容量低压厂用变压器 K_{ub} 取较小系数；未配置专用零序 TA 时，可取 $K_{ub} > 0.2$。

（2）动作时限：对于断路器可取 0～0.1s；对于 FC 回路，保护装置有大电流闭锁保护跳闸出口功能时，可取 0.05～0.1s，保护装置无大电流闭锁保护跳闸出口功能时，需根据熔断器熔断特性计算延时，通常可取 0.3s。

（3）出口方式：跳开低压厂用变压器高、低压侧断路器。

2. 低压厂用变压器高压侧系统中性点不接地系统的接地保护

（1）动作电流 $(3I_0)_{op}$：按躲过与低压厂用变压器直接联系的其他设备发生单相接地时，流过保护安装处的接地电流整定，即：

发生单相接地时的接地电流为

$$(3I_0)_k = 3\omega \cdot C_{0\Sigma} \frac{U_B}{\sqrt{3}}$$

式中：U_B 为低压厂用变压器高压侧系统平均额定电压，如 $U_B = 6.3kV$；$C_{0\Sigma}$ 为低压厂用变压器高压侧电网一相对地总电容，可认为由电缆对地电容构成 $C_{0\Sigma}$，F。

低压厂用变压器高压绕组接地或该供电电缆接地时，流经保护的 $(3I_0)_j$ 为

$$(3I_0)_j = 3\omega(C_{0\Sigma} - C_{0j}) \frac{U_B}{\sqrt{3}} \tag{5-19}$$

式中：C_{0j} 为低压厂用变压器高压侧电缆一相对地电容，F。

当认为 $C_{0\Sigma}$、C_{0j} 完全由电缆电容构成时，式（5-19）可变为

$(3I_0)_j = $ 不包括 j 元件在内的其他电缆线电容电流之和

$(3I_0)_{op}$ 应躲过外部接地故障时流过保护的零序电流，即

$$(3I_0)_{op} = K_{rel} 3\omega C_{0j} \cdot \frac{U_B}{\sqrt{3}} \frac{1}{n_{TA0}} = K_{rel} \frac{被保护设备电缆电容电流一次值}{n_{TA0}}$$

式中：K_{rel} 为可靠系数，保护动作于跳闸时可取 $3\sim4$，保护动作于发信号时可取 $2\sim2.5$。

（2）灵敏度校验。低压厂用变压器高压侧保护区内单相接地时，灵敏系数为

$$K_{sen} = \frac{(3I_0)_j}{n_{TA0}(3I_0)_{op}} = \frac{C_{0\Sigma} - C_{0j}}{K_{rel}C_{0j}} = \frac{I_{k.\Sigma}^{(1)} - I_k^{(1)}}{(3I_0)_{op}}$$
$$= \frac{其他电缆线电容电流之和}{K_{rel}(本元件电缆电容电流)} \geqslant 1.3$$

式中：$I_k^{(1)}$ 为高压侧单相接地时被保护设备供给短路点的接地电流二次值（电容电流），A；$I_{k.\Sigma}^{(1)}$ 为被保护设备发生单相接地时，短路点总的接地电流二次值（电容电流），A。

（3）动作时限及出口方式：

1）当 $3\sim10kV$ 系统单相接地电流大于 $10A$ 时，保护动作于跳闸方式，此时动作时间可取 $0.5\sim1s$。

2）当 $3\sim10kV$ 系统单相接地电流小于 $10A$ 时，$300MW$ 及以上机组，根据计算如果能满足选择性与灵敏性要求时，建议作用于跳闸方式，动作时间取 $0.5\sim1s$。

3）当 $3\sim10kV$ 系统单相接地电流小于 $10A$ 时，根据计算如果不能满足选择性与灵敏性要求时，建议作用于发信号方式，动作时间取 $0.5\sim2s$。

（4）注意事项：当 C_{0j} 较大（该元件高压侧电缆较长）、$C_{0\Sigma}$ 相对较小（其他元件高压电缆之总长相对较小）时，保护可能没有灵敏度。有些场合，零序 TA0 无确切变比，只能以一次电流进行实际通流整定。

（七）低压厂用变压器低压侧零序过电流保护

低压厂用变压器低压侧采用 yn 接线且中性点直接接地时，取中性点的零序电流引到高压侧的保护装置，构成低压侧零序电流保护。保护可采用定时限特性，也可采用反时限特性。

1. 零序动作电流 $(3I_0)_{op}$

比较以下两个条件选取大值：

（1）按躲过低压厂用变压器最大负荷时中性线上流过的不平衡电流整定，即

$$(3I_0)_{op} = K_{rel} I_{unb.max} / n_{TA0}$$

式中：K_{rel} 为可靠系数，取 $1.3\sim1.5$；$I_{unb.max}$ 为低压厂用变压器最大负荷时

的不平衡电流，一般取 $0.2\sim0.5I_N$（I_N 为变压器低压侧一次额定电流值），A。

（2）与低压厂用变压器低压侧下一级保护配合。

1）下一级有零序过电流保护时，应与低压厂用变压器低压侧零序过电流保护最大值［一般是母线进线零序动作电流 $(3I_0)_{op.L}$（一次值，通常取长延时动作电流的 25%）］配合整定，即

$$(3I_0)_{op}=K_{co}\frac{(3I_0)_{op.L}}{n_{TA0}}$$

式中：K_{co} 为配合系数，取 $1.15\sim1.2$；$(3I_0)_{op.L}$ 为下一级零序过电流保护最大动作电流一次值，A。

2）下一级无零序过电流保护时，应与低压厂用变压器低压侧相电流保护最大值配合，即

$$(3I_0)_{op}=K_{co}\frac{I_{op.L.max}}{n_{TA0}}$$

式中：K_{co} 为配合系数，取 $1.15\sim1.2$；$L_{op.L.min}$ 为下一级相过电流保护最大动作电流一次值，A。

2. 灵敏度校验

低压厂用变压器低压母线单相接地时（设低压厂用变压器为 Dyn 接线），低压中性线上的 $(3I_0)_k$ 为

$$(3I_0)_k=\frac{3}{2(X'_s+X_{TL})+X_{TL}}\cdot\frac{S_B}{\sqrt{3}U_{B(L)}}$$

式中：$U_{B(L)}$ 为低压厂用变压器低压侧额定电压，如 $U_{B(L)}=400V$；X'_s 为低压厂用变压器高压侧系统处最小运行方式时折算到基准容量 S_B 的系统阻抗标幺值；X_{TL} 为折算到基准容量 S_B 的低压厂用变压器阻抗标幺值。

灵敏系数要求

$$K_{sen}=\frac{(3I_0)_k}{n_{TA0}(3I_0)_{op}}\geqslant2$$

一般情况下，K_{sen} 有很高的数值。

3. 动作时限 t_0

（1）动作电流值与下一级零序保护配合时，动作时间与下一级零序保护最长动作时间 $t_{op.L.max}$ 配合整定，即

$$t_0=t_{op.L.max}+\Delta t$$

（2）当下一级无零序保护时，动作时限应与下一级相过电流保护最长动作时间 $t_{op.max}$ 配合整定，即

$$t_0=t_{op.max}+\Delta t$$

实际应用中可取 $t_0=0.4\sim0.7s$。

当取反时限时间特性时，令"低压厂用变压器电流保护"中正常反时

限、非常反时限、超常反时限时间特性方程中 $I_{\max}=(3I_0)_k$、$I_p=n_{TA0}$ $(3I_0)_{op}$、$t_{op}=0.4\sim0.7s$，则可得反时限时间常数分别为

$$t_p=\frac{K_{sen}^{0.02}-1}{0.14}\cdot t_{op} \quad (\text{正常反时限})$$

$$t_p=\frac{K_{sen}-1}{13.5}\cdot t_{op} \quad (\text{非常反时限})$$

$$t_p=\frac{K_{sen}^2-1}{80}\cdot t_{op} \quad (\text{超常反时限})$$

一般取非常反时限特性。

4. 提高保护动作可靠性措施

（1）低压厂用变压器为 Dyn 接线时，yn 侧低压母线单相接地电流与三相短路电流相当，所以 yn 侧 PC 段进线开关上的保护可灵敏反应各种短路故障，但不能反映 yn 侧低压厂用变压器绕组的接地故障。而接于 yn 侧中性线上的低压侧零序电流保护不仅可灵敏反应 yn 侧绕组的接地故障，而且对低压侧系统的接地故障有较好的后备作用。

（2）低压厂用变压器为 Dyn 接线时，D 侧的过电流保护与 D 侧的 II 段负序电流保护可灵敏反应 yn 侧（含 yn 侧绕组）的单相接地故障。但随着 yn 侧故障电缆的增长，因零序电抗增长较快，故单相接地故障的灵敏度以较快的速度降低。

（3）为加强 yn 侧（含 yn 侧绕组）的单相接地故障保护（故障概率相对较多），更好地起到 yn 侧低压系统单相接地故障保护的后备，可取 yn 侧中性线上的零序电流实现低压侧零序电流保护。

（4）当低压厂用变压器距离开关柜较近时，可将 yn 侧中性线零序电流直接引入保护装置实现低压侧零序电流保护，建议采用非常反时限特性。当低压厂用变压器距离开关柜较远时，yn 侧中性线零序电流直接引入保护装置存在困难（TA 二次负载太大），此时可将零序电流直接引入电流继电器，再将该电流继电器的动合触点引入保护装置作非电量保护处理，实现低压侧的零序电流保护，这种情况只能实现定时限保护。此外，也可将 yn 侧中性线零序电流接入低压 PC 段进线保护的模块中，实现低压厂用变压器低压侧的零序电流保护，在这种情况下低压侧开关要联跳高压侧开关。

（5）低压厂用变压器为 Dyn 接线时，yn 侧单相接地电流相当大，为使低压中性线上的零序电流保护发挥作用，该 TA 不应饱和。为此，TA 一次额定电流不能小，一般不低于该低压厂用变压器低压侧额定电流值。

（6）低压厂用变压器为 Yyn 接线时，由于变压器零序阻抗较大，安装于 Y 侧的过电流保护不能反映 yn 侧的单相接地故障；安装于 Y 侧的负序电流保护第 II 段可反映 yn 侧的单相接地故障；当 Y 侧不具备负序电流保护时，应设法装设 yn 侧的零序电流保护并合理整定。

（八）低压厂用变压器非电量保护

低压厂用变压器一般为干式变压器，所以设有高温告警、超温跳闸保

护。具体温度定值应参阅厂家说明书。

（九）低压厂用变压器低电压保护

低压厂用变压器低电压保护动作电压可取 65V（线电压），动作时限可取 9~10s，动作于发信号。

六、低压（400V）厂用电系统保护

400V 厂用电系统主要是指：各 PC 段进线开关保护、PC 段联络开关保护、PC 段上低压电动机保护、MCC 电源进线保护、低电压保护、柴油发电机保护等。当 400V 厂用电系统为中性点经电阻接地时，还有专设的接地故障保护。

（一）低压厂用变压器低压侧（PC 段进线）开关保护

厂用 400V 工作 PC 段，一般有两段，命名为 PCA 段和 PCB 段，分别接于厂用高压母线 A、B 段。低压厂用变压器低压侧开关就是 PC 段进线开关，PCA 段和 PCB 段之间的开关就是 PC 段联络开关。公用 PC 段同样有两段，只是供电的两个低压厂用变压器分别接在不同发电机的高压厂用母线上；在有些厂用 400V 系统中，每一工作 PC 只有一段，这样只有 PC 段进线开关，没有 PC 段联络开关，这种情况下为保证该 PC 段供电可靠性，一般另设低压厂用备用变压器，通过备用分支开关对该 PC 段供电。

PC 段进线开关保护由专用保护模块（电子脱扣器）实现，一般设有长延时过电流保护、短延时过电流保护、瞬时过电流保护、接地保护，动作于跳本开关。

1. 长延时过电流保护

（1）动作电流 I_{op}。按躲过低压厂用变压器低压侧额定电流整定，即

$$I_{op} = \frac{K_{rel}}{K_r} \cdot I_N$$

式中：K_{rel} 为可靠系数，一般取 $1.1\sim1.2$；K_r 为返回系数，一般取 $0.85\sim0.95$；I_N 为厂用变压器低压侧一次额定电流，A。

当采用电子脱扣器专用保护模块时，可取额定工作电流的 1.2 倍整定，即

$$I_{op} = \frac{1.2 I_{NL}}{I_N} \cdot I_N = \alpha I_N$$

$$I_{NL} = \frac{S_N}{\sqrt{3} \times 0.4}$$

式中：I_N 为脱扣器额定电流，A；I_{NL} 为低压厂用变压器低压侧额定电流，A；S_N 低压厂用变压器额定容量，kVA；α 为长延时保护整定系数。

选取比 α 值略大可以整定的系数。

（2）定时限动作延时 t_{op}。按同时满足以下三个条件选取，即

1）按母线上 MCC 供电馈线出口处短路故障时，应由 MCC 供电馈线上

的短延时保护动作，进线开关上的长延时保护不能抢先动作；为保证保护选择性，长延时保护也不能抢先于短延时保护动作。

设长延时过电流保护中 $6I_{op}$ 相应的动作延时为 t_{op}，当通过的最大短路电流为 $I_{k.max}$ 时，动作延时应可靠大于 MCC 供电馈线上短延时保护动作时间，可靠大于 PC 段进线开关短延时保护时间，取动作时间 0.7~1s，于是保护应满足

$$I_{k.max}^2 \times (0.7 \sim 1) < [6 \times (1.2 I_{NL})]^2 \cdot t_{op} \qquad (5-20)$$

如低压厂用变压器短路电压为 4%，则 $I_{k.max}$ 可达 $25 I_{NL}$，于是式（5-20）即为

$$t_{op} > \left(\frac{25}{6 \times 1.2}\right)^2 \times (0.7 \sim 1) = 8.4 \sim 12(s)$$

2）该母线负荷综合启动时，长延时保护应可靠不动作。该母线负荷的自启动系数取 4、启动时间取 20s（均为安全取值），则应满足

$$(4 I_{NL})^2 \times 20 < [6 \times (1.2 I_{NL})]^2 \cdot t_{op}$$

即

$$t_{op} > \left(\frac{4}{6 \times 1.2}\right)^2 \times 20 = 6.2(s)$$

3）与 PC 段联络开关上的长延时保护整定延时配合，即

$$[(6 I_{op})^2 \cdot t_{op}]_{PCjinxian} > [(6 I_{op})^2 \cdot t_{op}]_{mulian}$$

或

$$t_{op} \geq t'_{op} + \Delta t$$

式中：t'_{op} 为 PC 段联络开关上长延时保护整定延时，该 t'_{op} 应同时满足 $I_{k.max}^2 \times (0.7 \sim 1) < [6 \times (1.2 I_{NL})]^2 \cdot t_{op}$ 和 $t_{op} > \left(\frac{4}{6 \times 1.2}\right)^2 \times 20 = 6.2(s)$。

取满足上述 1）、2）、3）三个条件的 t_{op} 值，同时要求（MCC 供电进线）PC 段联络开关、PC 段进线开关上的长延时 t_{op} 值逐级增大一个可整定的时间级差（时间级差取 0.2~0.3s）。

（3）反时限动作特性时间常数。根据所选反时限特性，与下级保护配合计算。

2. 短延时过电流保护

（1）动作电流 I_{sd}：与低压厂用变压器高压侧过电流保护Ⅲ段（或Ⅱ段）配合整定，即

$$I_{sd} = \frac{1}{K_{co}} \frac{U_{NH}}{0.4} \cdot I_{op.Ⅲ}$$

式中：K_{co} 为配合系数，取 1.15~1.2；U_{NH} 为低压厂用变压器高压侧额定电压，V；$I_{op.Ⅲ}$ 为低压厂用变压器高压侧过电流保护Ⅲ段（或Ⅱ段）一次动作电流值，A。

按该整定方法，不仅 PC 段母线上两相短路故障时灵敏系数不低于 2，

而且 PC 上负荷综合启动时的最大负荷电流也躲过去了（不低于 1.2 倍）。

可以校验一下与下级短延时或瞬时电流保护最大动作电流之间的配合关系，应不小于 1.2 倍；母线段上所带电动机整体自启动时，可靠系数应不低于 1.2。

（2）动作延时 t_{sd}：与低压厂用变压器高压侧限时电流速断保护动作时限配合整定，即

$$t_{sd} = t_2 - \Delta t$$

式中：t_2 为低压厂用变压器高压侧限时电流速断保护动作时限，通常取 0.7s。

因此，$t_{sd} = 0.4 \sim 0.6$s。在电子脱扣器可设定的范围内，尽量使设定的时限靠近上限 0.6s。此外，I^2t 取值为 ON。

如果要整定为反时限动作特性，则应根据所选反时限特性曲线方程，与下一级保护配合计算，如果与下一级保护不能配合则应退出本段保护或不用反时限动作特性。

（3）灵敏度校验：PC 段母线两相短路灵敏系数不低于 2。

3. 瞬时过电流保护

为保证选择性，瞬时保护应关闭，即 OFF。

4. 接地保护

当电子脱扣器具有接地保护功能时，取动作电流 $I_g = (25 \sim 30) \% I_{NL}$，动作时限 $t_g = 0.4 \sim 0.6$s，I^2t 为 ON。

当 400V 厂用系统中性点经电阻接地时，接地保护同"（五）400V 厂用系统接地故障保护"。此时，若电子脱扣器有接地保护功能时应关闭，即 OFF。

5. 保护动作可靠性措施

（1）由于电子脱扣器有多种型号，各型号有不同的整定方法，有的脱扣器按额定电流的系数整定，有的直接整定电流数值，应用时应注意这一情况。

（2）长延时保护的动作延时特性，各电子脱扣器不完全相同，整定时应查明相应特性。

（3）MCC 供电进线、PC 段联络开关、PC 段进线开关上的长延时保护应配合，不仅动作电流要配合，动作延时也应配合。应满足关系式 $[(6I_{op})^2 \cdot t_{op}]_{PCjinxian} > [(6I_{op})^2 \cdot t_{op}]_{mulian} > [(6I_{op})^2 \cdot t_{op}]_{MCC}$。

（4）低压厂用变压器低压侧中性点经电阻接地或中性点直接接地设有低压侧零序电流保护，PC 段进线开关上的接地保护可以不设或关闭。

（5）注意 PC 段进线开关上的接地保护或短延时保护，不能反映低压变压器低压绕组的接地故障。

（6）400V 厂用电系统中性点直接接地时，PC 段母线单相接地通过进线保护的电流要比三相短路时通过保护的电流稍大一些。

（7）低压厂用变压器低压侧中性线上的零序电流保护，PC 段进线开关上的接地保护，均可起到 400V 厂用电系统单相接地保护远后备作用。前者还可对 yn 侧绕组的接地故障进行保护，动作后跳高压侧开关并跳低压侧开关。

（8）当 PC 段进线开关上的接地保护取用 N 相电流时，应注意发生接地故障时电网的分流作用而使 N 相电流减小的情况。因此，400V 系统各元件的接地保护应采用 $\dot{I}_A + \dot{I}_B + \dot{I}_C = 3\dot{I}_0$ 形式的零序电流，以提高接地保护的有效性。

（9）PC 段备用分支供电线上的保护定值完全与进线开关上的保护定值相同。备用分支供电线上的合闸加速保护的动作电流可取短延时动作电流的 1.1～1.2 倍。

（二）PC 段电源联络开关保护

1. 长延时保护

（1）动作电流 I_{op}：与 PC 段进线开关上的长延时保护动作电流配合整定，即

$$I_{op} = \frac{1}{K_{co}} \frac{\alpha' I_N'}{I_N} \cdot I_N = \beta I_N$$

式中：K_{co} 为配合系数，取 1.2；I_N 为 PC 段联络开关脱扣器额定电流，A；$\alpha' I_N'$ 为 PC 段进线开关长延时保护整定的动作电流，A；β 为长延时保护整定系数。

（2）动作延时 t_{op}：与 PC 段进线开关上长延时保护动作时限配合整定，一般级差只有 0.1s（或综合保护装置的小一个可选挡位的设定值）。$I^2 t$ 为 ON。

2. 短延时保护

（1）动作电流 I_{sd}：与 PC 段进线开关上短延时保护动作电流配合整定，即

$$I_{sd} = \frac{1}{K_{co}} \cdot I_{sd}'$$

式中：K_{co} 为配合系数，取 1.2～1.3；I_{sd}' 为 PC 段进线开关上的短延时动作电流，A。

（2）动作延时 t_{sd}：与 PC 段进线开关上短延时保护动作时限配合整定。当进线开关短延时保护动作时限为 0.6s 时，则动作延时 $t_{sd} = 0.4s$；当进线开关短延时保护动作时限为 0.4s 时，则动作延时 $t_{sd} = 0.3s$（注意：此时级差只有 0.1s）。$I^2 t$ 为 ON。

3. 瞬时保护

瞬时保护关闭，即 OFF。

4. 接地保护

接地保护关闭，即 OFF；当设有接地保护时，动作电流、动作时限与

PC 段进线开关上的接地保护配合整定。

说明：当 PC 段联络开关上设有合闸加速保护时，加速动作电流取短延时保护动作电流的 1.1~1.2 倍。

（三）PC 段上 MCC 电源进（馈）线开关保护

1. 长延时保护

（1）动作电流 I_{op}：按躲过馈线上最大负荷电流整定，即

$$I_{op} = \frac{K_{rel}}{K_r} I_E$$

式中：K_{rel} 为可靠系数，取 1.2；K_r 为返回系数，取 0.85~0.95；I_E 为馈线（MCC 段）最大负荷电流值，A。

（2）动作延时 t_R：与 PC 段联络开关上的长延时保护动作时限配合整定，应满足关系式 $[(6I_{op})^2 \cdot t_{op}]_{MCC} < [(6I_{op})^2 \cdot t_{op}]_{mulian}$。

当长延时动作特性与 PC 段联络开关上的长延时动作特性相同时，$t_{op.MCC}$ 值不大于联络开关上的 t_{op} 值时该式即满足。即 $t_{op.MCC} = t_{op.mulian} - \Delta t$，此时 $\Delta t = (0.2~0.3)$ s。

此外，当 MCC 母线出线上发生短路故障时，长延时保护不能抢先于出线保护动作。同时要注意，该动作时限应躲过母线所带电动机自启动时间。

若采用反时限长延时保护，则根据所选反时限特性，与下级保护配合计算。

2. 短延时保护

（1）动作电流 I_{SD}：应满足以下三个条件，即

1）应大于 MCC 段出线上的最大速断保护动作电流，即

$$I_{sd} \geq K_{rel} \cdot I_i$$

式中：K_{rel} 为可靠系数，取 1.15~1.2；I_i 为 MCC 段出线上的最大速断保护动作电流，一般可取出线开关额定电流的 10 倍，A。

2）应与 PC 段联络开关上短延时保护动作电流配合，即

$$I_{sd} \leq \frac{1}{K_{co}} \cdot I'_{sd}$$

式中：K_{co} 为配合系数，取 1.2；I'_{sd} 为 PC 段联络开关整定的短延时保护动作电流，A。

3）应躲过 MCC 段所带负荷综合启动时的最大工作电流，即

$$I_{sd} \geq \frac{K_{rel}}{K_r} K_{ss} \cdot I_{MCC}$$

式中：K_{rel} 为可靠系数，取 1.15~1.2；K_r 为返回系数，取 0.85~0.95；K_{ss} 为综合自启动系数，取 3.5；I_{MCC} 为 MCC 段正常工作负荷电流，A。

代入上述系数，可得到 $I_{sd} \geq 5.8 I_{MCC}$。

取满足上述 1）、2）、3）三个条件的动作电流 I_{sd}。一般情况下取 $I_{sd} = 6 I_{MCC}$；对泵类负荷较多的 MCC 段，可取 $I_{sd} = 7 I_{MCC}$；对照明类负荷较多的

MCC 段，可取 $I_{\text{sd}} = 4 I_{\text{MCC}}$。

（2）动作延时 t_{sd}：与下级瞬时或短延时保护动作时限配合。通常可取 $t_{\text{sd}} = 0.2 \sim 0.3\text{s}$，$I^2 t$ 为 ON。

（3）灵敏度校验。馈线末端两相短路灵敏系数不低于 2。

3．瞬时保护

为保证选择性，瞬时保护应关闭，即 OFF。

4．接地保护

（1）对于中性点直接接地系统。

1）动作电流 I_{op}：应满足以下两个条件。

a．按躲过馈线最大负荷的不平衡电流整定；

b．与下一级保护配合：当下一级有零序过电流保护时，按与零序过电流保护的最大动作电流配合，如果下一级无零序过电流保护时，按与相电流保护最大动作电流值配合整定。

一般可简化为选取动作电流：$I_{\text{op}} = 30\% \sim 40\% I_{\text{N}}$。

2）动作时间 t_{op}：下一级有零序过电流保护时，与零序过电流保护的动作时间配合，级差可取 $0.2 \sim 0.3\text{s}$；下一级无零序过电流保护时，与相电流保护动作时间配合整定，级差可取 $0.2 \sim 0.3\text{s}$。

3）灵敏度校验：馈线末端单相接地短路时灵敏系数不低于 2。

4）出口方式：保护动作于跳闸。

（2）当 400V 厂用系统中性点经电阻接地时。

1）动作电流 I_{op}。应满足以下两个条件：

a．按单相接地短路时保护有足够灵敏度整定，即

$$I_{\text{op}} = \frac{I_{\text{k}}^{(1)}}{n_{\text{TA0}} K_{\text{sen}}}$$

式中：$I_{\text{k}}^{(1)}$ 为低压厂用馈线单相接地零序电流一次值，A；K_{sen} 为灵敏系数，取 $5 \sim 6$。

b．按躲过最大负荷下不平衡电流计算。

2）动作时间 t_{op}：一般可取 $2 \sim 5\text{s}$。

3）出口方式：保护动作于发信号。

5．保护动作可靠性措施

MCC 段通常有两路不同分支电源线供电，正常情况下为一路电源线供电，当开关跳闸时，联动另一电源线合闸供电，即采用双电源自动切换保证 MCC 供电可靠性。但是，当供电电源线失电时，应采用低电压延时措施跳开供电线切换为另一电源线供电。

上述双电源切换开关（ATS）的低电压动作值取 $\frac{1}{1.2} \times 65\text{V} = 54\text{V}$；动作延时按躲过厂用相间故障保护后备段动作时限整定，取 $t_2 + \Delta t$，其中级差 Δt 取 $0.1 \sim 0.2\text{s}$，t_2 为厂用相间故障保护后备段动作时限，按与厂用高

压母线出线过电流保护动作时间配合整定，$t_2 = t_{\text{out}}^* + \Delta t$（$t_{\text{out}}^*$ 为厂用高压母线出线过电流保护最长动作时限）。

（四）PC 段上低压电动机保护

低压厂用系统中性点为直接接地时，对容量为 100kW 以上的电动机宜装设单相接地短路保护；对 55kW 及以上的电动机如相间短路保护能满足单相接地短路的灵敏度时，可由相间短路保护兼做接地短路保护；当不能满足时，应另设接地短路保护。

1. 长延时保护

（1）动作电流 I_{op}：按躲过电动机的额定工作电流整定，即

$$I_{\text{op}} = K_{\text{rel}} \cdot I_{\text{N}}$$

式中：K_{rel} 为可靠系数，取 $K_{\text{rel}} = 1.15 \sim 1.2$。

（2）动作延时 t_{op}：按电动机启动过程中不发生误动作条件整定，即：

设电动机的额定工作电流为 I_{M}、启动电流为 $8I_{\text{M}}$、启动时间 $t_{\text{st}} = 12\text{s}$，当长延时保护特性中 $6I_{\text{op}}$ 对应的动作延时为 t_{op}，则有

$$(8I_{\text{M}})^2 t_{\text{st}} < [6 \times (1.2I_{\text{M}})]^2 \cdot t_{\text{op}} \tag{5-21}$$

$$t_{\text{op}} > \left(\frac{8}{6 \times 1.2}\right)^2 \times 12 = 14.8(\text{s}) \tag{5-22}$$

在满足式（5-21）、式（5-22）的基础上取适当的 t_{op} 值。

通常简化计算，动作时间按躲过电动机的启动时间 t_{st} 整定，可取 $t_{\text{op}} = 1.2t_{\text{st}}$。

如果采用反时限过电流保护，则动作特性时间常数根据所选反时限特性决定。

2. 短延时保护

动作电流 I_{sd}：可取 10～12 倍电动机额定工作电流，以躲过启动的影响。

动作延时 t_{sd}：可取 $t_2 = 0 \sim 0.02\text{s}$。$I^2 t$ 为 OFF。

3. 瞬时保护

动作电流 I_{i}：可取 12 倍电动机额定工作电流。

4. 接地保护

同高压电动机单相接地保护的算法。

5. 提高保护动作可靠性措施

（1）有些容量较小的电动机直接采用电磁式脱扣器与热继电器保护。

（2）在某些场合，通过零序 TA0 与接地故障保护模块构成接地故障保护。

（五）400V 厂用系统接地故障保护

400V 厂用电系统中，中性点直接接地时，各元件的接地保护由电子脱扣器实现。当中性点经电阻接地时，则由专用的接地保护装置实现接地保护。

400V 厂用电系统中性点经电阻 R_{380} 接地时，单相接地电流 $(3I_0)_k$ 为

$$(3I_0)_k = \frac{380}{\sqrt{3}R_{380}}$$

末级元件接地保护动作电流 $(3I_0)_{op}$ 为（一次值）

$$(3I_0)_{op} = \frac{(3I_0)_k}{K_{sen}}$$

式中：K_{sen} 为灵敏系数，取 3～4。

相邻上一级元件接地保护动作电流以 1.1 的配合系数逐级递增。

末级元件接地保护动作时限取 2～3s，相邻上一级元件接地保护动作时限以 0.3s 的时间级差逐级递增。

中性点经电阻接地时，接地保护均动作于信号。

（六）400V 厂用系统低电压保护及保安段低电压切换

1. 低电压保护

低电压保护一般设两段，每段设一个时限。Ⅰ段低电压动作值可取 65％额定电压，动作时限取 0.5s，动作后可发信号或切除一些不重要的电动机。Ⅱ段低电压动作值可取 50％额定电压，动作时限取 6～9s，动作后可切除较为重要的电动机。

2. 保安段低电压切换

低电压动作值与Ⅰ段低电压动作值配合整定，即

$$U_{op} = \frac{1}{K_{co}}U_{op.\,I}$$

式中：K_{co} 为配合系数，取 1.2；$U_{op.\,I}$ 为Ⅰ段低电压动作值，可取 65％U_N（U_N 为额定电压），V。

当 $U_{op.\,I} = 65\% \times 100V = 65V$ 时，$U_{op} = \frac{1}{1.2} \times 65V = 54V$。

保安段低电压切换的动作时限按躲过厂用电系统相间故障保护后备段动作时限整定，即

$$t_{op} = t_2 + \Delta t$$

式中：t_2 为厂用电系统相间故障保护后备段动作时限，一般取高压厂用变压器低压分支相间故障保护Ⅱ段动作时限，s。

当切换失败时启动柴油发电机。

（七）柴油发电机保护

1. 柴油发电机差动保护

（1）计算发电机额定二次电流。发电机的一次额定电流 I_{1N} 为

$$I_{1N} = \frac{P_N}{\sqrt{3} \times 400 \times \cos\varphi}$$

式中：P_N 为柴油发电机功率，W；$\cos\varphi$ 为柴油发电机功率因数，取

$\cos\varphi=0.8$。

发电机的二次额定电流为

$$I_{2N}=\frac{I_N}{n_{TA}}$$

（2）差动保护动作电流 I_{op}。按躲过外部三相短路故障时的最大不平衡电流整定。外部三相短路故障时通过保护的最大短路电流 $I_k^{(3)}$ 为

$$I_k^{(3)}=\frac{1}{X_d''}I_{1N}$$

式中：X_d'' 为以柴油发电机额定容量为基准的次暂态电抗标幺值。

考虑差动保护没有制动特性，采用延时措施来减弱非周期分量电流的影响以及减小 TA 的误差。在 $I_k^{(3)}$ 作用下的最大不平衡电流 $I_{unb.max}^{(3)}$ 为

$$I_{unb.max}^{(3)}=(K_{ap}K_{cc}K_{er}+\Delta m)\frac{I_k^{(3)}}{n_{TA}}$$

式中：K_{ap} 为非周期分量系数，取 1.3；K_{cc} 为 TA 同型系数；K_{er} 为 TA 综合误差，取 2×0.03；Δm 为通道调整误差，取 $0.01\sim0.02$。

故差动保护动作电流 I_{op} 可整定为

$$I_{op}=K_{erl}I_{unb}^{(3)}$$

式中：K_{rel} 为可靠系数，取 $1.3\sim1.5$。

（3）差动保护动作时限 t_{op}。采用延时措施来减弱非周期分量电流影响及减小 TA 误差，从而提高保护灵敏度。可取 $t_{op}=(0.1\sim0.5)s$。考虑差动保护作为主保护的速动性，不宜大于 0.2s。

（4）灵敏度校验。按机端两相短路时计算灵敏度。机端保护区内两相短路时的短路电流 $I_k^{(2)}$ 为

$$I_k^{(2)}=\sqrt{3}\,\frac{1}{X_d''+X_2}I_{1N}$$

式中：X_2 为以柴油发电机额定容量为基准的负序电抗标幺值。

要求灵敏系数 K_{sen} 满足

$$K_{sen}=\frac{I_k^{(2)}}{n_{TA}I_{op}}\geq2$$

一般情况下具有很高的灵敏度。

2. 柴油发电机接地保护

（1）当柴油发电机中性点经 R_0 接地时，接地保护一次动作电流 $(3I_0)_{cp}$ 为

$$(3I_0)_{op}=\frac{1}{K_{sen}}\frac{U_N}{\sqrt{3}R_0}$$

式中：K_{sen} 为灵敏系数，取 $2\sim2.5$；U_N 为柴油发电机机端额定电压一次值，V；R_0 为柴油发电机中性点接地电阻值，Ω。

故，接地保护动作电流 $(3I_0)_{\text{op.j}}$ 二次值为

$$(3I_0)_{\text{op.j}} = \frac{(3I_0)_{\text{op}}}{n_{\text{TA0}}}$$

式中：n_{TA0} 为接于柴油发电机中性线上的 TA 变比。

接地保护动作时限：对于中性点不接地系统可取 2~3s，动作于发信号；对于大电流接地系统，可取 0~0.5s，动作于跳闸。

（2）中性点不接地系统。接地保护动作电流 $(3I_0)_{\text{op}}$ 按躲过柴油发电机正常运行时最大不平衡电流 $I_{\text{unb.max}}$ 计算，即

$$(3I_0)_{\text{op}} = \frac{K_{\text{rel}} I_{\text{unb.max}}}{n_{\text{TA0}}}$$

式中：K_{rel} 为可靠系数，取 1.3；$I_{\text{unb.max}}$ 为正常运行时最大不平衡电流一次值，A。

当无实测 $I_{\text{unb.max}}$ 值时，可按经验公式整定

$$(3I_0)_{\text{op}} = K_{\text{ub}} \cdot I_{\text{2N}}$$

式中：K_{ub} 为不平衡电流系数，取 0.2~0.3；I_{2N} 为柴油发电机二次额定电流值，A。

接地保护动作时限：0.5~1s，动作于发信号。

3. 柴油发电机过电流保护

柴油发电机的过电流保护按与额定工作电流配合进行整定，即

$$I_{\text{op}} = \frac{K_{\text{rel}}}{K_{\text{r}}} I_{\text{N}}$$

式中：K_{rel} 为可靠系数，取 1.2~1.5；K_{r} 为返回系数，取 0.85~0.95；I_{N} 为柴油发电机额定工作电流，A。

柴油发电机的过电流保护由 Ⅰ、Ⅱ 段及反时限保护组成，需整定的有 Ⅰ、Ⅱ 段过电流保护，保护动作于跳闸（包括跳断路器、关闭原动力油门）。

通常保护整定的经验值为：

（1）过电流 Ⅰ 段保护：动作电流取 $I_{\text{op.I}} = 1.5 I_{\text{N}}$，动作时限取 $t_1 = 5\text{s}$；

（2）过电流 Ⅱ 段保护：动作电流取 $I_{\text{op.II}} = 1.2 I_{\text{N}}$，动作时限取 $t_2 = 10\text{s}$。

保护动作于停运柴油发电机（跳断路器、关闭原动力油门）。

4. 柴油发电机过电压、欠电压保护

过电压保护：动作电压取 110% 额定电压，动作时限取 5s，动作于信号；

欠电压保护：动作电压取 90% 额定电压，动作时限取 5s，动作于信号。

5. 柴油发电机逆功率保护

动作功率取 $P_{\text{op}} = 5\% P_{\text{N}}$（$P_{\text{N}}$ 为柴油发电机的额定功率）；

动作时限取 $t = 2~3\text{s}$；

动作于跳闸（包括跳断路器、关闭源动力油门）。

6. 柴油发电机失磁保护

柴油发电机并网后失磁，则发电机吸取感性无功功率，故用吸取感性无功功率可判发电机失磁。功率定值可按柴油发电机额定无功功率 Q_{op} 整定，通常取 10%，即

$$Q_{op} = -K \frac{Q_{GN}}{n_{TA} n_{TV}} = 10\% Q_{GN}$$

式中：K 为系数，通常可取 10%；Q_{GN} 为柴油发电机额定运行时输出的感性无功功率，$Q_{GN} = P_N \tan(\arccos 0.8)$，var。

动作时限取 $t = (2 \sim 3)$ s；动作于跳闸（包括跳断路器、关闭原动力油门）。

除上述保护外，柴油发电机还有超速报警、冷却水温高、机油压力低保护，动作后报警停机。在 45s 内自启动失败告警保护。

（八）关于灵敏度问题

1. PC 段进线开关、母联开关上保护灵敏度

（1）短延时保护灵敏度。PC 段母线上发生两相短路时，要求灵敏度不低于 1.5。

（2）接地保护灵敏度。PC 段母线上发生单相接地时，要求灵敏度不低于 2.0；PC 段出线电缆末端单相接地时，灵敏度应不低于 1.2。

2. MCC 供电进线保护灵敏度

MCC 母线上发生两相短路时，短延时保护灵敏度不低于 1.5；发生单相接地时接地保护灵敏度不应低于 1.5。

3. PC 段出线、MCC 段出线各保护灵敏度

各单元出线电缆末端两相短路时，短延时保护或瞬时保护的灵敏度应不低于 1.25；单相接地时，接地保护灵敏度应不低于 1.25～1.5。

应当指出，有些单元的保护不设接地保护，在这种情况下供电电缆末单相接地时，瞬时保护的灵敏度最好也能满足要求。

（九）电动机控制中心 MCC 出线保护整定计算注意事项

电动机控制中心 MCC 出线分为以下两类：

1. 普通 MCC 出线为 Ⅱ、Ⅲ 类负荷

当瞬时停电不影响机组正常运行，也不会危及设备及人身安全时，整定计算必要时可降低保护选择性要求，MCC 出线为 Ⅱ、Ⅲ 类负荷可按瞬时动作保护整定。

2. 保安段 EMCC 出线为 Ⅰ 类负荷及其他 MCC Ⅰ 类负荷

保安段 MCC 出线如电动阀门配电柜的电源线等，上、下级均应考虑选择性，动作电流及动作时间均应有选择要求的级差（单相接地保护和相电流保护均应满足选择性要求）。

如保安段 EMCC 出线供下一级负荷为电动阀门配电柜，配电柜向各电动阀门电动机直接供电，则

（1）电动阀门电动机（为第一级）当 $P_\mathrm{M.N}\leqslant15\mathrm{kW}$ 时，采用瞬时动作的电磁脱扣器。动作电流固定值 $12I_\mathrm{N}(10.5\sim12I_\mathrm{N})$，动作时间为固有时间 $t_\mathrm{op}=t_\mathrm{op.set1}\leqslant40\mathrm{ms}$；当电动机 $P_\mathrm{M.N}>15\mathrm{kW}$ 时宜采用可整定的瞬时动作的电磁脱扣器，动作电流整定值取 $I_\mathrm{op.set}=10.5\sim12I_\mathrm{M.N}$，否则各级很难满足选择性配合要求。

（2）保安段 EMCC 出线电动阀门配电柜的电源进线为第二级。为保证与下一级选择性动作，保护必须带有短延时，动作时间最小整定值为 $t_\mathrm{op.set2}=0.1\sim0.2\mathrm{s}$。

（3）低压厂用变压器 PC 母线或保安柴油发电机供电的 PC 母线出线为第三级。第三级与第二级之间时间级差为 $0.1\sim0.2\mathrm{s}$，所以供保安段 EMCC 电源线，动作时间最小整定为 $t_\mathrm{op.set3}=0.2\sim0.4\mathrm{s}$。

（4）低压厂用变压器 0.4kV 联络断路器为第四级。动作时间整定值 $t_\mathrm{op.set4}=0.4\sim0.5\mathrm{s}$。

（5）低压厂用变压器为第五级。动作时间整定值 $t_\mathrm{op.set.5}=0.7\sim0.8\mathrm{s}$。

3. 上、下级配合关系整定时注意事项

高低压厂用系统由于分级太多，各级之间必须充分考虑动作选择性，同时不能将动作时间整定过长。为此，对高低压厂用系统采用二至三段电流电压保护，各段分别进行配合，以大大降低保护切断短路故障的动作时间，同时满足选择性要求。

4. 400V PC 出线或 MCC 出线保护配置及整定计算存在的问题及解决措施

（1）存在问题。400V PC 出线或 MCC 出线设计时为节省投资，不经计算对 PC 部分出线及 MCC 全部出线，均采用保护整定值不能调整的塑壳断路器，这是不合理的，值得商榷。其相应保护动作电流为 $12\sim15I_\mathrm{N}$，如塑壳断路器保护额定电流 I_N 为 $100\sim200\mathrm{A}$，则相电流速断保护动作电流高达 $1500\sim3000\mathrm{A}$，这给其他可整定的保护上下级配合计算带来极大的困难，有时只能牺牲选择性，以致发生短路故障时造成保护越级跳闸，导致事故扩大，这一问题在目前大多发电厂厂用电系统及工矿企业用电系统普遍存在。

（2）解决的措施1。在设计时应充分考虑上下级保护配合，保护整定值不能调整的塑壳断路器，经计算不符合上下级保护选择性要求时，应采用带有整定值可调整的接地零序过电流保护及相电流短路故障保护的塑壳断路器。400V PC 出线保护额定电流 $I_\mathrm{N}\geqslant100\mathrm{A}$、MCC 出线保护额定电流 $I_\mathrm{N}\geqslant40\sim63\mathrm{A}$ 时尽可能采用带有整定值可调整的接地零序过电流保护及相电流短路故障保护的塑壳断路器。

（3）解决的措施2。如无带有整定值可调整的接地零序过电流保护及相电流短路故障保护的塑壳断路器，则可采用"保护整定值不能调整而由可控分励脱扣塑壳断路器＋专用的可调整保护定值"的测控保护，以达到按计算定值保护动作于分断可控分励脱扣塑壳断路器切断短路故障的目的，在短路电流较小 TA 未饱和时，由测控保护动作于分断可控分励脱扣塑壳断路器，以达到上下级保护满足选择性要求的目的；在短路电流很大时 TA 严重饱和，测控保护拒动时，由塑壳断路器不可调整定值的保护动作切断短路故障。

（4）解决的措施 3。如措施 1、2 实现均有困难时，可采用"保护整定值不能调整的塑壳断路器＋低电压不自动释放的可控接触器＋专用的可调整保护定值"的测控保护，专用的可调整保护定值的测控保护动作于可控接触器，测控保护应增设大电流闭锁保护出口定值，大电流闭锁保护出口定值按接触器允许断开电流整定。

（5）对于已投入生产存在问题的设备。根据条件，可按措施 1、2、3 分别改进解决。

（6）400V PC 出线或 MCC 出线保护按上下级满足选择性、灵敏性进行计算。

国家能源集团
CHN ENERGY

技术技能培训系列教材

电力产业（火电）

电气工程二次

（下册）

国家能源投资集团有限责任公司　组编

中国电力出版社
CHINA ELECTRIC POWER PRESS

内 容 提 要

本系列教材根据国家能源集团火电专业员工培训需求，结合集团各基层单位在役机组，按照人力资源和社会保障部颁发的国家职业技能标准的知识、技能要求，以及国家能源集团发电企业设备标准化管理基本规范及标准要求编写。本系列教材覆盖火电主专业员工培训需求，本系列教材的作者均为长期工作在生产第一线的专家、技术人员，具有较好的理论基础、丰富的实践经验。

本教材为《电气工程二次》分册，共十章，主要内容包括继电保护基础知识、发电机保护、变压器保护、升压站系统保护、厂用电系统保护、发电机励磁系统、发电厂安全自动装置、继电保护和自动装置运行技术、继电保护典型实例与分析、新技术及大机组若干问题，基本包含了火力发电厂电气保护、控制、稳定、测量、调节、预警等全部技术和原理，并进行详细阐述和分析。

本教材可以作为国家能源集团电气工程二次人员培训和自学教材，也可作为电气专业相关岗位技术、管理人员学习、技术比武等参考用书。

图书在版编目（CIP）数据

电气工程二次/国家能源投资集团有限责任公司编 . —北京：中国电力出版社，2024.11. —（技术技能培训系列教材）. —ISBN 978-7-5198-8647-9

Ⅰ. TM

中国国家版本馆 CIP 数据核字第 20241FP426 号

出版发行：中国电力出版社

地　　址：北京市东城区北京站西街 19 号（邮政编码 100005）

网　　址：http：//www.cepp.sgcc.com.cn

责任编辑：畅　舒

责任校对：黄　蓓　李　楠　郝军燕　于　维　常燕昆

装帧设计：张俊霞

责任印制：吴　迪

印　　刷：三河市万龙印装有限公司

版　　次：2024 年 11 月第一版

印　　次：2024 年 11 月北京第一次印刷

开　　本：787 毫米×1092 毫米　16 开本

印　　张：63

字　　数：1220 千字

印　　数：0001—4300 册

定　　价：260.00 元（上、下册）

技术技能培训系列教材编委会

主　　任　王　敏
副 主 任　张世山　王进强　李新华　王建立　胡延波　赵宏兴

电力产业教材编写专业组

主　　编　张世山
副 主 编　李文学　梁志宏　张　翼　朱江涛　夏　晖　李攀光
　　　　　蔡元宗　韩　阳　李　飞　申艳杰　邱　华

《电气工程二次》编写组

编写人员　（按姓氏笔画排序）
　　　　　尹　羽　巨争号　李　玮　张　斌　姜伟民　郭环宇

序　言

　　习近平总书记在党的二十大报告中指出，教育、科技、人才是全面建设社会主义现代化国家的基础性、战略性支撑；强调了培养造就更多大师、战略科学家、一流科技领军人才和创新团队、青年科技人才、卓越工程师、大国工匠、高技能人才的重要性。党中央、国务院陆续出台《关于加强新时代高技能人才队伍建设的意见》等系列文件，从培养、使用、评价、激励等多方面部署高技能人才队伍建设，为技术技能人才的成长提供了广阔的舞台。

　　致天下之治者在人才，成天下之才者在教化。国家能源集团作为大型骨干能源企业，拥有近25万技术技能人才。这些人才是企业推进改革发展的重要基础力量，有力支撑和保障了集团公司在煤炭、电力、化工、运输等产业链业务中取得了全球领先的业绩。为进一步加强技术技能人才队伍建设，集团公司立足自主培养，着力构建技术技能人才培训工作体系，汇集系统内煤炭、电力、化工、运输等领域的专家人才队伍，围绕核心专业和主体工种，按照科学性、全面性、实用性、前沿性、理论性要求，全面开展培训教材的编写开发工作。这套技术技能培训系列教材的编撰和出版，是集团公司广大技术技能人才集体智慧的结晶，是集团公司全面系统进行培训教材开发的成果，将成为弘扬"实干、奉献、创新、争先"企业精神的重要载体和培养新型技术技能人才的重要工具，将全面推动集团公司向世界一流清洁低碳能源科技领军企业的建设。

　　功以才成，业由才广。在新一轮科技革命和产业变革的背景下，我们正步入一个超越传统工业革命时代的新纪元。集团公司教育培训不再仅仅是广大员工学习的过程，还成为推动创新链、产业链、人才链深度融合，加快培育新质生产力的过程，这将对集团创建世界一流清洁低碳能源科技领军企业和一流国有资本投资公司起到重要作用。谨以此序，向所有参与教材编写的专家和工作人员表示最诚挚的感谢，并向广大读者致以最美好的祝愿。

2024 年 11 月

前　　言

近年来，随着我国经济的发展，电力工业取得显著进步，截至 2023 年底，我国火力发电装机总规模已达 12.9 亿 kW，600MW、1000MW 燃煤发电机组已经成为主力机组。当前，我国火力发电技术正向着大机组、高参数、高度自动化方向迅猛发展，新技术、新设备、新工艺、新材料逐年更新，有关生产管理、质量监督和专业技术发展也是日新月异。现代火力发电厂对员工知识的深度与广度，对运用技能的熟练程度，对变革创新的能力，对掌握新技术、新设备、新工艺的能力，以及对多种岗位工作的适应能力、协作能力、综合能力等提出了更高、更新的要求。

我国是世界上少数几个以煤为主要能源的国家之一，在经济高速发展的同时，也承受着巨大的资源和环境压力。当前我国燃煤电厂烟气超低排放改造工作已全面开展并逐渐进入尾声，烟气污染物控制也已由粗放型的工程减排逐步过渡至精细化的管理减排。随着能源结构的不断调整和优化，火电厂作为我国能源供应的重要支柱，其运行的安全性、经济性和环保性越来越受到关注。为确保火电机组的安全、稳定、经济运行，提高生产运行人员技术素质和管理水平，适应员工培训工作的需要，特编写电力产业技术技能培训系列教材。本系列教材以国家和行业标准为依据，以岗位培养为中心，以能力提升为重点，突出生产岗位技术技能培养。本系列教材内容详实、通俗易懂、工艺规范、实用性强，可作为生产人员岗位培训、技能提升、技术培训的教材。

本教材为《电气工程二次》，内容包括继电保护基础知识、发电机保护新技术、网源协调技术、安装调试、事故分析、运行技术、二十五项反措等内容，涉及发电机、变压器、励磁系统、升压站、监控系统、厂用电系统、发电厂自动装置等发电厂主要电气工程二次设备，涵盖了发电厂继电保护和自动装置专业原理知识、整定计算及故障诊断方法、事故实例讲解等方面，做到了面广内容全。

本教材注重理论紧密联系实际，适用于员工培训和能力提高，适用于发电系统运行与维护人员、设计人员，以及电科院、大学院校专业人员学习、借鉴，可供从事设计、安装、调试、运行、检修、维护的工程技术人员和管理人员学习、参考。

编写组

2024 年 6 月

目　　录

第六章　发电机励磁系统

第一节　励磁系统的作用及要求

一、励磁系统的主要设备

励磁变压器：油变压器、干式变压器、测温元件、呼吸器等附件。

整流柜：晶闸管、熔断器、阻容保护、霍尔传感器、整流冷却风机、脉冲隔离放大板、接口板（测量、脉冲、控制、显示等智能控制）和电流表（故障显示）等。

电源转换柜：交流母线接线、启励回路、隔离变压器、励磁电流测量TA等。

灭磁开关柜：灭磁开关、灭磁电阻、转子过压检测控制板、转子过压晶闸管、励磁电流和励磁电压测量等。

调节器：输入输出接口板、测量板、主控板、后备紧急手动板、变送器、电源模块、控制回路等。

1. 励磁装置

根据不同的规格、型号和使用要求，励磁装置分别由调节屏、灭磁屏、整流屏、励磁变压器、机端电压及电流互感器等几部分组合而成。

励磁装置需要提供厂用交流电源、厂用直流控制电源、厂用直流合闸电源；需要提供自动开机、自动停机、并网信号接点；需要提供发电机机端电压、发电机机端电流、母线电压、励磁装置输出等模拟信号；需提供励磁变压器过电流、发电机失磁、励磁装置异常等报警信号。

励磁控制、保护及信号回路由灭磁开关、整流柜、风机、励磁变压器过电流、调节器故障、发电机工况异常、电量变送器等组成。在同步发电机发生内部故障时除了必须解列外，还必须灭磁，把转子磁场尽快地减弱到最低程度，在保证转子不过压的情况下，使灭磁时间尽可能缩短，是灭磁装置的主要功能。根据额定励磁电压的大小可分为线性电阻灭磁和非线性电阻灭磁。

励磁装置的任务，是在电力系统正常工作的情况下，维持同步发电机机端电压于一给定的水平上，同时，还具有增磁、减磁和灭磁功能。

自动调节励磁装置通常由测量单元、同步单元、放大单元、调差单元、稳定单元、限制单元及一些辅助单元构成。被测量信号（如电压、电流等）经测量单元变换后与给定值相比较，然后将比较结果（偏差）经前置放大单元和功率放大单元放大，用于控制晶闸管的导通角，以达到调节发电机励磁电流的目的。

同步单元的作用是使移相部分输出的触发脉冲与晶闸管整流器的交流励磁电源同步，以保证晶闸管的正确触发；调差单元的作用是为了使并联运行的发电机能稳定和合理地分配无功负荷；稳定单元是为了改善电力系统的稳定而引进的单元；限制单元是为了使发电机不在过励磁或欠励磁的条件下运行而设置的。

必须指出，并不是每一种自动调节励磁装置都具有上述各种单元，一种调节器装置所具有的单元与其担负的具体任务有关。

2. 灭磁开关

励磁回路中的灭磁开关，简称 FCB（Field Circuit Breaker），用于快速降低励磁回路中电流的开关，其作用是迅速切断发电机励磁绕组与励磁电源的通路，迅速消除发电机内部的磁场。因为励磁回路感抗很大，切断电流是很困难的，所以要安装专用的灭磁开关。开机建压前就要投入灭磁开关，在发电机停机或事故情况下，跳开灭磁开关切断励磁回路电流，达到快速降低发电机电压的目的。

灭磁开关的灭磁过程，是在灭磁开关主触头断开前先通过一个灭磁触头接入灭磁电阻，使转子回路并联灭磁电阻，然后断开主触头；在灭磁开关主触头断开后由于灭磁触头将灭磁电阻与转子并联在一起，励磁绕组能量转移到灭磁电阻上，由灭磁电阻发热消耗完成灭磁。

3. 逆变灭磁

逆变灭磁是在灭磁命令发出后，励磁调节器控制晶闸管的控制角大于 $90°$，此时晶闸管处于逆变状态，励磁绕组能量通过励磁变压器及定子绕组消耗掉。通常正常停机采用逆变灭磁功能，逆变灭磁无机械动作，无火花，无污染，但如果调节器及晶闸管有故障时将不能成功灭磁。

4. 事故灭磁

发电机事故情况下利用跳灭磁开关以迅速消耗发电机磁场的能量（转化为热能），以达到迅速灭磁的作用，即使调节器及晶闸管等有故障，也能成功灭磁。

5. 整流电路

整流电路是励磁系统中必备的部件，其作用是将交流电压转换成直流电压供给发电机励磁绕组或励磁机励磁绕组。发电机自并励系统中采用三相桥式全控整流电路，励磁机励磁回路通常采用三相桥式半控整流电路或三相桥式全控整流电路。

6. 控制系统

控制系统包括同步发电机及其励磁系统的反馈控制系统。

7. 励磁系统

提供同步发电机磁场电流的装置，包括所有调节与控制元件、励磁功率单元、磁场过电压抑制和灭磁装置以及其他保护装置。

励磁功率单元：提供同步发电机磁场电流的功率电源。

励磁控制：根据包括同步发电机、励磁功率单元以及与之连接的电网在内的系统状态的信号特性，对励磁功率进行控制（同步发电机端电压是优先考虑的被控制量）。

8. 自并励静止励磁系统

静止励磁功率单元的电源来自发电机机端的励磁系统中的励磁变压器二次侧绕组。

二、励磁系统相关概念

交流励磁机：一种为同步发电机提供励磁电源的同轴交流发电机。

副励磁机：一种为交流励磁机提供励磁电源的同轴交流发电机。

功率整流装置：一种将交流变换为直流、为同步发电机或交流励磁机提供磁场电流的装置，它可以是可控的，也可以是不可控的。

功率整流装置的均流系数：功率整流装置并联运行各支路电流的平均值与最大支路电流值之比。

励磁系统的稳态增益：发电机电压缓慢变化时励磁系统的增益。

发电机负载阶跃响应的波动次数和调节时间：发电机有功功率波动发生至波动衰减到最大波动幅值的 5% 的波动次数和调节时间。

发电机空载阶跃响应的上升时间：发电机空载阶跃扰动中，发电机电压从前一次稳态量到后一次稳态量之间的差值为 10%～90% 的时间。

自然灭磁：发电机灭磁时磁场电流经励磁装置直流侧短路或二极管旁路、磁场电压接近为零的灭磁方式。

逆变灭磁：利用三相全控桥的逆变工作状态令励磁电源以反电动势形式加到励磁变压器，使转子电流迅速衰减到零的灭磁方式。

跳灭磁开关灭磁：励磁系统跳灭磁开关将磁场能量转移到灭磁电阻上的灭磁方式。

额定励磁电流（I_{fN}）：同步发电机运行在额定电压、电流、功率因数与转速下，其转子绕组中的直流电流。

额定励磁电压（U_{fN}）：在励磁绕组上产生额定励磁电流所需的发电机励磁绕组端部的直流电压。这时励磁绕组的温度应是在额定负载、额定工况以及初级冷却介质在最高温度条件下的温度。

空载励磁电流（I_{f0}）：同步发电机运行在空载、额定转速下产生额定电压所需的励磁电流。如图 6-1 所示。

气隙磁场电流（I_{fg}）：在空载气隙线上产生同步发电机额定电压理论上所需的磁场绕组中的直流电流。

空载磁场电压（U_{f0}）：在磁场绕组温度为 25℃ 时，产生空载磁场电流所需要的电机磁场绕组端部的直流电压。

气隙磁场电压（U_{fg}）：当磁场绕组电阻等于 U_{fN}/I_{fN} 时，产生气隙磁场电流所需的同步发电机磁场绕组端部的直流电压。

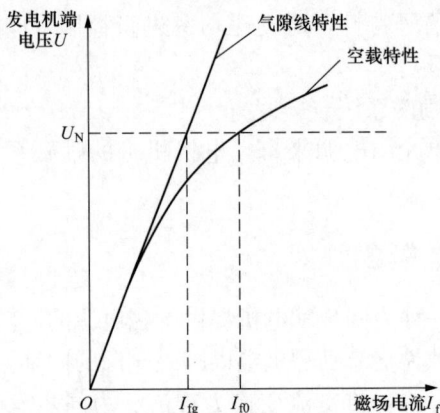

图 6-1　空载励磁电流 I_{f0} 和气隙磁场电流 I_{fg} 的确定

励磁系统顶值电流（I_P）：在规定的时间内，励磁系统从它的输出端能够连续提供的最大直流电流。

励磁系统顶值电压（U_P）：在规定的时间内，励磁系统从它的输出端能够连续提供的最大直流电压。

励磁系统顶值电流倍数（K_{IP}）：励磁系统顶值电流与额定磁场电流的比值。

励磁系统顶值电压倍数（K_{UP}）：励磁系统顶值电压与额定磁场电压的比值。

励磁系统标称响应（U_E）：由励磁系统的电压响应曲线确定的励磁系统输出电压的增量与额定磁场电压的比值，如图 6-2 所示。这个比值，如假定保持恒定，所扩展的电压-时间面积，与在第一个 0.5s 时间间隔内得到的实际面积相等。

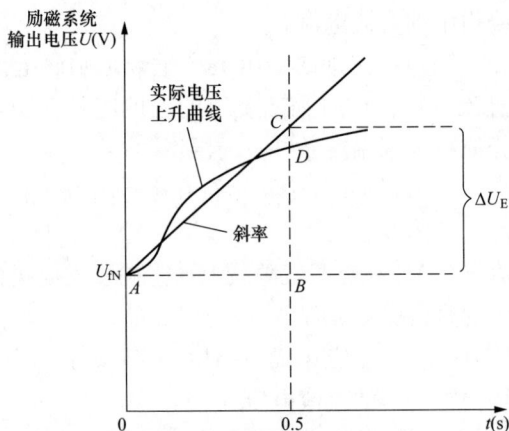

图 6-2　励磁系统标称响应 U_E 的确定

$$U_E = \frac{\Delta U_E}{0.5 U_{fN}}$$

注意：

（1）在励磁系统带有电阻等于 U_{fN}/I_{fN} 及足够的电感负载下，确定励磁系统标称响应，要考虑电压变化的影响及电流与电压的波形。

（2）励磁系统标称响应是指励磁系统电压等于同步发电机的额定磁场电压后，输入一个特定的电压偏差阶跃，使得很快获得励磁系统顶值电压。

（3）对于从同步发电机机端取得电源的励磁系统，电力系统扰动的性质与励磁系统和同步发电机的特定设计参数将影响励磁系统的输出。对这样的系统，确定励磁系统标称响应要考虑电压降落及电流的增长。

（4）对于使用旋转励磁机的系统，在额定转速下确定励磁系统的标称响应。

电压静差率（ε）：负载电流补偿单元切除、原动机转速及功率因数在规定范围内变化，发电机负载从额定变化到零时端电压变化率（用百分比表示），即

$$\varepsilon = \frac{U_0 - U_N}{U_N} \times 100\%$$

式中：U_N 为额定负载下的发电机端电压，V；U_0 为空载时发电机端电压，V。

电压调差率（D）：发电机在功率因数等于零的情况下，无功电流从零变化到额定定子电流值时，发电机端电压的变化率（用百分比表示）。负载电流补偿器退出后的电压调差率称为自然电压调差率，用 D_0 表示。

$$D = \frac{U_0 - U}{U_N} \times 100\%$$

式中：U_0 为空载时发电机端电压，V；U 为功率因数等于零、无功电流等于额定定子电流值时的发电机端电压，V。

励磁系统电压响应时间：发电机带额定负载运行于额定转速下，突然改变机端电压给定值，励磁电压达到顶值电压与额定磁场电压之差的 95% 所需要的时间。

励磁系统误强励：因励磁系统失控导致励磁系统输出异常升高。

三、励磁控制系统的主要任务

励磁系统是向同步发电机转子绕组提供励磁电流的系统，一般包括产生发电机励磁电流的励磁功率单元、自动励磁调节器、手动调节部分以及灭磁、保护、监视装置和仪表等。自动励磁调节器则是根据发电机电压和电流的变化以及其他输入信号，按事先给定的调节准则控制励磁功率单元输出的装置。由励磁调节器、励磁功率单元和发电机本身一起组成的整个系统称为励磁控制系统，如图 6-3 所示。它是由同步发电机及其电压互感

器（TV）、电流互感器（TA）和励磁系统组成的一个反馈自动控制系统。

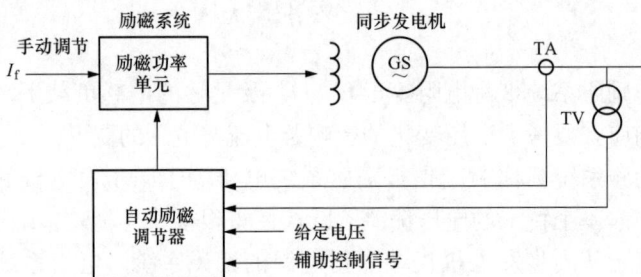

图 6-3　同步发电机励磁控制系统构成示意图

　　励磁系统是发电机的重要组成部分，它对电力系统及发电机本身的安全稳定运行有很大的影响。励磁系统的自动励磁调节器对提高电力系统并联机组的稳定性具有相当大的作用。

　　1. 维持发电机或其他控制点（例如发电厂高压侧母线）的电压在给定水平

　　维持电压水平是励磁控制系统的最主要的任务，有以下三个主要原因：

　　（1）保证电力系统运行设备的安全。电力系统中的运行设备都有其额定运行电压和最高运行电压。保持发电机端电压在允许水平上，是保证发电机及电力系统设备安全运行的基本条件之一，这就要求发电机励磁系统不但能够在静态下，而且能在大扰动后的稳态下保证发电机电压在给定的允许水平上。发电机运行规程规定，大型同步发电机运行电压不得高于额定值的 110%。

　　（2）保证发电机运行的经济性。发电机在额定值附近运行是最经济的。如果发电机电压下降，则输出相同的功率所需的定子电流将增加，从而使损耗增加。规程规定大型发电机运行电压不得低于额定值的 90%；当发电机电压低于 95% 时，发电机应限负荷运行。其他电力设备也有此问题。

　　（3）提高电力系统的稳定性。提高维持发电机电压能力的要求和提高电力系统稳定的要求在许多方面是一致的。励磁控制系统对静态稳定、动态稳定和暂态稳定的改善都有显著的作用，而且是最为简单、经济而有效的。

　　2. 控制并联运行机组无功功率合理分配

　　并联运行机组无功功率合理分配与发电机端电压的调差率有关。发电机端电压的调差率有三种调差特性：无调差、负调差和正调差。

　　两台或多台有差调节的发电机并联运行时，按调差率大小分配无功功率。调差率小的分配的无功多，调差率大的分配的无功少。为使并列机组按容量合理分配无功，一般设为正调差。

　　若发电机-变压器组单元在高压侧并联，因为变压器有较大的电抗，如果采用无差调节，经变压器到高压侧后，该单元就成了有差调节了。若变压器电抗较大，为使高压母线电压稳定，就要使高压母线上的调差率不至太大，这时发电机可采用负调差特性，其作用是部分补偿无功电流在主变压器上形成的电压降落，这也称为负荷补偿。调差特性由自动电压调节器中附加的调差环节整定。与大系统联网的机组，调差率 K_u 在 $\pm(3\%\sim10\%)$ 之间调整。

3. 提高电力系统的稳定性

自 20 世纪 60 年代，英、美、西欧和日本等国家曾将电力系统的稳定性划分为静态、动态和暂态稳定性三种方式，一直沿用至今。

（1）静态稳定性：是指当电力系统的负载（或电压）发生微小扰动时，系统本身保持稳定传输的能力。这一稳定性定义主要涉及发电机转子功角过大而使发电机同步能力减少的情况。

（2）动态稳定性：主要指系统遭受大扰动之后，同步发电机保持和恢复到稳定运行状态的能力。失去动态稳定的主要形式有：发电机之间的功角及其他量产生随时间而增长的振荡，或者由于系统非线性的影响而保持等幅振荡。这一振荡也可能是自发性的，其过程较长。

应该说明的是，在大扰动事故后，采用快速和高增益的励磁系统所引起的振荡频率在 $0.2\sim3\mathrm{Hz}$ 的自发振荡稳定性，属于动态稳定范畴。

（3）暂态稳定性：当系统受到大扰动（如各种短路、接地、断线故障以及切断故障线路）后系统保持稳定的能力，发生暂态不稳定的过程时间较短，主要发生在事故后发电机转子第一个摇摆周期内。经过长期的探索与论证，世界各国电力工作者对稳定性的定义已趋向于按小干扰和大扰动两种定义来划分。

小干扰稳定性，涉及在无限小的干扰作用下，系统中发电机保持同步运行的能力，在分析时可以用线性化微分方程来表述。当发生小干扰不稳定时，如果发电机的励磁保持不变，此时失步的过程表现为单调的增长；当发电机在有励磁调节的情况下，失去稳定的表现形式将为爬行或振荡失步，这一定义与传统的静态稳定性定义相对应。

大扰动稳定性，涉及在诸如系统短路、接地、断相等事故作用下所发生的与同步发电机的同步能力相关的稳定性问题，对此，传统上称之为暂态稳定性。

励磁调节对电力系统静态稳定、动态稳定、暂态稳定都有着举足轻重的影响。

（1）励磁调节对静态稳定的影响与改善。在正常运行情况下，同步发电机的机械输入功率与电磁输出功率之间保持平衡，同步发电机以同步转速运转，其特征通常可用功-角特性表示。通过自动励磁调节，能维持发电机电压为额定值时线路输送的极限功率比无励磁调节发电机内电动势为常数时的传输功率高 60%，比暂态电动势为常数时的传输功率高 23%。

可见，自动励磁控制系统对维持发电机电压水平与提高电力系统静态稳定性方面具有十分重要的作用，当励磁控制系统能够维持发电机电压为恒定值时，不论是快速励磁系统，还是常规励磁系统，其静态稳定极限都可以达到传输功率极限值。

（2）励磁调节对动态稳定的影响与改善。动态稳定是研究电力系统受到大扰动后，恢复到原始平衡点或过渡到新的平衡点过程的稳定性，探讨的前提是，原始平衡点（或新的平衡点）具有静态稳定性，以及大扰动过程中可保持暂态稳定性。

电力系统的动态稳定性问题，可以理解为电力系统机电振荡的阻尼问题，阻尼为正时，动态是稳定的；阻尼为负时，动态是不稳定的；阻尼为零时，处于临界状态。对于负阻尼、零阻尼或很小的正阻尼，均为电力系统运行中的不安全因素，应采取措施提高正阻尼。

励磁控制系统中的自动电压调节作用，是造成电力系统机电振荡阻尼变弱（甚至变负）的最重要的原因之一。在一定的运行方式及励磁系统参数下，电压调节作用在维持发电机电压恒定的同时，亦会产生负的阻尼作用。在正常使用范围内，励磁电压调节器的负阻尼作用会随着开环增益的增大而加强，因此提高电压调节精度的要求与提高动态稳定性的要求是不相容的。

解决电压调节精度和动态稳定性之间矛盾的有效措施，是在励磁控制系统中增加其他控制信号。这种控制信号可以提供正的阻尼作用，使整个励磁控制系统提供的阻尼是正的，而使动态稳定极限的水平达到和超过静态稳定的水平。这种控制信号不影响电压调节通道的电压调节功能和维持发电机机端电压水平的能力，不改变其主要控制的地位，因此，称为附加励磁控制。

兼顾解决电压调节精度和动态稳定性之间矛盾的措施有：

1）降低调压精度要求，减少励磁控制系统的开环增益。此措施对静态稳定性和暂态稳定性均有不利的影响，因此是不可取的。

2）电压调节通道中增加一个动态增益衰减环节。此方法既可保持电压调节精度，又可减少电压通道引起的负阻尼作用，但是，动态增益衰减环节实际上是一个大的惯性环节，会使励磁电压的响应比减少，影响强励倍数的利用而不利于暂态稳定，为此，在实际应用中应全面衡量其利弊。

3）在励磁控制系统中，增加附加励磁控制通道，采用电力系统稳定器PSS是有效措施之一。这种附加信号可以通过相位调节使整个励磁系统在低频振荡范围内具有正阻尼作用。

4）采用线性和非线性励磁控制理论，改善励磁系统的动态品质。

（3）励磁调节对暂态稳定的影响与改善。提高暂态稳定性有两种方法，减小加速面积或增大减速面积。减小加速面积的有效措施之一是加快故障切除时间，而增加减速面积的有效措施是在提高励磁系统励磁电压响应比的同时，提高强行励磁电压倍数，使故障切除后的发电机内电动势迅速上升，增加功率输出，以达到增加减速面积的目的。

在改善暂态稳定性方面，励磁控制系统的作用主要由以下因素决定：

1）励磁系统强励顶值倍数。提高励磁系统强励倍数可以提高电力系统暂态稳定性，但是提高强励倍数将使励磁系统的造价增加并对发电机的绝缘要求提高，因此，在故障切除时间极短的情况下，过分强调提高强励倍数是没有必要的。

2）励磁系统顶值电压响应比。励磁系统顶值电压响应比又称励磁电压上升速度，响应比越高励磁系统输出电压达到顶值的时间越短，对提高暂态稳定越有利，励磁系统顶值电压响应比是励磁系统的性能主要指标之一。

3）励磁系统强励倍数的利用程度。充分利用励磁系统强励倍数，也是励磁系统改善暂态稳定的一个重要因素，如果电力系统在发电厂附近发生故障，励磁系统的输出电压达不到顶值，或者达到顶值的时间很短，在发电机电压还没有恢复到故障前的水平时已经停止强励，使励磁系统的强励作用未充分发挥，降低了改善暂态稳定的效果。充分利用励磁系统顶值电压的措施之一是提高励磁控制系统的开环增益，开环增益越大，调压精度越高，强励倍数利用越充分，也就越有利于改善电力系统暂态稳定。

综上所述，励磁系统的主要任务是维持发电机电压在给定水平和提高电力系统的稳定性。励磁系统能够维持发电机机端电压为恒定值，能够有效提高系统静态稳定的功率极限；励磁系统的强励顶值倍数越高、强励顶值电压响应比越大，顶值倍数的利用程度就越充分，系统的暂态稳定水平就越高，但保护动作时间和开关动作时间的缩短对暂态稳定的改善起主要作用，在故障开断时间很短的情况下，励磁系统对暂态稳定的贡献是有限的；励磁系统中的电压调节作用是造成电力系统机电振荡阻尼变弱的重要原因，在一定的运行方式及励磁系统参数下，电压调节器维持发电机电压恒定的同时，产生负的阻尼作用，因此励磁系统降低了系统的动态稳定水平。

四、励磁控制在同步发电机运行中的主要作用

电力系统在正常运行时，发电机励磁电流的变化主要影响电网的电压水平和并联运行机组间无功功率的分配。在某些故障情况下，发电机端电压降低，将导致电力系统稳定水平下降。为此，当系统发生故障时，要求发电机迅速增大励磁电流，以维持电网的电压水平及稳定性。同步发电机励磁系统的自动控制在保证电能质量、无功功率的合理分配和电力系统运行的可靠性方面起着十分重要的作用。

同步发电机的运行特性与它的空载电动势 E_q 值的大小有关，而 E_q 值是发电机励磁电流的函数，所以调节励磁电流就等于调节发电机的运行特性。在正常运行和事故运行状态时，同步发电机的励磁系统对电力系统和发电机的安全稳定运行起着十分重要的作用。主要体现在以下几个方面：

1. 电压控制（即调压作用）

根据发电机运行工况的变化调节励磁电流，维持发电机机端电压为给定水平。电力系统在正常运行时，负荷总是经常波动的，随着负荷的波动，电压就会发生变化，为了使电压在某一允许值范围，则需要对励磁电流进行调节以维持机端或系统中某一点的电压在给定的水平。因此励磁自动控制系统担负了维持电压水平的任务。

2. 稳定、合理地分配机组间的无功功率

并列运行的发电机间无功功率分配涉及发电机端电压的调差率，即在自动励磁调节系统的作用下，发电机端电压将随发电机输出无功的变化而变化。大机组通常为单元接线，通过升压变压器在高压母线上并联运行，一般要求有负的调差率，以部分补偿无功电流在升压变压器上形成的压降。

电力系统中有许多台发电机并联运行。为了保证系统的电压质量和无功潮流合理分布，要求合理控制电力系统中并联运行发电机输出的无功功率，即：每台发电机发出的无功功率数量要合理；当系统电压变化时，每台发电机输出的无功功率要随之自动调节，调节量要满足运行要求。在实际运行中，与发电机并联运行的母线并不是无限大母线，系统等效阻抗也不等于零，因此母线的电压将随着负荷波动而改变。一台发电机的励磁电流的改变不但影响它自身的电压和无功功率，而且也将影响与之并联运行机组的无功功率，因此，同步发电机的励磁自动控制系统还担负着并列运行各发电机间无功功率合理分配的任务。

3. 稳定性

电力系统在运行中随时都可能遭受各种干扰，在各种扰动发生后，发电机组能够恢复到原来的运行状态或者过渡到另一个新的运行状态，则称系统是稳定的。其主要标志是在扰动结束后，同步发电机能够维持或恢复同步运行。通过电力系统分析可知，电力系统的稳定可分为静态稳定和暂态稳定。

（1）提高发电机并列运行的静态稳定性。在由多台发电机并联运行组成的电力系统中，各机组的静态稳定是电力系统正常稳定运行的基本条件。当发电机的空载电动势 E_q 恒定（即励磁不变），发电机的有功功率 P 是功角 δ 的正弦函数，P 与功角 δ 之间的这种关系称为同步发电机的功角特性，当 $\delta \leqslant 90°$，即在功角特性曲线的上升段运行时，发电机是静态稳定的；当在功角特性曲线的下降段运行时（$\delta \geqslant 90°$）则是不稳定的。如果励磁系统中设置的自动励磁调节器具有较高的灵敏度和快速特性，当电压降低，通过调节保持发电机端电压不变，即改变了功角特性（使曲线上移），提高了功率极限，并且最大功率角也向右移动，即可在人工稳定区运行，提高了静稳储备系数，提高静态稳定性。

实际系统中，随着负荷的变化机端电压就会发生变化，为了维持机端电压，励磁控制系统就会不断调节励磁电流，这样就形成一簇不同的功角特性，将其不同的运行点连接起来，就得到励磁电流调节后新的功角特性，如图 6-4 中的曲线 2，这条功角特性与原来曲线相比，有三点不同之处：①极限输送功率增加；②系统的静稳态储备增加；③稳定运行区域扩大，其扩大的部分称为人工稳定运行区。

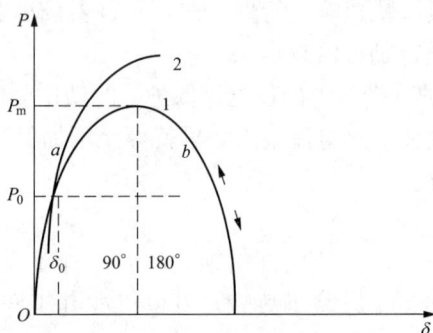

图 6-4　同步发电机的功率特性

可见，增加励磁调节器后系统的静态稳定性大大提高了，所以运行的发电机组都要装设自动励磁调节器。

（2）提高发电机并列运行的暂态稳定性。电力系统在正常运行状态下突然遭受大扰动后，发电机组能否继续保持同步运行，是暂态稳定所研究的课题。以单机并列到无限大系统为例，设在正常运行情况下，发电机输送功率为 P_{G0}，在功角特性的 a 点运行，如图 6-5 所示。当突然受到某种扰动后，系统运行点由曲线 I 上的 a 点突然变到曲线 II 上的 b 点。由于动力输入部分存在惯性，输入功率仍为 P_{G0}，但是输出所需功率减少，于是发电机轴上将出现过剩转矩使转子加速，系统运行点由 b 点沿曲线 II 向 F 点移动。过了 F 点后，发电机输出功率大于 P_{G0}，转子轴上将出现制动转矩，使转子减速。在此加速、减速的变化摇摆过程中，发电机最终能否稳定运行取决于曲线 II 与 P_{G0} 直线间所现成的上下两块面积能否相等，即所谓等面积法。

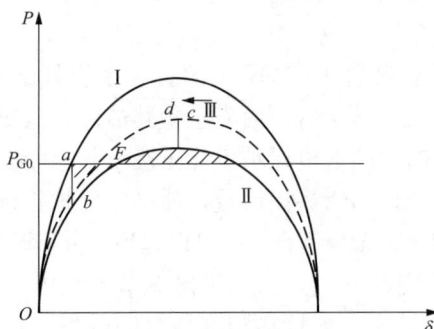

图 6-5　发电机的暂态稳定分析图

在暂态过程中，发电机如能强行增加励磁，使受到扰动后的发电机组的运行点移到功角曲线Ⅲ上运行，这样不但减小了加速面积，而且还增大了减速面积。因而使发电机第一次摇摆时功率角 δ 的幅值减小，之后逐渐进一步减小。这样就有效地改善了同步发电机的暂态稳定性。当然，这要求发电机励磁系统具备快速响应特性，即：一是要减小励磁系统时间常数，二是要尽可能提高强行励磁倍数。

4. 提高继电保护（带时限的过电流保护）的动作灵敏度

由于强励作用会使短路电流增大，也就等于增加保护装置的灵敏度了，故可使其动作更可靠。

5. 快速灭磁

当发电机或升压变压器等内部出现故障时，自动快速地灭磁，迅速消除转子绕组储存的能量，以减小故障对发电机或升压变压器等所造成的损害程度。当机组甩负荷时，可能会造成发电机端电压异常升高，危害定子绕组绝缘，此时，也要求励磁系统有快速减磁或灭磁的能力。

6. 确保电能质量，改善电力系统运行条件

当电力系统中由于种种原因，出现短时低电压时，励磁自动控制系统为维持发电机的端电压恒定，充分发挥其调节功能，大幅度增加励磁电流，有利于维持电力系统的电压水平，确保供电电能质量。

（1）改善异步电动机的自启动条件。电网发生短路等故障时，电网电压降低，必然使大多数用户的电动机处于制动状态。故障切除后，由于电动机自启动时需要吸收大量无功功率，以致延缓了电网电压的恢复过程。此时如系统中所有发电机都强行励磁，就可以加速电网电压的恢复，有效地改善电动机的运行条件。

（2）为发电机异步运行创造条件。同步发电机失去励磁时，需要从系统中吸收大量的无功功率，造成系统电压大幅度下降，严重时甚至危及系统的安全运行。在此情况下，如果系统中其他发电机组能提供足够的无功功率，以维持系统电压水平，则失磁的发电机还可以在一定时间内以异步运行方式维持运行，这不但可以确保系统安全运行而且有利于机组热力设备的正常连续运行。

（3）提高继电保护装置工作的可靠性。当系统处于低负荷运行状态时，发电机的励磁电流不大，若系统此时发生短路故障，其短路电流较小，且随时间衰减，以致使带时限的继电保护不能正确工作。励磁自动控制系统就可以通过调节发电机励磁以增大短路电流，使继电保护正确工作。发电机励磁自动控制系统在改善电力系统运行方面可以起到十分重要的作用。

（4）当系统电压突然升高，自动励磁调节器励磁电流将迅速降低，以维持发电机的端电压恒定，连接在超高压电网的发电机，夜间低负荷运行时，则可能将励磁电流减至发电机进相运行，即从系统吸收无功，为避免发电机励磁电流减得过低，危及静态稳定，励磁调节器均设有最小励磁限

制功能。

第二节　发电机的调压特性

一、发电机工作状态与励磁调节的关系

在电力系统中，如果无功功率不足，就会导致整个系统电压水平下降，这是不能允许的。因此同步发电机与系统并网后，不但要向系统输送有功功率，而且要向系统输送一定的无功功率。

当发电机与无限大容量系统并联运行时，假定有功功率输出不变，只要调节励磁电流，就可达到调节无功功率的目的。

调节励磁电流时，发电机电动势 E_q 将按其空载特性发生相应的变化，如图 6-6 所示。

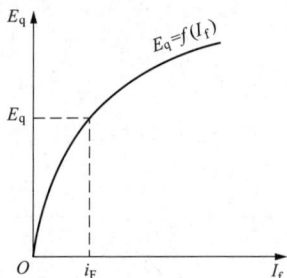

图 6-6　发电机空载特性

在有功功率 P＝常数、U 和 X_d 不变的条件下，励磁电流变化引起 E_q 改变时，发电机运行的其他电气参数：Q、I、δ、$\cos\varphi$ 都发生相应变化。图 6-7 示出了 P 为某给定值时，E_q 与有关参数的变化关系。

当有功功率改变时，如 $P＝P_2$，$P＝P_3$，$\cdots$，则 E_q 的变化轨迹将移动，同时图 6-7 中 $I＝f(E_q)$ 曲线也将随 P 值的改变而发生位移，这样，就可得到一组 $I＝f(E_q)$ 的曲线，如图 6-8 所示。由于其形状好似字母"U"，故常称它为 U 形曲线，也有的称其为 V 形曲线。实际上，发电机的 V 形曲线一般是指有功功率保持不变时，发电机电枢电流和励磁电流之间的关系曲线 $I＝f(E_q)$。

V 形曲线在发电机设计和运行中都是很有用的曲线。由图 6-8 可以看出：

（1）各条 V 形曲线的最低点，对应的 $\cos\varphi$ 值均为 1，是只输出有功功率的工作状态。连接各条 V 形曲线上 $\cos\varphi＝1$ 的点，便得出一条稍微向右倾斜的虚线，这说明当输出为纯有功功率时，要想增大有功功率输出，必须相应增大励磁电流。

（2）同步发电机存在一个不稳定运行区，边缘就是在各个 P 值时曲线

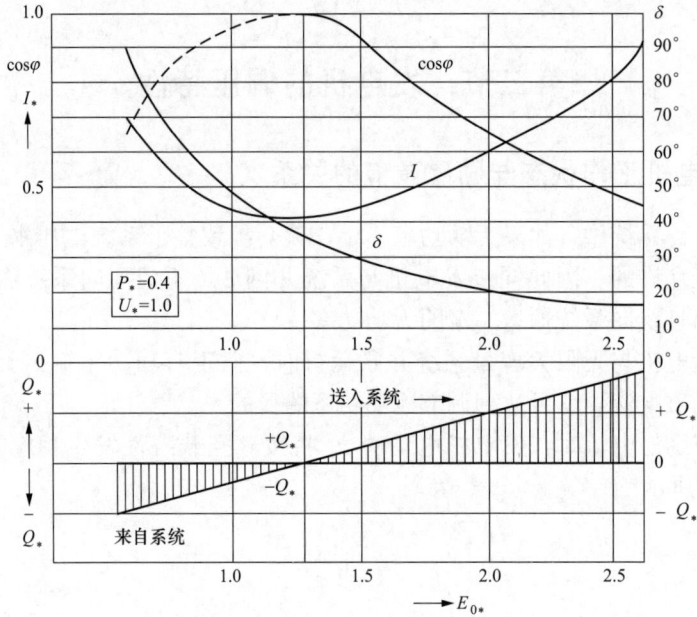

图 6-7　P 为某给定值、E_q 变化时 Q、I、δ、$\cos\varphi$ 的变化曲线

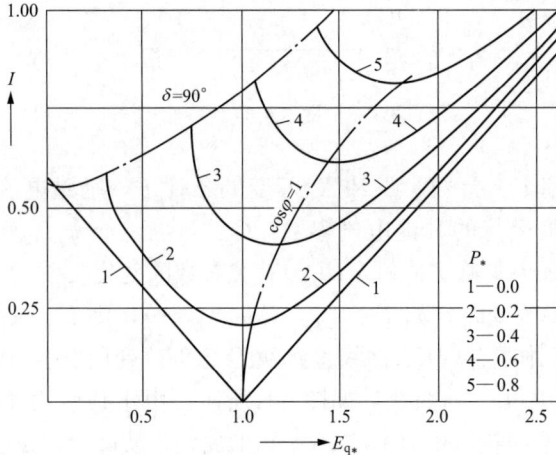

图 6-8　定子电流 I 随励磁变化的 V 形曲线

中 $\delta=90°$ 点的连线。由图看出，当 P 越大时，维持稳定运行所需的励磁电流也越大，也就是说，若输出有功功率 P 较大，而 I_f 较小时极易进入不稳定运行区。所以在实际运行中，发电机在增大有功负荷时，其励磁电流也需相应增大，且必须大于所允许的最小励磁电流值。

（3）当发电机在 $\cos\varphi=1$ 曲线右侧区域运行时，是处于过励磁状态，向系统输出电感性无功功率；而当发电机在 $\cos\varphi=1$ 曲线左侧区域运行时，处于欠励磁状态,从系统吸收电感性无功功率。

通常说的 V 形曲线是指电枢电流与励磁电流之间的关系曲线 $I=f(I_f)$,它与图中所示的 V 形曲线稍有不同,因为励磁电流 I_f 与发电机电动势 E_q 并非完全线性关系,而是存在饱和特性关系。在欠励磁区,铁芯不饱和,E_q 正比于 I_f,$I=f(I_f)$ 与 $I=f(E_q)$ 的特性相似;而在过励磁区,随着励磁电流增大,受铁芯饱和影响,$I=f(I_f)$ 的特性曲线将逐渐低于 $I=f(E_q)$ 曲线。

二、发电机工作状态与有功功率调节的关系

同步发电机与系统并联运行时,其输出的有功功率决定于汽轮机输出的轴功率。发电机输出的有功功率等于汽轮机的输出功率减去发电机的空载损耗。当发电机需要增大输出功率时,就需要加大汽轮机转矩,即加大汽轮机汽门,使转子加速,功角增大,当原动机(汽轮机)的输出转矩与发电机电磁转矩(制动转矩)相互平衡时,功角才能稳定。因此,调节原动机的功率,就可以改变发电机的输出功率。

图 6-9 示出了 $P=P_1$、$P=P_2$、$P=P_3$ 时,相应的三个电压相量三角形。电压相量三角形中的电抗压降 jIX_d 在纵轴上的投影 $IX_d\cos\varphi$ 与有功功率成比例,即代表有功功率 P,在横轴上的投影 $IX_d\sin\varphi$ 代表无功功率。因此,有功功率 P 变化时,数值不变的 E_q 相量端点的轨迹就是以 O 为圆心、E_q 为半径的圆弧,相应有功功率 P_1、P_2、P_3 的运行点分别为 A、B、C 点,当 $P=P_2$ 时的运行点 B 相应的电压相量三角形为直角三角形。

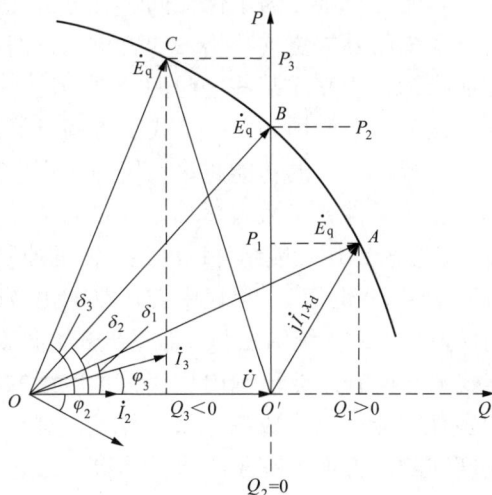

图 6-9 $P=P_1$、$P=P_2$、$P=P_3$ 时相应的三个电压相量三角形

从电压相量三角形图可看出,当 E_q=常数,P 由 P_1 增至 P_2,再增至 P_3 时:①无功功率 Q,由 $Q_1>0$ 发出无功功率变至 $Q_2=0$,只发出有功功

率，再变至 $Q_3<0$ 吸收无功功率；②功角 δ，由 δ_1 增至 δ_2，再增至 δ_3，逐步增大；③定子电流 I，由 I_1 增至 I_2，再增至 I_3，也逐步增大；④功率因数 $\cos\delta$，由 $\cos\delta_1$ 滞后（发出无功功率）变至 $\cos\delta_2=1$（只发出有功功率），再变至 $\cos\delta_3$ 超前（吸收无功功率）。

在 E_q=常数、U=常数的条件下，P 变化时，上述各量的变化趋势，除可通过上述电压相量进行分析外，也可利用有关数学公式或图形曲线分析它们之间的变化关系。

值得指出的是，随着输出功率 P 增大，δ 也增大。当输出功率增大到使 δ 越接近 $90°$ 时，静稳定储备就越小。因最大输出的功率极限 P_{max} 与 E_q 成正比，所以在增加有功负荷时，需相应增大励磁电流，即增大 P_{max}，以保持一定的静稳定储备。

第三节　自动励磁调节装置原理

一、微机型自动励磁调节器

自 20 世纪 60 年代，模拟式励磁调节器在应用中一直占主导地位，其功能也基本上满足了大型同步发电机对励磁控制的要求。但是，随着同步发电机单机容量的不断增大，远距离输电线路不断增多，使得电力系统稳定问题日益严重。同时，因为工业生产对拖动系统的要求越来越高，交流调速（同步及异步电动机）的应用日益广泛，就同步电动机来说，其调速控制（包括励磁控制）尤为复杂。为了保证同步发电机和同步电动机的可靠运行，对励磁调节系统的要求更加严格。如要求运行高度可靠、具有优良的技术和经济性能指标、能完成某些专门的控制功能等，用模拟式励磁调节器很难完成这些任务。众所周知，模拟式励磁调节器的所有功能均通过各种印刷电路板来完成，要求的功能越多，用的印刷电路板就越多，所使用的元器件、焊点和接插件数量大大增加，线路复杂，可靠性降低，维护困难。为此，需设置多种专用功能组件以满足不同的控制要求。

上述情况一直延续到 20 世纪 80 年代中期，数字化微处理器技术的飞速发展，使得采用模拟技术的传统励磁调节器逐步开始向数字化方向转变。

由于微处理器技术在所有工业范围内均获得了广泛的应用，使得过去由许多硬件实现的多种功能可以集成在一个芯片上，这种基于微处理机构成的装置在运算速度和功能方面均有了极大的提高与改进。除了必要的硬件外，所有功能均通过软件来完成，要增加新的功能，只要相应增加有关的子程序，而硬件不做任何修改。这样可大大节省元器件，而功能也可按需要来取舍，十分灵活方便。此外某些在模拟式励磁调节器难以实现或无法实现的功能，在微机励磁调节器上就容易实现。比如按发电机运行情况自动改变调节器的某些参数，以达到优化运行，微机励磁采用新的现代控制理论，为最佳控制和自适应控制提供了极大的可能性。

随着世界各国电子制造形成领域内的国际标准，工程上越来越倾向于应用数字电子技术来实现对现代励磁系统的控制与保护功能。这些数字式励磁系统或自动励磁调节器并非只是模拟装置的数字变型，而是提供了更加完善的、复杂的控制功能。由于数字技术的普遍推广应用和数字控制技术的飞跃发展，使得实现数字控制励磁系统在技术上已成为可能。此外，优异的性能价格比和高度可靠性，也为数字控制励磁系统奠定了有利的基础。

（一）自动励磁调节装置的作用

自动励磁调节装置是自动励磁控制系统中的重要组成部分，其逻辑框图如图 6-10 所示。

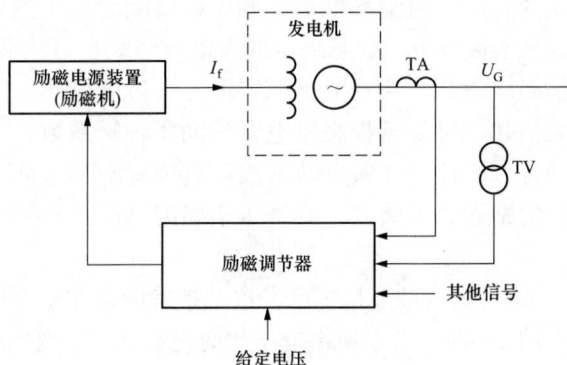

图 6-10 励磁控制系统逻辑框图

励磁调节器检测发电机的电压、电流或其他状态量，然后按给定的调节准则对励磁电源设备发出控制信号，实现控制功能。

励磁调节器最基本的功能是调节发电机的端电压。调节器的主要输入量是发电机端电压，它将发电机端电压（被调量）与给定值（基准值或称参考值）进行比较，得出偏差值 ΔU，然后再按 ΔU 的大小输出控制信号，改变励磁机的输出（励磁电流），使发电机端电压达到给定值。励磁控制系统（由励磁调节器、励磁电源装置和发电机一起构成）通过反馈控制（又称闭环控制）达到发电机输出电压自动调节的目的。

自动励磁调节器，除输入发电机端电压进行反馈控制完成调压任务外，还可以输入其他补偿调节信号，例如：自复励系统中还加入定子电流作为输入信号，以补偿由于定子电流变化引起的发电机端电压的波动。此外，还可以补偿输入电压变化速率（dU/dt）信号，以获得快速反应（时间常数小）的效果；也可以输入其他限制补偿信号、稳定补偿信号等。

自动励磁调节器的基本任务是实现发电机电压的自动调节，所以，通常又简称其为自动电压调节器 AVR。

（二）对自动励磁调节器的一般要求

自动励磁调节器除能完成前文所述的任务和要求外，还必须满足以下要求：

（1）具有较小的时间常数，能迅速响应输入信息的变化。

（2）调节精确。自动励磁调节器调节电压的精确度，是指发电机负荷、频率、环境温度及励磁电源电压等在规定条件内发生变化时，受控变量（即被调的发电机端电压）与给定值之间的相符程度。电压调节精确度有如下指标：

1）负荷变化时的电压调节精确度。负荷变化时的电压调节精确度（或称稳态电压调整率），是指在无功补偿单元（即调差装置）不投入的情况下，发电机负荷从零增长至额定值时端电压变化率。此变化率即励磁控制系统调压特性曲线的自然调差系数 δ_0。调压精确度的大小主要与励磁控制系统稳态电压放大倍数有关。稳态电压放大倍数越大，自然调差系数 δ_0 就越小，即调压精确度越高。从发电机稳定运行分析中可知，增大励磁控制系统的电压放大倍数，可显著提高发电机的同步转矩系数，有利于提高电力系统的动态稳定。因此，要求自动励磁调节装置必须保证一定的调压精确度。对于现代的励磁调节装置，其调压精确度（即自然调差系数）一般在 $\pm 1\%$ 之内。

2）频率变动时的电压调节精确度。这是指发电机在空载状态下，频率在规定范围内变动 1% 时，发电机端电压的变化率。对于现代的半导体型自动励磁调节装置的励磁系统，频率变动 1% 时发电机端电压的变化率小于 0.5%。

3）要求调节灵敏，即失灵区要小或几乎没有失灵区。这样才能保证并列运行的发电机间无功负荷分配稳定，才能在人工稳定区运行而不产生功角振荡。

4）保证调节系统运行稳定、可靠，调整方便，维护简单。

（三）励磁调节器的性能

要使励磁调节器在系统中起到作用，对调节器的性能有以下几点要求：

（1）有符合系统要求的强励能力和一定的励磁电压上升速度（电压响应比）。需要对同步发电机进行强励时，要求调节器能以最快的速度提供最大的励磁电流（或顶值电压）。衡量调节器强励性能有两个因素：一是，强行励磁倍数；二是，励磁电压上升速度或电压响应比。

（2）具有较高的调节稳定性。在调节励磁的过程中，调节器本身不应产生自励磁作用和不衰减的振荡。调节器本身的不稳定，会破坏电力系统的稳定运行。

（3）应具有较快的反应速度，以利于提高电力系统的静态稳定。当系统遭受小干扰引起电压波动时，调节器应以最快速度恢复系统电压至原有水平，以提高电力系统静态稳定能力。现代半导体励磁调节器的响应速度比老式励磁系统调节器要快很多倍。

（4）应能根据运行要求对主机实行最大励磁限制及最小励磁限制。

（5）用于同步调相机（或同步电动机）的励磁，要求其输出无功有较大的调节范围，并能满足启动时的相应要求。

此外，励磁调节器还应当具有：失灵区最小、灵敏度较高的性能。当然，设计励磁调节器时还应考虑：结构简单可靠、运行操作、维修方便以及通用性强、价格低等，在可能条件下尽量采用微机励磁调节器。

（四）微机型自动励磁调节器的构成特点

微机型自动励磁调节器是一台专用计算机控制系统，由硬件和软件两部分组成。

以自并励静止励磁系统为例，典型的励磁调节器结构如图 6-11 所示。

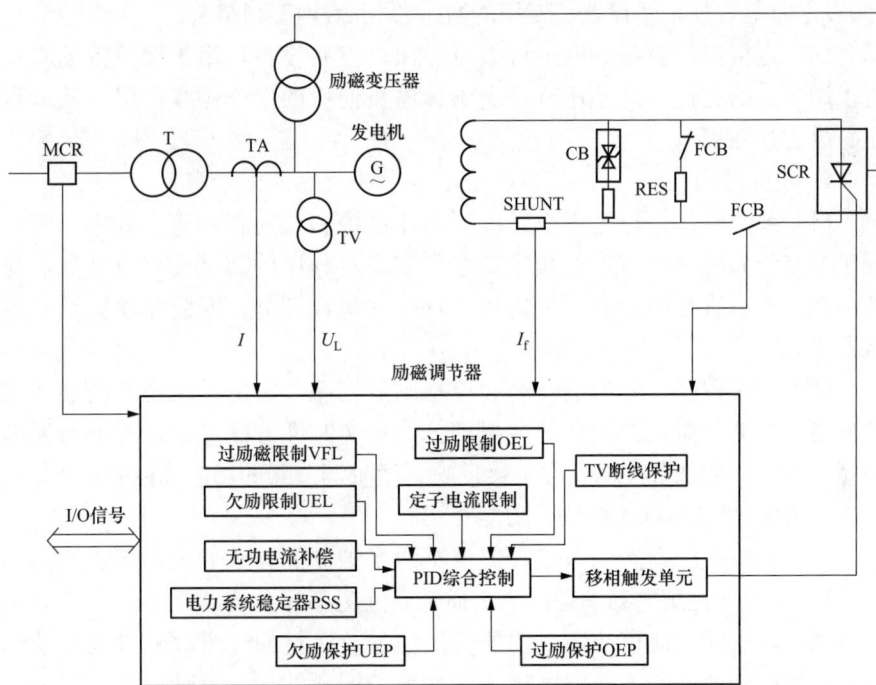

图 6-11　典型的励磁调节器结构

1. 硬件结构

系统硬件结构由主机、接口电路和输入、输出过程通道等环节组成。

（1）主机。由微处理器（CPU）、RAM、ROM 存储器组成，是调节器的核心部分。其作用是根据输入通道采集来的发电机运行状态变量的数值调节计算和逻辑判断，按照预定的程序进行信息处理求得控制量，通过数字移相脉冲接口电路发出与控制角 α 对应的脉冲信号，实现对励磁电流的控制。

（2）模拟量输入通道。为了实现维持机端电压水平和机组间无功功率的合理分配，需测量发电机电压、无功功率、有功功率和励磁电流等，选用合适的传感器和输入通道与 A/D 接口电路相匹配。

（3）开关量输入、输出通道。调节器需采集发电机运行状态信息，如主断路器、灭磁开关、调节器直流侧开关等的状态信息，这些状态量信号经转换后与数字量输入接口电路连接。励磁控制系统运行中异常情况的报警或保护等动作信号从接口电路输出后也需变换，以便驱动相应的设备，如灯光、音响等。

（4）脉冲输出通道。输出的控制脉冲信号需经中间放大、末级放大后，才能触发大功率晶闸管并控制其电路输出。

（5）接口电路。在计算机控制系统中，用于完成输入、输出过程通道与主机的信息传递任务。微机调节器除采用通用的并行和管理接口（中断、计数/定时等）外，还设置了专用的数字移相脉冲特殊接口。

（6）运行操作设备。供运行人员操作的控制设备，用于增、减励磁和监视调节器的运行。另外还有一套供程序员使用的操作键盘，用于调试程序、设定参数等。

2. 软件结构

（1）系统软件。包括操作系统、编译系统和监控程序等。其中，监控程序是与计算机系统有关的程序，主要实现对程序的调试和修改功能，与励磁调节没有直接的关系，但仍作为软件的组成部分，安装在微机励磁调节器中。

（2）应用程序。分为主程序和控制调节程序，它是实现励磁调节功能的程序，是调节器软件设计的主要部分，从实时性方面考虑，调节器要满足每秒 300 次的调节控制，它直接反映了微机调节器的功能和性能。

3. 微机型自动电压调节器功能

（1）大机组的励磁调节装置应设有两个独立的自动通道，通道间不共用 TV、TA 和稳压电源。通常两个通道以互为备用的方式运行，通道间实现自动跟踪。任一通道故障时均能发出信号，运行的通道故障时能自动切换，通道的切换不会造成发电机无功功率的明显波动。手动励磁控制单元一般作励磁装置和发电机-变压器组试验用，并具有跟踪功能，可兼做自动通道故障时的短时备用。励磁调节装置可实现机端恒压运行方式、恒励磁电流运行方式、恒无功功率运行方式、恒功率因数运行方式，根据系统的规定和要求选用。

（2）自动电压调节器具有在线参数整定功能、调节器输出信号的模拟量测量口以及电压相加点模拟量信号输入口，以便测量、整定自动电压调节器特性参数。微机型自动电压调节器各参数及各功能单元的输出量均能显示，串行口与发电厂计算机监控系统连接，接收控制和调节指令，提供励磁系统状态和量值。

（3）具有 TV 回路失压时防止误强励的功能。

（4）具备自诊断功能和检验调试各功能用的软件及接口，具有事故记录功能。自动电压调节器的任一元件故障不应造成发电机停机。

（五）微机型自动励磁调节器的工作原理

目前，国内外普遍采用的是 PID＋PSS 控制方式的微处理机励磁调节器。下面以南京南瑞电控公司的 SAVR2000 型微机励磁调节器为例说明其工作原理。

SAVR2000 在自并励磁系统中的典型应用如图 6-12 所示。发电机励磁调节器的主要任务是控制发电机机端电压稳定，同时根据发电机定子及转子侧各电气量进行限制和保护处理，励磁调节器还要对自身进行不断的自检和自诊断，发现异常和故障，及时报警并切换到备用通道。为此，SAVR2000 发电机励磁调节器需完成的工作如下：

（1）模拟量采集。采集发电机定子交流电压 U_a、U_b、U_c，定子交流电流 I_a、I_b、I_c，转子电流等模拟量，计算出发电机定子电压、定子电流、有功功率、无功功率、转子电流。调节装置通过模拟信号板（ANA）将高电压（100V）、大电流（5A）信号进行隔离并调制为±5V 等级电压信号，传输到主机板（CPU）上的 A/D 转换器，将模拟信号转换为数字信号（DIG）。一个周波内（20ms）采样 36 个点，进行实时直角坐标转换，计算出机端电压基波的幅值及频率、有功、无功、转子电流。

（2）闭环调节。励磁控制的目标是使被控制量＝对应的给定量，软件的计算模块根据控制调节方式，从而选择调节器测量值与给定值的偏差进行 PID 计算，最终获得整流桥的触发角度。

（3）脉冲输出。将 PID 计算得到的控制角度数据，送至脉冲形成环节，以同步电压 U_T 为参考，产生对应触发角度的触发脉冲（SW），经脉冲输出回路输出至晶闸管整流装置。

（4）限制和保护。调节装置将采样及计算得到的机组参数值，与调节装置预先整定的限制保护值相比较，分析发电机组的工况，限制发电机组运行在正常安全的范围内，保证发电机组安全可靠运行。

（5）逻辑判断。在正常运行时，逻辑控制软件模块不断地根据现场输入的操作信号进行逻辑判断，主要判别：是否进入励磁运行；是否进行逆变灭磁；是空载工况运行还是负载工况运行。

（6）给定值设定。正常运行时，软件不断地检测增磁、减磁控制信号，并根据增磁、减磁的控制命令修改给定值。

（7）双机通信。备用通道自动跟踪主通道的电压给定值和触发角。正常运行中，一个自动通道为主通道，另一自动通道为从通道，只有主通道触发脉冲输出去控制晶闸管整流装置。为保证两通道切换时发电机电气量无扰动，从通道需要自动跟踪主通道的控制信息，即主通道通过双机通信（COM）将本通道控制信息输送出，从通道通过双机通信读入主通道来的控制信息，从而保证两通道在任何情况下控制输出一致。

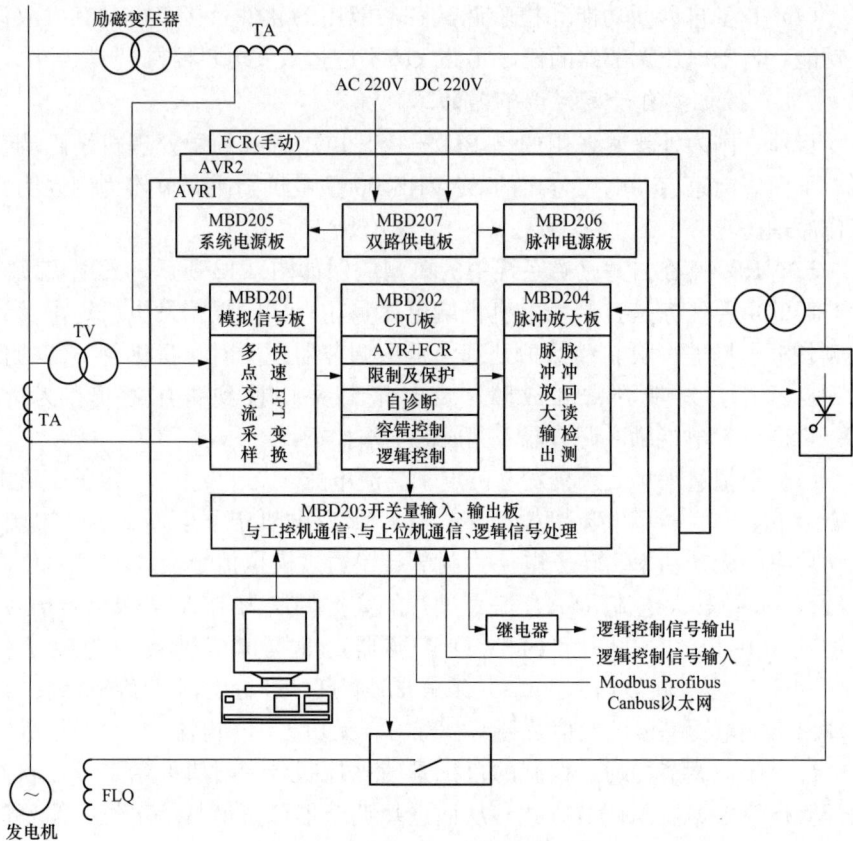

图 6-12　自并励磁系统原理图

（8）自检和自诊断。运行中调节装置对电源、硬件、软件进行自动不间断检测，并能自动对异常或故障进行判断和处理，以防止励磁系统的异常和事故的发生。

（9）人机交换界面。发电机励磁调节装置设置有中文人机交换界面实现人机对话，该界面提供数据读取、故障判断、维护指导、整定参数修改、试验操作、自动或手动录波等功能。

二、自动励磁调节工作原理

发电机由旋转的励磁电流产生磁场切割定子线圈产生电动势，并网后产生定子电流，将机械能转化为电能，向外输出电功率。在发电机并网前（空载）调节发电机的励磁电流，作用于调节发电机的机端电压，发电机并网后调节发电机的励磁电流，作用于调节发电机无功负荷（无功电流），调节主汽门作用于调节有功功率（有功电流）。

自并励发电机的励磁电流是接于发电机机端的励磁变压器和整流桥控制整流输出的直流电流，合灭磁开关后送至转子上。图 6-13 所示为 UN5000 励磁调节柜原理框图。

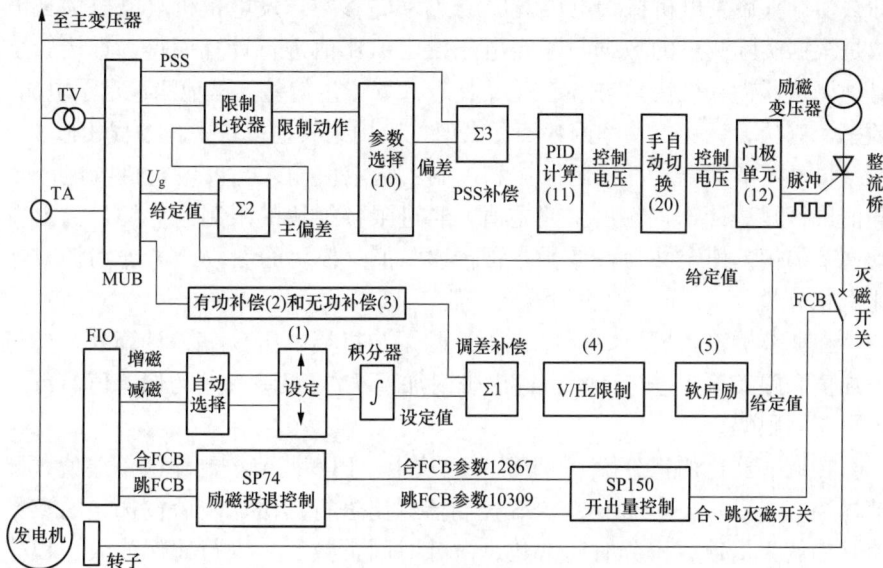

图 6-13　UN5000 励磁调节柜原理框图

图 6-13 中，DCS 增减磁命令经 FIO 快速输入，再经自动选择，输入到自动调节给定单元，经设定增减磁和积分器（斜坡函数）累加计算后输出给定值，此给定值经调差系数补偿后经 U/f 限制、软启励再送入 PID 的比较器（Σ2 加法器），与来自 MUB 板的机端电压 U_g 比较计算，Σ2 加法器输出主偏差值，再与各限制器比较，选择合适的 PID 参数和偏差值，经加法器Σ3 再加入 PSS 的补偿偏差值，Σ3 加法器输出的偏差值由 PID 计算器计算对应偏差值的控制角和控制电压，输出的控制电压经手动、自动选择到门极控制器产生控制脉冲控制整流桥的输出。

整流桥输出励磁电流大小与控制角 α 的余弦值成正比，当 α 角增大时，$\cos\alpha$ 值减小，整流桥输出电流（励磁电流）也减小，反之亦然。大于 90°整流桥逆变灭磁，逆变灭磁的控制角 α 取 135°。

运行方式切换：DCS 手自动、叠加控制投退、恒功率因数或恒无功操作命令经 FIO 快速输入，送入主控板 COB，定义为相应的参数，再经运行方式控制的逻辑条件判断，选择输出相应的运行方式。

自动给定值的设定：DCS 增减磁命令经 FIO 快速输入，送入主控板 COB，定义为相应的参数，再经自动方式选择，增减磁命令选择输入到自动调节给定单元，经给定单元的积分累计输出给定值。

自动给定值的补偿和保护：DCS 增减磁命令经自动方式选择，输入到自动调节给定单元，由给定单元的积分累计输出给定设定值 Y，经调差补偿、U/f 限制、软启励等环节后输出给定值 Z，送至自动调节输入模块 X，将与发电机机端电压比较计算，产生偏差。

机端电压、电流、有功、无功等的测量：在调节器输入模块中，经过标幺值计算后发电机机端电压输出定义为 U 参数，发电机机端电压标幺值 U 是根据实际测量的数据与额定电压设定值比值进行计算而得，直接送至自动调节器输入模块，与给定值 X 比较计算产生偏差；其他测量定子电流、频率、有功、无功、功率因数等标幺值，应用到其他模块中，过程相似。

自动调节器偏差、限制保护和控制：给定值输入与发电机机端电压采样值进行减法计算，输出主偏差值，经过限幅模块的限制与保护，输出自动调节的偏差值定义为 G 参数，被传递赋值给模块的参数 H，作为调节器比例积分微分（PID）模块的输入参数。

在调节器输入模块中，给定值 X 除了与机端电压 G 偏差计算外，还与附加值和跟踪输入进行计算，输出带附加值 P 或跟踪偏差的偏差值，再送入限制器限幅。

在调节器比例积分微分（PID）模块中，PID 调节控制输入偏差值（调节器控制电压）与附加值和 PSS 控制器输出进行加法比较后按选定的参数值（如放大倍数、积分时间常数、微分时间常数等）进行比例放大、积分和微分计算，输出控制电压定义为 F 参数，PID 模块的控制电压值被直接传递给自动跟踪模块的输入参数（AUTO）。

PID 控制器的输入是实际值对给定值的偏差。PID 控制器的输出电压（即控制电压 U_c）为门极控制单元的输入信号。调节器根据限制器的动作情况自动选择 PID 控制器的相应参数，达到优化同步发电机控制性能的目的。参数选择逻辑从 PID 参数组中自动选择合适的参数，以增进同步发电机的动态稳定性。

在自动跟踪模块中，输入的控制电压与来自手动控制的控制电压经控制方式选择后输出控制电压被定义为参数 D，被传递赋值给门极控制单元（脉冲形成）。在逆变灭磁命令动作时，直接断开调节计算的输出控制电压，参数 D 直接被设定为负的最大（-100%）输出给门极控制单元。

在门极控制单元（脉冲形成）模块中，控制电压 U_c 经同步电压和脉冲形成单元，产生脉冲量 1（去整流柜的 CIN 板和脉冲放大后驱动整流桥的晶闸管）和脉冲量 2（导通控制角 α，用于显示）。门极控制单元（脉冲形成）模块产生的脉冲经脉冲总线传送到脉冲放大模块，在脉冲的作用下，整流柜的直流励磁电流输出相应地改变，从而调节励磁电流和机端电压或无功电流。

三、自动调节励磁装置及自动灭磁装置的性能及要求

（一）自动调节励磁装置的性能及要求

所有的发电机均应装设自动调节励磁装置，且自动调节励磁装置应具有下列功能：

（1）励磁系统的电流和电压不大于 1.1 倍额定值的工况下，其设备和导体应能连续运行，励磁系统的短时过励磁时间应按照发电机励磁绕组允

许的过负荷能力和发电机允许的过励磁特性限定。

（2）在电力系统发生故障时，根据系统要求提供必要的强行励磁倍数，强励时间应不小于 10s。

（3）在正常运行情况下，按恒机端电压方式运行。

（4）在并列运行的发电机之间，按给定要求分配无功负荷。

（5）根据电力系统稳定要求加装电力系统稳定器（PSS）或其他有利于稳定的辅助控制。PSS 应配备必要的保护和限制器，并有必要的信号输入和输出接口。

（6）具有过励限制、低励磁限制、励磁过电流反时限制和 U/f 限制等功能。

发电机自动电压调节器及其控制的励磁系统，其性能应符合 GB/T 7409.3—2007《同步电机励磁系统大、中型同步发电机励磁系统技术要求》之规定，同时还要满足以下要求：

（1）大型发电机的自动电压调节器应具备的性能：

1）应有两个独立的自动通道。

2）宜能实现与自动准同期装置、数字式电液调节器（DEH）和分布式汽轮机控制系统（DCS）之间的通信。

3）应附有过励、低励、励磁过电流反时限制和 U/f 限制及保护，最低励磁限制的动作应能先于励磁自动切换和失磁保护的动作。

4）应设有测量电压回路断相、触发脉冲丢失和强励时的就地和远方信号。

5）电压回路断相（线）时应闭锁强励。

（2）励磁系统的自动电压调节器应配备励磁系统接地的自动检测器。

（3）水轮发电机的自动调节励磁装置，应能限制由于转速升高引起的过电压。当需要大量降低励磁时，自动调节励磁装置应能快速减磁，否则应增设单独快速减磁装置。

（4）发电机的自动调节励磁装置，应接到两组不同的机端电压互感器上，即励磁专用电压互感器和仪用测量电压互感器。

（5）带冲击负荷的同步电动机，宜装设自动调节励磁装置，不带冲击负荷的大型同步电动机，也可装设自动调节励磁装置。

（二）自动灭磁装置的性能及要求

自动灭磁装置应具有灭磁功能，并根据需要具备过电压保护功能。在最严重的状态下灭磁时，发电机转子过电压不应超过转子额定励磁电压的 3～5 倍。当灭磁电阻采用线性电阻时，灭磁电阻值可为磁场电阻热态值的 2～3 倍。

转子过电压保护应简单可靠，动作电压应高于灭磁时的过电压值、低于发电机转子励磁额定电压的 5～7 倍。

同步电动机的自动灭磁装置的具体性能及要求，与同类型发电机相同。

四、励磁系统辅环控制

（一）低励限制

低励限制（也称欠励限制），是一种补充电压调节器作用的装置，目的是在减少励磁时，限制它不越过发电机运行稳定极限，或限制它不越过由发电机定子端部铁芯发热要求的允许值。

低励限制的功能，是将同步发电机最小励磁电流值限制在临界失步稳定极限允许的范围内（且静稳定极限留储备系数不小于10％），或发电机进相运行时定子端部发热在允许的范围内。低励限制保护是在低励限制失去作用时将调节器切到备用通道以维持机组继续运行。

当发电机进相运行时，一方面，它将从系统吸收感性无功功率，在发电机输出一定有功功率时，随着励磁电流的减小，发电机的感应电动势将下降，同时发电机的感应电动势与系统等值电动势之间的功率角 δ 将增大。当 $\delta > 90°$ 时，发电机将不能保持静态稳定运行。另一方面，发电机端部漏磁通也将随着励磁电流的减小而增加，引起定子端部元件的涡流损耗，发热严重。因此，发电机输出一定的有功功率时，进相运行的深度（进相无功 Q_c 的大小）也要受到定子端部发热的限制。

低励限制动作曲线是按发电机不同有功功率的静稳定极限和发电机端部发热条件确定的。该限制值实际整定时，通常是在充分满足发电机静态稳定极限条件的前提下，主要依据发电机进相运行时定子铁芯端部构件发热因素的允许范围来设定的。低励限制通常输入的变量是同步发电机的有功功率、无功功率和发电机端电压，或者是励磁电流，或者是功角。

低励限制特性有低励磁电流限制型、PQ 限制型、功角限制型。

最低励磁电流的限制值不应是个定数，而是随着所带有功功率的多少而变化的。有功功率较小时，允许进相的无功功率 Q 较大，也就是允许最小励磁电流的限制值可以取小些。根据实际的有功功率（如设为 P），由该机组的 $P\text{-}Q$ 特性曲线查得对应的最大允许进相无功功率 Q_{cc}，对最低励磁电流的限制值予以整定。当以有功功率 P 运行时，如果实际进相无功功率 $Q_c > Q_{cc}$，则经短延时（如 0.2s）发出低励限制信号。

低励限制的动作曲线和保护要与发电机失磁保护相匹配。在各种运行或故障工况下，励磁系统的低励限制应先于低励限制保护动作；而低励限制保护应先于失磁保护动作；它们之间配合要留有足够的裕度。

低励限制动作后，将信号送到综合放大器，驱动限制控制程序中的低励限制控制程序，使励磁电流维持在限额曲线上，从而使进相无功功率限制在设定的允许值 Q_{cc}。当发电机运行点回到限额曲线之内时，自动电压调节器恢复正常。

由系统静稳定条件确定进相曲线时，应根据系统最小运行方式下的系统等值阻抗，确定该励磁系统的低励限制动作曲线。如果对进相没有特别要求时一般可按有功功率 $P=P_N$ 时允许无功功率 $Q=-0.05Q_N$ 和 $P=0$ 时 $Q=-0.3Q_N$ 两点来确定低励限制的动作曲线。其中，P_N、Q_N 分别为额定有功功率和额定无功功率。要求有较大进相时一般可按静稳定极限值留 10% 左右储备系数整定，但不能超过制造厂提供的 P-Q 运行曲线。低励限制的动作曲线应注意与失磁保护的配合。

为了防止在电力系统暂态过程中低励限制动作而影响励磁调节，低励限制回路应设有一定的时间延迟。在磁场电流过小或失磁时低励限制应首先动作；如限制无效，则应在失磁保护动作前自动投入备用通道。

限制器的作用是维护发电机的安全稳定运行，避免由于保护继电器动作而造成事故停机。每个限制器都有其限制量和限制值，当限制量的数值达到限制值时，限制器动作。每个限制器均产生一个限制量与限制值之间的偏差信号。

限制器竞比门确定了过励磁限制或欠励磁限制的对 AVR 的优先地位。为避免系统故障时两组限制器同时动作，可通过优先级设定选择过励限制器或欠励限制器优先作用。

过励限制器动作后，会把励磁减小到一个最大允许水平，而欠励限制器动作后，则将励磁增加到所需要的最小水平。在正常工况时，发电机运行在功率图的允许范围内。PID 控制器的输入是机端电压的偏差信号，即主偏差信号。如果运行工况变化使过励限制器偏差信号低于主误差信号，它的优先级将高于主偏差信号。这样，PID 控制器就得到各偏差信号中的最小值。

这种原理也同样适用于欠励限制器，但方向相反。

竞比门逻辑分别比较过励限制器的偏差信号、欠励限制器的偏差信号和主偏差信号，以决定其优先权。为保证限制器动作后发电机的稳定运行，限制器分别设匹配系数 K 用于偏差信号增益调整。同时，参数选择器还可以根据限制器的实际动作情况自动改变电压调节器的 PID 参数。

（二）发电机电压-频率比值限制

发电机电压-频率比值限制（U/f 限制）功能是为防止发电机及出口与它相连的变压器、高压厂用变压器，在机组启动、空载、甩负荷等情况下，由于电压升高或频率降低使发电机和主变压器等铁芯饱和、励磁电流过大引起的铁芯和绕组发热，甚至引起过热。

U/f 限制保护是在 U/f 限制失去作用时，将调节器切到备用通道以维持机组继续运行，当频率小于 45Hz 时，则逆变灭磁。

监测发电机的端电压和频率，限制发电机的端电压与频率的比值，其目的是防止同步发电机或变压器过励磁。U/f 限制和限制保护要与发电机和主变压器中过励磁能力低的元件过励磁特性相匹配，U/f 限制应先于 U/f 限制保护动作；而 U/f 限制保护要早于发电机和主变压器过励磁保护动作，并具有反时限特性，它们之间要留有足够的裕度。U/f 限制启动值应大于发电机电压正常运行上限，限制值和复归值可以等于或略低于发电机电压正常运行上限。

（三）过励限制

过励限制是补充励磁调节器功能的装置，将同步发电机和励磁装置的电流限制到允许值以内。过励限制功能是当励磁电流超过允许的励磁顶值电流时，将其限制到允许的励磁顶值电流，用于防止发电机励磁电流过大，避免转子绕组过热。

过励限制保护是在过励限制失去作用时，根据故障判断分析动作出口，或将调节器切到备用通道以维持机组继续运行或直接作用于发电机解列、灭磁。

通常输入变量是同步发电机的励磁电流，如果励磁电流已升高到某一预定值，它将限制发电机的励磁电流的增加，其目的是防止发电机励磁电流过大。过励限制特性应与发电机转子绕组短时过负荷发热特性匹配，具有反时限特性。达到动作值时，限制励磁电流达到长期允许运行电流值。过励限制启动值应与发电机励磁绕组过负荷启动值相配合，一般为 1.1 倍的额定励磁电流，限制值一般为 0.95～1.05 倍额定励磁电流。

发电机输出一定的有功功率 P 时，其允许输出的最大滞相无功功率，将受到允许的额定励磁电流和允许的额定定子电流两方面的限制，特别是当发电机高于额定功率因数运行时，输出的最大滞相无功功率 Q 将受允许的额定定子电流的限制。为保证发电机的安全运行，根据发电机的 P-Q 特性曲线通过过励限制特性来限制发电机在一定有功功率 P 下输出的滞相最大允许无功功率 Q。

（1）过励限制整定的一般原则：

1）励磁系统顶值电流一般应等于发电机标准规定的最大磁场过电流值，当两者不同时按小者确定。

2）过励反时限特性函数类型与发电机励磁绕组过电流特性函数类型一致（即算法一致）。

3）过励反时限特性与发电机转子绕组过负荷保护特性之间留有级差。顶值电流下的过励反时限延时应比发电机转子过负荷保护延时适当减小，但不宜过大，一般可取 2s。

4）过励反时限启动值小于发电机转子过负荷保护的启动值，一般为 105%～110% 发电机额定磁场电流。启动值不影响反时限特性。

5）过励反时限限制值一般比启动值减小 5%～10% 发电机额定磁场电流，以释放积累的热量。也可以限制到启动值，再由操作人员根据过励限制动作信号，减少磁场电流。

（2）以发电机磁场电流作为过励限制控制量的过励限制整定原则：

1）静止励磁系统和有刷交流励磁机励磁系统采用发电机磁场电流作为过励限制的控制量。

2）顶值电流瞬时限制值等于励磁系统顶值电流。

3）顶值电流下的过励反时限延时与发电机转子过负荷保护的反时限延时满足级差的要求，并按照整个过电流范围与转子过负荷保护匹配选取合适的过励限制过热常数。

（3）以励磁机磁场电流作为过励限制控制量的过励限制整定原则：

1）无刷励磁系统采用励磁机磁场电流作为过励限制的控制量。

2）确定励磁机磁场瞬时限制值时需要考虑励磁机的饱和。由发电机的顶值电流得到对应的发电机磁场电压，从励磁机负荷特性曲线上得到对应的励磁机磁场电流瞬时限制值。

3）确定过励反时限限制的过热常数时一般不计发电机磁场回路时间常数。按照下述步骤进行整定计算：

a. 由励磁机负荷特性得到发电机磁场电压与励磁机磁场电流的关系。

b. 按照与励磁系统顶值电流对应的励磁机磁场电流、发电机额定运行时的励磁机磁场电流和励磁系统顶值电流下允许时间，计算励磁机磁场绕组过电流过热常数为

$$C_e = [(I_{ef.max}/I_{ef.N})^2 - 1]t_p$$

式中：$I_{er.max}$ 为与励磁系统顶值电流对应的励磁机磁场电流，A；$I_{ef.N}$ 为发电机额定运行时的励磁机磁场电流，A；t_p 为励磁系统顶值电流持续时间，s。

c. 检查励磁机磁场过电流持续时间与发电机磁场过电流持续时间配合情况，如不配合则调整 C_e。

d. 按照 C_e 整定发电机转子过负荷保护。

e. 励磁机磁场电流为 $I_{ef.max}$ 时的过励反时限延时与发电机转子过负荷保护的反时限延时满足级差的要求，选取合适的过励限制过热常数。

（4）当不采用发电机转子过负荷保护时过励限制仍按上述方法确定。

（四）反时限强励限制

强励限制是防止发电机强行励磁时，转子绕组过负荷发热而采取的限制励磁电流的措施。发电机强励过程中，当转子励磁过电流超过许可强励电流，并到达对应的允许时间时，通过强励电流限制功能，瞬时限制励磁（转子）电流，维持在设定的强励电流倍数内。这是一个转子励磁电流的闭环控制。对于无刷励磁系统，该功能通过限制励磁机输出来实现。

监测发电机的励磁电流，比较励磁电流实际值 I_{fd} 与额定励磁电流 I_{fNd}。若 $I_{fd} > I_{fNd}$，则根据反时限曲线表查得对应的允许强励时间 t，若 $I_{fd} > I_{fNd}$ 连续时间大于 t，则置强励限制标志，从而驱动强励限制控制程序，将励磁电流 I_{fd} 限制在额定允许值。限制器应当和发电机转子热容量特性相匹配，从转子绕组发热考虑，当强励时，其允许的强励时间 t 随励磁电流 I_{fd} 的增大而减小，呈反时限特性。

强励电流瞬时限制对于高起始（顶值）励磁系统是必要的。对高起始

励磁系统（尤其是交流励磁机旋转或静止整流器励磁方式），为了提高强励电流上升速度，设计了高于强励电流倍数的强励电压倍数，当励磁系统达到规定的强励电流倍数时，通过限制器控制调节器输出以维持规定的强励电流倍数。

（五）励磁系统的过电压及其抑制

励磁系统过电压产生原因主要是雷击、操作、换相、拉弧、失步、非全相合闸等，主要在励磁变压器二次侧和转子侧，即整流装置的交流侧和直流侧。针对交流侧可以采用硒堆、阻容、非线性电阻、阻断式阻容等；直流侧可以采用阻容、非线性电阻，跨接器等。

交流侧过电压设置压敏电阻尖峰电压抑制器一套，抑制操作、雷击过电压；采用集中阻断式过电压吸收装置一套，抑制晶闸管整流桥的换流、反向恢复的过电压；直流侧在灭磁开关两侧分别放置一套过电压保护装置，其中灭磁开关电源侧，过电压保护主要是抑制能量比较小的瞬间过电压；灭磁开关转子侧，过电压保护主要抑制非全相运行和短时异步运行过电压。

集中阻断式阻容保护，不仅接线简单，减轻晶闸管开通的负担，增强晶闸管的过压保护可靠性，而且能够缩短整流桥换相重叠时间，加速换流过程。

励磁系统过电压装置的配置，如图 6-14 所示。

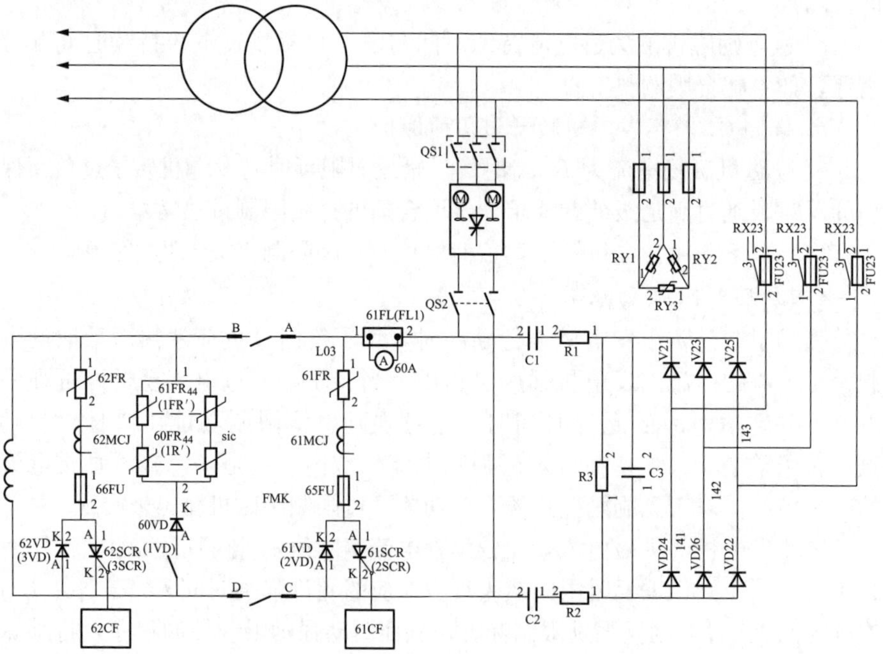

图 6-14　励磁系统过电压装置的配置

（六）轴电压及其抑制

汽轮发电机产生轴电压的原因主要有四个：

（1）发电机转子励磁端。发电机转子大轴与励磁系统之间通过转子绕组形成如图 6-15 所示。

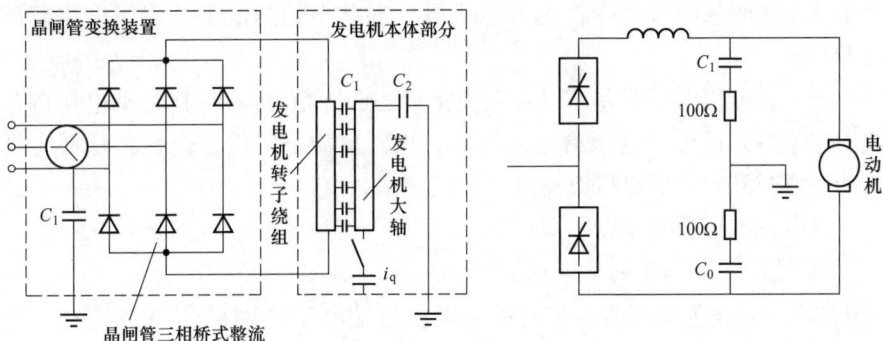

图 6-15　晶闸管整流电路与轴电压示意图

由于轴瓦与轴之间的油膜可以认为是一电容，同时转子绕组与轴之间也存在分布电容，这样在转子绕组上面交变的电压就要通过电容感应到大轴上，产生了轴电压。轴电压的危害非常大，能够使油膜老化，绝缘降低，甚至击穿，若在大轴、轴瓦到大地之间存在小电阻通路，就可以使大轴磁化，轴瓦击穿损坏。

（2）发电机转子汽轮机端。汽轮发电机的汽轮机端由于蒸汽冲击汽轮机的叶片，产生的静电会在大轴上堆积高的电压。一般在汽轮机端进行接地，使产生的静电电荷迅速到地，从而抑制这类轴电压。

（3）发电机定子转子感应。由于发电机内部或外部的原因使发电机主磁通不对称，就会在轴－轴瓦－轴座－大地回路中感应交流电压。产生磁通不对称的原因主要是：①定子侧有谐波或三相不对称的负序（一般负序在大轴上感应的电压为三次谐波，各次谐波含量依次产生轴电压与谐波次数差 1 次的谐波分量）；②发电机制造时铁芯叠片存在周期性的接头将产生偶次谐波；③转子偏离中心，使得大轴感应偶次谐波；④大轴有辐条断、短，使磁场不平衡产生偶次交流，电枢反映到大轴回路产生三次谐波。

（4）大轴轴向剩磁。大轴的剩磁也将在大轴回路中产生电压。针对轴电压产生的机理，目前采用了汽轮机端接地防止静电、励磁端采用图 6-16 所示的办法抑制轴电压，通过电容接地将其钳位到地电位。对于因为感应的原因产生轴电压，其功率比较大，不容易采用组容吸收的办法实现轴电压抑制，在发电机本身不能够进行改进的情况下，需要对轴瓦、轴座的绝缘等级进行加强和监视，防止在轴瓦与大轴之间流过大电流连续腐蚀油膜。

（七）调差系数

1. 明确几个概念

（1）发电机调压精度：指在自动电压调节器投入、调差单元退出、电压给定值不进行人工调整的情况下，发电机负载从额定视在功率值变化到

609

零,以及环境温度、频率、功率因数、电源电压波动等在规定的范围内变化时,所引起的发电机机端电压的最大变化,用发电机额定电压的百分数表示(由于测量困难,通常用发电机电压静差率的测试来替代发电机调压精度)。

(2)发电机电压静差率(负载变化时的调压精度):指在自动电压调节器的调差单元退出、电压给定值不变、在额定功率因数下,负载从额定视在功率值减到零时发电机机端电压的变化率。

发电机电压静差率按下式计算

$$E(\%) = \left[(U_{G0} - U_{GN})/U_{GN} \right] \times 100\%$$

式中:U_{G0} 为视在功率值为零时的发电机机端电压,V;U_{GN} 为额定视在功率值时的发电机机端电压,V。

(3)发电机电压调差率:指在自动电压调节器调差单元投入、电压给定值固定、功率因数为零的情况下,无功电流的变化所引起的发电机电压变化的变化率。用任选两点无功功率值下的电压变化率除以两点的电流变化率的百分数来表示。

发电机电压调差率按下式计算

$$D(\%) = \left\{ \left[(U_{G0} - U_{G1})/U_{G1} \right] / \left[(I_{G0} - I_{G1})/I_{G1} \right] \right\} \times 100\%$$

式中:U_{G0}、U_{G1} 为发电机电压(对应于 I_{G0}、I_{G1}),V;I_{G0}、I_{G1} 为发电机电流(发电机不同无功功率下所对应的电流),A。

(4)调节时间:指从给定阶跃信号到发电机机端电压值和稳态值的偏差不大于稳态值的 $\pm 2\%$ 所经历的时间。

2. 电压调差率的整定原则

电网调度按照发电机所在电网对高压母线电压维持水平的要求规定电压调差率 D,在调度未作出规定前电压调差率宜按以下方法整定:

(1)并列点的电压调差率宜按照 $5\% \sim 10\%$ 整定,在无功分配稳定的情况下取小值,同母线下的发电机电压调差率应相同。

(2)主变压器高压侧并列的发电机-变压器组应采用补偿变压器电抗压降的措施,其电压调差率满足以下条件:当发电机无功电流由零增加到额定无功电流时,发电机电压变化不大于 5% 额定电压。

主变压器高压侧并列发电机-变压器组的调差率 D_T(折算到主变压器容量为基准)计算式为

$$D_T = U_k + D \frac{U_{GN}}{U_{TN}} \cdot \frac{I_{TN}}{I_{GN}}$$

式中:D_T 为主变压器高压侧并列的发电机-变压器组在有功电流为零时的电压调差率,%;U_k 为主变压器短路电压,%;D 为发电机电压调差率,%;I_{GN}、I_{TN} 分别为发电机额定定子电流和主变压器额定电流,A;U_{GN}、U_{TN} 分别为发电机额定定子电压和主变压器额定电压,V。

第四节　励磁系统的运行与异常处理维护

一、发电机静态自并励系统励磁调节器回路的运行要点

1. 发电机励磁系统的运行方式

发电机的正常励磁电流是由机端出口电压经励磁变压器、晶闸管整流后获得的，另外还配置了独立的启励电源。发电机启动时先由启励电源升压，启励电源容量一般应满足发电机建压至 $10\%\sim30\%$ 额定电压的要求，当发电机电压升高到该电压值时，励磁变压器和启励变压器同时投入工作；当发电机电压升高到约 70% 的额定电压值时，自动断开启励电源，之后继续通过励磁变压器使发电机自励到额定电压。在启励过程中，如启励失败，则启励自动退出。

2. 发电机励磁系统采用的数字式电压调节器（AVR）

数字式电压调节器由两套完全相同却各自独立的通道的自动励磁调节柜和一套手动励磁调节柜组成。正常运行时任选一个通道，另一通道备用，备用通道时时跟踪运行通道，备用手动励磁调节柜处于热备用状态。当一台自动励磁调节柜故障时，另一台自动励磁调节柜能自动切入承担全部工作，而当两台自动励磁装置均故障时，可改为备用手动调节励磁运行。

正常运行时 AVR 运行方式应投"遥控"位置。当运行通道故障时，备用通道可以无扰动自动切换。若进行手动通道切换时，应监视平衡表指示为零时再切换。正常运行时平衡表指示应为零。

励磁系统 AVR 具有下列基本功能和限制保护功能：转子电流调节功能、恒无功调节（Q 调节器）、恒功率因数调节（$\cos\varphi$ 调节器）、U/f 限制及保护、过励限制及保护、欠励限制及保护、电力系统稳定器（PSS）、转子过电压保护及其他辅助功能。

发电机正常运行过程中，AVR 一般投用机端电压调节方式，$\cos\varphi$ 调节器或 Q 调节器应得到调度许可方可投用。禁止在 500kV 单回出线运行方式下投用 $\cos\varphi$ 调节器或 Q 调节器。发电机励磁系统若投入 $\cos\varphi$ 调节器或 Q 调节器时，更应注意有功负荷变化及系统电压变化，监视发电机电流、电压和励磁回路电压、电流。

3. 运行中应关注的事项

（1）在发电机启动时，需借助外部直流电源（或通过厂用交流 400V 电源再整流）供给少量励磁，使发电机建立起初始电压（如 $10\%\sim30\%U_H$），而后再依次通过启励与自励，自励至额定电压，因此需要启励设备。

（2）对于采用机端自并励静态励磁的同步发电机来说，由于自并励励磁系统的功率单元在强励期间所能够提供的励磁直流电压最大值与发电机的机端电压有关，当电力系统尤其是机端附近发生短路故障时，由于机端

电压的迅速下降将使该励磁系统的强励能力受到一定影响，经试验研究证明：在同样的强励倍数下，在发生短路的 0.5s 内，自并励与他励具有相同的强励功能，自并励的上述缺点在发生短路的 0.5s 以后才会渐显出来。只要系统采用双重、快速保护，快速、可靠切除故障，采用数字式自动电压调节器的自并励励磁系统，完全能满足发电机及系统安全运行的要求。因而自并励静态励磁系统现阶段在大机组中得到了普遍推广应用。但对该类励磁系统的强励倍数有一补充要求：当发电机机端电压的正序分量为额定值的 80% 时，强励顶值电压倍数仍能满足 1.8 的要求。

（3）大容量机组采用静态励磁系统将对大电流滑动接触的集电环制造和电刷运行维护的工作提出更为严格、苛刻的要求。

（4）自并励励磁系统在机组新安装或大修后的发电机短路、零起升压（或带主变压器一起零起升压）等试验时，必须将励磁变压器临时改接至专设的试验电源（如 6kV 厂用电源）。

需要说明的是，尽管静态自并励励磁方式相对以前的励磁方式有着明显的响应速度优势，使得它能有效提高系统和发电机稳定性能，但静态自并励励磁方式还是有缺陷的，当电网发生重大故障导致系统电压和发电机电压严重降低时，由于静态自并励励磁系统的励磁电源取自机端，不仅不会对机端电压起支撑作用，很可能导致系统电压由于失去支撑而加速崩溃。而在他励系统中不存在这些问题。因此，在负荷中心和在系统稳定较弱的地方采用哪种励磁方式的励磁系统，是一个值得商榷的问题。

二、无刷励磁的运行要点

无刷励磁取消了发电机主励磁回路的集电环和电刷后，将无法用常规的方法直接测量转子励磁电流、转子温度、监视转子回路对地绝缘。

（1）转子励磁电流测量。通过装在主励磁机转子上的方形轴线圈发出的输出信号，滤出基波，进行励磁电流的测量。

（2）旋转整流二极管及其熔断器回路的监测。运行操作人员在设备现场，通过频闪仪对旋转整流二极管及其熔断器回路进行监视；有些机组在该回路上装有自动监测装置，其工作原理是利用霍尔传感器，扫描经过三相导线流到各旋转整流二极管的电流，并将霍尔传感器的电压模拟量转换成数字量，自动监测各旋转整流二极管分支及其熔断器回路。

（3）接地检测系统。主励磁机和主发电机运行期间，利用接地检测系统来测量主励磁机电枢、整流装置、主发电机转子和全部内连接导体的绝缘电阻，每 24h 检查一次，检测时间为 1min，根据检测结果发出相应的报警和指示。检测原理为运行中检测器电路将直流试验电压加于集电环上，并产生一个对地接通的小环流，此电流反比于绝缘电阻。

1. 运行特点

交流励磁机旋转整流器励磁（无刷励磁）系统，发电机励磁的调节是通过调节主励磁机的磁场电流间接实现的。正常情况下，副励磁机的电枢产生的交流中频（如 400Hz）电源经两组三相全控桥式整流后，通过电刷供给主励磁机的磁场绕组，数字式自动电压调节器则根据系统和发电机的运行参数，通过闭环控制该三相全控桥式晶闸管整流器的导通角来调节主励磁机的磁场回路电流，继而控制主励磁机电枢（转子）的交流输出，而主励电枢产生的交流电（如 250Hz）经旋转整流器（不可控）整流后，作为发电机转子绕组的励磁电流，该励磁电流直接影响发电机输出。因而，发电机电压的闭环控制是通过一静态励磁装置控制发电机的主励磁机励磁绕组的输入而间接实现的。

该系统数字式自动电压调节器即是一套静态励磁装置。该装置的电源接自与发电机同轴旋转的中频（如 400Hz）永磁发电机的定子绕组，经三相全控桥式整流后，其输出接至主励磁机励磁绕组，是主励磁机常用励磁电源；主励磁机的备用励磁电源则从保安电源经感应调节器、三相整流后供给，即 50Hz 手动励磁。当永磁副励磁机或自动电压调节器因故退出运行时，由备用励磁电源 50Hz 手动励磁向发电机主励磁机的励磁绕组的供电。50Hz 手动励磁兼做发电机试验时使用。

2. 自动电压调节器的运行

正常运行时，主励磁机励磁电流由自动电压调节器控制、经三相全控桥式整流供电，50Hz 手动励磁处备用状态。两调节通道按主/从方式运行，而晶闸管整流桥的两柜则通常并列运行。即"主调节通道"输出脉冲控制两组晶闸管，"从调节通道"处于热备用状态；"从通道"跟踪"主通道"的调节脉冲触发角度值及控制给定值，"从通道"输出脉冲被阻断在主/从切换输出之前。主/从通道可实现正常状态下手动切换和故障状态下的自动切换，切换无冲击。但在一套故障情况下，另一套运行中又发生故障时，将不再相互切换，而是切换至手动。

3. 如何实现闭环电压控制

电压调节器内，电压设定点包括发电机电压值的设定点和定子电流限制信号，在控制器内与电压的实际值比较，也可将与有功或无功电流成比例的信号加至电压实际值（固定偏差），偏差受最大选择器的控制（参考低励限制），并送至 PID 控制器。被动通道的操纵量跟踪主动通道的操纵量而修正。以主控制器输出的值作为设定点，计算晶闸管的触发角度，并由门装置输出三相整流桥的触发脉冲。

4. 三相全控桥式晶闸管整流柜的运行

（1）正常运行时，通常采用双柜（或多柜）均流方式并列运行，各柜自动闭环运行，均流功能投入；均流功能故障时，均流功能退出，使用双柜（或多柜）自动方式闭环运行，也有采用其中一柜热备用的运行方式。

（2）当整流柜之一因故退出运行，此时将故障柜方式切换开关切至"切除"位置；当双柜并列运行，两组整流柜中的 A 或 B 柜故障，因故退出运行时，均流功能自动退出，改由单柜供励磁、单柜自动方式。对采用其中一柜热备用运行方式，若运行桥发生故障，系统将通过移位和启动合适的触发脉冲，从故障桥无扰动地切换到冗余桥。

5. 50Hz 手动励磁的运行

正常运行时，50Hz 手动励磁自动投入切换开关应放在"投入"位置，50Hz 手动励磁直流输出电压应手动调整至与自动电压调节器的输出电压相同，但其输出被阻断，仅当两套调节器均故障时，50Hz 手动励磁自动投入运行（50Hz 手动励磁方式），主励磁机磁场电流改由保安电源经感应调压器三相整流后供给。调节器发生故障应及时修复并投入运行，严禁发电机在手动励磁下长期运行。在手动励磁调节器运行期间，发电机不允许进相运行，在调节发电机的有功负荷时必须先适当调节发电机的无功功率，以防止发电机失去静态稳定性。

6. 旋转整流装置的检查和维护

整流二极管为三相桥式全波整流电路，冗余设置。旋转整流装置中每桥臂有 n 个并联支路，通常要求当有一个或两个支路退出运行时，仍能满足强励在内的所有运行状态；当两个以上但不超出 $n/2$ 支路退出运行时，可连续额定容量运行，但强励功能应退出，励磁方式改为 50Hz 手动励磁运行。

在励磁机旋转整流装置运行时，为防止由于人与转动部分的接触和高噪声的危害，工作人员不得进入旋转整流装置外罩内，每周应定期用频闪灯检查每个熔丝有无熔断，并做好记录。

7. 运行中应关注的事项

无刷励磁方式取消了发电机主励磁回路的集电环和电刷后，高速旋转的励磁设备亦相应带来了监测、灭磁、强度设计等新问题，具体如下：

（1）装在高速旋转大轴上的硅整流元件和附属设备在运行中承受很大的离心力，要采用耐离心力的材料，并用环氧树脂固定，需考虑和解决机械强度问题。

（2）发电机励磁回路的监测将无法用常规的方法直接测量转子电流、转子温度，监视转子回路对地绝缘，监视旋转整流桥上的熔断器等，需采用特殊的测量和监视手段。

（3）快速灭磁问题。无法采用发电机磁场回路装设快速灭磁开关和灭磁电阻的传统灭磁方式，而只能间接地在交流主励磁机的励磁回路内装设灭磁开关，因此，灭磁时间相对较长。

（4）整流元件的保护问题。

（5）该励磁系统也属三机励磁方式，励磁环节的增多势必引起系统惯性的增大，相对励磁响应特性差些（对高起始响应无刷励磁系统，也可做到响应时间小于 0.1s）。

（6）当主励磁回路元件故障时，无法使用备用励磁设备，且检修修复的时间较长。

8. 检测与保护

（1）自动电压调节装置设有闭环限制控制，欠励、励磁过电流、定子电流等保护；进线（交流）侧过电压保护；直流侧过电压保护；用熔丝负荷分断器开断晶闸管装置；输入侧的接地故障监测等。

（2）输入侧的接地故障监测。包括发电机转子一点接地故障定期检测装置与主励磁机励磁绕组一点接地故障连续检测装置，有些装置将它们分设在调节器 A、B 柜内，每 8h 自动检测一次，每次历时 1min。调节器柜内发生故障时，其交流控制开关及接地检测交流开关仍应继续运行，避免发电机转子接地检测装置长期退出。

（3）灭磁。发电机故障跳闸后，装置通过控制转换器进入逆变运行（通过主励磁机的定子绕组），将能量返回交流电源。若交流电源侧故障，则直流侧过电压保护从外部触发，转换器脉冲取消且电源触点断开，励磁电流通过灭磁电阻惯性滑行减至零。

三、发电机励磁系统现场运维注意事项

随着微机保护的普及，由于保护装置原因引起的故障大为减少了，但励磁系统引起的"非停"次数占总故障次数的比例却明显增加。例如，某机组励磁调节装置故障时，运行人员对装置异常引起的波动未能准确调整处理，最终造成运行中的机组灭火、停机、停炉。

不论是在设备的日常维护管理工作中，还是在定检工作过程中，发电企业给予励磁系统的关注远不如对发电机-变压器组保护装置的关注多，因此，建议要加强对励磁系统的巡检和定检，重视励磁系统的动态及静态试验；在机组大修时要倒换励磁电刷极性，保证电刷均匀磨损；日常巡视中加强发电机转子集电环及电刷的检查及清理，在运行中一定要定期使用直流钳形表卡测各电刷之间的电流分布情况，及时调整或更换电流过小或过大的电刷，保障励磁系统所有元器件处于良好的运行工况。

励磁整流柜对于温度的要求非常高，也很敏感。曾有事故案例是励磁整流柜由于风机接触器线圈烧损导致风机停转，A、B 整流柜退出，引发机组跳闸。在日常运行中，的确有一些电厂将励磁整流柜风机故障设置为机组跳闸（有的是听信励磁装置厂家的建议，有的是对励磁整流装置原理的不理解），当风机停转时就会导致机组直接跳闸。由于直接跳机造成的损失较大，现在多数电厂已将励磁整流柜风机故障动作方式改为发信，这样是合理的，可以给运行人员一个调整运行方式的机会。另外，励磁功率柜的通风孔滤网，也是继保专业工作人员日常维护的一个重点，要定期清扫，避免由于灰尘积聚过多影响了通风孔通风不畅，风扇不能正常工作。励磁装置对于现场运行环境要求较高，要注意温度、湿度、清洁程度等。

1. 整流柜（或晶闸管整流柜）运行监视应注意的事项及异常或事故处理

（1）运行监视注意事项：

1）由于硅整流元件在正常运行期间发热量较大，如果散热不良，会缩短其使用寿命，甚至烧坏元件，应定期对其冷却系统进行检查，各组整流柜风机的运行电源应符合规定要求，风机运行情况应正常无异声、无焦臭味。

2）监视硅整流元件工作情况。各组整流柜电流指示应接近，无相差过大情况，每一个硅元件的电流均应保持在其额定电流以下，若差别过大，应判明是否由柜内元件故障所引起。

3）各运行指示灯工作情况正常，对该亮而不亮者应分析原因并消除。

4）整流元件及各电流接头无过热现象，整流元件故障指示灯应不亮，快速熔断器工作正常，无熔断指示灯亮。

5）使用冷却水者，其阀门、接头及管路应无渗漏水情况，冷却水压力指示正常。

6）各整流柜门应关好。

7）当整流柜内部发生故障，过电流保护动作，将作用于交流进线断路器跳闸。如仅为一台整流柜开关跳闸，应尽量维持其他整流柜正常运行，除了加强监视外，还应迅速查出故障所在，故障排除后尽快恢复正常运行状态；如仅有两台整流柜运行且均因故障而造成进线断路器跳闸，此时会造成发电机失磁，事故停机。

（2）发生异常运行或事故时的处理。励磁系统功率单元由功率整流装置组成。对机端静态自并励励磁系统，励磁功率单元是晶闸管整流回路；对于交流励磁系统（无刷或有刷），励磁功率单元通常是三相全波桥式整流回路。

励磁系统的整流装置均是冗余配置，其输出有必要的裕量。若功率整流装置并联支路数等于大于4，当有1支路退出运行时，应能满足发电机强励要求；但有2支路退出运行时，应满足发电机1.1倍额定励磁电流运行的要求。

1）当某一整流柜（或晶闸管整流柜）故障、电源故障时，调节器故障报警，就地指示相应整流柜故障。

处理方法：退出故障柜，检修处理。

2）整流柜风机故障跳闸。

a. 现象：当整流柜风机运行中因故障跳闸时，控制室发出"整流柜故障"声光报警，每台整流柜内均装设了冷却风机，其作用是保证整流元件在正常运行时的散热，否则将会影响硅整流元件的正常工作，甚至使整流元件烧损。

b. 原因：运行中的整流柜风机发生故障，由热继电器动作使风机开关跳闸；整流柜风机失去电源；因开关的励磁线圈失压释放而引起风机开关跳闸。

c. 处理：风机开关跳闸，风机停止运转将影响该组整流柜的正常运行。

（a）整流柜的一台风机跳闸，另一台风机运行正常。通常整流柜风机均是冗余设置，可首先隔绝跳闸风机的电源，然后迅速寻找风机故障的原因。如为风机本身故障的，通知检修人员处理；如为电源故障，且备用电源合不上时，应查找原因并尽快恢复电源；如一台整流柜退出，通常仍能满足发电机额定励磁电流及强励工况时的需要，当不能尽快恢复风机电源时，可将该整流柜退出运行。为安全起见，在处理时有必要停用此台整流柜并拉开相应的整流柜交流进线开关后，查找原因。

（b）同一整流柜的两台风机均跳闸。一般来说，起因主要是风机电源故障，应迅速和运行值班员取得联系并设法恢复一路电源以维持风机的运行。短时间内无法恢复时，将该整流柜退出运行。

（c）在已有一台整流柜退出的情况下，发生运行整流柜的两台风机均跳闸，可采取以下紧急措施：一是架设临时通风机强制冷却；二是按硅整流元件无风机冷却时电流限额维持机组运行，但此种方式不做长期运行方式考虑。

3）整流柜内载流导体过热是常见的异常情况之一，其原因主要是接头的接触电阻增大，处理方式与一般电气设备发热相同。应注意的是：必须考虑机组励磁系统的运行情况，并及时和值班员取得联系，绝对不允许不经联系随意停用整流柜。如果原来已有一台整流柜停用而无法再停用时，可采取装设临时通风机强制冷却的措施，但要加强监视，以免故障发展，当情况严重时，应将其停用并及时通知检修处理。

在处理上述异常运行的过程中，运行人员应谨慎，防止误动、误拉扩大事故。例如，一台整流柜风机电源故障时，不能误拉另一台整流柜的风机电源开关；在发生故障后，运行人员应加强监盘，密切注意励磁系统的工况，必要时降低发电机负荷，以维持稳定运行。

2. 手动励磁调节柜与自动励磁调节柜运行的区别

手动励磁调节柜与自动励磁调节柜运行主要的区别在于：自动柜采用晶闸管整流，而手动柜采用硅整流；自动柜输出随发电机端电压及无功的变化而变化，而手动柜的输出需通过运行人员调节相应的励磁电源设备（如感应调压器）的输出大小来决定；自动柜具有强励、欠励等功能，而手动柜则没有。

3. 运行中励磁调节由"自动"切至"手动"的操作原则

（1）对发电机机端静态自并励系统不具有跟踪功能的手动励磁控制单元，正常运行中，励磁调节由"自动"切至"手动"的操作原则为：检查手动励磁调节柜各元件是否完好；检查手动励磁调节柜交流开关是否合上；将手动调节柜输出电压调至最低位置；合上手动励磁调节柜直流开关；缓慢增加手动柜输出，直至无功电能表、主励转子电流表略有升高，确认手动柜已接带负荷；减少自动柜输出至最小，拉开自动励磁调节柜直流开关。

（2）发电机机端静态自并励系统具有跟踪功能的手动励磁控制单元，备用手动励磁调节柜处于热备用状态，备用通道可以无扰动自动切换。励磁调节由"自动"切至"手动"时，若进行手动通道切换，应监视平衡表指示为零时再切换；正常运行时平衡表指示应为零，"手动"可兼做自动通道故障时的短时备用。

（3）交流励磁机旋转（或静止）整流器励磁方式，手动励磁控制单元即 50Hz 手动励磁。当永磁副励磁机或自动电压调节器因故退出运行时，由备用励磁电源 50Hz 感应调压器输出，经整流后为发电机主励磁机的励磁绕组供电，手动调节 50Hz 感应调压器的输出实现励磁的调节。50Hz 手动励磁兼做发电机试验时使用。

4. 励磁系统运行监控和定期检查、维护的要点

（1）运行中应监控励磁系统送往控制室的下列信号是否报警：

1）指示调节器工作状态的。自动励磁调节器各通道工作状态指示；自动励磁调节器故障；自动励磁调节器切换动作。

2）指示调节器限制和保护动作。低励限制和保护动作；过励限制和保护动作；U/f（过磁通）限制和保护动作。

3）指示整流装置工作状态。功率整流器熔丝熔断；整流装置冷却系统故障；脉冲丢失。

4）指示励磁电源工作状态。励磁变压器故障；励磁机故障。

（2）励磁调节装置的检查和维护。

1）定期检查自动励磁调节器各通道的工作状态指示是否与实际情况相符；检查工作通道的输出电压和输出电流应不超过装置的允许值。

2）应定期检查两个通道的输出电压和输出电流。输出电压应相等，输出电流之差应在制造厂提供的规定范围内。

3）晶闸管整流装置采用风冷时，应定期检查并监视风机的运行情况。

4）定期检查备用励磁调节装置对自动励磁调节通道的跟踪情况是否正常。

（3）定期检查整流柜的工作情况。接头有无过热现象、快速熔丝有无熔断、均流系数是否满足要求，冷却系统工作是否正常等。

（4）定期检查励磁变压器的接头无过热现象、温升是否在正常范围内、冷却系统工作是否正常等。

（5）定期检查有并联支路的非线性灭磁装置的熔丝有无熔断现象；应保证有足够支路在运行状态。

（6）现场规程应根据励磁装置的具体情况和制造厂的要求，制定出具体的检查项目和使用、维护方法。

（7）运行中的发电机，当励磁回路的绝缘电阻突然降低时，应以压缩空气吹净静电环（集电环）和电刷，以恢复绝缘电阻。当水内冷发电机由

于水质不合格引起绝缘电阻下降时，应换用合格的内冷水。如果绝缘电阻不能恢复，则应对发电机严密监视，尽快安排停机处理。当发电机绝缘过热监测器过热报警时，应立即取样进行色谱分析，必要时停机进行消缺处理。

5. 强励动作后的注意事项

强励动作通常是电力系统或其他并列运行的发电机发生故障，引起电压下降，发电机的励磁由自动励磁调节装置和强励装置作用增加到最大。"强励动作"信号灯亮，发电机过负荷，发电机电压指示偏低，励磁电流增加，有可能使表计达最大值，无功功率增大。

（1）大容量机组强励动作后，对采用机端静态自并励或三机励磁方式的励磁系统来说，因励磁电流大，应对滑动接触的集电环和电刷进行检查，看有无烧伤痕迹；应检测发电机电刷运行温度并监测电刷电流，发现电流或温度不平衡时，应及时维护。

（2）采用无刷励磁的励磁系统，对装有旋转整流二极管及其熔断器回路自动监测装置的，应检查该装置的输出情况或通过频闪仪在设备现场监测各分路旋转整流二极管及其熔断器，检查各旋转整流二极管分支及其熔断器回路工作情况是否完好。

（3）强励动作如是系统或其他并列运行的发电机故障引起，属发电机强励正确动作，此情况下，值班人员不得干预自动励磁调节装置或强励装置的工作。

（4）如由于强励单元误动作而引起的强励动作，此时发电机电压表指示上升，并超过额定值，应迅速判明故障的 AVR，将该装置切至手动或停用。

（5）强励持续工作的时间。对于直接冷却的发电机，应遵照制造厂的规定，制造厂无规定时，强励时间不允许超过 10s。如超时，应检查 AVR 装置内保护、限制装置是否动作，并应立即根据现场规程的规定采取措施，使发电机的定子和转子电流降低到正常值。

6. 整流器励磁的同步发电机产生转子过电压的原因

采用旋转整流器励磁方式（无刷）励磁系统或交流励磁机静止整流器励磁方式（三机励磁）的励磁系统，同步发电机的励磁电流是由主励产生的交流电，经整流装置整流后供给的。当发电机发生故障瞬间，在过渡过程中，励磁电流为负值时，由于整流器不能使励磁电流反向流动，发电机励磁回路与开路相似，将导致转子绕组两端产生过电压。据试验，该过电压最高可达转子额定电压值的 10 倍以上。非同期合闸时，当发电机电压与系统电压之间有较大的相角差合闸时，会导致很高的转子过电压；发电机失磁导致异步运行时，由于转子对定子磁场有相对运动，在整流器闭锁期间，转子绕组两端会出现感应电压，有叠片磁极的水轮发电机，该电压值可能很大。为了保护转子绕组的绝缘，可采用在其两端并联灭磁电阻的方法，该电阻的阻值可选 $1 \sim 15$ 倍于转子绕组的阻值，且有非线性的特性。灭磁电阻可永久地接入励磁回路，或当达到某一电压值时自动投入。

需要指出的是，对机端静态自并励，晶闸管整流装置整流后作为发电机励磁电流，因为晶闸管有逆变功能，使发电机转子的能量迅速转移、释放，快速灭磁，过电压的可能性小些。

7. 自动灭磁装置的方式、作用及要求

发电机励磁回路装设性能良好、动作可靠的自动灭磁装置。在发电机正常或故障情况下，均能可靠灭磁，强励状态下灭磁时，发电机转子过电压值不超过 $4 \sim 6$ 倍额定励磁电压值。灭磁开关的参数满足强励工况（机端电压额定，强励 2.5 倍额定励磁电压）选择。

（1）功能。在发电机主断路器和励磁开关掉闸后，用来消除发电机磁场和励磁机磁场的自动装置，目的是在发电机断开之后尽快降低发电机电压，在事故情况下迅速灭磁可以减轻故障的影响，不会导致危险的后果，具体有以下几个方面：

1）发电机内部短路故障时，通过快速灭磁，使发电机不再向故障点提供故障电流。

2）采用发电机-变压器组接线，当变压器（包括主变压器、高压厂用变压器）内部故障时，尽管变压器高压侧断路器已断开，通过快速灭磁使发电机向故障点所供的故障电流迅速衰减。

3）发电机甩负荷时，通过自动灭磁，避免发电机因转速升高而定子电压大幅度升高。

4）发电机发生故障时，快速灭磁，在过渡过程中，限制转子绕组两端过电压。

5）当转子两点接地引起跳闸时，快速灭磁可避免发电机转子的进一步损坏。

（2）自动灭磁装置灭磁方式，发电机灭磁通常采用下列两种方式：

1）逆变灭磁。对机端静态自并励励磁方式，自动电压调节装置通过控制转换器将晶闸管进入逆变运行，并将能量返回至交流电源（励磁变压器）；对交流励磁机整流器励磁方式（旋转或静止），晶闸管进入逆变运行，将能量返回至主励磁机的定子绕组。

2）开关灭磁。励磁电流通过灭磁开关经灭磁电阻惯性滑行减至零，灭磁电阻可采用线性电阻或用非线性电阻时，其容量应能满足发电机强励时灭磁的要求。

（3）要求。灭磁装置动作快速、简单、可靠。发电机各种工况下，要求灭磁时能可靠灭磁；在强励状态下灭磁时，发电机转子过电压值不应超过 $4 \sim 6$ 倍额定励磁电压值。灭磁装置和转子过电压保护应有良好的配合特性；灭磁装置容量能满足发电机强励时灭磁的要求；灭磁开关在操作电压额定值的 80% 时应可靠合闸，在 30%～65% 之间应能可靠分闸。

8. 大电流集电环和电刷的选用、定期检查应关注的事项

大容量机组如采用机端静态自并励装置或交流励磁机静止整流器励磁方式（三机励磁）的励磁装置，由于励磁电流大，滑动接触的集电环及电刷的合理选用和定期检查是确保励磁系统可靠运行的重要环节，应关注如下问题：

（1）转子集电环材质的硬度要适当，在集电环表面上要铣出沟槽。运行中，当集电环与电刷滑动接触时，会由于摩擦而发热。在集电环表面车出螺旋状的沟槽，一方面可以增加散热面积，加强冷却，另一方面可以改善同电刷的接触，而且也容易让电刷的粉末沿螺旋状沟槽排出。集电环上还可以钻一些斜孔，或让边缘呈齿状，以加强冷却效果，因为转子转动时这些斜孔和齿可起到风扇作用。集电环的刷盒结构应采用恒压弹簧，刷握采用多握型安全刷握，一个刷握可同时带电调换一排 4～6 个电刷。在机轴上配套的集电环冷却风扇应确保可靠运行，排风通畅。集电环隔声罩内应设有防爆照明。

（2）电刷呈负温度特性。电刷有一种特性，即负温度特性，当电刷的温度在一定幅度范围内增高时，它的接触电阻反而降低，在 80～100℃ 时最低，当温度超过 100℃ 时，接触电阻又急剧增加，这将对接触面的稳定和各电刷间的均流极为不利。当某一块电刷进入不正常状态并开始发热，由于负温度效应，电刷的接触电阻反而减少。这样，流过此电刷的电流将增加，则该块电刷愈加发热，直至接触电阻降至最低点、流过的电流最大为止，如此恶性循环，使电刷劣化加速。这种"崩溃"式的变化，使原流经此组电刷上的电流进行"雪崩"式的重新分配，可能会使该组电刷上的电流负荷差达 10 倍以上。接触电阻小的电刷将得到大部分的电流，很可能使它们也发生"雪崩"，这种连锁反应的后果是非常严重的。

（3）选用电刷应详细了解其各项性能指标，一块合格的电刷应具备以下特性：有良好的润滑性能；有较低的电阻率；有良好的均流性；有良好的透气性；电刷本身耐磨，对集电环磨损也小；能建立良好的氧化膜。

（4）制造厂提供的技术特性数据中有电刷的允许圆周速度和额定电流密度两项，要计算、分析运行机组电刷实际的圆周速度及额定电流密度是否能够满足要求。

（5）正常运行中，对集电环、电刷定期检查的项目有：电刷在刷盒内弹簧压力是否正常，有无跳动或卡涩情况；电刷连接软线是否完整，接触是否良好，有无发热，有无碰触机壳的情况；电刷边缘有无剥落的情况；电刷是否过短，若超过现场规定，则应给予更换；各电刷的电流、温度分布是否均匀，有无过热；集电环表面的温度是否超过规定；刷盒和刷架上有无积垢；整流子和集电环上电刷是否有冒火情况。

9. 大电流电刷定期维护的工作要点及注意事项

运行中电刷的维护，是在电刷型号及配套设备已选定的前提下，为防

止电刷大面积发热，避免造成难以恢复的局面，树立定期维护的思想，制定相关的运行维护手段是非常重要的，也是非常有必要的。

（1）定期维护可按以下原则进行。因电刷损坏的最直接原因是温度过高，采取电刷运行温度和监视电刷电流相配合的方法进行，发现电流或温度不平衡时应及时维护，将电刷隐患控制在早期萌芽状态。监测电刷的温度可采用红外线测温仪监测，当测到某些电流较小或温度差较大时（电流和温度的数值应根据不同机组的具体实际制定），则必须进行调整，调整后各电刷电流、温度应均衡，最高温度不应超过 100℃。

（2）分析造成温度高的原因，大致有工作摩擦和压力不当、冷却通风效果差、电流分布不均、脏污。查明确切原因，针对性地采取相应措施。

（3）特殊运行状态。机组大负荷期间应注意加强对电刷的检查维护，当转子电流增加较多时（如强励动作后）应增加测试发电机、励磁机电刷一次。

（4）维护电刷时的安全注意事项。机组运行中，进行电刷维护的工作时，应由一人维护，另一人监护，工作人员应穿绝缘鞋或站在绝缘垫上，使用绝缘良好的工具，单手操作，做好防止短路及接地的措施。当励磁回路有一点接地时，应特别注意禁止两手同时碰触励磁回路和接地部分，或两个不同极的带电部分，工作服等穿戴应符合规程规定。

10. 交流主励磁机异常运行情况与处理

交流励磁机励磁或静止整流器励磁方式，均设有交流励磁机，交流主励磁机的结构及工作原理类似于发电机，对于它的一些异常情况及处理也有类似于发电机的一面，主励可能出现的异常状况大致有以下几方面：

（1）主励定子绕组短路。

1）起因：可能是绝缘老化、冷却器漏水、绝缘磨损（往往是由于有异物或振动过大等原因造成）、机内结露造成绝缘水平下降以及制造、安装等其他方面的缺陷，也可能是过电压导致绝缘击穿等原因。

2）处理：一般机组装有主励磁机差动保护，在差动保护范围内一旦发生相间短路故障，差动保护动作，直接动作于发电机解列、灭磁。

3）对策：如同发电机一样，应定期进行交流励磁机的预防性试验，运行人员在启动前要按规定测量机组绝缘是否合格，并与之前所测值进行比较，确定是否有大幅下降；运行中应注意冷却空气温度是否过低、冷却水流量是否异常、机内是否有异常声响、机组强励时间是否过长、机组振动是否过大等现象，以便尽早发现隐患并及时处理。若主励磁机一旦发生上述异常，应迅速按照运行规程进行处理。对于检修人员来讲，应提高安装、检修质量，减少因安装不良而造成的隐患。

（2）绕组温度过高。

1）运行中应注意判明原因，及时处理，首先排除是否是测温元件故障。

2）如确是绕组温度高，其原因大致可分为两大方面：一是冷却系统工作异常，主要可能为冷却水温高、流量下降或水管发生阻塞或风道受阻等；二是电气回路工作异常，主要可能为电流过大且时间过长，匝间短路、铁芯过热、绝缘击穿等。

（3）主励磁机冒烟或着火是励磁系统异常运行中最为严重的情况之一。

1）起因：励磁机冒烟着火产生的原因很多，主要有绕组短路、绝缘击穿、接头过热、铁芯局部过热等引起。故障发生时，往往在其附近闻有焦味，并可能看到冒烟或着火。

2）处理：遇有明显的主励磁机冒烟着火现象时，为了避免事故的扩大和设备的进一步损坏，一般应采取紧急停机措施，然后进行灭火。灭火的注意事项与发电机着火的灭火注意事项相同。

3）对策：为了能尽早发现励磁机的冒烟着火，运行人员包括发电机现场的其他值班人员，应严格执行设备的定期巡检制度，主励磁机产生冒烟着火时，发电机的有关运行参数，如定子电流、转子电压、无功负荷等通常降低很多，特别是对不正常的气味，绝对不能轻易放过，应仔细查找，发现问题及时处理、汇报。如在主励磁机冒烟的初期即能被发现，应立即汇报主管领导，申请尽早安排停机消除故障。

11. 副励磁机异常运行情况与处理

（1）副励磁机的运行特性。副励磁机运行中出现异常现象的机会不多，但副励磁机的转子是永磁式的，主轴只要转动，其定子侧就会有电动势。由于此恒定电动势的存在，一旦发生副励磁机定子接地、机内或出口短路故障往往会造成故障的迅速发展，需立即解列停机。对副励磁机异常运行，如何正确判断、处理提出了较为严格的要求。

（2）副励磁机可能出现的异常状况及处理。冒烟或着火是影响副励磁机安全运行的最为严重的情况之一，发生此情况的原因较多，需分别处理。如果副励磁机冒烟严重或已经着火，应迅速解列停机，然后灭火，并通知检修人员进行处理。如果副励磁机冒烟并不严重或是及时发现的早期冒烟，迅速使副励磁机由负载状态转变为空载状态，就有可能继续维持发电机的运行。其处理方法是：一方面迅速将励磁方式由 AVR 方式切换至 50Hz 手动励磁电源；另一方面立即拉开副励磁机的输出开关。其间应有专人监视副励磁机冒烟情况的发展，如果故障是由副励磁机绕组线圈对地绝缘击穿引起的，则冒烟必将会继续发展，此时应立即解列停机。上述带病运行是为了争取时间而采取的权宜之计，条件允许的必须尽早停机处理。

12. 发电机失磁异步运行的现象及处理

当发电机励磁系统故障引起机组失磁时，发电机将进入异步运行。

（1）现象。发电机定子电流大幅度升高；发电机有功功率降低并摆动；发电机发出有功功率、吸收无功功率，无功功率变为负值，功率因数表指向进相，主要特征是逆无功加过电流；发电机定子电压降低并摆动；发电机转子电流周期性正、负值之间摆动，当转子回路断开时电流指示为零；转子电压在正、负值之间呈周期性摆动；转子转速超过额定转速；可能出现"发电机失步""发电机失磁"信号。

（2）处理。

1）严格控制发电机组失磁异步运行的时间和运行条件。根据国家有关标准规定，不考虑对电网的影响时，汽轮发电机应具有一定的失磁异步运行能力，但只能维持发电机失磁后短时运行，此时必须快速降负荷（减有功）。若在规定的短时运行时间内不能恢复励磁，则机组应与系统解列。制造厂无规定时，应根据电网电压的允许降低程度，通过计算和试验确定机组能否失磁异步运行，并将失磁异步运行的有关规定写入现场运行规程。

2）发电机失去励磁后是否允许机组快速减负荷并短时运行，应结合电网和机组的实际情况综合考虑。如电网不允许发电机无励磁运行，当发电机失去励磁且失磁保护未动作时，应立即将发电机解列。

3）对系统允许失磁时短期运行的机组来说，则应立即退出自动励磁调节器，手动恢复励磁，如不能恢复，应汇报运行值班员，60s内将负荷降至额定值的60%，在其后的90s内将负荷降至额定值的40%；其他机组自动励磁调节器不得退出运行，尽量增加其他机组的无功输出。

4）失磁运行的持续时间不得超过15min。15min内不能恢复励磁的，应请示值长将机组与系统解列。不同机组失磁运行的持续时间不同，制造厂有规定。

13. 其他故障处理

自并励励磁系统相对三机励磁系统和直流励磁机励磁系统，控制环节少，相应速度快；结构简单，运行维护工作相对较少；机组轴系短，振动问题相对较少。但随着投运机组的增多，投运年限的增加，自并励系统也发生了一些故障。以下是近年来一些比较重大的故障。

（1）励磁变压器检修后连接螺钉松动。2006年，某火电厂300MW机组检修后开机不久，自并励励磁系统的励磁变压器在运行中发生爆炸，机组非停。事故原因是，励磁变压器与发电机母线的软连接线C相连接螺钉没有拧紧，接触电阻较大，运行中发热严重，导致C相软连接被励磁变压器高压侧电流熔断，造成C相软连接对地短路。随后励磁变压器电流持续增大，短路故障继续发展，发电机母线在励磁变压器侧形成相间金属性短路，造成爆炸。

故障录波显示，励磁变压器低压侧电流最大时超过8000A，额定励磁电流为2642A。事故造成励磁变压器严重受损，与发电机母线连接部分受损，周围窗户、墙体受损。

（2）励磁变压器温控器探头安装到高压侧。某火电厂600MW机组，检修后开机不到48h因多个发电机-变压器组非电量保护动作，机组非停。

事故原因是该励磁变压器（国产励磁变压器）因低压侧电流远大于高

压侧，其温控器应安装于低压侧，但被检修人员误安装到高压侧，检修后开机不久，温控器探头绝缘被击穿，励磁变压器高压侧与温控器之间存在电流，造成励磁变压器高压侧线圈绝缘受损，形成机组定子单相接地故障；同时高电压沿温控器探头、二次回路进入发电机-变压器组保护非电量保护柜，造成多个非电量保护同时动作。事故造成励磁变压器受损，机组在迎峰度夏期间停机超过24h。

（3）励磁电流采样失真。某火电厂300MW机组带300MW负荷正常运行中跳闸，经分析确认是UNITROL 5000型励磁系统发"励磁故障"引起发电机-变压器组保护跳闸。

为尽快恢复机组运行，在外观检查一、二次设备无明显故障，绝缘检查正常后机组马上启励，在启励过程中再次跳机。再次对励磁系统进行了外观检查，仍没有发现异常。做励磁系统模拟负载试验，未发现异常，说明调节器和整流柜正常。

在自并励下进行手动升压试验，当发电机电压升到12kV、励磁电流达到500A左右后，励磁电流开始波动，波动幅度逐渐加大，最终励磁系统发故障信号跳机，判断为励磁电流测量回路存在问题。

励磁电流采样主要由三部分组成，励磁变压器低压侧由TA转为小电流后送到PSI板，PSI板转为弱电信号进入MUB板，MUB板进行模数转换后送入CPU。

首先对PSI进行了更换，重做手动升压试验，仍然发故障跳机；再对励磁变压器低压侧TA进行检查，检查发现C相TA外壳有很小的裂缝，开壳发现TA绕组顶部有道很小的划痕，更换C相TA，重做手动升压试验，结果正常。对该TA进行试验后发现绝缘受损。分析为该TA因绝缘受损，在电流超过一定幅值后，电压上升超过其绝缘值后，电流输出不稳定。励磁系统在转子电流发生波动后认为系统输出不稳定，从而跳闸。事故造成机组停机超过72h。

（4）转子过电压回路电流失真。某新建火电厂300MW机组在试运行中跳闸。经检查，发电机-变压器组收到"励磁系统故障"跳闸，UNITROL 5000系统内部故障信号为"Crowbar动作"。UNITROL 5000内Crowbar动作逻辑为判断Crowbar回路的电流大小，电流大于定值后认为Crowbar已导通，发"励磁系统故障"信号到发电机-变压器组保护。

Crowbar回路电流通过一个霍尔元件采样，跳闸定值设为200A。更换霍尔元件后，重新进行开机试验。经过多次观察发现Crowbar回路电流随着励磁电流的增大而增大，在机组空载时Crowbar回路电流达到190A，如果并网带负荷，励磁电流稍有增大就会发"Crowbar动作"。

因霍尔元件为磁感应原理，如果周围存在磁场，其采样值很容易受到干扰，初步判断是周围存在磁场干扰。经询问厂家，该厂Crowbar所在屏柜内母线与其他电厂的母线安装方向不同。安装时应使霍尔元件磁场采集面与其他磁场的磁力线平行，才能将其他磁场的干扰降到最小。

调整 Crowbar 母线与其他母线的安装方位后，重新开机升压，Crowbar 电流在空载时降低到 100A 以下。为安全起见，同时调整了 Crowbar 电流的跳闸值，并在机组试运行期间加强监视，在满负荷时 Crowbar 电流仍达到 200A，最后跳闸定值改为 300A。

（5）冷却风道破裂。某水电厂 240MW 机组因励磁系统故障引起非停事故。该厂励磁系统为奥地利伊林公司生产励磁系统，1994 年投运，励磁调节器显示跳机原因为冷却系统故障。该厂励磁系统冷却方式采用强迫风冷方式，冷却风道内装有风压继电器，当风压不够时，风压继电器触点将闭合，发出"冷却系统故障信号"。检查发现风压继电器正常；风压管道为塑料管道，由于投运年限较长，维护人员在清洗管道时使用了含有腐蚀剂的清洗液，导致风道出现破损，风压继电器压力不够，发"冷却系统故障"跳机。

（6）发电机电流与电压二次接线反向。某新建火电厂 600MW 机组在首次并网过程中发生过励，机组过压保护动作跳机，过压过程中发电机电压顶表到满量程，无功超过 400Mvar。

事故原因：接入励磁系统的发电机电流方向接反，励磁调节器内部判断有功、无功方向与实际方向相反。机组并网时 AVR 为自动运行方式，随着运行人员手动增磁，励磁调节器判断机组进入低励状态，发出增磁命令，机组实际无功增加，但励磁调节器无功方向与实际方向相反，判断此时机组无功进相更深，增磁力度更大，恶性循环，最终导致机组过压。

（7）通信错误导致励磁系统严重烧损。某电厂 600MW 机组在 504MW 的负荷下完成 PSS 试验，存储参数时 UNITROL 5000 励磁系统发生严重故障，机组跳闸。

事故导致调节柜内双通道的控制板件严重损坏；1 号整流柜后部遭到严重破坏，所有负极晶闸管熔断器熔断，整流柜内所有控制板件全部烧损；其他整流柜有部分熔断器熔断；灭磁柜柜体严重损坏，所有元件均被电弧烧坏，磁场断路器的灭弧栅之间可见严重的电弧爆炸痕迹，灭弧栅板之间有许多球状金属熔化物，在触头与灭弧室上方发现融化金属的迹象，灭弧室承受了巨大的冲击。

因励磁设备严重受损，励磁装置内所有数据损坏，事故分析主要依靠机组故障录波信息。根据机组故障录波，事故为励磁系统过励或强励事故，励磁系统发跳闸令后，磁场电压没有发生翻转，说明此时磁场能量没有转移至灭磁电阻中，原因可能为此时励磁电流太大，磁场断路器不能分断，灭磁系统无法完成磁场电流的转移。这种情况极大地延长了燃弧时间（故障录波显示有 600ms），灭弧室承受能量有限，造成灭弧室爆炸，致使周围空气电离，引起距离灭磁开关最近的交流母排三相短路，造成 1 号整流柜严重受损。造成机组强励的原因分析不清楚，厂家从瑞士调来的专家分析，可能在现场检查、存储参数时，调试电脑与 AVR 之间出现通信错误，AVR 可能收到了错误参数引发强励。

事故处理：更换整套励磁系统；强化灭磁系统的设计参数；禁止在调试软件的 Parsig 下修改参数。

（8）其他故障。

1）整流柜因冷却系统故障烧损。某水电厂 80MW 机组在励磁系统改造后，1 号整流柜在运行中烧损，退出运行。

故障原因分析：该厂在改造时，考虑水电厂厂房温度较低，没有设计冷却系统，导致晶闸管在运行中因温度高烧损，退出运行。

2）运行中装置电源发生故障。某新建火电厂 300MW 机组试运行过程中发生电源装置故障，紧急停机。

事故原因：该厂励磁系统屏柜设计在发电机平台上，其屏柜下方为高温管道，且屏柜封堵不严，导致屏柜内温度较高；励磁调节器运行通道装置电源损坏，切换到备用通道，运行人员及时发现并紧急停机

3）装置板件故障导致跳机。某火电厂 2 台 300MW 机组采用进口励磁设备，投产后由于该励磁系统在国内销量日益萎缩，售后服务和备品备件收费昂贵。机组板件老化后经常发报警信号，多次发生因板件故障导致的跳机事故。

4）励磁变压器冷却风机未安装。某新建火电厂 600MW 机组，在试运过程中励磁变压器绝缘层过热融化，绝缘受损。

故障原因：因厂家和安装单位失误，励磁变压器未安装冷却风机，机组带高负荷后，励磁变压器发热严重，导致绝缘层受热融化。采取临时冷却风机冷却后，绝缘层逐渐稳定，机组维持到 168h 试运结束。

5）机组开机后励磁电流偏高。某火电厂 300MW 机组在临时停机后启励升压时，发现额定空载电压下的转子电流较发电机空载特性试验数据高 200A。

故障分析：机组励磁系统 A 通道用的 TV 一次熔断器电阻达到 $5k\Omega$，正常熔断器阻值为 200Ω。因回路电阻增大，励磁系统电压采样值偏小，实际机端电压偏高，转子电流增大。

6）主励磁机转子绝缘在运行中受损。某火电厂 300MW 机组为三机励磁方式，机组在励磁调节器改造后的并网试运过程中，运行人员发现主励转子电流偏高。

故障分析：对比前后 2 天的运行数据，发现同样工况下机组主励转子电流由 120A 增大至 200A，分析主励转子的阻抗特性发生了变化，同时励磁电压纹波系数增大，录波发现励磁电压毛刺较动态试验时增加较多。紧急停机后，检查发现主励转子绝缘破坏。

进一步检查励磁电压毛刺增多原因，重做小电流试验，发现 A 柜一个周波内励磁电压波头增多 1 个，B 柜正常。判断 A 柜触发脉冲或晶闸管出

现问题。

逐个检查脉冲放大模块绝缘及回路电阻，发现＋B晶闸管脉冲放大模块回路电阻明显偏低，更换＋B晶闸管脉冲放大模块后故障仍然存在。解开A柜所有晶闸管一次连接回路，逐个检查晶闸管导通及绝缘情况，所有晶闸管导通情况正常，但＋B晶闸管反向电阻与其他晶闸管相比明显偏小。更换＋B晶闸管，重做模拟负载试验恢复正常。对应脉冲模块回路电阻偏低的原因是＋B晶闸管门极电阻下降，导致在与其连接的脉冲放大模块回路电阻偏低。

7) 空调冷凝水进入励磁屏柜。某新建火电厂300MW机组在试运过程中继电保护装置发"转子接地报警信号"，检修维护人员处理过程中励磁屏柜内冒烟，运行人员紧急打闸停机。

故障原因：因励磁小室内中央空调管道经过励磁屏柜上方，空调冷凝水滴在励磁屏柜上，由屏柜间缝隙缓慢进入励磁屏柜。缝隙下方正好是阻容保护的电容器，滴水将电容器与其外壳连通后，电容器绝缘马上降低，所以转子接地保护报警，电容器很快被短路，爆炸冒烟。

8) HPB型灭磁开关辅助触头整体松脱。某新建火电厂300MW机组在基建调试期间，灭磁开关合闸回路时好时坏。检查发现HPB开关的辅助触头外接部分与开关机构的连接螺钉松动，整体可随意拖动2cm，导致回路接触不良。

采取措施：机组在首次并网或大修后先暂时退出低励限制功能，待判断励磁调节器内有功、无功方向正确后再投入低励限制功能。

14. 检修维护中应注意的问题

(1) 安全注意事项：

1) 模拟负载试验和他励试验时必须注意临时电源的相序。

2) 机组首次并网或大修后首次并网前，应退出低励限制功能。

3) 新建机组励磁系统或改造的励磁系统，需对屏柜内所有装置进行检查后才能上电，首次上电建议由厂家技术人员执行。

4) 励磁系统动态试验在试验现场须有就地紧急跳闸按钮。

5) 他励试验时，临时电源须设置保护，并经校验合格。

6) 模拟负载试验时，需考虑检修电源的容量及过电流能力，如果电源容量太大，需增加容量适当的空开。

(2) 检修试验经验：

1) 检修维护工作应注意做好工作记录，及时出具试验报告。

2) 检修开工前应学习上次检修报告，查阅缺陷记录，列出重点工作内容；检修完成后，应及时查阅试验记录，分析现场试验情况，总结经验教训。

3) 所有试验完成后应注意核对参数，保持并备份；全部或重要的励磁参数应经生产管理部门批准才能写入装置。

4）针对励磁系统出现的报警或缺陷应及时处理。

5）专业人员必须定期巡视设备，了解各种工况下运行参数的大致范围，发热部件的大致温度。

6）励磁系统改造应经电网整定计算部门同意。

四、励磁系统的启励问题及解决方法

如前文所述，发电机的励磁系统有多种，如三机励磁系统、自并激励磁系统、两机励磁系统、直流励磁机励磁系统和两机一变励磁系统等。按励磁方式可分为自励励磁系统和他励励磁系统，其中又以自并励励磁方式和三机励磁方式为主要的两种励磁方式。关于自并励励磁相对于常规励磁对系统稳定性影响的研究已表明，自并励励磁对系统的稳定性更为有利，甚至可以使得原先不能稳定的系统变得稳定，而且自并励励磁系统在采用封闭母线、继电保护采用带记忆的后备过电流保护等措施以后，诸如关于自并励励磁系统机端短路问题产生的争论基本不复存在了，自并励励磁系统减小轴长，对减小基建投资、改善轴系扭振都是大有好处的，其应用也越来越广泛。但火电厂的老机组三机励磁仍为主要的励磁方式的现实情况下，讨论自并励励磁系统和三机励磁系统的启励问题及其解决方案还是很有现实作用的。

1. 三机励磁系统启励中存在的问题

对于一个性能优良的励磁系统，它应能保证在调节发电机励磁的时候，发电机的机端电压能够平稳地变化。三机励磁系统是一个典型的他励励磁方式，它除了可以采用电压或电流闭环运行方式外，还可以采用定角度运行方式，所以一个性能优良的三机励磁系统，必须具备在电压或电流闭环运行方式和定角度开环运行方式下都能平稳地调节发电机的机端电压的性能。

而在实际运行的励磁系统中，并非所有的励磁系统都能达到上述要求，主要表现在励磁系统的启励过程中。当采用电压或电流闭环运行方式时，发电机的机端电压需经过较长时间的振荡才能稳定或者发电机的机端电压的摆动根本就不能平息；当采用定角度开环运行方式时，晶闸管的触发角小于90°以后，晶闸管整流桥并不能立即有足够大的电压（电流）输出，发电机机端电压几乎为零（发电机机端此时一般有100V左右的残压），而继续增磁以后，晶闸管突然产生较大的输出，相应发电机机端电压很快上升到某一不期望的甚至是发电机零起升压过程中所不允许的值。上述三机励磁系统启励过程中的发电机机端电压的摆动或/和突然上升显然是让人难以接受的。

（1）三机励磁系统启励问题产生的原因。三机励磁系统之所以存在上述的启励问题，其主要原因在于三机励磁系统中的电源为中频电源，尽管在三机励磁系统中的晶闸管元件都已经采用了快速器件，但由于其触发脉冲宽度较窄，一般仅有 100μs 左右（而当励磁系统输入电源为工频电源时，晶闸管的触发脉冲宽度达到 1ms），在这样短的时间内，要保证晶闸管能够可靠触发导通并在脉冲消失以后仍能可靠导通，必须保证流过晶闸管的电流有较快的上升速率，在脉冲消失前，流过晶闸管的电流超过晶闸管的维持电流。所以，当发电机组的主励磁机的转子时间常数较大时，如果不采取适当的措施，即便已经采用了快速的晶闸管器件，出现启励问题仍不可避免。

影响流过晶闸管的电流上升速度的主要因素包括以下几个方面：加在晶闸管上的阳极电压的大小；晶闸管的电流上升速率；晶闸管触发脉冲前沿的上升速率；晶闸管输出回路的时间常数。而加在晶闸管上的阳极电压的大小是由交流副励磁机的输出电压决定的，为保证晶闸管在触发角略小于 90°时即能导通，就要求加在晶闸管上的电压为副励磁机输出电压幅值的一半（sin150°），晶闸管就可以可靠导通；晶闸管的电流上升速率是由晶闸管器件本身决定的，快速器件的采用已尽可能满足这一要求。当今晶闸管的触发回路的设计已保证晶闸管触发脉冲前沿有很快的上升速率。所以，可以从改变晶闸管输出回路时间常数的方面分析三机励磁系统启励问题产生的原因。图 6-16 所示为三机励磁系统接线示意图。

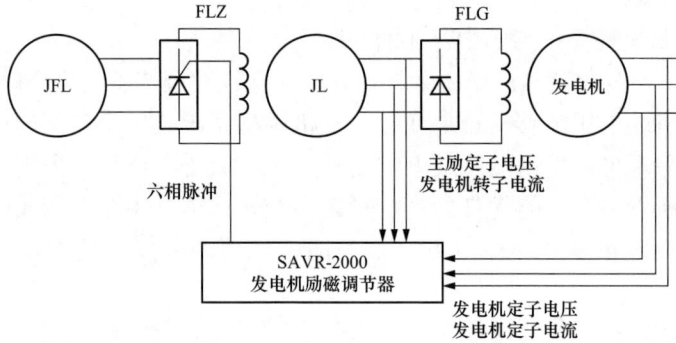

图 6-16　三机励磁系统接线示意图

JFL—交流副励磁机（一般为永磁机）；JL—交流励磁机或称主励磁机；

FLZ—晶闸管整流装置；FLG—二极管整流装置

图 6-17 所示为交流励磁机主励转子回路的等效电路原理图。

由于脉冲持续的时间较短，所以加在交流励磁机转子上的电压在脉冲的有效宽度内的大小可以认为基本不变。

由于晶闸管的脉冲触发回路大都已采用加速触发电路，且晶闸管都采用了快速器件，当忽略晶闸管的暂态过程时，由图 6-17 可知流出晶闸管的电流可以近似表示为

$$I_{\mathrm{d}} = \frac{U_{\mathrm{d}}}{R\left[1 - \mathrm{e}^{-(L/R)t}\right]}$$

当交流副励磁机（永磁机）的输出电压为 100V，晶闸管触发脉冲的有

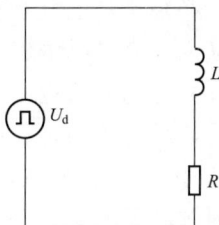

图 6-17　主励转子的等效电路原理图
L—交流励磁机的转子电感；R—交流励磁机的转子电阻；
U_d—晶闸管输出电压

效宽度为 $100\,\mu s$，交流主励磁机的转子（磁场绕组）电感和电阻分别为 $0.3H$ 和 0.3Ω，晶闸管的维持电流不小于 $100mA$ 时，若触发角大于 $84°$，晶闸管在触发脉冲消失后，将不能继续导通，只有当触发角小于 $84°$ 时，在触发脉冲消失后晶闸管才可能继续导通；而一般情况下，当触发角小于 $84°$ 时，发电机的机端电压将大于 20% 额定电压，甚至 50% 额定电压或更高。可见，在这种情况下采用电压闭环或电流闭环时，如电压或电流的给定值较小，则由于调节器的调节作用，晶闸管的触发角将在逆变角和小于 $84°$ 的触发角之间来回摆动且不能平息，从而出现发电机机端电压大幅摆动且不能平息的情况；当电压或电流的给定值稍大于 $84°$ 触发角对应的发电机机端电压时，则由于调节器的调节作用，主励磁机转子的励磁电流逐渐上升，晶闸管的触发角将在逆变角和小于 $84°$ 的触发角之间来回摆动几次之后稳定，从而出现发电机机端电压大幅摆动后才稳定的情况；当采用定角度方式时，则在增磁的过程中将出现增磁开始时虽然触发角已小于 $90°$、发电机机端电压仍然没有变化，直到触发角小于 $84°$ 以后，发电机的机端电压才突然上升的现象。

这种情况曾经在某发电厂发生过，当机端电压的给定值设置在 10% 时，启励以后发电机的机端电压因为主励磁机的转子电流的不连续而来回振荡不能平息，当机端电压的给定值设置在 30% 时，启励以后发电机的机端电压才可以很快地稳定。

（2）解决三机励磁系统启励问题的方法及其比较。从以上的分析可知，三机励磁系统启励存在问题的主要原因在于在触发脉冲有效宽度范围内，流过晶闸管的电流仍然未能上升到晶闸管必需的维持电流。由于晶闸管触发脉冲的宽度不可能随意增大（否则在逆变时可能导致逆变颠覆），所以解决三机励磁系统启励中存在的这一问题的方法在于如何加快流过晶闸管电流的上升速度，使得流过晶闸管的电流在有限的触发脉冲宽度范围内上升到超过晶闸管所必需的维持电流。

显然，最直接的方法是减小主励磁机转子的时间常数，即在主励磁机转子回路串入一电阻，这一方法在以前较早时期的励磁系统中得到较多的应用。事实上从前面的分析已经知道，三机励磁系统启励存在问题的原因在于晶闸管触发脉冲有效宽度内，流过晶闸管的电流不能上升到其继续导通所必需的维持电流，所以只要为晶闸管输出电流提供另一条通路就可以解决三机励磁系统的启励问题，即可以通过在晶闸管整流桥的输出端并联一电阻使得三机励磁系统的启励问题得到解决。

从前文所述流出晶闸管的电流表达式可以近似推导出要在转子回路串入的电阻的阻值为 0.4Ω，而一般主励磁机的额定励磁电流在 150A 以上，此时消耗在串联电阻上的功率

$$P = 150^2 \times 0.4 = 900(\mathrm{W})$$

而当采用晶闸管整流桥的输出端并联一电阻的方法时，流过晶闸管的电流为

$$I_{\mathrm{d}} = \frac{U_{\mathrm{d}}}{R(1 - \mathrm{e}^{-(L/R)t})} + \frac{U_{\mathrm{d}}}{R''}$$

据此可以求出所需并联的电阻约为 500Ω，它所消耗的最大功率为

$$P' = \frac{6}{T}\int_0^{T/6} \frac{u^2}{R''}\mathrm{d}t \leqslant \frac{6}{2\pi}\int_{\pi/3}^{2\pi/3} \frac{[100\sqrt{2}\sin(\omega t)]^2}{R''\mathrm{d}(\omega t)} = \frac{(1.35u_2)^2}{R''} = 36.45\mathrm{W}$$

图 6-18 和图 6-19 分别给出了在主励磁机转子串入一个 0.4Ω 的电阻 R' 和在励磁机转子两端并联一个 500Ω 的电阻 R''、其他参数与前文所述的三机励磁系统改进"启励特性后的原理图相同。

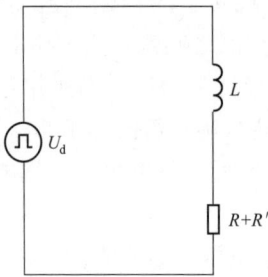

图 6-18　主励转子的等效电路原理图　　图 6-19　主励转子的等效电路图

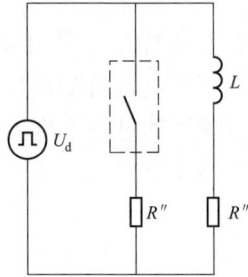

虽然以上两种方法都可以解决三机励磁系统中的启励问题，但是由于第一种在主励磁机转子回路串入电阻的方法所需的电阻一方面因为流过较大的电流，要有较大的功率，需较大的安装空间且须考虑散热问题；另一方面，需消耗较大的能量，可能导致永磁机的输出有功功率过大，进而可能导致永磁机过载。基于以上原因如何选择合适的串入主励磁机转子回路的电阻也就显得比较困难了。当然，采用这种方法也有它的优点，如减小了发电机励磁调节器控制回路的时间常数，对提高整个励磁系统的快速性是有好处的。但除非永磁机的容量裕度足够大，一般不要采用这种方法，而是采用第二种方法。第二种方法较为简单易行，首先它所需的电阻阻值较大而功率较小，其次所需的安装空间较小，没有散热问题，而且可以在

启励时投入，启励完成后即退出。其唯一不足之处在于不能改变励磁系统的调节特性，但是当今的励磁调节器可以采用硬反馈或微分调节使得调节器具备非常优良的调节特性，完全可以克服发电机励磁系统固有的惯性。

2. 自励系统中的启励问题

自并励励磁系统的启励中需要注意以下问题：当晶闸管的控制角 $\alpha > 90°$ 时，限流电阻流过的电流大小随励磁电压的变化而变化，其最大值可以达到 $\dfrac{\sqrt{2}U_2 + U_{20}}{R_0}$，其中：$U_2$ 为励磁变压器二次侧的电压有效值；U_{20} 为启励电源电压的大小。而当晶闸管的控制角较小时，由于晶闸管的阳极电压的瞬时值大于 U_{20}，这段时间内流过限流电阻的电流将为零。可见，如果启励回路退出时间不当，将使得启励电阻过电流，启励电源输出较大的电流，甚至使得启励接触器不能断弧。

总之，三机励磁系统的启励问题产生的主要原因在于它为晶闸管整流桥提供的电源为中频电源，以及主励磁机转子有较大的时间常数。在晶闸管整流桥的输出端并联一合适的电阻是解决三机励磁系统启励问题的好方法；而自并励励磁系统的启励问题，如果采用交流启励则应采用全波整流，在启励过程中注意设置初励的正确退出时间。

第五节　励磁系统试验

一、试验标准及方法

励磁系统及装置的各项试验，其标准和方法应符合 DL/T 843—2021《同步发电机励磁系统技术条件》有关条款的规定。

励磁试验分类：型式试验、出厂试验、交接试验、大修试验。

励磁装置的定型生产，应经过型式试验，型式试验按 GB/T 7409.3—2007《同步电机励磁系统大、中型同步发电机励磁系统技术要求》和相关行业标准进行。每种型式的励磁装置每隔 5 年应抽取一台做型式试验。

励磁装置交货时应按 GB/T 7409.3—2007 和相关国家标准、行业标准进行出厂试验并提供出厂试验报告，给出对励磁系统部件和整体的试验方法、参数整定及特性要求。

发电机投产前，励磁系统应在现场按 GB/T 7409.3—2007 和相关国家标准、行业标准进行交接试验，交接试验应核对厂家提供的试验结果，并按发电厂具体情况和电力系统（由当地省调、网调提出的）要求整定某些参数。

发电机大修后，励磁系统应按 GB/T 7409.3—2007 和相关国家标准、行业标准进行复核性试验以检查各部分是否正常。

经过部分改造的励磁系统，应参照出厂试验和交接试验项目进行试验后，才能投入运行。具体的型式试验、出厂试验、交接试验和大修试验应进行的励磁系统试验项目见表 6-1。

表 6-1　励磁系统试验项目表

序号	试验项目	型式试验	出厂试验	交接试验	大修试验
1	励磁系统各部件绝缘试验	√	√	√	√
2	励磁系统环境试验和电磁兼容试验	√			
3	交流励磁机带整流装置时空载试验和负荷试验	√		√	
4	交流励磁机励磁绕组时间常数测定	√			
5	副励磁机负荷特性试验	√	√		√
6	自动及手动电压调节范围测量	√		√	√
7	励磁系统模型参数确认试验	√		√①	
8	电压静差率及电压调差率测定	√		√	
9	自动电压调节通道切换及自动/手动控制方式切换	√	√	√	√
10	发电机电压/频率特性	√			
11	自动电压调节器零起升压试验	√		√	√
12	自动电压调节器各单元特性试验	√	√	√	√
13	操作、保护、限制及信号回路动作试验	√	√	√	√
14	发电机空载阶跃响应试验	√		√	
15	发电机负荷阶跃响应试验	√		√	√
16	电力系统稳定器试验	√		√①	
17	甩无功负荷试验	√		√	
18	灭磁试验及转子过电压保护试验	√		√	√
19	发电机各种工况（包括进相）时的带负荷调节试验	√		√	
20	功率整流装置额定工况下均流试验	√		√	
21	励磁系统各部件温升试验	√			
22	励磁装置老化试验	√	√		
23	功率整流装置噪声试验	√			

续表

序号	试验项目	型式试验	出厂试验	交接试验	大修试验
24	励磁装置的抗扰度试验	√			
25	励磁系统仿真试验	√			
26	励磁系统顶值电压和顶值电流测定、励磁系统电压响应时间和标称响应测定	√①			
27	发电机轴电压测量	√		√	√

注　"V"表示需做的试验。

① 特殊试验项目，不包括在一般性型式试验和交接试验项目内，需作专项安排。

励磁系统及装置的试验方法与要求：

（1）励磁装置、元件的常规试验。按 GB/T 3797—2016《电气控制设备》、DL/T 596—2021《电力设备预防性试验规程》、DL/T 478—2013《继电保护和安全自动装置通用技术条件》、JB/T 7784—2006《透平同步发电机用交流励磁机 技术条件》、GB 19517—2009《国家电气设备安全技术规范》标准执行。被测试设备表面应整洁，励磁系统各设备电气回路接线应正确，应选择测试电压正确的绝缘电阻表。励磁系统各部件绝缘试验内容和评价标准见表 6-2，各回路的绝缘电阻应满足 GB 50150—2016《电气装置安装工程 电气设备交接试验标准》的要求。

表 6-2　励磁系统各部件绝缘试验内容和评价标准

测试部位	测试电压（V）	绝缘电阻（MΩ）
端子排对机柜外壳（断电条件下）	500	≥1.0
交流母排对机柜外壳	1000	≥1.0
共阴极对机柜外壳	500	≥1.0
共阳极对机柜外壳	500	≥1.0
直流正、负极之间	500	≥1.0
励磁变压器高压绕组（与发电机、主变压器断开）对地	2500	≥20
励磁变压器高压绕组（与发电机、主变压器连接）对地	2500	≥1.0
励磁变压器低压绕组对地	1000	≥1.0
控制电源回路对地	500	≥1.0
TV、TA 回路对地	500	≥1.0
发电机-变压器组保护跳闸信号回路对地	500	≥1.0

（2）操作、保护、限制及信号回路动作试验。进行操作、保护、限制及信号回路传动试验时，应确认各回路接线正确后才允许接通电源，通电前应确认各开关等元件处于开路状态。

对励磁系统的全部操作、保护、限制及信号回路应按照逻辑图进行传动检查；应对技术条件和合同规定的相关内容进行检查；判断设计图和竣工图的正确性。操作、保护、限制及信号回路传动试验内容见表 6-3。

表 6-3 操作、保护、限制及信号回路传动试验内容

试验类别		检查项目	结果
控制操作	1	分、合灭磁开关	
	2	启励、灭磁	
	3	自动通道间，自动与手动通道间切换	
	4	PSS 投退	
	5	就地、远方切换	
	6	就地、远方增减磁	
	7	运行方式选择	
	8	恒无功、恒功率因数选择	
运行状态	9	励磁调节装置调节方式	
	10	运行通道	
	11	PSS 投/切	
	12	磁场断路器分/合	
	13	发电机电压、电流	
	14	有功功率和无功功率	
	15	励磁电压和励磁电流	
故障显示	16	励磁机故障	
	17	励磁变压器故障	
	18	功率整流装置故障	
	19	电压互感器断线	
	20	励磁装置工作电源消失	
	21	励磁调节装置故障	
	22	触发脉冲故障	
	23	调节通道自动切换动作	
	24	欠励限制动作	
	25	过励限制动作	
	26	U/f 限制动作	
	27	定子电流限制动作	
	28	启励故障	
	29	旋转整流元件故障	
	30	发电机-变压器组故障跳闸	
	31	转子接地报警	
	32	控制器切换闭锁	
	33	励磁风机电源故障	

二、励磁系统各元件试验

1. 交流励磁机

（1）空载特性曲线。交流励磁机连接整流器，整流器的负荷电流以满足整流器正常导通为限。转速为额定值，励磁机空载，逐渐改变励磁机磁场电流，测量励磁机输出电压上升、下降特性曲线。

试验时测量励磁机磁场电压、磁场电流、励磁机交流输出电压和整流电压，试验时的最大整流电压可取励磁系统顶值电压。

制造厂实测空载特性曲线应试验到饱和值，不小于顶值电压对应的交流励磁机电枢电压值。

（2）负载特性曲线。可以在发电机空载、负载试验的同时，测量励磁机磁场电压及电流、发电机磁场电压等，作出励磁机负荷特性曲线。

（3）空载时间常数。交流励磁机空载额定转速时，突然改变励磁机磁场电压，测量交流励磁机的输出直流电压或交流励磁机磁场电流的变化曲线，计算励磁机励磁回路包括引线和整流元件的空载时间常数。

2. 副励磁机

（1）测量空载情况下额定转速时的三相电压值和相序。

（2）负载特性试验按以下方法进行：副励磁机以可控整流器为负荷，整流装置输出连接等值负荷，逐渐增加负荷电流，直至达到发电机顶值电压对应的调节器输出电流为止，记录副励磁机电压和整流负荷电流；也可以在运行中测量空载和不同负荷时副励磁机的电压和整流负荷电流。

3. 功率整流装置

（1）功率整流装置均流试验。当功率整流装置输出为额定磁场电流时，测量各并联整流桥或每个并联支路的电流。

（2）功率整流装置噪声试验。噪声测量采用 A 声级噪声计，测量时应在较小的环境噪声水平条件下进行。测点距功率整流装置 1m，距地面 1.2～1.5m。围绕功率整流装置四周的测点数不小于 4 个，取各测点测量值的平均值作为设备的噪声水平。

（3）交流侧过电压抑制测试。给交流侧通入三相交流电压，反复通断输入交流电压，记录整流桥交流侧电压的波形，比较有无过电压抑制器的过电压，以不超过额定电压值的 1.5 倍为合格。

（4）冷却风机试验。保持柜体状态与运行中状态一致，检查风道是否通畅，卫生是否良好；接通风机电源，测量风机电源是否正常，检查风速指示灯是否正常，风机转向是否正常；风机启、停和切换功能的检查，风机故障信号的检查。

（5）功率整流装置均压试验。在发电机空载、额定或负载运行状态下进行，整流桥的交流输入电压为额定值，录制各单元电压波形，测量各串联元件的峰值电压。

4. 励磁调节器各单元

励磁调节装置的调节特性一般可用传递函数来表示，可实测各元件参数直接求出其原始模型传递函数。对数字式励磁调节装置按可分开测量的各部分进行测定，对模拟式励磁调节装置按各个环节进行测定。

（1）测量单元。测录测量单元静态输出输入特性，计算其放大倍数。

测录测量单元时间常数：输入阶跃信号，录取输出量，从阶跃开始到输出达变化量 0.632 处的时间即为测量单元时间常数。

（2）PID 调节单元。

1）串联 PID 调节单元的传递函数

$$\omega(s) = K_s \frac{1 - T_1 s}{1 + \beta T_1 s} \cdot \frac{1 + T_2 s}{1 + \gamma T_2 s}$$

式中：β 一般为 $5 \sim 10$；$\frac{1 - T_1 s}{1 + \beta T_1 s}$ 为迟后环节，又称积分环节；γ 一般为 $0.1 \sim 0.2$；$\frac{1 - T_2 s}{1 + \gamma T_2 s}$ 为超前环节，又称微分环节。

串联 PID 调节单元的稳态增益为 K_s，动态增益为 K_D，且 $K_D = K_s / \beta$；暂态增益为 K_T，且 $K_T = K_s / (\beta\gamma)$。

PID 调节单元参数的测量可用信号分析仪等专用仪器进行，也可用普通仪器测量。

模拟式调节器 PID 调节单元的参数测量：

a. 测量静态输出输入特性，在上下限范围内应满足线性要求，计算稳态增益。

b. 短接积分电容测量静态输出输入特性，计算动态增益。

c. 短接积分和微分电容测量静态输出输入特性，计算暂态增益。

d. 根据电阻电容值计算时间常数。

e. 测量输出限幅值。

对数字式自动电压调节器（AVR），将各时间常数设为相同，测量静态增益和限幅值；再通过频域法或时域法校核各参数。

频域法校核方法：将噪声信号加到被测环节的输入，用频谱分析仪测量被测环节的频率特性；调整数学模型中参数使得计算的被测环节数学模型频率特性与实测的一致，从而确定被测环节的模型参数。

时域法校核方法：在被测环节输入加上阶跃信号，测量被测环节响应；调整数学模型中参数使得仿真计算被测环节数学模型在相同阶跃下的响应与实测一致，从而确定被测环节的模型参数。

同样的方法可用于并联 PID 调节单元、励磁机磁场电流（发电机磁场电压）负反馈单元的参数校核。

2）并联 PID 调节单元的传递函数

$$\omega(s) = K_p \left[\left(1 + \frac{1}{T_1 s} \right) + \frac{K_D s}{1 + T_r s} \right]$$

式中：K_p 为比例增益；T_1 为积分时间常数，s；K_D 为微分增益；T_r 为滤波时间常数，s。

自并励静止励磁系统可以不采用微分环节，使 K_D 为 0，K_p 为并联 PID 调节单元的动态增益，与励磁功率单元静态增益和励磁机磁场电流（发电机磁场电压）硬负反馈环静态增益的乘积一般为 30～70，T_1 一般为 1～5s。

（3）励磁机磁场电流（发电机磁场电压）负反馈单元。励磁机磁场电流（发电机磁场电压）硬负反馈单元为比例特性，在励磁机空负荷下通过调节器输出电压阶跃，记录励磁机磁场电流变化曲线，获得励磁机励磁回路时间常数。增加硬负反馈增益，使得励磁机励磁回路时间常数减少到 0.1～0.2s。

发电机磁场电压（励磁机磁场电流）软负反馈单元传递函数为 $\dfrac{K_f T_f s}{1+T_f s}$，也可写成 $K_f\left(1-\dfrac{1}{1+T_f s}\right)$。其中：$\dfrac{1}{1+T_f s}$ 为惯性环节；K_f 为反馈系数，一般取 0.01～0.1；T_f 取 0.5～2s。

（4）移相触发单元。在移相触发单元加入控制电压和同步电压，改变控制电压和同步电压的大小，测出移相特性。移相特性曲线可用可控整流装置各臂移相电路移相角 α 的平均值，也可以用某一臂的值，但在同一控制电压下，任意两个 α 角的差值不得大于 3°。

（5）稳压电源单元。

1）稳压范围：稳压单元接入相当于实际电流的等值负荷，根据稳压范围的要求，改变输入电压，测量输出电压的变化。在厂用母线电压波动范围为 +10%～-15%，频率波动范围为 +4%～-6%，直流电压波动范围 +10%～-20% 时，要求输出电压与额定电压的偏差值应小于 5%。

2）外特性曲线：输入电压为额定值，改变负荷电阻，使负荷电流在规定的范围内变化，测量输出电压的变化。

3）短路特性：对有过负荷保护和短路保护的稳压单元，测量外特性时可以短时将输出电流调到最大值直至短路，检查过负荷保护及短路保护的动作情况。

4）输出纹波系数：输入、输出电压和负荷电流均为额定值，测量输出纹波电压峰峰值。电压纹波系数为直流电源电压波动的峰峰值与电压额定值之比，要求输出电压纹波系数应小于 2%。

（6）模拟量、开关量单元。试验条件为：标准三相交流电压源（输出 0～150V，45～55Hz，精度不低于 0.5 级）、标准三相交流电流源（输出 0～10A，精度不低于 0.5 级）、标准直流电压源（输出 0～2 倍额定励磁电压，精度不低于 0.5 级）。利用三相电压源和电流源接入励磁调节器，模拟定子电压、定子电流、代表转子电流的整流器阳极电流等信号、转子电压，试验内容包括：

1）模拟量测试：微机励磁调节器接入三相标准电压源和电流源，电压源有效值变化范围为 0～130％（微机励磁调节器设计输入值），电流源有效值变化范围为 0～150％，设置 5～10 个测试点，其中要求有 0 和额定值两点。模拟量测试范围及测量点见表 6-4。不要求测试点等间距，在设计的额定值附近测试点可以密集些，观测微机励磁调节器测量显示值并记录。

表 6-4　模拟量测试范围及测量点

类别	测量范围	测量点
电压、电流量	0～130％额定值	5～10 个测试点，需包括 0 和额定值两点
频率值	水轮发电机 45～80Hz；汽轮发电机 48～52Hz	每隔 0.5Hz 测一次
有功功率、无功功率量	−80％～100％	至少包括额定有功功率、无功功率及额定有功功率零无功功率、额定无功功率零有功功率

要求电压测量精度分辨率在 0.5％以内；电流测量精度在 0.5％以内；有功功率、无功功率计算精度在 2.5％以内。

2）开关量测试：通过微机励磁调节器板件指示或界面显示逐一检查开关量输入、输出环节的正确性，要求开关量输入、输出应符合设计要求。

（7）低（欠）励限制单元。在低励限制单元的输入端通入电压和电流，模拟发电机运行时的电压和电流，其大小相位分别相应于低励限制曲线对应的有功功率和无功功率数值。此时调整低励限制单元中有关整定参数，使低励限制动作。根据低励限制整定曲线，选择 2～3 个工况点验证特性曲线。

1）静态试验。在欠励限制的输入端通入电压和电流，模拟发电机运行时的电压和电流，其大小相位分别相当于欠励限制曲线对应的有功功率和无功功率数值，此时调整欠励限制单元中有关整定参数，使欠励限制动作，限制调节器的输出。

2）动态试验。欠励限制单元投入运行，在一定的有功功率时（如 $P = P_N$ 及 $P = 0.5P_N$），缓慢降低磁场电流使欠励限制动作，此动作值应与整定曲线相符。欠励限制动作时发电机无功功率应无明显摆动，在接近限制运行点进行电压负阶跃试验，观察欠励限制的快速性和稳定性。

3）欠励限制的输出一般与机端电压有关，当机端电压偏离额定值时应修正其动作值。

（8）过励限制单元。计算并设置过励限制单元的反时限特性参数（启动值、限制值、最大值和最大值持续时间）和顶值电流瞬时限制值。

过励反时限特性和顶值电流瞬时限制值的整定可在静态试验或开机试验中进行，测量额定磁场电流下过励限制输入信号的大小，然后按规定的值整定。在过励限制的输入端通入模拟发电机运行时的转子电流信号，其大小相应于过励限制曲线对应的转子电流，此时调整过励限制单元中有关整定参数，使过励限制动作。根据过励限制整定曲线，选择 2～3 个工况点验证过励限制特性曲线和动作延时。

开机时为达到过励限制动作，可采用降低过励反时限动作整定值和顶值电流瞬时限制整定值，或增大磁场电流测量值等方法。

动态性能检查在开机试验中进行，在降低过励反时限限制整定值和顶值电流瞬时限制整定值后，在接近限制运行点进行电压正阶跃试验，观察磁场电流限制的过程，应快速而稳定。

（9）U/f(V/Hz) 限制单元。用可变频率三相电压源作为机端电压的模拟信号，整定并输入设计的 U/f 限制曲线，调整三相电压源的频率，使电压频率在 45～52Hz 范围内改变，测量励磁调节器的电压整定值和频率值并做记录。

静态调试时通过改变电压和频率测定其单元特性和整定动作值。开机试验时可在机组额定转速下降低 U/f 限制整定值，通过电压正阶跃试验检测限制功能的有效性，如发电机组转速可调范围允许，也可在原有的整定值下降低频率进行实测。

（10）定子电流限制单元。用三相电流源作为机端电流的模拟信号，整定并输入设计的定子电流限制曲线，调整三相电流源的输出大小使其对应于定子电流限制值。此时调整定子电流限制单元中有关整定参数，使定子电流限制动作。根据定子电流限制整定曲线，选择 2～3 个工况点验证定子电流特性曲线。

（11）励磁调节装置的老化试验。励磁调节装置整机或主机部分放置在规定的环境中，持续通电时间不小于 96h 之后其功能应正常，参数的变化量在规定的范围之内。励磁调节装置老化试验的要求应在制造厂的技术条件中规定。

三、静态试验

以 UNITROL 5000 励磁装置为例。机组启动前的静态检查试验主要包括：外观检查；绝缘与耐压试验；交、直流电源检查；参数下载和上传，参数定值检查；灭磁电阻特性测试；冷却系统检查试验；整流柜回路检查；输入、输出回路检查；发电机励磁系统电压、电流测量检查；同步信号及移相回路检查试验；晶闸管跨接器检查；轻负载试验；开环小电流负载试验；灭磁开关动作试验。

1. 外观检查

检查柜体、系统部件、母排等，并清理灰尘；检查各紧固件的螺钉有无松脱现象；设备在运输过程中是否受到损坏，并且设备安装情况是否良好。

励磁变压器、试验电源开关检查：卫生清理（用干布、吸尘器和压力不太高的压缩空气清除灰尘，不用溶剂清除）、绝缘检查、回路传动等。

整流柜检查：冷却风扇轴承是否平滑无摩擦；冷却风扇、散热器、风道、滤网、电子板件卫生清理，用软毛刷、吸尘器和压力不太高的压缩空气清除灰尘，不能用溶剂进行清除。柜内熔断器、晶闸管、板件接线、风机电源回路的检查。

灭磁开关检查：打开上面的四个螺钉，取下灭弧罩，取下触头两侧的瓷罩，检查触头是否有烧损或污垢，检查灭弧室的烟尘和灰尘，在触头下面用干净的纸接住，用软毛刷、细砂纸或压缩空气清除，其他部位卫生清理。

控制柜卫生清理：打开调节器外壳，用吸尘器和压力不太高的压缩空气清除插件和电路板上的灰尘；检查外观有无损伤，检查板卡设置是否正确，检查光纤、控制电缆是否接紧。

2. 绝缘与耐压试验

（1）二次回路绝缘检查。二次回路绝缘应包括开出、开入、TV、TA及电源回路，其中对开出跳闸回路、TV、TA及电源回路可根据继电保护专业要求进行测试，其余开出和开入回路应根据励磁厂家意见及对装置的要求进行测试。特别要注意的是，TV采样利用的接地分压电阻，其装置内部的TV回路绝缘为0。需要注意的是励磁系统的典型设计不如继电保护的规范，因此在不同的工程之间存在较大的差异，绝缘试验前，必须确认哪些回路用哪个电压等级的绝缘电阻表。

直流母排绝缘用500V绝缘电阻表摇测阻值，应在1MΩ以上。

调节器接线端子分110、220、24V三个电压等级及TV、TA的端子排和外接线，24V电压等级和TA的电缆用250V绝缘电阻表或万用表测0.5MΩ以上即可；110、220V电压等级和TV端子排用500V绝缘电阻表摇测1MΩ以上即可。注意DCS、保护等集控室的信号电缆有电，不能摇绝缘，只能用万用表测量对地电压的平衡判断绝缘。

（2）转子回路绝缘试验。在发电机停机之后重新开机之前，需要对发电机转子及晶闸管相关回路进行绝缘及耐压试验。

1）试验接线。转子回路绝缘检查试验接线如图6-20所示。

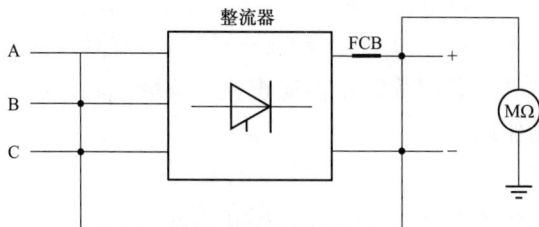

图6-20　转子回路绝缘检查试验接线

2）试验方法。按图6-20进行接线后，采用1000V绝缘电阻表进行测量。注意，在试验前要解开励磁变压器低压侧封母及发电机电刷。测量时需要把灭磁开关合上或者用细铜丝把 FCB 开关短接，同时将励磁母排上连接的二次测量线全部解开。

3）试验结果判别。要求测量阻值在 0.8MΩ 以上。

（3）耐压测试。测试功率回路对地耐压 AC 2500V/min。

3. 交、直流电源检查

电源检查包括：照明和加热器回路检查；启励电源回路检查；控制器控制电源回路检查。

单独送直流控制电源或者交流控制电源，装置和系统中各等级电压正常，控制器及各元器件能够正常工作。

检查各 24V 主电源及 24V DC 电源模块电源正常。

国内励磁规程里面没有专门要求对电源模块进行测试，但根据二次设备的通则要求以及运行经验，应对电源模块进行测试，测试要求可参照继电保护装置电源模块试验，主要有以下三项测试：

（1）电源模块及回路绝缘测试。

（2）电源零漂测试：在输入为 0 的情况下，测试电源输出，零漂误差不超过 1%。

（3）输出稳定度检测：直流电源输入端在额定输入电压的 90%～115% 之间变化，电源模块输出误差应在 5% 以内；交流电源输入端在额定输入频率的 94%～104% 之间变化，电源模块输出误差应在 5% 以内。

4. 参数下载和上传，参数定值检查

下载为电脑至主机，上传为主机至电脑。

保存参数：CMT 与主机联上，选择"参数信号"菜单，下拉式菜单"上传"选项，开始把选择的通道（如 CH1）内参数上传到笔记本电脑上，上传完毕后，选择"参数信号"菜单下拉菜单"另存"选项，弹出保存参数对话框，填写相应的文件名、路径、描述等之后保存。

回装参数：CMT 与主机联上，选择"参数信号"菜单下拉菜单"打开"选项，在电脑上相应的目录下选择要"下载"的参数文件，下载完毕后设置"激活功能块"参数由"0"为"1"，再利用设置"固化方式功能块"参数由"0"为"1"，参数固化保存完毕后，参数自动复位到 0。

故障报警信息上传：CMT 与主机联上，选择"故障"菜单下拉菜单"上传"选项，开始把选择的通道（如 CH1）内故障报警信息上传到笔记本电脑上，上传完毕后，选择"故障"菜单下拉菜单"另存"选项，弹出保存故障报警信息的对话框，填写相应的文件名、路径、描述等内容之后保存。

5. 灭磁电阻特性测试

以 UNITTROL 5000 励磁系统为例。励磁系统一般采用 SiC 非线性电阻进行灭磁。大修试验中需要对 SiC 阀片或组件进行伏安特性测量。因为

SiC 非线性电阻要求配置的试验电源较大，目前市场上已有专用的 SiC 非线性电阻特性测试仪。

（1）试验接线。试验接线如图 6-21 所示。

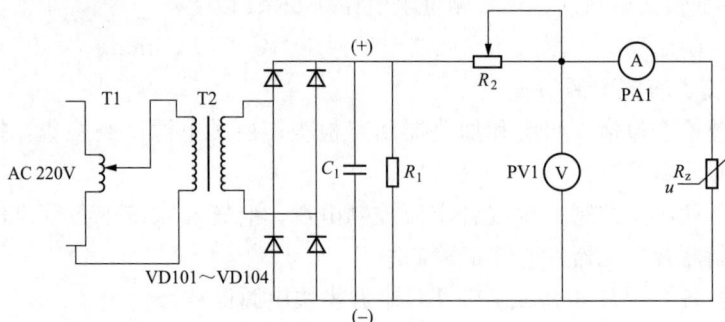

图 6-21 灭磁电阻特性试验接线图

T1—调压器，1kVA；T2—升压变压器，1kVA，220/2000V；

VD101～VD104—高反压二极管（反压不低于 4000V，可用多个串联组成）；

C_1—滤波电容器，4.7μF/2000V；R_1—放电电阻，100kΩ/20W，5 个串联；

R_2—可调限流电阻，2kΩ/100W；R_z—待测试阀片；PA1—电流表，测 U_{10mA} 时用毫安表，

测 $0.5U_{10mA}$ 时用微安表；PV1—电压表，0～2000V（可调电压表）

（2）试验方法。

1）在阀片两端施加可调直流电压（其脉动部分不超过±0.5%），测量阀片电流为 10mA 时，测量阀片两端电压值即为标称压敏电压 U_{10mA}。

2）测试仪器精度不低于±0.5%，测录时间不长于 5s，防止产生热效应。

3）试验时要记录环境温度。

（3）试验结果判别。将测量结果与设备出厂数据进行比较，按制造厂标准进行判断，或者以相同条件下测量结果相差大于 10% 判别为不合格。

氧化锌阀片的正常特性与碳化硅相比，其电压较高、电流较小，目前市场上已有专门的测试仪器，也可根据上述试验方法进行测试。

6. 冷却系统检查试验

由于一些非电气原因，对于励磁系统来讲，整流柜风扇容易出现故障，特别是在长期运行之后，需要在停机检修中对风机、风门、滤网及固定螺栓应进行重点检查。检查整流器风扇是否有污垢，空气流量是否正常和是否有不正常的噪声。运行时给风扇的轴承加润滑油是不可能的，所以出现噪声增大时应更换风扇。

注意：①厂家建议 AVR 柜门上的风扇在运行大约 40 000h(5 年) 后更换；②厂家建议整流器风扇在运行大约 25 000h 后更换；③运行中应定期检查空气过滤器（滤网），如果通风量较小就应清洗或更换滤芯。

（1）试验方法。在静态试验中，可以使用风扇测试参数对风扇进行投

运前的试验，主要是检查两组风机是否正常、风门是否可以正常开闭。

具体试验方法如下：

1）连接 CMT 到 AVR，选择在线就地手动控制方式［ON LINE/LO-CAL/MANUAL（远方或自动下也可完成试验）］。

2）首先将风机电源强制为厂用电供电（静态时，主回路电源无法提供）。

3）然后改变参数的赋值，选择相应的整流柜（1～5 为整流柜代号，9 为全选，0 为全不选）。

4）设置参数检测第一组风扇。

5）设置参数检测第二组风扇。

注意：风机电源主回路（励磁变压器电源）0 为有效位，辅助电源回路（厂用电源）1 为有效位。

（2）试验判别。冷却风机能按指令要求启动和停运，风量正常，无异常噪声。

建议不要定期切换试验，只需定期启动试验保证正常即可。

7. 整流柜回路检查

模拟熔丝熔断信号、模拟交流侧阻容保护用熔丝熔断信号，检查功率桥监视回路的所有功能正常。风机故障时应能直接发出或者通过整流柜的控制板向控制器发出告警信号。

对另一功率桥作相同试验检查功率桥监视回路的所有功能正常。

8. 输入输出回路检查

对照图纸检查各回路的实际接线，确认接线完全正确才能接通电源，在通电前要确认各开关等元件均在开路状态，接通电源后要保持警惕，对柜内的主要开关、继电器、变压器等器件进行检查，如有异响、异味、高温等应立即切断电源进行检查。对励磁系统的控制、操作、信号、保护回路按照逻辑图逐个进行检查传动，确认实际与图纸一致，如果是新安装的首次上电，建议要厂家人员执行上电操作。

使用专用试验仪，如励磁仿真装置、继电保护测试仪，模拟发电机的电压、电流接入励磁装置，查看装置内采样是否符合预期值。

试验结果判别：所有开入开出量检查都应在 ECS 上进行操作或进行检查。进行开入量检查试验时，要检查内部参数是否变位，进行继电保护传动试验时，可以在机组保护柜上短接相应端子，试验前应合上灭磁开关，现场应有保护信号传动开关，应进行集控室紧急跳灭磁开关试验。应进行灭磁开关与发电机出口开关联跳试验。

9. 发电机励磁系统电压、电流测量检查

完成对进入励磁系统每个模拟量信号的采集，检查模拟量信号的测量范围和精度是否符合要求。

（1）试验要求。发电机电压的正常测量范围为额定值的 20%～120%；

发电机电流测量范围为额定值的 20%～120%；励磁电压、电流的测量范围为空载额定值的 20%至强励值；汽轮发电机频率测量范围为 45～55Hz，水轮发电机频率测量范围为 45～77Hz；发电机有功测量范围为额定有功功率的 0～100%；发电机无功测量范围为额定无功功率的 $-Q_N$～$+Q_N$（Q_N 为额定无功功率）。

（2）试验方法。

1）发电机电压测量。使用励磁仿真装置或者继电保护试验装置，模拟发电机电压（励磁 TV 电压和仪表 TV 电压）接入励磁装置 AVR 柜端子排。

由试验仪器输入发电机模拟额定电压值的 0%、25%、50%、75%、100%、120%，并记录 AVR 柜控制面板的显示数据。

2）发电机电流测量。使用励磁仿真装置或者继电保护试验装置，模拟两路发电机电流接入励磁装置 AVR 柜端子排。

从试验仪器输入发电机模拟额定电流值的 0%、25%、50%、75%、100%、120%，并记录 AVR 柜控制面板的显示数据。

3）发电机励磁电流测量。使用励磁仿真装置或者电压/毫安校准仪，在灭磁开关正母线的分流器（SHUNT）0～75mV 输出处接线，从试验仪器输入模拟发电机励磁空载电流值的 20%至强励值，并记录 AVR 柜控制面板的显示数据。

4）发电机励磁电压测量。使用励磁仿真装置或者直流电压装置连接晶闸管输出部分（断开灭磁开关及卸下电刷），从试验仪器输入模拟发电机励磁空载电压值的 20%至强励值，并记录 AVR 柜控制面板的显示数据。

5）发电机频率测量。在进行发电机电压测量时，调节发电机电压频率，水轮机频率调节范围为 45～77Hz，汽轮机频率调节范围为 45～55Hz，并记录 AVR 柜控制面板的显示数据。

6）发电机功率测量。在 AVR 柜端子排同时加入发电机电压、电流，调整电压、电流输入值，使得有功功率变化范围在 0～100%额定有功功率变化，无功功率变化范围为 $-Q_N$～$+Q_N$，并记录 AVR 柜控制面板的显示数据。

（3）试验结果要求。试验结果误差应在 0.5 级仪表的误差要求范围内或满足厂家要求，取二者之间的高标准。

10. 同步信号及移相回路检查试验

使用标准三相交流电压源、示波器等试验仪器，励磁调节器的运行方式为手动或定角度方式，模拟励磁调节器运行条件使其输出脉冲，用示波器观察调整触发脉冲与同步信号之间的相差，检查触发脉冲角度的指示与实测是否一致，调整最大和最小触发脉冲控制角限制。要求励磁调节器移相特性正确。

11. 晶闸管跨接器检查

手动合灭磁开关，短接过电流检测继电器的端子，验证开关量 DI 输入动作正常，灭磁开关自动分开并发出故障信号；再短接过电流检测继电器的另外端子，验证开关量 DI 动作正常，并发出故障信号。

12. 轻负载试验

在励磁装置直流输出侧接电阻、万用表、示波器，接 PMG 三相交流 120V，启励后，将控制量从 $-100\%\sim+100\%$ 进行变化，记录控制量与直流输出电压的关系，并用示波器观察直流侧电压波形，以确认触发脉冲工作正常。

对另一运行通道做同样的试验。

13. 开环小电流负载试验

励磁调节器装置各部分安装检查正确，完成接线检查和单元试验及绝缘耐压试验后进行小电流试验。

断开励磁变压器的封母软连接，励磁电流取自 6kV 临时试验电源，拉出与转子连接的电刷，在转子直流母线上加一大功率负载，并接直流电压表和示波器。

（1）试验接线如图 6-22 所示。

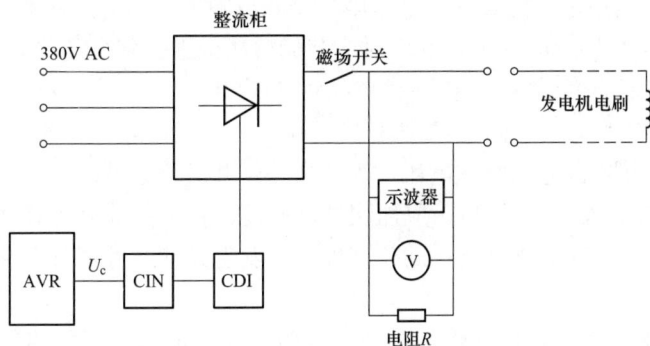

图 6-22　小电流试验接线图

说明：

1）励磁电压 $\approx 1.35\times 380\text{V}\approx 500\text{V}$。

2）380V 临时电源容量大于等于 60kVA。

3）要求电阻功率大于等于 2.5kW，可用家用电炉丝多根串联、并联做试验，电阻应放置在绝缘/耐热物体上，一般不直接放置于地上（水泥地内有钢筋，有时会影响波头）。

4）拉开轴电压吸收回路的熔断器（试验完毕重新装熔断器时，注意熔断器的方向，含细芯端要朝上安装，以便熔断器熔断时细芯可以顶出来）。

（2）试验方法。

1）参数设置。

a. 按接线图接好线，首先进行参数设置。

b. 令手动预置值为 0。

c. 将 AVR 切到手动。

d. 令参数实现开环。

e. 令参数实现他励方式。

f. 若灭磁柜柜门关不上或有报警，可以置参数强制。

g. 闭锁整流柜（1、2 号…柜分别试），试验时根据需要只留一个整流柜不闭锁。

h. 开放整流柜（以 1 号柜为例），该整流柜已解锁，与其他柜相关的参数仿照处理，可开放其他柜。单柜试验完成后，应将所有整流柜全部开通做一次试验。

2）试验操作。

a. 做好安全措施，发电机电刷处有人看守。

b. CMT 准备就绪，确认已切至 CMT 就地（按 F2 出现远方/就地切换按钮）。

c. 送临时电源，用相序表测相序。

d. 合灭磁开关 FCB，若有报警，使 FCB 无法合上，可尝试置参数强制，若有其他报警，应查明报警原因，排除故障。

e. 令从－10 000 到＋10 000 对应整流桥从全逆变到全开关，点击 CMT 上的启励按钮，负载两端电压应为较小的负电压。

f. 依次令对应整流桥从 － 10 000，－ 9000，－ 800，…0，…，＋10 000，并依次记录励磁电压，观察波头，并进行录波。

g. 当参数大于 3000 后，应加快试验速度，数据记录完毕后立即将参数改为 0，缩短负载受热时间；试验过程中如发现异常，可随时灭磁或拉开电源开关。

h. 试验过程中可以不保存参数，试验完毕，可以通过关闭装置电源来清除 AVR 内存中的临时参数。

（3）试验结果判别。如是自并励系统，加入与试验相适应的工频三相电源；如是交流励磁机励磁系统，则开启中频电源并检查输入电压为正相序，确定整流柜及同步变压器为同相序且为正相序，接好小电流负载。①输入模拟 TV 和 TA 以及励磁调节器应有的测量反馈信号，检测各测量值的测量误差在要求范围之内；②励磁调节器上电，操作增减磁，改变整流柜直流输出，用示波器观察负载上波形，每个周期有 6 个波头，各波头对称一致，增减磁时波形变化平滑无突变。

所测直流输出电压应满足

$$U_d = 1.35 U_{ab} \cos\alpha \qquad \alpha \leqslant 60°$$

$$U_d = 1.35 U_{ab} [1 + \cos(\alpha + 60°)] \quad 60° \leqslant \alpha \leqslant 120°$$

式中：U_d 为整流桥输出控制电压，V；U_{ab} 为整流桥交流侧电压，V；α 为整流桥触发角，(°)。

整流设备输出电压波形的换相尖峰不应超过阳极电压峰值的 1.5 倍。

在 AVR 内部还有一个补偿角度，用来补偿采样、信号传输的时间误差，所以一般计算出来的角度与 AVR 显示角度有较大误差。

做此项试验时，要断开励磁变压器一次接线，以防止试验中谐波电流进入厂用电母线导致厂用电保护误动跳机。

14. 灭磁开关动作试验

励磁系统的相关规程中没有对灭磁开关的试验内容进行要求，在 DL/T 596—2021《电力设备预防性试验规程》中规定了对灭磁开关的部分试验内容，主要是绝缘和耐压试验、接触电阻测量以及多触头之间的同步性。

综合一次和二次要求，灭磁开关的定期试验包括以下内容：

（1）外观检查及紧固螺钉；

（2）绝缘和耐压测试，试验电压依据厂家说明书和高压设备预试规程；

（3）动作电压、辅助触头及动作时间测试；

（4）触头接触电阻测试；

（5）与保护装置的联动试验。

四、动态试验

（一）空载试验

现场发电机空载工况下的励磁试验包括：手动启励；手动调节范围；手动阶跃试验调整手动参数；电压测量和控制检查；测量励磁机时间常数、整定反馈系数；自动启励；自动调节范围；自动阶跃试验调整自动参数；电源检查；各测量值检查；逆变灭磁、模拟事故灭磁试验；U/f 限制试验；自动/手动切换试验；通道切换试验；轴电压测定；低频保护试验。

在就地增设灭磁开关手动紧急跳闸按钮。

试验录波：发电机空载下主要录机端电压、转子电流、转子电压等模拟量，以及各自试验相对应的报警信号、开关动作信号等数字量。发电机并网后主要录机端电压、机端电流、转子电流、转子电压、有功功率、无功功率等模拟量，以及各自试验相对应的报警信号。

1. 核相试验与相序检查试验

励磁系统接线查对完毕、通电正常后进行核相及相序检查。对于自并励系统，通过临时电源对励磁变压器充电，验证励磁变压器二次侧和同步变压器的相位一致，对励磁变压器送电后注意其温升情况；对于交流励磁机励磁系统，采用试验中频电源检查主电压和移相控制范围的关系，开机达额定转速后检查副励磁机电压相序。各相位、相序关系应符合设计要求。

2. 发电机启励试验

进行调节器不同通道、自动和手动方式、远方和就地的启励操作；进行低设定值下启励和额定设定值下启励，录制机端电压、励磁电压、励磁电流的波形。

通过发电机启励试验，检查励磁系统基本的接线和控制是否正确，测试励磁控制系统启励特性。

（1）试验接线。励磁系统所有接线已经恢复，所有电源正常投入，AVR 端子排连接试验录波装置（不建议使用励磁系统内部录波功能）。

（2）试验方法。试验前应确认以下条件：

1）发电机过电压保护应投入，试验时动作值建议设置为 120% 发电机额定电压，无延时动作跳灭磁开关，经过模拟试验证明其动作正确性。

2）试验前设置好控制通道和控制方式。

3）自动和手动零起升压试验给定值不超过发电机额定电压。

手动方式启励试验：定义参数设置，在就地面板选择就地控制方式，设置手动启励值，合励磁开关，启励，然后录取试验波形。

注意：①手动软启励设置值是对应励磁电流的百分比；②软启励设置值根据空载励磁电流来设置；③确认手动软启励设置值大于手动低限，小于手动上限；④如果试验过程中发现发电机电压波动太大或电压不可控制的上升，应立即跳灭磁开关。

自动方式启励试验：定义参数设置，面板选择就地控制方式，设置自动启励设定值，合励磁开关，启励，然后存取波形。

注意：①自动软启励设置值是对应机端电压的百分比；②确认自动软启励设置值大于自动低限；③试验时，注意软启励的时间设置不要太短，有可能引起启励失败；④启励设定值的上限、下限值设置；⑤如果试验过程中发现发电机电压波动太大或电压不可控制的上升，应立即跳灭磁开关。

（3）试验判别。装置能够成功启励，发电机电压稳定在设置值，电压超调量不超过 15%，振荡次数不大于 3 次，调节时间不大于 15s。

3. 自动和手动调节范围测定

自动方式下发电机电压调节范围在发电机空载时进行，手动方式下转子电流调节范围在发电机空载和负载下进行。在调节器不同通道时，选择自动或手动方式，启励后进行增、减磁的操作，至达到要求的调节范围的上下限，录制机端电压、励磁电压、励磁电流的波形，观察运行稳定性。

测试自动和手动方式下发电机电压和转子电压（电流）的调节范围和稳定情况。

（1）试验方法。

1）自动方式下电压调整范围测定。外接试验录波装置记录发电机电压、转子电压、转子电流。发电机升压到额定，保持转速稳定，选择自动方式，手动降压至可能的发电机电压最低点，并记录此时发电机电压、转子电压、转子电流数据；再手动升高发电机电压至 110% 额定电压，并记录发电机电压、转子电压、转子电流数据。两个通道各做一次。

2）手动方式下电压调整范围测定。外接试验录波装置记录发电机电压、转子电压、转子电流，发电机升压到额定，保持转速稳定，选择手动方式，手动降压至可能的发电机电压最低点，并记录此时发电机电压、转子电压、转子电流数据；再手动升高发电机电压至110％额定电压，并记录发电机电压、转子电压、转子电流数据。两个通道各做一次。

（2）试验判定。要求自动方式下调节器应能在发电机空载额定电压的70％～110％范围内进行稳定、平滑的调节，手动方式下调节器应能在发电机空载额定磁场电压的20％～110％范围内进行稳定、平滑的调节。

（3）试验注意事项。应与电气一次专业技术人员讨论确定试验时发电机电压最高值，如果机组的U/f限制定值小于1.10，则应修改定值或限制升压幅值以适应试验要求，在试验完成后再恢复实际定值。

4. 自动励磁调节器运行切换试验

进行同一通道中自动运行模式与手动运行模式之间的切换，分别在自动和手动方式下进行两个通道间的切换，录波机端电压、励磁电压、励磁电流及状态指示信号等，确认切换过程各方式和通道间应能实现自动跟踪，切换不应造成发电机电压和无功功率的明显波动，实现扰动切换。

通过励磁调节器各调节通道和控制方式间的切换通道试验，验证在调节器切换方式下，调节器稳态差异及切换时间是否满足要求。

（1）控制通道间的切换。选择 AVR 运行方式为 A 通道自动，然后在控制面板上选择控制通道为 B 通道自动，并录取波形。

（2）手动/自动方式间的切换。在自动方式启励后，先定义参数设置（手动），然后方式切换到手动方式，再定义参数设置（自动），再切换回自动模式，录取波形。

（3）试验结果判别。在装置切换过程中，发电机电压电流保持平稳，发电机机端电压稳态值的变化应小于1％，动态值可适当大于稳态值，切换扰动时间一般小于100ms。

5. 发电机空载阶跃响应试验

发电机空载稳定运行，励磁调节器工作正常。设置励磁调节器为自动方式，设置阶跃试验方式，设置阶跃量，发电机电压为空载额定电压，在自动电压调节器电压相加点叠加负阶跃量，发电机电压稳定后切除该阶跃量，发电机电压回到额定值。用录波器测量记录发电机电压、磁场电压等的变化曲线，计算电压上升时间、超调量、振荡次数和调整时间。阶跃过程中励磁系统不应进入非线性区域，否则应减小阶跃量。

测试自动调节器的 PID 参数，使得在线性范围内的自动电压调节器动态品质达到标准要求。

（1）试验方法。

1）自动方式下的阶跃试验。外部录波设备连接 AVR 端子排的发电机电压回路，确认参数设置，分别将 StepA 和 StepB 设为上阶跃和下阶跃，阶跃量定义为 5％，发电机转速保持额定，调整机端电压至适当电压，

AVR 设置为自动模式，先做一个下阶跃，再做一个上阶跃，阶跃量定义为 5%，并进行录波。

在 A、B 通道下各做一次试验。

2）手动方式下的阶跃试验。确认参数为一个空的参数，并设置该参数。分别将 StepA 和 StepB 设为上阶跃和下阶跃，阶跃量定义为 5%，发电机转速保持额定，调整机端电压至适当电压，AVR 设置为手动模式，先做一个下阶跃，再做一个上阶跃，阶跃量定义为 5%，并进行录波。

在 A、B 通道下各做一次试验。

（2）试验判别。要求发电机电压振荡次数在 3 次以内，超调量不超过阶跃量的 30%，收敛时间不大于 10s。自并励静止励磁系统的电压上升时间不大于 0.5s，振荡次数不超过 3 次，调节时间不超过 5s，超调量不大于 30%；交流励磁机励磁系统的电压上升时间不大于 0.6s，振荡次数不超过 3 次，超调量不超过阶跃量的 30%，收敛时间不大于 10s。较小的上升时间和适当的超调量有利于电力系统稳定。

6. 整流功率柜均流试验

通过试验检查调整大功率整流柜的均流情况。

（1）试验方法。启励升压到额定电压，设置参数，将 AVR 切到手动模式，查看整流柜上的单柜电流，看电流是否平均，若不平均，则用参数进行在线均流，在线均流完成后要灭磁后再次启励，确认均流效果。

（2）试验判别。经过检查调整后整流功率柜的均流系数一般不小于 0.85，并且任意退出一柜，其均流系数仍要符合要求。其中均流系数的定义为：并联运行各支路电流的平均值与最大支路电流值之比。

如果每个整流柜用智能均流都不能满足均流要求，应仔细检查直流母排连接是否牢固。

7. TV 断线试验

在空载自动运行的情况下，人为模拟任一 TV 断一相，验证切换控制逻辑正常，励磁调节器应能进行通道切换保持自动方式运行，同时发出 TV 断线故障信号。励磁调节器在备用通道再次发生 TV 断线时应切换至手动方式运行。模拟 TV 两相同时断线（有的励磁调节器是一个 TV 同时两相断线，有的励磁调节器是两个 TV 同时断线）时，励磁调节器应切换到手动方式运行。当恢复被切断的 TV 后，励磁调节器的 TV 断线故障信号应复归，并录波机端电压、励磁电压、励磁电流等信号，发电机电压或无功功率应基本不变。

试验结果要求：TV 一相断线时发电机电压应当基本不变；TV 两相断线时，机端电压超过 1.2 倍的时间不大于 0.5s。

8. U/f 限制试验

发电机空载稳定工况下，励磁调节器以自动方式正常运行。在机组额定转速下降低 U/f 限制定值，通过电压正阶跃试验检测限制功能的有效性。如发电机组转速可调范围允许，也可在原有的整定值下降低频率进行实测。水轮发电机应在额定电压下通过降低频率的方式进行试验。

要求 U/f 限制动作后机组运行稳定，动作值与设置值相符。

9. 灭磁试验

灭磁试验在发电机空载额定电压下按正常停机逆变灭磁、单分灭磁开关灭磁、远方正常停机操作灭磁、保护动作跳灭磁开关灭磁 4 种方式分别进行，测录发电机端电压、磁场电流和磁场电压的衰减曲线，测定灭磁时间常数，必要时测量灭磁动作顺序。

整个试验过程中灭磁开关不应有明显的灼痕，灭磁电阻无损伤，转子过电压保护无动作，任何情况下灭磁时发电机转子过电压不应超过转子出厂工频耐压试验电压幅值的 70%，应低于转子过电压保护动作电压。

通过灭磁试验检验灭磁功能，即操作正确性，动作逻辑正确性，各种灭磁方式（如逆变灭磁、开关灭磁）下灭磁的正确性，及灭磁电阻工作的正确性。

（1）试验准备。灭磁装置静态检查结束，灭磁开关检修结束。装置电源正常上电，录波装置连接完毕，可以录取发电机电压波形，发电机电压升高到额定。

（2）试验方法。

1）手动方式下的逆变灭磁。AVR 状态切换至手动模式，定义参数设置，在灭磁时不拉开励磁开关。设置好后，按控制面板灭磁按钮，然后存取波形。A、B 通道各做一次。

2）自动方式下的逆变灭磁。发电机电压升高到额定电压，AVR 状态切换至自动模式。定义参数设置，在灭磁时不打开励磁开关，设置好后，按控制面板灭磁按钮，然后存取波形。A、B 通道各做一次。

3）跳灭磁开关灭磁。在额定空载电压下，手动跳开灭磁开关，并进行录波。在 A、B 通道的手自动方式下各做一次。

（3）试验判别。进行逆变灭磁时，记录发电机电压从额定下降到零的时间，并和设备交接试验时的灭磁时间进行对比；进行分灭磁开关灭磁试验时，记录发电机电压从额定下降到 36.8% 额定电压的时间（灭磁时间常数），并和设备交接试验时的灭磁时间进行对比。

10. 冷却风机切换试验

发电机空载运行，励磁调节器以正常自动方式运行。整流柜的风机为双套冗余设计，双路电源供电。模拟一路电源故障，观察备用风机是否启动；断掉风机工作电源，观察是否能够切换到备用电源继续工作。

11. 过励限制试验

发电机空载稳定工况下，励磁调节器以自动方式正常运行。试验中为达到限制动作，宜采用降低过励反时限动作整定值和顶值电流瞬时限制整定值，或增大磁场电流测量值等方法。降低过励反时限动作整定值和顶值电流瞬时限制整定值后，在接近限制运行点进行电压正阶跃试验，观察磁场电流限制的动作过程，应快速而稳定。

要求过励限制动作后机组运行稳定，动作值与设置值相符；要注意防止过励限制试验过程中保护误动导致跳机。

12. 轴电压测量

分别在发电机空载额定和负载额定下进行。测量发电机轴承与基座间的电压，测量时应使用高内阻电压表，要求大于 $100\text{k}\Omega/\text{V}$。

13. 励磁机试验

（1）核相试验与相序检查试验。励磁系统接线查对完毕、通电正常后进行核相及相序检查。对于自并励系统，通过临时电源对励磁变压器充电，验证励磁变压器二次侧和同步变压器的相位一致，对励磁变压器送电后注意其温升情况；对于交流励磁机励磁系统，采用试验中频电源检查主电压和移相控制范围的关系，开机达额定转速后检查副励磁机电压相序。各相位、相序关系应符合设计要求。

（2）交流励磁机带整流装置时的空载试验。发电机空载状态稳定运行，由受励磁调节器控制的可控整流桥向励磁机励磁绕组供电，励磁机向发电机转子绕组供电，发电机转速稳定。在此条件下进行交流励磁机带整流装置时的空载试验，试验内容包括：

1）空载特性曲线：交流励磁机连接整流器，整流器的负载电流以满足整流器正常导通为限，转速为额定值，励磁机空载；逐渐改变励磁机磁场电流，测量励磁机输出电压上升及下降特性曲线。试验时测量励磁机磁场电压、磁场电流、交流输出电压及整流电压，试验时的最大整流电压可取励磁系统顶值电压。

2）负载特性曲线：可以在发电机空载及负载试验的同时，测量励磁机磁场电压、磁场电流、发电机磁场电压等，作出励磁机负载特性曲线。

3）空载时间常数：交流励磁机空载额定转速时，使励磁机磁场电压发生阶跃变化，测量交流励磁机的输出直流电压或交流励磁机磁场电流的变化曲线，计算励磁机励磁回路（包括引线及整流元件）的空载时间常数。

（3）副励磁机负载特性试验。机组转速达到额定值，副励磁机以可控整流器为负载，整流装置输出接等值负载，逐渐增加负载电流，直至达到发电机额定电压对应的调节器输出电流为止，记录副励磁机电压和整流负载电流，也可以在运行中测量不同负载时副励磁机的电压和整流负载电流。

要求副励磁机负荷从空载到相当于励磁系统输出顶值电流时，其端电压变化应不超过 $10\%\sim15\%$ 额定值。

（二）并网后试验

根据要求设定 AVR 的调差系数，并设定低励限制线。

现场发电机带负载工况下励磁试验包括：低励限制试验、过励限制试验、通道和控制方式切换试验、负载阶跃试验、定子电流限制试验、转子温度测量及报警、均流试验、调差率整定、电压静差率测定、定无功功率控制检查、定功率因数控制检查、励磁系统模型参数确认试验、电力系统稳定器试验、甩负荷试验。

1. 励磁系统 TA 极性检查

发电机并网后，增减励磁，调节发电机无功功率，观察无功功率变化方向，如无功功率变化方向与增减励磁方向一致，可判断励磁系统 TA 极性正确。

2. 并网后调节通道切换及自动/手动控制方式切换试验

在发电机并网带负荷运行工况下，人工操作励磁调节器通道和控制方式切换试验，观测记录机端电压、励磁电压、励磁电流、无功功率的波动，切换不应造成发电机电压和无功功率的明显波动，实现无扰动切换。

3. 电压静差率测定

电压静差率测定试验的目的是检验发电机负载变化时励磁调节器对机端电压的控制准确度，该试验需在发电机并网带负荷运行后进行测定。

方法 1：在额定负荷、无功电流补偿率为零的情况下测得机端电压 U_1 和给定值 U_{REF1} 后，在发电机空负荷试验中相同调节器增益下测量的给定值 U_{REF1} 对应的机端电压 U_0，然后按下式计算

$$\varepsilon = \frac{U_0 - U_1}{U_N} \times 100\%$$

式中：U_1 为额定负荷下发电机电压，kV；U_0 为相同给定值 U_{REF1} 对应的发电机空载电压，kV；U_N 为发电机额定电压，kV。

方法 2：机组甩负荷试验时置无功电流补偿率为零，保持给定值不变，甩额定负荷，测量甩负荷前的发电机端电压 U_1 和甩负荷后的发电机端电压 U_0，然后按上式计算静差率。

励磁自动调节应保证发电机机端电压静差率小于 1%，此时汽轮发电机励磁系统的稳态增益一般应不小于 200 倍，水轮发电机励磁系统的稳态增益一般应不小于 100 倍。

4. 电压调差率测量

电压调差率测定试验的目的是实现发电机之间的无功分配和稳定运行，并可以提高系统电压稳定性，该试验需在发电机并网带负荷运行后进行测定。

方法 1：发电机并网运行时，保持给定值不变，设置无功电流补偿率，在功率因数为零的情况下，甩 50%~100% 额定无功功率，测量甩负荷前后发电机端电压，按下式求得电压调差率 D

$$D(\%) = \frac{U_0 - U_1}{U_N} \cdot \frac{I_N}{I_Q} \times 100\%$$

式中：U_1、U_0 为甩负荷前后的机端电压，kV；I_Q、I_N 分别为甩负荷前无功电流值和额定定子电流值，A；U_N 为发电机空载额定电压，kV。

方法 2：发电机并网运行时，在功率因数为零的情况下，调节给定值，使发电机无功功率 Q 在 $50\%\sim100\%$ 额定无功功率负荷下，测得机端电压 U_1 和给定值 U_{REF1} 后，在发电机空负荷试验中相同调节器增益下测量的给定值 U_{REF1} 对应的机端电压 U_0，然后按下式计算电压调差率 D

$$D(\%) = \frac{U_0 - U_1}{U_N} \cdot \frac{S_N}{Q} \times 100\%$$

式中：U_1、U_0 为甩负荷前后的机端电压，kV；S_N 为发电机额定容量，kVA；U_N 为发电机空载额定电压，kV；Q 为发电机无功功率，kV。

发电机并网带一定负荷，增加无功补偿系数，无功功率增加的为负调差，减少的为正调差。

5. 发电机带负载后阶跃响应试验

发电机有功功率大于 80% 额定有功功率，无功功率接近零（现场一般为 $5\%\sim2\%$ 额定无功功率）。调差系统整定完毕，所有励磁调节器整定完毕，发电机-变压器组继电保护、热工保护投入，机组 AGC、AVC 退出。

在自动电压调节器电压相加点加入 $1\%\sim4\%$ 正阶跃，控制发电机无功功率不超过额定无功功率，发电机有功功率及无功功率稳定后切除该阶跃量，测量发电机有功功率、无功功率、磁场电压等的变化曲线，从有功功率的衰减曲线计算阻尼比。阶跃量的选择需考虑励磁电压不进入限幅区。

发电机额定工况运行，阶跃量为发电机额定电压的 $1\%\sim4\%$，有功功率阻尼比大于 0.1，波动次数不大于 5 次，调节时间不大于 10s。

6. 励磁系统顶值电压倍数和励磁系统标称电压（或电压响应时间）测定

发电机在额定工况下运行，待转子绕组温度稳定后，突然将发电机电压反馈信号降到原值的 80%，或者突然将发电机电压给定值增到原值的 120%，录取磁场电压上升波形，计算励磁系统顶值电压倍数，对于无刷励磁系统可以测量励磁机磁场电流代替发电机磁场电压，换算成发电机磁场电压时需计入励磁机饱和。

试验前应进行预计算，确定发电机电压、电流的上限，试验时应在发电机电压、电流到达上限前退出扰动。

此项试验存在风险，不同的励磁调节器一般在试验前都有无功限制要求。

7. 发电机负荷条件下的带负荷试验

励磁调节器在并网运行方式下采用恒电压调节方式，调节励磁时要防止机端电压超出许可范围。试验内容包括：

（1）检查励磁电流限制器定值，临时改变过励磁电流限制器定值，用电压阶跃方法观察限制器动作时的动态特性，再恢复定值；试验过程要求无功功率调节平稳、连续，励磁电压、机端电压无明显变化和异常信号。

（2）检查定子电流限制器定值，临时改变定子电流限制器定值，同时降低机组有功出力，提高无功电流比例，用电压阶跃方法观察限制器动作时的动态特性，再恢复定值。试验过程要求无功功率调节平稳、连续，励磁电压、机端电压无明显变化和异常信号。

（3）励磁调节器低励限制校核试验。励磁调节器在并网运行方式下运行。

低励限制单元投入运行，在一定的有功功率（$P=0\%$、25%、50%、75%、100%）情况下，缓慢降低磁场电流使欠励限制动作，此动作值应与整定曲线相符。在低励限制曲线范围附近进行 $1\%\sim3\%$ 的阶跃试验，阶跃过程中欠励限制应动作，欠励限制动作时发电机无功功率应无明显摆动，以检验低励限制器动作的稳定性。如果试验进相过多导致机端电压下降至 0.9（标幺值），则不允许再继续进行试验，需修改定值并且在严密监视厂用母线电压条件下进行试验。

低励限制参数的整定一般由调度或电厂给出，需要考虑：与制造厂提供的发电机 P-Q 曲线配合；静稳定极限的配合；留有 10% 裕量；无进相要求时可按 $P=P_N$、$Q=0.05Q_N$ 及 $P=0$、$Q=-(0.2\sim0.3)Q_N$ 整定；功角型一般按 $\leq70°$ 整定。需要注意有无机端电压补偿。

低励限制参数整定如图 6-23 所示。

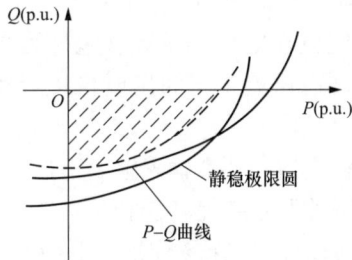

图 6-23　低励限制参数整定

低励限制动作后运行稳定，动作值与设置相符，且不发生有功功率的持续振荡。

在试验过程中录波机端电压、励磁电流、励磁电压、有功功率及无功功率等信号，并记录限制动作时对应的励磁电流值。

（4）功率整流装置额定工况下均流检查。发电机负载达到额定值工况下进行，当功率整流装置输出为额定磁场电流时，测量各并联整流桥或每个并联支路的电流。

要求功率整流装置的均流系数应不小于 0.9，均流系数为并联运行各支路电流平均值与支路最大电流之比，任意退出一个功率柜其均流系数也要符合要求。

8. 甩负荷试验（配合发电机甩负荷试验时进行）

发电机并网带额定有功负荷和无功负荷，做好试验录波准备。

通常要求带适当的有功功率（$P=15\%$），在无功功率分别为 $Q=10\%$、

25％、50％、75％、100％五个点上进行甩负荷试验，并录波机端电压、励磁电流及无功功率等信号，在试验过程中根据系统响应情况，调整响应的控制参数，使甩负荷时电压的超调量符合国标的要求。

如果试验出现紧急情况，应立即解列灭磁，若 PSS 试验已完成，投入 PSS 功能，否则退出 PSS 功能。

发电机带额定有功负荷和无功负荷，断开发电机出口断路器，突然甩负荷，对发电机机端电压进行录波，测试发电机电压最大值。根据机组情况甩负荷量由小到额定分几挡进行。

发电机甩额定无功功率时，机端电压出现的最大值应不大于甩前机端电压的 1.15 倍，振荡不超过 3 次。

9. 励磁系统模型参数确认试验

对励磁系统各部分采用时域或频域法确认其模型参数。对实际励磁控制系统进行扰动试验，对励磁系统模型进行扰动仿真计算，通过对比实际和仿真的扰动响应确认励磁系统模型参数。励磁控制系统的扰动试验一般为发电机空载阶跃响应试验，对含复励的励磁系统需要设计针对性的扰动试验。

10. 电力系统稳定器（PSS）试验

电力系统稳定器整定应在电压环参数（包括无功电流补偿率）整定后进行。电力系统稳定器动态试验工况为发电机接近额定有功功率，功率因数约为 1。

（1）测量电力系统稳定器各环节输入输出特性。

（2）测量或计算励磁控制系统无补偿相频特性。

（3）确定电力系统稳定器预置参数，如电力系统稳定器输出限幅值，电力系统稳定器自动投切的功率值，隔直环节时间常数，PSS2 型的 T7、KS2 等。

（4）测量或计算励磁系统有补偿相频特性，整定电力系统稳定器相位补偿。

（5）电力系统稳定器增益调整：电力系统稳定器投入，增益从零开始逐渐增大，测录调节器输出电压和发电机磁场电压直至其开始振荡，该增益即为临界增益。

（6）增益及相位补偿整定后，设置电力系统稳定器输入信号为恒定，测输出端的噪声，观察输出的漂移。

（7）在自动电压调节器的电压相加点加阶跃信号，记录有电力系统稳定器及无电力系统稳定器两种状态下发电机有功功率波动情况，计算两种状态下的阻尼比应大于 0.1，有电力系统稳定器的振荡频率应是无电力系统稳定器的振荡频率的 95％～110％。

（8）反调试验。水轮发电机组、燃气轮发电机组和具有快速调节机械功率作用的汽轮发电机组上使用的各种形式的电力系统稳定器都需要进行反调试验。按照原动机正常运行操作的出力最大变化量和变化速度设定连续减、增功率10%～20%额定有功功率，反调试验中无功功率变化量小于30%额定无功功率，机端电压变化量小于3%～5%额定电压。

以上介绍的是全检试验项目，对停运时间较短的检修，可灵活掌握，根据机组及系统实际情况可适当调整部分检修项目。但在1年内至少应对装置进行以下工作：

（1）清灰、紧螺钉、摇测绝缘；

（2）外观检查；

（3）模拟量检测；

（4）电源检查；

（5）灭磁开关检查。

还需要说明的是，UNITROL 5000系统是可以在静态方式下进行调试的，但ABB公司的技术标准要求在动态下完成调试。从可靠性方面考虑，在静态下完成的调试试验也有必要在动态下进行校验，在静态下进行调试，可以测试各项限制的定值，如延时等，此外还可仔细校核如TV断线之类的动作逻辑。

第七章　发电厂安全自动装置

电力系统安全自动装置，是指用以防止电力系统失去稳定性、防止事故扩大、防止电网崩溃、恢复电力系统正常运行的各种自动装置，如安全稳定控制装置、自动解列装置、失步解列装置、低频减负荷装置、低压减负荷装置、过频切机装置、低频振荡控制装置、次同步振荡控制装置、自动励磁调节装置、厂用电切换装置、备用电源自动投入装置、自动重合闸、水电厂低频自启动装置等。

目前电力系统安全自动装置主要作用和分类为：预防控制、防止电力系统失稳的控制装置、防止电力系统崩溃的控制装置、恢复控制装置、自动操作记录装置等。其中预防控制主要包含功角稳定、频率异常、电压异常、过负荷、改善系统阻尼特性（如 PSS）等预防控制功能，集成在各类控制装置和系统中；防止电力系统失稳的控制装置主要包含安全稳定控制装置（系统）、低频振荡监测与控制装置（系统）、次同步振荡监测与控制装置（系统）；防止电力系统崩溃的控制装置主要包含失步解列装置、低频减负荷和低频解列装置、低压减负荷和低压解列装置、过频切机和过频解列装置；恢复控制装置主要包含自动重合闸装置、备用电源自动投入装置、厂用电源快速切换装置；自动操作记录装置主要包含自动准同期装置、故障录波及故障信息管理系统等。还有一些装置综合了上述几类装置的功能，如励磁调节与控制装置等，随着装置和系统的集成度越来越高，安全自动装置越来越淡化装置分类，开始强调功能分类。

电力系统应按照 GB/T 26399—2011《电力系统安全稳定控制技术导则》、GB 38755—2019《电力系统安全稳定导则》和 GB/T 38969—2020《电力系统技术导则》的要求，依据电力系统网架结构和运行方式等，制定相适应的稳定控制策略，合理配置安全自动装置，以防止电力系统稳定破坏、防止电力系统崩溃或大面积停电，以及恢复电力系统正常运行。

安全自动装置应满足可靠性、选择性、灵敏性和速动性的要求。安全自动装置该动作时应动作（即保证可信赖性）、不该动作时不动作（即保证安全性）。在故障或异常运行时，安全自动装置的启动元件和判别元件应有足够的反应能力。

事故情况下，电厂设置的安全自动装置将直接影响发电机的应变运行能力，是提高电力系统稳定性的有效保障。大型发电厂在配置电网安全自动装置的基础上还主要配备下列安全自动装置：自动准同期装置、厂用电源快速切换装置、发电机励磁系统等。还有一些装置和系统，其性能包含了安全自动装置的功能，提高了电力系统的稳定、电能质量（电压、频率）

和自动化运行水平，在电网故障或异常时起到辅助控制、分析、记录等作用，如：故障录波装置及故障信息管理系统、自动电压控制装置（AVC）、同步相量测量装置（PMU）、自动发电控制装置（AGC）、厂用自动消谐装置、GPS 对时装置等。

发电厂安全自动装置的配置和整定必须与电网结构和运行方式等相协调，保证其性能满足电力系统稳定运行的要求，同时还需与发电机-变压器组等主设备参数限值、继电保护定值（如发电机失磁保护、失步保护、频率保护和线路保护等）相配合。

第一节　发电机同期系统

一、发电机的并列方式

电力系统中，为提高供电的可靠性和供电质量并达到经济调度运行的目的，各发电厂内的同步发电机均连接在电网上，并按照一定的条件并列在一起运行，这种运行方式称为同步发电机并列运行。所谓并列运行条件就是系统中各发电机转子有着相同的转速、相角差不超过允许的极限值、发电机出口的折算电压近似相等。

实现并列运行的操作称为并列操作或同期操作，用以完成并列操作的装置称为同期装置。如果发电机非同期投入电力系统，会引起很大的冲击电流，不仅会危及发电机本身，甚至可能使整个电网系统的稳定受到破坏。

国内外由于同期操作或同期装置、同期系统的问题发生非同期并列的事例屡见不鲜，其后果是严重损坏发电机的定子绕组，甚至造成大轴损坏。发电机和电网的同期并列操作是电气运行较为复杂、重要的一项操作。

在电力系统中，同步发电机采用的并列方式主要有两种：准同期方式和自同期方式。两种并列方式可以是手动操作的，也可以是自动的，使用条件与使用情况各不相同，但不论采取哪一种操作方式，应共同遵循的基本要求和原则是：

（1）并列操作时，冲击电流应尽可能小，其瞬时最大值不应超过 $\sqrt{2}$ 倍额定电流。

（2）发电机投入系统后，应能迅速拉入同步运行状态，其暂态过程要短，以减少对电力系统的扰动。

1. 准同期并列方式

准同期并列是将待并入系统的发电机转速升至接近同步转速后加上励磁，通过准同期装置调节待并发电机的频率、电压和相角，在满足并列条件（即电压、频率、相位、相序与系统相同）时将发电机投入系统，相序相同条件通常应在发电机同期并列前已满足。如果在理想同期的情况下使断路器合闸，则合闸瞬间发电机定子回路的电流接近零，这样就不会产生电流或电磁力矩的冲击，这是准同期并列的最大优点。但是，在实际的并列操作中，很难实现上述理想条件，总要产生一定的电流冲击和电磁力矩冲击。一般来说，只要这些冲击不大，不超过允许范围，就不会对发电机产生危害。在并列操作时，如果两者间频率差别较大，即发电机在并列时的转速太快或太慢，则并列后会很快带上过多的正或负的有功负荷，甚至可能失去同步；如果两者间电压差别较大，则在合闸时会出现无功性质的冲击平衡电流；如果合闸时的相角差较大，则会出现有功性质的冲击平衡电流。这些情况在实际的并列操作中都是必须力求避免的。

由于准同期并列能通过调节待并发电机的频率、电压和相角，使同期合闸的三个条件得以满足，所以合闸后冲击电流很小，能很快拉入同步，对系统的扰动也最小。因此，在正常运行情况下，一般都采用准同期并列操作。

采用准同期方式时必须严格防止非同期并列，否则可能使发电机遭到破坏。如果在发电机与系统间的相位差等于180°时非同期合闸，发电机定子绕组的冲击电流将比发电机出口三相短路电流还大。造成非同期并列的主要原因有：有关同期回路的二次接线错误；同期装置动作不正确；运行人员误操作等。为防止发生上述情况，须确保同期装置及其二次回路接线正确、动作可靠（如安装或大修后的发电机同期电压回路应通过核相检查，与系统的相序、相位一致），严格执行操作程序，确保操作无误。

实际操作中，准同期并列的条件为：

（1）电压条件：一般待并侧与系统侧电压差不超过 5%～10%。

（2）频率条件：一般待并侧与系统侧频率差不超过 0.2%～0.5%。

（3）相角条件：当以上两个条件都已被调节得符合要求时，就应在断路器两侧的电压相角重合前，提前一个导前时间给断路器发出合闸脉冲，以便在合闸瞬间断路器两侧电压间的相角差恰好趋近于零，此时的冲击电流最小，通常此相角差不应超过10°。

准同期并列方式的优点是，在满足上述条件时并列，冲击电流小，发电机能较快被拉入同步，对系统扰动小；缺点是，并列操作不准确或同期装置不可靠时，可能引起非同期并列事故。

2. 自同期并列方式

自同期并列是将未加励磁电流的同步发电机升速至接近系统频率（同步转速），在滑差角频率不超过允许值，且机组的加速度小于某一给定值的条件下，先把发电机并入系统，随即将励磁电流加到转子中去，使发电机自行投入同步。在正常情况下，经过 1～2s 后，电力系统即可将并列的发电机拉入同步。自同期并列对于相角及电压条件没有要求，且转速条件亦可放得较宽，通常允许滑差在正常时为 2%～3%，事故情况下可达 10%。

自同期并列最大特点是并列过程迅速、操作简单，不存在调节、校准电压和相角的问题，只是调节发电机的转速，易于实现操作过程的自动化，特别是在系统事故时能使发电机迅速并入系统。自同期并列的这一优点为在电力系统发生事故而出现低频率、低电压时启动备用机组创造了很好条件，这对于防止系统瓦解和事故扩大，以及较快地恢复系统的正常工作起着重要的作用。

此外，由于待并发电机在投入系统时未加励磁，故这种并列方式从根本上消除了非同期并列的可能性。但合闸时的冲击电流和电磁力矩较大，会引起系统电压、频率的短时下降；冲击电流引起的电动力可能对定子绕组绝缘和定子绕组端部产生一定影响，冲击电磁力矩也可能使机组大轴产生扭矩，引起振动。另外，自同期并列时，电网电压的降低值和恢复时间与投入发电机的容量等因素有关，经常性使用自同期并列方式，冲击电流产生的电动力可能对发电机定子绕组绝缘和端部产生积累性变形和损坏，对定子绕组绝缘已老化或端部固定存在不良情况的发电机，更应限制自同期方式的经常使用。在故障情况下，为加速故障处理，中、小型水轮发电机可采用自同期方式。

随着微机自动准同期装置的推广和普及，自动准同期的准确性、可靠性得到了保证，并列过程的时间也大大缩短，其快速性不亚于自同期并列方式，故自同期并列方式使用的越来越少。

二、发电机准同期并列

发电机用准同期并列方式的实际操作中，在合闸前应调节待并发电机电压与频率，必须满足以下四个条件，使合闸冲击电流最小，且能立即进入同步，对系统的扰动最小：

（1）相序条件。该条件通常应在发电机同期并列前已满足，当发电机新安装或大修时其电压或同期回路变动过，必须先通过电压回路核相，核对、检查、确认与电网系统的相序一致，连接同期装置的电压相别、极性正确。所以，发电机进行准同期操作主要是控制和监视后三个条件。

（2）电压条件。应使待并发电机的电压与系统电压近似相等，一般电压差不超过 $5\% \sim 10\%$ 额定电压。如果两者间电压差较大，则在合闸时会出现无功性质的冲击平衡电流。

（3）频率条件。应使待并发电机的频率与系统频率近似相等，一般频率差不超过 $0.2\% \sim 0.5\%$ 额定频率（50Hz）。如果两者间频率差较大，即发电机在并列前的转速太快或者太慢，则并列后会很快带上过多正的或者负的有功负荷，甚至可能导致失去同步。

（4）相角条件。当上述两个条件调节符合要求时，准同期装置捕捉并列断路器合闸瞬间发电机与系统相位相同，考虑到发电机并网断路器有一固有的合闸时间，应在断路器两侧的电压相角重合前，提前一个导前时间向断路器发出合闸脉冲，以便在合闸瞬间断路器两侧电压间的相角差恰好等于零，这时的冲击电流最小，通常此相角差不应超过 $10°$。如果合闸时的相角差较大，则会出现有功性质的冲击平衡电流。

准同期并列方式有自动准同期、AVR 自动回路手动准同期、AVR 手控回路手动同期等多种并列方式，具体的并列步骤参照相应的电气运行规程，按标准操作卡执行。在并列过程中，当同步表转动太快、跳动、停滞或同步表连续运行时间超时时，均应禁止合闸。发电机并列后，有功负荷的增加速度按机组设定值执行。

自动准同期装置的特点：现代发电机早已用微机型代替了模拟型自动准同期装置，微机型自动准同期装置的特点是通过数字化计算后，动作判据和动作值均非常准确。现代微机型自动准同期装置可使同步合闸的导前时间做到真正恒定，这给自动准同期装置的整定计算带来了便捷。自动准同期装置的动作判据如下：

(1) 被并两侧电压差判据

$$\Delta U \leqslant \Delta U_{\text{set}}$$

(2) 被并两侧频率差判据

$$\Delta f \leqslant \Delta f_{\text{set}}$$

(3) 同步合闸恒定导前时间判据

$$t_{\text{ah}} = t_{\text{an.set}}$$

(4) 同步合闸恒定导前角判据（辅助判据）

$$\delta_{\text{ah}} \leqslant \delta_{\text{ah.set}}$$

自动准同期装置需要整定的主要参数有电压差、频率差、合闸同期角差，现场需要实测断路器合闸时间。

(1) 电压差 ΔU。以在同步点合闸时产生的冲击电流最小为宜，同时不因两侧电压平衡要求太高而延误同步时间。根据工程经验，一般取 $\Delta U = \pm 5\% U_{\text{gN}}$（$U_{\text{gN}}$ 为发电机二次额定电压）。实际运行中，一般要求并网时待并侧电压略高于系统侧电压，以确保并网时系统的稳定性。

(2) 频率差 Δf。以在同步点合闸时不对发电机产生强烈的振荡为宜，同时不因两侧电压平衡要求太高而延误同步时间。根据工程经验，一般取 $\Delta f = \pm 0.15 \sim 0.25 \text{Hz}$。实际运行中，为了避免并网时发电机出现逆功率，一般要求待并侧频率略高于系统侧频率。

(3) 角差 $\Delta \delta$。按最不利的同步条件下，限制发电机同步时产生的冲击电流不超过发电机额定电流条件计算，一般取同期合闸角 $\delta = 15° \sim 20°$。

(4) 断路器合闸时间 t_{set}。不能简单地以并网断路器本体合闸时间计算，应实测从同期屏发出合闸指令到同期屏接收到断路器合闸反馈（并网断路器合闸反馈触头）指令的时间。

(5) 同步合闸恒定导前时间定值 $t_{\text{ah.set}}$。在恒定频差时，断路器合闸于同步点，使同步时合闸冲击电流为最小，恒定导前时间等于同步装置发出合闸脉冲至断路器合闸的全部时间，即

$$t_{\text{ah.set}} = t_{\text{on}}$$

式中：t_{on} 为断路器合闸时间，s。

（6）同期装置闭锁角整定值 $\delta_{\text{atr.set}}$（辅助条件）。其与系统阻抗、发电机参数有关，对于大型发电机组的同期装置闭锁角，推荐使用 $\delta_{\text{atr.set}} = 20°$。

（7）同期装置自动调频和自动调压脉冲时间整定。一般根据汽轮机的调速响应和自动励磁装置励磁电流的响应进行整定，初设自动调频脉冲时间 $\Delta T_{\text{f.set}} = (0.1\sim0.2)s$，自动调压脉冲时间 $\Delta T_{\text{u.set}} = (0.1\sim0.2)s$，最后在机组启动过程中根据自动调节响应和自动调节效果，在现场调试时确定。

三、准同期装置

准同期装置按同期过程的自动化，又可分为手动准同期和自动准同期。目前在大型的发电厂和变电站内一般装设手动和自动准同期装置，作为正常并列之用。

1. 手动准同期

目前，发电厂广泛应用的手动准同期装置均为非周期闭锁的手动准同期装置，它由同期测量表计、同期检定继电器和相应的转换开关及按钮组成。

手动准同期的主要操作步骤：

（1）发电机升速至额定转速后，投入励磁系统。

（2）调节励磁电流使发电机电压升至额定值，将"同期投入"转换开关至"投入"，则待并侧电压和系统侧电压引入同期测量表计。

（3）将同期闭锁转换开关至"投入"，同期检定继电器启用。

（4）根据同期测量表计中显示的电压差和频率差，手动调节发电机转速和电压，使待并侧和系统侧的电压差、频率差接近于零。

（5）按下同期启动按钮，同步表开始启用。

（6）调节发电机转速，使待并侧频率略高于系统侧，待同步表的指针接近于12点的红线时，按下合闸按钮，使断路器合闸。由于发电机频率略高，故合闸后立即带上少许有功功率，利用其同步力矩将发电机拖入同步。

2. 自动准同期

随着微机技术的发展，用大规模集成电路微处理器等器件构成的数字式并列装置，由于硬件简单，编程灵活，运行可靠，且技术上已日趋成熟，成为当前自动并列装置发展的主流。

微机型自动准同期装置具有高速运算和逻辑判断能力，指令周期以毫秒计，这对于发电机频率为50Hz、周期20ms的信号来说，具有充裕的时间进行相角差和滑差角频率的快速运算，并按照频差值的大小和方向、电压差值的大小和方向，确定相应的调节量对机组进行调节，以达到较为满意的并列控制效果。微机技术的应用，提高了同期装置的技术性能和同期并列的准确性和可靠性，此外，还可以方便地应用诊断技术对装置进行自检，提高装置的维护水平。

四、数字化准同期新技术

准同期的同期点两侧 TV 距离准同期装置较远，如 GCB 断路器同期并网时需要机端 TV 及主变压器高压侧 TV；当有多个同期点时，需要拉很多电缆到同期屏；合并单元及智能终端在现场的应用，也需要准同期装置支持数字化采样、调节及合闸。

基于上述现状与需求，提出了通过合并单元采集各同期点各侧电压来解决的方案，即数字化准同期技术。如图 7-1 所示。

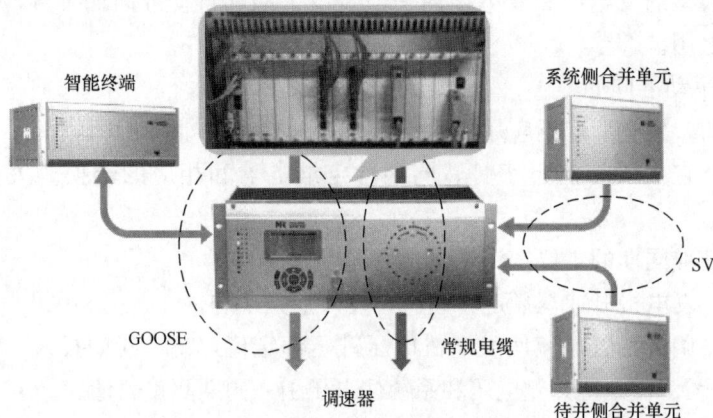

图 7-1　数字化准同期技术原理示意图

该新技术具有接线简单的特点，只需少量光纤，尤其在多个同期点的时候效果更明显。

第二节　厂用电切换装置

发电厂厂用母线设有两个电源，即工作厂用电源和备用电源。在正常运行时，厂用负荷由工作厂用电源供电，而备用电源处于断开（备用）状态。

对于 200MW 及以上大容量机组，由于采用发电机-变压器组单元接线，机组单元厂用工作电源从发电机出口引接，而发电机出口一般不装设断路器，为了发电机组的启动尚需设置启动电源，且启动电源兼作备用电源。在此情况下，机组启动时其厂用负荷由启动备用电源供电，待机组启动完成后，再切换至工作厂用电源（接至发电机出口的高压厂用变压器）供电；而在机组正常停机（计划停机）时，停机前又要将厂用负荷从工作厂用电源切换至备用电源供电，以保证安全停机。此外，在工作厂用电源发生故障（包括厂用高压工作变压器、发电机、主变压器、汽轮机等事故）而被切除时，要求备用电源尽快自动投入。因此，工作厂用电源的切换在发电厂中是经常发生的。

对于大型汽轮发电机组的厂用工作电源与备用电源之间的切换有很高的要求：其一，厂用电系统的任何设备（电动机、断路器等）不能由于厂用电的切换而承受不允许的过载和冲击；其二，在厂用电源切换过程中，必须尽可能地保证机组的连续输出功率、机组控制的稳定和机炉的安全运行。所以，一般将其事故备用电源接在 220kV 及以上电网。如果厂内没有装设 500kV 与 220kV 之间的联络变压器，则工作厂用电源与备用电源之间可能有较大的电压差 ΔU 和相角差 $\Delta \varphi$。电压差 ΔU 可以通过备用变压器的有载分接开关调节，而相角差 $\Delta \varphi$ 则由电网阻抗参数、电网的潮流决定，是无法控制及计算的。根据运行经验，当相角差 $\Delta \varphi < 15°$ 时，工作厂用电源切换造成电磁环网中的冲击电流厂用变压器还能承受，否则，就只能改变运行方式或者采用快速自动切换。

厂用电源快速切换装置是发电厂厂用电源系统的一个重要设备，与发电厂-变压器组保护、励磁调节器、同期装置一起，被合称为发电厂电气系统安全保障的"四大法宝"，对发电厂乃至整个电力系统的安全稳定运行有着重大影响。对厂用电源切换的基本要求是安全可靠，其安全性体现在切换过程中不能造成设备损坏或人身伤害，而可靠性则体现在保障切换成功，避免保护跳闸、重要辅机设备跳闸等造成机炉停运事故。

一、厂用失电切换分析

厂用母线的工作电源由于某种故障而被切除，即母线的进线断路器跳闸后，由于连接在母线上运行的电动机的定子电流和转子电流都不会立即变为零，电动机定子绕组将产生变频反馈电压，即母线存在残压。残压的大小和频率都随时间而降低，衰减的速度与母线上所接电动机台数、负荷大小等因素有关。另外，电动机失电后，转速逐渐下降的过程称为惰行。电动机转速下降的快慢主要取决于负荷和机械常数，一般经 0.5s 后转速约降至 $0.85 \sim 0.95$ 额定转速，若在此时间内投入备用电源，一般情况下，电动机能较迅速地恢复到正常稳定运行。

如果备用电源投入时间太迟，停电时间过长，电动机转速下降多且不相同，不仅会影响电动机的自启动，而且将对机组运行工况产生严重影响，因此，厂用母线失电后，应尽快投入备用电源。另外，从减小备用电源自动投入时刻对参与自启动的电动机的冲击电流考虑，还必须分析母线残压与备用电源电压之间的相位关系。

电动机的自启动就是其供电母线电压突然消失或显著降低时，如果经过短时间（一般为 $0.5 \sim 1.5s$）在其转速未下降很多或尚未停转以前，厂用母线电压又恢复到正常（比如电源故障排除或备用电源自动投入），电动机就会自行加速，恢复到正常运行。

电厂中有许多重要设备的电动机都要参与自启动，以减小对机、炉系统运行的影响。因为有成批的电动机同时参与自启动，自启动电流会在厂用变压器和线路等元件中引起较大的电压降，使厂用母线电压下降很多。这样，就有可能使母线电压过低，导致一些电动机的电磁转矩小于机械阻力转矩而无法启动，还有可能因启动时间过长而引起电动机过热，甚至危及电动机的安全和寿命以及厂用电系统的稳定，所以为保证自启动可靠实现，根据电动机的容量和端电压或母线电压等条件做如下措施：

(1) 电动机正常启动时，各电动机错开启动时间，厂用母线最低允许值为额定电压的 80%。

(2) 自启动时，厂用母线最低允许值为额定电压的 65%～70%。

(3) 限制参与自启动的电动机数量，对不重要设备的电动机加装低电压保护，延时 0.5s 断开，不参加自启动。

(4) 阻力转矩为定值的重要设备的电动机，因它只能在接近额定电压下启动。也不参加自启动。对这些机械设备的电动机均可采用低电压保护，当厂用母线电压低于临界值（电动机的最大转矩下降到等于阻力转矩）时把它们从母线上断开，这样可改善未曾断开的重要电动机自启动条件。

(5) 对重要的机械设备，应选用具有高启动转矩和允许过载倍数较大的电动机。

(6) 在不得已的情况下，可切除两段母线中的一段母线，使整个机组能维持 50% 负荷运行。

二、厂用电切换方式

厂用电源的切换方式，除按操作控制分手动与自动外，还可按运行状态、断路器的动作顺序、切换的速度等进行区分。

1. 按运行状态区分

(1) 正常切换。在正常运行时，由于运行的需要（如开机、停机等），厂用母线从一个电源切换到另一个电源，对切换速度没有特殊要求。

(2) 事故切换。由于发生事故（包括单元接线中的高压厂用变压器、发电机、主变压器、汽轮机和锅炉等事故），厂用母线的工作电源被切除时，要求备用电源自动投入，以实现尽快安全停机。

2. 按断路器的动作顺序区分

(1) 并联切换。切换过程中工作电源和备用电源是短时并联运行的，它的优点是保证厂用电连续供给，缺点是并联期间短路容量增大，增加了断路器的断流要求，但由于并联时间很短（一般在几秒内），发生事故的概率低，所以在正常的切换中被广泛采用，但应注意观测工作电源与备用电源之间的电压差和相角差。

（2）串联切换。其切换过程是：一个电源切除后才允许投入另一个电源，一般是利用被切除电源断路器的辅助触点去接通备用电源断路器的合闸回路。因此厂用母线上出现一个断电时间，断电时间的长短与断路器的合闸速度有关，其优缺点与并联切换相反。

（3）同时切换。切换过程中切除一个电源和投入另一个电源的脉冲信号同时发出。由于断路器分闸时间和合闸时间的长短不同以及本身动作时间的分散性，在切换期间，一般有几个周波的断电时间，但也有可能出现1~2个周波两个电源并联的情况。所以，在厂用母线故障及母线供电的馈线回路故障时应闭锁切换装置，否则投入故障电网会导致事故扩大。

3. 按切换速度区分

（1）快速切换。一般是指在厂用母线上的电动机反馈电压（即母线残压）与待投入电源电压的相角差还没有达到电动机允许承受的合闸冲击电流前合上备用电源。快速切换的断路器动作顺序可以是先断后合或同时进行，前者称为快速断电切换，后者称为快速同时切换。

（2）慢速切换。主要指残压切换，即工作电源切除后，当母线残压下降到额定电压的20%~40%后合上备用电源。残压切换虽然能保证电动机所受的合闸冲击电流不致过大，但由于停电时间较长，对电动机自启动和机、炉系统运行工况产生不利影响。慢速切换通常作为快速切换的后备切换。

国内在大容量机组厂用电源的切换中，厂用电源的正常切换一般采用并联切换，事故切换一般采用串联切换。事故快速串联切换过程不进行同期检定，在工作电源断路器跳闸后，立即联动合上备用电源断路器，但实现安全快速切换的一个条件是：厂用母线上电源回路断路器必须具备快速合闸的性能，断路器的固有合闸时间一般不超过5个周波（0.1s）。有的电厂，事故切换也采用快速同时切换。

三、高压厂用电快切装置

1. 高压厂用电快速切换

现代大型发电机组的3、6、10kV厂用系统均采用真空断路器，其合闸时间小于100ms（一般60ms左右），所以大机组的厂用电备用电源自动投入装置，均可采用备用电源快速自动投入装置（简称快切装置），快切装置一般具有以下功能：

（1）正常切换。

1）厂用系统正常工作切换具有串联、并联或同时切换方式。

2）厂用系统正常工作切换可实现自动或半自动切换方式。

3）厂用系统正常工作切换是双向的，既可以由工作电源切换备用电源，也可以由备用电源切换到工作电源。

（2）事故切换。

1）事故快速切换自动合备用电源断路器。在工作电源保护动作（发电机-变压器组保护动作）启动快切装置，自动断开工作电源断路器，当判断工作电源断路器确已断开后，符合快切判据条件时，不经延时自动合备用电源断路器。对母线故障，不允许合备用电源断路器，母线短路故障保护动作时，应闭锁快切装置，以防止合闸于短路故障母线。

2）同期捕捉自动合备用电源断路器。不符合快切条件时，装置转为经恒定导前时间或恒定导前角判据实现同期捕捉自动合备用电源断路器。

3）残压闭锁自动合备用电源断路器。当不符合快切及同期捕捉自动合备用电源断路器条件时，装置转为经残压判据自动合备用电源断路器。

4）长延时自动合备用电源断路器。当不符合快切及同期捕捉、残压判据自动合备用电源断路器条件时，装置转为经长延时自动合备用电源断路器。

事故切换由保护出口启动，只能由工作电源单向切换至备用电源，事故切换可串联或同时切换，并按快速、同期捕捉、残压、长延时4种方式实现工作电源切换至备用电源，即快速切换失败转为同期捕捉切换，再失败转为残压切换，仍失败的转为长延时切换。

（3）不正常状态切换。

1）工作断路器各种原因的偷跳。装置将在满足动作判据时按快速、同期捕捉、残压、长延时4种方式实现工作电源切换至备用电源。

2）工作母线电压低于整定值且时间超过整定延时。装置在满足动作判据时首先自动断开工作电源断路器，根据选择的方式进行串联或同时并按快速、同期捕捉、残压、长延时4种方式实现工作电源切换至备用电源。

目前国内各生产厂家的产品，在原理及动作方式上都大致相同。现以MFC2000-6型微机厂用电快速切换装置为例，具体说明各种切换方式的工作特点。

快切装置各种切换方式和功能以简图方式表述，如图7-2所示。

装置启动后，视不同的设定可以有三种切换方式，即串联、并联、同时。各方式是以工作断路器动作先后顺序来划分的。串联方式下，必须确认工作电源断路器跳开后，再合备用电源断路器；并联方式下，装置先合备用电源断路器，然后自动或等待人工干预跳开工作电源断路器；同时方式是跳开工作电源断路器与合备用电源断路器的指令同时发出，其中发合闸命令前有一个人工设定的延时，这种切换方式可以使断电时间尽可能短。

除并联切换方式必须是以快速切换方式来实现外，其余切换方式均可以快速、同捕或残压、长延时中的任一种方式实现。

（1）正常切换。正常切换由手动启动，在控制台、DCS系统或装置面板上均可进行，根据远方/就地控制信号进行控制。正常切换是双向的，可以由工作电源切向备用电源，也可以由备用电源切向工作电源。正常切换

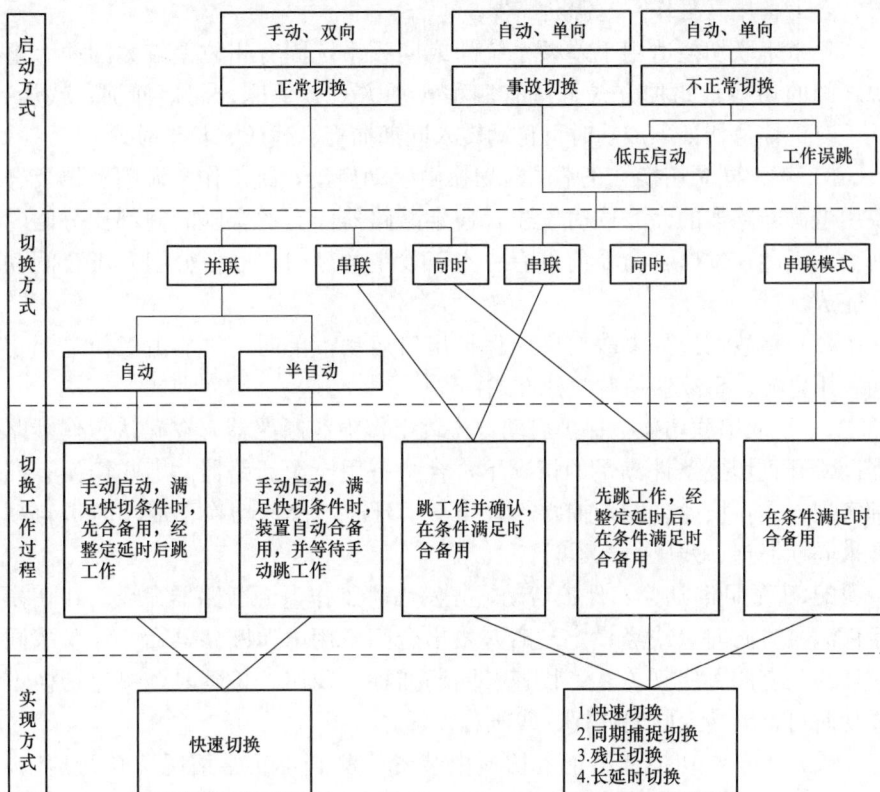

图 7-2 快切装置切换功能简图

有以下几种方式：

1）并联切换。并联切换又分并联自动和并联半自动两种方式。

a. 并联自动：手动启动，若并联切换条件满足，装置将先合备用（工作）电源断路器，经一定延时后再自动跳开工作（备用）电源断路器，如在这段延时内，刚合上的备用（工作）电源断路器又被跳开（如保护动作跳闸等），则装置不再自动跳开工作（备用）电源断路器，以免厂用电系统失电。若启动后并联切换条件不满足，装置将闭锁发信，并进入等待人工复归状态。

b. 并联半自动：手动启动，若并联切换条件满足，合上备用（工作）电源断路器，而跳开工作（备用）电源断路器的操作由人工完成。若在设定的时间内，操作人员仍未跳开工作（备用）电源断路器，装置将发出告警信号，以免两电源长期并列运行。若启动后并联切换条件不满足，装置将发出闭锁发信，并进入等待人工复归状态。

并联切换方式适用于同频系统间，且固有相位差不大的两个电源之间的切换，此种方式下只有快速切换一种实现方式。

2）正常串联切换。正常串联切换由手动启动，先发跳工作（备用）电源断路器命令，在确认工作（备用）电源断路器确已跳开且切换条件满足时，合上备用（工作）电源断路器。

正常串联切换适用于差频系统间或同频系统固有相位差较大的两个电源之间的切换，此种方式下可有四种实现方式：快速、同期捕捉、残压、长延时。快速切换不成功时可自动转入同期捕捉、残压、长延时。

3）正常同时切换。正常同时切换由手动启动，跳工作电源断路器及合备用电源断路器的命令同时发出，通常断路器固有的合闸时间都比分闸时间长，因此在发出合命令前可有一人工设定的延时，以使分闸先于合闸动作完成。

（2）事故切换。事故切换由保护出口启动，单向，只能由工作电源切向备用电源。事故切换有两种方式：

1）事故串联切换：保护启动，先跳工作电源断路器，在确认工作断路器已跳开且切换条件满足的情况下，合上备用电源断路器。串联切换有四种实现方式：快速、同期捕捉、残压、长延时，快速切换不成功时可自动转入同期捕捉、残压、长延时。

2）事故同时切换：保护启动，先发出跳工作电源断路器命令，在切换条件满足时同时（或经设定延时）发出合闸备用电源断路器命令。事故同时切换也有四种实现方式：快速、同期捕捉、残压、长延时，快速切换不成功时可自动转入同期捕捉、残压、长延时。

（3）不正常切换。不正常切换由装置检测到不正常情况后自行启动，单向，只能由工作电源切向备用电源。不正常情况指以下两种情况：

1）厂用母线失压。当厂用母线三相电压均低于整定值，且电流小于等于无流定值或工作母线电压小于等于失压启动电压幅值，经整定延时，装置根据选择方式进行串联或同时切换。切换实现方式有：快速、同期捕捉、残压、长延时。启动判据如图 7-3 所示。

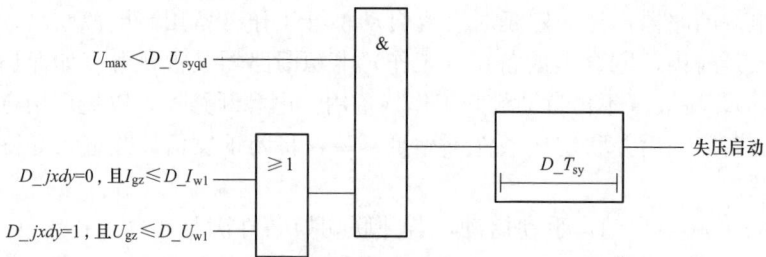

图 7-3　厂用母线失压启动判据

U_{max}—母线电压最大值；I_{gz}—工作分支电流；U_{gz}—工作进线电压；
D_U_{syqd}—定值"失压启动电压幅值"；D_T_{sy}—定值"失压启动延时"；
D_I_{wl}—定值"无流判据电流定值"；D_U_{wl}—定值"无流判据电压定值；"
D_jxdy—定值"失压启动检进线无压"控制字

2）工作电源断路器误跳。因误操作、断路器机构故障等原因造成工作电源断路器错误跳开，在切换条件满足时合上备用电源。有四种实现方式：

快速、同期捕捉、残压、长延时。装置同时提供电流辅助判据功能，正常运行中检测到工作断路器误跳，如果定值中"无流判据投退"处于投入状态，装置会根据当前工作电流值，判断断路器断开是否是因为工作断路器辅助触头故障造成的假象，电流判据可根据需要投退。启动判据如图 7-4 所示。

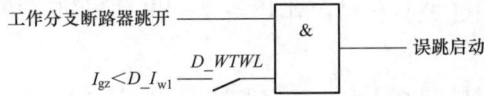

图 7-4 工作电源开关失压启动判据

I_{gz}—工作分支电流；D_I_{w1}—定值"无流判据整定值"；

D_WTWL—控制字"无流判据投退"

（4）去耦合。切换过程中如发现整定时间内该合上的断路器已合上，但该跳开的断路器未跳开时，装置将执行去耦合功能，即跳开刚合上的断路器，以避免两个电源长时并列。如，同时切换或并联自动切换中，工作切换到备用，备用断路器正常合上，但是工作断路器没有能跳开，到达整定延时后，装置将执行去耦合功能，跳开刚刚合上的备用断路器；反之亦然。手动切换时该功能可通过定值设置"手动切换投去耦合"控制字投退，若此控制字设为 0，则手动并联切换、手动同时切换退出去耦合功能；若此控制字设为 1，则手动并联切换、手动同时切换投入去耦合功能。

2. 厂用电快速切换装置基本工作原理

大型发电厂中，6kV（10kV）段具有高压大容量电动机群，母线失电后残压衰减较慢，当残压较高时备用电源进线断路器不检同期即合闸，会造成对电动机的严重冲击，甚至损坏；同时过大的合闸冲击电流有可能使启动备用变压器的电流速断保护动作，导致厂用电源切换失败。若等到残压衰减到较低值后再合闸备用电源进线断路器，则由于断电时间过长，影响厂用机械设备的正常运行，同时由于成组异步电动机自启动，启动电流大，电动机电压难以恢复，导致自启动困难，甚至被迫停机停炉。为此，应采用厂用电源的快速切换（简称快切），以保证工作母线失电的时间很短。

采用快切的基本条件是：断路器是快速动作的；备用电源与工作电源同相位（或相角差很小）。当主变压器为 YNd11、高压厂用变压器采用 Dd0（或 Yy0）接线时，启动备用变压器应为 YNd11 接线；当主变压器为 YNd11、高压厂用变压器采用 Dyn1 接线时，启动备用变压器应为 YNyn0 接线。

如启动备用变压器由另一系统供电时，可能会降低厂用电快切动作的线功率。

（1）电动机在电源切换过程中的运行情况。断电瞬间电动机机端电压保持原有的频率与角速度。在断电滑行过程中，因转速 n 越来越低，故频率和角速度也越来越小,减小的速度与转速 n 降低的速度密切相关,即与电动机负载性质、大小有关。

由于断电瞬间定子电流在定子绕组阻抗上的压降突然消失,造成机端电压突变为断电瞬间电压。一般断电瞬间电动机机端电压幅值约为断电前机端电压幅值的 95%、相位角滞后断电前机端电压约 5°;转子电流不断衰减、转子转速不断降低,在这双重因素下,电动机机端电压从断电瞬间电压幅值以时间常数 T_M 衰减。

断电后电动机机端电压 $\dot{U}_{My}$ 在以时间常数 T_M 衰减的同时,还以角速度 $\omega_1 - \omega_M$(原角速度-断电瞬间角速度)顺时针转动。

电动机在恢复电源供电时的等值电路,如图 7-5 所示。

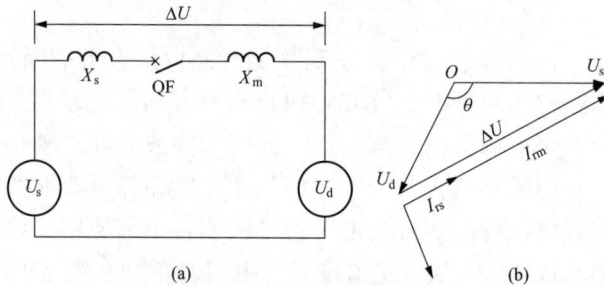

图 7-5 电动机重新接通电源时的等值电路图和相量
(a)等值电路图;(b)相量图

1)冲击电流 i_{imp}。电动机恢复电源供电时,会产生非周期分量电流。最严重的情况下形成的冲击电流 i_{imp} 为

$$i_{imp} = 2.55 I''$$

式中:I'' 为恢复供电时电动机的交流分量有效值,$I'' = \dfrac{|\Delta\dot{U}|}{Z_M + Z_{T4}}$(其中:$\Delta\dot{U}$ 为压差,即电动机断电前机端电压-断电瞬间机端电压;Z_M 为电动机正序阻抗;Z_{T4} 为折算到电动机侧的启动备用变压器及电源总阻抗),A。

可见,不同时刻恢复电源供电,$|\Delta\dot{U}|$ 有不同值,因而有不同的冲击电流。作为厂用电源快切装置,应在 $\Delta\dot{U}$ 数值较小时恢复供电,这不仅可使冲击电流限制在一定范围内,而且厂用电源的连续供电也得到了保证。

2)冲击电压 U_{imp}。电动机恢复电源供电时的冲击电压可表示为

$$U_{imp} = \frac{Z_M}{Z_M + Z_{T4}} \cdot |\Delta\dot{U}|$$

为保证电动机安全,断电瞬间电压 U_m 应小于电动机的安全电压,设为 1.1 倍额定电压,即 $U_m \leqslant 1.1 U_N$,于是得到

$$\Delta U \leqslant 1.1\left(1 + \frac{Z_{T4}}{Z_M}\right) \cdot U_N$$

从图 7-5 可以看出，不同的 θ 角（电源电压和电动机残压两者之间的夹角），对应不同的 ΔU 值，如 $\theta=180°$ 时，ΔU 值最大，如果此时重新合上电源，对电动机的冲击最严重。

（2）快速切换、同期捕捉切换、残压切换、长延时切换。

1）快速切换。以图 7-6 所示的厂用电系统，工作电源由发电机端经厂用高压工作变压器引入，备用电源由电厂高压母线或由系统经启动/备用变压器引入。正常运行时，厂用母线由工作电源供电，当工作电源侧发生故障时，必须先跳开工作电源断路器 1QF，然后合 2QF。

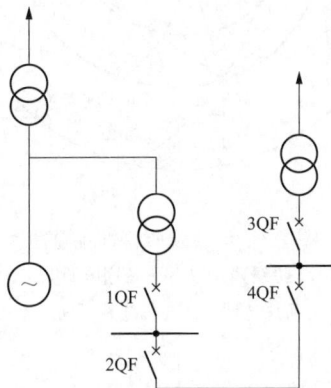

图 7-6　厂用电一次系统简图

跳开 1QF 后厂用母线失电，电动机将惰行。由于厂用负荷多为异步电动机，对单台单机而言，工作电源切断后电动机定子电流变为零，转子电流逐渐衰减，由于机械惯性，转子转速将从额定值逐渐减速，转子电流磁场将在定子绕组中反向感应电动势，形成反馈电压；多台异步电机连接于同一母线时，由于各电机容量、负载等情况不同，在惰行过程中，部分异步电机将呈异步发电机特征，而另一些呈异步电动机特征。母线电压即为众多电动机的合成反馈电压，俗称残压，残压的频率和幅值将逐渐衰减。通常，电动机总容量越大，残压频率和幅值衰减的速度越慢。

图 7-7 所示为以极坐标形式绘制出的某 300MW 机组 6kV 母线残压相量变化轨迹。

为便于分析，取一个电源系统与单台电动机为例，将备用电源系统和电动机等值电路按暂态分析模型作充分简化，忽略绕组电阻、励磁阻抗等，以等值电动势 V_S 和等值电抗 X_S 代表备用电源系统，以等值电动势 V_M 和等值电抗 X_M 表示电动机，如图 7-8 所示。

由于单台电动机在断电后定子绕组开路，其电动势 V_M 就等于机端电压，在备用电压合上前 $V_M=V_D$，备用电源合上后，电动机绕组承受的电压 U_M 为

$$U_M=[X_M/(X_S+X_M)]\times(V_S-V_M)$$

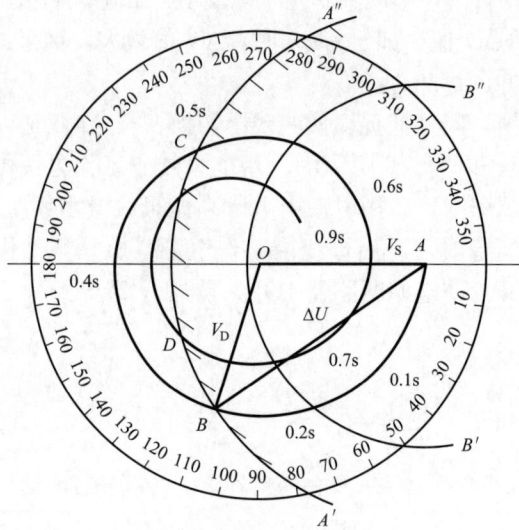

图 7-7　母线残压特性示意图

V_D—母线残压；V_S—备用电源电压；

ΔU—备用电源电压与母线残压间的差压

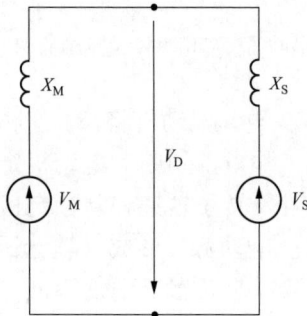

图 7-8　单台电动机切换分析模型

因 $V_M = V_D$ ，则　　　　　$V_S - V_M = V_S - V_D = \Delta U$

所以　　　　　　　　$U_M = [X_M/(X_S + X_M)] \times \Delta U$

令 $K = X_M/(X_S + X_M)$ ，则　$U_M = K \cdot \Delta U$

　　为保证电动机安全，U_M 应小于电动机的允许启动电压，设为 1.1 倍额定电压 U_{DN}，则有

$$K \cdot \Delta U < 1.1U_{DN}$$

$$\Delta U(\%) < 1.1/K$$

　　设 $X_S : X_M = 1 : 2$，$K = 0.67$，则 $\Delta U(\%) < 1.64$。图 7-7 中，以 A 为圆心，以 1.64 为半径绘出弧线 $A'\text{-}A''$，则 $A'\text{-}A''$的右侧为备用电源允许合闸的安全区域，左侧则为不安全区域。若取 $K = 0.95$，则 $\Delta U(\%) < 1.15$，图 7-7 中 $B'\text{-}B''$的左侧均为不安全区域，理论上 $K = 0 \sim 1$，可见 K 值越大，

安全区越小。

假定正常运行时工作电源与备用电源同相，其电压相量端点为 A，母线失电后残压相量端点将沿残压曲线由 A 向 B 方向移动，如能在 A-B 段内合上备用电源，则既能保证电动机安全，又不使电动机转速下降太多，这就是所谓的"快速切换"。

在实现快速切换时，厂用母线的电压降落、电动机转速下降都很小，备用分支自启动电流也不大。切换过程中相关的电压、电流录波曲线如图 7-9 所示。

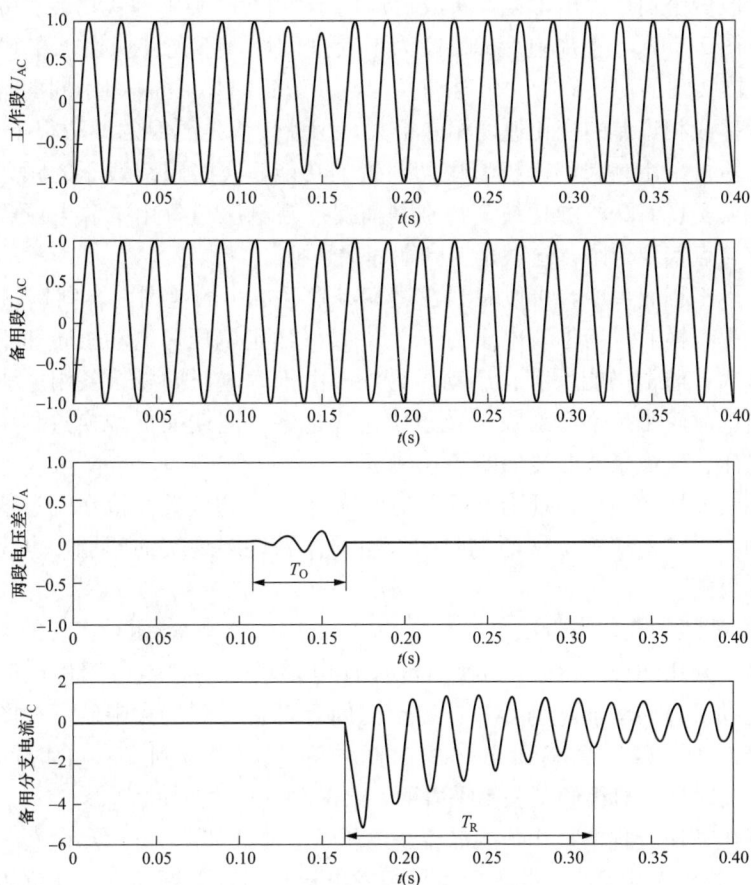

图 7-9　快速切换时的电流、电压波形

在实际工程应用中，能否实现快速切换，主要取决于工作电源与备用电源间的固有初始相位差 $\Delta\varphi_0$、快切装置启动方式（保护启动等）、备用电源断路器固有合闸时间以及母线段当时的负载情况［相位差变化速度 $\Delta\varphi/\Delta t$（或频差 Δf）］等。例如，假定目标相位差为不大于 $60°$，初始相位差为 $10°$（备用电源电压超前），在合闸固有时间内平均频差为 1Hz，固有合闸时间为 100ms，则合闸时的相位差约 $46°$，或倒过来讲，只要启动时相位差小于 24°，则合上时相位差小于 60°；相同条件下，若初始相位差大于 24°，或合闸时间大于 140ms，则无法保证合闸瞬间相位差小于 60°。

从理论上讲，根据上述计算公式，在装置启动后，可以通过实时计算动态确定 B 点的位置，结合当时的其他条件，如频差、相差等判断能否实现快速切换。但实际应用中不可行，B 点通常还是由相角来界定。

2）同期捕捉切换。在 1997 年以前，国内外所有的文献和产品中，都只有快速切换、残压切换、延时切换，而没有"同期捕捉切换"。同期捕捉切换，由原东南大学东大集团电力自动化研究所（现为东大金智电气和金智科技股份公司）提出，并首次成功运用于 MFC2000-1 型快切装置，其原理为：图 7-7 中，过 B 点后 BC 段为不安全区域，不允许切换；在 C 点后至 CD 段实现的切换称为"延时切换"或"短延时切换"。因不同的运行工况下频率或相位差的变化速度相差很大，因此用固定延时的办法很不可靠，现在已不再采用。利用微机型快切装置的功能，实时跟踪残压的频差和角差变化，实现 CD 段的切换，特别是捕捉反馈电压与备用电源电压第一次相位重合点实现合闸，这就是"同期捕捉切换"。

实际工程应用中，可以做到在过零点附近很小的范围内合闸，如 ±5°。同期捕捉切换时厂用母线电压为 65%～70% 额定电压，电动机转速不至于下降很大，通常仍能顺利自启动，另外，由于两电压同相，备用电源合上时冲击电流较小，不会对设备及系统造成危害。同期捕捉切换过程中，相关的电压、电流录波曲线如图 7-10 所示。

同快速切换一样，理论上可以动态确定 C 点的位置，抢在刚过这一点时合闸，以尽量缩短母线断电时间，但同样因许多现实的问题，也无工程实施的可能。

3）残压切换。当母线电压衰减到 20%～40% 额定电压后实现的切换通常称为"残压切换"。残压切换虽能保证电动机安全，但由于停电时间过长，电动机自启动成功与否、自启动时间等都将受到较大限制。如图 7-10 所示情况下，残压衰减到 40% 的时间约为 1s，衰减到 20% 的时间约为 1.4s，而对另一机组的试验结果表明，衰减到 20% 的时间为 2s。

残压切换过程中，相关的电流、电压录波曲线如图 7-11 所示。

4）长延时切换。一些大容量机组发电机出口设置断路器，正常停机通过发电机出口断路器完成，厂用电不切换。当工作电源发生故障时，需切换至备用电源以便安全停机，如备用电源的容量不足以承担全部负载，甚至不足以承担通过残压切换过去的负载的自启动，只能考虑长延时切换。

通过上述讨论，厂用电源快切装置实际有如下几部分：

a. 快速切换部分。机端电压 $\dot{U}_{My}$ 相量端点位置要保证合闸冲击电流在安全范围内。

b. 同期捕捉切换部分。借助导前时间脉冲或导前相角脉冲实现安全切换时刻。

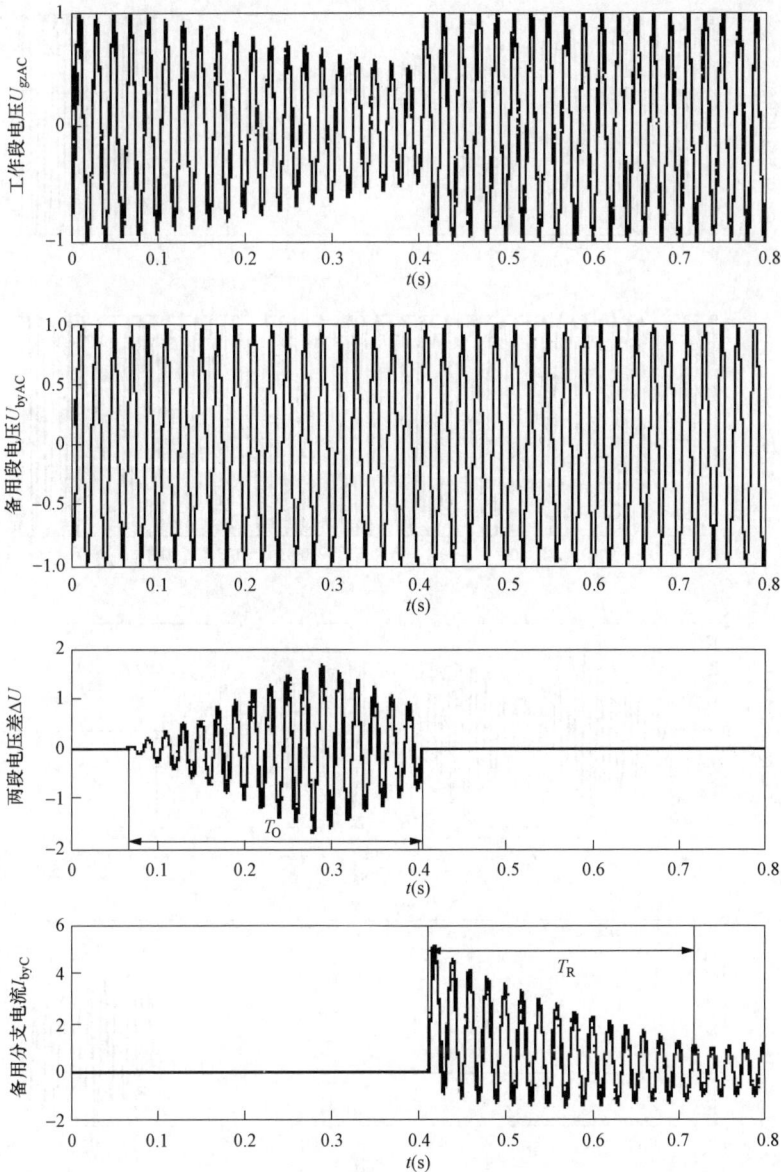

图 7-10　同期捕捉切换时的电流、电压波形

c. 残压切换部分。当残压小于某一值时经一定延时备用电源进线断路器合闸。

d. 失压启动切换部分。当工作母线电压低于某一值、一定时间时，跳开工作电源进线断路器、合闸备用电源进线断路器。

可以看出，快切装置同时具有备用电源自动投入功能。

3. 厂用电快切装置的动作判据

（1）快切动作判据。无论工作电源断路器因何原因断开，且无厂用母

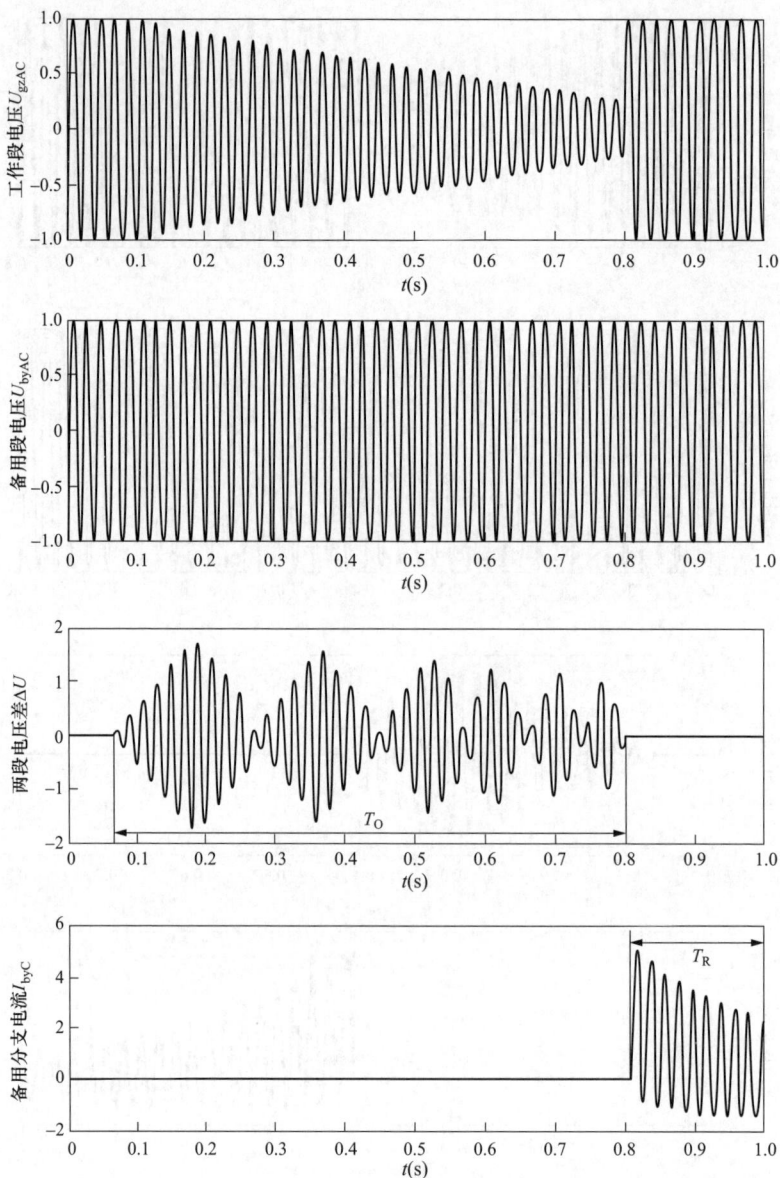

图 7-11　残压切换时的电流、电压波形

线故障保护动作而闭锁快切时，应满足条件

$$\Delta f \leqslant \Delta f_{\text{art. set}}$$

$$\delta \leqslant \delta_{\text{art. set}}$$

式中：Δf 为工作母线电压与备用电源电压的频差，Hz；$\Delta f_{\text{art. set}}$ 为频差闭锁整定值，Hz；δ 为工作母线电压与备用电源电压的相角差，(°)；$\delta_{\text{art. set}}$ 为闭锁相角差的整定值，(°)。

不经延时自动合备用电源断路器。

（2）同期捕捉自动合闸判据。当不满足（1）但满足下式条件时

$$\delta_{ah.on} = \omega_s t_{ah.on} + \frac{1}{2}\frac{d\omega_s}{dt}t_{ah.on}^2 \ \text{或} \ t_{ah.on} = t_{on}$$

式中：$\delta_{ah.on}$为同期捕捉合闸导前角，（°）；ω_s为合闸点工作母线电压与备用电源电压间的频差角速度，$\omega_s = 360 \times \Delta f$，（°）/ms；$t_{ah.on}$为同期捕捉合闸恒定导前时间，ms；$t_{on}$为断路器全部合闸时间，ms；$\frac{d\omega_s}{dt}$为频差角加速度，（°）/ms²。

同期捕捉发出合闸脉冲，合备用电源断路器。

（3）残压闭锁自动合闸判据。当（1）、（2）条件均不满足，而满足工作母线残压小于残压闭锁整定值条件时，即

$$U_{rem} \leqslant U_{art.set}$$

式中：U_{rem}为工作母线残压值，V；$U_{art.set}$为残压闭锁整定值，V。

残压闭锁发合闸脉冲，合备用电源断路器。

（4）长延时自动合闸判据。以上三种切换方式均未发出备用电源断路器合闸脉冲时，当投入备用电源，为保证电动机安全自启动，母线残压应经足够时间衰减至安全自启动残压，所以经长延时$t_{1.set}$后，发合闸备用电源断路器的合闸脉冲。即

$$t_{op} \geqslant t_{1.set}$$

式中：t_{op}为长延时动作时间，s；$t_{1.set}$为长延时动作时间整定值，s。

（5）辅助判据。

1）备用电源任何情况只允许发一次合闸脉冲，即快切合闸脉冲发出后，应自动闭锁后三种合闸脉冲，以此类推。

2）厂用工作母线短路故障保护动作时自动闭锁快切装置。

4. 厂用电快切方式功能

（1）正常手动切换功能。手动切换是指电厂正常工况时，手动切换工作电源与备用电源。这种方式可由工作电源切换至备用电源，也可由备用电源切换至工作电源，它主要用于发电机启、停机时的厂用电切换。该功能由手动启动，在控制台或装置面板上均可操作。手动切换可分为并联切换及串联切换。

1）手动并联切换。

a. 并联自动。如并联切换条件满足要求，装置先合备用（工作）断路器，经一定延时后再自动跳开工作（备用）断路器。如果在该段延时内，刚合上的备用（工作）断路器被跳开，则装置不再自动跳开工作（备用）断路器。如果手动启动后并联切换条件不满足，装置将立即闭锁且发闭锁信号，等待复归。

b. 并联半自动。如并联切换条件满足要求，装置先合备用（工作）断路器，而跳开工作（备用）断路器的操作则由人工完成。如果在规定的时间内，

操作人员仍未跳开工作（备用）断路器，装置将发告警信号。如果手动启动后并联切换条件不满足，装置将立即闭锁且发闭锁信号，等待复归。

2）手动串联切换。先发跳工作电源断路器指令，不等工作电源断路器辅助触头返回，当切换条件满足时，发合备用（工作）断路器命令。如断路器合闸时间小于断路器跳闸时间，自动在发合闸命令前加所整定的延时以保证断路器先分后合。

切换条件：快速、同期判别、残压及长延时切换。快速切换不成功时自动转入同期判别、残压及长延时切换。

（2）事故切换。事故切换是指由发电机-变压器组、厂用变压器保护（或其他跳工作电源断路器的保护）触点启动，单向操作，只能由工作电源切向备用电源。事故切换有两种方式可供选择：

1）事故串联切换。由保护触点启动，先跳开工作电源断路器，在确认工作电源断路器已跳开且切换条件满足时，合上备用电源断路器。

切换条件：快速、同期判别、残压及长延时切换。快速切换不成功时自动转入同期判别、残压及长延时切换。

2）事故同时切换。由保护触点启动，先发跳工作电源断路器指令，在切换条件满足时（或经用户延时）发合备用电源断路器命令。

切换条件：快速、同期判别、残压及长延时切换。快速切换不成功时自动转入同期判别、残压及长延时切换。

（3）非正常工况切换。非正常工况切换是指装置检测到不正常运行情况时自行启动，单向操作，只能由工作电源切向备用电源。该切换有以下两种情况：

1）母线低电压。当母线三线电压均低于整定值且时间大于所整定延时定值时，装置根据选定方式进行串联或同时切换。

切换条件：快速、同期判别、残压及长延时切换。快速切换不成功时自动转入同期判别、残压及长延时切换。

2）工作电源开关偷跳。因各种原因（包括人为误操作）引起工作电源断路器误跳开，装置可根据选定方式进行串联或同时切换。

切换条件：快速、同期判别、残压及长延时切换。快速切换不成功时自动转入同期判别、残压及长延时切换。

5．厂用快切装置闭锁及报警功能

（1）保护闭锁。当某些判断为母线故障的保护动作时（如工作分支限时速断），为防止备用电源误投入故障母线，可由这些保护给出的触点闭锁快切装置。一旦该触点闭合，快切装置将自动闭锁出口回路，发快切装置闭锁信号，面板闭锁、待复归灯亮，并等待人工复归。

（2）控制台闭锁装置。当控制台给出闭锁信号时，快切装置将自动闭锁出口回路，发装置闭锁信号，面板闭锁、待复归灯亮，并等待人工复归。

（3）TV断线闭锁。当厂用母线TV断线时，快切装置将自动闭锁低电压切换功能，发 TV 断线信号，面板断线、待复归灯亮，并等待人工复归。

（4）目标（备用）电源低电压。工作电源投入时，备用电源为目标电源；备用电源投入时，工作电源为目标电源。

当目标电源电压低于所整定值时，快切装置将发目标电源低压信号，面板低电压灯亮。自动闭锁出口回路，且发闭锁信号，直到电源电压恢复正常后，自动解除闭锁，恢复正常运行。

（5）母线 TV 检修连接片及 TV 位置触点闭锁功能。快切柜内设有母线 TV 检修连接片，当该连接片断开或母线 TV 的位置触点断开时，快切装置将自动闭锁低电压切换功能，并发母线 TV 检修信号。当检修连接片接通且母线 TV 位置触点接通时，自动恢复低电压切换功能。

（6）装置故障。快切装置运行时，软件将自动对快切装置的重要部件如 CPU、FLASH、EEPROM、AD、装置内部电源电压、继电器出口回路等进行动态自检，一旦有故障将立即报警。

（7）断路器位置异常。正常运行时，快切装置将不停地对工作和备用电源断路器的状态进行监视，如检测到断路器位置异常（工作断路器误跳除外），装置将闭锁出口回路，发断路器位置异常信号。

（8）去耦合。由于在同时切换过程中，发跳工作电源断路器指令后，不等待其辅助触头断开后就发合备用指令，如果工作电源断路器跳不开，势必将造成两电源并列。此时如去耦合功能投入，装置将自动将刚合上的备用电源断路器再跳开。

（9）等待复归。在以下几种情况下，需对装置进行复归操作，以备进行下一次操作：

1）进行了一次切换操作后；

2）发出闭锁信号后，且为不可自恢复；

3）发生装置故障情况后（直流消失除外）。

此时，装置将不响应任何外部操作及启动信号，只能手动复归解除。如故障或闭锁信号仍存在，需待故障或闭锁条件消除后才能复归。

（10）启动后加速保护。一般情况下，装设于备用电源断路器的保护装置可以自动判断是否投入后加速保护，如果不能判断，则需通过快切装置发信来启动后加速保护。为此，装置需提供一对空触点，一旦装置切换，合备用电源断路器的同时，闭合该触点，称为"启动后加速保护"。

6. 提高快切装置动作可靠性措施

（1）备用母线电压与工作母线电压引入快切装置时，不应存在额外相位差，应选取同名相电压引入快切装置；非同名相电压引入时要进行正确的相位补偿。

（2）当工作电源与备用电源分别由两个系统供电时，要求工作电源与备用电源间的电压相角差要小，否则快速切换不易成功。

（3）中小发电厂的厂用电源切换中，快速切换和同期捕捉切换中的低电压闭锁不宜投入。

（4）当启动备用变压器高压侧具有电流速断保护时，为防止快切装置不正确动作产生较大冲击电流而引起的误动作，宜将电流速断保护带 150～200ms 延时躲过影响。

（5）备用电源无压时，快切装置动作变得无意义，因此对备用电源电压要进行监视。动作电压可取 80％额定电压，动作延时可取 0.3～0.5s。

7. 需要注意的几个问题

（1）关于大功角切换。发电机组的备用电源与工作电源可以是同一系统，也可以是不同系统。一般在同一系统时两者间功角为 0°或者很小，厂用电源正常切换可以采用并联方式，即"先合后跳"，两个电源之间可以短时间并联运行，切换期间厂用母线不失电；如果备用电源与工作电源在不同系统或功角比较大的时候，厂用电源正常切换就不宜采用并联方式，而要采用串联方式，即"先跳后合"，备用电源跳开以后再合上工作电源，这样一来，厂用母线必然有短时的失电。

（2）发电厂不同接线形式下高压厂用电源切换方式的选择。发电厂的厂用电源接线形式，根据高压备用电源的不同，厂用电源可分为来自同系统的厂内备用电源，和来自不同系统的厂外电源；根据启动备用变压器容量的不同，厂用电源分为 100％容量备用电源和非 100％容量备用电源。

来自厂内备用电源典型接线如图 7-12 所示。高压厂用工作电源和备用电源之间，经高压厂用变压器、主变压器和启动备用变压器形成较小的电磁环网，两者之间相角差很小，仅 1°左右，甚至为 0°。

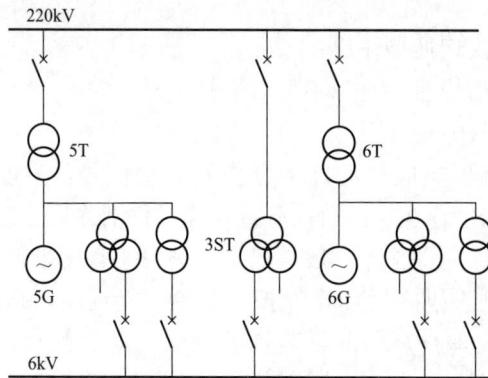

图 7-12　厂内备用电源接线

来自厂外备用电源接线如图 7-13 所示。高压厂用工作电源和备用电源之间，可能不属于同一电网，或者虽然在同一电网，但是之间经过若干级变压器和线路的传输，形成了一个较大的电磁环网，导致两者之间的相角很大。

厂内备用电源和厂外备用电源接线方式最根本的区别在于：对于采取

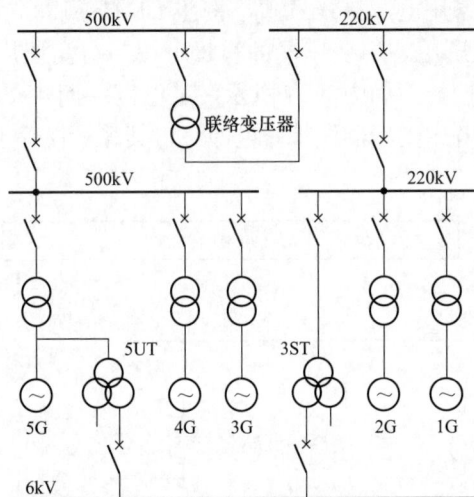

图 7-13　厂外备用电源接线

并联切换时的厂用电源切换过程而言，相当于电磁环网的短时合环操作，合环时相角差的存在会导致合环点出现功率潮流。功率潮流过大，会损伤变压器，也可能导致保护动作。典型输电线路电阻与电抗相比较小，假设 $R=0$，即线路只有电抗，则电磁环网合环时功率潮流计算公式为

$$P = \frac{|U_1| \cdot |U_1|}{X} \cdot \sin\delta$$

$$Q = \frac{|U_1|}{X}(|U_1| - |U_2|\cos\delta)$$

式中：U_1、U_2 分别为工作电源、备用电源电压，V；δ 为 U_1 与 U_2 之间相角，(°)；X 为整个电磁环网的阻抗和，Ω；P、Q 分别为有功潮流、无功潮流，W、var。

可见，对于厂内备用电源接线方式，即 $\delta=0°$，合环时有功潮流为零，只有无功潮流，大小主要取决于电压差，尽可能地减小电压差（主要方法是启动备用变压器有载调压），即可将无功潮流降低到最小；而对于厂外备用电源接线方式，即 δ 较大时，合环时既有有功潮流，也有无功潮流。由于 δ 的存在，不可能完全消除合环时出现的功率潮流，只能利用 δ 受功率影响的特性，抓住 δ 较小的时机（即机组初并网尚未带负荷的时候）进行厂用电源切换，可最大程度减轻功率潮流对变压器的冲击。

100％容量备用电源接线方式。如图 7-12 所示，2 台 600MW 机组设置一台启动备用变压器，按照 DL/T 5153—2014《火力发电厂厂用电设计技术规程》，启动备用变压器容量不应小于最大一台高压厂用工作变压器的容量。一般工程正常工作时厂用电负荷约为高压厂用变压器容量的 60％～70％，因此认为这种接线属于 100％的备用电源，实际也按 100％备用方式设置切换定值。

非 100％容量备用电源接线方式。按照 DL/T 5153—2014，600MW 以上发电机组，高压厂用备用变压器的容量可按一台高压厂用工作变压器容量的 60％～100％选择。如图 7-14 所示，某电厂一期 4×1036MW 工程中，4 台机组仅设 1 台备用变压器做检修电源用，其容量仅等于单台高压厂用变压器容量。

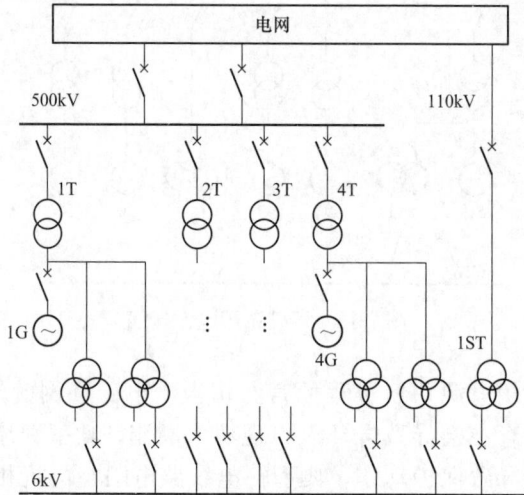

图 7-14 某电厂 4×1036MW 一次系统接线示意图

100％备用和非 100％备用方式最根本的区别在于：对于事故状态下的厂用电源串联切换过程而言，如果备用电源容量不足，有可能当机组保护动作跳闸工作电源，但备用电源投入后满足不了事故状态下的厂用负荷要求（如大电动机成组启动），从而导致启动备用变压器跳闸的情况出现。由于 100％备用方式在设计时已经校核过，任何情况下备用电源均可满足厂用电源的负荷需求，因此，这种方式下应选择尽可能快的切换方式（快切、同期捕捉方式）；而非 100％备用方式，原则上不作为热备用电源，可以采取慢速切换（长延时、备用电源自动投入）方式，待所有高压电动机失压延时跳闸后，再合备用电源，切换过程厂用系统失电时间 5～10s。

为了避免慢速切换时的失电问题，作为改进措施，可以设计一套逻辑回路选择只启动部分厂用工作段快速切换，而闭锁其余厂用工作段切换，或者慢速切换。

1）厂内备用电源切换试验。图 7-12 所示的厂内备用电源接线方式，正常切换应该采取并联切换方式。某电厂的现场试验切换波形如图 7-15 所示。在并联过程中，母线电压平稳，负荷电流大小几乎没有明显变化。这是因为 δ 几乎为 0°，而切换前 U_2 可以通过有载调压调节尽量接近 U_1，因此这种方式下环流很小，只有几十到几百安，并联时间仅 6 个周波，是一种比较安全的正常切换方式。

也有人过于担心此环流的影响，在正常切换时采取串联切换方式，但

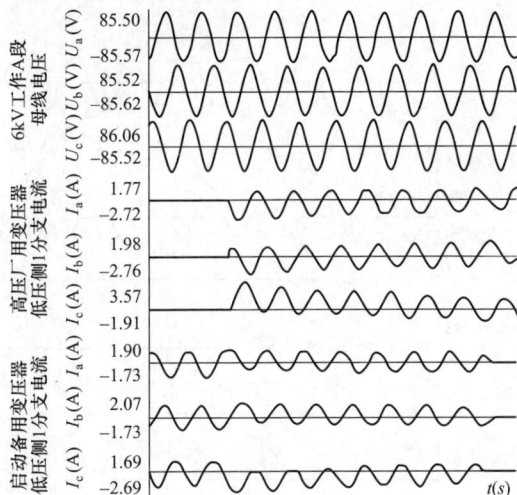

图 7-15　并联切换波形

这会导致新的问题出现：首先是串联切换有断流过程，难以保证负荷运行安全；其次，要考虑备用电源断路器拒动的风险。

那么，到底 δ 多少度才应该闭锁并联切换呢？目前通常的做法是直接给出 15°或者 20°作为闭锁值，至于为什么这样选择，这样的角度是否适合所有的机组，似乎很少有人深究。

为了合理确定闭锁角度，有必要对此进行工程上的计算。计算闭锁角度的依据是备用变压器能够承受的最大电流，这个电流包括负荷电流和环流。将电网看作无穷大系统，由主变压器、高压厂用变压器、启动备用变压器构成的电磁环网合环时的合环电流 I_c 可由下式计算

$$I_c = \frac{\Delta E}{\sum X} = \frac{\dot{U}_1 - \dot{U}_2}{X_1 + X_2 + X_3} = \frac{\sqrt{U_1^2 + U_2^2 - 2U_1U_2\cos\delta}}{X_1 + X_2 + X_3}$$

式中：ΔE 为压差，V；U_1、U_2 分别为工作、备用电源电压，V；X_1、X_2、X_3 分别为高压厂用变压器、启动备用变压器、主变压器短路阻抗。注意计算时要将各短路阻抗折算到 6.3kV 的等效阻抗。

厂内备用电源接线方式中，对于事故切换采用串联切换方式，可投入快速切换、同期捕捉、残压切换、长延时切换四种方式。事故状态下切换波形如图 7-16 所示，机组跳闸后高压厂用母线残压变化较为复杂，与该段母线所带负荷的大小、负荷性质关系较大，即便是同一段母线，不同负荷下跳闸，残压衰减过程也不相同。一般来讲，负荷较大且电动机负荷所占比重较大的情况下，母线残压衰减越慢，越有利于实现快速切换；而母线负荷很小的时候机组跳闸，由于缺乏电动机反馈电动势的支撑，母线残压的幅值和频率迅速下降，往往难以进行快速切换。根据多个电厂的实际经验，基本都可以实现快速切换，切换过程 30~100ms，厂用负荷一般不会

跳闸。

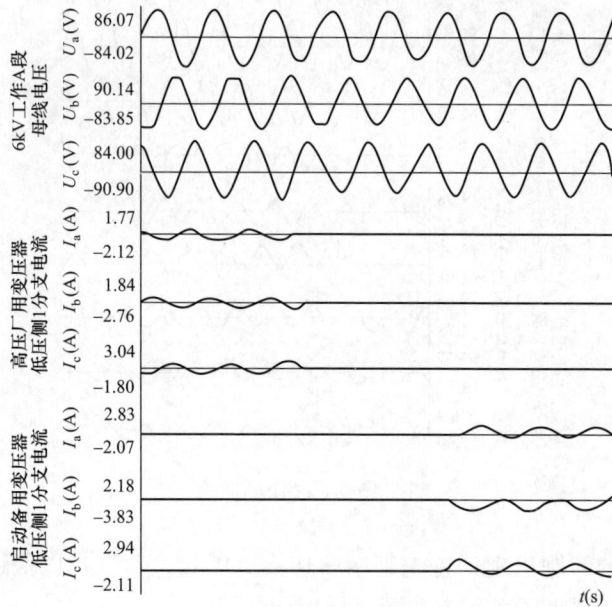

图 7-16　某电厂事故切换波形

2）厂外备用电源切换试验。图 7-13 所示的厂外备用电源接线方式，正常切换在角度允许的情况下采取并联切换方式，否则，只能采取串联切换。切换过程母线电压平稳，但合环电流较大，为负荷电流的 2～3 倍。与 $\delta=0°$ 时的切换波形图相比，在工作电源和备用电源短时并联过程中，环流比正常负荷电流大得多。因此，当 δ 过大时，必须采取降低机组负荷的办法来减小 δ，使其在允许范围内才能并联切换。

如果环流过大，将会对变压器造成损坏，甚至导致保护误动。如果机组小负荷时的 δ 角度已经大于 $20°$，则必须考虑串联切换方式。

串联切换风险大于并联切换，但由于目前快速切换装置性能的提高，即使在较大的角度下，采取串联切换的成功率也是很高的，如图 7-17 所示。有统计资料显示，即使在大于 $60°$，甚至 $170°$ 的相角差下，也能多次切换成功，除了个别情况是快速切换以外，大部分情况下也可以实现同期捕捉切换。

3）非 100% 备用电源切换。图 7-14 所示的非 100% 备用电源接线方式，对于发电机出口装设断路器的主接线方式，厂用电源由主变压器倒送，可靠性极高，不考虑事故情况下的 100% 备用，因此 4 台机组仅设 1 台备用变压器，作为安全停机和检修用。这种情况下，由于备用变压器满足不了机组 100% 的厂用电负荷，所以不能设厂用电源快速切换方式，而必须采用慢速切换（备用电源自动投入）的方式。特别要注意的是，慢切的延时一定要与高压电动机失压跳闸延时相配合，以防过早投入备用电源引起高压电

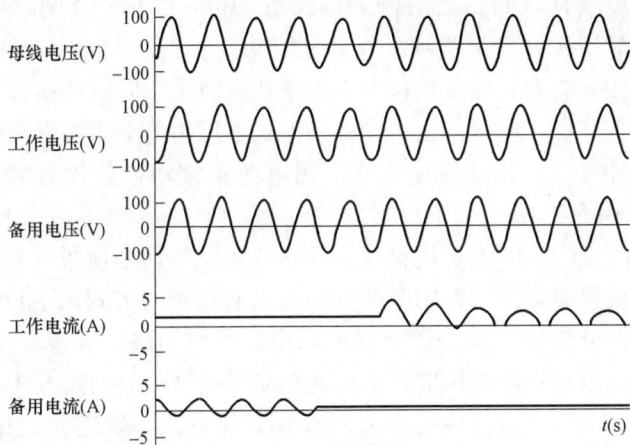

图 7-17　某电厂串联切换波形

动机群自启动导致备用变压器过负荷跳闸。

作为对非 100% 备用电源接线只能采用慢速切换方式的改进，有的电厂对多台机组共用一台启动备用变压器的快切回路进行了改造，以启动备用变压器不过载情况下能够实现厂用电源的快速切换。例如，某电厂 4 台 300MW 机组共用一台启动备用变压器，其容量仅能满足一台机组的 100% 备用，该厂在每台机组的快切启动回路中加入一个中间继电器，当任何一台机组厂用电源切换后，即闭锁其余 3 台机组厂用电源切换。经过这样改进后，在单台机组事故跳闸情况下，可以实现 100% 备用电源快速切换；即使在 4 台机组同时跳闸的最严重故障下，也可至少保证一台机组的厂用电源能够切换，极大地提高了机组安全性。

4）两台 600MW 机组共用一台启动备用变压器的切换问题。两台 600MW 机组共用一台启动备用变压器，容量不小于最大的一台高压厂用变压器容量，这是目前国内常见的一种主接线配置。一般厂用电源切换装置也都按 100% 备用方式设置，依次投入快切、同捕、残压和长延时方式，事故状态下哪种方式能够切换均可，似乎并无不妥。但如果两台机组满负荷同时跳闸，启动备用变压器的容量是否满足此时两台机组的 100% 事故备用，目前有关规程未明确说明，也还未见设计计算资料对此有过考虑。

启动备用变压器从容量上设计余量过小，切换方式优先选择保障厂用工作变压器负荷，设置工作变压器为快切方式，公用变压器为慢切方式。或者综合考虑两台机组全停导致启动备用变压器过负荷的概率来选择事故切换方式。

5）同时切换方式搭接时间问题。对于厂外备用电源接线方式，正常切换时 $\delta > 20°$，为了减少母线断流时间，还可以采用同时切换方式。这种方式国内应用较少，其风险在于由于断路器合分闸时间的不确定性，有可能有短时的搭接过程，导致电流冲击。实际上，根据目前常用的 6kV 真空断路器现场实测数据，断路器分闸时间一般 40ms 左右，合闸时间 60ms 左右，也即同时切换方式下跳闸先于合闸结束，不至于搭接。因此，同时切换方式是比较安全的，应该积极考虑正常切换时采用同时切换方式。

通过以上分析，可以得出不同接线形式下厂用电源切换方式的选择：

a. 厂内电源 100% 备用接线：厂用电源正常切换应投并联切换方式；事故切换投串联方式。

b. 厂内电源非 100% 备用接线：厂用电源正常切换应投并联切换方式；事故切换应投慢速切换（备用电源自动投入或长延时方式），也可设置事故时厂用电源部分快速切换，部分慢速切换的逻辑回路。或者综合考虑多台机组全停导致启动备用变压器过负荷的概率来选择事故切换方式。

c. 厂外电源 100% 备用接线：要计算合环电流，确定允许正常并联切换的最大允许相角，如不允许可串联切换或同时切换；事故切换投串联方式。

d. 厂外电源非 100% 备用接线：相角允许时正常并联切换，如不允许可串联切换或同时切换；事故切换应投慢速切换（备用电源自动投入或长延时方式），也可设置事故时厂用系统部分快速切换，部分慢速切换的逻辑回路。

四、备用电源自动投入装置

备用电源自动投入，顾名思义就是一种工作电源故障后，自动投入备用电源的微机装置，其工作原理是根据工作电源故障后，母线失压、电源无流的特征，以及备用电源有电的情况下，自动投入备用电源。

备用电源自动投入主要有：桥备备用电源自动投入、分段备用电源自动投入、母联备用电源自动投入、线路备用电源自动投入、变压器备用电源自动投入等几种型式。在此主要介绍常见的母联备用电源自动投入。

母联备用电源自动投入保护的工作原理为：正常情况下，两路电源进线均投入，母联断路器分开，处于分段运行状态。当检测到其中一路进线失压且无流，而对侧进线有压、有流时，则断开失压侧进线断路器，合入母联断路器，另一路进线断路器不动作。

母线电压等级不同，备用电源自动投入的逻辑也有所不同：低压备用电源自动投入一般采用三合二逻辑＋延时继电器；中压备用电源自动投入一般采用检电压＋断路器位置状态；高压备用电源自动投入一般采用检电压＋检电流＋断路器位置状态。

（一）备用电源自动投入装置功能及性能要求

（1）在下列情况下，应装设备用电源自动投入装置：

1）具有备用电源的发电厂厂用电源和变电站站用电源；

2）由双路电源供电，其中一路电源经常断开作为备用的电源；

3）降压变电站内有备用变压器或有互为备用的电源；

4）有备用机组的某些重要辅机。

（2）备用电源自动投入装置的功能要求：

1）应保证在工作电源及其进线设备断开后，才能投入备用电源或备用电源设备。

2）工作电源或电源设备上的电压，不论何种原因消失，除有闭锁备用电源自动投入动作条件外，备用电源自动投入装置均应动作，自动投入备用电源。备用电源自动投入装置应有独立的低电压启动部分。

3）当主电源失电时，备用电源自动投入装置应保证只动作一次，需要在相应的充电条件满足后才能允许下一次动作。

4）当一个备用电源同时作为几个工作电源的备用时，如备用电源已代替一个工作电源后，另一个工作电源又被断开，必要时，备用电源自动投入装置仍能动作。

5）有两个备用电源的情况下，当两个备用电源为两个彼此独立的备用系统时，应装设各自独立的备用电源自动投入装置；当任一备用电源能作为全厂各工作电源的备用时，备用电源自动投入装置应使任一备用电源能对全厂各工作电源实行自动投入。

6）备用电源自动投入装置在条件可能时，宜采用带有检定同步的快速切换方式，并采用带有母线残压闭锁的慢速切换方式及长延时切换方式作为后备；条件不允许时，可仅采用带有母线残压闭锁的慢速切换方式及长延时切换方式。

7）当厂用母线速动保护动作、工作电源分支保护动作或工作电源由手动或分散控制系统（DCS）跳闸时，应闭锁备用电源自动投入。

8）若备用电源有电压判断作为备用电源自动投入的充电条件之一，当备用电源失电压时必须延时放电。

9）备用电源自动投入装置应具有防止过负荷和电动机自启动所引起误动作的闭锁措施，具有电源自动投于故障母线或故障设备的保护措施。需要校验备用电源的过负荷和电动机自启动情况。

10）备用电源自动投入装置动作时间以使负荷的停电时间尽可能短为原则；当工作母线和备用电源同时失去电压时，备用电源自动投入装置不应启动；当备用电源投于故障时，应使其保护加速动作。

（3）备用电源自动投入的启动方式有：

1）工作母线无电压且主供电源无电流。

2）主供电源断路器分位且无电流。

（4）备用电源自动投入充电（备用电源自动投入开放）宜同时满足以下条件：

1）备用电源自动投入功能投入。

2）主供电源断路器合位，备用电源断路器分位。

3）主供电源断路器对应母线有电压。

4）无外部闭锁条件。

（5）备用电源自动投入满足以下任一条件时均应放电（备用电源自动投入闭锁）：

1）备用电源自动投入功能退出。

2）备用电源自动投入动作后。

3）外部触点闭锁备用电源自动投入开入。

4）人工切除主供电源。

5）备用电源断路器合上后放电。

6）备用电源自动投入跳主供电源断路器后，跳闸失败放电。

7）备用电源自动投入"检查备用电源有电压"功能时，若备用电源失电压须经延时放电。

（6）备用电源自动投入装置的其他要求：

1）具备断路器位置异常识别功能，在判断出断路器位置异常时应延时放电。

2）当电压互感器二次回路断线时，备用电源自动投入应发出 TV 断线信号。

3）应设置闭锁备用电源自动投入的开入接口，用于与保护或自动装置配合。

4）应取断路器自身的位置辅助触点（不取位置继电器的触点）；开关量状态值应采用正逻辑，状态值为"1"表示为肯定，状态值为"0"表示为否定。

5）备用电源自动投入动作失败，应发出相应的告警信号并放电。

6）装置应配有硬、软件监视功能，自动监视硬、软件工作状态。对发现的异常、故障，自动采取告警、自复位、闭锁重要控制回路等措施，并记录发现的异常故障信息。

7）装置的动作指示信号，在直流电源恢复正常后，应能重新显示。

8）装置的各种重要记录信息，包括动作事件信息及事故录波，在失去直流电源的情况下不应丢失。

9）装置应能可靠记录动作的相关信息，如动作时输入的模拟量和开关量、输出开关量、动作元件、动作时间等，并具有存储不少于 8 次故障录波数据的功能。故障录波数据应按 GB/T 14598.24《量度继电器和保护装置 第 24 部分：电力系统暂态数据交换（COMTRADE）通用格式》规定的格式输出。

10）备用电源自动投入装置若含有保护功能，应遵循相关继电保护标准的规定。

现场应用时应注意：应校核备用电源或备用电源设备自动投入时过负荷及电动机自启动情况，如过负荷超过允许限度或不能保证自启动时，应有备用电源自动投入装置动作时自动减负荷的措施。当备用电源自动投入装置动作，使备用电源或备用电源设备投于故障时，应有保护加速跳闸。

（二）低压厂用变压器备用电源自动投入装置的原理与整定

根据不同的一次系统接线方式，低压厂用备用电源自动投入装置分为以下几种：①公共专用低压备用厂用变压器明备用电源自动投入装置；②低压厂用变压器互为备用联络断路器暗备用电源自动投入装置；③保安电源多路备用电源自动投入装置及重要线路故障时电源自动切换装置。

1. 公共专用低压备用厂用变压器明备用电源自动投入装置

公共专用低压备用厂用变压器明备用电源自动投入一次系统接线，如图 7-18 所示。

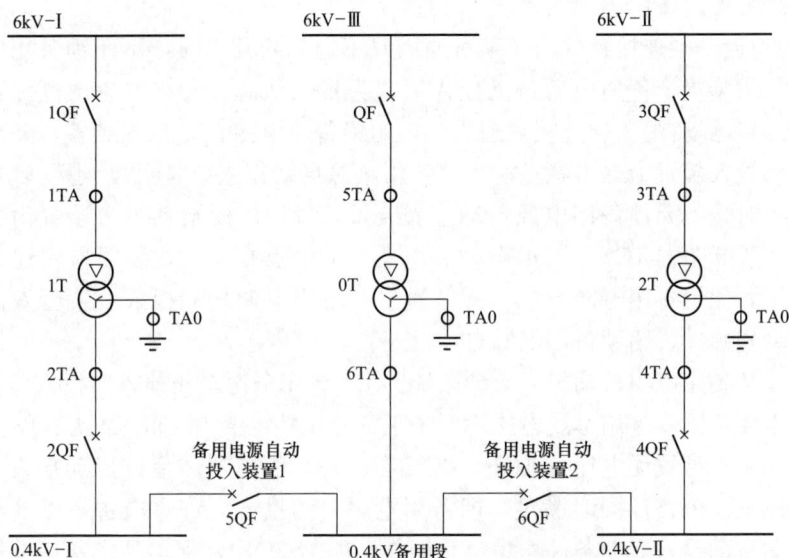

图 7-18　公共专用低压备用厂用变压器明备用电源自动投入一次接线图
1T、2T—工作低压厂用变压器；0T—备用低压厂用变压器

1T、2T 正常同时运行，其中任何一工作厂用变压器故障，或低压进线断路器 2QF（或 4QF）任何原因断开，备用电源自动投入装置自动合 5QF（或 6QF），失电段由备用低压厂用变压器供电。

公共专用低压备用厂用变压器备用电源自动投入装置动作判据：

（1）备用电源自动投入允许（准备）条件：①低压厂用变压器高、低压断路器 1QF、2QF 在合位；②低压断路器 5QF 在分位；③工作母线电压正常（母线电压不低于正常电压整定值）；④"备用电源电压检查"投入，备用电源电压正常（备用母线电压不低于正常电压整定值）。以上条件全部满足，提供备用电源自动投入允许条件。

（2）备用电源自动投入闭锁（防止多次合闸）条件：①"备用电源电压检查"投入，当备用电源无电压（备用母线电压低于正常电压整定值），闭锁备用电源自动投入。②"手动分闸不闭锁备用电源自动投入装置投/

退"投入时，断路器 1QF、2QF 手动分闸，闭锁备用电源自动投入装置，备用电源自动投入装置不动作（不自动合 5QF）；"手动跳闸不闭锁备用电源自动投入装置投/退"退出时，断路器 1QF、2QF 手动分闸，不闭锁备用电源自动投入装置，备用电源自动投入装置动作（自动合 5QF）；"手动跳闸不闭锁备用电源自动投入装置投/退"投入或退出时，由于保护动作跳开断路器 1QF、2QF，不闭锁备用电源自动投入装置，备用电源自动投入装置动作（自动合 5QF）。③断路器 5QF 合闸（瞬时合闸后断开），闭锁备用电源自动投入装置，保证断路器 5QF 合闸仅一次。④当"备用电源自动投入装置投/退"硬连接片（由于外力或某种原因）接通时，闭锁备用电源自动投入装置，备用电源自动投入装置为退出状态；当"备用电源自动投入装置投/退"硬连接片（由于某种原因）不通（断开）时，不闭锁备用电源自动投入装置，备用电源自动投入装置为投入状态。⑤当"备用电源自动投入装置总投/退"软连接片退出时，闭锁备用电源自动投入装置，备用电源自动投入装置为退出状态；当"备用电源自动投入装置总投/退"软连接片投入时，不闭锁备用电源自动投入装置，备用电源自动投入装置为投入状态。⑥断路器 1QF、2QF 分位继电器（或触点）异常，装置检测到 2QF 有电流，闭锁备用电源自动投入装置。⑦备用电源自动投入装置已发出第一次动作脉冲，闭锁备用电源自动投入装置。

（3）备用电源自动投入启动条件：①"备用电源电压检查"投入，备用电源电压正常（备用母线电压不低于正常电压整定值）；②断路器 2QF 无电流；③工作母线无电压或 1QF、2QF 在分位，断路器"变位启动自投"投入。以上三个条件同时满足，即备用电源自动投入允许（准备）条件与备用电源自动投入启动条件均满足，动作断路器 2QF 分闸，动作备用电源断路器 5QF 合闸。

（4）备用电源断路器 5QF 合闸条件：①启动备用电源自动投入装置启动；②断路器 2QF 分闸；③工作母线无电压。以上三个条件同时满足时，动作合备用电源断路器 5QF。

（5）备用电源断路器 5QF 合闸后，闭锁断路器 5QF 再次合闸。

（6）公共专用低压备用厂用变压器备用电源自动投入动作过程：当工作电源正常工作、备用电源有正常电压，1QF、2QF 合闸位置，5QF 分闸位置，备用电源自动投入装置在准备等待状态。①此时如 2QF 突然分闸断开，自动合闸备用电源断路器 5QF，并保证只合闸一次；②此时如 1QF 突然断开，联动断开 2QF，自动合闸备用电源断路器 5QF，并保证只合闸一次；③正常运行中，当工作母线电压消失（低于正常电压整定值），备用母线电压正常（备用母线电压不低于正常电压整定值），备用电源自动投入装置动作断开 2QF，自动合闸备用电源断路器 5QF，并保证只合闸一次；④备用电源断路器 5QF 合闸后，闭锁断路器 5QF 再次合闸。

2. 低压厂用变压器互为备用联络断路器暗备用电源自动投入装置

低压厂用变压器互为备用联络断路器暗备用电源自动投入一次系统接线如图 7-19 所示。

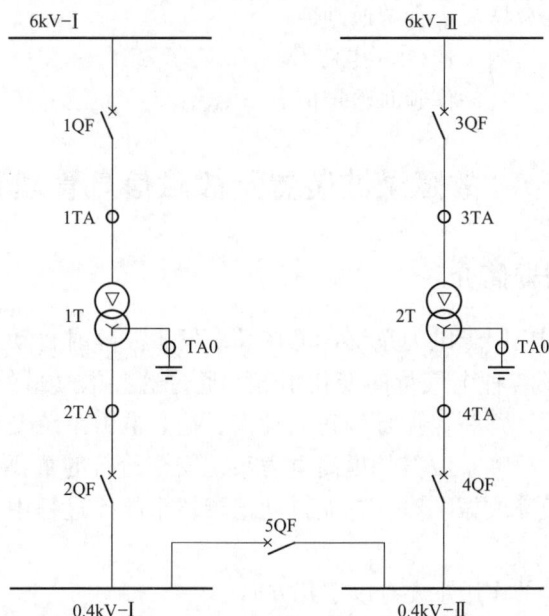

图 7-19 低压厂用变压器互为备用联络断路器暗备用电源自动投入一次系统接线图

图 7-19 中，1T、2T 为工作低压厂用变压器，正常同时运行，其中任何一工作厂用变压器故障或低压进线断路器 2QF（或 4QF）任何原因断开，自动投入 5QF，失电段由另一段母线供电。

（1）低压厂用变压器互为备用联络断路器暗备用电源自动投入装置动作判据：

1）"备用电源自动投入装置经投入/退出"软连接片投入工作状态；

2）一侧工作电源无电压；

3）另一侧为备用电源，有电压；

4）动作延时：满足上述 1）～3）条件，经延时动作断开无电压侧工作电源断路器 2QF（或 4QF），后不再经延时合联络断路器 5QF。

（2）暗（隐）备用电源自动投入装置整定计算。暗（隐）备用电源自动投入装置整定计算与明备用电源自动投入装置整定计算相同。

（三）其他类型 0.4kV 备用电源自动投入装置

电动阀门电源柜、事故照明电源自动投入装置，多采用双电源自动切换装置，如 ASCO 切换开关。

（1）工作电源不正常工作切换判据：

$$\begin{cases} 工作（主）电源 U \leqslant U_{set1} \text{、} f \leqslant f_{set1} \\ 备用（副）电源 U \geqslant U_{set2} \text{、} f \geqslant f_{set2} \\ 动作延时整定值 t \geqslant t_{op.set} \end{cases}$$

（2）工作电源恢复正常切换判据：

$$\begin{cases} 工作（主）电源 U \geqslant U_{set2} \text{、} f \geqslant f_{set2} \\ 动作延时整定值 t \geqslant t_{op.set} \end{cases}$$

第三节　故障录波装置及故障信息管理系统

一、故障录波器简介

故障录波器应用于电力系统，可在系统发生故障时自动、准确地记录故障前后过程的各种电气量的变化情况，通过这些电气量的分析、比较，对分析处理事故、判断保护是否正确动作、提高电力系统安全运行水平均有着重要作用。故障录波器是提高电力系统安全运行的重要自动装置，当电力系统发生故障或振荡时，它能自动记录整个故障过程中各种电气量的变化。

故障录波器的作用主要有以下几方面：

（1）根据所记录波形，可以正确地分析判断电力系统、线路和设备故障发生的确切地点、发展过程和故障类型，以便迅速排除故障和制定防范措施。

（2）分析继电保护和高压断路器的动作情况，及时发现设备缺陷，揭示电力系统中存在的问题。

（3）积累第一手材料，加强对电力系统规律的认识，不断提高电力系统运行水平。

二、故障录波器的特点与技术指标

1. 故障录波器的启动方式

故障录波器启动方式的选择，应保证在系统发生任何类型故障时，故障录波器都能可靠的启动，一般包括突变量启动、越限量启动、开关量启动、故障启动等启动方式。

2. 故障录波装置的特点

（1）装置系统软件以 Windows 或 NT 操作系统为平台，装置所有功能实现了多任务运行。录波启动、运行监视、实时波形、实时数据、故障数据分析、数据通信等功能可同时运行，互不影响。

（2）装置不仅具有完备的录波功能，还可以对接入的模拟量和开关量进行实时显示。

（3）数据存储可转化为 comtrade 格式。

（4）数据处理分析系统内部采用 10M/100M 自适应以太网连接，协议为 TCP/IP，保证了网络的高速稳定。

（5）自动生成运行、操作日志，详细记录录波的运行状况，使录波器的运行、操作有据可查。

（6）强大的联网功能。录波装置可接入当地 MIS 网共享数据，也可利用 MODEM 采用拨号方式或以太网卡接入 MIS 网实现异地控制，不仅实现文件远传，还可远方浏览、修改定值，查看装置状态，手动启动，录波数据自动上传等功能。

（7）完备的看门狗自复位功能。

（8）调试工作软件化，如自动比例系数、有效值、相位计算，主要配置文件自动备份等，大大减少了调试维护的工作量。

3. 技术指标

（1）录波通道容量为 32/64/96 路模拟量和 64/128/192 路开关量。

（2）模拟量采样频率 10kHz；模数转换精度 16 位；开关量事件分辨率 1ms。

（3）故障动态记录时间：记录故障前 0.5s 及故障后 3s 的录波数据，采样频率为 6kHz。通过设置可附加记录 10min 有效值，其中前 5min 每间隔 0.1s 记录一次，后 5min 每间隔 1s 记录一次。

（4）装置前置机的微机系统内存容量可完整记录 6 次连续故障和 10min 的有效值数据，后台机硬盘保存的故障录波数据文件可由用户任意设定 20~1000 个。

（5）额定参数。

1）交流输入信号：额定电压有效值 $U_N=57.7V$ 或 100V；允许过电压：$2U_N$。额定电流有效值 $I_N=5A$ 或 1A；允许过电流：$20I_N$。

2）励磁系统的交、直流输入信号可根据机组的实际情况灵活调整。

3）开关量：无源空触点输入。

4）工作电源：AC 220V±10%；50Hz±0.5Hz；DC 220V±10%。

（6）故障启动方式：故障启动方式包括模拟量启动、开关量启动和手动启动。

1）模拟量启动。正、负、零序启动量，多种模拟量的计算量（如功率等），交、直流电压、电流稳态量和突变量启动，任何一路输入的模拟量均可作为启动量，启动方式包括突变量启动和稳态量启动（过量或欠量启动）。

2）开关量启动。任何一路或多路开关量均可整定作为启动量，开关量启动方式可整定选择为开关闭合启动或开关断开启动。

3）手动启动。

（7）录波数据输出方式。录波结束后，录波数据自动转存到故障录波装置硬盘保存，打印机输出故障报告的打印，报告内容包括：机组名、故障发生时刻、故障启动方式、开关量变位时刻表及相关电气量波形等，其中电气量波形的打印时间长度和内容可由用户整定。

(8) 装置可接入 GPS 时钟信号、秒脉冲或分脉冲进行校时，保证全网统一时钟。

(9) 通信。

1) 通过调制解调器（MODEM）和电话交换网组成通信网，可在远方调用录波数据（选配）。

2) 通过以太网卡和 MIS 网组成通信网，可在远方调用录波数据（选配）。

三、故障录波装置的软、硬件功能

1. 硬件说明

装置屏体采用分层分布式结构，由主机系统、数据变换单元和打印机组成，主机系统内部通过通信网卡相连，构成局域通信网络。

(1) 主机系统。主机系统主要是工控机，具有良好的抗电磁干扰能力和防尘、防潮能力，特别适合环境恶劣的工业现场使用。

主要板卡：工控机主板、对时复位板、A/D 板、光电隔离开出板、光电隔离开入板。

功能：主要完成数据采集，故障启动判别，运行、调试管理，定值的整定，录波数据的存储，故障报告打印，远传，对时等功能。

(2) 数据变换单元。包括独立的电源和输入、输出插件，可完成交、直流模拟量的隔离变换，开出信号显示及报警触点；机箱为后插结构，抗干扰能力强，运行可靠，维护、调试方便。

面板：含电源、调试、运行、录波启动等指示灯和总清按钮。

1) 功能指示。

电源指示灯：常亮为电源正常指示。

运行指示灯：装置正常运行时该灯闪烁；装置工作异常时该灯常亮或常灭。

数据上传指示灯：传送录波数据时该灯亮。

录波启动指示灯：当装置启动录波后该灯亮。

自检故障指示灯：装置发生故障时该灯亮。

装置异常指示灯：装置在规定的时间段内未收到定时发出的巡检或互检命令时该灯亮。

通信故障指示灯：主机系统之间通信故障时该灯亮。

调试指示灯：装置进入调试状态时该灯亮。

2) 总清按钮：用于手动复归各告警继电器及其指示。

(3) 电源告警插件：电源开关、电源熔断器、±15V 电源供通道板及直流模块、24V 电源供开入板使用；下述告警信号继电器和 LED 指示灯：

1）装置自检故障告警继电器：装置一旦自检发现故障，继电器动作告警。

2）录波启动信号继电器：当装置启动录波后，继电器动作告警。

3）装置异常告警继电器：当前置机在规定的时间段内未收到后台机定时发出的巡检命令，继电器动作告警。

（4）信号总清继电器：用于手动复归各告警继电器。所有告警继电器均有自保持，可利用插件面板设置的信号总清按钮进行手动复归，也可通过装置外引的信号总清触点实现远方复归。每个告警继电器动作后，除在面板给出 LED 指示灯信号外，同时提供独立的继电器触点（无源动合空触点），可用于接入中央信号回路。

2. 软件功能概况

装置软件均采用中文菜单方式，便于现场运行人员掌握、使用。

（1）监控分析单元监控功能软件。监控软件主要完成整个装置的运行和调试的监控管理、装置的定值整定、录波数据的存储以及简要故障报告的形成和打印等。运行监控管理程序主要包括自检、与数据采集单元的定时互检和对时；调试监控程序主要完成装置的调试管理。主要包括：模拟量通道调试、开关量输入通道调试、信号板插件调试。

（2）故障录波数据综合分析软件。为方便分析装置记录的故障数据，故障录波装置设计有数据分析软件，可再现故障时刻的电气量数据及波形，并完成机组故障分析需要的各种电气量的分析计算，如谐波分析、相序量计算、幅值计算、有功功率及无功功率计算、频率计算、机端测量阻抗等。

四、故障信息管理系统简介

继电保护故障信息管理系统在电力系统运行中起着非常重要的作用，为电力系统故障分析和处理提供可靠依据，进一步提高电网安全运行的调度系统信息化与智能化水平。其主要功能是收集和管理电网中各厂、站的继电保护装置和安全自动装置等涉及电网异常或保护动作信号、断路器的分合及保护装置的异常信号；微机保护装置和故障录波器的录波数据和报告、保护定值等，以及对这些数据、信号的综合、统计、计算和分析等处理与管理。

继电保护及故障信息管理系统简称保护及故障信息子站，是通过数据采集、数据处理和通信传输等新一代信息子站技术，根据电网公司关于继电保护及故障信息处理系统最新技术规范和在满足实际应用的基础上，快速准确地接收和处理继电保护故障信息，帮助电网运行人员和继电保护技术人员快速了解电网故障性质和继电保护装置的动作情况，进而达到快速处理事故，快速恢复供电的目的。

五、故障信息管理系统功能与配置

故障信息处理子站系统总体结构如图 7-20 所示。

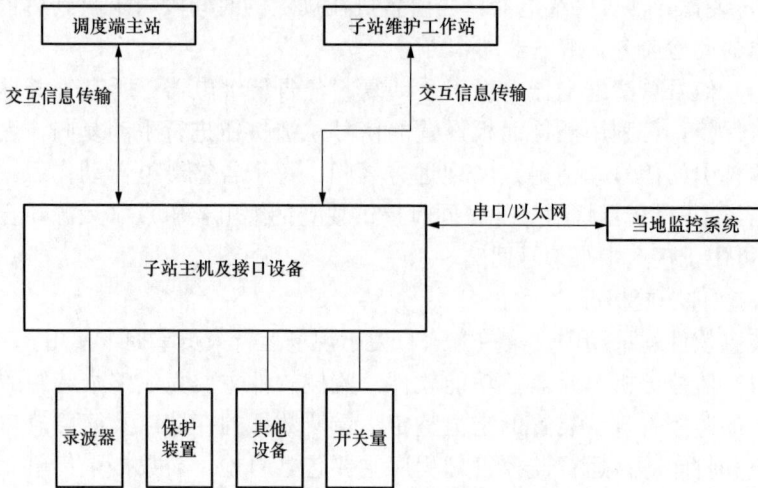

图 7-20　故障信息处理子站系统总体结构图

1. 基本功能

故障信息子站系统能够监视子站系统所连接的装置运行工况及装置与子站系统的通信状态，监视与主站系统的通信状态。

（1）完整地接收并保存子站系统所连接的装置在电网发生故障时的动作信息，包括保护装置动作后产生的事件信息和故障录波报告。

（2）能够响应主站系统召唤，将子站系统的配置信息传送到主站系统。能够根据主站系统的信息调用命令上送子站系统详细的信息，也可根据主站的命令访问连接到子站系统上的各个装置。

（3）实现对保护装置和故障录波器的动作信息进行智能化处理，包括信息过滤、信息分类及存储。

（4）装置可以采用 IEC 60870-5-103 规约（或其他规约）向站内自动化系统（监控系统）传送保护装置动作信息。

（5）能遵循相关的主-子站系统通信接口规范向主站传送信息，并保证传送的信息内容与对应的接入设备内信息内容保持一致。

（6）子站维护工作站能以图形化方式显示子站系统信息，并提供友好的人机交互界面。

（7）为了减少信息传送环节，提高系统的可靠性，子站系统与所有保护装置和故障录波器采用直接连接方式，不经过保护管理机转接。

（8）为提高抗干扰能力，在适应保护提供的接口基础上，采用光纤连接方式。

（9）任一套接入的设备退出或发生故障不影响子站系统与其他设备的

正常通信。

（10）接入新的设备不改变现有的网络结构，不需改动其他设备的参数设置。

（11）能适应各种类型的接入设备的通信速率。

2. 子站系统信息收集与处理

保护装置信息包括：装置通信状态、保护测量量、开关量、连接片投切状态、异常告警信息、保护定值区号及定值、动作事件及参数、保护录波等数据。

故障录波器信息包括：录波文件列表、录波文件、录波器工作状态和录波器定值。

子站系统信息的处理：

（1）总体要求。子站系统能对收集到的数据进行必要的处理，对收集到的数据进行过滤、分类、存储等，并能按照定制原则上送到各调度中心的主站系统，由主站系统进行数据的集中分析处理，从而实现全局范围的故障诊断、测距、波形分析、历史查询等高级功能。

（2）规约转换。为保证信息传送的准确性和快速性，保护装置和故障录波器接入子站装置时使用原保护和故障录波器厂家的原始传送规约接收数据。

（3）数据的存储。子站系统的数据存储能力能保证在主子站通信短时中断时不丢失任何数据；通信长时间中断时重要事件不丢失。

（4）信息分类。子站系统支持对装置信息的优先级划分，提供信息分级配置原则及配置手段。

3. 子站系统的高级应用

（1）故障报告的形成。保护动作时，子站系统能够根据收集到的信息自动整理故障报告，内容包括一二次设备名称、故障时间、故障序号、故障区域、故障相别、录波文件名称等。故障报告以文本文件（.txt）格式保存，并通知到主站系统，在主站系统召唤时按照通用文件上送。

（2）简化故障录波功能。子站系统通过分析收集到的故障录波器的波形文件，判断出故障元件，将其对应的电压、电流和原波形中的开关量重新形成一个新的简化波形文件。

（3）时间补偿功能。对支持召唤时标的保护装置，为防止保护设备的时间误差过大，子站系统能根据保护装置与子站系统的时间差对接收到的保护事件和波形的时间进行调整。

（4）接收来自主站系统的强制召唤命令。子站系统接收到主站系统发出的对接入设备的强制召唤命令后，能够中断当前的处理过程，立即执行该命令。

（5）检修信息的标记。当保护装置处于检修或调试时，子站系统通过采集该装置的检修压板开入量信息，在接收和转发信息时将该装置的上传的信息全部标记成检修状态。

（6）通过开关变位信息触发子站系统与保护通信。在总线型通信方式下，子站系统能通过获取断路器等一次设备的开关位置变化信息，进而触发子站系统与相应保护进行通信，提高子站系统获取信息的有效性。

（7）通过波形文件触发子站系统与保护通信。子站系统能从录波器的波形信息中获取开关变位信息，进而触发子站系统与相应保护进行通信，提高子站系统获取信息的快速性。

（8）定值比对。子站系统具备召唤定值并自动进行定值比对功能，当发现定值不一致时，给出相应的提示信息。

（9）接入设备状态监视。子站系统对接入设备运行状态进行监视，在检测出接入设备异常时，给出相应的提示信息。

（10）远程控制。子站系统可根据需要，对接入设备进行远程控制，通常包括以下几种：

1）定值区切换：能够通过必要的校验、返校步骤，远方完成对指定接入设备的定值区切换操作，使其工作的当前定值区实时改变。

2）定值修改：能够通过必要的校验、返校步骤，远方完成对指定接入设备的定值修改操作，使其保存的定值实时改变；支持批量的定值返校和批量的定值修改操作。

3）软连接片投退：能够通过必要的校验、返校步骤，远方完成对指定装置的软连接片投退操作，使其软连接片状态实时改变；支持批量的软连接片返校和批量的软连接片投退操作。

4. 子站系统信息发送

（1）向监控系统传送信息。子站系统向监控系统传送监控系统所需的信息，向监控系统传送的信息具有比向故障信息主站传送的信息更高的优先级，以保证监控系统工作的实时性。

（2）向主站系统发送信息。子站系统能够支持按照不同主站定制信息的要求向主站发送不同信息；支持定制信息的优先级。

5. 其他功能

（1）通信监视功能。子站系统能够监视与各个主站系统之间的通信状态，及与保护装置和录波装置通信的状态，当发生通信异常时，能给出提示并上送至主站系统和监控系统。

（2）子站系统自检和自恢复功能。子站系统在运行过程中随时对自身工作状态进行巡检，如发现异常，主动上送至主站系统和监控系统，并采取一定的自恢复措施。

（3）远程维护支持功能。子站系统支持远程维护功能，通过网络远程对子站系统进行配置、调试、复位等。

（4）时钟同步。子站系统能接收串口、脉冲、IRIG-B 等各种形式的时钟同步信号，并可根据需要对所接保护装置和故障录波器等智能设备完成软件对时。

6.子站系统的安全性

子站系统在安全区划分上属于安全Ⅱ区,当它与安全Ⅰ区的各应用系统(如监控系统等)之间网络互联时加装安全隔离设备,实施逻辑隔离措施。

子站主机采用安全的嵌入式 Linux 操作系统,保证病毒防护的安全性。子站系统具备对抗各种网络攻击的能力,不因此而影响数据收集、传输的正确性。

子站维护工作站具有严格的权限管理,支持用户按照需要设置具有不同权限的用户及用户组。所有的登录、查询、召唤、配置等功能都需有相应权限才能执行。

继电保护故障信息系统配置如图 7-21 所示,组屏需满足以下要求:

(1)故障信息子站系统可按一块、两块、多块屏安装,典型的分为两面屏柜,子站主机屏和子站通信屏,其中主机屏柜安装子站装置和后台管理机,另一块通信屏上安装交换机、窗口服务器及相关的接口设备。

(2)子站系统的设备放置于保护小室内,采用嵌入式装置化的产品,设备包括:数据采集、处理单元,数据存储设备,通信管理设备,网络交换机,光纤收发器及其他通信接口设备和附属设备。现场配置的工控机用于现场检测和调试,接入子站装置专用网口。

(3)所有安装在屏柜上的成套设备或单个组件,均保证有足够的结构强度以及在指定环境条件下满足对电气性能的要求。为方便使用和维护设备,采用标准化元件和组件,屏柜上设备采用嵌入式或半嵌入式安装和背后接线。

(4)柜内设备的安排及端子排的布置,保证各套装置的独立性,在一套装置检修时不影响其他任何一套装置的正常运行。

(5)屏柜中内部接线采用耐热、耐潮和阻燃的交联聚乙烯绝缘铜线,一般控制导线应不小于 $1.5mm^2$。导线无损伤,导线的端头采用压紧型连接件,接到端子排上的导线有标志条和标志套管标明。

(6)端子排保证足够的绝缘水平,分段且至少有 10% 备用端子,外部接入的一根电缆中所有导线接于靠近的端子上。

(7)直流电源采用双极快速小开关,并具有合适的断流能力和指示器。

(8)屏柜及装置(包括继电器,控制开关,控制回路的熔丝、开关及其他独立设备)都有标签框,以便于清楚的识别,外壳可移动的设备,在设备本体上也有同样的识别标记。

(9)对于那些必须按制造厂的规定才能运行更换的部件和插件,有特殊的符号标出。

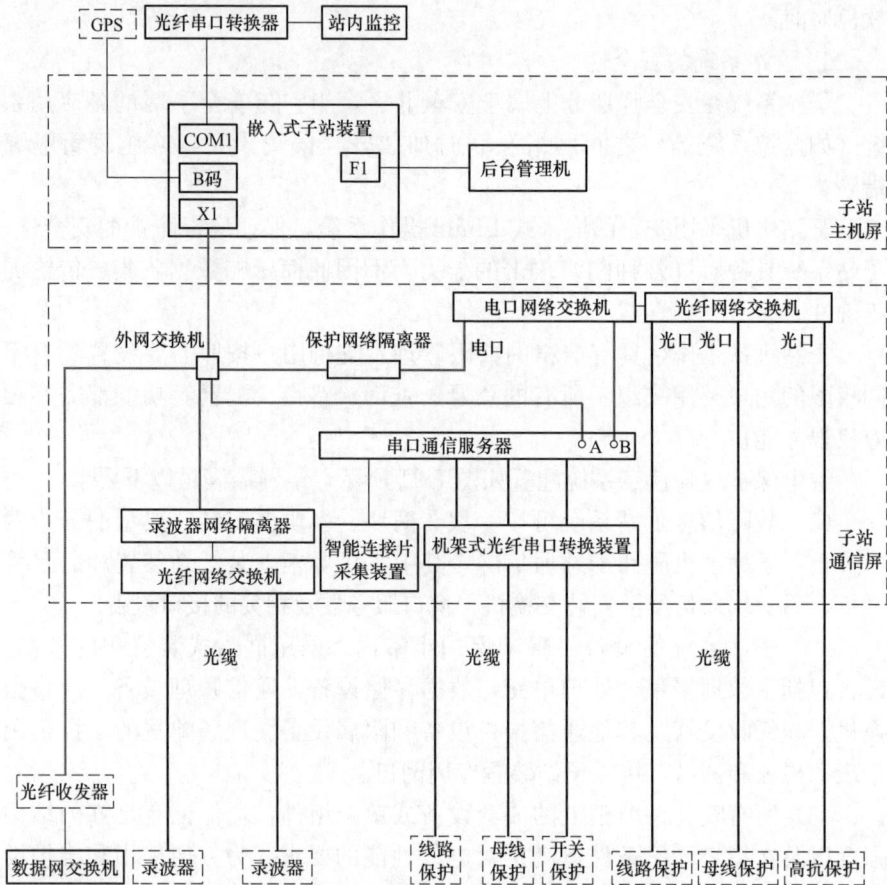

图 7-21 嵌入式继电保护故障信息系统配置图

第四节 自动重合闸

电力系统的故障大多数是输电线路（特别是架空线路）的故障。运行经验表明，架空输电线路上的故障大都是"瞬时性"的，例如：由雷电引起的绝缘子表面闪络，大风引起的碰线，鸟类以及树枝等物掉落在导线上引起的短路等，在线路被继电保护迅速断开以后，电弧即行熄灭，外界物体（如树枝、鸟类）也被电弧烧掉而消失。此时，如果把断开的线路断路器再合上，就能够恢复正常的供电，因此，称这类故障是"瞬时性故障"。除此之外，也有"永久性故障"，例如：由于线路倒杆、断线、绝缘子击穿或损坏等引起的故障，在线路被断开以后，它们仍然是存在的。虽然永久性故障概率不足 10%，但此时即使再合上电源，由于故障依然存在，线路还要被继电保护再次断开，因而就不能恢复正常的供电。

由于输电线路上的故障具有上述性质，在线路被断开以后再进行一次合闸就有可能大大提高供电的可靠性。为此，在电力系统中广泛采用了当断路器跳闸以后能够按需要自动地将断路器重新合闸投入的自动重合闸装置。

自动重合闸是一种广泛应用于输电和供电线路上的有效反事故措施，即当线路出现故障，继电保护使断路器跳闸后，自动重合闸装置经短时间间隔后使断路器再重新合上。在瞬时性故障发生跳闸的情况下，自动将断路器重合闸，不仅提高了供电的安全性，减少了停电损失，还提高了电力系统的暂态稳定水平，增加了输电线路的送电容量，所以架空线路要采用自动重合闸装置。

运行中的线路重合闸装置，并不需要判断是瞬时性故障还是永久性故障，在保护跳闸后经预定延时将断路器重新合闸。显然，对瞬时性故障重合闸可以成功（指恢复供电不再断开），对永久性故障重合闸不可能成功。用重合成功的次数与总动作次数之比来表示重合闸的成功率，一般在 $60\%\sim90\%$ 之间，主要取决于瞬时性故障占总故障的比例。衡量重合闸工作正确性的指标是正确动作率，即正确动作次数与总动作次数之比。根据国家电网有限公司某年的运行资料统计，重合闸正确动作率为 99.57%。

在电力系统中采用重合闸的技术经济效果主要可归纳为：

（1）对瞬时性的故障可迅速恢复正常运行，大大提高供电的可靠性，减小线路停电的次数，特别是对单侧的单回线路尤为显著。

（2）在高压输电线路上采用重合闸，还可以提高电力系统并列运行的稳定性。重合闸成功以后系统恢复成原先的网络结构，加大了功角特性中的减速面积，有利于系统恢复稳定运行，也可以说在保证稳定运行的前提下，采用了重合闸后允许提高输电线路的输送容量。

（3）对由于继电保护误动、工作人员误碰断路器的操动机构、断路器操动机构失灵等原因引起的断路器误跳闸，也能起到纠正、补救的作用。

采用重合闸以后，当重合于永久故障点时，也将带来一些不利的影响，例如：

（1）使电力系统再一次受到故障的冲击，对超高压系统还可能降低并列运行的稳定性；

（2）使断路器的工作条件变得更加恶劣，因为它要在很短的时间内，连续两次切断短路电流。这种情况对于油断路器必须加以考虑，因为在第一次跳闸时，由于电弧的作用，已使绝缘介质的绝缘强度降低，在重合后第二次跳闸时，是在绝缘强度已经降低的不利条件下进行的，因此，油断路器在采用了重合闸以后，其遮断容量也要有不同程度的降低（一般降低到 80% 左右）。

对于重合闸的经济效益，应该用无重合闸时，因停电而造成的国民经济损失来衡量。由于重合闸装置本身的投资很低、工作可靠，因此，在电力系统中获得了广泛应用。

一、自动重合闸的基本要求

对 3kV 及以上的架空线路和电缆与架空线的混合线路，当其装设有断路器时，就应装设自动重合闸装置；在用高压熔断器保护的线路上，一般采用自动重合熔断器。此外，在供电给地区负荷的电力变压器上，以及发电厂和变电站的母线上，必要时也可以装设自动重合闸装置。

1. 自动重合闸功能要求

（1）在下列情况下不希望重合时，重合闸不应动作：

1）由值班人员手动操作或通过遥控装置将断路器断开时。

2）手动投入断路器，由于线路上有故障而随即被继电保护将其断开时。因为在这种情况下，故障属于永久性的，它可能是由于检修质量不合格，隐患未消除或者保安接地线忘记拆除等原因所致，因此再重合一次也不可能成功。

3）当断路器处于不正常状态（例如：操动机构中使用的气压、液压降低等）而不允许实现重合闸时，将自动地将自动重合闸闭锁。

（2）当断路器由继电保护动作或其他原因而跳闸后，重合闸均应动作，使断路器重新合闸。

（3）自动重合闸装置的动作次数应符合预先的规定。如一次式重合闸应该只动作 1 次，当重合于永久性故障而再次跳闸以后，不应该再动作；对二次式重合闸应该能够动作 2 次，当第二次重合于永久性故障而跳闸以后，不应该再次动作。

（4）自动重合闸动作以后，一般应能自动复归并准备好下一次再动作。但对 10kV 及以下电压等级的线路，如当地有值班人员，为简化重合闸功能的实现，也可以采用手动复归的方式。

（5）自动重合闸装置的合闸时间应能整定，并有可能在重合闸以前或重合闸以后加速继电保护的动作，以便更好地与继电保护相配合，加速故障的切除。

（6）在双侧电源的线路上实现重合闸时，应考虑合闸时两侧电源间的同期问题，即能实现无压检定和同期检定。

为了能够满足第（1）（2）项所提出的要求，应优先采用由控制开关的位置与断路器位置不对应的原则启动重合闸，即当控制开关在合闸位置而断路器实际上在断开位置的情况下，使重合闸启动，这样就可以保证不论是任何原因使断路器跳闸以后，都可以进行一次重合。

2. 自动重合闸装置装设要求

自动重合闸装置应按下列规定装设：

（1）3kV 及以上的架空线路及电缆与架空混合线路，在具有断路器的条件下，如用电设备允许且无备用电源自动投入时，应装设自动重合闸装置。

（2）旁路断路器与兼做旁路的母线联络断路器，应装设自动重合闸装置。

（3）必要时母线故障可采用母线自动重合闸装置。

3. 自动重合闸装置功能要求

（1）自动重合闸装置可由保护启动和/或断路器控制状态与位置不对应启动。

（2）用控制开关或通过遥控装置将断路器断开，或将断路器投入故障线路上并随即由保护将其断开时，自动重合闸装置均不应动作。

（3）在任何情况下（包括装置本身的元件损坏），自动重合闸装置的动作次数应符合预先的规定（如一次重合闸只应动作一次）。

（4）自动重合闸装置动作后，应能经整定的时间后自动复归。

（5）自动重合闸装置，应能在重合闸后加速继电保护的动作。必要时，可在重合闸前加速继电保护动作。

（6）自动重合闸装置应具有接收外来闭锁信号的功能。

4. 自动重合闸装置动作时限要求

重合闸装置在断路器跳闸之后，需要经过一个延时再发出合闸脉冲。这是考虑躲开断路器跳闸时间和故障点的熄弧时间，再加上一个可靠系数，以保证重合时故障确已消失，如果是瞬时故障，不等故障点熄弧就重合，相当于重合到故障点上，会导致保护再次动作跳闸，重合失败。重合闸装置中的重合时间分为三重时间和单重时间两种，装置应能够分别整定。一般单重时间较长，三重时间较短。

当线路发生单相故障跳闸故障单相后，由于另外两健全相与故障相之间存在着互感，又由于超高压线路对地有电容电流，互感电流和电容电流都经故障线路、故障点和电源点形成回路，这个回路中的电流称为潜供电流，如图 7-22 所示。

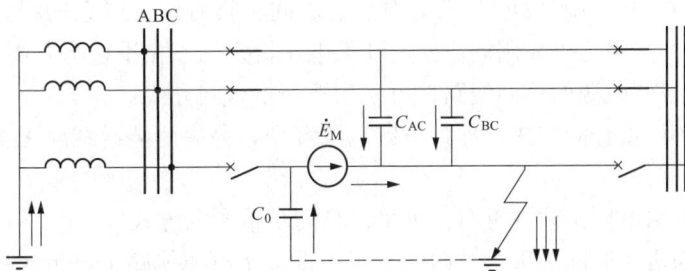

图 7-22 单相（C 相）接地时潜供电流示意图

由于潜供电流的存在，延长了故障点的熄弧时限。为此，超高压线路的综合重合闸装置的单重时间应考虑潜供电流的影响，所以，单重时间应长一些。潜供电流的大小与线路长短、电压等级及线路是否有并联电抗器有关，特别是 500kV 输电线路，单重时间的整定应视具体情况而定，对于设置并联电抗器的线路，宜增加中性点小电抗器，以降低潜供电流的影响。

线路发生相间故障跳三相后，由于三相都已断开，感应电流、电容电流均不存在，因此，故障点的熄弧时间很短，重合闸时间不需要很长，只要保证断路器三相跳开，并稍加裕度即可。

综上所述，对自动重合闸装置的动作时限应满足如下要求：

（1）对单侧电源线路上的三相重合闸装置，其时限应大于下列时间：

1）故障点灭弧时间（计及负荷侧电动机反馈对灭弧时间的影响）及周围介质去游离时间。

2）断路器及操动机构准备好再次动作的时间。

（2）对双侧电源线路上的三相重合闸装置及单相重合闸装置，其动作时限除应考虑单侧电源线路上的重合闸动作时限外，还应考虑：

1）线路两侧继电保护以不同时限切除故障的可能性。

2）故障点潜供电流对灭弧时间的影响。

（3）满足电力系统稳定的要求。

（4）重合闸装置的单重和三重时间必须能够分别整定。

5.110kV 及以下单侧电源线路自动重合闸装设的装设要求

（1）采用三相一次重合闸方式。

（2）当断路器断流容量允许时，下列线路可采用两次重合闸方式：

1）无经常值班人员的变电站引出的无遥控的单回线路。

2）给重要负荷供电，且无备用电源的单回线路。

（3）由几段串联线路构成的电力网，为了补救速动保护无选择性动作，可采用带前加速的重合闸或顺序重合闸方式。

6.110kV 及以下双侧电源线路自动重合闸装设的装设要求

（1）并列运行的发电厂或电力系统之间，具有四条以上联系的线路或三条紧密联系的线路，可采用不检查同步的三相自动重合闸方式。

（2）并列运行的发电厂或电力系统之间，具有两条联系的线路或三条紧密联系的线路，可采用同步检定和无电压检定的三相重合闸方式。

（3）双侧电源的单回线路，可采用下列重合闸方式：

1）解列重合闸方式，即将一侧电源解列，另一侧装设线路无电压检定的重合闸方式。

2）当水电厂条件许可时，可采用自同步重合闸方式。

3）为避免非同步重合及两侧电源均重合于故障线路上，可采用一侧无电压检定，另一侧采用同步检定的重合闸方式，两侧鉴定方式宜定期切换，避免同步检定侧断路器工作条件恶劣。

7.220～500kV 线路应根据电网结构和线路特点选择重合闸方式

选用重合闸方式的一般原则为：

（1）重合闸方式必须根据具体的系统结构及运行条件，经过分析后选定。

（2）凡是选用简单的三相重合闸方式能满足具体系统实际需要的，线路都应当选用三相重合闸方式。特别对于那些处于集中供电地区的密集环网中，线路跳闸后不进行重合闸也能稳定运行的线路，更宜采用整定时间适当的三相重合闸。对于这样的环网线路，快速切除故障是第一位重要的问题。

（3）当发生单相接地故障时，如果使用三相重合闸不能保证系统稳定，或者地区系统会出现大面积停电，或者影响重要负荷停电的线路上，应当选用单相或综合重合闸方式。

（4）在大机组出口一般不使用三相重合闸。

对于220～500kV线路则应根据电网结构、线路特点等因素选择重合闸方式：

（1）对220kV单侧电源线路，采用不检查同步的三相重合闸方式。

（2）对220kV线路，当满足第5（1）采用三相重合闸方式的规定时，可采用不检查同步的三相自动重合闸方式。

（3）对220kV线路，当满足第5（2）条采用三相重合闸方式的规定，且电力系统稳定要求能满足时，可采用检查同步的三相自动重合闸方式。

（4）对不符合上述条件的220kV线路，应采用单相重合闸方式。

（5）对330～500kV线路，一般情况下应采用单相重合闸方式。

（6）对可能发生跨线故障的330～500kV同杆并架双回线路，如输送容量较大，且为了提高电力系统安全稳定运行水平，可考虑采用按相自动重合闸方式。

8. 分支侧自动重合闸方式的选择

选用重合闸方式的原则同"220～500kV线路"。

在带有分支的线路上使用单相重合闸时，分支侧的自动重合闸方式应按下列要求选择：

（1）分支处无电源方式。

1）分支处变压器中性点接地时，装设零序电流启动的低电压选相的单相重合闸装置，重合后不再跳闸。

2）分支处变压器中性点不接地，但所带负荷较大时，装设零序电压启动的低电压选相的单相重合闸装置，重合后不再跳闸；当负荷较小时，不装设重合闸装置，也不跳闸。

如分支处无高压电压互感器，可在中性点不接地的变压器中性点处装设一个电压互感器，当线路发生接地时，由零序电压保护启动，跳开变压器低压侧三相断路器，重合后不再跳闸。

（2）分支处有电源方式。

1）如分支处电源不大，可用简单的保护将电源解列后按（1）1）规定处理。

2）如分支处电源较大，则在分支处装设单相重合闸装置。

9. 采用单相重合闸装置时的注意事项

当采用单相重合闸装置时，应考虑下列问题并采取相应措施：

（1）重合闸过程中出现的非全相运行状态，如引起本线路或其他线路的保护装置误动时，应采取措施予以防止。

（2）如电力系统不允许长期非全相运行，为防止断路器一相断开后，由于单相重合闸装置拒绝合闸而造成非全相运行，应具有断开三相断路器的措施，并应保证选择性。

重合闸应按断路器配置。当一组断路器设置有两套重合闸装置（例如线路的两套保护装置均有重合闸功能）且同时投运时，应有措施保证线路故障后仍仅实现一次重合闸。

当装有同步调相机和大型同步电动机时，线路重合闸方式及动作时限的选择，宜按双侧电源线路的规定执行；对于5.6MVA及以上低压侧不带电源的单组降压变压器，如其电源侧装有断路器和过电流保护，且变压器断开后将使重要用电设备断电，可装设变压器重合闸装置，当变压器内部故障，气体保护或差动（或电流速断）保护动作应将重合闸闭锁。

用于发电厂出口线路的重合闸装置，应有措施防止重合于永久性故障，以减少对发电机可能造成的冲击。

10. 自动重合闸的分类

采用重合闸的目的有二：一是保证并列运行系统的稳定性；二是尽快恢复瞬时故障元件的供电，从而自动恢复整个系统的正常运行。根据重合闸控制的断路器所接通或断开的电力元件不同，可将重合闸分为线路重合闸、变压器重合闸和母线重合闸等。目前，在10kV及以上的架空线路和电缆与架空线的混合线路上，已广泛采用重合闸装置，只有个别的由于受系统条件的限制不能使用重合闸的除外。例如：断路器遮断容量不足；防止出现非同期情况；或者防止在特大型汽轮发电机出口重合于永久性故障时产生更大的扭转力矩，而对轴系造成损坏等。鉴于单母线或双母线接线的变电站在母线故障时会造成全停或部分停电的严重后果，有必要在枢纽变电站装设母线重合闸。根据系统的运行条件，事先安排哪些元件重合、哪些元件不重合、哪些元件在符合一定条件下才重合；如果母线上的线路及变压器都装有三相重合闸，使用母线重合闸不需要增加设备与回路，只是在母线保护动作时不去闭锁那些预计重合的线路和变压器，实现起来比较简单。变压器内部故障多数是永久性故障，因而当变压器的气体保护和差动保护动作后不重合，仅当后备保护动作时启动重合闸。

（1）根据重合闸控制断路器连续合闸次数的不同，可将重合闸分为多次重合闸和一次重合闸。多次重合闸一般使用在配电网中与分段器配合，自动隔离故障区段是配电自动化的重要组成部分，而一次重合闸主要用于输电线路，提高系统的稳定性。

（2）根据重合闸控制断路器相数的不同，可将重合闸分为单相重合闸、三相重合闸、综合重合闸。对一个具体的线路，究竟使用何种重合闸方式，要结合系统的稳定性分析，选取对系统稳定最有利的重合方式。一般来说有：

1）没有特殊要求的单电源线路，宜采用一般的三相重合闸；

2）凡是选用简单的三相重合闸能满足要求的线路，都应当选用三相重合闸；

3）当发生单相接地短路时，如果使用三相重合闸不能满足稳定要求，会出现大面积停电或重要用户停电，应当选用单相重合闸或综合重合闸。

（3）按使用条件，可分为单电源重合闸和双电源重合闸。双电源重合闸又可分为检定无压重合闸、检定同期和不检定三种。

11. 自动重合闸方式及动作过程

输电线路自动重合闸在使用中有如下几种方式可供选择：三相重合闸方式、单相重合闸方式、综合重合闸方式和重合闸停用方式。

当使用三相重合闸方式（即三重方式）时，保护和重合闸一起的动作过程：对线路上发生的任何故障跳三相（保护功能），重合三相（重合闸功能），如果重合成功继续运行，如果重合于永久性故障再跳三相（保护功能），不再重合。

当使用单相重合闸方式（即单重方式）时，保护和重合闸一起的动作过程：对线路上发生的单相接地短路跳单相（保护功能），重合（重合闸功能），如果重合成功继续运行，如果重合于永久性故障再跳三相（保护功能），不再重合。以前还曾经附加过这样的功能，即如果系统允许长期非全相运行也可以再次跳单相，但目前的系统都不允许长期非全相运行，所以重合于永久性故障时都要求跳三相，对线路上发生的相间短路跳三相（保护功能），不再重合。使用单相重合闸方式可避免重合在永久性的相间故障线路上对系统造成的严重冲击。

当使用综合重合闸方式（即综重方式）时，顾名思义是将三相重合闸与单相重合闸综合起来。此时保护和重合闸一起的动作过程：对线路上发生的单相接地短路按单相重合闸方式工作，即由保护跳单相（保护功能），重合（重合闸功能），如果重合成功继续运行，如果重合于永久性故障再跳三相（保护功能），不再重合。对线路上发生的相间短路按三相重合闸方式工作，即由保护跳三相（保护功能），重合三相（重合闸功能），如果重合成功则继续运行，如果重合于永久性故障再跳三相（保护功能），不再重合。使用综合重合闸方式与使用三相重合闸方式一样，有可能重合在永久性的相间故障线路上，会对系统造成较严重的冲击。

12. 自动重合闸的启动方式

自动重合闸的启动方式有两种：

（1）断路器控制开关位置与断路器位置不对应启动方式。跳闸位置继电器动作了，证明断路器现处于断开状态，但同时控制开关若在合闸后状态，说明原先断路器是处于合闸状态的。这两个位置不对应启动重合闸的方式称为位置不对应启动方式。用不对应方式启动重合闸后既可在线路上发生短路，保护将断路器跳开后启动重合闸，也可以在断路器"偷跳"以后启动重合闸。所谓断路器"偷跳"是指系统中没有发生过短路，也不是手动跳闸而由于某种原因（例如工作人员不小心误碰了断路器的操动机构、保护装置的出口继电器触点由于撞击震动而闭合、断路器的操动机构失灵等）造成的断路器跳闸。发生这种"偷跳"时保护没有发出跳闸命令，如果不加不对应启动方式就无法用重合闸来进行补救。

位置不对应启动方式的优点：简单可靠，还可以纠正断路器误碰或偷跳，可提高供电可靠性和系统运行的稳定性，在各级电网中具有良好运行效果，是所有重合闸的基本启动方式。缺点：当断路器辅助触点接触不良时，不对应启动方式将失效。

（2）保护启动方式。绝大多数的情况都是先由保护动作发出跳闸命令后才需要重合闸发合闸命令的，因此重合闸可由保护来启动。当本保护装置发出单相跳闸命令且检查到该相线路无电流（一般称为单跳固定继电器动作），或本保护装置发出三相跳闸命令且三相线路均无电流（一般称为三跳固定继电器动作）时启动重合闸，这是本保护启动重合闸，是通过内部软件实现的，运行部门不必操心。此外还提供由其他保护装置动作后来启动本保护的重合闸功能。其他保护三相跳闸时继电器动作，用三相跳闸出口继电器的触点作为本保护的"三跳启动重合闸"的输入，其他保护单相或三相跳闸时，单相跳闸出口继电器动作，用单相跳闸出口继电器的触点作为本保护的"单跳启动重合闸"的输入，本保护接收到"三跳启动重合闸"和"单跳启动重合闸"的开入量触点闭合的信息后再经本装置检查线路无电流后分别称为"外部三跳固定"和"外部单跳固定"。由其他保护动作启动重合闸方式在已使用位置不对应启动方式的情况下可以不用，因为位置不对应启动方式的功能已可代替其他保护动作启动方式的功能。

保护启动方式是位置不对应启动方式的补充。同时，在单相重合闸过程中需要进行一些保护的闭锁，逻辑回路中需要对故障相实现选相固定等，也需要一个由保护启动的重合闸启动元件。其缺点是不能纠正断路器误动。

13. 自动重合闸的充电和闭锁

（1）重合闸的充电。在手动合闸或自动重合闸后如果一切正常，重合闸开始充电，计数器开始计数。保护装置只有同时满足下列条件重合闸才允许充电：

1）重合闸的连接片在投入状态。

2）三相断路器的跳闸位置继电器都未动作，三相断路器都在合闸状态。

3）没有断路器压力低闭锁重合闸的开关量输入。只有断路器正常状态下油压或气压高于允许值时，断路器才允许重合闸，才允许充电。

4）没有外部的闭锁重合闸的输入，例如没有手动跳闸、没有母线保护动作输入、没有其他保护装置的闭锁重合闸继电器动作的输入等。

5）当本装置重合闸采用综合重合闸或三相重合闸方式时，没有线路TV断线的信号，这是由保护装置自己判别的。因为当本装置重合闸采用综合重合闸或三相重合闸方式时，在三相跳闸以后使用检线路无压或检同期重合闸时要用到线路TV。此时只有判断线路TV没有断线时才允许进行重合闸，也才允许重合闸充电。

重合闸在满足上述充电条件10～15s后充电完成，才允许重合。

（2）重合闸的闭锁。在正常运行和短路故障运行状态下出现不允许重合闸的情况时，应立即放电，将计数器清零，闭锁重合闸。当保护装置出现下述情况之一时应闭锁重合闸：

1）有外部闭锁重合闸的输入。例如，在手动跳闸时、在母线保护动作时、在其他保护装置的闭锁重合闸继电器动作时等作为闭重沟三的开入量闭锁本重合闸。当双重化的另一套保护装置中出现下述2）、3）两种情况时，闭锁重合闸继电器启动，它的触点作为本装置的闭重沟三的开入量。

2）由软连接片控制的某些闭锁重合闸条件出现时。例如相间距离第Ⅱ段、接地距离第Ⅱ段、零序电流第Ⅱ段三跳、选相无效、非全相运行期间的故障、多相故障、三相故障等情况，都有软连接片由用户选择是否闭锁重合闸。如果这些软连接置1时，出现上述情况都三跳同时闭锁重合闸。

3）出现一些不经过软连接片控制的严重故障时，三相跳闸同时闭锁重合闸。例如零序电流保护第Ⅲ段和距离保护第Ⅲ段动作后，由于故障时间很长、故障地点也有可能在相邻变压器内，所以不用重合闸；手动合闸或重合闸于故障线路上时闭锁重合闸，因为在手动合闸或重合闸瞬间同时又发生瞬时性故障的概率非常低，此时的故障往往是原先就存在的永久性故障，所以应该闭锁重合闸。单相跳闸失败持续200ms由电流引起的三跳、单相运行持续200ms引起的三跳也都闭锁重合闸，因为此时可能断路器本身有故障。在TV断线期间发生的三跳不再重合，因为TV断线后发生的三相跳闸若需要重合无法实现检定条件。

4）收到线路TV断线信号时。

5）当重合闸发合闸命令时。此举可以保证只重合一次。

6）使用单重方式而保护三跳时。

7）本装置重合闸退出时。屏上的重合闸方式切换开关置于停用位置或定值设置中重合闸投入控制字置"0"时表明本重合闸退出，立即放电。

8）闭重沟三连接片合上时。当需停用本线路的重合闸时该连接片合上，此时本装置重合闸也放电，闭锁重合闸，同时任何故障保护都三跳。

9）当闭重三跳软连接片置1时，闭锁重合闸。此功能与闭重沟三硬连接片功能相同。

10）启动元件未启动的正常运行程序中发现三相跳闸位置继电器处于动作状态，这种情况说明手动跳闸后本线路尚未投入运行。在启动元件启动后的故障计算程序中发现跳闸位置继电器处于动作状态，且无流，随后又出现有电流时,有些厂家在设计重合闸时允许双重化的两套保护装置中的重合闸同时都投入运行,以使重合闸也实现双重化,此时为了避免两套装置的重合闸出现不允许的两次重合情况,每套装置的重合闸在发现另一套重合闸已将断路器合上后,马上放电闭锁本装置的重合闸,为此需增加一个闭锁重合闸的条件。满足上述条件时说明双重化的另外一套保护已发出合闸命令且断路器已合闸了,此时马上放电,闭锁本套重合闸可防止二次重合。

二、三相一次自动重合闸

1. 单侧电源线路的三相一次自动重合闸

三相一次重合闸的跳、合闸方式为:无论本线路发生何种类型的故障,继电保护装置均将三相断路器跳开,重合闸启动,经预定延时(可整定,一般在 $0.5 \sim 1.5\text{s}$ 之间)发出重合脉冲,将三相断路器同时合上。若重合到瞬时性故障,因故障已经消失,重合成功,线路继续运行;若重合到永久性故障,继电保护再次动作跳开三相,不再重合。

在单侧电源的线路上,不需要考虑电源间同步的检查问题,三相同时跳开,重合不需要区分故障类型和选择故障相,只需要在重合时断路器满足允许重合的条件下,经预定的延时发出一次合闸脉冲,因此,单侧电源线路的三相一次自动重合闸实现起来比较简单。这种重合闸的实现器件有电磁继电器组合式、晶体管式、集成电路式、可编程逻辑控制式和与数字式保护一体化工作的数字式等多种型式。

图 7-23 所示为单侧电源输电线路三相一次重合闸的工作原理框图,主要由重合闸启动、重合闸时间、一次合闸脉冲、手动跳闸后闭锁、手动合闸于故障时保护加速跳闸等元件组成。

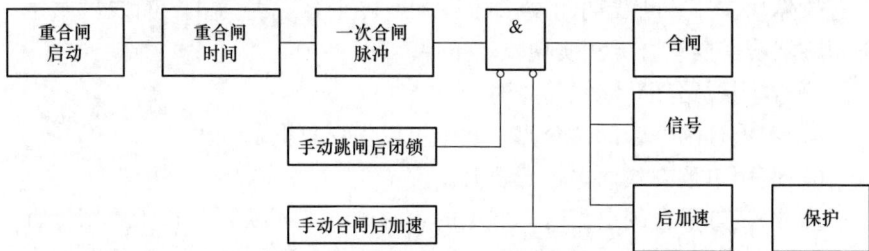

图 7-23 三相一次重合闸工作原理框图

重合闸启动:当断路器由继电保护动作跳闸或其他非手动原因而跳闸后,重合闸均应启动。一般由断路器的辅助动合触点或者由合闸位置继电器的触点构成,在正常运行情况下,当断路器由合闸位置变为跳闸位置时,立即发出启动指令。

重合闸时间:启动元件发出启动指令后,时间元件开始计时,达到预定的延时后发出一个短暂的合闸脉冲命令，这个延时就是重合闸时间，是可以整定的。

一次合闸脉冲：当延时达到后立即发出合闸脉冲命令，并且开始计时，准备重合闸的整组复归，复归时间一般为15～25s。在这个时间内，即使再有重合闸时间元件发出命令，也不再发出可以合闸的第二个命令。此元件的作用是保证在一次跳闸后有足够的时间合上（对瞬时故障）和再次跳开（对永久故障）断路器，而不会出现多次重合。

手动跳闸后闭锁：为消除手动跳开断路器时启动重合闸回路，设置闭锁环节，使之不能形成合闸命令。

重合闸后加速保护跳闸回路：对于永久性故障，在保证选择性的前提下，尽可能地加快故障的再次切除，需要保护与重合闸配合。当手动合闸到带故障的线路上时，保护跳闸，这类故障一般是因为检修时的保安接地线没拆除、缺陷未修复等原因造成的永久故障，不仅不需要重合，而且要加速保护的再次跳闸。

单侧电源线路的三相一次重合闸的特点：

（1）不需要考虑电源同步检查；

（2）不需要区分故障类别和选择故障相。

2. 双侧电源线路的检同期三相一次自动重合闸

（1）双侧电源输电线路重合闸的特点。在双电源的输电线路上实现重合闸时，除应满足上述各项要求外，还必须考虑以下的特点：

1）当线路发生故障跳闸以后，常常存在着重合闸时两侧电源是否同步，以及是否允许非同步合闸的问题，一般根据系统的具体情况，选用不同的重合闸重合条件。

2）当线路发生故障时，两侧的保护可能以不同的时限动作于跳闸，例如：一侧为第Ⅰ段动作，而另一侧为第Ⅱ段动作，此时为了保证故障点电弧的熄灭和绝缘强度的恢复，以使重合闸成功，双侧电源线路两侧的重合闸必须保证在两侧的断路器都跳闸断开以后再进行重合，其重合闸时间与单侧电源的有所不同。

因此，双侧电源线路上的重合闸，应根据电网的接线方式和运行情况，在单侧电源重合闸的基础上，采取某些附加的措施，以适应新的要求。

（2）双侧电源输电线路重合闸的主要方式。

1）快速自动重合闸。在现代高压输电线路上，采用快速重合闸是提高系统并列运行稳定性和供电可靠性的有效措施。所谓快速重合闸，是指保护断开两侧断路器后在0.5～0.6s内使之再次重合，在这样短的时间内，两侧电动势角摆开不大，系统不可能失去同步，即使两侧电动势角摆大了，冲击电流对电力元件、电力系统的冲击均在可以耐受范围内，线路重合后很快会拉入同步。使用快速重合闸需要满足一定的条件：

a. 线路两侧都装有可以进行快速重合的断路器，如快速气体断路器等。

b. 线路两侧都装有全线速动保护，如纵联保护等。

c. 重合瞬间输电线路中出现的冲击电流对电力设备、电力系统的冲击均在允许范围内。输电线路中出现的冲击电流周期分量可估算为

$$I = \frac{2E}{Z_\Sigma} \sin \frac{\delta}{2} \qquad (7\text{-}1)$$

式中：E 为发电机两侧电动势，可取 $1.05U_N$，V；Z_Σ 为系统两侧电动势间总阻抗，Ω；δ 为两侧电动势角差，最严重时可取 $180°$。

按规定，式（7-1）算出的电流不应超过下列数值：

对于汽轮发电机

$$I \leqslant \frac{0.65}{X''_d} I_N$$

对于有纵轴和横轴阻尼绕组的水轮发电机

$$I \leqslant \frac{0.60}{X''_d} I_N$$

对于无阻尼或阻尼绕组不全的水轮发电机

$$I \leqslant \frac{0.61}{X'_d} I_N$$

对于同步调相机

$$I \leqslant \frac{0.84}{X_d} I_N$$

对于电力变压器

$$I \leqslant \frac{100}{U_k\%} I_N$$

式中：I_N 为各元件的额定电流，A；X''_d 为次暂态电抗标幺值；X'_d 为暂态电抗标幺值；X_d 为同步电抗标幺值；$U_k\%$ 为短路电压百分数。

2）非同期重合闸。当快速重合闸的重合时间不够快，或者系统的功角摆开比较快，两侧断路器合闸时系统已经失去同步，合闸后期待系统自动拉入同步，此时系统中各电力元件都将受到冲击电流的影响，当冲击电流不超过上述规定值时，可以采用非同期重合闸方式，否则不允许重合闸。

3）检同期的自动重合闸。当必须满足同期条件才能合闸时，需要使用检同期重合闸。因为实现检同期比较复杂，根据发电厂送出线路或者输电断面上的输电线路电流间相互关系，有时采用简单的检测系统是否同步的方法。检同步重合有以下几种方式：

a. 系统的结构保证线路两侧不会失步。电力系统之间，在电气上有紧密的联系时（例如具有 3 个以上联系的线路或 3 个紧密联系的线路），由于同时断开所有联系的可能性几乎不存在，因此，当任一条线路断开之后又进行重合闸时，都不会出现非同步合闸的问题，可以直接使用不检同步重合闸。

b. 在双回路上检查另一线路有电流的重合方式。在没有其他旁路联系

的双回线路上（见图 7-24），当不能采用非同步重合闸时，可采用检定另一回线路上是否有电流的重合闸。因为当另一回线路上有电流时，即表示两侧电源仍保持联系，一般是同步的，因此可以重合。采用这种重合闸方式的优点是电流检定比同步检定简单。

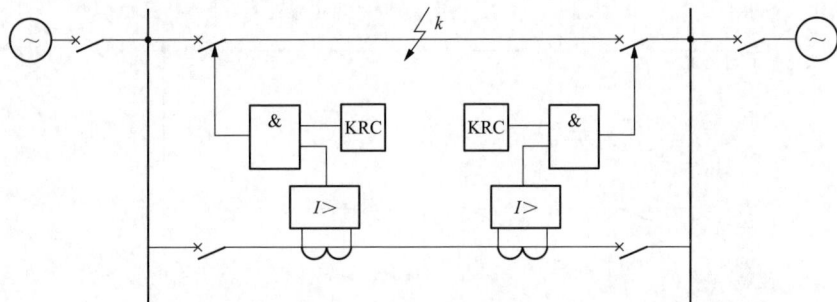

图 7-24　双回线路上采用检查另一回线路有电流的重合闸示意图
KRC—自动重合闸继电器

c. 必须检定两侧电源确实同步之后，才能进行重合。为此可在线路的一侧采用检查线路无电压先重合，因另一侧断路器是断开的，不会造成非同期合闸；待一侧重合成功后，而在另一侧采用检定同步的重合闸。如图 7-24 所示。

（3）具有同步检定和无电压检定的重合闸。具有同步检定和无电压检定的重合闸的接线如图 7-25 所示。除在线路两侧装设重合闸装置以外，在线路的一侧还装设有检定线路无电压的继电器 KU1，当线路无电压时允许重合闸重合；而在另一侧则装设检定同步的继电器 KU2，检测母线电压与线路电压间满足同期条件时允许重合闸动作。这样，当线路有电压或是不同步时，重合闸就不能重合。

当线路发生故障，两侧断路器跳闸以后，检定线路无电压一侧的重合闸首先动作，使断路器投入。如果重合不成功，则断路器再次跳闸，此时，由于线路另一侧没有电压，同步检定继电器不动作，因此，该侧重合闸不启动；如果重合成功，则另一侧在检定同步之后，再投入断路器，线路即恢复正常工作。

在使用检查线路无电压方式重合闸的一侧，当该侧断路器在正常运行情况下由于某种原因（如误碰跳闸机构、保护误动作等）而跳闸时，由于对侧并未动作，线路上有电压，因而就不能实现重合，这是一个很大的缺陷。为了解决这个问题，通常都是在检定无电压的一侧也同时投入同步检定继电器，两者经"或门"并联工作。此时如遇有上述情况，则同步检定继电器就能够起作用，当满足同步条件时，即可将误跳闸的断路器重新投入。但是，在一侧投入无压检定和同步检定继电器时，另一侧则只能投入同步检定继电器（其无电压检定是绝对不允许同时投入的），否则，两侧同

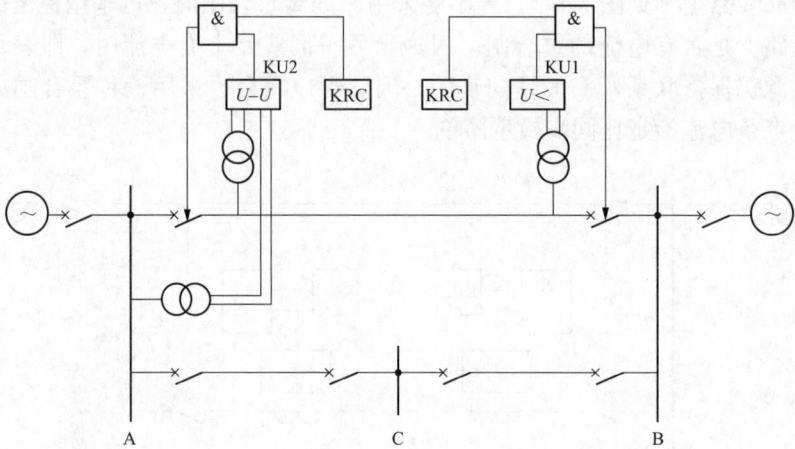

图 7-25　具有同步和无电压检定的重合闸接线示意图
KU2—同步检定继电器；KU1—无电压检定继电器；KRC—自动重合闸继电器

时实现无电压检定重合闸，将导致出现非同期合闸。在同步检定继电器触点回路中要串接检定线路有电压的触点（检同期重合闸的启动回路中，同期继电器的动断触点应串联检定线路有压的动合触点）。

　　归纳起来，具有同步检定和无电压检定的重合闸方式存在的缺陷：使用线路检无压方式重合闸的一侧，断路器在系统正常运行情况下误动作时不能自动重合闸。解决方法：在检定无压的一侧同时投入同步检定，两者关系"或门"，检同期侧的无压检定不允许同时投入。

　　这种重合闸方式的配置原则如图 7-26 所示。一侧投入无电压检定和同步检定（两者并联工作），而另一侧只投入同步检定，两侧的投入方式可以利用其中的切换片定期轮换。这样可使两侧断路器切除故障的次数大致相同。

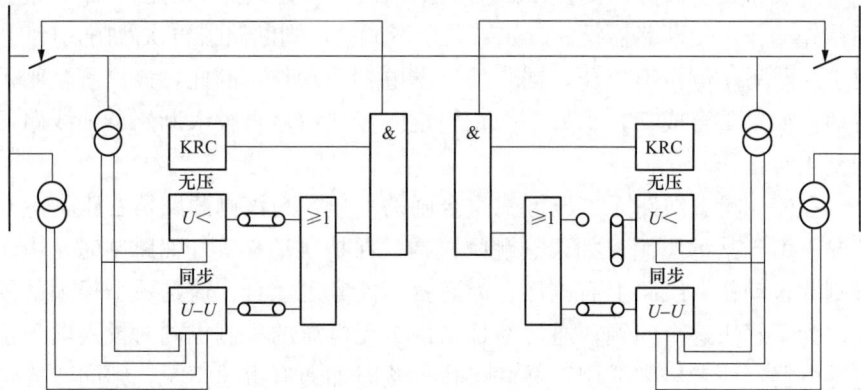

图 7-26　采用同步检定和无电压检定重合闸的配置关系

在重合闸中所用的无电压检定继电器，就是一般的低电压继电器，其整定值的选择应保证只当对侧断路器确实跳闸之后，才允许重合闸动作，根据经验，通常都是整定为 0.5 额定电压。同步检定继电器采用电磁感应原理可以很简单地实现。

为了检定线路无电压和检定同步，需要在断路器断开的情况下，测量线路侧电压的大小和相位，这样就需要在线路侧装设电压互感器或特殊的电压抽取装置。在高压输电线路上，为了装设重合闸而增设电压互感器是十分不经济的，因此，一般都是利用结合电容器或断路器的电容式套管等来抽取电压。

3. 重合闸时限的整定原则

现在电力系统广泛使用的重合闸都不区分故障是瞬时性的还是永久性的。对于瞬时性故障，必须等待故障点的故障消除、绝缘强度恢复后才有可能重合成功，而这个时间与湿度、风速等气候条件有关；对于永久性故障，除考虑上述时间外，还要考虑重合到永久故障后，断路器内部的油压、气压的恢复以及绝缘介质绝缘强度的恢复等，保证断路器能够再次切断短路电流。按以上原则确定的最小时间，称为最小重合闸时间，实际使用的重合闸时间必须大于这个时间，根据重合闸在系统中所起的主要作用计算确定。

(1) 单侧电源线路的三相重合闸。单侧电源线路重合闸的主要作用是尽可能缩短电源中断的时间，重合闸的动作时限原则上应越短越好，应按照最小重合闸时间整定。因为电源中断后，电动机的转速急剧下降，电动机被其负荷转矩所制动，当重合闸成功恢复供电以后，很多电动机要自启动，断电时间越长电动机转速降得越低，自启动电流越大，往往又会引起电网内电压的降低，因而造成自启动的困难或拖延其恢复正常工作的时间。

重合闸的最小时间按下述原则整定：

1) 在断路器跳闸后，负荷电动机向故障点反馈电流的时间；故障点的电弧熄灭并使周围介质恢复绝缘强度需要的时间。

2) 在断路器动作跳闸熄弧后，其触头周围绝缘强度的恢复以及消弧室重新充满油、气需要的时间；同时，其操动机构恢复原状准备好再次动作所需要的时间。

3) 如果重合闸是利用继电保护跳闸出口启动，其动作时限还应该加上断路器的跳闸时间。

根据我国电力系统的运行经验，重合闸的最小时间一般整定为 0.3～0.4s。

(2) 双侧电源线路三相重合闸的最小时间。双侧电源线路三相重合闸的最小重合闸时间除满足上述整定原则外，还应考虑线路两侧继电保护以不同时限切除故障的可能性。

从最不利的情况出发，每一侧的重合闸都应该以本侧先跳闸而对侧后跳闸来作为考虑整定时间的依据。如图 7-27 所示。

设本侧保护（保护 1）的动作时间为 $t_{\mathrm{pr.1}}$、断路器动作时间为 t_{QF1}，对侧保护（保护 2）的动作时间为 $t_{\mathrm{pr.2}}$、断路器动作时间为 t_{QF2}，则在本侧跳闸以后，对侧还需要经过 $(t_{\mathrm{pr.2}}+t_{\mathrm{QF2}}-t_{\mathrm{pr.1}}-t_{\mathrm{QF1}})$ 的时间才能跳闸，再考虑故障点灭弧和周围介质去游离的时间 t_{u}，则先跳闸一侧重合闸装置 ARD 的动作时限应整定为

$$t_{\mathrm{ARD}}=t_{\mathrm{pr.2}}+t_{\mathrm{QF2}}-t_{\mathrm{pr.1}}-t_{\mathrm{QF1}}+t_{\mathrm{u}}$$

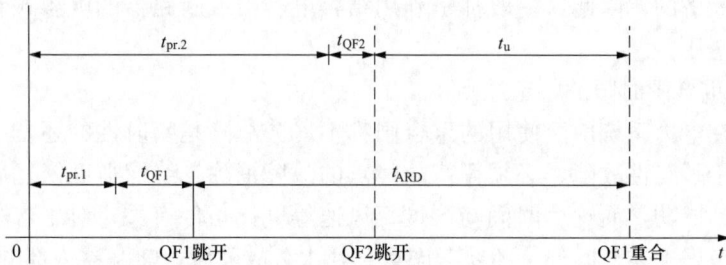

图 7-27　双侧电源线路重合闸动作时限配合关系示意图

当线路上装设纵联保护时，一般考虑一端快速辅助保护动作（如电流速断、距离保护Ⅰ段）时间（约 30ms），另一端由纵联保护跳闸（可能慢至 100～120ms）。当线路采用阶段式保护作主保护时，$t_{\mathrm{pr.1}}$ 应采用本侧Ⅰ段保护的动作时间，而 $t_{\mathrm{pr.2}}$ 一般采用对侧Ⅱ段（或Ⅲ段）保护的动作时间。

（3）双侧电源线路三相重合闸的最佳重合时间的概念。重合闸对系统稳定性的影响主要取决于重合闸方式（故障跳开与重合的相数，如单相重合、三相重合、综合重合与分相重合）和重合时间，前者根据系统条件在配置重合闸时确定，后者在整定重合闸时间时计算确定。

对于联系薄弱、依靠重合闸成功才能维持首摆稳定的系统（一般在个别电厂投产初期或联网初期，线路尚未完全建成时），瞬时故障切除后重合时间越短，两侧功角摆开越小，重合成功后增大的减速面积越大，越能阻止系统的失步。如果两侧功角摆开到一定程度，即使重合成功也不能阻止系统的失步，这种结构的系统，一般重合于永久性故障后是不稳定的，重合闸时间整定为最小时间，这个最小时间就是最佳时间。图 7-28（a）给出了一个单机经两回线路向无限大系统送电、L2 线路故障后重合闸时间的说明；图 7-28（b）给出了线路较长、阻抗较大时的功角特性，因为不重合或重合不成功系统都是不稳定的，最佳重合闸时间是最小重合时间。

对于故障切除后不重合首摆可以稳定的系统，线路较短、联系紧密，其功角特性如图 7-28（c）所示。若重合成功系统肯定是稳定的；如果重合于永久故障点并再次被保护切除，不同的重合时间，会造成系统稳定和不稳定两种后果。合适的重合时间可以使不重合是稳定的系统变得更稳定，也可以使很大的摇摆幅度在重合后变得很小；不合适的重合时间，可以使不重合是稳定的系统因为不恰当时机的重合而变得不稳定。

(a)

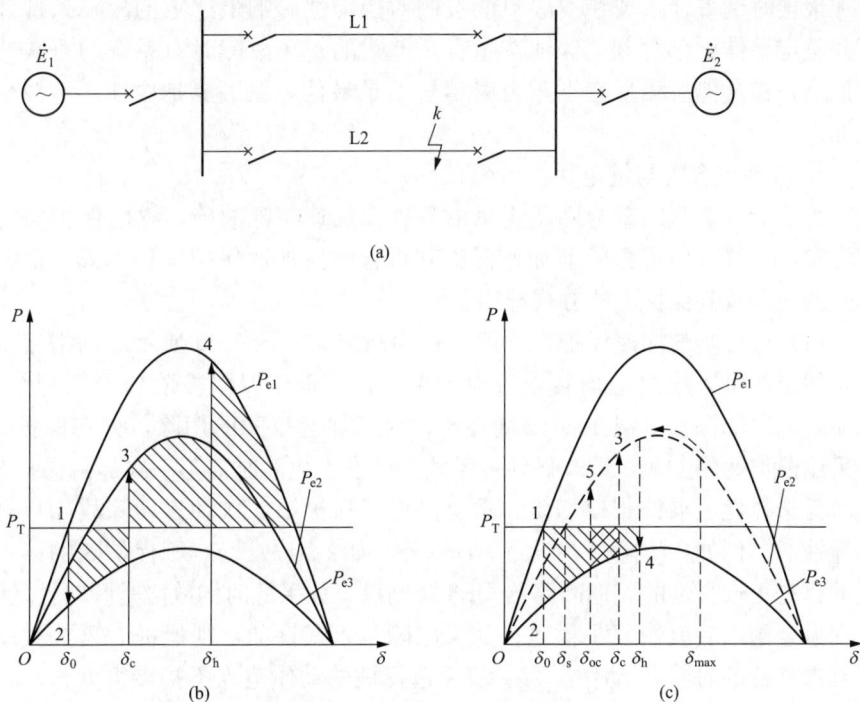

图 7-28　重合闸时间对稳定性影响示意图

对图 7-28（c）的情况，系统正常运行于 P_{e1} 的 1 点，功角为 δ_0，短路后运行点落在 P_{e2} 的 2 点并且功角逐步增大，至 δ_c 故障切除，运行于 P_{e3} 的 3 点；在惯性作用下，摆至 δ_{max} 加速面积与减速面积相等，开始回摆至 δ_h 时，重合于永久故障上，运行在 P_{e2} 的 4 点；继续回摆至 δ_{oc} 时，故障被再次切除，落于 P_{e3} 的 5 点，5 点越靠近新的稳定平衡点 δ_s，则后续的摇摆越轻微。在此减速过程中由于再次短路，减小了发电机转子在回摆过程中累积的减速能量，从而使发电机转子上的净累积能量很小，经轻微几次摇摆后，落于新的稳定平衡点 δ_s 运行。

如果重合不是发生在回摆而是在加速过程中，例如在 δ_{max} 附近，会由于再次故障产生的加速能量使转子角度继续增大而失步。

从理论和实际的计算都可以证明，重合闸操作存在最佳时刻。最佳重合时刻的条件是：最后一次操作完成后，对应最终网络拓扑下稳定平衡点的系统暂态能量值最小的时刻。最佳重合时刻是周期性出现的，并且最佳时刻的附近是次最佳，它使"最佳时刻"具有实际的可捕捉的应用意义。最佳重合时刻受故障前运行方式、状态和故障类型的影响，略有变化，但影响最大的是整个系统的等值惯性。最佳重合时刻可以由附加在重合闸元件中专门的环节来捕捉，但算法较复杂；也可以用专门的计算软件在给定运行方式、故障情况、重合闸方式后自动计算，但现场应用的重合闸时间元件是简单的计时元件，只能整定一个固定的时间，因此不能随故障情况实现最佳时刻重合。现在一般只能按照对稳定性影响最严重的故障条件计算并整定最佳重合时刻，保证在重合于严重的永久故障时对系统的再次冲击最小，在其他故障形态下重合时尽管不是最佳，但可能是次佳，不会是最坏。

4. 自动重合闸与继电保护的配合

为了能尽量利用重合闸所提供的条件以加速切除故障，继电保护与之配合时，一般采用重合闸前加速保护和重合闸后加速保护两种方式，根据不同的线路及其保护配置方式选用。

（1）重合闸前加速保护，一般又称为前加速。图 7-29 所示的网络接线中，假定在每条线路上均装设过电流保护，其动作时限按阶梯原则配合，在靠近电源端保护 3 处的时限就很长，为了加速故障的切除，可在保护 3 处采用前加速的方式，即当任何一条线路上发生故障时，第一次都由保护 3 瞬时无选择性地动作予以切除，重合闸以后保护第二次动作切除故障是有选择性的。例如：故障是在线路 AB 以外（如 k_1 点故障），则保护 3 的第一次动作是无选择性的，但断路器 QF3 跳闸后，如果此时的故障是瞬时性的，则在重合闸以后就恢复了供电；如果故障是永久性的，则保护 3 第二次就按有选择性的时限 t_3 动作。为了使无选择性的动作范围不扩展得太长，一般规定当变压器低压侧短路时，保护 3 不应动作。因此，其启动电流还应按照躲过相邻变压器低压侧的短路（如 k_2 点短路）整定。

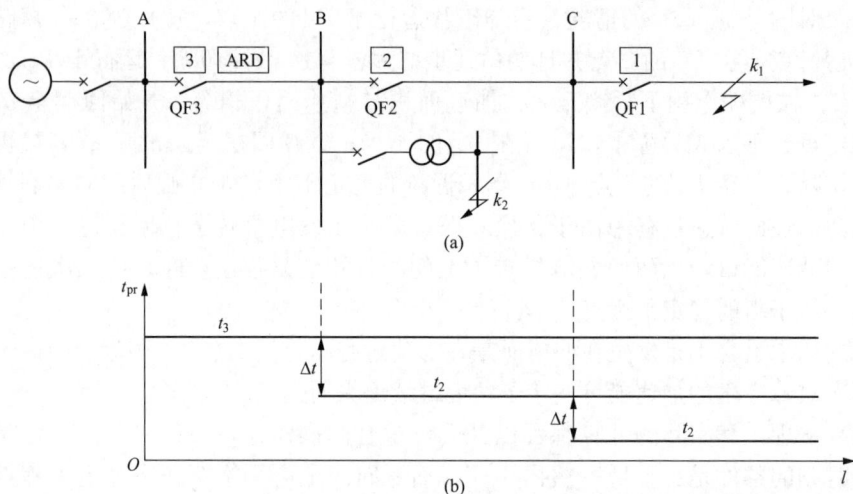

图 7-29　重合闸前加速保护的网络接线图
（a）网络接线图；（b）时间配合关系

采用前加速的优点是：

1）能够快速地切除瞬时性故障。

2）可能使瞬时性故障来不及发展成永久性故障，从而提高重合闸的成功率。

3）能保证发电厂和重要变电站的母线电压在 0.6～0.7 额定电压以上，从而保证厂用电和重要用户的电能质量。

4）使用设备少，只需装设一套重合闸装置，简单、经济。

采用前加速的缺点是：

1）断路器工作条件恶劣，动作次数较多。

2）重合于永久性故障上时，故障切除的时间可能较长。

3）如果重合闸装置或断路器 QF3 拒绝合闸，则将扩大停电范围，甚至在最末一级线路上故障时，都会使连接在这条线路上的所有用户停电。

前加速保护主要用于 35kV 以下由发电厂或重要变电站引出的直配线路上，以便快速切除故障，保证母线电压。

（2）重合闸后加速保护，一般又称为后加速。所谓后加速就是当线路第一次故障时，保护有选择性动作，然后进行重合，如果重合于永久性故障，则在断路器合闸后，再加速动作瞬时切除故障，而与第一次动作是否带有时限无关。

后加速的配合方式广泛应用于 35kV 以上的网络及对重要负荷供电的输电线路上。在这些线路上一般都装有性能比较完备的保护装置，例如：三段式电流保护、距离保护等，因此，第一次有选择性地切除故障的时间（瞬时动作或具有 0.5s 延时）均为系统运行所允许，而在重合闸以后加速保护的动作（一般是加速保护第Ⅱ段的动作，有时也可以加速保护第Ⅲ段的动作），就可以更快地切除永久性故障。

采用后加速的优点是：

1）第一次是有选择性地切除故障，不会扩大停电范围，特别是在重要的高压电网中，一般不允许保护无选择性地动作而后以重合闸来纠正（即前加速）。

2）保证了永久性故障能瞬时切除，并仍然是有选择性的。

3）和前加速相比，使用中不受网络结构和负荷条件的限制，一般是有利而无害的。

采用后加速的缺点是：

1）每个断路器上都需要装设一套重合闸，与前加速相比略为复杂。

2）第一次切除故障可能带有延时。

利用后加速元件 KCP 所提供的动合触点实现重合闸后加速过电流保护的原理接线如图 7-30 所示。

图 7-30 中 KA 为过电流继电器的触点，当线路发生故障时，它启动时间继电器 KT，然后经整定的时限后 KT2 触点闭合，启动出口继电器 KCO 而跳闸。当重合闸启动以后，后加速元件 KCP 的触点将闭合 1s 的时间，如果重合于永久性故障上，则 KA 再次动作，此时即可由时间继电器 KT 的瞬时动合触点 KT1、连接片 XB 和 KCP 的触点串联而立即启动 KCO 动作于跳闸，从而实现了重合闸后过电流保护加速动作的要求。

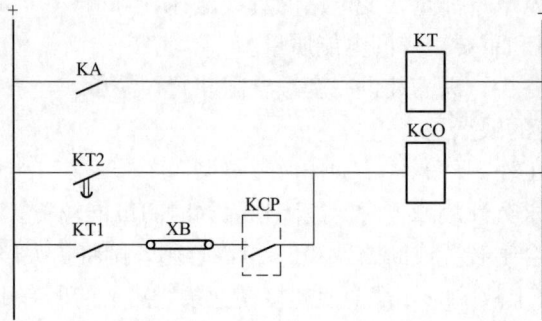

图 7-30　重合闸后加速过电流保护的原理接线图

三、单相自动重合闸

前面讨论的自动重合闸都是三相式的，即不论送电线路上发生单相接地短路还是相间短路，继电保护动作后均使断路器三相断开，然后重合闸再将三相投入。

运行经验表明，在 220～500kV 的架空线路上，由于线间距离大，其绝大部分短路故障都是单相接地短路（90％以上），这种情况下，如果只把发生故障的一相断开，而未发生故障的两相仍然继续运行，然后再进行单相重合，就能够大大提高供电的可靠性和系统并列运行的稳定性。如果线路发生的是瞬时性故障，则单相重合成功，即恢复三相的正常运行；如果是永久性故障，则再次切除故障并不再进行重合，目前一般是采用重合不成功时就跳开三相的方式，这种单相短路跳开故障单相经一定时间重合单相、若不成功再跳开三相的重合方式称为单相自动重合闸。

1. 单相自动重合闸与保护的配合关系

通常继电保护装置是通过判断故障发生在保护区内、区外决定是否跳闸，而决定跳三相还是跳单相、跳哪一相，则是由重合闸内的故障判别元件和故障选相元件来完成的，最后由重合闸操作箱发出跳、合闸断路器的命令。

图 7-31 所示为保护装置、选相元件与重合闸回路的配合框图。

保护装置和选相元件动作后，经"与"门进行单相跳闸，并同时启动重合闸回路。对于单相接地故障，就进行单相跳闸和单相重合；对于相间短路则在保护和选相元件相配合进行判断之后跳开三相，然后进行三相重合闸或不进行重合闸。

在单相重合闸过程中，由于出现纵向不对称，因此将产生负序分量和零序分量，这就可能引起本线路保护以及系统中其他保护的误动作。对于可能误动作的保护，应整定保护的动作时限大于单相非全相运行的时间，或在单相重合闸动作时将该保护予以闭锁。为了实现对误动作保护的闭锁，在单相重合闸与继电保护相连接的输入端都设有两个端子：一个端子接入

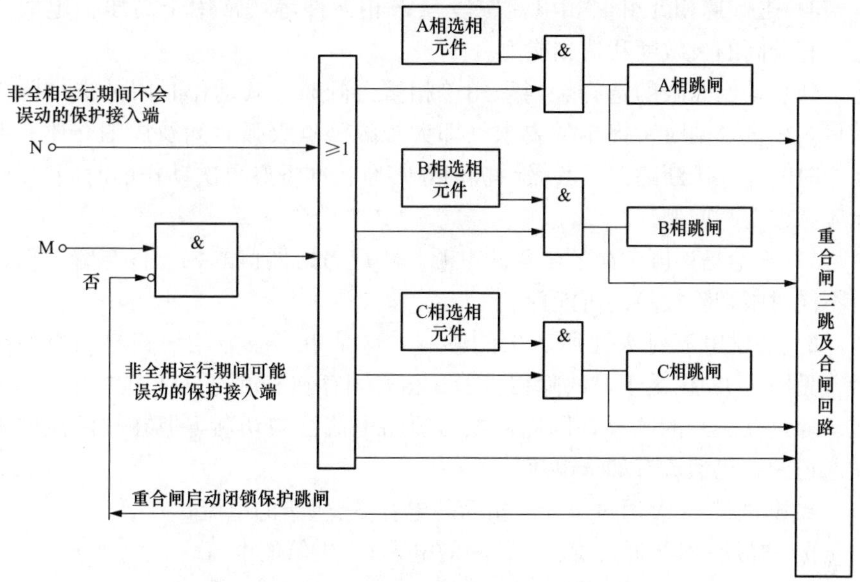

图 7-31 保护装置、选相元件与重合闸回路的配合框图

在非全相运行中仍然能够继续工作的保护，习惯上称为 N 端子；另一个端子则接入非全相运行中可能误动作的保护，称为 M 端子。在重合闸启动以后，利用“否”回路即可将接入 M 端子的保护跳闸回路闭锁。当断路器被重合而恢复全相运行时，这些保护也立即恢复工作。

2. 单相自动重合闸的特点

（1）故障相选择元件。为实现单相重合闸，首先就必须有故障相的选择元件（简称选相元件）。对选相元件的基本要求有：

1）应保证选择性，即选相元件与继电保护相配合只跳开发生故障的一相，而接于另外两相上的选相元件不应动作。

2）在故障相末端发生单相接地短路时，接于该相上的选相元件应保证足够的灵敏性。

根据网络接线和运行的特点，满足以上要求的常用选相元件有如下几种：

1）电流选相元件：在每相上装设一个过电流继电器，其启动电流按照大于最大负荷电流的原则进行整定，以保证动作的选择性。这种选相元件适于装设在电源端，且短路电流比较大的情况，它是根据故障相短路电流增大的原理而动作的。

2）低电压选相元件：用三个低电压继电器分别接于三相的相电压上，低电压继电器是根据故障相电压降低的原理而动作，它的启动电压应小于正常运行时以及非全相运行时可能出现的最低电压。这种选相元件一般适于装设在小电源侧或单侧电源线路的受电侧，因为在这一侧如用电流选相元件，则往往不能满足选择性和灵敏性的要求。

3）阻抗选相元件、相电流突变量选相元件等，常用于高压输电线路上，有较高的灵敏度和选相能力。

（2）动作时限的选择。当采用单相重合闸时，其动作时限的选择除应满足三相重合闸时所提出的要求（即大于故障点灭弧时间及周围介质去游离的时间，大于断路器及其操动机构复归原状准备好再次动作的时间）外，还应考虑下列问题：

1）不论是单侧电源还是双侧电源，均应考虑两侧选相元件与继电保护以不同时限切除故障的可能性。

2）潜供电流对灭弧所产生的影响。这是指当故障相线路自两侧切除后（见图7-32），由于非故障相与断开相之间存在有静电（通过电容）和电磁（通过互感）的联系，因此，虽然短路电流已被切断，但在故障点的弧光通道中，仍然流有如下电流：

a. 非故障相 A 通过 A、C 相间的电容 C_{ac} 供给的电流；

b. 非故障相 B 通过 B、C 相间的电容 C_{bc} 供给的电流；

c. 继续运行的两相中，由于流过负荷电流 $\dot{i}_{La}$ 和 $\dot{i}_{Lb}$ 而在 C 相中产生互感电动势 $\dot{E}_M$，此电动势通过故障点与该相对地电容 C_0 产生电流。

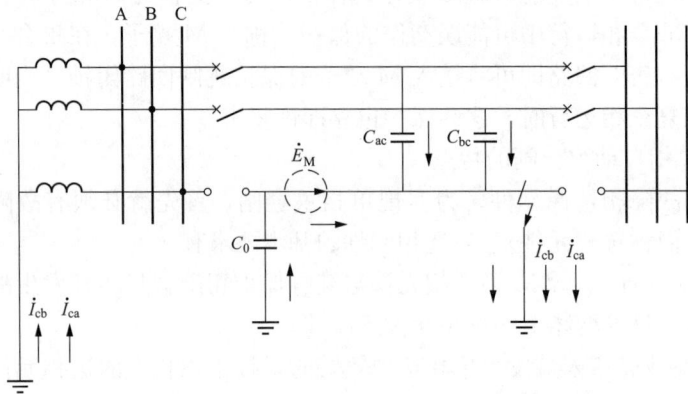

图 7-32 C相单相接地时潜供电流示意图

这些电流的总和称为潜供电流。由于潜供电流的影响，将使短路时弧光通道的去游离受到严重阻碍，而自动重合闸只有在故障点电弧熄灭且绝缘强度恢复以后才有可能成功，因此，单相重合闸的时间还必须考虑潜供电流的影响。一般线路的电压越高、线路越长，则潜供电流就越大。潜供电流的持续时间不仅与其大小有关，而且也与故障电流的大小、故障切除的时间、弧光的长度以及故障点的风速等因素有关。因此，为了正确地整定单相重合闸的时间，国内外许多电力系统都是由实测来确定灭弧时间。如我国某电力系统中，在 220kV 的线路上，根据实测确定保证单相重合闸期间的熄弧时间应在 0.6s 以上。

（3）对单相重合闸的评价。采用单相重合闸的主要优点是：

1）能在绝大多数的故障情况下保证对用户的连续供电，从而提高供电的可靠性；当由单侧电源单回路向重要负荷供电时，对保证不间断供电更有显著的优越性。

2）在双侧电源的联络线上采用单相重合闸，可以在故障时大大加强两个系统之间的联系，从而提高系统并列运行的动态稳定性。对于联系比较薄弱的系统，当三相切除并继之以三相重合闸而很难再恢复同步时，采用单相重合闸就能避免两系统解列。

采用单相重合闸的主要缺点是：

1）需要有按相操作的断路器。

2）需要专门的选相元件与继电保护相配合，再考虑一些特殊的要求后，使重合闸回路的接线比较复杂。

3）在单相重合闸过程中，由于非全相运行能引起本线路和电网中其他线路的保护误动作，就需要根据实际情况采取措施予以防止，这将使保护的接线、整定计算和调试工作复杂化。

由于单相重合闸具有以上特点，并在实践中证明了它的优越性，因此，已在 220～500kV 的线路上获得广泛的应用。对于 110kV 的电网，一般不推荐这种重合闸方式，只在由单侧电源向重要负荷供电的某些线路以及根据系统运行需要装设单相重合闸的某些重要线路上才考虑使用。

3. 输电线路自适应单相重合闸

据 2001 年对我国电网线路保护的重合闸动作成功率统计，220kV 为 83％，500kV 为 84％左右，这说明有 16％～17％的故障是永久性故障。重合闸重合于永久性故障上，其一是使电力设备在短时间内遭受两次故障电流的冲击，加速了设备的损坏；其二是现场的重合闸多数没有按照最佳时间重合，当重合于永久性故障时，降低了输电能力，甚至造成稳定性的破坏。如果在单相故障被单相切除后，能够判别故障是永久性还是瞬时性的，并且在永久性故障时闭锁重合闸，就可以避免重合于永久故障时的不利影响。这种能自动识别故障的性质，在永久性故障时不重合的重合闸称为自适应重合闸。

在单相故障被单相切除后，断开相由于运行的两相电容耦合和电磁感应的作用，仍然有一定的电压，其电压的大小除与电容大小、感应强弱等因素有关外，还与断开相是否继续存在接地点直接有关。永久性故障时接地点长期存在，断开相两端电压持续较低；瞬时性故障当电弧熄灭后，接地点消失，断开相两端电压持续较高；据此可以构成电压判据的永久与瞬时故障的识别元件，根据永久故障与瞬时故障的其他差别，还可以构成电压补偿、组合补偿等识别元件。

（1）单相重合闸期间断开相工频电压分布。单相故障切除后的三相线路等值电路如图 7-33（a）所示，三相间有相间耦合电容 C_m 和相地耦合电容 C_0。

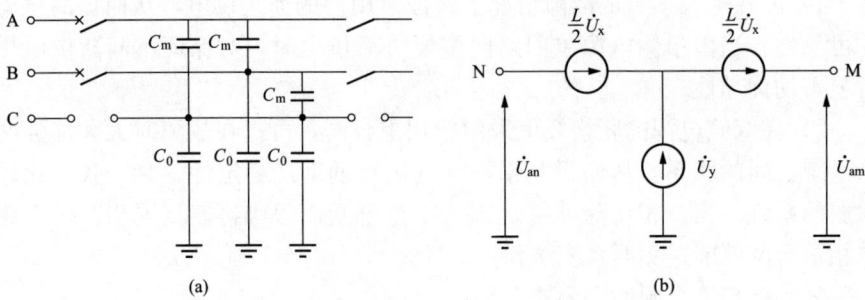

图 7-33 单相断开后的耦合、感应电压分布

(a) 耦合电路图；(b) 电压分布图

根据电路基本理论，可以求得线路断开相上电容耦合电压为

$$\dot{U}_y = \dot{U}_{ph} \frac{C_m}{2C_m + C_0} \tag{7-2}$$

式中：C_m、C_0 分别为单位长度线路的相间、相对地的电容，F；$\dot{U}_{ph}$ 为相电压，V。

单位长度上非故障相的感应电压为

$$\dot{U}_x = (\dot{I}_b + \dot{I}_c)z_m = 3\dot{I}_0 \cdot z_m \tag{7-3}$$

式中：z_m 为单位长度线路的相间互感抗，Ω。

如果将长度为 L 的线路等值为 π 型电路，则断开相电压分布如图 7-33 (b) 所示。其中电容耦合电压与线路长度无关，并与线路感应电压相位差约 90°，感应电压与线路长度、零序电流成正比，两端感应电压各为线路全长感应电压的一半。对于瞬时性故障，断开相两端相电压分别为

$$|\dot{U}_{an}| = \sqrt{U_y^2 + \left(\frac{L}{2}U_x\right)^2 - \frac{L}{2}U_y U_x \cos(90° + \theta)}$$

$$|\dot{U}_{am}| = \sqrt{U_y^2 + \left(\frac{L}{2}U_x\right)^2 - \frac{L}{2}U_y U_x \cos(90° - \theta)} \tag{7-4}$$

式中：θ 为功率因数角，电压超前电流时为正，(°)。

当 $\cos\theta = 1$，即 $\theta = 0°$ 时，式 (7-4) 得以简化为

$$|\dot{U}_{an}| = |\dot{U}_{am}| = \sqrt{U_y^2 + \left(\frac{L}{2}U_x\right)^2} \tag{7-5}$$

(2) 瞬时性故障与永久性故障的区分。当线路发生永久性金属接地短路后，线路对地电容经短路点放电，电容耦合电压被短接，此时在线路两端只有感应电压，由短路点的位置决定。设接地点距 M 端的距离为 l，则两端电压为

$$\dot{U}_{am} = l\dot{U}_x$$

$$\dot{U}_{an} = -(L - l)\dot{U}_x \tag{7-6}$$

应该保证在线路上任意点发生永久故障时两端都不重合，如果使用电

压判据，允许任意端合闸的电压 U_{set} 可以表示为

$$(U_{\text{set}} \geqslant K_{\text{rel}} l U_{\text{x}}) \wedge (U_{\text{set}} \geqslant K_{\text{rel}} |L-l| U_{\text{x}}) \tag{7-7}$$

式（7-7）保证了永久性故障时不重合，在瞬时性故障时是否出现电压低于整定值而不能重合呢？考虑瞬时性故障在两端的最小电压，即线路空载时只有电容耦合电压时，要能重合必须满足

$$U_{\text{am}} = U_{\text{an}} = U_{\text{y}} \geqslant U_{\text{set}} \tag{7-8}$$

由式（7-6）~式（7-8），可得

$$l \leqslant \frac{U_{\text{ph}}}{3U_{0\text{x}}} \times \frac{C_{\text{m}}}{2C_{\text{m}}+C_0} \times \frac{1}{K_{\text{rel}}} \tag{7-9}$$

式中：U_{ph} 为相电压，V；$U_{0\text{x}}$ 为单位长度线路零序互感电压，$U_{0\text{x}} = I_0 z_{\text{m}}$，V；$K_{\text{rel}}$ 为可靠系数，一般取 1.2。

将我国常用的线路参数、传送自然功率条件代入式（7-9），算出在两端都可靠识别永久性与瞬时性故障的线路最大长度分别约为：220kV 线路 153km，330kV 线路 126km，500kV 线路 161km。当线路长度 L 更长、考虑过渡电阻影响等因素时，还可以采用

$$\left| \dot{U} - \frac{L}{2}\dot{U}_{\text{x}} \right| \geqslant \left| \frac{K_{\text{rel}}L}{2}\dot{U}_{\text{x}} \right| \tag{7-10}$$

电压补偿重合判据，它的区分线路长度是电压法的 2 倍，式（7-10）中的 $\dot{U}$ 为断开相测量电压。

超高压输电线路侧电压一般是可以抽取的，利用断开相电压可以实现永久性与瞬时性故障的区分，当线路电压高于整定值时过电压继电器触点闭合允许重合闸动作，当电压低于整定值闭锁重合闸。

四、单相、三相重合闸异同

1. 单相重合闸与三相重合闸的优缺点

（1）使用单相重合闸时会出现非全相运行，除纵联保护需要考虑一些特殊问题外，对零序电流保护的整定和配合产生了很大影响，也使中、短线路的零序电流保护不能充分发挥作用。例如，一般环网三相重合闸线路的零序电流Ⅰ段都能正确动作，即在线路一侧出口单相接地而三相跳闸后，另一侧零序电流立即增大并使其Ⅰ段动作。以前利用这一特点，即使线路纵联保护停用，配合三相快速重合闸，仍然保持着较高的成功率。但当使用单相重合闸时，这个特点就不存在了，而且为了考虑非全相运行，往往需要抬高零序电流Ⅰ段的启动值，零序电流Ⅱ段的灵敏度也相应降低，动作时间也可能增大。

（2）使用三相重合闸时，各种保护的出口回路可以直接动作于断路器；使用单相重合闸时，除了本身有选相功能的保护外，所有纵联保护、相间距离保护、零序电流保护等，都必须经单相重合闸的选相元件控制，才能动作于断路器。

（3）当线路发生单相接地，进行三相重合闸时，会比单相重合闸产生较大的操作过电压。这是由于三相跳闸、电流过零时断电，在非故障相上会保留相当于相电压峰值的残余电荷电压，而重合闸的断电时间较短，上述非故障相的电压变化不大，因而在重合时会产生较大的操作过电压。而当使用单相重合闸时，重合时的故障相电压一般只有17%左右（由于线路本身电容分压产生），因而没有操作过电压问题。然而，从较长时间在110kV及220kV电网采用三相重合闸的运行情况来看，对一般中、短线路操作过电压方面的问题并不突出。

（4）采用三相重合闸时，最不利的情况是有可能重合于三相短路故障，有的线路经稳定计算认为必须避免这种情况时，可以考虑在三相重合闸中增设简单的相间故障判别元件，使它在单相故障时实现重合，在相间故障时不重合（即采用单重方式）。

2. 采用单相重合闸时应考虑的问题

（1）重合闸过程中出现的非全相运行状态，如有可能引起本线路或其他线路的保护装置误动作时，应采取措施予以防止。

（2）如电力系统不允许长期非全相运行，为防止断路器一相断开后，由于单相重合闸装置拒绝合闸而造成非全相运行，应采取措施断开三相，并应保证选择性。

3. 电容式的重合闸只能重合一次

电容式重合闸是利用电容器的瞬时放电和长时充电来实现一次重合的。如果断路器是由于永久性短路而保护动作所跳开的，则在自动重合闸一次重合后断路器作第二次跳闸，此时跳闸位置继电器重新启动，但由于重合闸整组复归前使时间继电器触点长期闭合，电容器被中间继电器的线圈所分接不能继续充电，中间继电器不可能再启动，整组复归后电容器还需20~25s的充电时间，这样保证重合闸只能发出一次合闸脉冲。

五、综合重合闸

以上分别讨论了三相重合闸和单相重合闸的基本原理和实现中需要考虑的一些问题。对于有些线路，在采用单相重合闸后，如果发生各种相间故障时仍然需要切除三相，然后再进行三相重合闸，如重合不成功则再次断开三相而不再进行重合。因此，在实现单相重合闸时，也总是把实现三相重合闸的问题结合在一起考虑，故称它为综合重合闸。在综合重合闸的接线中，应考虑能实现进行单相重合闸、三相重合闸或综合重合闸以及停用重合闸的各种可能性。发生单相接地短路故障时跳开故障单相，进行单相重合闸；重合闸不成功再跳开三相，此时不再重合；当发生相间短路故障时跳开三相，进行三相重合闸；重合不成功时跳开三相，不再重合。

实现综合重合闸回路接线时，应考虑的基本原则：

（1）单相接地短路时跳开单相，然后进行单相重合；如重合不成功则跳开三相而不再进行重合。

（2）各种相间短路时跳开三相，然后进行三相重合；如重合不成功，仍跳开三相，而不再进行重合。

（3）当选相元件拒绝动作时，应能跳开三相并进行三相重合闸。

（4）对于非全相运行中可能误动作的保护，应进行可靠的闭锁；对于在单相接地时可能误动作的相间保护（如距离保护），应有防止单相接地误跳三相的措施。

（5）当一相跳开后重合闸拒绝动作时，为防止线路长期出现非全相运行，应将其他两相自动断开。

（6）任意两相的分相跳闸继电器动作后，应联跳第三相，使三相断路器均跳闸。

（7）无论单相或三相重合闸，在重合不成功之后，均应考虑能加速切除三相，即实现重合闸后加速。

（8）在非全相运行过程中，如又发生另一相或两相的故障，保护应能有选择性地予以切除。上述故障如发生在单相重合闸的脉冲发出以前，则在故障切除后能进行三相重合；如发生在重合闸脉冲发出以后，则切除三相不再进行重合。

（9）对空气断路器或液压传动的油断路器，当气压或液压低至不允许实现重合闸时，应将重合闸回路自动闭锁；但如果在重合闸过程中下降到低于运行值时，则应保证重合闸动作的完成。

六、3/2 接线特殊要求

一般的输电线路保护要发跳闸命令时只跳本线路的一个断路器，重合闸自然也只重合这个断路器，所以重合闸按保护配置，对微机型重合闸来说就与微机保护做在一起。可是有些输电线路保护发跳闸命令时要跳闸两个断路器，如图 7-34 所示的 3/2 接线方式的系统中，线路 L1 一端的保护发跳令时，要跳闸 1、2 号两个断路器，重合闸自然也要合这两个断路器。

对于断路器失灵保护，如果在 L1 线路上发生短路，线路保护跳 1、2 号两个断路器。

假如 1 号断路器失灵，为了短路点的熄弧，1 号断路器的失灵保护应将 I 母上所有断路器（图 7-34 中 4 号断路器）都跳开。如果 I 母上发生短路，母线保护动作跳母线上所有断路器，假如此时 1 号断路器失灵，为了短路点的熄弧，1 号断路器的失灵保护应将 2 号断路器跳开，并远跳 7 号断路器。所以边断路器的失灵保护动作后应该跳开边断路器所在母线上的所有断路器和中断路器，并远跳边断路器所连线路的对端断路器（如果边断路器所连的是变压器，则跳变压器各侧断路器）。假如 2 号断路器失灵，如果在 L1 线路上发生短路，线路保护跳 1、2 号两个断路器。假如此时 2 号断路器失灵，为了短路点的熄弧，2 号断路器的失灵保护应将 3 号断路器跳

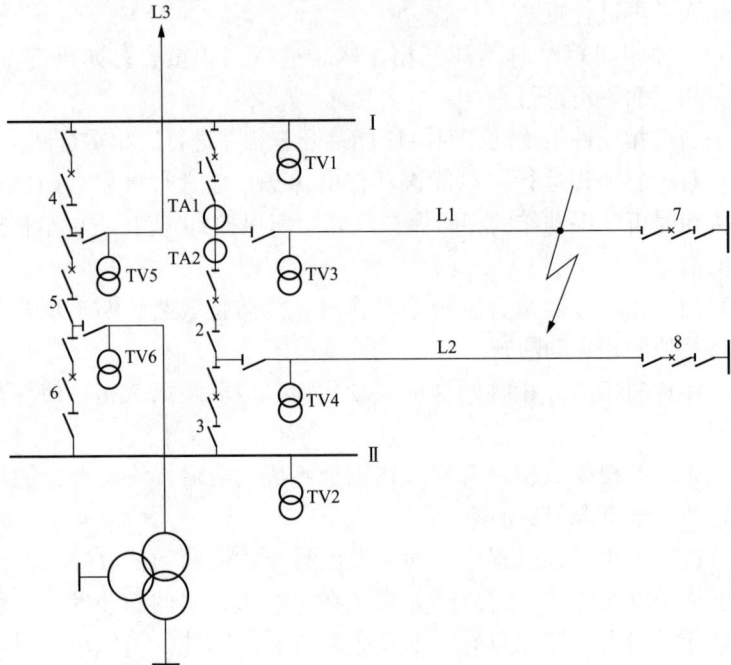

图 7-34　3/2 接线方式

开，并远跳 8 号断路器。所以中断路器的失灵保护动作后应该跳开它两侧的两个边断路器，并远跳与它相连的线路对端断路器（如与它相连的是变压器，则跳变压器各侧断路器）。

对于重合闸，当线路保护跳开两个断路器后应先合边断路器，后合中断路器。如果边断路器重合不成功，合于故障线路，保护再次将边断路器跳开，此时中断路器就不再重合而且发三跳命令。

由于图 7-34 中与 L1 线路相连的有 1、2 号两个断路器，两个断路器都要进行重合，且两个断路器的重合有先后顺序问题，因此重合闸不应设置在线路保护装置内，而应按断路器单独设置。此外这两个断路器的失灵保护跳闸对象也不一样，所以失灵保护也应按断路器单独设置。一般在 3/2 接线方式中，将重合闸和断路器失灵保护做在单独的一个装置内，称作断路器保护装置，在每一个断路器处配置一套该装置。

过电压保护及远方跳闸保护装置在 330kV 及以上远距离输电线路上，由于线路很长，且采用分裂导线，所以分布电容很大。在"电容效应"的影响下，线路的电压会升高到很大值，严重危害电气设备的安全。为此，一方面可在线路上装设并联电抗器（高抗），通过对电容的补偿以降低电压；另一方面配置过电压保护，当发现线路过电压时跳本端断路器，同时通过光纤通道向对端发远方跳闸信号。对端的远方跳闸保护装置接收到远跳信号后，为了提高安全性，再经就地判据判别以后发跳闸命令。

第五节　自动电压控制（AVC）

一、自动电压控制简介

在电力系统中，电压、频率和波形是表征电能质量的三大主要指标。随着电网规模不断扩大、装机容量迅速增长，对提高电网电压质量、降低系统网损、提高电压稳定的呼声日益强烈。电源品质是否合格，直接影响到电网运行的经济性和安全性。电压偏差大，不仅会对用电设备造成威胁和损害，而且直接危及电网运行，严重时由于电压不稳定，甚至可能引起电网崩溃。因此，电压是否能够维持在合理的范围内运行，一直是电力行业特别重视的问题之一，这就需要用 AVC 手段来确保电网的电压质量。电网统一的自动电压控制（AVC）是进一步提高电网电能质量，安全稳定、优质经济运行，维护电力企业合法权益的有效措施，而发电厂 AVC 功能的实现最终由励磁系统执行，因此实际运行中需考虑 AVC 与励磁系统间的配合关系。

频率和电压是衡量电能质量的两大指标。AGC 侧重频率控制，AVC 则侧重于电压控制。两者都是发电机组投运后被考核的重要指标。

AVC 是自动电压控制的简称，是指以电网调度自动化系统的 SCADA 系统为基础，利用计算机系统、通信网络和可调控设备，根据电网实时运行工况在线计算控制策略，通过自动调整机组的无功出力来保持母线电压在合格范围内。AVC 是一个闭环控制系统，一般由远方调度通过 SCADA 的数据通信/通道，（自动）下发 AVC 目标值（电压或无功）至电厂 AVC 装置，由 AVC 装置软件合理地分配给出每台机组无功增/减磁量，并给出控制脉冲信号（增/减磁）至 AVR（或 DCS），最后由励磁调节控制系统完成对机组无功功率的调整（增/减）；实测机端电压或母线电压直接反馈至远方调度或 AVC 后台，与给定目标值进行比较，即形成负反馈的闭环控制。通过这样逐次循环控制，从而改变发电厂高压侧母线电压，最终达到调节目标（合格的母线电压值），实现发电厂多台机组电压无功自动控制，提高电网的可靠性和电网运行的经济性。

AVC 控制系统原理如图 7-35 所示。

自动电压控制是第 27 届中国电网调度运行会议上提出的现代电网调度发展新技术之一。经过多年努力，AVC 获得迅猛发展，已从原来传统的厂站端 VQC 发展到整个电网范围内的自动电压控制。国内最早的省级 AVC 项目由湖南省于 2000 年立项，至 2003 年 4 月试运行。AVC 的复杂程度远远大于 AGC，因为它不但要考虑发电机组的无功控制，还要兼顾电容器、电抗器以及变压器分接头的投切和控制，且约束条件也远多于 AGC，因此 AVC 系统是一项复杂的系统工程。

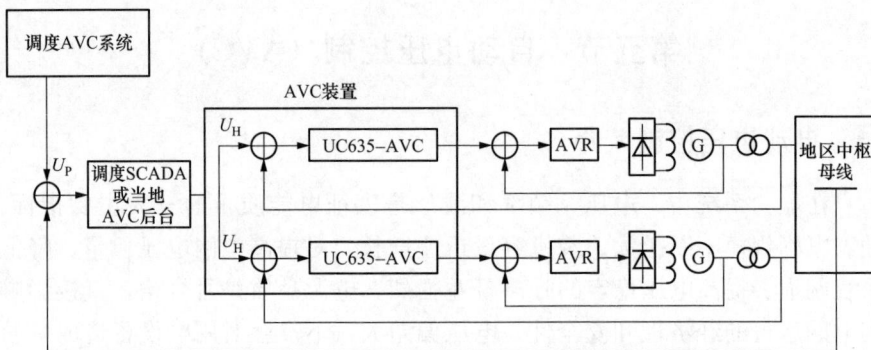

图 7-35 AVC 控制系统原理图

电力系统 AVC 主要强调以下两个方面：

（1）无功可控设备的自动化。包括发电机、有载调压器、电容/电抗器、SVC（静态无功补偿装置）、STATCOM（静止同步补偿器）及其他无功补偿设备的自动控制。

（2）全网无功电压的最优化。AVC 着重于从全局角度实现无功电压的自动优化控制，属于最优潮流（OPF）的研究范畴，对于提高电力系统安全、优质、经济运行以及提高电力系统的调度自动化管理水平具有重要意义。

AVC 自动电压控制系统，如图 7-36 所示。

在自动装置的作用和给定电压约束条件下，发电机的励磁、变电站和用户的无功补偿装置的出力以及变压器的分接头都能按指令自动进行闭环调整，使其注入电网的无功逐渐接近电网要求的最优值（Q 优），从而使全网有接近最优的无功电压潮流。它是现代电网控制的一项重要功能。

二、无功功率与电压调整

1. 电力系统电压调整的必要性

电压是衡量电能质量的重要指标。电力系统的运行电压水平取决于无功功率的平衡，系统中各种无功电源的无功出力应能满足系统负荷和网络损耗在额定电压下对无功功率的需求，否则电压就会偏离额定值。

电压偏移过大对电力系统本身以及用电设备都会带来不良影响：

（1）频率下降，经济性变差。

（2）电压过高，照明等设备寿命下降，影响绝缘。

（3）电压过低，电机发热。

（4）系统失去电压平衡，导致电压崩溃。

虽然系统电压不稳定存在上述不良影响，但由于系统及设备性质的原因，又不可能使系统所有节点电压都保持为额定值。造成电压偏移（波动）的因素有：

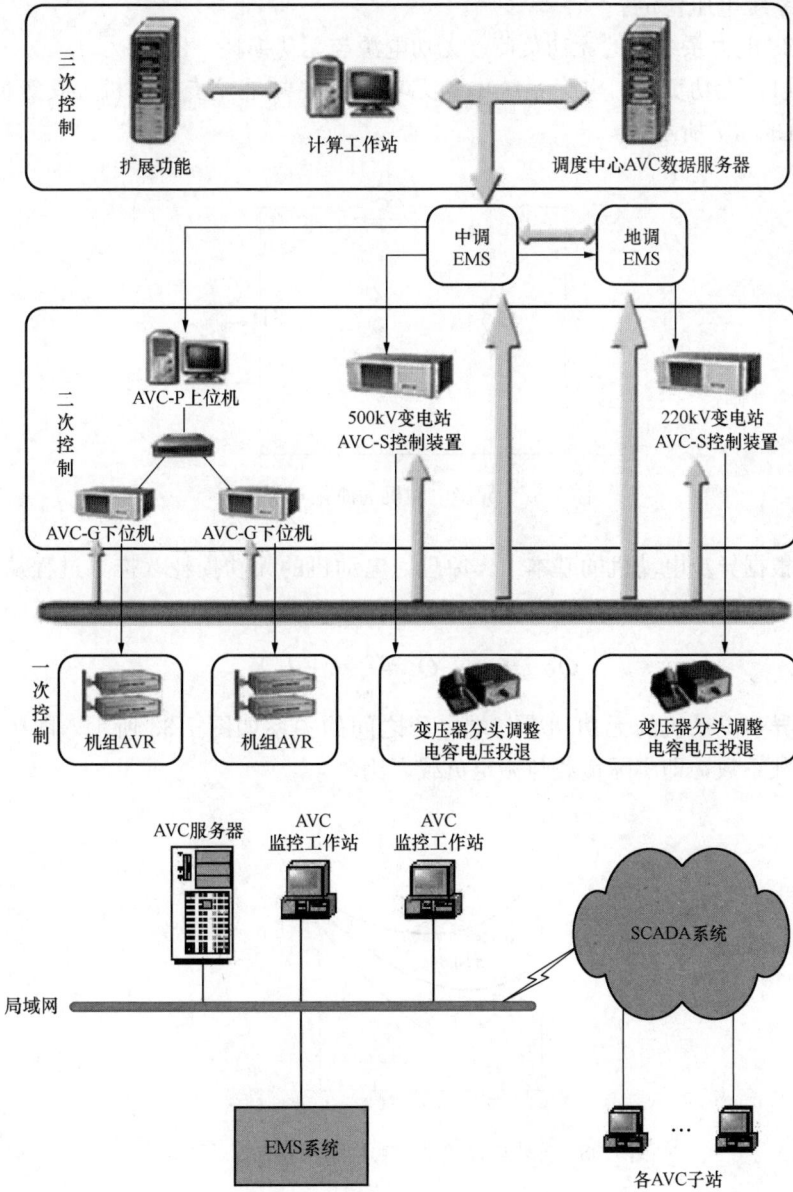

图 7-36　AVC 自动电压控制系统

（1）设备及线路运行必然产生的压降。

（2）负荷的波动。

（3）系统运行方式的改变。

（4）系统无功不足或过剩等。

电力系统一般规定一个电压偏移的最大允许范围，例如：35kV 及以上供电系统电压正、负偏移的绝对值之和不超过 10％；10kV 及以下系统在 7％以内。因此，必须要配置相应的设备及策略方式以实时进行电压调整，

735

确保系统电压稳定。

2. 电力系统中的无功负荷、无功电源与无功损耗

(1) 无功负荷。电力系统中的无功负荷主要是异步电动机，其等值电路如图 7-37 所示。

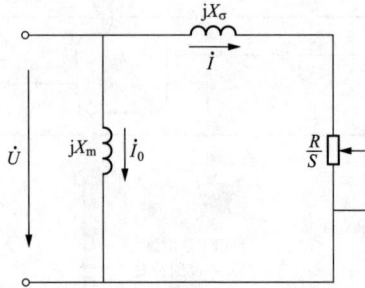

图 7-37　异步电动机的简化等值电路

根据异步电动机的基本工作原理，电动机的无功损耗（推导过程从略）可表示为

$$Q_M = Q_m + Q_\sigma = \frac{U^2}{X_m} + I^2 X_\sigma$$

异步电动机的无功功率与端电压之间的关系如图 7-38 所示。图中，β 为受载系数，即实际负载与额定负载之比。

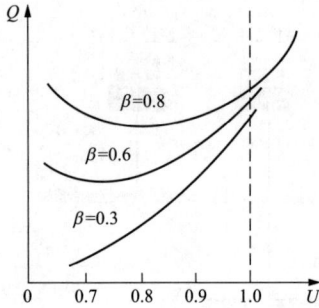

图 7-38　异步电动机的无功功率与端电压的关系

在额定电压附近，电动机的无功功率随电压的升降而增减。

可见，当系统（母线）电压下降时，异步电动机转差增大，定子电流增大，必将造成电动机过热，影响电动机使用寿命。

(2) 无功损耗。电力系统中除少数白炽灯、同步电动机外，大多数用电设备均消耗电力系统无功功率，其中主要的无功损耗为变压器和输电线路。如变压器中励磁支路损耗约为 1%，绕组漏抗损耗约为 10%，两者均为无功损耗；对于电力线路，并联电纳无功损耗为负值（即输出无功），串联电抗无功损耗为正值（即消耗无功），因而电力线路是否消耗无功视实际情况而定。

以一个五级变压的电网为例，10/220kV 升压，网络中由 220/110、110/35、35/10、10/0.4kV 四个降压等级至用户，典型计算的结果如表 7-1 所示。

表 7-1　五级变压电力系统中变压器各系统无功损耗

项目	所有变压器满载	所有变压器半载
变压器的励磁支路损耗	7%	7%
变压器的绕组涌抗损耗	50%	12.5%
变压器中总损耗	57%	19.5%
变压器损耗/变压器负荷	57%	39%

可见，多电压等级的电力系统中变压器无功损耗是相当可观的。

电力变压器的无功损耗（推导过程从略）可简化表示为

$$Q_{LT} = \Delta Q_0 + \Delta Q_T \approx \frac{I_0\%}{100} S_N + \frac{U_S\% S^2}{100 S_N} \left(\frac{U_N}{U}\right)^2$$

假定一台变压器的空载电流 $I_0\% = 2.5$，短路电压为 $U_S\% = 10.5$，在额定满载下运行时，无功功率的消耗将达到额定容量的 13%，如果从电源到用户需要经过几级变压，则变压器中无功功率的损耗的数值是相当可观的。

输电线路可用 II 型等值电路表示，如图 7-39 所示。

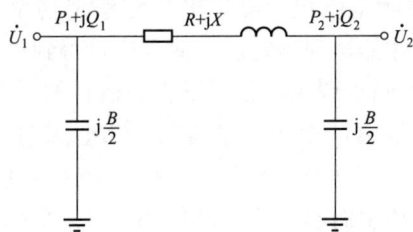

图 7-39　输电线路的 II 型等值电路

可见，输电线路的无功损耗包括感性无功损耗 ΔQ_L 和容性无功损耗 ΔQ_B 两部分（推导过程从略），可表示为

$$Q = \Delta Q_L + \Delta Q_B = \frac{P_1^2 + Q_1^2}{V_1^2} \cdot X - \frac{V_1^2 + V_2^2}{2} \cdot B$$

一般情况下，35kV 及以下系统是消耗无功功率的；110kV 及以上系统，在轻载或空载时成为无功电源，传输功率较大时才消耗无功功率。

（3）无功电源。电力系统中的无功电源有：发电机、同步调相机、电容器及静止补偿器，后三种装置又称为无功补偿装置。

1）发电机。在额定状态下运行时，发出的无功功率（见图 7-40）可用下式表示

$$Q_{GN} = S_{GN} \sin\varphi_N = P_{GN} \tan\varphi_N$$

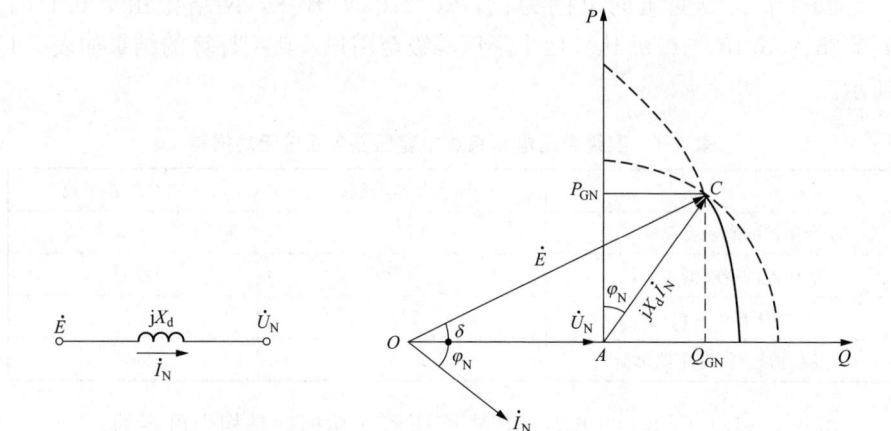

图 7-40 发电机的 P-Q 极限

发电机在非额定功率因数下运行时，可能发出的无功功率有如下特征：

a. 当发电机低于额定功率因数运行时，会增加输出的无功功率，但发电机的视在功率因数取决于励磁电流不超过额定值的条件，将低于其额定值。

b. 当发电机高于额定功率因数运行时，励磁电流不再是限制条件，原动机的机械功率又成了限制条件。

c. 发电机只有在额定电压、额定电流和额定功率因数（即运行点 C）下运行时，视在功率才能达到额定值，使其容量得到最充分的利用。

2）同步调相机。同步调相机相当于空载运行的同步电动机，在过励磁运行时，它向系统供给感性无功功率而起无功电源的作用，能提高系统电压；在欠励磁运行时（欠励磁最大容量只有过励磁容量的 $50\%\sim65\%$），它从系统吸取感性无功功率而起无功负荷作用，可降低系统电压。也就是说，同步调相机能够根据装设地点电压的数值平滑地改变输出（或吸取）的无功功率进行电压调节，因而调压可控性能较好，电压幅值和相位可快速调节，不受端电压变化影响。

同步调相机的缺点在于：

a. 同步调相机是旋转机械，运行维护比较复杂。

b. 有功功率损耗较大，在满负荷时约为额定容量的 $1.5\%\sim5\%$，容量越小，百分比越大；

c. 小容量的调相机每千伏安容量的投资费用也较大，故同步调相机宜大容量集中使用，容量小于 5MVA 的一般不装设。同步调相机大多安装在枢纽变电站使用。

3）电容器。电容器可按三角形和星形接法连接在变电站母线上，它供给的无功功率 Q_C 值与所在节点电压的平方成正比，即

$$Q_C = U^2/X_C$$

电容器的装设容量可大可小，既可集中使用，也可以分散安装，且电容器每单位容量的投资费用较小，运行时功率损耗亦较小，维护较为方便。缺点在于其无功功率调节性能比较差，且需要机械投切。

4）静止补偿器。静止补偿器由静电电容器与电抗器并联组成。由于电容器可发出无功功率，电抗器可吸收无功功率，两者结合起来，再配以适当的调节装置，就能够平滑地改变输出（或吸收）的无功功率。静止补偿器的工作原理如图 7-41 所示。

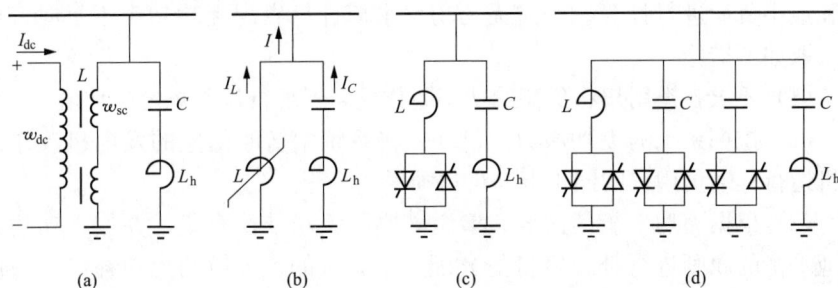

图 7-41 静止补偿器

（a）可控饱和电抗器型；（b）自饱和电抗器型；（c）晶闸管控制电抗器型；
（d）晶闸管控制电抗器和晶闸管投切电容器组合型

上述几种无功电源在各方面性能的比较，如表 7-2 所示。

表 7-2 几种无功电源的比较

比较参数	电容器	静止补偿器			同步调相机	发电机
		TCR	TSC	SR		
调节范围	容性	感性/容性	容性	感性/容性	感性/容性	感性/容性[①]
控制方式	不连续	连续	不连续	连续	连续	连续
调节灵活性	不	好	好	差	好	好
承受过压能力	差	一般	差	好	一般	
自生谐波量	无	多	无	少	少	少
电压调节效应	负	正[②]	负	正[②]	正	正
有功损耗	<0.5%	<1%	<0.5%	<1%	<1%	无
单位容量投资	低	中	中	中	高	低
控制手段	易	复杂	复杂	易	复杂	
检修维护	方便	较复杂	较复杂	方便	较复杂	
使用场合	站侧负荷	站侧负荷	站侧负荷	站侧负荷	站侧负荷	厂侧

① 发电机感性无功是指发电机向外发出无功；发电机容性无功是指发电机从电网系统吸收无功。

② 表示在一定范围内。

3. 无功功率平衡

电力系统无功功率平衡的基本要求是：系统中的无功电源可以发出的无功功率应该大于等于负荷所需的无功功率和网络中的无功损耗，即

$$Q_{GC} - Q_{LD} - Q_L = Q_{res}$$

$Q_{res} > 0$，表示系统中无功功率可以平衡且有适量的备用；

$Q_{res} < 0$，表示系统中无功功率不足，应考虑加设无功补偿装置。

系统中无功平衡是指正常电压水平下保证无功功率的平衡，因此，系统中无功功率电源不足时的无功功率平衡是由于系统电压水平的下降、无功功率负荷（损耗）本身具有正值电压调节效应，使全系统的无功功率需求有所下降而达到的。电力系统的无功功率平衡应分别按正常运行时的最大和最小负荷进行计算。经过无功功率平衡计算发现无功功率不足时，可以采取如下措施：

（1）要求各类用户将负荷的功率因数提高到现行规程规定的数值。

（2）挖掘系统的无功潜力。例如，将系统中暂时闲置的发电机改作调相机运行；动员用户的同步电动机过励磁运行等。

（3）根据无功平衡的需要，增添必要的无功补偿容量，并按无功功率就地平衡的原则进行补偿容量的分配。小容量的、分散的无功补偿可采用静电电容器；大容量的、配置在系统中枢点的无功补偿则宜采用同步调相机或静止补偿器。

应力求在额定电压下的系统无功功率平衡。

由此可见，与有功功率一样，系统中应保持一定的无功功率备用（储备）；否则负荷增大时，电压质量仍无法保证。

无功功率平衡与系统电压的关系，如图 7-42 所示。

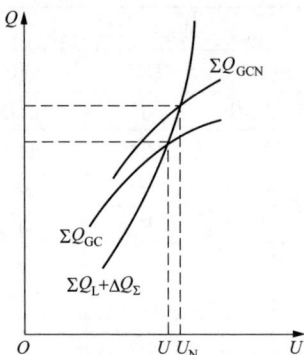

图 7-42 无功功率平衡与系统电压水平的关系

4. 电力系统的电压调整

电力系统在运行中由于一些不可抗拒的因素，必将造成运行中的电压偏移，电压偏移所造成的影响包括用电效率下降、设备发热、绝缘老化，直至系统电压崩溃。电压崩溃将引起系统振荡、发电设备失步，如图 7-43 所示。

由于电压偏移对电力系统、用电设备、发电设备都将产生影响，因此，我国规定，电压的允许偏差范围一般都在 ±5%（35kV 及以上电压供电负

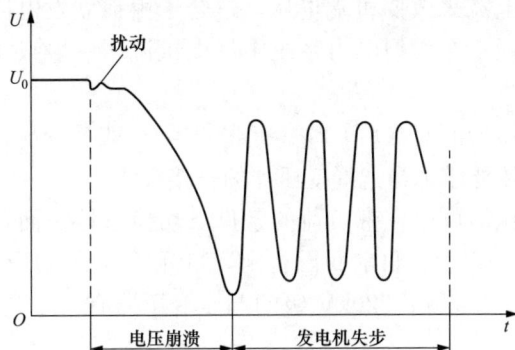

图 7-43　电压崩溃现象

荷)、$\pm 7\%$（10kV 及以上电压供电负荷)。

电力系统结构复杂，电压管理和监视是通过调整中枢点电压实现的。中枢点是指能反映电力系统电压水平的发电厂母线或枢纽变电站母线，由于很多负荷由中枢点供电，控制住枢纽点电压，也就意味着控制住了系统中大部分负荷电压。

电力系统调压方式一般有三类：逆调压、顺调压和常调压。

逆调压：是指在最大负荷时，提高系统中枢点电压至 105% 倍标准电压（即 $1.05U_N$)，以补偿线路上增加的电压损失，最小负荷时降低中枢点电压至标准电压（即 $1.0U_N$)，以防止受端电压过高的电压调整方式，即"高峰升压，低谷降压"方式。

顺调压：是指在最大负荷时适当降低中枢点电压，但不低于 102.5% 倍线路额定电压，最小负荷时适当加大中枢点电压的电压调整方式，但不高于 107.5% 倍线路额定电压，即"高峰略降，低谷略升"方式。

常调压：是指系统中枢点电压基本保持不变的电压调整方式，一般保持中枢点电压在 $102\%\sim105\%$ 倍额定电压［即 $(1.02\sim1.05)U_N$]，不随负荷变化调整中枢点的电压，即"保持"方式。

AVC 通常采用逆调压方式。电力系统电压调整原理，如图 7-44 所示。

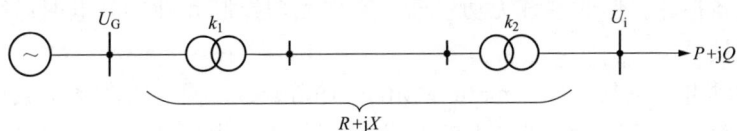

图 7-44　电压调整原理图

通过节点电压分析法可知

$$U_i = (U_G k_1 - \Delta U)/k_2 = \left(U_G k_1 - \frac{PR + QX}{U_N}\right)/k_2$$

故，可通过以下几种方式进行系统电压调节：

(1) 调节发电机励磁电流以改变发电机机端电压 U_G（优先)。根据运行情况调节励磁电流来改变机端电压，适合于由孤立发电厂不经升压直接供电的小型电力网；在大型电力系统中发电机调压一般只作为一种辅助性的调压措施。

（2）改变变压器的变比 k_1、k_2（有载调压）。改变变压器的变比调压实际上就是根据调压要求适当选择变压器的分接头。

有载调压变压器可以在带负荷的条件下切换分接头而且调节范围也比较大，一般在 15％以上。目前我国暂定，110kV 级的调压变压器有 7 个分接头，即 $U_N \pm 3 \times 2.5\%$；220kV 级的调压变压器有 9 个分接头，即 $U_N \pm 4 \times 2.0\%$。

采用有载调压变压器时，可以根据最大负荷算得的 $U_{1.\max}$ 值和最小负荷算得的 $U_{1.\min}$，分别选择各自合适的分接头，这样就能缩小次级电压的变化幅度，甚至改变电压变化的趋势。

（3）改变功率分布 $P + jQ$（主要是 Q），使电压损耗 ΔU 变化。

（4）改变网络参数 $R + jX$（主要是 X），使电压损耗 ΔU 变化。

电力系统中的电压调节设备及特点见表 7-3。

表 7-3　电力系统中的电压调节设备及特点

调压设备	特点	控制能力
发电机、调相机	可连续调节，没有调节次数约束，能及时快速响应系统中无功电压的扰动	系统中主要无功源，建立和维持电压水平，保证系统无功平衡，降低网损
并联电容器、并联电抗器	机械投切，有投切次数约束，切换速度较慢	重要的无功补偿设备，维持电压水平，降低网损
有载调压分接头	机械调节，有调节次数约束，调节速度较慢	改善无功电压分布，降低网损

三、自动电压控制

电源中的无功功率是保证电力系统电能质量、提高功率因数、降低网络损耗及安全运行的必要因素。无功失衡会使系统电压下降，严重时可能导致设备损坏。保证系统无功平衡，实现无功控制和补偿是电网运行的一项关键技术。

自动电压控制（Automatic Voltage Control），通过实时系统数据的分析和计算，将系统的无功调节进行分配、自动优化处理，从而满足系统运行需要的一种控制，其作用是在满足运行约束条件下，控制无功调节设备的自动工作，使系统的运行成本最低，同时系统的可靠性大大提高。

（一）国内外研究现状

1968 年，日本 Kyushu 电力公司首先在 AGC 系统上增加了系统电压自动控制功能，这可以看作是从全局的观点出发进行电压/无功控制的第一步。

1972 年，在国际大电网会议上，Bertigny 等人提出了在系统范围内实现协调性电压控制的必要性，详细介绍了法国 EDF 以"中枢母线""控制区域"为基础的电压控制方案的结构。现在这种电压分级方案已经在法国、意大利等国家付诸实施，并取得了满意的效果。

电力系统的电压调整通常是分层控制的，即具有递阶结构的电压控制系统，如图 7-45 所示。

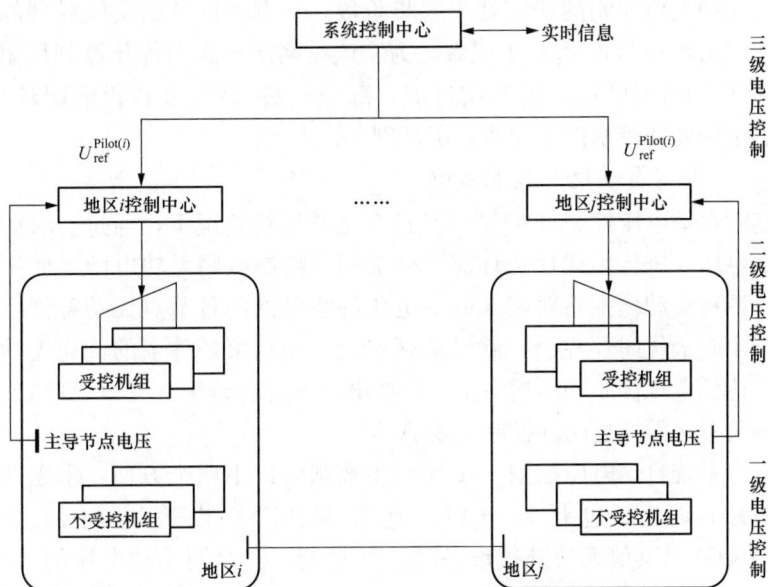

图 7-45　具有递阶结构的电压控制系统示意图

一级电压控制（基层控制，本地控制）：机端电压或主变压器高压侧电压的快速无规则变化，由发电机组励磁调节器（AVR）实现快速、自动控制（秒级）（类似于机组一次调频），只用到本地的信息，控制时间常数一般为几秒钟，控制器由本区域内控制发电机的自动电压调节器（AVR）、有载调压分接头（OLTC）及可投切的电容器组成。控制设备通过保持输出变量尽可能地接近设定值来补偿电压的快速、随机变化。

二级电压控制（区域电压控制）：一个区域内某个或某些枢纽母线电压的慢速变化（分钟级），由对该区域具有较大影响意义的一台或多台发电机进行联合控制（由 AVC 功能实现），时间常数约为几十秒钟到分钟级，控制的主要目的是保证中枢母线电压等于设定值，如果中枢母线的电压幅值产生偏差，二级电压控制器则按照预定的控制策略改变一级电压控制器的设定参考值。

三级电压控制（全系统协调电压控制）：以全网经济运行为目标，以状态估计和无功电压优化算法为基础，给出各区域中枢节点电压设定值，控制周期一般为 15～30min，是区域间的电压协调控制。一般来说它的时间常数在十几分钟到小时级，是其中的最高层级。它以全系统的经济运行为优化目标，并考虑稳定性指标，最后给出中枢母线电压幅值的设定参考值，供二级电压控制使用。在三级电压控制中要充分考虑到协调的因素，利用整个系统的信息来进行优化计算。

国内大部分在线运行的无功电压控制装置，基本上都是以就地无功电压控制为目标，可能对整网的无功分布、电压水平产生不利影响；系统范围内的无功电压控制的研究处于起步阶段，个别省网开始实施局部的电压控制试点工作；AGC取得了成效，为实施全网闭环无功优化控制积累了经验；AVC的研究已经取得实质进展，部分厂站AVC装置投入闭环控制，为今后全网无功控制的实现奠定了基础。

（二）电网自动电压控制策略

实时自动电压控制（AVC）是指在正常运行情况下，通过实时监视电网无功电压，进行在线优化计算，分层调节控制电网无功电源及变压器分接头，调度自动化主站对接入同一电压等级电网的各节点无功补偿可控设备实行实时最优闭环控制，满足全网安全电压约束条件下的优化无功潮流运行，达到电压优质和网损最小，即在电网调度自动化系统SCADA、EMS与现场装置之间通过闭环控制实现AVC。

电力系统自动电压控制（AVC）主要强调以下两个方面：①无功可控设备的自动化。包括发电机、有载调压器、电容/电抗器、SVC、STATCOM及其他无功补偿设备的自动控制；②全网无功电压的最优化。AVC着重于从全局角度实现无功电压的自动优化控制，属于最优潮流（OPF）的研究范畴，对于提高电力系统安全、优质、经济运行以及提高电力系统的调度自动化管理水平具有重要意义，对全网的无功补偿设备实行统一管理和协调控制，可避免电压稳定破坏事故的发生，防患于未然；全网无功电压的实时闭环优化控制，有效地提高电力系统调度的自动化水平；有效地降低网损，提高电网运行的经济效益。

1. 电力系统电压分层控制

电力系统电压控制由单元控制、区域电压控制、全网协调电压控制构成。

单元控制：控制时间为毫秒至秒级，由发电机组励磁调节器通过保持输出变量尽可能地接近设定值，补偿电压快速和随机的变化，以保证机端电压等于给定值，类似于机组一次调频，单元控制必须是自动的。

区域电压控制：控制时间为秒至分钟级，由该区域的一台或多台发电机通过无功闭环联合控制，实现对区域内枢纽母线电压慢速变化的调节。

全网协调电压控制：控制时间为分钟至小时级，一般为15～30min，以全网安全、经济运行为优化目标，以状态估计和无功电压优化算法为基础，给出各区域中枢节点电压设定值。

发电厂AVC正是基于上述电压分层控制而实现，通过AVC主站、

AVC 子站、机组励磁系统共同实现系统母线电压调整。电力系统电压分层控制结构如图 7-46 所示。

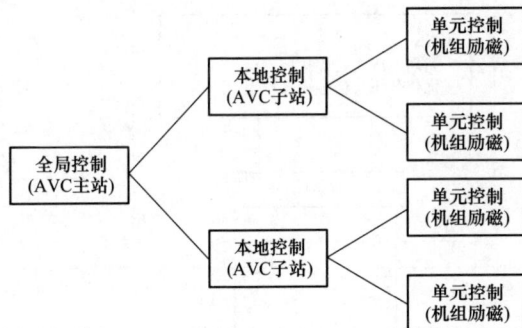

图 7-46　电力系统电压分层控制结构图

2. AVC 的控制流程

电网调度中心以系统母线电压作为 AVC 调节的目标，而发电厂是通过对励磁电压、励磁电流的调节来间接实现系统母线电压的控制。具体实现方式如图 7-47 所示。FVR/FCR 通过励磁电压或励磁电流的闭环调节控制发电机转子电压或电流，AVR 通过改变发电机转子电压或电流实现对机端电压的闭环调节，而 AVC 将系统母线目标电压按一定的计算方式转换为发电机组的无功功率目标或直接给定机端电压目标，通过无功闭环或机端电压调节实现对系统母线电压的控制。

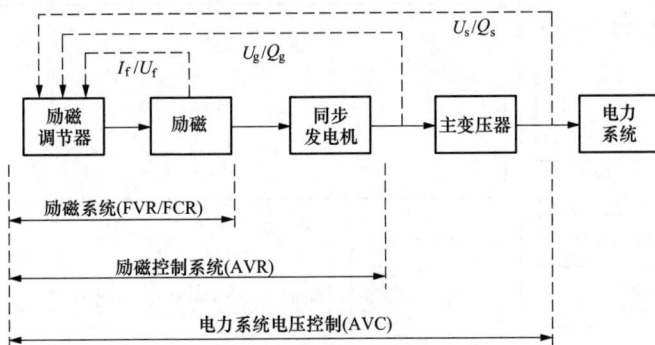

图 7-47　励磁系统对电力系统电压控制示意图

AVC 功能的实现最终需通过对励磁系统的调节而完成。由 2014 年 7 月某燃气 1 号机组因 AVC 未设置内部通信故障闭锁，在 50% 负荷时发生通信故障导致母线电压不刷新，AVC 判定调节未到位，机端电压持续上升，同时励磁系统限制也未动作，最终导致机组跳闸的事故可以看出，实际运行中 AVC 的有功、无功，机端电压等限制因素应该与励磁系统的限制合理配合，以避免 AVC 约束条件超出励磁限制范围，而励磁限制又失败时将造成严重后果。

AVC 总体方案如图 7-48 所示。

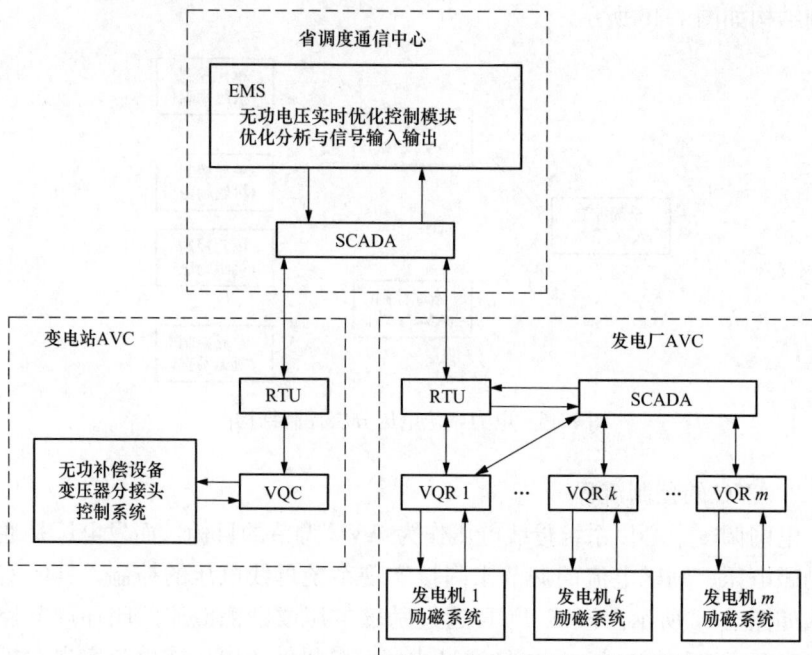

图 7-48　AVC 总体方案

其实施的基本结构如图 7-49 所示。

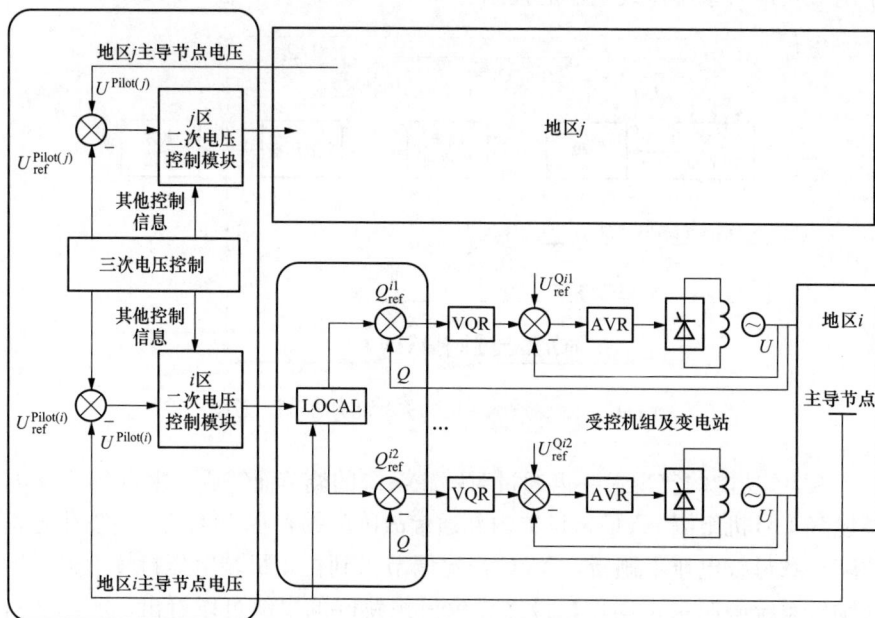

图 7-49　AVC 实施的基本结构

主站侧实施电压控制，即：①三次电压控制，包括无功电压优化、控制灵敏度计算和安全监视；②二次电压控制，包括电压分区、数据滤波和电压控制器。

　　电厂侧子站端自动电压调节装置实现无功电压的实时调整，既可以按当地设置的电压无功曲线自动调节，也可以按省调发来的电压或无功目标值进行调节。如图 7-50 所示。

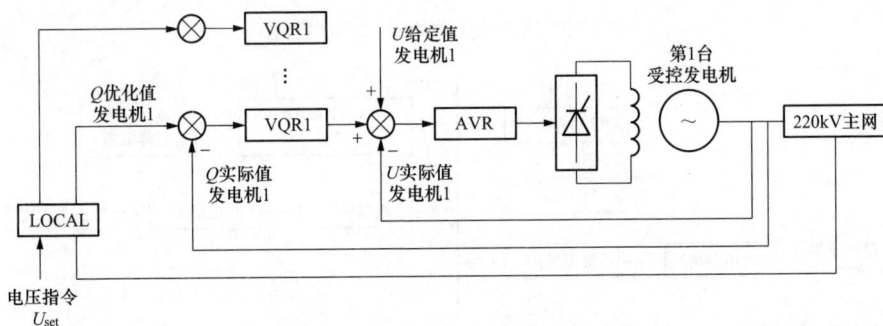

图 7-50　电厂侧子站的实施方案示意图

　　同时电厂侧大多采用发电机侧无功电压调节装置（VQR），其工作原理如图 7-51 所示。

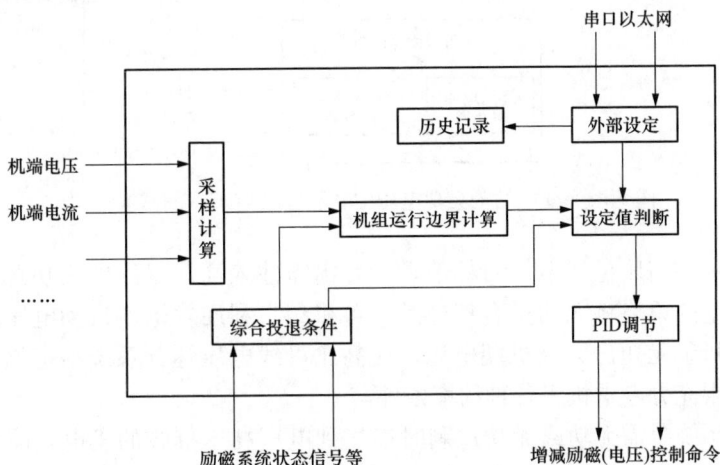

图 7-51　发电侧无功电压调节装置（VQR）原理框图

　　变电站侧子站端通常采用无功电压控制装置（VQC），具备测量、控制、通信功能，可接收省调发送的控制信息，也可根据预先设定值自行调节，实现无功就地平衡。其工作原理如图 7-52 所示。

　　变电站侧无功电压控制装置（VQC）结构如图 7-53 所示。

　　（三）电厂侧 AVC 装置的控制策略与作用

　　1. 控制方法

　　由发电厂高压母线电压值、注入高压母线的无功及机组的运行状态，

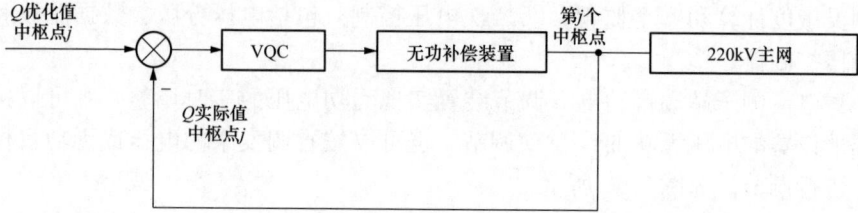

图 7-52　无功电压控制装置原理框图

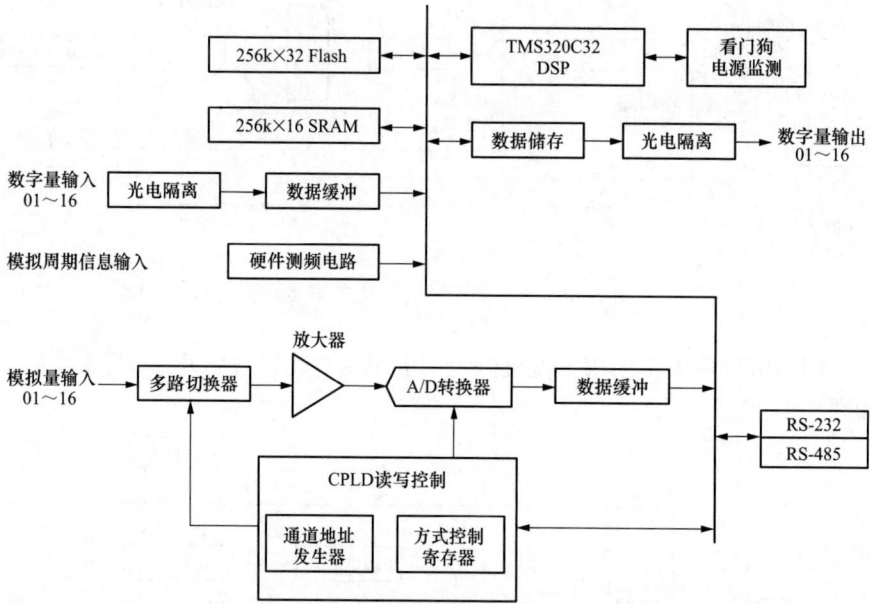

图 7-53　变电站侧无功电压控制装置（VQC）的基本结构

根据设定的高压母线电压目标值，计算出需注入高压母线的无功总量，然后按既定的策略将无功量合理分配给各机组，利用发电厂自动电压控制系统调整机组无功出力或机端电压，使高压母线电压达到系统给定值，在计算过程中充分考虑机组各种约束条件。

在系统急需无功或无功过剩时连接到电厂高压母线的发电机能及时调节，受控发电机应具备的条件是：

（1）发电机具有相当的无功储备，即在系统紧急情况下，发电机能够为系统提供必要的无功支持；另外，当系统电压水平过高时，发电机能减少自己的无功出力，甚至吸收系统多余的无功功率，以保证系统具有良好的电压水平。

（2）发电机无功出力变化能有效地改变电厂节点的电压幅值变化，改善本区域的电压水平。

2. 控制策略

通常，发电机经升压变压器连接到母线上，其无功功率输出大小和裕度可由机端电压参数得以检测。在考虑机端电压是否合适、发电机的稳定裕度等因素基础上，发电厂内各发电机组间的无功功率按功率因数相近的原则分配。运行经验表明，自动控制发电厂无功功率，应保证每台机组机端电压合格且每台机组有相似的调整裕度，这就要求在不同的机组运行情况下采用不同的控制策略：

（1）当高压母线电压低于系统给定目标值时，要求各控制发电机增加无功功率，其大小应根据各控制发电机的无功裕量进行分配。

（2）当高压母线电压高于系统给定目标值时，要求各控制发电机减少无功功率，其大小应根据各控制发电机的无功裕量进行分配。

（3）某个控制发电机发出的无功功率已经达到极限（上、下限）时，计算时需排除无功功率越限的控制发电机。

发电厂 AVC 控制策略的确定，应充分考虑运行机组的各种极限指标和约束条件，以保证发电机在允许的参数下安全、稳定运行。按照就地设置的高压母线电压目标值或远方发来的电压目标值，控制各台机组的无功功率或电压调整量，使高压母线电压达到控制目标区域以内；根据负荷的变化情况确定是否需要实行逆调压，就地设置电压曲线初期通过经验来确定典型时段。具体的考虑因素有：

（1）母线电压设定。母线电压设定改变或本地/远方切换时保证可实现无扰切换。

（2）系统阻抗计算。多次修正计算结果，保证计算准确性。

（3）电压与无功死区。死区限制，可有效减少调节次数。

（4）信号采集准确性。保证装置信号采集准确，信号异常退出。

（5）约束条件。机组约束条件、调节器、母线连接方式、辅机等。

（6）自动投退。装置异常、信号异常、软件异常等均能退出。

电力系统无功功率优化和补偿是电力系统安全经济运行的一个重要组成部分。通过对电力系统无功电源的合理配置和对无功负荷的补偿，不仅可以维持电压水平和提高电力系统运行的稳定性，而且可以降低网损，是电力系统安全经济运行。

电厂侧的 AVC 系统由一个上位机和多个下位机组成，结构如图 7-54 所示。

电力系统无功功率优化和补偿电力系统的技术特点：

（1）上位机采用多进程程序结构，各个程序进程完成相对独立的功能，分别实现无功调节、通信、事件记录、历史数据记录/显示、接口信号管理配置。如将各个程序同时启动，实际与单个程序实现的功能基本完全一致。

（2）稳定工控设备，硬件结构简化。

（3）装置具有自动复位功能，在程序异常后经断电重启能自动恢复，重新显示接入信号的当前状态。

（4）严格的闭锁逻辑判别，异常时闭锁出口，防止误调节。

（5）程序输入信号可配置，针对不同电厂、不同机组分别设置。

（6）机组无功调节范围可设置，必要时阻止机组进相运行。

（7）定值参数可根据不同时段自行调整，满足特殊运行要求。

（8）通信接口可满足与其他智能设备接口要求。

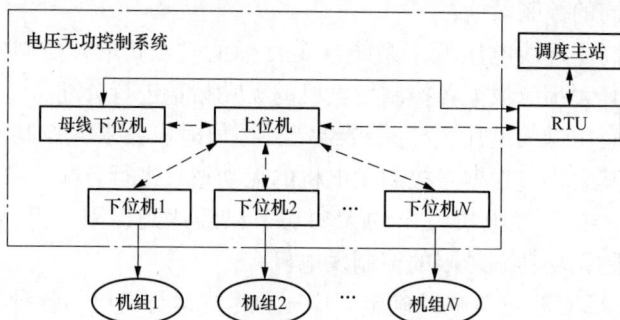

图 7-54 电厂侧电压无功控制系统

3. 原理与结构

（1）控制原理。通过采集母线电压、母线无功（主变压器高压侧无功）功率等实时母线数据，机组有功功率、无功功率、定子电压、定子电流、励磁电压、励磁电流，实时计算出电厂侧的系统阻抗，通过特定算法预测出在设定目标电压值下注入电网的母线无功；根据机组 PQ 曲线图，确定机组无功限制，并将无功变化量以母线机组可调无功权系数的方式，将机组无功功率合理分配至各机组控制器。各机组控制器送出控制命令，通过变更机端电压给定值，调整机组无功，达到实时调节电厂高压侧母线电压的目的。

装置具备系统阻抗的自辨识与在线计算功能，即（忽略母线电压相位和有功功率的影响）：

$$X = \frac{U_+ - U_-}{\dfrac{Q_+}{U_+} - \dfrac{Q_-}{U_-}}$$

式中：U_-、Q_- 分别为前一次计算系统阻抗时的母线电压和母线送出的总无功功率，V、var；U_+、Q_+ 分别为本次计算系统阻抗时的母线电压和母线送出的总无功功率，V、var。

预测系统无功功率

$$Q_{target} = \frac{(U_{target} - U_+)U_{target}}{X} + \frac{Q_+ U_{target}}{U_+}$$

式中：Q_{target} 为目标无功功率值，var；U_{target} 为目标母线电压值，V。

系统无功功率先用系统阻抗上限进行计算，母线电压随着无功功率调节开始变化，当母线电压变化超过死区值时，将得到较准确的系统阻抗值 $X = \dfrac{U_+ - U_-}{\dfrac{Q_+}{U_+} - \dfrac{Q_-}{U_-}}$，因此可得到精确的系统无功功率预测值。

1）无功功率分配预处理原则为：

a. 如果母线电压和目标电压在死区范围外。

b. 在预测出的系统无功功率中扣除不可调节机组的无功功率，加上所有可调机组的主变压器无功损耗。

$$Q_{target} = Q_{target} - \sum Q_{unadj} + \sum Q_{unit.adj}$$

c. 根据每台机组的 PQ 图获得每台可调机组当前运行点的无功功率上、下限，得到可调总无功功率上、下限。

$$Q_{adj.max} = \sum Q_{unit.max}$$

$$Q_{adj.min} = \sum Q_{unit.min}$$

2）无功功率在机组间的分配。每台机组的无功功率分配

$$Q_{unit} = (Q_{unit.max} + Q_{unit.min}) \times 0.5 + P_{offset}(Q_{unit.max} - Q_{unit.min}) \times 0.5$$

其中

$$P_{offset} = \frac{Q_{targetl} - (Q_{adj.max} + Q_{adj.min}) \times 0.5}{(Q_{adj.max} - Q_{adj.min}) \times 0.5}$$

为每台机组的无功权系数。

现场调试中，分别按平均、比例、等功率因数及向最佳无功运行点调节方式，为参与调压的不同机组分配无功功率目标值。

综合应用上述几种分配方式，以获取最佳的无功功率分配效果。

3）机组无功功率闭环控制。将分配至各在线可调节机组的目标无功功率作为闭环控制器中的设定，再通过控制器内的算法，送出励磁增减调节脉冲，实现机组励磁调节，最终实现机组无功功率闭环控制，达到母线无功功率调节目标，使母线电压跟踪目标电压。

（2）硬件构成。装置由上位机为处理核心，下位机作为控制机构组成，下位机由 PLC 和输入输出回路及控制面板组屏实现，一般配置是一台上位机和一面屏组成一个完整的控制系统。n 为机组台数，该系统的完整配置如下：

1）上位机（工控机）1 台；

2）上位机中运行的系统软件 1 套；

3）下位机（PLC）$n \times 1$ 台；

4）下位机控制软件 $n \times 1$ 套；

5）AVC 屏及附件 1 面。

电厂侧 AVC 装置构成如图 7-55 所示。

（3）信号接口。AVC 信号一般以通信方式或直接从外部采集获取，当采用通信方式时，需提供与特定设备的通信规约及数据格式。

当从外部获取时，一般信号接口如下配置：

模拟量输入 16 路；

开关量输入 16 路；

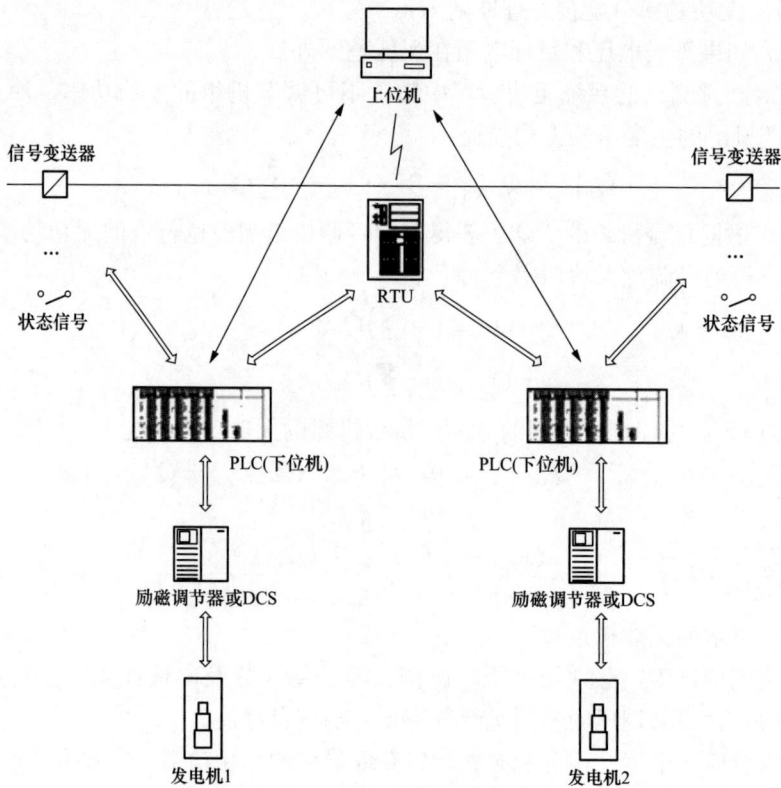

图 7-55　电厂侧 AVC 装置构成示意图

开关量输出 16 路；

模拟量输出（可根据现场要求提供）。

1）输入信号包括：

a. 实时母线侧数据：母线电压、无功功率，母线开关位置；

b. 实时机组数据：机组电压、电流、无功功率、有功功率，机组主开关位置；

c. 调节器：励磁电流、励磁电压，励磁调节器投/退、自动/手动方式、告警/异常信号；

d. 主站控制数据：采集主站投退命令和目标电压值。

2）输出信号包括：

a. 励磁调节器：增磁、减磁控制；

b. 主站：装置投退、本地/远方、异常；

c. DCS（可选）：装置投退、本地/远方、异常；

d. 屏柜显示：显示装置的投退、异常、增减磁控制。

3）接口方式：

a. 方式 1。模拟量输入信号从变送器输出得到，要求为 4～20mA 接入，装置输入电阻 250Ω；开关量要求为空触点输入/输出。这种方式的特点是实现容易，且不影响机组及运行设备。

b. 方式 2。通信方式从 RTU 获得模拟量、开关量信号，这种方式的特点是硬件简化。

c. 方式 3。从 TV/TA 二次获得模拟量、开关量信号，这种方式的特点是直接获取信号。

（4）软件结构。

1）上位机程序由四个相互独立，又彼此保持联系的进程组成，按其功能划分为通信程序、调节控制程序、历史记录图形界面程序、事件记录程序。该四个程序由调用接口/同步锁进行调用执行。如图 7-56 所示。

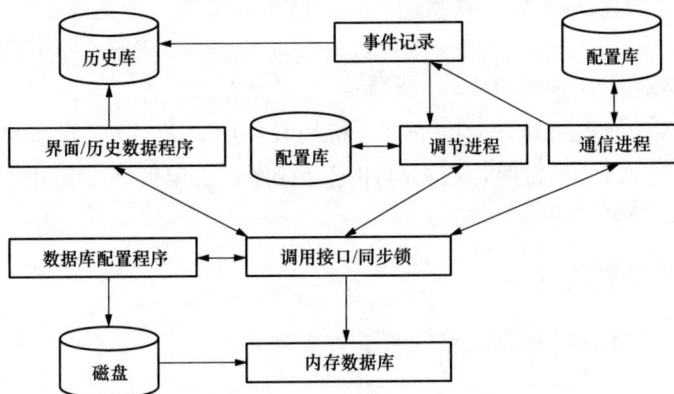

图 7-56　上位机软件结构框图

2）下位机软件结构：①模拟量、开关量实时采集、判断；②根据下位机工况和外部命令，决定机组控制投退；③计算发电机的运行边界、励磁限制、机端电流等的允许边界条件，决定用于控制的无功功率设定值；④机组无功功率闭环调节输出励磁的增或减；⑤与上位机通信。

（5）实现功能。

1）基本功能。①本地/远方无功电压自动控制；②信号、机组状态自动识别；③自动投/退，机组无功合理自动分配。

2）扩展功能。①实时显示采集数据与信号、实时输出控制命令；②最少调次数、最优调节效果；③无功调节限制、机端电压变动限制；④历史数据记录/查询、历史事件追忆；⑤独立的投退控制，机组控制不相互影响；⑥用户权限管理。

3）上位机功能。①经 RS485 总线通信，从下位机获得输入信号数据，无功分配给各下位机，实现整个装置闭环运行；②机组状态识别，实时无功优化与分配；③必要的数据显示与事件记录、事故追忆；④参数限制可配置，适用性好，机组无功调节精确控制；⑤从 RTU 获得主站控制命令；⑥本地/远方控制的无缝切换，自动投退下位机控制输出。

4）下位机功能。①实时信号采集与上传，接收无功控制指令；②机组无功闭环控制；③信号异常识别与控制输出闭锁；④输出装置状态至多个控制设备，便于运行监控。

（6）使用与维护。

1）软件的简单维护：①运行软件检查。查看调节程序，是否系统退出；查看通信程序，通信是否正常；关注事件记录程序是否有新事件信息产生；查看设置管理程序，是否有信号异常。②AVC 调节退出的检查。调节程序是发电机的调节退出还是 AVC 系统退出；设置管理程序中信号量是否均正常；事件记录程序当前或最近的信息；屏柜连接片和开关是否投入运行。

2）硬件的简单维护。熟悉输入输出信号与接线，理解屏柜图纸；查看屏内是否有异常，操作面板连接片或开关有无断开；PLC 是否断电，PLC是否有告警产生；查看模块指示灯显示与工作方式是否一致。

3）AVC 或机组异常时的处理。机组异常时，若 AVC 没有自动退出，击"停止"；AVC 异常时，查看事件记录程序，必要时击"停止"；若异常消失，则切换到"手动"投入。

四、AVC 调节原理

脉冲方式增减磁控制回路，如图 7-57 所示。

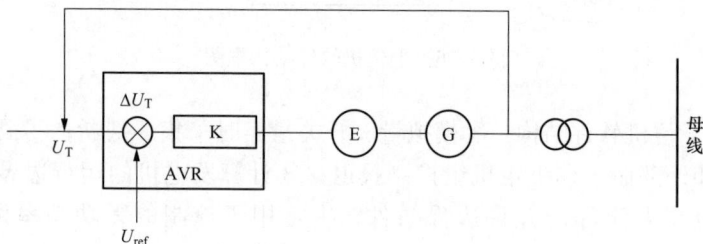

图 7-57　脉冲方式增减磁控制回路

图 7-58 所示为 AVC 软件调节实现过程示意图。

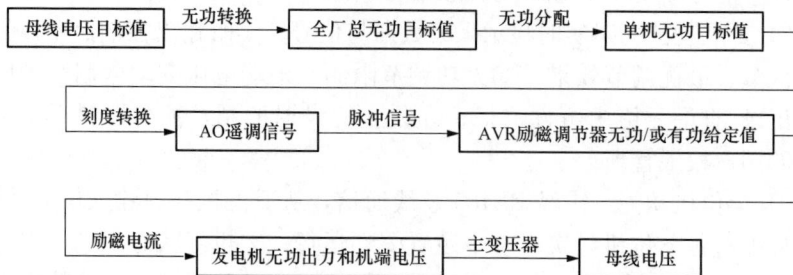

图 7-58　AVC 软件调节实现过程

发电厂的母线电压由机组的机端电压所决定，而机端电压随其无功功率变化，无功功率又受其励磁电流的影响。这样，可以通过动态调节励磁调节器的电压给定值来控制发电机的机端电压，从而实现发电厂电压无功自动调控的目的。

AVC有三种分配原则，即等裕度分配、等功率因数分配、平均分配。发电厂的机组间无功功率分配时，应在保证各机组机端电压在安全极限内的前提下，同时尽可能同步变化，保持相似的调控裕度。但为了满足不同机组的需求，装置提供了多种分配原则。

五、AVC 算法及控制模式

1. AVC 计算原则

（1）AVC 无功控制策略一般明确采用"分层分区、就地平衡"原则，如出现 500kV 系统大量无功功率穿越主变压器送至 220kV 系统，且导致临近 220kV 电厂发电机组通过调低机端电压吸收过剩无功功率则不是一种合理的运行工况。

（2）不同 AVC 主站间甚至在同一 AVC 主站内不同控制目标如出现协调机制不合理现象，则会影响机组及整个电网的经济性与安全性。

（3）AVC 子站缺少总体设计，设备管理未考虑多专业间的协调配合。目前大多利用原有手动增减磁回路、有些地方增设了人工增减磁调节功能的互锁逻辑，从而限制了运行人员对应异常情况的快速处理。

2. AVC 算法

AVC 算法包括等功率因数分配、等裕度分配、等容量分配、平均分配等 4 种分配方式。

（1）等功率因数分配。该原则是按照功率因数相同的原则控制各发电机的无功功率分配，分配量与各机组的有功功率呈线性关系，达到各机组无功功率的上下极限范围内不再参与调节。

首先判断是否越限全厂总无功上、下限，如越限则取限值，再结合当前总有功功率计算出全厂目标功率因数。对于指定机组，结合其有功功率和算出的功率因数，算出其无功功率目标值，无可调能力的机组不计算，也不参与调控。当有机组无功功率目标值越限后，需要将该机组的无功功率结合功率因数进行二次分配，即将该机组的无功功率分配至其他有调节能力的机组，如分配后的无功功率与当前无功功率比较进入死区，则无须执行指定机组调控。

$$\cos\varphi_1 = \cos\varphi_2 = \cdots = \cos\varphi_i$$

$$\cos\varphi = \frac{\sum P_{adj.\,unit}}{\sqrt{\sum Q_i^2 + \sum P_{adj.\,unit}^2}}$$

$$Q_i = P_i \cdot \frac{\sqrt{1 - \cos^2\varphi}}{\cos\varphi}$$

（2）等裕度分配（推荐）。该原则的要求是根据各控制发电机组的无功功率裕量大小进行无功功率分配，即剩余无功功率多的机组，提供多的无功功率；剩余无功功率少的机组提供少的无功功率。这样分配可以保证每台机组在其可调范围内总是具有相同额定（百分比）的调控容量。

各机组无功功率增加或减少值比率相同时，根据总无功功率指令算出总无功功率目标值占全厂总无功功率上、下限的比率，全厂总无功功率上、下限根据每台机组的无功功率上、下限求得。用下发全厂的总无功功率目标和当前全厂总无功功率求出总无功功率目标差值，每台机组的无功功率目标值为在当前的无功功率基础上加上无功功率目标差值乘以比率，如机组中有越限的需要进行二次分配，直至无功功率分配完成。若分配后的指定机组无功功率目标值与当前无功功率比较进入死区，则指定机组调控无须执行。

$$\frac{Q_1 - Q_{1.\min}}{Q_{1.\max} - Q_{1.\min}} = \frac{Q_2 - Q_{2.\min}}{Q_{2.\max} - Q_{2.\min}} = \cdots = \frac{Q_i - Q_{i.\min}}{Q_{i.\max} - Q_{i.\min}} = \lambda$$

（3）等容量分配。综合考虑总有功功率、无功功率及可调机组的出力范围。

$$Q_i = Q_{n\Sigma} \times \frac{Q_{i.\max}}{\sum_{i=1}^{n} Q_{i.\max}}$$

（4）平均分配。该原则是将总无功功率统一平均分配给各台发电机组，而与各发电机组本身的容量大小无关，这种分配极为简单，但不科学，一般实际控制不推荐采用。

$$Q_i = \frac{Q_{n\Sigma}}{n}$$

3. AVC 的主要技术指标

（1）母线日电压曲线电压 $U = f(t)$，调节单位 0.1kV，$t = 0 \sim 24h$；

（2）电压死区带宽可达 $\pm U = 1kV$，调节单位 0.1kV；

（3）机端电压上下限为额定机端电压的 $+/-5\%$，调节单位 0.1kV；

（4）厂用电压下限为设备运行的允许下限，调节单位 1V；

（5）定子电流上限为定子电流额定值，调节单位 1A；

（6）转子电流上限为转子电流额定值，调节单位 1A；

（7）无功下限和功率因数上下限按运行规程设定；

（8）AVC 软件平均无故障时间（MTBF）：$> 100\,000h$；

（9）AVC 控制精度：｜母线电压－目标电压｜$< 0.5kV$；

（10）｜机端无功－目标无功｜应根据机组的响应特性，控制在 $2 \sim 10$Mvar 以内；

（11）AVC 跟踪速度：调节母线电压变化 1kV，时间小于 300s。

另外还有两项考核指标，即

$$AVC 功能月投运率 = \frac{AVC 月投入闭环运行时间}{机组出力满足 AVC 运行时间} \times 100\%$$

$$AVC 月控制合格率 = \frac{AVC 月控制成功次数}{全月控制总次数} \times 100\%$$

4. AVC 控制模式

电厂侧 AVC 控制有闭环控制和开环控制两种。

(1) 电厂闭环控制（远方控制）。调度主站系统实时向电厂侧 AVC 子站下达发电厂母线电压控制目标，根据该电压目标值，按照一定的控制策略，计算出各台机组的无功出力目标值；或者 AVC 主站实时向电厂侧 AVC 子站系统直接下发各机组的无功出力目标，由 AVC 子站系统直接或通过 DCS 系统向发电机的励磁系统发送增减磁信号以调节发电机无功出力，使各机组无功出力向目标逼近，形成电厂侧 AVC 子站系统与调度主站系统的闭环控制。

(2) 电厂开环控制（就地控制）。调度主站定时向电厂侧 AVC 子站系统下发电厂变压器高压侧母线电压计划曲线，当由于 AVC 主站通信故障使电厂侧 AVC 子站系统退出闭环运行时，将自动跟踪下发的电压计划曲线进行调节。

5. 母线电压控制模式

电厂侧子站系统接收调度主站系统下发的电厂主变压器高压侧母线（节点）电压控制目标后，根据电压控制目标值，按照一定的控制策略，通过计算自动得出电厂需要承担的总无功功率，经总无功功率合理分配给对应每台机组，AVC 子站直接或通过 DCS 系统向发电机的励磁系统发送增减励磁信号以调节发电机无功功率，使电厂主变压器高压侧母线电压达到控制目标值。

6. 单机无功控制模式

电厂侧子站系统直接接收调度主站系统下发的每台机组的无功功率目标值，AVC 子站系统直接或通过 DCS 系统向发电机的励磁系统发送增减励磁信号以调节发电机无功功率，最终使无功功率达到目标值。

六、AVC 异常响应及调节性能

1. 异常响应

(1) 与调度主站通信中断处理原则。远方控制方式下，如 15min 内未收到调度主站下发的设定值命令，判为通信中断，此时，切换为本地控制方式，原则同 AVC 子站投入运行的处理原则。

(2) 机组无功单次最大调节量。单机控制模式下，当调度主站下发的机组无功功率设定值与机组当前无功功率值相比，如大于该阈值判为非法命令。AVC 子站维持 15min 内调度主站最后一次下发的正常设定值，并返送调度主站，如无 15min 内最后一次下发的正常设定值，按通信中断处理原则进行处理。

（3）机组无功功率允许设定的最大值/最小值。单机控制模式下，当调度主站下发的机组无功功率设定值超过允许设定的最大值/最小值时，判为非法命令，AVC 子站维持 15min 内调度主站最后一次下发的正常设定值，并返送调度主站，如无 15min 内最后一次下发的正常设定值，按通信中断处理原则进行处理。

（4）母线电压单次最大调节量。母线电压控制模式下，当调度主站下发的电压设定值与母线当前电压值相比，如大于该阈值判为非法命令。AVC 子站维持 15min 内调度最后一次下发的正常设定值，按通信中断处理原则进行处理。

（5）AVC 装置故障、异常、失电。如发生在下位机，对应机组的 AVC 调节异常信号应为 1（异常），对应的机组不再进行电压调节；如发生在上位机，所有机组 AVC 调节异常信号应为 1（异常），所有机组不再进行电压调节。

（6）当 AVC 对应机组长期（超过 15min）调节无效果时，对应机组 AVC 调节异常信号应为 1（异常），暂停对该机组进行 AVC 控制，同时 AVC 子站应发出报警信号到电厂值班员。

（7）当机组 AVR 出现异常信号时，对应机组 AVC 调节异常信号应为 1（异常），暂停对该机组进行 AVC 控制，同时 AVC 子站应发出报警信号到电厂值班员。

（8）当机组 AVC 因异常暂停控制时，该机组设定值取实时值，当该机组异常解除时，取实时值作为其初始设定值。

（9）母线电压控制模式下，当 AVC 子站检测到合环运行的两段母线电压偏差大，如果两段母线电压量测均为有效量测，此时处理原则为：暂停 AVC 控制，发出告警信号到电厂值班员，并将上传调度的控制母线状态设为异常。如检查发现为测量装置问题，应将故障量测置为无效量测，此时，如一段母线无有效量测，修复期间，不再进行两段母线电压偏差检测，恢复相应的 AVC 控制。

（10）本地控制方式下，AVC 子站如接收到调度主站下发的机组无功功率设定值命令，此时应予以忽略，不予采用。

（11）母线电压控制模式下，AVC 子站如接收到调度下发的机组无功设定值命令，应忽略，不予采用，但须返回调度主站下发的命令原值。

（12）单机模式下，AVC 子站如接收到调度主站下发的母线电压设定值命令，应忽略，不予采用，但须返回调度主站下发的命令原值。

（13）测量异常。如：220kV 母线电压测量值超出 $90\% \sim 110\%$ 额定电压范围时判为测量异常。

2. 单机无功控制调节性能要求

（1）无功调节精度在 $2 \sim 10$ Mvar 范围内；

（2）调节结束后，机组无功稳定在（无功目标值±无功调节死区）的范围内；

（3）机组无功的调节速度大于 10Mvar/60s；

（4）调节过程中不出现超调，即不超过（无功目标值±无功调节死区）的范围；

（5）机组无功向上调节，当出现电气量到闭锁值时，机组 AVC 下位机发出上调节闭锁信号；

（6）机组无功向下调节，当出现电气量到闭锁值时，机组 AVC 下位机发出下调节闭锁信号；

（7）当所有电气量恢复到闭锁值范围以内时，闭锁信号消失；

（8）当对一台机组无功进行调节时，其他受控机组的无功能稳定在目标值死区范围内。

3. 母线电压控制调节性能要求

（1）电压调节死区在 0.5kV 范围内；

（2）调节结束后，母线电压稳定在（电压目标值±电压调节死区）的范围内，且各机组无功满足既定分配策略；

（3）母线电压的调节速度大于 1.0kV/300s；

（4）调节过程中不出现超调，即不超过（无功目标值±无功调节死区）的范围；

（5）母线电压向上调节，当出现电气量到闭锁值时，机组 AVC 下位机发出上调节闭锁信号；

（6）母线电压向下调节，当出现电气量到闭锁值时，机组 AVC 下位机发出下调节闭锁信号；

（7）当所有电气量恢复到闭锁值范围以内时，闭锁信号消失。

4. 电压曲线控制调节性能要求

（1）电厂 RTU 或 AVC 子站能正确接收调度主站通过国网规约下发的至少后 10 天的电压上、下限值曲线；

（2）AVC 子站母线电压执行值为根据电压限值曲线得到的设定值；

（3）AVC 子站机组无功执行值为计算模块计算得到的机组无功功率设定值；

（4）当母线电压偏离给定的上、下限值范围时，AVC 子站能及时、正确动作，将电压拉回限值范围内，偏离时间不超过 5min；

（5）AVC 子站能长时间保持母线电压运行在给定的上、下限值范围内。

七、AVC 安全约束和保护策略

系统对影响机组正常运行的参数具有保护功能，使机组在正常工作条件下尽量满足系统的要求，例如：与主站通信中断、指令超过偏差、机端电压越限、母线电压越限、机组无功越限、AVR 手动控制、机组投退、继电器控制异常等，所有的保护参数均可根据现场实际情况配置，并且根据现场可以提供的保护信号增加或减少保护条件。

通过下位机专用控制输出模块来控制继电器的脉冲和脉宽输出，可以实现输出保护的功能。如果专用控制输出模块断电，继电器失电就自动释放；对于下位机装置断电而输出装置有电的情况，继电器也会自动释放；对于上位机主控模块失电或死机而其他模块均有电的情况，控制输出模块内部自带一个可调节的时间计时器，从继电器吸合开始计时，当达到所设定的时间，若继电器还未释放则发一个命令将继电器释放。

表 7-4 所示是具体的 AVC 软件保护策略。

表 7-4 AVC 软件保护策略

序号	安全约束条件	触发事件	保护策略
1	母线电压越上限闭锁保护	实测母线电压超过用户指定的上限闭锁保护值	该段母线暂时退出 AVC 调节，待母线电压小于上限值时，该段母线重新加入 AVC 调节
2	母线电压越下限闭锁保护	实测母线电压低于用户指定的下限闭锁保护值	该段母线暂时退出 AVC 调节，待母线电压高于下限值时，该段母线重新加入 AVC 调节
3	母线电压越上限报警	实测母线电压超过用户指定的上限报警值	点亮 AVC 后台母线电压越上限报警光字牌
4	母线电压越下限报警	实测母线电压低于用户指定的下限报警值	点亮 AVC 后台母线电压越下限报警光字牌
5	母线 TV 断线闭锁保护	母线实测电压低于用户指定 TV 断线闭锁保护值	AVC 软件退出调节
6	DCS（或 AVR）就地控制闭锁保护	DCS（或 AVR）就地控制信号为真	受该 DCS（或 AVR）控制的发电机组暂时退出无功控制；待该信号为假时，退出的发电机组自动重新参与无功控制
7	AVR 低励闭锁保护	AVR 低励信号为真	受该 DCS（或 AVR）控制的发电机组暂时退出无功控制；待该信号为假时，退出的发电机组自动重新参与无功控制
8	AVR 过励闭锁保护	AVR 过励信号为真	受该 DCS（或 AVR）控制的发电机组暂时退出无功控制；待该信号为假时，退出的发电机组自动重新参与无功控制
9	AVR 强励闭锁保护	AVR 强励信号为真	受该 DCS（或 AVR）控制的发电机组暂时退出无功控制；待该信号为假时，退出的发电机组自动重新参与无功控制

续表

序号	安全约束条件	触发事件	保护策略
10	励磁装置告警闭锁保护	励磁装置告警信号为真	受该 DCS（或 AVR）控制的发电机组暂时退出无功控制；待该信号为假时，退出的发电机组自动重新参与无功控制
11	励磁装置故障闭锁保护	励磁装置故障信号为真	受该 DCS（或 AVR）控制的发电机组退出无功控制
12	发电机-变压器组 U/f（V/Hz）限制器动作闭锁保护	发电机-变压器组 U/f（V/Hz）限制器动作信号为真	该发电机组暂时退出无功控制；待该信号为假时，退出的发电机组自动重新参与无功控制
13	励磁变压器超温报警闭锁保护	励磁变压器超温报警信号为真	受该 DCS（或 AVR）控制的发电机组暂时退出无功控制；待该信号为假时，退出的发电机组自动重新参与无功控制
14	整流器过热报警闭锁保护	整流器过热报警信号为真	受该 DCS（或 AVR）控制的发电机组暂时退出无功控制；待该信号为假时，退出的发电机组自动重新参与无功控制
15	单机机端电压越上限闭锁保护	实测机端电压超过用户指定的上限闭锁保护值	该发电机组暂时退出无功控制；待机端电压小于上限值时，退出的发电机组自动重新参与无功控制
16	单机机端电压越下限闭锁保护	实测机端电压低于用户指定的下限闭锁保护值	该发电机组暂时退出无功控制；待机端电压高于下限值时，退出的发电机组自动重新参与无功控制
17	单机机端电压越上限告警	实测机端电压超过用户指定的上限报警值	点亮 AVC 后台该机组机端电压越上限报警光字牌
18	单机机端电压越下限告警	实测机端电压低于用户指定的下限报警值	点亮 AVC 后台该机组机端电压越下限报警光字牌
19	单机定子电流越上限闭锁保护	实测定子电流超过用户指定的上限闭锁保护值	该发电机组暂时退出无功控制；待定子电流小于上限值时，退出的发电机组自动重新参与无功控制
20	单机定子电流越下限闭锁保护	实测定子电流低于用户指定的下限闭锁保护值	该发电机组暂时退出无功控制；待定子电流高于下限值时，退出的发电机组自动重新参与无功控制
21	单机定子电流越上限告警	实测定子电流超过用户指定的上限报警值	点亮 AVC 后台该机组定子电流越上限报警光字牌

续表

序号	安全约束条件	触发事件	保护策略
22	单机定子电流越下限告警	实测定子电流低于用户指定的下限报警值	点亮 AVC 后台该机组定子电流越下限报警光字牌
23	单机有功功率越上限闭锁保护	实测有功功率超过用户指定的上限闭锁保护值	该发电机组暂时退出无功控制；待有功功率小于上限值时，退出的发电机组自动重新参与无功控制
24	单机有功功率越下限闭锁保护	实测有功功率低于用户指定的下限闭锁保护值	该发电机组暂时退出无功控制；待有功功率高于下限值时，退出的发电机组自动重新参与无功控制
25	单机有功功率越上限告警	实测有功功率超过用户指定的上限报警值	点亮 AVC 后台该机组有功功率越上限报警光字牌
26	单机有功功率越下限告警	实测有功功率超过用户指定的下限报警值	点亮 AVC 后台该机组有功功率越下限报警光字牌
27	单机无功功率越上限闭锁保护	实测无功功率超过用户指定的上限闭锁保护值	该发电机组暂时退出无功控制；待无功功率小于上限值时，退出的发电机组自动重新参与无功控制
28	单机无功功率越下限闭锁保护	实测无功功率低于用户指定的下限闭锁保护值	该发电机组暂时退出无功控制；待无功功率高于下限值时，退出的发电机组自动重新参与无功控制
29	单机无功功率越上限告警	实测无功功率超过用户指定的上限报警值	点亮 AVC 后台该机组无功功率越上限报警光字牌
30	单机无功功率越下限告警	实测无功功率低于用户指定的下限报警值	点亮 AVC 后台该机组无功功率越下限报警光字牌
31	厂用电压越上限闭锁保护	实测厂用电压超过用户指定的上限闭锁保护值	控制该段厂用电的发电机组暂时退出无功控制；待厂用电压小于上限值时，退出的发电机组自动重新参与无功控制
32	厂用电压越下限闭锁保护	实测厂用电压低于用户指定的下限闭锁保护值	控制该段厂用电的发电机组暂时退出无功控制；待厂用电压高于下限值时，退出的发电机组自动重新参与无功控制
33	单机转子电流越上限闭锁保护	实测转子电流超过用户指定的上限闭锁保护值	该发电机组暂时退出无功控制；待转子电流小于上限值时，退出的发电机组自动重新参与无功控制

续表

序号	安全约束条件	触发事件	保护策略
34	单机转子电流越下限闭锁保护	实测转子电流低于用户指定的下限闭锁保护值	该发电机组暂时退出无功控制；待转子电流高于下限值时，退出的发电机组自动重新参与无功控制
35	AVC子站长时间接收不到主站命令闭锁保护	主站下发一次命令后不再下发命令	AVC子站在超过所设定的时间（1~10min）未收到新的指令，按事先所设定切换到本地曲线、保持上次目标值或闭锁保护
36	系统低频振荡闭锁保护	机组有功功率持续增减变化且变化率超过所设门槛值	AVC子站收到交流采样装置发出的低频振荡遥信后闭锁保护
37	系统大扰动闭锁保护	机组机端电压或定子电流变化率超过所设门槛值	AVC子站收到交流采样装置发出的系统大扰动遥信后闭锁保护

八、AVC子站控制

1. AVC子站实现方法

AVC子站无功分配策略最终都需要励磁装置保持无功或电压达期望值水平。目前能实现的接口方式有开关量、模拟量和数字通信方式，数字通信方式牵涉到机组现地控制单元（LCU）与励磁之间控制方式可靠性问题，没有广泛应用，暂不予以讨论。

由于AVC控制是一个无功闭环控制系统，无论是开关量还是模拟量都需要实现机组闭环控制，而开关量和模拟量控制的本质区别在于机组无功闭环是在励磁系统还是机组LCU中实现的问题。

如果是模拟量控制方式，则机组无功闭环控制在励磁系统中实现，优点是无功控制精确，调节时间短；缺点是模拟量控制可能受到干扰，且由于励磁系统工作在无功闭环控制模式，存在一定的安全性问题，个别地区调度部门曾明确禁止励磁系统长期运行在此方式下。

如果是开关量控制方式，则机组无功闭环控制在LCU中实现。优点是励磁控制模式不受影响，原有监控系统与励磁之间的控制方式不变；缺点是机组LCU无功调节时间长，且容易超调。

（1）DCS实现AVC子站功能。通过RTU与中调的通信通道，接收来自调度的"AVC目标电压指令"和"AVC投入/退出指令"，并在RTU中将"目标电压值"转换为4~20mA模拟信号，将"投入/退出指令"转换为开关量信号，送至DCS。同时读取DCS中发电机组当前的运行参数，如发电机端电压、220kV 母线电压、6kV 母线电压、发电机定子电流、转子电流、发电机无功、发电机有功以及与调节有关的一些约束条件，如端电压限制、定子电流限制等，当完成所需模拟量数据的采集后，DCS 系统就进入判断和执行程序，对励磁系统下发控制指令。

（2）专用 AVC 子站功能。调度中心 AVC 主站每隔一段时间对网内装设子站的发电机组或电厂下发母线电压指令或无功功率目标指令，发电厂侧 AVC 子站同时接收主站的母线电压指令或无功功率指令和远动终端采集的实时数据。通过对主站目标指令及终端数据计算，并综合考虑系统及设备故障以及 AVR 各种限制、闭锁条件后，给出当前运行方式下，在发电机调整能力范围内的调节方案，然后经由 DCS 系统（或直接）向励磁调节器发出控制信号，通过增减励磁调节器给定值来改变发电机励磁电流，进而调节发电机无功功率出力，使机组无功功率或母线电压调节至调度中心下达的母线电压或无功功率目标。

2. 专用 AVC 子站与 DCS 关系

AVC 子站系统励磁调节器信号与发电机励磁系统接口应满足两种方式，即励磁调节信号可直接输出至发电机的励磁调节器（AVR），可以输出至电厂 DCS 系统，再由 DCS 系统通过 AVR 对发电机励磁进行调节。无论是否经 DCS 系统，机组人工手动增减励磁操作涉及机组安全，属于机组运行调控的重要功能。AVC 投运后不应将运行人员对于机组无功的调节控制权限全部取消，而是应当允许其在一定的前提条件下可以根据机组运行情况直接进行主动干预，共同保障机组安全、经济运行，从而实现"在信息技术下的人员、产品与机器之间的互动"。

一般要求机组通过 DCS（或 ECD、或 DEH）接入 AVC 子站，AVC 通过 DCS 系统控制切换逻辑，借用原 AVR 控制物理通道调控 AVR，严禁 AVC 新增 AVR 控制通道与原 DCS 系统 AVR 控制通道物理并联。

AVC 需手动投入，自动退出功能。

3. AVC 子站与 DCS 操作流程

（1）正常投入流程。DCS 发出投入指令 10s 内收到 AVC 反馈的 AVC 投入状态信号后，DCS 需要把 AVR 增/减磁控制权限切至 AVC 自动控制方式，同时屏蔽 DCS 手动增/减磁方式；若 10s 后仍未收到 AVC 投入状态信号，DCS 不切换 AVR 增/减磁控制权限，并且输出 AVC 装置异常告警。

（2）正常退出流程。DCS 发出退出指令，AVR 增/减磁控制权限切回 DCS 手动控制方式。如果 10s 内 DCS 装置未收到 AVC 装置应反馈 AVC 退出状态信号，DCS 装置发出 AVC 装置异常告警。

（3）DCS 增/减磁设置。DCS 装置在 AVC 投入状态下收到 AVC 装置发出的增/减磁指令后，需按照固定脉宽输出至 AVR 励磁装置。

在上述过程中，DCS 采用上升沿检测方式检测 AVC 的增/减磁指令；DCS 装置输出至 AVR 增/减磁脉宽应在线设置。

4. AVC 数据采集与人机界面的要求

AVC 数据采集系统包括模拟量采集数据和开关量采集数据。

（1）模拟量采集数据。AVC 子站必须能够实时获取的运行数据（模拟量）包括：发电厂高压母线电压、发电机端电压、发电机定子电流、发电机有功功率、发电机无功功率、厂用电母线电压。其中，电压类数据要求精确 0.2%，电流类数据要求精确 0.2%，功率类数据要求精确 0.5%。AVC 子站所获取的实时运行数据源（交流采样装置或变送器）必须进行专项现场校验，参照标准 DL/T 630—2020《交流采样远动终端技术条件》。AVC 子站实时运行数据优先采用 RTU/NCS 等系统同步数据，推荐采用 104 数据通信规约；没有条件采用 104 规约设计的，必须采用 101 规约。数据通信要求数据源数据变化死区为 0。

（2）开关量采集数据。开关量采集数据包括：相关机组断路器、隔离开关信号；各机组励磁系统正常、异常信号；相关保护动作信号；相关故障告警信号。

（3）对于采集数据的要求。

1）能够处理实时数据的量测质量位，防止使用无效量测。

2）具备数字滤波功能。对所生成数据进行数字滤波，保证无功电压控制数据源的准确性，防止数据突变引起误控。

3）能够对 SCADA 数据进行辨识，检查错误量测、开关状态，并列表显示，对重要数据错误具备报警功能。

AVC 子站系统采集的信号量包括遥测量和遥信量，分别从下位机（采集数据）和省调 AVC 主站采集（通过调度数据网）。

为了保证 AVC 控制的安全性和可靠性，防止由于量测的原因造成 AVC 子站系统误调节，AVC 子站对用于无功电压控制的电厂主变压器高压侧母线电压和机组无功功率等关键量测必须具备双量测，并进行双量测处理。

当 AVC 子站检查到双量测偏差大于允许的限值时，应暂停 AVC 控制，同时相应机组的 AVC 下位机的上调节或下调节闭锁信号应为闭锁，如检查发现为测量装置问题，可将故障量测置为无效量测，故障恢复期间仅有一个有效量测，不再进行双量测偏差检测，恢复相应的 AVC 控制。如双量测偏差小于允许的偏差限值，此时需选取其中一个量测作为主量测，主量测的选取原则为必须与中调 AVC 主站所选主量测同源。

（4）DCS 界面要求。要求在 DCS 中设计安全防护逻辑，并设计相应的操作（AVC 投入/退出模块）和报警画面（AVC 总报警信号）。

（5）AVC 界面要求。

1）提供 AVC 系统运行工况监视画面（包括 DCS 送给 AVC 的信号、AVC 本身逻辑产生的信号、各种限制信号等）；

2）提供机组/母线运行工况监视画面（包括发电机有功功率、无功功率，机端电压、电流，励磁电流等）；

3）提供界面支持参数配置与系统管理；

4）提供界面支持通过软开关投入、退出电厂 AVC 系统功能；

5）提供界面支持进行母线电压控制模式和单机无功控制模式的切换；

6）提供界面支持人工输入各高压侧母线电压目标值进行控制；

7）提供界面支持人工输入各机组无功出力目标值进行控制；

8）提供界面支持人工输入电压计划曲线进行控制；

9）可以绘制、修改主接线图；

10）可绘制饼图、棒图、实时曲线和趋势曲线。

5. 发电厂 AVC 子站与励磁配合

（1）励磁系统数据采集。励磁系统采集的实时运行数据包括发电机机端电压、定子电流、有功功率、无功功率、转子电流等。电压、电流类数据要求精确 0.2%，功率类数据要求精确 0.5%。一般情况下励磁系统与 AVC 采集的发电机机端电压、电流、功率等数据非同源，但应特别注意 AVC 闭锁用的发电机机端电压、定子电流、有功功率、无功功率、转子电流等数据应与励磁系统采集到的数据一致。

（2）励磁系统限制。

1）定子电流限制。定子电流限制可以区分为进相、滞相过电流限制，根据进相侧和滞相侧运行区间分别设定限制参数。限制方式有定时限、反时限两种，限制值可按照不超过发电机过负荷保护定值设置，定时限部分一般为 1.05～1.10 倍发电机额定电流。

2）低励限制器（包括 P/Q 限制、最小励磁电流限制）。用于防止发电机进相深度过大而失去静态稳定，定子绕组端部磁密过高引起发热，机端电压、厂用母线电压过低致使机组异常运行。一般低励限制曲线可以整定成一条直线，或几段折线（N 点拟合曲线），现场应用多为多段折线（曲线），实际限制值依据进相试验数据整定。

进相试验一般限制条件：

a. 试验发电机定子电压不得低于 0.9（标幺值）。

b. 试验发电机高压厂用母线电压不得低于 0.95（标幺值）。

c. 试验中发电机定子电流的限制值为 1.0（标幺值）。

d. 试验发电机功角 δ 应限制在 70°以内。

e. 试验发电机定子铁芯及端部绕组温度低于 100℃。

最小磁场电流限制器：可能在较深的进相状态下运行，对应的励磁电流有可能接近于零，这种情况下，最小磁场电流限制器确保磁场电流不小于最小限制值，限制值可根据最大进相深度时的励磁电流设定。

3）过励限制器（包括空载过励限制、负载过励限制）。空载过励限制为防止空载误强励引起设备损坏，负载过励限制功能是用于防止发电机运行中励磁电流长时间过大，而导致发电机转子绕组过热而损坏。限制方式有定时限、反时限两种，定时限动作值按照不超过发电机-变压器组转子过负荷保护设定，不应超过 1.1 倍额定励磁电流；反时限部分可按保证强励时 10s 时间内 2 倍额定励磁电流设定。

4）U/f(V/Hz) 限制器。U/f(V/Hz) 限制器为防止电压过高或频率过低引起发电机或主变压器的过励磁将造成铁芯过热，因此在励磁调节器内部设置了 U/f(V/Hz) 限制器即过励磁限制器。限制方式有定时限、反时限两种，定时限一般取 1.05～1.10（标幺值），反时限限制值可设定为低于发电机-变压器组保护过励磁动作值。

5）过电压限制。过电压限制防止发电机过电压，一般为定时限。可按照不超过发电机额定电压的 1.05 倍设定。

（3）AVC 数据采集。AVC 子站需获取的模拟量数据包括：发电厂-主变压器高压母线电压、发电机端电压、定子电流、有功功率、无功功率、转子电流、高压厂用电母线电压。其中，电压类数据、电流类数据要求精确 0.2%，功率类数据要求精确 0.5%。AVC 子站实时运行数据优先采用 RTU/NCS 等系统同步数据，推荐使用 104 规约，没有条件使用 104 规约设计的，必须使用 101 规约，数据通信要求数据源数据变化死区为 0。

采集的开关量数据有：相关机组断路器、隔离开关信号，励磁系统正常、异常、限制信号，发电机-变压器组保护动作信号等。

AVC 子站采集数据的要求：

1）能够处理实时数据的量测质量，检查错误量测、开关状态，并列表显示，对重要数据具备错误报警功能，防止使用无效量测。

2）具备数字滤波功能。对所生成数据进行数字滤波，保证无功电压控制数据源的准确性，防止数据突变引起误调控。

3）为了保证 AVC 控制的安全性和可靠性，防止由于量测的原因造成 AVC 子站系统误调节，AVC 子站对用于无功电压控制的电厂主变压器高压侧母线电压和机组无功功率等关键量测必须具备双量测。当 AVC 子站检查到双量测偏差大于允许的限值时，应暂停 AVC 控制，同时相应机组的 AVC 下位机的增磁或减磁闭锁信号应为闭锁，特别注意主量测的选取原则必须与中调 AVC 主站所选主量测同源。

（4）AVC 的闭锁条件及与励磁配合。在机组投入 AVC 运行时，应保证发电机的电压、电流、功率等参数在正常范围之内，当机组运行出现异常情况时应闭锁 AVC 调节，以保证机组安全可靠运行。AVC 闭锁条件如下：

1）系统及自身闭锁：与主站通信中断、系统振荡、增减磁同时出现、控制超时等，无须与励磁系统配合。

2）开关量闭锁：励磁系统中过励限制、欠励限制、U/f 限制、定子电流限制、发电机机端电压限制等闭锁增减磁的信号，励磁系统运行异常或退出自动运行方式的信号，发电机-变压器组保护动作等信号均应该直接或间接（经 DCS）送至 AVC，AVC 对相关信号逻辑处理后闭锁自身对励磁系统的调节。

3）模拟量闭锁：发电机组定子电压、定子电流、有功功率、无功功率、转子电流、高压厂用母线电压、主变压器高压侧电压等，一般采用定时限方式，设定值可按照与励磁设定值 5%～10% 的级差配合。

a. 发电机定子电压高限应小于励磁系统过电压限制值，可设为 1.03～1.04p.u.；低限应大于进相试验时发电机最低机端电压，可设为 0.91～0.92p.u.。

b. 发电机定子电流应小于励磁系统定子电流定时限限制设定值，可设定为发电机额定电流。

c. 发电机最大励磁电流应低于过励限制定时限设定值，可设为发电机额定励磁电流，最小励磁电流应大于进相试验时的最小励磁电流限制设定值，可取 1.05～1.1 倍最小励磁电流设定值。

d. 发电机组无功高限可按不超过发电机额定无功功率设定，无功低限建议采用几段折线（曲线）的形式，曲线在发电机运行 P/Q 平面上应高于励磁调节器 P/Q 限制曲线，对应同一有功功率下的无功设定值，可按照励磁无功设定值的 90%～95% 设定（例如，励磁系统 $P=300\text{MW}$ 时 Q 设定为 -50Mvar，此时 AVC 在 $P=300\text{MW}$ 时 Q 可设定为 $-45\sim-47.5\text{Mvar}$）。

e. 发电机组高压厂用母线电压高限设定值可设定为 1.05p.u.；低限应大于进相试验时高压厂用母线电压最低电压，可设定为 0.96p.u.。

f. 发电厂主变压器高压侧母线电压按照调度要求设定，无须与励磁系统配合。

（5）DCS 与 AVC 励磁接口要求。AVC 子站与发电机励磁系统接口应满足两种方式，即励磁调节信号可直接输出至发电机的励磁调节器（AVR），可以输出至电厂 DCS 系统，再由 DCS 系统通过 AVR 对发电机励磁进行调节。但为保证机组安全运行，AVC 投运后不应将运行人员对于机组无功的调节控制权限全部取消，而是应当允许其在一定的前提条件下根据机组运行情况直接进行主动干预，因此建议通过 DCS 接入 AVC 子站，AVC 通过 DCS 系统控制切换逻辑，借用原 AVR 控制物理通道调控 AVR，严禁 AVC 新增 AVR 控制通道与原 DCS 系统 AVR 控制通道物理并联。

同时励磁系统状态信号可先送至 DCS，经 DCS 逻辑处理后再送至 AVC，可减少励磁、DCS 与 AVC 与之间的状态量传输，提高运行可靠性。

励磁系统状态信号应该以无源触点方式输出至 DCS 或 AVC 子站。AVC 增减磁输出信号也要求使用无源触点，以脉宽、脉冲信号输出，可适应各种 AVR 的接口特性。但由于脉宽方式在触点发生粘连，会导致机组运行不稳定甚至非停，因此建议 AVC 输出为脉宽可调的脉冲信号，并且两次发出的脉冲间隔的时间可调。

AVC 与励磁系统均是电力系统电压调节的重要组成部分，在实际应用中有各自的调节范围及限制条件，通过 AVC 与励磁系统的合理配合，可有效提高发电机组及电力系统运行的可靠性。

九、AVC 系统投运

1. AVC 控制系统投入运行前的检查

（1）执行终端。执行终端指示灯见表 7-5。

表 7-5　执行终端指示灯

序号	指示灯名称	含义	正常状态	备注
1	AVR 自动	励磁调节器当前手/自动及运行正常状态	亮	AVR 自动及运行正常时亮
2	投入返回	该机组 AVC 系统执行终端当前投入/切除状态	亮	DCS 已投入 AVC 时亮
3	通信正常	执行终端与中控单元当前的通信状态及中控单元与网调和 RTU 通信是否正常	亮	
4	闭环运行	指示执行终端的运行状态，网调母线指令运行还是使用本地电压曲线指令运行	亮	
5	自检正常	指示执行终端设备是否正常	亮	
6	增磁闭锁	指示该机组执行终端不能增磁	—	当该机组参数达到闭锁值时，指示灯亮
7	减磁闭锁	指示该机组执行终端不能减磁	—	当该机组参数达到闭锁值时，指示灯亮
8	增磁	正在增磁	—	正在增磁
9	减磁	正在减磁	—	正在减磁
10	保护启动	闭锁增/减磁保护已经启动	灭	当增/减磁输出的脉宽大于 3s，增/减磁出口被保护电路断开，保护启动灯亮

执行终端装置上有增减励磁功能连接片，用来判断装置是否处于投入状态，能进行励磁调节。该连接片不需要运行人员操作，正常处于投入状态。连接片摆放位置：连接片增减磁方向是单一的，左增、右减，连接片凹口朝上投入，朝下退出。

（2）AVC 控制系统投运。

1）执行终端正常投运。

a. 合上对应执行终端屏柜后电源开关；

b. 将对应机组执行终端上的 POWER 电源开关置于"ON"位置；

c. 在执行终端屏上投入对应机组增磁、减磁连接片；

d. 在 DCS 画面上投入对应机组 AVC 运行或控制台上投入对应机组 AVC 运行。

2）AVC 控制系统正常投运条件。

a. AVC 装置上位机及其监控软件运行正常，计算模块状态指示正确；

b. 电厂 RTU 系统和 AVC 装置之间通信正常（远动正常信号）；

c. 省调和电厂 AVC 装置之间通信正常（主站正常信号）；

d. AVC 系统中控单元和执行终端之间通信正常（自检正常信号）；

e. 单元机组 AVR 装置在远方自动控制方式运行，AVR 装置投至"电压"控制方式运行正常（AVR 自动信号）；

f. 单元机组 AVC 装置没有闭锁信号指示；

g. 单元机组运行工况稳定，负荷在 40％机组出力以上运行；

h. DCS 的励磁画面无"自检异常""增励闭锁""减磁闭锁""电源异常"信号；

i. 220kV 系统两段母线合环运行，220kV 母线电压正常；

j. 发电机-变压器组出线电压合环运行。

3）AVC 控制系统正常投运操作步骤。

a. 确认省调和电厂 AVC 装置之间的专用通道运行正常；

b. 确认 AVC 装置与 RTU 之间通信正常；

c. 确认 AVC 装置上位机计算模块状态正常；

d. 确认各运行机组负荷均在 40％以上运行，发电机组各主要运行参数正常；

e. 向省调申请投入各机组 AVC 装置运行；

f. 申请批准后在 DCS 画面投入运行机组 AVC 控制方式运行，即投入各机组 AVC 装置运行；

g. 投入后确认机组 DCS 与 AVC 装置之间通信正常；

h. 确认各单元机组已投入 AVC 正常运行后，将 AVC 系统投入到远方控制模式运行，接收省调下达的电压目标指令进行机组无功功率的自动控制调整。

2. AVC 控制系统退出

（1）AVC 控制系统执行终端的正常停运。在 DCS 画面上和控制台上退出对应机组 AVC 运行，在执行终端屏上退出对应机组增磁、减磁连接片，合上执行终端屏后的总电源开关及对应机组的执行终端电源开关，将对应机组执行终端上的 POWER 电源开关置于"OFF"位置。

（2）AVC 控制系统中控单元的正常停运。在 DCS 画面退出对应机组 AVC 运行，在执行终端屏上退出对应机组增磁、减磁连接片，合上执行终端屏后的总电源开关及对应机组的执行终端电源开关，将对应机组执行终端上的 POWER 电源开关置于"OFF"位置，关闭公控机和显示器，关闭总电源开关。

（3）AVC 控制系统异常退出。当装置面板出现"保护启动"信号时，首先注意增减励磁灯是否常亮，如没有可手动复归装置面板"保护复位按钮"，如复归不掉，可通知继电保护人员处理；如增减磁灯亮 AVC 应紧急停运，退出 AVC（退出连接片，关闭 AVC 执行终端的电源）。

当 AVC 投入后的状态信号出现以下报警时需退出 AVC，报警消除后，可再次投入：

1）自检异常报警；

2）增减磁闭锁报警同时出现；

3）AVR 选择手动信号出现；

4）励磁系统故障信号出现。

当发电机组及 220kV（500kV）高压母线 TV 断线时、机组负荷小于 40% 运行时，应先退出 AVC。

3. AVC 控制系统的投、退规定

（1）机组 AVC 控制的正常投退应按省调调度员的指令进行。

（2）设备异常情况下，现场可人工将机组 AVC 控制紧急退出运行，并及时汇报省调调度员。

（3）AVC 装置因某一安全约束条件退出运行时，应及时汇报省调调度员。

（4）220kV（500kV）高压母线各馈线倒母线操作或 220kV（500kV）高压母线停役操作前，应先联系省调调度员暂时先退出机组 AVC 控制方式运行，待倒闸操作完成且 220kV（500kV）高压三段母线恢复合环运行正常后再投入机组 AVC 控制方式运行。

4. AVC 控制系统运行注意事项

（1）机组投入 AVC 自动控制方式运行时，应严密监视机组的运行工况及 220kV（500kV）高压母线电压的变化情况，若发现运行参数越限（增减励磁闭锁同时出现），但 AVC 装置没有自动退出运行时应人工紧急将 AVC 控制退出运行，并汇报省调调度员（可以由运行人员在 DCS 画面退出运行机组 AVC 控制方式运行）。

（2）因某种原因机组 AVC 自动退出时，DCS 画面及报警信息清单中将有相应报警，此时机组运行人员应及时监控，并检查机组运行参数是否越限，如因通信方面的原因引起 AVC 自动退出、无法投入运行时，应及时汇报省调调度员并联系检修人员检查处理。

运行人员应每班定期检查 AVC 设备的运行情况，并作好记录。

运行人员不可随意修改 AVC 系统中的有关安全约束条件和其他有关设置参数。AVC 系统中有关参数的修改应以省调下达的通知单或经电厂生产主管部门批准的变更通知单执行，由检修人员负责修改。

第六节　自动发电控制和一次调频

电力系统调频与自动发电控制称为电力系统频率与有功功率的自动控制，简称电力系统自动调频，目前广泛采用 AGC，即自动发电控制。AGC 是电网调度中心实时控制系统（又称能量管理系统 EMS）的重要组成部分，其功能为按电网调度中心的控制目标将指令发送到有关发电厂或机组，通过发电厂或机组的控制系统实现对发电机功率的自动控制。

众所周知，频率是电能质量的三大指标之一，电力系统的频率反映了发电有功功率和负荷之间的平衡关系，是电力系统运行的重要控制参数，与广大用户的电力设备以及发供电设备本身的安全和效率有着密切的关系。

自动发电控制是保证系统频率质量的重要技术手段。第一，传统的频率调节方法是依靠调度员指令或指定的调频电厂的调节来保持电力系统频率的质量，但随着电力系统规模的不断扩大，负荷的变化速率不断提高，在负荷快速变化的情况下依靠传统的频率调节手段，很难将电网频率始终控制在规定的范围以内；第二，电力系统负荷除了有瞬间波动以外，在一天 24h 中还会有较大幅度的变化，通常早晨和晚间有两段时间负荷较高，而凌晨前后直至黎明负荷较低，这就需要改变众多发电机组的出力，使发电有功功率在一天中随时与负荷之间取得平衡。同时，发电厂在执行发电计划曲线时，存在着未能精确按照规定时间加减出力的情况，因此，在未实施自动发电控制的电力系统中，发电有功功率和负荷之间未能取得平衡的现象时有发生；第三，电力系统中意外故障的发生，也会影响发电有功功率与负荷之间的平衡。随着电力系统的发展，发电机组单机容量的增大，输电线路传输容量的提高，电网中单台设备故障带来的发电功率损失越来越大，这些故障都会造成发电有功功率与负荷之间的严重失衡，而靠人工调整发电出力则需要较长时间才能达到新的平衡，显然不能满足要求。

针对这些问题，出路只有一个，即采用自动发电控制的技术手段，对电力系统中的大部分发电机组，根据机组本身的调节性能及其在电网中的地位，分类进行控制，自动地维持电力系统中发电功率与负荷的平衡，以保证电力系统频率的质量。

一、自动发电控制功能

AGC 的一项重要功能是调频作用（即频率调整）。按照调整范围和调节能力的不同，电网的 P/f 调整分为：一次调频、二次调频和三次调频。其中，在电网并列运行的机组，当外界负荷变化引起电网频率改变（偏离目标频率）时，利用系统固有的负荷频率特性，以及发电机调速系统频率静态特性而改变发电机出力所引起的调频作用，阻止系统频率偏离标准的调节方式称为一次调频。一次调频的特点是响应速度快，能够控制 1min 以下的负荷变化，在电力系统负荷发生变化时，仅靠一次调频是不能恢复的，即一次调频是有差调节，不能维持电网频率不变，只能缓解电网频率的改变程度。

一次调频的作用：

（1）自动平衡电力系统的第一种负荷分量，即那些快速的、幅值较小的负荷随机波动；

（2）频率一次调节是控制系统频率的一种重要方式，但由于它调节作用的衰减性和调整的有差性，因此不能单独依靠它来调节系统频率，要实现频率的无差调整，必须依靠频率的二次调节。

（3）对异常情况下的负荷突变，系统频率的一次调节可以起到某种缓冲作用。

为使原动机的功率与负荷功率保持平衡，通过运行人员手动或调度自动化系统自动改变发电机出力，即改变原动机的功率，使系统频率恢复到目标值，称为二次调频，也称为自动发电控制（AGC）。二次调频，使发电机组提供足够的可调整容量及一定的调节速率，在允许的调节偏差下实时跟踪频率，以满足系统频率稳定的要求。二次调频可以做到频率的无差调节，且能够对联络线功率进行监视和调整。

二次调频控制几分钟至几十分钟的负荷变化，是无差调整。二次调频主要由 AGC 机组自动完成，所以 AGC 属于二次调频。二次调频对机组功率往往采用简单的比例分配方式，常使发电机组偏离经济运行点。

二次调频有两种实现方法：①电网调频由区域调度中心根据负荷潮流及电网频率，给各厂下达负荷调整命令，由各发电单位进行调整，实现全网的二次调频；②采用自动控制系统（AGC），由计算机（电脑调度员）对各机组进行遥控，实现调频全过程，参与该系统的各机组必须具有几路协调控制系统。

二次调频的作用：

（1）由于系统频率二次调节响应速度较慢，不能调整那些快速变化的负荷随机波动，但它能有效地调整分钟级及更长周期的负荷波动。

（2）频率二次调节可以实现电力系统频率的无差调整。

（3）由于响应时间的不同，频率二次调节不能代替频率一次调节的作用，而频率二次调节的作用开始发挥的时间，与频率一次调节作用开始逐步失去的时间基本相当，因而两者若在时间上配合好，对系统发生较大扰动时快速恢复系统频率相当重要。

（4）频率二次调节带来的使发电机组偏离经济运行点的问题，需要由频率的三次调节（功率经济分配）来解决，同时，集中的计算机控制也为频率的三次调节提供了有效的闭环控制手段。

机组一次调频功能是指当电网频率超出规定的正常范围后，电网频率的变化将使电网中参与一次调频的各机组的调速系统根据电网频率的变化自动地增加或减小机组的功率，从而达到新的平衡，并且将电网频率的变化限制在一定范围内的功能。一次调频功能是维护电网稳定的重要手段。

负荷波动导致频率变化，可以通过一次和二次调频使系统频率限制在规定范围内变化。对于负荷变化幅度小、变化周期短所引起的频率偏移，一般由发电机的调速器来进行调整，这称为一次调频；对负荷变化比较大、变化周期长所引起的频率偏移，单靠调速器不能把它限制在规定范围内，就要用调频器来调频，这称为二次调频。

为了保证电网的频率稳定，一般要对电力环节进行调频，即一次调频和二次调频，频率的二次调整是指发电机组的调频器，对于变动幅度较大（0.5%～1.5%）、变动周期较长（10s～30min）的频率偏差所作的调整。一般由调频厂进行这项工作。

电网频率是随时间动态变化的随机变量，含有不同的频率成分。电网的一次调频是一个随机过程，因为系统负荷可看作由以下三种具有不同变化规律的变动负荷所组成：

1）变化幅度较小、变化周期较短（一般10s以内）的随机负荷分量；

2）变化幅度较大、变化周期较长（一般为10s～3min）的负荷分量（如电炉、轧钢机械等）；

3）变化缓慢的持续变动负荷，引起负荷变化的主要原因是工厂的作息制度、人民的生活规律等。

一次调频所调节的正是叠加在长周期变化分量上的随机分量，这就决定了电网一次调频的随机性质。

系统规模不大时，电力系统的调峰和调频问题的研究主要从静态的角度开展。例如，在20世纪80年代中期以前，研究的重点主要是电厂负荷的静态经济分配、安全经济的静态调度、静态最优潮流等，它们对系统的许多动态信息，尤其是许多时间方向上的动态约束信息关心不够，这在系统规模和负荷发展相对有限的早期是可以接受的。然而，随着系统规模和负荷的迅速发展，电网的调峰和调频出现了许多新的问题和特点，这时再从静态的角度进行解决已很难达到多方协调的效果。

三次调频也称发电机组有功功率经济分配，是根据负荷预计曲线，经济、高效地调整各厂或各机组按计划功率输出，使功率和负荷达到平衡。三次调频不仅要对实际负荷的变化做出反应，更主要的是根据预计的负荷变化，对发电机组有功功率事先做出安排，不仅要解决功率和负荷的平衡问题，还要考虑成本费用问题，需控制的参变量更多，需要参考的数据也更多，算法复杂，执行周期长，因此三次调频控制半小时以上的负荷变化。

三次调频的实质是完成在线经济调度，其目的是在满足电力系统频率稳定和系统安全的前提下合理利用能源和设备，以最低的发电成本获得更多的、优质的电能。

三次调频的作用主要是针对一天中变化缓慢的持续变动负荷安排发电

计划，在发电功率偏离经济运行点时，对输出功率重新进行经济分配，其在频率控制中的作用主要是提高控制的经济性。但是，发电计划安排的优劣对二次调频的品质有重大的影响，如果发电计划与实际负荷的偏差较大，则频率二次调节所需的调节容量就越大，承担的压力越重。因此，应尽可能提高频率三次调节的精确度。

频率调整除一次调频、二次调频和三次调频外，还有一种系统自身特性决定的自然调频，即：当电网频率偏离目标频率而调速系统未动作时，仅靠系统的自平衡能力来稳定电网供电频率的过程。当电网出现功率负荷不平衡后，电网中旋转机械的动能会随着电网频率的变化而变化，因此可吸收或释放部分能量来补偿系统能量的变化，同时用电设备的负荷也会随电网频率的变化而变化，从而可减缓供电频率的变化。

在电网频率按自然调频过程变化的同时，调节系统探测到机组转速的变化后，通过转速反馈作用迅速调整各发电机组的输出功率（对于汽轮机组来说就是改变调节阀开度，利用机组的蓄热），以降低频率变化的幅度，对频率实现有差调整。

自动发电控制是实现有功功率在线经济分配的必备条件。有功功率的在线经济分配一般采用等微增率的原则，其计算所得的结果正好与调度人工控制的习惯相反。在电力系统频率人工调节方式下，调度员无力监视系统中众多的中、小型发电机组的功率，只能通过控制少量大机组的功率来进行调节；而根据经济分配的原则，那些经济性较高的大型发电机组大部分时间应该满负荷或接近满负荷运行，主要由经济性较差的中、小型机组改变功率承担调节任务。这样，理想做法和实际操作出现了极大的反差。实际上，要保持电力系统真正的经济运行，理论上需要调整所有机组的功率，另外，在线经济调度需要每5～15min对机组出力进行一次调整，这些要求都是人工控制所无法做到的，特别是在大型电力系统中更难实施。因此，在线经济调度必须依靠自动控制的手段，而自动发电控制正是为在线经济调度的实现提供了良好的条件。

在现代电力系统调度机构的能量管理系统中，自动发电控制（AGC）软件包中一般都包含两部分主要功能：负荷频率控制（LFC）和经济调度（ED）。负荷频率控制（LFC）最基本的任务是通过控制发电机组的有功功率，使系统频率保持在额定值，或按计划值来维持区域间的联络线交换功率，LFC对发电机组的控制量一般由经济调节分量和区域控制偏差（ACE）调节分量两种分量组成，其中ACE调节分量根据频率偏差和联络线功率偏差计算得到，而经济调节分量则是由"经济调度"软件给出的。经济调度（ED）的任务是根据给定的负荷水平，安排最经济的发电调度方案，它最终的计算结果是一组发电机组的经济基点功率值（即机组通常的基本出力）和一组经济分配系数，并将其传送给LFC做控制机组功率用。

二、电力系统频率波动原因

电力系统频率波动的直接原因是发电机输入功率与输出功率之间的不平衡。众所周知，单一电源的系统频率是同步发电机转速的函数

$$f = n \times p / 60$$

式中：f 为电力系统频率，Hz；n 为发电机的转速，r/min；p 为发电机的极对数；60 为分钟转换为秒的转换系数。

一般的火力发电机组，发电机的极对数为 1，额定转速为 3000r/min，额定频率为 50Hz。此时系统频率又可以用同步发电机角速度的函数来表示，即

$$f = \omega / 2\pi$$

根据同步发电机的运动规律可知，当原动机功率与发电机电磁功率之间产生不平衡时，必然引起发电机转速的变化，也即引起系统频率的变化。

在众多发电机组并联运行的电力系统中，尽管原动机功率不是恒定不变的，但它主要取决于本台发电机的原动机和调速器的特性，因而是相对容易控制的因素；而发电机电磁功率的变化则不仅与本台发电机的电磁特性有关，更取决于电力系统的负荷特性，是难以控制的因素，而这正是引起电力系统频率波动的主要原因。

电力系统负荷变化是引起电力系统频率波动的主要原因，因此研究负荷变化的规律是进行电力系统调频的首要任务。

对于电力系统各类负荷的变化规律，需要研究以下几个问题：

（1）与适应该类负荷变化所需的发电容量有关的负荷变化的幅值；

（2）与适应该类负荷变化所需的发电容量升降速率有关的负荷变化率；

（3）为适应该类负荷变化而实施的控制所引起的发电机组效率下降、维护成本提高而增加的成本有关的负荷变化方向改变的次数。

电力系统负荷变化规律可分为正常情况下的负荷变化规律和异常情况下的负荷变化规律两种。正常情况下的负荷变化从时间上看呈现出一定的周期性，如夏冬两季出现的高峰负荷、重要节日出现的低谷负荷均以年为周期。电力系统负荷的异常变化是指因故障引起的发电机组跳闸、失去与相邻电力系统的功率交换、失去大量用电负荷等突发性的原动机功率和发电机电磁功率之间的不平衡事件，其中最为常见的是发电机组突然跳闸，与电力系统解列。故障情况下的负荷变化规律随故障类型和发展过程而不同，一般情况是故障开始后系统负荷大量失去，且呈单调减的态势发展。电力系统异常情况下负荷变化的规律为：

（1）负荷变化的幅值大，在仅考虑单一故障情况下，最大的变化幅值为最大的单个电源的容量。

（2）负荷变化率大，整个变化过程在瞬间完成。

（3）负荷变化是单方向的，不会自行改变方向。

归纳起来，电网频率基本特性及对应的调频方式为：

（1）基本负荷区：由用户的生活习惯和作息时间来决定，依负荷计划正常调节。

（2）负荷正常区：由用电负荷较小、随机变化的用户来决定，由 AGC 自动控制系统调节。

（3）事故工况：由于系统内机组、线路跳闸或大用户发生跳闸时，电网频率发生瞬间变化。一般变化幅度较大，变化周期在 10s 到 2～3min，由一次调频功能实现调节作用。

三、自动发电控制系统构成

AGC 控制系统主要由电网调度中心的实时控制系统、信息传输通道、远动控制装置（RTU）、单元机组控制系统组成。电网调度中心利用控制软件对整个电网的用电负荷情况及机组的运行情况进行监视，对掌握的数据进行分析，并对电厂的机组进行负荷分配，产生 AGC 指令。AGC 指令通过信息传输通道传送到电厂的 RTU，同时电厂将机组的运行状况及相关信息通过 RTU 和信息传输通道送到电网调度中心的实时控制系统。自动发电控制系统结构如图 7-59 所示。

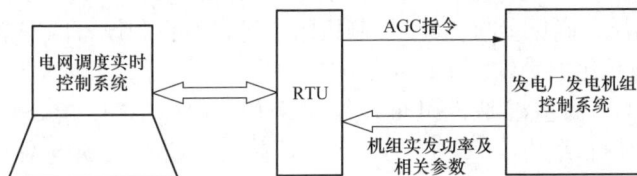

图 7-59　AGC 与电网调度中心的实时控制系统信息传输

电网调度中心的实时控制系统主要由以下几部分组成：

LFC：即负荷频率控制，其功能是通过 ACE 即区域控制误差，如频率变化量 Δf、时钟差 Δt、潮流等计算，再经过控制运算得到机组的暂时发电调整量 ΔP。

EDC：即经济调度控制，其功能为根据全网负荷水平，以及全网经济运行为目标，根据成本微增率原则计算出当前机组的经济运行值，该运行值作为发电基值加上由 LFC 计算出的暂时发电调整量 ΔP 即为 AGC 目标负荷，发电量基值还可由计划输入或人工置入。

APM：即自动性能监视，其功能为监视 AGC 机组的运行状况。

RM：即备用监视，其功能为监视运行机组的备用出力。

四、AGC 技术特点

1. AGC 涉及的信号

AGC 指令是电网调度中心计算产生的被控机组的目标功率，按照 RTU

通信规则生成 AGC 遥控报文传送到电厂 RTU，RTU 将 AGC 控制信号转换成 4~20mA 信号传输到单元机组的控制系统。同时，机组的实发功率经过变送器转换成 4~20mA 信号，经过 RTU 转换成线性比例的二进制遥测数据，经过高频载波信号传输到电网调度实时控制系统。

电网调度实时控制系统和单元机组的控制系统除上述两个重要参数沟通外，还将一些反映机组及控制系统状态、AGC 运行品质及机组的负荷限制信号通过 RTU 传输到电网调度实时控制系统，如：机组所允许的负荷高、低限，机组的负荷变化速率，机组的运行方式等。

2. AGC 指令的生成

AGC 指令是由电网调度实时控制系统经过 EDC（即经济调度控制）系统预测的负荷调度计划（即发电基值），加上 LFC（即负荷频率控制）系统对频率变化量 Δf、时钟差 Δt、潮流等计算，再经过控制运算，得到机组的暂时发电调整量 ΔP 形成的，由基本负荷分量和调整负荷分量组成。基本负荷分量是在短期预测的基础上制定的日负荷发电计划中包含的基本发电量；调整负荷分量是指超短期负荷系统，对当前几分钟负荷变化情况运算预测出下一时间段要求改变的系统负荷调整量。所以在负荷预测中，如果基本负荷预测的准确度比较高，不仅可以减少调整分量的大幅变化，避免参与 AGC 控制的机组频繁大幅调整，而且从根本上保证了电网的控制目标和调节品质，确保参与 AGC 控制机组的稳定运行和设备的安全。

3. 发电机组对 AGC 指令的响应

实现 AGC 的基础是机组热控系统采用 DCS，AGC 指令直接作用于 DCS 中协调控制系统（CCS），所以 AGC 是发电机组实现电网调度自动化的标志，而 CCS 是实现 AGC 的基础，也是实现 AGC 的前提，但 AGC 与 CCS 具有本质的区别，AGC 对 CCS 及其他控制系统提出了更高的要求。

（1）要求 CCS 及其他控制系统具有更广的适应性，要求各控制系统在机组的调峰范围具有较好的控制品质。

（2）要求 CCS 及其他控制系统具有随机适应负荷变化的能力，机组的自动化程度必须达到无人值班的水平。

（3）对机组控制系统的特殊工况提出了更高的要求，如 CCS 的 RB 功能、一次调频功能等。

（4）控制系统的联锁保护功能相当完善，以保证在机组或控制系统异常的情况下，不会危及机组的安全、稳定运行。

AGC 是一项庞大而复杂的系统工程，仅就机组的控制系统而言，涉及热控系统乃至整个机组的方方面面，如机组的设备状况和设备的可控性，锅炉的燃烧状况，汽轮机的调节特性和运行的经济性等。AGC 控制系统如图 7-60 所示。

五、AGC 其他控制方式

AGC 控制电厂的总负荷，作为电网调度来说，无须对电厂的每台机组

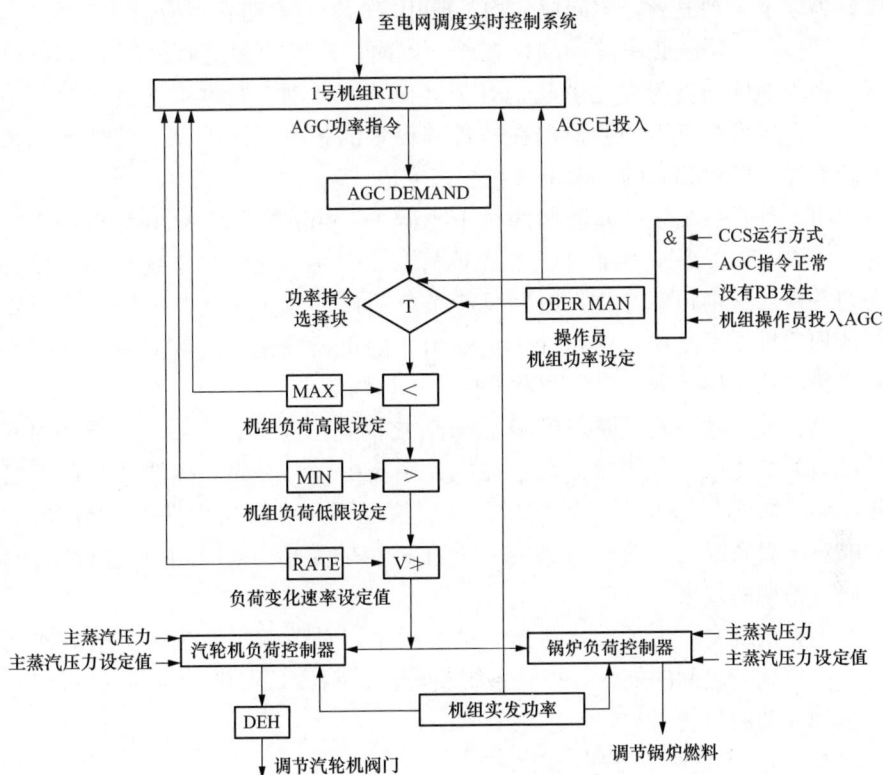

图 7-60 AGC 控制系统示意图

运行情况了如指掌，而只需掌握电厂机组的大概运行情况，电网调度系统将 AGC 电厂作为一台等值机组，计算并下达该电厂的期望出力，将 AGC 指令发送到电厂的 RTU，由电厂的负荷分配系统根据机组的设备状况和经济性能运用优化策略，分配各台机组的负荷，同时将电厂的总负荷通过 RTU 送到电网调度系统。如图 7-61 所示。

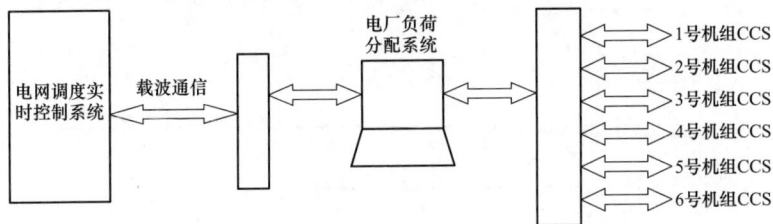

图 7-61 AGC 的其他控制方式

六、AGC 性能指标计算及补偿考核度量

1. 频率控制策略

在电力系统的频率波动中，根据频率波动周期及幅度的大小，大致可

以分为以下三种成分，不同成分均采取相应的控制策略积极应对。

第一种，系统频率波动周期在 10s 以内，幅度为额定频率的 0.05% 以下，由周期性的负荷变化引起。对于这种频率波动，通过系统负荷的频率响应和区域发电机组的调速器在超过其设置的频率死区的调节特性变化来自动响应，即由频率的一次调节系统来完成。

第二种，系统频率波动周期在 10s 至 2~3min 之间，幅值为额定频率的 0.1%~1% 之间，由带冲击性的负荷变化引起，与电力系统的总容量有密切关系。这种频率变化，原因可能是负荷预计与实际负荷的偏差造成发电计划安排得不足或过多，冲击负荷引起的负荷变化，区域交换计划与实际联络线功率偏差等，由自动发电控制进行调节。

第三种，频率波动周期在 3~20min 之间，由生产、生活、气候等因素导致负荷变化而引起频率波动。在电力系统中，对引起频率波动的负荷变化，均采取适当的方式进行控制。一般情况下，对较长周期的负荷变化，采取对电力系统的负荷进行预测，并在机组的发电计划上事先进行安排，以取得预期的效果。

电力系统中，为了有效地控制系统频率，必须做好系统频率的一次调节、二次调节之间的配合，提高系统负荷预计精度，安排适当的发电计划，以达到预期的目的。

2. AGC 机组调节过程

一次典型的 AGC 机组设点控制过程，如图 7-62 所示。

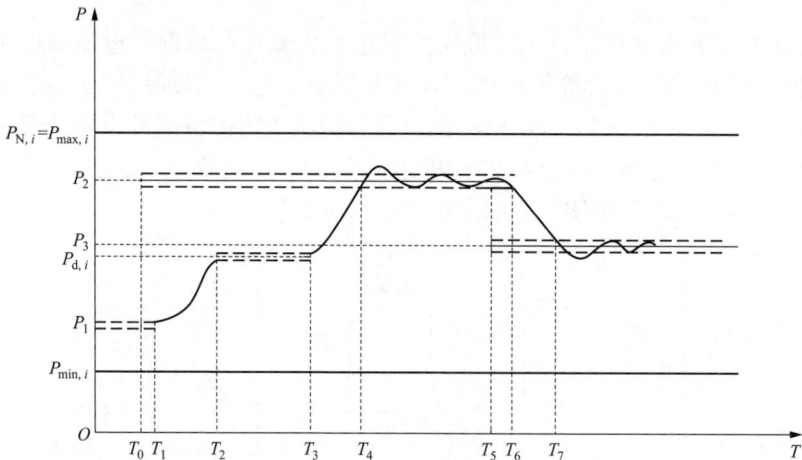

图 7-62　某机组 AGC 设点控制过程

$P_{\min,i}$—机组可调的下限功率；$P_{\max,i}$—机组可调的上限功率；$P_{N,i}$—机组额定功率；$P_{d,i}$—机组启停磨煤机临界点功率

整个控制过程可以这样描述：T_0 时刻以后至 T_1 时刻以前，该机组稳定运行在功率值 P_1 附近，T_0 时刻，AGC 控制程序对该机组下发功率为 P_2 的设点命令，机组开始涨负荷，到 T_1 时刻可靠跨出 P_1 的调节死区，然后到

T_2 时刻进入启磨区间，一直到 T_3 时刻，启磨过程结束，机组继续涨负荷，到 T_4 时刻第一次进入调节死区范围，然后在 P_2 附近小幅振荡，并稳定运行于 P_2 附近，直至 T_5 时刻，AGC 控制过程对该机组发出新的设点命令，功率值为 P_3，机组随后开始降功率过程，T_6 时刻可靠跨出调节死区，至 T_7 时刻进入 P_3 的调节死区，并稳定运行于其附近。

3. 各类性能指标的具体计算方法

定义两类 AGC 补偿考核指标，即可用率、调节性能。可用率反映机组 AGC 功能良好可用状态；调节性能是考查调节速率、调节精度与响应时间三个因素的综合体现。

各类指标的计算方法为：

（1）可用率。计算公式为

$$K_A = \frac{可投入\ AGC\ 时间}{月有效时间}$$

其中，可投入 AGC 时间指结算月内机组 AGC 保持可用状态的时间长度，月有效时间指月日历时间扣除因为非电厂原因（含检修、通道故障等）造成的不可用时间。

计算频率为：每月统计一次。

（2）调节性能。

1）调节速率。是指机组响应设点指令的速率，可分为上升速率和下降速率。调节速率的考核指标 K_{1i} 计算过程描述为：在涨负荷阶段，即 $T_1 \sim T_4$ 区间，由于跨启磨点，在计算其调节速率时必须消除启磨的影响；在降负荷区间，即 $T_5 \sim T_6$ 区间，未跨停磨点，计算时无须考虑停磨的影响。综合这两种情况，实际调节速率计算式为

$$v_i = \begin{cases} \dfrac{P_{Ei} - P_{Si}}{T_{Ei} - T_{Si}} & P_{di} \notin (P_{Ei}, P_{Si}) \\[3mm] \dfrac{P_{Ei} - P_{Si}}{(T_{Ei} - T_{Si}) - T_{di}} & P_{di} \in (P_{Ei}, P_{Si}) \end{cases}$$

式中：v_i 为第 i 台机组的调节速率，MW/min；P_{Ei} 为其结束响应过程时的功率，MW；P_{Si} 为其开始动作时的功率，MW；T_{Ei} 为结束的时刻，min；T_{Si} 为开始的时刻，min；P_{di} 为其启停磨临界点功率，MW；T_{di} 为启停磨实际消耗的时间，min。

$$K_{1i} = \frac{v_i}{v_N}$$

式中：v_i 为该次 AGC 机组调节速率，MW/min；v_N 为机组标准调节速率，MW/min。

其中：一般直吹式制粉系统的汽包炉火电机组为机组额定有功功率的 1.5%；带中间储仓式制粉系统的火电机组为机组额定有功功率的 2%；循环流化床机组和燃用特殊煤种（如劣质煤、高水分低热值褐煤等）的火电

机组为机组额定有功功率的 1%；超临界定压运行直流炉机组为机组额定有功功率的 1%，其他类型直流炉机组为机组额定有功功率的 1.5%；燃气机组为机组额定有功功率的 10%；水力发电机组为机组额定有功功率的 50%。K_{1i} 衡量的是该 AGC 机组第 i 次实际调节速率与其应达到的标准速率相比达到的程度。

计算频率为每次满足调节速率计算条件时计算。

2）调节精度。是指机组响应稳定以后，实际功率与设置点功率之间的差值。

调节精度的考核指标 K_2 计算过程可以描述为：在第 i 台机组平稳运行阶段，即 $T_4 \sim T_5$ 区间，机组负荷围绕 P_2 轻微波动。在类似这样的时段内，对实际负荷与设点指令之差的绝对值进行积分，然后用积分值除以积分时间，即为该时段的调节偏差量，即

$$\Delta P_{i,j} = \frac{\int_{T_{Sj}}^{T_{Ej}} |P_{i,j}(t) - P_j| \times \mathrm{d}t}{T_{Ej} - T_{Sj}}$$

式中：$\Delta P_{i,j}$ 为第 i 台机组在第 j 计算时段内的调节偏差量，MW；$P_{i,j}(t)$ 为其在该时段内的实际功率，MW；P_j 为该时段内的设定指令值，MW；T_{Ej} 为该时段终点时刻；T_{Sj} 为该时段起点时刻。

$$K_{2i} = \frac{\Delta P_{i,j}}{\text{调节允许的偏差量}}$$

式中：$\Delta P_{i,j}$ 为该次 AGC 机组的调节偏差量，MW；调节允许的偏差量为机组额定有功功率的 1%；K_{2i} 衡量的是该 AGC 机组第 i 次实际调节偏差量与其允许达到的偏差量相比达到的程度。

计算频率为每次满足调节精度条件时计算。

3）响应时间。是指 EMS 系统发出指令之后，机组负荷在原出力点的基础上，可靠地跨出与调节方向一致的调节死区所用的时间。即

$$t_{i-1} = T_1 - T_0 \quad \text{和} \quad t_i = T_6 - T_5$$

$$K_{3i} = \frac{t_i}{\text{标准响应时间}}$$

式中：t_i 为该次 AGC 机组的响应时间，s。

火电机组 AGC 响应时间应小于 1min，水电机组 AGC 响应时间应小于 10s。

K_{3i} 衡量的是该 AGC 机组第 i 次实际响应时间与标准响应时间相比达到的程度。

计算频率为每次满足响应时间计算条件时计算。

4）调节性能综合指标。每次 AGC 动作时按下式计算 AGC 调节性能（其中，考虑到 AGC 机组在线测试条件比并网测试条件更苛刻，因此对调节速率指标的要求降低为规定值的 75%）。

$$K_{\mathrm{P}i} = \frac{K_{1i}}{0.75 \cdot K_{2i} \cdot K_{3i}}$$

式中：$K_{\mathrm{P}i}$ 衡量的是该 AGC 机组第 i 次调节过程中的调节性能好坏程度。

调节性能日平均值 K_{Pd}

$$K_{\mathrm{Pd}} = \begin{cases} \dfrac{\sum\limits_{i=1}^{n} K_{\mathrm{P}i}}{n} & \text{被调用 AGC 的机组}(n > 0) \\ 1 & \text{未被调用 AGC 的机组}(n = 0) \end{cases}$$

式中：K_{Pd} 反映了某 AGC 机组一天内 n 次调节过程中的性能指标平均值。未被调用的 AGC 机组是指装设 AGC 但一天内一次都没有被调用的机组。

调节性能月度平均值 K_{P}

$$K_{\mathrm{P}} = \begin{cases} \dfrac{\sum\limits_{i=1}^{n} K_{\mathrm{P}i}}{n} & \text{被调用 AGC 的机组}(n > 0) \\ 1 & \text{未被调用 AGC 的机组}(n = 0) \end{cases}$$

式中：K_{P} 反映了某 AGC 机组一个月内 n 次调节过程中的性能指标平均值。未被调用的 AGC 机组是指装设 AGC 但考核月内一次都没有被调用的机组。

计算频率为每次 AGC 指令下发时计算，次日统计前一日的平均值，月初统计上月的平均值。

5）AGC 控制模式说明。AGC 主站控制软件在对 AGC 机组进行远方控制时，可以采取多种控制模式，如：

a. 自动调节模式。自动调节模式又包括若干子模式：无基点子模式；带基点正常调节子模式；带基点帮助调节子模式；带基点紧急调节子模式；严格跟踪基点子模式。

b. 人工设定模式。

七、一次调频性能

并网发电厂均应具备一次调频功能并投入运行，其一次调频性能需满足所属电力调度结构的要求。

1. 一次调频的技术背景

一次调频是指当电力系统频率偏离目标频率时，发电机组通过调速系统的自动反应（汽轮机的进汽量或水轮机的进水量），调整有功功率以维持电力系统频率稳定。一次调频的特点是响应速度快，但是只能做到有差控制。

当电力系统频率偏离目标频率而调速系统未动作时，仅靠系统的自平衡能力来稳定电网供电频率的过程。当电网出现功率负荷不平衡后，电网中旋转机械的动能会随着电网频率的变化而变化，因此可吸收或释放部分能量来补偿系统能量的变化，同时用电设备的负荷也会随电网频率的变化而变化，从而可减缓供电频率的变化。

在电网频率按自然调频过程变化的同时，调节系统探测到机组转速的变化后，通过转速反馈作用迅速调整各发电机组的输出功率（对于汽轮机组来说就是改变调节阀开度，利用机组的蓄热），以降低频率变化的幅度，对频率实现有差的调整。

如前文所述，在网运行的负荷分为基本负荷区、正常负荷区和事故工况区，所对应的调频方式分别为发电负荷计划、AGC 自动控制及一次调频。负荷工况与对应的调频方式如图 7-63 所示。

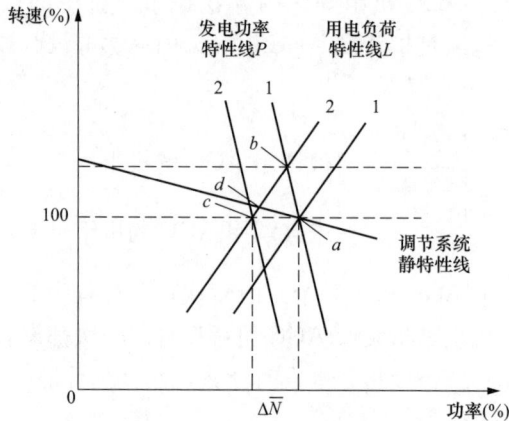

图 7-63　负荷工况与对应的调频方式

注：$a \rightarrow b$ 为电网功率出现不平衡、自然调频的过程；

$b \rightarrow d$ 为一次调频过程；$c \rightarrow d$ 为二次调频过程。

在正常工况下，负荷的低频慢变部分较多，因此在正常工况下一次调频投入与否的差别并不明显；电网事故多为突发情况，全网功率及供电负荷在短时间内会出现较大波动，对于负荷或功率的高频快变扰动，仅依靠二次调频的作用很难将频率控制在理想范围内，并有可能在二次调频未发生作用时电网已经发生频率崩溃等大型电网事故。即虽然表面上两种控制手段在正常工况下都可以使电网频率有较好的频率质量，但是两种情况下电网应付突变负荷的能力却是截然不同的。

2. 一次调频的表征指标

机组在电网频率发生波动时典型的一次调频调节过程，如图 7-64 所示。

表征一次调频贡献的指标如下：

（1）迟缓率。是指不会引起调节汽门位置改变的稳态转速变化的总值，以额定转速的百分率表示。

$$\varepsilon = (\Delta n / n_0) \times 100\%$$

迟缓率过大可能会引起转速不稳、事故工况调节阀无法快速关死、一次调频响应差等后果。

实际运行中，迟缓率一般均满足要求，不会对一次调频造成影响，并

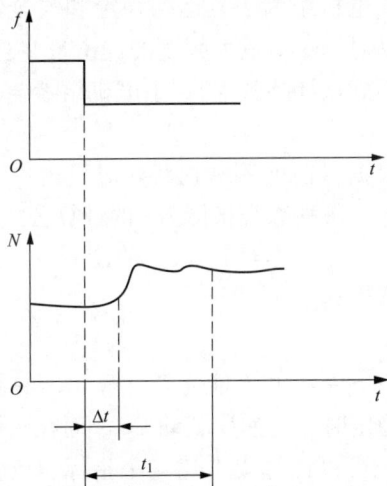

图 7-64　机组在电网频率发生波动时的一次调频调节过程

且迟缓率主要由调速系统（包括调速器、调节阀等部件）中的机械卡涩、摩擦、间隙等因素决定，在此不做深究。

（2）转速死区。是特指系统在额定转速附近对转速的不灵敏区。为了在电网频率变化较小的情况下，提高机组运行的稳定性，一般在电调系统设置有转速死区。但是过大的死区会减少机组参数一次调频的次数及性能的发挥。发电机组一次调频的转速死区应不超过 2r/min。

（3）响应滞后时间。机组参与一次调频的响应滞后时间（见图 7-64 中的 Δt），是指从电网频率变化达到一次调频动作值到机组负荷开始变化所需的时间。设置的目的是要保证机组一次调频的快速性。发电机组一次调频的响应滞后时间应不超过 3s。

（4）稳定时间。机组参与一次调频的稳定时间（见图 7-64 中的 t_1），这一指标是为了保证机组参与一次调频后，在新的负荷点尽快稳定。发电机组一次调频的稳定时间应不超过 60s。

（5）速度变动率（也称为转速不等率）。是在机组单机运行下给出的定义，对于液调系统在同步器给定不变的情况下，机组从满负荷状态平稳过渡到空负荷状态过程中，转速的静态增加与额定转速的相对比值（以额定转速的百分率表示），即为调速系统的速度变动率。即

$$\delta = \frac{n_1 - n_2}{n_0} \times 100\%$$

式中：n_1 为空负荷转速（负荷设定点不变）r/min；n_2 为满负荷转速（负荷设定点不变）r/min；n_0 为额定转速 r/min。

转速不等率 δ 一般为 4%～5%，δ 越低，机组功率对网频变化的灵敏度越高，即对机组的一次调频能力要求越高。发电机组一次调频的速度变动率应不高于 5%。

（6）调频幅度。火电机组为了其运行稳定和安全，可以设置一定的幅度限制（调频过大容易对锅炉造成大幅度的冲击，并且锅炉蓄热能力有限，过大的调频幅度也达不到预计的效果）；水电机组参与一次调频的负荷变化幅度不应加以限制。

（7）综合指标。根据目前的管理现状，对机组一次调频性能主要考核速度变动率这一项指标。考核综合指标 K_0 的计算公式为

$$K_0 = (1 \sim 5)\% / L$$

式中：L 为机组的速度变动率。

说明：

1）由于目前的 EMS 系统并不能完全计算出所有机组的 4 个指标（转速死区、响应时间、稳定时间和速度变动率），而在建的发电机组调节系统运行工况在线上传系统可以计算出上述 4 个指标。待条件成熟时，若转速死区、响应时间、稳定时间之一不满足规定的要求，则 $K_0 = 1$。

2）若计算出某机组的速度变动率 $L \geqslant 30\%$，则该机组视为未投入一次调频运行，则 $K_0 = 1$。

3. 一次调频要求及考核

目前在网机组一次调频考核所依据的相关规程及标准、文件有：

（1）并网发电厂辅助服务管理实施细则（侧重规定义务辅助服务和补偿）；

（2）发电厂并网运行管理实施细则（侧重规定管理和处罚，合称两个细则）；

（3）GB/T 30370《火力发电机组一次调频试验及性能验收导则》；

（4）DL/T 824《汽轮机电液调节系统性能验收导则》。

具体考核规定的指标为：发电机组一次调频的速度变动率不大于 5%；发电机组一次调频的转速死区应不超过 2r；发电机组一次调频的响应滞后时间应不超过 3s；发电机组一次调频的稳定时间应不超过 60s；发电机组一次调频的调频幅度根据机组容量的不同，要求而不同。

以华北电网为例（具体细节以实际执行文件为准）：

1）投入与否考核。未经电力调度机构批准停用机组的一次调频功能。发电厂每天的考核电量为

$$P_N \times 1(h) \times \alpha$$

式中：P_N 为机组额定容量，MW；α 为一次调频考核系数。

2）投入率考核。每月考核电量为

$$每月考核电量 = (100\% - \lambda) \times P_N \times 10(h) \times \alpha$$

式中：P_N 为机组额定容量，MW；α 为一次调频考核系数。

一次调频月投运率 =（一次调频月投运时间／机组月并网时间）× 100%

3）动作正确率考核。当某台机组并网运行时，在电网频率越过机组一次调频死区的一个积分期间，如果机组的一次调频功能贡献量为正（或者机组的一次调频动作指令表明机组在该期间机组一次调频动作），则统计为

该机组一次调频正确动作 1 次，否则，为不正确动作 1 次。即

$$正确率 = fcorrect / (fcorrect + fwrong)$$

式中：$fcorrect$ 为每月正确动作次数；$fwrong$ 为每月错误动作次数。

正确率不低于 80%，低于 80% 按月度考核。

$$每月考核电量 = (80\% - \lambda_{act}) \times P_N \times 2(h) \times \alpha$$

式中：λ_{act} 为月正确动作率；P_N 为机组额定容量，MW；α 为一次调频考核系数，数值为 3。

4）性能指标考核。每月考核电量为

$$每月考核电量 = K_0 \times P_N \times 1(h) \times \alpha$$

式中：K_0 为一次调频综合指标；P_N 为机组额定容量，MW；α 为一次调频考核系数，数值为 3。

4. 一次调频基本控制策略

火力发电机组一般采用 DEH＋CCS 的一次调频实现方案。其中：

DEH 侧是执行级，是有差、开环调节，保证快速性。DEH 瞬间调整汽轮机高压进汽调节门，利用机组蓄热能力，快速增、减机组功率。如图 7-65（a）所示。

CCS 侧是校正级，是无差、闭环调节，保证持续性和精度。根据设计的速度变动率指标进行功率校正。如图 7-65（b）所示。

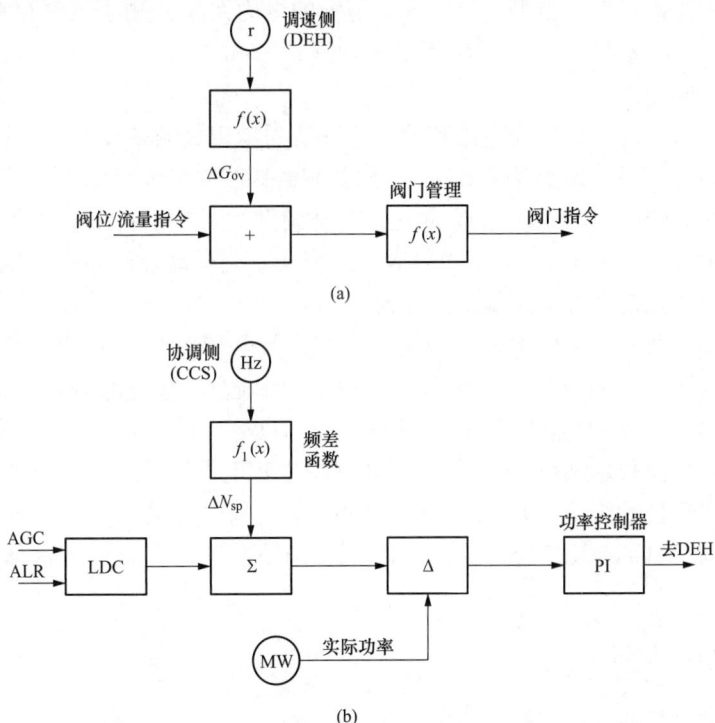

(a)

(b)

图 7-65 火力发电机组一次调频方案

（a）调速侧（DEH）；（b）协调侧（CCS）

787

第七节 同步相量测量装置（PMU）

随着全球经济一体化发展，能源分布和经济发展的不平衡，电网互联运行的巨大效益，使大电网互联、跨国联网输电的趋势不断发展。电网互联产生电网稳定运行问题日益突出，提出构建 WAMS 系统。目前国内大多数区域已将其作为除保护/安控装置外的第三道防线。

电力系统稳定按性质可分为三种：功角稳定、电压稳定和频率稳定。同步相量测量装置 PMU 可为功角稳定提供最直接的原始数据。

由于缺乏有效的监视手段，导致的美国 8·14 大停电事故，给世界各国的电力系统监测与稳定控制敲响了警钟。随着我国电网规模的逐步壮大，对电力系统的监控手段也提出了更高要求。

传统的电力系统监测手段主要有侧重于记录电磁暂态过程的各种故障录波仪和侧重于监测系统稳态运行状况的 SCADA 系统。但两者都存在不足：传统的故障录波器只能记录故障前后几秒的暂态波形，由于数据量大，难以全天候保存，而且不同地点之间缺乏准确的共同时间标记，记录数据只是局部有效，难以用于对全系统动态行为的分析；SCADA 虽能大约提供 4s 刷新一次的稳态数据，但对电网的动态状态预测、低频振荡、故障分析等几乎不能提供任何帮助。所以说，传统的电力系统监测手段都存在弊端，因此，电力学术界提出"同步相量测量理论"和"实时动态监测系统"来解决这一问题。

在电力系统重要的变电站和发电厂安装同步相量测量装置（PMU），构建电力系统实时动态监测系统，并通过调度中心站实现对电力系统动态过程的监测和分析。该系统已成为电力系统调度中心的动态实时数据平台的主要数据源，并逐步与 SCADA/EMS 系统及安全自动控制系统相结合，以加强对电力系统动态安全稳定的监控。

从 20 世纪 90 年代中期，国内的一些高校和研究机构开始研究相角测量装置（当时大部分为正序相角，每秒 1 次上送），并有部分投入试运行。2006 年 4 月，国家电网公司正式发布了 Q/GDW 131—2006《电力系统实时动态监测系统技术规范》，并作为三峡（左岸）电力系统实时动态监测系统项目的主要技术规范，从此拉开了 PMU 在全国电力系统的广泛应用的序幕。目前 PAC2000、CSS-200、SMU 等 PMU 装置已在全国各区域电网普遍应用。

一、PMU 装置

广域测量系统由五部分组成：

（1）相量测量装置（PMU）：用于进行同步相量的测量和输出以及进行动态记录的装置。PMU 的核心特征包括基于标准时钟信号的同步相量测量、失去标准时钟信号的守时能力、PMU 与主站之间能够实时通信并遵循有关通信协议。

（2）数据集中器（DC）：用于站端数据接收和转发的通信装置，能够同时接收多个通道的测量数据，并能实时向多个通道转发测量数据。

（3）子站：安装在同一发电厂或变电站的相量测量装置和数据集中器的集合。子站可以是单台相量测量装置，也可以由多台相量测量装置和数据集中器构成，一个子站可以同时向多个主站传送测量数据。

（4）主站：安装在电力系统调度中心，用于接收、管理、存储、分析、告警、决策和转发动态数据的计算机系统。

（5）电力系统实时动态监测系统：基于同步相量测量以及现代通信技术，对地域广阔的电力系统动态过程进行监测和分析的系统。

以 SCADA/EMS 为代表的调度监测系统，是在潮流水平上的电力系统稳态行为监测系统，缺点是不能监测和辨识电力系统的动态行为。部分带有同步定时的故障录波装置由于缺少相量算法和必要的通信联系，也无法实时观测和监督电力系统的动态行为。随着"西电东送、全国联网"工程的建设，我国电网互联规模越来越大，电网调度部门迫切需要一种实时反映大电网动态行为的监测手段。

全球定位系统（GPS）向电力系统监控设备提供高精度同步时钟，将电网各状态量直接反映统一时间断面上，使电网中各节点之间的相角测量成为可能。随着我国电力通信系统的发展，各大电网普遍具备了光纤通信条件，电力数据网也深入到发电厂和变电站，它为电力系统动态监测提供了高速数字通信通道。总之，我国已经具备实施电网动态监测系统的基础条件。

同步相量测量系统也称广域测量系统（WAMS），是相量测量单元（PMU）、高速数字通信设备、电网动态过程分析设备的有机组合体。它是一个实时同步数据集中处理平台，为电力部门充分利用同步相量数据提供进一步支持。它逐级互联可以实现地区电网、省电网、大区域电网和跨大区电网的同步动态安全监测。

二、PMU 功能

（1）PMU 设计思路主要有以下几种：

1）功能实现方式主要有：相量测量＋故障录波（采用得比较多）；相量测量＋电能质量（采用得比较多）；相量测量＋继电保护（采用得比较多）；相量测量＋RTU（采用得比较少）。

2）硬件设计方式主要有：嵌入式采集（可靠性高，采用得比较多）；计算机插板（可靠性受制于计算机及 WIN 软件，采用的比较少）。

3）通信实现方式主要有：RS232（采用得比较少）；10/100M 以太网（采用得比较多）。

（2）PMU 主要技术指标及国内外比较见表 7-6。

表 7-6　PMU 主要技术指标及国内外比较

技术指标	国外	国内
开关分辨率	0.1ms	0.1ms
模拟精度	0.1%	0.1%
A/D 位数	16	16
采样点	384 周	200 周
对时	GPS/1μs	GPS/1μs
通信	10Mbit/s	10/100Mbit/s
功能	非单一	单一
相量刷新速度	25 次/s	100 次/s
多线路测量	1～2 条线路/单元	>8 条线路/单元
发电机键相测量	无	有

（3）PMU 的组成。PMU 主要由核心单元、辅助单元和配套软件包组成。其中：

1）核心单元包括：

同步相量采集单元：用于电压、电流和开关量的实时同步测量；

GPS 授时单元：提供统一的时钟基准，支持级联扩展；

数据集中处理单元：完成数据处理、远方通信和数据存储；站内可配置多台数据集中处理单元，构成冗余记录模式。

PMU 核心单元：即测量硬件单元，如图 7-66 所示。

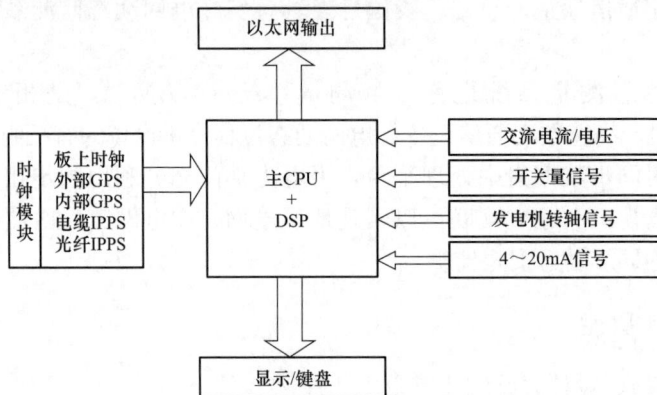

图 7-66　PMU 核心单元框图

PMU 的硬件结构如图 7-67 所示。

2）辅助单元包括：

电力系统通信接口装置：工业级的以太网光电转换装置；

以太网交换机：工业级的 16 口 10M/100M 自适应以太网交换机；

内电动势测量装置：直接测量发电机功角和内电动势绝对角；

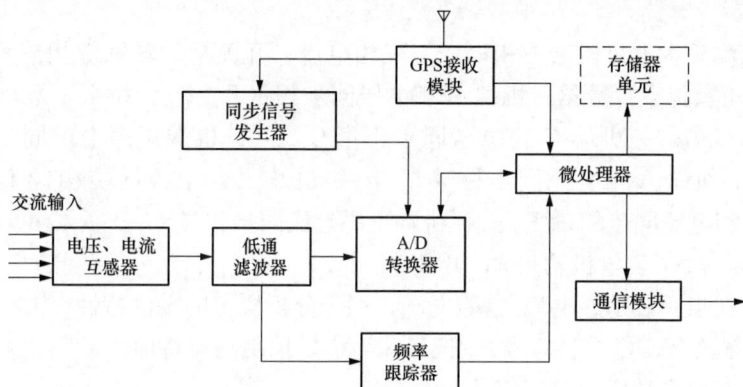

图 7-67 PMU 的硬件结构框图

子站本地监视工作站：实时监视、分析子站数据。

3）配套软件包包括：

装置测试软件：用于完成装置的软硬件测试及参数设定功能；

离线数据分析软件：用于下载回放记录的相量数据及模拟量采样数据，并提供必要的分析功能。

PMU 主要软件模块有：GPS 授时信号处理模块；模拟量信号采集处理模块；开关量信号采集处理模块；发电机内电动势信号采集处理模块；数据转换模块（如将三相电压转换成正序量传送）；通信模块；扰动录波模块；控制输出模块（输出 4～20mA 控制信号）。

（4）PMU 的主要功能。作为电网动态安全监测系统的子站测量单元，即通常所说的 PMU 子站或功角测量子站，其主要功能包括：

1）装置的输入/输出信号。PMU 装置的输入信号包括：

a. 线路电压、线路电流（监控 TA）。

b. 开关量信号。

c. 发电机轴位置脉冲信号，可以是键相信号或转速信号。

d. 用于励磁、AGC 等的 4～20mA 控制信号。

e. GPS 标准时间信号。

PMU 装置的输出信号包括：

a. 用于中央信号的告警信号。

b. 用于通信用的 10/100M 以太网及 RS232 接口。

c. 用于控制用的 4～20mA 输出信号。

2）同步测量相量。

a. 测量每条线路三相电压、三相电流、开关量，通过计算获得：A 相电压同步相量 U_a/φ_{ua}；B 相电压同步相量 U_b/φ_{ub}；C 相电压同步相量 U_c/φ_{uc}；正序电压同步相量 U_1/φ_{u1}；A 相电流同步相量 I_a/φ_{ia}；B 相电流同步相量 I_b/φ_{ib}；C 相电流同步相量 U_c/φ_{ic}；正序电流同步相量 I_1/φ_{i1}；开

关量。

b. 测量发电机机端三相电压、三相电流、开关量、转轴键相信号，通过计算可获得以下数据：机端 A 相电压同步相量 U_a/φ_{ua}；机端 B 相电压同步相量 U_b/φ_{ub}；机端 C 相电压同步相量 U_c/φ_{uc}；机端正序电压同步相量 U_1/φ_{u1}；机端 A 相电流同步相量 U_a/φ_{ia}；机端 B 相电流同步相量 I_b/φ_{ib}；机端 C 相电流同步相量 I_c/φ_{ic}；机端正序电流同步相量 I_1/φ_{i1}；内电动势同步相量 $\varepsilon/\varphi_\varepsilon$；发电机功角 δ；开关量。

c. 同步测量励磁电流/励磁电压，用于分析机组的励磁特性。

d. 同步 AGC 控制信号，用于分析 AGC 控制响应特性。

e. 获取高精度的时间信号。

3）判别并获取事件标识。

a. 当电力系统发生下列情况时应建立事件标识：频率越限；频率变化率越限；幅值越上限，包括正序电压、正序电流、负序电压、负序电流、零序电压、零序电流、相电压、相电流越上限等；幅值越下限，包括正序电压、相电压越下限等；线性组合，包括线路功率振荡、低频振荡等；相角差越限，即发电机功角越限。

b. 当装置监测到继电保护或/和安全自动装置跳闸输出信号（空触点）或接到手动记录命令时应建立事件标识，以方便用户获取对应时段的实时动态数据。

c. 当同步时钟信号丢失、异常以及同步时钟信号恢复正常时，装置应建立事件标识。

4）实时监测功能。

a. 装置应具备同时向主站传送实时监测数据的能力。

b. 装置应能接收多个主站的召唤命令、传送部分或全部测量通道的实时监测数据。

c. 装置实时监测数据的输出速率应可以整定，在电网正常运行期间应具有多种可选输出速率，但最低输出速率不低于 1 次/s；在电网故障或特定事件期间，装置应具备按照最高或设定记录速率进行数据输出的能力。

d. 装置实时监测数据的输出时延（相量时标与数据输出时刻之间的时间差）应不大于 30ms。

5）实时记录功能。

a. 装置应能够实时记录全部测量通道的相量数据。

b. 装置实时记录数据的最高速率应不低于 100 次/s，并具有多种可选记录速率。

c. 装置实时记录数据的保存时间不少于 14 天。

6）广域启动或扰动启动录波。

a. 具备暂态录波功能。用于记录瞬时采样的数据的输出格式符合 ANSI/IEEE PC37.111—1991（COMTRADE）的要求。

b. 具有全域启动命令的发送和接收，以记录特定的系统扰动数据。

c. 可以以 IEC 60870-5-103 或 FTP 的方式和主站交换定值及故障数据。

7）就地数据管理及显示。

a. 装置的参数当地整定。

b. 装置的测量数据可以在计算机界面上显示出来。

8）同步相量数据传输。装置根据通信规约将同步相量数据传输到主站，传输的通道根据实际情况而定，如：2M/10M/100M/64k/Modem 等，传输通信链路一般采用 TCP/IP。

9）与当地监控系统交换数据。装置提供通信接口用于和励磁系统、AGC 系统、电厂监控系统等进行数据交换。

10）数据存储。在最大数据量和最高密度条件下，装置动态数据帧的保存时间应不少于 14 天。

三、PMU 用途

作为 WAMS/WAMAP 系统的基础，PMU 为电网的安全提供丰富的数据源，包括：正常运行的实时监测数据；小扰动情况下的离线数据记录；大扰动情况下的录波数据记录，对电网安全监测具有重要意义。

PMU 的主要用途体现在以下几个方面：

（1）进行快速的故障分析。在 PMU 系统实施以前，对广域范围内的故障事故分析，由于不同地区的时标问题，进行故障分析时，迅速地寻找故障点分析事故原因比较困难，需要投入较大的人力物力；而通过 PMU 实时记录的带有精确时标的波形数据，对事故的分析提供有力保障，同时，通过其实时信息，可实现在线判断电网中发生的各种故障以及复杂故障的起源和发展过程，辅助调度员处理故障，给出引起大量报警的根本原因，实现智能告警。

（2）捕捉电网的低频振荡。电网低频振荡的捕捉是 PMU 装置的一个重要功能，通过传统的 SCADA 系统分析低频振荡，由于其数据通信的刷新速度为秒级，不能够很可靠地判断出系统的振荡情况，而基于 PMU 高速实时通信（每秒可高达 100Hz 数据）可快速地获取系统运行信息。

（3）实时测量发电机功角信息。发电机功角是发电机转子内电动势与定子端电压或电网参考点母线电压正序相量之间的夹角，是表征电力系统安全稳定运行的重要状态变量之一，是电网扰动、振荡和失稳轨迹的重要记录数据。

（4）分析发电机组的动态特性及安全裕度分析。通过 PMU 装置高速采集的发电机组励磁电压、励磁电流、汽门开度信号、AGC 控制信号、PSS 控制信号等，可分析出发电机组的动态调频特性，进行发电机的安全裕度分析，为分析发电机的动态过程提供依据。监测发电机进相、欠励、过励等运行工况，异常时报警；绘制发电机运行极限图，根据实时测量数据确定发电机的运行点，实时计算发电机运行安全裕度，在异常运行时告警。

四、PMU 关键技术

1. 测量精度问题

PMU 对模拟量的测量精度可达 0.1%，前提是需要解决以下问题：

（1）高精度测量：电流范围 $0\sim3I_N$，幅值测量误差极限 0.2%。

（2）高速计算，多次迭代：双 CPU 快速采样，FFT 计算，每周波 200 点，一～九十九次谐波。

PMU 对频率的测量精度可达 0.001Hz，前提是需要解决以下问题：

（1）高精度计数源。

（2）软件频率计算/平滑。

2. 授时/守时精度

授时精度可达 5μs，需要考虑：

（1）GPS 模块精度误差限制在 100ns 以内。

（2）1PPS 上升沿误差限制在 100ns 以内。

（3）CPU 采样时间响应误差限制在 1μs 左右。

（4）光纤传输延迟误差限制在 5μs/1km 以内（可校）。

守时精度可达 55μs/2h，需要考虑：

（1）GPS 传导微波信号，易受到干扰。

（2）GPS 受到干扰时时间精度无参考价值。

（以上是目前 GPS 时间不准的主要原因）

（3）采用高稳定度晶振实现守时。

（4）采用原子钟技术实现守时（9μs/天）。

目前采用（$10e^{-9}$）的 XTAL 实现 55μs/2h 守时精度，如图 7-68 所示。

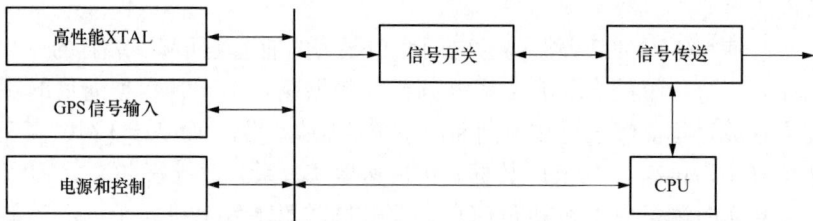

图 7-68　采用（$10e^{-9}$）的 XTAL 实现 55μs/2h 守时精度

未来采用（$10e^{-10}$ 以上）的 XTAL 实现 9μs/24h 守时精度，如图 7-69 所示。

PMU 装置一般利用 GPS 系统的授时信号 IPPS 作为数据采样的基准时钟源，利用 GPS 的秒脉冲同步装置的采样脉冲，采样脉冲的同步误差不大于 ±1μs，为保证同步精度，宜使用独立的 GPS 接收系统；装置内部造成的任何相位延迟必须被校正。当同步时钟信号丢失或异常时，装置应能维

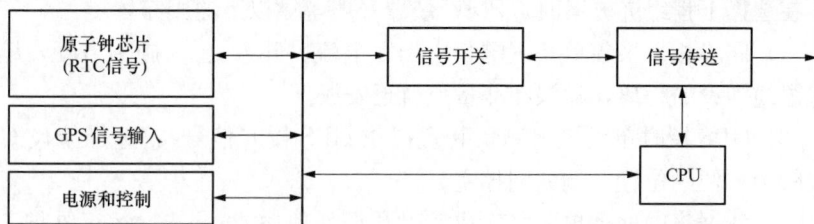

图 7-69　采用（$10e^{-10}$以上）的 XTAL 实现 9μs/24h 守时精度

持正常工作，要求在失去同步时钟信号 60min 以内装置的相角测量误差不大于 1°，同时，对于装置的同步时钟锁信能力还要求满足：

（1）温启动（停电 4h 以上、半年以内的 GPS 主机开机）时间不大于 50s。

（2）热启动（停电 4h 以内的 GPS 主机开机）时间不大于 25s。

（3）重捕获时间不大于 2s。

3. 发电机内电动势相角测量

发电机内电动势相角测量主要用于：发电机内电动势数值计算、发电机内电动势初相角自动测定。另外，通过 PMU 有助于实现利用键相信号测量发电机功角的工程化实施。

4. PMU 装置的技术指标

（1）模拟量采样频率：4800Hz。

（2）GPS 时标精度：1μs。

（3）相角测量误差：0.1°。

（4）相量幅值测量相对误差：0.2%（测量回路）。

（5）功率测量相对误差：0.5%（测量回路）。

相量幅值和功率测量误差计算

$$测量误差 = \frac{测量值 - 实际值}{实际值} \times 100\%$$

（6）频率测量误差：0.001Hz。

（7）相量测量装置输出延迟时间：<30ms。

（8）稳态循环记录的记录速率：25、50、100、200 次/s。

（9）稳态循环记录时间长度：不少于 14 天。

（10）实时监测数据的输出速率：25、50、100 次/s。

（11）扰动记录时间长度：超前记录时间不低于 5s，事后记录时间不低于 15s。

五、PMU 的实施方案

PMU 装置的组屏方案遵循分布式设计思想，可根据现场要求灵活搭建系统，既能集中组屏，也能将测量单元下放到各个小间实现分布组屏。

在选择工程组屏方案时，PMU 装置一般遵循以下原则布置：

（1）同步相量采集单元（测量电压、电流、开入）：为施工方便，缩短二次电缆铺设的距离，建议在测量点就近安放。

（2）GPS 授时单元（为测量装置提供 GPS 授时信号）：选择架设 GPS 天线较为方便的位置，例如网控室。

（3）数据集中处理单元（完成实时数据处理功能）：选择运行维护人员易于监视和维护的地点。

（4）电力系统通信接口装置（以太网光电转换器）：通常安装在数据集中处理单元所在屏柜和通信机房。

（5）以太网交换机：与数据集中处理单元放置在一个屏柜上。

（6）内电动势测量装置（实测发电机功角和内电动势绝对角）：为缩短键相脉冲的传输距离，减小信号干扰，一般就近安装在发电机集控室。

以北京四方公司 CSS-200 系列 PMU 为例，其组屏方式分集中组屏和分布组屏两种方式。

（1）集中组屏方式。图 7-70 所示为集中组屏方式，其特点是测量单元、GPS 授时单元与数据集中处理单元都布置在一面屏柜上，此方案要求所有二次电缆均集中到测量屏。

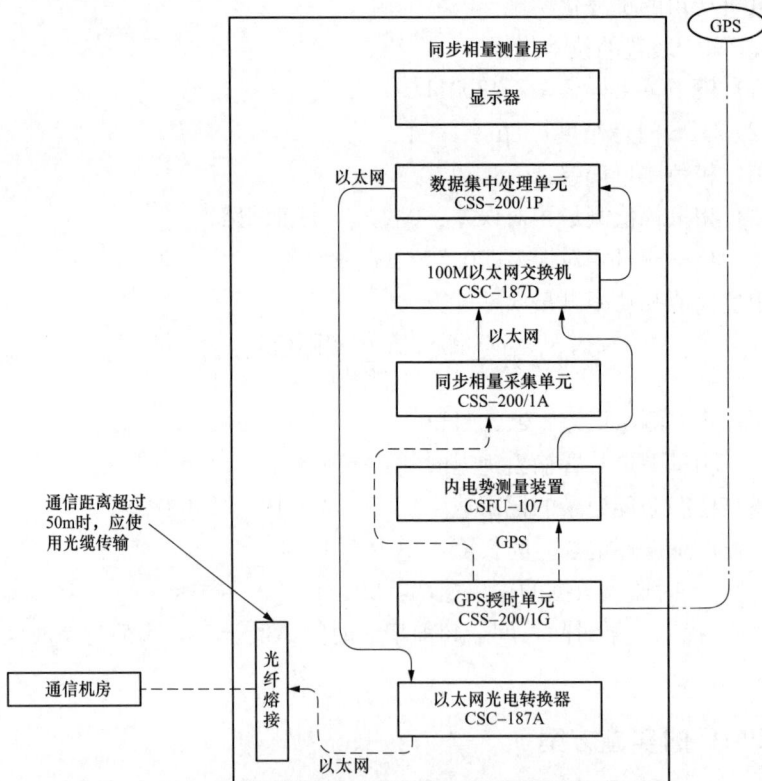

图 7-70　CSS-200/1 系列集中组屏方式示意图

图 7-70 中连接线的箭头表示信号流向。GPS 授时单元 CSS-200/1G 通过光纤跳线为本屏的测量装置 CSS-200/1A、CSFU-107 提供 GPS 授时信号，测量装置、数据集中处理器 CSS-200/1P 均通过以太网双绞线和以太网交换机 CSC-187D 连接，CSS-200/1P 完成数据处理、远方通信、数据存储功能，同时驱动显示器实现图形界面显示。

图 7-70 中：实线表示以太网双绞线，虚线表示光纤或光缆，点划线表示其他信号线。

（2）分布式组屏方式。图 7-71 所示为分布式组屏方式，其特点是站内的测量单元采用分布式布置，与数据集中处理单元和 GPS 授时单元间采用光纤连接，根据电厂或变电站的实际情况，可将测量单元就近安装，减少二次电缆铺设，但会增加测量屏柜、光缆和测量装置，造价相对集中方式高。

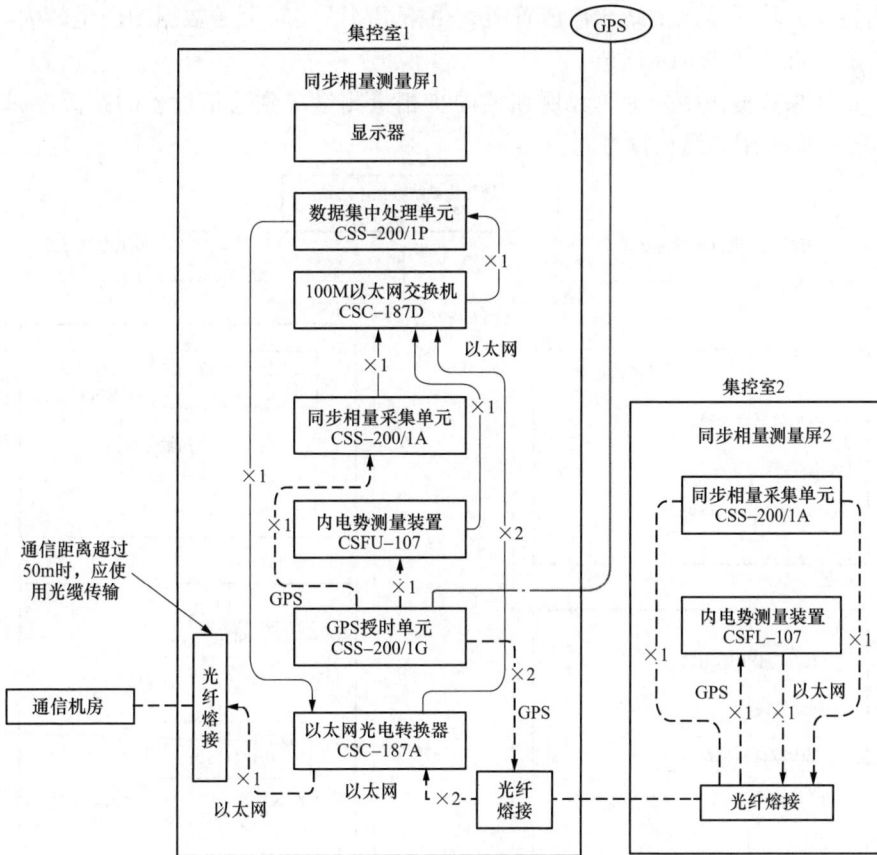

图 7-71　CSS-200/1 系列分布组屏方式示意图

分布式布置时 PMU 装置的连接原理与集中式类似，差别仅在于 GPS 授时信号通过光缆传输至布置在小间的测量装置，测量装置上送的数据也通过光缆传输至主屏柜，经以太网光电转换器转换为电信号后再接入以太网交换机。

分布组屏方式下 GPS 授时光缆长度超过 1km 时，造成的光纤延时将超过 5μs，直接影响相量测量精度，CSS-200/1 系列装置采用特殊技术可以对光纤延时进行补偿，保证最终提供给测量装置的 GPS 授时信号精度达到 1μs。

图 7-71 中：实线表示以太网双绞线，虚线表示光纤或光缆，点划线表示其他信号线。连接线上的 "×1" "×2" 表示信号连接线的路数。

PMU 子站和 WAMS 主站之间通信方式（见图 7-72）有两种：

一是：电力数据网方式。数据集中处理单元的以太网口直接与通信机房电力数据网交换机的 RJ45 以太网口连接。

二是：2M/64k 专线方式。数据集中处理单元的以太网口与附加的协议转换器连接，实现以太网到 2M/k 的转换，然后经两根（一收一发）同轴电缆接入子站端 SDH 设备，主站侧再通过协议转换器，实现 2M/k 到以太网转换，然后接入主站通信前置机；由于 PMU 实时上送数据的流量较大，一般不推荐使用 64k 通道。

如果数据集中处理单元所在的同步相量测量屏到通信设备的距离超过 50m，应采用光缆传输方式。

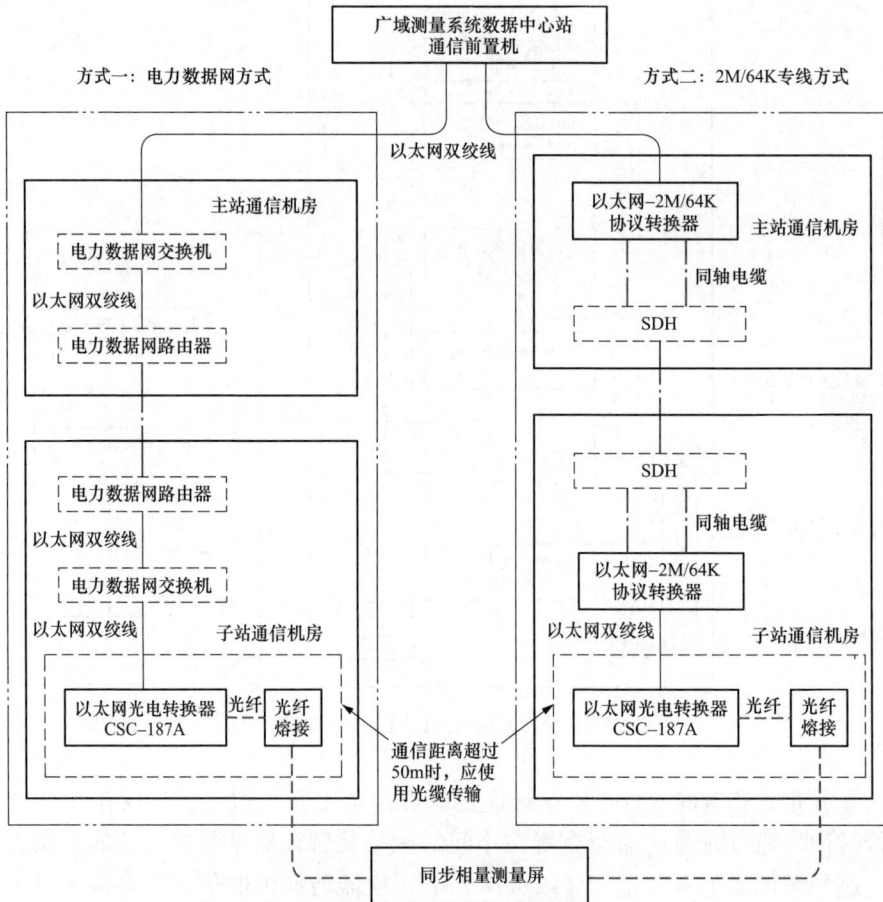

图 7-72 子站与主站的通信方式

第八节 自动消谐装置

一、厂用电铁磁谐振现象

在发电厂 3～10kV 高压厂电等中性点非有效接地的电力系统中，当发生单相接地、操作过电压等情况时，电压互感器承受电压升高导致铁磁电感饱和作用引起的持续性、高幅值谐振过电压现象。

小电流接地系统中铁磁谐振的频繁发生直接威胁到电力系统的安全运行，严重时甚至会引起电压互感器、电缆等设备因过电压损坏，从而造成事故。

二、铁磁谐振过电压原理

铁磁谐振仅发生在含有铁芯电感的电路中。当电感元件带有铁芯时（如变压器、电压互感器等），一般都会出现饱和现象，这时电感不再是常数，而是随着电流或磁通的变化而变化，在满足一定条件时，就会产生铁磁谐振现象。铁磁元件的饱和特性，使其电感值呈现非线性特性，所以铁磁谐振又称为非线性谐振。

为探讨铁磁谐振过电压最基本的特性，可利用图 7-73 的 L-C 串联谐振电路进行分析。假设正常运行条件下，其初始感抗大于容抗（$\omega L > 1/\omega C$），电路不具备谐振的条件，而电感线圈中出现涌流时就有可能使铁芯饱和，感抗下降，使 $\omega L = 1/\omega C$，满足串联谐振条件，产生谐振。

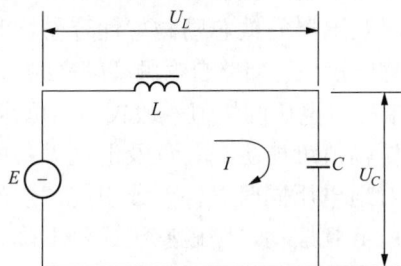

图 7-73 串联铁磁谐振电路

图 7-74 为铁芯电感和电容上的电压（U_L、U_C）（有效值）随电流变化的曲线。U_C 为一直线；在铁芯未饱和时 U_L 基本上是一直线，当电流增大，铁芯饱和后，电感值减小，U_L 不再是直线，因此两条伏安特性曲线必相交，这是产生铁磁谐振的前提。产生铁磁谐振的必要条件：$\omega L_0 > 1/\omega C$，L_0 为未饱和时的电感值。

发电厂铁磁谐振是电力系统自激振荡的一种形式，是由于变压器、电压互感器等铁磁电感的饱和作用引起的持续性、高幅值谐振过电压现象，

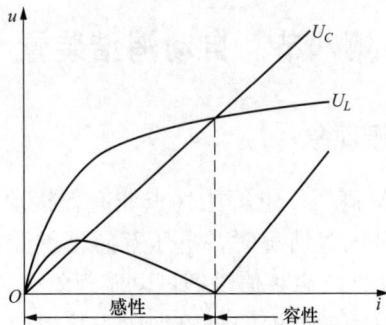

图 7-74 串联铁磁谐振电路伏安特性曲线

主要有以下特点：

（1）TV 的铁芯电感为非线性的，电感量随电流增大，铁芯饱和而趋于平稳。

（2）铁磁谐振需要一定的激发条件，使电压、电流幅值从正常工作状态转移到谐振状态。如电源电压暂时升高、系统受到较强烈的电流冲击等。

（3）铁磁谐振存在自保持现象。激发因素消失后，铁磁谐振过电压仍然可以继续长期存在。

（4）铁磁谐振过电压幅值主要取决于铁芯电感的饱和程度。

三、铁磁谐振过电压危害

铁磁谐振过电压分为工频、分频和高频谐振过电压，常见的为工频和分频谐振。当电压互感器的励磁电感很大时，回路的自振频率很低，可能产生分频谐振；当电压互感器的铁芯励磁特性容易饱和时或系统中有多台电压互感器、并联电感值较小、回路自振频率较高时，则产生高频谐振。

工频和高频铁磁谐振过电压的幅值一般较高，可达额定值的 3 倍以上，起始暂态过程中的电压幅值可能更高，危及电气设备的绝缘结构。工频谐振过电压可导致三相对地电压同时升高，或引起"虚幻接地"现象。分频铁磁谐振可导致相电压低频摆动，励磁感抗成倍下降，过电压并不高，一般在 2 倍额定值以下，但感抗下降会使励磁回路严重饱和，励磁电流急剧加大，电流大大超过额定值，导致铁芯剧烈振动，使电压互感器一次侧熔丝、绕组过热烧毁。

四、铁磁谐振防范措施

（1）选用励磁特性较好的电磁式电压互感器。发电厂厂用电系统一般选用在 1.9 倍额定相电压下励磁特性较好（铁芯未饱和）的电磁式电压互感器。

（2）运行操作时，采取临时措施（如投退电气设备），改变系统参数，破坏谐振参数。

（3）电压互感器一次中性点串入非线性电阻，利用 TV 铁芯饱和时励磁电流增大，非线性电阻分压从而达到降低 TV 励磁电压和励磁电流，恢复电感参数的方法。此方法的缺点是正常运行时 TV 测量电压会产生漂移。

（4）在电磁式电压互感器的二次开口三角剩余绕组上，加装负载或在谐振时投入负载。

五、自动消谐装置工作原理

自动消谐装置的基本原理和工作方式就是在检测到系统发生铁磁谐振时，在 TV 二次开口三角剩余绕组上投入消谐电阻。

自动消谐装置实时检测 TV 开口三角电压，应用算法计算出零序电压的四种频率分量。当开口三角额定电压为 100V 时，动作判据一般如下：

（1）谐振判据：17Hz 零序谐波电压大于等于 17V；25Hz 零序谐波电压大于等于 25V；150Hz 零序谐波电压大于等于 33V。

（2）接地判据：零序基波电压大于等于 30V。

（3）过压判据：基波线电压大于等于 120V，启动消谐出口，消谐成功认为是基波谐振，不成功则认为是谐振过压。

当检测到谐振时，装置就投入消谐电阻或元件。

第九节 其他防止电力系统失稳的控制装置

一、失稳控制

1. 暂态稳定控制

暂态稳定控制的控制目标是对预想的运行方式和故障存在的暂态稳定问题，由稳控装置依据控制策略表实施切机、切负荷或解列等控制措施，保持系统的暂态稳定。主要控制措施有：

（1）在电力系统送端采取切除发电机组的稳定控制措施，以快速降低送端电源的加速能量。

（2）送端大量切机造成受端电网功率缺额时，可在受端负荷中心采取集中切负荷措施，但应与送端的切机措施相协调，尽可能少切负荷，并防止出现过电压。

（3）弱联系的联络线一般是互联电网暂态稳定的薄弱环节，若经过计算解列联络线对电力系统的总体损失最小，则宜采取解列互联电网联络线的控制措施。

（4）直流系统的功率调制、可控串补、串联电容补偿、并联电容补偿等作为稳定控制措施来提高输电断面的输送能力。

2. 平息低频振荡控制

平息低频振荡控制的控制目标是当电力系统中产生了一定振幅且持续

的低频振荡时，应采取措施消除振荡源，尽快减弱、平息、消除振荡。主要控制方法有：

（1）借助电网调度信息、实时动态监测系统或其他自动告警信息，判明并解列振荡源。

（2）视振荡情况，退出相关电厂机组自动发电控制系统（AGC）、厂站无功电压自动控制系统。

（3）立即降低送电端发电出力。

（4）发电厂和装有调相机的变电站应立即增加发电机、调相机的励磁电流，提高电压。

（5）应投入直流输电系统、可控串补等新型输电技术的附加阻尼控制提高互联系统的动态稳定性。

3. 消除过负荷控制

消除过负荷控制的控制目标是根据设备本身的过负荷能力以及现场运行管理规程，在发生单一严重故障时，通过控制措施限制或消除设备过负荷。主要控制方法有：

（1）由稳控装置依据控制策略表实施切机、切负荷、提升或回降直流功率等控制措施来限制设备过负荷。

（2）电源送出线路过负荷宜采取切除送端机组的控制措施。

（3）负载中心线路或变压器过负荷宜采取切除本地区负荷的控制措施。

（4）穿越性功率引起的元件过负荷，宜以调整运行方式为主，辅以首端切机和受端切负荷的控制措施。

4. 频率控制

频率控制的控制目标是防止大机组跳闸、直流闭锁、系统解列等原因使得系统频率超出短时允许范围，应采取频率控制措施，使系统频率保持在允许范围内，并确保不危及有关设备的安全。

主要控制方法：根据扰动情况，采取联切机组、直流调制等稳定控制措施，防止送端频率升高；采取集中切负荷、切泵、调制直流、启动备用电源等稳定控制措施，防止受端频率降低。

5. 电压控制

电压控制的控制目标是为防止电力系统出现扰动后，无功功率缺额或过剩，某些节点的电压降低或升高到不允许的数值，甚至可能出现电压崩溃或威胁设备安全时，应采取电压控制措施使电压保持在允许范围内。

主要控制方法：根据扰动情况，设置限制电压降低或升高的稳定控制措施，包括发电机强励、投入电容补偿装置或强行补偿等增发无功的措施，切除并联电抗器、切负荷等降低无功需求的措施，以及切除并联电容器等减少无功源的措施。

二、失稳控制装置及配置

1. 安全稳定控制装置（系统）

应依据 GB 38755—2019《电力系统安全稳定导则》的规定，在必要的电力系统安全稳定计算的基础上，根据稳定控制措施的要求配置安全稳定控制装置（系统）。安全稳定控制装置（系统）可根据电网具体情况采用下列控制措施（电化学储能电站存在更多控制措施）：

（1）切机；

（2）切负荷或抽水蓄能电站泵机；

（3）投入备用电源（如储能电站）；

（4）调整直流输电系统输送功率；

（5）解列联络线；

（6）调整 UPFC、TCSC、CSR、STATCOM 等 FACTS 设备；

（7）调整发电机有功、无功输出；

（8）调整调相机无功输出；

（9）投切串、并联无功补偿装置。

安全稳定控制装置（系统）宜按分层、分区原则配置；同一厂站需解决不同电压等级电网的稳定问题时，安全稳定控制装置（系统）宜按电压等级独立配置；两个及以上安全稳定控制系统需要监测或控制同一电力设备时，可分别配置各自独立的安全稳定控制装置（系统）；220kV 及以上电压等级系统的安全稳定控制装置（系统）宜按双重化原则配置；各类安全稳定控制措施、安全稳定控制装置（系统）之间应相互协调配合：

（1）安全稳定控制装置（系统）动作后，不应启动重合闸和断路器失灵保护。

（2）安全稳定控制装置（系统）切除负荷或机组后，应闭锁相关备用电源自动投入装置、重合闸装置及相关机组 AGC 功能，防止已切除的负荷再次投入或者已切除的机组被其他运行机组转代出力。

2. 低频振荡监测与控制装置（系统）

经分析计算存在低频振荡风险或已发生过低频振荡的电网，应配置低频振荡监测与控制装置（系统）。

低频振荡监测与控制装置（系统），应能根据自身采集的数据或电网调度系统提供的测量数据，识别频率范围在 $0.1 \sim 2.5\,\mathrm{Hz}$ 的低频振荡，并根据振荡情况采取措施消除振荡源，尽快减弱、平息、消除振荡。

3. 次同步振荡监测与控制装置（系统）

存在以下情况的电网，宜装设次同步振荡监测与控制装置（系统）（新能源场站存在更多适用情况）：

（1）汽轮发电机组送出工程及近区存在串联补偿装置或直流整流站；

（2）新能源电站集中接入、短路比（SCR）较低；

（3）新能源电站近区存在串联补偿装置或直流整流站；

（4）已发生过次同步振荡；

（5）其他存在次同步振荡或超同步振荡风险的情况。

次同步振荡监测与控制装置（系统），应能识别频率范围为 $5\sim45\mathrm{Hz}$ 的功率振荡或频率范围为 $5\sim45\mathrm{Hz}$ 和 $55\sim95\mathrm{Hz}$ 的间谐波电流，应能根据振荡情况采取措施尽快抑制振荡。

第十节　其他防止电力系统崩溃的控制装置

一、消除失步控制

在电力系统内出现失步状态时，应尽快解列失步机组或采取系统解列控制措施，在预定的联络断面将系统解列为两个部分，以消除失步振荡状态。对于远方大型电厂、220kV 以下的局部系统，负荷条件时，可采取再同步控制，使失步的系统恢复同步运行。消除失步状态，应在失步运行允许时间内尽快实现，该允许时间由电力系统设备损坏的风险性、对重要用户工作的破坏和对稳定事故进一步扩大（如发展为多机振荡）等因素来确定。系统中消除失步状态的控制系统应相互协调配合，不应出现无选择性动作情况。

1. 失步解列控制方案

应根据电网各种运行方式。各种失步振荡模式的分析、解列措施的有效性来确定，一般按下述步骤进行：

（1）根据电网近期的运行方式，选取可能的严重事故类型（如同一断面的两回线路同时跳闸 N-2、稳控装置拒动或控制量不足），进行暂态稳定破坏的分析计算。

（2）寻找振荡中心的位置及可能的变化，确定电网存在的失步断面。

（3）在失步断面单侧或双侧的适当变电站配置失步解列装置。

（4）对同一断面的不同厂站所安装的解列装置，应根据解列装置的原理和解列对象，确定动作顺序及协调配合的具体方法。

2. 失步解列控制原理

失步解列控制装置可选用以下的状态量检测和判断失步状态：

（1）监视振荡中心电压变化情况。

（2）监视联络线电压、电流及相角的变化。

（3）监视安装点测量的阻抗及其变化。

（4）监视振荡中心两侧相关母线的电压相角差及其变化。

解列点的选择原则：

（1）振荡中心落在互联电网的网间联络线附近时应解列该联络线或联络断面，并兼顾功率平衡原则，将有关负荷尽量留在电源过剩的电网。

（2）当振荡中心落在主网内部（多回主干线开断后）应解列与之相近的网间联络线，并在解列后采取必要的再同步措施，使主网尽快实现同步运行。

（3）电厂送出线路与主网振荡时，振荡中心可能落在线路或升压变压器内，可采取解列机组或解列线路的措施。

（4）不同断面的解列装置可采用振荡周期次数、离振荡中心的远近来取得配合，防止出现多个断面同时解列。

解列时刻的选择原则：

（1）解列控制命令必须在确认系统已发生失步后发出，且不宜选在线路两侧电压相角差为180°附近时解列。

（2）超高压电网失步后应尽快解列，对于330kV及以上电网解列时刻宜选用1～2个振荡周期；对于220kV电网解列时刻宜选用1～3个振荡周期。为了协调配合，低一级电压等级电网可比高一级电压等级电网增加2个振荡周期。

3. 失步解列控制系统的构成

失步解列控制系统的构成分为两类：

（1）利用就地量进行判别，解列装置分散安装在有关厂站，由相关定值实现装置之间的协调配合，应优先配置这类解列装置。

（2）利用多个厂站的相关信息，综合判断系统失步及振荡中心位置，确定解列策略；一般由多个控制站及站间的光纤通道组成。这类控制系统仅应用于结构比较复杂的互联电网。

失步解列装置配置：

（1）针对存在失步振荡风险的系统，应选择适当的厂站装设失步解列装置，当系统发生振荡时作用于解列预先选定的解列点，以消除电力系统失步振荡状态，防止系统崩溃。

（2）装置应在第一个失步振荡周期内能可靠地判别出系统失步振荡，并在判断系统失步振荡后动作。不同断面的失步解列装置可通过振荡次数、振荡中心位置等进行配合，防止多个断面同时解列。

（3）失步解列装置应具有独立性、完整性，失步解列功能不宜集成在其他安全自动装置中。

（4）对于220kV及以上系统联络线的失步解列装置应双重化配置。同一联络线的解列装置的双重化配置既可将两套装置装设在该线路的同一侧，也可在线路两侧各装一套。

（5）大型发电厂出线的解列装置应双重化配置。

4. 再同步控制的应用

再同步控制配置，下列情况下可采用再同步控制：

（1）系统只在两部分之间失步，再同步过程中不出现节点电压过低，经验算或试验可能拉入同步，并且允许时间足够实现再同步。

（2）失步运行不会导致重要设备损坏和失步范围进一步扩大；再同步损失的负荷比系统解列损失少。

为实现再同步，可根据系统具体情况，选择适当控制手段：

（1）对于功率过剩的电力系统，可选用原动机减功率，切除发电机组。

（2）对于功率不足的电力系统，可选用切负荷，解列某些地区系统。

二、防止频率崩溃控制

电力系统均应设置频率紧急控制装置，应对各种可能的发电机跳闸、系统解列等大扰动下因失去部分电源而引起频率严重降低或因失去大负荷而引起频率严重升高，防止发生频率崩溃。

低频自动减负荷措施应考虑可能发生的最严重事故情况，并配合解列点的安排，合理制定各电网的低频自动减负荷方案，安排足够数量的切负荷数量，使事故后电力系统的有功功率能迅速平衡、频率恢复至长期允许范围内。

当联络线跳闸导致系统内功率缺额过大或过剩过大（如超过剩余负荷的20%）时，宜采取跳闸联切措施。联切负荷方案应与自动低频减负荷方案协调配合，联切机组方案应与过频切机方案协调配合。

1. 低频自动减负荷

低频自动减负荷动作过程中系统频率的最低值及所经历的时间必须与网内大机组（包括核电机组）的低频保护和互联电网的低频解列相配合，防止系统频率下降过程中，局部电网因联络线解列加重功率缺额或机组先于低频减负荷装置动作被切除，致使频率进一步恶化。

确定低频自动减负荷的总容量时应考虑系统可能的最严重事故情况，一般电网的低频减负荷总容量不低于系统总负荷量的35%。

低频减负荷切除负荷线路的顺序，应按负荷的重要性进行整定，宜优先选择切除工作在抽水状态的抽水蓄能机组、可中断负荷等，不宜切除重要负荷（用户）。

低频自动减负荷应设置短延时的基本轮和长延时的特殊轮，基本轮用于快速抑制频率的下降，特殊轮用于防止系统频率长时间悬浮于某一较低值（如49Hz以下），使频率恢复到长期允许范围（49.5Hz以上）。基本轮的频率级差宜选用0.2Hz、延时0.2～0.3s；特殊轮一般宜选用一个频率定值，按延时长短划分若干个轮次。为了加速装置动作速度，可采取按频率降低速率加速切负荷的措施。

对于可能孤立运行的地区电网或大机组小系统电网，应采取措施防止低频自动减负荷装置的过切行为，过切负荷引起的系统频率超调不应超过51Hz。应恰当地设定低频减载装置的频率变化闭锁定值，防止在功率缺额比例过大时引起装置拒动。

低频自动减负荷装置与稳控系统的切负荷执行站的设备可以合并，功能应各自独立。该类装置宜采集负荷线路的功率值按切除的优先级顺序统一进行排队。

在系统发生失步振荡过程中受端系统离振荡中心较近处的频率可能满足低频减负荷装置动作条件，该处装置的动作有利于系统再同步，属正确动作。

2. 低频解列

在系统频率降低时，为了减轻弱互联系统的相互影响，保证发电厂厂用电和其他重要用户的供电安全，以及保证局部电网的安全稳定运行，可在系统的适当的断面设置低频解列装置。

3. 过频切机和过频解列

在有功功率过剩情况下频率可能异常升高的系统内，应配置过频切机装置或过频解列装置。当系统频率升高无法满足运行要求时，装置自动切除本地发电机组或者解列电源送出线路，以使系统频率恢复到运行允许范围内。

对安装在 220kV 及以上电压等级厂站的过频切机和过频解列装置，应按双重化原则配置。若电厂母线在解列后可能成为两个或多个独立的系统时，宜按母线独立装设过频切机和过频解列装置。

应统一考虑互联电力系统内过频切机和过频解列的设置轮次和顺序，各轮均宜各自独立判别，宜优先选择切除水电机组、发电状态的蓄能机组及较小容量的火电机组。过频切机每轮次切机量不宜过大。可按照单轮次动作后引起的频率降低不致使系统低频自动减负荷装置动作的原则来设置。

过频切机装置应反应于频率升高值及升高速率。应防止在过剩功率不大时切除大容量机组引起的过切，导致系统频率下降至允许范围以下的情况。推荐在过频切除大机组时增加频率变化率低定值闭锁的判据。应保证电力系统在频率升高时：

（1）汽轮机超速保护（OPC）设定参数应满足电力系统的有关规定，并保持协调配合。

（2）电网频率升高数值及持续时间不应超过汽轮机组特性允许的范围。

三、防止电压崩溃控制

电力系统出现严重大扰动后，由于无功功率欠缺或严重不平衡，某些母线的电压降到不允许的数值，可能进一步发生电压崩溃。应采取紧急控制措施防止电压崩溃，为此，在电压降低时应设法增发无功（如投入电容补偿装置强行补偿、有载调压变压器分接头停止调高等），立即减少无功的需求（如切除并联电抗器、手动或自动快速切除负荷等）。

低压自动减负荷措施是防止电压崩溃的重要手段之一，应根据系统分析结果在可能存在电压稳定问题的地区配置足够数量的低电压自动减负荷装置或几种切负荷装置。

负荷中心的区域电网在主要受电断面联络线全部断开或部分断开引起潮流大量转移时，该区域电网可能面临电压稳定问题，可采取在送电端切机、受电端集中切负荷的措施解决。集中切负荷控制与分散低压自动减负荷控制应进行协调配合，避免控制对象的重叠。

1. 低电压自动减负荷

（1）低电压自动减负荷装置反应于电压降低及其持续时间，为了加速装置的动作速度，可以附加采用电压降低速率的判据；低电压自动减负荷装置应具备良好的防误功能，如采用多相电压作为采集量、TV 断线闭锁等。

（2）低电压自动减负荷装置可按动作电压及延时分为若干轮（级）。第一轮的动作电压值应低于系统长期允许的最低电压值，最后一轮的动作电压值应高于系统静态电压失稳的临界电压值，建议电压级差为 2%～5% 的额定电压，每轮动作延时 0.2～5s。为了尽快使电压恢复到长期允许范围以内，可设置一个长延时的轮次，该轮电压定值可与第一轮相同或略高，延时 10～20s。

（3）低电压自动减负荷装置应采用电压变化率过大闭锁等措施有效防止在短路故障、负荷反馈（自动重合闸期间）及备用电源自动投入情况下的误动作。

（4）低压减负荷功能与低频减负荷功能可以设计在同一套装置内，共用切负荷的出口回路，但低压减负荷功能与低频减负荷功能应完全独立，不能相互闭锁。

2. 低电压自动解列

低电压解列（动作延时应大于振荡周期）是隔离低压事故区域（含短路故障不能及时清除）的有效措施，宜根据电网的具体结构进行电网的分区设计，在分区点上配置低压解列装置。

第八章　继电保护和自动装置运行技术

第一节　线路保护调试

一、调试资料准备

（1）保护装置技术说明书。

（2）被试保护屏组屏设计图纸。

（3）设计院有关被试屏与其他外部回路连接的设计图册。

（4）被试保护屏所保护的一次设备主接线及相关二次设备电气位置示意图、平面布置图及相关参数。

二、试验仪器准备

（1）继电保护试验仪，一般要求它可以模拟系统常见的各种故障，包括瞬时性故障和永久性故障，也就是说，它可以输出由正常运行的三相电流、电压突变至故障电流、电压的模拟量，还可以接受保护动作后输出的开关量，以便实现故障量的切除和再故障。

（2）通断的万用表及其他指示设备。

（3）符合继电保护测量等级要求的标准电流表、电压表，以便对保护交流量采样精度进行校核。

（4）其他自动试验设备。

三、试验注意事项及其他

（1）尽量少拔插装置插件，不触摸插件电路。

（2）断开直流电源后才允许插、拔插件，插、拔交流插件时应防止交流电流回路开路，应注意不要将插件插错位置。

（3）现场试验仪的接地端子、电烙铁、示波器必须与屏柜可靠接地。

（4）试验前应检查屏柜及装置在运输过程中是否有明显的损伤或螺钉松动，特别是 TA 回路的螺钉及连接片，不允许有丝毫松动的情况。

（5）保护人员进行程序升级更换程序芯片时，应采用人体防静电接地措施，以确保不会因人体静电而损坏芯片。

（6）因检验需要临时短接或断开的端子，应逐个记录，并在试验结束后及时恢复。

（7）进入主菜单分别校对并记录程序校验码及程序形成时间，查对软件版本与设计图纸（或整定书）上要求一致，应核对程序校验码均正确，注意所在地区有无认证版本。

（8）试验前应按安全规程做好安全措施。

（9）调试（包括整组试验）方法、步骤、试验现象及结果中，按相关试验前准备工作中装置输入定值为依据进行试验。

四、交流回路校验

试验接线如图 8-1 所示。

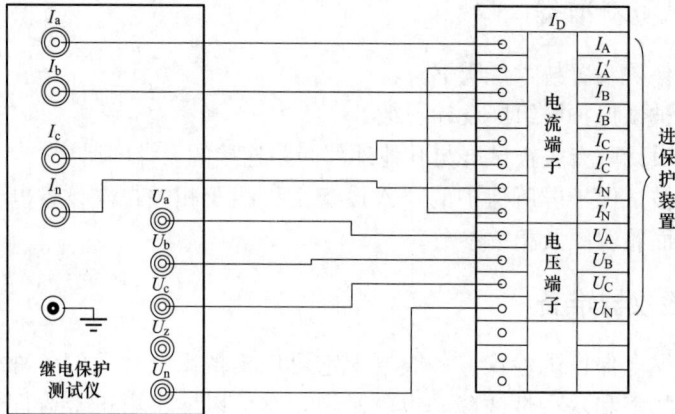

图 8-1　线路保护试验接线图

1. 零漂检验

测试方法：进行本项目检验时要求保护装置不输入交流量，在测电流回路零漂时，对应的电流回路应处在开路状态；在测电压回路零漂时，对应电压回路处在短路状态。

（1）进行本项目检验时要求保护装置不输入交流量。

（2）分别进入保护装置"保护状态"中的"DSP 采样值""CPU 采样值"子菜单，进行三相电流和三相电压的零漂值检验，要求零漂值均在 0.05A 以内。

（3）检验零漂时，要求在一段时间（几分钟）内零漂值稳定在规定范围内。

2. 模拟量输入幅值特性检验

试验仪以 PW40A 为例，选择手动试验菜单，试验参数设置如图 8-2 所示。

点击工具栏中▶的按钮，进入试验状态。

（1）进入"保护状态"中的"DSP 采样值"子菜单，在保护屏上加三相电流、电压，检验采样数电流分别为 $4I_N$、I_N、$0.5I_N$、$0.1I_N$，要求保护装置采样显示与外部表计误差应小于 5%，在 $0.1I_N$ 时允许误差 10%。

（2）进入"保护状态"中的"CPU 采样值"子菜单，做同样的试验。

注意：在试验过程中，如果交流量的测量误差超过要求范围时，应首

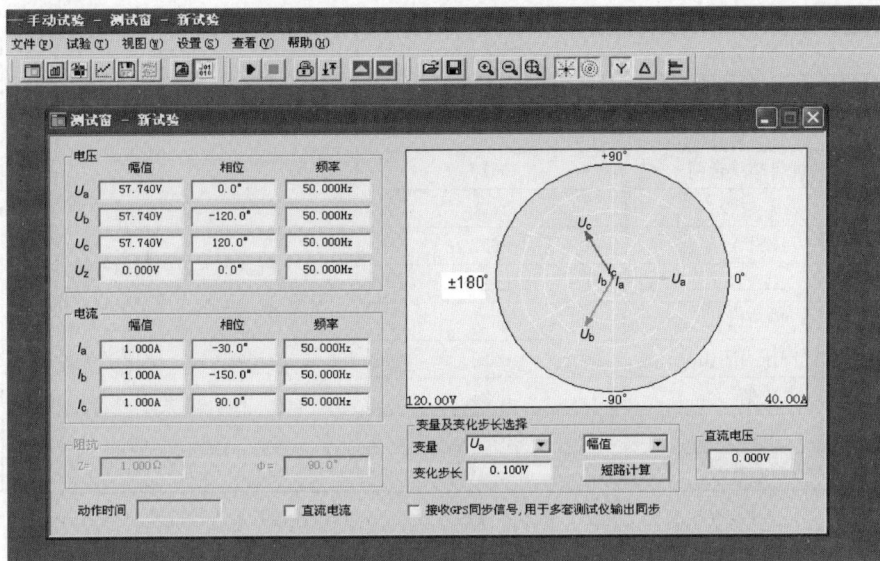

图 8-2 试验参数设置图（一）

先检查试验接线、试验方法、外部测量表计等是否正确完好，试验仪的参数设置是否正确（注意频率设置为 50Hz），试验电源有无波形畸变，不可急于调整或更换保护装置中的插件。

3. 模拟量输入的相位特性检验

将交流电压和交流电流均加至额定值，进入"保护状态"中的"相角显示"子菜单，调节电流、电压相位，当同相别电压和电流相位分别为 0°、45°、90°时装置显示值与表计测量值应不大于 3°。

五、输入触点检查

进入"保护状态"菜单中"开入状态"子菜单，在保护屏上分别进行各触点的模拟导通，在液晶显示屏上显示的开入量状态应有相应改变。

各开入量输入端子号与开入量对应关系见表 8-1。

表 8-1　各开入量输入端子号与开入量对应关系

开入量名称	端子号	备注
开入量公共＋24V	n614	
投主保护	n605	
投距离保护	n606	
投零序保护	n607	×＝1 表示投入或收到动作信号；×＝0 表示未投入或未收到动作信号
（重合闸方式 1）	n608	
（重合闸方式 2）	n609	
外部闭锁重合	n610	
通道试验	n611	

续表

开入量名称	端子号	备注
其他保护停信	n612	
单跳启动重合闸	n617	
三跳启动重合闸	n618	
3dB 告警	n19	
KCTA	n622	×＝1 表示投入或收到动作信号；
KCTB	n623	×＝0 表示未投入或未收到动作信号
KCTC	n624	
合闸压力闭锁	n625	
收信	n626	
对时	n601	
投检修状态	n603	

注 1. 投主保护、投距离保护、投零序保护应投入退出相应连接片的方法试验。

2. 重合闸方式应通过切换保护屏上重合闸方式切换开关试验。

3. 跳闸位置可通过操作开关方法试验。

4. 合闸压力闭锁可在开关端子箱模拟开关压力闭锁重合触点动作来试验。

5. 其他开入根据图纸模拟接入触点闭合试验。

6. 此外，"打印"可以通过按打印按钮进行检查，"信号复归"可在保护动作后按复归按钮进行检查。

六、整组试验

以 PCS931 型线路保护装置取典型定值为例。

试验前整定定值控制字"内重合把手有效"置 0，连接片定值中"投主保护连接片""投距离保护连接片""投零序保护连接片"置 1，"投三跳闭重连接片"置 0，合上断路器，KCTA、KCTB、KCTC 都为 0。按规定的试验方法从保护屏电流、电压试验端子施加模拟故障电压和电流，以后试验项目除特别说明外，均在此方式下试验。为确保故障选相及测距的有效性，试验时请确保试验仪在收到保护跳闸命令 20ms 后再切除故障电流。

1. 光纤纵差保护

（1）试验前的准备。

1）将光端机（在 CPU 插件上）的接收"RX"和发送"TX"用尾纤短接，构成自发自收方式。

2）仅投主保护连接片，重合把手切在"综重方式"。

3）整定"零序启动电流"为 0.5A，"差动电流高定值"为 4A，"差动电流低定值"为 1.8A，"线路正序容抗"为 116Ω。

4）整定保护定值控制字中投"差动保护"置 1，投"专用光纤"置 1，投"通道自环试验"置 1，"投重合闸"置 1，"投重合闸不检"置 1。

5）等保护充电，直至"充电"灯亮。

（2）试验方法。

1）校验变化量相差动继电器/稳态Ⅰ段相差动继电器。

从调试软件的主菜单中进入"状态序列"。

第一步，在"试验参数"选择框中，设置故障前状态如下：$U_a=57.74$ $\angle 0°\text{V}$，$U_b=57.74\angle -120°\text{V}$，$U_c=57.74\angle 120°\text{V}$，$I_a=I_b=I_c=0$；"触发条件"选择"最长状态时间"，并设置"最长状态时间"为 30s，如图 8-3 所示。

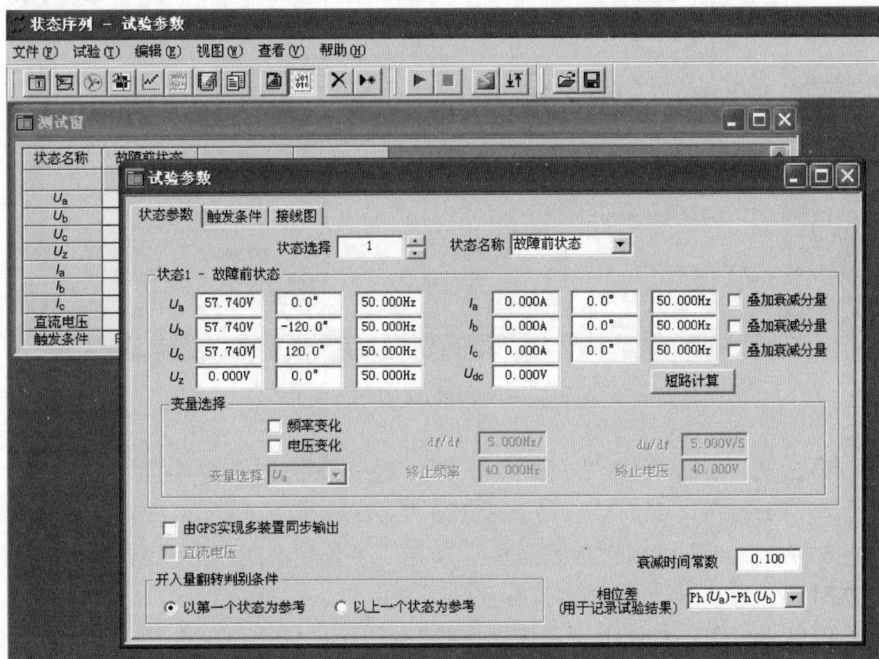

图 8-3　试验参数设置图（二）

第二步，在工具栏中，选择"编辑"中的"添加新状态"，把所选新状态"插入到选定状态之后"并确认，把所添加的新状态设置为状态 2，状态名称为"故障状态"，对故障状态试验参数设置如下：$U_a=57.74\angle 0°\text{V}$，$U_b=57.74\angle -120°\text{V}$，$U_c=57.74\angle 120°\text{V}$；$I_a=2.1\angle -80°\text{A}$，$I_b=I_c=0$。"触发条件"选择"最长状态时间"，并设置"最长状态时间"为 50ms，如图8-4 所示。

第三步，在工具栏中，选择"试验"栏中的"开始试验"并确认。

现象：当博电试验仪输出正常状态模拟量二十几秒后，保护装置充电成功；在 30s 后，试验仪输出 50ms 故障量，保护装置"A 相跳闸"灯、"重合闸"灯亮。报文显示"电流差动保护"元件动作，动作时间 10～30ms。

2）校验稳态Ⅱ段相差动继电器。

第一步设置同上。

图 8-4　试验参数设置图（三）

第二步，添加新的"故障状态 2"，对故障状态试验参数设置如下：$U_a = 57.74\angle 0°\text{V}$，$U_b = 57.74\angle -120°\text{V}$，$U_c = 57.74\angle 120°\text{V}$；$I_a = 1.89\angle -80°\text{A}$，$I_b = I_c = 0$，"触发条件"选择"最长状态时间"，并设置"最长状态时间"为 80ms，如图 8-5 所示。

第三步，在工具栏中，选择"试验"栏中的"开始试验"并确认。

现象：当博电试验仪输出正常状态模拟量二十几秒后，保护装置充电成功；在 30s 后，试验仪输出 50ms 故障量，保护装置"A 相跳闸"灯、"重合闸"灯亮。报文显示"电流差动保护"元件动作，动作时间 40～60ms。

3）校验零序Ⅰ段差动继电器。

第一步，在"试验参数"选择框中，设置故障前状态如下：$U_a = 57.74\angle 0°\text{V}$，$U_b = 57.74\angle -120°\text{V}$，$U_c = 57.74\angle 120°\text{V}$，$I_a = 1.05 \times \dfrac{U_\text{N}}{2X_\text{C1}} = 0.263\angle 90°\text{A}$，$I_b = 0.263\angle -30°$，$I_c = 0.263\angle -150°$。"触发条件"选择"最长状态时间"，并设置"最长状态时间"为 30s，如图 8-6 所示。

第二步，添加新的"故障状态 2"，对故障状态试验参数设置如下：$U_a = 57.74\angle 0°\text{V}$，$U_b = 57.74\angle -120°\text{V}$，$U_c = 57.74\angle 120°\text{V}$；$I_a = 0.5\angle -90°\text{A}$，$I_b = 0.263\angle -30°$，$I_c = 0.263\angle -150°$。"触发条件"选择"最长状态时间"，并设置"最长状态时间"为 140ms，如图 8-7 所示。

第三步，在工具栏中，选择"试验"栏中的"开始试验"并确认。

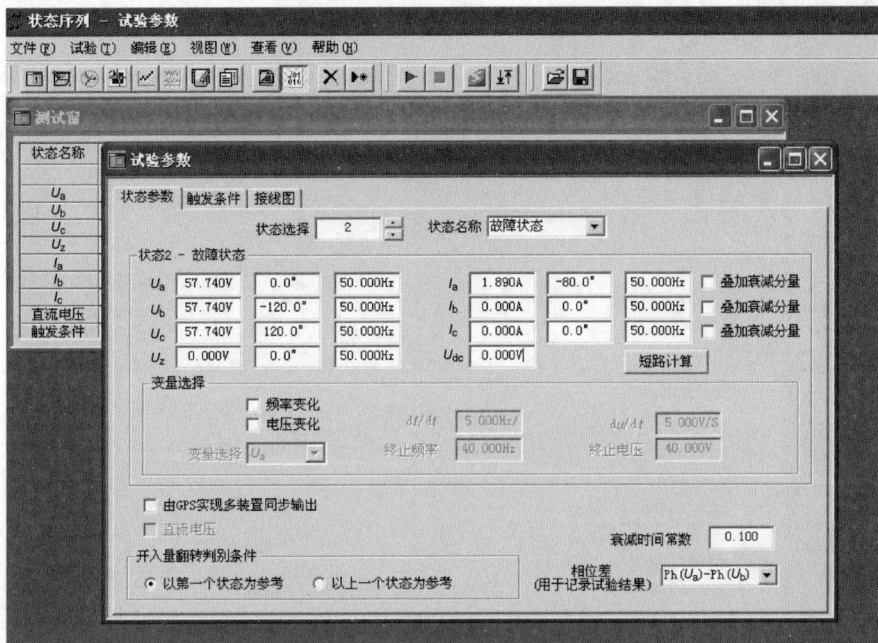

图 8-5　试验参数设置图（四）

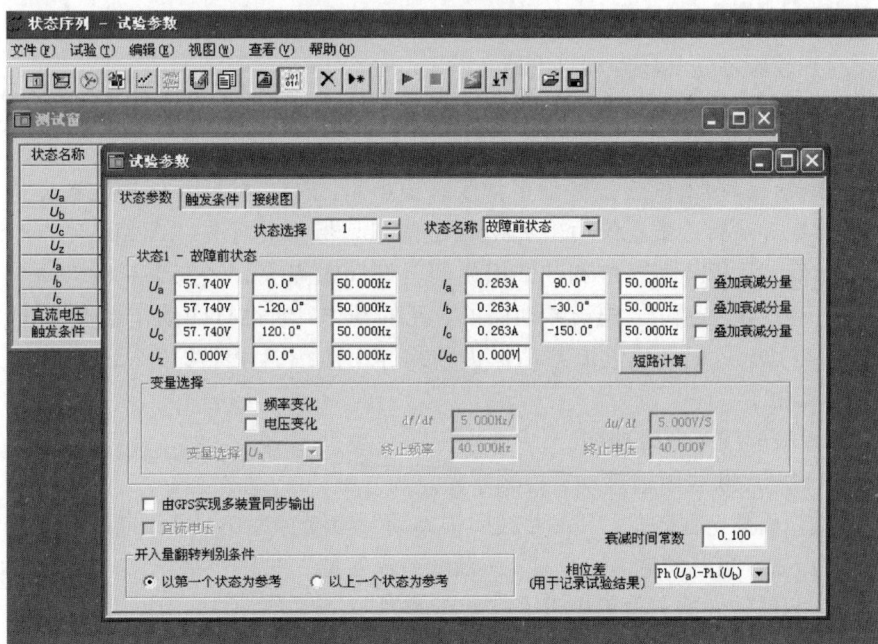

图 8-6　试验参数设置图（五）

现象：当试验仪输出正常状态模拟量二十几秒后，保护装置充电成功；在 30s 后，试验仪输出 140ms 故障量，保护装置"A 相跳闸"灯、"重合

图 8-7　试验参数设置图（六）

闸"灯亮。报文显示"电流差动保护"元件动作，动作时间 100～130ms。

4）校验零序Ⅱ段差动继电器。

步骤一、二、三基本同"零序Ⅰ段差动"试验方法，仅需将故障状态的触发时间加长到 260ms。

现象：当博电试验仪输出正常状态模拟量二十几秒后，保护装置充电成功；在 30s 后，试验仪输出 270ms 故障量，保护装置先"A 相跳闸"灯亮，然后"B 相跳闸"灯和"C 相跳闸"灯同时点亮，经三重延时"重合闸"灯亮。报文显示"电流差动保护"元件动作，通过打印动作报告可知，在 100～130ms 时，"电流差动保护"元件动作跳 A 相，240～260ms 时，跳 B、C 相。

5）校验 TA 断线功能。

a."TA 断线闭锁差动"控制字整定为"0"。

试验前整定保护的"TA 断线闭锁差动"控制字为 0，"TA 断线差流定值"为 5A，当差动电流小于"TA 断线差流定值"时。

从调试软件的主菜单中进入"状态序列"。

第一步，在"试验参数"选择框中，设置故障前状态如下：$U_a = 57.74 \angle 0°V$，$U_b = 57.74 \angle -120°V$，$U_c = 57.74 \angle 120°V$，$I_a = 0.6A$，$I_b = I_c = 0$。"触发条件"选择"最长状态时间"，并设置"最长状态时间"为 30s，如图 8-8 所示。

第二步，添加新的"故障状态 2"，对故障状态试验参数设置如下：

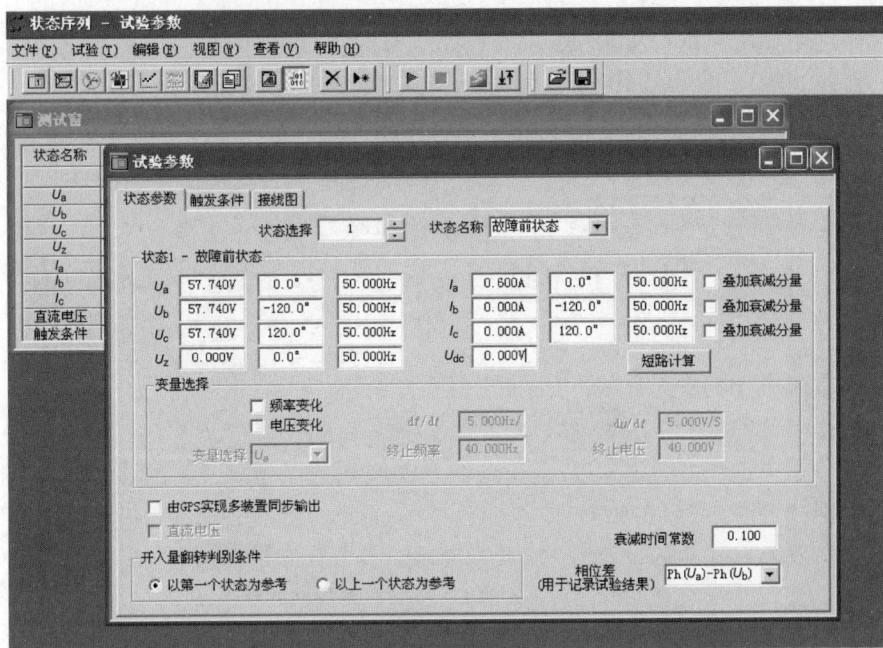

图 8-8　试验参数设置图（七）

$U_a = 57.74 \angle 0°V$，$U_b = 57.74 \angle -120°V$，$U_c = 57.74 \angle 120°V$；$I_a = 4.75$ $\angle -90°A$，$I_b = I_c = 0$。"触发条件"选择"最长状态时间"，并设置"最长状态时间"为 80ms，如图 8-9 所示。

第三步，在工具栏中，选择"试验"栏中的"开始试验"并确认。

现象：当博电试验仪输出正常状态模拟量 10s 后，装置报"TA 断线"；在 30s 后，试验仪输出 80ms 故障量，电流差动保护不动作。

b. 当差动电流大于"TA 断线差流定值"时。

第一步同上。

第二步，添加新的"故障状态 2"，对故障状态试验参数设置如下：$U_a = 57.74 \angle 0°V$，$U_b = 57.74 \angle -120°V$，$U_c = 57.74 \angle 120°V$；$I_a = 5.25$ $\angle -90°A$，$I_b = I_c = 0$。"触发条件"选择"最长状态时间"，并设置"最长状态时间"为 80ms，如图 8-10 所示。

第三步，在工具栏中，选择"试验"栏中的"开始试验"并确认。

现象：当博电试验仪输出正常状态模拟量 10s 后，装置报"TA 断线"；在 30s 后，试验仪输出 80ms 故障量，"电流差动保护"动作。"TA 断线闭锁差动"控制字整定为"1"，重复上述试验，"电流差动保护"不动作。

2. 距离保护

（1）试验前的准备。

1）仅投距离保护压板，重合把手切在"综重方式"。

2）整定"接地距离 I 段定值"为 3.2Ω，正序灵敏角 78°，零序灵敏角

图 8-9　试验参数设置图（八）

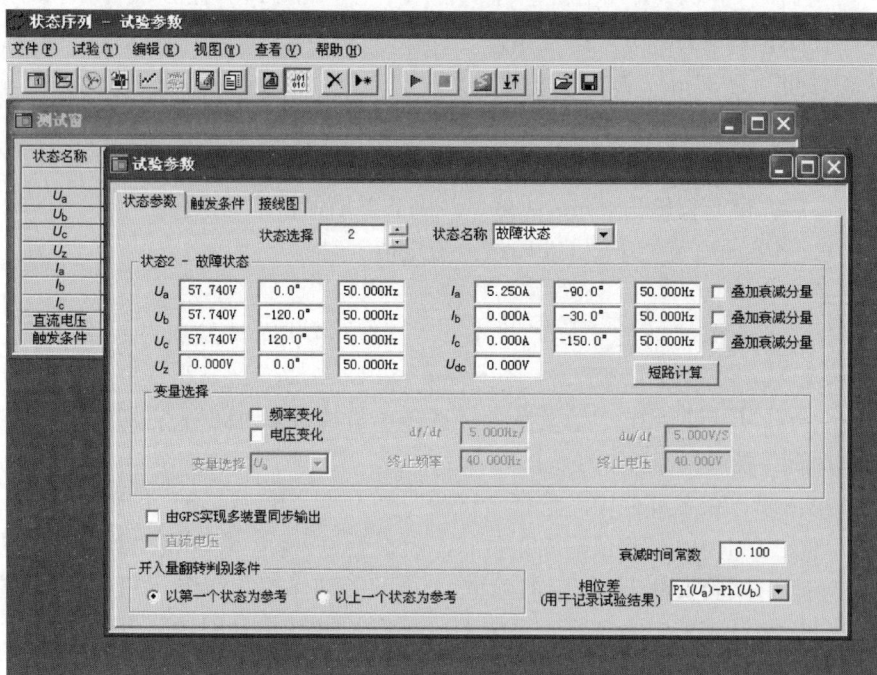

图 8-10　试验参数设置图（九）

78°，零序补偿系数 $K=0.67$。

3）整定保护定值控制字中"投Ⅰ段接地距离"置1、"投重合闸"置1、"投重合闸不检"置1。

（2）试验方法。短路电压计算公式：

模拟单相接地故障电压：$U_\phi = m \cdot (1 + K_0) \cdot I_\phi \cdot Z_{ZD1}$。

模拟相间（接地）故障电压：$U_{\phi\phi} = m \cdot 2 \cdot I_\phi \cdot Z_{ZD1}$。

校验距离保护定值：

1）当 $m = 0.95$ 时（Ⅰ段范围内故障），从调试软件的主菜单中进入"线路保护定值校验"。

第一步，按校验"工频变化量阻抗"的"步骤一、二"设置试验参数，设置故障前时间为 30s，故障触发方式为"时间控制"，零序补偿系数 $K_L = 0.67$。

第二步，在"测试项目"中选择"阻抗定值校验"，并点击"添加"按钮，在弹出的"阻抗定值校验"整定框中整定定值如下：故障类型为"A 相接地"，阻抗角为 78°，短路电流为 5A，整定阻抗为 3.2Ω，整定动作时间为 50ms，选择"正向"，整定倍数为 0.95，如图 8-11 所示，并确认。

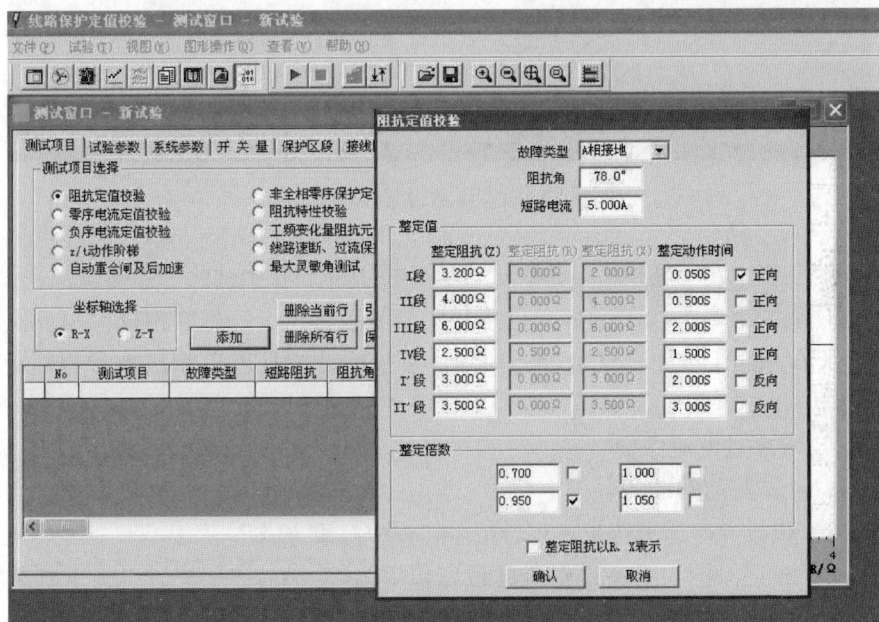

图 8-11　试验参数设置图（十）

第三步，在工具栏中，选择"试验"栏中的"开始试验"并确认。

现象：当博电试验仪输出正常状态模拟量二十几秒后，保护装置充电成功；在 30s 后，试验仪输出 50ms 故障量，保护装置"A 相跳闸"灯、"重合闸"灯亮。报文显示"距离Ⅰ段动作"，动作时间 20～30ms。

2）当 $m = 1.05$ 时（Ⅰ段范围外故障）。

第一步同上。

第二步，在"测试项目"中选择"阻抗定值校验"，并点击"添加"按钮，在弹出的"阻抗定值校验"整定框中整定定值如下：故障类型为"A相接地"，阻抗角为78°，短路电流为5A，整定阻抗为3.2Ω，整定动作时间为50ms，选择"正向"，整定倍数为1.05，如图8-12所示，并确认。

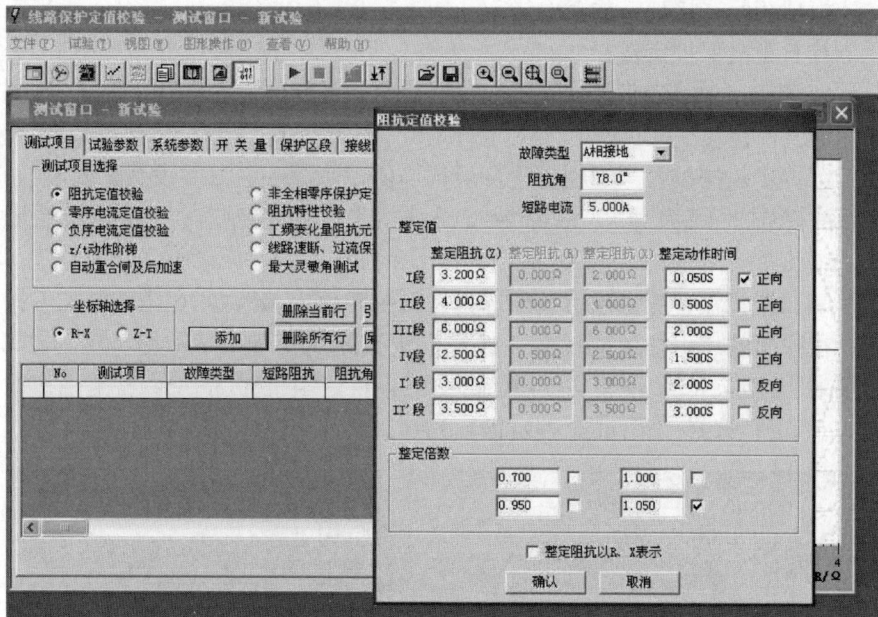

图 8-12   试验参数设置图（十一）

第三步，在工具栏中，选择"试验"栏中的"开始试验"并确认。

现象：距离Ⅰ段不动作。再按相同步骤校验B、C相单相接地和AB、BC、CA相间Ⅰ段距离继电器。同理，可校验Ⅱ、Ⅲ段单相接地和相间距离继电器。

3. 零序过电流保护

（1）试验前的准备。

1）仅投零序保护压板，重合把手切在"综重方式"。

2）整定保护"零序过电流Ⅱ段定值"为2.5A，"零序过电流Ⅱ段时间"为0.3s。

3）整定保护定值控制字中"零序Ⅲ段经方向"置1，"投重合闸"置1，"投重合闸不检"置1。

（2）试验方法。

短路零序电流计算公式

$$3\dot{I}_0' = \dot{I}_a' + \dot{I}_b' + \dot{I}_c' = m I_{0nZD}$$

式中：I_{0nZD} 为零序过电流Ⅰ~Ⅳ段定值，A。

1）模拟正向接地故障，校验零序过电流保护定值。

a. 当 $m=1.05$ 时，校验零序过电流Ⅱ段定值，从调试软件的主菜单中进入"状态序列"。

第一步，在"试验参数"选择框中，设置故障前状态如下：$U_a=57.74$ $\angle 0°V$，$U_b=57.74\angle -120°V$，$U_c=57.74\angle 120°V$，$I_a=I_b=I_c=0$。"触发条件"选择"最长状态时间"，并设置"最长状态时间"为 30s，如图 8-13 所示。

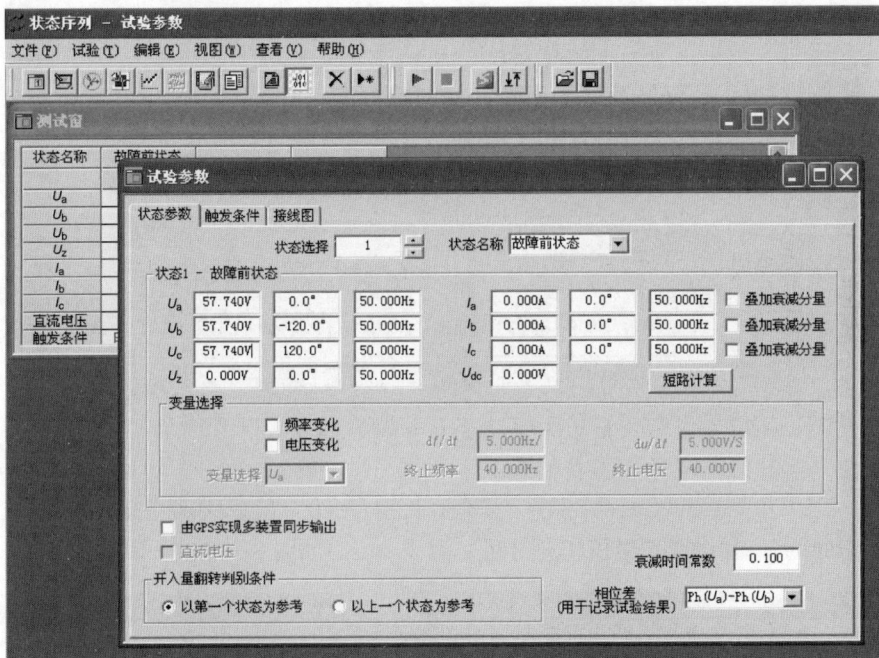

图 8-13　试验参数设置图（十二）

第二步，在工具栏中，"添加新状态"为"故障状态 2"，对故障状态试验参数设置如下：$U_a=30\angle 0°V$，$U_b=57.74\angle -120°V$，$U_c=57.74\angle 120°V$；$I_b=I_c=0$，$I_a=2.5\times 1.05\angle -78°=2.625\angle -78°A$。"触发条件"选择"最长状态时间"，并设置"最长状态时间"为 350ms，如图8-14 所示。

第三步，在工具栏中，选择"试验"栏中的"开始试验"并确认。

现象：当博电试验仪输出正常状态模拟量二十几秒后，保护装置充电成功；在 30s 后，试验仪输出 350ms 故障量，保护装置"A 相跳闸"灯、"重合闸"灯亮，报文显示"零序过电流Ⅱ段"动作，动作时间 $300\sim 350$ms。

b. 当 $m=0.95$ 时，校验零序过电流Ⅱ段定值，从调试软件的主菜单中进入"状态序列"。

第一步同上。

第二步，在工具栏中，"添加新状态"为"故障状态 2"，对故障状态试验参数设置如下：$U_a=30\angle 0°V$，$U_b=57.74\angle -120°V$，$U_c=57.74\angle 120°V$；

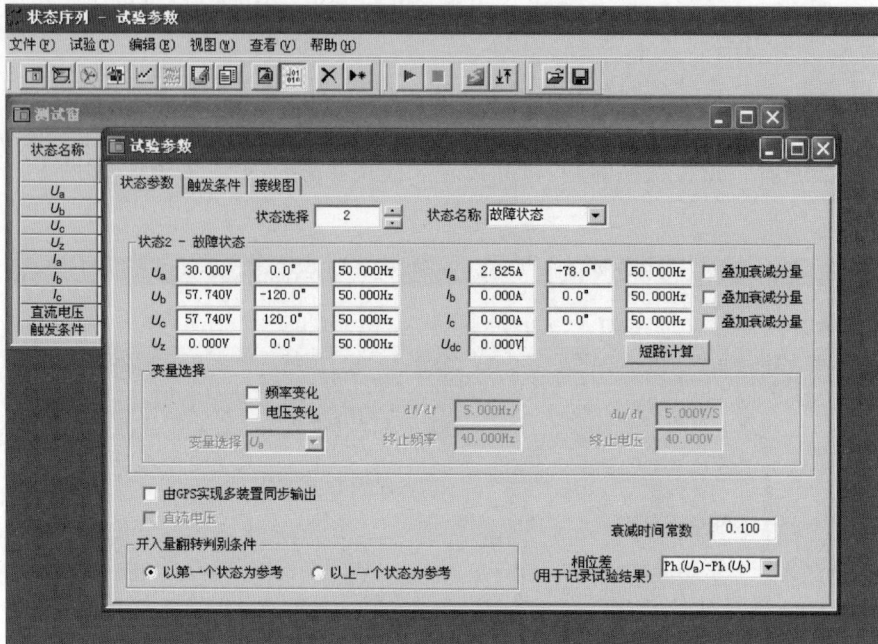

图 8-14 试验参数设置图（十三）

$I_a = 2.5 \times 0.95 \angle -78° = 2.375 \angle -78°A, I_b = I_c = 0$。"触发条件"选择"最长状态时间"，并设置"最长状态时间"为 350ms。如图 8-15 所示。

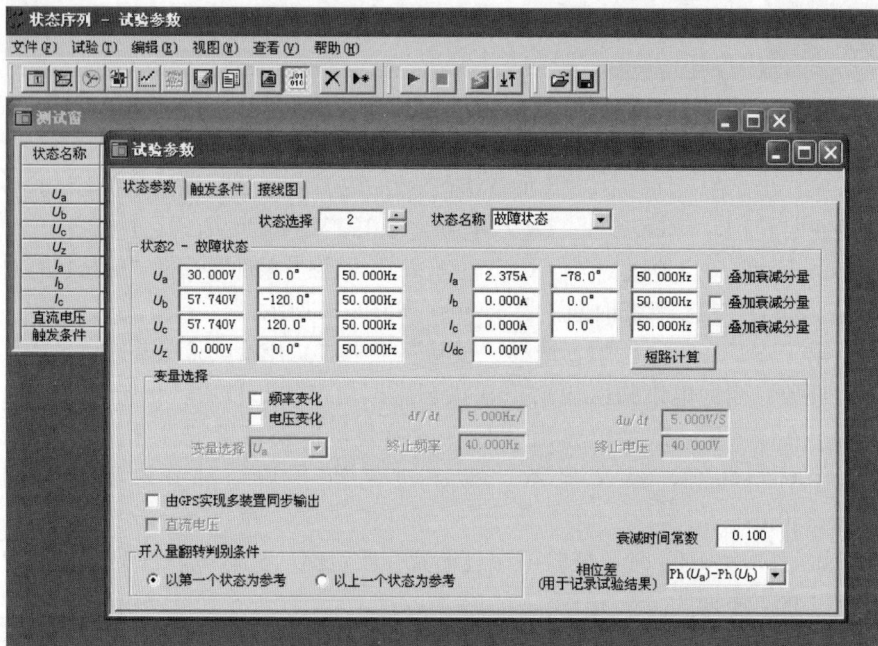

图 8-15 试验参数设置图（十四）

第三步，在工具栏中，选择"试验"栏中的"开始试验"并确认。

现象："零序过电流Ⅱ段"不动作。

2）模拟反方向接地故障。

第一步同上。

第二步，在工具栏中，"添加新状态"为"故障状态 2"，对故障状态试验参数设置如下：$U_a = 30\angle 0°\text{V}$，$U_b = 57.74\angle -120°\text{V}$，$U_c = 57.74\angle 120°\text{V}$；$I_a = 2.5 \times 1.2\angle -80° = 3\angle 102°\text{A}$，$I_b = I_c = 0$。"触发条件"选择"最长状态时间"，并设置"最长状态时间"为 350ms，如图 8-16 所示。

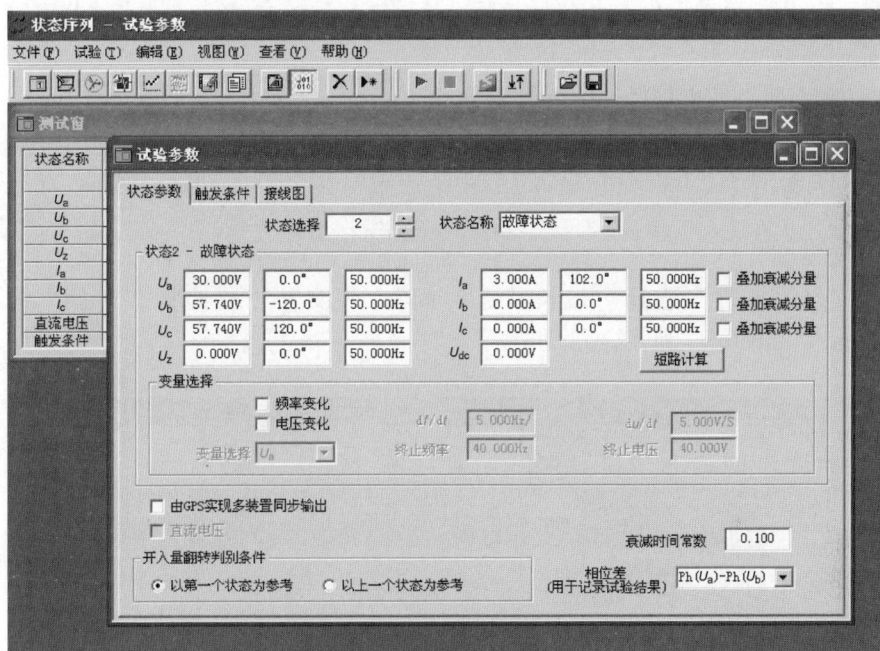

图 8-16　试验参数设置图（十五）

第三步，在工具栏中，选择"试验"栏中的"开始试验"并确认。

现象："零序过电流Ⅱ段"不动作。再按相同步骤模拟 B、C 相接地和 AB、BC、CA 相间接地故障校验"零序过电流Ⅱ段"继电器。同理，可校验零序过电流Ⅱ、Ⅲ段继电器。

4. 保护反方向出口故障性能检验

（1）试验前的准备。

1）主保护、零序保护和距离保护连接片均投入。

2）按保护装置典型定值整定各定值项：工频变化量阻抗为 3.2Ω，纵联距离阻抗定值为 5.0Ω，零序方向比较过电流定值为 2A，接地、相间距离Ⅰ段定值为 3.2Ω，接地、相间距离Ⅱ段定值为 5Ω，接地、相间距离Ⅲ段定值为 8Ω，相间距离Ⅲ段时间为 1s，正序灵敏角 78°，零序灵敏角 78°，零序补偿系数 $K = 0.67$。

3）控制字定值中相应的功能控制字投入。

（2）试验方法。

模拟单相短路故障电流

$$I = \min\left[6I_N,\ 60/(1+K)DZ_{set}\right]$$

模拟相间短路故障电流

$$I = \min\left[6I_N,\ 100/DZ_{set}\right]$$

式中：DZ_{set}为工频变化量阻抗定值，Ω；电流量取两者较小值，模拟故障电压为零。

1）模拟反向出口 B 相接地故障。从调试软件的主菜单中进入"状态序列"。

第一步，同单相接地的"第一步"。

第二步，在工具栏中，"添加新状态"为"故障状态 2"，对故障状态试验参数设置如下：$U_a = 57.74\angle 0^\circ\ \mathrm{V}$，$U_b = 0\mathrm{V}$，$U_c = 57.74\angle 120^\circ\ \mathrm{V}$；$I_b = \dfrac{60}{1.67\times 3.2}\angle -18^\circ\mathrm{A} = 11.23\angle -18^\circ\mathrm{A}$，$I_a = I_c = 0$。

"触发条件"选择"最长状态时间"，并设置"最长状态时间"为 500ms，如图 8-17 所示。

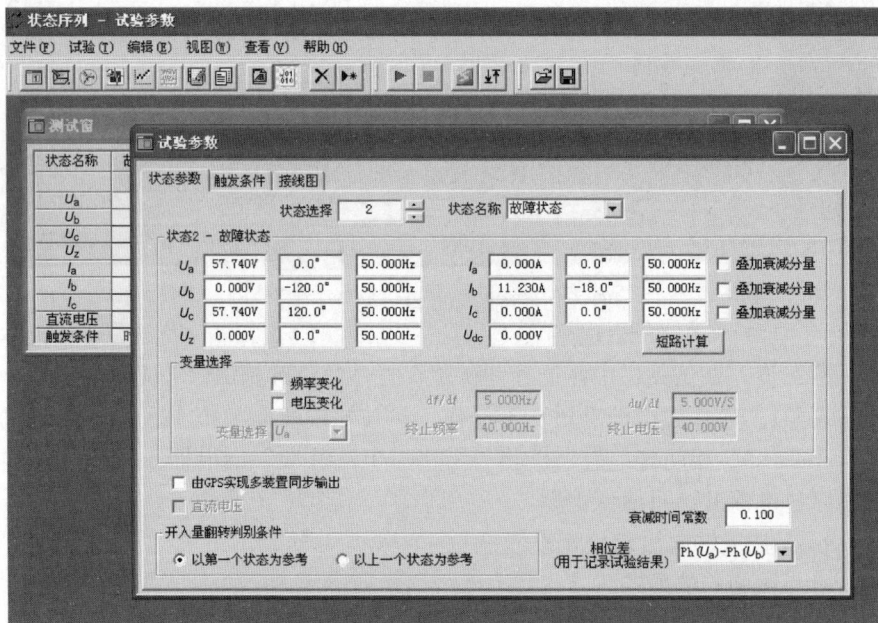

图 8-17 试验参数设置图（十六）

第三步，在工具栏中，选择"试验"栏中的"开始试验"并确认。

现象：保护装置不动作。

2）模拟反向出口 AC 相间短路故障。从调试软件的主菜单中进入"状态序列"。

第一步，同上的"第一步"。

第二步，在工具栏中，"添加新状态"为"故障状态2"，对故障状态试验参数设置如下：$U_a = 28.87\angle 60°\text{V}$，$U_b = 57.74\angle -120°\text{V}$，$U_c = 28.87\angle 60°\text{V}$；$I_a = \dfrac{1}{2}\times\dfrac{100}{3.2}\angle 72°\text{A} = 14.44\angle 72°\text{A}$，$I_b = 0$，$I_c = \dfrac{1}{2}\times\dfrac{100}{3.2}\angle -108°\text{A} = 14.44\angle -108°\text{A}$。"触发条件"选择"最长状态时间"，并设置"最长状态时间"为500ms，如图8-18所示。

图 8-18 试验参数设置图（十七）

第三步，在工具栏中，选择"试验"栏中的"开始试验"并确认。

现象：保护装置不动作。

3）模拟反向出口ABC相间短路故障。从调试软件的主菜单中进入"状态序列"。

第一步，同上的"第一步"。

第二步，在工具栏中，"添加新状态"为"故障状态2"，对故障状态试验参数设置如下：$U_a = U_b = U_c = 0$；$I_a = \dfrac{60}{3.2}\angle 102°\text{A} = 18.75\angle 102°\text{A}$，$I_b = \dfrac{60}{3.2}\angle -18°\text{A} = 18.75\angle -18°\text{A}$，$I_c = \dfrac{60}{3.2}\angle -138°\text{A} = 18.75\angle -138°\text{A}$。"触发条件"选择"最长状态时间"，并设置"最长状态时间"为1100ms，如图8-19所示。

第三步，在工具栏中，选择"试验"栏中的"开始试验"并确认。

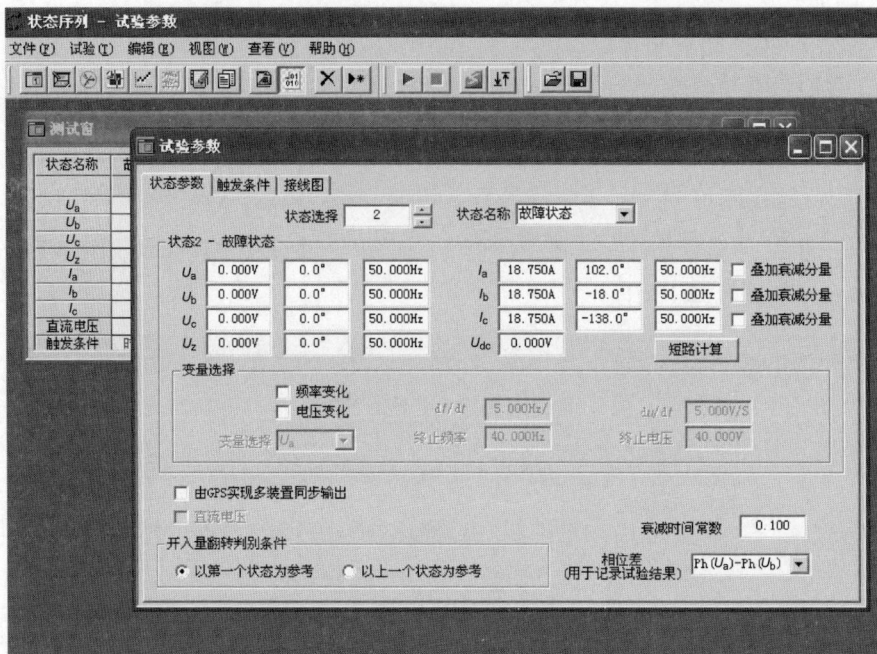

图 8-19　试验参数设置图（十八）

现象：当博电试验仪输出正常状态模拟量二十几秒后，保护装置充电成功；在 30s 后，试验仪输出 1100ms 故障量，保护装置"跳 A""跳 B""跳 C"灯亮。报文显示"距离Ⅲ段动作"，动作时间 1000～1050ms。

5. 合闸于故障线零序电流/距离Ⅲ段加速保护检验

（1）合闸于故障线零序电流保护检验。

1）试验前的准备。零序电流保护连接片投入。

整定各定值项："零序过电流加速段"为 3A。

2）试验方法。

模拟故障电流为

$$I = mI_{0\text{setck}}$$

式中：$I_{0\text{setck}}$ 为合闸于故障线零序电流保护定值，A；m 为系数，其值为 0.95 及 1.05，模拟故障电压为 30V。

模拟手合单相接地故障，模拟故障前，给上"跳闸位置"开关量。

a. 当 $m = 1.05$ 时。从调试软件的主菜单中进入"状态序列"。

第一步，同上的"第一步"。

第二步，在工具栏中，"添加新状态"为"故障状态 2"，对故障状态试验参数设置如下：$U_a = 30\angle 0°\text{V}$，$U_b = 57.74\angle -120°\text{V}$，$U_c = 57.74\angle 120°\text{V}$；$I_a = 1.05 \times 3\angle -78°\text{A} = 3.15\angle -78°\text{A}$，$I_b = I_c = 0$。"触发条件"选择"最长状态时间"，并设置"最长状态时间"为 300ms，如图 8-20 所示。

第三步，在工具栏中，选择"试验"栏中的"开始试验"并确认。

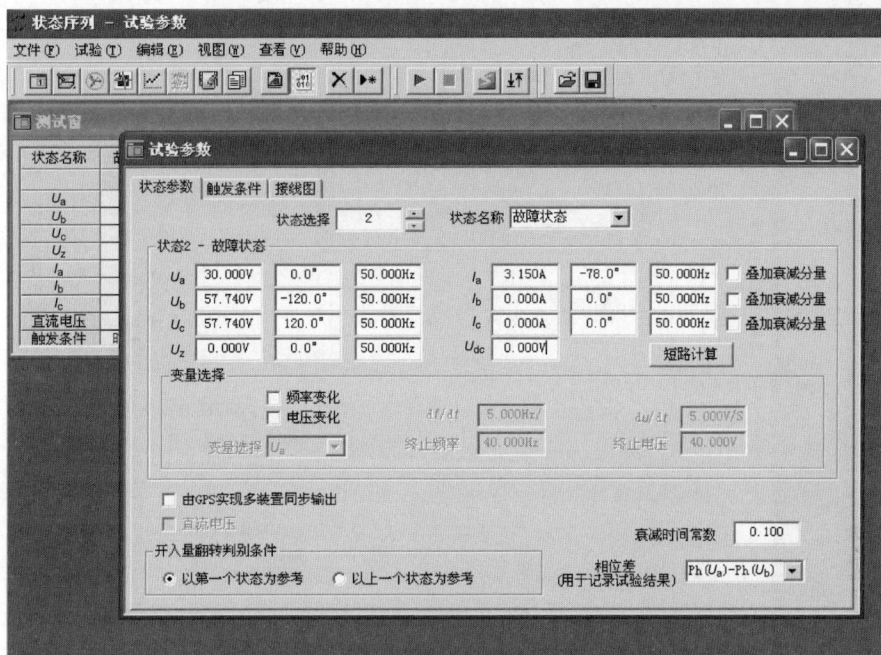

图 8-20 试验参数设置图（十九）

现象：当博电试验仪输出正常状态模拟量在 30s 后，试验仪输出 300ms 故障量，保护装置"跳 A""跳 B""跳 C"灯亮。报文显示"零序加速"元件动作。

b. 当 $m=0.95$ 时。从调试软件的主菜单中进入"状态序列"。

第一步，同上"第一步"。

第二步，在工具栏中，"添加新状态"为"故障状态 2"，对故障状态试验参数设置如下：$U_a=30\angle 0°V$，$U_b=57.74\angle -120°V$，$U_c=57.74\angle 120°V$；$I_a=0.95\times 3\angle -78°A=2.85\angle -78°A$，$I_b=I_c=0$。"触发条件"选择"最长状态时间"，并设置"最长状态时间"为 300ms，如图 8-21 所示。

第三步，在工具栏中，选择"试验"栏中的"开始试验"并确认。

现象：报文显示"零序加速"元件不动作。

（2）合闸于故障线距离Ⅲ段保护检验。

1）试验前的准备。距离保护连接片投入。

整定各定值项："接地距离Ⅲ段定值"为 8Ω，"相间距离段定值"为 8Ω。

2）试验方法。

模拟单相接地故障电压

$$U_\phi = m(1+K_0)I_\phi Z_{ZD\text{Ⅲ}}$$

模拟相间短路故障电压

$$U_{\phi\phi} = m \times 2I_\phi Z_{ZD\text{Ⅲ}}$$

图 8-21　试验参数设置图（二十）

式中：$Z_{ZDⅢ}$ 为距离Ⅲ段保护定值，Ω；K_0 为零序补偿系数。

模拟手合时三相短路故障，模拟故障前，给上"跳闸位置"开关量。

a. 当 $m=0.95$ 时。从调试软件的主菜单中进入"状态序列"。

第一步，同上"第一步"。

第二步，在工具栏中，"添加新状态"为"故障状态 2"，对故障状态试验参数设置如下：$U_a=0.95\times5\times8\angle0°=38\angle0°V$，$U_b=38\angle-120°V$，$U_c=38\angle120°V$；$I_a=5\angle-78°A$，$I_b=5\angle162°A$，$I_c=5\angle42°A$。"触发条件"选择"最长状态时间"，并设置"最长状态时间"为 300ms，如图 8-22 所示。

第三步，在工具栏中，选择"试验"栏中的"开始试验"并确认。

现象：当博电试验仪输出正常状态模拟量 30s 后，输出 300ms 故障量，保护装置"跳 A""跳 B""跳 C"灯亮。报文显示"距离加速"元件动作。

b. 当 $m=1.05$ 时。

第一步，同上"第一步"。

第二步，在工具栏中，"添加新状态"为"故障状态 2"，对故障状态试验参数设置如下：$U_a=1.05\times5\times8\angle0°=42\angle0°V$，$U_b=42\angle-120°V$，$U_c=42\angle120°V$；$I_a=5\angle-78°A$，$I_b=5\angle162°A$，$I_c=5\angle42°A$。"触发条件"选择"最长状态时间"，并设置"最长状态时间"为 300ms，如图 8-23 所示。

第三步，在工具栏中，选择"试验"栏中的"开始试验"并确认。

图 8-22　试验参数设置图（二十一）

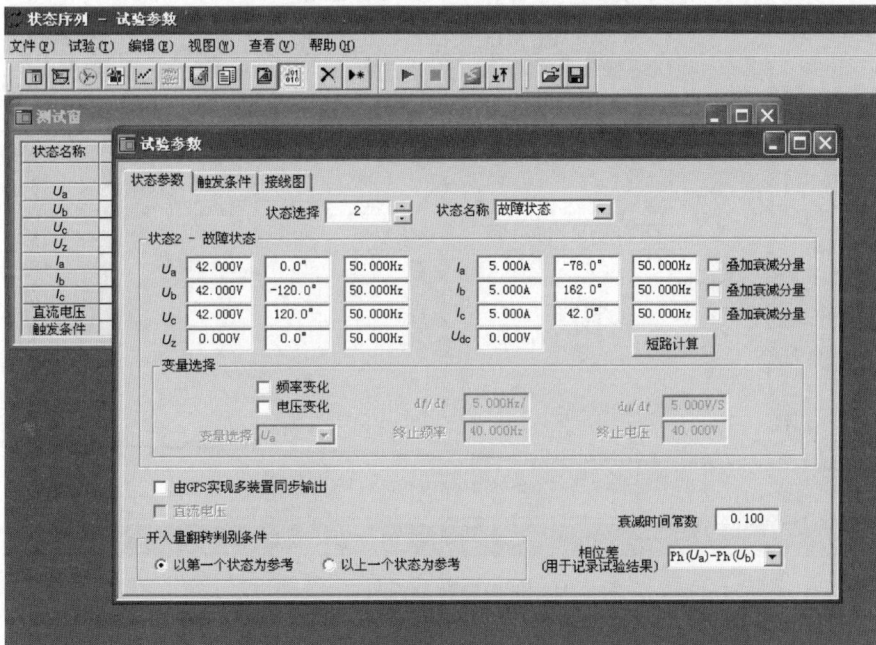

图 8-23　试验参数设置图（二十二）

现象："距离加速"元件不动作。

6.TV 断线过电流功能检查

（1）TV 断线时过电流定值的检验。

1）试验前的准备。仅投距离保护连接片。

整定各定值：TV 断线时过电流定值为 5A，TV 断线时过电流时间为 0.5s。

2）试验方法。模拟短路故障时

$$I = mI_{\text{TVset}}$$

式中：m 为系数，其值为 0.95 及 1.05；I_{TVset} 为交流电压回路断线时相过电流定值，A。

不加电压，TV 断线后模拟故障时间应大于交流电压回路断线时过电流延时定值。

a. 当 $m=1.05$ 时。从调试软件的主菜单中进入"状态序列"。

第一步，设置"状态 1"为"故障状态"，对故障状态试验参数设置如下：$U_a=U_b=U_c=0\text{V}$；$I_a=1.05\times5\angle0°=5.25\text{A}\angle0°$，$I_b=I_c=0$。"触发条件"选择"最长状态时间"，并设置"最长状态时间"为 550ms，如图 8-24 所示。

图 8-24　试验参数设置图（二十三）

第二步，在工具栏中，选择"试验"栏中的"开始试验"并确认。

现象：保护装置"跳 A""跳 B""跳 C"灯亮。报文显示"TV 断线过电流"元件动作。

b. 当 $m=0.95$ 时。从调试软件的主菜单中进入"状态序列"。

第一步，设置"状态 1"为"故障状态"，对故障状态试验参数设置如下：$U_a=U_b=U_c=0V$，$I_a=0.95\times5\angle0°=4.75A\angle0°$，$I_b=I_c=0$。"触发条件"选择"最长状态时间"，并设置"最长状态时间"为 550ms，如图 8-25 所示。

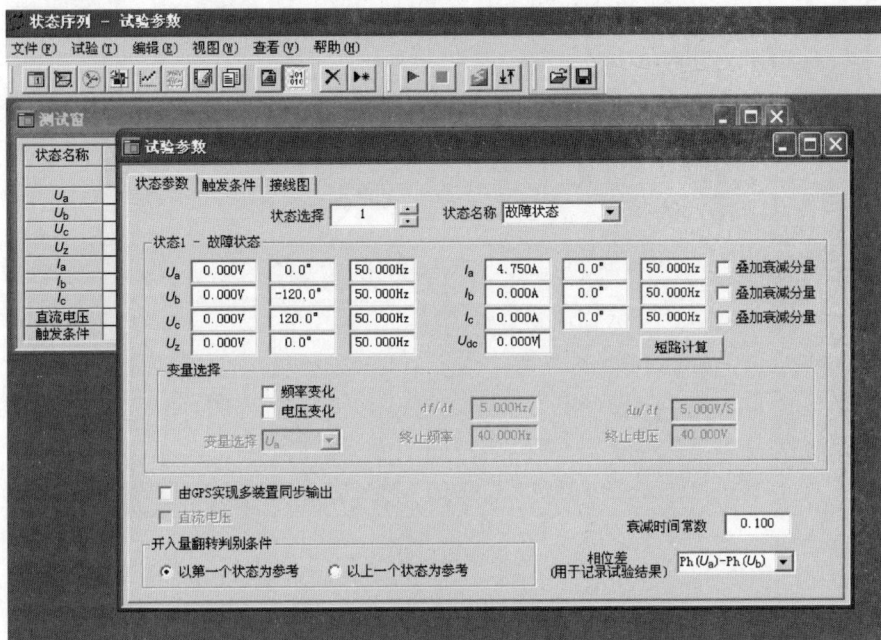

图 8-25 试验参数设置图（二十四）

第二步，在工具栏中，选择"试验"栏中的"开始试验"并确认。

现象："TV 断线过电流"元件不动作。

（2）TV 断线时零序过电流定值的检验。

1）试验前的准备。仅投零序保护连接片。

整定各定值："TV 断线时零序过电流定值"为 1.6A，"TV 断线时过电流时间"为 0.5s。

2）试验方法。

模拟短路故障时

$$I=mI_{\text{TV0set}}$$

式中：m 为系数，其值为 0.95 及 1.05；I_{TV0set} 为交流电压回路断线时零序过电流定值，A。不加电压，TV 断线后模拟故障时间应大于交流电压回路断线时过电流延时定值。

a. 当 $m=1.05$ 时。从调试软件的主菜单中进入"状态序列"。

第一步，设置"状态 1"为"故障状态"，对故障状态试验参数设置如下：$U_a=U_b=U_c=0V$；$I_a=1.05\times1.6\angle0°=1.68A\angle0°$，$I_b=I_c=0$。"触发条件"选择"最长状态时间"，并设置"最长状态时间"为 550ms，如图

8-26 所示。

图 8-26 试验参数设置图（二十五）

第二步，在工具栏中，选择"试验"栏中的"开始试验"并确认。

现象：保护装置"跳 A""跳 B""跳 C"灯亮。报文显示"TV 断线过电流"元件动作。

b. 当 $m=0.95$ 时。从调试软件的主菜单中进入"状态序列"。

第一步，设置"状态 1"为"故障状态"，对故障状态试验参数设置如下：$U_a=U_b=U_c=0V$；$I_a=0.95\times1.6\angle0°=1.52A\angle0°$，$I_b=I_c=0$。"触发条件"选择"最长状态时间"，并设置"最长状态时间"为 550ms，如图 8-27 所示。

第二步，在工具栏中，选择"试验"栏中的"开始试验"并确认。

现象："TV 断线过电流"元件不动作。

七、线路保护 TA 极性验证

1. 试验标准及基准

DL/T 995—2016《继电保护和电网安全自动装置检验规程》。

2. 试验项目条件

（1）线路停电。

（2）在线路一次 TA 处用干电池进行点极性工作，在主控室保护盘处进行测量。

（3）在机组主变压器高压套管一次处用干电池进行点极性工作，在主控室

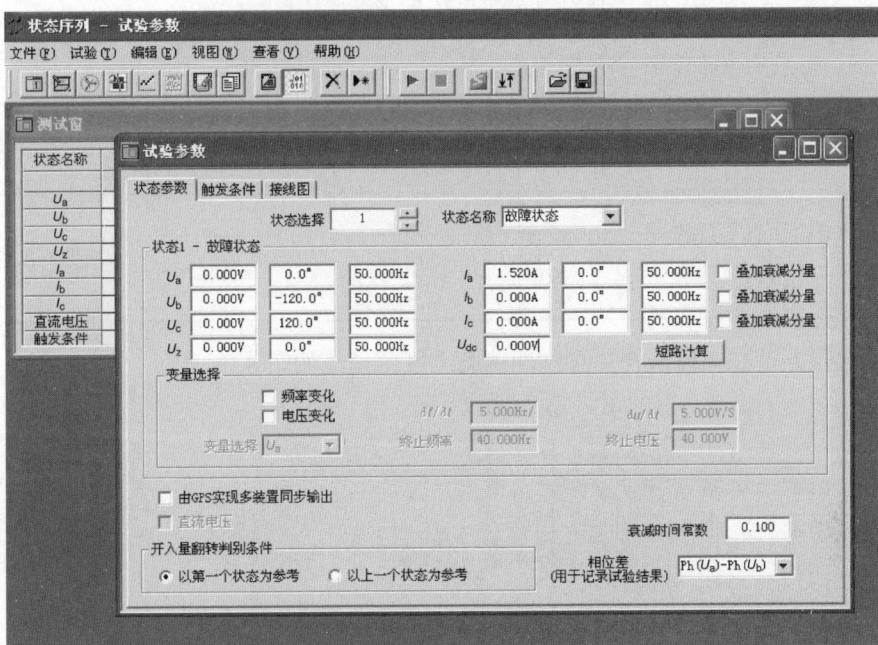

图 8-27 试验参数设置图（二十六）

保护盘处进行测量。

（4）主变压器高压侧 A、B、C 三相大线拆除。

3. 试验步骤和程序

（1）在线路 TA 处用干电池进行点极性工作，在主控室线路保护盘处用指针表进行测量。

（2）试验接线图如图 8-28 所示。

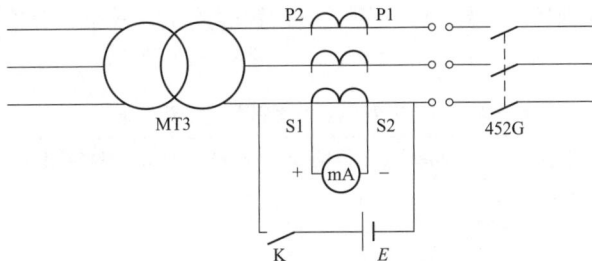

图 8-28 线路 TA 极性验证试验接线图

（3）试验步骤和方法。从变电站线路 TA 处进行点极性试验，一次侧极性标注 P1 指向线路侧，P2 指向变压器侧。一次侧 P1 接电池的"一"端，P2 接电池的"+"端，二次侧极性端 S1 接指针表的红表笔，S2 接毫安表的黑表笔，记录测量结果见表 8-2。

表 8-2   线路保护 TA 极性验证表

线路 TA 编号	相别	装置端子排号	记录指针表显示	回路用途
TA××	A 相			线路保护 A
	B 相			
	C 相			
TA××	A 相			线路保护 B
	A 相			
	A 相			

（4）主变压器套管 TA 极性试验。试验接线如图 8-29 所示。

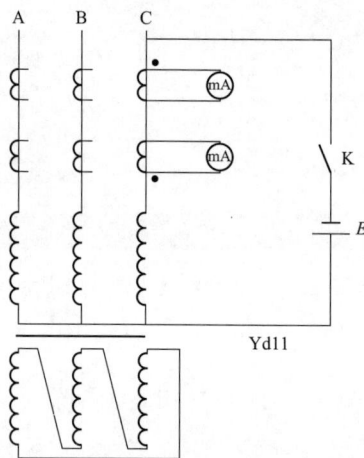

图 8-29   主变压器套管 TA 极性试验接线图

（5）试验步骤及结果。从主变压器 TA 端子箱处进行点极性试验，要求主变压器 A、B、C 三相大线拆除，电池的"＋"接主变压器中性点，电池的"－"分别接 A、B、C 三相，用指针表测量 TA 的二次侧，记录测量结果见表 8-3。

表 8-3   主变压器套管 TA 极性验证表

TA 编号	相别	端子箱处端子排号	装置处端子排号	记录指针表显示	回路用途
TA××	A 相				线路失灵保护
	B 相				
	C 相				

注 记录指针表显示记录的是指针表正偏或反偏结果。

八、线路纵联电流差动保护相量检测

1. 试验目的

检测线路保护电压、电流相量和纵联电流差动保护差流以及 TA 二次

834

回路中性线不平衡电流，验证电压、电流相位和相序关系、检测差动保护差流数据，进一步确定二次回路极性的正确性。

2. 试验标准及基准

DL/T 995—2016《继电保护和电网安全自动装置检验规程》。

3. 试验项目条件

需在机组升压并网后进行此项试验，试验时间约 2h。

（1）向调度申请机组带有功功率稳定（以额定 20% 为宜），且调节机组保持无功功率稳定。

（2）退出两套纵联电流差动保护。

（3）分别在纵联电流差动保护 A 柜、纵联电流差动保护 B 柜、断路器保护 C 柜处进行电压、电流相量测量，同时对每组 TA 二次回路中性线不平衡电流进行测量。

4. 试验步骤和程序

（1）在线路保护 A 柜处测量。以线路电压 U_A 为基准，分别测量的相位关系见表 8-4。

表 8-4 线路保护 A 柜电压相量记录表

测量量	实测三相电压数值（V）	实测相位
$U_A - U_B$		
$U_B - U_C$		
$U_C - U_A$		

以线路电流 I_A 为基准，分别测量的相位关系见表 8-5。

表 8-5 线路保护 A 柜电流相量记录表

测量量	实测电流数值（A）	实测相位
$I_A - I_B$		
$I_B - I_C$		
$I_C - I_A$		

分别以线路电压 U_A、U_B、U_C 为基准，测量的相位关系见表 8-6。

表 8-6 线路保护 A 柜电压电流相量记录表

| 测量量 | 线路电压 U_A 相（基准） | 线路电压 U_B 相（基准） | 线路电压 U_C 相（基准） |
	实测相位	实测相位	实测相位
线路 I_A			
线路 I_B			
线路 I_C			

（2）在线路保护 B 柜处测量。以线路电压 U_A 为基准，分别测量的相位关系见表 8-7。

表 8-7　线路保护 B 柜电压相量记录表

测量量	实测三相电压数值（V）	实测相位
$U_A - U_B$		
$U_B - U_C$		
$U_C - U_A$		

以线路电流 I_A 为基准，分别测量的相位关系见表 8-8。

表 8-8　线路保护 B 柜电流相量记录表

测量量	实测电流数值（A）	实测相位
$I_A - I_B$		
$I_B - I_C$		
$I_C - I_A$		

分别以线路电压 U_A、U_B、U_C 为基准，测量的相位关系见表 8-9。

表 8-9　线路保护 B 柜电压电流相量记录表

测量量	线路电压 U_A 相（基准）	线路电压 U_B 相（基准）	线路电压 U_C 相（基准）
	实测相位	实测相位	实测相位
线路 I_A			
线路 I_B			
线路 I_C			

（3）在线路保护 C 柜（断路器保护）处测量。

以线路电压 U_A 为基准，分别测量的相位关系见表 8-10。

表 8-10　线路保护 C 柜电压相量记录表

测量量	实测三相电压数值（V）	实测相位
$U_A - U_B$		
$U_B - U_C$		
$U_C - U_A$		

以线路电流 I_A 为基准，分别测量的相位关系见表 8-11。

表 8-11　线路保护 C 柜电流相量记录表

测量量	实测电流数值（A）	实测相位
$I_A - I_B$		
$I_B - I_C$		
$I_C - I_A$		

分别以线路电压 U_A、U_B、U_C 为基准，测量的相位关系见表 8-12。

表 8-12　线路保护 C 柜电压电流相量记录表

测量量	线路电压 U_A 相（基准）	线路电压 U_B 相（基准）	线路电压 U_C 相（基准）
	实测相位	实测相位	实测相位
线路 I_A			
线路 I_B			
线路 I_C			

（4）线路保护差流和中性线不平衡电流测试。

在装置保护板、管理板画面中检查线路保护差流，并使用电流卡钳测量中性线不平衡电流，并记录在表 8-13 及表 8-14 中。

实时功率：$P=$_____ MW；$Q=$_____ Mvar

表 8-13　保护板差流和中性线不平衡电流记录表

保护名称	相别	本侧运行电流（A）	对侧运行电流（A）	差流	中性线不平衡电流
A 柜纵联电流差动保护	A				
	B				
	C				
B 柜纵联电流差动保护	A				
	B				
	C				

表 8-14　管理板差流和中性线不平衡电流记录表

保护名称	相别	本侧运行电流（A）	对侧运行电流（A）	差流	中性线不平衡电流
A 柜纵联电流差动保护	A				
	B				
	C				
B 柜纵联电流差动保护	A				
	B				
	C				

5. 结果分析

纵差差流及 TA 中性线电流满足要求（理论上为零），必要时画电流相量六角图（两侧差动）验证。

第二节 发电机-变压器组保护调试

一、试验应具备的条件

（1）发电机-变压器组保护装置安装完毕，二次电缆已全部敷设接线完毕。

（2）保护装置直流回路已完善，检查无误，可投入使用。

（3）整理发电机-变压器组保护相关的设计图纸和厂家资料。

（4）电气调试人员要熟悉发电机-变压器组保护的配置、接线，装置的原理、调试方法和步骤，已做好技术准备。

（5）准备好相关的试验仪器、设备。

二、调试工作程序

（1）调试内容和步骤。

1）调试措施的发布和交底。在进行调试工作之前，对机组发电机-变压器组保护调试的相关人员进行技术交底。

2）调试前的条件确认。对调试前应具备的条件进行全面检查，确认各项条件都满足后，方可进行调试工作。

（2）保护装置的调试。各保护装置的外观检查。包括机械部分检查，内部、端子排配线检查。

（3）各保护装置的常规绝缘检查。用 1000V 绝缘电阻表对电源回路及所有二次回路进行绝缘检查合格。

（4）保护装置自检检查。装置上电后，自检应正常，无自检报警信号。检查装置软件，软件应运行正常，能可靠操作，所有显示及装置指示灯正常。检查装置的保护配置、定值设置、出口传动、时钟修改、打印等功能。若装置自检出现异常或软件不能正常操作，由装置厂家人员解决。以上项目应与厂家提供的说明书一致。

（5）保护装置的模拟量输入通道检查。施加模拟量，逐一检查装置所有电流和电压通道，装置采样的幅值、相位、频率精度都满足要求。

（6）各保护装置的开关量检查。检查保护装置开关量输入的通道与设计一一对应，正确无误。在就地模拟短接开关量输入，保护装置开关量输入显示正确。

（7）保护装置的报警、跳闸出口检查。根据设计图纸，检查保护装置开关量输出的通道与设计一一对应，测试各报警和跳闸出口，正确无误。

（8）保护装置的保护逻辑及动作特性校核。

三、差动保护试验

以 RCS985 型保护为例。

1. 差动保护各侧二次额定电流 I_N 的计算

（1）主变压器差动或发电机-变压器组差动各侧二次额定电流

$$I_N = \frac{S_N}{\sqrt{3} U_{b1N} n_{bLH}}$$

式中：S_N 为主变压器额定容量（以设备铭牌为准），VA；U_{b1N} 为变压器或发电机-变压器组计算侧额定电压（以实际运行时的一次电压为准），V；n_{bLH} 为变压器或发电机-变压器组计算侧 TA 变比。

（2）高压厂用变压器差动各侧二次额定电流

$$I_N = \frac{S_N}{\sqrt{3} U_{a1N} n_{aLH}}$$

式中：S_N 为高压厂用变压器额定容量，VA；U_{a1N} 为高压厂用变压器计算侧额定电压，V；n_{aLH} 为高压厂用变压器计算侧 TA 变比。

（3）发电机机端二次额定电流

$$I_{Nf} = \frac{P_N / \cos\theta}{\sqrt{3} U_{1N} n_{fLH}}$$

式中：P_N 为发电机额定有功功率，W；$\cos\theta$ 为发电机功率因数；U_{1N} 为发电机额定电压，V；n_{fLH} 为发电机机端 TA 变比。

（4）发电机中性点各分支二次额定电流

$$I_{Nn} = \frac{K_{fz} P_N / \cos\theta}{\sqrt{3} U_{1N} n_{nLH}}$$

与机端不同的是，K_{fz} 为中性点对应各个分支的分支系数，若无分支则为 100%，与定值相对应；n_{nLH} 为发电机中性点 TA 变比。（中性点多分支多见于水轮机组）

2. 某厂 300MW 火电机组计算实例

（1）主变压器系统参数如图 8-30 所示。

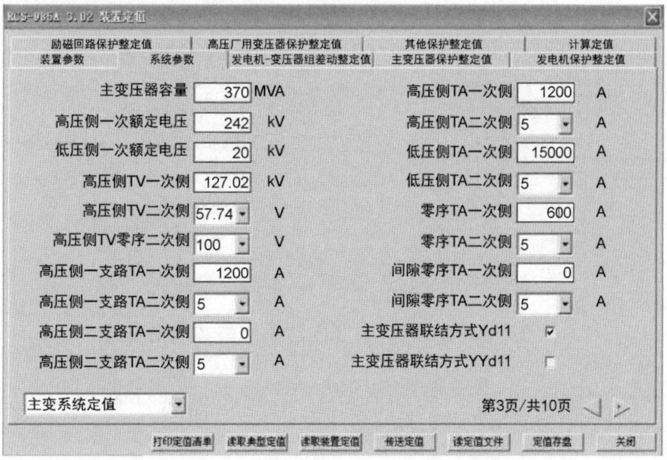

图 8-30　主变压器系统参数设置图

例：发电机-变压器组差动用主变压器高压侧额定电流

$$I_N = \frac{S_N}{\sqrt{3}U_{b1N}n_{bLH}} = \frac{370\text{MVA}}{\sqrt{3} \times 242\text{kV} \times 1200/5} \approx 3.67\text{A}$$

（2）发电机系统参数如图 8-31 所示。

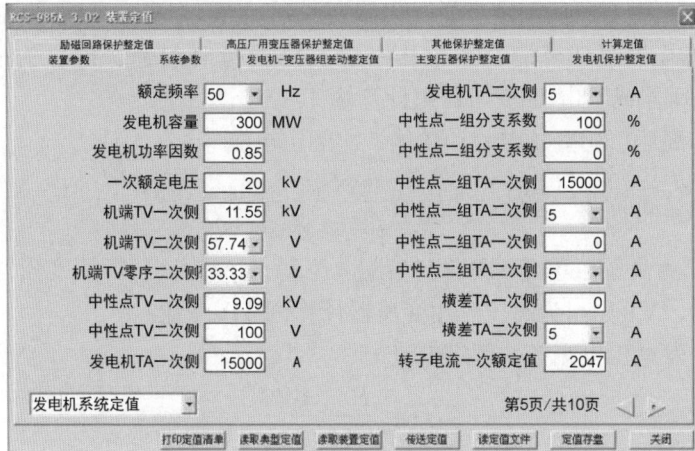

图 8-31　发电机系统参数设置图

例：发电机差动用发电机中性点额定电流

$$I_{Nn} = \frac{K_{fz}P_N/\cos\theta}{\sqrt{3}U_{1N}n_{nLH}} = \frac{100\% \times 300\text{MW}/0.85}{\sqrt{3} \times 20\text{kV} \times 1500/5} \approx 3.39\text{A}$$

（3）高压厂用变压器系统参数如图 8-32 所示。

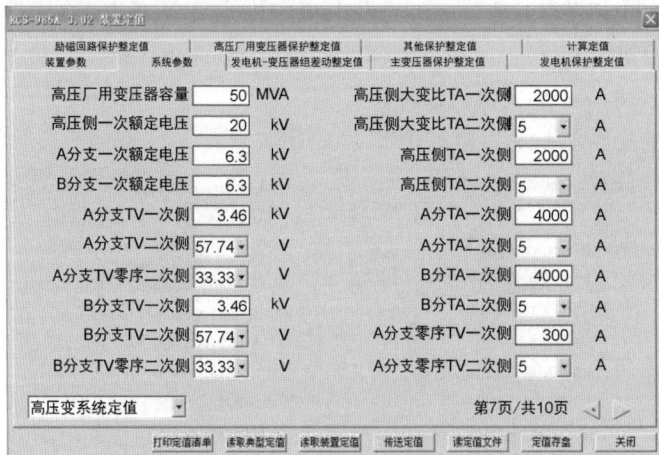

图 8-32　高压厂用变压器系统参数设置图

例：高压厂用变压器差动用高压厂用变压器低压侧 A 分支二次额定电流

$$I_{\mathrm{N}}=\frac{S_{\mathrm{N}}}{\sqrt{3}U_{\mathrm{alN}}n_{\mathrm{aLH}}}=\frac{50\mathrm{MVA}}{\sqrt{3}\times6.3\mathrm{kV}\times4000/5}\approx5.72\mathrm{A}$$

发电机-变压器组差动用高压厂用变压器侧二次额定电流

$$I_{\mathrm{N}}=\frac{S_{\mathrm{N}}}{\sqrt{3}U_{\mathrm{blN}}n_{\mathrm{bLH}}}=\frac{370\mathrm{MVA}}{\sqrt{3}\times6.3\mathrm{kV}\times4000/5}\approx42.38\mathrm{A}$$

发电机-变压器组差动用低压侧（即发电机中性点侧）二次额定电流

$$I_{\mathrm{N}}=\frac{S_{\mathrm{N}}}{\sqrt{3}U_{\mathrm{blN}}n_{\mathrm{bLH}}}=\frac{370\mathrm{MVA}}{\sqrt{3}\times20\mathrm{kV}\times15\,000/5}\approx3.56\mathrm{A}$$

主变压器差动用高压厂用变压器侧二次额定电流

$$I_{\mathrm{N}}=\frac{S_{\mathrm{N}}}{\sqrt{3}U_{\mathrm{blN}}n_{\mathrm{bLH}}}=\frac{370\mathrm{MVA}}{\sqrt{3}\times20\mathrm{kV}\times2000/5}\approx26.7\mathrm{A}$$

RCS-985A 标准程序的 TA 选择说明：

1）"主变压器一、二分支 TA"是对于主变压器出口有两个支路开关来说的，如 3/2 断路器接线方式，对于只有一个支路的，则只选取"主变压器一分支 TA"。

2）"主变压器低压侧 TA"指的是在主变压器低压侧安装的 TA，只用于主变压器差动。

3）"高压厂用变压器高压侧 TA"指的是高压厂用变压器的小变比 TA，供高压厂用变压器差动选择的。

4）"高压厂用变压器高压侧 TA2"指的是高压厂用变压器的大变比 TA，用于主变压器差动或发电机-变压器组差动选择的，若是没有大变比 TA，各差动厂用变压器高压侧共用一组小变比 TA 时，在"高压厂用变压器系统定值"里"高压厂用变压器大变比 TA"与"高压侧 TA"变比应整定相同。

5）"主变压器套管 TA"仅供发电机-变压器组差动选择使用，不用于主变压器差动。

（4）自动计算出的各套差动保护用的二次额定电流。本例采用的二次额定电流均采用图 8-33 中数值。

3. 差动保护的调试方法

RCS-985 发电机-变压器组保护配置的发电机差动（小差）、发电机-变压器组差动（大差）、主变压器差动、高压厂用变压器差动和励磁变压器差动保护，均是以差动各侧的电流标幺值（有名值/I_{N}）计入计算的（各侧的电流标幺值＝各侧的电流/各侧的额定电流）。

发电机-变压器组差动（大差）、主变压器差动、高压厂用变压器差动和励磁变压器差动是反极性（180°）接入，差动电流 I_{d} 和制动电流 I_{r} 计算公式为

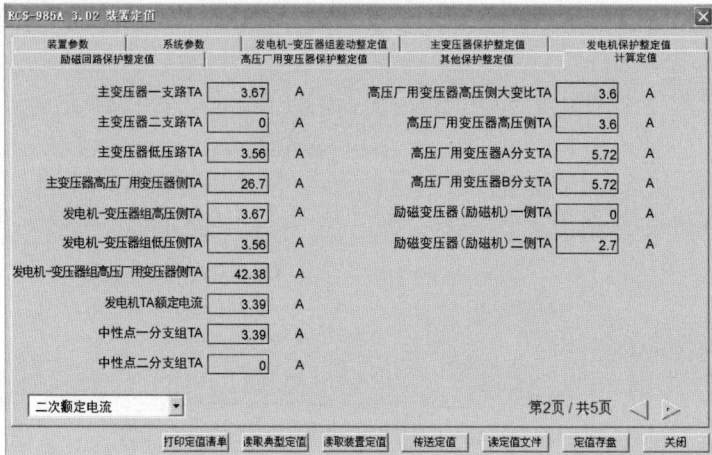

图 8-33　装置定值设置图（一）

$$
\begin{cases}
I_r = \dfrac{|I_1| + |I_2| + |I_3| + |I_4| + |I_5|}{2} \\
I_d = |\dot{I}_1 + \dot{I}_2 + \dot{I}_3 + \dot{I}_4 + \dot{I}_5|
\end{cases}
$$

而发电机差动保护、励磁机差动保护的机端和中性点电流，发电机裂相横差保护的中性点侧两分支电流均为同极性（0°）接入装置，则差动电流 I_d 和制动电流 I_r 计算公式为

$$
\begin{cases}
I_r = \dfrac{|\dot{I}_1 + \dot{I}_2|}{2} \\
I_d = |\dot{I}_1 - \dot{I}_2|
\end{cases}
$$

4. 发电机-变压器组差动保护调试

（1）整定保护总控制字"发电机-变压器组差动保护投入"置1。

（2）投入屏上"投发电机-变压器组差动保护"硬连接片。

（3）比率差动启动定值 I_{cdqd} 为 $0.5I_N$，起始斜率为 0.1，最大斜率为 0.7，二次谐波制动系数为 0.15，速断定值 I_{cdsd} 为 $6I_N$。

（4）整定发电机-变压器组差动跳闸矩阵定值，如图 8-34 所示，矩阵的最后一位"本保护跳闸投入"若未被选中，则该保护跳闸功能退，KCO1～KCO14 选中后，对应不同的出口，因各工程而异。

（5）按照试验要求整定"发电机-变压器组差动速断投入""发电机-变压器组比率差动投入""涌流闭锁功能选择""TA断线闭锁比率差动"控制字。

5. 比率差动试验

（1）调试说明。RCS985 发电机-变压器组保护装置要求变压器各侧电流互感器二次均采用星形接线，其二次电流直接接入本装置。变压器各侧

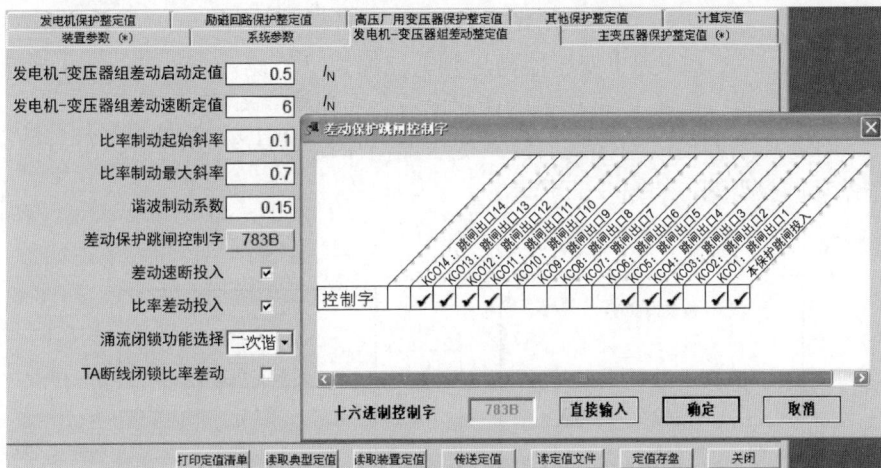

图 8-34　发电机-变压器组差动跳闸矩阵定值设置图

TA 二次电流相位由软件自调整。

以 Yd11 主变压器接线方式为例，装置采用丫→△变化调整差流平衡，其校正方法：

对于 Y 侧电流

$$\dot{I}'_A = (\dot{I}_A - \dot{I}_B)/\sqrt{3}\,;\dot{I}'_B = (\dot{I}_B - \dot{I}_C)/\sqrt{3}\,;\dot{I}'_C = (\dot{I}_C - \dot{I}_A)/\sqrt{3}$$

式中：$\dot{I}_A$、$\dot{I}_B$、$\dot{I}_C$ 为 Y 侧 TA 二次电流，A；$\dot{I}'_A$、$\dot{I}'_B$、$\dot{I}'_C$ 为 Y 侧校正后的各相电流，A。

由上述校正法不难看出，在变压器 Y 侧（即高压侧）通入单相电流 $\dot{I}_A$ 时，则有计入差流计算的调整后电流 $\dot{I}'_A$、$\dot{I}_A/\sqrt{3}$、$\dot{I}'_B = 0$、$\dot{I}'_C = -\dot{I}_A/\sqrt{3}$。

同样可以得到，在变压器 Y 侧通入单相电流 $\dot{I}_B$ 时，有 $\dot{I}'_A = -\dot{I}_B/\sqrt{3}$、$\dot{I}'_B = \dot{I}_B/\sqrt{3}$、$\dot{I}'_C = 0$。

在变压器 Y 侧通入单相电流 $\dot{I}_C$ 时，有 $\dot{I}'_A = 0$、$\dot{I}'_B = -\dot{I}_C/\sqrt{3}$、$\dot{I}'_C = \dot{I}_C/\sqrt{3}$。

在 d 侧电流

$$\dot{I}'_a = (\dot{I}_a - \dot{I}_0)\,;\dot{I}'_b = (\dot{I}_b - \dot{I}_0)\,;\dot{I}'_c = (\dot{I}_c - \dot{I}_0)$$

式中：$\dot{I}'_a$、$\dot{I}'_b$、$\dot{I}'_c$ 为 d 侧 TA 二次电流，A；$\dot{I}'_a$、$\dot{I}'_b$、$\dot{I}'_c$ 为 d 侧校正后的各相电流，A。

在做 Yd11 主变压器的比率差动试验时，继保调试仪在主变压器高压侧与主变压器低压侧（即指发电机中性点、高压厂用变压器高压侧或低压侧）应加两相独立电流的关系为

A 相差动：AN∠0°−an∠180°、cn∠0°（补偿电流）；

B 相差动：BN∠0°−bn∠180°、an∠0°（补偿电流）；

C 相差动：CN∠0°－cn∠180°、bn∠0°（补偿电流）。

AN、BN、CN 为主变压器高压侧电流通道（Y 侧），an、bn、cn 为低压侧电流通道（d 侧），低压侧的两相电流之间相角差为 180°。

（2）比率差动试验接线。以主变压器高压侧和发电机中性点侧两侧比率差动试验为例，如图 8-35 所示。

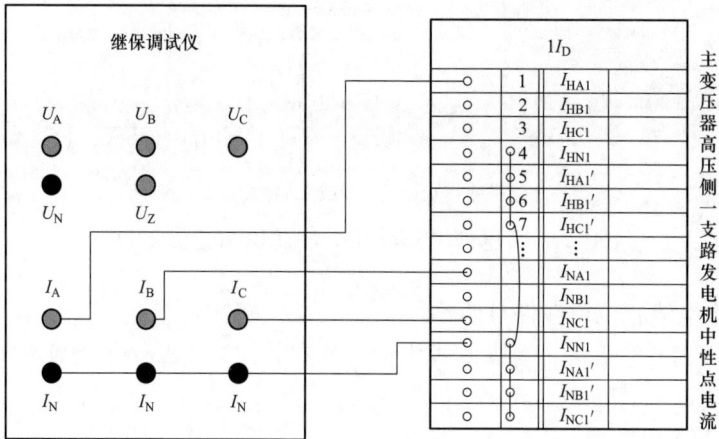

图 8-35　发电机-变压器组差动保护调试示意图

此时，所加 I_a、I_b 相角差为 180°，I_b、I_c 相角差为 180°，固定 I_a，递增 I_b 至保护动作，如图 8-36 所示。

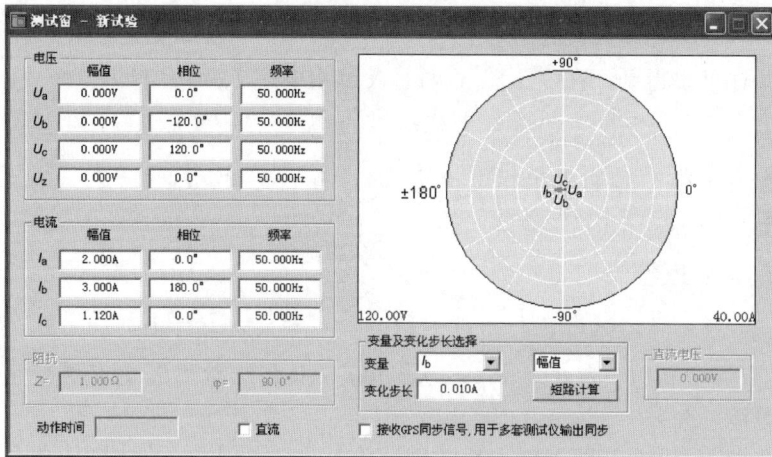

图 8-36　试验参数设置图（二十七）

图 8-37 所示为"变斜率比率差动计算软件"的主界面，"请输入一侧额定电流"和"请输入二侧额定电流"输入框内输入参与所调试的差动保护

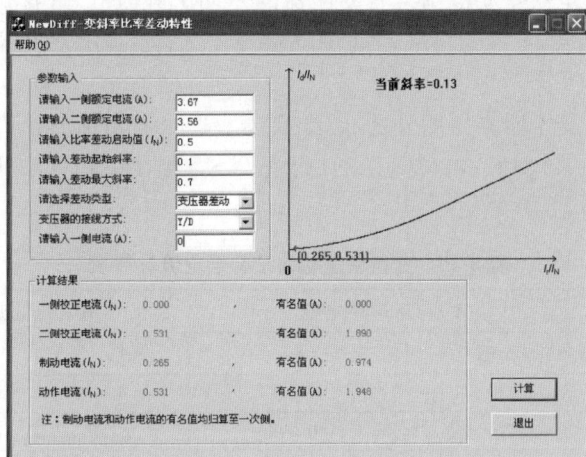

图 8-37　变斜率比率差动计算界面图（一）

的两侧对应额定电流。其中，3.67A 为发电机-变压器组差动用的"发电机-变压器组高压侧额定电流"，3.56A 为发电机-变压器组差动用的"发电机-变压器组低压侧额定电流（即发电机中性点侧额定电流）"；在"请输入比率差动启动值""请输入差动起始斜率""请输入差动最大斜率"中输入所调试差动保护的保护定值；而后在"请选择差动类型"中选择"变压器差动"或"发电机差动"，前者指的是差动范围包含变压器（主变压器、厂用变压器或励磁变压器）；对于"变压器差动"还需在"变压器的接线方式"中选择 Yd、Dy、Yy 或 Dd（一侧接线方式/二侧接线方式）；再后，"请输入一侧电流"里输入实际在一侧加的电流；最后"回车"或点击"计算"即显示出计算出的"二侧校正电流"和对应的"制动电流""动作电流"。该软件计算出的即是变斜率差动曲线上的点。

在"请输入一侧电流"中顺次输入 0、2、4、6、8，计算出相应参数填入表 8-15。

表 8-15　发电机-变压器组差动主变压器与电流计算及实测表　　　　A

序号	主变压器高压侧电流		中性点电流计算值		制动电流 I_N	动作电流 I_N	中性点电流实测值
	A 相	I_N	A 相	I_N			
1	0	0	1.890	0.531	0.531	0.265	
2	2	0.314	3.181	0.893	0.604	0.579	
3	4	0.629	4.518	1.269	0.949	0.639	
4	6	0.943	5.905	1.658	1.301	0.714	
5	8	1.258	7.342	2.062	1.660	0.803	

需注意的是：差动范围含有变压器的差动试验时 Y 侧电流归算至额定电流时需除 1.732，"变斜率差动调试软件"选择正确的变压器接线方式，能自动适应。

由于在主变压器高压侧分别加 0、2、4、6、8A 电流时，产生差流的标幺值分别是 0、0.314、0.629、0.943、1.258，则在中性点 C 相要加的补偿电流见表 8-16。

表 8-16　变斜率差动保护补偿电流计算表

序　号	主变压器高压侧电流		中性点电流 C 相	
	A 相	I_N	补偿计算公式	C 相
1	0	0	0×3.56	0
2	2	0.314	0.314×3.56	1.117
3	4	0.629	0.629×3.56	2.235
4	6	0.943	0.943×3.56	3.357
5	8	1.258	1.258×3.56	4.478

发电机-变压器组差动：从发电机中性点侧差至高压厂用变压器低压侧

如图 8-38 所示，"请输入一侧额定电流"为发电机-变压器组差动用"高压厂用变压器侧额定电流"（所给定值整定此侧为高压厂用变压器低压侧 TA），其值为 42.38A；"请输入二侧额定电流"为发电机-变压器组差动用的"发电机-变压器组低压侧额定电流"，其值为 3.56A；在"请选择差动类型"中选择"变压器差动"，在"变压器的接线方式"中选择 Dd。

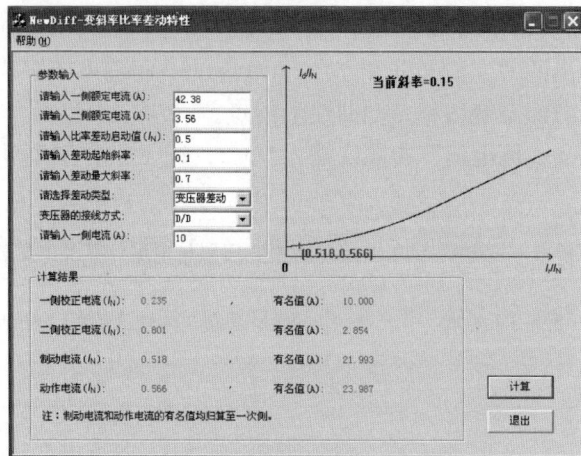

图 8-38　变斜率比率差动计算界面图（二）

在"请输入一侧额定电流"中顺次输入 2、4、6、8、10，计算出相应参数填入表 8-17。

表 8-17　发电机-变压器组差动高压厂用变压器低压侧与
发电机中性点电流计算表　　　　　　　　　　A

序号	高压厂用变压器低压侧分支电流		发电机中性点电流		制动电流 I_N	动作电流 I_N	中性点电流实测值
	A 相	I_N	A 相	I_N			
1	2	0.047	2.079	0.584	0.315	0.573	
2	4	0.094	2.272	0.638	0.366	0.544	
3	6	0.141	2.465	0.692	0.417	0.551	
4	8	0.188	2.658	0.746	0.467	0.558	
5	10	0.235	2.854	0.801	0.518	0.566	

　　注　高压厂用变压器低压侧 A、B 分支可分别照上表试验，调试仪所加两侧电流的相角差为180°，由于两侧绕组的接线组别为 Dd，所以不用加补偿。

　　特别注意：如果实验仪器能加 6 路电流的时候，做主变压器差动时（主变压器接线为 Yd11），高压侧加的电流要乘以 1.732，而且同时角度应该是主变压器高压侧超前低压侧150°。如果是做发电机-变压器组差动，从主变压器高压侧差至厂用变压器（Dy1）低压侧，厂用变压器低压侧的角度应该超前主变压器高压侧150°。同样做厂用变压器差动时，如果固定厂用变压器高压侧，变化低压侧时，低压侧真实的理论动作值应该是等于用软件计算出的低压侧的计算值除以 1.732。

　　6. 差动速断试验

　　为使此试验更为直观，建议仅投入"发电机-变压器组差动速断投入"控制字，退出"发电机-变压器组比率差动投入"等其他控制字。

　　以主变压器高压侧为试验侧，通入三相电流，依定值 $I_{cdsd} = 6I_N$，则其计算值为 $6 \times 3.67A = 22.02A$，0.95 不动作，1.05 倍可靠动作，则加入三相电流 $0.95 \times 22.02A = 20.919A$ 保护不动作，$1.05 \times 22.02A = 23.121A$ 保护动作。

　　7. 涌流闭锁功能试验

　　以"涌流闭锁功能选择"整定为"二次谐波"为例，投入"发电机-变压器组比率差动投入"控制字，退出"发电机-变压器组差动速断投入"控制字等其他控制字。

　　以调试仪的 A、B 相电流并接叠加通入参与该差动保护的任意侧的任意一相电流输入端子，以发电机中性点为例。如图 8-39 所示，I_a 为 50Hz 基波电流 10A，确保差动保护在无二次谐波情况下比率差动能动作；I_b 为100Hz 二次谐波电流，初始时通入大于 $0.15 \times 10A$（0.15 为谐波制动系数定值）电流，此时可靠制动比率差动，而后递减 I_b 直至保护动作。

　　实测谐波制动系数，即 I_b/I_a。

　　注意：（1）涌流闭锁功能选择"波形识别"采用上述方法仍以二次谐波作为闭锁，实测值为 20%。

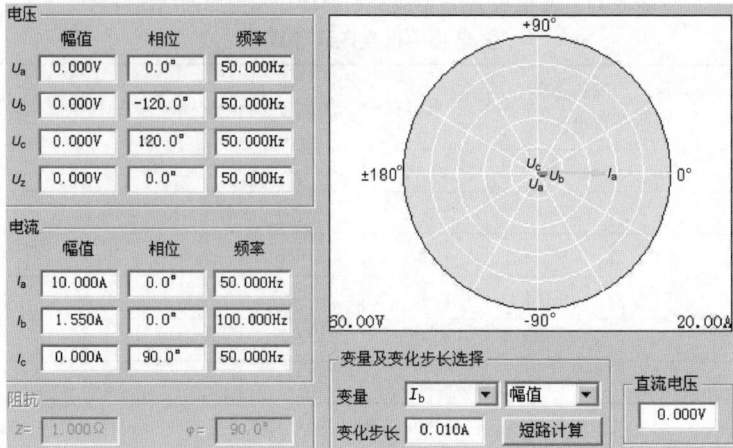

图 8-39　试验参数设置图（二十八）

（2）涌流闭锁只闭锁比率差动，而不闭锁差动速断。

8. TA断线闭锁功能试验

投入"发电机-变压器组比率差动投入"和"TA断线闭锁比率差动"控制字，退出"发电机-变压器组差动速断投入"控制字等其他控制字。检查"主变压器高压侧断路器位置"状态，应该在合闸状态，即拆除位置触点上的电缆。在参与该差动的某两侧三相均加上额定电流，以"主变压器高压侧"和"发电机中性点侧"两侧为例，断开任意一相电流，装置发"发电机-变压器组差动TA断线"信号并闭锁变压器比率差动，但不闭锁差动速断。

9. B、C相差动试验

补偿电流加在发电机中性点侧的a相，其余与做A相差动一样。

四、主变压器差动保护

主变压器差动的调试方法与发电机-变压器组差动保护的调试方法一样，只是接线有所变动，因为主变压器差动的范围是主变压器高压侧、发电机机端侧、高压厂用变压器高压侧，如图8-40所示。

主变压器差动高压侧额定电流是3.67A，发电机机端侧额定电流为3.56A，高压厂用变压器侧额定电流为26.7A。

主变压器高压侧←→发电机机端侧的差动试验跟发电机-变压器组差动完全一致，数据也一样。

发电机机端侧←→高压厂用变压器高压侧差动试验也跟发电机-变压器组差动的一致，只是发电机-变压器组差动差到高压厂用变压器低压侧，主变压器差动差到高压厂用变压器高压侧，两侧额定电流不一样，用软件计算数据时输入不同的额定电流，其余的一样。

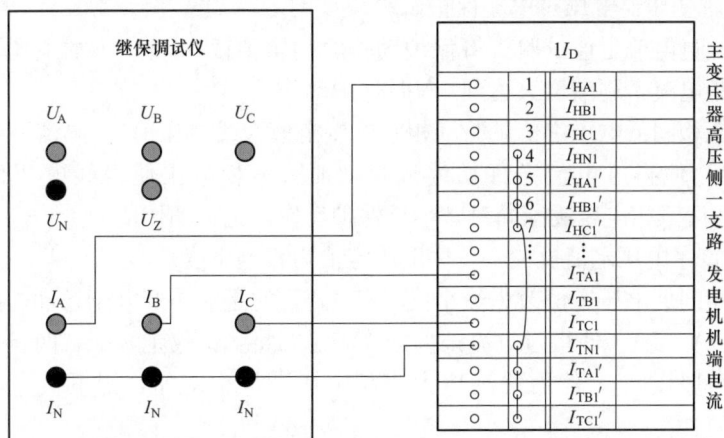

图 8-40 主变压器差动试验接线图

五、主变压器相间后备保护

1. 试验前的准备

（1）整定保护总控制字"主变压器相间后备保护投入"置 1。

（2）投入屏上"投主变压器相间后备保护"硬连接片。

（3）主变压器负序电压定值为 6V，相间低电压定值为 60V，过电流 I 段定值为 4A、延时 2s，过电流 II 段定值为 5A、延时 2.5s。

（4）整定过电流保护的跳闸控制字。

（5）按照定值单要求投入各控制字。

（6）按照图 8-41 所示将接线接好。

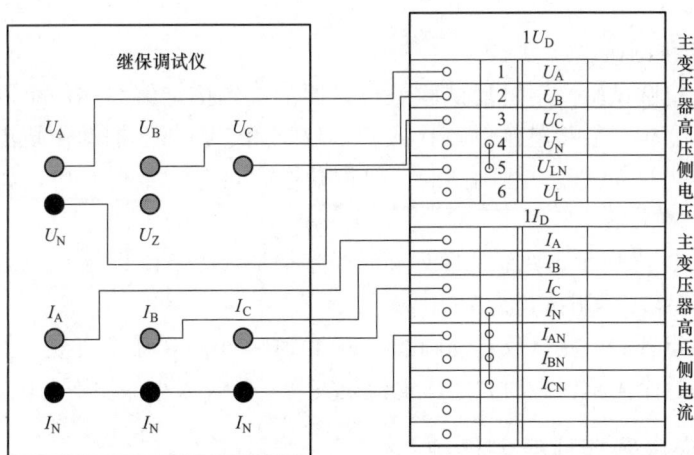

图 8-41 主变压器相间后备保护试验接线图

2. 主变压器复压过电流保护试验

(1) 过电流定值试验。将保护动作时间定值改为 0s，不加电压，同时加入三相电流，逐渐增大达到 4A 时保护动作。

(2) 相间低电压定值试验（相间电压定值为线电压值）。电流三相加入 5A>4A，使得过电流条件始终满足，加入三相电压使得线电压值大于 60V，然后三相电压逐渐同时减小至保护动作，记下动作值。

3. 负序电压定值试验（负序电压定值为相电压值）

将相间低电压定值改为最小值（3V），目的是取消低电压条件，电流三相加入 5A>4A，使得过电流条件始终满足，将测试仪上 A、B 两相电压线对调（负序接入），然后逐渐增大三相电压至保护动作，记下负序电压动作值。

4. 过电流Ⅱ段定值试验

做过电流Ⅱ段时将过电流Ⅰ段的跳闸控制字整定为"0000"，方法与做过电流Ⅰ段相同。

5. TV 断线闭锁功能试验

将保护定值恢复为原定值，接线恢复为图 8-41 接线，先不加电流，三相电压加入额定电压；去掉其中一相电压，10s 后装置 TV 断线灯亮，此时逐渐增加电流至大于保护定值，保护不会动作。

六、主变压器阻抗保护试验

1. 整定定值并投入连接片

一般投了阻抗保护后就不再投复压过电流保护，或者投了复压过电流后就不投阻抗保护，两者用其一，首先整定保护定值，阻抗Ⅰ段正向定值为 12Ω，阻抗Ⅰ段反向定值为 1.2Ω，阻抗Ⅰ段第一时限定值为 1s，以及跳闸控制字。

2. 阻抗圆试验

做阻抗圆试验，用自动试验是很方便的，先按定值添加一个圆，接线同图 8-41，但是要将跳闸触点接入测试仪，用于判断保护动作找出动作边界，注意用自动试验方法画圆时，保护动作时间定值要改为 0s，如图 8-42 所示。

如图 8-43 所示，在添加序列项时，半径是 (12+1.2)/2=6.6，原点是 6.6-1.2=5.4，阻抗角为 78°。

最后点开始，测试仪自动画圆，每 30°画一个点，非常直观。如果用手动试验做这个阻抗保护时，电压电流要突变，步长太小保护不动作。

七、主变压器接地后备保护

1. 主变压器接地零序

此保护比较简单，用测试仪的 A 相电流作为主变压器零序电流输入，

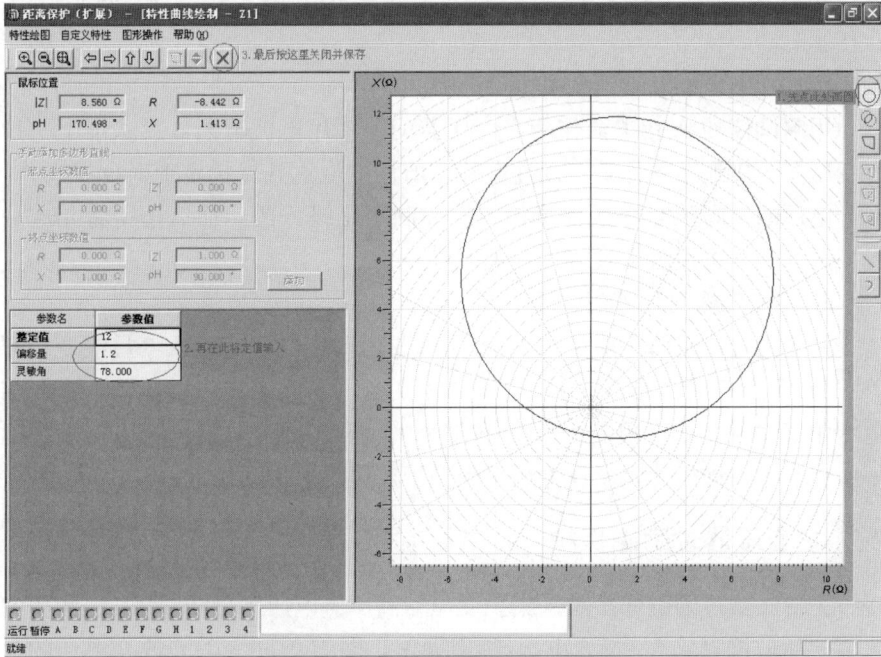

图 8-42　试验参数设置图（二十九）

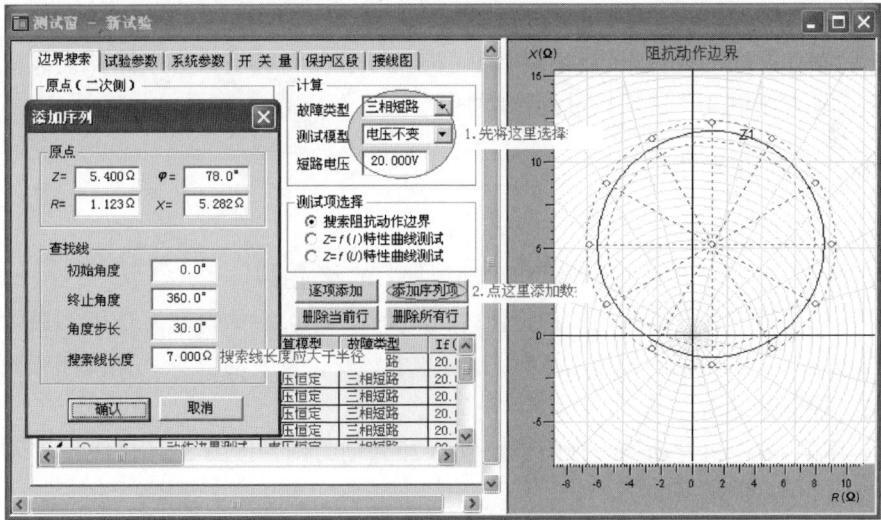

图 8-43　试验参数设置图（三十）

投入屏上"投主变压器接地零序保护"硬连接片，增加电流达到保护定值时保护动作，部分电厂的"零序过电流Ⅰ段经零序电压闭锁"控制字是投入的，那么还要在主变压器间隙零序电压通道（母线 TV 开口三角）通入大于"零序电压闭锁定值"的电压，此判据与过电流是"与"的关系（这里的零序电流是固定取外加的，电压是固定取开口三角上的），方向元件的

851

电流和电压是固定取自产的。方向元件动作范围为电流超前电压 12°～192°。

2. 主变压器间隙零序过电流

用测试仪的 A 相电流作为主变压器间隙零序电流输入，投入屏上"投主变压器不接地零序保护"硬连接片，增加电流达到保护定值时保护动作，部分电厂的"间隙零序经外部投入"控制字是投入的，那么还得将相应触点接入（开入备用触点及接地开关触点）。

3. 主变压器间隙零序过压

由于此电压定值一般为 180V，所以要用两相电压来输入（母线 TV 开口三角），用测试仪的 A、B 相电压作为主变压器间隙零序电压输入，A 相电压角度输入 0°，B 相电压角度输入 180°，投入屏上"投主变压器不接地零序保护"硬连接片，增加电压达到保护定值时保护动作。

八、主变压器过励磁保护

主变压器过励磁保护是采集主变压器高压侧电压（母线 TV）与频率的比值，然后再除以 2（额定电压/额定频率，即 $100/50=2$），改变电压的大小，不改变频率大小来改变过励磁的倍数，固定电压降低频率结果相同。具体试验参考发电机过励磁保护，因为发电机过励磁和主变压器过励磁只投其中一个，由于发电机过励磁能力低于变压器过励磁能力，发电机-变压器组单元接线可只投发电机过励磁保护。对于发电机出口有断路器接线机组要求发电机变压器均投过励磁保护。

九、发电机差动保护

1. 调试前的准备

（1）投入屏上的"投发电机差动保护"的硬连接片。

（2）整定发电机差动保护定值，I_{cdqd} 为 $0.2I_N$，起始斜率为 0.05，最大斜率为 0.5，速断定值 I_{cdsd} 为 $4I_N$。将"工频变化量差动""TA 断线闭锁差动"控制字退出。

（3）发电机差动接线很简单，以 A 相差动为例，按图 8-44 接线。

2. 保护调试图解

发电机差动保护用调试软件计算数据时，额定电流是以发电机的功率以及功率因数来计算的，所以额定电流的数值与主变压器差动时的发电机机端侧不一样，要小一点，可从装置定值上直接读取 3.39A，如图 8-45、图 8-46 所示。

在"请输入一侧额定电流"中顺次输入 2、4、6、8、10，计算出相应参数填入表 8-18。

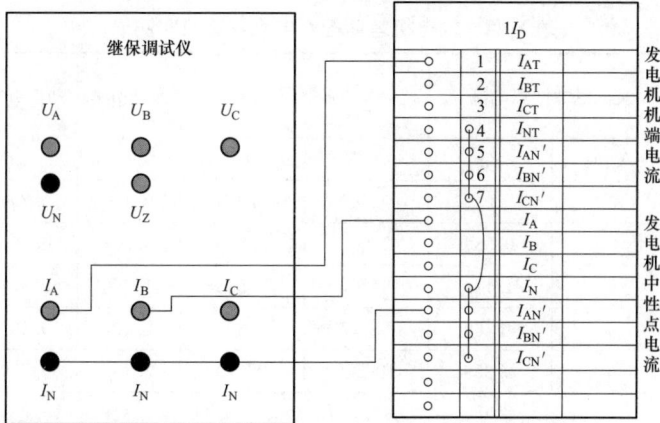

图 8-44　发电机差动保护试验接线图

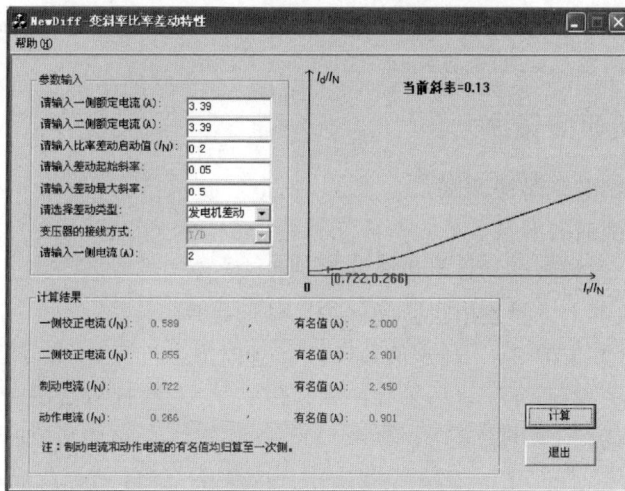

图 8-45　变斜率比率差动计算界面图（三）

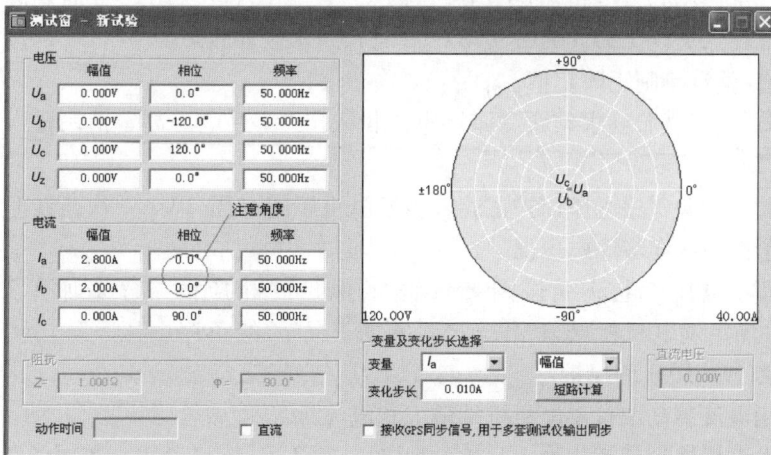

图 8-46　试验参数设置图（三十一）

表 8-18   发电机差动各侧电流计算及实测表   A

序号	发电机中性点电流		发电机机端电流		制动电流 I_N	动作电流 I_N	机端电流实测值
	A 相	I_N	A 相	I_N			
1	0	0	0.698	0.206	0.103	0.206	
2	2	0.589	2.901	0.855	0.722	0.266	
3	4	1.179	5.267	1.553	1.366	0.373	
4	6	1.769	7.817	2.305	2.037	0.535	
5	8	2.359	10.576	3.119	2.739	0.759	

根据表 8-18 试验数据，对最小启动电流进行验证，并计算动作斜率。

3. 其他试验

差动速断以及 TA 断线功能的测试同前文所述发电机-变压器组差动保护相关测试。

十、发电机匝间保护

纵向零序电压保护调试：

（1）调试前的准备。

1）保护总控制字"发电机匝间保护投入"置 1。

2）投入屏上"投发电机匝间保护"硬连接片。

3）灵敏段定值 3V，高定值段 10V，延时 0.2s。

匝间保护方程： $U_z > U_{zd} \times (1 + 2 \times I_m / I_{ef})$ 区外故障时

$\qquad\qquad\qquad U_z > U_{zd}$ 区内故障时

$\qquad\qquad\qquad I_m = 3I_2$ $I_{max} < I_{ef}$ 时

$\qquad\qquad\qquad I_m = (I_{max} - I_{ef}) + 3I_2$ $I_{max} \geq I_{ef}$ 时

注意： I_{ef} 为发电机额定电流；当 $P_2 = U_2 I_2 \cos(a - 78) > 0$ 时，属于区内故障；当 $P_2 = U_2 I_2 \cos(a - 78) < 0$ 时，属于区外故障。

4）整定跳闸矩阵定值。

5）按照试验要求整定"零序电压投入""零序电压高定值段投入"控制字。

（2）纵向零序电压保护试验。当发电机匝间专用 TV2 一次断线时，闭锁定子匝间纵向零序电压保护。

调试电压、电流线按图 8-47 接入保护屏相应的端子，加入 $U_A = 20V$（满足发电机机端 TV1、TV2 有大于 U_{2set} 的负序电压，防止装置发 TV2 断线闭锁匝间保护）。

相电流制动取自发电机机端最大相电流 I_{max}。

发电机机端任意相加 $I_A < 3.39A$ 时，则 $I_m = I_A$（说明：若加任意相电流或电压，未特殊说明均以 A 相为例）。

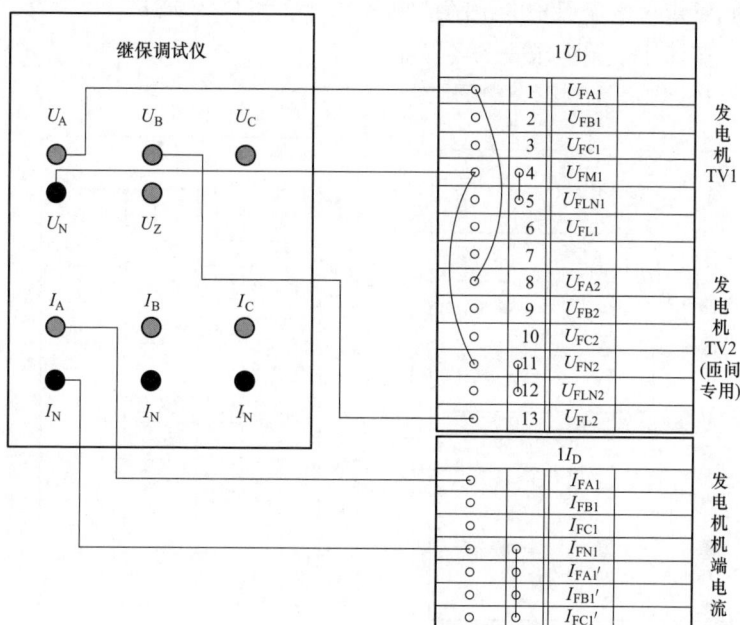

图 8-47 纵向零序电压匝间保护调试示意图

有 $U_z > U_{zd} \times (1 + 2 \times I_A/I_{ef}) = 3 \times (1 + 2I_A/I_{ef}) = 3 + 6I_A/I_{ef}$

当 $I_A \geqslant 3.39A$ 时，则 $I_m = I_{max} - I_{ef} + 3I_2 = I_A - I_{ef} + I_A = 2I_A - I_{ef}$

有 $U_z > U_{zd} \times (1 + 2 \times I_m/I_{ef}) = 3 \times [1 + 2(2I_A - I_{ef})/I_{ef}] = 12I_A/I_{ef} - 3$

将试验结果填入表 8-19。

表 8-19　纵向零序电压保护试验表格

序号	机端最大相电流 I_{max}（A）	I_A/I_{ef}	纵向零序电压计算值（V）	纵向零序电压实测值（V）
1	0	0	3	
2	1.695	0.5	6	
3	3.39	1	9	
4	3.729	1.1	10（取高值段）	

延时定值试验，加入 1.2 倍的动作量，测灵敏段或高值段保护出口延时。

十一、发电机相间后备保护试验

1. 试验前的准备

（1）整定保护总控制字"发电机相间后备保护"置 1。

（2）投入屏上"投发电机相间后备保护"硬连接片。

（3）发电机负序电压定值为 6V，相间低电压定值为 60V，过电流Ⅰ段定值为 4A、延时 2s，过电流Ⅱ段定值为 5A、延时 2.5s。

（4）整定过电流保护的跳闸控制字。

（5）按照定值单要求投入各控制字。

（6）按照图 8-48 接好试验接线。

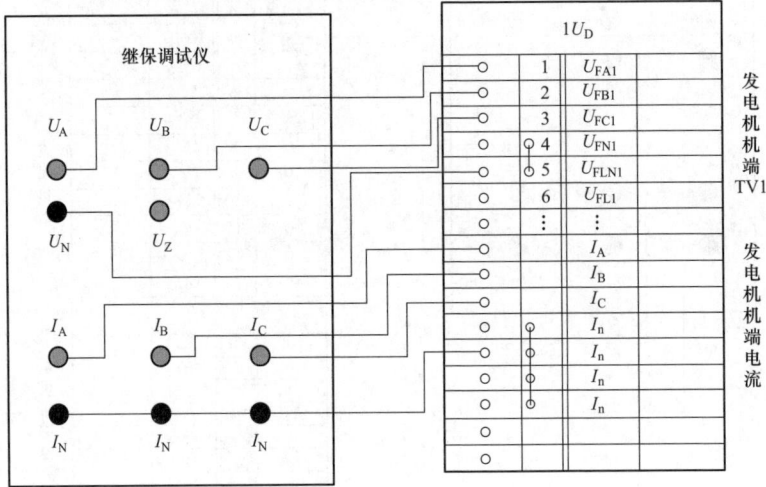

图 8-48　发电机相间后备保护试验接线图

2. 发电机复压过电流保护试验

（1）过电流定值试验。将保护动作时间定值改为 0s，不加电压，同时加入三相电流，逐渐增大到 4A 时保护动作。

（2）相间低电压定值试验（相间电压定值为线电压值）。

电流三相加入 5A＞4A，使得过电流条件始终满足，加入三相电压使得线电压值大于 60V，然后三相电压逐渐同时（不能只减小其中一相电压，因为低电压的实际情况不是这样），减小至保护动作，记下动作值。

3. 负序电压定值试验（负序电压定值为相电压值）

将相间低电压定值改为最小值（3V），目的是取消低电压条件，电流三相加入 5A＞4A，使得过电流条件始终满足，将测试仪上 A、B 两相电压线对调（负序接入），然后逐渐增大三相电压至保护动作，记下负序电压动作值。

4. 过电流 II 段定值试验

做过电流 II 段时将过电流 I 段的跳闸控制字整定为"0000"，方法与做过电流 I 段一样。

5. TV 断线闭锁功能试验

将保护定值恢复为原定值，接线恢复为图 8-48 接线，先不加电流，三相电压加入额定电压；去掉其中一相电压，10s 后装置 TV 断线灯亮，此时逐渐增加电流至大于保护定值，保护不会动作。

注意：发电机复压过电流的电流是取机端和中性点的最大电流。而阻抗保护是取的中性点电流。

6. 发电机阻抗保护试验

发电机阻抗保护很少投入，试验方法请参考主变压器阻抗保护，电压取机端 TV1 电压，电流取发电机中性点电流。

十二、发电机定子接地保护试验

1. 基波零序电压保护（即 95％定子接地保护）试验前的准备

（1）整定保护总控制字"定子接地保护投入"置 1。

（2）投入屏上"投定子接地零序电压保护"硬连接片。

（3）基波零序电压 U_{0zd} 定值为 10V，零序电压高定值 U_{0zd_h} 为 22V，零序电压保护延时 1.5s。

（4）整定跳闸矩阵定值。

（5）按照试验要求整定"零序电压保护报警投入""零序电压保护跳闸投入""零序电压高定值跳闸投入"控制字。

2. 基波零序电压保护试验

（1）基波零序电压报警试验。

报警段动作判据：中性点零序电压 $U_{n0} > U_{0zd}$。

基波零序电压定子接地保护，动作于报警时，报警定值为"基波零序电压"定值，延时为"零序电压保护延时"，不须通过连接片控制，也不需经机端零序电压和主变压器高压侧零序电压闭锁。

在发电机中性点零序电压输入端子上，加入单相电压，实测报警动作值及报警延时。

（2）基波零序电压保护试验。

基波零序电压灵敏跳闸段动作判据：

1）中性点零序电压 $U_{n0} > U_{0zd}$。

2）主变压器高压侧零序 $U_{h0} < 40V$，防止区外故障时定子接地基波零序电压灵敏段误动。

3）机端零序电压 $U_{t0} > U'_{0zd}$，闭锁定值 U'_{0zd} 不须整定，保护装置根据系统参数中机端、中性点 TV 的变比自动计算出"中性点机端零序电压相关系数"，自动转换出实时工况下的闭锁定值 U'_{0zd}。如图 8-49 所示，装置自动计算出来的相关系数 K 为 0.577，则机端零序电压对于 $U_{0zd} = 10V$ 时的 $U'_{0zd} = U_{0zd}/K = 17.33V$。

调试仪的电压线按图 8-50 接入电压端子，U_A 接发电机机端零序电压输入端子，U_B 接主变压器高压侧零序电压输入端子，U_C 接中性点零序电压输入端子。

零序电压高定值段动作判据：发电机中性点零序电压 $U_{n0} >$ 零序电压高定值 U_{0zd_h}，不经机端零序电压和主变压器高压侧零序电压闭锁。因此，只需将单相电压接入发电机中性点零序电压输入端子即可。将实测值填入表8-20。

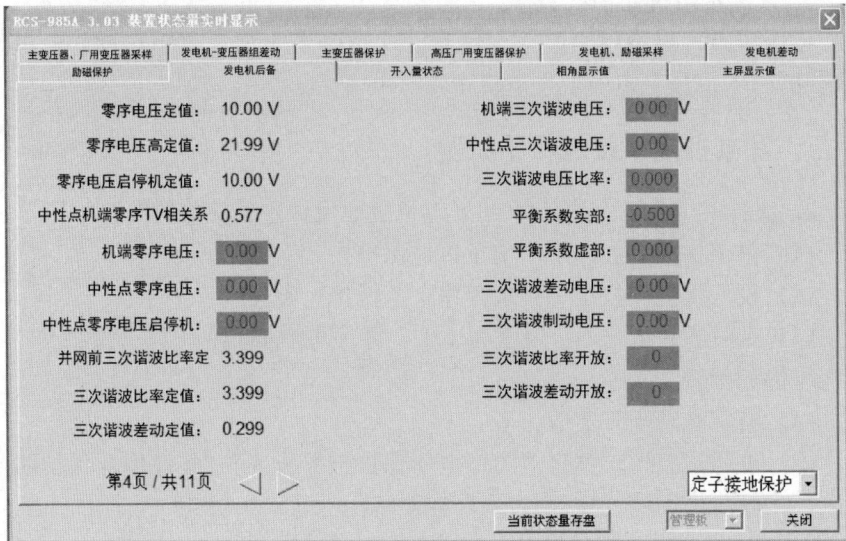

图 8-49　装置状态量实时显示图（一）

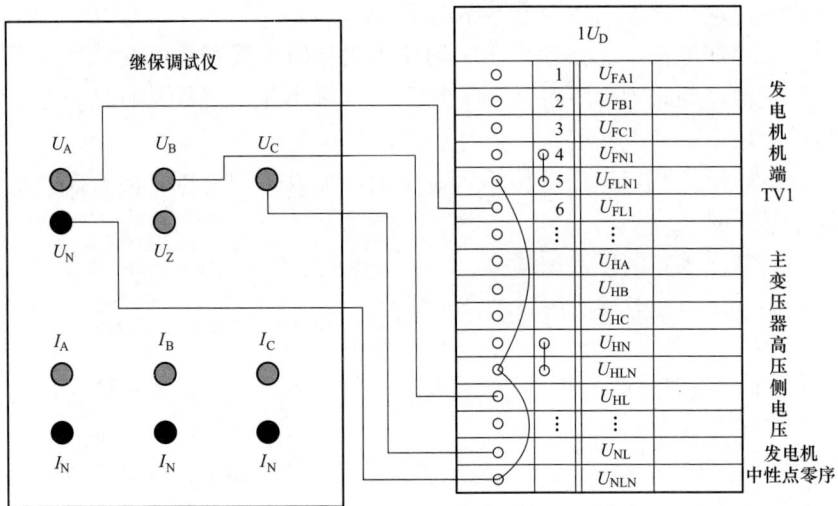

图 8-50　发电机定子接地基波零序电压保护调试示意图

表 8-20　定子接地基波零序电压保护试验表格

基波零序电压灵敏段			
1	发电机机端零序电压 U_A(V)	主变压器高压侧零序电压 U_B(V)	中性点零序电压动作定值 U_C(V)	基波零序电压实测值(V)
	18	0	10	
2	发电机机端零序电压 U_A(V)	发电机中性点零序电压 U_C(V)	主变压器高压侧零序电压闭锁值 U_B(V)	闭锁实测值(V)
	21	12	40	

基波零序电压灵敏段			
主变压器高压侧零序电压 U_B(V)	发电机中性点零序电压 U_C(V)	发电机机端零序电压闭锁值 U_A(V)	闭锁实测值(V)
0	10	17.33	
0	15	26.00	
0	20	34.66	

（第一列为合并单元格，数字为 3）

基波零序电压高定值段	
零序电压高定值（V）	实测值
22	

3. 三次谐波电压保护（即 100%定子接地保护）

（1）试验前的准备。

1）整定保护总控制字"定子接地保护投入"置 1。

2）投入屏上"投定子接地三次谐波电压"硬连接片。

3）发电机并网前三次谐波电压比率 K_{3wpzd} 定值为 2.5，发电机并网后三次谐波电压比率 K_{3wlzd} 定值为 2.0，三次谐波电压差动 K_{reZD} 定值为 0.3，三次谐波电压保护延时 1.5s。

4）整定跳闸矩阵定值。

5）按照试验要求整定"三次谐波比率判据投入""三次谐波差动判据投入""三次谐波保护报警投入""三次谐波保护跳闸投入"控制字。

（2）三次谐波电压比率试验。

1）保护说明。

辅助判据：机端正序电压大于 $0.5U_N$，机端三次谐波电压值大于 0.3V。

动作判据：并网前，三次谐波电压比率 $K_{3w} > K_{3wpzd}$；并网后，三次谐波电压比率 $K_{3w} > K_{3wlzd}$。

$K_{3w} = U_{t03}/U_{n03}$，即机端零序三次谐波与中性点零序三次谐波之比。

该保护可依"三次谐波保护跳闸投入"控制字投退，动作于跳闸或报警，建议投报警。

2）试验方法。调试接线示意图如图 8-51 所示，调试仪输出三相正序电压至机端 TV1 端子，每相电压 $U > 30V$，在 U_A 上叠加三次谐波电压，并于机端零序电压端子，U_Z 通道输出三次谐波电压至发电机中性点零序电压端子，固定三相电压的基波，设定 U_A 不同的三次谐波电压值，减小 U_Z 三次谐波电压至保护动作，测得相应的动作值。将实测值填入表 8-21。

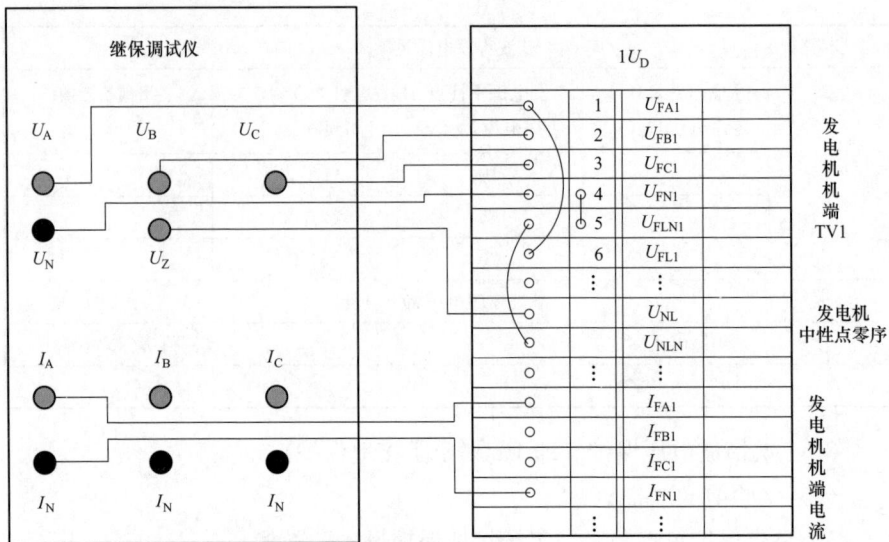

图 8-51　发电机定子接地三次谐波电压保护调试示意图

表 8-21　定子接地三次谐波零序电压保护试验表格

并网前 （短接出口 断路器跳闸 位置输入）	机端三次谐波 U_{A3}（V）	中性点三次谐波 计算值 U_{Z3}（V）	动作值 U_{Z3}（V）	比率定值 K_{3wpzd}	实测比率 K_{3w}
	2.5	1		2.5	
	5	2		2.5	
并网后 （拆除出口 断路器跳 闸位置输入）	机端三次谐波 U_{A3}（V）	中性点三次谐波 计算值 U_{Z3}（V）	动作值 U_{Z3}（V）	比率定值 K_{3wlzd}	实测比率 K_{3w}
	2	1		2.0	
	5	2.5		2.0	

注意：机端 TV1 正序电压若不大于 $0.5U_N$ 或机端三次谐波电压值小于 0.3V，则在"三次谐波比率开放"置"0"，而正常试验状态或正常运行时均为"1"，表示三次谐波电压比率保护正常投入。

4. 三次谐波电压差动保护试验

（1）保护说明。该保护固定动作于报警，"三次谐波差动判据投入"与"三次谐波保护报警投入"控制字同时投入有效，不受"三次谐波保护跳闸投入"控制字影响（本保护投入于并网后）。

（2）保护动作条件。

1）出口断路器为合位。

2）机端正序电压大于 $0.85U_N$，即加入大于 50V 的正序电压。

3）机端三次谐波电压值大于 0.3V。

4）发电机机端最大相电流应大于 $0.2I_N$，小于 $1.2I_N$，按定值应有 0.7A $> I_{phmax} > 4.1$A。

（3）保护判据

$$|\dot{U}_{3N}-\dot{k}_t\times\dot{U}_{3T}|>K_{reZD}\times U_{3N}$$

式中：$\dot{U}_{3T}$、$\dot{U}_{3N}$ 为机端、中性点三次谐波电压相量，V；$\dot{k}_t$ 为自动跟踪调整系数相量；K_{reZD} 为三次谐波差动比率定值。

本判据上述各条件均满足后延时 10s 投入，否则"三次谐波比率开放"置"0"。

5. 试验方法

为避免"定子接地基波零序电压保护"和"三次谐波电压比率保护"动作后，装置自动退出"三次谐波电压差动保护"，建议在调试"三次谐波电压差动"前退出其他两个保护的相关控制字。

调试接线示意图见图 8-51，电压调试线接入方法与"三次谐波电压比率"保护调试一致，不同在于机端 TV1 每相电压 $U_{ph}>50V$，I_A 在机端电流输入端子 A 相通入 1A 电流，固定三相电压的基波，机端、中性点零序电压三次谐波电压 U_{A3} 与 U_{Z3} 分别通入夹角为 $180°$（注：任意夹角均进行调整）、幅值均为 10V 的电压，此时可看见图中的"平衡系数实部"与"平衡系数虚部"在不断变化，最终调整"三次谐波差电压"为 0，延时 10s "三次谐波开放"置"1"，表明"三次谐波电压差动判据"已投入，仅突变减小 U_{Z3}（中性点三次谐波电压）超过 3V，三次谐波电压差动经延时报警。

注：（1）中性点三次谐波电压 U_{Z3} 增加，将自动退出"三次谐波电压差动保护"；为了模拟真实故障情况，须减小中性点三次谐波的幅值。

（2）三次谐波差动信号解除需用连接片投退来复归，此告警也经保护连接片投入控制，即连接片不投入时，三次谐波差动报警功能退出。

十三、转子接地保护试验

1. 转子一点接地定值整定

（1）整定保护总控制字"转子接地保护投入"置1。

（2）如转子一点接地保护动作于跳闸，需整定"一点接地投跳闸"控制字投入，并投入屏上"投转子一点接地"硬连接片，接地报警不经硬连接片。

（3）一点接地灵敏段电阻定值为 40kΩ，一点接地电阻定值为 20kΩ，一点接地延时 0.5s。

（4）整定转子接地保护跳闸矩阵定值。

（5）"一点接地灵敏段信号投入"置1，动作于报警。

（6）"一点接地信号投入"置1，动作于报警。

（7）"一点接地投跳闸"置1，按跳闸矩阵动作于出口。

2. 转子两点接地定值整定

（1）整定保护总控制字"转子接地保护投入"置1（此总控制字与"一

点接地保护"共用）。

（2）投入屏上"投转子两点接地"硬连接片。

（3）两点接地二次谐波电压定值 U_{2w2} 为 2V，两点接地保护延时 0.5s。

（4）整定转子接地保护跳闸矩阵定值（此跳闸矩阵与"一点接地保护"共用）。

（5）"转子两点接地投入"置 1，按跳闸矩阵动作于出口。

（6）"两点接地二次谐波电压投入"置 1，两点接地保护出口经定子侧机端 TV1 负序二次谐波电压闭锁。

3. 转子一点接地试验

合上屏后顶部左端的转子电压输入小空气开关，从相应屏端子外加直流电压 220V（请确认输入端子，严防直流高电压误加入交流电压回路），将试验端子（内含 20kΩ 标准电阻）与电压正端短接，测得试验值为_____ kΩ，将试验端子与电压负端短接，试验值为_____ kΩ。

整定"一点接地灵敏段电阻定值"或"一点接地电阻定值"为 20kΩ 以上（如 20.5kΩ），如上正常加入直流电压，将试验端子与电压正端（或负端）短接即可，相应的"一点接地灵敏段报警"或"一点接地报警"信号发出，无须外加电阻进行试验。

4. 转子两点接地试验

按照上述试验方法在"一点接地报警"发出信号延时 15s，装置发出"转子两点接地保护投入"信号，在采样里（见图 8-52）可看到"转子两点接地投入状态"由"0"→"1"，将大轴输入端与电压负端（或正端）短接（注：与"一点接地"试验时短接端相对），若"两点接地二次谐波电压投入"控制字置 0，则"两点接地"保护跳闸出口；若"两点接地二次谐波电压投入"控制字置 1，则"两点接地"不出口跳闸，在机端 TV1 加单相 3 倍定值 $U_{2.2w}$ 的二次谐波电压 $3\times2V=6V$，实测值为_____ V，此时"两点接地"保护跳闸出口。

十四、定子过负荷保护试验

1. 试验总条件
（1）整定保护总控制字"发电机定子过负荷保护投入"置 1。
（2）投入屏上"投定子过负荷"硬连接片。

2. 定时限定子过负荷定值
（1）定时限定子过负荷电流定值为 4.5A，定时限定子过负荷延时 4.5s，整定定时限定子过负荷跳闸控制字。
（2）定子过负荷报警电流定值为 4.2A，定子过负荷报警延时 3s。

3. 定时限过负荷试验
保护取发电机机端、中性点最大相电流，故只需在机端或中性点加单相电流即可。

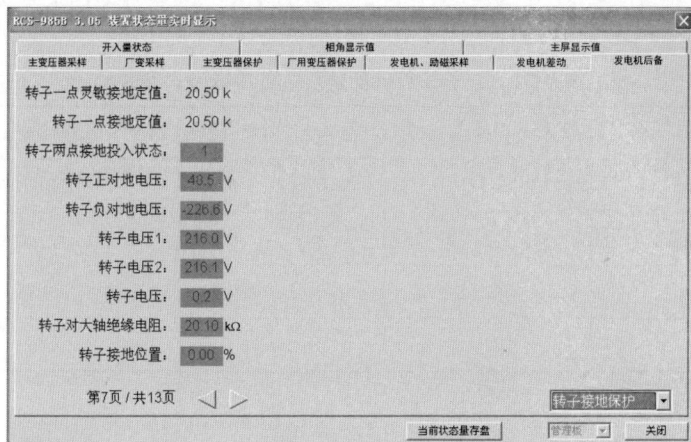

图 8-52　装置状态量实时显示图（二）

记录定子过负荷试验值跳闸延时试验值；

记录过负荷报警试验值及报警延时试验值。

4. 反时限过负荷定值

（1）反时限启动电流定值 I_{szd} 为 4.4A，反时限上限时间定值 t 为 0.6s。

（2）定子绕组热容量 K_{szd} 为 37.5。

（3）散热效应系数 K_{srzd} 为 1.05（一般大于 1.02）。

（4）整定反时限过负荷跳闸控制字。

5. 反时限过负荷试验

保护取发电机机端、中性点最大相电流，故只需在机端或中性点加单相电流即可。

图 8-53 所示为实时的"定子过负荷热积累"，当机端、中性点最大相电流大于反时限启动电流定值 $I_{szd}=4.4A$ 时，可以看到定子过负荷热积累开始缓慢增加，电流越大热积累的越快，当百分数增至 100% 时，反时限保护动作。

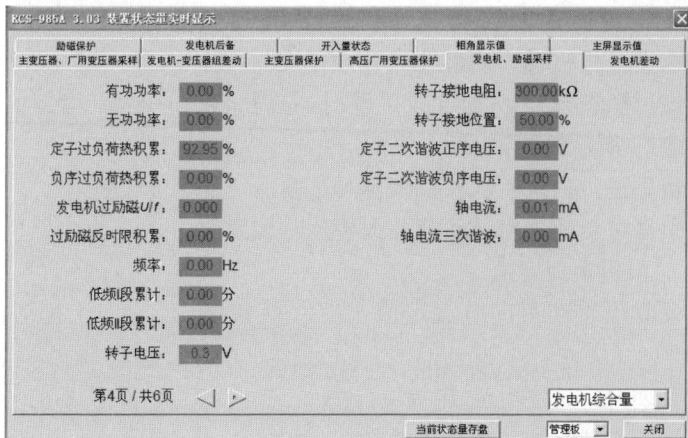

图 8-53　装置状态量实时显示图（三）

试验数据记录见表 8-22，$I_{ef}=3.39A$，$t \geqslant Ks_{zd}/[(I/I_{ef})^2-k_{srzd}^2]$。

表 8-22　定子过负荷反时限过负荷试验记录表

序号	输入电流（A）	实测动作时间（s）	计算时间（s）
1	6.78		12.942
2	10.17		4.748
3	20.34		1.074
4	27.12	0.6	0.596

计算实例：

在机端电流输入端子通入电流，A 相，10.17A。

则计算出的动作时间 $t=\dfrac{Ks_{zd}}{(I/I_{ef})^2-k_{srzd}^2}=\dfrac{37.5}{\left(\dfrac{10.17}{3.39}\right)^2-1.05^2}\approx$

4.748s。

当计算出的动作时间 $t<$ 反时限上限时间定值 0.6s 时，实际动作时间
为 0.6s。

十五、负序过负荷保护试验

1. 试验总条件

（1）整定保护总控制字"发电机负序过负荷保护投入"置 1。

（2）投入屏上"投负序过负荷"硬连接片。

2. 定时限负序过负荷定值

（1）定时限负序过负荷电流定值为 0.37A，定时限负序过负荷延时 3s，
整定定时限负序过负荷跳闸控制字。

（2）负序过负荷报警电流定值为 0.37A，负序过负荷报警延时 3s。

3. 定时限过负荷试验

保护取发电机机端、中性点负序电流的小值，以防止其中一侧 TA 断
线时，负序过负荷保护误动，故试验时需在机端和中性点均加单相电流，
可按如图 8-54 所示接线试验。

记录负序过负荷试验值及跳闸延时试验值；

记录负序过负荷报警试验值及报警延时试验值。

4. 反时限过负荷定值

（1）反时限启动负序电流定值 I_{szd2} 为 0.48A，反时限上限时间定值 t
为 3s。

（2）长期允许负序电流 I_{2l} 为 0.34A。

（3）转子发热常数 A 为 10。

（4）整定反时限过负荷跳闸控制字。

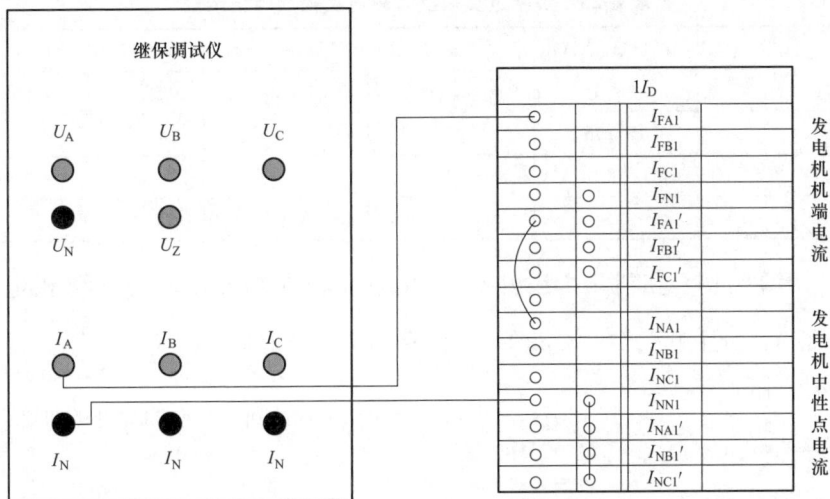

图 8-54 转子表层负序过负荷保护调试示意图

5. 反时限过负荷试验

保护取发电机机端、中性点负序电流小值，以防止一侧 TA 断线负序过负荷保护不会误动，故试验时需在机端和中性点均加单相电流，仍可按图 8-54 接线试验。

如图 8-55 所示，为实时的"负序过负荷热积累"，当机端、中性点负序电流最小值大于反时限启动负序电流定值 I_{szd2}（0.48A）时，可以看到负序过负荷热积累开始缓慢增加，电流越大热积累的越快，当百分数增至100%时，反时限保护动作。

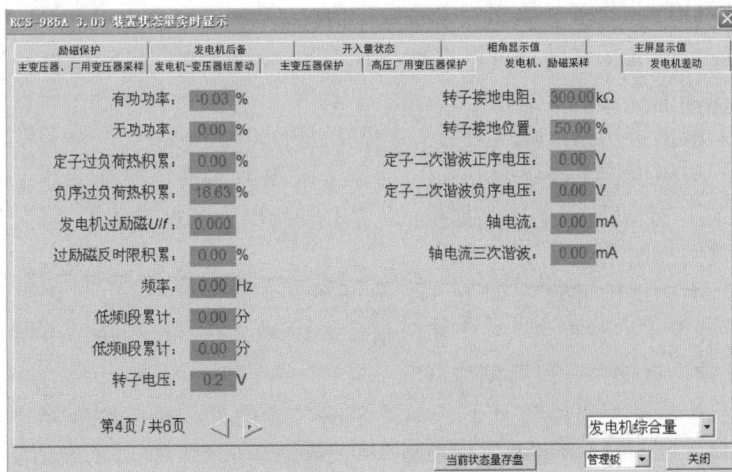

图 8-55 装置状态量实时显示图（四）

试验数据记录见表 8-23，$I_{ef}=3.39A$，$t \geqslant A/[(I_2/I_{ef})^2-I_{21}^2]$。

表 8-23　负序过负荷反时限过负荷试验记录表

序号	输入电流（A）	负序电流值（A）	计算时间（s）	实测动作时间（s）
1	10.17	3.39	11.307	
2	15.255	5.085	4.685	
3	18	6	3.315	
4	21	7	2.411	3

计算实例：在机端、中性点 A 相电流输入端子串联通入单相电流 10.17A，负序电流 $I_2 = 3.39$A，则计算出的动作时间 $t = \dfrac{A}{(I_2/I_{ef})^2 - I_{21}^2} = \dfrac{10}{\left(\dfrac{3.39}{3.39}\right)^2 - 0.34^2} \approx 11.307$s，当计算出的动作时间 $t <$ 反时限上限时间定值 3s 时，实际动作时间为 3s。

十六、失磁保护试验

1. 失磁保护定值整定

（1）整定保护总控制字"发电机失磁保护投入"置 1。

（2）投入屏上"投失磁保护"硬连接片。

（3）定子阻抗判据：失磁保护阻抗 1（上端）定值 Z_1 为 2.18Ω，失磁保护阻抗 2（下端）定值 Z_2 为 31.40Ω，无功功率反向定值 Q_{zd} 为 10%，整定"阻抗圆选择"控制字选择静稳阻抗圆或异步阻抗圆，整定"无功反向判据投入"控制字。

（4）转子电压判据：转子低电压定值 U_{r1zd} 为 33.9V，转子空载电压定值 U_{f0} 为 113V，转子低电压判据系数定值 K_{xs} 为 0.46。

（5）母线电压判据：可以选择高压侧母线电压或者机端电压，低电压定值 $U_{3\phi}$ 为 85V。

（6）减出力判据：减出力功率定值 P_{zd} 为 50%。

（7）失磁保护Ⅰ段延时 0.5s，动作于减出力，整定控制字"Ⅰ段阻抗判据投入""Ⅰ段转子电压判据投入""Ⅰ段减出力判据投入"。整定失磁保护Ⅰ段跳闸控制字。

（8）失磁保护Ⅱ段延时 0.5s，判母线电压动作于出口，整定控制字"Ⅱ段母线电压低判据投入""Ⅱ段阻抗判据投入""Ⅱ段转子电压判据投入"。整定失磁保护Ⅱ段跳闸控制字。

（9）失磁保护Ⅲ段延时 1s，动作于出口或信号，整定控制字"Ⅲ段阻抗判据投入""Ⅲ段转子电压判据投入"。整定失磁保护Ⅲ段跳闸控制字。

2. 失磁保护阻抗判据试验

失磁保护阻抗采用发电机机端 TV1 正序电压、发电机机端正序电流来计算。

辅助判据：机端正序电压 $U_1 > 6$V，负序电压 $U_2 < 6$V，机端电流大

于 $0.1I_N$。

失磁保护共配置三段，阻抗特性相同，以"失磁保护Ⅰ段"为例试验，仅将"Ⅰ段阻抗判据投入"控制字投入，整定Ⅰ段跳闸控制字，Ⅰ段延时整定为0s，其他保护控制字均退出。以"异步圆"为例，如图8-56所示。

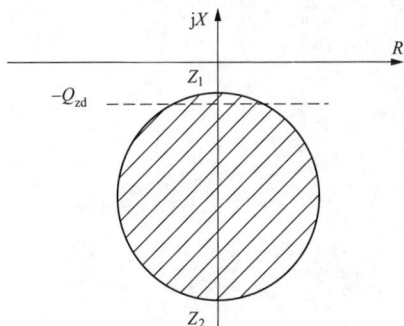

图 8-56　异步阻抗圆示意图

3. 手动试验方法

通入机端 TV1 三相电压和机端三相电流。

（1）校验异步阻抗圆上端的 Z_1 点（见图8-57）。

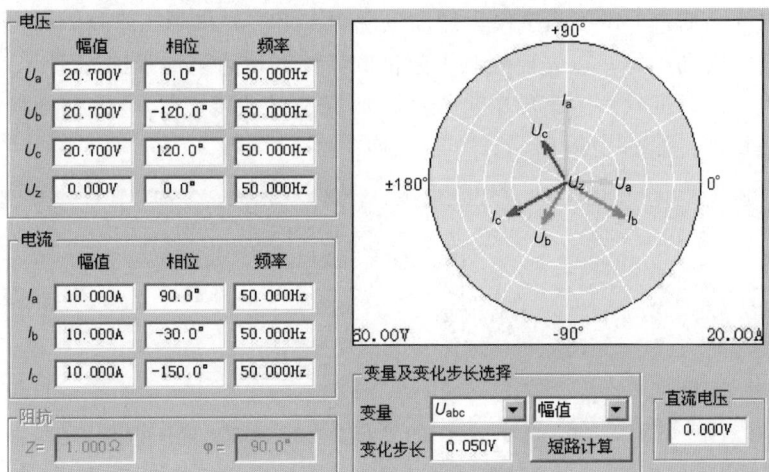

图 8-57　试验参数设置图（三十二）

此时阻抗轨迹位于纵轴负端，大小为 $Z=\dfrac{U_1}{I_1}=\dfrac{20.7}{10}=2.07\Omega$，三相电压联动增加，使阻抗轨迹自异步阻抗圆上端往下落入动作圆内，实测动作值。

（2）校验异步阻抗圆下端的 Z_2 点（见图8-58）。

此时阻抗轨迹位于纵轴负端，大小为 $Z=\dfrac{U_1}{I_1}=\dfrac{33}{1}=33\Omega$，三相电压联

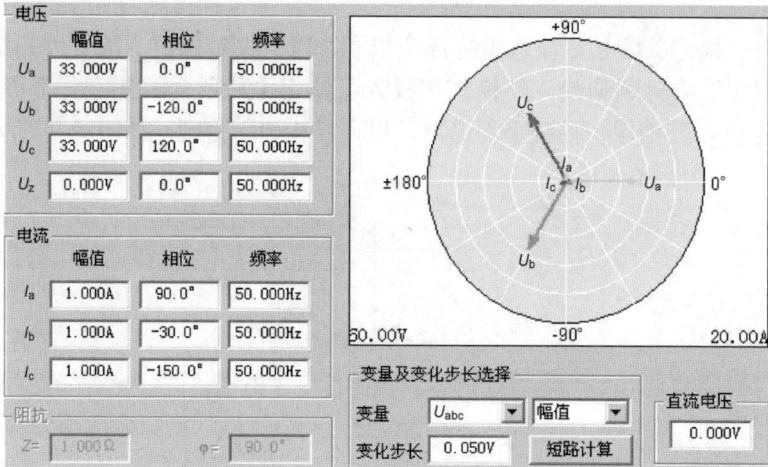

图 8-58　试验参数设置图（三十三）

动减小，使阻抗轨迹自异步阻抗圆下端往上落入动作圆内，实测动作值。

4. 自动试验方法

通入机端 TV1 三相电压和机端三相电流，取相应的跳闸出口触点引入继保调试仪，并投入相应的出口硬连接片。

以北京博电 P40A 调试仪为例加以说明，阻抗异步圆与常规阻抗圆在试验方法上大同小异，首先要绘制出阻抗圆特性，然后再搜索边界。

（1）从调试软件主菜单中进入"距离保护（扩展）"，绘制需要校验的阻抗圆特性，如图 8-59 所示。

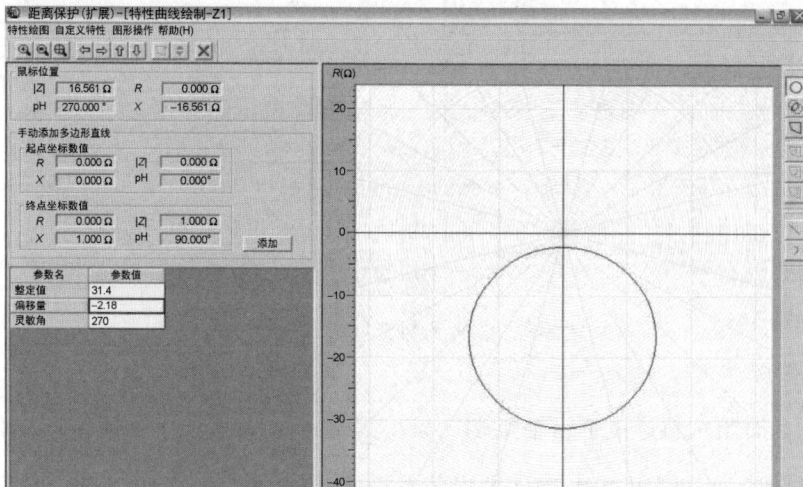

图 8-59　绘制阻抗圆特性曲线示意图

（2）计算异步阻抗圆半径 $R = (Z_2 - Z_1)/2 = (31.4 - 2.18)/2 = 14.61$，则异步阻抗圆圆心坐标为 $(0, -(Z_1 + R))$，即 $(0, -16.79)$，再"添加

序列项"，输入"原点"和"搜索线长度"，如图 8-60 所示（注：搜索线长
度应大于半径）。

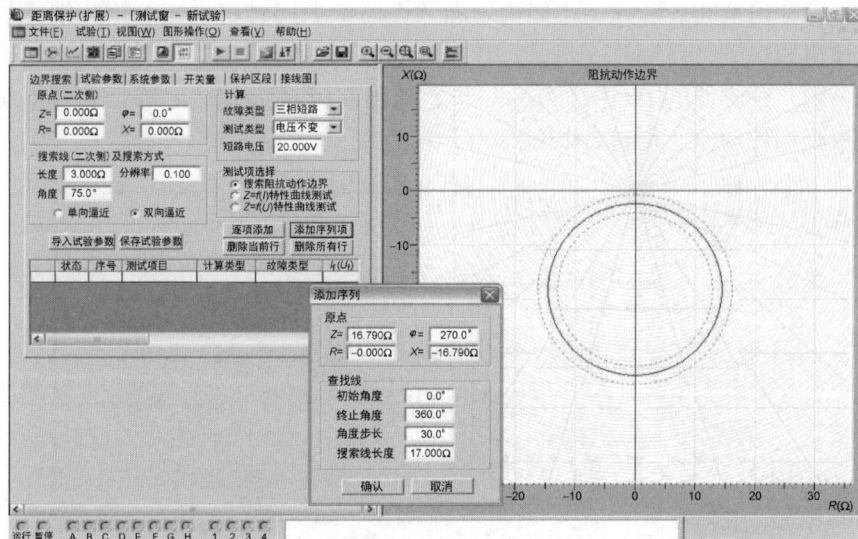

图 8-60　添加序列参数设置示意图

点击"确认"后，即完成测试项的添加，开始试验（注意："故障类
型"应选择"三相短路"，"测试模型"建议选择"电压不变"）。

各个阻抗圆边界点的参数在随后的报告中显示，如图 8-61 所示。

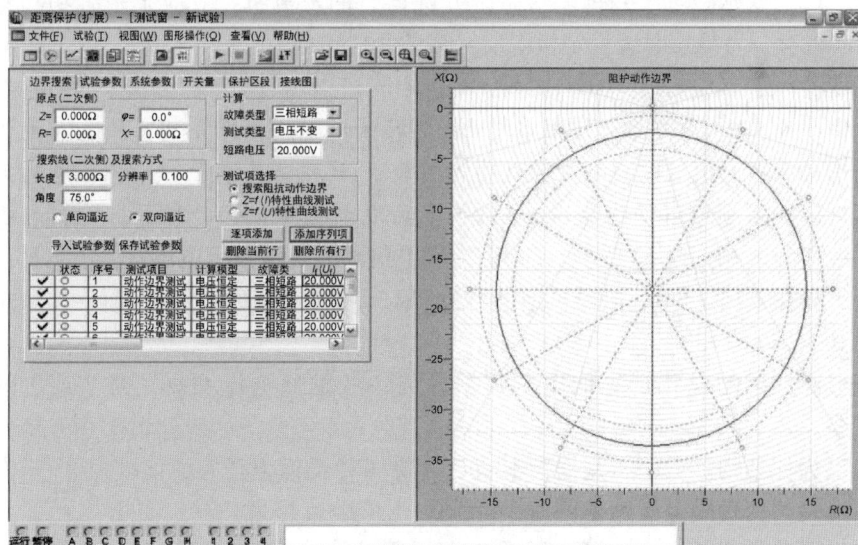

图 8-61　阻抗边界点参数显示图

5. 失磁保护转子电压判据试验

以"失磁保护Ⅰ段"为例试验，将"Ⅰ段阻抗判据投入"和"Ⅰ段转

子电压判据投入"控制字投入，整定Ⅰ段跳闸控制字，其他保护控制字均退出。

保证阻抗轨迹落入动作圆内，在"失磁保护用转子电压"输入端子加直流电压。

（1）励磁低电压判据。$U_r < U_{rlzd}$，如图 8-62 所示输入，降低直流电压至失磁保护动作，实测动作值。

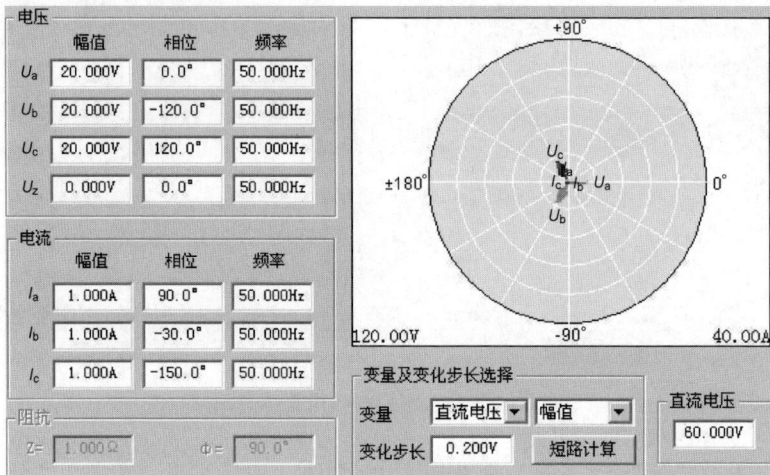

电压

	幅值	相位	频率
U_a	20.000V	0.0°	50.000Hz
U_b	20.000V	-120.0°	50.000Hz
U_c	20.000V	120.0°	50.000Hz
U_z	0.000V	0.0°	50.000Hz

电流

	幅值	相位	频率
I_a	1.000A	90.0°	50.000Hz
I_b	1.000A	-30.0°	50.000Hz
I_c	1.000A	-150.0°	50.000Hz

阻抗　Z= 1.000Ω　Φ= 90.0°

变量及变化步长选择　变量 直流电压 幅值　变化步长 0.200V 短路计算　直流电压 60.000V

图 8-62　试验参数设置图（三十四）

（2）变励磁电压判据。与系统并网运行的发电机，对应某一有功功率 P，将有一为维持静态稳定极限所必需的励磁电压 U_r。

$$U_r < K_{rel}K_{xs}(P - P_t)U_{f0}$$

式中：K_{rel} 为可靠系数，取 0.85；K_{xs} 为转子低电压判据系数；P 为发电机输出功率标幺值（以机组额定有功为基准）；P_t 为发电机凸极功率幅值标幺值（以机组额定有功为基准），对于汽轮发电机 $P_t = 0$，对于水轮发电机 $P_t = 0.5 \times (1/X_{qz} - 1/X_{dz})$；$U_{f0}$ 为发电机励磁空载额定电压有名值，V。

如图 8-63 所示，以所给定值可得，$U_r < 0.85 K_{xs}(P - P_t)U_{f0} = 0.85 \times 0.46 \times P \times 113 \approx 44.18P$。

需注意的是"励磁低电压判据"与"变励磁电压判据"是"或"的关系。

为使"励磁低电压判据"不满足，将"转子低电压"U_{rlzd} 改为 2V，专门试验"变励磁电压判据"动作特性。

调整阻抗角自 $-90°$ 至 $0°$ 方向变化，阻抗轨迹由阻抗平面的"纵轴负半轴"向"阻抗平面第一象限"偏移，即有功功率 P 由"0%"往"100%"增加。

不同的 P 对应的 U_r 可在保护装置中读出，降低直流电压至失磁保护动作。并将结果记录至表 8-24。

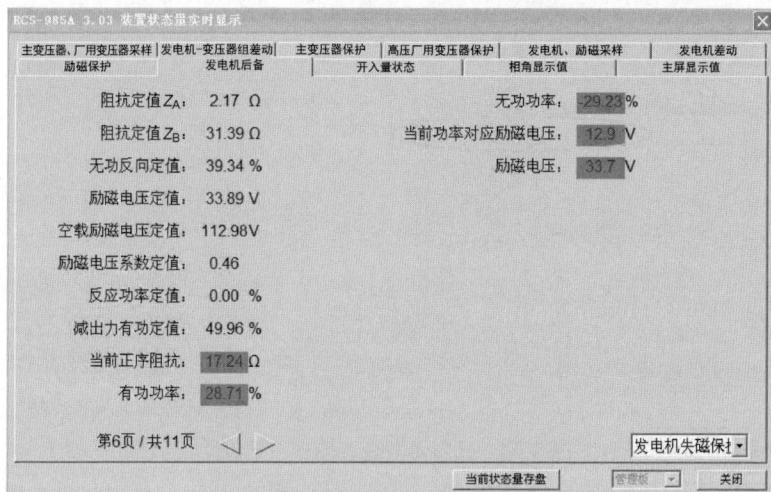

图 8-63　装置状态量实时显示图（五）

表 8-24　失磁保护动作励磁电压计算及实测值记录表

序号	有功功率标幺值	对应的励磁电压（V，计算值）	对应的励磁电压（V，实测值）
1	30%	13.254	
2	80%	35.344	

注意：在调整阻抗角后，应同时调整阻抗值以确保阻抗轨迹始终位于动作圆内。阻抗角一定，若增大正序负荷电流，则 P 增加，Z 减小；若增大正序电压，则 P 增加，Z 也增加，调试时应灵活选择。

6. 失磁保护减出力判据试验

减出力采用有功功率判据：$P > P_{zd}$。

整定"Ⅰ段阻抗判据投入"和"Ⅰ段减出力判据投入"控制字投入，该段保护其他判据退出，延时整定为 0s。

如图 8-64、图 8-65 所示，调整阻抗角与正序电压、正序电流于合适位置，使得阻抗轨迹在动作圆内，有功功率标幺值 $P < P_{zd} = 50\%$，然后三相电流联动增加，$P \uparrow$，达 $P_{zd} = 50\%$ 以上则保护动作，实测动作值。

7. 失磁保护母线低电压判据试验

失磁保护"母线低电压判据"可选择"机端电压"或"母线电压"，调试仪的三相电压相应的加在"机端 TV1 电压"或"主变压器高压侧电压"输入端子。

以"失磁保护Ⅱ段"为例试验，将"Ⅱ段母线电压低判据投入"控制字投入，"低电压判据选择"选择"机端电压"，整定Ⅱ段跳闸控制字，其他的跳闸控制字均退出。

三相电压联动降低，直至保护动作，记录此时的相间低电压实测值。

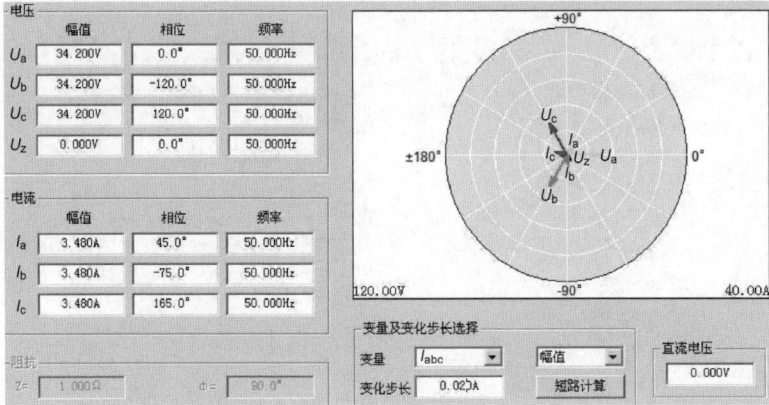

图 8-64　试验参数设置图（三十五）

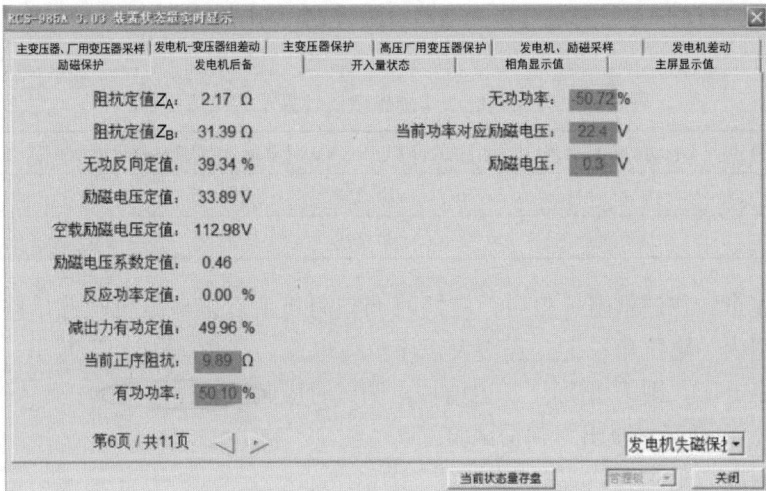

图 8-65　装置状态量实时显示图（六）

8. 失磁保护无功反向判据试验

以"失磁保护Ⅱ段"为例试验，将"Ⅱ段阻抗判据投入"控制字投入，"无功反向判据投入"选上，整定Ⅱ段跳闸控制字，其他跳闸控制字均退出。

如图 8-66 所示输入交流量，在保护装置的采样中能看到实时"无功功率"标幺值 Q 显示，阻抗轨迹也在动作圆内，此时 $Q<Q_{zd}=-10\%$（应该是绝对值小于 10%），保护不动作，三相电流联动增加，直至保护动作，实测动作值。

保护说明：

（1）装置设有三段失磁保护功能，失磁保护Ⅰ段可动作于信号，也可动作于减出力，Ⅱ段经母线电压低动作于跳闸，Ⅲ段经较长延时动作于

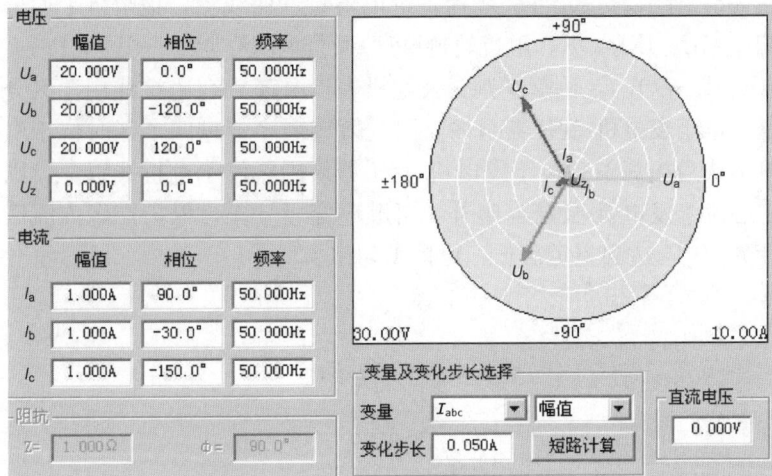

图 8-66　试验参数设置图（三十六）

跳闸。

（2）各段保护相同判据的调试方法相同。

（3）失磁保护采用的正序电流从 3.04 版本开始采用机端电流，而 3.04 版本以前采用的是中性点电流，因此，3.04 版本以前的程序在做试验时建议将机端、中性点电流串联通入。

十七、失步保护试验

1. 失步保护定值整定

（1）整定保护总控制字"发电机失步保护投入"置 1。

（2）投入屏上"投失步保护"硬连接片。

（3）定子阻抗判据：失步保护阻抗定值 Z_A 为 2.9Ω，失步保护阻抗定值 Z_B 为 3.43Ω，主变压器阻抗定值为 2.04Ω，灵敏角定值为 80°，透镜内角定值为 120°。

（4）振荡中心在发电机-变压器组区外时滑极次数 8 次，振荡中心在发电机-变压器组区内时滑极次数为 2 次，跳闸允许电流定值为 24A。

（5）整定失步保护跳闸矩阵定值。

（6）按试验要求整定"区外失步动作于信号""区外失步动作于跳闸""区内失步动作于信号""区内失步动作于跳闸""失步报警功能投入"控制字。

2. 失步保护试验

动作于信号时，不须投入屏上硬连接片。失步保护阻抗采用发电机机端 TV1 正序电压、发电机机端正序电流来计算，交流量的通入方法与失磁保护调试相同。发电机-变压器组断路器跳闸允许电流取主变压器高压侧电流。

图 8-67 所示为三元件失步保护继电器特性曲线图，把阻抗平面分成四个区 OL、IL、IR、OR，阻抗轨迹顺序穿过四个区（OL→IL→IR→OR 或 OR→IR→IL→OL），则保护判为发电机失步振荡。Z_C电抗线用于区分振荡中心是否位于发电机-变压器组内，阻抗轨迹顺序穿过四个区时位于电抗线以下，则认为振荡中心位于发电机-变压器组内，位于电抗线以上，则认为振荡中心位于发电机-变压器组外。每顺序穿过一次，保护在区内或区外的滑极计数加 1，达到整定次数，保护则动作。

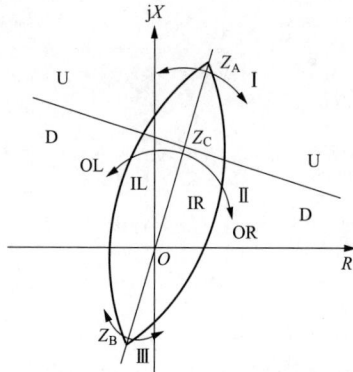

图 8-67 三元件失步保护
继电器特性曲线图

（1）失步保护上端阻抗 Z_A 的校验。Z_A 为阻抗透镜的上端阻抗，是区外失步的上端边界，校验时阻抗值按照 $95\%Z_A$ 设定，如图 8-68 所示，$Z=U/I=13.8/5=2.76$，保持阻抗值不变，调整阻抗角，变化三相电压的相位，使阻抗角从 $0°$ 平缓增加，轨迹按轨迹 Ⅰ 穿越阻抗透镜。

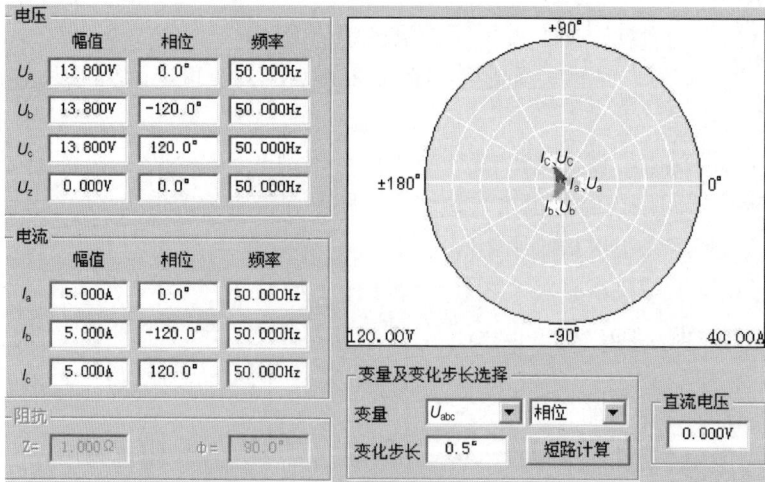

图 8-68 试验参数设置图（三十七）

在保护装置中，每看到"区外振荡滑次数"增加一次计数，随即反方向变化阻抗角，即先前是递增的话，而后就递减；先前是递减的话，而后就递增，使得阻抗轨迹沿轨迹Ⅰ往复穿越阻抗透镜，直到保护动作，建议调试时保护投跳闸，区外振荡滑次数实测值。

三相电压增至正序 15.2V，使得 Z 达到 $1.05Z_A$，阻抗角在 $0°\sim180°$ 范围变化时，"区外振荡滑极次数"无累积，从而验证 Z_A。

（2）失步保护下端阻抗 Z_B 的校验。Z_B 为阻抗透镜下端阻抗定值，是区内失步的下端阻抗，校验时阻抗值按照 $95\%Z_B$ 设定，如图 8-69 所示，$Z=U/I=16.3/5=3.26$，保持阻抗值不变，调整阻抗角，变化三相电压的相位，使阻抗角从 $-180°$ 平缓递增，轨迹按轨迹Ⅲ穿越阻抗透镜。

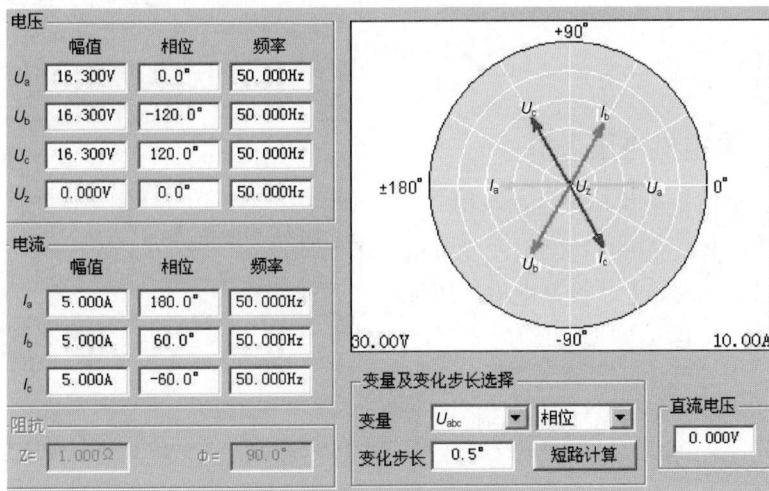

图 8-69　试验参数设置图（三十八）

在保护装置里，每看到"区内振荡滑次数"增加一次计数，随即反方向变化阻抗角，原理同（1），直至保护动作。

记录区内振荡滑极次数实测值次数。

三相电压增至正序 18V，使得 Z 达到 $1.05Z_B$，阻抗角在 $-180°\sim0°$ 范围变化时，"区内振荡滑极次数"无累积，从而验证 Z_B。

（3）失步保护上端阻抗 Z_C 的校验。Z_C 为阻抗透镜的电抗线阻抗，是区内失步和区外失步的边界，校验时阻抗值按照 $95\%Z_C$ 设定，如图 8-70 所示，$Z=U/I=9.7/5=1.94$，保持阻抗值不变，只调整阻抗角，变化三相电压的相位，使阻抗角从 $0°$ 平缓递增，轨迹按轨迹Ⅱ穿越阻抗透镜。

在保护装置里，每看到"区内振荡滑次数"增加一次计数，随即反方向变化阻抗角，原理同（1），"区内振荡滑次数"达定值，则"区内失步"保护动作。

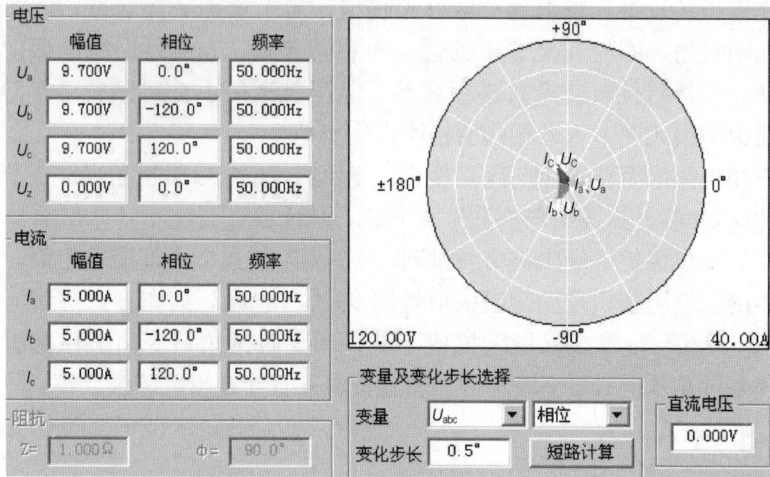

图 8-70 试验参数设置图（三十九）

十八、发电机电压保护

1. 发电机电压保护定值整定

（1）整定保护总控制字"发电机电压保护投入"置 1。

（2）投入屏上"投发电机电压保护"硬连接片。

（3）过电压 Ⅰ 段定值为 120V，延时 0.3s；过电压 Ⅱ 段定值为 130V，延时 0.3s；低电压定值为 80V、延时 0.5s。

（4）整定各段保护的跳闸控制字。

2. 电压保护试验

过电压保护增加一相最小值闭锁：$0.9U_N$。电压保护取发电机机端相间电压，过电压保护取三个相间电压。低电压保护为三个相间电压均低时才动作，辅助判据：发电机相电流大于 0.2A。

十九、发电机过励磁保护

1. 过励磁保护定值整定

（1）整定保护总控制字"发电机过励磁保护投入"置 1。

（2）投入屏上"投过励磁保护"硬连接片。

（3）整定过励磁保护的定值（见图 8-71）。

2. 保护试验

发电机过励磁保护是采集发电机机端电压 TV1、机端电压的频率的比值 (U/f)，然后用此比值来除以"额定电压与额定频率的比值 (U_N/f_N)"，得到的比值称为过励磁倍数。简单的试验方法是电压频率不变，为 50Hz，改变电压的大小来改变过励磁倍数的大小，过励磁倍数的实时数据可从装置采样里看到。

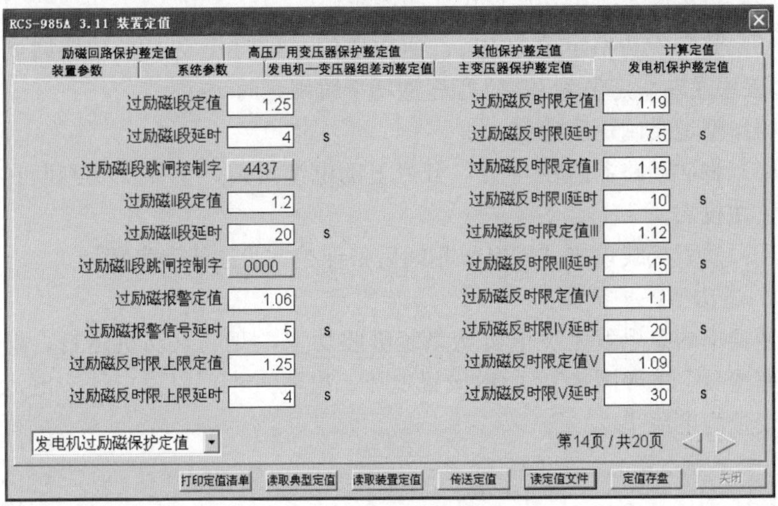

图 8-71 装置定值设置图（二）

（1）过励磁定时限。以上述定值为例，首先设置"过励磁Ⅰ段延时0s"，将电压频率固定为额定频率50Hz，机端TV1三相电压逐渐增大到过励磁Ⅰ段定值125V/1.732＝72.17V时，过励磁Ⅰ段保护动作。

（2）过励磁反时限。根据不同过励磁倍数，通入不同发电机机端电压，将实测的动作时间填入表8-25。

表 8-25　发电机过励磁反时限保护计算及实测表

序号	过励磁倍数定值	时间定值（s）	应加电压值（V）	实测时间（s）
1	1.25	4	72.17	
2	1.19	7.5	68.71	
3	1.15	10	66.40	
4	1.12	15	64.65	
5	1.1	10	63.51	
6	1.09	30	62.93	
7	1.08	45	62.36	
8	1.07	60	61.78	

需注意的是过励磁反时限是通过输入8组定值形成的拟合反时限曲线，不是函数形式的，所以每个点上做出来的时间不是很精准的，比如1.08倍时实测时间可能是40s，而不是45s，这是正确的。

二十、发电机功率保护

1. 试验前的准备

（1）整定保护总控制字"发电机功率保护投入"置1。

（2）投入屏上"投功率保护"硬连接片。

（3）整定逆功率定值为 2%，逆功率信号延时 1.5s，逆功率跳闸延时 60s；程序逆功率定值为 2%，程序逆功率跳闸延时 1s。

（4）整定跳闸矩阵定值。

（5）将"断路器跳闸位置"触点上的电缆拆掉，本保护要判断在并网条件下才投入。

（6）试验接线请按"发电机相间后备保护试验接线"来接线。

2. 逆功率保护试验

逆功率的意思就是发电机从系统吸收功率，变成电动机运行，即是有功功率变负。按照图 8-72 所示设置电压、电流大小，以及电压、电流的角度，变量为电流 I_{abc}。

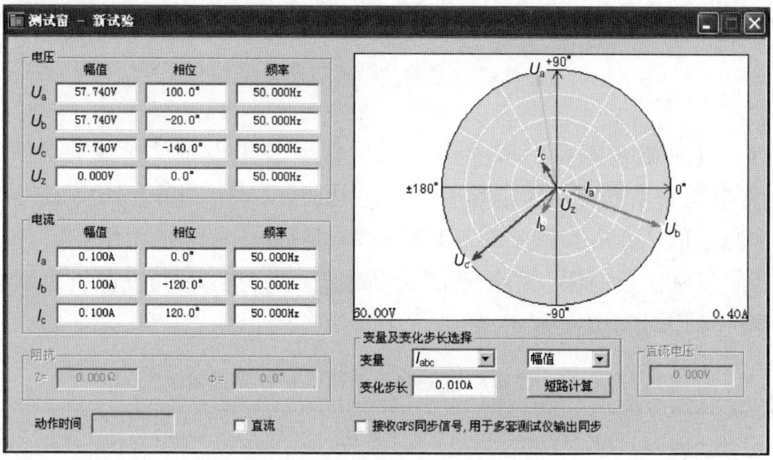

图 8-72　试验参数设置图（四十）

说明：电流角度为 0°，电压角度为 100°，在第二象限，有功功率是负值，如图 8-73 所示。假如电流角度 0°不变，那么电压角度为 $90° < \varphi < 270°$ 时有功功率都为负值，在此范围都可以做此试验。

3. 程序逆功率保护试验

程序逆功率保护与一般逆功率的不同在于要判断"主汽门位置触点"是否闭合，所以首先得用短接线将"主汽门位置触点"开入接入，给保护一个主汽门关闭的信号，其余的定值的校验采用上面的方法试验即可。

二十一、发电机频率保护

1. 试验前的准备

（1）整定保护总控制字"发电机频率保护投入"置 1；

（2）频率保护一般都只投信号，有投跳闸的电厂将屏上"投频率保护"硬压板投入；

（3）将"断路器跳闸位置"触点上的电缆拆掉，本保护要判断在并网

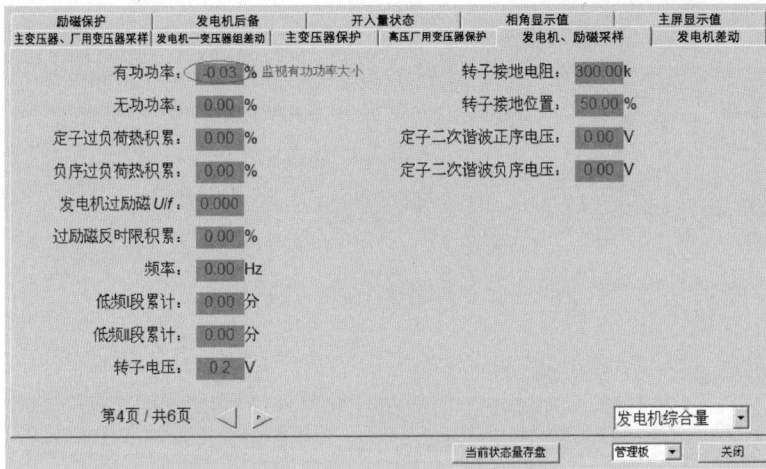

图 8-73　装置状态量实时显示图（七）

条件下才投入，而且还要求有一定的负荷电流，这也是并网的辅助判据；

（4）按照图纸将"低频报警"触点接到测试仪，方便测试时间；

（5）整定保护定值如图 8-74 所示，试验接线请按"发电机相间后备保护试验接线"来接线。

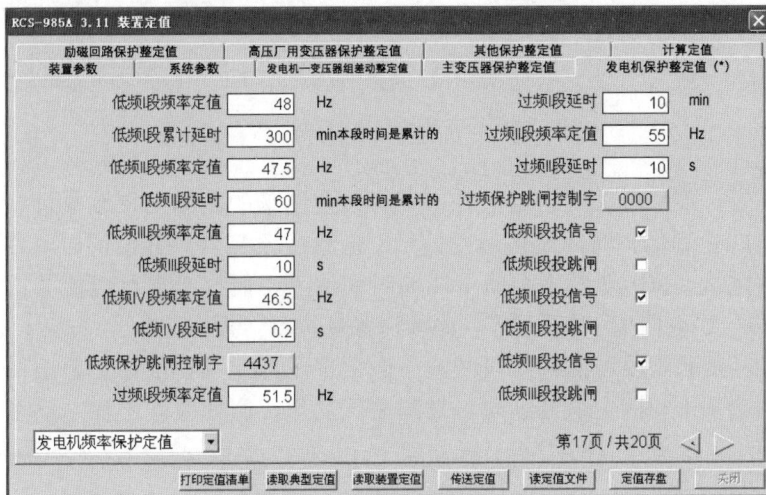

图 8-74　装置定值设置图（三）

2. 低频保护试验

（1）低频Ⅰ段与低频Ⅱ段试验。低频Ⅰ段与低频Ⅱ段保护的动作时间是累计的，以上面定值为例。发电机机端三相电压输入额定电压，发电机机端三相电流输入 1A（辅助判据，也是并网判据之一），电压的频率低于低频Ⅰ段频率定值（48Hz）就开始计时，如图 8-75、图 8-76 所示。

时间累计到一段时间，频率又大于定值，那么累计的时间就停留在原

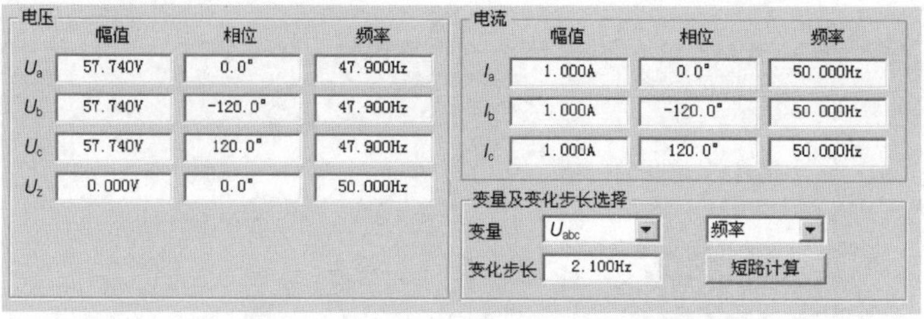

图 8-75　试验参数设置图（四十一）

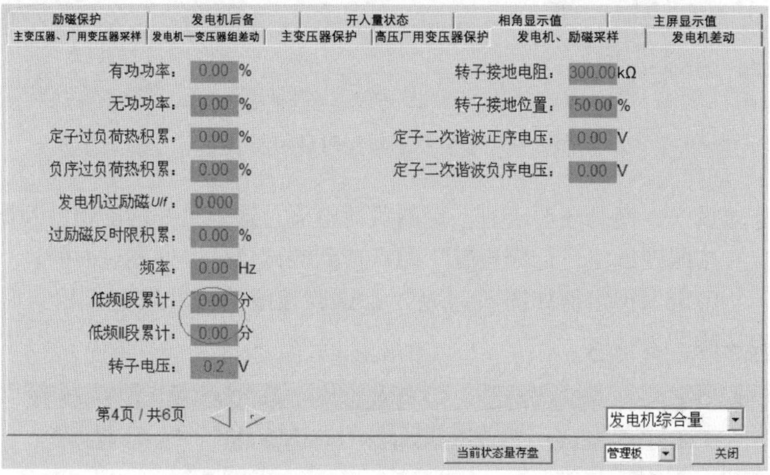

图 8-76　装置状态量实时显示图（八）

来的位置，频率再次低于定值时，时间又在原来的基础上继续累计，直到累计时间达到保护时间定值后发信号。低频Ⅰ段与低频Ⅱ段的时间累计满后，改定值、拉电源都不会使Ⅰ段的时间清零，但拉电源可以使Ⅱ段的时间清零，要将Ⅰ段的时间清零，必须清除保护动作报告。

（2）低频Ⅲ段与低频Ⅳ段试验。低频Ⅲ段与低频Ⅳ段保护是不带累计的，频率低于相应定值则计时，时间满就动作，假如时间不满，频率又大于定值了，那就不计时了。

3. 过频保护

过频保护是不带时间累计的，试验方法跟低频Ⅲ段与低频Ⅳ段试验一样。

二十二、发电机启停机保护

1. 试验前的准备

（1）整定保护总控制字"启停机保护投入"置1。

（2）投入屏上"投启停机保护"硬连接片。

（3）用短接线将"断路器跳闸位置"触点闭合，本保护要判断在跳闸状态下才投入（见图 8-77）。

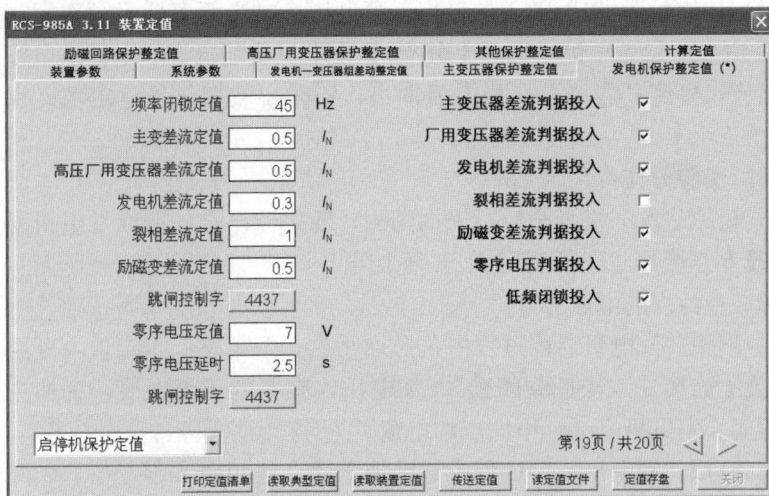

图 8-77 装置定值设置图（四）

2. 各差流判据的启停机

本保护中的五个差流判据是"或"的关系，只要有其中一个判据满足，启停机保护就动作，一般只投"发电机差流判据"和"主变压器差流判据"，或者只投其中一个。

以发电机差流判据为例，首先在发电机机端 TV1 加入三相额定电压，电压频率低于"频率闭锁定值（45Hz）"，然后增加发电机机端电流，达到定值 $0.3I_N$（$3.39 \times 0.3 = 1.017A$）时保护动作，其他判据如此。

3. 中性点零序电压判据的启停机

首先在发电机机端 TV1 加入三相额定电压，电压频率低于"频率闭锁定值（45Hz）"，然后增加发电机中性点零序电压，达到定值 7V 时保护动作。

二十三、发电机误上电保护

1. 试验前的准备

（1）整定保护总控制字"发电机误上电保护投入"置 1。

（2）投入屏上"投误上电保护"硬连接片。

（3）整定误合闸电流定值为 4.5A，误合闸频率闭锁定值为 45Hz，断路器跳闸允许电流定值为 28A，误合闸延时定值为 0.4s。

（4）整定跳闸矩阵定值。

（5）"低频闭锁投入"置 1，当频率低于定值时，保护自动投入。

（6）"断路器位置触点闭锁投入"置 1，在发电机-变压器组并网前、解列后保护自动投入。

2. 误上电试验

（1）初始状态机端 TV1 加三相正序电压，电压频率低于频率闭锁定值 45Hz，主变压器高压侧电流（Ⅰ分支）、发电机机端电流和中性点电流都要通入电流，每侧只需加入一相电流即可，同时突然变化量达定值，保护即动作。

（2）实验方式：

1）模拟"发电机盘车时，未加励磁，断路器误合，造成发电机异步启动"：投上连接片"经低频闭锁"，不加电压，突加主变压器高压侧、发电机机端、中性点的电流。

2）模拟"发电机启停过程中，已加励磁，但频率低于定值，断路器误合"：投上连接片"经低频闭锁"，加电压，频率低于闭锁值，突加主变压器高压侧、发电机机端、中性点的电流。

3）模拟"发电机启停过程中，已加励磁，但频率大于定值，断路器误合或非同期"：投上连接片"经低频闭锁"和"经断路器位置闭锁"，加电压，频率大于闭锁值，突加主变压器高压侧、发电机机端、中性点的电流。

二十四、发电机-变压器组保护系统的回路检查

（1）各保护控制、跳闸、信号回路正确，接触良好。

（2）各电流二次回路正确、端子接触可靠，无开路。

（3）各电压二次回路正确、端子接触可靠，无短路。

（4）保护柜的接地和保护回路的接地要分开，保护回路接地点要接在保护室的静态接地网上。

（5）屏蔽电缆的屏蔽层可靠接地。

二十五、二次回路升压和通流检查

1. TV 二次回路的升压检查

在 TV 安装处，去掉 TV 的一次侧熔断器，检查 TV 一次侧和二次侧电压回路的绝缘；断开 TV 的二次侧熔断器，确保断开 TV 一次侧和二次侧的电磁联系，对 TV 二次回路进行升压试验，缓慢升压到 TV 二次额定值，测量所有电压回路电压的幅值、相位；用高精度钳型表测量回路电流，并计算二次回路阻抗。升压结束，恢复 TV 接线。

2. TA 二次回路的通流检查

在 TA 就地解开 TA 二次接线，测量 TA 二次回路的绝缘；确保断开 TA 一次和二次的电磁联系，对所有 TA 二次回路进行通流试验，缓慢增加电流到 TA 二次额定值，用高精度钳型表测量 TA 的二次回路的电流幅值、相位；用高精度万用表测量回路电压，并计算二次回路阻抗。通流结束，恢复 TA 接线。

二十六、发电机-变压器组保护系统联调

保护相关的设备调试完毕后，组织进行以下联调项目及传动试验：

（1）保护装置与励磁、快切、DCS 的联调。

（2）保护装置带断路器，厂用 A、B 分支断路器，灭磁开关的传动试验。

（3）机-炉-电大联锁试验。

二十七、整套启动期间及带负荷期间的检查

1. 短路通流试验时的电流检查

在发电机-变压器组进行相关短路试验时，控制励磁，在 TA 二次回路小电流情况下检查，确保电流回路无开路；缓慢增加励磁后，检查发电机及变压器（如为发电机-变压器组单元接线）三相电流的幅值、相位，确认电流回路正确；检查相关差动保护电流的极性，确认所有差动保护极性正确，差动保护无误动。

2. 空载试验时的电压检查

在发电机空载试验时，控制励磁，在二次回路低电压情况下检查电压回路，确保电压回路无短路；缓慢增加励磁后，检查三相电压的幅值、相位，确认电压回路正确；检查机端 TV 开口电压和中性点零序电压，确认零序电压回路正确。

3. 带负荷期间的检查

机组并网前，按照正式定值单，全面检查并核对所有保护定值无误，所有保护按要求投退正确，所有连接片投退正确。

机组并网后，全面查看保护装置的运行情况，检查各差动保护的差流，机组正常启动及正常运行时保护不误动；检查各侧电压、电流，检查零序电流、零序电压值；检查有功功率和无功功率、频率、U/f 值；检查转子电流、转子电压值。机组空载时以及不同负荷下，记录机端 TV 开口电压与中性点电压的基波和三次谐波值，对 3ω 定子接地的定值进行修正，使机组在正常启动及运行过程中不误发报警信号。

第九章　继电保护典型实例与分析

第一节　电力系统典型故障与分析

一、故障原因、种类、特征及后果

1. 故障原因

电力系统的故障，通常是由自然因素、人为因素和设备原因三方面所致。

（1）自然因素造成的故障：雷击、雾闪、暴风雪、动物活动、大气污染等，造成电气设备对地闪络放电或相间短路，或倒杆断线等对地直接接地短路等故障。

（2）人为因素造成的故障：误操作、误整定、安装调试及运行维护不良、运行方式不当造成电气设备短路、接地、过负荷、过电压等故障，从而造成电气设备损坏。

（3）设备本身缺陷、绝缘老化或外力破坏等其他原因造成设备故障。

2. 故障种类

（1）单相接地短路。单相接地短路是最常见的故障，约占全部故障的80％以上。对于中性点直接接地系统发生单相接地故障（或对零相短路）时，要求迅速切除故障点（由继电保护装置或熔断器完成）；对于中性点不接地或中性点经消弧线圈接地系统发生单相接地故障时，允许短时带接地点运行，但要求迅速找到接地点，将接地部分退出运行并进行处理。

（2）两相接地短路。两相接地短路一般不超过全部故障的10％。在中性点直接接地系统中，这种故障一般在同一地点发生；在中性点非直接接地系统中，常见情况是先发生一点接地，而后其他两相对地电压升高，在绝缘薄弱处形成第二点接地，此两点接地多数不在同一地点。两相接地短路后，要求迅速切除故障点。

（3）两相短路及三相短路。两相短路及三相短路相对较少，一般不超过全部故障概率的5％。但是这两种故障比较严重，故障发生后要求迅速切除故障点。

（4）断相。断相故障包括线路断线、断路器断相等，故障概率更小，约为1％。这种故障造成系统非全相运行，一般不允许长期存在，应由继电保护自动切除或由运行人员手动断开其他健全相。

（5）绕组匝间短路。这种故障发生在发电机、变压器、调相机、电动机等电机内部绕组中，故障概率极小，但一旦发生，将严重损坏设备，要求由继电保护（匝间短路保护、气体保护等）迅速切除故障。

（6）转换性故障、重叠性故障。当发生以上 5 种故障之一后，往往由于故障的演变和扩大，可能由一种故障转换为另一种故障，或发生两种及两种以上重叠性故障（通称复故障）。这种故障约占全部故障的 5% 以下。

3. 故障特征

（1）近距离短路点故障特征。近距离短路点是指距电源的电气距离较近、短路电阻较小（一般指归算至该电源容量的标幺阻抗值小于 3）的短路点。近距离短路点对电源影响较大，发电机机端电压下降多，故障电流大，因而发电机去磁作用强，致使短路电流中的周期分量随时间而衰减。目前，机组均配置自动调压装置及强行励磁装置，这些装置将快速动作，从而使短路电流中的周期分量还会回升。在校核带时限的保护性能时，要考虑这种近距离短路点短路电流变化的故障特征。带自动调压装置的发电机内，近距离短路点三相短路电流（其中一相电流相角为 $90°$ 时短路）在短路过程中的电流变化曲线如图 9-1 所示。图 9-1 中，u_{fh}、i_{fh} 为正常运行方式下的电压及负荷电流；i_{zq}、i_{fzq} 为短路故障过程中短路电流周期分量及非周期分量瞬时值；i、i_{ch} 为实际短路电流瞬时值及冲击电流；I_d'' 为短路开始后第一周期内短路电流周期分量有效值，即起始次暂态短路电流；i_{∞} 为短路进入稳态过程后稳态短路电流瞬时值的最大值。短路电流非周期分量衰减时间一般为 $0.1\sim0.2\text{s}$，暂态过程持续时间一般为 $3\sim5\text{s}$。

（2）远距离短路点故障特征。远距离短路点是指距电源电气距离较远、短路电阻较大（一般指归算至该电源容量的标幺阻抗值大于 3）的短路点。远距离短路点对电源影响不大，即发电机机端电压变化很小，其电压调节装置及强行励磁装置均可能不动作，发电机电动势保持恒定，短路电流不衰减。

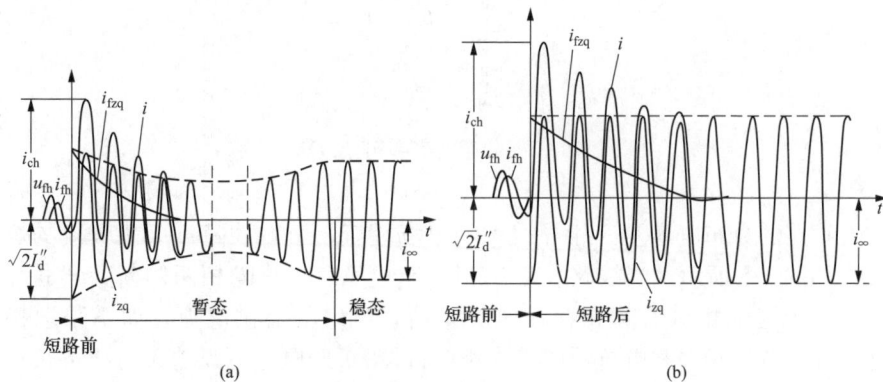

图 9-1 短路电流变化曲线
（a）具有暂态的变化曲线；（b）无暂态的变化曲线

（3）超高压输电线路故障特征。超高压输电线路一般为重负荷长线路，采用分裂导线，有时还采用串联电容补偿或并联电抗补偿。因此，其和中、低压线路相比有显著的区别。

1）超高压输电线路负荷电流大、线路阻抗大，当线路发生故障时，短路电流水平较负荷电流相差不大，因此，反应全电流的保护一般不适用。由于负荷电流大、线路阻抗大、线路输送的功率接近稳定极限（有时按低于静稳极限而高于动稳极限运行），因此，当线路发生故障时，必须快速切除，并设置双重化主保护。否则，将可能引起系统振荡。

2）线路的分布电容，影响故障电流的幅值和相位，如图 9-2、图 9-3 所示。当线路 XL_2 故障时，线路 XL_1 两侧电流的幅值和相位与不计分布电容 C 比较，有显示的差别（正常运行时线路两侧电流的幅值和相位也有较小的差别）。

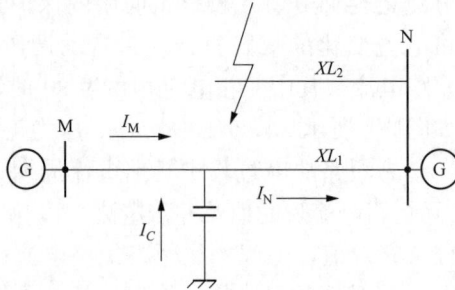

图 9-2 分布电容影响（一）

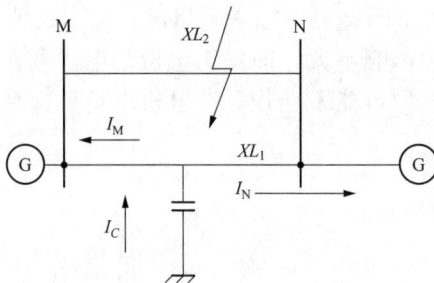

图 9-3 分布电容影响（二）

线路的分布电容及三相导线间的电场耦合，影响故障点灭弧电流的熄灭。如图 9-4 所示。当线路发生单相接地故障时，故障相两侧断路器断开后，由于健全相对故障相存在电场耦合，产生了潜供电流，如不采取措施（如配置三相并联电抗器中性点小电抗器），此电流电弧熄灭时间可长达 1s 以上，这将影响自动重合闸动作的速动性。如采用快速重合闸方式，则重合成功率就会降低；如采用慢速重合闸方式（重合闸时间大于潜供电流电弧的最长时间），则非全相运行时间增长，有些保护会退出运行，防止误动作。

3）超高压输电线路使用串联电容补偿及并联电抗补偿时，在线路发生短路故障后，暂态过程要增长，而且故障电流中存在高频、低频、直流电

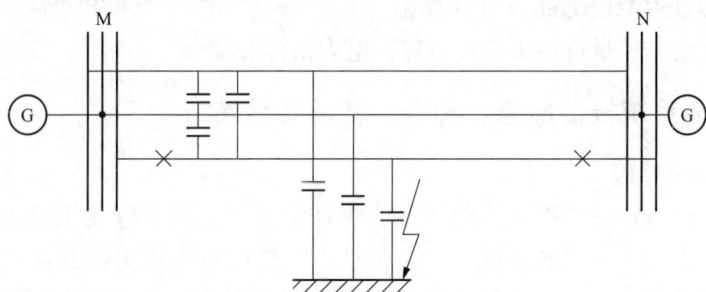

图 9-4 分布电容影响（三）

流分量，这将对继电保护装置有一定影响，即当发生外部故障时，可能误动作；当发生内部故障时，可能延迟故障切除时间。另外，对于带串联电容补偿的线路，当发生三相短路或系统振荡时，可能引起电容器保护间隙不对称击穿，从而产生负序及零序分量，影响继电保护的性能。

（4）经过渡电阻的短路故障特征。在短路故障中，金属性短路是比较少的，一般情况下都是经过渡电阻短路的。过渡电阻包括故障点的电弧电阻、杆塔及接地电阻、短接物电阻等。过渡电阻并非一直不变，故障开始时刻很小，随故障持续时间的增长而增大（主要是电弧拉长使电阻增大），故障电流有可能降到不足以维持电弧而使故障点自然消失，有时短接物被烧坏也可能熄弧，使故障消失。

（5）瞬时性短路故障特征。经过大量的故障分析表明，瞬时性短路故障较为普遍。在全部故障统计中，特别是输电线路的故障统计中，2/3 以上都是瞬时性的，永久性故障较少。根据这一特点，在输电线路均使用了自动重合闸装置，以提高供电可靠性。

4. 故障后果

电气设备发生故障后，其继电保护装置能够迅速切除，则其后果和影响并不可怕，系统能够快速恢复正常运行。否则，其后果和影响会很严重。第一，故障电流的热效应和电动机的机械效应，直接加重故障设备的损坏程度；第二，系统中的其他设备也将由于电流增大、电压降低而难以继续正常运行；第三，对那些近距离故障点或超高压电网内故障，切除时间较长将引起发电厂或发电机之间失去同步，有时导致系统振荡、破坏系统稳定运行，这不仅是电力系统的灾难，也是用户的灾难；第四，对于大电流接地系统的接地故障，由于接地故障电流电磁互感的影响，对平行的通信线路或铁路信号系统产生干扰，也有可能危及人身和设备安全。

实践证明，电力系统的故障，不仅严重威胁发供电设备，而且对社会有极其不良的影响，甚至在事故中往往会由于某一原因又引起事故的扩大（如事故中断路器或继电保护不正确动作，或工作人员对事故处理不当等）。因此，对电力系统及发电厂来说，不论是简单故障还是复杂故障，其后果都难以预测。为此，电网提出"安全第一"的指导思想，并采取种种反事故措施，尽量避免事故，以保证电力系统安全运行。

二、电力系统振荡原因、种类、特征及后果

1. 振荡原因

（1）静稳定破坏引起系统振荡。静稳定破坏是指系统无短路故障情况下，即正常运行中受到小的干扰，例如，系统中较大机组的开停或失去励磁、负荷较大的变动、电磁环网的解环使潮流变化较大等原因，均可能引起发电机组的摆动。发电机组在摆动过程中，其本身可能因为无能力自动调节平衡、无能力恢复到原来运行状态而发生失步，此时即称为静稳定破坏。

电力系统内各发电机组正常运行时，其原动机的机械功率（即驱动功率）与发电机向系统输送的电功率（即制动功率）保持平衡。此时，各发电机同步运行，转速保持额定。

图 9-5 所示为静稳定储备大时（单机向无限大系统送电）的功角特性图。图中，P_0 为原动机驱动功率，曲线 $P = \dfrac{EU}{Z_\Sigma}\sin\delta$ 为发电机电功率（E 为发电机电动势，U 为无限大系统母线电压，δ 为 E 超前 U 的相角，Z_Σ 为发电机与系统之间的综合阻抗）。正常运行时，工作点在 a 处，直接 P_0 与曲线 P 相交，即驱动功率等于制动功率，处于平衡状态。当系统受到小的扰动使发电机工作点由 a 移到 a' 时，发电机暂时处于不平衡状态；扰动消失后，由于发电机原动机功率 P_0 未变，并大于对应于 a' 点的制动功率，所以发电机要加速，δ 增大，P 也增加，工作点将由 a' 回到 a，由于惯性，可能到达 a'' 点。此时，制动功率又大于驱动功率，发电机又开始减速，又由于惯性，工作点由 a'' 过 a 而可能到达 a'''，并重复以上过程。当发电机功角 δ_0 较小（即静稳定储备较大）时，在受到上述小扰动后，经几次摆动，工作点还可回到原来位置，静稳定没有破坏，振荡不发生。

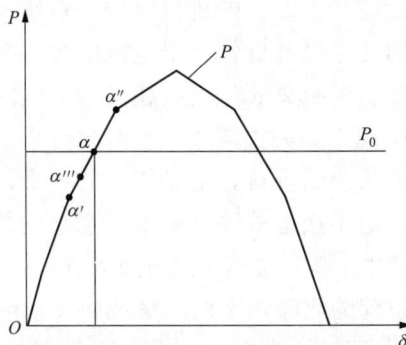

图 9-5　静稳定储备大时功角特性

当 δ_0 较大（即静稳定储备较小）时，如图 9-6 所示，δ_0 接近于 90°（发电机所带负荷较大、系统电压水平较低）时，则由于负荷的波动可能使工作点由 a 降到 a'，再回升到 a，并可能到达 a''，此时由于惯性，δ 继续增加，工作点再也回不到原处，此时发电机失步、静稳定破坏，引起发电机与系统之间的振荡。

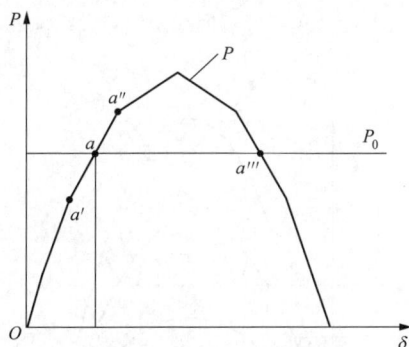

图 9-6　静稳定储备小时功角特性

（2）动稳定破坏引起系统振荡。动稳定破坏是指系统受到大的扰动后，如短路故障等，致使电源之间的转移阻抗剧增、系统电压剧降，发电机电功率减到远小于原动机功率，导致发电机严重加速，如果此时继电保护切除故障时间较长时，即使短路故障已被切除，发电机也无能力恢复同步运行，称为动稳定破坏。

避免动稳定破坏的条件是加速面积小于减速面积。如图 9-7 所示为单机经双回线向无穷大系统送电，其功角特性如图 9-8 所示（不失稳情况下的功角特性）。正常运行工作点在 a，电功率为曲线 1；Ⅱ回线故障后，电功率为曲线 3；故障切除后，电功率为曲线 2。故障开始时刻，发电机转速不能突变（惯性作用），即 δ 不变，但电功率由 P_1（等于 P_0）降到 P_2，$P_0 - P_2$ 为加速功率，即故障发生后由于发电机驱动功率大于电功率，发电机开始加速，δ 增加，电功率沿曲线 3 上升。当由 δ_1 增至 δ_2 时，发电机转速降到等于同步转速。由于此时制动功率大于驱动功率，发电机转速开始小于同步转速，δ 开始减小，当 $\delta = \delta_4$ 时，在 h 点功率重新平衡，但由于惯性，发电机将在 h 点附近沿曲线 2 摆几次，才能停在新的工作点 h 稳定运行，这种情况属于动稳定没有破坏，不会引起系统振荡。从图 9-8 可以看出，加速面积 S_{abcd} 小于减速面积 S_{defg}，故动稳定没有破坏。当继电保护动作性能差，切除故障时间较长时，则可能使加速面积大于减速面积，导致动稳定破坏，引起系统振荡。如图 9-9 所示，正常运行及发生故障时刻，功角 $\delta = \delta_1$，切除故障时刻为 $\delta = \delta_2$，则加速面积 S_{abcd} 大于减速面积 S_{defg}，发电机将一直加速，无法恢复同步运行，振荡不息，直到振荡保护装置动作或人为处理将发电机解列停机。

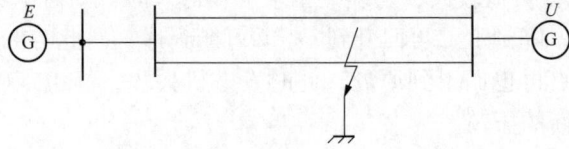

图 9-7　单机经双回线向无穷大系统

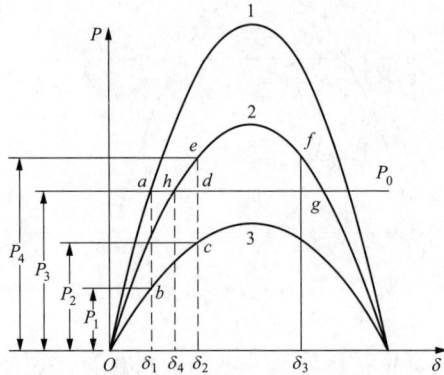

图 9-8　不失稳情况下功角特性

（3）非同期重合闸引起系统振荡。非同期重合闸装置比较简单，在有条件使用的系统，优先推广使用。非同期重合闸装置在重合时，两侧电动势相角差可能很大，最大可能为 $180°$，在大相角差下合闸，可能引起系统摆动或振荡。对于使用重合闸装置的线路来说，虽然瞬时性故障可挽回停电损失（包括非同期合闸和其他类型的重合闸），但如果重合到永久性故障上，则将产生二次故障冲击，尤其在不利时刻进行时，由于连续两次大扰动，更可能引起系统振荡。

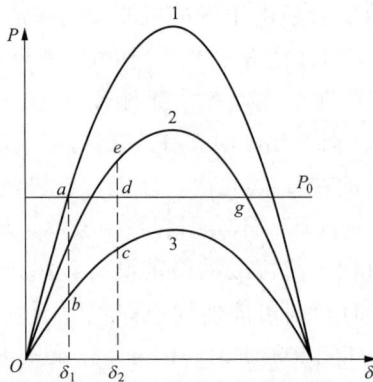

图 9-9　失稳情况下功角特性

2. 振荡种类

（1）衰减振荡（同步振荡）。运行中的发电机，因故与系统振荡后，考虑到以下因素，在异步运行中经过几次摆动，发电机可能再次拉入同步，即振荡开始时，振幅大、周期短，经过一段异步运行和摆动之后，振幅逐渐减小，周期逐渐增长，形成衰减性质的振荡，最后又拉入同步。

发电机异步运行过程中，其轴上的制动功率有同步功率和异步功率两部分。考虑到同步功率的大小和方向在振荡中是变化的，变化量的平均值很小，故以异步功率作用为主。发电机转速增大，异步功率也增大（制动作用增大），异步功率 P_{yb} 与转差率 s 绝对值近似正比，如图 9-10 所示。转差率越大，制动作用越大，这种作用阻止发电机加速。

发电机转速增大，其原动机的调速器将起调节作用，减少进汽（或进水）量，使原动机驱动功率 P_{qd} 降低，减少发电机的加速动力。

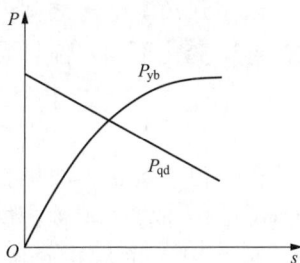

图 9-10 异步功率、驱动功率和转差率的关系

异步运行过程中发电机的励磁调节系统使励磁电流增加，则同步功率的振荡幅度增加，从而使转差率振荡幅度增加。当转差率超过转差平均值时，则转差率可能过零，发电机可能进入同步运行。

对于容量较小的发电机或地区电厂，与大系统联网运行，联络线采用非同期合闸时，如果电气联系紧密（同步功率大），则在非同期合闸时，即使角差很大，合闸后仍能被大系统强行拉入同步。

实践证明，有些情况下，特别是汽轮发电机组在系统振荡或摆动过程中，有时是能够自行平息并恢复正常运行的。

（2）不衰减振荡（非同步振荡）。对于电气联系不太紧密的重负荷、长线路连接的两个区域系统，发生振荡时，自行平息比较困难。原因是：①两个区域系统在上述情况下功率很不平衡，振荡时两侧转速相差很大，转差率的平均值较高，可能超过转差率的振幅；②电气上的联系较弱，同步功率小，转差率的振荡幅度变化小，难以过零。转差率不能过零或接近零，就不具备再拉入同步的条件，将持续振荡下去，δ 值将由正常运行角度增大到 360°、720°，甚至很大。

3. 振荡特征

发电机失稳后振荡过程中，半周期为发电机运行、半周期为电动机运行，其转子电流、定子电流、有功功率、无功功率都在大幅度摆动。摆动周期和持续时间的长短，决定于功率不平衡程度。当送电端电源功率过剩、受电端电源功率不足越严重时，即两侧电源频率差越大，振荡周期越短、持续时间越长。在振荡的全过程中，振荡周期是变化的，据有关资料统计，振荡开始第一个周期一般较长，为 1～2s；振荡过程周期也较长，约 1s。在做有关计算时，振荡周期一般按 1～1.5s 考虑。振荡持续时间的长短和恢复稳定的措施有关。当功率过剩端采取切机或短时投入电气制动、功率不足端采取切负荷或水电机组低频快速自启动投入时，可缩短振荡时间。否则，振荡时间可长达数分钟。

系统振荡时，电流、电压在周期性脉动变化，一般为三相对称。电流变化幅度决定于电源之间联络阻抗及电动势相角差，电压变化幅度决定于某点位置（振荡中电网各点电压值是不同的），处于电气中心或称振荡中心处，电压变化幅度最大，可在零到额定电压之间变化。但振荡时电流、电压变化与短路故障时电流、电压变化不同，前者是平滑变化，后者是突然变化。

4. 振荡后果

电力系统的振荡事故，有时很严重，可能导致系统瓦解，或使系统解列为几个部分。由于部分地区电力负荷不平衡，区域电厂很难运行，即使不解列也要甩掉很多负荷。振荡时，随着电源电动势之间相角差的变化，系统各点电压都在脉动变化。靠近振荡中心的用户，由于电压急剧变化，也会严重影响生产甚至停产；对电厂来说，由于电压波动会影响到厂用电系统设备的正常运行，从而加重事故的严重性；发电机本身也会承受大的冲击电流，危及其安全；有些继电保护装置，不采取措施可能误动，进一步扩大事故。因此，系统振荡事故确是系统灾难，必须采取防止系统振荡的各种措施。对于百万千瓦级的发电厂来说，可充分利用各种补偿装置提高电压水平、采用快速励磁方式、继电保护定值应具备躲系统振荡影响功能、提高电网的稳定储备；加强快速主保护并按《防止电力生产事故的二十五项重点要求（2023 版）》要求对大型发电厂配置双重化主保护、振荡解列等安全自动装置，保证系统振荡事故发生时，使损失降低到最小。

三、电力系统故障及振荡计算

在发电厂继电保护整定计算过程中，一般对系统振荡不要求十分精确，可以简化计算条件、减少工作量。

（1）故障及振荡都发生在三相对称的电力系统中，即系统发生故障（对称或不对称）及振荡时，各电源 A、B、C 三相电动势不变，大小相等，相位差 120°，三相阻抗相等，因此可按单相系统（以参考相或特殊相）进行计算。

（2）在做远距离短路点计算及振荡计算时，可认为电源电动势恒定，对短路计算可取电压标幺值为 1，与电动势同相位；对振荡计算可取电压标幺值为 1.05，电动势相位任意。

（3）在做近距离短路点计算时，要考虑电源电动势的变化；同类型发电机电气距离接近时，按同一变化规律计算。短路前后，发电机均按同相、同步运行考虑，认为不因发生短路而使发电机失步或摇摆（这样计算出来的短路电流比实际值偏大，留有裕度）。

（4）短路计算一般按金属性短路考虑，不计过渡电阻；当需要专题分析计算时才给予考虑。

（5）不考虑线路的分布电容及并联补偿电抗器的影响；当需要专题分析计算时才给予考虑。

（6）电阻分量大于 1/3 电抗分量时，用阻抗的模值计算；电阻分量小于 1/3 电抗时，不计电阻影响，仅用电抗分量计算。当计算非周期分量衰减时间常数时，要考虑电阻。

（7）不计元件参数的非线性，计算中可用重叠原理。

（8）简单短路计算一般不考虑负荷电流，当考虑集中负荷时，用固定阻抗表示。

（9）不考虑变压器励磁阻抗（当作无穷大），仅按漏抗计算；对于非三相全星形联结的变压器零序电抗要用实测值（即零序励磁阻抗为有限值，应考虑其影响）。

四、电力系统故障分析

随着国民经济的快速发展，对于电力能源的容量需求和可靠性要求不断提高，各种新能源大规模接入电网，电力系统规模不断扩大，运行和控制的手段也越来越复杂。同时，自然灾害、设备老化以及各种人为原因导致电力系统事故发生的风险也随之提高，事故波及范围也相应增大，对经济发展和社会稳定造成较大影响。因此，分析、研究故障发生的规律并采取相应的措施，从而有效地减少事故的发生，对于提高电网安全稳定运行水平，保障经济社会发展意义重大。

继电保护事故类型主要有以下几大类：

（1）保护整定与配置原因引发的事故：误整定、误输入。

（2）保护装置导致的事故：原理缺陷、工作电源影响、元器件损坏。

（3）二次回路造成的事故：绝缘损坏、抗干扰能力差。

（4）电流互感器、电压互感器引发的事故。

（5）人为原因导致的事故：误接线、误碰。

（6）直流接地造成的事故。

（7）交流串入直流系统造成非停事故。

（8）安全自动装置造成的事故。

由于故障的形式多种多样，而且某些复杂故障（如断线同时接地、非全相同时接地、单相故障转多相故障、故障同时振荡等）都是在短时间内发生并转换的，往往在这些复杂故障发生的过程中还掺杂了继电保护的不正确动作，因而，当故障发生时，能够根据故障前、故障时、故障后不同时段的电气量、开关量进行客观评价，对于分析事故原因并研究对策至关重要。

一般故障发生导致继电保护装置动作后，通常要判断一次系统发生了何种故障、保护装置动作行为是否正确、二次回路是否存在问题、TA 及 TV 极性是否正确、是否存在人为原因等问题。而进行以上分析的基础就是故障时所测录的波形。

1. 故障波形要素分析

通常故障录波图主要包含：基本信息、比例标尺、通道注解、时间刻度、录波波形等信息内容。

图 9-11 所示为一典型的大电流接地系统的单相接地故障波形图。由图 9-11 可知，以 0ms 为故障发生的零时刻，$-60\sim0$ms 为故障前正常状态，此时三相电压幅值正常，三相电流略有起伏，为较小的负荷电流。在 0ms 时刻开始发生了 A 相单相接地短路故障，A 相电流由较小的负荷电流突变成故障电流，A 相电压幅值下降，同时出现零序电流 $3i_0$ 和零序电压 $3u_0$。

具体要素分析方法举例：

(1) 电气量幅值。A 相故障电流 i_A 的电流波形峰值约占 0.9 格（ef 段），二次有效值 $=(0.9\text{格}\times17\text{A/格})/\sqrt{2}=10.82(\text{A})$；A 相故障电压 u_A 的电压波形峰值约占 0.3 格（gh 段），二次有效值 $=(0.3\text{格}\times100\text{V/格})/\sqrt{2}=21.2(\text{V})$。

若含有非周期分量，如图 9-12 所示，A 相故障电流 i_A 的波形明显偏向时间轴上方，波形中含有一定的非周期分量。

一次有效值 $=(1.45\text{格}+1.2\text{格})\times(10\text{kA/格})/2/\sqrt{2}=9.37(\text{kA})$

(2) 相位关系。电气量之间的相位关系可利用两组波形的特殊点进行比较，一般选择波形的峰值点或过零点。同时应注意峰值点与过零点的方向问题，比如波形的过零点有正向过零点和负向过零点。因此在选择时，要注意两个波形的两个对应点的一致性，要选择方向相同且最邻近的点进行比较。

比较图 9-11 中零序电流 $3i_0$ 与零序电压 $3u_0$ 的相位关系。选取 a、b 两个峰值点进行比较，通过 $3i_0$ 波形 a 点作垂直于时间轴的辅助线并相较于 $3u_0$ 波形，b 点位所在时间刻度小于交点，故可判断 $3i_0$ 波形超前 $3u_0$ 波形一定的相位角 θ。相角差为 1/4 个周波多一些，故 θ 角约为 $100°$。

(3) 时间关系。故障持续时间：通过时间轴，A 相故障电流从 0ms 开始突变，至 60ms 时结束（ef 段），持续时间约为 60ms。另外 A 相电流持续了 3 个周波，按每个周波 20ms 计算，也可得到故障时间约为 60ms。当

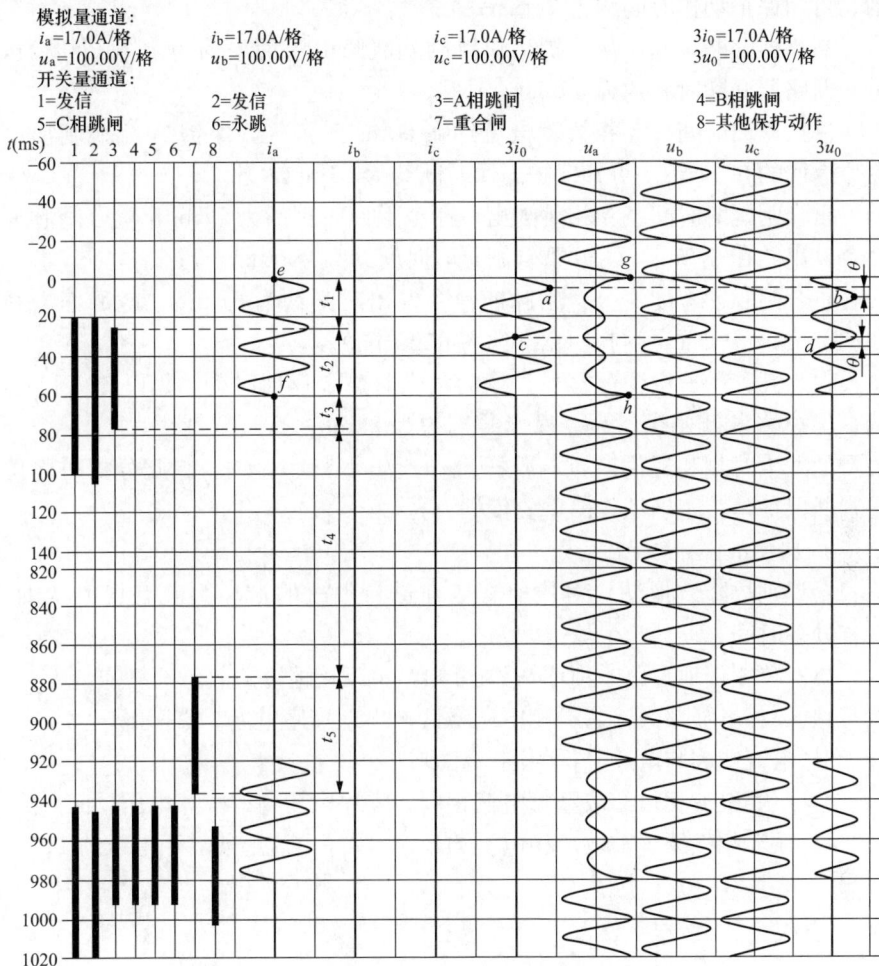

图 9-11 大电流接地系统的单相接地故障波形图

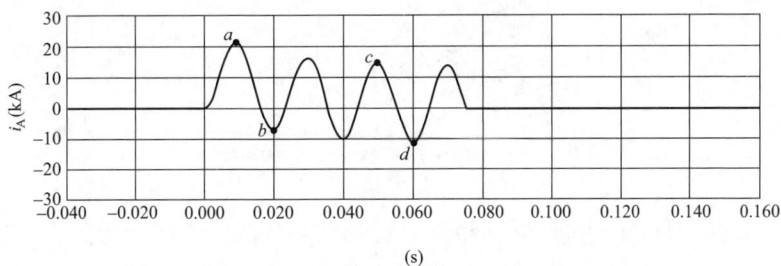

图 9-12 含非周期分量电流波形图

系统频率发生变化时利用周波判断可能会有偏差，但一般定性分析可以忽略。

保护动作时间：A 相电流发生突变后约 1.25 个周波时保护 A 相出口跳

闸，可知保护动作时间约为 25ms(t_1)。

断路器开断时间：从保护出口跳闸到故障电流消失约为 1.75 个周波，可知断路器开断时间约为 35ms(t_2)。

保护返回时间：A 相故障电流约在 60ms 时消失，保护 A 相跳闸出口命令返回约在 77ms，可知保护返回时间约为 17ms(t_3)。

重合闸延时时间：A 相跳闸出口命令返回时刻约为 77ms，重合闸脉冲命令发出约在 877ms，可知重合闸延时时间约为 800ms(t_4)。

重合闸脉冲宽度：重合闸脉冲命令发出时刻约为 877ms，脉冲消失约在 937ms，可知重合闸脉冲宽度约为 60ms(t_5)。

（4）开关量。主要观察开关量的发生时刻和返回时刻。仍以图 9-11 为例，保护 A 相跳闸出口命令发出时刻约为 25ms，返回时刻约为 77ms。开关量的发生时刻和返回时刻与保护动作逻辑需紧密相关，因此分析时序也是判断保护是否正确动作的重要依据。

2. 典型故障录波图

会识别故障波形图，对快速有效地进行事故的初步判断有很大帮助，节省处理时间。

（1）单相接地短路。由图 9-13 可知，单相接地短路故障的特征量为：

1）一相电流增大，另一相电压降低；出现零序电流、零序电压。

2）电流增大与电压降低为同一相别。

3）零序电流相位与故障相电流相同，零序电压与故障相电压反向。

4）故障相电压超前故障相电流约 80°，零序电流超前零序电压约 110°。

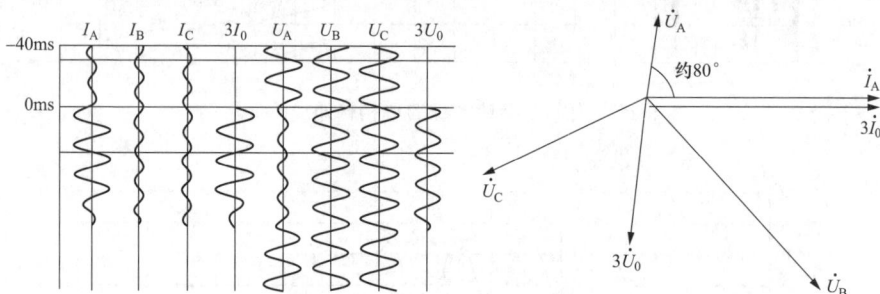

图 9-13　单相接地短路录波图及相量图

（2）两相短路。由图 9-14 可知，两相短路故障的特征量为：

1）两相电流增大，两相电压降低；没有零序电流、零序电压。

2）电流增大、电压降低为相同两个相别。

3）两个故障相电流基本相反。

4）故障相电压超前故障相电流约 80°。

（3）两相接地短路。由图 9-15 可知，两相接地短路故障的特征量为：

1）两相电流增大，两相电压降低；出现零序电流、零序电压。

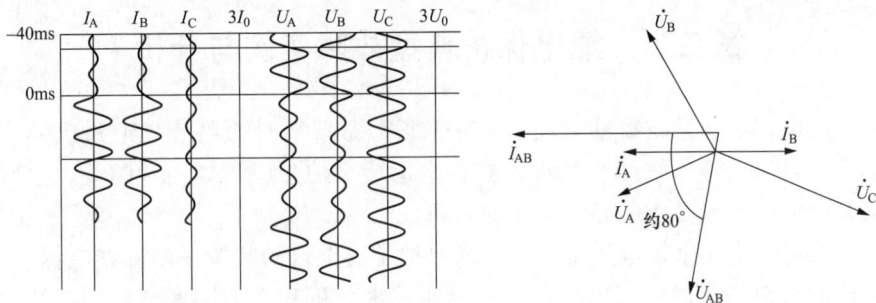

图 9-14　两相短路录波图及相量图

2）电流增大与电压降低为相同两个相别。

3）零序电流相位位于故障两相电流之间。

4）故障相电压超前故障相电流约 80°，零序电流超前零序电压约 110°。

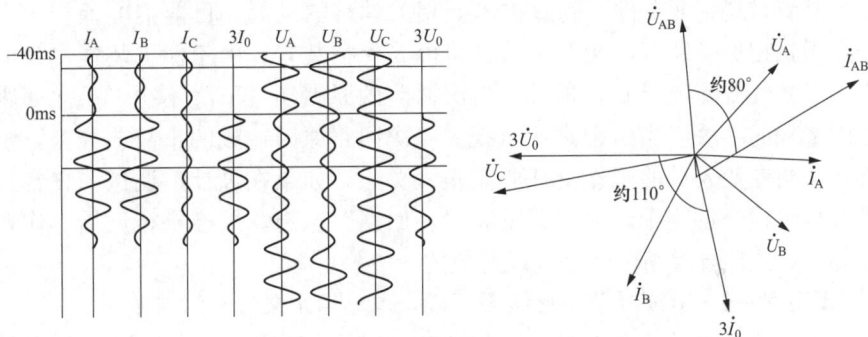

图 9-15　两相接地短路录波图及相量图

（4）三相短路。由图 9-16 可知，三相短路故障的特征量为：

1）三相电流增大，三相电压降低；没有零序电流、零序电压。

2）故障相电压超前故障相电流约 80°。

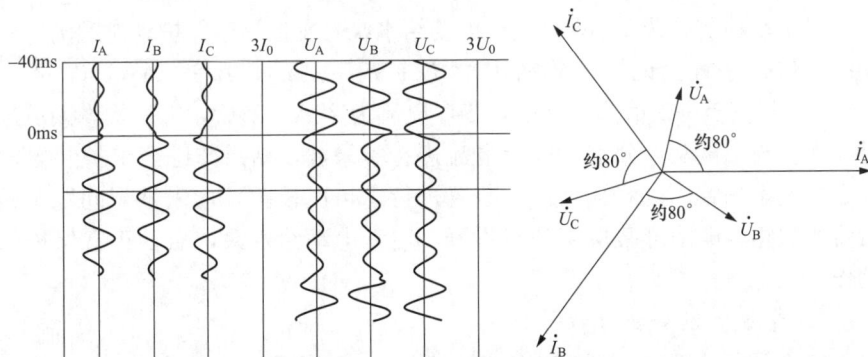

图 9-16　三相短路录波图及相量图

第二节　继电保护典型故障实例与分析

继电保护通常在哪些方面多发生故障，故障有什么特点，通过已发生的故障可以借鉴什么经验教训，在日常运行维护中应当如何预防等，这些都是专业技术人员所关心、关注的问题。

参考近十年来发电厂发生的继电保护及安全自动装置（简称继电保护）引起的机组非计划停机事故，通过专业技术分析和人为因素分析，系统剖析继电保护（包括继电保护及安全自动装置）事故的原因，从专业管理和现场工作角度提出控制措施与解决对策。

继电保护原因造成的事故，大致可以分为：二次回路原因、保护装置原因、安全自动装置原因、电源原因、人为原因等。

一、二次回路原因造成的故障实例

随着材料、元器件、制造技术等相关学科的发展，目前继电保护大多采用微机型保护装置，相对于过去机电式保护装置，由于保护装置本身的原因导致的故障或异常，相对于二次回路的原因还是下降不少，二次回路原因造成的事故应当引起高度重视。二次回路原因造成的事故或异常，主要还是与专业人员的工作责任心有很大关系，如果在设计、调试、日常运维及机组检修过程中，摒弃"重装置轻回路"思想，严格执行反措、作业指导书，这些异常情况还是可以避免的。

【实例一】　电缆屏蔽层接线不正确，电动给水泵启动时跳闸。

电厂的厂用母线为 6kV，每台机组分为 A、B 段，每台机组有 3 台给水泵，分别为 A 给水泵、B 给水泵、C 给水泵。跳闸的电动给水泵在厂用 6kV 的 A、B 段上分别有支路，可以分别从 A、B 段启动。6kV 开关柜至电动给水泵本体电缆长大约 50m，电缆屏蔽层采用两端接地。开关柜内保护用零序 TA 变比为 100/1，三相保护 TA 变比为 1000/5。

（一）事故经过及检查情况

机组启动前试转 1、3 号机组电动给水泵时发生零序保护动作跳闸。根据综合保护装置上记录的数据 $I_A = I_B = I_C = 14A$，$I_0 = 14A \times 0.02 = 0.28A$，折算至一次值为 2800A，零序电流为 28A。随后，电厂检修人员进行了多次模拟试验，分别对以上电流进行了录波，结果与综合保护装置记录数据基本一致，也对综合保护装置进行了再次校验，均未发现问题。最后将开关柜内电缆屏蔽层接地点拆开，启动电动给水泵，启动正常保护未动作。

（二）试验及分析过程

给水泵电动机的一次额定电流为 710A。零序 TA 变比为 100/1，保护 TA 变比为 1000/5。零序保护的定值为：一次电流定值为 10A（反映到二次侧为 0.1A），延时 500ms。误动后，怀疑是一次电缆的屏蔽线接地不规范，人为断开屏蔽线母线侧的接地，使屏蔽线只在电动机侧接地，成为单点接地状态，再启动电动机，能正常投运。

在这里有必要先分析一下一次电缆的屏蔽线接地的要求：一般来说，一次电缆的屏蔽线两端接地是为了人身及设备的安全，这样，系统故障时，屏蔽线和地网之间可能有环流。在本系统中，屏蔽线在电动机侧是接地的，对于母线侧，最好的接法如图 9-17 所示。

这样，使三相不平衡电流与屏蔽线的电流互相抵消，不感应到零序 TA 的二次侧。此次误动时，母线侧的零序 TA 接法如图 9-18 所示。这种接法，当屏蔽线内流过电流时，对零序 TA 也不应该有影响。

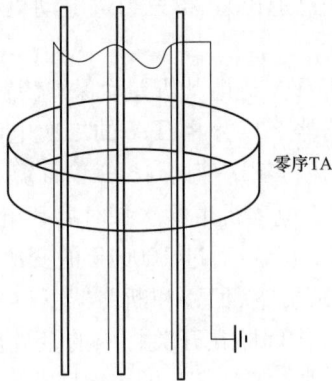

图 9-17　母线侧 TA 接法

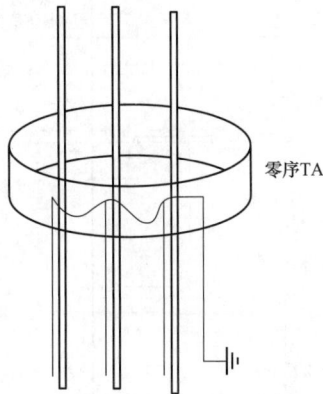

图 9-18　误动时母线侧零序 TA 接法

结合机组大修机会，对误动的两台给水泵电动机及其一、二次回路再次进行检查。

启动试验并录波，分析波形得知，波形中包含的高次谐波分量极少，基本上是一标准的 50Hz 正弦波，其有效值约为 0.28A，超过保护的零序定值 0.1A，故保护在延时后动作。此波形是否由屏蔽线感应而来呢？由以上录波及分析可知，屏蔽线电流中包含大量三次谐波，若由其直接感应到 TA 二次，则也应包含大量的三次谐波。若由各种干扰造成，则不会形成如此标准的波形。

判断在启动过程中有交流量串入此零序 TA 的二次回路。因为零序 TA 二次回路中的电流只在合闸断路器时出现，那么合断路器后带电的只有相关的各组 TA 二次回路了，通过检查，在此开关柜内的 TA 二次回路除零序 TA 外还有以下几组 TA：

（1）断路器下口的分相 TA，变比为 1000/5，分为三组，一组进电动机综合保护测控装置作为测量用；第二组进电动机综合保护装置作为过电流保护用（定值中该保护已退出）；第三组进电动机差动保护装置作为差动保护用。

（2）电动机侧的分相 TA 进电动机差动保护装置作为差动用。

估算一下启动时断路器下口分相 TA 的二次电流值：电动机的一次额定电流为 710A，启动电流按额定值的 4～6 倍计算，在电动机不带给水泵时启动电流约维持 10s，在电动机带给水泵时启动电流约维持 15s，启动电流取一较为保守的数值 3000A，通过 1000/5 的变比，二次电流为 15A。

由此推断，零序 TA 的二次回路和断路器下口分相 TA 的二次回路或电动机侧的分相 TA 的二次回路在开关柜内的某处应该有虚接的地方，造成少量的分流（0.28A）进入零序 TA 的二次回路。零序电流流通路径示意图如图 9-19 所示。

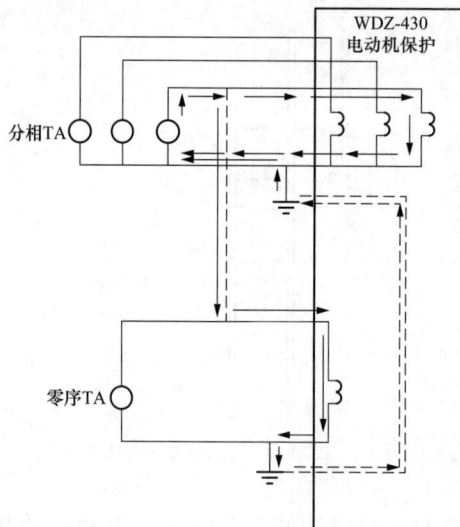

图 9-19 零序电流流通路径示意图

由于是虚接，故在断路器合闸及分闸时的震动或是柜内线的移动时，都能造成虚接处电缆的分开，从而使故障不可复现。

由此推断后，技术人员对开关柜内的各组 TA 断开接地点，在零序 TA 的二次回路和断路器下口分相 TA 的二次回路之间用 1000V 绝缘电阻表进行绝缘检查，结果合格；各组 TA 对地的绝缘均合格。

运行人员提出在给水泵启动时母线电压下降幅值较大，那么是否是由电动机启动时的三相不平衡造成零序保护动作呢？造成电动机三相不平衡的原因有电动机三相的绝缘不一致或 6kV 母线三相电压不相等。从运行人员描述的现象来看，不排除在启动时 4～6 倍的额定电流对此不平衡性的放大作用，但是此系统是一个单点接地系统，即给水泵电动机侧中性点不接地，6kV 母线侧通过 60Ω 电阻接地，而零序电流为三相电流之矢量和，在单点接地的系统中，零序电流为零。所以即使三相电流不平衡，也不应该导致零序过电流保护动作。

（三）原因分析

根据试验录波数据和事故跳闸时的保护记录数据比对，可以排除保护装置问题。对二次回路再次进行了检查，也未发现异常。机组已经正常运行过很长时间，此次启动前对所有厂用 6kV 段上的电缆头进行了重新制作。根据这一情况对开关柜内的电缆头进行了检查，发现由于零序 TA 安装的位置较低，电缆屏蔽层及钢铠的接地线是在零序 TA 中间连接并在 TA 的下部接地。分析认定：重新制作的电缆头的屏蔽层和钢铠连接及接地存在问题。

（四）防范及整改措施

拆开零序 TA，检查电缆屏蔽层和钢铠连接线、接地是否符合制作工艺。

在电缆屏蔽层一点接地时启动给水泵并录波。再启动这两台问题给水泵时，都进行零序电流的录波，若在零序电流中再出现此标准的正弦波并达到一定幅值，在条件允许的情况下断开 TA 二次的接地点和装置的联系，在 TA 二次回路之间进行绝缘检查，想办法找出虚接之处。若零序电流波形有畸变，并使保护误动跳闸，则考虑是否有屏蔽线电流的影响，设法消除此影响。

【实例二】 发电机励磁回路接地保护动作

某厂 2 号机组负荷 300MW，某日 A 屏发电机-变压器组转子一点接地保护灵敏段动作，发转子一点接地报警信号，延时 10s 后两点接地动作于跳闸。检查发电机励磁回路没有发现问题（检查不全面）。机组重新并网投入运行，改投 B 屏转子接地保护，在再次带满 300MW 负荷 1h 后，B 屏转子一点接地灵敏段又动作，发转子一点接地报警信号，延时 10s 后转子两点接地保护再次动作于跳闸。

（一）保护动作分析

转子接地保护定值设置：一点接地定值 20kΩ，灵敏段 40kΩ，延时 0.5s。一点接地发信，延时 10s 后投入转子两点接地保护。

由于转子接地保护连续两次动作，误动可能性较小，初步判断发电机转子回路确存在故障，于是进行分区域绝缘检测。

（二）现场绝缘检查

用1000V绝缘电阻表测量各回路绝缘：发电机转子绕组对大轴500MΩ；主励磁机定子绕组及引出线对地50MΩ；1号整流桥对地100MΩ；2、3号整流桥对地75MΩ；转子集电环（刷架）对地20MΩ；MK开关与整流桥间铝板30MΩ；合MK开关，测量滑架至整流桥间对地20MΩ；灭磁室至保护小间601/602电缆500MΩ。未见明显异常。

用2500V绝缘电阻表测量各回路绝缘，数据见表9-1。

表 9-1　绝缘电阻测量结果

序号	名称	＋对地	一对地	备注
1	发电机转子绕组对大轴	100MΩ	100MΩ	
2	主励磁机定子绕组及引出线对地	50MΩ	50MΩ	
3	1号整流桥对地	50MΩ	50MΩ	
4	2、3号整流桥对地	20MΩ	20MΩ	
5	转子集电环（刷架）对地	100MΩ	100MΩ	
6	MK开关与整流桥间铝板	20MΩ	20MΩ	
7	火磁室至保护小室601、602电缆	20MΩ	20MΩ	
8	灭磁室至发电机转子封母	1MΩ	6MΩ	
		2MΩ(500V)	200MΩ(1700V)	解开灭磁电阻
		2MΩ	200MΩ	解开灭磁开关
		13MΩ	200MΩ	取出封闭母线上部残留金属丝
		150MΩ	200MΩ	清除封闭母线下部灰尘

由表9-1第8项可知：转子正端封闭母线残留金属丝及灰尘，是造成转子绝缘下降的主要原因。绝缘下降达到定值后转子接地保护动作，动作行为正确。

取出封闭母线上部残留金属丝，清除下部灰尘后，绝缘恢复。

（三）经验教训

对于转子接地保护，在发电机运行过程中属于易发故障，若有异常要系统地分区域检测。同时根据反措要求，在常规检修试验中应完成匝间短路检查试验，有条件的可加装转子绕组动态匝间短路在线检测装置，确保转子回路安全。

保护动作后，在未彻底分析清楚原因后切记不可盲目恢复设备运行。本例中转子接地保护连续动作两次，幸而不是由发电机转子内部故障引起，未造成严重后果。否则定将加剧设备损坏程度，后果不堪设想。

【实例三】 线路故障，TA两点接地引发主变压器差动保护误动作。

事故前一次系统运行方式如图9-20所示。

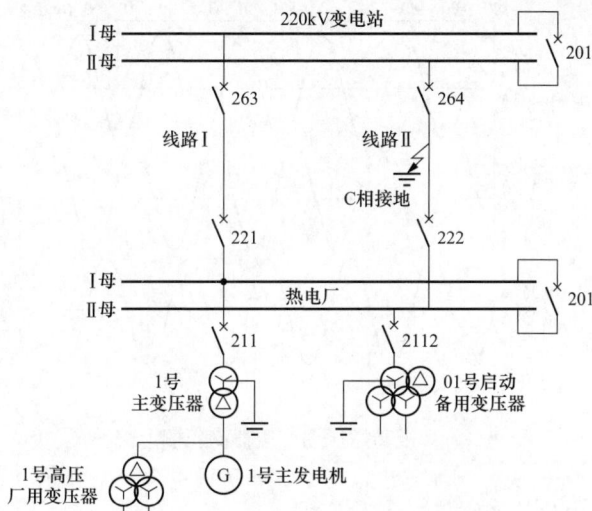

图 9-20 某厂一次系统接线图

安排线路Ⅱ预试,工作结束后用 264 断路器对线路Ⅱ进行充电,线路 C相接地,264 断路器正确跳闸,重合后复跳。与此同时,1 号发电机-变压器组 A 柜主变压器 B 相差动速断、B 相差动保护均动作,而 B 柜无任何保护动作信号。

(一)动作情况分析

从录波图可知主变压器高压侧电流 A、B 相电流较小,C 相电流最大(录波图略),符合线路发生 C 相接地故障的特征。分析主变压器差动保护各侧电流时发现,发电机-变压器组保护 A、B 柜高压厂用变压器高压侧二次电流波形差别很大,且 A 柜中的 B 相电流波形有异常,如图 9-21、图9-22 所示。

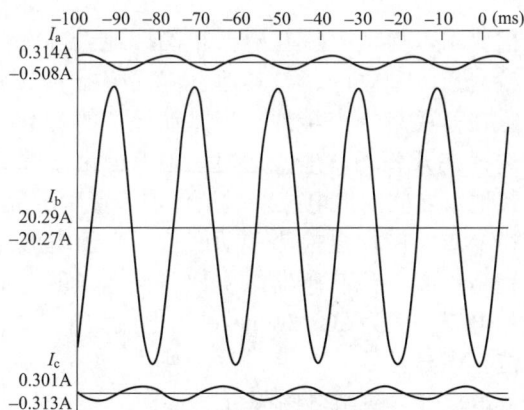

图 9-21 A 柜高压厂用变压器高压侧电流波形

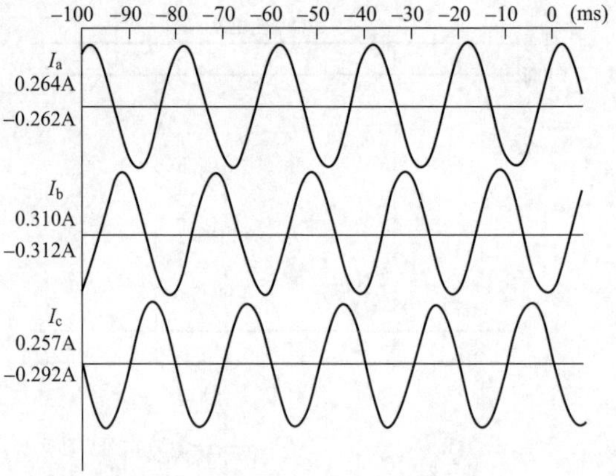

图 9-22 B柜高压厂用变压器高压侧电流波形

（二）事故后检查

（1）测量一次设备对地绝缘，情况良好。

（2）对主变压器保护的各侧采样回路进行检查，测得结果正确；验证主变压器差动保护逻辑及定值，结果正确。

（3）拆开主变压器各侧电流互感器二次对地接地点，用 500V 绝缘电阻表对回路进行检测，发现 A 柜高压厂用变压器高压侧第 5 绕组对地绝缘为零。分段继续进行绝缘检测，发现第 5 绕组本体二次回路对地绝缘为零。用万用表测得 5S1 对地直流电阻为 6.5Ω，5S2 对地直流电阻为 0.8Ω，表明互感器本体还有一接地点。

误动原因分析结论：当线路发生接地故障时，由于 1 号主变压器中性点接地运行，中性点有零序电流经地网流通。由于高压厂用变压器高压侧第 5 绕组存在两个接地点，线路故障，变压器中性点电流流过地网，TA 两接地点之间出现了电位差，导致 B 相电流测量错误，差动保护误动。

（三）经验教训

（1）根据反措要求，保证电流互感器正确接地：二次绕组及回路，必须且只能有一个接地点。独立的、与其他电流互感器的二次回路没有电气联系的二次回路宜在开关场一点接地。当差动保护的各组电流回路之间因没有电气联系而选择在开关场就地接地时，须考虑由于开关场发生接地短路故障，将不同接地点之间的地电位差引至保护装置后所带来的影响。

（2）根据反措要求，应加强检测差动回路不平衡电流，测量回路相电流及差电流，特别是检测电流互感器二次回路接地点的电流。当只有一点接地时，接地点的电流一般为 20～50mA；当电流大于 100mA 时，应引起足够的重视，可能存在异常。

【实例四】 某电厂 3 号机组跳闸分析。

某机组带 650MW 负荷正常运行中发电机-变压器组保护 B 柜发"发电机过励磁定时限"报警，"发电机过励磁反时限"动作，500kV 系统 5041 断路器、5042 断路器、灭磁开关跳闸，机组停机。

（一）现场检查情况

1. 保护装置动作情况

发电机-变压器组保护 A 柜发 "TV 断线（定子匝间）" 告警，CPUA：基波零序电压 $3U_0 = 0.0$V；三次谐波零序电压 $3U_{0.3\omega} = 6.672$V；压差 $\Delta U_{ab} = 6.0039$V、$\Delta U_{bc} = 5.9627$V、$\Delta U_{ca} = 0$V，普通 TV 的 $U_2 = 2.8392$V，$P_2 = 0$W。CPUB：基波零序电压 $3U_0 = 0.0$V；三次谐波零序电压 $3U_{0.3\omega} = 6.6547$V；压差 $\Delta U_{ab} = 6.2301$V、$\Delta U_{bc} = 6.1273$V、$\Delta U_{ca} = 0.0822$V，普通 TV 的 $U_2 = 3.5383$V，$P_2 = 0$W。

调取保护装置的动作波形，如图 9-23 所示。

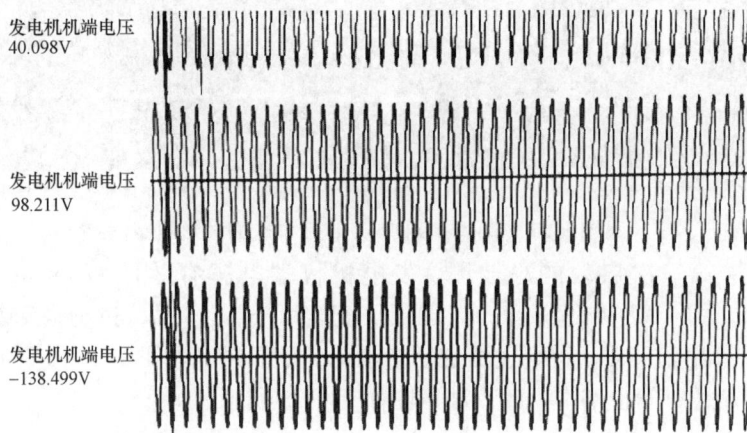

图 9-23　保护装置故障波形

从上述波形可以看出，普通 TV 的 U_{ca} 无明显变化，U_{ab}、U_{bc} 均减小，可推测机端电压 B 相降低，导致专用 TV 与普通 TV 之间的压差大于 5V 定值，且普通 TV 正序电压变小，因此装置发 "TV 断线（定子匝间）" 信号。

发电机-变压器组保护 B 柜发 "发电机过励磁定时限" 动作，CPUA：电压 $U/f = 1.07$ 倍；CPUB：电压 $U/f = 1.0701$ 倍。"发电机过励磁反时限" 动作，CPUA：电压 $U/f = 1.0808$ 倍；CPUB：电压 $U/f = 1.0807$ 倍。

2. 故障录波器启动情况

现场故障录波器检查，机组故障录波器共启动三次，第一次为发电机-变压器组 A、B 柜发电机 TV 断线告警，TV 断线触发时，发电机机端电压有效值 $U_A = 58.88$V，$U_B = 53.22$V，$U_C = 58.21$V，$U_0 = 3.08$V；B 相电压明显比其他两相降低，与发电机-变压器组保护 A 柜的录波图基本一致，可以初步判断发电机出口 TV 的 B 相存在问题，但由于 A 柜和故障录波器取用的是发电机出口 TV 中同一绕组，目前仅能判断的是该绕组的 B 相发生了电压降低。

调取第二次启动的录波图，发电机机端电压有效值 $U_A = 62.34$V，$U_B = 56.02$V，$U_C = 61.59$V；计算 U/f 已经大于 1.07 倍（过励磁定时限定值：1.07 倍，5s），符合过励磁定时限动作的条件，与 B 柜动作的报文一致，且动作时间也基本一致。波形图如图 9-24 所示。

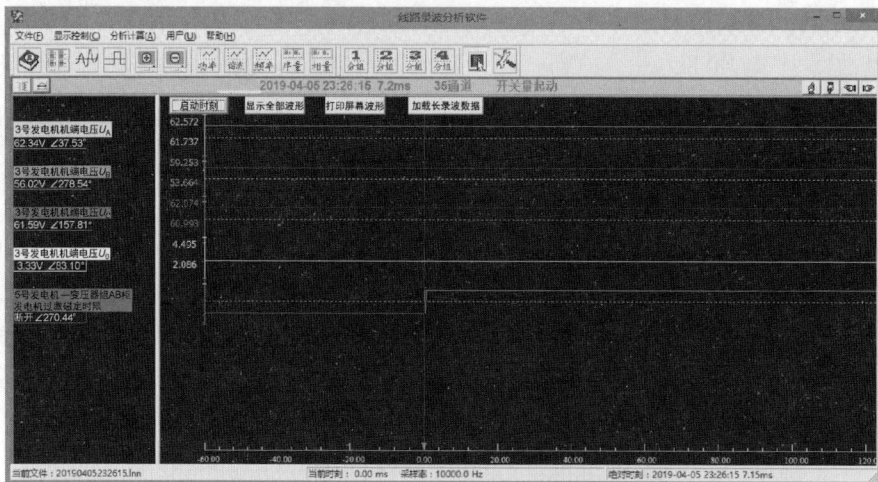

图 9-24　故障录波器第二次启动时的波形图

调取第三次启动的录波图，发电机机端电压有效值 $U_A = 62.95\text{V}$，$U_B = 55.24\text{V}$，$U_C = 62.21\text{V}$；计算 U/f 已经大于 1.08 倍（过励磁反时限定值：1.08 倍，83s），符合过励磁反时限动作的条件，与 B 柜动作的报文一致，且动作时间也基本一致。波形图如图 9-25 所示。

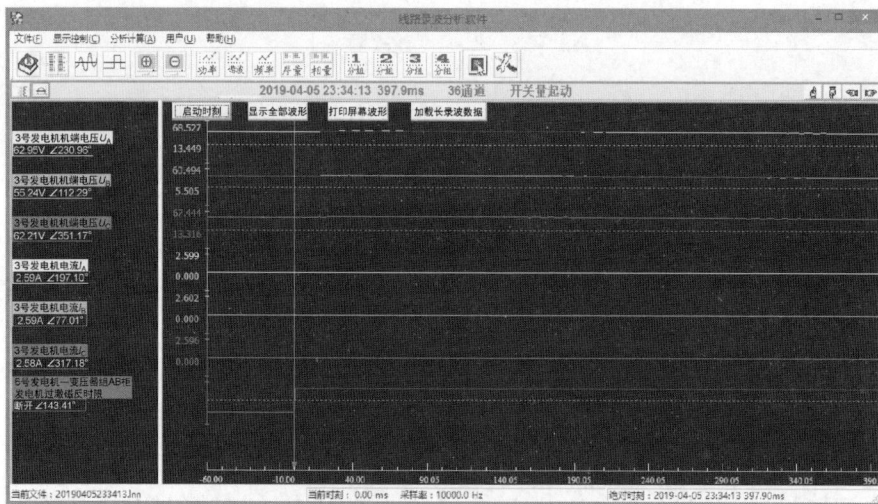

图 9-25　故障录波器第三次启动时的波形图

3. 励磁调节器现场检查情况

根据设备部现场调取的画面可以看出，励磁调节器退出运行的原因为外部故障引起，即可判断励磁系统不是导致机组跳闸的直接原因。根据设计院和励磁调节器厂家图纸可查：励磁调节器 CH1 通道取用的机端电压是

906

TV12 的第一绕组，CH2 通道取用的是 TV13 的第一绕组，机组跳闸前励磁调节器为 CH1 通道运行，报警信息中心多次出现 "CH1 PT _ SlowMelting"，结合发电机-变压器组保护 A 柜和故障录波器的波形，可判断发电机出口 TV 的 TV12 出现了电压降低的问题。

4. 发电机出口 TV 一次设备检查情况

根据设备部相关技术人员对发电机出口 TV 的全面检查，发现 TV 的 B 相一次熔丝熔断。对熔丝进行解体检查，发现其内部金银合金金属已熔断。

（二）原因分析

机组跳闸前，发电机出口 TV B 相电压开始缓慢降低，但又没有达到切换通道的参数（ABB 励磁调节器切换通道判别依据：两通道线电压的平均值相差 5%），励磁调节器误判断为系统电压降低，因此为维持机端电压，励磁调节器自动增加励磁至目标给定值，在故障相反馈的电压还没有到达给定值时，发电机出口的实际电压已经达到了 29kV，从而触发了发电机过励磁保护动作，进而导致机组跳机。

经过对 B 相熔丝的检查，可推断 B 相电压缓慢降低的原因：一次熔丝出现了慢熔现象，导致电阻增大分压，使得传变至二次保护和励磁调节器的电压量出现了降低，从而触发保护"TV 断线"和励磁系统误判系统电压降低。

（三）经验教训及防范措施

（1）将该机组所有在用的该型号熔丝，全部更换为 1A 的熔丝。

（2）经过跟励磁调节器厂家沟通后，将调节器内部防熔丝慢熔判断的参数由原来的 5% 调整为 3%（即切换通道的判别依据）。

（3）加强一次熔丝质量的控制，严格把关产品购买的渠道，防止购买劣质产品。

（4）依据机组的检修计划，定期检查熔丝的状态，必要时及时进行更换。

（5）与励磁厂家商讨是否有更好的措施和手段来监视 TV 一次熔丝慢熔现象的发生，避免类似情况的发生。

二、保护装置原因造成的故障实例

由于发电机高频保护频率采样回路抗扰动能力较差，且保护动作逻辑无电压波形畸变闭锁判据使发电机高频保护发生误动，需对机组保护装置保护软件进行升级，升级后保护具备断线闭锁功能。

【实例五】　TA 饱和引发高压厂用变压器差动速断保护误动

某机组高压厂用变压器 A 分支发生三相短路（事故后检查确认故障点为区外），高压厂用变压器差动速断动作出口。故障系统为非有效接地系统。高压厂用变压器差动电流数据及波形如图 9-26 所示，高压厂用变压器各侧相电流如图 9-27 所示。

各路波形幅值(启动后1~2之间的一个周波内有效值):

高压厂用变压器A相差流(DICA)	003.18 I_N	高压厂用变压器B相差流(DICB)	005.26 I_N
高压厂用变压器C相差流(DICC)	002.09 I_N	高压厂用变压器高压侧A相校正电流(ICA11)	006.25 I_N
高压厂用变压器高压侧B相校正电流(ICB11)	011.74 I_N	高压厂用变压器高压侧C相校正电流(ICC11)	007.61 I_N
高压厂用变压器A分支A相校正电流(IDA11)	003.06 I_N	高压厂用变压器A分支B相校正电流(IDB11)	008.50 I_N
高压厂用变压器A分支C相校正电流(IDC11)	007.40 I_N	高压厂用变压器B分支A相校正电流(IDA21)	000.00 I_N
高压厂用变压器B分支B相校正电流(IDB21)	000.00 I_N	高压厂用变压器B分支C相校正电流(IDC21)	000.00 I_N

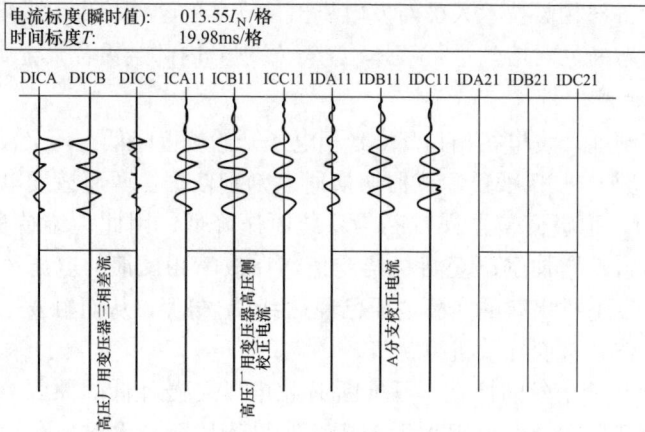

电流标度(瞬时值):	013.55I_N/格
时间标度T:	19.98ms/格

图 9-26　高压厂用变压器差动电流数据及波形

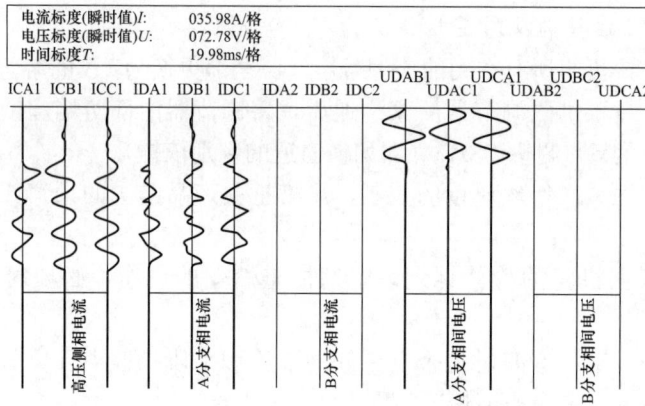

电流标度(瞬时值)I:	035.98A/格
电压标度(瞬时值)U:	072.78V/格
时间标度T:	19.98ms/格

图 9-27　高压厂用变压器各侧相电流

（一）保护动作分析

故障时三相均出现较大差流，且故障后第一个周期差流均为最大。其中 A 相差流有效值 $3.18I_N$，峰值约 $13.55 \times 2 = 27.1I_N$，远超过了差动速断定值 $7I_N$，导致差动速断保护动作。

故障时 A 分支三相相间电压为零，结合故障后检查，可确定高压厂用变压器 A 分支发生区外三相短路，高压厂用变压器差动速断保护属于误动。

通过波形可以看出，故障时发生了明显的 TA 饱和现象。高压侧的故障校正，电流 A 相在故障后 10ms 饱和，B 相在故障后基本未饱和，C 相在故障后第一个周期即饱和；A 分支的校正电流在故障后第一个周期内就出现了深度饱和。故判断差动速断保护为 TA 饱和所致。

由于差流中含有较大的二次谐波，比率差动保护被闭锁。

（二）TA 饱和分析

故障中，高压侧电流互感器 A、B 相在故障 10ms 后开始饱和，C 相则更早一些；从波形上看，A、B 相电流互感器属于常见的直流分量引起的暂态饱和，而 C 相可能是由于剩磁和直流分量叠加而引起的深度饱和。低压侧 A 分支由于电压等级低，短路电流数值大，电流互感器在故障 3ms 后饱和进入稳态饱和，这种情况在厂用电系统中经常出现。

（三）现场措施及建议

解决措施：可更换电流互感器，即采用伏安特性饱和电压高、有较大负载能力的电流互感器；同型电流互感器串联使用，以增大输出容量；增加二次电缆截面积，如长度较长距离较远，可采用 $6mm^2$ 电缆，但此方法只能减轻负载，降低电流互感器的饱和度。

根据反措要求，应对电流互感器二次回路负载进行 10％误差计算和分析，并定期复核。实际操作中往往存在盲点和误区，目的不明确，仅停留在为测试数据而做。另外不能仅注重母线、变压器、发电机-变压器组保护所用 TA，厂用系统电流互感器 10％误差校核工作也要按需进行。

【实例六】 一起区外故障引起的发电机功率突降保护误切机问题分析

某电厂两台 600MW 机组正常运行，升压站采用双母线接线方式，送出线为四条 220kV 线路，母联断路器正常合环运行。机组 DEH 系统采用西门子 T3000 控制系统，通过数字计算机、电液转换机构、高压抗燃油系统和油动机控制汽轮机主汽门、调节汽门的开度，实现对汽轮机组转速和负荷的实时控制。

电网在机组送出线路区外某处发生 B 相接地故障，30ms 后单相接地消失，之后 120ms 衍变为三相短路。因故障线路未装设全线速动保护，故三相故障后后备距离保护Ⅱ段延时 300ms 动作才切除故障，致使整个故障持续时间为 450ms。

因三相故障持续时间较长，造成电网负荷波动较大，波动过程持续三个周期，历时 2.67s 左右。系统波动造成发电机机端二次相电压最低至 36V（额定电压的 62％）左右，主变压器高压侧二次相电压最低至 26V（额定电压的 45％）左右。整个过程中发电机端二次电压的最大变化幅度超过 27V，主变压器高压侧二次电压的最大变化幅度超过 40V。发电机机端二次电流最高达到 8.8A（额定电流 4.23A），超过额定电流 2 倍。

在机端电压波动过程中，厂用电电压也随之波动，致使锅炉给煤机跳闸，导致锅炉主燃料跳闸 MFT。另外，因发电机功率变送器存在传变周期与 DEH 刷新频率不匹配且波形畸变的情况，故系统振荡时，满足汽轮机快控功能（简称 KU）动作条件，使得调节阀快速关闭。当机组有功功率降至

12%发电机额定功率以下时，功率突降保护动作停机。

（一）原因分析

1. 给煤机变频器控制回路

给煤机变频器控制回路电源使用的是厂用 400V 系统，由变比为 380V/115V 的稳压变供电。当系统发生三相故障时，因发电机机端电压降到 62%的额定电压，380V 电压降至 236V，致使给煤机变频器控制回路中的 1KC 继电器线圈电压 120V 降至 67V 左右，低于 1KC 继电器返回值（70.2V），1KC 继电器返回，发给煤机停运信号至 DCS，DCS 在接到六台给煤机（五用一备）都停运的信号后，逻辑启动"全燃料消失保护"，启动锅炉 MFT 动作，之后启动汽轮机跳闸，汽轮机跳闸动作后，电气逆功率保护动作全停。

2. 功率变送器

该电厂采用传统的模拟式有功功率变送器，采集发电机电压、电流量，利用时分割乘法器原理产生模拟量功率信号。有功功率变送器的功率信号送至 DEH 系统，作为其测量及控制的基础。

模拟式有功功率变送器由于国标对于变送器的暂态性能（电网发生故障时变送器输出量的特性）并没有要求，故变送器产品暂态性能较差，容易发生功率畸变。畸变原因可能是故障电流过大或含有的非周期分量导致了变送器内小 TA 的饱和，从而使参与计算的电流量畸变，导致变送器输出信号放大了实际功率变化值。

由于控制系统波形无法调取，故从 DEH 曲线推断，在系统振荡过程中，发电机实际输出功率的变化并没有达到 DEH 中关于调节阀快控的规定值，而由于变送器输出功率畸变，DEH 监测到机组有功功率大于功率跳变限值，误以为满足 KU 触发条件（①突然出现负荷干扰大于负荷跳变限值；②负荷控制偏差大于设定值，两者同时满足情况下），从而导致调节阀快速关闭，发电机输出功率突降。

3. 功率突降保护

当汽轮机发生正功率突降时，如果是动力原因造成突降，则锅炉及汽轮机保护先动作，然后机跳电逻辑实现发电机-变压器组保护出口全停；如果是功率送出系统原因引起功率突降，则是由送出系统（一般是线路保护）远方投切回路联跳发电机-变压器组保护实现全停出口。

功率突降保护就是在发电机突然甩负荷或者由于输电线路故障，导致发电机无法输出功率时，为了防止发电机组超速、升压，保护迅速动作后关闭主汽门、灭磁、解列，从而保证发电机组汽轮机、锅炉等主设备安全。该电厂就是在锅炉 MFT 触发炉跳机过程中，因功率突降保护动作出口条件满足，触发了出口动作跳闸，机组安全停机。

功率突降保护逻辑判据分为启动判据、动作判据、闭锁条件三部分。保护定值单见表 9-2。

表 9-2　RCS-985UP 功率突降保护定值单

序号	定值名称	整定值
1	保护投入功率定值	$25\%P_N$
2	主变压器高压侧正序电压突增定值	2.29V
3	发电机机端正序电压突增定值	2.12V
4	发电机频率突增定值	0.28Hz/s
5	发电机频率定值	50.56Hz
6	正向低功率定值	$12\%P_N$
7	主变压器高压侧正序电流突降定值	0.11A
8	发电机机端低电流定值	1.06A
9	正序电压闭锁定值	49.07V
10	负序电压闭锁定值	3.5V
11	零功率 1 时限延时定值	0.1s
12	零功率 2 时限延时定值	0.1s
13	零功率 1 时限跳闸矩阵	1001（信号）
14	零功率 2 时限跳闸矩阵	10BF（停机）

（1）启动判据分析。当发电机功率大于保护投入功率定值时，保护功能投入。启动判据由电压突增判据和频率突增判据构成，逻辑如图 9-28 所示。

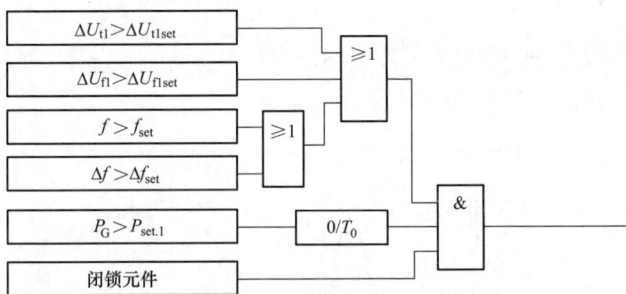

图 9-28　功率突降保护启动逻辑

装置启动前，机组负荷约为 $44.3\%P_N$，大于保护投入功率定值（$25\%P_N$），保护功能投入。装置启动时机组频率曲线如图 9-29 所示。

在 0.06s 时，机组频率已经上升到了 50.34Hz，上升速率约 1.5Hz/s，大于频率突增定值 0.28Hz/s，满足频率突增条件。

根据以上分析，保护投入功率条件、频率突增条件满足，切机功能投入。

（2）动作判据分析。动作判据由低功率判据、电流突降判据和低电流判据构成，逻辑如图 9-30 所示。

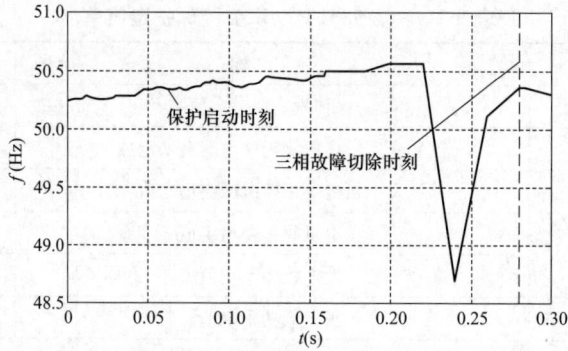

图 9-29 装置启动时机组频率曲线

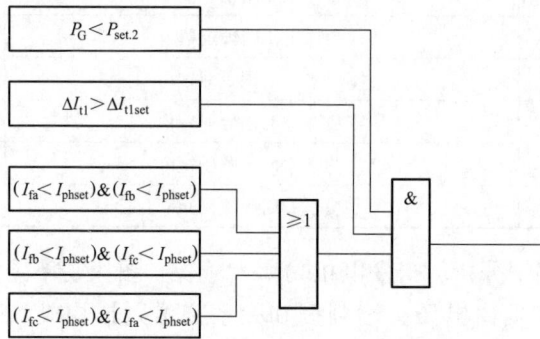

图 9-30 功率突降保护动作逻辑

机组有功功率曲线如图 9-31 所示。在 2.738s 时刻机组有功功率降至 $11.68\%P_N$，达到装置低功率定值。

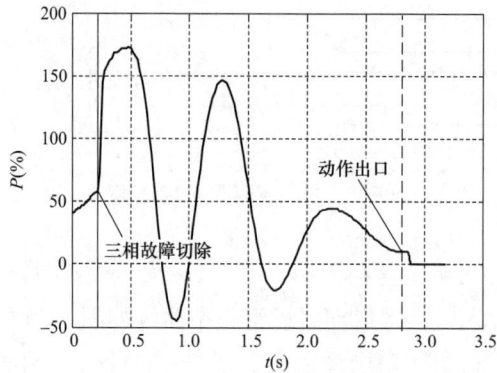

图 9-31 机组有功功率曲线

在 2.52s 时刻（第 3 个振荡周期）主变压器高压侧电流突降值为 0.1136A，高于主变压器高压侧正序电流突降定值 0.11A，如图 9-32 所示。

在 2.71s 时刻，发电机正序电流最低降至 0.88A，小于发电机机端低电

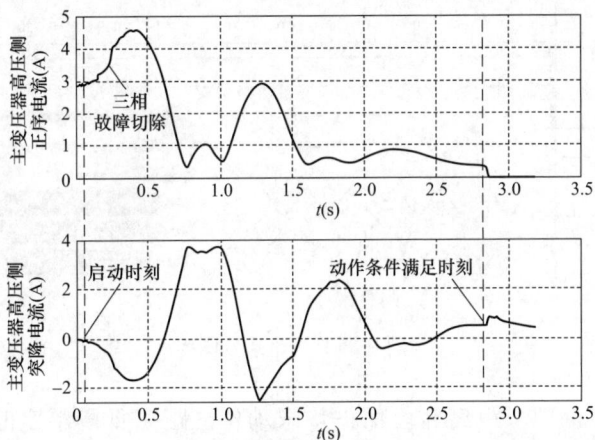

图 9-32 主变压器高压侧电流幅值及突降量

流定值 1.01A，如图 9-33 所示。

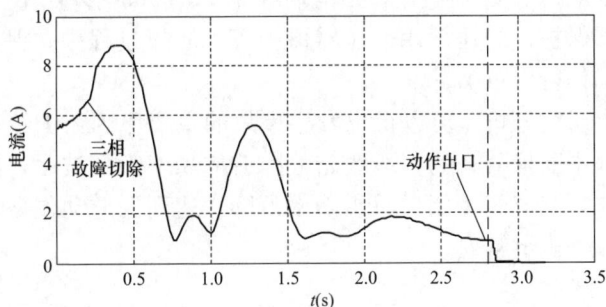

图 9-33 发电机正序电流

（3）闭锁判据分析。闭锁判据由低电压判据和负序过电压判据构成，逻辑如图 9-34 所示。

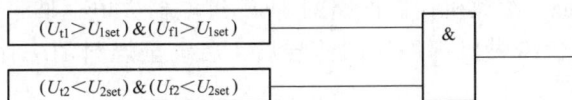

图 9-34 功率突降保护闭锁逻辑

零功率保护动作前，发电机和主变压器正序电压始终高于闭锁定值 49.1V，满足正序电压闭锁条件。发电机-变压器组三相电压对称，故负序电压始终偏低满足负序电压闭锁条件。

4. 线路保护

两套保护均配置光纤差动、三段式距离、零序过电流等保护，故障期间，保护装置及线路故障录波器均启动，录波图如图 9-35 所示。

由于故障发生在电站送出线变电站的下级线路，故电厂侧光纤差动保

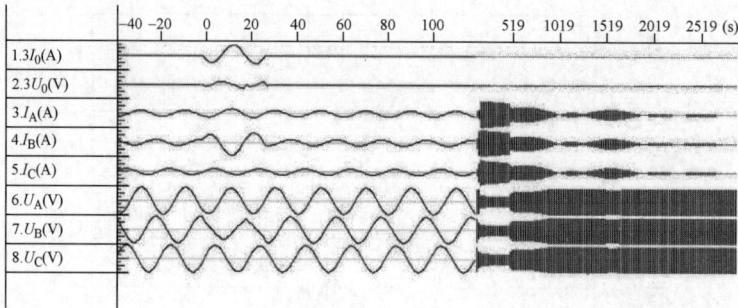

图 9-35　线路录波图

护、距离Ⅰ段保护、距离Ⅱ段保护均未动作。距离Ⅲ段整定时间为 3.8s，时间较长，故距离Ⅲ段保护未动作。系统单相接地故障持续 30ms，零序Ⅱ、Ⅲ段延时分别为 2、3.8s，故零序Ⅱ、Ⅲ段保护均未动作。

5. 发电机-变压器组保护

该电厂发电机-变压器组保护是南瑞继保 PCS-985 系列，配置有发电机保护、变压器保护、高压厂用变压器保护等。故障过程中，保护启动，但均未动作，动作行为正确。

综合以上研究分析，可以得出发生事故的主要原因：①给煤机跳闸触发锅炉全燃料中断信号；②下级线路故障造成功率大幅波动，触发调节阀快控功能动作，调节阀关闭后机组功率下降，达到保护动作条件，引起零功率保护动作，机组解列。

（二）结论

（1）故障线路侧未装设快速保护装置，三相故障时，变压器侧距离保护Ⅱ段延时 300ms 动作切除故障，致使整个故障切除时间长达 450ms。

（2）厂用变频器缺乏低电压穿越能力，系统三相故障时，系统电压大幅降低，厂用变压器高压侧二次电压也降低至 36V（额定电压的 62%）左右。因电压过低，给煤机控制回路的 1KC 继电器失电返回，给煤机停运。DCS 在接到 6 台给煤机都停运的信号后，启动全燃料消失保护，触发锅炉 MFT。

（3）零功率保护的动作逻辑设置不严谨，不在零功率保护动作范围。

（三）建议

功率突降保护是在机组无法正常输出功率时动作，线路故障会引起功率振荡，然而不应该造成机组跳闸，因此这是一起由于线路故障造成零功率切机动作的误动事件，需要进一步分析并采取相应的防范措施，消除机组误跳的隐患。

（1）该机组给煤机的低压变频器不具备低电压和高电压穿越能力（现有的一类辅机高低电压穿越能力：电压低到 20%U_N，运行 0.5s；低到 60%U_N，运行 5s；低到 90%U_N时长期运行；高到 130%U_N运行 0.5s），是电厂安全运行的隐患，应积极落实整改，对于已投运变频器应对其控制部分和动力部分进行整体改造，如外加串联不间断 UPS 等措施，从根本上解决变频器控制、动力部分固有问题，确保机组一类辅机具有高电压、低电压穿越能力。

若受客观条件所限，暂时无法实施改造措施的情况，则可以根据辅机设备能力、电厂安全运行要求、变频器安全经济能效比等因素，考虑对优化分散控制系统（简称 DCS）进行优化。以低压给煤机为例，当全厂给煤机变频器低电压动作瞬时全部停运时，煤仓内剩余煤粉仍可短时运行，不用瞬时触发锅炉 MFT。若在短时内厂用电电压能及时恢复正常，给煤机变频器则配合自启动，若厂用电电压未能及时恢复，则给煤机变频器正常停运。给煤机变频器 DCS 控制策略优化可以考虑在厂用电瞬间失去或波动时防止热工自动回路切换的逻辑，即在这短暂的时间内热工自动回路不进行切换，保证整个锅炉控制系统不产生大的扰动；从 DCS 送给煤机的启动指令应在厂用电电压波动或瞬间失去恢复后能够自动启动给煤机，即将 DCS 启动给煤机的指令由脉冲改为电平形式；给煤机就地控制柜的逻辑应保证在厂用电电压波动或瞬间失去恢复后，能够在 DCS 远方控制等措施。

（2）在外部故障发生至切除期间，从机组 DCS 画面查看，机组负荷均出现大幅波动。目前，国内多数电厂在电气侧选用的功率变送器为国产三相三线制功率变送器，响应时间一般为 250ms 左右，测量稳态功率信号时，效果较好，但当功率突变时，由于响应能力的制约，其输出可能产生畸变。省外也发生过多起由于功率变送器输出波形畸变造成机组非停的情况。故对于 T3000 DEH 系统，建议改用动态性能更为可靠的功率变送器，目前新型功率变送器可在暂态时由稳态测量绕组切换至保护绕组进行计算，有效地解决了 TA 饱和问题；新型功率变送器响应时间一般小于 30ms，与实际功率拟合度较高，与控制系统计算周期和刷新率可以很好地进行匹配。

另外发电厂热控专业一般要求提供 3 个功率变送器信号以便在逻辑上进行"三取二"配置，因此设计一般都会在电气系统设置多个有功功率变送器，但这些变送器电压回路却取自同一组电压互感器的二次绕组，辅助电源也取自同一个电源开关，这就带来许多安全隐患。一旦在机组运行中发生电压互感器二次绕组断线或变送器辅助电源失电，会造成变送器输出归零或功率信号减半，严重影响机组调节，甚至造成停机。故建议参与机组协调的功率变送器应分别从电压互感器的 3 个绕组取得机组电压信号输入，变送器电源可从 2 套机组不间断电源输出、保安电源取得 3 路互相独立的交流辅助电源。也可以在不降低设备运行可靠性的前提下，尽量减少电流互感器、电压互感器二次负载，如采用双输出功率变送器，以提高变送器测量精度。

（3）当机组功率突降后，在发电机电抗和主变压器电抗上的电压降消失，在很短的时间内发电机励磁调节器来不及反应，故引起主变压器高压侧和发电机机端正序电压突升，而机端电流会随即衰减，衰减时间由电流互感器负荷电流以及二次回路衰减常数决定。故可在启动或者动作逻辑中考虑增加电压突升、电流突降等辅助判据，防止机组振荡时功率突降保护误动作。

主变压器高压侧正序电压突升值为

$$\Delta U/\Delta t = \left[\frac{P_{\mathrm G}\cdot\tan\varphi}{S_{\mathrm B}}\cdot(X_{\mathrm d}'+X_{\mathrm T})\cdot\frac{U_{\mathrm N}}{K}\right]/\Delta t \tag{9-1}$$

式中：ΔU 为突变时间内电压突变值，V；Δt 突变时间，s；$P_{\mathrm G}$ 为发电机最小功率，W；φ 为额定功率因数角，(°)；$S_{\mathrm B}$ 为基准功率，W；$X_{\mathrm d}'$ 为折算后直轴瞬变电抗饱和值，Ω；$X_{\mathrm T}$ 为折算后主变压器短路阻抗，Ω；$U_{\mathrm N}$ 为二次额定电压，V；K 为灵敏系数。

机端正序电压突升值为

$$\Delta I/\Delta t = \left(\frac{P_{\mathrm G}\cdot\tan\varphi}{S_{\mathrm B}}\cdot X_{\mathrm d}'\cdot\frac{U_{\mathrm N}}{K}\right)/\Delta t \tag{9-2}$$

式中：变量同式（9-1）。

机端电流突降值为

$$\Delta I/\Delta t = (I_{\mathrm{load}}-I_{\mathrm{load}}')/\Delta t = \left[I_{\mathrm{load}}\left(1-\frac{1}{\sqrt2}\mathrm e^{\frac{t}{\tau}}\right)\right]/\Delta t \tag{9-3}$$

式中：I_{load} 为功率突降前机端 TA 二次负荷电流，A；τ 为功率突降后电流互感器二次回路衰减时间常数，其值由二次电缆长度、截面、电流互感器剩磁大小等因素决定，s；其余变量同上。

在功率突降保护自身逻辑功能优化的同时，也可以考虑对功率突降保护定值进行优化。如适当延长动作时间，以可靠躲过失灵保护动作时间，目前 220kV 及以上电压等级失灵保护动作时间为 0.2~0.3s，考虑到回路整组时间，可将功率突降保护延时动作时间整定至 0.4~0.5s。另外可适当增加启动判据中频率突增定值。以省内某 660MW 机组为例，发电机组总转动惯量为发电机转动惯量、汽轮机转子惯量、高压转子惯量、低压转子惯量之和。故机组惯性时间常数为

$$M=\frac{J\cdot\omega_0^2}{S_{\mathrm N}}=\frac{7167.7\mathrm{MPa}\cdot(2\pi\times50\mathrm{Hz})^2}{667\times10^6W}=10.596\mathrm s \tag{9-4}$$

式中：M 为机组惯性时间常数，s；J 为发电机组总转动惯量，kg·m²；$S_{\mathrm N}$ 为发电机额定容量，VA。故对于大型火电机组，机组惯性常数一般约为 10s。发电机功率突降到零时的 $\mathrm df/\mathrm dt$ 值为

$$\frac{\mathrm df}{\mathrm dt}\approx f_0\cdot\frac{P_{\mathrm G}}{P_{\mathrm N}}\cdot\frac{\cos\varphi}{M}=50\mathrm{Hz}\cdot\frac{P_{\mathrm G}}{P_{\mathrm N}}\cdot\frac{0.9}{10}=4.5\frac{P_{\mathrm G}}{P_{\mathrm N}}(\mathrm{Hz/s}) \tag{9-5}$$

式中：f_0 为发电机额定频率，Hz；$P_{\mathrm G}$ 为发电机最小功率，W；$P_{\mathrm N}$ 为发电机额定功率，W；$\cos\varphi$ 为发电机额定功率因数。考虑 DEH 在频率变化中的作用，$\mathrm df/\mathrm dt$ 元件应有较高的灵敏度，故取 3。当 $P_{\mathrm G}=25\%P_{\mathrm N}$ 时，可得

$$\left(\frac{\Delta f}{\Delta t}>\right)_{\mathrm{set}}=\frac{4.5\times25\%}{3}=0.375(\mathrm{Hz/s})$$

故对于采用 $f>$ 元件，定值可取 $50.4\sim50.5\mathrm{Hz}$。

【实例七】 发电机匝间短路、相间故障

某发电机组正常运行中保护启动，2124ms 后发电机差动速断动作，2125ms 后发电机-变压器组差动速断动作，2131ms 后发电机差动比率保护动作，2133ms 后发电机-变压器组差动比率保护动作，2134ms 后发电机工频变化量保护动作。检查发电机-变压器组保护 A、B 柜面板均有跳闸信号"差动保护动作"，行为一致。经查跳闸报告和变位报告，首先是主变压器后备保护启动，随后是发电机内部故障启动（中间有返回）、发电机-变压器组差动保护启动，最后发电机差动保护、发电机-变压器组差动保护跳闸，跳开主变压器高压侧断路器，关主汽门，直至差动和后备保护返回。

（一）原因分析

（1）根据网控故障录波器波形，如图 9-36 所示，故障初始时刻主变压器 220kV 侧 A、C 相电流增大，B 相电流无变化，B、C 相电流同相位，与A 相电流相位相反。

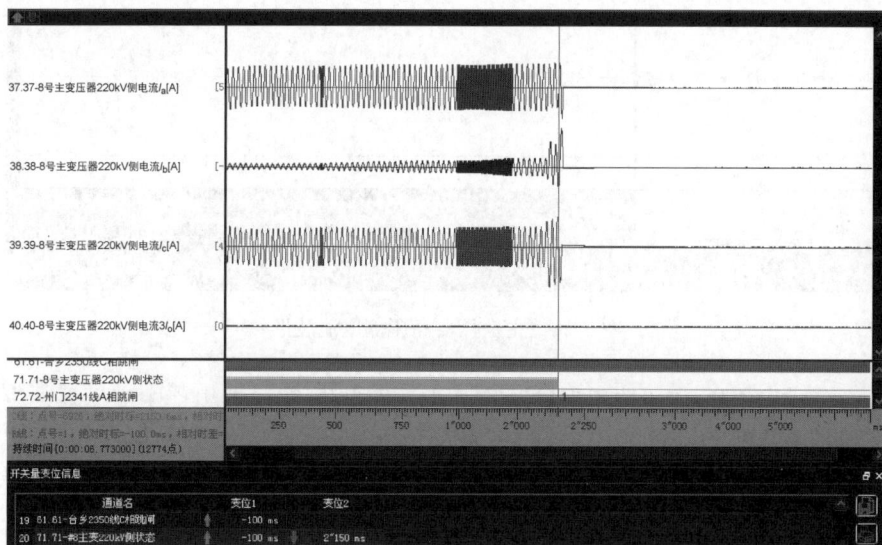

图 9-36 故障时刻网控故障录波器波形

（2）主变压器高压侧电压略有降低，无零序电流和零序电压。如图 9-37 所示。

变位报文中只有主变压器 220kV 侧断路器位置在 2150ms 发生变化，如图 9-38 所示，说明主变压器高压侧断路器跳开，系统保护没有跳闸，系统应该没有发生故障。根据 Yd11 变压器在低压侧 C 相有短路电流时，反映到高压侧应该是 A、C 相出现故障电流，且相位相反，可以初步判定是主变压器低压侧 C 相发生故障。

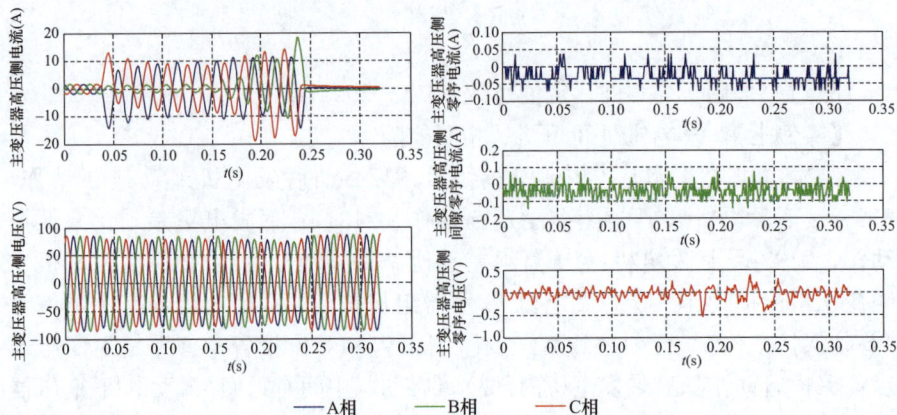

图 9-37 主变压器高压侧电流、电压波形图

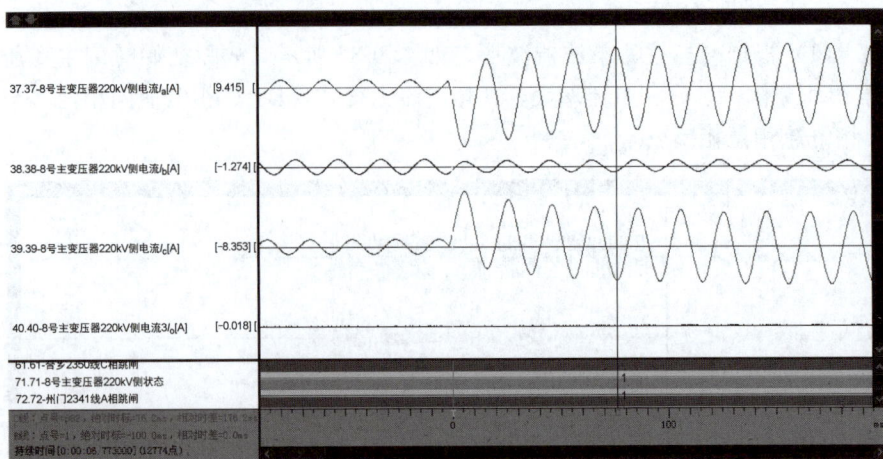

图 9-38 主变压器高压侧电流波形

（3）发电机-变压器组保护动作分析。发电机-变压器组、主变压器、发电机差流波形，如图 9-39 所示。

1）启动时刻发电机-变压器组差流幅值、主变压器差流幅值、发电机差流幅值均接近于 0，说明首次启动是过电流保护启动，与变位报告一致。

2）跳闸时刻发电机-变压器组差流幅值、发电机差流幅值满足比率差动动作条件，主变压器差流幅值不满足比率差动动作条件；发电机-变压器组差流幅值大于差动速断定值 $5I_N$，发电机差流幅值大于差动速断定值 $4I_N$。故发电机-变压器组差动保护、发电机差动保护正确动作。

3）跳闸时刻的发电机-变压器组差流和发电机差流先是 B、C 相差流增大，最后是 A、B、C 三相差流均增大，说明先是 BC 相间短路故障，然后转变成三相短路故障。

发电机侧电压和电流波形如图 9-40 所示。C 相电压降为 0，A、B 相电压略有降低；C 相电流最大，A、B 相电流相位相同，C 相与 A、B 相相反，

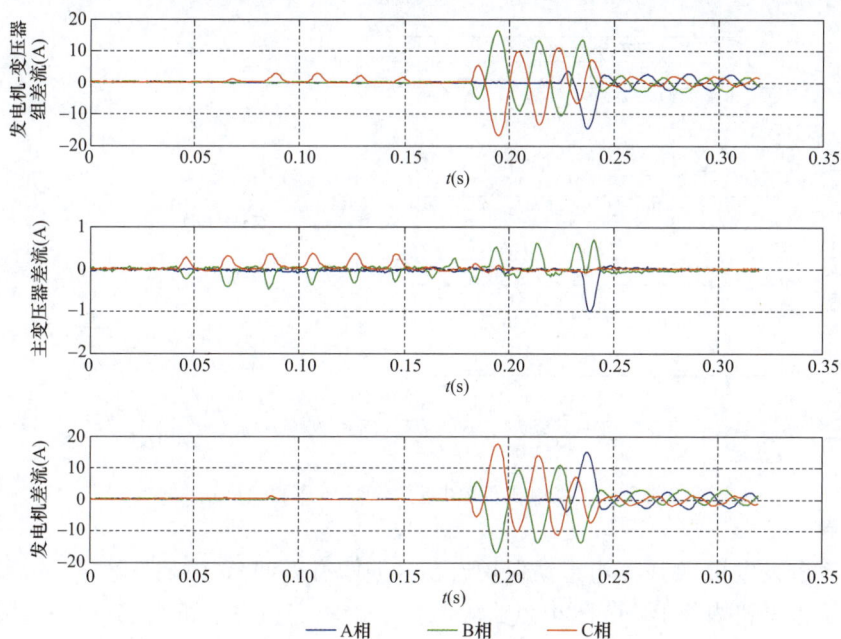

图 9-39　发电机-变压器组、主变压器、发电机差流波形

C 相电流为 A、B 相电流之和，推测 C 相定子绕组首末端大匝间短路故障。

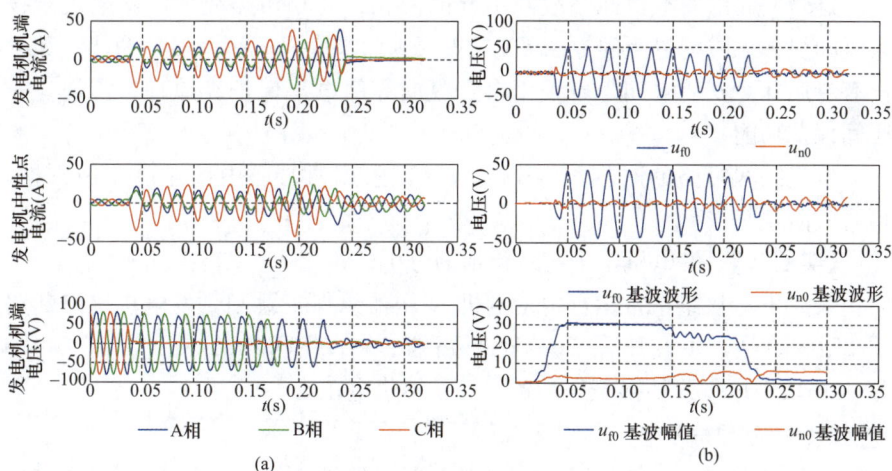

图 9-40　发电机侧电压和电流波形

（a）发电机侧电压和电流波形；（b）发电机机端和中性点零序电压波形

　　如果配置专用 TV 和匝间保护，如图 9-41 所示，负序功率方向已满足匝间保护的动作条件，匝间保护首先会正确动作切除故障，但因未配置专用 TV 和匝间保护，造成事故扩大。

　　机组先发生 C 相定子绕组匝间故障（一分支首末端短路），造成发电机电流和主变压器高压侧电流增大，发电机-变压器组后备保护启动，发电机

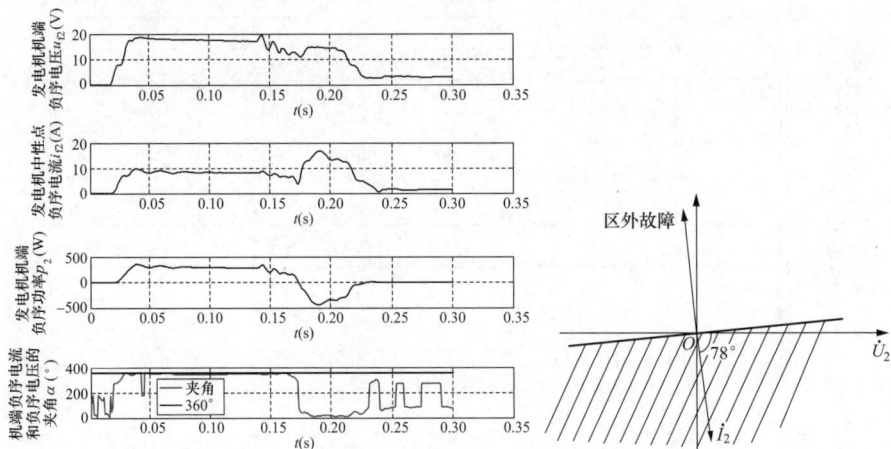

图 9-41　发电机负序电流、负序电压和负序功率

差动和发电机-变压器组差动保护启动（期间有返回），故障持续了 2s 后转变成发电机内部 B、C 两相短路故障，很快转变为发电机内部三相短路故障，最后发电机差动保护和发电机-变压器组差动保护动作跳闸，跳开主变压器高压侧断路器，关主汽门并灭磁，直到故障电流衰减，保护返回。

（二）总结

这是一起由发电机匝间故障引起的两相、三相短路故障。发电机未投入匝间保护。应配置匝间专用 TV，投入纵向零序电压匝间保护功能；如果没有专用 TV 安装空间，可采用自产纵向零序电压保护新原理，实现定子匝间保护功能。

发生匝间短路的时候，定子接地保护采用机端、中性点电压做判据，可有效防止其误动。

【实例八】　发电机定子接地跳闸的分析

某厂 1 号机组正常运行中发电机-变压器组保护跳闸，发电机出口断路器 2710 跳闸，主变压器 500kV 断路器 5001 跳闸。10kV-1A/1B、6kV-1A/1B 段中压母线切换至启动备用变压器供电正常。

（一）原因分析

经现场勘察，1 号机组发电机-变压器组保护 A、B 套的 95% 定子接地保护动作；发电机出口断路器失灵保护动作。

调取故障录波器记录，在故障发生时，主变压器低压侧 C 相电压下降，A、B 相电压上升，同时零序电压增加，可推断出 C 相发生了接地故障。如图 9-42 所示。

从发电机机端电压录波图可看出：在发电机定子接地保护动作跳开 2710 断路器后，发电机中性点存在较高的零序电压，由此可推断故障点发生在发电机出口断路器至发电机之间。且当机端残压降至 64% 时，发电机

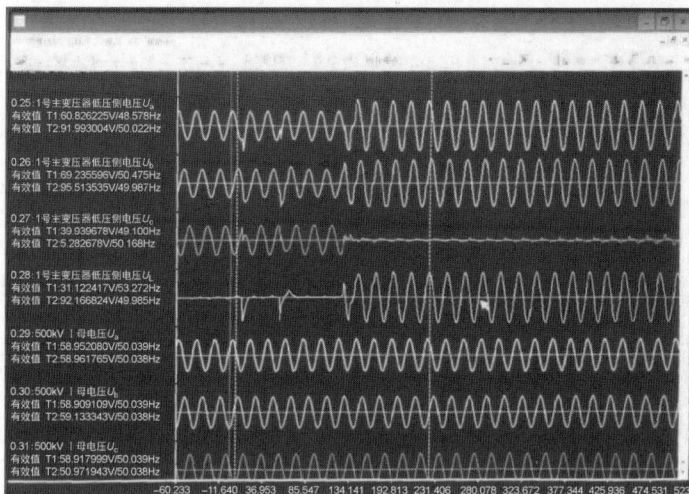

图 9-42　故障时刻主变压器高、低压侧电压波形图

中性点零序电压突然消失，推测该故障可能是弧光放电引起的接地故障，弧光消失时接地故障消失。

　　通过对发电机出口断路器至发电机之间的离相母线检查，在励磁变压器高压侧与离相母线连接的引线处，发现 C 相引线连接励磁变压器的 TA 外壳处有放电灼伤痕迹，且引线附近有水渍，通过进一步检查未发现励磁变压器外壳有漏水现象。初步分析事故发生时正值大雪，湿冷空气顺着励磁变压器上部的散热孔进入运行的励磁变压器本体，励磁变压器下方布置有冷却风扇，冷却风扇的气流是由下往上，由下往上的热风和进入励磁变压器的湿冷空气对流导致励磁变压器箱体内上部的局部冷凝结露，冷凝水滴落在 C 相引线的接线柱处，造成励磁变压器 C 相的引线对 TA 外壳放电，使 TA 接地。如图 9-43 所示。

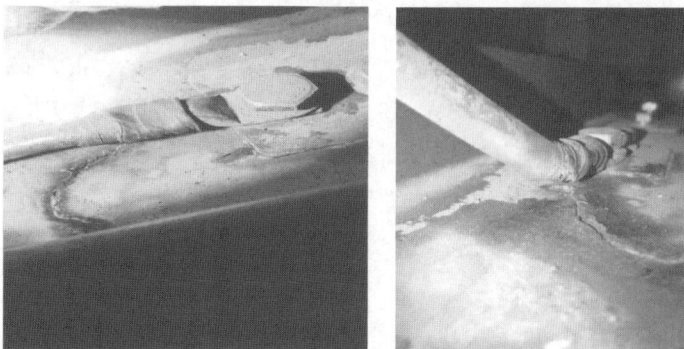

图 9-43　励磁变压器 TA 外壳放电灼伤痕迹

　　发电机定子接地保护动作后，2710 断路器跳开，灭磁开关断开，发电机灭磁，但发电机为旋转设备，发电机定子存在较高的残压且衰减较慢，

残压继续维持外闪的电弧，导致故障点仍然存在，中性点仍有零序电压，经 350ms 延时后，定子接地保护动作持续启动（定子接地保护高值段二次动作值 8.67V，延时 0.5s），且零序电压达到发电机出口断路器失灵保护启动条件，致使发电机出口断路器失灵保护动作，跳开主变压器高压侧 5001 断路器。

（二）经验教训

（1）重新校核机端断路器失灵保护逻辑，确保发电机定子发生单相接地时 GCB 失灵保护电流判据灵敏度不够，不对设备造成损伤。

（2）重新核算主变压器低压侧接地保护定值，确保发电机定子存在较高的残压且衰减较慢时，保护正确动作。

（3）进一步做好励磁变压器高压侧与离相母线连接的引线处封闭母线的防潮措施。在雨雪天气期间启机前，加强一次设备绝缘的检查。

三、安全自动装置原因造成的故障实例

6kV 厂用电定期切换试验中采取同时切换方式，因备用开关拒合造成本段厂用电失电。

【实例九】 误整定，6kV 厂用电源系统切换失败

某发电机组并网运行，厂用电源由本机高压厂用变压器供电，厂用母线带电运行正常。炉侧动力风机全部运行，机侧动力单侧运行，电动给水泵运行。发电机-变压器组各保护投入正常。

该机组进行厂用电源定期切换，6kV 5A1、5A2、5B1、5B2 段工作进线 755A1、755A2、755B1、755B2 断路器在合闸位置，备用进线 705A1、705A2、705B1、705B2 断路器在分闸位置。按操作票操作顺序准备进行 6kV 5A1 段厂用电源快切。

厂用电源快切装置选择"远方""自动、同时"切换方式。值班员得到值长命令后，在 DCS 画面中首先"复位"快切装置，检查 6kV 5A1 段快切装置工作正常后，按下 6kV 5A1 段"切换"按钮。此时，6kV 5A1 段工作进线 755A1 断路器跳闸，705A1 断路器状态变黄，6kV 5A1 段母线电压变为零，发出"6kV 5A1 段快切失败""6kV 5A1 段快切装置闭锁"报警信号，值班员报 6kV 备用进线 705A1 断路器间隔冒烟着火。

（一）检查处理过程

（1）6kV 5A1 段母线失电，5C 电动给水泵、5A 前置泵、5A 磨煤机、5A 一次风机、5A 送风机等高压动力设备失电，厂用电 5A 锅炉变压器及其所带的 5A 保安段、5A 锅炉 MCC，5A 汽轮机段及 5A 汽轮机 MCC、31 号照明变压器等重要电源失电。

（2）主控值班员接到 705A1 断路器冒烟着火的消息后，立即汇报值长

并通知值班员准备用上一级 2115 断路器切除故障断路器。接到值长许可后，值班员手动拉开 30A 启动备用变压器高压侧 2115 断路器。

（3）此时机炉部分负荷掉闸，机组因给水流量低、燃料丧失，手动 MFT 停炉。

（4）380V 5A 保安段失电，柴油机自启动成功。

（5）值班员立即拉开 5A 锅炉变压器低压侧 L451 断路器，合上母联 L450 断路器将 380V 5A 锅炉 PC 倒至 5B 锅炉变压器供电，后拉开 5A 锅炉变压器高压侧 L651 断路器。

（6）值班员立即拉开 5A 汽轮机变压器低压侧 J451 断路器，合上母联 J450 断路器将 380V 5A 汽轮机 PC 倒至 5B 汽轮机变压器供电，后拉开 5A 汽轮机变压器高压侧 J651 断路器。

（7）将 380V 5A 保安段由柴油机供电倒为锅炉 PC 供电。

（8）将故障断路器拉出间隔后，将备用断路器推入 705A1 断路器间隔，试验位合、跳断路器检查良好后，推入运行位置。

（9）通知有关部门，将失电高低压母线逐步恢复供电。

（二）原因分析

（1）6kV 5A1 段备用进线 705A1 断路器拒动，是此次事故的直接原因。经检查为断路器合闸线圈烧毁。

（2）厂用电源采用 MFC2000-2 型快切装置，选择"自动、同时"切换方式，使备用断路器在没有合上的情况下跳开工作断路器，造成母线失电，是此次事故的主要原因。"自动、同时"切换方式下，合闸、跳闸命令同时发出，不检测对侧断路器状态，断路器动作时间是断路器的固有动作时间，此种方式断路器合闸、跳闸顺序先后不固定，有可能造成厂用母线失电。

（3）对厂用电源快切装置运行方式理解不全面，对并联和同时切换方式认识不够。若为并联切换方式，断路器是先合后断，母线不会失电。

（4）厂用电源切换试验事故预想不到位。5C 电动给水泵和 5A 前置泵电源取自同一段，操作时没有考虑到，造成给水流量低。

（三）经验教训

（1）厂用快切装置选择"自动、同时"切换方式，在断路器故障情况下，可能使厂用母线失电，应选择"自动、并联"切换方式，此方式在备用断路器故障情况下工作断路器不跳闸，以防止源母线失电。

（2）备用母线电压与工作母线电压引入快切装置时，不应存在额外相位差，应选取同名相电压引入快切装置；非同名相电压引入时要进行正确的相位补偿。

（3）当工作电源与备用电源分别由两个系统供电时，要求工作电源与备用电源间的电压相角差要小，否则快速切换不易成功。

（4）中小发电厂的厂用电源切换中，快速切换和同期捕捉切换中的低电压闭锁不宜投入。

（5）高压厂用变压器低压侧后备保护动作，建议不闭锁快切。

（6）当启动备用变压器高压侧具有电流速断保护时，为防止快切装置不正确动作产生较大冲击电流而引起的误动作，可将电流速断保护带 $150\sim200ms$ 延时躲过影响。

（7）备用电源无压时，快切装置动作变得无意义，因此对备用电源电压要进行监视。动作电压可取 80％额定电压，动作延时可取 $0.3\sim0.5s$。

【实例十】 一次调频设置不合理，机组失磁保护动作

某日 08：18：52—08：25：56，某汽轮发电机组转速在 2996.9～3003.8r/min 之间波动，机组一次调频动作，调频功率在－2.66～1.26MW 之间波动，有功功率在 125.35～131.32MW 之间波动，无功功率在－28.7～－7.0Mvar 之间波动。机端电压波动范围为 14.6092～14.6830kV。8：25：46—8：25：56，有功功率在 118.625～135.199MW、无功功率在－33.3～－23.1Mvar 之间摆动，机组控制盘发"调节器综合限制"光字，运行人员手动增磁，"调节器综合限制"光字自动复归。

当日 08：31：47，机组转速波动逐步增大，在 30s 内，转速由 2999.9～3003.8r/min 增大至 2991.7～3012.3r/min，波动周期为 1s（即 1s 内，转速最大有 20.6r 的波动），调频功率最大为－15.39MW，同时机组控制盘"调节器综合限制"光字再次发出。8：32：32，机组控制盘发"失磁保护"光字，发电机-变压器组 A、B 保护柜失磁 t_1、t_2 保护动作，跳开发电机出口 2203 断路器、灭磁开关，机组甩负荷到 0MW，0PC 动作，高调节阀、中调节阀全关，汽轮机转速最高飞升至 3160r/min，之后汽轮机维持在 3000r/min 运行。

（一）原因分析

（1）事故直接原因：失磁保护动作机组掉闸。

（2）事故诱发原因：由于 8：18：52—8：25：56 期间电网频率发生波动，超过一次调频死区，机组一次调频动作调节使实发功率一直处于波动状态。机组处于进相方式运行，8：25：46—8：25：56，有功功率在 123.5～145.3MW、无功功率在－33.3～－23.1Mvar 之间摆动，无功功率随有功功率同频波动，自动励磁装置 PSS 连续进行调整抑制低频振荡。当无功功率达到欠励限制动作值时，机组控制盘发"调节器综合限制"光字，欠励限制动作。在运行人员进行手动增励磁后，"调节器综合限制"光字复归，欠励限制动作复归，此时有功功率的小幅波动和无功功率的小幅波动处于相对稳定状态。

8：31：46，电网频率再次波动，48s 时汽轮机转速达到 3003.8r/min，

此时机组一次调频再次处于动作状态。分析原因是发电机励磁系统为三机励磁，惯性时间较大；加上一次调频对机组转速的采集和对机组实际频率的调整存在时间上的差异，调整滞后；同时，该机组处于深度进相运行状态，本厂的另两台机组的停运也大大降低了该机组吸收无功的能力，有功功率大幅波动造成机组无功功率、励磁电压、励磁电流等均跟随波动，且造成机组电功率与机械功率不匹配，导致机组转速逐步增大波动幅度，8：32：09 已经达到 20r/s 左右，同时，由于有功功率波动的加剧，无功功率低值又一次达到欠励限制值且振幅加大低于欠励限制值，欠励限制功能已无法限制，机组的有功功率调节逐步趋于发散，无功电压与有功功率更加不匹配，最后几秒，有功功率在 40ms 内的振荡已经达到 80MW 以上，已超出 PSS 抑制调整范围，PSS 退出，无功电压与有功功率偏差达到 180，同时，机端电压迅速下降，电流迅速增加，机组失稳。8：32：32，失磁保护达到保护定值后动作。

失磁保护定值：异步动作阻抗$-36 \sim -2\Omega$；机端低电压 85V；延时 $t = 1s$。

动作报告：机端 AB 线电压：$81.62 \angle 57°$V；机端 BC 线电压：$81.58 \angle 296°$V；机端 CA 线电压：$81.17 \angle 176°$V；机端 AB 线电流：$6.36 \angle 99°$A；机端 BC 线电流：$6.47 \angle 338°$A；机端 CA 线电流：$6.30 \angle 218°$A；电抗 X：8.7477Ω；发电机侧低电压 U_{gl}：81.5818V。

（二）检查情况及原因分析

（1）核查励磁调节系统 PSS 功能。南瑞励磁系统 PSS 逻辑与限制参数是叠加关系，即不受限制参数影响，根据有功功率大小（>80MW 投入）和有功功率周期波动（2 个周期 40ms，有功变化 80MW）进行投退。从事故前的故障分析中也明显看出 PSS 功能一直处于有效抑制的工作状态。

（2）检查发电机功角。对故障前录波系统进行功角检查，其范围在 $44.8° \sim 64.3°$ 之间，低于进相运行试验角度 $70°$。

（3）调整变压器分接头。为提高发电机进相运行能力，对该机组主变压器高压侧分接头进行调整，以提高发电机机端电压，提高发电机进相运行能力。

（4）对机组一次调频动作情况进行统计。在历史站上对近 3 个月的一次调频动作情况进行统计，对三次动作求平均值为 188 次/h。

（5）发电机进相运行试验及参数优化调整：试验确认机组运行参数相符，不用作参数调整。与电网公司联系沟通，该机组主变压器调整分接头后对机组进相运行能力做试验，修改优化进相深度参数。

（6）根据一次调频动作情况，对以下逻辑和参数进行修改，将一次调频的动作幅度加以限制：修改 DEH5011 中的 FG012 逻辑块，在 2993～

3007r/min 范围内时保持速度变动率为 4.5，超出此范围调整到 5.0，其他功能不变。

【实例十一】　机组电气整套启动时励磁系统发生事故

某机组电气整套试验过程中，顺利完成了发电机短路特性试验、发电机带主变压器零升空载特性试验等试验项目，进行励磁系统的空载特性参数调整试验。在一通道的所有试验完成后，刚进行二通道的启励，突然灭磁开关跳开，灭磁柜内发出灼热火光；与此同时，发电机-变压器组保护侧报出发电机-变压器组的保护动作信号，出口继电器动作出口。

（一）事故原因调查

事故发生后，现场检查，发现发电机-变压器组保护中高压厂用变压器差动保护动作，励磁柜中灭磁电阻烧毁。

保护管理机及故障录波器顺调出数据，在启励过程中，高压厂用变压器差动保护中，A、B 两相刚过保护启动定值，差动保护动作，随后继电器出口跳灭磁开关。而据励磁小室内录波试验人员现场录波观测，在启励过程中，励磁电流突升，超出设定值范围（因灭磁柜内突发火光，急于躲避，未将试验波形记录下）。

初步推测，在启励过程中未控制好，励磁电流过大，发生空载强励，进而造成保护动作，保护出口跳灭磁开关；同步发电机的快速灭磁普遍采用移能灭磁，灭磁电阻必须快速吸收在各种工况下的磁场能量，此时过大的励磁电流能量聚集在灭磁电阻上，烧毁灭磁电阻。

（二）原因分析

在此次启励过程中，突发空载误强励，机端电压陡增，而尚未达到过励磁及过压保护时间。对高压厂用变压器而言，相当于变压器的过电压冲击，由于其磁通密度较高，接近保护磁通，过电压导致高压厂用变压器的高压侧线圈内励磁电流变大；通过保护管理机中波形分析可得，电流的二次谐波分量很小，未闭锁差动保护的出口，高压厂用变压器差动保护动作出口。

（三）结论

发电机空载误强励会对发电机造成严重危害。

（1）发电机励磁回路过载，使转子绕组过热，加速绝缘老化，甚至烧坏转子绕组。

（2）发电机定子回路产生过电压造成过压保护或过励磁保护，或引起发电机配电装置及发电机直馈线上电气设备受损。

（3）晶闸管励磁装置主回路元件受损，轻则可能使回路中快速熔断器熔断，重则使晶闸管烧坏。

（4）若误强励未及时发现，又恰遇到保护拒动时，还可能引起励磁变压器严重过热甚至烧毁励磁变压器。

（四）经验教训

（1）在整套启动试验的励磁空载特性试验期间，加强与厂家调试人员的沟通，核对有关励磁调节器参数设定，不可盲从，失去应有的把关。

（2）提高对发电机-变压器组保护的认识，在整套启动期间严格按实验步骤流程对保护功能进行投退，确保发电机-变压器组保护对系统故障的动作正确及时。

（3）重视故障录波器、保护管理及现场监控装置的作用，对事故分析的重要意义。

（4）提高安全意识，在进行整套试验的录波过程中，常常开着灭磁开关柜门录取励磁电压、电流信号，有安全隐患，应做好安全隔离工作。

四、电源原因造成的故障实例

交流电源串入直流系统造成多个开关同时跳闸，为避免此种故障，交流电源应与直流电源分开布置。

鉴于直流系统接地造成设备误跳的原因分析，执行有关保护出口继电器动作功率大于 5W 反措要求，一定意义上可防止此类问题发生。

近几年来，多次发生由于直流回路一点接地，或交直流回路相互串扰而引起保护误动作停机事故。此类现象出现时，往往保护没有动作信号（即保护没有出口），而操作箱有时有动作信号，有时没有动作信号，很难查找误动原因。例如：

（1）某电厂在操作隔离开关时造成交流电源串入直流系统，引起跳闸中间继电器动作，多台机组停运。

（2）某电厂出现直流系统正极接地，同时主变压器压力释放保护电缆绝缘破坏接地，主变压器压力释放保护误出口停机。

（3）某电厂 UPS 故障，造成交流系统串入直流系统，主变压器非电量保护误动作停机。

（4）2009 年 7 月，某电厂直流接地，造成励磁调节器的外部跳闸继电器动作灭磁，失磁保护动作停机。

（5）2015 年 3 月，某电厂交流电源瞬时串入直流系统 B 段，造成控制电源由直流 B 段供电的三个断路器（1 号主变压器高压侧 5001 断路器和高压厂用变压器 B 低压侧 9102 断路器及 6102 断路器）同时跳闸。

【实例十二】 直流系统串入交流量导致机组全停

某厂 1 号主变压器高压侧 4701 断路器跳闸，1 号启动备用变压器 220kV 高压侧 4707 断路器同时分闸，6kV 及 400V 厂用系统全部失电，柴油发电机自投失败，就地手动合闸成功，造成 220kV 系统以下全厂停电的事故。

（一）事故动作情况

（1）1 号发电机-变压器组 RCS-985 保护装置动作信息：9：00：57，"主变压器后备保护"启动，断路器位置开关量由"0"变为"1"，即主变压器高压侧 4701 断路器跳闸；9：00：58，外部重动 3（热工保护）跳闸动作；9：01：32，外部重动 4（断水保护）跳闸动作。

（2）1 号启动备用变压器保护屏 RCS-974 装置保护动作信息：9：01：35，断路器合闸位置退出；9：03：17，非电量 1（冷却器全停）投入。

（3）NCS 显示信息：9：01：49，1 号主变压器高压侧 4701 断路器分闸，同时 1 号启动备用变压器 220kV 高压侧 4707 断路器分闸。

（二）原因分析

根据 NCS、SOE 显示 1 号主变压器高压侧断路器、1 号启动备用变压器 220kV 高压侧断路器同时分闸，且保护屏上没有电气量保护动作跳闸信息。1 号发电机-变压器组保护屏 RCS-985 装置中只有"热工保护"及"断水保护"动作，而从保护的动作报告单中可以看出，1 号主变压器高压侧断路器分闸比"热工保护"动作早，可判断为断路器先分闸导致停机，致使热工保护动作。在全厂 6kV 及 400V 厂用系统全部停电后，"断水保护"应为正确动作。

事故发生后，专业人员对电气设备检查中发现，1 号主变压器冷却器工作电源 1 接触器 KMS1 进线处过热起火，并且与接触器辅助触点连接的二次线全部烧损。查断路器跳闸记录可知，两个断路器跳闸基本同时发生，能够导致两个断路器同时误跳闸的原因可能有：

（1）直流电源有接地故障。事故发生后检查直流电源系统并无接地。通过实验将直流正、负极分别接地，也未见有断路器跳闸。由此可知，若直流系统接地导致两个断路器同时跳闸几乎是不可能的。

（2）直接人为误碰断路器操作回路。要使两个断路器同时跳闸，必须是两个断路器控制回路多点同时误碰；而当时机组保护室内无人员工作，因此也排除此种可能性。

（3）直流电源内串入交流量。从 1 号主变压器冷却器 400V 工作电源 1 接触器 KMS1 进线端子处过热起火，与接触器辅助触点连接的二次回路烧损，且冷却器控制回路中的直流监视继电器 K14 烧损，可判断直流系统串入交流量。

（三）暴露的问题

事故起因为 1 号主变压器冷却器 400V 工作电源 1 接触器进线处过热起火，接触器烧损，造成与接触器辅助触点相连的直流回路串入交流量。

主变压器冷却器控制原理如图 9-44 所示。

事故发生时，1 号主变压器冷却器 400V 工作电源 1 为工作状态，电源

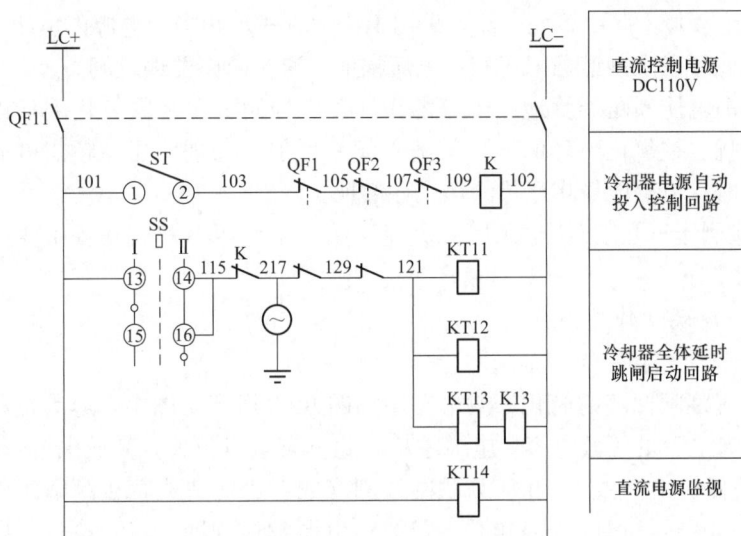

图 9-44　主变压器冷却器控制原理

2 为备用状态，接触器 KMS1 的动断触点断开，接触器 KMS1 进线侧过热短路，短路电流很大，短路时 400V 交流量串入 110V 直流系统正极，同时 1 号主变压器、1 号启动备用变压器保护屏的跳闸回路二次电缆距 220kV 升压站断路器本体距离约 480m，对地电容较大。短路故障发生时，故障分量含有丰富的高次谐波分量，通过直流正极与电缆分布电容串入跳闸回路，也就构成了串联谐振电路。

串联电路中的电感和电容参数为常数，回路的自振频率是固定的，当电源频率与之接近或相等时就会发生线性谐振。低压 400V 厂用系统为中性点直接接地系统，损耗电阻 R 趋近于 0，串联谐振过电压幅值较大，使断路器的跳闸继电器动作。

由机组直流系统提供操作电源的两个断路器同时跳闸，而操作电源由网控直流系统供电的 220kV 线路断路器并未跳闸，也解释了 400V 交流量串入 110V 直流系统后，导致 1 号主变压器高压侧断路器、1 号启动备用变压器 220kV 高压侧断路器同时分闸的原因。

（四）防范及整改措施

电力系统因直流系统中串入交流量而导致断路器无故障跳闸，甚至全站失压的事故多有发生。因此电气设备在运行时，应特别注意其运行状态是否正常，运行和检修人员应多加检查。

若有涉及回路的安装和检修工作，应注意安全措施，尽量避免带电作业，同时不得误碰屏内端子接线。

动力电缆采用铝芯电缆时，应特别注意铜铝过渡问题，严禁将铝芯电缆直接接入断路器接线柱和端子。

在断路器跳闸绕组回路中加串电阻，可提高断路器跳闸动作电压。

考虑400V厂用系统中性点采用不接地方式，相当于电源内阻接近无穷大，因此可以限制谐振电流和过电压幅值，避免断路器误跳闸。

在高电压断路器就地端子箱的正、负极控制电源套铁氧化磁环以抑制高频干扰。铁氧化磁环的电阻值随着频率增加而增加，当高频信号通过铁氧化体时，电磁能量将以热的形式耗散掉。

【实例十三】 交流电源串入直流系统，主变压器和启动备用变压器异常跳闸

（一）误动作原因分析

1. 直流回路一点接地问题分析

直流跳闸回路的简化等效电路图如图9-45所示，图中电容为控制回路电缆分布电容的等效电容，电缆越长，此分布电容越大，其放电容量越大；BCK为保护出口触点，TQ为跳闸线圈（或者为能造成直接跳闸的中间继电器）。正常运行时，b点电位与220V电源负极（即c点）电位相同。当电源负极接地的瞬间，其简化等效电路如图9-46所示。

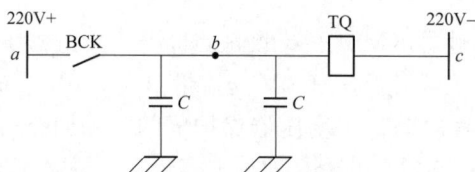

图9-45 直流跳闸回路的等效电路图

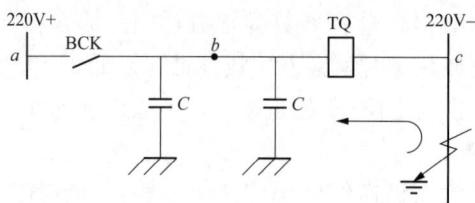

图9-46 直流电源负极接地时等效电路

由于电容两端电压不能突变，在接地的瞬间就会形成环流，此电流为分布电容的放电电流。不计线圈电感，其表达式为

$$i = -\frac{U_{G\Sigma}}{R_{\Sigma}}e^{-\frac{t}{R_{\Sigma}C_{\Sigma}}} \qquad (9\text{-}6)$$

式中：R_{Σ}为整个等值放电回路的等效电阻；C_{Σ}为等效分布电容。

电容电流波形如图9-47所示。该电流为一典型的逐步衰减的直流波形，从式（9-6）可以看到，等效电容C_{Σ}越大，即控制电缆越长，电容的放电时间越长；等效电阻R_{Σ}越小，该电流衰减就越慢。

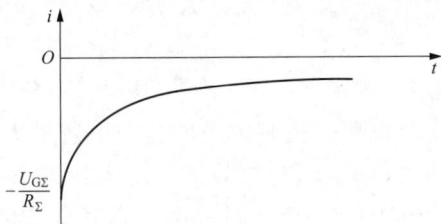

图 9-47　电容电流波形

2. 交直流串扰问题分析

交直流串扰问题实质上也是直流回路一点接地问题，因直流系统是通过绝缘监察装置接地的，正常运行时正负极不允许接地。而交流系统有地线，一旦交直流发生串扰，就会相应形成直流回路一点接地。因此，继电保护操作回路中不允许交直流有公共接线点，以免引起交直流串扰。在 220kV 及以上变电站中，所有由开关场引入控制室的交流电流、电压和直流跳闸回路等都可能引入干扰电压到基于微电子器件的继电保护设备，因此二次回路要采用带屏蔽层的电缆，且要求屏蔽层在开关场和控制室两端同时接地。电缆的芯线和屏蔽层之间存在有分布电容，电缆越长，分布电容效应越明显。由于屏蔽层两端接地，实际上这种分布电容也就是电缆芯线对地之间的分布电容。

在直流系统中，当交流电源串入直流回路时，由于长电缆对地分布电容效应的存在，往往可能导致一些灵敏保护继电器的误动作。当有对地交流电源串入直流正电源侧（图 9-48 中的 A 点）或负母线侧（图 9-48 中的 C 点）时，就可以通过继电器线圈、蓄电池以及电缆分布电容构成回路。整个回路的阻抗为

$$Z = R + \frac{1}{\mathrm{j}\omega T_{\mathrm{A}}}$$

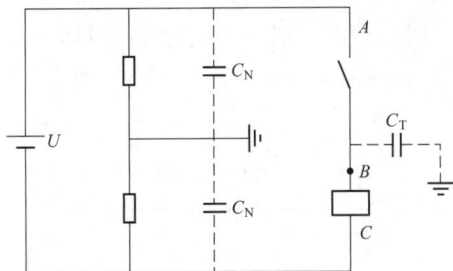

图 9-48　电气回路图

加在继电器线圈的电压为

$$U_R = \frac{U_s}{1 + \dfrac{1}{j\omega R T_A}}$$

式中：U_s为串入的交流电压，控制电缆的分布电容越大，加在继电器线圈上电压的有效值就越大，V。继电器线圈上的电压波形如图 9-49 所示。若加在继电器线圈上的电压U_R在变化过程中，其值高于继电器动作电压U_d、时间超过继电器动作时间，则继电器就会发生误动作。图 9-50 所示为某电厂交流串入直流系统后中间继电器的动作情况。

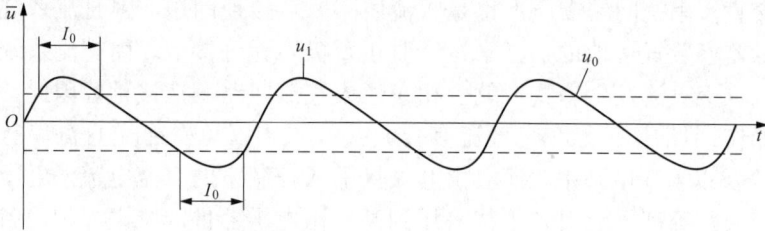

图 9-49　继电器线圈上的电压波形

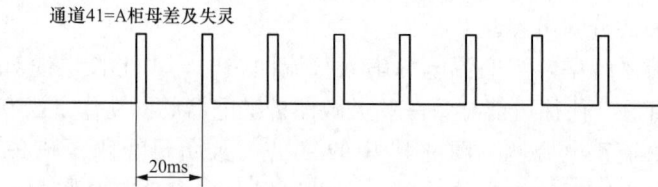

图 9-50　交流串入直流系统后中间继电器的动作情况

在试验室，对不同对地电容值与中间继电器交流电压动作值的关系做了试验。试验方法与接线如图 9-51 所示。选择一个可调电容 C（视其为电缆对地电容），使其容量在 $0.2 \sim 1.9\,\mu F$ 间变化，模拟保护正常运行时直流电源串入交流电压干扰量，测量出口中间继电器 DZ-6 的动作电压值，试验数据见表 9-3。

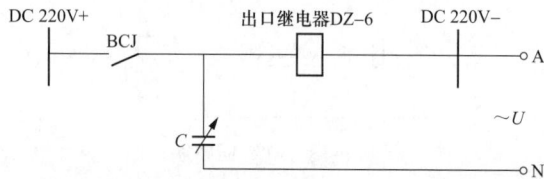

图 9-51　中间继电器交流动作电压与对地电容关系试验图

表 9-3 直流电源串入交流电压干扰量的模拟试验数据

电容量（F）	实测交流动作电压（V）	继电器触点检查
0.22	110	导通
0.47	91	导通
0.66	83	导通
0.88	79	导通
0.94	78	导通
1.41	75	导通
1.88	73	导通

试验数据表明，随着电容量增大，继电器的交流动作电压变小，抗干扰能力下降。

（二）结论

近年来频繁发生的直流回路一点接地、交直流串扰引起保护误动作的问题，主要是由于控制电缆较长，引起分布电容较大造成的。直流回路发生一点接地在运行中难以避免，但由于直流回路发生交直流串扰而导致保护误动作事件，只要在设计和运行阶段充分采取以下措施，是完全可以避免的。

（1）减小控制电缆的分布电容值。减少控制电缆的分布电容值的措施主要有：第一，尽可能将二次电缆的长度控制在一定长度范围内。目前设计规程对此并无明确规定，原则上不宜超过 400m。在变电站设计时，对于面积较大的变电站，可采取多个保护小室设计方式；如果只采用一个保护室时，应尽可能将保护室或主控楼选在变电站地理中心位置。第二，变电站内户外高压配电装置采用封闭式组合电器（GIS）配电装置，可有效减小变电站占地面积，减少二次电缆的长度。第三，不同用途的电缆分开布置以减少分布电容效应。第四，通过光纤跳闸通道传送跳闸信号以消除电缆的分布电容效应。

（2）提高直流中间继电器的动作值。变电站或者电厂一旦建成，从控制室到一次设备的电缆长度也确定下来，基本上不可改变，因此要改变电缆对地分布电容值的大小是很困难的。有效的防范措施就是提高继电器的动作值。为了追求灵敏度而一味降低继电器的动作值（以进口的保护为多）是不可取的。

在直跳回路的中间继电器的选择上要满足 Q/GDW 1175—2013《变压器、高压并联电抗器和母线保护及辅助装置标准化设计规范》的 4.2.1 条：对于装置间不经附加判据直接启动跳闸的开入量，应经抗干扰继电器重动后开入；抗干扰继电器的启动功率应大于 5W，动作电压是额定直流电源电

压的 55%~70%，额定直流电源电压下动作时间为 10~35ms，应具有抗
220V 工频电压干扰的能力。

（3）尽量避免外界干扰因素的影响。在进行二次电缆的设计和施工时，
要避免在同一根二次电缆同时混有交、直流回路，强、弱电电缆之间要进
行隔离。端子排排列设计时，在交流和直流回路之间宜采用一个空端子进
行隔离。

Q/GDW 1175—2013 要求在发电机-变压器组保护配置中取消启动通风
回路，按负荷启动通风回路在主变压器控制箱中实现，主要是避免交流回
路串入直流系统，建议各电厂在新机组扩建或技改时实现。Q/GDW
1175—2013 要求微机继电保护装置宜采用全站后台集中打印方式。为便于
调试，保护装置上应设置打印机接口。保护屏（柜）内一般不设交流照明、
加热回路。

【实例十四】 失灵保护开入电源跳闸的故障分析及处理

某 220kV 变电站运行中失灵保护装置开入电源空气开关连续跳闸，保
护发"开入异常、开入变位"信号。试断开再合上开入电源空气开关后，
装置无异常，但 30min 后该空气开关再次跳开。

可能造成空气开关跳闸有两个原因：空气开关脱扣损坏和回路短路导
致的空气开关过电流跳闸。现场检查后，排除空气开关脱扣损坏的可能。
由此可以确定开入直流回路有短路现象或在某特定时刻发生过电流现象。
之后从失灵保护装置损坏、开入回路短路、由直流寄生导致的特定时刻发
生过电流现象三个方面着手检查。

（一）初步检查

首先检查失灵保护装置及开入电源状况。由于该站失灵保护装置 RCS-
916 开入回路均为光电隔离，而保护装置对开入光耦的状态有很强的自检功
能，一旦检测到有故障就会报警，因此可初步排除装置开入点损坏的可能。
经测量，失灵保护开入公共端电压正常（+55.90V，该站直流系统电压为
110V），暂时可以排除失灵保护装置故障的可能。

其次检查开入回路有无短路现象。经检查，所有一次设备状态与最近
一次空气开关跳闸时一致。若开入回路存在短路，则空气开关在合闸后应
再次跳开，但继电保护人员合上该空气开关后，空气开关没有自动跳开；
同时，手动拉开开入电源空气开关，使用万用表欧姆挡测量开入回路电阻
为无穷大。由此可判断开入回路无短路现象。

最后检查有无直流寄生回路，是否存在由直流寄生导致的过电流现象。
经检查，失灵保护屏内所有间隔隔离开关开入状态与一次设备运行状态一
致。然后逐一检查各开入回路，发现母联开关位置触点构成涉及母联开关
辅助触点的串联和并联，接线复杂，因此从母联间隔开始检查是否有直流
寄生回路。

经测量，母联断路器开入公共端（回路号：101）电压为+55.9V，母

联断路器合位开入（回路号：61）电压为＋55.9V，母联断路器分位开入（回路号：63）电压为0V。在解开母联断路器开入回路前，为保持装置正常运行，需短接正电源端，将与现场一致的母联断路器合闸位置引入装置；然后分别解开母联断路器位置开入回路的101、61、63接线，测得101的电压为＋54.9V，61的电压为＋54.9V，63的电压为0V，装置开入公共端的电压为＋55.9V。由此可初步判断母联间隔断路器的开入存在寄生回路。按照上面的做法，检查其他间隔的开入回路，结果均正常。

该站220kV母联断路器为分相断路器，其合位开入应该将三相动合节点并联，同时至不同间隔的开入回路应该相互独立，如图9-52所示。但检查母联间隔汇控柜的101、61、63接线时，发现至失灵屏和母差B屏的母联断路器合位的开入回路相互混接，现场接线如图9-53所示。由于母差B屏的开入电源来自2号直流屏，失灵屏的开入电源来自1号直流屏，因此当母联断路器在合位时，动合节点A1、B1、C1、A2、B2、C2节点闭合，导致失灵屏和母差B屏的开入正电源并接在一起，造成1、2号直流屏的直流正母线并列运行。

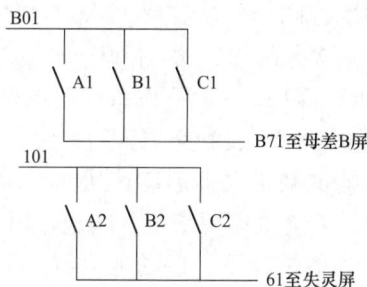

图9-52　母联断路器合位开入回路正确接线

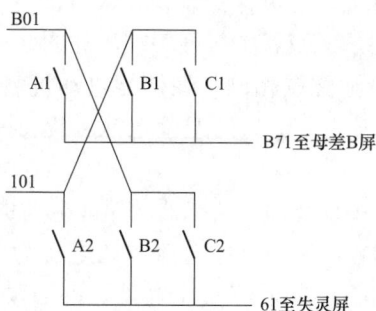

图9-53　现场母联断路器合位开入回路错误接线

直流系统是对地绝缘的不接地系统，仅两段直流母线的正电源端并列运行是不能构成完整回路的，所以该站必有导致负电源端并列的寄生回路存在。为此，对两段直流母线进行接地试验，试验结果见表9-4。

表 9-4　两段直流母线的接地试验结果

项目/结果	1号直流屏绝缘监测	2号直流屏绝缘监测
1号直流屏正接地	正接地报警	正常
2号直流屏正接地	正常	正接地报警
1号直流屏负接地	负接地报警	支路 2 "220kV CD 线控制电源Ⅱ" 负接地
2号直流屏负接地	支路 2 "220kV CD 线控制电源Ⅰ" 负接地	负接地报警

由表 9-4 可知，负电源端的寄生回路位于 220kV CD 线（施工中的扩建间隔）控制回路中。经检查，在 220kV CD 线保护屏一，两路控制电源的负电源公共端有混用现象。恢复正确接线后，再次进行直流负接地试验，试验结果与正接地试验相同。试验结果表明，导致两段直流母线正、负电源端并列运行的寄生回路已解除。

为了解释流过两段直流并列回路大电流的产生原因，必须分析该电流的出现时间。失灵保护装置开入电源空气开关跳闸时，220kV CD 线扩建工程正在进行调试，且两次跳闸均发生在 220kV CD 线断路器分闸期间。当时母联断路器在合位，两次分闸均成功，除失灵开入电源空气开关跳闸外，无其他异常。由于 220kV CD 线与运行设备相关的回路均未接入，因此可判定空气开关跳闸与 220kV CD 线断路器分闸有关。

断路器分闸后，储能电动机立即启动，从而产生很大的启动电流。由于启动电流持续时间很短，充电模块来不及响应，因此主要靠蓄电池提供。在两段直流电源完全并列的情况下，启动电流就由两段直流并列回路的蓄电池共同提供。一部分电流是储能电源所挂直流母线的蓄电池直接提供；另一部分通过寄生回路构成的并列回路即由另一组蓄电池间接提供。并列回路上串有多个空气开关，失灵保护装置开入电源空气开关就是其中之一。经现场核查，并列回路构成及各空气开关型号如图 9-54 所示。

由于两组直流蓄电池配置相同（在储能电动机启动瞬间可暂时忽略差异），且为并列关系，因此可认为两组蓄电池各提供一半的储能启动电流，即 $I_1 \approx I_2 \approx I_3/2$。

该站 ZF6A-252/Y-CB 型 SF_6 断路器的储能电动机为 MA-C 型直流电动机，其额定功率为 660W，另外该站直流系统电压为 110V，由此可得储能电动机的额定电流为 6A。由于该储能电动机的启动电流为额定电流的 2 倍，因此在储能电动机启动的一段时间内，流过断路器储能回路的电流约为 12A。虽然两组蓄电池配置相同，但其内阻存在差异，所接负荷也存在不同，因此并列运行时，电压低的蓄电池会成为另一组蓄电池的负荷，从而在两组蓄电池间产生较大的环流。在检查母联位置开入回路时，发现直流Ⅰ段正电压比直流Ⅱ段的高 1V 左右，由此说明此环流是由直流Ⅰ段正电

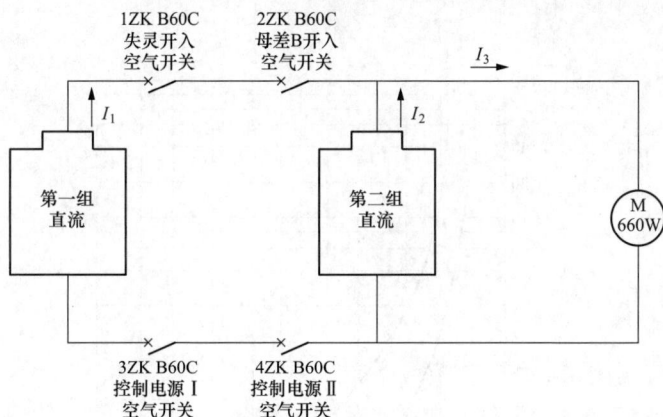

图 9-54　等效并列回路接线示意图

源端流向直流Ⅱ段的。又由于 220kV CD 线储能电源取自直流Ⅱ段，因此环流在 220kV CD 线储能时会增大流过正电源并列回路的电流，使之大于 6A。

该站失灵屏开入电源空气开关为 ABBS252S-B2DC 型，额定电流为 2A。由该空气开关的动作时间特性（见图 9-55）可知，通过的电流越大，空气开关跳闸时间越短。当通过 3 倍额定直流电流时，空气开关跳闸时间在 20ms～6s，而 MA-C 型直流电动机启动时间在几百毫秒以上，因此电动机启动时该空气开关可能会跳闸。

从图 9-55 可知，2 个控制电源空气开关为 ABBS252S-B6DC 型空气开关，其额定电流为 6A，因此通过同一电流时，其跳闸时间比开入空气开关的要长。而对于 2ZK，其型号与 1ZK 相同，储能电动机启动时也可能跳闸，但是 2ZK 的短路跳闸时间比 1ZK 要长，所以两次跳闸都是 1ZK 先动作，而断开并列回路后，2ZK 就不会再跳开了。

综上所述，在 220kV CD 线的调试阶段，因施工接线错误导致两段直流母线负电源端并列，同时母联断路器在合位，其位置开入回路存在寄生回路，导致两段直流母线的正电源端并列，从而使两段直流母线并列运行，在储能电动机启动时造成失灵保护装置开入电源空气开关跳闸。消除两处寄生回路后，多次进行 220kV CD 线分合闸试验，未再出现空气开关跳闸的现象。

（二）防范措施

直流系统是电力系统的重要组成部分，其可靠性是保障发、供电系统安全运行的决定性条件之一。现阶段，直流系统一般为两段蓄电池组独立供电的运行方式，常因继电保护二次回路接线错误而引起直流系统的寄生及并列问题，严重影响二次设备正常运行，甚至引起电网事故。

直流寄生回路尤其是由直流寄生回路导致的两段直流并列运行，极大

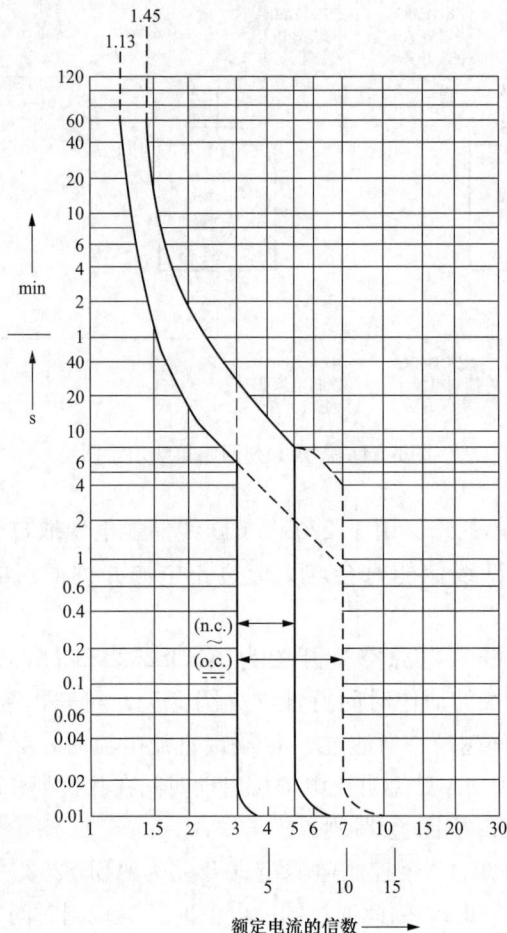

图 9-55 空气开关的动作时间特性

地增加了系统运行的风险。两组配置相同的蓄电池组并列运行时，因其内阻存在差异，故在电池组间将产生较大的环流，造成电池发热，在空载和轻负载时尤为严重，从而导致供电量减少，电池寿命下降，影响全站直流系统的安全稳定运行；若其中一段直流母线发生接地，则会造成整个直流系统接地，增大继电保护误动或拒动发生的范围及可能性；若两段直流系统形成环网，则会因两段直流母线为独立电源系统，而降低中间继电器在保护动作时的动作可靠性。

【实例十五】 TV 二次回路接地引起主变压器低压侧接地保护动作

某电厂 2 号主变压器 B 组低压侧接地保护动作，跳开 500kV 5051 断路器、5012 断路器。

故障前电厂的运行方式如图 9-56 所示，1～3 号机组停机备用，4 号机组启动调试，5051、5012、5054 断路器合闸；各组发电机及主变压器保护均投入。

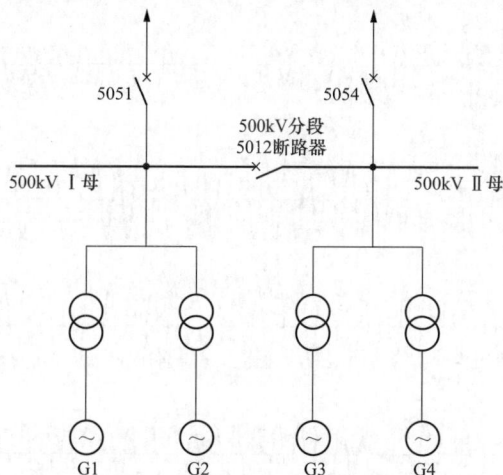

图 9-56　故障前电厂的运行方式

（一）保护动作情况

现场调取 2 号主变压器保护动作信息，见表 9-5。

表 9-5　2 号主变压器保护动作信息

序号	时间	动作信息
1	18：25：2：644	2 号 TRANS SECOND 64TH ＿ TRⅠP
2	18：25：2：642	2 号 TRANS MAIN64TH ＿ TRⅠP
3	18：25：2：524	2 号 TRANS SECOND 64TL ＿ TRⅠP
4	18：25：2：523	2 号 TRANS MAIN64TL ＿ TRⅠP

主变压器低压侧接地保护（64T-A，64T-B），整定如下：

一段（64TL ＿ TRⅠP）报警 $U_{dz}=5V$，$t=5s$；

二段（64TH ＿ TRⅠP）跳闸 $U_{dz}=30V$，$t=5s$。

其动作电压取自主变压器低压侧开口三角形 TV 绕组，保护动作后跳 5051 断路器、5012 断路器及 2 号厂用高压侧变电站断路器，并启动 1/2 号机组电气跳机。

调取故障录波如图 9-57 所示。

从图 9-57 可见，故障发生时，主变压器低压侧 TVA 相电压明显降低，B、C 相电压升高，主变压器低压侧 $3U_0$ 显著增加，超过主变压器低压侧接地保护的整定值，导致主变压器低压侧接地保护动作跳闸。

（二）现场检查情况

故障发生后，对相关设备进行了检查，2 号主变压器低压侧相关一次设备、2 号主变压器低压侧 TV 及 TV 高压熔丝、2 号主变压器低压侧接地保护等经检查未发现异常。

现场在 2 号主变压器低压侧 TV 加入三相 220V AC，测量二次绕组电

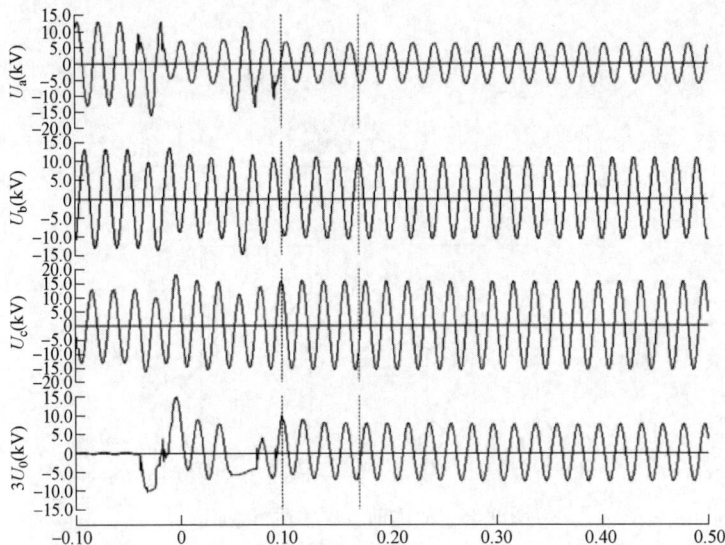

图 9-57　故障时刻电压波形

压，并将测量的数据与故障时数据相对比，发现 B、C 相电压升高，同时在开口三角形侧测得 $3U_0$ 显著升高，与故障录波器波形一致，初步判断本次故障可能是由于主变压器低压侧二次绕组 A 相接地短路所致。

由于主变压器低压侧 TV 星形二次绕组 A 相发生一点接地，导致此接地点与 TV 星形二次绕组接地点之间形成环流。而 TV 星形二次绕组的 A、B、C 三相与 TV 开口三角形二次绕组的 A、B、C 三相在制造时分别浇筑在一起，所以星形绕组的环流在 TV 开口三角形二次绕组感应出零序电压，造成主变压器接地保护（64T-A，64T-B）动作跳闸。

按照以上分析，对主变压器低压侧 TV 二次绕组回路逐一细致检查，最终发现在主变压器低压侧 TV 柜至 CSC 控制盘柜之间的 TV 二次绕组 A 相电缆绝缘受损，并有烧损的痕迹。

（三）故障原因

本次故障是由于主变压器的低压侧 TV 二次星形绕组 A 相接地，而该回路二次空气开关未能及时跳开，导致开口三角形绕组感应出零序电压，造成 2 号主变压器低压侧接地保护误动。

（四）暴露的问题

电压互感器二次侧空气开关选择不合理，在 TV 二次绕组发生两点接地产生电流环流时，开关未能及时跳开隔离故障，造成了故障的扩大，引发保护的误动作。

（五）措施和建议

根据 DL/T 5136—2012《火力发电厂、变电站二次接线设计技术规程》中有关要求，对电压二次回路的空气开关额定电流进行校核，对于不符合要求的，予以更换。

（1）空气开关额定电流应按回路的最大负荷电流选择，并满足选择性要求；干线上空气开关的自动脱扣器的额定电流应较支线上的大 2～3 级。

（2）电压互感器二次侧自动开关的选择应满足以下要求：

1）空气开关的瞬时脱扣器的动作电流，应按大于电压互感器二次回路的最大负荷电流来整定。

2）当电压互感器运行电压为 90%额定电压时，二次电压回路末端经过渡电阻短路，加于继电器线圈上的电压低于 70%额定电压时，空气开关应瞬时动作。

3）空气开关瞬时脱扣器断开短路电流的时间应不大于 20ms。

4）空气开关应附有用于闭锁有关保护误动的动合辅助触点和空气开关跳闸时发报警信号的动断辅助触点。

五、人为原因造成的故障实例

同步继电器与同期装置不同步影响发电机正常并网，指挥人员错误指挥，作业人员虽提出疑问但仍盲目执行导致发电机非同期并网。专业人员专业知识要扎实，在收到影响安全的错误指令时要坚决反对。

【实例十六】　盲目操作、违章指挥，发电机非同期并网

某电厂 4 号机组启动并网，发电机转速为 3000r/min，220kV 双母线运行，母联断路器 200 合闸，北母线挂接Ⅰ线，南母线挂接 3 号机、2 号启动备用变压器、Ⅱ线，4 号发电机按调度令并网北母线。

发电机启励后，DCS 画面显示机端三相电压不平衡，BC、CA 线电压偏低，检查保护装置 TV 二次电压显示正常，因测量 TV 与保护 TV 为不同 TV，排除发电机一次系统及设备问题，就地检查测量 TV 二次回路，发现 2TV C 相二次插头内二次线掉开，重新固定后，电压显示恢复正常。

运行人员准备并网，此时发现按照操作顺序，同期装置无法启动，经与热控人员配合检查，发现励磁系统在"手动"状态，导致 DCS 启动同期指令无法发出。将励磁系统切回"自动"状态后，同期装置正常上电启动。

同期装置发出主断路器合闸命令后，报"断路器未合上"，4 号机出线断路器 204 未合闸。专业人员立即检查断路器合闸失败原因，在端子排上甩开同期合闸指令线，并用绝缘胶布包裹，联系运行人员再一次启动同期，同期装置发主断路器合闸命令，此时，在端子排上未测到指令，判断故障点在同期装置至合闸指令端子之间。合闸出口回路中共有 4 个触点，分别为 1 个同期交流电压投入继电器触点，2 个合闸继电器触点，1 个同步检查继电器触点。4 个触点都在闭合位置，才能发出主断路器合闸指令。检查此3 个继电器，外观正常，无烧焦味，触点变位可靠。手动启动合闸继电器，继电器触点可靠闭合，在端子排上也测到了指令输出。怀疑同期装置内出口继电器未动作，因急于并网，临时将 3 号机组同期装置拆下，装到 4 号

机上，恢复合闸指令线。此时联系运行人员启动同期装置，继电保护人员使用万用表直流挡测量指令线两端，若指令发出，电压会由 220V 变为 0。同期装置显示发出了合闸指令，合闸继电器也吸合动作，但主断路器仍未合上，万用表显示直流电压也未发生变化。

继电保护人员继续查看图纸，分析原因。此时继电保护室主任接到领导电话，去室外汇报工作进展情况，工程部部长助理联系运行人员再试一次，指示继电保护人员使用万用表通断挡测量合闸指令出口（此时合闸指令线未拆），继电保护工作人员提出疑问，表示该回路有 220V 直流电，不能使用通断挡测量，部长助理表示可以测量，继电保护人员于是将万用表切至通断挡，测量合闸指令出口。

当日 11:16 分左右，运行集控人员发现 4 号发电机-变压器组断路器突然合闸，4 号机汽轮机跳闸，BTG 盘发"发电机-变压器组保护报警""发电机-变压器组保护 C 柜报警"，汽轮机 ETS 跳闸首出为"发电机故障停机"。同时 NCS 系统发母联断路器 200 跳闸，Ⅱ线 212 断路器跳闸，220kV 北母失电，4 号发电机-变压器组断路器 204 仍然在合闸状态，运行人员手动将 204 断路器分闸。

（一）原因分析

检查保护装置，发电机-变压器组保护 A 柜"误上电保护""断路器闪络"动作，发电机-变压器组保护 B 柜"误上电保护""断口闪络保护"动作，误上电保护动作电流 6.719A，断口闪络保护动作电流 0.3125A。母线失灵保护动作，母联断路器 200、Ⅱ线断路器 212 跳闸。

专业人员在检查 204 断路器合闸失败原因时，使用数字万用表通断挡测量同期装置出口回路是否接通时，造成发电机非同期并网（220kV 204 断路器合闸），因测量时间较长，当保护动作跳开主断路器及灭磁开关后，合闸指令仍存在，导致 204 断路器再次合闸。

对发电机-变压器组录波器故障波形图及继电保护装置动作报告进行技术分析，结合非同期并网期间相关参数，机组非同期并网时，合闸相角差约为 $110°$，励磁电动势 E 与电网电压 U 之间存在较大压差，在发电机与电网之间易产生冲击电流，持续时间为 120ms。非全相运行阶段，A 相单相合闸，4 号发电机 A、C 相产生负序电流。因 4 号发电机已灭磁，4 号发电机以单相"电动机"方式运转，且 A、C 相负序电流产生的转矩与转子的转矩相反，过电流现象比较明显，有可能将发电机绝缘击穿；反向力矩对转子造成的损伤也较大。

综合以上分析得出，机组启动过程中非同期并网是造成发电机绝缘损坏、发电机转子一点接地的直接原因。继电保护人员盲目操作和工程设备部部长助理违章指挥是导致机组非同期并网，并造成发电机转子接地的主要原因。

（二）经验教训

发电机自动同期装置中同步逻辑与同步继电器整定值整定不合理，同步继电器精度与自动同期装置相比小于同期装置，定值偏差造成同期装置不能正常并网。

【实例十七】　厂用电源切换误操作事故

某机组检修结束后，启动并网、进行厂用电切换。机组带负荷 80WM 时，1 号炉单侧 B 引风机运行（电源在 6kVⅠB 段），1 号炉 A 引风机检修，启动快速切换装置切换 1 号机 6kV 厂用电，6kVⅠA 段切换成功。启动快速切换装置切换 6kVⅠB 段厂用电，6kVⅠB 段备用电源进线 6127B 断路器分闸，工作电源进线 6102B 断路器合闸。但此时 6kVⅠB 段失电，同时 1 号炉 B 引风机跳闸，1 号炉 MFT（主燃料跳闸）动作，DCS（分布式控制系统）无引风机首出信息。因此，全面查找事故原因，发现 6kV 厂用配电室 1 号炉 B 引风机开关柜测控装置发出"差动保护"动作报警。机组启动时，因主汽温度下降较快，1 号机组无法维持主汽温度而打闸停机，电气值班人员立即将 6kV 厂用电源切至 1 号启动备用变压器接带，在 DCS 合上 6kVⅠA 段备用电源进线 6133A 断路器、断开工作电源进线 6102A 断路器，在 DCS 合上 6kVⅠB 段备用电源进线 6127B 断路器，1 号发电机-变压器组解列。20：24，1 号炉重新吹扫点火；22:19，冲转；22:23，1 号发电机-变压器组并网；23:50，1 号机 6kV 厂用电快速切换装置采用并联方式切至 1 号高压厂用变压器工作电源运行方式。1 号机 6kV 厂用电接线如图 9-58 所示。

（一）事故调查

检查发现 6kVⅠB 段失电是由运行人员误分工作电源进线 6102B 断路器造成的。

检查 6kVⅠA、ⅠB 段快速切换装置动作情况，从其动作时序报告分析得知：6kVⅠA、ⅠB 段快速切换装置均采用串联方式切换，与该电厂运行规程规定的"快速切换装置正常切换应采用并联方式"不一致。

在启动快速切换装置切换厂用电时，1 号炉 B 引风机开关柜测控装置"差动保护"动作，造成 1 号炉 B 引风机跳闸，1 号炉 MFT 动作。

事故发生后，向调度申请 1 号机组解列，并告知锅炉灭火原因后，机组重新启动并网。

（二）事故分析

1 号机 6kVⅠB 段由启动备用变压器切换至 1 号高压厂用变压器接带时，已将 6kVⅠB 段由启动备用变压器切换至 1 号厂用高压变压器（串联方式），运行操作人员仍按快速切换并联方式操作，在断开 6kVⅠB 段备用电源进线 6127B 断路器时，误断开 6kVⅠB 段工作电源进线 6102B 断路器，导致 6kVⅠB 段失电。

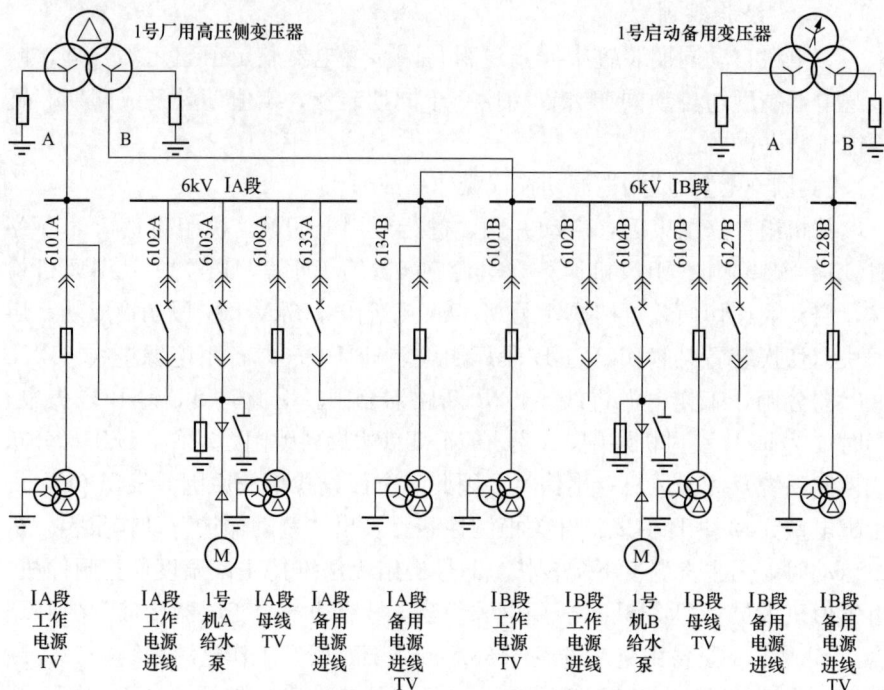

图 9-58　1 号机 6kV 厂用电接线示意图

（三）经验教训

（1）机组启动初期，锅炉尽量选择双送、引风机启动，以提高机组的安全性。

（2）更新 2 台机组的引风机差动保护装置。事故发生前，引风机 6kV 开关柜使用的 MPS-4A 型微机电动机保护测控装置多次出现通信异常、黑屏等故障。

【实例十八】　误断 TV 空气开关，逆功率保护误动跳机

故障前 1 号机组负荷 526MW，主汽温度 602℃，主汽压力 22.31MPa。7：40：22（机组故障录波时间）机组突然跳闸，控制屏发"发电机-变压器组保护动作"告警，检查确认为发电机逆功率保护动作跳机。

查阅 DCS 历史曲线，7：39：39，1 号发电机出口 TV 的 AB 线电压消失，机组负荷（功率变送器反馈量）由 526MW 下降至 289MW，由于机组功率指令仍为 526MW，因此 DEH 参与调节，调节阀开度增大，流量指令增至 105％，致使主汽门压力迅速下降，DEH 内部设定压力与实际压力偏差超过 1MPa，DEH 控制模式切换至初压控制模式，随后调节阀关小，压力升至 22.31MPa，DEH 控制模式切换至负荷模式；7：39：57，发电机出口 TV 三相电压全部到零，功率变送器送出功率为零，DEH 快速关闭调节阀，调节阀实际已全关，但开度反馈分别为 4.7％、3.5％，此时机组负荷

降至零，发电机逆功率保护启动（整定值为 $0.8\%P_N$），延时 20s 后逆功率保护动作跳机，灭磁开关跳闸（发外部重动 3 信号），关主汽门，厂用电切换正常；在此过程中，7：40：05 左右，发电机出口 TV 的 BC、CA、AB 线电压先后恢复正常。

（一）原因分析

通过检查 DCS 记录、机组故障录波波形、保护装置动作记录、励磁装置内部记录，发现自动励磁调节器有 TV 断线信号、保护装置发 TV 断线与逆功率保护和外部重动 3 信号（保护 A 柜先后发 TV2、TV1 断线，保护 B 柜发 TV2 断线）、故障录波器有电压量突变启动及逆功率保护动作信号。

经进一步检查，发电机出口 TV3 电压始终正常，说明发电机本体应无故障；检查 220kV 故障录波器也无任何异常情况。

根据以上情况，初步分析认为：发电机出口 TV2、TV1 电压二次回路断线是此次故障的直接表现，而多处发生电压断线信号，故障点可能在电压回路的公用部分，即为 TV 小开关及其以上部位。故检查的重点放在 TV 本体及其一次熔丝和二次小开关，对电压二次回路及发电机-变压器组保护装置也要进一步检查。

对 TV 本体、TV 二次小开关、电压二次回路、保护装置及励磁系统进行全面检查，均未发现异常情况。

后经多方调查、反复试验推敲确认，运行人员在处理 2 号机组的有关异常情况过程中误将 1 号机组的 TV 二次小开关拉开造成失压，是导致此次保护误动的直接原因。

（二）经验教训

机组保护所用型号 TV 二次小开关可能存在接触不良或不明原因导致的断路器分合问题，结合机组检修机会需尽早进行更换，加强维护，提高检修质量。

【实例十九】　设计不合理，查找直流接地造成失步保护动作停机

某厂专业人员在查找 1 号机组直流接地过程中，断开 1 号发电机-变压器组 B 屏保护直流电源时，1 号发电机-变压器组 A 屏保护误动，1 号发电机组跳闸，机组大联锁动作。

（一）事件经过

事发当日 18：00 时，某厂 1 号机组 DC 220V 直流系统发生接地故障，绝缘监察装置显示 1 号机组 A 屏、B 屏、热控直流接地。

分析直流系统故障报警原因，当时装置接地报警显示为：

母线绝缘：正母绝缘能力降低；

母线电压：正对地欠压；

支路绝缘：8 号，正：6.02kΩ；负：99.99kΩ（1 号机组 A 屏）。

10 号，正：6.34kΩ；负：99.99kΩ（1 号机组 B 屏）。

41 号，正：2.21kΩ；负：99.99kΩ（热控直流）。

用万用表实测直流母线正对地 15V，负对地 210V，证实直流系统正极接地。

确认热控、发电机-变压器组保护电源为报警支路后，进行拉路查找。在断开至 1 号发电机保护 B 柜两路电源开关后，1 号发电机跳闸，1 号发电机 A 屏发"外部重动 4 动作"信号，大联锁动作汽轮机跳闸，锅炉 MFT 动作，厂用电自动切换至备用电源。

（二）原因分析

现场检查发现，在失步解列装置跳 1 号发电机组接线回路中，按照设计院设计将失步解列保护同一跳闸节点同时接至跳发电机-变压器组 A 屏和 B 屏两个外部重动 4 回路，使 A 屏、B 屏两套保护装置直流回路发生了电的联系，在查找直流接地断开 B 屏直流电源后，由于 B 屏寄生回路的存在，构成跳闸回路，引起 A 屏外部重动跳闸出口动作，造成 1 号发电机组跳闸。故障回路如图 9-59 所示。

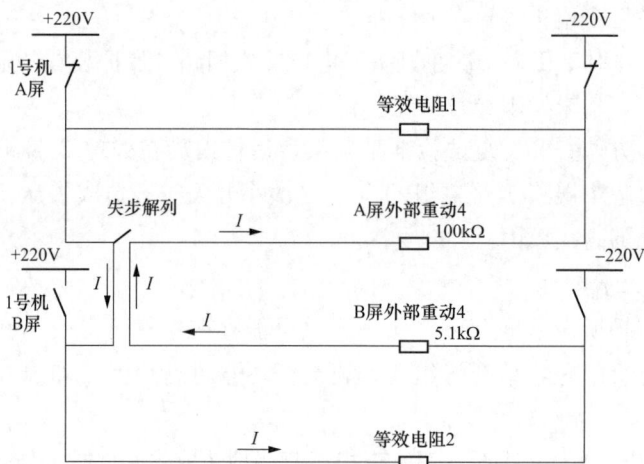

图 9-59　故障回路

（1）图 9-59 中等效电阻为直流母线上 GPS、机组测控、PMU 等负载等效电阻，等效电阻 2 阻值为 25.5kΩ，等效电阻 1 阻值为 7.1kΩ。

（2）设计院设计：失步解列触点为 A、B 屏保护共用一对触点。

（3）在查找直流接地过程中，拉开 B 屏直流电源，A 屏 220V 正电源、等效电阻 2、B 屏外部重动 4、A 屏外部重动 4、A 屏 220V 负电源形成回路，A 屏外部重动 4 回路电压达 176V（80%），大于 55%～70% 动作电压，A 屏外部重动 4 动作。

（三）暴露的问题

（1）设计时将失步解列的同一个跳闸触点同时接入跳保护 A、B 屏两套保护回路，将两套保护直流回路连接在一起，违反了电网反事故措施要求中"两套保护装置之间不应有任何电气联系"的规定，设计中存在着严重的错误，造成了寄生回路。

（2）调试过程中试验项目不全，未做微机保护直流电源的拉合及相关传动试验。

（3）在失步解列启动重动 4 回路，加装大功率继电器，由大功率继电器开出的触点再启动重动 4，防止串电或绝缘下降时保护误动。

第十章　新技术及大机组若干问题

　　我国电力系统已经进入大电网与大机组的阶段，随着"双碳"目标的逐步实施及国家有关排放要求，处于负荷中心的发电机组逐步迁移及退出，取而代之的是一些大容量煤电一体化机组及超大容量煤电一体化发电机组逐步成为电网主力机组，形成负荷中心与电源点的逆向分布，超高压输电成为必然，由此产生的发电机组轴系次同步振荡对发电机运行构成危害，相关的保护与治理也提到议事日程。继电保护方面，一些新的保护原理也逐步得到应用并得到实践考验。

　　大机组的投用，其与电网的相互影响与协调直接影响电网和发电机组的安全稳定运行。系统扰动或发电机本身突发异常时，可能使发电机进入非正常运行状态，继电保护作为机组与电网的安全卫士，是实现机网协调的重要保障。

第一节　大型汽轮发电机组轴系次同步振荡及其抑制

　　作为电力系统稳定性的重要指标，从 20 世纪 70 年代至今，次同步谐振/振荡（SSR/SSO）一直得到广泛的关注和研究。而随着电力系统的演变发展，SSR/SSO 的形态和特征也处在不断地变化之中。70 年代，美国 Mohave 电厂发生的恶性次同步谐振（SSR）事件开启了机组轴系扭振与串补、高压直流等相互作用引发 SSR/SSO 的研究高潮；90 年代初开始，柔性交流输电系统（flexible AC transmission systems，FACTS）技术兴起，推动了电力电子控制装置参与、影响以及抑制 SSR/SSO 的研究。21 世纪以来，随着风电、光伏等新型可再生能源发电迅速发展，其不同于传统同步发电机的接入电网方式。而是采用变流器接入电网的方式，不仅影响传统的扭振特性，且与电网的互动导致出现新的 SSR/SSO 形态，它们的内在机理和外在表现都跟传统 SSR/SSO 有很大的区别，成为新型电力系统建设关注的热点问题。

一、大型汽轮发电机组轴系次同步振荡产生原因及危害

　　大型汽轮发电机组参与的次同步振荡/谐振，是机电系统的一种自激振荡状态，即电网在低于系统同步的一个或几个频率下与汽轮发电机进行能量交换。设电网的电气振荡频率为 f_e，电网的同步频率为 f_N，轴系机械系统的某阶扭振固有频率为 f_m。若 $f_m = f_N - f_e$，电气系统将出现负阻尼的振荡状态，轴系频率 f_m 所对应的主振型的振幅将逐渐放大，最终使转子损伤，甚至造成毁机的恶性事故。因其振荡频率低于系统的同步频率，故称

次同步谐振或亚同步谐振（SSR）。输电线路的串联电容补偿、直流输电、加装不当的电力系统稳定器、发电机励磁系统、晶闸管控制系统和电液调节系统的反馈作用等，均有可能诱发次同步机电共振。由于汽轮机和发电机转子惯性较大，对轴系本身的低阶扭转模态十分敏感，呈低周高应力的受力状态，这种机电共振直接威胁机组的安全可靠运行。

（一）高压远距离交流串补输电引起的次同步振荡

1. 交流串补线路谐振机理

汽轮发电机组与具有串联补偿电容的输电系统间的耦合作用而产生的机电振荡，因为系统对该振荡所呈现的弱阻尼、无阻尼，甚至是负阻尼特性，使这种振荡的振幅呈现逐渐增大的趋势。以典型的串补送出模型图来分析其产生的机理条件，如图 10-1 所示。

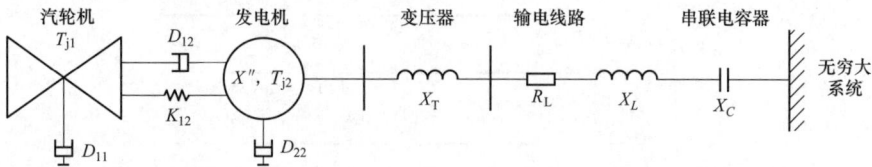

图 10-1　典型的串补送出模型

对于图 10-1 所示的简单串补线路送出系统，其电气系统的振荡频率表达式为

$$f_{er} = f_0 \sqrt{\frac{X_C}{X'' + X_L + X_T}} \tag{10-1}$$

其中，所有的电抗 X 都是在转子平均旋转速度相对应的电气频率 f_0 下的电抗值，在理想情况下，f_0 等于同步频率。用 f_{er} 来表示电力系统中的次同步自然振荡频率。

当具有次同步自然振荡频率 f_{er} 的电流流过定子绕组时，转子绕组中会相应地感应出频率为 f_r 的交流电流，表达式为

$$f_r = f_0 \pm f_{er} \tag{10-2}$$

而转子上频率 f_r 的交流电流会和近似恒定的气隙磁通共同作用，就在轴系上产生了次同步转矩，次同步转矩的频率等于转子平均转速 f_0 和电气次同步频率 f_{er} 的差。如果这个频率和机组的轴系固有频率一致，则会引起机组轴系在旋转过程中产生切向的扭转运动，对机组安全产生大的影响。

2. 交流串补线路次同步谐振特征及危害影响因素分析

火电机组和交流串补线路之间发生的谐振问题，是系统级的稳定性问题，其振荡特征通常表现为发展趋势上的不稳定性（快速发散、缓慢发散或者等幅），如图 10-2 所示，在故障起始阶段，机组扭振信号开始发散，当发散到一定水平后，由于保护控制措施的执行（扭振保护切除一台机组），并网的另一机组扭振开始快速收敛，在整个过程中，机组轴系扭振发散或

者收敛主要受系统在谐振频率下的阻尼水平影响，一般发展趋势呈单调性。因此，此种谐振情况下，如果机组呈现发散趋势，就需要快速的采取措施，否则在短时间内机组轴系就可能产生大的损坏事故。

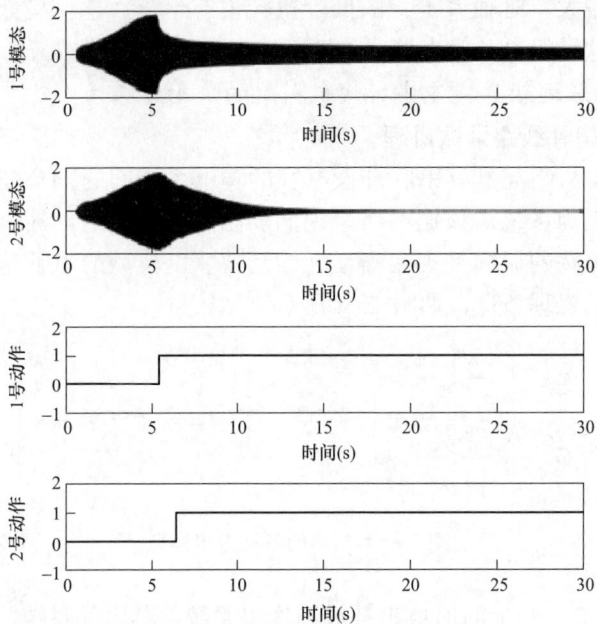

图 10-2　典型的串补送出收敛曲线

火电机组与交流串补线路发生机网谐振对火电机组造成的危害程度与次同步谐振的发展趋势密切相关，主要的影响因素包含串补度，串联补偿电容的保护方式与保护电压水平、机组轴系的扭振固有频率、机组的运行方式、机组的出力水平几个方面有关。

次同步谐振是机网之间相互作用的结果，机组侧主要是轴系扭振，而电网侧主要是电气谐振；因此，两者相互作用的模式频率和振型关系对次同步谐振影响最为显著。一般认为，扭振频率与电气谐振频率越接近互补，次同步谐振的模式阻尼越差，风险越大；完全互补时，两者产生共振，将导致非常严重的后果。

当电网发生严重的短路故障时，部分短路电流将流过串联补偿电容器，并在其上产生很高的暂态电压，当电流过大或者电压过高时，就可能损坏电容器组，为保护电容器，通常采用 MOV、间隙以及旁路开关等保护措施，必要时对电容电流进行分流，限制电容器的电压，达到保护电容器的目的。串补电容的保护措施会对系统大扰动情况下的暂态冲击产生重要的影响。

轴系扭振固有频率与电气谐振频率接近互补的程度对于次同步谐振的稳定性影响很大，当电气谐振频率一定时，机组扭振固有频率就在很大程度上决定了次同步谐振的风险。机组的固有频率主要由机组各个质量块的转动惯量和弹性系数决定。在实际工程中，汽轮机厂家和发电机厂家在设计完成某一型号的机组后，其扭振固有频率就基本固定下来了，当然主机厂可以通过一定的技术手段对扭振固有频率做一定的调整，但是调整范围很有限，而系统的电气谐振频率则随运行方式的变化会发生一定的变化，因此很难通过改变扭振固有频率的方式达到完全避免次同步谐振的风险。

机组的并网台数也会影响次同步谐振的风险，其在电气参数方面主要是影响了并网系统的电气谐振频率。

机组的出力主要影响了机组的阻尼水平，机组的总阻尼 D 为

$$D = D_m + D_e \tag{10-3}$$

式中：D 为机组的总阻尼，N/(m/s)；D_m 为机组的机械阻尼，N/(m/s)；D_e 为机组的电气阻尼，N/(m/s)。

机组的出力水平主要影响了机组的机械阻尼，串补电容的加入，导致系统电气阻尼在次同步频带内出现欠阻尼、负阻尼的现象。因此，机组本身正的机械阻尼对于改善次同步谐振问题作用显著，能够弥补电气负阻尼的情况。

（二）高压远距离直流输电引起的次同步振荡

20 世纪 70 年代，美国的 Square Butte 电厂在投入 HVDC 输电线路，切除与整流站互联的一回交流线路后，机组轴系扭振出现不稳定现象。美国电科院（EPRI）研究表明，机组轴系扭振是由 HVDC 及其控制系统引起的，进一步研究发现 SVC（静止无功补偿器）、PSS（电力系统稳定器）等有源快速控制装置在一定条件下均有可能激发扭振，将此统称为装置引起的次同步振荡，简称次同步振荡（SSO）。由直流输电可能引起的次同步振荡问题是电力系统中一个复杂的物理现象，包括了发电机机组轴系、发电机定子/转子绕组及励磁控制、交流网络、直流输电及其控制系统等各部分交互作用过程。常规 HVDC 的控制策略可能引起紧耦合机组轴系的次同步振荡现象；由于 HVDC 快速可控性，通过适当的附加控制策略，可能抑制机组轴系的次同步振荡现象。目前汽轮发电机组的容量较大，其轴系的扭振频率范围一般在 5～45Hz 之间，实际电力系统处于动态平衡状态，系统扰动均可能引起机组轴系不同幅度的次同步扭振振荡现象。机组轴系由于轴承摩擦、风阻等原因其轴系机械系统呈现正阻尼特征，若机组送出系统与 HVDC 耦合较为紧密，由于 HVDC 的快速控制特性，可能会使与轴系次同步扭振频率互补的次同步频率振荡在电网中为负阻尼特征，使机组轴系的次同步扭振出现不稳定现象。

1. 直流输电系统次同步振荡机理

直流输电系统与送端火电机组相互作用产生的扭振过程，如图 10-3 所示。

与 HVDC 的整流站紧耦合的机组轴系有较小干扰，机组轴系角频率将产生一个增量，引起机端电压的幅值和相角产生增量，从而会引起直流线路的电压和电流波动，而 HVDC 的定电流（定功率）控制企图防止直流电压和电

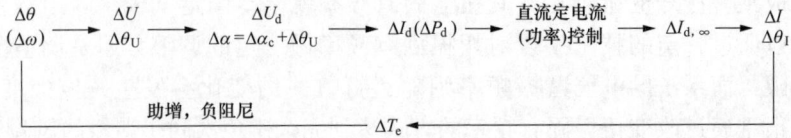

图 10-3　直流输电引起的扭振示意图

ω—机组轴系旋转角频率；U—发电机机端电压；$\Delta\theta_U$—机端电压相角；U_d、I_d—直流电压和电流；

α—整流侧滞后触发角；I、θ_I—机端电流和相角

流波动，不可能完全消除直流电压和电流波动，最终造成发电机电磁力矩的波动，一旦相位合适，电磁力矩的波动会进一步助增机组轴系的扰动，形成了正反馈作用，也就是机组轴系的次同步扭振振荡呈现负阻尼特性。

2. 直流输电系统次同步振荡影响因素分析

对于直流输电系统的火电机组来说，即在发电机的某一自然扭振模态频率处系统总电气阻尼系数小于 0，即认为在该频率下系统发电机轴系将发生不稳定的扭转相互作用。而对于直流送端火电机组次同步振荡的影响因素，从机侧来说和串补系统中的影响因素类似。其与送端交流电网的强弱、直流的送出功率、直流控制器控制参数的影响有关，如图 10-4 所示。

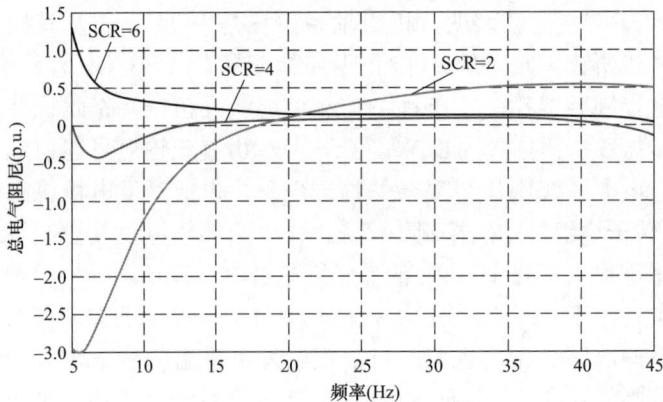

图 10-4　电气阻尼典型曲线

发电机的机械阻尼一直为正值，电气阻尼在低频段呈现负值，而高频段呈现正值。可以这样解释：由于高压常规直流的整流侧为每周波 6 脉冲全桥控制，因此对于低频信号具有良好的通过性，而对于高频信号则有大幅度的衰减，所以振荡发生的风险主要在于低频段。随着送端交流系统电网强度的减弱，由发电机交流电气部分和等值电网产生的总的电气阻尼减小，使得在低频率的正值阻尼减小；而电网强度减小使得常规直流与发电机之间的耦合相互作用增强，使得致稳性阻尼的幅值增大，低频段负值致稳性阻尼进一步减小，最终使得轴系的第一模态频率处的总阻尼小于 0。综合上述分析可知，随着电网强度的减弱，系统有发生轴系扭振相互作用的

风险。当整流侧交流电网短路比为 2 时，系统可能会激发轴系的第一扭振模态。一种特殊的情况就是直流孤岛运行方式，在该运行方式下，送端火电机组的次同步振荡风险很高。

高压直流输电传输功率在实际系统运行时往往不是固定的，可能会根据实际运行条件调节实际的传输功率。因此有必要分析传统直流外送系统在直流功率变化对系统中火电机组和高压直流输电相互作用的影响。可以这样直观的理解，直流系统送出功率越大，可以认为直流控制器和交流系统的联系越紧密，相互作用就越强，越容易出现次同步振荡问题。也可以从直流振荡发生的机理条件上进一步说明，直流送端是定功率或者定电流控制模式，送出功率越大，越容易出现负阻尼问题，即越容易出现次同步振荡问题。

直流控制器在送端主要以定电流、定功率控制为主要模式，其电流环的比例增益系数、积分增益系数以及锁相环的相关控制参数都会对次同步振荡的问题产生影响。总体的规律是这些参数如果设置的控制带宽越宽，那么就很难兼顾各种振荡模式下电气阻尼为正，如果设置不合适，会出现总的阻尼为负值的情况，最终导致出现与火电机组之间产生不稳定的相互作用，引起机组持续的扭振发生。

（三）新能源发电引起的次同步振荡

1. 新能源机组并网产生次同步振荡的机理

笼型异步风电机组和双馈感应型风电机组的定子都与电网直接相连，与火电机组具有相似性。谐振电流同样可以进入发电机定子绕组内导致次同步谐振的发生。但这两种风电机组的自然扭振轴系频率很低，要想激发风电机组轴系低频率的扭振模态，需要很高谐振频率的电流，即很高的线路串补度。

风电场对外的控制特性呈现负电阻和容性的特征，从而和交流电网发生 LC 振荡，其振荡频率如果和火电机组轴系固有频率互补，则会出现发生次同步振荡的风险。对于风电汇集地区，接入的风电机组类型众多，变流器控制参数以及对外控制特性也不一样，次同步/超同步振荡问题从频率特性上成分复杂，变化趋势上也呈现出非线性的特征。

2. 新能源产生次同步振荡的影响因素分析

新能源机组并网产生的次同步振荡问题影响因素复杂，主要有火电厂机组运行工况，风电场接入交流电网强弱的影响，风电场并网台数、出力、控制参数的影响，SVG 的影响几个方面。

同一负载水平时，随着机组台数的增加，机网总体的惯性和弹性系数会受到影响，导致振荡频率小幅变化；当振荡频率接近于轴系扭振频率时，稳态扭振幅值（相当于平均峰值）会逐渐增大。当机组数量较少时，不同负载水平对应的振荡频率基本相同，高负载水平下的稳态扭振幅值较小，原因是此时的次同步振荡主要受到机组阻尼的影响，频率改变的影响相对较小；当机组数量较多时，次同步振荡主要受到频率改变的影响，由于高负载水平下的振荡频率更加接近机组的自然扭振模态频率，因此其稳态扭振幅值较大，故电厂机组的运行工况及出力情况，会对次同步问题的严重程度产生影响。

接入交流电网强弱通常用连接电抗值来表征，通过连接电抗变化对次同步振荡频率和阻尼的影响趋势可以看出，连接电抗越大，即系统强度越弱，次同步振荡频率越低，阻尼越弱，系统发生不稳定次同步振荡的风险就越高。这也解释了新能源场站在西北、华北、东北地区作为电网的末端，往往接入点短路容量比较小，即与系统连接较弱，较容易发生次同步振荡的问题。

风机并网台数变化对 SSO 振荡的影响，一般来说在一定范围内，随着并网台数的增加，系统阻尼有弱化的风险，但是这种变化趋势仅在一定的规模范围内表现比较明显；风机出力变化对 SSO 振荡模式的影响，一般来说是随着风机出力增加，SSO 模式频率轻微增加，SSO 阻尼变强；锁相环参数对 SSO 振荡模式的影响，随着锁相环比例增益的增加，SSO 模式频率基本不变，但 SSO 阻尼变差，系统发生不稳定 SSO 的风险增加。双馈风机的转子侧控制器的控制参数对于风机 SSO 振荡影响更明显一些，一般来说，转子侧控制器电流内环比例增益系数越大，带来的振荡风险越高，直驱风机对 SSO 振荡的影响主要和网侧变流器的控制参数相关，和外环以及电流环内环的控制参数都有关系。

通过仿真分析发现 SVG 的控制模式（恒电压控制和恒无功控制）、控制器参数对次同步振荡特性有显著影响。SVG 采用恒电压控制比恒无功控制更容易激发危险的次同步振荡；进一步分析显示，恒电压控制模式下，比例/积分增益越大，振荡频率越高，阻尼越弱。SVG 一般在现场根据一个风电场装机容量的 20% 进行配置，往往一个风电场有多台 SVG，因此不同 SVG 的控制模式在现场需要协调好，否则会出现争夺同一目标控制权而导致的振荡问题出现。

二、大型汽轮发电机组轴系次同步振荡抑制

自 20 世纪 70 年代以来，国内外学者对次同步振荡问题进行了大量研究，提出了多种不同原理的次同步振荡抑制方法。这些方法可以分为四类：

（1）阻尼控制和滤波；

（2）继电保护及监视测量保护；

（3）开关操作和机组切除；

（4）发电机组和系统改造。

在这几类方法中，第 1 类方法通过一些阻尼和滤波控制的方法实现了在不切机组的条件下实现振荡的平息；第 2 类方法通过保护手段实现了在切除线路、旁路串补等方式下实现振荡的平息，对电网影响很大；第 3 类

方法通过对发生振荡的火电机组的切除，牺牲机组的经济性，实现振荡的平息；第4类方法通过对系统和发电机组进行改造来规避发生振荡，在实际工程中很难去实施。

（一）基于STATCOM的抑制原理及特点

1. 基本原理

STATCOM的基本思路是：通过实时检测机组的扭振信息，然后通过向机网系统注入扭振互补频率的动态补偿电流来改变其次同步频率特性，进而达到避免或消除SSO风险的目的。

作为一种基于电力电子变流技术的新型次同步阻尼控制装置，STATCOM可接在发电机的出口（封闭）母线上，也可接在电厂高压母线上。STATCOM包括多模式次同步阻尼控制器（multimodal subsynchronous damping controller，MSDC）和电力电子式电流跟踪逆变器（current-tracking inverter，CTI）两部分。其中MSDC采用发电机的转速偏差 $\Delta\omega$ 作为反馈信号，产生与轴系扭振模式频率互补的补偿电流参考值 Δi_{abc}，CTI作为波形可控的电流补偿器，通过内部控制调节其输出电流 i_{GTSDC} 动态跟踪参考值而向电网注入次（超）同步频率电流，部分电流进入机组内部，产生抑制扭振所需的电磁阻尼转矩 ΔT_e，如图10-5所示。

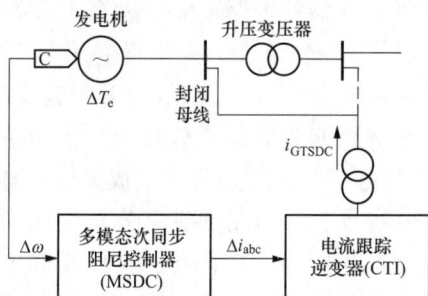

图10-5 STATCOM的构成与原理

2. STATCOM的构成

STATCOM主要由两部分构成，即多模式次同步阻尼控制器（MSDC）和电力电子式电流跟踪逆变器（CTI）。前者采用轴转速作为反馈信号，通过精细的信号处理流程计算STATCOM的补偿电流波形，并以此作为STATCOM变流器的控制参考信号。STATCOM变流器相当于一个功率信号发生器，它依据次同步阻尼控制器产生的电流信号，通过电力电子开关操作，输出实际的电流，注入机组/电网，从而起到调节轴系扭矩，抑制SSO的效果。

3. STATCOM的技术经济特点

与其他已有的SSO抑制方法或设备比较，STATCOM的特点和优势包括：

（1）能解决多模式 SSO 问题：只要并联变流器输出的分次谐波电流包含与各扭振模式对应的扭振互补频率分量，即可同时对多个次同步扭振模式起到阻尼作用。

（2）与 SEDC 相比，虽然成本会高一些，但 STATCOM 具有更快的响应速度，容量不受限制，布置灵活，实际工程中可与 SEDC 配合使用，解决特定条件下 SEDC 容量受限而不能作为彻底抑制 SSO 的问题。

（3）与 SVC 相比，STATCOM 的电流补偿方法通过调节注入机组/电网的互补频率电流，更直接，不会产生其他的分次谐波或间谐波而造成额外的谐波污染，容量也会小得多，而且是基于变流技术实现的，损耗、占地面积、造价和运行成本均可降低。

（4）投资成本通常要低于阻塞滤波器和 TCSC，而且是作为并联设备接入电网，不干扰电网的正常运行，可靠性较高。

（二）附加励磁控制 SEDC 的抑制原理及特点

1. 基本原理

通常的励磁系统包括励磁调节器及其功率部分，前者又细分为自动电压调节器（AVR）和电力系统稳定器（PSS）功能，后者根据励磁系统类型不同而各异，如国内常见的 600MW 机组所采用的自并励系统则包括励磁变压器、晶闸管整流器及其触发控制回路。顾名思义，附加励磁阻尼控制即是在常规励磁调节器（AVR＋PSS）上附设的用于实现抑制 SSO 功能的辅助控制环节，其基本原理如图 10-6 所示。采集能反映 SSO 动态的电信号（电压、电流、功率等）或机械信号（转速）作为控制反馈信息，经过"控制规律"对应的信号分析与处理过程后生成一定的辅助控制输出，并叠加到 AVR 或 PSS 输出信号上，构成励磁调节器整体输出，从而控制晶闸管整流桥在励磁绕组上产生所需的次同步频率电压和电流，进而形成次同步频率的电磁转矩分量，只要控制规律得当，最终可达到抑制 SSO 的目的。

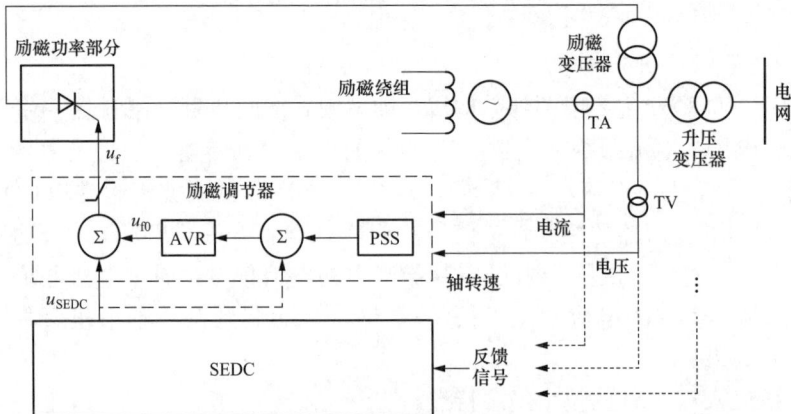

图 10-6 SEDC 的基本原理

当系统处于稳态运行时，AVR 输出几乎恒定的"直流"控制信号，PSS 和 SEDC 输出为 0，当系统受扰产生振荡时，PSS 会输出针对机电振荡的低频（0.1～2.5Hz）控制信号，而 SEDC 会输出针对扭振的次同步频率（典型的如 10～40Hz）控制信号，从而使得励磁电压和励磁电流中出现次同步频率分量，电磁扭矩中就会出现次同步频率分量，当其对轴系扭振起到足够的阻碍作用时，即可抑制 SSO 的增长。

2. SEDC 在励磁调节器上的接入

目前市场上销售的励磁系统，均没有内嵌 SEDC 功能，需在现有装置基础上增加控制设备，信号接入点和接口方式是 SEDC 实用化研发中面临的又一重要问题，有两个逻辑接入点可以考虑：一个是在 AVR 输出之后、触发控制电路之前（以下称接入点 1），另一个是与 PSS 等效的接入口（以下称接入点 2）。实际应用中采取何种方式主要决定于两方面的因素：首先是可控性，可采用参与因子和留数方法来比较两个接入点的可控性指标，取其优者作为控制输入点，接入点 1 与接入点 2 之间相隔 AVR，当 AVR 的时间常数较大时，会对次同步频率信号产生较严重的衰减，使得 PSS 处接入 SEDC 的控制效果受到影响；在可控的前提下，进一步考虑第二个因素，即硬件接口的方便性和实现成本。

现有励磁系统基本上采用数字化实现，SEDC 接入励磁装置的一般方法是：将 SEDC 控制信号数模转换（DAC）为一定范围的电压或电流信号，输入到励磁装置已有或增加的信号采集端口，由后者将其模数转换（ADC）为数字量，并对调节器的计算软件进行必要的改造，使得 SEDC 控制量与原调节器产生的控制量进行组合，形成综合控制信号。

（三）其他抑制原理及特点

1. 基于 SVC 抑制的原理及特点

静止无功补偿器（SVC）是利用电力电子器件与储能元件构成的无功补偿装置，由晶闸管控制电抗器（TCR）和晶闸管投切电容器（TSC）单独、联合或与机械式投切电容器结合构成。作为一种并联补偿装置，静止无功补偿器（SVC）用大容量晶闸管代替断路器等触点式开关，具有快速平滑连续调节容性和感性无功的特点，因此被广泛应用于电力系统的动态补偿，如图 10-7 所示。

抑制次同步振荡所用的 SVC 基本单元的 TCR 由 2 个反相并联的晶闸管与 1 个电抗器相串联组成，并联在被保护的发电机升压变压器高压母线上。实际工程中还装设相应容量的滤波器。通过控制反并联晶闸管的触发相位角 α，可以控制每个周波内电感 L 接入系统的时间，从而改变 TCR 的等值感性电纳。

（1）SVC 抑制次同步振荡原理。SVC 是通过控制触发角从而控制等值导纳变化产生与轴系自然振荡频率互补的次同步谐波电流分量，这部分分量流入发电机定子绕组，在机组轴系产生频率为轴系自然振荡频率的次同

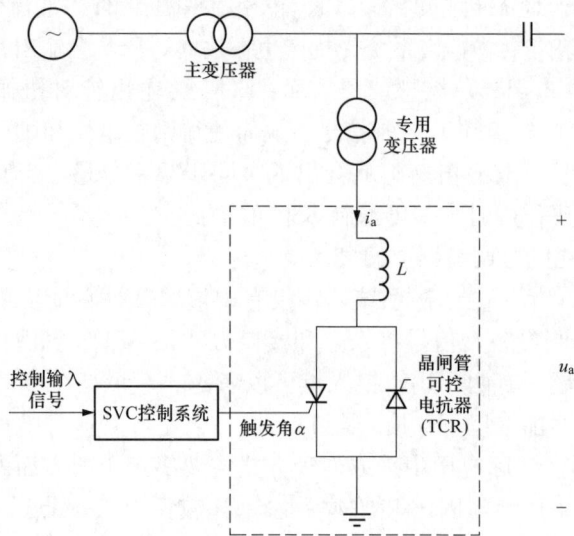

图 10-7 SVC 抑制次同步振荡的基本原理图

步转矩，通过调制信号的幅值和相位，使 SVC 产生的次同步转矩与发电机轴系的转速差反相，从而达到抑制次同步振荡的目的。

（2）抑制次同步振荡的特点。SVC 抑制实质是对基波电纳的调制，即在 SVC 的基波电纳的参考值中加入次同步补偿分量，说明 SVC 的输出电流将会包含无关的工频基波分量，此部分分量通常所占比例较大而不可忽略，造成 SVC 容量的扩大。另外，SVC 无论在系统稳态还是发生扰动时，SVC 的晶闸管可控电抗器部分平均要输出高达 50% 容量的基波电流，将会导致持续的静态损耗，不利于经济运行。SVC 在发出次同步电流、基波电流的同时，也会发出较多高次谐波电流，需要安装相应的滤波装置来消除，而高次谐波电流则可能激发机组轴系的超同步谐振。SVC 的优点是抑制大扰动 SSO 阻尼能力强，次同步振荡收敛迅速，轴系疲劳损失小。SVC 的缺点是作为一种晶闸管控制的无功补偿设备，具有可控阻抗特性，输出的补偿电流受母线电压影响，谐波特性差，响应速度相对较慢；由于其有较大成分的谐波，需要装设滤波器，占地较大，工程实施难度较大。

2. SSDC 抑制的原理及特点

（1）SSDC 工作原理。基本原理就是为汽轮发电机组轴系在次同步频率点处提供额外的正电气阻尼，从而达到抑制效果。SSDC 对模态频率信号进行提取，通过附加在整流侧定电流控制器的通路，对发电机提供附加的电磁转矩，通过适当的 SSDC 参数配置，此转矩最终会在次同步频处为机组提供正电气阻尼，达到对次同步振荡的抑制作用，如图 10-8 所示。

（2）网侧 SSDC 拟制特点。SSDC 在技术上有两个主要特点：一是由于 SSDC 选取的是网侧电气量信号作为输入信号，高压直流输电系统 HVDC 的非线性特性也会产生一定的次同步频率分量。SSDC 将会对次同步信号的

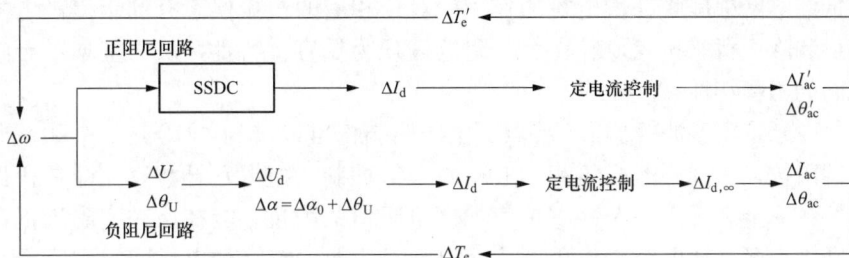

图 10-8 抑制次同步振荡示意图

检测能力带来极大的影响，尤其是当发生小扰动故障时，次同步信号容易淹没在噪声中难以提取，所以在信号的提取方面难度较大。二是 SSDC 网侧的控制受系统运行方式影响较大，一组参数并不能满足所有运行方式下的控制需要，因此参数的整定非常复杂，在工程上为了安全可靠，往往 SSDC 在一个很窄的幅值波动范围内进行控制，抑制能力有限。

3. 阻塞滤波器 BF 抑制的原理及特点

（1）阻塞滤波器 BF 工作原理。阻塞滤波器 BF 是用于限制次同步振荡 SSR 电流进入发电机，以保证机组轴系运行在安全的扭矩范围内。阻塞滤波器 BF 由多个并联谐振回路组成，接入电网示意如图 10-9 所示。将主变压器高压侧的中性点打开，三相分别接入多个（对应于阻塞的 SSR 模态数）并联谐振回路后接地。BF 是一个频域非线性阻抗，对应轴系扭振频率在电网的互补频率表现为一个高电抗值和高电阻值的阻抗，从而能在该频率附

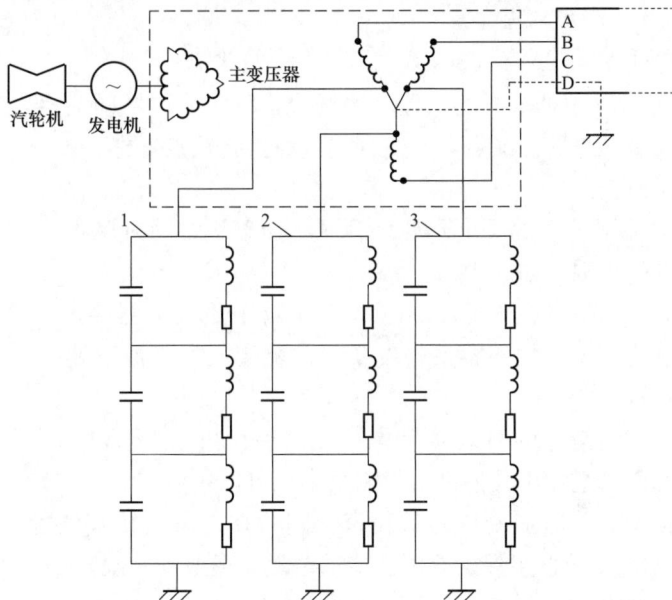

图 10-9 阻塞滤波器结构示意图

1、2、3—主变压器高压绕组末端阻塞滤波器

近抵消电网中串联补偿电容的作用，对于相应的扭振模态有利于提高电气阻尼和降低暂态扭矩，它在工频附近表现为低容抗特性，从而基本不影响机网的工频特性。

（2）特阻塞滤波器 BF 特点。由电路结构可以看到，BF 是一个频域非线性阻抗，其并联谐振频率一般略高于需抑制的扭振互补频率，即在扭振互补频率上表现为一个高电抗值和高电阻值的阻抗，能在该频率附近抵消电网中串联补偿电容的作用，从而提高对应扭振模态的电气阻尼和降低系统扰动引起的暂态扭矩。即阻塞滤波器电路是由一系列具有高品质因数的并联谐振滤波器串联而成，每个并联谐振滤波器的电容和电感的选择使其调谐于阻止某一个次同步谐振频率电流流过，而对正常的同步频率电流不应产生阻碍作用。

BF 的优点是：此方法是从 SSO 产生的原理出发，破坏电气系统与机械系统的耦合，理论上能从根本上解决次同步问题。

BF 的缺点是：此措施属于一次设备，必然会带来极大的测试难度和工作量；同时变压器中性点绝缘水平也要进行改造，同样增大变压器投资，甚至对变压器运行环境造成不利影响；另外 BF 作为一次设备，有较高的运行成本，同时占地面积大；可能引起发电机异步自励磁现象。

三、典型方案

国内工程应用上有 STATCOMGTSDC 方案、STATCOM＋SEDC 方案、SEDC 方案、SVC 方案以及 BF 方案。这些方案中，SVC 方案在技术上日趋落后，BF 方案造价高。

（一）STATCOM 的接入方式

STATCOM 根据不同的工程应用场合，可以采取不同的接入方式，各种接入方式有各自的优缺点，在工程实施时需要重点考虑。

1. 接入方案 1

STATCOM 设备为 10kV 或者 6kV 电压等级，通过单独的阻尼变压器接入发电机的机端，如图 10-10 所示。

这种方案的优点在于 STATCOM 通过单独的变压器接入，对厂内其他系统的影响比较小，相同容量的设备，这种接入方式抑制效果最好，所以能够节省投资。

从全厂抑制措施的有效性考虑，如果一台机组 STATCOM 因故障退出，仅影响该机组，对其他机组影响很小，可以忽略。

缺点在于需要增加变压器的投资，同时在发电机机端增加了该分支，相应的发电机-变压器组保护要做相应的改动，但改动有限。

2. 接入方案 2

STATCOM 设备接入高压厂用变压器低压侧，如图 10-11 所示。

这种方案的优点在于 STATCOM 接入既有的高压厂用变压器，减小了

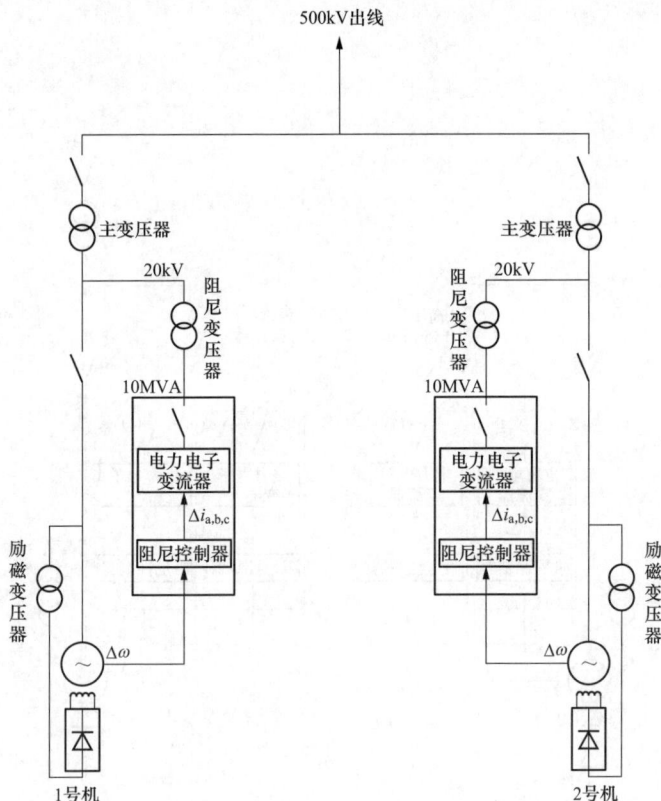

图 10-10 STATCOM 接入方式 1 示意图

需增加变压器的投资，同时不影响既有的发电机-变压器组保护及厂用保护的设计，影响较小。从全厂抑制措施的有效性考虑，如果一台机组 STATCOM 因故障退出，仅影响该机组，对其他机组影响很小，可以忽略。

　　缺点在于接入高压厂用变压器低压侧，会在低压侧分支上产生分流作用，从而影响 GTSDC 的抑制效果；同时分流会对厂用系统其他设备产生一定的影响，需要进行评估；另外，高压厂用变压器往往在设计时并没有考虑 STATCOM 接入的特殊需要，所以需要考虑 GTSDC 接入高压厂用变压器是否有充足的裕度，会不会对高压厂用变压器的长期安全运行造成影响。

　　3. 接入方案 3

　　STATCOM 设备通过降压变压器接入主变压器高压侧，即通过变压器接入电厂 500kV 母线，其中的变压器又有两种形式，一种是增加一台或数台变压器，另一种接在现有自耦变压器的平衡绕组（38.5kV）侧。新增变压器的容量和低压侧电压等级均可能根据需要灵活变动，采用自耦变压器接入。

　　这种方式的优点在于可以使用既有的变压器接入，较为方便。

　　缺点在于如果没有现成的降压变压器，那么需要增加 500kV 变压器，

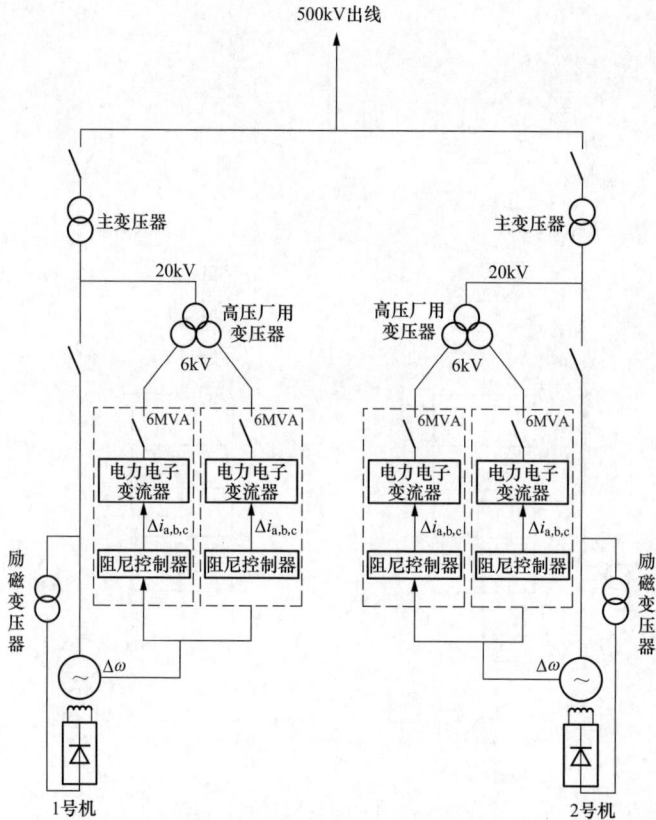

图 10-11　STATCOM 接入方式 2 示意图

价格不菲。同时，在主变压器高压侧接入，如果一套失效，则全厂抑制措施都缺失，所以需要冗余配置两套，设备投资增加不少。从抑制效果来说，这种接入方式需要的容量最大，且参数受系统运行方式影响很大，很难做到最优化的控制。

综合考虑，方案 1 目前还是应用最广的一种方案。

（二）案例分析

1. 某电厂 SEDC 方案

某电厂一期工程为 2×500MW 机组，二期工程为 2×600MW 机组，三期工程为 2×600MW 机组，共 4 条 500kV 送出线。双回 500kV 线路加串补电容送至某 500kV 变电站；双回 500kV 线路送至某换流站，为交直流混输模式。

配合电网侧的小扰动试验进行投退验证，电网侧小扰动试验通常通过线路的拉合或者串补的投退来实现。试验中是通过对线路的拉合来完成，通过试验可以看出，投入 SEDC，机组在扰动后扭振信号速度要比无 SEDC 快得多。

由于电厂正常运行时存在持续的小幅值振荡问题，为验证 SEDC 效果提供了便利条件，可以对比 SEDC 投入和退出的扭振信号看出 SEDC 的抑制效果。通过观察投入后的扭振信号可以看出，投入 SEDC，机组存在的持续小幅值振荡信号快速衰减，稳定在一个更小的幅值上，远离了机组产生疲劳的初始值，保障了机组的安全运行。拉合 500kV 线路试验 SEDC 的控制效果如图 10-12 所示，四机双线 SEDC 退出再投入抑制效果如图 10-13 所示。

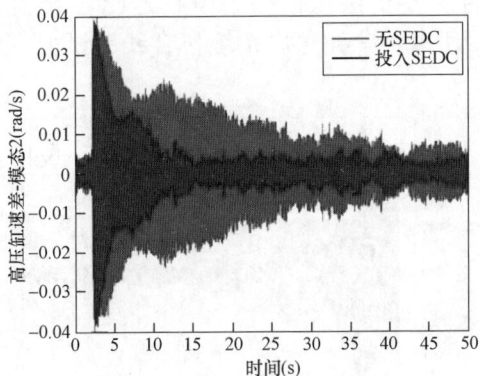

图 10-12　拉合 500kV 线路试验 SEDC 的控制效果

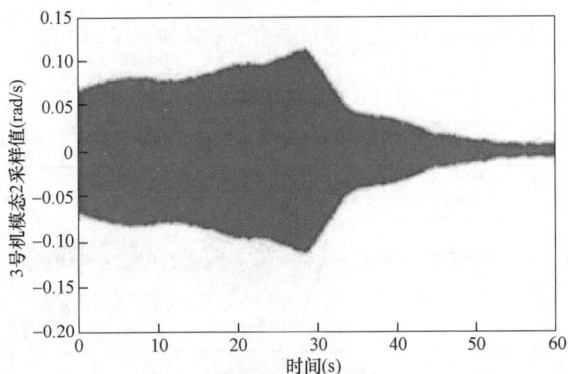

图 10-13　四机双线 SEDC 退出再投入抑制效果

2. 某电厂 STATCOM＋SEDC 方案

某电厂一、二、三期机组送出线路带串补电容，存在较为严重的次同步谐振问题，为抑制次同步谐振，采用安装附加励磁阻尼控制装置（SEDC）和机端阻尼控制装置 STATCOM 的抑制措施。

配合电网侧的小扰动试验进行投退验证，电网侧小扰动试验通常通过线路的拉合或者串补的投退来实现。试验中，前期仿真分析的结论是 4 台机组线路 N-1 时次同步谐振问题的风险最严重，试验是通过线路带串补的拉合来完成的，试验过程是拉开一条线路 5s，然后线路再合上。通过试验可以看出，在试验工况下，不投任何抑制措施，拉开线路后机组扭振快速发散，5s 后合上线路，扭振快速收敛。投入 SEDC 后，拉开线路后机组扭振快速收敛，合上线路收敛速度相比不投 SEDC，收敛更快。

SEDC＋GTSDC 抑制效果选取电厂最为严重的方式下进行，不投入 STATCOM，拉开线路后，4 台机组扭振呈发散趋势，如果不采取措施，扭振保护将相继动作。投入 STATCOM，在相同的试验条件下，拉开线路后，扭振快速收敛，由此可见，SEDC＋GTSDC 的联合抑制措施方案能够很好地解决机组的次同步谐振问题。串补送出系统拉合线路试验（仅 SEDC）如图 10-14 所示，串补送出系统拉合线路试验（GTSDC＋SEDC）如图 10-15 所示。

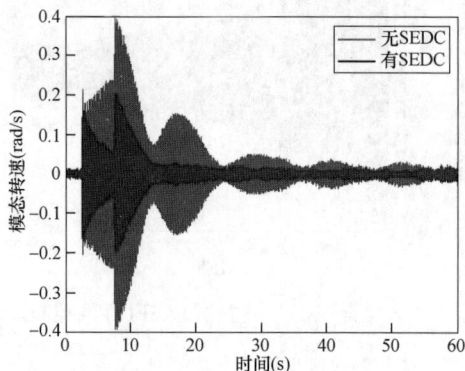

图 10-14　串补送出系统拉合线路试验（仅 SEDC）

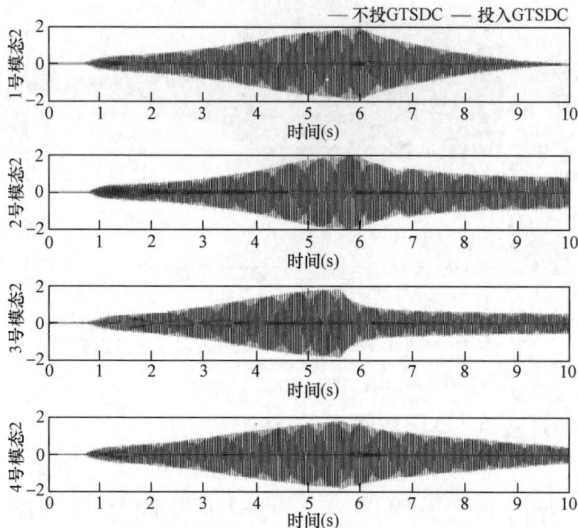

图 10-15　串补送出系统拉合线路试验（GTSDC＋SEDC）

第二节　大型汽轮发电机组轴系扭振在线监测与保护

对于存在次同步谐振/振荡风险的火电机组来说，监测保护防线是保障机组安全的最后一道防线，能够在异常情况下有效保护机组的轴系安全。连续监视和分析汽轮发电机的轴系转速，当轴系寿命疲劳损耗达到设定值，或当轴系被激发特征频率的次同步扭振且振幅逐步发散可能对机组安全构成威胁时，进行保护跳闸，以及其他告警功能。

一、扭振保护及其配置

扭振监测保护主要是为了对机组轴系进行安全保护，通常考虑在如下场合配置：

（1）火电机组经交流串补送出系统或者直流送端近区的火电机组，建议安装扭振保护装置，这些场合容易发生次同步谐振/振荡的问题。

（2）火电机组附近新能源机组装机容量比较大，建议安装扭振保护装置，以防止新能源机组并网发生次同步振荡问题，对机组轴系产生损坏。

（3）火电机组附近有一些冲击性负荷，建议安装监测或者扭振保护装置，国内外都出现过火电机组附近有炼钢厂、电解铝厂等冲击性负荷，造成火电机组轴系发生损坏的案例。

（4）经过前期的系统仿真分析，认为存在机组扭振问题的场合，一般都要安装扭振保护装置。

轴系扭振保护（torsional stress relay，TSR）是一种保护汽轮发电机组轴系安全的装置，是用于防止次同步谐振对轴系扭振危害的最后一道防线。

二、扭振保护原理构成及其整定

TSR 对运行中的汽轮发电机组轴系提供了监测与保护功能。当电力系统出现次同步谐振/振荡时，由 TSR 先判断机组轴系的扭振振荡趋势是否稳定，经过一定时间，TSR 判断仍然发散，此时辅以疲劳损失判据，保护动作切除相关机组，达到抑制次同步谐振的目的。如果振荡的发散趋势不明显，则 TSR 判断机组轴系的疲劳累积情况，如果疲劳累积达到疲劳动作定值，则保护动作切除相关机组，如图 10-16 所示。

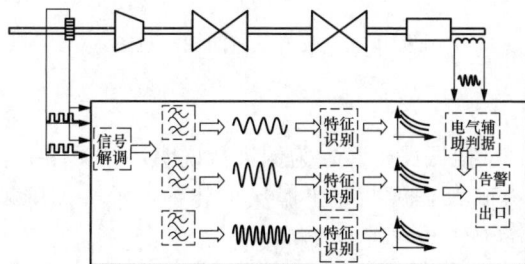

图 10-16　扭振保护原理图

扭振保护功能主要通过以下两个核心判据实现，其中基于可变观测窗的模态稳定性判据为快速判据，通过连续检测扭振幅值趋势来实现；疲劳损失判据采用疲劳统计法（雨流法）和疲劳累积损伤理论（Miner 理论）依据机组扭振响应动态及机组危险截面 S-N 曲线进行评定。

1. 模态稳定性判据

该判据通过实时测量发电机组轴系转速差提取各模态特征量，根据一段时间内的模态特征量相对变化趋势判别扭振模态是否发散或收敛，同时辅以机组的疲劳累积情况，是汽轮发电机组轴系扭振保护的核心判据。稳定性判据的出发点是对于快速发散的工况保护能快速动作从而减少机组轴系没必要的疲劳累积。

2. 疲劳损伤判据

疲劳反时限保护作为辅助保护功能通过计算出的轴系扭振响应，依据机组的扭应力—寿命（S-N 曲线）计算出轴系危险截面的疲劳损耗百分数，实时累计单次扰动下的轴系各段的疲劳。疲劳寿命曲线表明了待评估位置扭矩（或者扭转功率）和扭转周期次数的关系，类似于一条"反时限"曲线。当单次扰动下的疲劳实时累计达到疲劳定值或极限疲劳定值后扭振保护出口。疲劳寿命曲线横坐标表示扭转周期的次数，纵坐标表示该位置的扭矩（或者扭振功率），如图 10-17 所示。

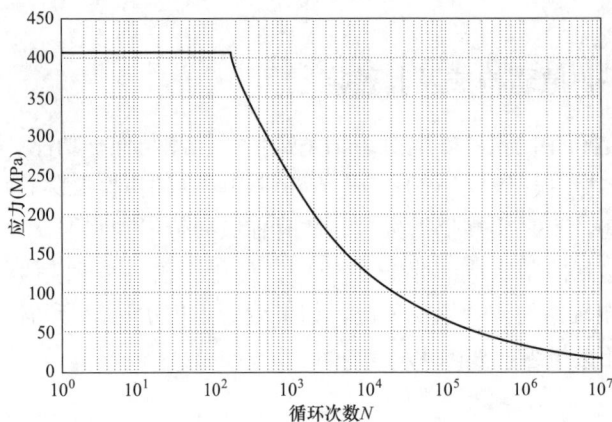

图 10-17　疲劳寿命曲线示意图

3. 保护装置构成

以 CSC-812P 型扭振保护装置为例进行说明，扭振保护装置在现场通常按照单机双套冗余配置。每一套扭振保护装置单独一面屏柜，在极少数现场因为安装位置受限，两套扭振保护装置采用一面屏柜。

（1）功能配置。一般配置保护功能、监测功能、疲劳累计越限告警功能、信息记录及录波功能、通信功能。

1）保护功能有：①发散保护，该判据通过实时测量发电机组轴系转速差信号提取各模态特征量，根据一段时间内的模态特征量相对变化趋势判别扭振模态是否发散或收敛；②疲劳保护，该功能是以保护启动为前提，基于疲劳损耗值进行判断；③高限疲劳保护，高限疲劳保护功能与收敛判据相结合作为装置协调切机功能的判断，防止同一事件造成多台机组被同时切除的风险。

2）监测功能可实现以下检测：对机组轴系转速连续监视；对机端电气量连续监视；对轴系模态信号在线计算分析。

3）疲劳累计越限告警功能在机组运行过程中，对每次轴系扭振引起的断面疲劳进行累加，当任一截面的总疲劳累计值大于整定值时，装置发出报警信号，疲劳累计越限告警灯点亮。

4）信息记录及录波功能为装置可储存最近 200 次的告警报告、运行报告、动作报告、操作报告内容。

5）通信功能为该装置同时具备 O-Net、61850 及 C37 规约通信功能。

（2）硬件组成。扭振保护装置由两部分组成，分别是 HMI 工控机和嵌入式装置。HMI 为扭振信号的监视和分析提供了良好的人机交互界面，同时能够存储大量的嵌入式装置上送的录波文件；嵌入式装置主要实现信号的采集、计算以及保护出口、告警等功能，是扭振保护的核心。

装置最终保护动作及信号共含有四块数字量输出插件，分别为两个信号插件和两个跳闸插件。其中信号插件包含一块自保持信号插件、一块非自保持信号插件。装置通过信号插件将装置状态及动作信号送到远方 DCS 或屏柜指示灯，通过跳闸插件控制机组并网断路器。

4. 保护定值及整定

（1）整定需要的参数。汽轮发电机组轴系扭振保护装置（TSR）整定需要机组多质块模型参数、机组轴系固有模态频率、机组扭振振型曲线、机组轴系截面处的扭转 S-N 曲线。

（2）定值整定。在扭振保护中，主要有以下定值：

1）保护启动门槛：考虑具有足够的灵敏度前提下，避免测量噪声等引起保护的不必要频繁启动，同时考虑具有足够的安全裕度，低于疲劳极限对应的最小模态值。

2）发散跳闸疲劳保护定值：在考虑发散趋势的条件下，一次扰动疲劳累积条件整定为疲劳保护定值某百分数。

3）疲劳保护跳闸定值：疲劳保护定值默认整定为 1%，但在实际工程应用中，需要考虑多种因素，主要包括考虑避开各种非次同步扭振的正常操作和一般性扰动/故障，与抑制措施的抑制效果相互配合，满足电网公司对于电力系统安全导则的要求等。

第三节　发电机保护新技术

一、基于柔性光学 TA 的发电机保护

基于常规 TA 的发电机保护存在的不足：

（1）发电机转子细长、横向直径小，中性点安装空间狭小，传统电磁型互感器和常规电子式互感器体积较大，无法在中性点分支上安装多组 TA 或单独安装 TA，仅装设一组总的 TA。

（2）定子匝间短路和分支开焊故障的保护程度薄弱，且缺乏可靠的转子匝间故障监测手段。

现场案例：某电厂 200MW 水电机组定子匝间短路，并伴随 B 相接地，两套单元件横差均动作，定子线棒仍烧伤严重。

（3）存在 TA 饱和、和应涌流等问题，影响差动保护性能。

（4）抽水蓄能机组、燃气轮发电机组存在变频启动过程，当频率较低时常规 TA 传变特性差，尤其是 5Hz 以下时，无法真实反映一次电流。

（5）大型水电机组中性点空间小且运行温度高，TA 磁屏蔽和空间散热设计困难，易因 TA 过热导致匝间故障烧损。

（6）小电流测量精度差，二次开路过电压。

基于常规 TA 存在上述不足，提出了"柔性光学电流互感器"理念。

（一）光学电流互感器原理

光学电流互感器对电流的传感基于 Faraday（法拉第）电磁感应原理。线偏振光通过处于磁场中的 Faraday 材料（磁光玻璃或光纤）后，偏振光的偏振方向将产生正比于磁感应强度平行分量 B 的旋转，这个旋转角度称为 Faraday 旋光角，由于磁感应强度 B 与产生磁场的电流成正比，旋光角与产生磁场的电流成正比，如图 10-18 所示。

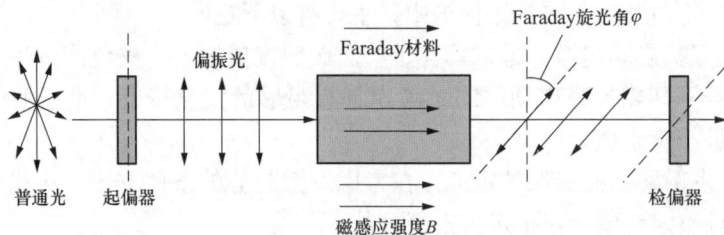

图 10-18　光学电流互感器工作原理示意图

所谓柔性光学电流互感器，就是将一次传感部分制成光缆，传感光纤环绕在发电机定子分支一次导体上，采用反射式光纤 Sagnac 干涉技术实现对光信号的精确测量，对安装空间要求小，可在所有发电机中性点分支上安装；安装方便，结构型式可定制等特点，如图 10-19 所示。

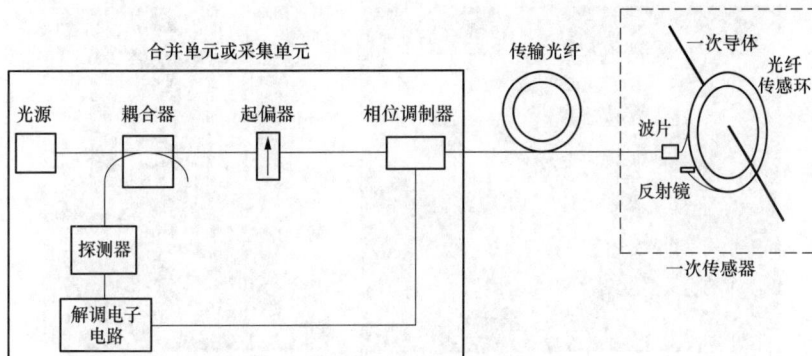

图 10-19　柔性光学电流互感器工作原理示意图

柔性光学电流互感器没有饱和现象，动态范围大，有良好的暂态和动热稳定特性可以同时兼顾测量和保护 5TPE 的要求，其基本的性能参数见表 10-1。

表 10-1　柔性光学电流互感器性能参数

精度	0.2/5TPE
动态范围宽	几十万安（上限可调）
暂态特性好	25 倍额定交流＋25 倍直流，暂态误差小于 10%
宽频带	0～1kHz
谐波准确级	十三次谐波精度误差小于±2.5%
适用温度范围	－40～＋100℃
抗电磁干扰好	全光学结构，抗干扰性能好
安全性能高	无爆炸、无二次开路危险
环保节能	不充油，不充气，无铜耗

柔性光学电流互感器在电力系统的变电站中已有大量的应用（见图 10-20），如南瑞继保公司研制的柔性光学电流互感器已在数十个变电站应用，电压等级涵盖 66～220kV，总业绩超过 50 套，最长运行时间已超过 4 年。

（二）基于柔性光学电流互感器的发电机保护

采用柔性光学电流互感器的发电机保护，发电机中性点所有分支都装设柔性光学电流互感器，可以配置发电机完全纵差保护、不完全纵差保护、裂相横差保护、转子匝间保护等，其保护配置如图 10-21 所示。

基于柔性光学电流互感器的发电机保护具有以下特点：

（1）多种多重的差动保护配置，显著提高了发电机内部故障尤其是匝间短路、分支开焊故障的检测灵敏度。

（2）不存在 TA 饱和、和应涌流等的不利影响，提高了差动保护可靠性。

（3）暂态特性好，真实测量一次电流，显著提高抽蓄机组、燃气轮机

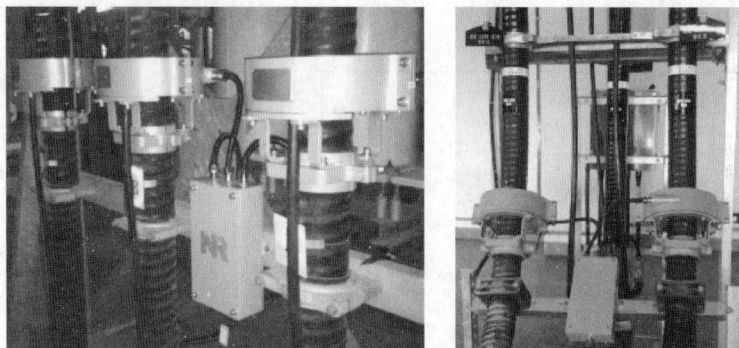

图 10-20 柔性光学电流互感器的现场应用

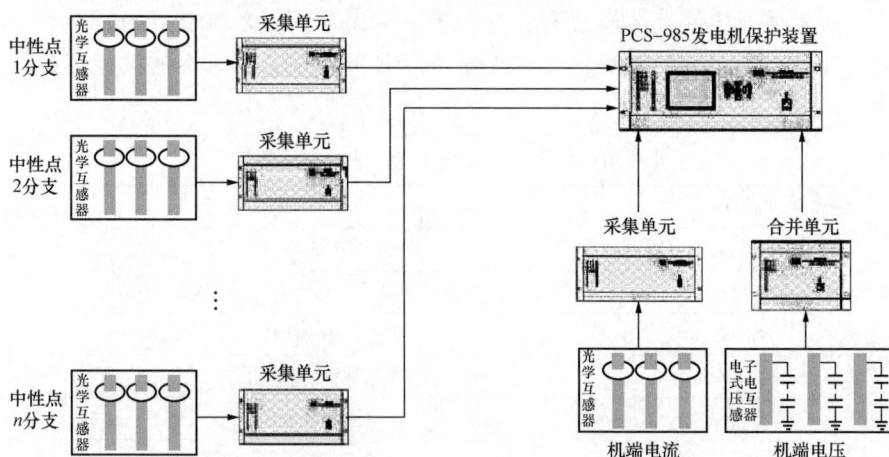

图 10-21 基于柔性光学 TA 的发电机保护系统示意图

组变频启动过程的保护性能。

（4）实现转子匝间故障在线监测和故障定位功能。

（5）不存在 TA 二次开路过电压问题，安全性好，减少对电厂连续生产的影响。

（6）纯光学 TA 一次传感器中的传感光纤单独成缆，可根据安装现场的情况灵活盘绕在一次导线外围，具有安装灵活、维护简便、适应性强等优点，传感光纤环对一次导体的几何形状没有任何要求，同时传感光缆缠绕对空间要求很小，可以在很小的空间内完成互感器的安装。

（7）适用于大多数火电机组、核电机组和部分水电机组，具有广阔的推广前景。

二、发电机转子匝间故障在线监测

（1）引起转子绕组匝间故障的主要原因有：

1）转子绕组热变形；

2）通风不良等因素造成转子局部过热；

3）旋转离心力造成绕组间的相互挤压及移位变形；

4）制造和检修工艺不良，留有缺陷或残留异物等；

5）相对于定子绕组，转子绕组电压等级低，绝缘垫条比较薄，绝缘强度偏弱；

6）深度调峰使转子伸缩、转子绕组磨损匝间故障。

大匝数的转子匝间故障，造成发电机失磁、机组轴振、转子局部过热，转化为接地故障引起转子铁芯磁化、烧伤轴颈轴瓦。即使是小匝数的匝间故障，发电机可以继续运行，但是潜在的危害很大。

没有转子匝间故障在线监测，将无法发现轻微的转子匝间故障，机组带病运行，存在由轻微故障扩展至严重故障的风险。因此，装设发电机转子匝间故障在线监测是非常有必要的。

南瑞继保公司与清华大学合作，首次采用定子绕组电流的谐波特征实现转子匝间故障在线监测。无须增加或改动一次设备，灵敏度较高。

（2）转子匝间故障在线监测装置的基本原理：

1）当同步发电机转子绕组出现匝间故障后，转子磁势不再对称，通过气隙磁场的感应，发电机定子绕组将产生区别于定子绕组内部故障的谐波特征电流。

2）定子绕组内部产生同相不同分支之间的分数次谐波环流，利用该电流量来监测励磁绕组匝间短路故障。

（3）转子匝间故障在线监测装置的适用范围：

1）定子绕组为多分支的同步发电机组；

2）采用分支 TA 电流或单元件横差 TA 电流。

转子匝间故障在线监测装置如图 10-22 所示。

三、旋转型转子接地保护系统

对于无刷励磁发电机组，其主励磁回路随转子一同旋转，正常运行时无须对外引出任何电气连接线。国内大多设置检测电刷引出转子正端或负端实现转子接地保护，通常采用定时检测的方式，这种方法不是连续的监测及保护，在绝大多数时间内处于无转子接地保护的状态，存在安全隐患。

南瑞继保公司新研制出一种随转子一同旋转的接地检测设备，能够实现旋转型转子接地保护系统。PCS-985R 系列旋转型转子接地保护系统包括三个单元：①PCS-985RA 旋转检测单元，安装在转子上，是旋转部件；②PCS-985RB 信号转发单元，安装在外部支架上；③PCS-985RC 保护计算单元，安装于保护屏柜，是静止部件，如图 10-23 所示。

（1）PCS-985RA 旋转检测装置。安装在转子上，由同轴旋转的小容量永磁发电机提供电源，在旋转检测装置内部产生一个方波电源，通过转子

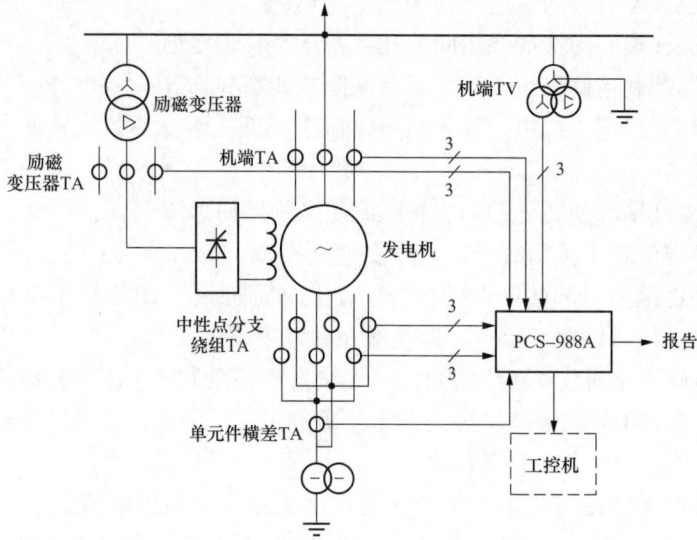

图 10-22 转子匝间故障在线监测装置示意图

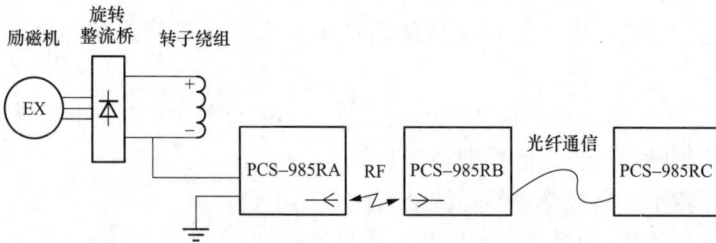

图 10-23 PCS-985R 系列旋转型转子接地保护系统

绕组负端注入方式实现转子接地保护。如图 10-24 所示。

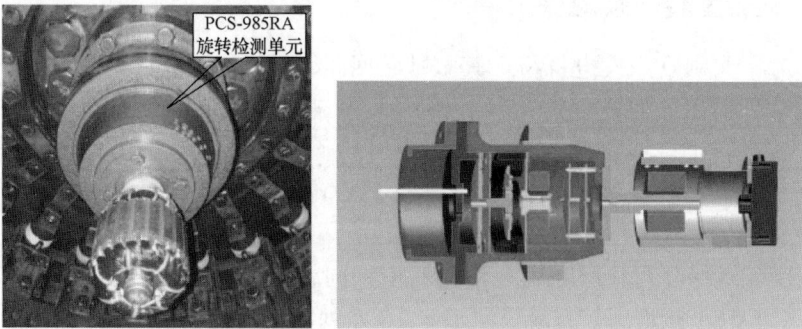

图 10-24 PCS-985RA 旋转检测装置

（2）PCS-985RB 信号转发单元。信号转发单元安装在静止的励磁机定子支架上，通过无线射频方式接收到旋转检测单元的检测信号，并通过光纤方式，将数据发送给保护；计算单元。如图 10-25 所示。

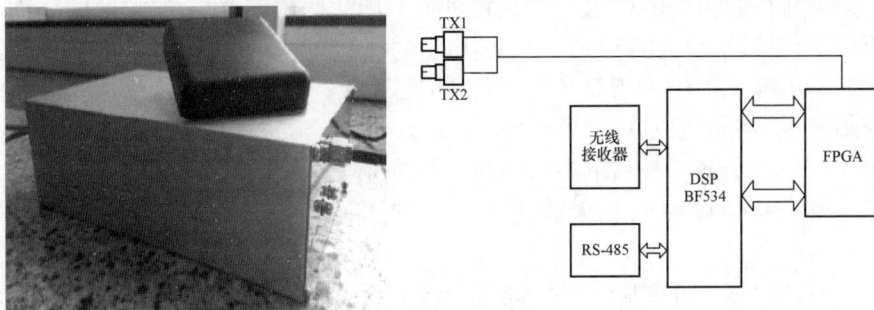

图 10-25 PCS-985RB信号转发单元

（3）PCS-985RC 保护计算单元。保护计算单元安装在保护屏柜内。通过光纤通信方式接收检测到的数据信号。实时求解转子一点接地电阻值，构成转子一点接地判据，完成转子接地保护，并且进行故障录波。

PCS-985R 旋转型转子接地保护的特点：

1）该保护系统采用"注入方波电压式转子接地保护原理"，可实时监测转子对地绝缘情况，保护采用多段报警或跳闸方式，整定灵活适应电厂不同运行方式。

2）该保护系统采用无线 UART 通信方式，无方向性限制，不受油污影响。

3）该保护系统具有大容量录波功能，便于故障分析。

4）该保护系统旋转体接口和重量等参数与原有 MRET 保持一致，可实现完全替代。

四、SFC 系统本体差动保护

SFC 系统即静止变频器，其本体差动保护工作原理如图 10-26 所示。

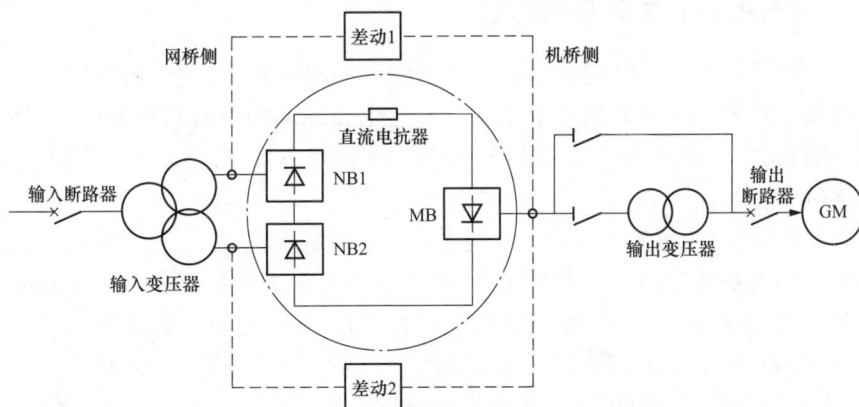

图 10-26 SFC本体差动保护工作原理示意图

以前在抽水蓄能机组和燃气轮机组上广泛应用的 SFC 均为进口设备，SFC 本体保护也均由国外厂家（ABB、GE、Siemens 、ALSTOM 等）提供，据了解，只有 ALSTOM 公司能够提供 SFC 变流桥（整流及逆变回路）差动保护（简称 SFC 差动保护）。现如今，南瑞继保公司打破了 Alstom 公司在 SFC 差动保护领域的技术垄断，成功研制出了国产的 SFC 差动保护。

SFC 差动保护的技术难点在于：网桥侧为工频，而机桥侧为变频 $0\sim50\text{Hz}$。

南瑞继保公司研制的 SFC 系统本体差动保护基本原理：将机桥侧变频电流经算法处理转成工频校正电流，再与网桥侧电流构成差动电流和制动电流，采用傅氏算法计算。

其比率制动特性为

$$\begin{cases} I_d > \max\{I_{cdqd}, K_{set}, I_r\} \\ I_d = |\dot{I}_1 - \dot{I}_2| \\ I_r = \dfrac{I_1 + I_2}{2} \end{cases}$$

差动保护动作速度快，动作时间与机桥侧频率无关，动作时间小于 30ms。

第四节　大机组与大电网若干问题

对目前我国的电网而言，一台 600MW（1000MW）大型汽轮发电机组在系统中相对占有较大的比重，它的投切和各种故障对系统稳定运行有较大影响，远非中小机组可比；另外，系统的各种异常运行或故障，对大型发电机组的威胁比对中小型机组的威胁更大，因此对其运行和保护提出了更高、更严格的要求。

一、大机组的静稳定与动稳定

大型汽轮发电机组的结构和参数与中小型机组相比，有效材料的利用率提高、转子的转动惯量相对较小、发电机的额定功率因数提高、定子的线负荷增大、同步电抗 X_d 增大（短路比 SCR 减小）、暂态电抗 X_d' 和次暂态电抗 X_d'' 也增大。

X_d 的增大导致发电机静过载能力减小，即在额定参数下运行的发电机静稳定储备系数较小。例如，600MW 汽轮发电机组在额定参数下运行时，功角 δ 约为 45°，不计自动励磁调节器的作用，静稳定储备系数为 41.4%；而 300、200、100MW 汽轮发电机组的静稳定储备系数分别为 51.7%、59.2%、61.9%。可见，600MW 机组静稳定储备系数最小，因而在系统受到扰动时，较易失去静稳定。

另外，随着单机容量的增大，汽轮发电机组轴向长度与直径之比明显加大，机组的转动惯量与容量之比，即惯性常数明显地减小。例如，100、200、300、600MW 的汽轮发电机组的转动惯量 GD^2（t·m²）分别为 13、23、29.5、49，而惯性常数 $H(s)$ 分别为 2.72、2.4、2.06、1.70。600MW 汽轮发电机组的惯性常数仅为 200MW 机组的 70%。这说明，在同样的电力系统中，发生一定程度的扰动时，600MW 机组比 200MW 或其他较小机组更容易失去稳定，即失去同步。虽然特性优良的自动励磁调节装置有改善机组稳定性的作用，但相对来说大容量机组比较容易失去稳定的情况更为突出。

二、发电机失步对系统的影响

大型汽轮发电机组在系统稳定性遭到破坏而发生振荡时，与中小型机组相比还存在一些特殊问题。

（1）大型汽轮发电机组失步运行会产生很大的有功功率和无功功率的振荡，对系统产生强烈的扰动。如某 600MW 机组，经计算，有功功率的振荡幅度为发电机额定功率的 2.54 倍，无功功率的振荡幅度达发电机视在功率的 3.82 倍。

（2）发电机失步引起的振荡电流很大，威胁着机组和电气设备的安全。经计算，最严重的情况是功角为 180°时，系统振荡电流最大可达发电机额定电流的 3.8 倍。振荡电流引起的发热大于短路时的发热（故障切除较快）或引起电气设备的损伤。此外，振荡电流还能引起机组及其他电气设备持续而又强烈的振动。

（3）发电机失步引起系统某些地方电压严重降低而被迫甩负荷。大型汽轮发电机组的失步是一种严重的运行方式，直接关系到机组的安全，影响系统电压、频率和潮流的稳定，必须采取可靠的保护措施。

（4）对于发电机失磁异步运行，在系统和机组本身允许的条件下，发电机失磁后短时间内采用异步运行方式，继续与系统并列且发出一定的有功功率，待运行人员手动或由装置自动恢复励磁后进入同步运行，对于保证机组和系统安全、减少负荷损失等均具有重要意义。如果发电机失磁后立即跳闸，不仅对热力系统工艺设备的安全非常不利，而且容易造成温差、胀差超过规定或断油磨瓦、弯轴等严重事故。1980 年国际大电网会议发电机学术委员会根据各国的试验与研究结果，提出对于大容量（不超过 800MW）的两极发电机，可以作短时异步运行的条件是：①电网有相应的无功功率备用，以维持机端电压在一定合理水平；②在失磁时立即自动减小有功功率，在 30s 内减到 0.6 标幺值，并在 2min 内减到 0.4 标幺值，允许运行时间为 10min。

从我国电网实际情况出发，上述条件①是难以达到的。因此，我国 600MW 发电机组失磁时，即使发电机本身能够承受，但对系统的影响是严重的，所以，失磁保护动作于跳闸。

三、无功平衡和发电机的进相运行

系统无功潮流的合理分布可以保证系统送端和受端应有的电压水平。高电压大电网的一个主要特点是线路充电功率大。对于 500kV 电网，每 100km 线路大约可产生 120Mvar 的无功功率，因而轻负荷时出现无功功率大量过剩，以致造成电压升高，可能产生不允许的工频过电压。近年来，当电力系统有功负荷较低时，越来越多采用发电低励磁或进相运行方式（cosφ 可达 0.9、0.95 以上，甚至变为超前-即进相运行），以减少或吸收过剩的无功功率。这是适当保持电网电压水平既经济，又合理的措施。否则，就可能需要装设吸收无功功率的并联电抗器。

限制发电机进相运行的因素是发电机端部发热、机端电压下降到最低值和系统稳定的要求。发电机进相运行时，由励磁产生的发电机电动势较小（小于端电压），同时为减少最低负荷期间运行机组台数，通常又要保持运行的发电机带较大的有功负荷，结果引起运行的发电机电动势对于电网电压有很大的角位移，如果电力系统发生较大的干扰，则较易失去系统稳定。

目前虽未对发电机进相运行的能力作统一规定，但大多数国家的汽轮发电机组都已做到在有功功率为额定值时，按功率因数为 0.95（超前）吸收无功功率。1980 年，国际大电网会议在发电机组的报告中也认为，这是最低标准。我国北仑港电厂进口的日本东芝公司制造的 600MW 汽轮发电机组，在进相运行工况，功率因数为进相 0.95，发出额定有功功率 659.3MW 的同时，可吸收无功功率的最大值可达 215Mvar。如果发电机制造厂提供了 P-Q 曲线，按照 P-Q 曲线，在进相范围内运行是发电机所能允许的。但是，其 P-Q 曲线不可能考虑系统的静稳定问题。

四、大机组对系统频率的影响

当电力系统的容量还不够强大时，一台 600MW 机组在系统中所占的比重就较大，如果占系统容量的 4%～5%，则在突然甩掉 600MW 发电功率时，系统频率将会瞬间下降约 1Hz。另外，与系统要求的调整容量相比，如果系统容量只有 15 000MW 左右，并考虑到系统中一部分机组已满负荷或者由于其他原因限制了机组的负荷能力，则一台 600MW 机组容量可能比系统调整容量大得多（可能接近 1 倍），因此，如果在运行中突然切掉满发的 600MW 机组，将给系统运行频率带来显著的影响。如果系统不能补偿（调整容量不足），则不能采取拉闸减负荷来满足系统频率的稳定要求，说明机组容量必须与系统容量相适应。

五、系统频率异常对发电机的影响

（1）系统频率降低使发电机通风冷却效率降低，最大连续出力随频率降低而降低，如某制造厂提供的技术数据：当频率由额定值（50Hz）下降到 92% 时，发电机的出力则由额定值下降到 88%。

（2）频率降低时，机炉辅机将大幅度地降低出力。在低频率下正是要求机组多发电的时候，但却由于辅机出力降低而受到限制。由于发电机出力下降，有可能进一步使系统频率降低。

（3）频率降低将使汽轮机叶片上产生较大的机械应力，可能造成叶片内伤，甚至导致叶片损坏。大型机组对低频率运行有着严格限制，例如，某电厂进口的 600MW 机组要求 47.5Hz，9s 跳闸。

六、大型汽轮发电机组轴系次同步振荡及其抑制原因和方式

"双碳"目标的逐步实施及国家有关排放要求，使得处于负荷中心的发电机组逐步迁移及退出，远离负荷中心的一些大容量煤电一体化机组成为电网主力机组，形成负荷中心与电源点的逆向分布，超高压交流（带串补）输电及直流输电成为电力输送主力，使得一些大型汽轮发电机组轴系次同步振荡问题突出，威胁机组轴系安全，其引起原因主要有以下三点：

（1）高压远距离交流串补输电。

（2）高压远距离直流输电。

（3）新能源发电。

关于抑制，目前以被动抑制为主。抑制方式主要有发电机机端抑制、变压器中性点抑制等方式。

参 考 文 献

[1] 王维俭. 电气主设备继电保护原理与应用 [M]. 北京：中国电力出版社，2002.

[2] 李基成. 现代同步发电机励磁系统设计及应用 [M]. 北京：中国电力出版社，2002.

[3] 孟凡超，吴龙. 同步电机现代励磁系统及其控制 [M]. 北京：中国电力出版社，2009.

[4] 孟凡超，吴龙. 发电机励磁技术问答及事故分析 [M]. 北京：中国电力出版社，2009.

[5] 朱声石. 高压电网继电保护原理与技术 [M]. 北京：中国电力出版社，2005.

[6] 李玮. 发电厂全厂停电事故实例与分析 [M]. 北京：中国电力出版社，2015.

[7] 李玮. 电力系统继电保护事故案例与分析 [M]. 北京：中国电力出版社，2012.

[8] 高春如，等. 发电厂厂用电及工业用电系统继电保护整定计算 [M]. 北京：中国电力出版社，2012.

[9] 华北电力科学研究院. 电力系统及发电厂反事故技术措施汇编 [M]. 北京：中国电力出版社，2009.

[10] 景敏慧. 电力系统继电保护动作实例分析 [M]. 北京：中国电力出版社，2012.

[11] 王梅义. 电网继电保护应用 [M]. 北京：中国电力出版社，1999.

[12] 中国电机工程学会继电保护专业委员会. 继电保护原理及控制技术的研究与探讨 [M]. 北京：中国水利水电出版社，2014.

[13] 袁季修，盛和乐，吴聚业. 保护用电流互感器应用指南 [M]. 北京：中国电力出版社，2004.

[14] 高中德，舒治淮，王德林. 国家电网公司继电保护培训教材 [M]. 北京：中国电力出版社，2009.

[15] 高春如. 大型发电机组继电保护整定计算与运行技术 [M]. 北京：中国电力出版社，2010.

[16] 张保会，尹项根. 电气系统继电保护 [M]. 北京：中国电力出版社，2007.

[17] 贺家李，宋从炬. 电力系统继电保护原理 [M]. 北京：中国电力出版社，2004.

[18] 桂林. 大型发电机主保护配置方案优化设计的研究 [D]. 北京：清华大学出版社，2003.

[19] 刘取. 电力系统稳定性及发电机励磁控制 [M]. 北京：中国电力出版社，2007.

[20] 竺士章. 发电机励磁系统试验 [M]. 北京：中国电力出版社，2005.

[21] 何仰赞. 电力系统分析 [M]. 武汉：华中科技大学出版社，2002.

[22] 蒋建民. 电力网电压无功功率自动控制系统 [M]. 沈阳：辽宁科学技术出版社，2010.

[23] 陆安定. 发电厂变电所及电力系统的无功功率 [M]. 北京：中国电力出版社，2003.

[24] 周全仁，张海主. 现代电网自动控制系统及应用 [M]. 北京：中国电力出版社，2004.